# Klassische Mechanik

Peter van Dongen

# Klassische Mechanik

Von der Newton'schen Mechanik zur
Relativitätstheorie in drei Postulaten

 Springer Spektrum

Peter van Dongen
Institut für Physik
Universität Mainz
Mainz, Deutschland

ISBN 978-3-662-63788-3      ISBN 978-3-662-63789-0   (eBook)
https://doi.org/10.1007/978-3-662-63789-0

Die Deutsche Nationalbibliothek verzeichnet diese Publikation in der Deutschen Nationalbibliografie; detaillierte bibliografische Daten sind im Internet über http://dnb.d-nb.de abrufbar.

Planung/Lektorat: Margit Maly
Springer Spektrum ist ein Imprint der eingetragenen Gesellschaft Springer-Verlag GmbH, DE und ist ein Teil von Springer Nature.
Die Anschrift der Gesellschaft ist: Heidelberger Platz 3, 14197 Berlin, Germany

# Vorwort

Das Ziel dieses Buches ist, das Fach „Klassische Mechanik" in einer Weise darzustellen, die auf klar definierten Ausgangspunkten („Postulaten") beruht, modern und anwendungsbezogen ist und möglichst effektiv und transparent von den Grundsätzen zu diesen Anwendungen führt. Hierbei soll das Buch den an deutschen Universitäten üblichen Kanon abdecken. Damit das Buch optimal als Begleitliteratur zu Vorlesungen über „Klassische Mechanik" geeignet ist, sind bewusst keine Themengebiete aufgenommen, die in diesem Kanon nicht enthalten sind. Jedes „kanonische" Themengebiet wird allerdings hinreichend ausführlich behandelt, damit es den Dozent(inn)en möglich ist, innerhalb der Grenzen des Kanons eine ihrem Geschmack und ihren Interessen entsprechende Auswahl zu treffen. Das Ziel des Buches ist also eine flexibel („modular") einsetzbare und dennoch klar fokussierte und kohärente Darstellung der „Klassischen Mechanik". Vorschläge zum Einsatz des Buches in verschiedenen Lehrveranstaltungen finden sich am Ende dieses Vorworts.

Dieses Buch ist für den Studiengang B. Sc. Physik konzipiert. Die Zielgruppen sind also primär Bachelorstudierende der Physik oder Meteorologie sowie Bachelorstudierende der Mathematik oder Chemie mit Nebenfach Physik und angehende Astrophysiker(innen). Als Vorwissen werden nur Basiskenntnisse auf dem Gebiet der Mathematik[1] oder gelegentlich auch der Experimentalphysik vorausgesetzt.

Die Kursvorlesung über „Klassische Mechanik" ist an deutschen Universitäten in der Regel eine Pflichtvorlesung, die also von allen Physikstudierenden gehört werden soll. Umso wichtiger ist es, die Ziele der Vorlesung möglichst transparent zu formulieren. In Kursvorlesungen über Theoretische Physik habe ich als Dozent schon oft die Fragen gehört: „Warum soll ich das lernen?" oder „Warum ist diese Theorie für mich als Physiker(in) nützlich?" Das Buch versucht, genau diese Fragen zu beantworten und dadurch die Motivation und Lernbereitschaft der Studierenden zu erhöhen. Wesentliche Elemente in der Wissensvermittlung sind auch die ausführlichen Erklärungen von Herleitungen und Berechnungen und die vielen hilfreichen Grafiken. Damit die „Theorie" nicht allzu abstrakt wirkt, werden typische Anwendungen in Fallbeispielen behandelt. Weitere Fallbeispiele werden in den Übungsaufgaben aufgegriffen. Manche dieser Übungsaufgaben sind eher elementar, manche ausführlicher oder anspruchsvoller (als „P" gekennzeichnet), manche eher als kleines „Projekt" gedacht (als „PP" gekennzeichnet), aber alle Übungsaufgaben haben das Ziel, den Stoff zu erläutern und teilweise auch zu ergänzen und vertiefen. Die Lösungen zu den Übungsaufgaben sind ein wichtiger Teil des didaktischen Konzepts. Sie sollen den Studierenden nicht nur zur Kontrolle dienen, ob die eigene Lösung korrekt ist, sondern auch einen *effizienten* Lösungsweg, eine physikalische Interpretation der Ergebnisse und gelegentlich auch Ausblicke aufzeigen.

Es sollte für interessierte Studierende sogar möglich sein, sich den Inhalt dieses Buches im Ganzen oder in Auszügen im Selbststudium zu erarbeiten, da Herleitungen und Erläuterungen zu den Berechnungen sehr ausführlich sind und zu jedem Kapitel eine Sammlung von Übungsaufgaben mit Lösungen enthalten ist. Speziell für besonders interessierte Studierende (oder für zeitintensivere Vorlesungen) werden auch einige weiterführende oder vertiefende Aspekte der „kanonischen"

---

[1]Nahezu alle für die Klassische Mechanik erforderlichen mathematischen Techniken sind in Ref. [10] enthalten, die die Mathematik des ersten Jahrs eines Physikstudiums abdeckt.

Themen behandelt, die in der Regel physikalisch besonders interessant sind. Die entsprechenden Abschnitte sind durch einen Asterisk (∗) gekennzeichnet, um anzugeben, dass man sie beim ersten Durchgang überspringen *kann* (aber natürlich nicht *muss*: Die Lektüre wird sogar dringend empfohlen).

Dieses Buch hat sich im Laufe der Jahre entwickelt aus Notizen zu Kursvorlesungen über „Klassische Mechanik", die ich seit Anfang des Milleniums an der Johannes Gutenberg-Universität in Mainz gehalten habe. Für die Fertigstellung der ersten Version des zugrunde liegenden Skripts möchte ich mich herzlich bei meiner Sekretärin Frau Elvira Helf und bei Herrn Albrecht Seelmann bedanken. Sehr dankbar bin ich meinen langjährigen Übungsassistenten Sascha Kromin und Jan Rothörl, Herrn M. Sc. Niklas Tausendpfund, Herrn Dr. Julian Großmann, meinem Kollegen Prof. Dr. Martin Reuter und meiner Frau, Dr. Irmgard Nolden, die das Manuskript komplett durchgearbeitet und durch viele Kommentare und Verbesserungsvorschläge sehr bereichert haben. Ganz offensichtlich liegt die Verantwortung für noch verbliebene weniger gelungene Formulierungen bei mir, und ich wäre meinen Lesern ggf. dankbar für eine entsprechende Mitteilung. Ich danke auch ganz herzlich Frau Margit Maly und Frau Stefanie Adam vom Lektorat Springer Spektrum für ihre Unterstützung bei diesem Projekt. Gewidmet ist dieses Buch Heinrich und Erwine Nolden, ohne die es – zumindest in dieser Form – nicht zustande gekommen wäre.

Ich hoffe, dass sich dieses Buch über Klassische Mechanik für alle Leser(innen) als nützlich erweist, aber insbesondere für die Studierenden, für die es primär geschrieben wurde, und wünsche ihnen viel Erfolg und auch Spaß bei ihren ersten Schritten in die Welt der Theoretischen Physik.

Mainz, im August 2021

Peter van Dongen

**Vorschläge zum Einsatz des Buches in verschiedenen Lehrveranstaltungen**

|         | Kap 1 | Kap 2 | Kap 3 | Kap 4 | Kap 5 | Kap 6 | Kap 7 | Kap 8 |
|---------|-------|-------|-------|-------|-------|-------|-------|-------|
| KM1     | +     | +     | +     | +     | −     | +     | +     | ◯     |
| AM1     | +     | +     | ◯     | ◯     | −     | +     | +     | +     |
| AMR     | +     | +     | ◯     | ◯     | +     | +     | +     | ◯     |
| KMÜ     | +     | +     | +     | ◯     | ◯     | ◯     | ◯     | ◯     |
| KM$\frac{3}{2}$ | + | +     | +     | +     | +     | +     | +     | +     |

Legende:   + = gut geeignet, ◯ = Themenauswahl erforderlich, − = weniger geeignet
KM1 = Newton'sche & Analytische Mechanik *ohne* Relativitätstheorie (1-semestrig)
AM1 = Analytische Mechanik *ohne* Relativitätstheorie (1-semestrig)
AMR = Analytische Mechanik *mit* Relativitätstheorie (1-semestrig)
KMÜ = Überblick über Mechanik *mit* Relativitätstheorie (1-semestrig)
KM$\frac{3}{2}$ = Newton'sche & Analytische Mechanik *mit* Relativitätstheorie ($1\frac{1}{2}$-semestrig)

# Inhaltsverzeichnis

# Kapitel 1

# Einführung und Motivation

Die Lehrbuchdefinition der Klassischen Mechanik, etwa als „Zweig der Physik, der sich mit der Bewegung physikalischer Körper befasst" [34], wird der enormen historischen, kulturellen und philosophischen Bedeutung der Mechanik und ihrem Anwendungspotential in Wissenschaft und Technik wohl kaum gerecht.

Die Mechanik hat ihre Wurzeln in der *Himmels*mechanik und somit in der *Astronomie*: Bereits vor Jahrtausenden versuchte der Mensch, seine Existenz auf der Erde und die Bewegung der Himmelskörper über ihm zu ergründen [5]. Dies hatte sicherlich zum Teil religiöse und zum Teil äußerst praktische Gründe, denn es war selbstverständlich wichtig, einerseits „bedrohliche" Phänomene (Sonnen- und Mondfinsternisse) vorhersagen zu können und andererseits über einen gut funktionierenden Kalender zu verfügen. Frühe astronomische Beobachtungen wurden nachweislich in China (angeblich bereits im 25. Jahrhundert v. Chr.) und in Ägypten, Indien und Chaldäa durchgeführt. Neben diesen Anfängen können Höhepunkte der Beobachtung in Griechenland (Hipparchos, 2. Jahrhundert v. Chr.), Arabien (Albategnius, 10. Jahrhundert), Chorasan (Naṣīr ad-Dīn, 13. Jahrhundert) und Turkestan (Ulugh Beg, 14. Jahrhundert) erwähnt werden. Das technische Können der beiden letztgenannten Astronomen wurde in Europa erst im 16. Jahrhundert von Tycho Brahe übertroffen. Die weiterführenden Arbeiten von Tycho Brahes Schüler Johannes Kepler (1571–1630) und insbesondere auch von Galileo Galilei (1564–1642) ermöglichten schließlich die Formulierung einfacher Gesetze, die ein halbes Jahrhundert später in der Newton'schen Mechanik einschließlich der Gravitationstheorie kulminierten.

Theoretische Ideen über den Aufbau des Weltalls, die allerdings eher spekulativen Charakter hatten, gab es bereits vor Newton: Pythagoras (6. Jahrhundert v. Chr.) lehrte, dass die Erde kugelförmig ist; Philolaos (5. Jahrhundert v. Chr.) spekulierte über eine mögliche Rotation der Erde um die eigene Achse und über die Bewegung der Erde, der Sonne, des Mondes und der Planeten um ein gemeinsames Zentrum; Aristoteles (4. Jahrhundert v. Chr.) erklärte die Sonnen- und Mondfinsternisse aufgrund der sphärischen Form dieser Körper und der Erde; Eratosthenes (3. Jahrhundert v. Chr.) bestimmte den Erddurchmesser; Claudius Ptolomaeus (2. Jahrhundert) formulierte aufgrund der Messdaten von Hipparchos ein *geozentrisches* Weltbild; Nicolaus Copernicus (1473–1543) zweifelte dieses geozentrische Weltbild an und zeigte, dass die Messdaten in einfacher Weise mit Hilfe eines

© Springer-Verlag GmbH Deutschland, ein Teil von Springer Nature 2021
P. van Dongen, *Klassische Mechanik*,
https://doi.org/10.1007/978-3-662-63789-0_1

*heliozentrischen* Weltbildes beschrieben werden können.

Die Geschichte der Astronomie demonstriert übrigens sehr schön, dass in den Naturwissenschaften Experiment und Theorie Hand in Hand gehen und außerdem die Unterstützung von Mathematik und Technik benötigen: Ohne die Entwicklung der Geometrie (Archimedes, Euklid, Apollonios von Perge [31, 4]) und die Erfindung des Teleskops (Lipperhey, Metius, Jansen, 1608) wären Galileos astronomische Untersuchungen und Newtons Formulierung der Grundlagen der Mechanik nicht ohne Weiteres möglich gewesen.

Isaac Newton fasste 1666 die theoretische Erklärung aller bis zu diesem Zeitpunkt gemachten astronomischen Beobachtungen und auch vieler späterer in einer einzigen Formel zusammen [25, 7], seinem universellen Gravitationsgesetz:

$$m_i \ddot{\mathbf{x}}_i = \sum_{j \neq i} \frac{\mathcal{G} m_i m_j \mathbf{x}_{ji}}{|\mathbf{x}_{ji}|^3} \qquad (i, j = 1, 2, \cdots, N) \,. \tag{1.1}$$

Hierbei ist $m_i$ ($i = 1, 2, \cdots, N$) die Masse und $\mathbf{x}_i$ der Ortsvektor des $i$-ten Teilchens und stellt $\mathcal{G} = 6{,}6743 \cdot 10^{-11}\,\mathrm{Nm}^2/\mathrm{kg}^2$ die Newton'sche Gravitationskonstante dar. Außerdem wurde der Relativvektor $\mathbf{x}_{ji} \equiv \mathbf{x}_j - \mathbf{x}_i$ eingeführt. Die Notation $\ddot{\mathbf{x}}_i$ bezeichnet die *Beschleunigung* des $i$-ten Teilchens. Das Gravitationsgesetz (1.1) besagt, dass sich alle Massenpunkte im Weltall umgekehrt proportional zum Quadrat ihres Relativabstandes anziehen. Die Gesamtkraft, die in einem $N$-Teilchen-System rein aufgrund der *Gravitation* auf das Teilchen mit dem Index $i$ ausgeübt wird, ist somit die Summe von $N - 1$ Zweiteilchenkräften, die jeweils entlang der Verbindungslinie der Teilchenpaare gerichtet sind.

Die wichtigste Anwendung des Gravitationsgesetzes (1.1) ist die Beschreibung unseres Sonnensystems. Generationen von Mathematikern (Euler, Clairaut, d'Alembert, Lagrange, Laplace, Legendre, Gauß, Bessel, Poisson, Poincaré, . . . ) haben sich angestrengt, die Konsequenzen von Gleichung (1.1) für unser Sonnensystem zu berechnen [31, 4]. Einige mathematisch rigorose Aussagen wurden erst in unserer Zeit durch die Arbeiten von Kolmogorow, Arnold und Moser möglich [3]. Die intensive Untersuchung mechanischer Vielteilchensysteme hat im 20. Jahrhundert zu einem neuen Zweig der Theoretischen Physik, zur *Theorie dynamischer Systeme* und somit auch zur *Chaostheorie* geführt. Neben den entsprechenden analytischen Verfahren wird bei der Untersuchung der Dynamik des Sonnensystems auch die *Numerik* immer wichtiger: Numerische Berechnungen deuten z. B. darauf hin, dass die Bahnen der äußeren Planeten des Sonnensystems stabil, diejenigen der inneren Planeten jedoch chaotisch (d. h. etwa: nur ungenau vorhersagbar) sind [24].

Bemerkenswert am Gravitationsgesetz (1.1) ist, dass die physikalische Größe „Masse" auf der linken und der rechten Seite gänzlich unterschiedliche Rollen spielt. Auf der linken Seite tritt die „träge" Masse $m_i$ auf, die in *jeder* Bewegungsgleichung der Form $m_i \ddot{\mathbf{x}}_i = \mathbf{F}_i$ vorkommt und bewirkt, dass das $i$-te Teilchen unter der Einwirkung der Kraft $\mathbf{F}_i$ umgekehrt proportional zu $m_i$ beschleunigt wird. Auf der rechten Seite von (1.1) treten $m_i$ und $m_j$ als Proportionalitätskonstanten in der Gravitationskraft auf, die die Teilchen $i$ und $j$ aufeinander ausüben, d. h. als Teilcheneigenschaften („schwere" Massen), die *nur* für die Gravitationswechselwirkung relevant sind. Es ist erstaunlich, dass für alle Teilchen das Verhältnis von träger und schwerer Masse *gleich* ist (und daher durch eine geeignete Definition der Gravitationskonstante $\mathcal{G}$ gleich *eins* gewählt werden kann). Diese Äquivalenz der trägen und schweren Massen wurde experimentell bereits von Newton gezeigt und später von Bessel sowie - mit viel größerer Genauigkeit - von Eötvös (1890, 1909) nachgewiesen, s. Ref. [32]; auch moderne Tests bestätigen diese Äquivalenz. Sie stellt eine Grundlage der allgemeinen Relativitätstheorie (Einstein, 1916) dar.

Die Schwerkraft, die von Gleichung (1.1) beschrieben wird, ist natürlich nicht die einzige relevante Kraft in der Natur: Neben der Gravitation erzeugen auch die elektromagnetische, die schwache und die starke Wechselwirkung weitere fundamentale Kräfte. Hierbei sind die schwache Wechselwirkung, die z. B. den $\beta$-Zerfall hervorruft, und die starke Wechselwirkung, d. h. die Kraft zwischen Hadronen (z. B. Quarks, Baryonen, Mesonen), nur im Rahmen der Quantentheorie sinnvoll beschreibbar. Elektromagnetische Kräfte zwischen makroskopischen Ladungen können jedoch durchaus im Rahmen der Klassischen Mechanik beschrieben werden. Analog zum Gravitationsgesetz für Punktmassen gilt z. B. das Coulomb-Gesetz (Charles-Augustin de Coulomb, 1785) für die Wechselwirkung $N$ geladener Punktteilchen:

$$ m_i \ddot{\mathbf{x}}_i = \sum_{j \neq i} \left( -\frac{q_i q_j \mathbf{x}_{ji}}{4\pi\varepsilon_0 |\mathbf{x}_{ji}|^3} \right) \qquad (i, j = 1, 2, \cdots, N) \,. \tag{1.2} $$

Hierbei stellt $q_i$ die elektrische Ladung des $i$-ten Punktteilchens dar, und $\varepsilon_0 \simeq 8{,}854 \cdot 10^{-12}$ F/m ist die Dielektrizitätskonstante des Vakuums.[1] Wiederum ist die Kraft auf ein Teilchen die Summe von Zweiteilchenkräften, die entlang der jeweiligen Verbindungslinien gerichtet sind. Das Coulomb-Gesetz (1.2), wie übrigens auch das Newton'sche Gesetz (1.1), gilt nur für „nicht-relativistische" Geschwindigkeiten ($|\dot{\mathbf{x}}_i| \ll c$ für $1 \leq i \leq N$, wobei $c = 299792458$ m/s die Lichtgeschwindigkeit im Vakuum darstellt). Dies sieht man sofort daran, dass die Wechselwirkung zwischen den Ladungen oder Massen des $i$-ten und $j$-ten Teilchens in (1.2) bzw. (1.1) *instantan* erfolgt: In einer relativistischen Theorie wäre die Ausbreitungsgeschwindigkeit dieser Wechselwirkung von oben durch die Lichtgeschwindigkeit beschränkt. Außerdem ist das Coulomb-Gesetz (1.2) unzulänglich, falls für $N \gg 1$ makroskopische Ströme auftreten und somit Magnetfelder erzeugt werden.

Hiermit kommen wir auf das Anwendungspotential der Klassischen Mechanik bzw. auf die *Einschränkungen ihrer Gültigkeit* zu sprechen: Die nicht-relativistische Theorie verliert ihre Gültigkeit, sobald die auftretenden Geschwindigkeiten nicht mehr vernachlässigbar sind im Vergleich zur Lichtgeschwindigkeit. Die Newton'sche Mechanik muss daher im Bereich hoher Geschwindigkeiten modifiziert und durch eine genauere Beschreibung (in diesem Fall die spezielle oder allgemeine *Relativitätstheorie*) ersetzt werden. Ähnliches gilt in der Mikrowelt: Obwohl die Klassische Mechanik oft durchaus noch imstande ist, die Dynamik größerer Moleküle adäquat zu beschreiben, versagt sie bei der Erklärung des Atom- oder Kernaufbaus. In der Welt des Kleinen wird die Klassische Mechanik durch die *Quantentheorie* ersetzt. Es ist übrigens nicht einfach, eine klare Trennlinie anzugeben zwischen Systemen, die klassisch beschrieben werden können, und Systemen, die unbedingt quantenmechanisch zu beschreiben sind. Manchmal äußert sich die Quantenmechanik nämlich auch im Großen, wie bei den „makroskopischen Quantenphänomenen": Supraleitung, Suprafluidität, Magnetismus, Bose-Einstein-Kondensation, Quanten-

---

[1] Der exakte *numerische* Wert der Dielektrizitätskonstante $\varepsilon_0$ ist $10^7/4\pi c_{\mathrm{num}}^2$, wobei $c_{\mathrm{num}} = 299792458$ den numerischen Wert der Lichtgeschwindigkeit in m/s darstellt.

Hall-Effekt, topologische Phasen, die alle in makroskopisch ausgedehnten Körpern, Flüssigkeiten oder Gasen auftreten.[2]

Trotz dieser Einschränkungen ist das Anwendungspotential der Klassischen Mechanik sehr groß: Fast alle Objekte des täglichen Lebens können grundsätzlich durch die Klassische Mechanik beschrieben werden. Ob man nun Fahrrad oder Auto fährt oder sich mit einem Segelboot, einem Flugzeug oder einer Rakete fortbewegt, ob man sich als Meteorologe für die Dynamik der Regentropfen und Eispartikel in der Luft oder als Astronom für diejenige der Planeten in unserem Sonnensystem interessiert: Um die Mechanik kommt man nicht herum. Sie ist auch von wesentlicher Bedeutung für Industrie und Technik [19]. Man denke hierbei nur an grundlegende Erfindungen, wie diejenige des *Rads* (um 3500 v. Chr.), mit dessen Hilfe der Gleitwiderstand beim Transportieren von Gütern weitgehend beseitigt wurde, oder diejenigen des *Hebels*, des zusammengesetzten *Flaschenzugs* sowie der *Schnecken-pumpe* zur Bewässerung.[3] Ohne Verständnis der Statik gäbe es weder Aquädukte noch Wolkenkratzer, ohne Verständnis der Hydrostatik keine Schifffahrt, keine Heißluftballons und keine U-Boote. Analog setzt die Luftfahrt sowohl „elementare" Anwendungen der Mechanik (z. B. Propeller oder Düsenantriebe) als auch Verständnis der Aerodynamik voraus. Ohne Verständnis der Mechanik gäbe es keine Raumfahrt. Sogar unter Umständen, unter denen die Klassische Mechanik streng genommen nicht gültig ist, z. B. in der Quantenwelt oder im relativistischen Bereich, ist das „neue" Wissen oft noch eine Erweiterung des „klassischen" und hat der „neue" Effekt oft ein „klassisches" Pendant.

Aus diesen Gründen werden wir uns im Folgenden mit klassischen Phänomenen befassen, d. h. mit klassischen Teilchen, eventuell durch ihre „schwere" Masse gekoppelt an ein Gravitationspotential oder durch ihre Ladung an ein klassisches elektromagnetisches Feld. Hierbei wird das Wort „klassisch" immer im Gegensatz zu „quantenmechanisch" verwendet. In diesem Sinne können *klassische* Teilchen also durchaus relativistische Geschwindigkeiten besitzen. In diesem Buch werden die Konzepte und typischen Anwendungen der Mechanik zunächst anhand der *New-ton'schen* (also *nicht*-relativistischen) Theorie erklärt (Kapitel [2] - [4] sowie Anhänge A und B). In den Kapiteln [6] - [8] wird dann gezeigt, wie die Newton'sche Mechanik mit Hilfe der Ideen von Lagrange und Hamilton bequem umformuliert und klarer strukturiert werden kann. Die Änderungen, die bei der Beschreibung klassischer Teilchen auftreten, falls deren Geschwindigkeiten *relativistische* Werte erreichen (also *nicht* klein sind im Vergleich zur Lichtgeschwindigkeit), werden in Kapitel [5] und den Anhängen C und D beschrieben.

---

[2]Diese makroskopischen Quantenphänomene sind physikalisch sehr wichtig: Für ihre Entdeckung und die theoretischen Erklärungen wurden dann auch etliche Nobelpreise vergeben.

[3]Die letzten beiden Erfindungen stammen übrigens, genau wie das nach ihm benannte *Prin-zip*, von Archimedes von Syrakus (ca. 287–212 v. Chr.), der auch – allerdings wohl nicht als erster – die *Hebelgesetze* formulierte. Über Archimedes' Leben ist sehr wenig zuverlässig bekannt, aber aufgrund seiner nachgelassenen Werke gehört er sicherlich zu den ganz Großen der Wissenschaftsgeschichte, speziell auch wegen seiner Beiträge zur Geometrie und Arithmetik. Ihm werden verschiedene Aussagen zugeschrieben, die – auch wenn sie apokryph sein sollten – die enorme Bedeutung seiner Erfindungen für die Zeitgenossen widerspiegeln: Das berühmte εὕρηχα, εὕρηχα („heureka") bei der Entdeckung des *Archimedischen Prinzips*, seine Aussage „Gebt mir einen festen Punkt, und ich hebe die Welt aus den Angeln" über die *Hebelwirkung* und seine begeisterte Mitteilung an König Hieron II von Syrakus über den zusammengesetzten *Flaschenzug*: „Gib mir eine zweite Erde, und ich würde auf sie umsteigen und diese bewegen" [16, 17].

# Kapitel 2

# Postulate und Gesetze der Newton'schen Mechanik

In diesem Kapitel werden die wichtigsten *Begriffe* der Newton'schen, nicht-relativistischen Mechanik und ihre *Postulate* erklärt, und es wird auch ausführlich auf die Konsequenzen der Postulate für die mögliche Form physikalischer Gesetze eingegangen. Hierbei versuchen wir, die Postulate in *moderner* Sprache zu formulieren.

Der Versuch einer modernen Formulierung der Postulate der Mechanik erfordert jedoch eine gewisse Hybris, denn der Schatten der Newton'schen „Gesetze" liegt schon seit dreieinhalb Jahrhunderten über uns: Wir werden uns von Newtons Originalsprache ein wenig emanzipieren müssen. Dass Newton seine Gesetze auf *Latein* formuliert hat (siehe Ref. [25]), ist noch das geringste Problem. Problematischer ist, dass die Gesetze nicht in der heute üblichen Sprache der Physik, d. h. mit Hilfe der *mathematischen Analysis*, formuliert sind, sondern eher *geometrisch* und *verbal*, und dass Newtons Worte im heutigen Sprachgebrauch teilweise eine andere Bedeutung haben. In fast jedem Lehrbuch zur Mechanik bemüht man sich daher um eine Exegese der Newton'schen Gesetze und versucht anschließend, sie modern umzudeuten. Als Beispiel sei hier Sommerfelds schönes Lehrbuch *Mechanik* genannt (siehe Ref. [33]), in dem er sogar für eine historisch-kritische Darstellung der Begriffe der Mechanik auf Ernst Mach (siehe Ref. [23]) verweist.

Zwei weitere Probleme sind, dass neuere Einsichten (z. B. über Inertialsysteme oder Kosmologie) in den Newton'schen Gesetzen nicht enthalten sind und dass die Struktur der Newton'schen Gesetze nicht gut zu den Postulaten der Speziellen Relativitätstheorie passt. Die Idee einer vierdimensionalen Raum-Zeit, in der unendlich viele physikalisch äquivalente Bezugssysteme existieren, widerspricht diametral Newtons Vorstellungen über einen absoluten Raum und eine absolute Zeit. Gerade die Raum-Zeit-Struktur und die möglichen Transformationen zwischen Bezugssystemen sind in der Mechanik aber fundamental wichtig.

Aus diesen Gründen werden wir in diesem Buch als Ausgangspunkt eine Form der Postulate der Newton'schen Mechanik wählen, wie sie auch in der moderneren mathematischen Literatur (siehe z. B. Ref. [3]) verwendet wird, denn diese Postulate haben die *gleiche* Struktur wie diejenigen der Speziellen Relativitätstheorie. Ein zentral wichtiges Element in den Postulaten wird das Verhalten von *Messergebnissen* unter *Galilei-Transformationen* zwischen Bezugssystemen sein, insbesondere

© Springer-Verlag GmbH Deutschland, ein Teil von Springer Nature 2021
P. van Dongen, *Klassische Mechanik*,
https://doi.org/10.1007/978-3-662-63789-0_2

dasjenige von *Längen-* und *Zeit*messungen. Bereits hieraus geht hervor, dass das Transformationsverhalten der *Metrik*, d. h. der *Abstände* in Raum und Zeit, im Folgenden zentral stehen wird. Selbstverständlich beinhalten die Postulate, die wir als Ausgangspunkt wählen, grundsätzlich dieselbe Information wie die Newton'schen Gesetze. Im Laufe des Kapitels werden wir die Newton'schen Gesetze sogar aus den Postulaten *herleiten*. Dies hat als weiteren Vorteil, dass man die „Gesetze" direkt in moderner Sprache und mathematisch präzise erhält.

In diesem Kapitel präsentieren wir zunächst in Abschnitt [2.1] die Postulate der Newton'schen Mechanik in *vereinfachter* Form. Im Laufe des Kapitels werden die in den Postulaten genannten Begriffe sowie einige weitere Schritt für Schritt präzisiert. Beispiele für weitere Begriffe, die in diesem Kapitel behandelt werden, sind das Konzept eines *Massenpunktes* (Abschnitt [2.2]), die *Struktur der Raum-Zeit* (Abschnitt [2.3]) und die zentral wichtigen Begriffe „*abgeschlossenes System*" und „*Teilsystem*" (Abschnitt [2.4]); diese letzten Begriffe sind deshalb so wichtig, weil die Postulate der Klassischen Mechanik uneingeschränkt nur für „abgeschlossene Systeme" gelten und man für „Teilsysteme" Zusatzinformation benötigt. Die mögliche Form der Galilei-Transformationen zwischen Bezugssystemen wird in den Abschnitten [2.5] und [2.9] geklärt. Die genaue *Form* physikalischer Gesetze sowie ihre *Forminvarianz* unter Galilei-Transformationen werden in Abschnitt [2.6] diskutiert; auch werden einige Spezialfälle und Beispiele behandelt (in den Abschnitten [2.7] und [2.8]). In Abschnitt [2.10] fassen wir die Ergebnisse zusammen.

## 2.1   Skizze der Postulate

In diesem Abschnitt skizzieren wir die Grundideen der Newton'schen Mechanik. Hierbei werden wir einige Begriffe und Konzepte kennenlernen, die an dieser Stelle nur provisorisch behandelt werden können. Im Laufe des Kapitels werden diese Begriffe und Konzepte dann näher präzisiert.

Im Wesentlichen gibt es *drei* grundlegende Annahmen (oder *Postulate*) der Newton'schen Mechanik. Das erste dieser drei Postulate lautet:

**P1:** Es existieren überabzählbar viele *Inertialsysteme*, in denen alle physikalischen Gesetze zu jedem Zeitpunkt gleich sind.

Dieses Postulat wird als das Galilei'sche *Relativitätsprinzip* bezeichnet. Die hier postulierten *Inertialsysteme* sind spezielle Bezugssysteme, die durch sogenannte *Galilei-Transformationen* verbunden sind. Solche Transformationen lassen die Abstände sowohl im Ortsraum als auch in der Zeit *invariant*, sodass diese in allen Inertialsystemen gleich sind. Dies wird vom zweiten Postulat ausgedrückt:

**P2:** *Zeitdifferenzen* und die *räumlichen Abstände gleichzeitiger Ereignisse* sind *absolut*,[1] d. h. in allen Inertialsystemen gleich (s. Abschnitte [2.3] und [2.5]).

Die Form der im ersten Postulat genannten *physikalischen Gesetze* wird schließlich vom dritten Postulat festgelegt, das als das *deterministische Prinzip* der Klassischen Mechanik bekannt ist:

---

[1]Im Folgenden werden wir „absolut" alternativ auch oft als *beobachterunabhängig* bezeichnen.

**P3:** Die Bewegung eines mechanischen Systems ist für *alle* Zeiten durch die Vorgabe der Koordinaten und Geschwindigkeiten aller Teilchen zu einem *einzelnen* Zeitpunkt vollständig festgelegt (s. Abschnitt [2.6]).

Hierüber hinaus gibt es weitere, meist implizite Annahmen bezüglich der *Homogenität* des Ortsraums und der Zeit und der *Isotropie* des Ortsraums. Wir werden die Postulate im Laufe dieses Kapitels weiter präzisieren und in klare mathematische Zusammenhänge übersetzen (s. Abschnitt [2.10]).

### Erste Kommentare zu den Postulaten

Das *Relativitätsprinzip* im ersten Postulat (P1) ist deshalb so wichtig, da es gewährleistet, dass die physikalischen Gesetze nicht nur für einen speziellen Beobachter in einem speziellen Bezugssystem gelten sollen, sondern viel allgemeiner: für unendlich viele Beobachter in unendlich vielen Bezugssystemen, die als „Inertialsysteme" bezeichnet werden. Das Relativitätsprinzip erhöht die Aussagekraft physikalischer Gesetze daher enorm. Hierbei personifiziert der Begriff „Beobachter" die Möglichkeit, in einem Inertialsystem im Prinzip beliebige Längen- und Zeitmessungen durchzuführen. Diese Möglichkeit, beliebige Messungen durchzuführen, soll in *allen* Inertialsystemen gewährleistet sein.[2]

Leider erklärt das erste Postulat nicht, wann genau ein Bezugssystem ein *Inertialsystem* ist. Dies wird im zweiten Postulat (P2) erläutert: Falls wir ein Inertialsystem identifizieren können, in dem physikalische Gesetze gelten, dann werden dieselben Gesetze auch gelten in den unendlich vielen Bezugssystemen, die durch Galilei-Transformationen mit dem ersten Inertialsystem verbunden sind. Diese Galilei-Transformationen haben zwei Eigenschaften: Sie lassen gemäß P2 die Abstände im Raum und in der Zeit und gemäß P1 die Form der physikalischen Gesetze *invariant*. Wir werden sehen, dass die Kombination beider Eigenschaften die Galilei-Transformationen *definiert*. Darauf, wie man ein *erstes* Inertialsystem identifizieren kann, gehen wir übrigens in Abschnitt [2.4.3] näher ein.

Die Form der physikalischen Gesetze wird schließlich im dritten Postulat (P3) geklärt: Es besagt im Wesentlichen, dass die *Kräfte*, die auf Teilchen einwirken, nur von den Ortskoordinaten und Geschwindigkeiten dieser Teilchen sowie eventuell auch explizit von der Zeitvariablen abhängen können (s. auch Abschnitt [2.6]).

Man sieht, dass die Postulate eng miteinander zusammenhängen und nur *in Kombination miteinander* die Struktur der Newton'schen Mechanik beschreiben können. Alle diese Zusammenhänge zwischen den Postulaten werden im Folgenden natürlich genauer erklärt.

Zwei weitere Anmerkungen noch zu den Postulaten: Bemerkenswerterweise ist das *Relativitätsprinzip* keineswegs charakteristisch für eine *relativistische* Theorie; es gilt genauso auch für die nicht-relativistische Newton'sche Mechanik. Außerdem kann – wie bereits gesagt – auch die Relativitätstheorie (s. Kapitel [5] und [9]) aus drei Postulaten hergeleitet werden, die genau die gleiche Struktur wie die Postulate

---

[2]Das Wort *beliebig* zeigt bereits, dass mit dem Begriff „Beobachter" in der Regel *nicht* eine räumlich lokalisierte Einzelperson gemeint ist. Wenn man den Messprozess schon personifizieren möchte, sollte man hierbei eher an eine unendlich große Zahl von Messassistenten denken, die über das ganze Inertialsystem verteilt sind, sämtliche Vorgänge bei ihren Koordinaten mit einer Uhr genauestens registrieren und ihre Messergebnisse untereinander austauschen.

der Newton'schen Mechanik haben.[3,4]

## 2.2 Der *Massenpunkt* als Baustein der Mechanik

Es ist bequem, sich bei der Untersuchung der Dynamik von Körpern zunächst auf *Massenpunkte* zu beschränken (d. h. auf massebehaftete Körper, deren Abmessungen deutlich kleiner sind als alle anderen relevanten Längenskalen im Problem). Man verliert in dieser Weise keine Information, da ein beliebiger Körper aus miteinander wechselwirkenden Massenpunkten aufgebaut werden kann. Die Beschreibung einzelner Massenpunkte ist andererseits einfacher als diejenige beliebiger Körper, da die Rotationsenergie von Massenpunkten im Vergleich zu ihrer kinetischen Energie vernachlässigt werden kann und sie – im Gegensatz zu räumlich ausgedehnten Körpern – unter der Einwirkung von Kräften auch nicht deformiert werden.

Eine weitere Motivation für die Untersuchung von Massenpunkten ist, dass ein Massenpunkt oft eine gute *Näherung* für einen realen, ausgedehnten Körper darstellt. Man denke z. B. an das *Kepler-Problem* zur Beschreibung der Bewegung eines Planeten um die Sonne, bei dem diese Himmelskörper in guter Näherung durch Massenpunkte dargestellt werden können. Auch die Dynamik des Sonnensystems als Ganzes kann theoretisch in guter Näherung als die Zeitentwicklung eines Systems von Massenpunkten angesehen werden. Diese Näherung reicht natürlich nicht mehr aus, wenn auch die *innere* Struktur eines Himmelskörpers relevant wird, wie dies z. B. bei der Beschreibung von *Gezeitenkräften* und deren Folgen der Fall ist.

Wir werden einen Körper also als System von $N$ miteinander wechselwirkenden *Punktteilchen* beschreiben:

$$\frac{d\mathbf{p}_i}{dt} = \mathbf{F}_i \qquad (i = 1, 2, \cdots, N) , \tag{2.1}$$

wobei $\mathbf{F}_i$ die Kraft auf das $i$-te Teilchen, $\mathbf{p}_i \equiv m_i \dot{\mathbf{x}}_i$ der entsprechende Impuls, $m_i$ die träge Masse und $\mathbf{x}_i$ der Koordinatenvektor des $i$-ten Teilchens ist.[5]

**Wie beschreibt man einen Massenpunkt?**

Betrachten wir also ein physikalisches System, das aus (u. U. sehr vielen) miteinander wechselwirkenden Massenpunkten aufgebaut ist. Jeder dieser Massenpunkte soll – im Vergleich zu anderen relevanten Längenskalen – eine vernachlässigbar geringe Ausdehnung haben, sodass seine *Masse* näherungsweise als in einem *Punkt* konzentriert gedacht werden kann. Misst man also die in einem Raumbereich $\mathcal{D}$ vorhandene Masse,[6] wird eine Punktmasse am Ort $\mathbf{x}_\mathrm{P}$ entweder vollständig zum

---

[3]Dies erklärt übrigens auch die letzten drei Worte des Untertitels dieses Buches.

[4]Wir werden feststellen, dass beim Übergang zur Relativitätstheorie nur eine kleine Änderung erforderlich ist: Die *Abstände* im Ortsraum und in der Zeit des zweiten Postulats werden in der Relativitätstheorie durch einen einzigen *Abstand* in der kombinierten Raum-Zeit ersetzt. Bereits hier sieht man, dass in der Relativitätstheorie Ort und Zeit eng miteinander verbunden sind.

[5]Ein Überpunkt (hier z. B. in $\dot{\mathbf{x}}_i$) bezeichnet eine *Zeitableitung*, sodass $\dot{\mathbf{x}}_i$ die *Geschwindigkeit* und analog $\ddot{\mathbf{x}}_i$ die *Beschleunigung* des $i$-ten Teilchens darstellen. Folglich kann die linke Seite von (2.1) auch als $\dot{\mathbf{p}}_i$ oder $m_i \ddot{\mathbf{x}}_i$ geschrieben werden. Diese Notation geht noch auf Newton zurück.

[6]Hierbei sollte das Gebiet $\mathcal{D} \in \mathbb{R}^3$ in mathematischem Sinne *offen* sein, d. h. keinen Rand haben, damit eindeutig klar ist, ob der Massenpunkt bei der Messung als zugehörig zu $\mathcal{D}$ mitgezählt werden soll oder nicht.

Messergebnis beitragen, falls $\mathbf{x}_P \in \mathcal{D}$ gilt, oder überhaupt nicht für $\mathbf{x}_P \notin \mathcal{D}$. Anders formuliert ist die *Teilchendichte* der Punktmasse also komplett in $\mathbf{x}_P$ konzentriert.

Zur Beschreibung der *Teilchendichte* einer Punktmasse in $\mathbf{x}_P$ benötigt man daher eine Funktion, die außerhalb von $\mathbf{x}_P$ null ist und trotzdem bei Integration über den ganzen Ortsraum ein Gesamtgewicht von *eins* ergibt, damit bei der Integration genau *ein* Teilchen gezählt wird. Man erhält einen ersten Eindruck davon, wie eine solche Funktion aussehen könnte, wenn man für die Teilchendichte z. B. eine gaußische Form $g_\sigma(\mathbf{x} - \mathbf{x}_P)$ mit sehr kleiner Breite $\sigma$ ansetzt. Hierbei ist die dreidimensionale Gauß-Funktion $g_\sigma$ durch $g_\sigma(\mathbf{x}) \equiv (2\pi\sigma^2)^{-3/2} e^{-\mathbf{x}^2/2\sigma^2}$ definiert. Zwar ist für die Gauß-Funktion $g_\sigma(\mathbf{x} - \mathbf{x}_P) \neq 0$ für alle $\mathbf{x} \neq \mathbf{x}_P$, aber es gilt zumindest im Grenzfall kleiner $\sigma$-Breiten:[7]

$$\lim_{\sigma\downarrow 0} g_\sigma(\mathbf{x} - \mathbf{x}_P) = \lim_{\sigma\downarrow 0} \frac{1}{(2\pi\sigma^2)^{3/2}} e^{-(\mathbf{x}-\mathbf{x}_P)^2/2\sigma^2} = 0 \qquad (\mathbf{x} \neq \mathbf{x}_P) \ .$$

Außerdem gilt bei Integrationen über den gesamten $\mathbb{R}^3$: $\int d^3x \, g_\sigma(\mathbf{x} - \mathbf{x}_P) = 1$ für alle $\sigma > 0$, also auch im Grenzfall kleiner $\sigma$-Breiten:

$$\lim_{\sigma\downarrow 0} \int d^3x \, g_\sigma(\mathbf{x} - \mathbf{x}_P) = 1 \ .$$

Wir schließen hieraus, dass die gesuchte Teilchendichte einer Punktmasse in $\mathbf{x}_P$ durch den $(\sigma \downarrow 0)$-Limes der Gauß-Funktion $g_\sigma(\mathbf{x}-\mathbf{x}_P)$ gegeben ist. Wir bezeichnen diesen formalen Limes als die *Deltafunktion* und definieren entsprechend:

$$\boxed{\delta(\mathbf{x}) \equiv \lim_{\sigma\downarrow 0} g_\sigma(\mathbf{x}) \quad , \quad \delta(\mathbf{x} - \mathbf{x}_P) = \lim_{\sigma\downarrow 0} g_\sigma(\mathbf{x} - \mathbf{x}_P) \ .} \qquad (2.2)$$

Die Deltafunktion tritt typischerweise auf in Integralen über Raumbereiche $\mathcal{D} \subseteq \mathbb{R}^3$, und die Definition (2.2) ist dann so zu interpretieren, dass der Grenzwertprozess $\lim_{\sigma\downarrow 0}$ dabei *vor* dem Integralzeichen stehen soll.

Beispielsweise gilt bei der Integration eines Produkts von $\delta(\mathbf{x} - \mathbf{x}_P)$ mit einer beliebigen stetigen Funktion $f : \mathbb{R}^3 \to \mathbb{R}$:

$$\int_{\mathbb{R}^3} d^3x \, \delta(\mathbf{x} - \mathbf{x}_P) f(\mathbf{x}) = \lim_{\sigma\downarrow 0} \frac{1}{(2\pi\sigma^2)^{3/2}} \int_{\mathbb{R}^3} d^3x \, e^{-(\mathbf{x}-\mathbf{x}_P)^2/2\sigma^2} f(\mathbf{x})$$

$$= \frac{1}{(2\pi)^{3/2}} \lim_{\sigma\downarrow 0} \int_{\mathbb{R}^3} d^3y \, e^{-\mathbf{y}^2/2} f(\mathbf{x}_P + \sigma\mathbf{y})$$

$$= f(\mathbf{x}_P) \frac{1}{(2\pi)^{3/2}} \int_{\mathbb{R}^3} d^3y \, e^{-\mathbf{y}^2/2} = f(\mathbf{x}_P) \ . \qquad (2.3)$$

Im zweiten Schritt wurde die Substitution $(\mathbf{x} - \mathbf{x}_P)/\sigma \equiv \mathbf{y}$ verwendet und im dritten bzw. vierten der Grenzwertprozess $\lim_{\sigma\downarrow 0} f(\mathbf{x}_P + \sigma\mathbf{y}) = f(\mathbf{x}_P)$ und die Identität $\int d^3y \, g_1(\mathbf{y}) = 1$. Die Eigenschaft (2.3) der Deltafunktion ist äußerst wichtig und kann auch zu ihrer *Definition* verwendet werden. Auf diese und andere Eigenschaften von $\delta(\mathbf{x})$ wird in Übungsaufgabe 2.6 näher eingegangen.

---

[7]Gauß-Funktion und Gauß-Integrale sowie die in (2.2) definierte *Deltafunktion* werden ausführlich in Kapitel 6 und 8 von Ref. [10] und den dazugehörigen Übungsaufgaben behandelt. Auch in Aufgabe 2.6 gehen wir auf Gauß-Funktionen und ihre Beziehung zur Deltafunktion ein. Die Notation $\lim_{\sigma\downarrow 0}$ deutet den „Limes von oben gegen null" an (siehe Seite 622).

Da die gesuchte Teilchendichte einer Punktmasse in $\mathbf{x}_P$ nun bekannt ist, können wir allgemeiner ein physikalisches System von $N$ wechselwirkenden Punktteilchen betrachten, wobei das $i$-te Teilchen sich am Ort $\mathbf{x}_i$ befinden soll ($i = 1, 2, \cdots, N$). Die Teilchendichte $\rho_0$ eines solchen Systems ist dann gleich der Summe der Teilchendichten der einzelnen Punktmassen:

$$\rho_0(\mathbf{x}) = \sum_{i=1}^{N} \delta(\mathbf{x} - \mathbf{x}_i) \, ,$$

und vollkommen analog kann man die *Massen*dichte $\rho_\mathrm{m}$ oder *Ladungs*dichte $\rho_\mathrm{q}$ eines physikalischen Systems einführen:

$$\rho_\mathrm{m}(\mathbf{x}) = \sum_{i=1}^{N} m_i \, \delta(\mathbf{x} - \mathbf{x}_i) \quad , \quad \rho_\mathrm{q}(\mathbf{x}) = \sum_{i=1}^{N} q_i \, \delta(\mathbf{x} - \mathbf{x}_i) \, .$$

Hierbei ist $m_i$ die *schwere* Masse des $i$-ten Teilchens und $q_i$ seine Ladung. Beispielsweise hat die Teilchendichte $\rho_0$ aufgrund von (2.3) die Eigenschaft:

$$\int_{\mathbb{R}^3} d^3x \, \rho_0(\mathbf{x}) f(\mathbf{x}) = \sum_{i=1}^{N} \int_{\mathbb{R}^3} d^3x \, \delta(\mathbf{x} - \mathbf{x}_i) f(\mathbf{x}) = \sum_{i=1}^{N} f(\mathbf{x}_i) \, .$$

Etwas allgemeiner gilt bei Integration über einen offenen Raumbereich $\mathcal{D} \subseteq \mathbb{R}^3$:

$$\int_{\mathcal{D}} d^3x \, \rho_0(\mathbf{x}) f(\mathbf{x}) = \sum_{i=1}^{N} \int_{\mathcal{D}} d^3x \, \delta(\mathbf{x} - \mathbf{x}_i) f(\mathbf{x}) = \sum_{\{i \, | \, \mathbf{x}_i \in \mathcal{D}\}} f(\mathbf{x}_i) \, . \tag{2.4}$$

Zum Integrationsergebnis tragen also nur Teilchen bei, die sich auch tatsächlich in $\mathcal{D}$ befinden. Speziell erhält man die Teilchenzahl $N_\mathcal{D} = \int_\mathcal{D} d^3x \, \rho_0(\mathbf{x})$ im Raumbereich $\mathcal{D}$, indem man in (2.4) $f(\mathbf{x}) = 1$ wählt. Analog sind die Gesamtmasse und Gesamtladung aller Teilchen im Raumbereich $\mathcal{D}$ durch $M_\mathcal{D} = \int_\mathcal{D} d^3x \, \rho_\mathrm{m}(\mathbf{x})$ bzw. $Q_\mathcal{D} = \int_\mathcal{D} d^3x \, \rho_\mathrm{q}(\mathbf{x})$ gegeben.

## 2.3   Struktur von Raum und Zeit

Dieser Abschnitt besteht aus drei Teilen. Im ersten Teil behandeln wir den Ortsraum und die Zeit, wie sie in der Praxis normalerweise in der Newton'schen Mechanik verwendet werden; insbesondere beschreiben wir den Ortsraum mit Hilfe eines *kartesischen Koordinatensystems*. Wir führen den Ortsvektor ein sowie die Zeitvariable und die typischen *Abstände* im Raum und in der Zeit. Weitere Begriffe, wie „Geschwindigkeit", „Beschleunigung", „Impuls" werden definiert, und wir diskutieren die mathematische Struktur des Ortsraums als Vektorraum. Im zweiten und dritten Teil dieses Abschnitts zeigen wir dann, dass die Beschreibung mit Hilfe eines kartesischen Koordinatensystems dem *Ortsraum der Mechanik* streng genommen nicht ganz gerecht wird und dass eigentlich ein *euklidischer Vektorraum* vorliegt, oder, wenn man es ganz genau nimmt, ein *affiner Raum*. Obwohl dieser affine Raum die physikalische Raum-Zeit streng genommen am besten darstellt, werden wir in diesem Buch aus praktischen Überlegungen (mit Blick auf die Anwendung) nahezu immer konkrete Koordinaten wählen.

## Längen- und Zeitmessungen in der Newton'schen Mechanik

Die Physik, also insbesondere auch die Mechanik, spielt sich in einer vierdimensionalen Raum-Zeit ab. Wir nehmen an, dass ein kartesisches Koordinatensystem mit dem Ursprung $\mathbf{0}$ gegeben ist und betrachten die Welt durch die Augen eines Beobachters, der über einen Zollstock und eine Uhr verfügt, um gegebenenfalls Längen- und Zeitmessungen durchführen zu können. Hierbei ist die Zeit eine *ein*dimensionale physikalische Größe. Die Länge des Zeitintervalls $\Delta t$ zwischen den Zeitpunkten $t_1$ und $t_2$ ist durch die Zeitdifferenz

$$\Delta t = t_2 - t_1$$

gegeben. Ein positiver Wert ($\Delta t > 0$) würde bedeuten, dass $t_2$ für $t_1$ in der Zukunft, ein negativer Wert ($\Delta t < 0$), dass $t_2$ für $t_1$ in der Vergangenheit liegt. Analog ist der Abstand zweier Vektoren

$$\mathbf{x} = \begin{pmatrix} x_1 \\ x_2 \\ x_3 \end{pmatrix} \quad \text{und} \quad \mathbf{y} = \begin{pmatrix} y_1 \\ y_2 \\ y_3 \end{pmatrix} \tag{2.5}$$

im dreidimensionalen Ortsraum durch

$$|\mathbf{x} - \mathbf{y}| = \sqrt{(x_1 - y_1)^2 + (x_2 - y_2)^2 + (x_3 - y_3)^2} \tag{2.6}$$

gegeben. Der so definierte *euklidische* Abstand im Ortsraum ist allerdings für alle möglichen Kombinationen von Vektoren $\mathbf{x}$ und $\mathbf{y}$ nicht-negativ. Wir werden die Koordinatenvektoren $\mathbf{x}$ und $\mathbf{y}$ in Fließtext im Folgenden auch häufig in der transponierten Form $\mathbf{x} = (x_1, x_2, x_3)^\mathrm{T}$ bzw. $\mathbf{y} = (y_1, y_2, y_3)^\mathrm{T}$ schreiben. Der Ursprung wäre in dieser Notation dann durch $\mathbf{0} = (0, 0, 0)^\mathrm{T}$ gegeben.

## Geschwindigkeit, Beschleunigung, Impuls

Aufgrund dieser Definitionen von zeitlichen und räumlichen Abständen können nun einige weitere Begriffe und Eigenschaften eingeführt werden: Falls die *physikalische Bahn* eines Teilchens, d. h. sein *Ortsvektor als Funktion der Zeit*, durch $\mathbf{x}(t)$ gegeben ist, wird die *Geschwindigkeit* dieses Teilchens definiert durch

$$\dot{\mathbf{x}}(t) \equiv \lim_{\Delta t \to 0} \frac{\mathbf{x}(t + \Delta t) - \mathbf{x}(t)}{\Delta t} = \frac{d\mathbf{x}}{dt}(t) \,, \tag{2.7a}$$

die *Beschleunigung* durch

$$\ddot{\mathbf{x}}(t) \equiv \lim_{\Delta t \to 0} \frac{\dot{\mathbf{x}}(t + \Delta t) - \dot{\mathbf{x}}(t)}{\Delta t} = \frac{d^2\mathbf{x}}{dt^2}(t) \tag{2.7b}$$

und der *Impuls* durch

$$\mathbf{p}(t) \equiv m\dot{\mathbf{x}}(t) \,,$$

wobei die Masse $m$ übrigens durchaus zeitabhängig sein darf (siehe z. B. Aufgabe 2.5). In den Gleichungen (2.7) wird also implizit angenommen, dass die Funktion $\mathbf{x} : \mathbb{R} \to \mathbb{R}^3$ bzgl. der Zeitvariablen mindestens zweimal stetig differenzierbar ist. Der Geschwindigkeits*betrag* ist durch

$$|\dot{\mathbf{x}}(t)| \equiv \lim_{\Delta t \to 0} \left| \frac{\mathbf{x}(t + \Delta t) - \mathbf{x}(t)}{\Delta t} \right|$$

definiert, und der Impuls*betrag* ist $|\mathbf{p}(t)| = m|\dot{\mathbf{x}}(t)|$.

**Der Ortsraum der Klassischen Mechanik als Vektorraum**

Im Sinne der Linearen Algebra ist der Ortsraum der Klassischen Mechanik ein *Vektorraum*, und zwar der Vektorraum $\mathbb{R}^3$ der geordneten reellen Tripel $\mathbf{x} = (x_1, x_2, x_3)^{\mathrm{T}}$. Die Rechenregel im Vektorraum:

$$(\forall\, \mathbf{x}, \mathbf{x}' \in \mathbb{R}^3)(\exists!\, \mathbf{x} + \mathbf{x}' \in \mathbb{R}^3)$$

besagt, dass die *Summe* zweier Vektoren $\mathbf{x}$ und $\mathbf{x}'$ wiederum zum Vektorraum gehört.[8] Diese Eigenschaft, zusammen mit den üblichen Regeln der Addition, ist sicherlich erforderlich, um z. B. die „stroboskopische" Variante $\{\mathbf{x}_n \,|\, 0 \le n \le N\}$ der physikalischen Bahn zu beschreiben:

$$\mathbf{x}_n = \mathbf{x}(t_0) + \sum_{i=1}^{n} \Delta\mathbf{x}_i \quad , \quad \Delta\mathbf{x}_i \equiv \mathbf{x}(t_i) - \mathbf{x}(t_{i-1}) \quad , \quad t_i \equiv t_0 + \frac{i}{N}(t_N - t_0)\,.$$

Sämtliche Zwischenstationen $\mathbf{x}_n$ der Bahn müssen im Ortsraum enthalten sein; durch die Additionsregel des Vektorraums wird dies gewährleistet. Auch die Regeln der Multiplikation, wie

$$(\forall\, \mathbf{x} \in \mathbb{R}^3, \alpha \in \mathbb{R})(\exists!\, \alpha\mathbf{x} \in \mathbb{R}^3)\,,$$

werden dringend benötigt, um z. B. die geradlinig-gleichförmige Bewegung $\mathbf{x}(t) = \mathbf{x}(0) + \mathbf{v}t$ sinnvoll beschreiben zu können. Da der Vektorraum außerdem mit einem *Skalarprodukt*

$$\mathbf{x} \cdot \mathbf{x}' \equiv x_1 x_1' + x_2 x_2' + x_3 x_3'$$

versehen wird und daher mit der bereits in (2.6) eingeführten *euklidischen* Metrik:

$$|\mathbf{x} - \mathbf{x}'| \equiv \sqrt{(\mathbf{x} - \mathbf{x}') \cdot (\mathbf{x} - \mathbf{x}')} = \sqrt{(x_1 - x_1')^2 + (x_2 - x_2')^2 + (x_3 - x_3')^2}\,,$$

liegt im Falle des Ortsraums der Klassischen Mechanik – mathematisch gesprochen, wenn wir wie hier kartesische Koordinaten wählen – insgesamt also ein dreidimensionaler *euklidischer Koordinatenraum* vor.

**Die Beobachterunabhängigkeit der Abstände im Raum und in der Zeit**

Von den bisher eingeführten Größen spielen sowohl die *Länge eines Zeitintervalls* als auch der *räumliche Abstand* zweier *gleichzeitiger* Ereignisse in der Newton'schen Mechanik eine besondere Rolle: Beide sind *absolute* (d. h. beobachter*un*abhängige) Größen, und diese Beobachterunabhängigkeit hat – wie wir sehen werden – weitreichende Konsequenzen bei der Formulierung physikalischer Gesetze. Die Beobachterunabhängigkeit der Länge eines Zeitintervalls und des räumlichen Abstands hat in der Newton'schen Mechanik den Status eines *Postulats* (siehe P2). Wie bereits in der Einführung zu diesem Kapitel erwähnt, verlieren die Zeitdauer und der räumliche Abstand ihren absoluten Charakter in der Relativitätstheorie; das Postulat P2 wird dann (s. Kapitel [5]) durch ein anderes (über die Beobachterunabhängigkeit des „differentiellen Raum-Zeit-Intervalls") ersetzt.

---

[8]Die hier verwendeten Quantoren $\forall$, $\exists$ and $\exists!$ werden in jedem Buch über einführende Mathematik behandelt, u. a. in Kapitel 1 (insbesondere im Abschnitt 1.1.1) von Ref. [10].

**Die Zeitvariable als absolute Größe:** Für die Zeitvariable bedeutet ihre absolute Natur in der nicht-relativistischen Mechanik konkret Folgendes: Wenn man einen Satz identischer Uhren, die alle gleich schnell laufen, aber möglicherweise zu unterschiedlichen Zeitpunkten gestartet wurden, über die Beobachter in den verschiedenen Koordinatensystemen verteilt, dann

(i) bedeutet *Gleichzeitigkeit* für alle Beobachter dasselbe. Wenn der Beobachter $B$ zur Zeit $t$ die Ereignisse $\{E_\alpha(t)\}$ sieht, sodass diese für $B$ alle gleichzeitig stattfinden, dann gibt es für den Beobachter $B'$ eine Zeit $t'$, zu der er die entsprechenden Ereignisse $\{E'_\alpha(t')\}$ in seinem Bezugssystem ebenfalls alle gleichzeitig sieht.

(ii) ist die Zeitdauer zwischen zwei nicht-gleichzeitigen Ereignissen für alle Beobachter gleich. Da $B$ und $B'$ mit Hilfe ihrer Uhren für jedes Zeitintervall beide das gleiche Ergebnis erhalten: $\Delta t = \Delta t'$, müssen ihre Uhrzeiten für irgendein $\tau \in \mathbb{R}$ gemäß $t = t' + \tau$ miteinander verknüpft sein.

**Der räumliche Abstand als absolute Größe:** Neben der Zeit ist in der Klassischen Mechanik auch der Abstand $|\mathbf{x}_1 - \mathbf{x}_2|$ zweier *gleichzeitiger* Ereignisse, die bei den Raum-Zeit-Koordinaten $(\mathbf{x}_1, t)$ bzw. $(\mathbf{x}_2, t)$ stattfinden, eine absolute Größe. Wir wissen bereits, dass die Gleichzeitigkeit zweier Ereignisse aufgrund des absoluten Charakters der Zeit für alle Beobachter dasselbe bedeutet. Auch der Abstand gleichzeitiger Ereignisse ist somit von fundamentaler Bedeutung in der Mechanik.

Es ist wichtig, hierbei zu beachten, dass der Abstand zweier *nicht*-gleichzeitiger Ereignisse im Allgemeinen beobachter*abhängig* ist und insbesondere (bei geeigneter Wahl des Koordinatensystems) gleich null gewählt werden kann. Betrachten wir beispielsweise die zwei nicht-gleichzeitigen Ereignisse $(\mathbf{x}_1, 0)$ und $(\mathbf{x}_2, \Delta t)$ mit $\Delta t > 0$ in irgendeinem Koordinatensystem; in diesem System haben diese Ereignisse den Relativabstand $|\mathbf{x}_2 - \mathbf{x}_1|$. Für einen Beobachter in einem zweiten Koordinatensystem, das sich relativ zum ersten mit der Geschwindigkeit $\mathbf{v}$ bewegt, beträgt der Relativabstand jedoch $|\mathbf{x}_2 - \mathbf{x}_1 - \mathbf{v}\Delta t|$ und ist somit von der Relativzeit $\Delta t$ abhängig. Für den Spezialfall, dass das zweite Koordinatensystem die Relativgeschwindigkeit $\mathbf{v} = \frac{\mathbf{x}_2 - \mathbf{x}_1}{\Delta t}$ hat, ist der Relativabstand für den zweiten Beobachter sogar exakt null: In seinem System finden die Ereignisse am gleichen Ort (d. h. bei den gleichen Koordinaten) statt.

## 2.3.1 Raum und Zeit - etwas allgemeiner

Wir haben bisher der Einfachheit halber angenommen, dass ein *kartesisches Koordinatensystem* mit dem Ursprung $\mathbf{0}$ vorgegeben ist. Für Anwendungen in der Physik und für konkrete Berechnungen ist dies auch sehr sinnvoll, da Kraftgesetze der Form (2.1) in der Koordinatensprache durch *Differentialgleichungen* beschrieben werden, die mit bekannten Methoden analytisch oder numerisch gelöst werden können. Die Annahme eines kartesischen Koordinatensystems setzt aber voraus, dass im Vektorraum (mit Skalarprodukt) ein Ursprung sowie ein rechtshändiges Orthonormalsystem $(\hat{\mathbf{e}}_1, \hat{\mathbf{e}}_2, \hat{\mathbf{e}}_3)$ mit dem Skalarprodukt $\langle \hat{\mathbf{e}}_i, \hat{\mathbf{e}}_j \rangle = \delta_{ij}$ und der Eigenschaft $\hat{\mathbf{e}}_i \times \hat{\mathbf{e}}_j = \sum_{k=1}^{3} \varepsilon_{ijk}\hat{\mathbf{e}}_k$ gewählt wurden. Jeder Vektor kann dann in der Form $x_1\hat{\mathbf{e}}_1 + x_2\hat{\mathbf{e}}_2 + x_3\hat{\mathbf{e}}_3$ oder alternativ als $\mathbf{x} = (x_1, x_2, x_3)^{\mathrm{T}}$ dargestellt werden. Insbesondere ist der Ursprung durch $\mathbf{0} = (0, 0, 0)^{\mathrm{T}}$ gegeben. Als Notationen wurden hierbei das *Kronecker-Delta* mit den Komponenten $\delta_{ij}$ und der *$\varepsilon$-Tensor* mit den Komponenten $\varepsilon_{ijk}$ eingeführt:

$$\delta_{ij} = \begin{cases} 1 & (i=j) \\ 0 & (\text{sonst}) \end{cases} \quad , \quad \varepsilon_{ijk} = \begin{cases} +1 & \text{für } (ijk) = (123),(231),(312) \\ -1 & \text{für } (ijk) = (213),(132),(321) \\ 0 & (\text{sonst}) \, , \end{cases} \quad (2.8)$$

die ausführlicher z. B. in Kapitel 3 von Ref. [10] oder alternativ in fast jedem einführenden Buch über Mathematik behandelt werden.

Aber die physikalische Realität enthält von sich aus natürlich kein rechtshändiges Orthonormalsystem! Dieses ist ein Werk von Menschenhand. Die physikalische Realität enthält von sich aus überhaupt keine ausgezeichneten Richtungen: Der Ortsraum der Physik soll ja gerade *isotrop* sein. Man kommt dem physikalischen Ortsraum daher schon näher, indem man auf die Wahl von Basisvektoren verzichtet. Das Bild, das man dann vom Ortsraum erhält, ist in Abbildung 2.1 dargestellt; ein solcher Raum wird in der Mathematik als ein (dreidimensionaler) *euklidischer Vektorraum* oder kurz auch als $E^3$ bezeichnet. In einem euklidischen Vektorraum wählt man einen *Referenzpunkt* (d. h. einen *Ursprung* $\mathcal{O}$). Die verschiedenen Punkte des Ortsraums bezeichnen wir z. B. als $\mathcal{X}$ oder $\mathcal{Y}$, und wir führen *Ortsvektoren* ein, indem wir diese Punkte mit dem Ursprung verbinden: $\mathcal{OX} \equiv \boldsymbol{\xi}$ bzw. $\mathcal{OY} \equiv \boldsymbol{\eta}$.

Man kann auch *Relativvektoren* definieren; z. B. ist der Relativvektor, der von $\mathcal{Y}$ nach $\mathcal{X}$ zeigt, durch $\boldsymbol{\xi} - \boldsymbol{\eta}$ gegeben. Außerdem ist der euklidische Vektorraum $E^3$ mit einem reellen Skalarprodukt $\langle \boldsymbol{\xi}, \boldsymbol{\eta} \rangle$ ausgestattet. Aus diesem Skalarprodukt kann man eine euklidische Metrik $|\boldsymbol{\xi} - \boldsymbol{\eta}| = \langle \boldsymbol{\xi} - \boldsymbol{\eta}, \boldsymbol{\xi} - \boldsymbol{\eta} \rangle^{1/2} \geq 0$ herleiten, die den Abstand von $\mathcal{Y}$ nach $\mathcal{X}$ quantifiziert. Mit Hilfe dieser Metrik kann man nun auch ohne kartesische Koordinaten *Längen messen*.

Nicht jedes denkbare Skalarprodukt des euklidischen Vektorraums $E^3$ wäre allerdings physikalisch akzeptabel: Das Skalarprodukt des *physikalischen* Ortsraums muss die Eigenschaften haben, dass für alle *geometrisch* orthogonalen Richtungen $\boldsymbol{\xi}$ und $\boldsymbol{\eta}$ die Identität $\langle \boldsymbol{\xi}, \boldsymbol{\eta} \rangle = 0$ gilt und

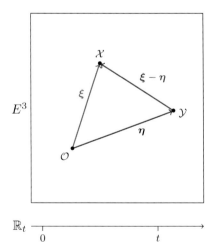

**Abb. 2.1** Euklidischer Vektorraum und Zeitachse

dass der *Meter* des Internationalen Einheitensystems SI auch nach dem Skalarprodukt genau die Länge eins hat.[9,10]

Neben dem Ortsraum wurde in Abbildung 2.1 auch die *Zeitachse* dargestellt. Auch auf der Zeitachse wurde ein Nullpunkt gewählt, sodass jeder Zeitpunkt relativ

---

[9]Hierbei ist „SI" ein Kürzel für *Système international d'unités*.

[10]Der *Meter* ist heutzutage definiert als die Länge der Strecke, die Licht im Vakuum innerhalb von 1/299.792.458 s zurücklegt, sodass die Lichtgeschwindigkeit exakt gleich 299.792.458 m/s ist.

zu diesem Nullpunkt definiert werden kann. Für Anwendungen in der Physik gehen wir gemäß dem SI davon aus, dass die Zeitdauer in *Sekunden* gemessen wird.[11] Die Zeitvariable, oder genauer: die Relativzeit im Vergleich zum Zeitnullpunkt, ist somit eine *reelle* Zahl ($t \in \mathbb{R}_t$). Zusammenfassend sind also sämtliche Ereignisse der Form $(\boldsymbol{\xi}, t)$, die durch einen *Ortsvektor* und einen *Zeitpunkt* charakterisiert werden können, Elemente einer vierdimensionalen *Raum-Zeit*, die die Form eines kartesischen Produkts $E^3 \times \mathbb{R}_t$ hat.

In der Mechanik ist man in der Regel nicht nur an *statischer* Information, z. B. am Aufenthaltsort $\boldsymbol{\xi}_0$ eines Teilchens zum Zeitpunkt $t_0$, interessiert, sondern vielmehr an *dynamischer Information*, z. B. an der *Bewegung* dieses Teilchens unter der Einwirkung von Kräften. Die „Bewegung" eines Teilchens würde in der Sprache der Mathematik einer glatten Abbildung $\mathbb{R}_t \to E^3$ von der Zeitachse (oder einem Teilintervall $\Delta$ davon) in den euklidischen Vektorraum $E^3$ entsprechen. Die „Bahn" $\{\boldsymbol{\xi}(t) \,|\, t \in \Delta\}$, die das Teilchen im euklidischen Vektorraum beschreibt, wäre dann durch das Bild des Zeitintervalls $\Delta$ unter der glatten Abbildung gegeben. Dies zeigt noch einmal, dass auch in der Newton'schen Mechanik Raum und Zeit eng verbunden sind, denn die Bahn des Teilchens [d. h. die Funktion $\boldsymbol{\xi}(t)$] ist durch eine Kurve im kartesischen Produktraum $E^3 \times \mathbb{R}_t$ gegeben.

**Beziehung zwischen euklidischem Vektorraum und Koordinatenraum**

Wenn man nun aus praktischen Überlegungen *Koordinaten* einführen möchte, ist dies im euklidischen Vektorraum recht einfach möglich. In Abbildung 2.2 ist skizziert, wie diese definiert werden können. Man wählt hierzu in der üblichen Weise ein rechtshändiges Orthonormalsystem $(\hat{\mathbf{e}}_1, \hat{\mathbf{e}}_2, \hat{\mathbf{e}}_3)$ und definiert die Koordinaten $(x_1, x_2, x_3)^{\mathrm{T}} \equiv \mathbf{x}$ sowie $(y_1, y_2, y_3)^{\mathrm{T}} \equiv \mathbf{y}$ der Vektoren $\boldsymbol{\xi}$ und $\boldsymbol{\eta}$ durch

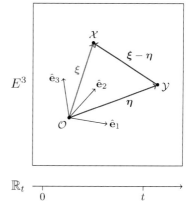

$$\boldsymbol{\xi} \equiv x_1 \hat{\mathbf{e}}_1 + x_2 \hat{\mathbf{e}}_2 + x_3 \hat{\mathbf{e}}_3$$
$$\boldsymbol{\eta} \equiv y_1 \hat{\mathbf{e}}_1 + y_2 \hat{\mathbf{e}}_2 + y_3 \hat{\mathbf{e}}_3 \,.$$

**Abb. 2.2** Beziehung zum Koordinatenraum

Hierdurch wird ein dreidimensionaler Koordinatenraum $\mathbb{R}^3$ definiert, der aus Vektoren der Form (2.5) aufgebaut ist. Interessant ist noch, dass die Skalarprodukte $\langle \boldsymbol{\xi}, \boldsymbol{\eta} \rangle$ und $\mathbf{x} \cdot \mathbf{y}$ im ursprünglichen euklidischen Vektorraum bzw. im Koordinatenraum $\mathbb{R}^3$ aufgrund der Orthonormalität der Basisvektoren numerisch *identisch* sind: $\langle \boldsymbol{\xi}, \boldsymbol{\eta} \rangle = x_1 y_1 + x_2 y_2 + x_3 y_3 = \mathbf{x} \cdot \mathbf{y}$.

## 2.3.2 Raum und Zeit - noch allgemeiner

Auch die Wahl eines *Ursprungs*, der Teil der Eigenschaften des euklidischen Vektorraums ist, ist natürlich willkürlich: Im Ortsraum der klassischen Mechanik gibt

---

[11] Die Definition der *Sekunde* im SI basiert auf dem Übergang zwischen den beiden Hyperfeinstrukturniveaus des Grundzustandes von Caesium-Atomen des Isotops $^{133}$Cs: Eine Sekunde ist das 9192631770-fache der Periodendauer (d. h. der inversen Übergangsfrequenz) dieses Übergangs.

es gerade *keinen* ausgewählten Punkt, der als Ursprung in Betracht käme. Tatsächlich kann man im Modell auch auf den Ursprung verzichten; man spricht dann gelegentlich vom *euklidischen Punktraum* bzw. vom *affinen Raum* und bezeichnet diesen als $A^3$. Auch auf der Zeitachse kann man auf den Nullpunkt verzichten, da es auch hierfür keine „natürliche" Wahl gibt, sodass die Elemente der Zeitachse durch $A$ statt bisher $\mathbb{R}_t$ gegeben sind. Insgesamt hat die Raum-Zeit in dieser fundamentalistischen Variante also die Struktur $A^3 \times A = A^4$. Abbildung 2.3 zeigt, dass die Elemente (Punkte) des Ortsanteils $A^3$ zwar nicht selbst durch Vektoren dargestellt werden können (da ein Referenzpunkt fehlt), dass jedoch zwei Punkte von $A^3$ durch jeweils einen Relativvektor verbunden sind. In Abb. 2.3 werden als Beispiel drei Punkte $\mathcal{X}_1$, $\mathcal{X}_2$ und $\mathcal{X}_3$ gezeigt sowie ihre Relativvektoren, die

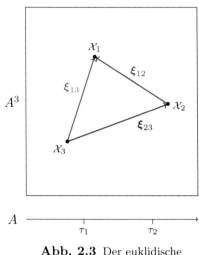

**Abb. 2.3** Der euklidische Punktraum

als $\boldsymbol{\xi}_{12}$, $\boldsymbol{\xi}_{23}$ und $\boldsymbol{\xi}_{13}$ bezeichnet werden und selbst Elemente eines euklidischen Vektorraums $E^3$ sind. Analog haben einzelne Zeit*punkte* (mangels Zeitnullpunkt) keinen numerischen Wert, aber Zeit*differenzen* $\Delta\tau = \tau_1 - \tau_2$ sind reellwertig ($\Delta\tau \in \mathbb{R}_t$). Eine Bestimmung des Relativvektors $\boldsymbol{\xi}_{12}$, eine Längenmessung $|\boldsymbol{\xi}_{12}|$ oder eine Zeitmessung $\tau_2 - \tau_1$ erfordert also *zwei* vorgegebene Ereignisse $(\mathcal{X}_1, \tau_1)$ bzw. $(\mathcal{X}_2, \tau_2)$. Solche Messungen sind daher – mathematisch betrachtet – Abbildungen der Ereignispaare aus dem Produktraum $A^4 \times A^4$ in die Räume der Differenzvektoren $E^3$, der Relativabstände $\mathbb{R} \backslash \mathbb{R}^-$ bzw. der Zeitdifferenzen $\mathbb{R}_t$.

Streng genommen stellt der affine Raum $A^4$ die physikalische Raum-Zeit am besten dar. Dennoch werden wir aus praktischen Überlegungen (mit Blick auf die Anwendung) im Folgenden nahezu immer konkrete Koordinaten wählen.

## 2.4 Abgeschlossene mechanische Systeme und Teilsysteme

Es gibt einen wesentlichen Unterschied zwischen *abgeschlossenen* mechanischen Systemen, die als vom Rest des Weltalls entkoppelt angesehen werden können, und *Teil*systemen, die explizit an die Außenwelt gekoppelt sind; in der Bewegungsgleichung eines Teilsystems wird die Außenwelt dann mit Hilfe *äußerer Felder* (z. B. Schwerkraftfelder, elektrischer oder magnetischer Felder) dargestellt. Der wesentliche Unterschied zwischen abgeschlossenen Systemen und Teilsystemen ist, dass die ersteren echten physikalischen Gesetzen gehorchen, die universell (im Sinne von *beobachterunabhängig*) sind, während dies für die letzteren im Allgemeinen nicht gilt: Bei Teilsystemen muss man zusätzlich bei einem Koordinatenwechsel stets auch angeben, wie die Außenwelt mittransformiert wird. Die Postulate P1 und P2 beziehen sich also ausdrücklich *nur* auf *abgeschlossene* mechanische Systeme.

## 2.4.1 Beispiel 1: das Newton'sche Gravitationsgesetz

Als erstes Beispiel für die Beziehung zwischen *abgeschlossenen* mechanischen Systemen und *Teil*systemen betrachten wir das Newton'sche Gravitationsgesetz, mit dessen Hilfe man z. B. das Sonnensystem beschreiben kann, welches in guter Näherung ein abgeschlossenes System darstellt. Das Gravitationsgesetz, angewandt auf das Sonnensystem, ist in der Tat ein *Gesetz*, da es beobachterunabhängig ist.

Um dies zu erläutern vergleichen wir die „Messungen" zweier Beobachter miteinander: eines Beobachters $B$ im Koordinatensystem $K$ und eines zweiten Beobachters $B'$ im Koordinatensystem $K'$, dessen Achsen gegenüber denjenigen von $K$ gedreht sind, sodass die beiden Ursprünge zusammenfallen ($\mathbf{0}' = \mathbf{0}$) und die Basisvektoren durch eine Rotation miteinander verknüpft sind ($\hat{\mathbf{e}}'_i = \mathcal{R}\hat{\mathbf{e}}_i$). Hierbei wird das Koordinatensystem $K$ so gewählt, dass es relativ zum Hintergrund der benachbarten Sterne[12] bei fester Orientierung der Koordinatenachsen *ruht* oder eventuell eine *konstante Geschwindigkeit hat*. Analoges gilt für $K'$. Die Dynamik des Sonnensystems wird dann relativ zu diesem für alle praktischen Zwecke *unbeweglichen* Hintergrund untersucht. Wir nehmen an, dass das Sonnensystem aus insgesamt $N$ relevanten (hinreichend schweren) Himmelskörpern aufgebaut ist.

Beobachter $B$ wird nach vielen sorgfältigen Messungen und Berechnungen zum Schluss kommen, dass in seinem Koordinatensystem $K$ das Newton'sche Gravitationsgesetz gilt und somit die Bewegungsgleichung:

$$
m_i\ddot{\mathbf{x}}_i = \sum_{j \neq i} \frac{\mathcal{G}m_i m_j \mathbf{x}_{ji}}{|\mathbf{x}_{ji}|^3} \qquad (i, j = 1, \cdots, N) . \tag{2.9}
$$

Hieraus folgt bereits durch eine Koordinatentransformation von $K$ zu $K'$, dass für $B'$ im Koordinatensystem $K'$ die Bewegungsgleichung

$$
m_i\ddot{\mathbf{x}}'_i = \sum_{j \neq i} \frac{\mathcal{G}m_i m_j \mathbf{x}'_{ji}}{|\mathbf{x}'_{ji}|^3} \qquad (\mathbf{x}' = R^{-1}\mathbf{x}; \, i, j = 1, 2 \cdots, N) \tag{2.10}
$$

gilt. In (2.10) ist $R$ die Drehmatrix mit den Matrixelementen $R_{ij} \equiv \hat{\mathbf{e}}_i^{\mathrm{T}} \mathcal{R}\hat{\mathbf{e}}_j$, d.h., $R$ ist eine orthogonale Matrix mit $\det(R) = 1$. Für $B$ und $B'$ gilt somit in den jeweiligen Koordinaten das *gleiche* physikalische Gesetz.[13] Man kommt zum selben Schluss, wenn $K'$ im Ortsraum oder in der Zeit relativ zu $K$ verschoben wird (Translation: $\mathbf{x}' = \mathbf{x} - \boldsymbol{\xi}$ bzw. $t' = t - \tau$) oder eine Geschwindigkeitstransformation $\mathbf{x}' = \mathbf{x} - \mathbf{v}t$ oder Raumspiegelung $\mathbf{x}' = -\mathbf{x}$ durchgeführt wird. Unter allen diesen Transformationen ist das Gravitationsgesetz *forminvariant* und somit insgesamt – wie man sagt – *kovariant*.

Das Newton'sche Gravitationsgesetz (2.9) zeigt übrigens, dass sich die Dynamik des *Gesamtsystems* der gravitativ miteinander wechselwirkenden Massen sehr

---

[12]Gemeint sind die sichtbaren, scheinbar unbeweglichen Sterne der Milchstraße; seit der Antike werden diese nicht allzu weit von der Sonne entfernten Sterne als „Fixsterne" bezeichnet.

[13]Die Transformationsregel $\mathbf{x}' = R^{-1}\mathbf{x}$ für die *Koordinaten* unter Drehungen folgt aus $\hat{\mathbf{e}}'_i = \mathcal{R}\hat{\mathbf{e}}_i$ sowie $\sum_j \hat{\mathbf{e}}_j \hat{\mathbf{e}}_j^{\mathrm{T}} = \mathbb{1}_3$ und der Invarianz des von $\mathbf{x}$ (oder $\mathbf{x}'$) beschriebenen Vektors:

$$
\sum_j x_j \hat{\mathbf{e}}_j \equiv \sum_i x'_i \hat{\mathbf{e}}'_i = \sum_i x'_i \mathcal{R}\hat{\mathbf{e}}_i = \sum_{ij} x'_i \hat{\mathbf{e}}_j \left( \hat{\mathbf{e}}_j^{\mathrm{T}} \mathcal{R}\hat{\mathbf{e}}_i \right) = \sum_j \left( \sum_i R_{ji} x'_i \right) \hat{\mathbf{e}}_j .
$$

Ein Vergleich der linken und rechten Seite zeigt nun $\mathbf{x} = R\mathbf{x}'$ bzw. $\mathbf{x}' = R^{-1}\mathbf{x}$.

einfach beschreiben lässt. Eine Summation von Gleichung (2.9) über alle Teilchen-indizes $i$ ergibt nämlich wegen $\mathbf{x}_{ji} = -\mathbf{x}_{ij}$:

$$\frac{d^2}{dt^2} \sum_i m_i \mathbf{x}_i = \sum_i m_i \ddot{\mathbf{x}}_i = \sum_{\{i,j|j\neq i\}} \frac{\mathcal{G}m_i m_j \mathbf{x}_{ji}}{|\mathbf{x}_{ji}|^3} = \sum_{\{i,j|j\neq i\}} \frac{\mathcal{G}m_i m_j}{2|\mathbf{x}_{ji}|^3}(\mathbf{x}_{ji} + \mathbf{x}_{ij}) = \mathbf{0} \, .$$

Im dritten Schritt wurden die Summationsindizes $i$ und $j$ vertauscht, beide Ergeb-nisse addiert und ihre Summe zur Kompensation durch 2 dividiert. Dieses Resultat zeigt, dass die Bewegung des Gesamtsystems sehr einfach mit Hilfe des *Massen-schwerpunkts* des Systems beschrieben werden kann, der durch

$$\boxed{\mathbf{x}_{\mathrm{M}} \equiv \frac{1}{M} \sum_i m_i \mathbf{x}_i \quad , \quad M \equiv \sum_i m_i} \tag{2.11}$$

definiert ist. Hierbei wurde auch die Gesamtmasse $M$ des Systems eingeführt. Der Massenschwerpunkt stellt also den mit der Teilchenmasse gewichteten *Mittelwert* aller Ortsvektoren dar. Aus dem Resultat $\frac{d^2}{dt^2}\sum_i m_i \mathbf{x}_i = \mathbf{0}$ folgt direkt $\ddot{\mathbf{x}}_{\mathrm{M}} = \mathbf{0}$. Dies bedeutet aber, dass die Geschwindigkeit des Massenschwerpunkts eines Sys-tems gravitativ miteinander wechselwirkender Massen eine *Erhaltungsgröße* ist: $\frac{d}{dt}\dot{\mathbf{x}}_{\mathrm{M}} = \mathbf{0}$ und daher $\dot{\mathbf{x}}_{\mathrm{M}}(t) = \dot{\mathbf{x}}_{\mathrm{M}}(0)$. Der Massenschwerpunkt selbst bewegt sich also *geradlinig-gleichförmig* durch den Raum, $\mathbf{x}_{\mathrm{M}}(t) = \mathbf{x}_{\mathrm{M}}(0) + \dot{\mathbf{x}}_{\mathrm{M}}(0)t$, und zwar nicht nur im ursprünglichen Koordinatensystem $K$, sondern in allen Bezugssyste-men $K'$, die durch Drehungen, Translationen, Geschwindigkeitstransformationen oder Raumspiegelungen mit $K$ verbunden sind.

### Teilchen 1 als Teilsystem: allgemeine Eigenschaften

Nun kann man alternativ Teilchen 1 auch als Teilsystem betrachten und seine Dynamik im Schwerkraftfeld der übrigen $N-1$ Teilchen untersuchen. Man erhält dann eine Bewegungsgleichung der Gestalt

$$m_1 \ddot{\mathbf{x}}_1 = m_1 \mathbf{g}(\mathbf{x}_1, t) \quad , \quad \mathbf{g} = \sum_{j\neq 1} \frac{\mathcal{G}m_j \mathbf{x}_{j1}}{|\mathbf{x}_{j1}|^3} \, , \tag{2.12}$$

wobei die Vektorfunktion $\mathbf{g}(\mathbf{x}, t)$ die *Schwerkraftsbeschleunigung* darstellt. Um die Eigenschaften von $\mathbf{g}(\mathbf{x}, t)$ möglichst transparent darstellen zu können, ist es hilf-reich, zuerst die *Massendichte* $\rho_{\mathrm{m}}(\mathbf{x}, t)$ der Teilchen $2, 3, \cdots, N$ einzuführen:

$$\rho_{\mathrm{m}}(\mathbf{x}, t) = \sum_{j\neq 1} m_j \delta(\mathbf{x} - \mathbf{x}_j(t)) \, . \tag{2.13}$$

Die Massendichte für Punktteilchen wurde allgemein in Abschnitt [2.2] definiert; die Deltafunktion $\delta(\mathbf{x})$ wurde in Gleichung (2.2) eingeführt. Mit Hilfe von Gleichung (2.13) kann $\mathbf{g}(\mathbf{x}, t)$ nämlich auch in der Form eines *Integrals* geschrieben werden:

$$\mathbf{g}(\mathbf{x}_1, t) = \sum_{j\neq 1} \mathcal{G}m_j \frac{\mathbf{x}_j - \mathbf{x}_1}{|\mathbf{x}_j - \mathbf{x}_1|^3} = \mathcal{G}\int d^3x' \, \rho_{\mathrm{m}}(\mathbf{x}', t)\frac{\mathbf{x}' - \mathbf{x}_1}{|\mathbf{x}' - \mathbf{x}_1|^3} \, . \tag{2.14}$$

Eine bemerkenswerte Eigenschaft der Schwerkraftsbeschleunigung $\mathbf{g}(\mathbf{x}, t)$ in (2.14) ist, dass sie alternativ als *Gradient* einer Funktion $\Phi(\mathbf{x}, t)$ geschrieben werden kann, die als das *Gravitationspotential* von Teilchen 1 bezeichnet wird:

$$\mathbf{g}(\mathbf{x}, t) = -(\boldsymbol{\nabla}\Phi)(\mathbf{x}, t) \tag{2.15a}$$

$$\Phi(\mathbf{x}, t) \equiv -\sum_{j \neq 1} \frac{\mathcal{G}m_j}{|\mathbf{x} - \mathbf{x}_j(t)|} = -\mathcal{G} \int d^3x' \, \frac{\rho_{\mathrm{m}}(\mathbf{x}', t)}{|\mathbf{x} - \mathbf{x}'|} \; . \tag{2.15b}$$

Gleichung (2.15b) folgt direkt aus der Identität $\boldsymbol{\nabla}|\mathbf{x} - \mathbf{x}_j(t)|^{-1} = -\frac{\mathbf{x} - \mathbf{x}_j(t)}{|\mathbf{x} - \mathbf{x}_j(t)|^3}$. Das Faszinierende an Gleichung (2.15a) ist, dass alle physikalische Information, die in der *drei*komponentigen Vektorfunktion $\mathbf{g}(\mathbf{x}, t)$ enthalten ist, offenbar auch durch die skalare, *ein*komponentige Funktion $\Phi(\mathbf{x}, t)$ ausgedrückt werden kann. Dadurch wird die zur Beschreibung des Gravitationsproblems notwendige Information natürlich stark kondensiert. Wir werden im Folgenden sehen, dass Beziehungen der Form (2.15a) glücklicherweise in der Mechanik sehr häufig sind.

Aufbauend auf Gleichung (2.15) kann man weitere allgemeine Beziehungen zwischen der Schwerkraftsbeschleunigung $\mathbf{g}(\mathbf{x}, t)$ und der Massendichte $\rho_{\mathrm{m}}(\mathbf{x}, t)$ herleiten. Beispielsweise gelten die Beziehungen $\boldsymbol{\nabla} \cdot \mathbf{g} = -4\pi\mathcal{G}\rho_{\mathrm{m}}$ und $\Delta\mathbf{g} = -4\pi\mathcal{G}\boldsymbol{\nabla}\rho_{\mathrm{m}}$, die in Anhang A gezeigt werden. Um die Gleichung $\boldsymbol{\nabla} \cdot \mathbf{g} = -4\pi\mathcal{G}\rho_{\mathrm{m}}$ nachzuweisen, benötigt man die wichtige mathematische Identität $\Delta\frac{1}{x} = -4\pi\delta(\mathbf{x})$, die mit Hilfe des Gauß'schen Satzes ebenfalls in Anhang A hergeleitet wird. Hierbei stellt $\Delta = \sum_{i=1}^{3} \frac{\partial^2}{\partial x_i^2}$ wie üblich den dreidimensionalen Laplace-Operator dar.

### Teilchen 1 als Teilsystem: Spezialfälle

Aus *praktischer* Sicht sind Gleichung (2.12) und ihre Kontinuumsformulierung (2.14) natürlich nur dann hilfreich, wenn die Schwerkraftsbeschleunigung $\mathbf{g}(\mathbf{x}_1, t)$ eine einfache Form hat. Dies ist aber häufig der Fall: Eine typische Anwendung der Beschreibung (2.12) und (2.14) wäre ein Teilchen im Schwerkraftfeld der Erde, wobei die Gravitationswirkung anderer Himmelskörper vernachlässigt wird. Falls das kondensierte Medium in (2.14) so *dicht* ist, dass die Auflösung der Messapparatur nicht ausreicht, um die Beiträge der einzelnen Massenpunkte in (2.13) auflösen zu können, kann man statt $\rho_{\mathrm{m}}$ in (2.13) äquivalent auch eine *räumlich geglättete* (mehrmals stetig differenzierbare) Massendichte verwenden. Im Falle eines Teilchens im Schwerkraftfeld der Erde wäre dies sicherlich gerechtfertigt.

Im Falle des Schwerkraftfelds der Erde sind weitere Vereinfachungen möglich: Meist kann man die Zeitabhängigkeit der Massendichte, die z. B. durch die Rotation der Erde oder durch Vulkanismus oder Gezeitenwirkung verursacht wird, vernachlässigen: $\rho_{\mathrm{m}}(\mathbf{x}, t) = \rho_{\mathrm{m}}(\mathbf{x})$. Man erhält dann den einfacheren Ausdruck

$$\mathbf{g}(\mathbf{x}_1) = \mathcal{G} \int d^3x' \, \rho_{\mathrm{m}}(\mathbf{x}') \frac{\mathbf{x}' - \mathbf{x}_1}{|\mathbf{x}' - \mathbf{x}_1|^3} \; . \tag{2.16}$$

Wenn wir als Ursprung des Koordinatensystems den Erdmittelpunkt wählen und annehmen, dass die Massendichte $\rho_{\mathrm{m}}(\mathbf{x}')$ nur vom Abstand $|\mathbf{x}'|$ zum Erdmittelpunkt abhängig ist, so kann (2.14) auch (siehe die Übungsaufgaben 2.7 und 2.8) in der einfacheren Form

$$\mathbf{g}(\mathbf{x}_1) = -\mathcal{G}M_{\mathrm{E}} \frac{\mathbf{x}_1}{|\mathbf{x}_1|^3} \quad , \quad M_{\mathrm{E}} = \int d^3x' \, \rho_{\mathrm{m}}(\mathbf{x}') \tag{2.17}$$

dargestellt werden, wobei $M_E$ die Gesamtmasse der Erde ist.

Falls wir nur an der Wirkung der Schwerkraft nahe dem Punkte $\mathbf{x} = R_E\hat{\mathbf{e}}$ an der Erdoberfläche interessiert sind, wobei $R_E$ den Erdradius und $\hat{\mathbf{e}}$ einen Einheitsvektor darstellt, der im Ursprung (d. h. im Erdmittelpunkt) angreift, können wir weiter approximieren:

$$\mathbf{g}(\mathbf{x}_1) = -\frac{\mathcal{G}M_E}{|\mathbf{x}_1|^2}\frac{\mathbf{x}_1}{|\mathbf{x}_1|} \simeq -\frac{\mathcal{G}M_E}{R_E^2}\hat{\mathbf{e}} \equiv -g\hat{\mathbf{e}}\ .$$

Hierbei drückt $g \simeq 9{,}81\,\mathrm{m/s^2}$ die Beschleunigung der Schwerkraft an der Erdoberfläche aus. Mit der Definition $\mathbf{x}_1 \cdot \hat{\mathbf{e}} \equiv R_E + z$ findet man dann die einfache Bewegungsgleichung

$$m_1\ddot{z} = -m_1 g\ . \tag{2.18}$$

Indem wir also immer speziellere Annahmen machen, erhalten wir in dieser Weise eine Folge von immer einfacheren physikalischen Beschreibungen.

### Der Preis der Vereinfachungen: Verlust der Beobachterunabhängigkeit

Diese Vereinfachungen aufgrund spezieller Annahmen haben allerdings auch ihre Nachteile: Während das Gesetz (2.9) im abgeschlossenen System invariant ist unter Translationen, Rotationen, Geschwindigkeitstransformationen usw., muss im Teilsystem (2.12) das Transformationsverhalten des äußeren Feldes $\mathbf{g}(\mathbf{x}, t)$ stets explizit angegeben werden. In (2.17) wird die Translationsinvarianz der Bewegungsgleichung durch die Fixierung des Erdmittelpunktes gebrochen, während in (2.18) zusätzlich auch die Rotationsinvarianz und die Invarianz unter Raumspiegelungen gebrochen werden. Bewegungsgleichungen für *Teil*systeme sind also zugeschnitten auf spezielle Bezugssysteme und daher gewissermaßen *beobachterabhängig*: Sie haben in diesem Sinne nur eine eingeschränkte Gültigkeit.

Außerdem haben Teilsysteme den Nachteil, dass man die Information über Erhaltungsgrößen verliert. Aufgrund der Gleichungen (2.12), (2.17) und (2.18) ist *nicht* klar, dass die Geschwindigkeit des Massenschwerpunkts eine Erhaltungsgröße ist und sich das Gesamtsystem geradlinig-gleichförmig durch den Raum bewegt.

## 2.4.2   Beispiel 2: das Coulomb-Gesetz

Vollkommen analog zum Newton'schen Gravitationsgesetz beschreibt auch das Coulomb-Gesetz (2.19) ein nicht-relativistisches abgeschlossenes mechanisches System, und die entsprechende Bewegungsgleichung

$$m_i\ddot{\mathbf{x}}_i = \sum_{j\neq i}\left(-\frac{q_iq_j\mathbf{x}_{ji}}{4\pi\varepsilon_0|\mathbf{x}_{ji}|^3}\right) \qquad (i, j = 1, 2, \cdots, N) \tag{2.19}$$

ist invariant unter Translationen, Drehungen, Geschwindigkeitstransformationen und Raumspiegelungen. Auch bei der Formulierung des Coulomb-Gesetzes wird das Koordinatensystem so gewählt, dass es relativ zu einem (für alle praktischen Zwecke) unbeweglichen Hintergrund bei fester Orientierung *ruht* oder eventuell eine *konstante Geschwindigkeit hat*. Wie beim Gravitationsgesetz bewegt sich der Massenschwerpunkt des Gesamtsystems aller Ladungen *geradlinig-gleichförmig* durch den Raum, $\mathbf{x}_M(t) = \mathbf{x}_M(0) + \dot{\mathbf{x}}_M(0)t$.

**Teilchen 1 als Teilsystem**

Ausgehend vom Coulomb-Gesetz für das Gesamtsystem der $N$ wechselwirkenden Ladungen können wir Teilchen 1 wieder als *Teilsystem* betrachten und die von den anderen Teilchen herrührenden Kräfte als äußeres Feld subsumieren:

$$m_1 \ddot{\mathbf{x}}_1 = q_1 \mathbf{E}(\mathbf{x}_1, t) \quad , \quad \mathbf{E} = \sum_{j \neq 1} \left( -\frac{q_j \mathbf{x}_{j1}}{4\pi\varepsilon_0 |\mathbf{x}_{j1}|^3} \right) . \tag{2.20}$$

Das äußere Feld $\mathbf{E}(\mathbf{x}_1, t)$ kann man als das auf Teilchen 1 einwirkende *elektrische Feld* interpretieren. Alternativ kann man das elektrische Feld mit Hilfe der in (2.2) eingeführten Deltafunktion durch die *Ladungs*dichte beschreiben:

$$\rho_{\mathrm{q}}(\mathbf{x}, t) = \sum_{j \neq 1} q_j \delta(\mathbf{x} - \mathbf{x}_j(t)) \tag{2.21}$$

und in der Form eines Integrals darstellen:

$$\mathbf{E} = \mathbf{E}(\mathbf{x}_1, t) = -\frac{1}{4\pi\varepsilon_0} \int d^3 x' \, \rho_{\mathrm{q}}(\mathbf{x}', t) \frac{\mathbf{x}' - \mathbf{x}_1}{|\mathbf{x}' - \mathbf{x}_1|^3} . \tag{2.22}$$

Das elektrische Feld $\mathbf{E}(\mathbf{x}, t)$ kann wiederum als *Gradient* einer Funktion $\Phi(\mathbf{x}, t)$ geschrieben werden, die in diesem Fall als das *elektrische Potential* oder *skalare Potential* von Teilchen 1 bezeichnet wird:

$$\mathbf{E}(\mathbf{x}, t) = -(\boldsymbol{\nabla}\Phi)(\mathbf{x}, t) \tag{2.23a}$$

$$\Phi(\mathbf{x}, t) \equiv \sum_{j \neq 1} \frac{q_j/4\pi\varepsilon_0}{|\mathbf{x} - \mathbf{x}_j(t)|} = \frac{1}{4\pi\varepsilon_0} \int d^3 x' \, \frac{\rho_{\mathrm{q}}(\mathbf{x}', t)}{|\mathbf{x} - \mathbf{x}'|} . \tag{2.23b}$$

Auch in diesem Fall gelten weitere Beziehungen zwischen dem elektrischen Feld $\mathbf{E}(\mathbf{x}, t)$ und der Ladungsdichte $\rho_{\mathrm{q}}(\mathbf{x}, t)$ der $N - 1$ übrigen Teilchen. Wir nennen insbesondere die Eigenschaften $\boldsymbol{\nabla} \cdot \mathbf{E} = \frac{1}{\varepsilon_0} \rho_{\mathrm{q}}$ und $\Delta \mathbf{E} = \frac{1}{\varepsilon_0} \boldsymbol{\nabla} \rho_{\mathrm{q}}$, die in Anhang A gezeigt werden.

Wiederum kann $\rho_{\mathrm{q}}$ in (2.21) für ein hinreichend dichtes kondensiertes Medium äquivalent auch durch eine *räumlich geglättete* Ladungsdichte ersetzt werden, und auch hier muss in (2.20) das Transformationsverhalten des äußeren Feldes $\mathbf{E}$ bei einem Wechsel des Koordinatensystems explizit angegeben werden. Außerdem geht in (2.20) die Information über Erhaltungsgrößen des Gesamtsystems (hier konkret z. B. die Geschwindigkeit des Massenschwerpunkts) verloren.

**Vergleich mit dem Gravitationsgesetz**

Der Vergleich der allgemeinen Eigenschaften (2.12) – (2.15) der Schwerkraftsbeschleunigung $\mathbf{g}(\mathbf{x}, t)$ mit den analogen Eigenschaften (2.20) – (2.23) des elektrischen Feldes $\mathbf{E}(\mathbf{x}, t)$ ist sehr interessant: Die physikalischen Größen $(\mathbf{g}, m, \mathcal{G}, \rho_{\mathrm{m}})$ aus der Gravitationstheorie sind offenbar formal analog zu den Größen $(\mathbf{E}, q, -\frac{1}{4\pi\varepsilon_0}, \rho_{\mathrm{q}})$ aus dem Coulomb-Gesetz. Beide Gesetzte sind auch nur im nicht-relativistischen Limes gültig: Falls die Teilchen $2, 3, \cdots, N$ relativistische Geschwindigkeiten haben, benötigt man stattdessen die allgemeine bzw. spezielle Relativitätstheorie.

**Verallgemeinerung: die Lorentz'sche Bewegungsgleichung**

Bisher haben wir angenommen, dass im von den Teilchen $2, 3, \cdots, N$ gebildeten System *keine signifikanten makroskopischen Ströme* auftreten. In Anwesenheit solcher Ströme erhält man zusätzliche Beiträge zum elektrischen Feld,[14] und es treten auch *Magnetfelder* auf. Statt (2.20) gilt dann die allgemeinere Bewegungsgleichung

$$m_1 \ddot{\mathbf{x}}_1 = q_1 [\mathbf{E}(\mathbf{x}_1, t) + \dot{\mathbf{x}}_1 \times \mathbf{B}(\mathbf{x}_1, t)] \,, \tag{2.24}$$

wobei $\mathbf{B}(\mathbf{x}, t)$ das Magnetfeld darstellt und die rechte Seite insgesamt als die *Lorentz-Kraft* bezeichnet wird. Es ist bemerkenswert, dass die Lorentz-Kraft

$$\boxed{\mathbf{F}_{\mathrm{Lor}}(\mathbf{x}, \dot{\mathbf{x}}, t) \equiv q[\mathbf{E}(\mathbf{x}, t) + \dot{\mathbf{x}} \times \mathbf{B}(\mathbf{x}, t)]}$$

nicht nur von den Raum-Zeit-Koordinaten $(\mathbf{x}, t)$, sondern auch von der Geschwindigkeit $\dot{\mathbf{x}}$ abhängig ist. Aufgrund der bisherigen Diskussion ist aber klar, dass auch die Lorentz'sche Bewegungsgleichung (2.24) kein abgeschlossenes mechanisches System, sondern im Allgemeinen nur ein *Teilsystem* beschreibt, das sich in einem vorgegebenen elektromagnetischen Feld befindet. Auf die Lorentz-Kraft und die Lorentz'sche Bewegungsgleichung (2.24) gehen wir in Abschnitt [4.4] genauer ein.

### 2.4.3 Was lernen wir aus diesen beiden Beispielen?

Sehr viel! Die beiden Gesetze von Newton und Coulomb sind ein äußerst ergiebiges Testlabor für die Entwicklung von Ideen zur Struktur der Mechanik. Wir fassen im Folgenden die wichtigsten bisherigen Einsichten zusammen.

**Welche physikalischen Gesetze sind beobachterunabhängig?** Die beiden Gesetze von Newton und Coulomb zeigen bereits, dass physikalische Gesetze nur dann ohne Weiteres beobachterunabhängig sein können, wenn sie Systeme beschreiben, die nicht an die Außenwelt gekoppelt sind, im Falle der Mechanik also *abgeschlossene mechanische Systeme*. Für solche Systeme (und *nur* für solche Systeme) gilt das *Relativitätsprinzip* des ersten Postulats, das die Existenz gewisser Koordinatensysteme (*Inertialsysteme*) postuliert, in denen alle physikalischen Gesetze zu jedem Zeitpunkt dieselbe Form haben.

**Was bedeutet dabei genau „beobachterunabhängig"?** Die beiden Gesetze von Newton und Coulomb gelten – wie wir gesehen haben – nicht nur im ursprünglich vorgegebenen Bezugssystem, sondern in allen Bezugssystemen, die mit dem ersten durch eine Drehung, Translation, Geschwindigkeitstransformation oder Raumspiegelung verbunden sind. Unter allen diesen Transformationen (sogar unter Kombinationen davon) sind die Bewegungsgleichungen *forminvariant*. Insofern sind die Gesetze *gleich* für alle Beobachter, die sich in einem der überabzählbar vielen, in dieser Weise miteinander verbundenen Bezugssystemen befinden.

---

[14]Zum elektrischen Feld trägt nämlich – wie in Abschnitt [5.1.1] gezeigt wird – im Allgemeinen nicht nur ein Term $-\boldsymbol{\nabla}\Phi$ bei, sondern auch eine Zeitableitung $-\partial_t \mathbf{A}$ des *Vektorpotentials* $\mathbf{A}$. In der „Nahzone" einer räumlich lokalisierten Ladungsverteilung ist der Term $-\partial_t \mathbf{A}$ aber klein im Vergleich zu $-\boldsymbol{\nabla}\Phi$, sodass dann effektiv das Coulomb-Gesetz gilt.

**Sind dies die Galilei-Transformationen aus den Postulaten?** Ja, aber wir müssen noch einige Arbeit leisten, bevor wir dies zweifelsfrei nachweisen können. Nach den Postulaten sollten Galilei-Transformationen zwei fundamentale Eigenschaften haben: Sie lassen sowohl die Abstände im Raum und in der Zeit als auch die Form der physikalischen Gesetze *invariant*.

Dass die genannten Transformationen (Drehungen, Translationen, Geschwindigkeitstransformationen, Raumspiegelungen) die Abstände im Raum und in der Zeit erhalten, wie vom zweiten Postulat P2 gefordert, wird in Abschnitt [2.5] gezeigt; wir erklären dort auch die Eigenschaften solcher Transformationen und führen geeignete Notationen ein. Außerdem zeigen wir, dass die Galilei-Transformationen im mathematischen Sinne eine *Gruppe* bilden. Mit dem Zusammenhang zwischen den Galilei-Transformationen und der Forminvarianz physikalischer Gesetze, also mit dem Postulat P3, möchten wir uns in Abschnitt [2.6] und Abschnitt [2.7] befassen. Schließlich zeigen wir dann in Abschnitt [2.9], dass es auch *keine weiteren* Transformationen gibt, die die Abstände im Raum und in der Zeit und die Form der physikalischen Gesetze invariant lassen. Im Vorgriff auf all diese Resultate werden wir schon jetzt die Drehungen, Translationen, Geschwindigkeitstransformationen und Raumspiegelungen als *Galilei-Transformationen* bezeichnen.

**Sind die durch Galilei-Transformationen verbundenen Bezugssysteme dann auch die Inertialsysteme aus dem ersten Postulat?** Ja. Nach dem ersten Postulat bezeichnet der Begriff *Inertialsysteme* diejenigen Bezugssysteme, in denen alle physikalischen Gesetze zu jedem Zeitpunkt dieselbe Form haben. Im Fall der beiden Gesetze von Newton und Coulomb sind dies also das ursprünglich vorgegebene Bezugssystem sowie alle Bezugssysteme, die mit dem ursprünglichen durch Galilei-Transformationen verbunden sind. Allerdings muss dabei das ursprünglich vorgegebene Bezugssystem relativ zu einem für alle praktischen Zwecke *unbeweglichen* Hintergrund ruhen oder eine konstante Geschwindigkeit haben, damit das jeweilige physikalische Gesetz (hier also von Newton oder Coulomb) überhaupt gilt.

**Wie wählt man dabei den „für alle praktischen Zwecke unbeweglichen" Hintergrund?** Wichtig ist, dass das Referenzsystem, das den Hintergrund bildet, in möglichst guter Näherung frei von äußeren Einflüssen („Kräften") ist. Gleiches muss für das *System* selbst zutreffen, damit es als *abgeschlossen* gelten kann.

Wenden wir konkret das Gravitationsgesetz auf das Sonnensystem an: Für das Referenzsystem der „Fixsterne" gilt dann in der Tat, dass es approximativ frei von Kräften ist, zumindest für Zeiten, die sehr kurz sind im Vergleich zu einem Galaktischen Jahr ($\simeq$ 210 Millionen Jahre); in diesem Fall halten sich die gravitationelle Anziehung zum Zentrum der Milchstraße und die Zentrifugalkraft in etwa die Waage.[15] Das System der „Fixsterne" ist also als Inertialsystem geeignet. Damit das *System* selbst als *abgeschlossen* gelten kann, soll es sich im interstellaren Raum zwischen den „Fixsternen" bewegen, wobei es – um äußere Einflüsse zu minimieren – möglichst großen Abstand zu diesen Sternen halten soll. Ein experimentelles System, das diese Bedingungen annähernd erfüllt, ist unser Sonnensystem.

---

[15]Hierbei ist die „Zentrifugalkraft" die *Scheinkraft*, die Objekte in einem rotierenden Referenzsystem nach außen treibt (wie hier: das *System* in der rotierenden Milchstraße). Rotierende Bezugssysteme werden ausführlich in Abschnitt [8.8] behandelt.

Das Konzept eines Inertialsystems wird in der Astrophysik noch verfeinert, indem man statt der Lage der „Fixsterne" die *mittlere Orientierung des Weltraums* durch die statistische Auswertung der Positionen von weit entfernten Quasaren bestimmt. Diese mittlere Orientierung definiert dann den sogenannten *Inertialraum*.

**Ist die Erde als Inertialsystem geeignet?**  Nur bedingt. Ungeeignet als Referenzsystem sind nämlich Koordinatensysteme, die relativ zu einem Inertialsystem (z. B. relativ zu den „Fixsternen") beschleunigt werden; diese stellen selbst keine Inertialsysteme dar. Dies gilt also insbesondere für ein Koordinatensystem, das fest mit der um ihre Achse rotierenden und sich um die Sonne drehenden Erde verbunden ist. Nur wenn die Effekte solcher Beschleunigungen gering sind, kann man Nicht-Inertialsysteme *approximativ* als Inertialsysteme behandeln. Im Fall der Erde kommt noch erschwerend hinzu, dass die irdische Schwerkraft sich in Experimenten bemerkbar macht und mechanische Systeme an der Erdoberfläche daher in der Regel *nicht abgeschlossen* sind. Der störende Effekt der Schwerkraft lässt sich in Erdnähe z. B. in der Internationalen Raumstation annähernd ausschalten; die Raumstation könnte somit u. U. approximativ als Inertialsystem gelten.

**Sind mechanische Systeme jemals streng abgeschlossen?**  Auch diesbezüglich sind die Gesetze von Newton und Coulomb sehr illustrativ, da sie Systeme von Massen oder Ladungen beschreiben, die *keinerlei* Wechselwirkung mit der Außenwelt haben. Dies kann natürlich nur eine Approximation sein, da es *in der Realität* außerhalb des „Systems" immer irgendwelche Massen oder Ladungen geben wird, die mit dem „System" wechselwirken. Allgemeiner ist daher klar, dass streng abgeschlossene mechanische Systeme wohl kaum realisierbar sein dürften, da es immer irgendwelche Restwechselwirkungen zwischen dem System und dem Rest des Universums gibt. Der Begriff „abgeschlossenes System" stellt daher in der Praxis eine (allerdings oft sehr gute) Approximation dar.

## 2.5  Galilei-Transformationen

Um die physikalischen Gesetze von der „Sprache" des einen in diejenige eines anderen Inertialsystems „übersetzen" und somit ihre *Forminvarianz* (oder *Kovarianz*) überprüfen zu können, muss man die möglichen Koordinatentransformationen zwischen Inertialsystemen genau kennen. Solche Koordinatentransformationen, die die physikalischen Gesetze forminvariant lassen, werden als *Galilei-Transformationen* bezeichnet. Die mögliche Form der Galilei-Transformationen wird durch die zwei fundamentalen, im zweiten und dritten Postulat genannten Eigenschaften festgelegt; insbesondere fordert das zweite Postulat, dass Galilei-Transformationen die Raum-Zeit-Struktur und daher insbesondere die Zeitdauer zwischen zwei Ereignissen und den räumlichen Abstand zweier *gleichzeitiger* Ereignisse invariant lassen.[16] Bezeichnen wir die Raum-Zeit-Koordinaten im Inertialsystem $K$ als $(\mathbf{x}, t)$ und diejenigen in einem anderen Inertialsystem $K'$ als $(\mathbf{x}', t')$, dann muss für beliebige

---

[16]Beispiele für solche „Ereignisse" wären das Ausstrahlen bzw. der Empfang eines Photons oder die Ankunft bzw. die Abfahrt eines Zuges.

Ereignisse, die bei den Koordinaten $(\mathbf{x}_1, t_1)$ und $(\mathbf{x}_2, t_2)$ stattfinden, gelten:

$$\Delta t' \equiv t'_2 - t'_1 = t_2 - t_1 \equiv \Delta t \qquad (2.25a)$$

und für beliebige *gleichzeitige* Ereignisse bei $(\mathbf{x}_1, t)$ und $(\mathbf{x}_2, t)$:

$$|\mathbf{x}'_2 - \mathbf{x}'_1| = |\mathbf{x}_2 - \mathbf{x}_1| . \qquad (2.25b)$$

Wir untersuchen nun die verschiedenen Beispiele für Galilei-Transformationen (Drehungen, Translationen, Geschwindigkeitstransformationen und Raumspiegelungen), die wir bereits im vorigen Abschnitt [2.4] kennengelernt haben und überprüfen insbesondere, dass die Abstände (2.25a) in der Zeit und (2.25b) im Raum unter solchen Transformationen in der Tat invariant sind.

## 2.5.1 Zeittranslationen

Eine *Zeittranslation* ist dadurch definiert, dass der Ortsvektor sich unter der Transformation nicht ändern soll, $\mathbf{x}'(\mathbf{x}, t) = \mathbf{x}$, und die Zeitvariable gemäß $t' = t - \tau$ transformiert wird. Die Zeittranslation ist die einzig mögliche Transformation der Zeitvariablen, die mit den Postulaten der Newton'schen Mechanik verträglich ist. Die funktionale Beziehung $t'(t)$ zwischen den Zeitvariablen in $K$ und $K'$ wird nämlich durch (2.25a) vollkommen festgelegt. Mit der Notation $t_2 - t_1 = \Delta t = t'_2 - t'_1$ aus Gleichung (2.25a) folgt für alle $t_1 \in \mathbb{R}$:

$$\frac{dt'}{dt}(t_1) = \lim_{\Delta t \to 0} \frac{t'(t_1 + \Delta t) - t'(t_1)}{\Delta t} = \lim_{\Delta t \to 0} \frac{t'_2 - t'_1}{\Delta t} = \lim_{\Delta t \to 0} \frac{\Delta t}{\Delta t} = \lim_{\Delta t \to 0} 1 = 1 .$$

Daher muss für irgendein $\tau \in \mathbb{R}$ gelten:

$$t'(t) = t - \tau . \qquad (2.26)$$

Die einzigen „erlaubten" Transformationen der Zeitvariablen sind also in der Tat Zeittranslationen.

## 2.5.2 Translationen im Ortsraum

Eine *Translation im Ortsraum* dagegen lässt die Zeitvariable unverändert ($t' = t$) und verschiebt die Ortskoordinaten im dreidimensionalen Koordinatenraum um einen konstanten Vektor $\boldsymbol{\xi} \in \mathbb{R}^3$:

$$\mathbf{x}'(\mathbf{x}, t) = \mathbf{x} - \boldsymbol{\xi} \quad , \quad t' = t . \qquad (2.27)$$

Solche Translationen der Ortskoordinaten lassen die Metrik (2.25b) invariant, denn es gilt für alle $\boldsymbol{\xi}$:

$$|\mathbf{x}'_2 - \mathbf{x}'_1| = |\mathbf{x}'(\mathbf{x}_2, t) - \mathbf{x}'(\mathbf{x}_1, t)| = |(\mathbf{x}_2 - \boldsymbol{\xi}) - (\mathbf{x}_1 - \boldsymbol{\xi})| = |\mathbf{x}_2 - \mathbf{x}_1| .$$

Die Translation (2.27) im Ortsraum ist das räumliche Pendant der Zeittranslation (2.26). Während (2.26) die Äquivalenz zeitverschobener Inertialsysteme und daher die *Homogenität der Zeit* ausdrückt, bringt (2.27) die *Homogenität des Raums* zum Ausdruck.

### 2.5.3   Geschwindigkeitstransformationen

Eine *Geschwindigkeitstransformation* ist eine Koordinatentransformation, wobei die Zeitvariable unverändert bleibt ($t' = t$) und der Ortsvektor gemäß $\mathbf{x}'(\mathbf{x}, t) = \mathbf{x} - \mathbf{v}t$ transformiert wird. Insgesamt liegt also eine gleichförmige Relativbewegung der Koordinatensysteme $K$ und $K'$ vor:[17]

$$\mathbf{x}'(\mathbf{x}, t) = \mathbf{x} - \mathbf{v}t \quad , \quad t' = t \quad , \quad \mathbf{v}_{\mathrm{rel}}(K', K) = \mathbf{v} \, , \qquad (2.28)$$

wobei $\mathbf{v}$ die Relativgeschwindigkeit des Inertialsystems $K'$ in Bezug auf $K$ darstellt. Die Geschwindigkeitstransformation lässt die Metrik im Ortsraum invariant, wie dies in (2.25b) gefordert wird. Es gilt nämlich:

$$|\mathbf{x}'_2 - \mathbf{x}'_1| = |(\mathbf{x}_2 - \mathbf{v}t) - (\mathbf{x}_1 - \mathbf{v}t)| = |\mathbf{x}_2 - \mathbf{x}_1| \, .$$

Eine Bahnbewegung $\mathbf{x}_\phi(t)$ mit der Geschwindigkeit $\dot{\mathbf{x}}_\phi(t)$ in $K$, wobei der Index „$\phi$" für die „physikalische Bahn" eines Teilchens steht, wird in $K'$ also als Bahn $\mathbf{x}'(\mathbf{x}_\phi(t), t) = \mathbf{x}_\phi(t) - \mathbf{v}t$ mit der modifizierten Geschwindigkeit $\dot{\mathbf{x}}'_\phi = \dot{\mathbf{x}}_\phi - \mathbf{v}$ wahrgenommen:

$$\dot{\mathbf{x}}'_\phi \equiv \frac{d\mathbf{x}'_\phi}{dt'} = \frac{d\mathbf{x}'(\mathbf{x}_\phi(t), t)}{dt} \frac{dt}{dt'} = \frac{\partial \mathbf{x}'}{\partial \mathbf{x}} \cdot \frac{d\mathbf{x}_\phi}{dt} + \frac{\partial \mathbf{x}'}{\partial t} = \mathbb{1}_3 \dot{\mathbf{x}}_\phi - \mathbf{v} = \dot{\mathbf{x}}_\phi - \mathbf{v} \, . \quad (2.29)$$

Hierbei wurde die Notation

$$\left(\frac{\partial \mathbf{a}}{\partial \mathbf{x}}\right)_{ij} \equiv \frac{\partial a_i}{\partial x_j}$$

für die partiellen Ableitungen des Vektorfeldes $\mathbf{a}(\mathbf{x}, t)$ nach den Komponenten des Vektors $\mathbf{x}$ eingeführt. Gleichung (2.29) zeigt also, dass sich nach Galileos Relativitätsprinzip zu jeder Geschwindigkeit $\dot{\mathbf{x}}_\phi$ in $K$ immer ein Inertialsystem $K'$ mit einer *beliebigen* transformierten Geschwindigkeit $\dot{\mathbf{x}}_\phi - \mathbf{v}$ finden lässt. Jede Geschwindigkeit ist daher möglich und keine Geschwindigkeit ist besonders ausgezeichnet.[18]

Heute wissen wir, dass dieses Ergebnis streng genommen im Widerspruch zur Relativitätstheorie steht, denn es würde für eine elektromagnetische Welle, die sich im System $K$ mit der Lichtgeschwindigkeit $c$ in der Richtung $\hat{\mathbf{c}}$ ausbreitet, bedeuten:

$$\mathbf{c}' = \mathbf{c} - \mathbf{v} \quad , \quad \mathbf{c} \equiv c\hat{\mathbf{c}} \, ,$$

---

[17]Die gleichförmige Relativbewegung hat im Grunde ebenfalls die Form einer Translation im Ortsraum, wobei nun allerdings der Translationsvektor linear von der Zeitvariablen abhängig ist. Es ist bemerkenswert, dass bei der Relativbewegung die Orts- und Zeitkoordinaten $(\mathbf{x}, t)$ auch in der nicht-relativistischen Mechanik linear kombiniert und somit *gemischt* werden.

[18]Das Relativitätsprinzip tritt z. B. in Galileos Dialog über die ptolemäischen und kopernikanischen Weltsysteme auf (*Dialogo sopra i due massimi sistemi del mondo, tolemaico e copernicano*, 1632 publiziert, aber die Ideen dürften deutlich älter sein), wenn Salviati, der den kopernikanischen Standpunkt vertritt, feststellt, dass ein Stein, der auf einem Schiff von der Spitze des Mastes herunterfällt, am Fuß des Mastes landet (und nicht z. B. dahinter, wie viele damals offenbar meinten). Diese Beobachtung, die im Grunde auf einer *Geschwindigkeitstransformation* beruht, war relevant für die Diskussion über die mögliche Bewegung der Erde im Weltall und die hieraus folgenden Konsequenzen für die physikalischen Gesetze auf der Erde. Nach den griechischen Anfängen findet mit Galileos Werk gewissermaßen die Wiedergeburt der Theoretischen Physik statt, da er systematisch seine mathematischen Berechnungen mit dem Experiment (von ihm als „cimento" $\simeq$ Bewährungsprobe bezeichnet) verglichen hat.

und daher im Allgemeinen $c' = |\mathbf{c}'| \neq c$. Dieser Befund $c' \neq c$ verletzt aber ein zentrales Postulat der Relativitätstheorie, das $c' = c$ fordert. Generell erlaubt (2.29) durch eine geeignete Wahl von $K'$ auch Geschwindigkeiten größer als $c$, ebenfalls im Widerspruch zur Relativitätstheorie und zum Experiment. Wir folgern hieraus, dass die Form (2.28) der Geschwindigkeitstransformation auf Relativgeschwindigkeiten $|\mathbf{v}| \ll c$ beschränkt ist und für höhere Relativgeschwindigkeiten modifiziert werden muss.

### 2.5.4 Drehungen

Außerdem ist es möglich, die Inertialsysteme $K$ und $K'$ bei unveränderter Zeitvariablen ($t' = t$) durch eine *Drehung* um eine Achse durch die beiden Ursprünge $\mathbf{0} = \mathbf{0}'$ zu verknüpfen:

$$\mathbf{x}'(\mathbf{x}, t) = R^{-1}\mathbf{x} \quad , \quad t' = t \; . \tag{2.30}$$

Da die Drehmatrix $R$ orthogonal ist mit $\det(R) = 1$, folgt die Invarianz der Metrik im Ortsraum unter Drehungen als:

$$|\mathbf{x}_2' - \mathbf{x}_1'| = |R^{-1}\mathbf{x}_2 - R^{-1}\mathbf{x}_1| = |R^{-1}(\mathbf{x}_2 - \mathbf{x}_1)| = |\mathbf{x}_2 - \mathbf{x}_1| \; .$$

Die Forminvarianz der physikalischen Gesetze unter Drehungen drückt die *Isotropie* des Ortsraums, d. h. die Äquivalenz der verschiedenen Raumrichtungen, aus.

Wie wir bereits vorher (auf Seite 17 in Fussnote 13) bei der Untersuchung des Newton'schen Gravitationsgesetzes gesehen haben, bedeutet die Transformationsregel (2.30) für den Koordinatenvektor, dass die Basisvektoren $\{\hat{\mathbf{e}}_i\}$ und $\{\hat{\mathbf{e}}_i'\}$ von $K$ und $K'$ im euklidischen Vektorraum gemäß $\hat{\mathbf{e}}_i' = \mathcal{R}\hat{\mathbf{e}}_i$ miteinander zusammenhängen. Die Beziehung zwischen der linearen Abbildung $\mathcal{R}$ und der Matrix $R$ ist dann durch $R_{ij} = \hat{\mathbf{e}}_i^{\mathrm{T}}\mathcal{R}\hat{\mathbf{e}}_j$ gegeben. Die Erklärung dafür, dass eine *Drehung* der

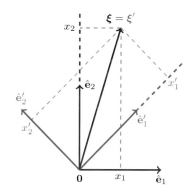

**Abb. 2.4** Drehung der Basisvektoren, Rückdrehung der Koordinaten

Basisvektoren einer *Rückdrehung* des Koordinatenvektors entspricht, ist in Abbildung 2.4 auch noch einmal grafisch dargestellt: Der (rote) Vektor $\boldsymbol{\xi}$ im euklidischen Vektorraum kann nach einer beliebigen orthonormalen Basis entwickelt werden, z. B. nach der (blauen) Basis $(\hat{\mathbf{e}}_1, \hat{\mathbf{e}}_2)$ oder der im Vergleich hierzu im *Gegenuhrzeiger*sinn gedrehten (grünen) Basis $(\hat{\mathbf{e}}_1', \hat{\mathbf{e}}_2')$. Das Bild zeigt, dass der Koordinatenvektor $\mathbf{x}'$ bei diesem Basiswechsel im Vergleich zu $\mathbf{x}$ gerade in entgegengesetzter Richtung (d. h. im *Uhrzeiger*sinn) gedreht wird.

**Ein paar allgemeine Worte zum Thema „Drehungen"**

Da Drehungen nicht nur in Rahmen der Galilei-Transformationen, sondern in der Mechanik allgemein sehr wichtig sind, möchten wir an dieser Stelle ein paar ihrer elementaren Eigenschaften zusammenfassen, damit wir später darauf zurückgreifen können.

Eine Drehung $R(\boldsymbol{\alpha})$ ist eine lineare orthogonale Transformation mit der Determinante *eins*, die durch einen Drehwinkel $\alpha \in (-\pi, \pi]$ und eine Drehrichtung $\hat{\boldsymbol{\alpha}}$ mit $|\hat{\boldsymbol{\alpha}}| = 1$ definiert wird:

$$R(\boldsymbol{\alpha})^\mathrm{T} R(\boldsymbol{\alpha}) = \mathbb{1}_3 \quad , \quad \det\left(R(\boldsymbol{\alpha})\right) = 1 \quad , \quad \boldsymbol{\alpha} = \alpha \hat{\boldsymbol{\alpha}} .$$

Da die Drehrichtung $\hat{\boldsymbol{\alpha}}$ durch zwei Winkel festgelegt werden kann:

$$\hat{\boldsymbol{\alpha}} = \begin{pmatrix} \cos(\varphi)\sin(\vartheta) \\ \sin(\varphi)\sin(\vartheta) \\ \cos(\vartheta) \end{pmatrix} \quad , \quad 0 \leq \vartheta \leq \pi \quad , \quad 0 \leq \varphi < 2\pi , \tag{2.31}$$

ist der Drehvektor $\boldsymbol{\alpha}$ also insgesamt durch *drei* Winkel $(\alpha, \vartheta, \varphi)$ bestimmt. Allerdings werden diese Winkel durch den Drehvektor nicht eindeutig festgelegt, denn es gibt die Korrespondenz

$$(\alpha, \vartheta, \varphi) \quad \leftrightarrow \quad (-\alpha, \pi - \vartheta, \varphi \pm \pi) .$$

Beide Gruppen von Variablen stellen den gleichen Drehvektor $\boldsymbol{\alpha}$ dar. Diese Korrespondenz ist allerdings auch naheliegend: Eine Drehung um $\alpha$ um die Drehrichtung $\hat{\boldsymbol{\alpha}}$ ist gleichbedeutend mit einer Drehung um $-\alpha$ um die entgegengesetzt ausgerichtete Drehachse $-\hat{\boldsymbol{\alpha}}$. Hiermit haben wir die Drehungen vollständig parametrisiert.

Die Drehungen $\{R(\boldsymbol{\alpha})\}$ bilden bekanntlich eine *Gruppe*, da

(i) das Produkt zweier Drehungen wiederum eine Drehung darstellt:

$$(R_1 R_2)^\mathrm{T} R_1 R_2 = R_2^\mathrm{T} R_1^\mathrm{T} R_1 R_2 = R_2^\mathrm{T} R_2 = \mathbb{1}_3 \quad , \quad \det(R_1 R_2) = 1 ,$$

(ii) die Matrixmultiplikation (und somit auch das Multiplizieren von Drehungen) assoziativ ist,

(iii) auch die Identität $\mathbb{1}_3$ eine Drehung darstellt und

(iv) auch die Inverse $R(\boldsymbol{\alpha})^{-1} = R(\boldsymbol{\alpha})^\mathrm{T} = R(-\boldsymbol{\alpha})$ einer Drehung eine Drehung ist.

Die Multiplikation von Drehungen ist allerdings im Allgemeinen nicht kommutativ:

$$R(\boldsymbol{\alpha}_1) R(\boldsymbol{\alpha}_2) \neq R(\boldsymbol{\alpha}_2) R(\boldsymbol{\alpha}_1) ,$$

denn es gilt z. B.

$$\hat{\mathbf{e}}_3 = R\left(\tfrac{\pi}{2}\hat{\mathbf{e}}_1\right) R\left(\tfrac{\pi}{2}\hat{\mathbf{e}}_3\right) \hat{\mathbf{e}}_1 \neq R\left(\tfrac{\pi}{2}\hat{\mathbf{e}}_3\right) R\left(\tfrac{\pi}{2}\hat{\mathbf{e}}_1\right) \hat{\mathbf{e}}_1 = \hat{\mathbf{e}}_2 .$$

In Abbildung 2.5 ist die Nichtkommutativität der Drehungen $R\left(\tfrac{\pi}{2}\hat{\mathbf{e}}_1\right)$ und $R\left(\tfrac{\pi}{2}\hat{\mathbf{e}}_3\right)$, angewandt auf den Vektor $\hat{\mathbf{e}}_1$ (mittleres Bild), grafisch dargestellt.

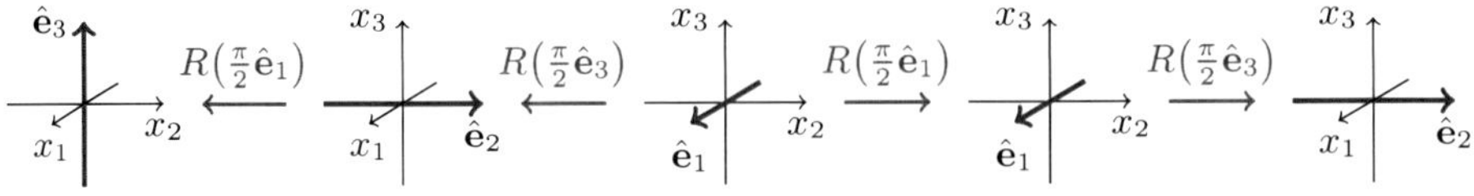

**Abb. 2.5** Nichtkommutativität der Drehungen $R\left(\tfrac{\pi}{2}\hat{\mathbf{e}}_1\right)$ und $R\left(\tfrac{\pi}{2}\hat{\mathbf{e}}_3\right)$

Ein einfaches Beispiel einer Drehung um einen variablen Winkel ist die Rotation um einen Winkel $\alpha$ um die $x_3$-Achse:

$$R(\alpha\hat{\mathbf{e}}_3) = \begin{pmatrix} \cos(\alpha) & -\sin(\alpha) & 0 \\ \sin(\alpha) & \cos(\alpha) & 0 \\ 0 & 0 & 1 \end{pmatrix} .$$

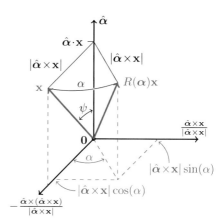

Eine Matrixdarstellung von $R(\boldsymbol{\alpha})$, die für *beliebige* Drehvektoren $\boldsymbol{\alpha}$ gültig ist, erhält man wie folgt: Zunächst einmal gilt für alle Ortsvektoren $\mathbf{x}$ und alle Drehrichtungen $\hat{\boldsymbol{\alpha}}$ die Identität:

$$\mathbf{x} = \hat{\boldsymbol{\alpha}}(\hat{\boldsymbol{\alpha}} \cdot \mathbf{x}) - \hat{\boldsymbol{\alpha}} \times (\hat{\boldsymbol{\alpha}} \times \mathbf{x}) \quad (2.32)$$

mit $\hat{\boldsymbol{\alpha}} \cdot \mathbf{x} = |\mathbf{x}|\cos(\psi)$ und $|\hat{\boldsymbol{\alpha}} \times \mathbf{x}| = |\mathbf{x}|\sin(\psi)$, wie auch aus Abbildung 2.6 ersichtlich ist.[19] Daher gilt bei Drehung von $\mathbf{x}$ um einen Winkel $\alpha$ um die $\hat{\boldsymbol{\alpha}}$-Richtung:

**Abb. 2.6** Dreidimensionale Drehungen

$$R(\boldsymbol{\alpha})\mathbf{x} = \hat{\boldsymbol{\alpha}}(\hat{\boldsymbol{\alpha}} \cdot \mathbf{x}) - \hat{\boldsymbol{\alpha}} \times (\hat{\boldsymbol{\alpha}} \times \mathbf{x})\cos(\alpha) + (\hat{\boldsymbol{\alpha}} \times \mathbf{x})\sin(\alpha) . \quad (2.33)$$

Eine Matrixdarstellung für $R(\boldsymbol{\alpha})$ folgt nun, wenn die explizite Winkelabhängigkeit (2.31) von $\hat{\boldsymbol{\alpha}}$ in (2.33) eingesetzt wird: $R_{ij}(\boldsymbol{\alpha}) = \partial_j[R(\boldsymbol{\alpha})\mathbf{x}]_i$ (siehe Aufgabe 2.2).

## 2.5.5 Raumspiegelungen

Die bisher diskutierten Koordinatentransformationen lassen die Orientierung (oder auch „Händigkeit") und daher das Vorzeichen der Determinante $\det(\hat{\mathbf{e}}_1\,\hat{\mathbf{e}}_2\,\hat{\mathbf{e}}_3)$ der Basisvektoren invariant:

$$\det(\hat{\mathbf{e}}_1'\,\hat{\mathbf{e}}_2'\,\hat{\mathbf{e}}_3') = \det(\hat{\mathbf{e}}_1\,\hat{\mathbf{e}}_2\,\hat{\mathbf{e}}_3) .$$

Eine weitere Transformation, die die Metrik invariant lässt, dafür aber die „Händigkeit" ändert, ist die *Raumspiegelung* oder *Inversion*:

$$\boxed{\mathbf{x}'(\mathbf{x},t) = -\mathbf{x} \quad , \quad t' = t ,}$$

denn wiederum gilt $|\mathbf{x}_2' - \mathbf{x}_1'| = |(-\mathbf{x}_2) - (-\mathbf{x}_1)| = |\mathbf{x}_2 - \mathbf{x}_1|$. Im Spiegelbild der Mechanik sollen also nach dem Relativitätsprinzip dieselben Gesetze gelten wie auf unserer Seite des Spiegels. Um die Händigkeit einer allgemeinen Galilei-Transformation beschreiben zu können, führen wir einen Parameter

$$\sigma \equiv \frac{\det(\hat{\mathbf{e}}_1'\,\hat{\mathbf{e}}_2'\,\hat{\mathbf{e}}_3')}{\det(\hat{\mathbf{e}}_1\,\hat{\mathbf{e}}_2\,\hat{\mathbf{e}}_3)}$$

ein, der also den Wert $-1$ oder $+1$ hat, abhängig davon, ob in der allgemeinen Galilei-Transformation eine Raumspiegelung enthalten ist oder nicht.

---

[19]Die Identität (2.32) kann auch *analytisch* nachgewiesen werden, indem man das doppelte Kreuzprodukt mit Hilfe des $\varepsilon$-Tensors auswertet.

## 2.5.6   Die Galilei-Gruppe

Wir haben bisher gezeigt, dass Translationen, Geschwindigkeitstransformationen, Drehungen und Raumspiegelungen die Abstände in Raum und Zeit erhalten. Auch eine beliebige *Kombination* solcher Transformationen erhält daher die Abstände in Raum und Zeit. Solche (möglicherweise zusammengesetzten) Transformationen werden allgemein als *Galilei-Transformationen* bezeichnet. Dies bedeutet, dass *jede* Galilei-Transformation mit Hilfe von Geschwindigkeitstransformationen, Translationen, Drehungen und möglicherweise einer Raumspiegelung aufgebaut werden kann, sodass die allgemeine Form einer solchen Transformation durch

$$\mathbf{x}'(\mathbf{x},t) = \sigma R^{-1}\mathbf{x} - \mathbf{v}t - \boldsymbol{\xi} \quad , \quad t' = t - \tau \qquad\qquad (2.34)$$

mit $\sigma = \pm 1$ gegeben ist.

### Eine 10-Parameter-Gruppe

Die allgemein in Gleichung (2.34) definierten Galilei-Transformationen bilden eine 10-Parameter-Gruppe, wobei die 10 kontinuierlich variierbaren Parameter durch $(\tau, \boldsymbol{\xi}, \boldsymbol{\alpha}, \mathbf{v})$ gegeben sind; durch die Wahlmöglichkeit $\sigma = \pm 1$ wird der Satz der möglichen Parameterwerte noch einmal verdoppelt. Dass die Galilei-Transformationen (2.34) tatsächlich auch im mathematischen Sinne eine *Gruppe* bilden, sieht man wie folgt ein: Führen wir die zwei Galilei-Transformationen

$$\mathcal{G}_1(\mathbf{x},t) \equiv \big(G_1(\mathbf{x},t)\,,\, t-\tau_1\big) \equiv \big(\sigma_1 R_1^{-1}\mathbf{x} - \mathbf{v}_1 t - \boldsymbol{\xi}_1 \,,\, t-\tau_1\big)$$

und

$$\mathcal{G}_2(\mathbf{x},t) \equiv \big(G_2(\mathbf{x},t)\,,\, t-\tau_2\big) \equiv \big(\sigma_2 R_2^{-1}\mathbf{x} - \mathbf{v}_2 t - \boldsymbol{\xi}_2 \,,\, t-\tau_2\big)$$

nacheinander aus, so erhalten wir wiederum eine Galilei-Transformation:

$$(\mathbf{x}',t') = (\mathcal{G}_2 \circ \mathcal{G}_1)(\mathbf{x},t) = \Big(G_2\big(G_1(\mathbf{x},t)\,,\, t-\tau_1\big)\,,\, t-(\tau_1+\tau_2)\Big)$$

mit

$$t' = t - (\tau_1 + \tau_2)$$

und

$$\begin{aligned}
\mathbf{x}' &= \sigma_2 R_2^{-1}(\sigma_1 R_1^{-1}\mathbf{x} - \mathbf{v}_1 t - \boldsymbol{\xi}_1) - \mathbf{v}_2(t-\tau_1) - \boldsymbol{\xi}_2 \\
&= (\sigma_1\sigma_2)(R_1 R_2)^{-1}\mathbf{x} - (\mathbf{v}_2 + \sigma_2 R_2^{-1}\mathbf{v}_1)t - (\boldsymbol{\xi}_2 + \sigma_2 R_2^{-1}\boldsymbol{\xi}_1 - \mathbf{v}_2\tau_1) \,.
\end{aligned}$$

Außerdem sind Galilei-Transformationen *assoziativ*, und es gibt eine *Identität*, nämlich $(\tau, \boldsymbol{\xi}, \boldsymbol{\alpha}, \mathbf{v}, \sigma) = (0, \mathbf{0}, \mathbf{0}, \mathbf{0}, 1)$, sowie zu jeder Transformation $(\tau, \boldsymbol{\xi}, \boldsymbol{\alpha}, \mathbf{v}, \sigma)$ auch eine *Inverse*, die durch

$$\big(-\tau\,,\, -\sigma R(\boldsymbol{\alpha})(\boldsymbol{\xi} + \mathbf{v}\tau)\,,\, -\boldsymbol{\alpha}\,,\, -\sigma R(\boldsymbol{\alpha})\mathbf{v}\,,\, \sigma\big)$$

parametrisiert wird. Alle Gruppenaxiome sind daher erfüllt.

**Zwei Kommentare: Asymmetrie und Einheiten der Galilei-Gruppe**

Es ist bemerkenswert, dass die allgemeine Galilei-Transformation (2.34) insofern *unsymmetrisch* in den Raum-Zeit-Koordinaten ist, als $\mathbf{x}'$ von $\mathbf{x}$ und $t$ gemeinsam und die transformierte Zeit $t'$ nur von $t$ abhängt. Diese Asymmetrie ist typisch für die *Newton'sche* Mechanik und wird von der Relativitätstheorie behoben.

Außerdem folgt direkt aus dem zweiten Postulat, dass alle Inertialsysteme durch dieselbe Metrik im Ortsraum („Längeneinheit") und durch das gleiche Zeitmaß in der Zeit („Zeiteinheit") bestimmt sind. Eine andere Definition des Einheitensystems, d. h. eine andere Wahl der Längen- oder Zeiteinheit, würde einem anderen, aber äquivalenten Satz von Inertialsystemen entsprechen. Die Struktur der Galilei-Gruppe ändert dies nicht.

## 2.6　Das deterministische Prinzip der Klassischen Mechanik

Während Galileo sich mit den Gesetzmäßigkeiten der Bewegung an sich, d. h. mit der *Kinematik* befasste, ohne sich explizit mit den Kraftgesetzen auseinanderzusetzen, hat Isaac Newton die enorme Leistung erbracht, die *Dynamik* zu begründen, d. h. etliche wichtige Kraftgesetze explizit zu formulieren und die dazugehörigen Bewegungsgleichungen zu lösen.

Newtons Kraftgesetze basieren alle auf dem Prinzip, dass die physikalische Bahn $\mathbf{x}(t)$ eines Systems für alle Zeiten $t > 0$ vollständig festgelegt ist, sobald die Anfangswerte $\mathbf{x}(0) \equiv \mathbf{x}_0$ des Aufenthaltsortes und $\dot{\mathbf{x}}(0) \equiv \dot{\mathbf{x}}_0$ der Geschwindigkeit vorgegeben sind. Analog gilt für Systeme, die aus mehreren Teilchen bestehen, dass die Zukunft $\{\mathbf{x}_i(t)\}$ eines Systems für alle reellen Zeiten $t > 0$ vollständig festgelegt ist, wenn die Anfangswerte der Koordinaten und Geschwindigkeiten zur Zeit $t = 0$ bekannt sind. Die Klassische Mechanik ist somit eine rein *deterministische* Theorie. Aus dem deterministischen Prinzip der Mechanik folgt sofort, dass die Bewegungsgleichung für ein System mit nur einem Teilchen die Form

$$\boxed{\frac{d\mathbf{p}}{dt} = \mathbf{F}(\mathbf{x}, \dot{\mathbf{x}}, t) \quad , \quad \mathbf{p} = m\dot{\mathbf{x}}}$$
(2.35)

haben muss, wobei $\mathbf{F}(\mathbf{x}, \dot{\mathbf{x}}, t)$ die auf das Teilchen einwirkende Kraft darstellt und die Masse $m$ unter Umständen zeitabhängig sein kann; in fast allen Anwendungen werden wir jedoch zeit*un*abhängige Massen betrachten. Gleichung (2.35) ist *die* zentrale Gleichung in der Klassischen Mechanik und wird als die *Newton'sche Bewegungsgleichung* bezeichnet. Für Systeme mehrerer Teilchen gilt analog

$$\boxed{\frac{d\mathbf{p}_i}{dt} = \mathbf{F}_i(\{\mathbf{x}_j\}, \{\dot{\mathbf{x}}_j\}, t) \quad (i, j = 1, \cdots, N) \quad , \quad \mathbf{p}_i = m_i\dot{\mathbf{x}}_i \, ,}$$
(2.36)

wobei $\mathbf{F}_i$ nun die auf das $i$-te Teilchen einwirkende Kraft ist und die Sätze $\{\mathbf{x}_j\}$ und $\{\dot{\mathbf{x}}_j\}$ die Koordinaten bzw. Geschwindigkeiten aller Teilchen zusammenfassen. Die Gleichungen (2.35) und (2.36) sind auch als das *zweite Newton'sche Gesetz* bekannt. Aus den vorigen Abschnitten ist klar, dass die von Newton formulierten beobachterunabhängigen physikalischen Gesetze im Allgemeinen nur in *Inertialsystemen* gelten.

### Lösung der Bewegungsgleichung durch Iteration

Wir überprüfen zunächst für Systeme, die nur ein einzelnes Teilchen enthalten, dass die durch (2.35) bestimmte physikalische Bahn $\mathbf{x}(t)$ das deterministische Prinzip erfüllt, d. h. tatsächlich vollständig durch die Anfangswerte $\mathbf{x}_0$ und $\dot{\mathbf{x}}_0$ bestimmt ist. Hierbei nehmen wir an, dass die Masse $m$ zeitunabhängig ist:

$$m\ddot{\mathbf{x}} = \mathbf{F}(\mathbf{x}, \dot{\mathbf{x}}, t) \quad , \quad \mathbf{x}(0) = \mathbf{x}_0 \quad , \quad \dot{\mathbf{x}}(0) = \dot{\mathbf{x}}_0 \, . \tag{2.37}$$

Durch Integration dieser Gleichung ergibt sich:

$$\dot{\mathbf{x}}(t) = \dot{\mathbf{x}}_0 + \frac{1}{m} \int_0^t dt' \, \mathbf{F}(\mathbf{x}(t'), \dot{\mathbf{x}}(t'), t') \quad , \quad \mathbf{x}(0) = \mathbf{x}_0 \, , \tag{2.38}$$

und durch nochmalige Integration erhalten wir:

$$\mathbf{x}(t) = \mathbf{x}_0 + \dot{\mathbf{x}}_0 t + \frac{1}{m} \int_0^t dt' \int_0^{t'} dt'' \, \mathbf{F}(\mathbf{x}(t''), \dot{\mathbf{x}}(t''), t'') \, . \tag{2.39}$$

Grundsätzlich sind die Gleichungen (2.38) und (2.39) genauso einfach oder schwierig wie die Newton'sche Bewegungsgleichung (2.35); sie haben jedoch den Vorteil der *iterativen* Lösbarkeit. Definieren wir

$$\mathbf{F}(\mathbf{x}_0, \dot{\mathbf{x}}_0, 0) \equiv \mathbf{F}_0 \, ,$$

so gilt für *kurze* Zeiten, d. h. für $t \downarrow 0$ :

$$\dot{\mathbf{x}}(t) \sim \dot{\mathbf{x}}_0 + \frac{1}{m} \int_0^t dt' \, \mathbf{F}_0 = \dot{\mathbf{x}}_0 + \frac{t}{m} \mathbf{F}_0 \quad (t \downarrow 0)$$

$$\mathbf{x}(t) \sim \mathbf{x}_0 + \dot{\mathbf{x}}_0 t + \frac{t^2}{2m} \mathbf{F}_0 \qquad (t \downarrow 0) \, .$$

Setzen wir diese Ergebnisse wieder in (2.38) ein und definieren wir die Größe[20]

$$\frac{\partial \mathbf{F}}{\partial \mathbf{x}}(\mathbf{x}_0, \dot{\mathbf{x}}_0, 0)\dot{\mathbf{x}}_0 + \frac{1}{m} \frac{\partial \mathbf{F}}{\partial \dot{\mathbf{x}}}(\mathbf{x}_0, \dot{\mathbf{x}}_0, 0)\mathbf{F}_0 + \frac{\partial \mathbf{F}}{\partial t}(\mathbf{x}_0, \dot{\mathbf{x}}_0, 0) \equiv \mathbf{F}_1 \, ,$$

die eine *vollständige Zeitableitung* von $\mathbf{F}$ in $(\mathbf{x}_0, \dot{\mathbf{x}}_0, 0)$ darstellt, so erhalten wir im nächsten Iterationsschritt durch eine Taylor-Entwicklung der Kraftfunktion $\mathbf{F}$:

$$\dot{\mathbf{x}}(t) = \dot{\mathbf{x}}_0 + \frac{1}{m} \int_0^t dt' \, \mathbf{F}(\mathbf{x}_0 + \dot{\mathbf{x}}_0 t' + \cdots, \dot{\mathbf{x}}_0 + \tfrac{t'}{m}\mathbf{F}_0 + \cdots, t')$$

$$= \dot{\mathbf{x}}_0 + \frac{1}{m} \int_0^t dt' \, \left[ \mathbf{F}_0 + \mathbf{F}_1 t' + \mathcal{O}(t'^2) \right]$$

$$\sim \dot{\mathbf{x}}_0 + \frac{t}{m} \mathbf{F}_0 + \frac{t^2}{2m} \mathbf{F}_1 + \mathcal{O}(t^3) \qquad (t \downarrow 0) \, .$$

---

[20]Hierbei sind $\frac{\partial \mathbf{F}}{\partial \mathbf{x}}$ und $\frac{\partial \mathbf{F}}{\partial \dot{\mathbf{x}}}$ also $(3 \times 3)$-Matrizen mit den Matrixelementen $\frac{\partial F_i}{\partial x_j}$ bzw. $\frac{\partial F_i}{\partial \dot{x}_j}$, sodass $\frac{\partial \mathbf{F}}{\partial \mathbf{x}}\dot{\mathbf{x}}_0$ und $\frac{\partial \mathbf{F}}{\partial \dot{\mathbf{x}}}\mathbf{F}_0$ genau wie $\frac{\partial \mathbf{F}}{\partial t}$ und $\mathbf{F}_1$ dreidimensionale *Vektoren* darstellen.

Eine Integration bezüglich der Zeitvariablen ergibt daher

$$\mathbf{x}(t) \sim \mathbf{x}_0 + \dot{\mathbf{x}}_0 t + \frac{t^2}{2m} \mathbf{F}_0 + \frac{t^3}{6m} \mathbf{F}_1 + \cdots \qquad (t \downarrow 0) \, . \qquad (2.40)$$

Man kann offensichtlich beliebig oft weiter iterieren, und die rechte Seite wird immer nur von $\mathbf{x}_0$ und $\dot{\mathbf{x}}_0$ abhängig sein. Das deterministische Prinzip ist daher für Bewegungsgleichungen der Form (2.35) erfüllt.

Vollkommen analog kann man zeigen, dass die Newton'sche Bewegungsgleichung (2.36) für Systeme mehrerer Teilchen das deterministische Prinzip (zumindest für genügend kurze Zeiten) erfüllt. Die vollständige und eindeutige Lösung gewöhnlicher Differentialgleichungen *zweiter* Ordnung, wie (2.35) oder (2.36), erfordert generell *zwei* Integrationskonstanten $\{\mathbf{x}(0), \dot{\mathbf{x}}(0)\}$ bzw. $\{\{\mathbf{x}_j(0)\}, \{\dot{\mathbf{x}}_j(0)\}\}$.

### Mathematische Hintergrundinformation

Die *Existenz* von Lösungen des Anfangswertproblems (2.37), die hier nur illustriert wurde, kann in der Theorie gewöhnlicher Differentialgleichungen unter relativ schwachen Voraussetzungen rigoros bewiesen werden (*Satz von Cauchy-Peano*). Um die *Eindeutigkeit* der Lösung zu beweisen, fordert man typischerweise zusätzlich, dass das Kraftgesetz $\mathbf{F}(\mathbf{x}, \dot{\mathbf{x}}, t)$ eine Lipschitz-Bedingung bezüglich der Variablen $\mathbf{x}$ und $\dot{\mathbf{x}}$ erfüllt.[21] Unter dieser Bedingung wird die gewünschte Eindeutigkeit durch den sogenannten *Satz von Picard-Lindelöf* gewährleistet (siehe z. B. Ref. [6]).

### Numerische Lösung der Bewegungsgleichung

Neben der *analytisch* iterierten Lösung (2.40) der Newton'schen Bewegungsgleichung, die im Grunde die Form einer *Taylor-Reihe* für die Bahn $\mathbf{x}(t)$ ergibt, ist es natürlich möglich, diese Bewegungsgleichung *numerisch* zu lösen. Auch das numerische Verfahren zeigt klar, dass die Lösung vollständig durch die zwei Anfangswerte $\mathbf{x}_0$ für den Ortsvektor und $\dot{\mathbf{x}}_0$ für die Anfangsgeschwindigkeit bestimmt ist. Die zentrale Idee bei der numerischen Lösung der Bewegungsgleichung ist die folgende: Die zu lösende Gleichung ist zunächst einmal eine Differentialgleichung *zweiter* Ordnung für die *drei*dimensionale Vektorfunktion $\mathbf{x}(t)$,

$$\ddot{\mathbf{x}}(t) = \frac{1}{m} \mathbf{F}(\mathbf{x}(t), \dot{\mathbf{x}}(t), t) \quad , \quad \mathbf{x}(0) = \mathbf{x}_0 \quad , \quad \dot{\mathbf{x}}(0) = \dot{\mathbf{x}}_0 \, ,$$

die aber mit Hilfe der Definitionen:

$$\mathbf{x} \equiv \mathbf{x}_1 \quad , \quad \dot{\mathbf{x}} \equiv \mathbf{x}_2 \quad , \quad \begin{pmatrix} \mathbf{x}_1 \\ \mathbf{x}_2 \end{pmatrix} \equiv \mathbf{X}$$

in eine äquivalente Differentialgleichung *erster* Ordnung für die *sechs*dimensionale Vektorfunktion $\mathbf{X}(t)$ umgewandelt werden kann:

$$\dot{\mathbf{X}}(t) = \begin{pmatrix} \dot{\mathbf{x}}_1 \\ \dot{\mathbf{x}}_2 \end{pmatrix} = \begin{pmatrix} \dot{\mathbf{x}} \\ \frac{1}{m} \mathbf{F}(\mathbf{x}, \dot{\mathbf{x}}, t) \end{pmatrix} = \begin{pmatrix} \mathbf{x}_2 \\ \frac{1}{m} \mathbf{F}(\mathbf{x}_1, \mathbf{x}_2, t) \end{pmatrix} \equiv \mathbf{f}(\mathbf{X}, t) \, . \qquad (2.41)$$

---

[21] Die Funktion $\mathbf{F}(\mathbf{x}, \dot{\mathbf{x}}, t)$ soll *Lipschitz-stetig* in den Variablen $\mathbf{x}$ und $\dot{\mathbf{x}}$ sein. Dies bedeutet, dass es in der Notation des nachfolgenden Absatzes eine endliche Konstante $L \geq 0$ geben soll, sodass für alle $\mathbf{X}_1, \mathbf{X}_2 \in \mathbb{R}^6$ und $t \in \mathbb{R}$ sowie geeignete Definitionen der Normen von $\mathbf{f}(\mathbf{X}, t)$ und $\mathbf{X}$ gilt: $|\mathbf{f}(\mathbf{X}_1, t) - \mathbf{f}(\mathbf{X}_2, t)| \leq L \, |\mathbf{X}_1 - \mathbf{X}_2|$.

Lösungsverfahren für Differentialgleichungen *erster* Ordnung sind Standard, auch wenn die gesuchte Funktion *mehr*dimensional ist. Einer der einfachsten numerischen Algorithmen hierfür ist das sogenannte *Euler-Verfahren*. Nach diesem Verfahren schreibt man Gleichung (2.41) zuerst als

$$\lim_{h\downarrow 0} \frac{\mathbf{X}(t+h) - \mathbf{X}(t)}{h} = \mathbf{f}(\mathbf{X}, t) \, .$$

Aus dieser Form der Gleichung folgt bereits, dass $\mathbf{X}(t+h)$ für hinreichend kleine $h$-Werte in sehr guter Näherung durch $\mathbf{X}(t) + h\mathbf{f}(\mathbf{X}, t)$ approximiert werden kann. Diese Feststellung ist als die „lineare Näherung" bekannt. Man erhält dann durch mehrmalige Anwendung der linearen Näherung eine Approximation für die Lösung der Differentialgleichung erster Ordnung. Konkret diskretisiert man hierzu die Zeitschritte in Einheiten von $h$:

$$\mathbf{X}_n \equiv \mathbf{X}(t_n) \quad , \quad t_n \equiv nh \quad , \quad t_0 = 0 \quad , \quad \mathbf{X}_0 = \mathbf{X}(0) = \begin{pmatrix} \mathbf{x}_0 \\ \dot{\mathbf{x}}_0 \end{pmatrix}$$

und löst statt der Differentialgleichung (2.41) nun die *Differenzen*gleichung:[22]

$$\frac{\mathbf{X}_{n+1} - \mathbf{X}_n}{h} = \mathbf{f}(\mathbf{X}_n, t_n) \quad \text{bzw.} \quad \mathbf{X}_{n+1} = \mathbf{X}_n + h\mathbf{f}(\mathbf{X}_n, t_n) \, . \tag{2.42}$$

Wir zeigen im Folgenden, wie man, aufbauend auf dieser Idee, die Bahn $\mathbf{X}(t)$ bzw. $\mathbf{x}(t)$ numerisch berechnen kann.

Nehmen wir an, man möchte die physikalische Bahn $\mathbf{X}(T)$ für einen vorgegebenen Anfangswert $\mathbf{X}(0)$ und bei *festgehaltenem* $T = Nh > 0$ berechnen. Zu Illustrationszwecken ist die *exakte* physikalische Bahn $\mathbf{X}(t)$ als die *grüne* Kurve in Abbildung 2.7 eingetragen. Diese exakte Bahn kann in der Regel nicht analytisch berechnet werden. Stattdessen kann man jedoch die Differenzengleichung (2.42) für hinreichend kleines $h$, d. h. für hinreichend großes $N$, lösen. Die ent-

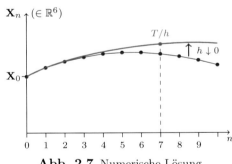

**Abb. 2.7** Numerische Lösung der Bewegungsgleichung

sprechende, approximative, numerische Lösung ist als die *blaue* Kurve in Abb. 2.7 eingetragen. Wiederum zu Illustrationszwecken wurde in Abb. 2.7 ein Diskretisierungsparameter $h = \frac{1}{7}T$ bzw. $N = 7$ gewählt. Wie in Abb. 2.7 ersichtlich ist, führt die Diskretisierung der Bewegungsgleichung zu einer Abweichung der approximativ berechneten von der exakten Bahn. Dieser *Diskretisierungsfehler* ist für das Euler-Verfahren bei festgehaltener Zeit $T$ klein, von $\mathcal{O}(h)$, und geht also im Limes $h \downarrow 0$ bzw. $N \to \infty$ gegen null. Indem man in dieser Weise die Bewegungsgleichung für immer kleinere $h$-Werte numerisch löst, erhält man zwar keine *exakten*, aber auf jeden Fall doch beliebig genaue Werte für die Bahnkoordinaten $\mathbf{X}(T)$. Außerdem wird (noch einmal) bestätigt, dass die physikalische Bahn $\mathbf{X}(T)$ durch den Anfangswert $\mathbf{X}(0)$ vollständig festgelegt wird.

---

[22]Gleichung (2.42) wird als Differenzengleichung bezeichnet, da auf der linken Seite der *Diffe-rential*quotient $d\mathbf{X}/dt$ durch einen *Differenzen*quotienten $(\mathbf{X}_{n+1} - \mathbf{X}_n)/h$ ersetzt wurde.

# 2.7 Konsequenzen der Galilei-Kovarianz für die Bewegungsgleichung

Wir untersuchen nun die Konsequenzen der zu fordernden Galilei-Kovarianz für die mögliche Form der Kraft $\mathbf{F}$ in der Newton'schen Bewegungsgleichung. Hierzu betrachten wir zunächst *abgeschlossene* mechanische Systeme, die nur aus einem einzelnen Teilchen bestehen. Anschließend betrachten wir dann abgeschlossene mechanische *Vielteilchen*systeme.

## 2.7.1 Folgen der Galilei-Kovarianz für Einteilchensysteme

Um Zweideutigkeiten in der Notation zu vermeiden, führen wir neben den allgemeinen Koordinaten $\mathbf{x} \in \mathbb{R}^3$ auch die spezielle physikalische Bahn $\mathbf{x}_\phi(t)$ ein, die eine Lösung der Newton'schen Bewegungsgleichung zu fest vorgegebenen Anfangsbedingungen darstellt. Der Impuls des Teilchens in dieser physikalischen Bahn ist entsprechend durch $\mathbf{p}_\phi(t) = m\dot{\mathbf{x}}_\phi(t)$ gegeben.

Die Bewegungsgleichung (2.35) soll aufgrund des Galilei'schen Relativitätsprinzips forminvariant („kovariant") sein unter den folgenden Transformationen:

(i) *Zeittranslationen*: $\mathbf{x}'(\mathbf{x}, t) = \mathbf{x}$ mit $t' = t - \tau$.

In diesem Fall ergibt sich die „neue" Zeit $t' = t - \tau$ direkt aus der „alten" Zeit $t$. Die neue Bahn $\mathbf{x}'_\phi(t')$ im Inertialsystem $K'$ folgt, indem man die alte Bahn $\mathbf{x}_\phi(t)$, die eine Lösung der Bewegungsgleichung in $K$ darstellt, in die Transformationsvorschrift $\mathbf{x}'(\mathbf{x}, t) = \mathbf{x}$ einsetzt. Das Ergebnis lautet $\mathbf{x}'_\phi(t') = \mathbf{x}'(\mathbf{x}_\phi(t), t) = \mathbf{x}_\phi(t)$, sodass man insgesamt für die neue Bahn $\mathbf{x}'_\phi(t')$ erhält:

$$\mathbf{x}'_\phi(t') = \mathbf{x}_\phi(t) = \mathbf{x}_\phi(t' + \tau) \quad \text{also} \quad \mathbf{x}'_\phi(t') = \mathbf{x}_\phi(t' + \tau) \, .$$

Die Geschwindigkeit im neuen Koordinatensystem $K'$ folgt durch Differentiation der neuen Bahn nach der neuen Zeit:

$$\dot{\mathbf{x}}'_\phi(t') \equiv \frac{d\mathbf{x}'_\phi}{dt'}(t') = \frac{d\mathbf{x}_\phi}{dt}(t' + \tau) = \dot{\mathbf{x}}_\phi(t' + \tau) \quad , \quad dt' = dt \, ,$$

und der neue Impuls folgt durch Multiplikation der neuen Geschwindigkeit mit der Teilchenmasse $m$:

$$\mathbf{p}'_\phi(t') \equiv m\dot{\mathbf{x}}'_\phi(t') = m\dot{\mathbf{x}}_\phi(t' + \tau) \equiv \mathbf{p}_\phi(t' + \tau) \, .$$

Dies bedeutet für die zeitliche Änderung des Impulses im neuen Koordinatensystem:

$$\frac{d\mathbf{p}'_\phi}{dt'}(t') = \frac{d\mathbf{p}_\phi}{dt}(t' + \tau) = \frac{d\mathbf{p}_\phi}{dt}(t) \, .$$

Die zeitliche Änderung des Impulses stellt aber die jeweils *linke* Seite der Bewegungsgleichungen in beiden Inertialsystemen dar. Die *rechte* Seite der Bewegungsgleichungen ist die *Kraft*, die auf das Teilchen einwirkt. Diese Kraft ist in $K$ durch $\mathbf{F}(\mathbf{x}_\phi(t), \dot{\mathbf{x}}_\phi(t), t)$ gegeben und in $K'$ durch

$$\mathbf{F}(\mathbf{x}'_\phi(t'), \dot{\mathbf{x}}'_\phi(t'), t') = \mathbf{F}(\mathbf{x}_\phi(t), \dot{\mathbf{x}}_\phi(t), t - \tau) \, .$$

An dieser Stelle wurde die vom ersten Postulat P1 geforderte *Forminvarianz* physikalischer Gesetze verwendet, die konkret bedeutet, dass die Kraftfunktionen in $K$ und $K'$ *identisch* sein müssen: Die neue Bahn in $K'$ muss eine Lösung der Bewegungsgleichung $\frac{d\mathbf{p}_\phi'}{dt'}(t') = \mathbf{F}(\mathbf{x}_\phi'(t'), \dot{\mathbf{x}}_\phi'(t'), t')$ sein. Forminvarianz der Bewegungsgleichung unter Zeittranslationen bedeutet daher:

$$\mathbf{F}(\mathbf{x}_\phi(t), \dot{\mathbf{x}}_\phi(t), t - \tau) = \frac{d\mathbf{p}_\phi'}{dt'}(t') = \frac{d\mathbf{p}_\phi}{dt}(t) = \mathbf{F}(\mathbf{x}_\phi(t), \dot{\mathbf{x}}_\phi(t), t) \ .$$

Dies kann jedoch nur dann für alle $\tau$ gelten, falls die Kraft *nicht explizit von der Zeit abhängig* ist! Wir schließen hieraus, dass für Einteilchensysteme unbedingt $\frac{\partial \mathbf{F}}{\partial t} = \mathbf{0}$ gelten muss und die Kraftfunktion die Form $\mathbf{F}(\mathbf{x}, \dot{\mathbf{x}})$ hat.

(ii) *Translationen im Ortsraum*: $\mathbf{x}'(\mathbf{x}, t) = \mathbf{x} - \boldsymbol{\xi}$ , $t' = t$.

Die in diesem Fall verwendeten Argumente sind analog zu denjenigen, die wir oben für die Zeittranslationen verwendet haben: Falls $\mathbf{x}_\phi(t)$ eine Lösung der Newton'schen Bewegungsgleichung in $K$ darstellt, erhält man die neue Bahn in $K'$, indem man die alte Bahn $\mathbf{x}_\phi(t)$ in die Transformationsvorschrift $\mathbf{x}'(\mathbf{x}, t) = \mathbf{x} - \boldsymbol{\xi}$ einsetzt:

$$\mathbf{x}_\phi'(t') = \mathbf{x}'(\mathbf{x}_\phi(t), t) = \mathbf{x}_\phi(t) - \boldsymbol{\xi} = \mathbf{x}_\phi(t') - \boldsymbol{\xi} \ .$$

Es folgt $\dot{\mathbf{x}}_\phi'(t') = \dot{\mathbf{x}}_\phi(t') = \dot{\mathbf{x}}_\phi(t)$ und $\frac{d\mathbf{p}_\phi'}{dt'}(t') = \frac{d\mathbf{p}_\phi}{dt}(t') = \frac{d\mathbf{p}_\phi}{dt}(t)$. Die neue Bahn $\mathbf{x}_\phi'(t')$ soll nun eine Lösung der Newton'schen Bewegungsgleichung in $K'$ sein. Die Forminvarianz der Bewegungsgleichung impliziert in diesem Fall:

$$\mathbf{F}(\mathbf{x}_\phi(t) - \boldsymbol{\xi}, \dot{\mathbf{x}}_\phi(t)) = \frac{d\mathbf{p}_\phi'}{dt'}(t') = \frac{d\mathbf{p}_\phi}{dt}(t) = \mathbf{F}(\mathbf{x}_\phi(t), \dot{\mathbf{x}}_\phi(t)) \ ,$$

und diese Gleichung kann nur dann für alle $\boldsymbol{\xi}$ gelten, falls $\mathbf{F}$ *nicht explizit vom Ort abhängig* ist! Wir schließen hieraus, dass unbedingt $\frac{\partial \mathbf{F}}{\partial \mathbf{x}} = \mathbb{O}_3$ gelten muss, wobei $\mathbb{O}_3$ die $(3 \times 3)$-Nullmatrix bezeichnet. Damit hat die Kraftfunktion für Einteilchensysteme die Form $\mathbf{F}(\dot{\mathbf{x}})$.

(iii) *Geschwindigkeitstransformationen*: $\mathbf{x}'(\mathbf{x}, t) = \mathbf{x} - \mathbf{v}t$ , $t' = t$.

Die Argumente sind wiederum analog: Falls $\mathbf{x}_\phi(t)$ eine Lösung in $K$ ist, ist $\mathbf{x}_\phi'(t') = \mathbf{x}_\phi(t') - \mathbf{v}t'$ eine Lösung in $K'$. Es folgt für die Geschwindigkeiten in den beiden Koordinatensystemen: $\dot{\mathbf{x}}_\phi'(t') = \dot{\mathbf{x}}_\phi(t) - \mathbf{v}$ und (durch Multiplikation mit der Teilchenmasse und nochmalige Differentiation bezüglich $t'$) für die zeitlichen Änderungen der Impulse: $\dot{\mathbf{p}}_\phi'(t') = \dot{\mathbf{p}}_\phi(t)$. Die Forminvarianz der Bewegungsgleichung bedeutet nun:

$$\mathbf{F}(\dot{\mathbf{x}}_\phi(t) - \mathbf{v}) = \frac{d\mathbf{p}_\phi'}{dt'}(t') = \frac{d\mathbf{p}_\phi}{dt}(t) = \mathbf{F}(\dot{\mathbf{x}}_\phi(t)) \ ,$$

und dies kann nur dann für alle $\mathbf{v}$ gelten, wenn die Kraft *nicht explizit von der Geschwindigkeit abhängig* ist: $\frac{\partial \mathbf{F}}{\partial \mathbf{x}} = \mathbb{O}_3$! Wir folgern hieraus, dass die Kraftfunktion insgesamt also $(\mathbf{x}, \dot{\mathbf{x}}, t)$-unabhängig und somit als Funktion dieser Variablen *konstant* ist: $\mathbf{F}(\mathbf{x}, \dot{\mathbf{x}}, t) = \mathbf{F}$.

(iv) *Inversion*: $\mathbf{x}'(\mathbf{x}, t) = -\mathbf{x}$ , $t' = t$.

Wir argumentieren wiederum analog: Falls $\mathbf{x}_\phi(t)$ eine Bahn in $K$ beschreibt, ist $\mathbf{x}'_\phi(t') = -\mathbf{x}_\phi(t) = -\mathbf{x}_\phi(t')$ eine Bahn in $K'$. Es folgt $\dot{\mathbf{x}}'_\phi(t') = -\dot{\mathbf{x}}_\phi(t)$ und $\dot{\mathbf{p}}'_\phi(t') = -\dot{\mathbf{p}}_\phi(t)$. Die vom ersten Postulat geforderte Forminvarianz der Bewegungsgleichung impliziert in diesem Fall:

$$\mathbf{F} = \frac{d\mathbf{p}'_\phi}{dt'}(t') = -\frac{d\mathbf{p}_\phi}{dt}(t) = -\mathbf{F}$$

und daher $\mathbf{F} = \mathbf{0}$, sodass die Kraft nur *null* sein kann! Man erhält dasselbe Ergebnis, wenn man Forminvarianz unter Drehungen (*Rotationen*) fordert.

**Fazit: das erste Newton'sche Gesetz**

Wir fassen zusammen: Rein aufgrund der zu fordernden Galilei-Kovarianz der Newton'schen Bewegungsgleichung muss ein isolierter Massenpunkt ("frei von äußeren Einflüssen") also unbedingt die Bewegungsgleichung

$$\boxed{\frac{d\mathbf{p}_\phi}{dt} = \mathbf{0}} \tag{2.43}$$

erfüllen; seine Bewegung erfolgt daher geradlinig-gleichförmig in jedem Inertialsystem. Das Resultat (2.43), das hier *hergeleitet* und nicht angenommen wurde, ist als das *erste Newton'sche Gesetz* bekannt.

## 2.7.2 Folgen der Galilei-Kovarianz für Vielteilchensysteme

Wir untersuchen nun die Konsequenzen der Galilei-Kovarianz für die Bewegungsgleichung (2.36), die die Verallgemeinerung von (2.35) auf Systeme mit mehreren Teilchen darstellt. Wiederum führen wir – um Zweideutigkeiten in der Notation zu vermeiden – neben den allgemeinen Koordinaten $\mathbf{x}_i \in \mathbb{R}^3$ des $i$-ten Teilchens ($i = 1, 2, \cdots, N$) auch die Koordinaten $\mathbf{x}_{i\phi}(t)$ dieses Teilchens auf der physikalischen Bahn des Gesamtsystems ein. Der Impuls des $i$-ten Teilchens ist entsprechend durch $\mathbf{p}_{i\phi}(t) = m_i \dot{\mathbf{x}}_{i\phi}(t)$ gegeben. Die Bahn des gesamten Vielteilchensystems wird dann durch die Koordinaten $\{\mathbf{x}_{i\phi}(t) \,|\, i = 1, 2, \cdots, N\}$ aller Teilchen beschrieben. Die spezielle Bahn $\{\mathbf{x}_{i\phi}(t)\}$ des Gesamtsystems, eine *eindimensionale* Kurve, stellt dabei eine Lösung der Newton'schen Bewegungsgleichung zu fest vorgegebenen Anfangsbedingungen dar und verläuft als Funktion der Zeit durch die $(3N+1)$-dimensionale Raum-Zeit $\mathbb{R}^{3N} \times \mathbb{R}_t$ aller Teilchen.

Die Invarianz unter Zeittranslationen impliziert auch nun wieder $\frac{\partial \mathbf{F}}{\partial t} = \mathbf{0}$, sodass (2.36) durch

$$\frac{d\mathbf{p}_{i\phi}}{dt} = \mathbf{F}_i(\{\mathbf{x}_{j\phi}\}, \{\dot{\mathbf{x}}_{j\phi}\}) \quad (i, j = 1, \cdots, N)$$

ersetzt werden kann. Die Forminvarianz der Bewegungsgleichung unter Translationen im Ortsraum impliziert

$$\mathbf{F}_i(\{\mathbf{x}_{j\phi} - \boldsymbol{\xi}\}, \{\dot{\mathbf{x}}_{j\phi}\}) = \mathbf{F}_i(\{\mathbf{x}_{j\phi}\}, \{\dot{\mathbf{x}}_{j\phi}\}) \quad (\forall \boldsymbol{\xi} \in \mathbb{R}^3) \,,$$

sodass die Kraft nur eine Funktion von *Relativ*koordinaten $\mathbf{x}_{ji\phi}$ sein kann, die nicht von $\boldsymbol{\xi}$ abhängen, und sich die Bewegungsgleichung auf

$$\frac{d\mathbf{p}_{i\phi}}{dt} = \mathbf{F}_i(\{\mathbf{x}_{ji\phi}\}, \{\dot{\mathbf{x}}_{j\phi}\}) \quad , \quad \mathbf{x}_{ji\phi} \equiv \mathbf{x}_{j\phi} - \mathbf{x}_{i\phi} \quad (i, j = 1, \cdots, N)$$

reduziert. Analog folgt aus der Forderung nach Forminvarianz unter Geschwindigkeitstransformationen:

$$\mathbf{F}_i(\{\mathbf{x}_{ji\phi}\}, \{\dot{\mathbf{x}}_{j\phi} - \mathbf{v}\}) = \mathbf{F}_i(\{\mathbf{x}_{ji\phi}\}, \{\dot{\mathbf{x}}_{j\phi}\}) \quad (\forall\, \mathbf{v} \in \mathbb{R}^3)\,,$$

sodass die Kraft nur eine Funktion von *Relativ*geschwindigkeiten $\dot{\mathbf{x}}_{ji\phi}$ sein kann,
die nicht von $\mathbf{v}$ abhängen, und in jedem Inertialsystem ein physikalisches Gesetz
der Form

$$\boxed{\frac{d\mathbf{p}_{i\phi}}{dt} = \mathbf{F}_i(\{\mathbf{x}_{ji\phi}\}, \{\dot{\mathbf{x}}_{ji\phi}\}) \qquad (i,j = 1, \cdots, N)} \tag{2.44}$$

gelten muss. Hiermit ist auch die *allgemeine* Form des Kraftgesetzes für abgeschlossene Vielteilchensysteme bekannt.

**Das vierte Newton'sche Gesetz**

Unter Drehungen bzw. Inversionen gehen Lösungen $\mathbf{x}_{i\phi}(t)$ im Inertialraum $K$ in
Lösungen $\sigma R^{-1}\mathbf{x}_{i\phi}(t)$ in $K'$ über. Es folgt

$$\mathbf{F}_i(\{\sigma R^{-1}\mathbf{x}_{ji\phi}\}, \{\sigma R^{-1}\dot{\mathbf{x}}_{ji\phi}\}) = \frac{d\mathbf{p}'_{i\phi}}{dt'} = \frac{d}{dt}\sigma R^{-1}\mathbf{p}_{i\phi} = \sigma R^{-1}\frac{d\mathbf{p}_{i\phi}}{dt}$$
$$= \sigma R^{-1}\mathbf{F}_i(\{\mathbf{x}_{ji\phi}\}, \{\dot{\mathbf{x}}_{ji\phi}\})$$

oder kurz:

$$\boxed{\mathbf{F}'_i = \sigma R^{-1}\mathbf{F}_i\,.} \tag{2.45}$$

Kräfte werden unter Drehungen und Inversionen also genauso wie Ortsvektoren
oder Impulse transformiert und können aufgrund von (2.44) auch genauso wie Impulse (oder Ortsvektoren) addiert werden. Größen mit dieser Eigenschaft werden in
der Physik als *echte Vektoren* bezeichnet. Die Tatsache, dass Kräfte in diesem Sinne echte Vektoren sind, wird üblicherweise als *Newtons viertes Gesetz* bezeichnet.
Hier wurde das Gesetz hergeleitet, nicht angenommen.

**Das dritte Newton'sche Gesetz**

Neben dem zweiten Newton'schen Gesetz, das eine zentrale Rolle in der Klassischen
Mechanik spielt, und dem ersten und vierten Gesetz, die beide aus dem zweiten
Gesetz und der Galilei-Kovarianz hergeleitet werden können, gibt es noch ein *drittes
Newton'sches Gesetz*, das weniger fundamental ist: Es postuliert, dass die Kräfte,
die zwei Teilchen aufeinander ausüben, entlang der Verbindungslinie dieser Teilchen
gerichtet sind und dass ihre Summe null ist (actio = − reactio):

$$\boxed{\frac{d\mathbf{p}_1}{dt} = f(|\mathbf{x}_{21}|)\hat{\mathbf{x}}_{21} \quad, \quad \frac{d\mathbf{p}_2}{dt} = f(|\mathbf{x}_{12}|)\hat{\mathbf{x}}_{12} \quad, \quad \frac{d}{dt}(\mathbf{p}_1 + \mathbf{p}_2) = \mathbf{0}\,.} \tag{2.46}$$

Außerdem wird hierbei angenommen, dass die Kräfte geschwindigkeits*un*abhängig
sind, da geschwindigkeits*abhängige*, generell entlang der Verbindungslinie zweier
Teilchen gerichtete Kräfte unrealistisch sind. Das dritte „Gesetz" ist sicherlich zu-
treffend für die Schwerkraft und auch für die Coulomb-Wechselwirkung zwischen

geladenen Teilchen. Es gilt aber nicht für die geschwindigkeitsabhängigen *magnetischen* Kräfte, die bewegliche Ladungen aufeinander ausüben, oder z. B. für Drei- und Mehrteilchenwechselwirkungen in dichten Gasen oder Flüssigkeiten. Für solche Kräfte sind die Schlüsse, die in den nachfolgenden Kapiteln aus dem Prinzip „actio = − reactio" gezogen werden, im Allgemeinen nicht richtig.

## 2.8  Beispiele

Als Anwendung der allgemeinen Theorie der Newton'schen Mechanik, insbesondere der Abschnitte [2.5] und [2.7], möchten wir nun zeigen, dass man rein aufgrund von Symmetrieüberlegungen, also *ohne* die relevanten Kraftgesetze explizit zu kennen, nicht-triviale Aussagen über die Dynamik von Zwei- und Dreikörpersystemen machen kann.

### Beispiel 1: zwei Teilchen, anfangs in Ruhe

Betrachten wir zunächst ein abgeschlossenes System, das aus lediglich *zwei* Teilchen besteht, die sich zur Zeit $t = 0$ in irgendeinem Inertialsystem in Ruhe befinden. Die Bewegungsgleichung hat allgemein die folgende Form:

$$m_1\ddot{\mathbf{x}}_1 = \mathbf{F}_1(\mathbf{x}_{12}, \dot{\mathbf{x}}_{12}) \ , \ \ m_2\ddot{\mathbf{x}}_2 = \mathbf{F}_2(\mathbf{x}_{12}, \dot{\mathbf{x}}_{12}) \ , \ \ \dot{\mathbf{x}}_1(0) = \dot{\mathbf{x}}_2(0) = \mathbf{0} \ . \quad (2.47)$$

Mit Hilfe von Symmetrieüberlegungen kann man nun zeigen, dass die beiden Massenpunkte immer auf der Verbindungslinie $\{\mathbf{x}_2(0) + \lambda\mathbf{x}_{12}(0) \,|\, \lambda \in \mathbb{R}\}$ der beiden Anfangsorte bleiben werden: Da die Lösung vollständig durch die Anfangsorte und Anfangsgeschwindigkeiten bestimmt ist und diese Anfangswerte invariant unter Drehungen um die Achse $\mathbf{x}_2(0) + \lambda\mathbf{x}_{12}(0)$ sind, muss auch die Lösung $\{\mathbf{x}_1(t), \mathbf{x}_2(t)\}$ unter Drehungen um diese Achse invariant sein. Dies ist nur dann möglich, wenn $\mathbf{x}_1(t)$ und $\mathbf{x}_2(t)$ stets auf dieser Verbindungslinie liegen.

### Beispiel 2: zwei Teilchen mit beliebigen Anfangsbedingungen

Betrachten wir nun zwei Teilchen mit fest vorgegebenen, aber beliebigen Anfangsbedingungen für Koordinaten und Geschwindigkeiten:

$$m_1\ddot{\mathbf{x}}_1 = \mathbf{F}_1(\mathbf{x}_{12}, \dot{\mathbf{x}}_{12}) \quad , \quad m_2\ddot{\mathbf{x}}_2 = \mathbf{F}_2(\mathbf{x}_{12}, \dot{\mathbf{x}}_{12}) \ .$$

In diesem Fall kann man mit Hilfe von Symmetrieüberlegungen zeigen, dass es ein Inertialsystem gibt, in dem die Bewegung der Teilchen *in einer Ebene* stattfindet: Hierzu wähle man den Translationsvektor $\boldsymbol{\xi}$ und die Geschwindigkeit $\mathbf{v}$ in der Galilei-Transformation so, dass die Anfangswerte des Massenschwerpunkts und der Schwerpunktsgeschwindigkeit nach der Transformation beide Null sind:

$$\frac{m_1\mathbf{x}_1(0) + m_2\mathbf{x}_2(0)}{m_1 + m_2} = \mathbf{0} \quad , \quad \frac{m_1\dot{\mathbf{x}}_1(0) + m_2\dot{\mathbf{x}}_2(0)}{m_1 + m_2} = \mathbf{0} \ .$$

In diesem Inertialsystem, das wir als $K^{(S)}$ bezeichnen, gilt

$$\mathbf{x}_2(0) = -\frac{m_1}{m_2}\mathbf{x}_1(0) \parallel \mathbf{x}_1(0) \quad \text{und} \quad \dot{\mathbf{x}}_2(0) = -\frac{m_1}{m_2}\dot{\mathbf{x}}_1(0) \parallel \dot{\mathbf{x}}_1(0) \ .$$

Im Spezialfall $\dot{\mathbf{x}}_1(0) \parallel \mathbf{x}_1(0)$ ist die physikalische Situation wiederum invariant unter Drehungen um die Achse $\mathbf{x}_2(0) + \lambda\mathbf{x}_{12}(0)$, und die Argumente des ersten Beispiels zeigen, dass $\mathbf{x}_1(t)$ und $\mathbf{x}_2(t)$ auch nun für alle $t \geq 0$ auf dieser Achse liegen. Falls $\mathbf{x}_1(0)$ und $\dot{\mathbf{x}}_1(0)$ jedoch linear unabhängig sind, können wir definieren:

$$\hat{\mathbf{e}}_1 \equiv \frac{\mathbf{x}_1(0)}{|\mathbf{x}_1(0)|} \quad , \quad \hat{\mathbf{e}}_2 \equiv \frac{\mathbf{x}_1(0) \times (\mathbf{x}_1(0) \times \dot{\mathbf{x}}_1(0))}{|\mathbf{x}_1(0) \times (\mathbf{x}_1(0) \times \dot{\mathbf{x}}_1(0))|} \quad , \quad \hat{\mathbf{e}}_3 \equiv \hat{\mathbf{e}}_1 \times \hat{\mathbf{e}}_2 \, ,$$

und in diesem Fall ist die physikalische Situation invariant unter einer Spiegelung an der $\hat{\mathbf{e}}_1$-$\hat{\mathbf{e}}_2$-Ebene [oder anders formuliert: unter einer Galilei-Transformation $-R(\pi\hat{\mathbf{e}}_3)$]. Deshalb muss auch die Lösung $\{\mathbf{x}_1(t), \mathbf{x}_2(t)\}$ unter einer solchen Spiegelung invariant sein, und dies ist nur dann möglich, wenn die Bewegung der beiden Teilchen in der $\hat{\mathbf{e}}_1$-$\hat{\mathbf{e}}_2$-Ebene stattfindet. Da die Bewegung in diesem speziellen Inertialsystem in einer Ebene stattfindet, wird sie in jedem Inertialsystem $K'$ mit $\mathbf{v}_{\text{rel}}(K', K^{(S)}) \perp R(\boldsymbol{\alpha})^{-1}\hat{\mathbf{e}}_3$ in einer Ebene stattfinden.

Diese Ergebnisse sind u. a. deshalb so nützlich, weil man eine Bewegung in der Ebene mit einfachen *zwei*dimensionalen Koordinaten beschreiben kann, z. B. mit *Polarkoordinaten*. Zur Illustration wird in Übungsaufgabe 2.4 die Kinematik eines Teilchens in der Ebene behandelt. Ihre volle Wirkung entfalten Polarkoordinaten allerdings erst bei der Behandlung der allgemeinen Dynamik des Zweiteilchenproblems in den Abschnitten [3.3] - [3.6].

### Beispiel 3: drei Teilchen, anfangs in Ruhe

Betrachten wir schließlich *drei* Teilchen mit Anfangsgeschwindigkeiten, die in irgendeinem Inertialsystem null sind: $\dot{\mathbf{x}}_1(0) = \dot{\mathbf{x}}_2(0) = \dot{\mathbf{x}}_3(0) = \mathbf{0}$. Wir führen eine Translation durch, sodass auch der Massenschwerpunkt zur Zeit $t = 0$ null ist:

$$\frac{m_1\mathbf{x}_1(0) + m_2\mathbf{x}_2(0) + m_3\mathbf{x}_3(0)}{m_1 + m_2 + m_3} = \mathbf{0} \quad , \quad \mathbf{x}_3(0) = -\frac{m_1}{m_3}\mathbf{x}_1(0) - \frac{m_2}{m_3}\mathbf{x}_2(0) \, .$$

Falls die Anfangskoordinaten $\mathbf{x}_1(0)$, $\mathbf{x}_2(0)$ und $\mathbf{x}_3(0)$ alle auf einer Linie liegen, zeigt die Argumentation unseres ersten Beispiels, dass die Massenpunkte sich für alle $t > 0$ entlang dieser Verbindungslinie bewegen werden. Falls $\mathbf{x}_1(0)$ und $\mathbf{x}_2(0)$ jedoch linear unabhängig sind, kann man definieren:

$$\hat{\mathbf{e}}_1 \equiv \frac{\mathbf{x}_1(0)}{|\mathbf{x}_1(0)|} \quad , \quad \hat{\mathbf{e}}_2 \equiv \frac{\mathbf{x}_1(0) \times (\mathbf{x}_1(0) \times \mathbf{x}_2(0))}{|\mathbf{x}_1(0) \times (\mathbf{x}_1(0) \times \mathbf{x}_2(0))|} \quad , \quad \hat{\mathbf{e}}_3 \equiv \hat{\mathbf{e}}_1 \times \hat{\mathbf{e}}_2 \, .$$

Da die physikalische Situation invariant ist unter einer Spiegelung an der $\hat{\mathbf{e}}_1$-$\hat{\mathbf{e}}_2$-Ebene, muss dies auch für die zeitabhängige Lösung $\{\mathbf{x}_1(t), \mathbf{x}_2(t), \mathbf{x}_3(t)\}$ gelten. Folglich findet die Bewegung in der $\hat{\mathbf{e}}_1$-$\hat{\mathbf{e}}_2$-Ebene statt. Auch die Dynamik eines allgemeinen *Dreiteilchen*problems kann daher bequem mit Hilfe von zweidimensionalen Polarkoordinaten beschrieben werden, falls die Teilchen zumindest anfangs ruhen. Auch dieses Beispiel zeigt, dass die mögliche Dynamik eines Systems durch elementare physikalische Argumente u. U. stark eingeschränkt werden kann.

## 2.9  Weitere Galilei-Transformationen? ∗

In diesem Abschnitt möchten wir uns insbesondere das *zweite* Postulat P2 noch einmal etwas genauer ansehen. Die Kernfrage wird sein, ob die Forderung, dass

Inertialsysteme durch die in Abschnitt [2.5] behandelten *Galilei-Transformatio-nen* verbunden sein müssen, die lediglich aus Geschwindigkeitstransformationen, Translationen, Drehungen und Raumspiegelungen aufgebaut sein können, nicht zu einschränkend ist. Möglicherweise gibt es weitere physikalisch relevante Transfor-mationen, die die Struktur der Raum-Zeit im Sinne von Gleichung (2.25) erhalten und die Bewegungsgleichungen abgeschlossener mechanischer Systeme forminvari-ant lassen, die wir bisher nicht mitberücksichtigt haben. Diese Frage soll hier beantwortet werden.

**Allgemeine Form einer Koordinatentransformation**

Was also ist die allgemeine Form einer Transformation von Orts- und Zeitkoordina-ten, die die Struktur der Raum-Zeit gemäß Gleichung (2.25) erhält, d. h. Abstände in Raum und Zeit invariant lässt, und außerdem die Bewegungsgleichungen (2.43) bzw. (2.44) forminvariant lässt? Wir wissen bereits aus Gleichung (2.26), dass man bei der Transformation der Zeitvariablen stark eingeschränkt ist, da hierbei nur die Zeittranslation $t' = t - \tau$ im Einklang mit der geforderten Beobachterunabhängig-keit von Zeitdifferenzen ist. Bei der Suche nach Verallgemeinerungen der Galilei-Transformationen konzentrieren wir uns daher auf die *Orts*variablen und nehmen allgemein an, dass die Ortskoordinaten im Bezugssystem $K'$ gemäß $\mathbf{x}'(\mathbf{x}, t)$ mit den Koordinaten $(\mathbf{x}, t)$ eines Inertialsystems $K$ verbunden sind. Hierbei ist die Funk-tionsvorschrift $\mathbf{x}'$ zunächst einmal beliebig und darf insbesondere durchaus auch nicht-linear sein. Außerdem setzen wir allgemein $t' = t - \tau$ an.

**Transformation von Bahnkoordinaten, Geschwindigkeit, Impuls**

Dieser allgemeine Ansatz bedeutet für die *physikalische Bahn* im Bezugssystem $K'$:

$$\mathbf{x}'_\phi(t') = \mathbf{x}'(\mathbf{x}_\phi(t), t) = \mathbf{x}'(\mathbf{x}_\phi(t' + \tau), t' + \tau)$$

und daher für die *Geschwindigkeit* entlang der physikalischen Bahn:

$$\dot{\mathbf{x}}'_\phi(t') = \frac{d\mathbf{x}'_\phi}{dt'}(t') = \frac{\partial \mathbf{x}'}{\partial \mathbf{x}}(\mathbf{x}_\phi(t' + \tau), t' + \tau)\dot{\mathbf{x}}_\phi(t' + \tau) + \frac{\partial \mathbf{x}'}{\partial t}(\mathbf{x}_\phi(t' + \tau), t' + \tau)$$

sowie für die entsprechenden *Impulse* $\mathbf{p}_\phi(t) = m\dot{\mathbf{x}}_\phi(t)$ bzw. $\mathbf{p}'_\phi(t') = m\dot{\mathbf{x}}'_\phi(t')$:

$$\mathbf{p}'_\phi(t') = \frac{\partial \mathbf{x}'}{\partial \mathbf{x}}(\mathbf{x}_\phi(t' + \tau), t' + \tau)\mathbf{p}_\phi(t' + \tau) + m\frac{\partial \mathbf{x}'}{\partial t}(\mathbf{x}_\phi(t' + \tau), t' + \tau) \, .$$

Die letzten beiden Gleichungen können wir kompakter schreiben als

$$\dot{\mathbf{x}}'_\phi(t') = \frac{\partial \mathbf{x}'}{\partial \mathbf{x}}\dot{\mathbf{x}}_\phi(t' + \tau) + \frac{\partial \mathbf{x}'}{\partial t} \quad , \quad \mathbf{p}'_\phi(t') = \frac{\partial \mathbf{x}'}{\partial \mathbf{x}}\mathbf{p}_\phi(t' + \tau) + m\frac{\partial \mathbf{x}'}{\partial t} \, ,$$

indem wir die Konvention einführen, dass partielle Ableitungen $\frac{\partial \mathbf{x}'}{\partial \mathbf{x}}$ bzw. $\frac{\partial \mathbf{x}'}{\partial t}$ stets mit dem Argument $(\mathbf{x}_\phi(t' + \tau), t' + \tau)$ auszurechnen sind.

**Transformation der zeitlichen Impulsänderung**

Diese Konvention erleichtert es uns, noch einen Schritt weiter zu gehen und die *Zeitableitung* von $\mathbf{p}'_\phi(t')$ auszurechnen. Das Ergebnis dieser Berechnung ist wichtig, da $\dot{\mathbf{p}}'_\phi(t')$ die linke Seite der Bewegungsgleichung darstellt und zeigt, inwiefern allgemeine Transformationen $\mathbf{x}'(\mathbf{x}, t)$ mit der Forminvarianz der Bewegungsgleichung für abgeschlossene mechanische Systeme verträglich sind. Wir erhalten durch nochmalige Zeitableitung (unter Verwendung der Summationskonvention):

$$\dot{\mathbf{p}}'_\phi(t') = \frac{d\mathbf{p}'_\phi}{dt'}(t') = \frac{1}{m}\frac{\partial^2\mathbf{x}'}{\partial x_k \partial x_l}\,p_{k\phi}(t'+\tau)p_{l\phi}(t'+\tau) + \frac{\partial\mathbf{x}'}{\partial x_k}\,\dot{p}_{k\phi}(t'+\tau)$$
$$+ 2\frac{\partial^2\mathbf{x}'}{\partial t\,\partial x_k}\,p_{k\phi}(t'+\tau) + m\frac{\partial^2\mathbf{x}'}{\partial t^2} \, . \qquad (2.48)$$

Hiermit ist auch die zeitliche Impulsänderung im Koordinatensystem $K'$ bekannt.

**Fordere die Kovarianz der Einteilchenbewegungsgleichung**

Wir fordern nun gemäß dem ersten Postulat, dass die Transformation $\mathbf{x}'(\mathbf{x}, t)$ die Bewegungsgleichung $\dot{\mathbf{p}}_\phi(t) = \mathbf{0}$ eines abgeschlossenen mechanischen *Ein*teilchensystems forminvariant lässt, sodass auch im Bezugssystem $K'$ die Gleichung $\dot{\mathbf{p}}'_\phi(t') = \mathbf{0}$ gelten soll. Dies bedeutet, dass sämtliche Terme auf der rechten Seite von Gleichung (2.48) null sein *müssen*, damit in $K'$ die gleichen physikalischen Gesetze herrschen wie in $K$, und $K'$ somit ein Inertialsystem ist. Für *Galilei*-Transformationen sind alle Terme auf der rechten Seite von (2.48) in der Tat gleich null: Alle zweiten Ableitungen von $\mathbf{x}'$ sind null für Galilei-Transformationen, da diese *lineare* Funktionen der Koordinaten $(\mathbf{x}, t)$ sind, und der zweite Term in der ersten Zeile von (2.48) ist wegen $\dot{\mathbf{p}}_\phi(t) = \mathbf{0}$ ebenfalls gleich null. Für eine allgemeine Transformation $\mathbf{x}'(\mathbf{x}, t)$ weiß man zunächst einmal nur, dass der zweite Term in der ersten Zeile von (2.48) wegen $\dot{\mathbf{p}}_\phi(t) = \mathbf{0}$ gleich null ist. Gleichung (2.48) macht klar, dass die Forminvarianz der Bewegungsgleichung außerdem die Einschränkungen

$$\frac{\partial^2\mathbf{x}'}{\partial x_k \partial x_l}(\mathbf{x}, t) = \mathbf{0} \quad , \quad \frac{\partial^2\mathbf{x}'}{\partial t\,\partial x_k}(\mathbf{x}, t) = \mathbf{0} \quad , \quad \frac{\partial^2\mathbf{x}'}{\partial t^2}(\mathbf{x}, t) = \mathbf{0} \qquad (2.49)$$

erfordert. Diese Identitäten gelten für alle Argumente $(\mathbf{x}, t)$, nicht nur für das spezielle Argument $(\mathbf{x}_\phi(t'+\tau), t'+\tau)$, da physikalische Bahnen in abgeschlossenen mechanischen Systemen grundsätzlich an beliebigen Orten zu beliebigen Zeiten mit beliebigen Impulskomponenten $p_{k\phi}$ auftreten können.

**Konsequenzen der Forderung nach Kovarianz**

Die Einschränkung $\frac{\partial^2\mathbf{x}'}{\partial t^2} = \mathbf{0}$ in (2.49) bedeutet, dass die Transformation $\mathbf{x}'(\mathbf{x}, t)$ *linear* als Funktion der Zeitvariablen sein muss: $\mathbf{x}'(\mathbf{x}, t) = \mathbf{w}_0(\mathbf{x}) - \mathbf{w}_1(\mathbf{x})t$. Die weitere Einschränkung $\frac{\partial^2\mathbf{x}'}{\partial t\,\partial x_k} = -\frac{\partial\mathbf{w}_1}{\partial x_k} = \mathbf{0}$ impliziert, dass $\mathbf{w}_1$ nicht explizit ortsabhängig ist: $\mathbf{w}_1(\mathbf{x}) = \text{konstant} \equiv \mathbf{v}$ und daher $\mathbf{x}'(\mathbf{x}, t) = \mathbf{w}_0(\mathbf{x}) - \mathbf{v}t$. Die dritte Einschränkung $\frac{\partial^2\mathbf{x}'}{\partial x_k \partial x_l} = \frac{\partial^2\mathbf{w}_0}{\partial x_k \partial x_l} = \mathbf{0}$ hat zur Folge, dass $\mathbf{w}_0$ eine *lineare* Funktion der Ortsvariablen sein muss: $\mathbf{w}_0(\mathbf{x}) = A\mathbf{x} - \boldsymbol{\xi}$, wobei die $3 \times 3$-Matrix $A$ und der dreidimensionale Vektor $\boldsymbol{\xi}$ beide reellwertig und ortsunabhängig sind. Insgesamt haben die Einschränkungen (2.49) daher zur Folge, dass die Transformation $\mathbf{x}'(\mathbf{x}, t)$ eine *lineare* Funktion der Orts- und Zeitvariablen sein muss:

$$\mathbf{x}'(\mathbf{x}, t) = A\mathbf{x} - \mathbf{v}t - \boldsymbol{\xi} \quad , \quad t'(\mathbf{x}, t) = t - \tau \ .$$

Um die Form der Matrix $A$ zu bestimmen, fordern wir noch, dass die Transformation $\mathbf{x}'(\mathbf{x}, t)$ die Länge im Ortsraum erhält:

$$|\mathbf{x}_2 - \mathbf{x}_1| = |\mathbf{x}_2' - \mathbf{x}_1'| = |\mathbf{x}'(\mathbf{x}_2, t) - \mathbf{x}'(\mathbf{x}_1, t)| = |A(\mathbf{x}_2 - \mathbf{x}_1)| \quad (\forall \mathbf{x}_2, \mathbf{x}_1 \in \mathbb{R}^3) \ .$$

Mit der Definition $\mathbf{x}_2 - \mathbf{x}_1 \equiv \mathbf{y}$ folgt, dass $|\mathbf{y}|^2 = |A\mathbf{y}|^2$ gelten muss für alle $\mathbf{y} \in \mathbb{R}^3$. Durch Anwendung dieser Identität auf die Vektoren $\mathbf{y} = \mathbf{y}_1 + \mathbf{y}_2$ ergibt sich

$$|\mathbf{y}_1|^2 + |\mathbf{y}_2|^2 + 2\mathbf{y}_1 \cdot \mathbf{y}_2 = |\mathbf{y}|^2 = |A\mathbf{y}|^2 = |A\mathbf{y}_1|^2 + |A\mathbf{y}_2|^2 + 2A\mathbf{y}_1 \cdot A\mathbf{y}_2$$

und daher unter Verwendung von $|\mathbf{y}_1|^2 = |A\mathbf{y}_1|^2$ und $|\mathbf{y}_2|^2 = |A\mathbf{y}_2|^2$:

$$\mathbf{y}_1 \cdot \mathbf{y}_2 = A\mathbf{y}_1 \cdot A\mathbf{y}_2 = \mathbf{y}_1 \cdot A^\dagger A\mathbf{y}_2 = \mathbf{y}_1 \cdot A^\mathrm{T} A\mathbf{y}_2 \quad (\forall \mathbf{y}_2, \mathbf{y}_1 \in \mathbb{R}^3) \ ,$$

wobei der letzte Schritt, also $A^\dagger = A^\mathrm{T}$, aus der Reellwertigkeit von $A$ folgt. Damit diese Identität für alle $\mathbf{y}_1$ gilt, muss für alle $\mathbf{y}_2 \in \mathbb{R}^3$ gelten: $\mathbf{y}_2 = A^\mathrm{T} A\mathbf{y}_2$ bzw. $(A^\mathrm{T} A - \mathbb{1}_3)\mathbf{y}_2 = \mathbf{0}$ bzw. $A^\mathrm{T} A = \mathbb{1}_3$. Dies zeigt, dass die Matrix $A$ unbedingt *orthogonal* sein muss, damit $\mathbf{x}'(\mathbf{x}, t)$ die Raum-Zeit-Struktur erhält:

$$A = \sigma R^{-1} \quad , \quad \mathbf{x}'(\mathbf{x}, t) = \sigma R^{-1}\mathbf{x} - \mathbf{v}t - \boldsymbol{\xi} \quad , \quad t'(\mathbf{x}, t) = t - \tau \ .$$

Folglich hat die Koordinatentransformation $\mathbf{x}'(\mathbf{x}, t)$ notwendigerweise die bereits aus Abschnitt [2.5] bekannte Form einer *Galilei-Transformation*.

**Fazit**

Wir kommen somit zum Schluss, dass andere als die bereits bekannten Galilei-Transformationen nicht im Einklang mit der Beobachterunabhängigkeit der Raum-Zeit-Struktur und der Forminvarianz der Bewegungsgleichung sind.

In diesem Argument wurde lediglich die Forminvarianz der Bewegungsgleichung für abgeschlossene mechanische *Ein*teilchensysteme gefordert. Für *Viel*teilchensysteme würde man aber das gleiche Ergebnis erhalten. Die Teilchenzahl ist für dieses Argument nicht entscheidend.

## 2.10 Zusammenfassung der bisherigen Ergebnisse

Am Anfang dieses Kapitels, bei der Formulierung der Postulate, hatten wir versprochen, diese im Laufe des Kapitels weiter zu präzisieren und in klare mathematische Zusammenhänge zu übersetzen. Dieses Versprechen können wir nun einlösen. Aus den Abschnitten [2.5] und [2.9] ist konkret bekannt, welche Form die Galilei-Transformationen haben können, die Inertialsysteme miteinander verbinden. Die mögliche Form physikalischer Gesetze wurde in Abschnitt [2.6] erklärt und mit Hilfe der im ersten Postulat geforderten Galilei-Kovarianz in Abschnitt [2.7] präzisiert. Die Aussagekraft der Theorie wurde in Abschnitt [2.8] anhand einiger Beispiele illustriert. Aufgrund aller dieser bisherigen Ergebnisse ist es nun möglich, die Formulierung der Postulate wie folgt zu präzisieren:

**P1:** Es gibt überabzählbar viele Inertialsysteme, die durch Galilei-Transformationen miteinander verbunden sind, unter denen die Bewegungsgleichungen abgeschlossener mechanischer Systeme *forminvariant* sind. Diese Inertialsysteme sind Bezugssysteme, die relativ zu einem stabilen Hintergrund, der approximativ *kräftefrei* ist, ruhen oder eine konstante Geschwindigkeit haben.

**P2:** Galilei-Transformationen sind aufgebaut aus Geschwindigkeitstransformationen, Translationen, Drehungen und möglicherweise einer Raumspiegelung und haben somit die allgemeine Form (2.34) mit $\sigma = \pm 1$:

$$\mathbf{x}'(\mathbf{x}, t) = \sigma R^{-1}\mathbf{x} - \mathbf{v}t - \boldsymbol{\xi} \quad , \quad t' = t - \tau .$$

Aus Abschnitt [2.9] folgt, dass es *keine weiteren* als die genannten Transformationen gibt, die die Abstände im Raum und in der Zeit und die Form der physikalischen Gesetze invariant lassen. Die genannten Galilei-Transformationen lassen die Zeitdauer zwischen zwei Ereignissen und den räumlichen Abstand zweier *gleichzeitiger* Ereignisse invariant:

$$t_2' - t_1' = t_2 - t_1 \quad , \quad |\mathbf{x}_2' - \mathbf{x}_1'| = |\mathbf{x}_2 - \mathbf{x}_1| .$$

**P3:** Bewegungsgleichungen für die physikalische Bahn eines mechanischen Systems haben die Form einer gewöhnlichen Differentialgleichung zweiter Ordnung. Für Ein- oder Mehrteilchen*teilsysteme* ist diese Bewegungsgleichung daher allgemein durch die Gleichungen (2.35) und (2.36) gegeben:

$$\frac{d\mathbf{p}_\phi}{dt} = \mathbf{F}(\mathbf{x}_\phi, \dot{\mathbf{x}}_\phi, t) \quad , \quad \frac{d\mathbf{p}_{i\phi}}{dt} = \mathbf{F}_{i\phi}(\{\mathbf{x}_{j\phi}\}, \{\dot{\mathbf{x}}_{j\phi}\}, t) . \tag{2.50a}$$

Für *abgeschlossene* mechanische Ein- oder Vielteilchensysteme hat die Bewegungsgleichung die Form (2.43) bzw. (2.44):

$$\frac{d\mathbf{p}_\phi}{dt} = \mathbf{0} \quad , \quad \frac{d\mathbf{p}_{i\phi}}{dt} = \mathbf{F}_i(\{\mathbf{x}_{ji\phi}\}, \{\dot{\mathbf{x}}_{ji\phi}\}) , \tag{2.50b}$$

wobei die Kraftfunktion im Vielteilchenfall unter Drehungen bzw. Inversionen wie ein *echter Vektor* transformiert wird:

$$\mathbf{F}_i' = \sigma R^{-1}\mathbf{F}_i . \tag{2.50c}$$

Wie bereits in der Einführung zu diesem Kapitel erklärt, haben die Postulate der Newton'schen Mechanik in dieser Form genau die gleiche Struktur wie diejenigen der Speziellen Relativitätstheorie, die wir in Kapitel [5] kennenlernen werden.

Die Gleichungen (2.50) stellen gleichzeitig auch eine Zusammenfassung von drei der vier Newton'schen „Gesetze" dar, die in diesem Kapitel nicht angenommen, sondern aus den Postulaten *hergeleitet* wurden. Hierbei entspricht die erste Gleichung in (2.50b) dem *ersten* Newton'schen Gesetz, die Gleichungen (2.50a) und (2.50b) zusammen entsprechen dem *zweiten* Gesetz. Gleichung (2.50c) entspricht dem *vierten* Gesetz. Das *dritte* Gesetz ist durch Gleichung (2.46) gegeben. Die vier hier hergeleiteten Gesetze wurden nicht in Newtons geometrischer Originalsprache, sondern in der Sprache der heutigen Theoretischen Physik formuliert.

# 2.11   Übungsaufgaben

**Aufgabe 2.1 Hintereinanderausführung von Drehungen**

Untersuchen Sie die Abbildung, die aus einer Drehung um den Winkel $\varphi$ um die $x_2$-Achse und einer anschließenden Drehung um den Winkel $\varphi$ um die $x_3$-Achse resultiert.

**(a)** Geben Sie die resultierende Drehmatrix $R$ an.

**(b)** Bestimmen Sie die zugehörige Drehachse und den Drehwinkel $\alpha$.

**(c)** Geben Sie Drehachse und -winkel konkret für den Grenzfall kleiner Winkel ($\varphi \downarrow 0$), sowie für die Fälle $\varphi = \pi/2$ und $\varphi = \pi$ an und skizzieren Sie die Funktion $\alpha(\varphi)$.

**Aufgabe 2.2 Die Drehmatrix**

In Abschnitt [2.5.4] wurde gezeigt, dass die Drehmatrix $R(\boldsymbol{\alpha})$ mit $\boldsymbol{\alpha} = \alpha\hat{\boldsymbol{\alpha}}$ durch eine Drehrichtung $\hat{\boldsymbol{\alpha}} \equiv (\cos(\varphi)\sin(\vartheta), \sin(\varphi)\sin(\vartheta), \cos(\vartheta))$ und einen Drehwinkel $\alpha \in (-\pi, \pi]$ charakterisiert wird und wie folgt auf den Ortsvektor $\mathbf{x}$ wirkt:

$$R(\boldsymbol{\alpha})\mathbf{x} = \hat{\boldsymbol{\alpha}}(\hat{\boldsymbol{\alpha}} \cdot \mathbf{x}) - \hat{\boldsymbol{\alpha}} \times (\hat{\boldsymbol{\alpha}} \times \mathbf{x})\cos(\alpha) + (\hat{\boldsymbol{\alpha}} \times \mathbf{x})\sin(\alpha) . \tag{2.51}$$

**(a)** Zeigen Sie, dass die rechte Seite von Gleichung (2.51) für alle Drehwinkel $\alpha$ und alle Drehrichtungen $\hat{\boldsymbol{\alpha}}$ betragsmäßig gleich $|\mathbf{x}|$ ist.

**(b)** Zeigen Sie, dass sich $R(\boldsymbol{\alpha})$ in (2.51) für den Spezialfall einer Drehung um die $x_3$-Achse (d. h. für $\hat{\boldsymbol{\alpha}} = \hat{\mathbf{e}}_3$) auf die übliche Form vereinfacht:

$$R(\alpha\hat{\mathbf{e}}_3) = \begin{pmatrix} \cos(\alpha) & -\sin(\alpha) & 0 \\ \sin(\alpha) & \cos(\alpha) & 0 \\ 0 & 0 & 1 \end{pmatrix} .$$

**(c)** Zeigen Sie, dass die Drehmatrix für beliebige Drehrichtungen $\hat{\boldsymbol{\alpha}} = (\hat{\alpha}_1, \hat{\alpha}_2, \hat{\alpha}_3)^{\mathrm{T}}$ als

$$R_{ij}(\boldsymbol{\alpha}) = \delta_{ij}\cos(\alpha) + \hat{\alpha}_i\hat{\alpha}_j[1 - \cos(\alpha)] - \varepsilon_{ijk}\hat{\alpha}_k\sin(\alpha)$$

geschrieben werden kann. Bestimmen Sie die *explizite* Form von $R(\boldsymbol{\alpha})$ für Drehungen um die $(1, 1, 1)^{\mathrm{T}}$-Achse.

**Aufgabe 2.3 Transformationen unter Drehungen**

**(a)** Zeigen Sie, dass für beliebige Drehungen $R(\boldsymbol{\alpha})$ gilt:

$$\varepsilon_{ijk}R_{il}R_{jm}R_{kn} = \varepsilon_{lmn} \quad , \quad \delta_{ij}R_{il}R_{jm} = \delta_{lm} ,$$

wobei die Summenkonvention benutzt wurde und z. B. $R_{il}$ das $(il)$-Element der Drehmatrix $R(\boldsymbol{\alpha})$ darstellt.

**(b)** Beweisen Sie mit Hilfe des $\varepsilon$-Tensors die Rechenregel

$$\left[R(\boldsymbol{\alpha})^{-1}\mathbf{a}\right] \times \left[R(\boldsymbol{\alpha})^{-1}\mathbf{b}\right] = R(\boldsymbol{\alpha})^{-1}(\mathbf{a} \times \mathbf{b}) ,$$

die für beliebige Drehungen $R(\boldsymbol{\alpha})$ und beliebige Vektoren $\mathbf{a}, \mathbf{b} \in \mathbb{R}^3$ gilt.

**Aufgabe 2.4 Polarkoordinaten**

*Polarkoordinaten* sind in der Mechanik oft sehr hilfreich, wenn sich die Dynamik der Teilchen in einer *Ebene* abspielt, wie dies z. B. bei geeigneter Wahl des Bezugssystems für das allgemeine *Zweiteilchen*problem der Fall ist (s. Abschnitt [2.8]).

Zur Illustration betrachten wir die Kinematik eines punktförmigen Teilchens in einer Ebene, dessen Aufenthaltsort $\mathbf{x}$ mit Hilfe von Polarkoordinaten $(\rho, \varphi)$ dargestellt werden kann:

$$\mathbf{x}(\rho, \varphi) = \begin{pmatrix} x_1 \\ x_2 \end{pmatrix} = \rho \begin{pmatrix} \cos(\varphi) \\ \sin(\varphi) \end{pmatrix} \quad , \quad |\mathbf{x}| \equiv \sqrt{(x_1)^2 + (x_2)^2} = \rho \ .$$

**(a)** Geben Sie die radialen und tangentialen Einheitsvektoren $\hat{\mathbf{e}}_\rho \equiv \frac{1}{\rho}\mathbf{x}$ bzw. $\hat{\mathbf{e}}_\varphi \equiv \frac{d}{d\varphi}\hat{\mathbf{e}}_\rho$ explizit als Funktionen des Winkels $\varphi$ an. Zeigen Sie: $\frac{d}{d\varphi}\hat{\mathbf{e}}_\varphi = -\hat{\mathbf{e}}_\rho$.

Betrachten Sie die Bahn $\mathbf{X}(t) \equiv \mathbf{x}(\rho(t), \varphi(t))$ des Teilchens, parametrisiert durch die zeitabhängigen Funktionen $\rho(t)$ und $\varphi(t)$.

**(b)** Berechnen Sie Geschwindigkeit und Beschleunigung des Teilchens als Linearkombinationen von $\hat{\mathbf{e}}_\rho$ und $\hat{\mathbf{e}}_\varphi$.

Betrachten Sie nun speziell die Funktionen $\rho(t) = \left|\tan\left(\frac{1}{2}\omega t\right)\right|$ und

$$\varphi(t) = \begin{cases} \omega t + \frac{\pi}{2} & \left(-\frac{\pi}{\omega} < t \le 0\right) \\ \omega t - \frac{\pi}{2} & \left(0 < t < \frac{\pi}{\omega}\right) \ . \end{cases}$$

**(c)** Skizzieren Sie die Bahn $\mathbf{X}(t)$, eine sogenannte *Strophoide*, für $-\frac{\pi}{\omega} < t < \frac{\pi}{\omega}$ als Funktion der Zeit.

**(d)** Berechnen Sie die Geschwindigkeit und die Beschleunigung des Teilchens mit Hilfe der Resultate aus (b). Sind Aufenthaltsort, Geschwindigkeit und Beschleunigung des Teilchens zum Zeitpunkt $t = 0$ überhaupt definiert?

**Aufgabe 2.5 Zeitlich veränderliche Massen**

Eine kleine Rakete hebt [mit der Anfangsgeschwindigkeit $\mathbf{v}(0) = \mathbf{0}$] senkrecht von der Erdoberfläche ab, indem sie kontinuierlich Gas mit der Rate (Masse pro Zeiteinheit) $\mu$ und der Relativgeschwindigkeit $-v_r\hat{\mathbf{e}}_3$ nach unten ausstößt. Die Masse $m(t)$ der Rakete ist daher explizit zeitabhängig: $\dot{m}(t) = -\mu$. Wir vernachlässigen die Luftreibung und nehmen an, dass die maximale Höhe, die die Rakete erreicht, so niedrig ist, dass die Erdbeschleunigung als konstant (d. h. gleich $-g\hat{\mathbf{e}}_3$) angesehen werden kann.

**(a)** Zeigen Sie mit Hilfe des zweiten Newton'schen Gesetzes $\frac{d\mathbf{p}}{dt} = \mathbf{F}$ für den *Gesamt*impuls $\mathbf{p}(t)$ von Rakete und Treibstoff zusammen [also mit der *Gesamt*kraft $\mathbf{F} = -m(0)g\hat{\mathbf{e}}_3$], dass die vertikale Geschwindigkeit $v(t)$ der Rakete die Gleichung $\dot{v} = \frac{\mu v_r}{m(0)-\mu t} - g$ erfüllt. Was ist die Bedingung dafür, dass die Rakete überhaupt zum Zeitpunkt $t = 0$ von der Erdoberfläche abhebt?

**(b)** Berechnen Sie $v(t)$ und die erreichte Höhe $h(t) \equiv \int_0^t dt' \ v(t')$ explizit und skizzieren Sie diese Größen für $0 \le t \le T$ mit $T \equiv m(0)/\mu$. Nehmen Sie hierbei an, dass $\dot{v}(0) > 0$ gilt. Wie verhalten sich die Höhe $h(t)$ und die Geschwindigkeit $v(t)$ nahe $t = T$?

## Aufgabe 2.6 Die Deltafunktion

Die Deltafunktion $\delta(x)$ ist dadurch definiert, dass sie in Integralen, in Kombination mit einer beliebigen, jedoch genügend glatten Funktion $f(x)$, die folgende Wirkung hat:

$$\int_{-\infty}^{\infty} dx\; f(x)\; \delta(x - a) = f(a) \qquad (a \in \mathbb{R})\;.$$

Insbesondere gilt also $\int dx f(x)\, \delta(x) = f(0)$. Die „Deltafunktion" ist keine Funktion im üblichen Sinne, sondern eine *verallgemeinerte Funktion* oder ein *Funktional*. Die Deltafunktion kann im Limes $n \to \infty$ aus der Funktionenfolge $\Delta_n(x)$ erhalten werden, wobei $\Delta_n(x) \equiv n$ für $|x| \leq \frac{1}{2n}$ und $\Delta_n(x) \equiv 0$ für $|x| > \frac{1}{2n}$ gilt.

**(a)** Zeigen Sie, dass man die Deltafunktion alternativ im Limes $n \to \infty$ aus der Folge $\sqrt{\frac{n}{\pi}} e^{-nx^2}$ erhält.

**(b)** Beweisen Sie die Eigenschaften:

$$(i) \quad \delta(\lambda x) = \frac{1}{|\lambda|}\delta(x) \quad \text{und} \quad (ii) \quad \delta(f(x)) = \sum_i \frac{\delta(x - x_i)}{|f'(x_i)|}\;,$$

wobei angenommen wird, dass $f(x)$ nur einfache Nullstellen $x_i$ hat und an diesen jeweils differenzierbar ist.

Die Verallgemeinerung der Deltafunktion auf beliebige Dimensionen $d \geq 1$ ist:

$$\delta^{(d)}(\mathbf{x} - \mathbf{a}) = \delta(x_1 - a_1) \cdots \delta(x_d - a_d) = \prod_{\ell=1}^{d} \delta(x_\ell - a_\ell)$$

und hat die Eigenschaft $\int_{\mathbb{R}^d} d^d x\, f(\mathbf{x})\, \delta^{(d)}(\mathbf{x} - \mathbf{a}) = f(\mathbf{a})$.

**(c)** Beweisen Sie (für $\varepsilon > 0$ und $\lambda \neq 0$) die weiteren Eigenschaften:

$$(i) \quad \int\limits_{\{|\mathbf{x} - \mathbf{a}| \leq \varepsilon\}} d^d x\, \delta^{(d)}(\mathbf{x} - \mathbf{a}) = 1 \quad , \quad (ii) \quad \delta^{(d)}(\lambda \mathbf{x}) = |\lambda|^{-d}\, \delta^{(d)}(\mathbf{x})\;.$$

**(d)** Zeigen Sie außerdem für eine nicht-singuläre Matrix $A$ [d. h. mit $\det(A) \neq 0$]:

$$\delta(A\mathbf{x} + \mathbf{b}) = \frac{1}{|\det(A)|}\, \delta(\mathbf{x} + A^{-1}\mathbf{b})\;.$$

## Aufgabe 2.7 Sphärisch symmetrische Massenverteilungen

Die Bewegungsgleichung für ein Teilchen der Masse $m$ mit Koordinaten $\mathbf{x}(t)$, das die Gravitationskraft einer sphärisch symmetrischen Massenverteilung („Erde") mit der Massendichte $\rho(|\mathbf{x}'|)$ spürt, lautet:

$$m\ddot{\mathbf{x}} = m\mathbf{g}(\mathbf{x}) \quad , \quad \mathbf{g}(\mathbf{x}) = \mathcal{G} \int d^3 x' \rho(|\mathbf{x}'|) \frac{\mathbf{x}' - \mathbf{x}}{|\mathbf{x}' - \mathbf{x}|^3}\;.$$

Wir definieren noch: $\mathbf{x} \equiv x\hat{\mathbf{e}}$ mit $x > 0$ und $|\hat{\mathbf{e}}| = 1$.

**(a)** Zeigen Sie, dass $\mathbf{g}(\mathbf{x}) = (\mathbf{g} \cdot \hat{\mathbf{e}})\hat{\mathbf{e}}$ gilt. Warum kann man bei der Berechnung des Skalarprodukts $\mathbf{g} \cdot \hat{\mathbf{e}}$ o. B. d. A. $\hat{\mathbf{e}} = \hat{\mathbf{e}}_3$ annehmen?

**(b)** Zeigen Sie, indem Sie wie üblich Kugelkoordinaten einführen und auf die neue Variable $\xi \equiv \cos(\vartheta)$ übergehen:

$$g(x) \equiv \mathbf{g}(\mathbf{x}) \cdot \hat{\mathbf{e}} = 2\pi\mathcal{G} \int_0^{R_E} dr\, r^2\rho(r) \int_{-1}^1 d\xi \frac{r\xi - x}{(r^2 + x^2 - 2rx\xi)^{3/2}}\,,$$

wobei $R_E$ den Erdradius bezeichnet.

**(c)** Zeigen Sie für den Fall, dass das Teilchen sich außerhalb der Erdoberfläche aufhält (also für $x > R_E$): $g(x) = -\frac{\mathcal{G}M_E}{x^2}$.

**(d)** Zeigen Sie für den Fall, dass das Teilchen sich im Erdinneren befindet: $g(x) = -\frac{\mathcal{G}M_E(x)}{x^2}$ mit $M_E(x) = 4\pi \int_0^x dr\, r^2\rho(r)$. Interpretieren Sie dieses Resultat.

Wir bohren nun einen Tunnel vom Nord- zum Südpol quer durch die Erde und lassen das Teilchen der Masse $m$ mit der Geschwindigkeit $\dot{\mathbf{x}}(0) = \mathbf{0}$ genau über dem Eingang des Tunnels beim Nordpol los. Der Einfachheit halber nehmen wir erstens an, dass die Massendichte der Erde konstant (d. h. $r$-unabhängig) ist: $\rho(r) = \rho$, und zweitens, dass Reibungseffekte vernachlässigt werden können.

**(e)** Stellen Sie die entsprechende Bewegungsgleichung des Teilchens auf und lösen Sie diese. Beschreiben Sie die Bewegung des Teilchens in Worten. Kehrt das Teilchen jemals zum Nordpol zurück? Wenn ja: Bestimmen Sie die approximative Rückkehrzeit (in Sekunden).

## Aufgabe 2.8 Fall aus großer Höhe

Die Bewegungsgleichung eines Teilchens im Schwerkraftfeld der Erde lautet approximativ $\ddot{\mathbf{x}} = \mathbf{g}(\mathbf{x})$ mit $\mathbf{g}(\mathbf{x}) = -\mathcal{G}M_E\mathbf{x}/|\mathbf{x}|^3$, wobei $\mathcal{G}$ und $M_E$ die Newton'sche Gravitationskonstante bzw. die Erdmasse darstellen. Hierbei wird angenommen, dass die Erdmasse sphärisch symmetrisch um den Erdmittelpunkt $\mathbf{x} = \mathbf{0}$ verteilt ist und der Einfluss anderer Himmelskörper sowie die Luftreibung vernachlässigt werden können. Das Teilchen wird zur Zeit $t = 0$ mit der Geschwindigkeit $\dot{\mathbf{x}}(0) = \mathbf{0}$ am Ort $\mathbf{x}(0)$ mit $|\mathbf{x}(0)| > R_E$ losgelassen, wobei $R_E$ den Erdradius bezeichnet.

**(a)** Bestimmen Sie durch Lösen der entsprechenden Differentialgleichung die radiale Geschwindigkeit, mit der das Teilchen auf die Erde aufprallt, und berechnen Sie deren numerischen Wert explizit für den Fall $r = \frac{1}{4}$ mit $r \equiv \frac{R_E}{|\mathbf{x}(0)|}$.

**(b)** Zeigen Sie, dass die Zeit, die bis zum Aufprall vergeht, durch

$$T = \sqrt{\frac{R_E}{2g}} f(r) \quad,\quad f(r) = r^{-3/2} \int_r^1 dy\, \sqrt{\frac{y}{1-y}} \quad,\quad g \equiv \frac{\mathcal{G}M_E}{R_E^2}$$

gegeben ist. Skizzieren Sie $f(r)$ für $0 < r \leq 1$.

**(c)** Zeigen Sie analytisch mit Hilfe der Substitution $y = \sin^2(\varphi)$:

$$f(r) = r^{-3/2}\left[\frac{\pi}{2} - \arcsin(\sqrt{r}) + \sqrt{r(1-r)}\right]$$

und berechnen Sie den numerischen Wert der Aufprallzeit $T$ explizit für den Fall $r = \frac{1}{4}$.

**Aufgabe 2.9 Kosmische Geschwindigkeiten**

Als die *erste kosmische Geschwindigkeit* eines Himmelskörpers wird die Geschwindigkeit eines Teilchens bezeichnet, das sich entlang einer Kreisbahn nahe der Oberfläche dieses Himmelskörpers um ihn herum bewegt.

Die *zweite kosmische Geschwindigkeit* bezeichnet die Fluchtgeschwindigkeit, d. h. die minimale Geschwindigkeit, die ein Teilchen benötigt, um (unter Vernachlässigung der Einflüsse anderer Himmelskörper sowie der Luftreibung) startend von der Oberfläche aus dem Schwerkraftfeld eines Himmelskörpers zu entkommen.

(a) Berechnen Sie die erste kosmische Geschwindigkeit der Erde. [**Hinweis:** Suchen Sie hierzu Lösungen der Form $\mathbf{x}(t) = R_{\mathrm{E}}\left(\cos(\omega t), \sin(\omega t), 0\right)$ der Bewegungsgleichung $\ddot{\mathbf{x}} = -\mathcal{G}M_{\mathrm{E}}\,\mathbf{x}/|\mathbf{x}|^3$ und bestimmen Sie $\omega$.] Bestimmen Sie analog die erste kosmische Geschwindigkeit der Sonne und der Milchstraße (im letzten Fall genügt eine vernünftige Schätzung).

(b) Bestimmen Sie die zweiten kosmischen Geschwindigkeiten der Erde, der Sonne und der Milchstraße (im letzten Fall geschätzt). **Hinweis:** Verwenden Sie bei Bedarf die Ergebnisse von Aufgabe 2.8 (a).

(c) Wie verhalten sich die ersten und zweiten kosmischen Geschwindigkeiten zueinander?

# Kapitel 3

# Abgeschlossene mechanische Systeme

Thema dieses Kapitels ist die Dynamik *abgeschlossener* mechanischer Systeme, also die Dynamik von Systemen, die in hinreichend guter Näherung frei von äußeren Einflüssen sind und beobachterunabhängigen (Galilei-kovarianten) physikalischen Gesetzen gehorchen. Wir untersuchen zuerst in den Abschnitten [3.1] und [3.2] die *allgemeinen Eigenschaften* solcher Systeme und behandeln anschließend einige wichtige Anwendungen. Besonders relevant für die Praxis sind hierbei das *Zweiteilchenproblem* und die Untersuchung der *Gitterschwingungen*, die in den Abschnitten [3.3] bzw. [3.8] behandelt werden. Bei der Behandlung des Zweiteilchenproblems werden nach dem kurzen Abschnitt [3.4] über Kegelschnitte zwei wichtige Spezialfälle ausführlicher diskutiert, nämlich der *dreidimensionale harmonische Oszillator* in Abschnitt [3.5] und das *Kepler-Problem* in Abschnitt [3.6]. Außerdem werden in Anhang B und Abschnitt [3.7] die Fragen nach der Existenz *geschlossener Bahnen* bzw. möglicher *Ähnlichkeitslösungen* angesprochen.

Die Ergebnisse des vorigen Kapitels haben bereits gezeigt, dass abgeschlossene *Einteilchen*systeme besonders einfach sind. Das einzige Kraftgesetz, das in diesem Fall mit der Galilei-Kovarianz vereinbar ist, ist $\mathbf{F} = \mathbf{0}$, und die Bewegungsgleichung lautet

$$\frac{d\mathbf{p}}{dt} = \mathbf{0} \quad , \quad \mathbf{p} = m\dot{\mathbf{x}} \, .$$

In jedem *Inertial*system erfolgt die Bewegung des Teilchens daher geradlinig-gleichförmig. Für abgeschlossene *Mehrteilchen*systeme lautet die Bewegungsgleichung

$$\dot{\mathbf{p}}_i = \mathbf{F}_i(\{\mathbf{x}_{ji}\}, \{\dot{\mathbf{x}}_{ji}\}) \quad , \quad \mathbf{p}_i = m_i\dot{\mathbf{x}}_i \quad (i, j = 1, 2, \cdots, N) \, , \tag{3.1}$$

wobei die Kraftfunktion $\mathbf{F}_i$ gemäß dem vierten Newton'schen Gesetz unter Drehungen der Koordinatenachsen oder Raumspiegelungen wie ein *echter Vektor* transformiert wird: $\mathbf{F}_i' = \sigma R^{-1}\mathbf{F}_i$. Einige wichtige Kraftgesetze, insbesondere das universelle Gravitationsgesetz und das Coulomb-Gesetz, erfüllen außerdem das dritte Newton'sche Gesetz

$$\mathbf{F}_i(\{\mathbf{x}_{ji}\}) = \sum_{j \neq i} \mathbf{f}_{ji}(\mathbf{x}_{ji}) \quad , \quad \mathbf{f}_{ji}(\mathbf{x}) = f_{ji}(x)\hat{\mathbf{x}} \quad , \quad f_{ji}(x) = f_{ij}(x) \, , \tag{3.2}$$

© Springer-Verlag GmbH Deutschland, ein Teil von Springer Nature 2021
P. van Dongen, *Klassische Mechanik*,
https://doi.org/10.1007/978-3-662-63789-0_3

wobei wie üblich die Notation $x = |\mathbf{x}|$ verwendet wurde. Beispielsweise hat die Funktion $f_{ji}(x)$ im Newton'schen Gravitationsgesetz (1.1) bzw. im Coulomb-Gesetz (1.2) die folgende Form:

$$f_{ji}(x) = \frac{\mathcal{G}m_i m_j}{x^2} \quad \text{(Newton)} \quad , \quad f_{ji}(x) = -\frac{q_i q_j}{4\pi\varepsilon_0 x^2} \quad \text{(Coulomb)} \,.$$

Das dritte Newton'sche Gesetz besagt also, dass allgemeine Kräfte aus Zweiteilchenkräften aufgebaut sind, die geschwindigkeits*unabhängig* und entlang der Verbindungslinien der Teilchenpaare gerichtet sind. Solche Kräfte erfüllen das Prinzip „actio = − reactio", das bedeutet, dass die Kräfte, die Teilchen $j$ auf Teilchen $i$ bzw. $i$ auf $j$ ausübt, gleich groß, aber entgegengesetzt gerichtet sind: $\mathbf{f}_{ji}(\mathbf{x}_{ji}) = -\mathbf{f}_{ij}(\mathbf{x}_{ij})$.

Da das abgeschlossene Einteilchensystem für uns wegen seiner Einfachheit wenig Überraschendes oder Interessantes zu bieten hat, betrachten wir im Folgenden ausschließlich *Mehrteilchensysteme*.

## 3.1 Allgemeine Eigenschaften abgeschlossener Mehrteilchensysteme

Abgeschlossene Mehrteilchensysteme werden durch die Bewegungsgleichung (3.1) beschrieben. Um die allgemeinen Eigenschaften von Mehrteilchensystemen formulieren zu können, rufen wir zuerst die Definitionen der *Gesamtmasse $M$* und des *Massenschwerpunkts* $\mathbf{x}_{\mathrm{M}}$ in Erinnerung, die bereits bei der Einführung des Newton'schen Gravitationsgesetzes in (2.11) behandelt wurden:

$$\mathbf{x}_{\mathrm{M}} \equiv \frac{1}{M}\sum_{i=1}^{N} m_i \mathbf{x}_i \quad , \quad M \equiv \sum_{i=1}^{N} m_i \,.$$

Die Geschwindigkeit des Massenschwerpunkts, multipliziert mit der Gesamtmasse, ergibt den *Gesamtimpuls* $\mathbf{P}$ des Systems:

$$\boxed{\mathbf{P} \equiv M\dot{\mathbf{x}}_{\mathrm{M}} = \sum_{i=1}^{N} m_i \dot{\mathbf{x}}_i = \sum_{i=1}^{N} \mathbf{p}_i \,.}$$

Für den Spezialfall des Gravitationsgesetzes wissen wir bereits aus der Diskussion im Zusammenhang mit Gleichung (2.11), dass der Gesamtimpuls *zeitunabhängig* ist und daher eine *Erhaltungsgröße* darstellt. Erhaltungsgrößen sind in der Physik generell von großer Bedeutung, erstens weil sie hervorragend dazu geeignet sind, Systeme in einfacher Weise zu charakterisieren, und zweitens weil sie die Lösung der Bewegungsgleichung in vielen Fällen erheblich vereinfachen.

Wir zeigen nun, dass der Gesamtimpuls nicht nur für das spezielle Gravitationsgesetz, sondern *allgemein* für Bewegungsgleichungen der Form (3.1) eine Erhaltungsgröße darstellt, vorausgesetzt dass die Zweiteilchenkräfte das *dritte Newton'sche Gesetz* erfüllen.

### Das Erhaltungsgesetz des Gesamtimpulses

Summieren wir nämlich die Bewegungsgleichung (3.1) über sämtliche Teilchenindizes $i = 1, \cdots, N$, so erhalten wir die folgende Gleichung für den Gesamtimpuls:

$$\frac{d\mathbf{P}}{dt} = \sum_{i=1}^{N} \mathbf{F}_i \left(\{\mathbf{x}_{ji}\}, \{\dot{\mathbf{x}}_{ji}\}\right) \ . \tag{3.3}$$

Im wichtigen Spezialfall, in dem die Kraft $\mathbf{F}_i$ das dritte Newton'sche Gesetz (3.2) erfüllt, erhält man:[1]

$$\frac{d\mathbf{P}}{dt} = \sum_{\substack{i,j \\ i \neq j}} \mathbf{f}_{ji} = \sum_{i<j}(\mathbf{f}_{ji} + \mathbf{f}_{ij}) = \mathbf{0} \quad \text{bzw.} \quad M\frac{d^2\mathbf{x}_{\mathrm{M}}}{dt^2} = \mathbf{0} \ . \tag{3.4}$$

In diesem Fall ist der Gesamtimpuls also in der Tat *erhalten*. Dieses Erhaltungsgesetz ist eine sehr wichtige Eigenschaft abgeschlossener Systeme, die die Lösung der Bewegungsgleichung (3.1) unter Umständen stark vereinfacht. Es sei noch einmal daran erinnert, dass allgemeine elektromagnetische Kräfte das dritte Newton'sche „Gesetz" nicht erfüllen. Für solche Kräfte ist der Gesamtimpuls der Teilchen im Allgemeinen *nicht* erhalten. Dies ist physikalisch auch gut verständlich, denn es wird ständig Impuls und Energie zwischen den Teilchen und dem elektromagnetischen Feld ausgetauscht. Nur der Gesamtimpuls sowie die Gesamtenergie der Teilchen und des Feldes *zusammen* stellen Erhaltungsgrößen dar.

Gleichung (3.4) zeigt, dass die Dynamik des *Massenschwerpunkts* des Systems durch eine Newton'sche Bewegungsgleichung für ein in $\mathbf{x}_{\mathrm{M}}$ lokalisiertes kräftefreies Punktteilchen der Masse $M$ beschrieben wird. Die Lösung von Gleichung (3.4) ist

$$\mathbf{P}(t) = \mathbf{P}(0) \equiv \mathbf{P}_0 \quad \text{bzw.} \quad \mathbf{x}_{\mathrm{M}}(t) = \mathbf{x}_{\mathrm{M}0} + \tfrac{1}{M}\mathbf{P}_0 t$$

und wird im Einklang mit dem Deterministischen Prinzip durch *zwei* Integrationskonstanten $\mathbf{x}_{\mathrm{M}0}$ und $\mathbf{P}_0$ charakterisiert. Dementsprechend gibt es *zwei* Erhaltungsgrößen, nämlich den Gesamtimpuls $\mathbf{P}(t)$ und die Größe $\mathbf{x}_{\mathrm{M}}(t) - \tfrac{1}{M}\mathbf{P}(t)t$, die Information über den Anfangsort des Massenschwerpunkts (zur Zeit $t = 0$) enthält.

### Das Erhaltungsgesetz des Gesamtdrehimpulses

Um weitere Erhaltungsgrößen in abgeschlossenen Mehrteilchensystemen identifizieren zu können, führen wir den *Gesamtdrehimpuls*

$$\mathbf{L} \equiv \sum_i \mathbf{x}_i \times \mathbf{p}_i$$

und das *Gesamtdrehmoment*

$$\mathbf{N} \equiv \sum_i \mathbf{x}_i \times \mathbf{F}_i$$

ein. Die einzelnen Terme $\mathbf{x}_i \times \mathbf{p}_i$ bzw. $\mathbf{x}_i \times \mathbf{F}_i$ in diesen Summen stellen den Drehimpuls des $i$-ten Teilchens bzw. das auf das $i$-te Teilchen wirkende Drehmoment dar. Drehimpuls und Drehmoment sind explizit vom Ortsvektor $\mathbf{x}_i$ und somit von der

---

[1]Die Notation $i < j$ in Gleichung (3.4) bedeutet, dass jedes Paar $(i,j)$ in der Summe über alle Paare nur *einmal* berücksichtigt werden soll, wobei $i$ der kleinere Indexwert ist.

Wahl des Ursprungs abhängig. Wir werden die Abhängigkeit dieser Größen von der Wahl des Koordinatensystems in Abschnitt [3.2] – siehe hierzu speziell Gleichung (3.24) – genauer untersuchen.

Für den Gesamtdrehimpuls erhält man allgemein die folgende Bewegungsgleichung:

$$\frac{d\mathbf{L}}{dt} = \sum_i (\dot{\mathbf{x}}_i \times \mathbf{p}_i + \mathbf{x}_i \times \dot{\mathbf{p}}_i) = \sum_i \mathbf{x}_i \times \mathbf{F}_i = \mathbf{N} \,, \tag{3.5}$$

wobei die Beziehungen $\dot{\mathbf{x}}_i \times \mathbf{p}_i = m_i \dot{\mathbf{x}}_i \times \dot{\mathbf{x}}_i = \mathbf{0}$ und $\dot{\mathbf{p}}_i = \mathbf{F}_i$ verwendet wurden. Gleichung (3.5) bedeutet, dass ein Drehmoment generell eine zeitliche Änderung des Drehimpulses hervorruft. Die Bewegungsgleichung (3.5) erhält eine besonders einfache Form, falls die Kräfte $\mathbf{F}_i$ das dritte Newton'sche Gesetz erfüllen. In diesem Fall vereinfacht sich (3.5) wegen $\mathbf{x}_{ij} \times \mathbf{f}_{ji} = -f_{ji}(|\mathbf{x}_{ji}|)\mathbf{x}_{ji} \times \hat{\mathbf{x}}_{ji} = \mathbf{0}$ auf

$$\frac{d\mathbf{L}}{dt} = \sum_i \mathbf{x}_i \times \mathbf{F}_i = \sum_{\substack{i,j \\ i \neq j}} \mathbf{x}_i \times \mathbf{f}_{ji} = \sum_{i<j} (\mathbf{x}_i \times \mathbf{f}_{ji} + \mathbf{x}_j \times \mathbf{f}_{ij})$$

$$= \sum_{i<j} (\mathbf{x}_i - \mathbf{x}_j) \times \mathbf{f}_{ji} = \sum_{i<j} \mathbf{x}_{ij} \times \mathbf{f}_{ji} = \mathbf{0} \,.$$

Wir stellen also fest, dass der Gesamtdrehimpuls in diesem wichtigen Spezialfall eine Erhaltungsgröße ist:

$$\boxed{\frac{d\mathbf{L}}{dt} = \mathbf{0} \quad , \quad \mathbf{L}(t) = \mathbf{L}(0) \equiv \mathbf{L}_0 \,.}$$

Wiederum gilt für elektromagnetische Kräfte im Allgemeinen $\frac{d\mathbf{L}}{dt} \neq \mathbf{0}$, da die Teilchen und das Feld untereinander Drehimpuls austauschen können.

### Die potentielle Energie eines Vielteilchensystems

Wir befassen uns weiterhin mit Kräften, die das dritte Newton'sche Gesetz (3.2) erfüllen und betrachten nun speziell die *Energie* eines abgeschlossenen Systems. Hierzu definieren wir für alle $x > 0$ die Größe

$$\boxed{V_{ji}(x) \equiv V_{ji}(x_0) + \int_{x_0}^x dx' \, f_{ji}(x') \,,}$$

die wir als das *Potential* oder die *potentielle Energie* der Zweiteilchenkraft $\mathbf{f}_{ji}$ bezeichnen. Das Potential hat in der Tat die Dimension [KRAFT × WEG] und somit [ENERGIE]. Das Argument $x = |\mathbf{x}|$ stellt den *Relativabstand* der beiden Teilchen dar. Das Potential $V_{ji}(x)$ ist also lediglich bis auf eine Integrationskonstante $V_{ji}(x_0)$ bestimmt; der Relativabstand $x_0 > 0$ und auch der numerische Wert der Konstanten $V_{ji}(x_0)$ sind hierbei grundsätzlich beliebig und werden meistens aufgrund von Bequemlichkeitsargumenten festgelegt.

Die grundlegende Bedeutung der potentiellen Energie wird klar, wenn wir die Arbeit $W_{1\rightarrow 2}$ betrachten, die von den Kräften $\{\mathbf{F}_i\}$ verrichtet wird, falls sich die Teilchen von den Positionen $\{\mathbf{x}_i^{(1)}\}$ zur Zeit $t_1$ zu neuen Positionen $\{\mathbf{x}_i^{(2)}\}$ zur Zeit

$t_2$ oder kurz: von „1" nach „2" bewegen. Die entsprechende Bahn des Vielteilchensystems ist in Abbildung 3.1 skizziert. Die *Arbeit* entlang der Bahn $1 \to 2$ wird – ebenfalls gemäß dem Prinzip [KRAFT × WEG] – definiert durch

**Abb. 3.1** Bahn eines Vielteilchensystems von „1" nach „2" in der Raum-Zeit

$$W_{1\to2} \equiv \sum_i \int_1^2 d\mathbf{x}_i \cdot \mathbf{F}_i = \sum_i \int_{t_1}^{t_2} dt\, \dot{\mathbf{x}}_i(t) \cdot \mathbf{F}_i(\{\mathbf{x}_{ji}(t)\}) \,, \qquad (3.6)$$

wobei im letzten Schritt $d\mathbf{x}_i = dt\,\dot{\mathbf{x}}_i$ verwendet wurde. Die Arbeit $W_{1\to2}$ wurde in dieser Weise als *vektorielles Kurvenintegral*[2] geschrieben, parametrisiert durch die Zeitvariable $t$.

Für Kräfte, die das Gesetz „actio $= -$ reactio" erfüllen, vereinfacht sich Gleichung (3.6) auf

$$\begin{aligned}
W_{1\to2} &= \sum_{\substack{i,j \\ i\neq j}} \int_1^2 d\mathbf{x}_i \cdot \mathbf{f}_{ji} = \sum_{\substack{i,j \\ i\neq j}} \int_{t_1}^{t_2} dt\, \dot{\mathbf{x}}_i \cdot \mathbf{f}_{ji} = \sum_{i<j} \int_{t_1}^{t_2} dt\, (\dot{\mathbf{x}}_i \cdot \mathbf{f}_{ji} + \dot{\mathbf{x}}_j \cdot \mathbf{f}_{ij}) \\
&= \sum_{i<j} \int_{t_1}^{t_2} dt\, \dot{\mathbf{x}}_{ij} \cdot \mathbf{f}_{ji} = -\sum_{i<j} \int_{t_1}^{t_2} dt\, \dot{\mathbf{x}}_{ji} \cdot \hat{\mathbf{x}}_{ji} f_{ji}(|\mathbf{x}_{ji}|) \\
&= -\sum_{i<j} \int_{t_1}^{t_2} dt\, \frac{d}{dt} V_{ji}(|\mathbf{x}_{ji}|) = -\sum_{i<j} V_{ji}(|\mathbf{x}_{ji}(t)|)\Big|_{t_1}^{t_2} \\
&= V^{(1)} - V^{(2)} \,.
\end{aligned} \qquad (3.7)$$

In der vorletzten Zeile wurde die Kettenregel $\frac{d}{dt} V_{ji}(|\mathbf{x}_{ji}(t)|) = \dot{\mathbf{x}}_{ji} \cdot \hat{\mathbf{x}}_{ji} f_{ji}(|\mathbf{x}_{ji}|)$ verwendet. Das *Gesamtpotential* $V(\mathbf{X})$ ist allgemein definiert als:

$$V(\mathbf{X}) \equiv \sum_{i<j} V_{ji}(|\mathbf{x}_{ji}|) \quad, \quad \mathbf{X} = \begin{pmatrix} \mathbf{x}_1 \\ \mathbf{x}_2 \\ \vdots \\ \mathbf{x}_N \end{pmatrix} \equiv (\mathbf{x}_1/\mathbf{x}_2/\cdots/\mathbf{x}_N) \,. \qquad (3.8)$$

Seine Werte an den Anfangs- und Endpositionen „1" und „2" werden speziell bezeichnet als:

$$V^{(a)} \equiv V(\mathbf{X}^{(a)}) \quad, \quad \mathbf{X}^{(a)} = (\mathbf{x}_1^{(a)}/\mathbf{x}_2^{(a)}/\cdots/\mathbf{x}_N^{(a)}) \qquad (a = 1,2) \,.$$

Der $3N$-dimensionale Spaltenvektor $\mathbf{X}$ mit den Anfangs- und Endwerten $\mathbf{X}^{(1)}$ und $\mathbf{X}^{(2)}$ fasst sämtliche Teilchenkoordinaten kompakt zusammen. In Gleichung (3.8) wurde die Notation $(\mathbf{x}_1/\mathbf{x}_2/\cdots/\mathbf{x}_N)$ eingeführt, da die Darstellung von $\mathbf{X}$ als Spaltenvektor sehr „papierintensiv" wäre. Wir werden diese kompakte Notation $(\mathbf{a}/\mathbf{b}/\cdots/\mathbf{c})$ für höherdimensionale Vektoren im Folgenden öfter verwenden.

Gleichung (3.7) zeigt, dass die entlang der Bahn $1 \to 2$ geleistete Arbeit der Potentialdifferenz $V^{(1)} - V^{(2)}$ entspricht und *unabhängig* vom gewählten Weg ist.

---

[2]Kurvenintegrale werden z. B. in Abschnitt 9.2 von Ref. [10] behandelt.

**Beziehung zwischen Gesamtpotential und Kraft**

Die Gesamtkraft $\mathbf{F}_k$, die auf das $k$-te Teilchen wirkt, folgt aus dem Gesamtpotential $V(\mathbf{X})$ als *negativer Gradient* bzgl. der Koordinaten dieses $k$-ten Teilchens:

$$
-\boldsymbol{\nabla}_k V = -\boldsymbol{\nabla}_k \sum_{\{i,j|i<j\}} V_{ji}(|\mathbf{x}_{ji}|) = -\boldsymbol{\nabla}_k \left[ \sum_{i<k} V_{ki}(|\mathbf{x}_{ki}|) + \sum_{k<j} V_{jk}(|\mathbf{x}_{jk}|) \right]
$$

$$
= -\sum_{i<k} f_{ki}(|\mathbf{x}_{ki}|)\hat{\mathbf{x}}_{ki} - \sum_{k<j} f_{jk}(|\mathbf{x}_{jk}|)(-\hat{\mathbf{x}}_{jk}) = \sum_{j\neq k} f_{jk}(|\mathbf{x}_{jk}|)\hat{\mathbf{x}}_{jk}
$$

$$
= \sum_{j\neq k} \mathbf{f}_{jk} = \mathbf{F}_k \quad (k = 1, 2, \cdots, N) .
$$

In sämtlichen Summationen *nach* dem zweiten Gleichheitszeichen wird der Index $k$ festgehalten und lediglich über $i$ oder $j$ summiert. Das Ergebnis zeigt, dass die Kraft $\mathbf{F}_k$ als *negativer Gradient* des vorgegebenen Gesamtpotentials $V$ berechnet werden kann:

$$
\boxed{\mathbf{F}_k = -\boldsymbol{\nabla}_k V .}
$$

Es ist wichtig, zu beachten, dass im Fall „actio $= -$ reactio" *keine* Arbeit verrichtet wird, wenn sich die Teilchen – wie in Abbildung 3.2 skizziert – entlang einer *geschlossenen* Schleife von 1 nach 2 und dann wieder zurück nach 1 (d. h. zu den Positionen $\{\mathbf{x}_i^{(1)}\}$ zur späteren Zeit $t_1' > t_2 > t_1$) bewegen:

**Abb. 3.2** Bahn eines Vielteilchensystems von 1 nach 2 und zurück nach 1

$$
W_{1\to 2\to 1} = W_{1\to 2} + W_{2\to 1} = \left[ V^{(1)} - V^{(2)} \right] + \left[ V^{(2)} - V^{(1)} \right] = 0 .
$$

Dies folgt daraus, dass das Gesamtpotential nur von den Ortskoordinaten und nicht von der Zeitvariablen abhängt. Man bezeichnet rein ortsabhängige Kräfte, die bei einer Bewegung der Teilchen entlang einer geschlossenen Schleife *keine* Arbeit verrichten, als *konservativ*. Da für alle Zweiteilchenkräfte einzeln gilt:

$$
\mathbf{f}_{ji}(\mathbf{x}) = f_{ji}(x)\hat{\mathbf{x}} = (\boldsymbol{\nabla}V_{ji})(\mathbf{x}) ,
$$

sind alle Einzelbeiträge in der in $W_{1\to 2\to 1}$ auftretenden Summe $\sum_{i<j}$ gleich null:

$$
W_{1\to 2\to 1} = \sum_{i<j} \int_{t_1}^{t_1'} dt\, \dot{\mathbf{x}}_{ij} \cdot \mathbf{f}_{ji} = -\sum_{i<j} \int_{t_1}^{t_1'} dt\, \dot{\mathbf{x}}_{ji} \cdot \mathbf{f}_{ji} = -\sum_{i<j} \oint_{(ij)} d\mathbf{x} \cdot \mathbf{f}_{ji}
$$

$$
= -\sum_{i<j} \oint_{(ij)} d\mathbf{x} \cdot (\boldsymbol{\nabla}V_{ji}) = \sum_{i<j} \left[ V_{ji}(|\mathbf{x}_{ji}^{(1)}|) - V_{ji}(|\mathbf{x}_{ji}^{(1)}|) \right] = 0 ,
$$

sodass alle Zweiteilchenkräfte einzeln ebenfalls konservativ sind:

$$
\int_{t_1}^{t_1'} dt\, \dot{\mathbf{x}}_{ij} \cdot \mathbf{f}_{ji}(\mathbf{x}_{ji}) = -\int_{t_1}^{t_1'} dt\, \dot{\mathbf{x}}_{ji} \cdot \mathbf{f}_{ji}(\mathbf{x}_{ji}) = -\oint_{(ij)} d\mathbf{x} \cdot \mathbf{f}_{ji}(\mathbf{x}) = \mathbf{0} .
$$

Dieses Argument zeigt außerdem, wie das allgemeine Kriterium dafür lautet, dass eine Zweiteilchenkraft $\mathbf{F}(\mathbf{x})$ konservativ ist. In diesem Fall muss für *beliebige* Integrationsschleifen $\mathbf{x}^{(1)} \to \mathbf{x}^{(2)} \to \mathbf{x}^{(1)}$ gelten:

$$\oint d\mathbf{x} \cdot \mathbf{F}(\mathbf{x}) = 0 \; . \tag{3.9}$$

Mit Hilfe des Stokes'schen Satzes, in dem die Integrationsfläche $\mathcal{F}$ mit dem Rand $\partial\mathcal{F}$ ebenfalls *beliebig* ist:

$$\oint_{\partial\mathcal{F}} d\mathbf{x} \cdot \mathbf{F}(\mathbf{x}) = \int_{\mathcal{F}} d\mathbf{S} \cdot (\mathbf{\nabla} \times \mathbf{F}) \; ,$$

kann man aus (3.9) noch folgern, dass eine Kraft $\mathbf{F}$ in einem topologisch einfach zusammenhängenden Raumbereich dann und nur dann konservativ ist, wenn sie in diesem Raumbereich differenzierbar ist und in jedem Raumpunkt $\mathbf{\nabla} \times \mathbf{F} = \mathbf{0}$ gilt.

### Kinetische Energie und Gesamtenergie eines Vielteilchensystems

Wir definieren die *kinetische Energie* eines Mehrteilchensystems als:

$$E_{\mathrm{kin}}(t) \equiv \sum_{i} \tfrac{1}{2} m_i \dot{\mathbf{x}}_i^2(t)$$

und versuchen eine Beziehung zwischen dieser neuen Größe und dem Gesamtpotential herzuleiten. Hierzu betrachten wir noch einmal die Beziehung (3.7), d. h.

$$W_{1\to 2} = \sum_i \int_1^2 d\mathbf{x}_i \cdot \mathbf{F}_i = V^{(1)} - V^{(2)} \; .$$

Einsetzen des *zweiten* Newton'schen Gesetzes $\dot{\mathbf{p}}_i = \mathbf{F}_i$ aus Gleichung (3.1) ergibt:

$$
\begin{aligned}
V^{(1)} - V^{(2)} &= \sum_i \int_1^2 d\mathbf{x}_i \cdot \dot{\mathbf{p}}_i = \sum_i m_i \int_{t_1}^{t_2} dt\, \dot{\mathbf{x}}_i \cdot \ddot{\mathbf{x}}_i \\
&= \sum_i m_i \int_{t_1}^{t_2} dt\, \frac{d}{dt}\left(\tfrac{1}{2}\dot{\mathbf{x}}_i^2\right) = \sum_i \tfrac{1}{2} m_i \dot{\mathbf{x}}_i^2 \Big|_{t_1}^{t_2} = E_{\mathrm{kin}}^{(2)} - E_{\mathrm{kin}}^{(1)} \; ,
\end{aligned}
$$

d. h. $E_{\mathrm{kin}}^{(1)} + V^{(1)} = E_{\mathrm{kin}}^{(2)} + V^{(2)}$. Definieren wir nun die *Gesamtenergie* durch

$$E \equiv E_{\mathrm{kin}} + V \; ,$$

so erhalten wir das äußerst wichtige Ergebnis, dass die Gesamtenergie abgeschlossener mechanischer Systeme, die das dritte Newton'sche Gesetz erfüllen, eine weitere Erhaltungsgröße darstellt:

$$E^{(1)} = E^{(2)} \; .$$

Wählen wir als Anfangs- und Endzustände „1" und „2" nun speziell zwei infinitesimal benachbarte Zustände entlang der physikalischen Bahn des Systems:

$$\left\{ \mathbf{x}_i^{(1)}, \dot{\mathbf{x}}_i^{(1)}, t_1 \right\} = \left\{ \mathbf{x}_i(t), \dot{\mathbf{x}}_i(t), t \right\}$$

$$\left\{ \mathbf{x}_i^{(2)}, \dot{\mathbf{x}}_i^{(2)}, t_2 \right\} = \left\{ \mathbf{x}_i(t+dt), \dot{\mathbf{x}}_i(t+dt), t+dt \right\} ,$$

so reduziert sich die Beziehung $E^{(1)} = E^{(2)}$ auf die übliche Form

$$0 = E^{(2)} - E^{(1)} = E(t+dt) - E(t) = \frac{dE}{dt} dt \quad \text{bzw.} \quad \boxed{\frac{dE}{dt} = 0} \tag{3.10}$$

des Erhaltungsgesetzes für die Gesamtenergie.

### Der Virialsatz

Wir leiten noch eine weitere Bewegungsgleichung her, die es uns ermöglichen wird, eine Verbindung zwischen den *Zeitmittelwerten* der kinetischen Energie und der Größe $\sum_i \mathbf{x}_i \cdot \mathbf{F}_i$ in einem $N$-Teilchensystem herzustellen. Hierzu betrachten wir zunächst die Hilfsgröße $G(t) \equiv \sum_i \mathbf{x}_i \cdot \mathbf{p}_i$ und leiten diese nach der Zeit ab:

$$\frac{dG}{dt} = \frac{d}{dt} \sum_{i=1}^{N} \mathbf{x}_i \cdot \mathbf{p}_i = \sum_{i=1}^{N} \left( \dot{\mathbf{x}}_i \cdot \mathbf{p}_i + \mathbf{x}_i \cdot \dot{\mathbf{p}}_i \right) = \sum_{i=1}^{N} \left( m_i \dot{\mathbf{x}}_i^2 + \mathbf{x}_i \cdot \mathbf{F}_i \right) . \tag{3.11}$$

Es ist interessant, den *Zeitmittelwert* für beide Seiten dieser Gleichung zu bestimmen. Hierbei ist der Zeitmittelwert einer Funktion $g(t)$, deren Funktionswerte beschränkt sind: $|g(t)| \leq g_{\max} < \infty$ für alle $t \geq 0$, durch

$$\overline{g(t)} \equiv \lim_{T \to \infty} \frac{1}{T} \int_0^T dt\, g(t)$$

definiert. Durch Anwendung dieser Zeitmittelung auf (3.11) ergibt sich:

$$\overline{\frac{d}{dt} \sum_i \mathbf{x}_i \cdot \mathbf{p}_i} = 2\overline{E_{\text{kin}}} + \overline{\sum_i \mathbf{x}_i \cdot \mathbf{F}_i} . \tag{3.12}$$

Nehmen wir nun an, dass die Bewegung der Teilchen des Systems auf einen endlichen Raumbereich beschränkt ist, sodass die Funktionen $\mathbf{x}_i(t)$, $\mathbf{p}_i(t)$ und somit auch $G(t)$ und $\frac{dG}{dt}(t)$ für alle $t \geq 0$ beschränkt sind.[3] In diesem Fall spielt die Funktion $\frac{dG}{dt}(t)$, an deren Zeitmittelwert wir interessiert sind, die Rolle von $g(t)$. Es folgt

$$\overline{g(t)} = \overline{\frac{dG}{dt}(t)} = \lim_{T \to \infty} \frac{1}{T} \int_0^T dt\, \frac{dG}{dt}(t) = \lim_{T \to \infty} \frac{G(T) - G(0)}{T} = 0 ,$$

---

[3]Diese Annahme ist für Teilchen, die z. B. durch Gravitation oder durch Coulomb-Kräfte aneinander gebunden sind, durchaus realistisch. Implizit wird hierbei aber vorausgesetzt, dass die Teilchen in einem Inertialsystem betrachtet werden, in dem der Massenschwerpunkt $\mathbf{x}_{\text{M}}$ ruht.

da die Funktionswerte von $G$ zeitlich beschränkt sind. Gleichung (3.12) vereinfacht sich daher auf

$$\overline{E_{\text{kin}}} = -\frac{1}{2}\overline{\sum_i \mathbf{x}_i \cdot \mathbf{F}_i} \, . \tag{3.13}$$

Die rechte Seite wird als das *Virial* (oder *Clausius-Virial*) und die Beziehung (3.13) entsprechend als der *Virialsatz* bezeichnet.[4]

**Der Virialsatz für *homogene* Potentiale**

Der Virialsatz ist außerordentlich nützlich z. B. bei der Bestimmung der Zustandsgleichung realer Gase in der Statistischen Physik,[5] aber auch für uns in der Mechanik: In vielen Modellrechnungen geht man nämlich davon aus, dass die Kräfte das dritte Newton'sche Gesetz erfüllen und dass das Wechselwirkungspotential $V_{ji}(x)$ eine einfache *homogene* Form als Funktion des Relativabstands hat:[6]

$$V_{ji}(x) = v_{ji}x^{\alpha} \quad (x \equiv |\mathbf{x}|, \, \alpha \in \mathbb{R}, \, v_{ji} = \text{konstant}) \, . \tag{3.14}$$

In solchen Fällen reduziert sich (3.13) auf eine einfache Beziehung zwischen der kinetischen und der potentiellen Energie. Dies sieht man wie folgt ein:

$$\sum_i \mathbf{x}_i \cdot \mathbf{F}_i = \sum_{\substack{ij \\ i \neq j}} \mathbf{x}_i \cdot \mathbf{f}_{ji} = \sum_{i<j}(\mathbf{x}_i - \mathbf{x}_j) \cdot \mathbf{f}_{ji} = -\sum_{i<j}\mathbf{x}_{ji} \cdot (\boldsymbol{\nabla}V_{ji})(\mathbf{x}_{ji}) \, . \tag{3.15}$$

Für *homogene* Potentiale der Form (3.14) gilt nun mit $\mathbf{x} = x\hat{\mathbf{x}}$:

$$\mathbf{x} \cdot (\boldsymbol{\nabla}V_{ji})(\mathbf{x}) = \mathbf{x} \cdot (\alpha v_{ji}x^{\alpha-1}\hat{\mathbf{x}}) = \alpha v_{ji}x^{\alpha} = \alpha V_{ji}(x) \, ,$$

sodass sich (3.15) auf

$$\sum_i \mathbf{x}_i \cdot \mathbf{F}_i = -\alpha \sum_{i<j} V_{ji}(|\mathbf{x}_{ji}|) = -\alpha V(\mathbf{X})$$

und (3.13) mit $E_{\text{pot}} \equiv V(\mathbf{X})$ auf

$$\overline{E_{\text{kin}}} = \frac{1}{2}\alpha\overline{V(\mathbf{X})} = \frac{1}{2}\alpha\overline{E_{\text{pot}}}$$

---

[4]Auch die Hilfsgröße $G(t) \equiv \sum_i \mathbf{x}_i \cdot \mathbf{p}_i$ in (3.11) hat eine physikalische Interpretation, denn sie kann als vollständige Zeitableitung geschrieben werden: $\sum_i \mathbf{x}_i \cdot \mathbf{p}_i = \frac{1}{2}\frac{d}{dt}\sum_i m_i\mathbf{x}_i^2$. In Kapitel [8] [siehe Gleichungen (8.17) und (8.18)] werden wir sehen, dass $\sum_i m_i\mathbf{x}_i^2 = \frac{1}{2}\text{Sp}(I)$ gilt, wobei $\text{Sp}(I)$ die Spur des *Trägheitstensors* des Systems darstellt. Es gilt daher $G(t) = \frac{1}{4}\frac{d}{dt}\text{Sp}(I)$.

[5]Solche Zustandgleichungen beschreiben den Gasdruck $P$ als Potenzreihenentwicklung nach der Teilchendichte $n$ des Gases, wobei die Koeffizienten dieser Entwicklung von der Temperatur $T$ abhängen: $P = nk_{\text{B}}T\left[1 + B_2(T)n + B_3(T)n^2 + \cdots\right]$. Für die Beziehung zum Virialsatz siehe z. B. die Abschnitte 3.6.3 und 3.6.4 von Ref. [11].

[6]Allgemeiner bedeutet *homogen* in diesem Kontext, dass eine Funktion für alle $\lambda > 0$ die Eigenschaft $f(\lambda\mathbf{x}) = \lambda^{\alpha}f(\mathbf{x})$ hat. Der Exponent $\alpha$ wird als *Homogenitätsgrad* bezeichnet.

reduziert. Wichtige Beispiele sind:

$$\alpha = -1: \quad \overline{E_{\text{kin}}} = -\tfrac{1}{2}\overline{E_{\text{pot}}} \quad \text{(Kepler-/Coulomb-Problem)}$$

$$\alpha = 1: \quad \overline{E_{\text{kin}}} = \tfrac{1}{2}\overline{E_{\text{pot}}} \quad \text{(lineares Potential)}$$

$$\alpha = 2: \quad \overline{E_{\text{kin}}} = \overline{E_{\text{pot}}} \quad \text{(harmonischer Oszillator)} ,$$

wobei das lineare Potential ($\alpha = 1$) einer Zweiteilchenkraft $\mathbf{f}_{ji}(\mathbf{x}) = (\boldsymbol{\nabla} V_{ji})(\mathbf{x}) = v_{ji}\hat{\mathbf{x}}$ entspricht, die *unabhängig vom Abstand* der beiden Teilchen ist.

## Weitere Anwendung des Virialsatzes: Nachweis dunkler Materie ∗

Eine interessante Anwendung des Virialsatzes für *Gravitationskräfte* (mit $\alpha = -1$) ist der Nachweis dunkler Materie in der Astrophysik.[7] In diesem Fall kennzeichnet der Summationsindex $i$ in (3.13) allerdings nicht einzelne *Teilchen* sondern ganze *Galaxien*, und die „Gesamtteilchenzahl" $N$ in Gleichung (3.11) ist nun als die Zahl der in einer *Gruppe* oder einem *Cluster* enthaltenen Galaxien zu interpretieren.[8] In diesem Sinne folgt für $N$ Galaxien mit Gravitationswechselwirkung aus dem Virialtheorem:

$$\sum_{i=1}^{N} m_i \overline{\dot{\mathbf{x}}_i^2} = 2\overline{E_{\text{kin}}} = -\overline{E_{\text{pot}}} = \sum_{i<j} \mathcal{G} m_i m_j \overline{|\mathbf{x}_{ji}|^{-1}} .$$

Um eine Beziehung zwischen dem Virialsatz und *Mess*größen herzustellen, muss man allerdings noch Folgendes berücksichtigen: Erstens kann man nur Geschwindigkeitskomponenten *parallel* zur Blickrichtung messen. Annehmend, dass die Geschwindigkeitsrichtungen im Zeitmittel zufallsverteilt sind, wird für die Geschwindigkeitskomponente *parallel* zur Blickrichtung $\dot{x}_{i\parallel}^2 = \tfrac{1}{3}\dot{\mathbf{x}}_i^2$ gelten, sodass umgekehrt $\overline{\dot{\mathbf{x}}_i^2}$ durch die Messgröße $3\overline{\dot{x}_{i\parallel}^2}$ ersetzt werden kann. Zweitens sind nur Ortskomponenten *senkrecht* zur Blickrichtung messbar. Wiederum annehmend, dass die Ortskomponenten einer Galaxie im Zeitmittel zufallsverteilt sind, wird für die Ortskomponenten *senkrecht* zur Blickrichtung $\overline{|\mathbf{x}_{ji\perp}|^{-1}} = \tfrac{\pi}{2}\overline{|\mathbf{x}_{ji}|^{-1}}$ gelten. Dies sieht man noch am einfachsten mit Hilfe von sphärischen Koordinaten ein, da nur zwei der drei Raumrichtungen zum Mittelwert beitragen:

$$\overline{|\mathbf{x}_{ji\perp}|^{-1}} = \frac{\overline{|\mathbf{x}_{ji}|^{-1}}}{4\pi} \int d\varphi\, d\vartheta\; \sin(\vartheta) \left| \begin{pmatrix} \cos(\varphi)\sin(\vartheta) \\ \sin(\varphi)\sin(\vartheta) \\ 0 \end{pmatrix} \right|^{-1} = \frac{\overline{|\mathbf{x}_{ji}|^{-1}}}{2} \int_0^\pi d\vartheta\, \frac{\sin(\vartheta)}{\sin(\vartheta)}$$

$$= \frac{1}{2}\overline{|\mathbf{x}_{ji}|^{-1}} \int_0^\pi d\vartheta\, 1 = \frac{\pi}{2}\overline{|\mathbf{x}_{ji}|^{-1}} .$$

Drittens sind nicht die *Massen* $m_i$ der Galaxien messbar, sondern ihre *Luminositäten* $L_i$. Es scheint aber vernünftig, anzunehmen, dass diese etwa proportional zueinander sind. Folglich sollte $m_i = Q L_i$ gelten, wobei $Q$ das Masse-zu-Luminosität-Verhältnis der Galaxien darstellt. Viertens nehmen wir an, dass die Zeitmittelung

---

[7]Dieses Beispiel stammt aus Abschnitt 10.4.5 über dunkle Materie von Ref. [26].

[8]Eine Galaxien*gruppe* enthält bis zu etwa 100 Galaxien, ein Galaxien*cluster* mehr als 100. Die Galaxien innerhalb einer Gruppe oder eines Clusters sind durch Gravitationskräfte aneinander gebunden. Die Bewegung dieser Galaxien ist daher auf einen endlichen Raumbereich um den Massenschwerpunkt der Gruppe bzw. des Clusters beschränkt.

innerhalb der Gruppe oder des Clusters approximativ durch die Mittelung über $i$ ersetzt werden kann; man kann ja nicht eine Milliarde Jahre warten, bis sich ein Zeitmittelwert eingestellt hat.[9] Unter diesen Annahmen erhält man als Konsequenz des Virialsatzes den folgenden Ausdruck, der lediglich *Mess*größen enthält:

$$Q = \frac{3\pi}{2\mathcal{G}} \sum_{i=1}^{N} L_i \overline{\dot{x}_{i\parallel}^2} \Big/ \sum_{i<j} L_i L_j \overline{|\mathbf{x}_{ji\perp}|^{-1}} \ .$$

Wertet man nun die rechte Seite dieser Gleichung experimentell aus, so zeigt das Ergebnis, dass der gemessene $Q$-Faktor etwa 180 Mal so groß wie das Masse-zu-Luminosität-Verhältnis der Sonne ist: $Q \simeq 180\,Q_{\text{Sonne}}$! Die Galaxien benötigen also 180 Sonnenmassen, um die Luminosität eines einzelnen sonnenähnlichen Sterns zu produzieren.[10] Dies führt sofort zu der Frage, welcher Natur denn die restliche Masse ist. Die Antwort auf diese Frage ist zurzeit noch unbekannt; die fehlende Masse wird provisorisch als „dunkle Materie" bezeichnet. Als mögliche Erklärungen denkt man z. B. an neue Teilchen oder an Schwarze Löcher.

## 3.2 Transformationsverhalten von Erhaltungsgrößen

Bereits am Anfang von Abschnitt [3.1] wurde erklärt, dass in der Physik *Erhaltungsgrößen* generell von großer Bedeutung sind, da man mit ihrer Hilfe Systeme sehr einfach charakterisieren kann; außerdem vereinfachen sie die Lösung der Bewegungsgleichung in vielen Fällen erheblich. Es ist daher wichtig, zu verstehen, welche *Werte* unterschiedliche Beobachter (in unterschiedlichen Inertialsystemen) diesen Erhaltungsgrößen zuordnen. Die Frage nach dem Transformationsverhalten von Erhaltungsgrößen wird umso relevanter, als sich die *Lösung* konkreter Probleme in *speziellen* Inertialsystemen stark vereinfachen kann; man möchte in diesem Fall wissen, wie die Beziehung zwischen den Erhaltungsgrößen im speziellen System und in allgemeinen Inertialsystemen lautet.

Wir untersuchen daher in diesem Abschnitt das Verhalten der Erhaltungsgrößen Gesamtimpuls, Gesamtdrehimpuls und Gesamtenergie sowie die Aussage des Virialsatzes unter Galilei-Transformationen der Form (2.34), d. h.

$$\mathbf{x}'(\mathbf{x}, t) = \sigma R(\boldsymbol{\alpha})^{-1}\mathbf{x} - \mathbf{v}t - \boldsymbol{\xi} \ . \tag{3.16a}$$

Da wir insbesondere an der Abhängigkeit dieser physikalischen Größen von der Wahl des *Koordinaten*systems interessiert sind, nehmen wir der Einfachheit halber an, dass die *Zeit* in den Inertialsystemen $K$ und $K'$ mit synchronisierten Uhren gemessen wird: $t' = t$. Außerdem definieren wir die Größen

$$\mathbf{v}_\alpha \equiv \sigma R(\boldsymbol{\alpha})\mathbf{v} \quad , \quad \boldsymbol{\xi}_\alpha \equiv \sigma R(\boldsymbol{\alpha})\boldsymbol{\xi} \ ,$$

die es uns ermöglichen, die Galilei-Transformation auf die für manche Zwecke bequemere Form

$$\mathbf{x}'(\mathbf{x}, t) = \sigma R(\boldsymbol{\alpha})^{-1}(\mathbf{x} - \mathbf{v}_\alpha t - \boldsymbol{\xi}_\alpha) \tag{3.16b}$$

---

[9]Dies ist aber auch eine Standardannahme der *Statistischen Physik*.
[10]Ref. [26] gibt als gemessenen $Q$-Faktor an: $Q \simeq 260h Q_{\text{Sonne}}$. Bei der Auswertung wurde für die dimensionslose Hubble-Konstante $h$ allerdings (statt des in Ref. [26] angegebenen Werts) der aktuelle, viel genauere Wert $h \simeq 0{,}721 \pm 0{,}020$ (Hubble Space Telescope, 2020) eingesetzt.

zu bringen. Wir nehmen generell an, dass das dritte Newton'sche Gesetz gilt.

Als Spezialfall der allgemeinen Galilei-Transformation (3.16) werden wir immer auch *orthogonale Transformationen* der Form

$$\mathbf{x}'(\mathbf{x}, t) = \sigma R(\boldsymbol{\alpha})^{-1} \mathbf{x}$$

und das Verhalten physikalischer Größen unter solchen Transformationen betrachten. Der Grund dafür, orthogonale Transformationen gesondert zu untersuchen, ist, dass sie den sogenannten *Tensorcharakter* physikalischer Größen bestimmen:

- Falls eine Größe $\mathbf{V}$ unter orthogonalen Transformationen genauso transformiert wird wie der Ortsvektor, $\mathbf{V}' = \sigma R(\boldsymbol{\alpha})^{-1} \mathbf{V}$, wird sie als *echter Vektor* bezeichnet.

- Wird eine Größe $\mathbf{V}$ nur unter Drehungen, nicht aber unter Raumspiegelungen wie der Ortsvektor transformiert, sodass einerseits $\mathbf{x}' = \sigma R(\boldsymbol{\alpha})^{-1} \mathbf{x}$, andererseits jedoch $\mathbf{V}' = R(\boldsymbol{\alpha})^{-1} \mathbf{V}$ gilt, so wird $\mathbf{V}$ als *Pseudovektor* bezeichnet.

- Ist eine Größe $W$ invariant unter orthogonalen Transformationen, $W' = W$, so heißt sie ein *Skalar*.

- Ist eine Größe $W$ nur unter Drehungen, nicht aber unter Raumspiegelungen invariant, $W' = \sigma W$, so wird sie als *Pseudoskalar* bezeichnet.

### Transformationsverhalten des Gesamtimpulses

Als erste physikalische Größe untersuchen wir den Gesamtimpuls $\mathbf{P} = \sum_i \mathbf{p}_i$. Das Transformationsverhalten des Impulses $\mathbf{p}_i$ des $i$-ten Teilchens ist gegeben durch

$$\mathbf{p}'_i = m_i \frac{d\mathbf{x}'_i}{dt'} = m_i \frac{d\mathbf{x}'_i}{dt} = m_i \sigma R(\boldsymbol{\alpha})^{-1} (\dot{\mathbf{x}}_i - \mathbf{v}_\alpha) = \sigma R(\boldsymbol{\alpha})^{-1} (\mathbf{p}_i - m_i \mathbf{v}_\alpha) \quad (3.17)$$

und dasjenige des Gesamtimpulses somit durch

$$\mathbf{P}' = \sigma R(\boldsymbol{\alpha})^{-1} (\mathbf{P} - M\mathbf{v}_\alpha) \,. \tag{3.18}$$

Es folgt, dass sowohl Einzelimpulse als auch der Gesamtimpuls unter orthogonalen Transformationen (d. h. für $\mathbf{v}_\alpha = \mathbf{0}$ und $\boldsymbol{\xi}_\alpha = \mathbf{0}$) gemäß

$$\mathbf{p}'_i = \sigma R(\boldsymbol{\alpha})^{-1} \mathbf{p}_i \quad , \quad \mathbf{P}' = \sigma R(\boldsymbol{\alpha})^{-1} \mathbf{P}$$

transformiert werden und daher *echte Vektoren* sind. Außerdem folgt durch Zeitableitung,

$$\mathbf{F}'_i = \dot{\mathbf{p}}'_i = \sigma R(\boldsymbol{\alpha})^{-1} \dot{\mathbf{p}}_i = \sigma R(\boldsymbol{\alpha})^{-1} \mathbf{F}_i \,,$$

dass auch Kräfte *echte Vektoren* im Sinne der Tensorrechnung sind. Das Gleiche gilt wegen der Beziehung $\dot{\mathbf{x}}_i = \mathbf{p}_i / m_i$ natürlich auch für Geschwindigkeiten. Dass Kräfte wie echte Vektoren transformiert werden, im Einklang mit dem vierten Newton'schen Gesetz, ist bereits aus Gleichung (2.45) bekannt.

## Transformationsverhalten des Gesamtdrehimpulses

Nach einer Galilei-Transformation (d. h. im Inertialsystem $K'$) ist der Gesamtdrehimpuls gegeben durch

$$\mathbf{L}' = \sum_i \mathbf{x}_i' \times \mathbf{p}_i' = \sum_i \left[ \sigma R(\boldsymbol{\alpha})^{-1} \left( \mathbf{x}_i - \mathbf{v}_\alpha t - \boldsymbol{\xi}_\alpha \right) \right] \times \left[ \sigma R(\boldsymbol{\alpha})^{-1} \left( \mathbf{p}_i - m_i \mathbf{v}_\alpha \right) \right]$$

$$= R(\boldsymbol{\alpha})^{-1} \sum_i \left( \mathbf{x}_i - \mathbf{v}_\alpha t - \boldsymbol{\xi}_\alpha \right) \times \left( \mathbf{p}_i - m_i \mathbf{v}_\alpha \right) \ .$$

Im letzten Schritt wurde neben $\sigma^2 = 1$ auch die aus Übungsaufgabe 2.3 bekannte Rechenregel

$$\left[ R(\boldsymbol{\alpha})^{-1} \mathbf{a} \right] \times \left[ R(\boldsymbol{\alpha})^{-1} \mathbf{b} \right] = R(\boldsymbol{\alpha})^{-1} \left( \mathbf{a} \times \mathbf{b} \right)$$

verwendet. Mit Hilfe der expliziten Zeitabhängigkeit $\mathbf{x}_\mathrm{M}(t) = \mathbf{x}_{\mathrm{M}0} + \frac{1}{M} \mathbf{P}_0 t$ des Massenschwerpunkts lässt sich der Ausdruck für $\mathbf{L}'$ noch auf

$$\mathbf{L}' = R(\boldsymbol{\alpha})^{-1} \left[ \sum_i \mathbf{x}_i \times \mathbf{p}_i - \mathbf{v}_\alpha t \times \mathbf{P} - \boldsymbol{\xi}_\alpha \times \left( \mathbf{P} - M\mathbf{v}_\alpha \right) - M\mathbf{x}_\mathrm{M}(t) \times \mathbf{v}_\alpha \right]$$

$$= R(\boldsymbol{\alpha})^{-1} \left[ \mathbf{L} - \boldsymbol{\xi}_\alpha \times \left( \mathbf{P}_0 - M\mathbf{v}_\alpha \right) - M\mathbf{x}_{\mathrm{M}0} \times \mathbf{v}_\alpha \right] \tag{3.19}$$

vereinfachen. Es folgt $\dot{\mathbf{L}}' = R(\boldsymbol{\alpha})^{-1} \dot{\mathbf{L}}$, sodass die Gesamtdrehimpulserhaltung im Inertialsystem $K$ die Gesamtdrehimpulserhaltung in $K'$ impliziert (und umgekehrt). Für rein orthogonale Transformationen gilt $\mathbf{L}' = R(\boldsymbol{\alpha})^{-1} \mathbf{L}$, und wir stellen wegen des fehlenden Faktors $\sigma$ in diesem Transformationsgesetz fest, dass der Gesamtdrehimpuls einen *Pseudovektor* darstellt.

## Transformationsverhalten von Arbeit und Energie

Das Transformationsverhalten der physikalischen Größe *Arbeit* folgt aus

$$\dot{\mathbf{x}}_i' = \sigma R(\boldsymbol{\alpha})^{-1} \left( \dot{\mathbf{x}}_i - \mathbf{v}_\alpha \right)$$

und Gleichung (2.45) als:

$$W_{1 \to 2}' = \sum_i \int_{t_1'}^{t_2'} dt' \, \dot{\mathbf{x}}_i' \cdot \mathbf{F}_i' = \sum_i \int_{t_1}^{t_2} dt \, \left[ \sigma R(\boldsymbol{\alpha})^{-1} (\dot{\mathbf{x}}_i - \mathbf{v}_\alpha) \right] \cdot \left[ \sigma R(\boldsymbol{\alpha})^{-1} \mathbf{F}_i \right]$$

$$= \sum_i \int_{t_1}^{t_2} dt \, (\dot{\mathbf{x}}_i - \mathbf{v}_\alpha) \cdot \mathbf{F}_i = W_{1 \to 2} - \mathbf{v}_\alpha \cdot \left[ \int_{t_1}^{t_2} dt \sum_i \mathbf{F}_i \right] = W_{1 \to 2} \ ,$$

wobei im letzten Schritt verwendet wurde, dass die Summe aller Kräfte null ist. Arbeit ist daher ein *Skalar* unter Galilei-Transformationen und insbesondere auch unter orthogonalen Transformationen. Analog ist auch die potentielle Energie

$$V' = V(\mathbf{X}') = \sum_{i<j} V_{ji}(|\mathbf{x}_{ji}'|) = \sum_{i<j} V_{ji}\left( |\sigma R(\boldsymbol{\alpha})^{-1} \mathbf{x}_{ji}| \right) = \sum_{i<j} V_{ji}(|\mathbf{x}_{ji}|) = V(\mathbf{X}) = V$$

ein *Skalar*. Die kinetische Energie $E_{\text{kin}}$ wird unter Galilei-Transformationen wie folgt transformiert:

$$E'_{\text{kin}} = \sum_i \tfrac{1}{2} m_i \left( \dot{\mathbf{x}}'_i \right)^2 = \sum_i \tfrac{1}{2} m_i \left[ \sigma R(\boldsymbol{\alpha})^{-1} \left( \dot{\mathbf{x}}_i - \mathbf{v}_\alpha \right) \right]^2 = \sum_i \tfrac{1}{2} m_i \left( \dot{\mathbf{x}}_i - \mathbf{v}_\alpha \right)^2$$

$$= E_{\text{kin}} - M \dot{\mathbf{x}}_{\text{M}} \cdot \mathbf{v}_\alpha + \tfrac{1}{2} M \mathbf{v}_\alpha^2 = E_{\text{kin}} - \mathbf{P} \cdot \mathbf{v}_\alpha + \tfrac{1}{2} M \mathbf{v}_\alpha^2 \,. \tag{3.20}$$

Unter rein orthogonalen Transformationen (mit $\mathbf{v}_\alpha = \mathbf{0}$ und $\boldsymbol{\xi}_\alpha = \mathbf{0}$) verhält $E_{\text{kin}}$ sich somit ebenfalls wie ein *Skalar*. Auch die Gesamtenergie $E = E_{\text{kin}} + V$ wird daher wie ein *Skalar* transformiert.

**Transformationsverhalten der Aussage des Virialsatzes**

Nehmen wir an, dass die Voraussetzungen des Virialsatzes im Inertialsystem $K$ erfüllt sind, sodass die Bewegung der Teilchen räumlich beschränkt ist und

$$\overline{E_{\text{kin}}} = -\tfrac{1}{2} \overline{\sum_i \mathbf{x}_i \cdot \mathbf{F}_i} \quad , \quad \mathbf{P} = \mathbf{0} \tag{3.21}$$

gilt: Der Virialsatz wird ja formuliert im Inertialsystem, in dem der Massenschwerpunkt *ruht*, d. h., in dem $\mathbf{P} = \mathbf{0}$ gilt. Führen wir nun eine beliebige Galilei-Transformation durch, so wissen wir bereits aufgrund von (3.20), dass die kinetische Energie $\overline{E_{\text{kin}}}$ in $K$ gemäß

$$\overline{E_{\text{kin}}} = \overline{E'_{\text{kin}}} - \tfrac{1}{2} M \mathbf{v}_\alpha^2 = \overline{E'_{\text{kin}}} - \tfrac{1}{2} M \mathbf{v}^2$$

mit der zeitgemittelten kinetischen Energie $\overline{E'_{\text{kin}}}$ in $K'$ verknüpft ist. Wie üblich gilt hierbei $\mathbf{v} = \mathbf{v}_{\text{rel}}(K', K)$. Außerdem folgt wegen $\sum_i \mathbf{F}_i = \mathbf{0}$ aus

$$\sum_i \mathbf{x}'_i \cdot \mathbf{F}'_i = \sum_i \left[ \sigma R(\boldsymbol{\alpha})^{-1} \left( \mathbf{x}_i - \mathbf{v}_\alpha t - \boldsymbol{\xi}_\alpha \right) \right] \cdot \left[ \sigma R(\boldsymbol{\alpha})^{-1} \mathbf{F}_i \right]$$

$$= \sum_i \left( \mathbf{x}_i - \mathbf{v}_\alpha t - \boldsymbol{\xi}_\alpha \right) \cdot \mathbf{F}_i = \sum_i \mathbf{x}_i \cdot \mathbf{F}_i - \left( \mathbf{v}_\alpha t + \boldsymbol{\xi}_\alpha \right) \sum_i \mathbf{F}_i = \sum_i \mathbf{x}_i \cdot \mathbf{F}_i \,,$$

dass das Virial invariant unter Galilei-Transformationen und daher insbesondere ein Skalar unter orthogonalen Transformationen ist. Durch Einsetzen der beiden letzten Gleichungen in (3.21) ergibt sich:

$$\boxed{\overline{E'_{\text{kin}}} = \frac{(\mathbf{P}')^2}{2M} - \tfrac{1}{2} \overline{\sum_i \mathbf{x}'_i \cdot \mathbf{F}'_i} \quad , \quad \mathbf{P}' = -M \mathbf{v} \,.} \tag{3.22}$$

Gleichung (3.22) ist die Verallgemeinerung des üblichen Virialsatzes (3.21) auf Systeme mit einem Schwerpunktsimpuls $\mathbf{P}' \neq \mathbf{0}$.

**Beispiel eines Pseudoskalars**

Bisher konnten wir noch keine physikalische Größe als *Pseudoskalar* identifizieren. Ein typisches Beispiel eines Pseudoskalars ist das durch drei Vektoren $\mathbf{x}_1$, $\mathbf{x}_2$ und

$\mathbf{x}_3$ aufgespannte *orientierte Volumen*. Das Volumen verhält sich unter orthogonalen Transformationen wie

$$\begin{aligned} \mathrm{Vol}(\mathbf{x}_1', \mathbf{x}_2', \mathbf{x}_3') &= \mathbf{x}_1' \cdot (\mathbf{x}_2' \times \mathbf{x}_3') = \left[\sigma R(\boldsymbol{\alpha})^{-1}\mathbf{x}_1\right] \cdot \left\{\left[\sigma R(\boldsymbol{\alpha})^{-1}\mathbf{x}_2\right] \times \left[\sigma R(\boldsymbol{\alpha})^{-1}\mathbf{x}_3\right]\right\} \\ &= \sigma \left[R(\boldsymbol{\alpha})^{-1}\mathbf{x}_1\right] \cdot \left[R(\boldsymbol{\alpha})^{-1}\left(\mathbf{x}_2 \times \mathbf{x}_3\right)\right] = \sigma\mathbf{x}_1 \cdot (\mathbf{x}_2 \times \mathbf{x}_3) \\ &= \sigma\mathrm{Vol}(\mathbf{x}_1, \mathbf{x}_2, \mathbf{x}_3) \end{aligned}$$

und ist somit tatsächlich ein Pseudoskalar.

## Das Schwerpunktsystem

Betrachten wir ein abgeschlossenes mechanisches System, das in einem beliebigen Inertialsystem $K$ den (zeitunabhängigen) Gesamtimpuls $\mathbf{P}_0$ hat; der Massenschwerpunkt soll sich zur Zeit $t = 0$ am Ort $\mathbf{x}_{\mathrm{M0}}$ befinden. Auf die Raum-Zeit-Koordinaten dieses Systems wenden wir nun die spezielle Galilei-Transformation an, die durch

$$\mathbf{v}_\alpha = \frac{1}{M}\mathbf{P}_0 \quad , \quad \boldsymbol{\xi}_\alpha = \mathbf{x}_{\mathrm{M0}} \tag{3.23}$$

definiert ist. Diese Galilei-Transformation hat zur Konsequenz, dass der Massenschwerpunkt im neuen Inertialsystem $K^{(\mathrm{S})}$ im Ursprung *ruht*:

$$\begin{aligned} \mathbf{x}_{\mathrm{M}}^{(\mathrm{S})}(t) &= \mathbf{x}'\left(\mathbf{x}_{\mathrm{M}}(t), t\right) = \sigma R(\boldsymbol{\alpha})^{-1}\left[\mathbf{x}_{\mathrm{M}}(t) - \mathbf{v}_\alpha t - \boldsymbol{\xi}_\alpha\right] \\ &= \sigma R(\boldsymbol{\alpha})^{-1}\left[\mathbf{x}_{\mathrm{M}}(t) - \frac{1}{M}\mathbf{P}_0 t - \mathbf{x}_{\mathrm{M0}}\right] = \mathbf{0} \ . \end{aligned}$$

Das neue Inertialsystem $K^{(\mathrm{S})}$ wird als das *Schwerpunktsystem* bezeichnet. Die Berechnung zeigt, dass man bei der Wahl des Schwerpunktsystems eine gewisse Restfreiheit hat: Die Parameter $(\sigma, \boldsymbol{\alpha})$ in der Galilei-Transformation können nach wie vor beliebig gewählt werden. Wir fassen die Resultate für relevante physikalische Größen in einem Schwerpunktsystem mit fest gewähltem $(\sigma, \boldsymbol{\alpha})$ kurz zusammen.

Der Gesamtimpuls im Schwerpunktsystem $K^{(\mathrm{S})}$ folgt aus (3.18) und (3.23) als

$$\mathbf{P}^{(\mathrm{S})} = \mathbf{0} \ .$$

Dieses Ergebnis war ja zu erwarten, da der Massenschwerpunkt in $K^{(\mathrm{S})}$ ruht. Für den Gesamtdrehimpuls folgt aus (3.19) und (3.23):

$$\mathbf{L}^{(\mathrm{S})} = R(\boldsymbol{\alpha})^{-1}\left(\mathbf{L} - \mathbf{x}_{\mathrm{M0}} \times \mathbf{P}_0\right) \ ,$$

oder alternativ:

$$\boxed{\mathbf{L} = \mathbf{x}_{\mathrm{M0}} \times \mathbf{P}_0 + R(\boldsymbol{\alpha})\mathbf{L}^{(\mathrm{S})} \ .} \tag{3.24}$$

Diese Gleichung besagt, dass der Gesamtdrehimpuls in einem beliebigen Inertialsystem $K$ aus dem Drehimpuls im Schwerpunktsystem und dem im Massenschwerpunkt konzentrierten Drehimpuls zusammengesetzt ist. Gleichung (3.24) zeigt klar, dass der Drehimpuls im Allgemeinen von der Wahl des Ursprungs abhängt; nur wenn der Massenschwerpunkt in $K$ ruht oder der Gesamtimpuls $\mathbf{P}_0$ entlang $\mathbf{x}_{\mathrm{M0}}$ ausgerichtet ist, ist der Beitrag $\mathbf{x}_{\mathrm{M0}} \times \mathbf{P}_0$ in (3.24) gleich null.

Die Arbeit und die potentielle Energie sind Skalare und haben somit in $K$ und $K^{(\mathrm{S})}$ den gleichen Wert. Die kinetische Energie $E_{\mathrm{kin}}^{(\mathrm{S})}$ in $K^{(\mathrm{S})}$ folgt aus (3.20) und (3.23). Das Ergebnis zeigt, dass sich die kinetische Energie in $K$ aus der kinetischen Energie im Schwerpunktsystem und der im Massenschwerpunkt konzentriert gedachten kinetischen Energie zusammensetzt:

$$E_{\mathrm{kin}} = \frac{\mathbf{P}_0^2}{2M} + E_{\mathrm{kin}}^{(\mathrm{S})} \, .$$

Der Virialsatz hat im Schwerpunktsystem selbstverständlich die übliche Form (3.21).

Diese Resultate zeigen, dass es oft vorteilhaft ist, physikalische Größen im Schwerpunktsystem zu untersuchen: Einerseits sind die mathematischen Zusammenhänge meist etwas einfacher als in einem beliebigen Inertialsystem. Andererseits verliert man keine Information, indem man sich auf das Schwerpunktsystem beschränkt, da man die Ergebnisse immer mit Hilfe einer Galilei-Transformation in die „Sprache" eines beliebigen anderen Inertialsystems übersetzen kann.

## 3.3 Zweiteilchenproblem: allgemeine Eigenschaften

Wir wenden das in Abschnitt [3.1] über die allgemeinen Eigenschaften von *Vielteilchensystemen* Gelernte nun an auf abgeschlossene mechanische Systeme, die aus *zwei* miteinander wechselwirkenden Teilchen bestehen. Dieses *Zweiteilchenproblem* ist z. B. relevant für die Beschreibung zweier sich gegenseitig anziehender Himmelskörper (man kann hierbei konkret an das Erde-Sonne- oder das Erde-Mond-System denken). Andere naheliegende Anwendungen wären die *klassische* Beschreibung der Schwingungs- und Rotationsbewegung zweiatomiger Moleküle oder die *klassische* Beschreibung des Proton-Elektron-Zweiteilchensystems eines Wasserstoffatoms. Außerdem erfordert die Berechnung von Wirkungsquerschnitten für Zweiteilchenstreuung detaillierte Kenntnisse über die mögliche Bahnbewegung im Zweiteilchenproblem. Zwar spielen normalerweise bei den letztgenannten Anwendungen auch Quanteneffekte eine wichtige Rolle, aber dennoch ist das klassische Pendant oft eine gute Näherung und ein erster Schritt auf dem Wege zum Verständnis der quantenmechanischen Realität. Beispielsweise hat das klassische Zweiteilchen-Coulomb-Problem zum Bohr'schen Atommodell und somit zu einem Durchbruch bei der Entwicklung der Quantentheorie geführt.

In diesem Abschnitt formulieren wir zuerst einige der bereits aus Abschnitt [3.1] bekannten *allgemeinen Eigenschaften* abgeschlossener Systeme speziell für das Zweiteilchenproblem; bereits hieraus werden wir viel über mögliche Lösungen und Lösungsmethoden lernen. In den Abschnitten [3.3.1] und [3.3.2] untersuchen wir dann mögliche *Kreisbahnen* sowie *kleine Schwingungen* um diese Kreisbahnen in allgemeinen Zweiteilchensystemen mit attraktiver Paarwechselwirkung.

### Was wissen wir bereits über das Zweiteilchenproblem?

Die Dynamik zweier Teilchen der Massen $m_1$ bzw. $m_2$, die Kräfte aufeinander ausüben, die das dritte Newton'sche Gesetz erfüllen, wird durch die Bewegungsgleichung (3.1) mit der Kraftfunktion (3.2) und $N = 2$ beschrieben. Für diesen

Spezialfall lauten die Bewegungsgleichungen:

$$\dot{\mathbf{p}}_1 = \mathbf{F}_1 = \mathbf{f}_{21} = f\left(|\mathbf{x}_{21}|\right)\hat{\mathbf{x}}_{21} \quad , \quad \mathbf{p}_1 = m_1\dot{\mathbf{x}}_1$$
$$\dot{\mathbf{p}}_2 = \mathbf{F}_2 = \mathbf{f}_{12} = f\left(|\mathbf{x}_{12}|\right)\hat{\mathbf{x}}_{12} \quad , \quad \mathbf{p}_2 = m_2\dot{\mathbf{x}}_2 \; .$$

Aus Abschnitt [3.1] wissen wir, dass die Stärke $f(x)$ der Kraft mit einem Potential in Verbindung gebracht werden kann: $f(x) = V'(x)$. Außerdem wissen wir, dass der Gesamtimpuls des Zweiteilchensystems erhalten ist, $\mathbf{P} \equiv \mathbf{p}_1 + \mathbf{p}_2 = \mathbf{P}_0$, und dass sich der Massenschwerpunkt geradlinig-gleichförmig bewegt:

$$\mathbf{x}_{\mathrm{M}}(t) \equiv \frac{m_1\mathbf{x}_1 + m_2\mathbf{x}_2}{m_1 + m_2} = \mathbf{x}_{\mathrm{M}0} + \frac{1}{M}\mathbf{P}_0 t \quad , \quad M = m_1 + m_2 \; .$$

Auch der Gesamtdrehimpuls

$$\mathbf{L} = \mathbf{x}_1 \times \mathbf{p}_1 + \mathbf{x}_2 \times \mathbf{p}_2$$

und die Gesamtenergie

$$E = \tfrac{1}{2}m_1\dot{\mathbf{x}}_1^2 + \tfrac{1}{2}m_2\dot{\mathbf{x}}_2^2 + V\left(|\mathbf{x}_{12}|\right)$$

sind erhalten. Außerdem gilt der Virialsatz, und zwar in der Form (3.21) für gebundene und daher räumlich beschränkte Zweiteilchenbahnen mit $\mathbf{P} = \mathbf{0}$ und allgemeiner in der Form (3.22) für Systeme mit einem Schwerpunktsimpuls $\mathbf{P}' \neq \mathbf{0}$.

### Das Zweiteilchenproblem im Schwerpunktsystem

Im Schwerpunktsystem gilt der Virialsatz also nur in der Form (3.21). Es lohnt sich generell, das Zweiteilchenproblem im *Schwerpunktsystem* näher zu untersuchen, da viele Beziehungen in diesem speziellen Inertialsystem einfacher darstellbar sind. Dementsprechend wenden wir eine Galilei-Transformation der Form (3.23) mit $\sigma = +1$ und $\boldsymbol{\alpha} = \mathbf{0}$ an und definieren[11] den Relativvektor $\mathbf{x} \equiv \mathbf{x}_{21} = \mathbf{x}'_{21}$. Die Koordinaten der beiden Teilchen sind dann im Schwerpunktsystem gegeben durch

$$\mathbf{x}'_1 \equiv \mathbf{x}_1 - \mathbf{x}_{\mathrm{M}}(t) = \mathbf{x}_1 - \frac{m_1\mathbf{x}_1 + m_2\mathbf{x}_2}{m_1 + m_2} = -\frac{m_2}{m_1 + m_2}\mathbf{x} \tag{3.25a}$$

$$\mathbf{x}'_2 \equiv \mathbf{x}_2 - \mathbf{x}_{\mathrm{M}}(t) = \mathbf{x}_2 - \frac{m_1\mathbf{x}_1 + m_2\mathbf{x}_2}{m_1 + m_2} = \frac{m_1}{m_1 + m_2}\mathbf{x} \; . \tag{3.25b}$$

Man überprüft leicht, dass der Massenschwerpunkt im neuen Inertialsystem tatsächlich im Ursprung ruht:

$$\mathbf{x}_{\mathrm{M}}^{(\mathrm{S})} \equiv \frac{m_1\mathbf{x}'_1 + m_2\mathbf{x}'_2}{m_1 + m_2} = \mathbf{0}$$

und daher $\mathbf{P}^{(\mathrm{S})} \equiv M\dot{\mathbf{x}}_{\mathrm{M}}^{(\mathrm{S})} = \mathbf{0}$ gilt. Der Gesamtdrehimpuls im Schwerpunktsystem,

$$\mathbf{L}^{(\mathrm{S})} = \mathbf{x}'_1 \times \mathbf{p}'_1 + \mathbf{x}'_2 \times \mathbf{p}'_2 = \frac{m_1 m_2}{m_1 + m_2}\left(-\mathbf{x} \times \dot{\mathbf{x}}'_1 + \mathbf{x} \times \dot{\mathbf{x}}'_2\right) = \mu\mathbf{x} \times \dot{\mathbf{x}}'_{21} = \mu\mathbf{x} \times \dot{\mathbf{x}} \; ,$$

---

[11]Der Relativvektor $\mathbf{x} \equiv \mathbf{x}_{21} = \mathbf{x}'_{21}$ wird in den Abschnitten [3.3], [3.5] und [3.6] eine zentrale Rolle spielen. Es ist daher wichtig, sorgfältig zu beachten, dass es sich bei der Größe $\mathbf{x}$ um einen *Relativ*vektor handelt, der die Lage von Teilchen 2 aus der Sicht von Teilchen 1 beschreibt.

ist wiederum eine Erhaltungsgröße, da der Gesamtdrehimpuls in *jedem* Inertialsystem erhalten ist. Der Parameter $\mu$ ist durch

$$\mu \equiv \frac{m_1 m_2}{m_1 + m_2} = \left(\frac{1}{m_1} + \frac{1}{m_2}\right)^{-1}$$

definiert und wird als die *reduzierte Masse* des Zweiteilchenproblems bezeichnet. Auch die Gesamtenergie im Schwerpunktsystem,

$$E^{(\mathrm{S})} = \tfrac{1}{2} m_1 \left(\dot{\mathbf{x}}_1'\right)^2 + \tfrac{1}{2} m_2 \left(\dot{\mathbf{x}}_2'\right)^2 + V\left(|\mathbf{x}_{21}'|\right) = \frac{m_1 m_2^2 + m_2 m_1^2}{2(m_1 + m_2)^2} \, \dot{\mathbf{x}}^2 + V\left(|\mathbf{x}|\right)$$

$$= \frac{m_1 m_2}{2(m_1 + m_2)} \, \dot{\mathbf{x}}^2 + V(x) = \tfrac{1}{2}\mu\dot{\mathbf{x}}^2 + V(x) \quad , \quad x \equiv |\mathbf{x}| \, ,$$

ist eine Erhaltungsgröße, wie in *jedem* Inertialsystem. Die Bewegungsgleichung im Schwerpunktsystem lautet

$$\ddot{\mathbf{x}} = \ddot{\mathbf{x}}_{21}' = \ddot{\mathbf{x}}_{21} = \frac{1}{m_2}\dot{\mathbf{p}}_2 - \frac{1}{m_1}\dot{\mathbf{p}}_1 = -\frac{1}{m_2}f(x)\hat{\mathbf{x}} - \frac{1}{m_1}f(x)\hat{\mathbf{x}} = -\frac{1}{\mu}f(x)\hat{\mathbf{x}}$$

oder auch

$$\mu\ddot{\mathbf{x}} = -f(x)\hat{\mathbf{x}} = -V'(x)\hat{\mathbf{x}} \, . \tag{3.26}$$

Mit Hilfe dieser Bewegungsgleichung überprüft man leicht, dass der Gesamtdrehimpuls und die Gesamtenergie tatsächlich erhalten sind:

$$\frac{d\mathbf{L}^{(\mathrm{S})}}{dt} = \mu\left(\dot{\mathbf{x}} \times \dot{\mathbf{x}} + \mathbf{x} \times \ddot{\mathbf{x}}\right) = -V'(x)\mathbf{x} \times \hat{\mathbf{x}} = \mathbf{0}$$

$$\frac{dE^{(\mathrm{S})}}{dt} = \mu\dot{\mathbf{x}} \cdot \ddot{\mathbf{x}} + V'(x)\hat{\mathbf{x}} \cdot \dot{\mathbf{x}} = \dot{\mathbf{x}} \cdot \left(\mu\ddot{\mathbf{x}} + V'(x)\hat{\mathbf{x}}\right) = 0 \, .$$

Der Virialsatz im Schwerpunktsystem folgt aus (3.13) als

$$\tfrac{1}{2}\mu\overline{\dot{\mathbf{x}}^2} = \overline{E_{\mathrm{kin}}^{(\mathrm{S})}} = -\tfrac{1}{2}\overline{\left(\mathbf{x}_1' \cdot \mathbf{f}_{21} + \mathbf{x}_2' \cdot \mathbf{f}_{12}\right)}$$

$$= \tfrac{1}{2}\overline{\mathbf{x}_{21}' \cdot \mathbf{f}_{21}} = \tfrac{1}{2}\overline{\mathbf{x} \cdot f(x)\hat{\mathbf{x}}} = \tfrac{1}{2}\overline{xf(x)} = \tfrac{1}{2}\overline{xV'(x)} \, , \tag{3.27}$$

sodass für homogene Potentiale der Form $V(x) = V_0 x^\alpha$ die einfache Beziehung $\tfrac{1}{2}\mu\overline{\dot{\mathbf{x}}^2} = \tfrac{1}{2}\alpha\overline{V(x)}$ gilt.

**Lösung der Bewegungsgleichung im Schwerpunktsystem**

Wir diskutieren nun die allgemeine Lösung der Bewegungsgleichung (3.26) für den *Relativ*vektor der Teilchen 2 und 1 im Schwerpunktsystem. Da der Gesamtdrehimpuls $\mathbf{L}^{(\mathrm{S})} = \mu\mathbf{x} \times \dot{\mathbf{x}}$ erhalten ist, $\frac{d}{dt}\mathbf{L}^{(\mathrm{S})} = \mathbf{0}$, findet die Relativbewegung in der Ebene statt, die orthogonal auf dem Vektor $\mathbf{L}^{(\mathrm{S})}$ steht. Es ist nun bequem, die $\hat{\mathbf{e}}_3$-Richtung entlang des Vektors $\mathbf{L}^{(\mathrm{S})}$ zu wählen, $\mathbf{L}^{(\mathrm{S})} = L\hat{\mathbf{e}}_3$ mit $L \geq 0$, sodass die Relativbewegung in der $\hat{\mathbf{e}}_1$-$\hat{\mathbf{e}}_2$-Ebene stattfindet, wobei man z. B. $\hat{\mathbf{e}}_1 \equiv \hat{\mathbf{x}}(0)$ und $\hat{\mathbf{e}}_2 \equiv \hat{\mathbf{e}}_3 \times \hat{\mathbf{e}}_1$ wählen kann. Interessant ist übrigens, dass die Erhaltung des Gesamtdrehimpulses zwar eine Konsequenz des dritten Newton'schen Gesetzes ist, die Bewegung in der Ebene jedoch *nicht*: Wie wir in Abschnitt [2.8] (Beispiel 1 und 2) gesehen haben, folgt dies für abgeschlossene Zweiteilchensysteme ganz allgemein aus der Galilei-Kovarianz der Theorie. Für den Spezialfall $L = 0$, d. h. für $\mathbf{x}(0) \parallel \dot{\mathbf{x}}(0)$, findet die Bewegung im Schwerpunktsystem entlang der Geraden $\lambda \mathbf{x}(0)$ mit $\lambda \in \mathbb{R}$ statt und reduziert sich (3.26) auf ein *ein*dimensionales Problem.

Zur Beschreibung der Relativbewegung in der $\hat{\mathbf{e}}_1$-$\hat{\mathbf{e}}_2$-Ebene ist es zweckmäßig, Polarkoordinaten $(x, \varphi)$ einzuführen. Der Relativvektor $\mathbf{x}$ der beiden Teilchen folgt dann als

$$\mathbf{x} = x\left[\cos(\varphi)\hat{\mathbf{e}}_1 + \sin(\varphi)\hat{\mathbf{e}}_2\right] = x\hat{\mathbf{x}} \, , \tag{3.28}$$

und die entsprechende Relativgeschwindigkeit ist durch

$$\dot{\mathbf{x}} = \dot{x}\hat{\mathbf{x}} + x\dot{\varphi}\left[-\sin(\varphi)\hat{\mathbf{e}}_1 + \cos(\varphi)\hat{\mathbf{e}}_2\right] \tag{3.29}$$

gegeben. Der Gesamtdrehimpuls ist gleich

$$\begin{aligned} L\hat{\mathbf{e}}_3 = \mathbf{L}^{(S)} &= \mu\mathbf{x} \times \dot{\mathbf{x}} = \mu x^2\dot{\varphi}\left[\cos(\varphi)\hat{\mathbf{e}}_1 + \sin(\varphi)\hat{\mathbf{e}}_2\right] \times \left[-\sin(\varphi)\hat{\mathbf{e}}_1 + \cos(\varphi)\hat{\mathbf{e}}_2\right] \\ &= \mu x^2\dot{\varphi}\left(\hat{\mathbf{e}}_1 \times \hat{\mathbf{e}}_2\right)\left[\cos^2(\varphi) + \sin^2(\varphi)\right] = \mu x^2\dot{\varphi}\,\hat{\mathbf{e}}_3 \, , \end{aligned}$$

sodass sein (zeitunabhängiger) Betrag $L$ durch

$$\boxed{L = \mu x^2\dot{\varphi}} \tag{3.30}$$

gegeben ist. Das Koordinatensystem wurde also so gewählt, dass sich $\mathbf{x}(t)$ in *positivem* Sinne um den Ursprung dreht ($L > 0$ bzw. $\dot{\varphi} > 0$). Die Gesamtenergie

$$E^{(S)} = \tfrac{1}{2}\mu\dot{\mathbf{x}}^2 + V(x) = \tfrac{1}{2}\mu\left(\dot{x}^2 + x^2\dot{\varphi}^2\right) + V(x) = \tfrac{1}{2}\mu\dot{x}^2 + \tfrac{1}{2}\mu x^2\left(\frac{L}{\mu x^2}\right)^2 + V(x) \, ,$$

d. h.

$$\boxed{E^{(S)} = \tfrac{1}{2}\mu\dot{x}^2 + V_{\mathrm{f}}(x) \quad , \quad V_{\mathrm{f}}(x) \equiv V(x) + \frac{L^2}{2\mu x^2} \, ,} \tag{3.31}$$

ist zeitlich konstant, wie wir bereits wissen. Daher erhält man aus

$$\dot{x}^2 = \frac{2}{\mu}\left[E^{(S)} - V_{\mathrm{f}}(x)\right] \quad \text{bzw.} \quad \dot{x} = \pm\sqrt{\frac{2}{\mu}\left[E^{(S)} - V_{\mathrm{f}}(x)\right]} \tag{3.32}$$

eine im Prinzip leicht lösbare (nämlich separable) Differentialgleichung für die Zeit $t(x)$ als Funktion des Relativabstandes der beiden Teilchen:

$$\frac{dt}{dx}(x) = \pm\left\{\frac{2}{\mu}\left[E^{(S)} - V_{\mathrm{f}}(x)\right]\right\}^{-1/2} \, .$$

Da durch Integration dieser Gleichung die Funktion $t(x)$ und somit – nach dem Invertieren – auch die Umkehrfunktion $x(t)$ bekannt ist, kann die Zeitabhängigkeit $\varphi(t)$ der Winkelvariablen aus (3.30) berechnet werden:

$$\varphi(t) = \varphi(0) + \int_0^t dt' \, \frac{L}{\mu\left[x(t')\right]^2} \, . \tag{3.33}$$

Hiermit ist das Zweiteilchenproblem für ein allgemeines Zentralpotential (d. h. für den Fall des dritten Newton'schen Gesetzes) im Prinzip vollständig gelöst.[12]

**Effektives Potential für die Radialbewegung**

Die Gleichung $E^{(S)} = \frac{1}{2}\mu\dot{x}^2 + V_f(x)$ in (3.31) beschreibt die *Energieerhaltung* einer effektiv eindimensionalen Bewegung in radialer Richtung. Der erste Term $\frac{1}{2}\mu\dot{x}^2$ stellt die kinetische Energie dieser Radialbewegung dar und der zweite das *effektive* Potential $V_f(x) = V(x) + \frac{L^2}{2\mu x^2}$, in dem diese Radialbewegung stattfindet. Das effektive Potential $V_f(x)$ enthält zwei Terme: das Zentralpotential $V(x)$ des Zweiteilchenproblems sowie den Term $\frac{L^2}{2\mu x^2}$, der als *Zentrifugalbarriere* oder *Zentrifugalpotential* bezeichnet wird. Für *attraktive* Zentralpotentiale $V(x)$ nehmen wir im Folgenden an, dass sie nicht *allzu* singulär sind, sodass $\lim_{x\downarrow 0} x^2 V(x) \geq 0$ gilt. Die Divergenz des Zentrifugalpotentials für $x \downarrow 0$ gewährleistet dann, dass die radiale Bewegung auf die Halbachse $x \in \mathbb{R}^+$ beschränkt bleibt.

Durch eine Differentiation bzgl. der Zeitvariablen kann aus dem Energieerhaltungssatz $E^{(S)} = \frac{1}{2}\mu\dot{x}^2 + V_f(x)$ eine Bewegungsgleichung für die radiale Dynamik hergeleitet werden. Wegen der Energieerhaltung ergibt sich:

$$0 = \mu\dot{x}\ddot{x} + V_f'(x)\dot{x} \quad \text{bzw.} \quad \boxed{\mu\ddot{x} = -V_f'(x)\,.} \tag{3.34}$$

Diese Gleichung hat die Form einer *eindimensionalen* Bewegungsgleichung für ein Teilchen der Masse $\mu$ im effektiven Potential $V_f(x)$. In ihre Herleitung geht die Drehimpulserhaltung, Gleichung (3.30), entscheidend ein.

In den Abbildungen 3.3 und 3.4 wird das *effektive* Potential $V_f(x)$ für zwei recht unterschiedliche Formen des *Zentral*potentials $V(x)$ skizziert. In beiden Fällen wird das zugrundeliegende Zentralpotential *blau*, das Zentrifugalpotential $\frac{L^2}{2\mu x^2}$ *rot* und das effektive Potential (die Summe beider Terme) *schwarz* dargestellt. In Abb. 3.3 hat das Zentralpotential die Kepler-Form $V(x) \propto -\frac{1}{x}$ und in Abb. 3.4 die für einen harmonischen Oszillator charakteristische Form $V(x) \propto x^2$. In beiden Fällen dominiert also das *Zentrifugal*potential für $x \downarrow 0$ und das *Zentral*potential für $x \to \infty$. In beiden Fällen weist das effektive Potential $V_f(x)$ ein eindeutiges globales Minimum bei $x_{\min}$ auf; es ist physikalisch klar, dass die Radialkoordinate $x$ um diesen Wert kleine Schwingungen ausführen kann. Es gibt aber auch gravierende Unterschiede zwischen beiden Fällen, die daraus resultieren, dass das Zentralpotential für den harmonischen Oszillator für $x \to \infty$ *divergiert* und für das Kepler-Problem in diesem Limes *endlich* bleibt. Eine erste Konsequenz hiervon ist, dass das effektive Potential in der Nähe des Minimums im Kepler-Problem deutlich flacher verläuft als beim harmonischen Oszillator. Außerdem bewegt sich die Radialkoordinate des harmonischen Oszillators (Abb. 3.4) bei *jeder* vorgegebenen Energie $E^{(S)} > V_f(x_{\min})$ zwischen einem Minimalwert $x_-$ und einem Maximalwert $x_+$ hin und her. Beim Kepler-Problem (Abb. 3.3) passiert dies nur, falls $V_f(x_{\min}) < E^{(S)} < 0$ gilt; für höhere Energien sind keine gebundenen Zustände möglich: Die beiden Teilchen

---

[12]Diese Lösungsstrategie ist anwendbar für *beliebige* Zweiteilchenprobleme mit Kräften, die das dritte Newton'sche Gesetz erfüllen. Für spezielle Probleme, wie den harmonischen Oszillator oder die Untersuchung der Kepler-Bahnen, sind andere Lösungmöglichkeiten allerdings bequemer.

entfernen sich im Laufe der Zeit unendlich weit voneinander.[13]

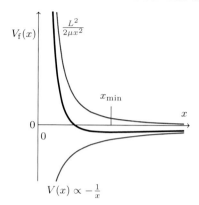

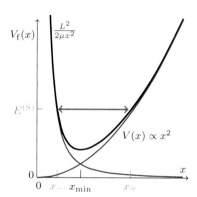

**Abb. 3.3** Effektives Potential
für das Kepler-Problem

**Abb. 3.4** Effektives Potential
für den harmonischen Oszillator

### Der Flächensatz für das allgemeine Zweiteilchenproblem

Wir definieren den Inhalt der Fläche, die
vom Relativvektor $\mathbf{x}(t)$ im Zeitintervall
$[0, t]$ überstrichen wird, als $A(t)$. Diese
überstrichene Fläche ist in Abbildung 3.5
*hellblau* eingezeichnet. Zwischen den Zeitpunkten $t$ und $t + dt$ wird $A(t)$ um den
Inhalt $dA(t)$ der in Abb. 3.5 *hellgrün* eingezeichneten Fläche anwachsen. Die Form
dieses Flächenzuwachses ist (für infini-
tesimales $dt$) genau *dreieckig* und somit
halb so groß wie das (ebenfalls eingezeichnete) Parallelogramm, das von den Vekto-
ren $\mathbf{x}(t)$ und $\dot{\mathbf{x}}(t)dt$ aufgespannt wird. Es
folgt: $dA(t) = \frac{1}{2}|\mathbf{x} \times \dot{\mathbf{x}}|dt$. Die zeitliche Än-
derung von $A(t)$, die als *Flächengeschwin-
digkeit* bezeichnet wird, ist daher gegeben
durch:

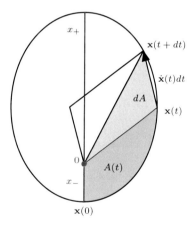

**Abb. 3.5** Zur Illustration der
Flächengeschwindigkeit

$$\boxed{\frac{dA}{dt} = \tfrac{1}{2}|\mathbf{x} \times \dot{\mathbf{x}}| = \frac{1}{2\mu}|\mathbf{L}^{(\mathrm{S})}| = \frac{L}{2\mu} \; .}$$

Wir stellen fest, dass die Flächengeschwindigkeit aufgrund der Gesamtdrehimpulserhaltung *konstant* ist. Dieses Resultat, das als „Flächensatz" bekannt ist, stellt
eine Verallgemeinerung des *zweiten Kepler'schen Gesetzes* dar: Das zweite Kepler-
Gesetz bezieht sich streng genommen nur auf die Planetenbewegung, d. h. auf den

---

[13]Ein weiterer „gravierender Unterschied" zwischen beiden Potentialen ist das Auftreten eines
Nulldurchgangs beim effektiven Kepler-Potential. Abgesehen davon, dass dieser Nulldurchgang
qualitativ den Übergangsbereich zwischen dem repulsiven Zentrifugal- und dem attraktiven Gravitationspotential markiert, hat er jedoch keine besondere physikalische Bedeutung. Physikalisch
relevant sind in der Newton'schen Mechanik ja nur *Ableitungen* von Potentialen (d. h. *Kräfte*).

Spezialfall von Gravitationskräften, und besagt „lediglich", dass die Flächengeschwindigkeit in diesem Fall *konstant* ist (ohne sie zu quantifizieren).

Zu Abb. 3.5 sollte noch ergänzt werden, dass die dort skizzierte Bahn der Relativbewegung teilweise charakteristisch für das allgemeine Zweiteilchenproblem ist,
teilweise aber auch typische Kepler-Merkmale aufweist. Allgemein-gültig ist das
Hin- und Herbewegen der Radialkoordinate zwischen einem Minimalwert $x_-$ und
einem Maximalwert $x_+$. Wie die Abbildungen 3.3 und 3.4 zeigen, tritt dieses Verhalten immer auf, wenn die Energiedifferenz $E^{(S)} - V_f(x_{min}) > 0$ hinreichend klein ist,
sodass gebundene Bahnen möglich sind. Die Bahnkoordinaten, wofür der Minimalwert $x_-$ auftritt, werden dann als *Perizentrum*, diejenigen, wofür der Maximalwert
$x_+$ auftritt, als *Apozentrum* bezeichnet. Typische Kepler-Merkmale sind jedoch die
*exzentrische Lage* des Massenschwerpunkts **0** und die *Geschlossenheit* der Bahn,
d. h. die Eigenschaft, dass nach einer Umlaufzeit $T$ wieder genau $\mathbf{x}(T) = \mathbf{x}(0)$ gilt:
Abschnitt [3.5] und Anhang B werden zeigen, dass die Kombination dieser beiden
Eigenschaften nur im Kepler-Problem auftritt.

### 3.3.1   Kreisbahnen

Ein Zweiteilchensystem mit *attraktiver* Paarwechselwirkung wird typischerweise
durch eine stark abstoßende Zentrifugalbarriere (nahe $x = 0$) und einen attraktiven
„Schwanz" (für $x \to \infty$) charakterisiert. Hierbei wird die Stärke des Zentrifugalpotentials $\frac{L^2}{2\mu x^2}$ weitgehend durch den Gesamtdrehimpuls $L$ bestimmt. Aufgrund von
Gleichung (3.34) ist klar, dass *Kreisbahnen* ($\dot{x} = 0$ und daher $\ddot{x} = 0$) als Lösung
der Bewegungsgleichung $\mu\ddot{x} = -V_f'(x)$ nur für $x = x_{min}$ möglich sind, wobei $x_{min}$
dem *Minimum* des effektiven Potentials entspricht:

$$0 = V_f'(x_{min}) = V'(x_{min}) - \frac{L^2}{\mu(x_{min})^3} .$$

Umgekehrt ist der Gesamtdrehimpuls $L$ dann bestimmt durch

$$L = \sqrt{\mu x_{min}^3 V'(x_{min})} . \tag{3.35}$$

Die Zeitabhängigkeit der Winkelvariablen $\varphi(t)$ folgt nun aus (3.33) als

$$\varphi(t) = \varphi(0) + \frac{Lt}{\mu(x_{min})^2} = \varphi(0) + t\sqrt{\frac{V'(x_{min})}{\mu x_{min}}} ,$$

sodass die *Umlaufzeit* $T$ auf der Kreisbahn gegeben ist durch

$$\varphi(T) - \varphi(0) = T\sqrt{\frac{V'(x_{min})}{\mu x_{min}}} \overset{!}{=} 2\pi \quad \text{bzw.} \quad T = 2\pi\sqrt{\frac{\mu x_{min}}{V'(x_{min})}} .$$

Die entsprechende *Winkelfrequenz* ist dann

$$\omega_K = \frac{2\pi}{T} = \sqrt{\frac{V'(x_{min})}{\mu x_{min}}} . \tag{3.36}$$

Für homogene Potentiale der Form $V(x) = V_0 x^\alpha$ erhält man daher:

$$T = 2\pi \sqrt{\frac{\mu}{\alpha V_0}}(x_{\min})^{1 - \frac{1}{2}\alpha} \quad \text{bzw.} \quad \omega_{\mathrm{K}} = \sqrt{\frac{\alpha V_0}{\mu}}(x_{\min})^{\frac{1}{2}\alpha - 1} . \tag{3.37}$$

Für den harmonischen Oszillator ($\alpha = 2$) folgt beispielsweise, dass die Umlaufzeit *unabhängig* vom Radius der Kreisbahn ist, und für das Kepler-Problem ($\alpha = -1$), dass sich die Quadrate der Umlaufzeiten wie die Kuben der Radien verhalten. Das letztere Ergebnis ist ein Spezialfall des *dritten Kepler'schen Gesetzes*.

Wir lernen daher, dass Kreisbahnen in Zweiteilchensystemen *möglich* sind, falls das Zweiteilchenpotential $V(x)$ für irgendeinen Wert $x_{\min} > 0$ des Arguments *ansteigend* ist: $V'(x_{\min}) > 0$. Der nächste Abschnitt wird allerdings zeigen, dass eine solche Kreisbahn nur dann *stabil* bezüglich kleiner Störungen ist, falls für $x = x_{\min}$ zusätzlich $V_{\mathrm{f}}''(x) > 0$ bzw. $(x^3 V')' > 0$ gilt; für homogene Potentiale erfordert dies neben $\alpha V_0 > 0$ zusätzlich auch $\alpha > -2$.

### 3.3.2 Kleine Schwingungen

Wir betrachten nun *kleine Schwingungen* um die Kreisbahn mit dem Radius $x_{\min}$. Eine mögliche Form des effektiven Potentials $V_{\mathrm{f}}(x)$ für die Radialbewegung ist in Abbildung 3.6 skizziert. Dieses Potential hat ein (absolutes) Minimum in $x_{\min}$. Die effektive Kraft $-V_{\mathrm{f}}'(x)$ ist *positiv* für $x - x_{\min} < 0$ und *negativ* für $x - x_{\min} > 0$ und wird die Lösung daher bei kleinen Störungen der Kreisbewegung stets zu $x_{\min}$ zurücktreiben. Folglich ist die Kreisbewegung *stabil*: Es können kleine Schwingungen stattfinden, ohne dass die Lösung sich signifikant von $x_{\min}$ entfernt. Hierbei bedeutet „klein", dass die Energie $E - E_{\min}$ der Schwingung hinreichend klein ist, oder genauer: dass die maximal erlaubte Auslenkung $u_{\max} \equiv \frac{1}{2}(x_+ - x_-)$ noch so klein ist, dass das

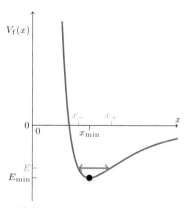

**Abb. 3.6** Effektives Potential mit absolutem Minimum in $x_{\min}$

effektive Potential $V_{\mathrm{f}}(x)$ für alle $|x - x_{\min}| \leq u_{\max}$ adäquat durch eine Parabel ersetzt werden kann:

$$V_{\mathrm{f}}(x) \simeq V_{\mathrm{f}}(x_{\min}) + \tfrac{1}{2}V_{\mathrm{f}}''(x_{\min})(x - x_{\min})^2 . \tag{3.38}$$

Die Bewegungsgleichung $\mu\ddot{x} = -V_{\mathrm{f}}'(x)$ in (3.34) lautet daher nahe $x_{\min}$:

$$\ddot{x} = -\tfrac{1}{\mu}V_{\mathrm{f}}''(x_{\min})(x - x_{\min}) ,$$

oder mit der Definition $x - x_{\min} \equiv u$:

$$\boxed{\ddot{u} + \omega_{\mathrm{S}}^2 u = 0 \quad , \quad \omega_{\mathrm{S}} \equiv \left[\tfrac{1}{\mu}V_{\mathrm{f}}''(x_{\min})\right]^{1/2} .} \tag{3.39}$$

Der Relativabstand $x(t)$ der beiden Teilchen im Zweiteilchenproblem oszilliert also harmonisch mit der Frequenz $\omega_S$ um den Mittelwert $x_{min}$:

$$u(t) = u(0)\cos(\omega_S t) + \frac{1}{\omega_S}\dot{u}(0)\sin(\omega_S t) , \qquad (3.40)$$

wobei die Schwingungsamplituden allerdings durch

$$\sqrt{[u(0)]^2 + \left[\frac{1}{\omega_S}\dot{u}(0)\right]^2} \leq u_{max}$$

beschränkt sind, damit die harmonische Näherung (3.38) zutrifft. Normalerweise gilt $u_{max} \ll x_{min}$, sodass auch die Berechnung von $\varphi(t)$ in (3.33) einfach wird:

$$\varphi(t) - \varphi(0) = \frac{L}{\mu(x_{min})^2}\int_0^t dt' \left[1 + \frac{u(t')}{x_{min}}\right]^{-2} \sim \frac{L}{\mu(x_{min})^2}\int_0^t dt' \left[1 - 2\frac{u(t')}{x_{min}}\right]$$

$$\sim \frac{2L}{\mu\omega_S(x_{min})^2}\left\{\tfrac{1}{2}\omega_S t - \frac{u(0)}{x_{min}}\sin(\omega_S t) - \frac{\dot{u}(0)}{\omega_S x_{min}}\left[1 - \cos(\omega_S t)\right]\right\} . \qquad (3.41)$$

Im ersten Schritt wurde $x(t) = x_{min} + u(t)$ in (3.33) eingesetzt; im zweiten wurde der Integrand bis zur linearen Ordnung in der kleinen Auslenkung $u$ entwickelt. Durch Einsetzen von (3.40) und Berechnung des Integrals folgt dann (3.41). Die Winkelvariable steigt also grundsätzlich linear an, wie bei der Kreisbewegung, führt aber zusätzlich kleine Oszillationen mit der Frequenz $\omega_S$ aus. Dieses Verhalten ist auch klar aufgrund von (3.30), denn $\varphi(t)$ variiert am schnellsten, wenn $x(t)$ klein und $u(t)$ negativ ist, und am langsamsten, wenn $x(t)$ groß und $u(t)$ positiv ist.

Wir vergleichen noch einmal die Winkelfrequenzen $\omega_S = [\frac{1}{\mu}V_f''(x_{min})]^{1/2}$ der kleinen Schwingung und $\omega_K = [V'(x_{min})/\mu x_{min}]^{1/2}$ der Kreisbewegung, die in (3.39) bzw. (3.36) berechnet wurden. Diese zwei Frequenzen sind im Allgemeinen *nicht gleich*, und ihr Verhältnis ist im Allgemeinen auch *irrational*. Dies hat drastische Konsequenzen. Das Verhältnis der beiden Frequenzen ist:

$$\frac{\omega_S}{\omega_K} = \sqrt{\frac{x_{min}V_f''(x_{min})}{V'(x_{min})}} = \sqrt{\frac{(x^3 V')'}{x^2 V'}}\bigg|_{x=x_{min}} .$$

Für homogene Potentiale der Form $V(x) = V_0 x^\alpha$ erhält man das einfache Ergebnis $\omega_S/\omega_K = \sqrt{2+\alpha}$. Dieses Verhältnis ist immer positiv, da für homogene Potentiale $\alpha > -2$ gelten muss, damit die Kreisbahn stabil ist und kleine Schwingungen überhaupt möglich sind. Die kombinierte Kreis- und Schwingungsbewegung ist in den Abbildungen 3.7, 3.8 und 3.9 für homogene Potentiale mit drei verschiedenen $\alpha$-Werten dargestellt. Diese drei Abbildungen zeigen qualitativ unterschiedliches Verhalten. Wir möchten sie daher kurz kommentieren:

- Abb. 3.7 zeigt eine kleine Schwingung um die Kreisbewegung für das *Kepler*-Problem ($\alpha = -1$ bzw. $\omega_S/\omega_K = 1$); man sieht bereits an diesem Beispiel, dass das Kepler-Problem zu *geschlossenen* Bahnen mit einer *exzentrischen* Anordnung des Ursprungs **0** tendiert: Die Schwingung (*grau* dargestellt) ist relativ zur *blauen* Kreisbahn leicht nach rechts verschoben. Der „Ursprung" stellt also physikalisch den Aufenthaltsort von Teilchen 1 dar.

- Abb. 3.8 zeigt kleine Schwingungen für den *harmonischen Oszillator* ($\alpha = 2$ bzw. $\omega_S/\omega_K = 2$): Während eines Umlaufs von Teilchen 2 um Teilchen 1 treten nun *zwei* Schwingungen auf; die Bahnen sind *geschlossenen*, und die Bahnform ist *oval*; der Ursprung **0** (d. h. der Aufenthaltsort von Teilchen 1) ist symmetrisch angeordnet im *Zentrum* der Bahn.

- Abb. 3.9 zeigt kleine Schwingungen für ein homogenes Potential mit einem Exponenten $\alpha = \frac{193}{16} = 12{,}0625$ und einem Frequenzverhältnis $\omega_S/\omega_K = \frac{15}{4} = 3{,}75$. Es treten pro Umlauf mehrere Schwingungen auf, und die Bahn schließt sich nach einem Umlauf *nicht*. Aus der Beziehung $4\omega_S = 15\omega_K$ folgt allerdings, dass sich die Bewegung sogar in diesem Fall (nach vier Umläufen und fünfzehn kleinen Schwingungen) periodisch wiederholt.

**Abb. 3.7** Kleine Schwingung für $\alpha = -1$  |  **Abb. 3.8** Kleine Schwingung für $\alpha = 2$  |  **Abb. 3.9** Kleine Schwingung für $\alpha = \frac{193}{16}$

Zum letzten Beispiel sollten aber zwei Anmerkungen gemacht werden: Erstens sind geschlossene Bahnen *untypisch* für kleine Schwingungen. Würde man den Exponenten $\alpha$ aus dem endlichen Intervall $[-1, 2]$ zufällig auswählen, so wäre das Auftreten einer geschlossenen Bahn ein Ereignis vom Maß null. Irrationale Exponenten (z. B. $\alpha = \pi - 2$ bzw. $\omega_S/\omega_K = \sqrt{\pi}$) wären die Regel. Zweitens zeigt eine genauere Berechnung (s. Anhang B), die auch Korrekturen zur quadratischen Näherung in (3.38) berücksichtigt, dass *nur* für das Kepler-Problem und den harmonischen Oszillator alle räumlich beschränkten Bahnen auch wirklich geschlossen sind. Insofern ist zu erwarten, dass sich eine Schwingung für $\alpha = \frac{193}{16}$ aufgrund höherer Korrekturen nach hinreichend langer Zeit doch als nicht streng periodisch herausstellen wird.

# 3.4   Kegelschnitte

Zur Vorbereitung der Behandlung des dreidimensionalen harmonischen Oszillators sowie des Kepler-Problems besprechen wir in diesem Abschnitt die drei Kegelschnitte *Ellipse*, *Hyperbel* und *Parabel* und definieren die Begriffe, die zur Beschreibung dieser Kegelschnitte verwendet werden.[14]

---

[14]Kegelschnitte sind Kurven, die entstehen, wenn man einen Doppelkegel mit einer Ebene schneidet. Neben Ellipsen, Hyperbeln und Parabeln können je nach Lage und Neigung der Ebene auch Punkte, Geraden und Kreise als Kegelschnitte auftreten. Auch Punkt, Gerade und Kreis können in Zweiteilchenproblemen u. U. als mögliche Bahnform auftreten.

### 3.4.1 Ellipsen

Die Standardform einer *Ellipse* mit den Halbachsen $a_1$ und $a_2$ lautet

$$\left(\frac{\xi_1}{a_1}\right)^2 + \left(\frac{\xi_2}{a_2}\right)^2 = 1 \ .$$

Eine solche Ellipse ist in Abbildung 3.10 grafisch dargestellt. Wir nehmen im Folgenden (o. B. d. A.) an, dass $a_2 \leq a_1$ gilt, und definieren[15]

$$\varepsilon \equiv \sqrt{1 - \left(\frac{a_2}{a_1}\right)^2} < 1 \quad , \quad p \equiv \frac{(a_2)^2}{a_1} = a_1(1 - \varepsilon^2) \ . \tag{3.42}$$

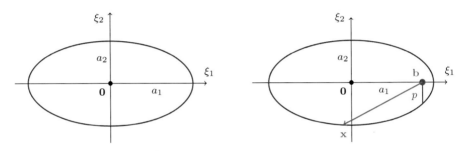

**Abb. 3.10** Standardform
einer Ellipse

**Abb. 3.11** Definition der
Größen $(\mathbf{b}, \mathbf{x}, p)$ für eine Ellipse

Wir möchten die Ellipse nun mit Hilfe von *Polarkoordinaten* (statt kartesischer Koordinaten) darstellen. Hierzu führen wir zunächst die folgende Parametrisierung der Ellipse mit Hilfe einer Winkelvariablen $\varphi$ ein:

$$\frac{\xi_1(\varphi)}{a_1} = \frac{\varepsilon + \cos(\varphi)}{1 + \varepsilon \cos(\varphi)} \quad , \quad \frac{\xi_2(\varphi)}{a_2} = \frac{\sqrt{1 - \varepsilon^2} \sin(\varphi)}{1 + \varepsilon \cos(\varphi)} \ . \tag{3.43}$$

Dass diese Darstellung tatsächlich eine Ellipse parametrisiert, sieht man aus:

$$\begin{aligned}
\left(\frac{\xi_1}{a_1}\right)^2 + \left(\frac{\xi_2}{a_2}\right)^2 &= \frac{\varepsilon^2 + 2\varepsilon \cos(\varphi) + \cos^2(\varphi) + \left(1 - \varepsilon^2\right)\left[1 - \cos^2(\varphi)\right]}{\left[1 + \varepsilon \cos(\varphi)\right]^2} \\
&= \frac{1 + 2\varepsilon \cos(\varphi) + \varepsilon^2 \cos^2(\varphi)}{\left[1 + \varepsilon \cos(\varphi)\right]^2} = 1 \ .
\end{aligned}$$

Um Gleichung (3.43) auf die Form einer Polardarstellung bringen zu können, schreiben wir die Parametrisierung wie folgt um:

$$\begin{aligned}
\xi_1 &= a_1\varepsilon + \frac{a_1(1 - \varepsilon^2)\cos(\varphi)}{1 + \varepsilon \cos(\varphi)} = a_1\varepsilon + \frac{p\cos(\varphi)}{1 + \varepsilon \cos(\varphi)} \\
\xi_2 &= \frac{a_2\sqrt{1 - \varepsilon^2}\sin(\varphi)}{1 + \varepsilon \cos(\varphi)} = \frac{a_1(1 - \varepsilon^2)\sin(\varphi)}{1 + \varepsilon \cos(\varphi)} = \frac{p\sin(\varphi)}{1 + \varepsilon \cos(\varphi)} \ .
\end{aligned}$$

---

[15]Der Parameter $\varepsilon$ wird als *Exzentrizität* (oder *numerische Exzentrizität*) bezeichnet und $p$ als *semilatus rectum* [d. h. „halbe senkrechte Achse" (gemeint ist: durch den Brennpunkt)] oder auch schlichtweg als „Parameter".

Mit den Definitionen $(\xi_1, \xi_2)^{\mathrm{T}} \equiv \boldsymbol{\xi}$ und $(a_1 \varepsilon, 0)^{\mathrm{T}} \equiv \mathbf{b}$ kann man dies auch kurz als

$$\mathbf{x} \equiv \boldsymbol{\xi} - \mathbf{b} = x(\varphi) \begin{pmatrix} \cos(\varphi) \\ \sin(\varphi) \end{pmatrix} \quad , \quad x(\varphi) \equiv \frac{p}{1 + \varepsilon \cos(\varphi)} \tag{3.44}$$

schreiben. Gleichung (3.44) besagt, dass der Relativvektor $\mathbf{x} = \boldsymbol{\xi} - \mathbf{b}$ einen Winkel $\varphi$ mit der $\hat{\mathbf{e}}_1$-Achse einschließt und die Länge $x(\varphi)$ hat. Die Darstellung (3.44) mit den Polarkoordinaten $(\varphi, x(\varphi))$ ist eine sehr bequeme alternative Parametrisierung der Ellipse. Der Referenzpunkt $\mathbf{b}$ wird als *Brennpunkt* der Ellipse bezeichnet. Der Brennpunkt $\mathbf{b}$, der Relativvektor $\mathbf{x}$ und der Parameter $p$ werden in Abb. 3.11 grafisch erläutert.

### 3.4.2 Hyperbeln

Als zweiten möglichen Kegelschnitt betrachten wir nun die *Hyperbel*. Die Standardform einer Hyperbel lautet in kartesischen Koordinaten:

$$\left(\frac{\xi_1}{a_1}\right)^2 - \left(\frac{\xi_2}{a_2}\right)^2 = 1 \, ,$$

wobei $a_1 > 0$ und $a_2 > 0$ zwei charakteristische Längen sind. Eine mögliche Hyperbel wird mit entsprechender Parametrisierung in Abb. 3.12 dargestellt. Wir definieren analog zum Vorgehen bei der Ellipse auch für die Hyperbel eine *Exzentrizität* $\varepsilon$ und einen *Parameter* $p$:

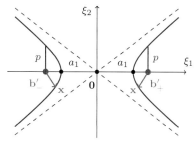

**Abb. 3.12** Definition der Parameter der Hyperbel

$$\varepsilon \equiv \sqrt{1 + \left(\frac{a_2}{a_1}\right)^2} > 1 \quad , \quad p \equiv \frac{(a_2)^2}{a_1} = a_1(\varepsilon^2 - 1) \tag{3.45}$$

und erhalten die Parametrisierung

$$\frac{\xi_1(\varphi)}{a_1} = \pm \frac{\varepsilon + \cos(\varphi)}{1 + \varepsilon \cos(\varphi)} \quad , \quad \frac{\xi_2(\varphi)}{a_2} = \frac{\sqrt{\varepsilon^2 - 1}\,\sin(\varphi)}{1 + \varepsilon \cos(\varphi)}$$

für die beiden Zweige der Hyperbel. Wiederum gibt es eine alternative Kurzform:

$$\mathbf{x} \equiv \boldsymbol{\xi} - \mathbf{b}'_{\pm} = x(\varphi) \begin{pmatrix} \mp\cos(\varphi) \\ \sin(\varphi) \end{pmatrix} \quad , \quad \mathbf{b}'_{\pm} = \begin{pmatrix} \pm a_1 \varepsilon \\ 0 \end{pmatrix} \quad , \quad x(\varphi) = \frac{p}{1 + \varepsilon \cos(\varphi)} \, ,$$

die zeigt, dass die Zweige der Hyperbel mit Hilfe von Polarkoordinaten $(\varphi, x(\varphi))$ parametrisiert werden können. Die Länge $a_1$, die Brennpunkte $\mathbf{b}'_{\pm}$, der Relativvektor $\mathbf{x}$ und der Parameter $p$ werden in Abb. 3.12 noch einmal grafisch erläutert. Die geometrische Bedeutung der Länge $a_2$ ergibt sich noch am ehesten daraus, dass die Asymptoten der Hyperbel die Steigungen $\pm a_2/a_1$ haben.

### 3.4.3 Parabeln

Der dritte Kegelschnitt, die *Parabel*, kann im gekoppelten Grenzfall $\varepsilon \uparrow 1$ und $a_1 \to \infty$, wobei der Parameter $p = a_1(1 - \varepsilon^2)$ festgehalten wird, aus der Ellipse erhalten werden. Aus (3.44) folgt nämlich im Limes $\varepsilon \uparrow 1$:

$$\mathbf{x} \equiv \boldsymbol{\xi} - \mathbf{b} = x(\varphi) \begin{pmatrix} \cos(\varphi) \\ \sin(\varphi) \end{pmatrix} \quad , \quad x(\varphi) = \frac{p}{1 + \cos(\varphi)} \; . \tag{3.46}$$

Mit Hilfe der Verdopplungsformeln[16] für den Kosinus und den Sinus überprüft man nun leicht, dass

$$\frac{x_1}{p} = \frac{\cos(\varphi)}{1 + \cos(\varphi)} = \frac{1}{2} \left[ 1 + \frac{\cos(\varphi) - 1}{1 + \cos(\varphi)} \right] = \tfrac{1}{2} \left[ 1 - \tan^2(\tfrac{1}{2}\varphi) \right]$$

$$\frac{x_2}{p} = \frac{\sin(\varphi)}{1 + \cos(\varphi)} = \tan(\tfrac{1}{2}\varphi)$$

gilt, sodass der Relativvektor $\mathbf{x}(\varphi)$ tatsächlich eine Parabel beschreibt:

$$x_1 = \tfrac{1}{2}p \left[ 1 - \left( \frac{x_2}{p} \right)^2 \right] \; .$$

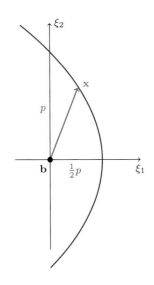

Die Parabel wird in Abb. 3.13 skizziert. Beim Grenzwertprozess (3.46) ist übrigens zu beachten, dass sowohl $b_1 = a_1\varepsilon \to \infty$ als auch $\xi_1 \to \infty$ gilt, aber die Relativkoordinate $x_1 = \xi_1 - b_1$ endlich bleibt.

Zusammenfassend gilt also für alle drei behandelten Kegelschnitte die Polardarstellung

$$\boxed{ x(\varphi) = \frac{p}{1 + \varepsilon \cos(\varphi)} \; , } \tag{3.47}$$

wobei $p$ die radiale Ausdehnung des Kegelschnittes bestimmt und $\varepsilon$ die Exzentrizität. Hierbei entspricht $0 \leq \varepsilon < 1$ der Ellipse, $\varepsilon = 1$ der Parabel und $\varepsilon > 1$ der Hyperbel.

**Abb. 3.13** Definition der Parameter der Parabel

## 3.5 Der harmonische Oszillator

Als erstes *exakt lösbares* Zweiteilchenproblem möchten wir nun den *isotropen dreidimensionalen harmonischen Oszillator* behandeln. Der dreidimensionale harmonische Oszillator wird durch das homogene Zentralpotential $V(x) = \frac{1}{2}\mu\omega^2\mathbf{x}^2$ mit $x = |\mathbf{x}|$ definiert. Der entsprechende Homogenitätsgrad ist $\alpha = 2$, denn es gilt $V(\lambda x) = \lambda^2 V(x)$ für alle $\lambda > 0$. Die Bewegungsgleichung des harmonischen Oszillators folgt aus (3.26) als

$$\ddot{\mathbf{x}} = -\omega^2 \mathbf{x} \; .$$

---

[16]Diese Verdopplungsformeln lauten $\cos(\varphi) = \cos(2 \cdot \tfrac{1}{2}\varphi) = 1 - 2\sin^2(\tfrac{1}{2}\varphi) = 2\cos^2(\tfrac{1}{2}\varphi) - 1$ und $\sin(\varphi) = \sin(2 \cdot \tfrac{1}{2}\varphi) = 2\sin(\tfrac{1}{2}\varphi)\cos(\tfrac{1}{2}\varphi)$.

Da die Bewegung orthogonal zum Gesamtdrehimpulsvektor $\mathbf{L}^{(S)} = L\hat{\mathbf{e}}_3$ erfolgt, gilt $x_3 = 0$. Die Bewegung in $\hat{\mathbf{e}}_1$- und $\hat{\mathbf{e}}_2$-Richtung wird durch zwei ungekoppelte *eindimensionale* Oszillatorgleichungen beschrieben. Aufgrund der Lösung (3.40) der eindimensionalen harmonischen Oszillatorgleichung (3.39) ist bereits klar, dass für gewisse Amplituden $(a_1, a_2)$ und Phasen $(\varphi_1, \varphi_2)$ gilt:

$$x_1(t) = a_1 \cos(\omega t + \varphi_1) \quad , \quad x_2(t) = a_2 \cos(\omega t + \varphi_2) \quad , \quad x_3 = 0 \ . \tag{3.48}$$

Hieraus folgt, dass die möglichen Bahnen des harmonischen Oszillators alle $\frac{2\pi}{\omega}$-periodisch und somit *geschlossen* sind. Hierbei ist äußerst bemerkenswert, dass die Periode $\frac{2\pi}{\omega}$ weder von der *Form* noch von der *Amplitude* der Bahn abhängig ist. Die Unabhängigkeit der Periode von der Amplitude hatten wir bereits vorher für den Spezialfall kreisförmiger Bahnen festgestellt, siehe Gleichung (3.37).

Durch explizite Berechnung (siehe Übungsaufgabe 3.8 für Details) erhält man aus (3.48) Ausdrücke für den Bahndrehimpuls,

$$\mathbf{L}^{(S)} = \mu\mathbf{x} \times \dot{\mathbf{x}} = \mu\omega a_1 a_2 \sin(\varphi_1 - \varphi_2)\hat{\mathbf{e}}_3 \ , \tag{3.49a}$$

und für die Energie,

$$E^{(S)} = \tfrac{1}{2}\mu\dot{\mathbf{x}}^2 + \tfrac{1}{2}\mu\omega^2\mathbf{x}^2 = \tfrac{1}{2}\mu\omega^2(a_1^2 + a_2^2) \ . \tag{3.49b}$$

Die Energie ist daher gleich der Summe der Beiträge der Schwingungen in $x_1$- bzw. $x_2$-Richtung.

Definieren wir nun $\varphi(t) \equiv \omega t + \varphi_1$ und $\delta \equiv \varphi_2 - \varphi_1$. Mit dieser Definition folgt:

$$x_1(t) = a_1 \cos[\varphi(t)]$$

sowie mit Hilfe des Additionstheorems für den Kosinus:

$$x_2(t) = a_2 \cos[\varphi(t) + \delta] = a_2 \{\cos[\varphi(t)]\cos(\delta) - \sin[\varphi(t)]\sin(\delta)\} \ .$$

Aus diesen Gleichungen kann man $\cos(\varphi)$ und $\sin(\varphi)$ bestimmen:

$$\cos(\varphi) = \frac{x_1}{a_1} \quad , \quad \sin(\delta)\sin(\varphi) = \frac{x_1}{a_1}\cos(\delta) - \frac{x_2}{a_2} \ .$$

Durch Kombination dieser beiden Gleichungen zeigt sich nun, dass die Koordinaten $(x_1, x_2)$ eine allgemeine *Ellipsengleichung* erfüllen:

$$\begin{aligned}
\sin^2(\delta) = \sin^2(\delta)\left[\cos^2(\varphi) + \sin^2(\varphi)\right] &= \left(\frac{x_1}{a_1}\right)^2 \sin^2(\delta) + \left(\frac{x_1}{a_1}\cos(\delta) - \frac{x_2}{a_2}\right)^2 \\
&= \left(\frac{x_1}{a_1}\right)^2 \left[\sin^2(\delta) + \cos^2(\delta)\right] + \left(\frac{x_2}{a_2}\right)^2 - 2\frac{x_1 x_2}{a_1 a_2}\cos(\delta) \\
&= \left(\frac{x_1}{a_1}\right)^2 + \left(\frac{x_2}{a_2}\right)^2 - 2\frac{x_1 x_2}{a_1 a_2}\cos(\delta) \ . \tag{3.50}
\end{aligned}$$

Wir stellen daher fest, dass sich der Verbindungsvektor $\mathbf{x}(t)$ der beiden Massen im Zweiteilchenproblem entlang einer *Ellipse* in der $\hat{\mathbf{e}}_1$-$\hat{\mathbf{e}}_2$-Ebene bewegt. Diese Ellipse ist nicht unbedingt entlang der Koordinatenachsen orientiert, wie z. B. in Abb. 3.10;

ihre *Orientierung* sowie das *Verhältnis ihrer Halbachsen* hängen im Allgemeinen vom Parameter $\delta$ ab. Diese Parameterabhängigkeit der Ellipsenform wird in den Abbildungen 3.14 und 3.15 skizziert für $\delta \leq \frac{\pi}{2}$ bzw. $\delta \geq \frac{\pi}{2}$. Wir stellen fest, dass sowohl für $\delta \downarrow 0$ als auch für $\delta \uparrow \pi$ eine *Entartung* der Form auftritt: Statt der Ellipse erhält man dann eine *Gerade* mit positiver bzw. negativer Steigung.

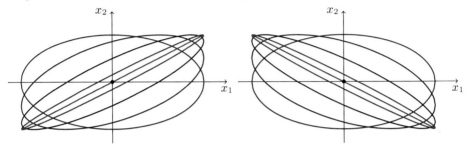

**Abb. 3.14** Form der Ellipse für $\delta = \frac{\pi}{2}, \frac{\pi}{3}, \frac{\pi}{6}, \frac{\pi}{20}, 0$ und $\frac{a_2}{a_1} = \frac{1}{2}$

**Abb. 3.15** Form der Ellipse für $\delta = \frac{\pi}{2}, \frac{2\pi}{3}, \frac{5\pi}{6}, \frac{19\pi}{20}, \pi$ und $\frac{a_2}{a_1} = \frac{1}{2}$

Um die Ellipse auf ihre Normalform zu bringen, schreiben wir die Ellipsengleichung (3.50) als

$$\sin^2(\delta) = \begin{pmatrix} x_1 \\ x_2 \end{pmatrix}^{\mathrm{T}} A \begin{pmatrix} x_1 \\ x_2 \end{pmatrix} \quad , \quad A = \begin{pmatrix} \frac{1}{(a_1)^2} & -\frac{\cos(\delta)}{a_1 a_2} \\ -\frac{\cos(\delta)}{a_1 a_2} & \frac{1}{(a_2)^2} \end{pmatrix}$$

und beachten, dass $A$ eine reelle, symmetrische Matrix ist, die daher mit Hilfe einer orthogonalen Transformation $\mathcal{O}$ diagonalisiert werden kann:

$$A = \mathcal{O}^{\mathrm{T}} A_{\mathrm{D}} \mathcal{O} \quad , \quad A_{\mathrm{D}} = \begin{pmatrix} \lambda_+ & 0 \\ 0 & \lambda_- \end{pmatrix} .$$

Hierbei sind $\lambda_\pm$ die Eigenwerte von $A$. Wir nehmen (o. B. d. A.) an, dass $\lambda_+ \geq \lambda_-$ gilt. Aus der expliziten Form von $A$ folgt dann:

$$\lambda_\pm = \frac{1}{2} \left\{ \frac{1}{(a_1)^2} + \frac{1}{(a_2)^2} \pm \sqrt{\left[ \frac{1}{(a_1)^2} + \frac{1}{(a_2)^2} \right]^2 - \frac{4 \sin^2(\delta)}{(a_1 a_2)^2}} \right\} , \tag{3.51}$$

sodass diese beiden Eigenwerte reell und nicht-negativ sind. Mit der Definition

$$\begin{pmatrix} \xi_1 \\ \xi_2 \end{pmatrix} = \mathcal{O} \begin{pmatrix} x_1 \\ x_2 \end{pmatrix}$$

erhält man:

$$\sin^2(\delta) = \begin{pmatrix} x_1 \\ x_2 \end{pmatrix}^{\mathrm{T}} \mathcal{O}^{\mathrm{T}} A_{\mathrm{D}} \mathcal{O} \begin{pmatrix} x_1 \\ x_2 \end{pmatrix} = \begin{pmatrix} \xi_1 \\ \xi_2 \end{pmatrix}^{\mathrm{T}} \begin{pmatrix} \lambda_+ & 0 \\ 0 & \lambda_- \end{pmatrix} \begin{pmatrix} \xi_1 \\ \xi_2 \end{pmatrix} = \lambda_+ \xi_1^2 + \lambda_- \xi_2^2 .$$

Für $\sin(\delta) \neq 0$ folgt hieraus nun die *Normalform* der Ellipse als

$$1 = \left( \frac{\xi_1}{\alpha_1} \right)^2 + \left( \frac{\xi_2}{\alpha_2} \right)^2 \quad \text{mit} \quad \begin{cases} \alpha_1 \equiv |\sin(\delta)| / \sqrt{\lambda_+} \\ \alpha_2 \equiv |\sin(\delta)| / \sqrt{\lambda_-} . \end{cases} \tag{3.52}$$

Für den Spezialfall $\sin(\delta) = 0$ (d. h. für $\delta = 0$ oder $\delta = \pi$) vereinfacht sich die Ellipsengleichung (3.50) auf die Gleichungen für zwei Geraden:

$$x_2 = \frac{a_2}{a_1} x_1 \quad \text{bzw.} \quad x_2 = -\frac{a_2}{a_1} x_1 \ ,$$

wie auch aus den Abbildungen 3.14 und 3.15 ersichtlich: Diese Geraden sind dort *rot* dargestellt. Für $\delta = \frac{\pi}{2}$ erhält man aus (3.50) eine Ellipse mit der Normalform

$$\left( \frac{x_1}{a_1} \right)^2 + \left( \frac{x_2}{a_2} \right)^2 = 1$$

in der $\hat{\mathbf{e}}_1$-$\hat{\mathbf{e}}_2$-Ebene. Dieser Spezialfall $\delta = \frac{\pi}{2}$ entspricht der *blau* dargestellten Ellipse in den Abbildungen 3.14 und 3.15.

Zusammenfassend hat die Lösung des isotropen dreidimensionalen harmonischen Oszillators für Bahnen mit einem Gesamtdrehimpuls $L \neq 0$ immer die Form einer Ellipse. Nur für den Spezialfall $\sin(\delta) = 0$ bzw. $L = 0$ erhält man zwei Geraden als mögliche Lösungen.

Der Virialsatz $\frac{1}{2} \mu \overline{\dot{\mathbf{x}}^2} = \frac{1}{2} \overline{x V'(x)}$ in Gleichung (3.27) lässt sich nun für den harmonischen Oszillator durch direkte Berechnung relativ leicht überprüfen. Ein Vergleich der beiden Ergebnisse

$$\frac{1}{2} \mu \overline{\dot{\mathbf{x}}^2} = \frac{1}{2} \mu \omega^2 \left\{ a_1^2 \overline{\sin^2 [\varphi(t)]} + a_2^2 \overline{\sin^2 [\varphi(t) + \delta]} \right\} = \frac{1}{4} \mu \omega^2 \left( a_1^2 + a_2^2 \right)$$

$$\frac{1}{2} \overline{x V'(x)} = \overline{V(x)} = \frac{1}{2} \mu \omega^2 \left\{ a_1^2 \overline{\cos^2 [\varphi(t)]} + a_2^2 \overline{\cos^2 [\varphi(t) + \delta]} \right\} = \frac{1}{4} \mu \omega^2 \left( a_1^2 + a_2^2 \right)$$

zeigt, dass die Identität (3.27) tatsächlich erfüllt ist.

Es ist übrigens wichtig, dass die *Wirkung* $S \equiv \oint d\mathbf{x} \cdot \mathbf{p}$ einer Umlaufbahn[17] vollständig durch die Energie $E^{(S)}$ (und nicht z. B. zusätzlich durch den Bahndrehimpuls) bestimmt wird:

$$S \equiv \oint d\mathbf{x} \cdot \mathbf{p} = \int_0^T dt \ \dot{\mathbf{x}} \cdot \mathbf{p} = 2 \int_0^T dt \ \frac{\mathbf{p}^2}{2\mu} = 2T \overline{E_{\text{kin}}}$$

$$= T(\overline{E_{\text{kin}}} + \overline{E_{\text{pot}}}) = \frac{2\pi}{\omega} E^{(S)} \ . \tag{3.53}$$

Umgekehrt wird die Energie des harmonischen Oszillators also vollständig durch die Wirkung einer Umlaufbahn festgelegt: $E^{(S)} = \frac{\omega}{2\pi} S$. Für das Kepler-Problem werden wir später ein ähnliches Ergebnis erhalten, siehe Gleichung (3.71). Dies sind beides Anzeichen für die hohe Entartung der Energieeigenwerte des dreidimensionalen harmonischen Oszillators und des Wasserstoffatoms in der Quantenmechanik.

# 3.6 Das Kepler-Problem

Als zweites *exakt lösbares* Zweiteilchenproblem (neben dem harmonischen Oszillator) behandeln wir nun das *Kepler-Problem*, d. h. das Zweiteilchenproblem mit

---

[17] Die *Wirkung* spielt eine zentrale Rolle bei der Quantisierung in der frühen Quantentheorie, insbesondere im Bohr'schen Atommodell.

dem Gravitationspotential

$$V(x) = -\frac{\mathcal{G}m_1m_2}{x} = -\frac{\mathcal{G}\mu M}{x} .$$

Die theoretische Untersuchung der Eigenschaften von Kepler-Bahnen ist wegen ihrer großen Bedeutung für die Astronomie wohl das wichtigste Einzelproblem der Newton'schen Mechanik. Das Kepler-Problem ist in der Klasse der Zweiteilchenprobleme auch sehr ungewöhnlich: Es weist neben den in Abschnitt [3.3] behandelten Bewegungsintegralen $\mathbf{L}^{(\mathrm{S})}$ und $E^{(\mathrm{S})}$ nämlich noch eine *dritte* Erhaltungsgröße auf; wir zeigen dies in Abschnitt [3.6.2]. Außerdem zeigen wir in den Abschnitten [3.6.3] und [3.6.4], dass die *Energie* der Kepler-Bahn in ungewöhnlich einfacher Weise von Bahnparametern (Exzentrizität, Wirkung) abhängt. In Abschnitt [3.6.4] wird auch die *Zeitabhängigkeit* der Kepler-Bewegung behandelt. Die Abschnitte [3.6.5] und [3.6.6] befassen sich dann mit dem *Virialsatz* im Kepler-Problem und mit einem Ausblick auf quantenmechanische Anwendungen. Als *Ergänzung* zeigen wir in Abschnitt [3.6.7], dass man im Kepler-Problem unter Berücksichtigung von Korrekturen aus der Allgemeinen Relativitätstheorie *nicht-geschlossene*, rosettenförmige Bahnen erhält, und in Abschnitt [3.7], dass *geschlossene Bahnen* – wie man diese für den harmonischen Oszillator und im reinen Kepler-Problem erhält – innerhalb der Klasse der Zweiteilchenprobleme die große Ausnahme sind.

Bevor wir uns der konkreten Lösung dieses Problems widmen, ist es sehr nützlich, unser bisheriges Wissen über allgemeine Zweiteilchenprobleme noch einmal zugespitzt auf das Kepler-Problem zusammenzufassen.

### 3.6.1   Was wissen wir bereits aus allgemeinen Überlegungen?

Wir fassen im Folgenden die wichtigsten bisherigen Einsichten aus Kapitel [2] und Abschnitt [3.3] sowie ihre Konsequenzen für das Kepler-Problem zusammen.

#### Bewegung in der Ebene

Das Beispiel „zwei Teilchen mit beliebigen Anfangsbedingungen" in Abschnitt [2.8] hat bereits gezeigt: Für *beliebige* Zweiteilchensysteme kann das Koordinatensystem immer so gewählt werden, dass sich die Dynamik in der $\hat{\mathbf{e}}_1$-$\hat{\mathbf{e}}_2$-Ebene abspielt. Das entsprechende Koordinatensystem ist dann laut Abschnitt [2.8] ein *Schwerpunkt*system. Man kann den Relativvektor $\mathbf{x} = \mathbf{x}_{21}$ und die Relativgeschwindigkeit $\dot{\mathbf{x}} = \dot{\mathbf{x}}_{21}$ wie in den Gleichungen (3.28) und (3.29) bequem mit Hilfe von Polarkoordinaten darstellen:

$$\mathbf{x} = x\left[\cos(\varphi)\hat{\mathbf{e}}_1 + \sin(\varphi)\hat{\mathbf{e}}_2\right] = x\hat{\mathbf{x}}(\varphi) \tag{3.54a}$$

$$\dot{\mathbf{x}} = \dot{x}\hat{\mathbf{x}} + x\dot{\varphi}\left[-\sin(\varphi)\hat{\mathbf{e}}_1 + \cos(\varphi)\hat{\mathbf{e}}_2\right] . \tag{3.54b}$$

Hieraus folgt, wie in (3.30), dass der Gesamtdrehimpulsvektor $\mathbf{L} = L\hat{\mathbf{e}}_3$ mit $L = \mu x^2\dot{\varphi}$ im Schwerpunktsystem orthogonal auf der $\hat{\mathbf{e}}_1$-$\hat{\mathbf{e}}_2$-Ebene steht.

#### Bewegungsgleichung und Erhaltungsgrößen

Das Kepler-Problem ist aber kein *beliebiges* Zweiteilchenproblem: Wir wissen zusätzlich, dass das Gravitationspotential ein *Zentral*potential ist, sodass die Gravitationskraft das dritte Newton'sche Gesetz erfüllt. Die entsprechende Bewegungs-gleichung ist daher durch (3.26) mit $V(x) = -\frac{\mathcal{G}\mu M}{x}$ gegeben:

$$\mu\ddot{\mathbf{x}} = -V'(x)\hat{\mathbf{x}} \qquad \text{oder:} \qquad \ddot{\mathbf{x}} = -\frac{1}{\mu}V'(x)\hat{\mathbf{x}} = -\frac{\mathcal{G}M}{x^2}\hat{\mathbf{x}} \ . \tag{3.55}$$

Außerdem sind der Gesamtdrehimpuls $\mathbf{L}^{(\mathrm{S})}$ und die Gesamtenergie $E^{(\mathrm{S})}$ *erhalten*. Da wir bereits wissen, dass die *Richtung* des Gesamtdrehimpulses auch für beliebige Zweiteilchensysteme erhalten wäre, stellt nur die Erhaltung des *Betrags* von $\mathbf{L}^{(\mathrm{S})}$, also von $L = \mu x^2\dot\varphi$, eine neue Information dar. Außerdem wissen wir aufgrund von Gleichung (3.27), dass der *Virialsatz* für das Kepler-Problem

$$\tfrac{1}{2}\mu\overline{\dot{\mathbf{x}}^2} = -\tfrac{1}{2}\overline{V(x)} \qquad \text{oder:} \qquad \overline{\dot{\mathbf{x}}^2} = -\tfrac{1}{\mu}\overline{V(x)} = \mathcal{G}M\overline{x^{-1}}$$

lautet, da das Gravitationspotential homogen von Grad $\alpha = -1$ ist.

### Vier Integrationskonstanten

Die Bewegungsgleichung (3.55) ist eine gewöhnliche Differentialgleichung *zweiter* Ordnung für die *zwei* unabhängige Funktionen $(x, \varphi)$ im Relativvektor $\mathbf{x} = x\hat{\mathbf{x}}(\varphi)$. Man könnte (3.55) alternativ auch als gewöhnliche Differentialgleichung *erster* Ordnung für die *vier* unabhängige Funktionen $(x, \dot{x}, \varphi, \dot\varphi)$ umschreiben. Die allgemeine Lösung enthält daher *vier* Integrationskonstanten. Zwei dieser Integrationskonstanten werden durch die Erhaltungsgesetze für den Betrag $L = \mu x^2\dot\varphi$ des Gesamtdrehimpulses und die Energie $E^{(\mathrm{S})} = \tfrac{1}{2}\mu\dot{x}^2 + V_\mathrm{f}(x)$ festgelegt. Es folgt für $(\dot\varphi, \dot{x})$ in Abhängigkeit von $x$:

$$\dot\varphi = \frac{L}{\mu x^2} \quad , \quad \dot{x} = \pm\sqrt{\frac{2}{\mu}\left(E^{(\mathrm{S})} - V_\mathrm{f}(x)\right)} \quad , \quad V_\mathrm{f}(x) \equiv -\frac{\mathcal{G}\mu M}{x} + \frac{L^2}{2\mu x^2} \ , \tag{3.56}$$

sodass aufgrund dieser beiden Erhaltungsgesetze nun nur noch *zwei* unabhängige Funktionen $(x, \varphi)$ übrig bleiben. Wir werden im Folgenden zunächst eine weitere Beziehung $x(\varphi)$ zwischen den Funktionen $x$ und $\varphi$ herstellen und danach die Zeitabhängigkeit $\varphi(t)$ der Winkelvariablen $\varphi$ bestimmen.

### Kreisbahnen

Aus Abschnitt [3.3.1] wissen wir, dass für das Kepler-Problem *Kreisbahnen* möglich sind, da die entsprechende Bedingung $0 = V_\mathrm{f}'(x_{\min})$ eine eindeutige Lösung

$$L = \sqrt{\mu x_{\min}^3 V'(x_{\min})} = \sqrt{\mathcal{G}\mu^2 M x_{\min}} \quad \text{bzw.} \qquad \boxed{x_{\min} = \frac{L^2}{\mathcal{G}\mu^2 M} \equiv p}$$

hat. Hierbei wurde ein Parameter $p \equiv \frac{L^2}{\mathcal{G}\mu^2 M}$ definiert. Es wird sich bald herausstellen, dass der hier definierte Parameter $p$ exakt dieselbe Bedeutung hat wie der Parameter gleichen Namens in Abschnitt [3.4]. Die *Energie* der Kreisbewegung folgt wegen $\dot{x} = 0$ als

$$E^{(\mathrm{S})} = V_\mathrm{f}(x_{\min}) = -\tfrac{1}{2}\mu\left(\frac{\mathcal{G}\mu M}{L}\right)^2 = -\frac{\mathcal{G}\mu M}{2p} = \tfrac{1}{2}V(p) \quad , \quad p = \frac{L^2}{\mathcal{G}\mu^2 M}$$

und wird somit eindeutig durch den Gesamtdrehimpuls $L$ festgelegt.

**Allgemeine Bahnen**

Wenn man als typische *Länge* den Parameter $p$ und als typische *Energie* die Energie $\frac{1}{2}V(p)$ der Kreisbewegung benutzt, lässt sich das effektive Potential $V_{\mathrm{f}}(x)$ bequem mit Hilfe eines dimensionslosen Potentials $\tilde{V}_{\mathrm{f}}$ und einer dimensionslosen Länge $\xi$ darstellen:

$$V_{\mathrm{f}}(x) = -\tfrac{1}{2}V(p)\,\tilde{V}_{\mathrm{f}}(x/p) \quad , \quad \tilde{V}_{\mathrm{f}}(\xi) \equiv -\frac{2}{\xi} + \frac{1}{\xi^2} \quad , \quad \xi \equiv \frac{x}{p} \, . \tag{3.57}$$

Das dimensionslose Potential $\tilde{V}_{\mathrm{f}}(\xi)$ ist in Abbildung 3.16 grafisch dargestellt. Die Kreisbahn entspricht dem Wert $\xi_{\min} = x_{\min}/p = 1$ der dimensionslosen Länge. Für $\xi = 1$ ist $\tilde{V}_{\mathrm{f}}$ minimal: $\tilde{V}_{\mathrm{f}}(1) = -1$; diese Daten sind in Abb. 3.16 *rot* eingetragen.

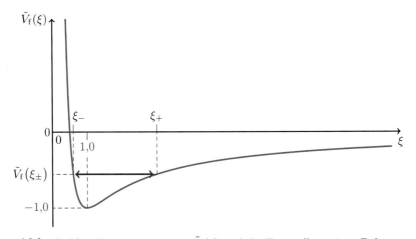

**Abb. 3.16** Effektives Potential $\tilde{V}_{\mathrm{f}}(\xi)$ und die Form allgemeiner Bahnen

Für *nicht-kreisförmige* Kepler-Bahnen gilt immer $E^{(\mathrm{S})} > \frac{1}{2}V(p)$; ein Beispiel für eine Bahn mit $\tilde{V}_{\mathrm{f}}(\xi_\pm) = -\frac{5}{9}$ und Energie $E^{(\mathrm{S})} = -\frac{1}{2}V(p)\,\tilde{V}_{\mathrm{f}}(\xi_\pm) = \frac{5}{18}V(p)$ ist in Abb. 3.16 *blau* eingetragen. Außerdem folgt direkt aus dem asymptotischen Verhalten des effektiven Potentials für große Relativabstände, $\tilde{V}_{\mathrm{f}}(\xi) \uparrow 0$ für $\xi \to \infty$, dass Kepler-Bahnen nur für $E^{(\mathrm{S})} < 0$ räumlich beschränkt und für $E^{(\mathrm{S})} \geq 0$ räumlich unbeschränkt sind. Eine Kepler-Bahn mit $\frac{1}{2}V(p) < E^{(\mathrm{S})} < 0$ pendelt also hin und her zwischen einem Perizentrum bei $\xi_- = x_-/p < 1$ und einem Apozentrum bei $\xi_+ = x_+/p > 1$. Eine Bahn mit $E^{(\mathrm{S})} \geq 0$ hat nur ein Perizentrum bei $\xi_- = x_-/p < 1$. Da allgemein (auch für Kreisbahnen) $\xi_- \leq 1$ gilt, können wir einen weiteren Parameter $\varepsilon \geq 0$ definieren durch:

$$\boxed{\quad \xi_- \equiv \frac{1}{1+\varepsilon} \quad \text{bzw.} \quad x_- = \frac{p}{1+\varepsilon} \, . \quad}$$

Es wird sich bald herausstellen, dass der hier definierte Parameter $\varepsilon$ exakt dieselbe Bedeutung hat wie der Parameter gleichen Namens in Abschnitt [3.4].

Durch Einsetzen von $\xi_- = (1+\varepsilon)^{-1}$ in $\tilde{V}_{\mathrm{f}}(\xi) = -2\xi^{-1} + \xi^{-2}$ ergibt sich direkt

$$\tilde{V}_{\mathrm{f}}(\xi_-) = -\left(1 - \varepsilon^2\right) \, .$$

Da im Perizentrum $\dot{x} = 0$ gilt, folgt für die *Energie* einer allgemeinen Kepler-Bahn als Funktion der Parameter $p$ und $\varepsilon$:

$$E^{(\mathrm{S})} = V_{\mathrm{f}}(x_-) = -\tfrac{1}{2} V(p) \, \tilde{V}_{\mathrm{f}}(\xi_-) = \tfrac{1}{2} V(p) \left(1 - \varepsilon^2\right) . \tag{3.58}$$

Wir stellen fest, dass eine räumlich beschränkte Bahn (mit $E^{(\mathrm{S})} < 0$) einen Parameterwert $\varepsilon < 1$ erfordert und dass Parameterwerte $\varepsilon \geq 1$ zu räumlich unbeschränkten Bahnen mit $E^{(\mathrm{S})} \geq 0$ führen. Insofern gibt es einen eindeutigen Zusammenhang zwischen dem Parameter $\varepsilon$ und der (Un)beschränktheit der Bahn:

$$\boxed{\qquad \text{Räumlich beschränkte Kepler-Bahnen} \quad \Leftrightarrow \quad 0 \leq \varepsilon < \varepsilon_{\mathrm{c}} \equiv 1 \; . \qquad}$$

Der Parameterwert $\varepsilon_{\mathrm{c}} = 1$ ist insofern *kritisch*, als er die beschränkten und unbeschränkten Kepler-Bahnen strikt trennt. Für $\varepsilon = \varepsilon_{\mathrm{c}}$ gilt $\xi_- = \tfrac{1}{2}$ und $\xi_+ = \infty$. Für räumlich beschränkte Bahnen (mit $\xi_+ = x_+/p < \infty$) kann man zusätzlich noch den zum *Apozentrum* gehörigen Radius als Funktion von $p$ und $\varepsilon$ berechnen: Die eindeutige Lösung der Gleichung $\tilde{V}_{\mathrm{f}}(\xi_+) = -\left(1 - \varepsilon^2\right)$ mit $\xi_+ \geq 1$ ist nämlich durch

$$\boxed{\qquad \xi_+ = \frac{1}{1 - \varepsilon} \qquad \text{bzw.} \quad x_+ = \frac{p}{1 - \varepsilon} \qquad (\varepsilon < 1) \qquad}$$

gegeben. In der Tat divergiert dieser Radius $\xi_+$ im Limes $\varepsilon \uparrow 1$, sodass das Apozentrum in diesem Grenzfall in unendliche Ferne rückt und für $\varepsilon \geq 1$ nur offene (räumlich unbeschränkte) Bahnen auftreten können.

Alle diese Informationen folgen direkt aus unseren Vorarbeiten in den Abschnitten [2.8], [3.3] und [3.3.1]. Ab jetzt benötigen wir aber neue Ideen! Unser nächstes Ziel sollte daher die Bestimmung der Beziehung $x(\varphi)$ zwischen dem Radius $x$ und der Winkelvariablen $\varphi$ in Polarkoordinaten sein. Allerdings gibt es auf dem Weg zu diesem Ergebnis zunächst eine angenehme Überraschung ...

### 3.6.2   Eine dritte Erhaltungsgröße: der Lenz'sche Vektor!

Das Kepler-Problem ist in der Klasse der Zentralpotentiale insofern singulär, als es neben dem Betrag $L = |\mathbf{L}^{(\mathrm{S})}|$ des Gesamtdrehimpulses und der Gesamtenergie $E^{(\mathrm{S})}$, die für alle Zentralpotentiale erhalten sind, noch eine weitere Erhaltungsgröße aufweist![18] Dies ist aus mehreren Gründen enorm wichtig. Erstens folgt aus der zusätzlichen Erhaltungsgröße in sehr einfacher Weise die gesuchte Beziehung $x(\varphi)$ zwischen dem Radius $x$ und der Winkelvariablen $\varphi$ des Kepler-Problems. Zweitens erlaubt die dritte Erhaltungsgröße ein besseres Verständnis der Dynamik des Kepler-Problems und der Form der entsprechenden Bahnen. Drittens deutet die Existenz einer weiteren Erhaltungsgröße darauf hin, dass das Kepler-Problem eine *größere Symmetrie* als das generische Zentralpotential hat; diese größere Symmetrie wird insbesondere bei der Behandlung des Wasserstoffproblems in der Quantenmechanik sehr wichtig, da sie die hohe Entartung des *Wasserstoffspektrums* erklärt.

---

[18] Ähnliches gilt übrigens auch für den dreidimensionalen harmonischen Oszillator, siehe Abschnitt [7.10.4].

### Definition des „Lenz'schen Vektors"

Die dritte Erhaltungsgröße des Kepler-Problems wird in der Regel als „Lenz'scher Vektor" bezeichnet, obwohl die Existenz dieser Erhaltungsgröße bereits lange vor Wilhelm Lenz (1924) bekannt war.[19] Die Definition des Lenz'schen Vektors ist:

$$\mathbf{a} \equiv \dot{\mathbf{x}} \times \mathbf{L}^{(S)} + V(x)\mathbf{x} \ . \tag{3.59}$$

Auf den ersten Blick ist ganz und gar nicht offensichtlich, dass dieser Vektor eine Erhaltungsgröße darstellt. Setzt man neben $\mathbf{L}^{(S)} = L\hat{\mathbf{e}}_3$ auch die Ausdrücke (3.54a) für den Relativvektor $\mathbf{x} = x\hat{\mathbf{x}}(\varphi)$ mit $\hat{\mathbf{x}}(\varphi) = \cos(\varphi)\hat{\mathbf{e}}_1 + \sin(\varphi)\hat{\mathbf{e}}_2$ sowie (3.54b) für die entsprechende Relativgeschwindigkeit $\dot{\mathbf{x}}$ in (3.59) ein, erhält man zunächst:

$$\begin{aligned}
\mathbf{a} &= L\{\dot{x}\hat{\mathbf{x}} + x\dot{\varphi}\left[-\sin(\varphi)\hat{\mathbf{e}}_1 + \cos(\varphi)\hat{\mathbf{e}}_2\right]\} \times \hat{\mathbf{e}}_3 + xV(x)\hat{\mathbf{x}} \\
&= L\{\dot{x}\left[\sin(\varphi)\hat{\mathbf{e}}_1 - \cos(\varphi)\hat{\mathbf{e}}_2\right] + x\dot{\varphi}\left[\sin(\varphi)\hat{\mathbf{e}}_2 + \cos(\varphi)\hat{\mathbf{e}}_1\right]\} + xV(x)\hat{\mathbf{x}} \ .
\end{aligned}$$

Dieses Ergebnis zeigt, dass der Vektor $\mathbf{a}$ in der $\hat{\mathbf{e}}_1$-$\hat{\mathbf{e}}_2$-Ebene liegt: $\mathbf{a} = a_1\hat{\mathbf{e}}_1 + a_2\hat{\mathbf{e}}_2$. Substituiert man noch die Beziehung $\dot{\varphi} = \frac{L}{\mu x^2}$ für die Winkelgeschwindigkeit (mit $L$ konstant) und die explizite Form des Kepler-Potentials, $V(x) = -\frac{\mathcal{G}\mu M}{x}$, so folgt in zweidimensionaler Komponentenschreibweise:

$$\begin{pmatrix} a_1 \\ a_2 \end{pmatrix} = L\dot{x}\begin{pmatrix} \sin(\varphi) \\ -\cos(\varphi) \end{pmatrix} + \left(\frac{L^2}{\mu x} - \mathcal{G}\mu M\right)\begin{pmatrix} \cos(\varphi) \\ \sin(\varphi) \end{pmatrix} \tag{3.60}$$

Das Erhaltungsgesetz für $\mathbf{a}$ impliziert also, dass die rechte Seite von (3.60) zeit*un*abhängig ist.

### Nachweis des Erhaltungsgesetzes

Der Nachweis, dass $\mathbf{a}$ in (3.59) tatsächlich eine Erhaltungsgröße ist, ist dennoch verhältnismäßig einfach: Wegen des Erhaltungsgesetzes $\dot{\mathbf{L}}^{(S)} = \mathbf{0}$ für den Drehimpuls $\mathbf{L}^{(S)} = \mu\mathbf{x} \times \dot{\mathbf{x}}$ und der allgemeinen Form $\ddot{\mathbf{x}} = -\frac{1}{\mu}V'(x)\hat{\mathbf{x}}$ der Bewegungsgleichung (3.26) für Zentralpotentiale gilt nämlich

$$\begin{aligned}
\frac{d\mathbf{a}}{dt} &= \ddot{\mathbf{x}} \times \mathbf{L}^{(S)} + V'(x)(\hat{\mathbf{x}} \cdot \dot{\mathbf{x}})\mathbf{x} + V(x)\dot{\mathbf{x}} \\
&= xV'(x)\left[\hat{\mathbf{x}}(\hat{\mathbf{x}} \cdot \dot{\mathbf{x}}) - \hat{\mathbf{x}} \times (\hat{\mathbf{x}} \times \dot{\mathbf{x}})\right] + V(x)\dot{\mathbf{x}} \\
&= [xV'(x) + V(x)]\dot{\mathbf{x}} = \dot{\mathbf{x}}\frac{d}{dx}[xV(x)] = \mathbf{0} \ . \tag{3.61}
\end{aligned}$$

Im dritten Schritt wurde die Identität $\hat{\mathbf{x}}(\hat{\mathbf{x}} \cdot \dot{\mathbf{x}}) - \hat{\mathbf{x}} \times (\hat{\mathbf{x}} \times \dot{\mathbf{x}}) = \dot{\mathbf{x}}$ verwendet.[20] Das Erhaltungsgesetz $\frac{d\mathbf{a}}{dt} = \mathbf{0}$ bedeutet, dass der Lenz'sche Vektor $\mathbf{a}$ in (3.59) in Richtung und Betrag *zeitlich konstant* ist, während der Relativvektor $\mathbf{x}(t)$ die Kepler-Bahn durchläuft. Hieraus folgt aber, dass wir Richtung und Betrag des Lenz'schen Vektors o. B. d. A. in einem *beliebigen* Bahnpunkt auswerten können, z. B. im *Perizentrum*.

---

[19]Der „Lenz'sche Vektor" wurde bereits 1710 von Jakob Hermann und Johann I. Bernoulli entdeckt. Da auch Laplace und C. Runge den „Vektor" diskutierten, wird er manchmal mit einem Hauch von Ironie auch als Hermann-Bernoulli-Laplace-Runge-Lenz-Vektor bezeichnet. Die Bezeichnung „Lenz'scher Vektor" geht auf Pauli (1926) zurück.

[20]Diese Identität folgt direkt aus Gleichung (2.32), wenn man $(\mathbf{x}, \hat{\boldsymbol{\alpha}})$ durch $(\dot{\mathbf{x}}, \hat{\mathbf{x}})$ ersetzt.

**Auswertung im Perizentrum**

Die Situation im Perizentrum ist in Abbildung 3.17 skizziert. Wir nehmen allgemein an, dass das Perizentrum durch einen Relativvektor $\mathbf{x} = x_-\hat{\mathbf{x}}(\varphi_0)$ charakterisiert wird, d. h., dass die *Richtung* des Perizentrums (vom Ursprung $\mathbf{0}$, also von Teilchen 1 aus gesehen) einen Winkel $\varphi_0$ mit der $\hat{\mathbf{e}}_1$-Achse einschließt. Die Berechnung des Lenz'schen Vektors ist im Perizentrum etwas einfacher, da der Relativabstand $x = |\mathbf{x}|$ und daher auch $\frac{1}{2}x^2 = \frac{1}{2}\mathbf{x}^2$ dort *minimal* sind. Folglich stehen der Relativvektor $\mathbf{x}$ und die Relativgeschwindigkeit $\dot{\mathbf{x}}$ im Perizentrum *orthogonal* aufeinander: $0 = \frac{d}{dt}\frac{1}{2}\mathbf{x}^2 = \mathbf{x} \cdot \dot{\mathbf{x}}$. Da sowohl $\mathbf{x}$ als auch $\dot{\mathbf{x}}$ orthogonal auf $\hat{\mathbf{e}}_3$ stehen, gilt: $\dot{\mathbf{x}} = x\dot{\varphi}(\hat{\mathbf{e}}_3 \times \hat{\mathbf{x}})$. Setzt man $\mathbf{x}$ und $\dot{\mathbf{x}}$ in die Definition (3.59) ein, so erhält man den konkreten *Wert* des Lenz'schen Vektors:

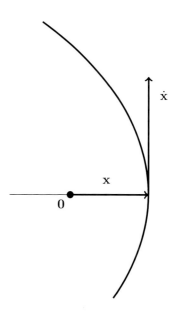

$$\begin{aligned}\mathbf{a} &= \dot{\mathbf{x}} \times \mathbf{L}^{(\mathrm{S})} + xV(x)\hat{\mathbf{x}}(\varphi_0) \\ &= Lx\dot{\varphi}\left[\hat{\mathbf{e}}_3 \times \hat{\mathbf{x}}(\varphi_0)\right] \times \hat{\mathbf{e}}_3 + xV(x)\hat{\mathbf{x}}(\varphi_0) \\ &= \left[Lx\dot{\varphi} + xV(x)\right]\hat{\mathbf{x}}(\varphi_0) \ .\end{aligned}$$

Der Vorfaktor $Lx\dot{\varphi} + xV(x)$ folgt noch aus der Beziehung $\dot{\varphi} = \frac{L}{\mu x^2}$ und den Definitionen $p = \frac{L^2}{\mathcal{G}\mu^2 M}$ und $x_- = \frac{p}{1+\varepsilon}$ der Parameter $p$ und $\varepsilon$. Das Ergebnis zeigt, dass der Vorfaktor lediglich durch den Parameter $\varepsilon$ bestimmt wird:

**Abb. 3.17** Zur Bestimmung des Lenz'schen Vektors

$$\begin{aligned}\left[Lx\dot{\varphi} + xV(x)\right]_{\varphi=\varphi_0} &= \left[\frac{L^2}{\mu x} - \mathcal{G}\mu M\right]_{\varphi=\varphi_0} = \frac{L^2}{\mu p}(1+\varepsilon) - \mathcal{G}\mu M \\ &= \mathcal{G}\mu M(1+\varepsilon) - \mathcal{G}\mu M = \mathcal{G}\mu M\varepsilon \geq 0 \ .\end{aligned}$$

Insgesamt ergibt sich also für den *Wert* des Lenz'schen Vektors im Perizentrum:

$$\boxed{\mathbf{a} = \mathcal{G}\mu M\varepsilon\,\hat{\mathbf{x}}(\varphi_0) \ .} \tag{3.62}$$

Die *geometrische* Interpretation dieses Ergebnisses ist, dass der Lenz'sche Vektor zu *jedem* Zeitpunkt der Bahnbewegung vom Aufenthaltsort von Teilchen 1 zum Perizentrum zeigt. Die *dynamische* Interpretation für *räumlich beschränkte* Bahnen (mit unendlich vielen sukzessiven Durchgänge durch das Perizentrum) ist, dass das Perizentrum von Teilchen 1 aus betrachtet bei jedem Durchgang an derselben Stelle auftritt (nämlich in Abstand $x_-$ sowie in $\mathbf{a}$-Richtung), sodass solche Bahnen *geschlossen* sein müssen. Wir lernen also, dass die Erhaltungsgröße „Lenz'scher Vektor" einerseits die räumliche *Orientierung* der Kepler-Bahnen festlegt und andererseits die *Geschlossenheit* räumlich beschränkter Bahnen ($\varepsilon < 1$) gewährleistet.

**Die Konsequenz der dritten Erhaltungsgröße**

Durch Kombination des allgemeinen Ausdrucks (3.60) für den Lenz'schen Vektor in Komponentenschreibweise mit dem konkreten *Wert* in (3.62) folgt die Identität

$$\mathcal{G}\mu M\varepsilon \begin{pmatrix} \cos(\varphi_0) \\ \sin(\varphi_0) \end{pmatrix} = L\dot{x} \begin{pmatrix} \sin(\varphi) \\ -\cos(\varphi) \end{pmatrix} + \left( \frac{L^2}{\mu x} - \mathcal{G}\mu M \right) \begin{pmatrix} \cos(\varphi) \\ \sin(\varphi) \end{pmatrix} \, ,$$

wobei $\varphi_0$ den Winkel zwischen der Richtung des Perizentrums und der $\hat{\mathbf{e}}_1$-Achse darstellt. Wir versuchen, die Form dieser Identität zu vereinfachen: Zuerst wenden wir auf beide Seiten eine zweidimensionale Drehung um einen Winkel $-\varphi_0$ an. Das Ergebnis ist

$$\mathcal{G}\mu M\varepsilon \begin{pmatrix} 1 \\ 0 \end{pmatrix} = L\dot{x} \begin{pmatrix} \sin(\varphi - \varphi_0) \\ -\cos(\varphi - \varphi_0) \end{pmatrix} + \left( \frac{L^2}{\mu x} - \mathcal{G}\mu M \right) \begin{pmatrix} \cos(\varphi - \varphi_0) \\ \sin(\varphi - \varphi_0) \end{pmatrix} \, . \quad (3.63)$$

Bereits an dieser Stelle sieht man, dass $\varphi_0$ als *dritte* Integrationskonstante auftritt (neben $E^{(\mathrm{S})}$ und $L$) und dass es am einfachsten ist, die Winkelvariable $\varphi$ relativ zum Perizentrum zu rechnen; es lohnt sich daher, die Notation $\bar{\varphi} \equiv \varphi - \varphi_0$ einzuführen. Außerdem kann der Faktor $\frac{L^2}{\mu x} - \mathcal{G}\mu M$ mit Hilfe der Beziehungen $\xi = x/p$ und $p = \frac{L^2}{\mathcal{G}\mu^2 M}$ vereinfacht werden:

$$\frac{L^2}{\mu x} - \mathcal{G}\mu M = -\mathcal{G}\mu M \left( 1 - \xi^{-1} \right)$$

und der Faktor $L\dot{x}$ analog mit Hilfe der Gleichungen (3.32) für $\dot{x}$ und (3.58) für die Energie. Setzt man in Gleichung (3.32) die Energiebeziehung (3.58) ein:

$$E^{(\mathrm{S})} = \tfrac{1}{2}V(p)\left( 1 - \varepsilon^2 \right) \quad , \quad V(p) = -\mu\left( \tfrac{\mathcal{G}\mu M}{L} \right)^2$$

sowie die Definition $V_{\mathrm{f}}(x) = -\tfrac{1}{2}V(p)\left( -\tfrac{2}{\xi} + \tfrac{1}{\xi^2} \right)$ aus Gleichung (3.57), erhält man

$$L\dot{x} = \pm\sqrt{\frac{2L^2}{\mu}\left[ E^{(\mathrm{S})} - V_{\mathrm{f}}(x) \right]} = \pm\sqrt{-\frac{L^2}{\mu}V(p)\left[ -\left( 1 - \varepsilon^2 \right) - \left( -2\xi^{-1} + \xi^{-2} \right) \right]}$$

$$= \pm\mathcal{G}\mu M \sqrt{-\left( 1 - \varepsilon^2 \right) - \left( -2\xi^{-1} + \xi^{-2} \right)} = \pm\mathcal{G}\mu M \sqrt{\varepsilon^2 - (1 - \xi^{-1})^2} \, .$$

Durch Einsetzen dieser Ergebnisse für $\frac{L^2}{\mu x} - \mathcal{G}\mu M$ und $L\dot{x}$ in (3.63) ergibt sich:

$$\varepsilon \begin{pmatrix} 1 \\ 0 \end{pmatrix} + \left( 1 - \xi^{-1} \right) \begin{pmatrix} \cos(\bar{\varphi}) \\ \sin(\bar{\varphi}) \end{pmatrix} = \pm\sqrt{\varepsilon^2 - (1 - \xi^{-1})^2} \begin{pmatrix} \sin(\bar{\varphi}) \\ -\cos(\bar{\varphi}) \end{pmatrix} \, . \quad (3.64)$$

Die Konsequenz der dritten Erhaltungsgröße ist also, dass man eine Bestimmungsgleichung für die Beziehung $x(\varphi) = p\xi(\varphi)$ zwischen dem Radius $x$ und der Winkelvariablen $\varphi$ der Bahn erhält. Der Lenz'sche Vektor legt somit die *Form* der Kepler-Bahnen fest!

## Berechnung der Form der Kepler-Bahnen

Im Grunde besteht (3.64) aus *zwei* Bestimmungsgleichungen, die natürlich miteinander kompatibel sein müssen. Eine erste unabhängige Gleichung erhält man, indem man die zweite Zeile in (3.64) durch die erste dividiert. Das entsprechende Verhältnis gibt Information über die *Richtung* der beiden Vektoren auf der linken und rechten Seite von Gleichung (3.64). Das Ergebnis der Division ist:

$$\frac{\left(1 - \xi^{-1}\right)\sin(\bar{\varphi})}{\varepsilon + \left(1 - \xi^{-1}\right)\cos(\bar{\varphi})} = -\frac{\cos(\bar{\varphi})}{\sin(\bar{\varphi})} \,.$$

Durch Ausmultiplizieren ergibt sich:

$$-\varepsilon\cos(\bar{\varphi}) = \left(1 - \xi^{-1}\right)\left[\sin^2(\bar{\varphi}) + \cos^2(\bar{\varphi})\right] = 1 - \xi^{-1} \,.$$

Die Lösung lautet daher:

$$\xi(\varphi) = \frac{1}{1 + \varepsilon\cos(\bar{\varphi})} \quad \text{bzw.} \quad \boxed{x(\varphi) = \frac{p}{1 + \varepsilon\cos(\varphi - \varphi_0)}} \,. \tag{3.65}$$

Ein Vergleich mit den Ergebnissen aus Abschnitt [3.4], wo wir ebenfalls eine Beziehung der Form $x(\bar{\varphi}) = p[1 + \varepsilon\cos(\bar{\varphi})]^{-1}$ zwischen dem Radius und der Winkelvariablen erhielten, zeigt, dass Kepler-Bahnen die Form von *Kegelschnitten* haben und dass die hier definierten Parameter $p$ und $\varepsilon$ als *semilatus rectum* bzw. *Exzentrizität* zu interpretieren sind. Für $\varepsilon = 0$ entspricht die Kepler-Bahn also einem *Kreis*, für $0 < \varepsilon < 1$ einer (nicht-kreisförmigen) *Ellipse*, für $\varepsilon = 1$ einer *Parabel* und für $\varepsilon > 1$ einer *Hyperbel*. Der Ursprung **0** (d. h. die Lage von Teilchen 1) entspricht in der Sprache der Kegelschnitte dem *Brennpunkt* **b**. Außerdem folgt aus (3.65), dass Kepler-Bahnen mit $\varepsilon < 1$, also Kreise und Ellipsen, $2\pi$-periodisch und somit *geschlossen* sind. Wir können nun auch bestimmen, welches Vorzeichen auf der rechten Seite von Gleichung (3.64) zutrifft: Wegen der Konvention $\dot{\varphi} > 0$ gilt $\dot{x} > 0$ (d. h. das obere Vorzeichen) für $0 < \bar{\varphi} < \pi$ und $\dot{x} < 0$ (d. h. das untere Vorzeichen) für $-\pi < \bar{\varphi} < 0$. Sowohl im Perizentrum ($\varphi = \varphi_0$) als auch für $\varepsilon < 1$ im Apozentrum ($\varphi = \varphi_0 + \pi$) gilt $\dot{x} = 0$.[21]

**Streuprozesse** Für $\varepsilon = 1$ (Parabeln) und $\varepsilon > 1$ (Hyperbeln) beschreibt die Lösung (3.65) einen *Streuprozess*. Die *Parabel* beschreibt, wie Teilchen 2 mit dem Polarwinkel $\varphi(-\infty) = \varphi_0 - \pi + 0^+$ aus dem Unendlichen eintrifft, an Teilchen 1 gestreut wird und mit dem Polarwinkel $\varphi(\infty) = \varphi_0 + \pi - 0^+$ ins Unendliche zurückkehrt. Der *Ablenkungswinkel* bei diesem Streuprozess ist also $\varphi(\infty) - [\varphi(-\infty) + \pi] = \pi$. Analog beschreibt die *Hyperbel*, wie Teilchen 2 mit $\varphi(-\infty) = \varphi_0 - \arccos\left(-\frac{1}{\varepsilon}\right) + 0^+$ aus dem Unendlichen eintrifft, an Teilchen 1 gestreut wird und mit dem Polarwinkel $\varphi(\infty) = \varphi_0 + \arccos\left(-\frac{1}{\varepsilon}\right) - 0^+$ ins Unendliche zurückkehrt. Der Ablenkungswinkel bei diesem Streuprozess ist daher $\varphi(\infty) - [\varphi(-\infty) + \pi] = \pi - 2\arccos\left(\frac{1}{\varepsilon}\right)$.

---

[21] In konkreten Anwendungen spricht man einerseits von einem Perihel, Perigäum, Perijovum, usw., und andererseits – falls zumindest $\varepsilon < 1$ gilt – von einem Aphel, Apogäum, Apojovum, usw. Diese Bezeichnungen basieren auf Götternamen der griechischen Mythologie: *Helios* = Sonne, *Gaia* = Erde bzw. *Iovis* als Genitiv von Jupiter.

**Konsistenzprüfung**  Wir überprüfen noch, ob die zweite unabhängige Gleichung
in (3.64) mit (3.65) kompatibel ist. Als zweite unabhängige Gleichung betrachten
wir die *Längen* der beiden Vektoren auf der linken und rechten Seite von Gleichung
(3.64), oder genauer: deren *Quadrate*. Durch Quadrieren von Gleichung (3.64) erhalten wir:

$$\varepsilon^2 - (1 - \xi^{-1})^2 = \left[ \varepsilon \begin{pmatrix} 1 \\ 0 \end{pmatrix} + (1 - \xi^{-1}) \begin{pmatrix} \cos(\bar{\varphi}) \\ \sin(\bar{\varphi}) \end{pmatrix} \right]^2$$
$$= \varepsilon^2 + 2\varepsilon(1 - \xi^{-1}) \cos(\bar{\varphi}) + (1 - \xi^{-1})^2$$

bzw. nach Umordnen der Terme:

$$0 = 2(1 - \xi^{-1}) \left[ \varepsilon \cos(\bar{\varphi}) + (1 - \xi^{-1}) \right] .$$

Eine mögliche Lösung ist $\xi = 1$; dies enspricht der *Kreisbahn* ($\varepsilon = 0$) in (3.65). Für
nicht-kreisförmige Bahnen folgt $\varepsilon \cos(\bar{\varphi}) + 1 - \xi^{-1} = 0$ bzw. $\xi(\varphi) = [1 + \varepsilon \cos(\bar{\varphi})]^{-1}$;
diese Lösungen entsprechen den Kepler-Bahnen in (3.65) mit $\varepsilon > 0$. Wir stellen
fest, dass die beiden Gleichungen in (3.65) miteinander kompatibel sind und eine
Betrachtung der *Längen* der beiden Vektoren auf der linken und rechten Seite von
(3.64) keine neue Information ergibt.

**Was tun, wenn man die dritte Erhaltungsgröße übersehen hätte?**

Wie oberhalb von Gleichung (3.56) erklärt, wird das Kepler-Problem durch *vier* gewöhnliche Differentialgleichungen *erster* Ordnung für die *vier* unabhängigen Funktionen $(x, \dot{x}, \varphi, \dot{\varphi})$ beschrieben. Dementsprechend erfordert die allgemeine Lösung
*vier* Integrationskonstanten. Jedes der drei Erhaltungsgesetze für die Energie $E^{(\mathrm{S})}$,
den Betrag $L$ des Drehimpulses und die Ausrichtung $\hat{\mathbf{a}}$ des Lenz'schen Vektors hat
die Lösung einer dieser vier Differentialgleichungen überflüssig gemacht und eine
Integrationskonstante zur Gesamtlösung beigetragen.[22] Wenn man die Existenz des
Lenz'schen Vektors übersieht, kommt man um die „harte Arbeit" nicht herum, die
Differentialgleichung für $x(\varphi)$ per Hand zu lösen. Wir zeigen im Folgenden, wie
sich dies bewerkstelligen lässt.
    Wir rufen zuerst die Gleichungen (3.30) und (3.32) für die *Zeitableitungen* der
Variablen $\varphi$ und $x$ in Erinnerung:

$$\dot{\varphi} = \frac{L}{\mu x^2} \quad , \quad \dot{x}^2 = \frac{2}{\mu} \left[ E^{(\mathrm{S})} - V_{\mathrm{f}}(x) \right] \quad , \quad V_{\mathrm{f}}(x) = V(x) + \frac{L^2}{2\mu x^2} .$$

Dividiert man die Gleichung für $\dot{x}^2$ durch $\dot{\varphi}^2$, so folgt die Gleichungskette

$$\left( \frac{d(x^{-1})}{d\varphi} \right)^2 = x^{-4} \left( \frac{dx}{d\varphi} \right)^2 = x^{-4} \frac{\dot{x}^2}{\dot{\varphi}^2} = \frac{2\mu}{L^2} \left[ E^{(\mathrm{S})} + \frac{\mathcal{G}\mu M}{x} - \frac{L^2}{2\mu x^2} \right]$$
$$= \frac{2\mu E^{(\mathrm{S})}}{L^2} + 2 \frac{\mu^2 \mathcal{G} M}{L^2} x^{-1} - x^{-2}$$
$$= \left( \frac{2\mu E^{(\mathrm{S})}}{L^2} + p^{-2} \right) - \left( x^{-1} - p^{-1} \right)^2 ,$$

---

[22]Diese drei Integrationskonstanten ($E^{(\mathrm{S})}, L, \hat{\mathbf{a}}$) bzw. ($\varepsilon, p, \varphi_0$) legen die *Form* der Kepler-Bahn
fest. Die vierte Integrationskonstante entspricht der Wahl des *Zeitnullpunkts*, s. Abschnitt [3.6.4].

wobei der Parameter $p$ wie üblich durch $p^{-1} \equiv \frac{\mu^2 \mathcal{G} M}{L^2}$ gegeben ist. Führt man nun eine neue Variable $u \equiv x^{-1} - p^{-1}$ ein, erhält man die Differentialgleichung

$$\left(\frac{du}{d\varphi}\right)^2 = \left(\frac{2\mu E^{(\mathrm{S})}}{L^2} + p^{-2}\right) - u^2 \,, \tag{3.66}$$

die nach Ableiten bezüglich $\varphi$ in $\frac{d^2 u}{d\varphi^2} = -u$ übergeht. Die allgemeine Lösung dieser Gleichung, die einen *eindimensionalen harmonischen Oszillator* beschreibt, ist in der Form $u(\varphi) = A \cos(\varphi - \varphi_0)$ darstellbar, wobei wir o. B. d. A. annehmen können, dass die Amplitude $A$ positiv ist: $A > 0$. Mit der Definition $Ap \equiv \varepsilon$ folgt noch

$$x(\varphi) = \left[u(\varphi) + p^{-1}\right]^{-1} = \frac{p}{1 + p\, u(\varphi)} = \frac{p}{1 + \varepsilon \cos(\varphi - \varphi_0)} \,, \tag{3.67}$$

und ein Vergleich mit (3.47) zeigt wiederum, dass die möglichen Lösungen des Kepler-Problems die Form von Ellipsen $(0 \leq \varepsilon < 1)$, Parabeln $(\varepsilon = 1)$ oder Hyperbeln $(\varepsilon > 1)$ besitzen.

### 3.6.3 Energie der Kepler-Bahn und Exzentrizität

Aus Gleichung (3.58) ist bekannt, dass die Energie der Kepler-Bahn in einfacher Weise mir dem Parameter $\varepsilon$ zusammenhängt: $E^{(\mathrm{S})} = \frac{1}{2} V(p) \left(1 - \varepsilon^2\right)$. Da wir nun feststellen konnten, dass Kepler-Bahnen die Form von *Kegelschnitten* haben und der Parameter $\varepsilon$ als *Exzentrizität* zu interpretieren ist, lohnt es sich, dieses Ergebnis für die Energie genauer zu betrachten.

Der Energieausdruck $E^{(\mathrm{S})} = \frac{1}{2} V(p) \left(1 - \varepsilon^2\right) = -\frac{1}{2} \mu \left(\frac{\mathcal{G}\mu M}{L}\right)^2 (1 - \varepsilon^2)$ zeigt, dass es eine eindeutige Beziehung zwischen dem *Vorzeichen* der Energie und der Bahnform gibt: Die Ellipsenform $(0 \leq \varepsilon < 1)$ entspricht einer *negativen Energie* (d. h. einem *gebundenen* Zustand), parabelförmige Bahnen $(\varepsilon = 1)$ treten nur für $E^{(\mathrm{S})} = 0$ auf, und eine *positive Bahnenergie* (d. h. ein *Streu*zustand) führt zu einer Hyperbelform der Bahn. Die Ellipsenform der *Planeten*bahnen $(0 \leq \varepsilon < 1)$ wurde zuerst von Kepler am Mars beobachtet und ist als das *erste Kepler'sche Gesetz* bekannt.

Es ist äußerst bemerkenswert, dass *alle gebundenen* Zustände $(E^{(\mathrm{S})} < 0)$ des Kepler-Potentials durch *geschlossene* Bahnen beschrieben werden. Wir lernten bereits in Abschnitt [3.5], dass *alle* möglichen Bahnen des harmonischen Oszillators ebenfalls geschlossen sind. Auf diese wichtigen Befunde gehen wir in Abschnitt [3.7] näher ein. Das Kepler-Problem weicht insofern vom harmonischen Oszillator ab, als für das Kepler-Potential auch *offene* Bahnen möglich sind (nämlich für $E^{(\mathrm{S})} \geq 0$).

Da wir nun wissen, dass Kepler-Bahnen *Kegelschnitte* sind, kann die Beziehung $E^{(\mathrm{S})} = -\frac{1}{2}\mu \left(\frac{\mathcal{G}\mu M}{L}\right)^2 (1 - \varepsilon^2)$ zwischen den Erhaltungsgrößen $E^{(\mathrm{S})}$ und $L$ und der Exzentrizität $\varepsilon$ auch einfacher dargestellt werden. Aus der Beziehung $p^{-1} = \frac{\mu^2 \mathcal{G} M}{L^2}$ folgt nämlich für ellipsenförmige Bahnen mit *negativer* Energie $[E^{(\mathrm{S})} < 0]$:

$$E^{(\mathrm{S})} = -\frac{\mathcal{G}\mu M}{2p}(1 - \varepsilon^2) = -\frac{\mathcal{G}\mu M}{2a_1} = \frac{1}{2} V(a_1) \,. \tag{3.68a}$$

Im letzten Schritt wurde die für Ellipsen zutreffende Beziehung $p = a_1(1 - \varepsilon^2)$ aus Gleichung (3.42) zwischen $p$ und der großen Halbachse $a_1$ verwendet. Für Hyperbeln mit *positiver* Energie $[E^{(S)} > 0]$ folgt:

$$E^{(S)} = -\frac{\mathcal{G}\mu M}{2p}(1 - \varepsilon^2) = \frac{\mathcal{G}\mu M}{2a_1} = -\tfrac{1}{2}V(a_1) \, , \tag{3.68b}$$

wobei nun die für Hyperbeln zutreffende Beziehung $p = a_1(\varepsilon^2 - 1)$ aus Gleichung (3.45) verwendet wurde. Beide Formeln sind korrekt für parabelförmige Bahnen $[E^{(S)} = 0]$, da in diesem Fall $a_1 = \infty$ und daher $V(a_1) = 0$ gilt.

Das Interessante an der Darstellung (3.68) ist, dass die Energie $E^{(S)}$ lediglich durch den Bahnparameter $a_1$ (oder umgekehrt: die große Halbachse $a_1$ lediglich durch die Energie) bestimmt wird.[23] Die Energie hängt also nicht zusätzlich von $a_2$ ab. In diesem Sinne liegt im Kepler-Problem eine ungewöhnliche Energieentartung vor. Auf diese Entartung kommen wir in Abschnitt [3.6.6] zurück.

### 3.6.4  Die Zeitabhängigkeit der Kepler-Bewegung

Es ist auch durchaus möglich, die Zeitabhängigkeit $\varphi(t)$ der Winkelvariablen oder äquivalent die Winkelabhängigkeit $t(\varphi)$ der Zeitvariablen zu bestimmen. Wir wählen $\varphi_0 = 0$ in (3.67), sodass das Perizentrum bei $\mathbf{x} = x_-\hat{\mathbf{e}}_1$ auftritt und die Variable $\varphi$ geometrisch als Winkel zwischen dem Relativvektor $\mathbf{x}$ und der $\hat{\mathbf{e}}_1$-Achse interpretiert werden kann. Außerdem ist es bequem, die *vierte* Integrationskonstante, den *Zeitnullpunkt*, durch $t(0) = 0$ festzulegen, sodass die Zeit ab dem Durchlaufen des Perizentrums gemessen wird. Durch Integration von (3.30) erhält man dann

$$t(\varphi) = \frac{\mu}{L} \int_0^\varphi d\varphi' \, [x(\varphi')]^2 = \frac{\mu p^2}{L}\tau(\varphi) \quad , \quad \tau(\varphi) \equiv \int_0^\varphi d\varphi' \, \frac{1}{[1 + \varepsilon\cos(\varphi')]^2} \, . \tag{3.69}$$

Das Integral $\tau(\varphi)$ kann mit Hilfe von geeigneten Handbüchern[24] berechnet werden.

**Zeitabhängigkeit der Kepler-Bewegung für ellipsenförmige Bahnen**

Für eine Ellipse $(0 \le \varepsilon < 1)$ lautet das Ergebnis für $\tau(\varphi)$ in (3.69):

$$\tau(\varphi) = \frac{-1}{1 - \varepsilon^2}\left\{\frac{\varepsilon\sin(\varphi)}{1 + \varepsilon\cos(\varphi)} - \frac{2}{\sqrt{1 - \varepsilon^2}}\arctan\left[\frac{\sqrt{1 - \varepsilon^2}\tan(\tfrac{1}{2}\varphi)}{1 + \varepsilon}\right]\right\} \, . \tag{3.70}$$

Man kann die Korrektheit dieses Resultats auch durch Differentiation überprüfen. In (3.70) ist zu beachten, dass $\arctan(z)$ nur bis auf ein ganzzahliges Vielfaches von $\pi$ definiert ist; diese zusätzlichen Konstanten sind so zu wählen, dass $\tau(\varphi)$ eine kontinuierliche Funktion mit $\tau(0) = 0$ ist. Dies ist in Abbildung 3.18 illustriert: Die Funktion $\tau(\varphi)$ für eine ellipsenförmige Bahn mit einer Exzentrizität von $\varepsilon = 0{,}5$ wird dort als *durchgezogene* Kurve dargestellt. Im Intervall $(-\pi, \pi)$ ist der Arkustangens durch den *Hauptwert* dieser Funktion gegeben. In den Intervallen $(-3\pi, -\pi)$ und $(\pi, 3\pi)$ muss man zum (*gestrichelt* eingetragenen) Hauptwert des Arkustangens jedoch Integrationskonstanten $-\pi$ bzw. $\pi$ addieren, damit $\tau(\varphi)$ für $\varphi = \pm\pi$ stetig vom Polarwinkel $\varphi$ abhängig ist. Ebenfalls (nun aber *punktiert*) eingetragen ist das mittlere Verhalten $\bar{\tau}(\varphi) = (4/3)^{3/2}\,\varphi$ der Zeitabhängigkeit.

---

[23]Kombination mit dem Virialsatz $E^{(S)} = \overline{E_{\text{kin}}} + \overline{E_{\text{pot}}} = \tfrac{1}{2}\overline{E_{\text{pot}}} = \tfrac{1}{2}\overline{V(x(t))}$ zeigt für *geschlossene* (d. h. ellipsenförmige) Bahnen außerdem, dass $\overline{V(x(t))} = V(a_1)$ gilt, sodass auch die mittlere potentielle und die mittlere kinetische Energie lediglich durch $a_1$ bestimmt sind.
[24]Siehe z. B. Ref. [15], Formeln (2.554.3) und (2.553.3).

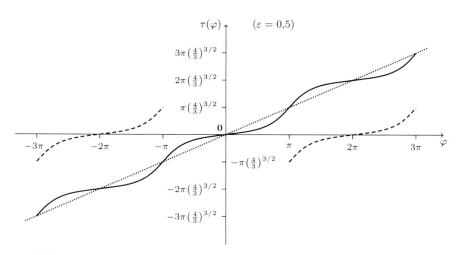

**Abb. 3.18** Verlauf der Funktion $\tau(\varphi)$ für eine ellipsenförmige Bahn ($\varepsilon = 0{,}5$)

Für elliptische Kepler-Bahnen ist die Zeitabhängigkeit der Winkelvariablen *periodisch* mit der Periode $T \equiv \frac{\mu p^2}{L}\tau(2\pi)$, wobei $\tau(2\pi)$ den Wert

$$\tau(2\pi) = \frac{2}{(1-\varepsilon^2)^{3/2}} \arctan\left(\frac{\sqrt{1-\varepsilon^2}\tan(\pi)}{1+\varepsilon}\right) = \frac{2\pi}{(1-\varepsilon^2)^{3/2}} = 2\pi\left(\frac{a_1}{p}\right)^{3/2}$$

hat. Wiederum wurde verwendet, dass im Intervall $(\pi, 3\pi)$, also insbesondere für $\varphi = 2\pi$, zum Hauptwert des Arkustangens eine Integrationskonstante $\pi$ zu addieren ist. Die Umlaufzeit $T$ der elliptischen Bahn ist daher durch

$$\boxed{T = \frac{\mu p^2}{L}\tau(2\pi) = 2\pi\frac{p^{3/2}}{\sqrt{\mathcal{G}M}}\left(\frac{a_1}{p}\right)^{3/2} = 2\pi\frac{(a_1)^{3/2}}{\sqrt{\mathcal{G}M}}}$$

gegeben. Hierbei wurde die Beziehung $L = \mu\sqrt{\mathcal{G}Mp}$ verwendet. Wir stellen fest, dass sich die Quadrate der Umlaufzeiten für *alle* elliptischen Bahnen [d. h. nicht nur für *Kreis*bahnen, wie dies in (3.37) gezeigt wurde] wie die Kuben der großen Halbachsen verhalten (drittes Kepler'sches Gesetz).

Es sollte übrigens darauf hingewiesen werden, dass die *Umlaufzeit* an sich (nicht jedoch die komplette Zeitabhängigkeit) auch viel einfacher berechnet werden kann: Sie folgt sofort aus dem zweiten Kepler-Gesetz $\frac{dA}{dt} = \frac{L}{2\mu}$ und der bekannten Gesamtfläche $A_E = \pi a_1 a_2$ einer Ellipse:

$$T = \int_0^T dt = \int_0^{A_E}\frac{dA}{dA/dt} = \frac{2\mu}{L}\int_0^{A_E} dA = \frac{2\mu A_E}{L} = 2\pi\frac{\mu a_1 a_2}{L} = 2\pi\frac{a_1 a_2}{\sqrt{\mathcal{G}Mp}} = 2\pi\frac{(a_1)^{3/2}}{\sqrt{\mathcal{G}M}} \, ,$$

wobei im letzten Schritt die Beziehung $p = \frac{(a_2)^2}{a_1}$ aus Gleichung (3.42) verwendet wurde. Da aufgrund von (3.68a) bekannt ist, dass die große Halbachse $a_1$ der Ellipsenbahn vollständig durch die Energie $E^{(S)}$ festgelegt wird, können wir schließen, dass auch die Umlaufzeit,

$$T = 2\pi\frac{(a_1)^{3/2}}{\sqrt{\mathcal{G}M}} = 2\pi\mathcal{G}M\left[-\tfrac{2}{\mu}E^{(S)}\right]^{-3/2} \, ,$$

lediglich von der Energie abhängig ist.

Eine weitere physikalische Größe, die lediglich durch die im Schwerpunktsystem gemessene Energie $E^{(S)} < 0$ bestimmt wird, ist die *Wirkung* einer Umlaufbahn, die wir bereits vorher [siehe Gleichung (3.53)] bei der Behandlung des harmonischen Oszillators kennengelernt haben. Für das Kepler-Problem erhält man:

$$S = \oint d\mathbf{x} \cdot \mathbf{p} = 2T\overline{E_{\text{kin}}} = -2TE^{(S)} = \mu T \left[-\frac{2}{\mu}E^{(S)}\right] = 2\pi\mathcal{G}\mu M \left[-\frac{2}{\mu}E^{(S)}\right]^{-1/2} \; ,$$

wobei im dritten Schritt wiederum der Virialsatz verwendet wurde: $\overline{E_{\text{pot}}} = -2\overline{E_{\text{kin}}}$ und daher $E^{(S)} = \overline{E_{\text{kin}}} + \overline{E_{\text{pot}}} = -\overline{E_{\text{kin}}}$. Es folgt umgekehrt für Ellipsenbahnen:

$$-\frac{2}{\mu}E^{(S)} = \left(\frac{\mathcal{G}\mu M}{S/2\pi}\right)^2 \; , \tag{3.71}$$

sodass die Energie vollständig durch die Wirkung der Bahn festgelegt ist.

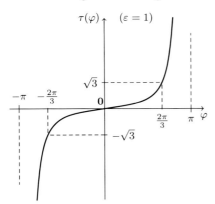

**Abb. 3.19** Verlauf der Funktion $\tau(\varphi)$ für eine Parabelbahn ($\varepsilon = 1$)

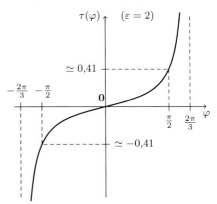

**Abb. 3.20** Verlauf der Funktion $\tau(\varphi)$ für eine Hyperbelbahn ($\varepsilon = 2$)

### Zeitabhängigkeit für hyperbel- und parabelförmige Keplerbahnen

Für Hyperbelbahnen ($\varepsilon > 1$) erhält man für $\tau(\varphi)$ in (3.69):

$$\tau(\varphi) = \frac{1}{\varepsilon^2 - 1} \left\{ \frac{\varepsilon \sin(\varphi)}{1 + \varepsilon \cos(\varphi)} - \frac{2}{\sqrt{\varepsilon^2 - 1}} \operatorname{artanh}\left[\frac{\sqrt{\varepsilon^2 - 1}\tan(\frac{1}{2}\varphi)}{1 + \varepsilon}\right]\right\} \; . \tag{3.72}$$

Dies sieht man noch am einfachsten, indem man in (3.70) $\sqrt{1 - \varepsilon^2}$ durch $i\sqrt{\varepsilon^2 - 1}$ ersetzt und die Beziehung $\arctan(iz) = i\operatorname{artanh}(z)$ verwendet. Da für die Hyperbel $[1 + \varepsilon \cos(\varphi)] > 0$ und somit $|\varphi| < \varphi_\infty \equiv \pi - \arccos(\frac{1}{\varepsilon})$ gilt, folgt aus (3.72):

$$\tau(\varphi) \sim \frac{1}{(1 + \varepsilon)^2}\varphi \quad (\varphi \to 0) \qquad , \qquad \tau(\varphi) \sim \frac{1}{\varepsilon^2 - 1}(\varphi_\infty - \varphi)^{-1} \quad (\varphi \uparrow \varphi_\infty) \; .$$

Die zwei Massenpunkte benötigen also – wie man dies auch erwarten würde – eine *unendlich lange* Zeit, um sich *unendlich weit* voneinander zu entfernen:

$$\varphi(t) \sim \varphi_\infty - \frac{1}{\varepsilon^2 - 1}\frac{1}{\tau} \qquad \left(t = \frac{\mu p^2}{L}\tau \to \infty\right) \; .$$

Für parabelförmige Bahnen folgt für das Integral $\tau(\varphi)$ in (3.69):

$$\tau(\varphi) = \frac{1}{2}\tan(\tfrac{1}{2}\varphi)\left[1 + \tfrac{1}{3}\tan^2(\tfrac{1}{2}\varphi)\right] \; .$$

Es gilt $\tau(\varphi) \sim \frac{1}{4}\varphi$ für $\varphi \to 0$ sowie $\tau(\varphi) \sim \frac{4}{3}(\pi - \varphi)^{-3}$ für $\varphi \uparrow \pi$ oder äquivalent $\varphi(t) \sim \pi - (4/3\tau)^{1/3}$ für $t \to \infty$. Die Zeitabhängigkeit $\tau(\varphi)$ als Funktion des Polarwinkels ist für Parabel- und Hyperbelbahnen in den Abbildungen 3.19 und 3.20 grafisch dargestellt. Der wesentliche Unterschied zwischen den beiden Kurven ist, dass es der Parabelbahn gelingt, asymptotisch (d. h. nach *unendlich* langer Zeit) den Wert $\varphi = \pi$ zu erreichen, während sich die Hyperbelbahn auch nach unendlich langer Zeit nur einem *kleineren* asymptotischen Wert (hier $\frac{2\pi}{3}$) nähern kann.

### 3.6.5   Der Virialsatz

Wir haben im Rahmen unserer Untersuchung von Zweiteilchensystemen bereits mehrmals den für das Kepler-Problem zutreffenden Virialsatz $\overline{E_{\text{kin}}} = -\frac{1}{2}\overline{E_{\text{pot}}}$ verwendet, der aufgrund der Energieerhaltung, $E_{\text{kin}} + E_{\text{pot}} = E^{(\text{S})}$, auch als

$$\overline{E_{\text{pot}}} = \overline{V(x)} = 2E^{(\text{S})}$$

geschrieben werden kann. Wir möchten den Virialsatz nun auch explizit mit Hilfe der exakten Lösung des Kepler-Problems überprüfen. Selbstverständlich ist die Aussage des Virialsatzes nur für gebundene Zustände (d. h. für $0 \leq \varepsilon < 1$) relevant, da die Bahnen nur in diesem Fall räumlich beschränkt sind. Mit Hilfe der Beziehung $\dot{\varphi} = \frac{L}{\mu x^2}$ kann die Zeitmittelung über eine Periode $T$ bei der Kepler-Bewegung auch durch eine Mittelung über den Winkel $\varphi$ ersetzt werden:

$$\overline{V(x)} = -\frac{1}{T}\int_0^T dt\,\frac{\mathcal{G}\mu M}{x(\varphi(t))} = -\frac{1}{T}\int_0^{2\pi} d\varphi\,\frac{\mathcal{G}\mu M}{\dot{\varphi}x(\varphi)} = -\frac{\mathcal{G}\mu^2 M}{TL}\int_0^{2\pi} d\varphi\, x(\varphi)\,.$$

Mit Hilfe von

$$T = 2\pi\frac{a_1^{3/2}}{\sqrt{\mathcal{G}M}} = 2\pi\frac{p^{3/2}}{\sqrt{\mathcal{G}M}}\,(1-\varepsilon^2)^{-3/2}$$

und $x(\varphi) = \frac{p}{1+\varepsilon\cos(\varphi)}$ erhält man:

$$\overline{V(x)} = -\frac{\mu^2(\mathcal{G}M)^{3/2}}{2\pi L\sqrt{p}}\,(1-\varepsilon^2)^{3/2}\int_0^{2\pi} d\varphi\,\frac{1}{1+\varepsilon\cos(\varphi)}\,.$$

Das Integral lässt sich mit Hilfe von Handbüchern berechnen[25]; das Ergebnis lautet:

$$2\int_0^\pi d\varphi\,\frac{1}{1+\varepsilon\cos(\varphi)} = \frac{2\cdot 2}{\sqrt{1-\varepsilon^2}}\arctan\left[\frac{\sqrt{1-\varepsilon^2}\tan(\frac{1}{2}\varphi)}{1+\varepsilon}\right]\Bigg|_0^{\pi-0^+}$$

$$= \frac{4}{\sqrt{1-\varepsilon^2}}\left(\frac{\pi}{2}-0\right) = \frac{2\pi}{\sqrt{1-\varepsilon^2}}\,.$$

Es folgt daher in der Tat die Richtigkeit der Aussage des Virialsatzes:

$$\overline{V(x)} = -\frac{\mu^2(\mathcal{G}M)^{3/2}}{L}\sqrt{\frac{\mathcal{G}\mu^2 M}{L^2}}(1-\varepsilon^2) = -\mu\left(\frac{\mathcal{G}\mu M}{L}\right)^2(1-\varepsilon^2) = 2E^{(\text{S})}\,.$$

Hierbei wurde noch einmal die Beziehung $p = \frac{L^2}{\mathcal{G}\mu^2 M}$ verwendet.

---

[25]Z. B. mit Hilfe von Formel (2.553.3) aus Ref. [15].

### 3.6.6  Ausblick: das quantenmechanische Wasserstoffproblem

An dieser Stelle gibt es eine wichtige Querverbindung zur Quantenmechanik, in der das Kepler-Problem durch das *Wasserstoff-* oder *Coulomb*-Problem und $\mathcal{G}\mu M$ entsprechend durch $\frac{e^2}{4\pi\varepsilon_0}$ ersetzt wird. In Bohrs 1913 publizierter semiklassischer Behandlung des Wasserstoffproblems wird die Wirkung $S$ gemäß $S = nh$ quantisiert, wobei $h$ das Planck'sche Wirkungsquantum darstellt und $n \in \mathbb{N}$ als Hauptquantenzahl bezeichnet wird. Mit der Definition $\frac{h}{2\pi} \equiv \hbar$ erhält man also:

$$E^{(\mathrm{S})} = -\frac{1}{n^2}\mathrm{ry} \quad , \quad \mathrm{ry} \equiv \frac{\mu}{m_\mathrm{e}}\mathrm{Ry} \quad , \quad \mathrm{Ry} \equiv \tfrac{1}{2}m_\mathrm{e}\left(\frac{e^2}{4\pi\varepsilon_0\hbar}\right)^2 .$$

Die für das Wasserstoffspektrum charakteristische Energie ry hängt also in einfacher Weise mit der sogenannten *Rydberg-Energie* Ry $\simeq$ 13,6 eV zusammen. Da das Proton viel schwerer als das Elektron ist, $m_\mathrm{p}/m_\mathrm{e} \simeq 2000$, ist die reduzierte Masse $\mu = \frac{m_\mathrm{e}m_\mathrm{p}}{m_\mathrm{e}+m_\mathrm{p}} = m_\mathrm{e}\left(1 - \frac{m_\mathrm{e}}{m_\mathrm{p}} + \cdots\right)$ des Wasserstoffproblems im Wesentlichen gleich der Elektronenmasse $m_\mathrm{e}$, sodass ry $\simeq$ Ry gilt. Wichtig am quantenmechanischen Resultat $E^{(\mathrm{S})} = -\frac{1}{n^2}\mathrm{ry}$ ist vor allem die hohe *Entartung*, wobei die Energie lediglich von der Hauptquantenzahl $n$ und nicht z. B. zusätzlich von der Bahndrehimpulsquantenzahl $l$ abhängig ist. Dies ist vollkommen analog zu den klassischen Ergebnissen (3.68a) und (3.71), die zeigen, dass die Energie der Bahnbewegung lediglich durch $a_1$ oder $S$ und nicht z. B. zusätzlich durch $L$ bestimmt wird. Wir werden später (im Rahmen der Hamilton-Mechanik in Abschnitt [7.9.5]) sehen, dass diese Entartung eng mit der Existenz der zusätzlichen Erhaltungsgröße im Kepler- oder Coulomb-Problem, des Lenz'schen Vektors, zusammenhängt.

### 3.6.7  Die Bahn des Merkur

Seit den sehr genauen Beobachtungen der Merkurbahn durch Urbain Jean Joseph le Verrier (1859) ist bekannt, dass diese recht exzentrische Bahn nahe der Sonne ($\varepsilon = 0{,}2056$ , $a_1 = 57{,}91 \cdot 10^6$ km) nur auf der Basis unrealistischer Annahmen, die nicht mit den astronomischen Beobachtungen im Einklang sind, mit den Gesetzen der Newton'schen Mechanik erklärt werden kann: Die Präzession des Perihels des Merkur ist stärker als es aufgrund von Störungen durch andere Planeten mit Hilfe der nicht-relativistischen Klassischen Mechanik theoretisch erklärbar ist. Die beobachtete Präzession des Perihels, die *qualitativ* in Abbildung 3.21 dargestellt ist, beträgt $\Delta\varphi_\mathrm{exp} = 5600{,}73 \pm 0{,}41''/\text{Jahrhundert}$. Hiervon sind etwa $5025''/\text{Jahrhundert}$ durch eine zeitliche Änderung

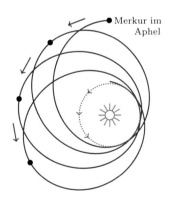

**Abb. 3.21** Präzession des Peri-/Aphels des Merkur (qualitative Skizze)

des Koordinatensystems (d. h. durch eine Drehung der Erdbahn) erklärbar. Störungen durch andere Planeten tragen weitere $532''/\text{Jahrhundert}$ zur Präzessionsgeschwindigkeit bei. Insgesamt kann man aufgrund der Newton'schen Mechanik also eine Präzessionsgeschwindigkeit von $\Delta\varphi_\mathrm{N} = 5557{,}62 \pm 0{,}20''/\text{Jahrhundert}$ verstehen. Unerklärt bleiben:

$$\Delta\varphi \equiv \Delta\varphi_\mathrm{exp} - \Delta\varphi_\mathrm{N} = 43{,}11 \pm 0{,}45''/\text{Jahrhundert} .$$

Der Merkur ist nicht der einzige Himmelskörper, dessen Bahn ungewöhnliches Präzessionsverhalten aufweist: Analog findet man $\Delta\varphi = 8{,}4 \pm 4{,}8''$/Jh. für Venus, $\Delta\varphi = 5{,}0 \pm 1{,}2''$/Jh. für die Erde und $\Delta\varphi = 9{,}8 \pm 0{,}8''$/Jh. für Icarus, einen Planetoiden mit einer stark exzentrischen Bahn ($\varepsilon = 0{,}827$), der die Bahnen von Merkur, Venus, Erde und Mars kreuzt. Die größere Ungenauigkeit des $\Delta\varphi$-Werts für Venus entsteht u.a. dadurch, dass die Venusbahn nahezu kreisförmig ist ($\varepsilon = 0{,}007$), sodass genaue Beobachtungen des Periheldurchgangs schwieriger sind. Einen Überblick über die experimentellen Daten auf diesem Gebiet gibt z. B. auch Ref. [35].

Die theoretische Erklärung für die anomale Präzession des Merkur wurde erst 1915 geliefert, als A. Einstein am 18. November eine seiner Arbeiten über die allgemeine Relativitätstheorie bei der Preußischen Akademie der Wissenschaften zur Publikation einreichte. Die korrekte Erklärung dieses schon mehr als 50 Jahre alten Problems war sicherlich ein großer Triumph für die allgemeine Relativitätstheorie, deren definitive Formulierung übrigens erst eine Woche später (am 25. November) von Einstein zur Publikation eingereicht wurde.

Betrachten wir zuerst noch einmal die Kepler'sche Bewegungsgleichung, die auf der nicht-relativistischen Newton'schen Mechanik beruht. Aus Gleichung (3.66) ist bekannt, dass diese Bewegungsgleichung in der Form $\frac{d^2 u}{d\varphi^2} = -u$ mit $u = x^{-1} - p^{-1}$ darstellbar ist. In der $x$-Sprache lautet die Bewegungsgleichung daher:

$$\frac{d^2(x^{-1})}{d\varphi^2} + x^{-1} = p^{-1} \quad \text{mit} \quad p^{-1} = \frac{\mathcal{G}\mu^2 M}{L^2} \, .$$

Einstein hat gezeigt, dass aufgrund allgemein-relativistischer Effekte in der Bewegungsgleichung ein Korrekturterm auftritt (siehe z. B. Ref. [35]):

$$\boxed{\frac{d^2(x^{-1})}{d\varphi^2} + x^{-1} = p^{-1} + \frac{3\mathcal{G}M}{c^2} x^{-2} \, .} \tag{3.73}$$

Bei der Behandlung der Kepler-Bahnen (ohne relativistische Korrekturen) in Gleichung (3.66) wurde bereits die neue Variable $u = x^{-1} - p^{-1}$ eingeführt. Um die Effekte der relativistischen Korrektur in (3.73) besser einschätzen zu können, ist es nun zweckmäßig, die *dimensionslose* Größe

$$v \equiv pu = p(x^{-1} - p^{-1}) = \frac{p}{x} - 1$$

und den *dimensionslosen* Parameter

$$\alpha \equiv \frac{3\mathcal{G}M}{c^2 p} = \frac{3\mathcal{G}M}{c^2} \frac{\mathcal{G}\mu^2 M}{L^2} = \frac{3}{c^2}\left(\frac{\mathcal{G}\mu M}{L}\right)^2$$

einzuführen. Mit diesen Definitionen erhält man:

$$\frac{d^2 v}{d\varphi^2} + v = \frac{3\mathcal{G}M}{c^2 p}\left(\frac{p}{x}\right)^2 = \alpha(1 + v)^2 \, . \tag{3.74}$$

Hierbei ist der Parameter $\alpha$ sehr klein (typischerweise von Ordnung $10^{-7}$), sodass es naheliegt, die relativistischen Korrekturen in Störungstheorie zu behandeln.

Die Lösung von (3.74) in „nullter" Ordnung, d. h. für $\alpha = 0$, hat die bereits bekannte Form

$$v(\varphi) = pA\cos(\varphi + \varphi_0) = \varepsilon\cos(\varphi + \varphi_0) \equiv v_0(\varphi) \,.$$

Für $\alpha \neq 0$ erwartet man Korrekturterme, die nach Potenzen von $\alpha$ geordnet werden können:

$$v(\varphi) = \sum_{n=0}^{\infty} \alpha^n\, v_n(\varphi) \,, \tag{3.75}$$

wobei $v_n(\varphi)$ nicht von $\alpha$ abhängen soll. Substituiert man den Ansatz (3.75) in (3.74), erhält man bis zur ersten Ordnung in $\alpha$:

$$\frac{d^2v}{d\varphi^2} + v = \alpha(1+v)^2 = \alpha[1 + v_0(\varphi)]^2 + \mathcal{O}(\alpha^2) = \alpha[1 + \varepsilon\cos(\varphi + \varphi_0)]^2 + \mathcal{O}(\alpha^2) \,.$$

Die Lösung dieser Gleichung hat die Form

$$v(\varphi) = v_0(\varphi) + \alpha\, v_1(\varphi) + \mathcal{O}(\alpha^2) \,, \tag{3.76}$$

wobei $v_0(\varphi)$ die homogene Gleichung (für $\alpha = 0$) erfüllt und $v_1(\varphi)$ eine partikuläre Lösung von

$$\frac{d^2v_1}{d\varphi^2} + v_1 = 1 + 2\varepsilon\cos(\varphi + \varphi_0) + \tfrac{1}{2}\varepsilon^2\{1 + \cos[2(\varphi + \varphi_0)]\}$$

darstellt. Wie man leicht überprüft, wird eine solche partikuläre Lösung durch

$$v_1(\varphi) = (1 + \tfrac{1}{2}\varepsilon^2) + \varepsilon\varphi\sin(\varphi + \varphi_0) - \tfrac{1}{6}\varepsilon^2\cos[2(\varphi + \varphi_0)] \tag{3.77}$$

gegeben. Um die Bahn als Funktion des Winkels zu erhalten, setze man (3.76) und (3.77) in

$$x(\varphi) = \frac{p}{1 + v(\varphi)}$$

ein. Die verschiedenen Terme in $v_1(\varphi)$ in (3.77) haben jedoch sehr unterschiedliche Auswirkungen:

- Der erste Term auf der rechten Seite in (3.77), multipliziert mit $\alpha$, ist klein und $\varphi$-unabhängig und modifiziert die Bahnparameter $p$ und $\varepsilon$ daher nur geringfügig; in der Praxis wird dieser Effekt unbeobachtbar sein.

- Der letzte Term auf der rechten Seite, multipliziert mit $\alpha$, ist klein und *periodisch*; folglich werden die Effekte dieses Terms ebenfalls nahezu unbeobachtbar sein.

- Der zweite Term auf der rechten Seite wächst jedoch linear als Funktion des Winkels $\varphi$ an (und daher auch als Funktion der Zeit); dieser Term wird nach hinreichend langer Zeit zu beträchtlichen Abweichungen von der nicht-relativistischen Kepler-Bahn führen.

Aus diesen Gründen ist es sinnvoll, im Folgenden nur die Effekte des zweiten Terms auf der rechten Seite von (3.77) mitzuberücksichtigen:

$$v(\varphi) \simeq v_0(\varphi) + \alpha\varepsilon\varphi\sin(\varphi + \varphi_0) = \varepsilon[\cos(\varphi + \varphi_0) + \alpha\varphi\sin(\varphi + \varphi_0)]$$
$$= \varepsilon\cos(\varphi + \varphi_0 - \alpha\varphi) + \mathcal{O}(\alpha^2) \,. \tag{3.78}$$

Das Resultat (3.78) bedeutet, dass ein voller Umlauf (d. h. eine vollständige Bewegung des Himmelskörpers vom Perihel zum Aphel und zurück) erst nach dem Durchlaufen eines Winkels $\frac{2\pi}{1-\alpha} \simeq 2\pi(1 + \alpha)$ abgeschlossen ist. Anders formuliert könnte man sagen, dass sich der Perihelwinkel $\varphi_P$ im Laufe der Zeit *nach vorne* bewegt: $\varphi_P = -\varphi_0 + \alpha\varphi$, sodass eine *Präzession* der Bahn des Himmelskörpers auftritt, wie in Abb. 3.21 skizziert. Die Präzessionsgeschwindigkeit ist

$$\boxed{\Delta\varphi = 2\pi\alpha/\text{Umlauf} \,,}$$

und für den Merkur entspricht dies dem Wert $43{,}03''/\text{Jahrhundert}$, in hervorragender Übereinstimmung mit le Verriers Messergebnis. Auch die weiteren Vorhersagen der allgemeinen Relativitätstheorie, $\Delta\varphi \simeq 8{,}6''/\text{Jh.}$ für Venus, $\Delta\varphi \simeq 3{,}8''/\text{Jh.}$ für die Erde und $\Delta\varphi \simeq 10{,}3''/\text{Jh.}$ für Icarus, sind in guter Übereinstimmung mit den vorher genannten Daten der astronomischen Beobachtung.

## 3.7   Geschlossene Bahnen und Ähnlichkeit

In Abschnitt [3.5] konnten wir feststellen, dass *alle* möglichen Bahnen der Lösung des dreidimensionalen harmonischen Oszillators ellipsenförmig und somit *geschlossen* sind. Aus Abschnitt [3.6] ist bekannt, dass *alle räumlich beschränkten* Bahnen des Kepler-Problems ebenfalls geschlossen sind. Des Weiteren wissen wir aus Abschnitt [3.3.1], dass für recht allgemeine Zweiteilchenprobleme mit attraktiver Wechselwirkung Kreisbahnen möglich sind, sodass zumindest *einige* mögliche Lösungen geschlossen sind. Man kann sich nun fragen, ob bzw. inwiefern die Geschlossenheit der möglichen Bahnen eine allgemeine Eigenschaft von Zentralpotentialen ist. Mit relativ geringem Aufwand kann man zeigen (s. Anhang B), dass innerhalb der großen Klasse der Zentralpotentiale *nur* für den harmonischen Oszillator und das Kepler-Problem,

$$V(x) = V_0 x^2 \quad \text{bzw.} \quad V(x) = -V_0 x^{-1} \quad (V_0 > 0) \,,$$

alle räumlich beschränkten Lösungen auch tatsächlich geschlossen sind. Für alle anderen Zentralpotentiale haben die möglichen räumlich beschränkten Bahnen im Allgemeinen die Form von *Rosetten*, die im ringförmigen Streifen $x_- \leq x \leq x_+$ überall dicht liegen. Hierbei entspricht $x_-$ dem Relativabstand der beiden Teilchen beim Durchlaufen des Perizentrums, wie z. B. in Abb. 3.6 grafisch dargestellt wurde, und analog entspricht $x_+$ dem Apozentrum.

Nehmen wir nun an, ein Zentralpotential habe die Form $V(x) = V_0 x^\alpha$ und besitze somit die Eigenschaft $V(\lambda x) = \lambda^\alpha V(x)$ für alle $\lambda > 0$. Nehmen wir des Weiteren an, für dieses Zentralpotential existiere eine Bahn $\mathbf{x}(t)$. Man kann dann zeigen, dass neben $\mathbf{x}(t)$ auch

$$\boxed{\mathbf{x}'(t') \equiv \lambda\mathbf{x}(\lambda^{-\beta}t') \,, \quad t = \lambda^{-\beta}t'} \tag{3.79}$$

für entsprechend gewähltes $\beta$ und alle $\lambda > 0$ eine mögliche Bahn darstellt. Der Wert des $\beta$-Exponenten wird also festgelegt durch die Forderung, dass $\mathbf{x}'(t')$ *ebenfalls* die Bewegungsgleichung erfüllen soll:

$$\mu \frac{d^2 \mathbf{x}'}{(dt')^2} (t') + V'(x')\hat{\mathbf{x}}' = \mu \lambda \frac{d^2}{(dt')^2} \mathbf{x}(\lambda^{-\beta} t') + V'(\lambda x)\hat{\mathbf{x}}$$

$$= \mu \lambda^{1-2\beta} \ddot{\mathbf{x}}(t) + \lambda^{\alpha-1} V'(x)\hat{\mathbf{x}} = -\left(\lambda^{1-2\beta} - \lambda^{\alpha-1}\right) V'(x)\hat{\mathbf{x}} \stackrel{!}{=} 0 .$$

Hierbei wurde im zweiten Schritt die Beziehung $V'(\lambda x) = \lambda^{\alpha-1} V'(x)$ und im dritten die Bewegungsgleichung $\mu \ddot{\mathbf{x}} = -V'(x)\hat{\mathbf{x}}$ für die ursprünglich vorgegebene Bahn $\mathbf{x}(t)$ verwendet. Die Forderung, dass $\mathbf{x}'(t')$ eine Lösung der Bewegungsgleichung darstellen soll, ist nur dann erfüllbar, wenn für alle positiven $\lambda$-Werte $\lambda^{1-2\beta} - \lambda^{\alpha-1} = 0$ gilt, d. h., wenn der Exponent $\beta$ den Wert

$$\boxed{\beta = 1 - \frac{\alpha}{2}} \tag{3.80}$$

hat. Man bezeichnet die Lösungen (3.79) mit $\beta$ wie in (3.80) und $\lambda > 0$ als eine Klasse von *Ähnlichkeitslösungen* für das Potential $V(x)$.

Nehmen wir schließlich an, dass die Bahn $\mathbf{x}(t)$ räumlich begrenzt und *geschlossen* (und somit periodisch) ist; ihre Periode sei $T$ und ihre Amplitude beim Durchlaufen des Apozentrums $x_+$. Die durch $\lambda$ charakterisierte Ähnlichkeitslösung hat dann die maximale Amplitude $x'_+ = \lambda x_+$ und die Periode $T' = \lambda^\beta T$. Es folgt

$$\frac{T'}{T} = \left(\frac{x'_+}{x_+}\right)^\beta = \left(\frac{x'_+}{x_+}\right)^{(2-\alpha)/2} . \tag{3.81}$$

Für den harmonischen Oszillator ($\alpha = 2$) folgt also, dass die Schwingungszeit *unabhängig* von der Amplitude ist: $T' = T$. Für das Kepler-Problem ($\alpha = -1$) ergibt sich das dritte Kepler-Gesetz: $T'/T = (x'_+/x_+)^{3/2}$, und auch für alle anderen möglichen räumlich begrenzten, geschlossenen Bahnen zeigt (3.81), dass das Skalierungsverhalten der Umlaufzeit mit der Bahngröße in einfacher Weise durch den Exponenten $\alpha$ bestimmt wird. Für Kreisbahnen war uns dies bereits aus Gleichung (3.37) bekannt.

## 3.8 Kleine Schwingungen im Vielteilchenproblem

In Abschnitt [3.3] haben wir uns recht ausführlich mit abgeschlossenen *Zweiteilchen*systemen, insbesondere auch in Abschnitt [3.3.2] mit *kleinen Schwingungen* in solchen Systemen, auseinandergesetzt. Die Relevanz des Problems der kleinen Schwingungen ist jedoch keineswegs auf Zweiteilchenprobleme beschränkt: Kleine Schwingungen um eine Gleichgewichtslage sind vielmehr stets dann relevant, wenn ein System eine stabile (oder eventuell indifferente) Gleichgewichtslage aufweist; eine solche Situation kann natürlich durchaus auch in Systemen mit hoher Teilchenzahl auftreten. Wichtige Beispiele für kleine Schwingungen in Mehrteilchensystemen sind *Molekül*schwingungen sowie *Gitter*schwingungen (Phononen) in Festkörpern. Die Frage, inwiefern die Näherung klassischer kleiner Schwingungen in der physikalischen Realität überhaupt „erlaubt" (d. h. adäquat) ist, ist natürlich berechtigt: Für genügend *hohe* Temperaturen erwartet man unter anderem anharmonische Effekte, für genügend *tiefe* Temperaturen Quanteneffekte. Interessanterweise findet man für viele reale Materialien, dass die Näherung der klassischen kleinen Schwingungen (z. B. für die Berechnung spezifischer Wärmen) in einem recht großen Temperaturintervall um 300 K sehr gut ist. Aus diesem Grunde sind die nachfolgenden Betrachtungen physikalisch durchaus relevant.

Im Folgenden behandeln wir zuerst in Abschnitt [3.8.1] die allgemeinen Eigenschaften kleiner Schwingungen und danach zwei exakt lösbare eindimensionale Beispiele, zuerst in Abschnitt [3.8.2] für Schwingungen in einer 3-atomigen Kette und dann in Abschnitt [3.8.3] für eine Kette mit beliebig hoher Teilchenzahl.

## 3.8.1 Allgemeine Eigenschaften

Wir fassen die wichtigsten Eigenschaften abgeschlossener mechanischer $N$-Teilchen-Systeme kurz zusammen. Die Bewegungsgleichung lautet

$$m_i \ddot{\mathbf{x}}_i = \mathbf{F}_i \quad , \quad \mathbf{F}_i = -\boldsymbol{\nabla}_i V \qquad (i = 1, \cdots, N) \, , \tag{3.82}$$

wobei angenommen wird, dass die Kräfte das dritte Newton'sche Gesetz erfüllen. Hierbei setzt sich das Potential $V(\{\mathbf{x}_j\})$ wie üblich aus den Beiträgen der Zweiteilchenpotentiale $V_{ji}(|\mathbf{x}_{ji}|)$ zusammen. Wir wissen außerdem, dass der Gesamtimpuls, der Gesamtdrehimpuls und die Gesamtenergie des $N$-Teilchen-Systems (3.82) alle erhalten sind. Wir nehmen im Folgenden an, dass das System (3.82) eine nichttriviale Gleichgewichtslage besitzt, d. h., dass für irgendwelche festen Positionen $\mathbf{x}_{j0}$ der Teilchen mit $|\mathbf{x}_{j0}| < \infty$ gilt:

$$\mathbf{F}_i(\{\mathbf{x}_{j0}\}) = -(\boldsymbol{\nabla}_i V)(\{\mathbf{x}_{j0}\}) = \mathbf{0} \qquad (i = 1, \cdots, N) \, .$$

Außerdem soll das Gleichgewicht $\{\mathbf{x}_{j0}\}$ natürlich nicht *instabil* sein. Diese Gleichgewichtslage $\{\mathbf{x}_{j0}\}$ wird zunächst einmal für irgendein spezielles Schwerpunktsystem $K$ angenommen. Aus der Galilei-Kovarianz der Theorie ist jedoch klar, dass in jedem Inertialsystem $K'$ eine äquivalente Gleichgewichtslage $\{\mathbf{x}'_{j0}\} = \{G(\mathbf{x}_{j0}, t)\}$ existieren muss. In $K'$ wird das $N$-Teilchen-System im Allgemeinen also eine geradlinig-gleichförmige Bewegung ausführen. Da der Gesamtdrehimpuls im speziellen Inertialsystem $K$ wegen $\dot{\mathbf{x}}_{j0} = \mathbf{0}$ null ist,

$$\mathbf{L}^{(\mathrm{S})} = \mathbf{0} \, , \tag{3.83}$$

werden die Beiträge der inneren Freiheitsgrade zum Gesamtdrehimpuls in *jedem* Inertialsystem $K'$ gleich null sein: $\mathbf{L}' = \mathbf{x}'_{\mathrm{M0}} \times \mathbf{P}'_0$. Einerseits ist klar, dass die Einschränkung (3.83) die Behandlung des $N$-Teilchen-Systems vereinfacht, da nun keine Scheinkräfte (z. B. Zentrifugalkräfte) mitberücksichtigt werden müssen. Andererseits ist ebenso offensichtlich, dass solche Scheinkräfte in vielen Anwendungen so klein im Vergleich zu den interatomaren Kräften sind, dass sie bei der Untersuchung kleiner Schwingungen problemlos vernachlässigt werden können: Ein Kreisel wird von der Kreiselbewegung ja nicht ernsthaft deformiert oder gar zerrissen.

### Das Gleichgewicht ist indifferent!

Bisher haben wir bei der Untersuchung der Konsequenzen der Galilei-Kovarianz stets das Koordinatensystem und daher den Beobachter gewechselt und somit einen *passiven* Standpunkt eingenommen: Das zu untersuchende physikalische System bleibt bei der Transformation am gleichen Ort. Man kann natürlich auch eine *aktive* Transformation vornehmen, d. h. das Koordinatensystem beibehalten und das physikalische System an einen anderen Ort transportieren (Translation), es auf die Geschwindigkeit $\mathbf{v}$ bringen (Geschwindigkeitstransformation), es drehen (Rotation) oder es am Ursprung spiegeln (Inversion):[26]

$$G_{\text{aktiv}}(\mathbf{x}, t) = \sigma R(\boldsymbol{\alpha})(\mathbf{x} + \mathbf{v}t + \boldsymbol{\xi}) .$$

Unter allen diesen aktiven Transformationen würde sich die potentielle Energie des $N$-Teilchen-Systems nicht ändern:

$$V(\{\mathbf{x}_j\}) = V(\{G_{\text{aktiv}}(\mathbf{x}_j, t)\}) .$$

Insbesondere bedeutet dies im Falle aktiver Translationen:

$$V(\{\mathbf{x}_j\}) = V(\{\mathbf{x}_j + \boldsymbol{\xi}\}) \qquad (\forall \boldsymbol{\xi} \in \mathbb{R}^3) . \tag{3.84}$$

Man sieht, dass das Potential in gewissen Richtungen im hochdimensionalen Raum der Koordinaten $\{\mathbf{x}_j\}$ streng *konstant* ist. Dies trifft natürlich auch auf das Potentialminimum für die Gleichgewichtslage zu: $V(\{\mathbf{x}_{j0}\}) = V(\{\mathbf{x}_{j0} + \boldsymbol{\xi}\})$. Im Allgemeinen wird das Gleichgewicht in einem abgeschlossenen mechanischen $N$-Teilchen-System daher nicht stabil sondern *indifferent* sein. Diese Indifferenz wird sich bei der Untersuchung kleiner Schwingungen dadurch bemerkbar machen, dass einige wenige Schwingungsfrequenzen gleich null sind.

### Die Bewegungsgleichung und ihre Lösung

Wir betrachten nun die Bewegungsgleichung (3.82) im Inertialsystem $K$ und machen die Näherung der kleinen Schwingungen:

$$m_i \ddot{\mathbf{x}}_i = \mathbf{F}_i(\{\mathbf{x}_j\}) = -(\boldsymbol{\nabla}_i V)(\{\mathbf{x}_j\}) = -\sum_j (\boldsymbol{\nabla}_i \boldsymbol{\nabla}_j V)(\{\mathbf{x}_{k0}\})(\mathbf{x}_j - \mathbf{x}_{j0}) + \cdots ,$$

wobei die nicht-linearen Terme auf der rechten Seite vernachlässigt werden. Wir definieren die $(3 \times 3)$-Matrix:

$$(\boldsymbol{\nabla}_i \boldsymbol{\nabla}_j V)(\{\mathbf{x}_{k0}\}) \equiv V_0^{(ij)} ,$$

sodass sich die Bewegungsgleichung auf

$$\boxed{m_i \ddot{\mathbf{x}}_i = -\sum_j V_0^{(ij)}(\mathbf{x}_j - \mathbf{x}_{j0}) \qquad (i = 1, \cdots, N)}$$

vereinfacht. Definieren wir nun neue Koordinaten $\{\mathbf{y}_j\}$ durch:

$$\mathbf{x}_j - \mathbf{x}_{j0} \equiv \frac{1}{\sqrt{m_j}} \mathbf{y}_j ,$$

---

[26]Intuitiv ist klar, dass sich die physikalische Beschreibung des Systems, also insbesondere auch die Werte seiner *Ortskoordinaten*, überhaupt nicht ändern würde, wenn man *beides* tut: eine aktive Transformation vornehmen *und* den Beobachter entsprechend wechseln. Mit der üblichen Definition $G_{\text{passiv}}(\mathbf{x}, t) = \sigma R(\boldsymbol{\alpha})^{-1}\mathbf{x} - \mathbf{v}t - \boldsymbol{\xi}$ der *passiven* Transformation bedeutet dies formal, dass sowohl $G_{\text{passiv}}(G_{\text{aktiv}}(\mathbf{x}, t), t) = \mathbf{x}$ als auch $G_{\text{aktiv}}(G_{\text{passiv}}(\mathbf{x}, t), t) = \mathbf{x}$ gilt.

so vereinfacht sich die Bewegungsgleichung weiter auf die Form:

$$\ddot{\mathbf{y}}_i = -\sum_j B^{(ij)} \mathbf{y}_j \quad , \qquad B^{(ij)} \equiv \frac{1}{\sqrt{m_i m_j}} V_0^{(ij)} \qquad (i,j = 1, \cdots, N) \,.$$

Definiert man nun die $3N \times 3N$-dimensionale Matrix $B$ und den $3N$-dimensionalen Vektor $\mathbf{Y}$ durch

$$B \equiv \begin{pmatrix} B^{(11)} & \cdots & B^{(1N)} \\ \vdots & & \vdots \\ B^{(N1)} & \cdots & B^{(NN)} \end{pmatrix} \quad , \quad \mathbf{Y} \equiv \begin{pmatrix} \mathbf{y}_1 \\ \vdots \\ \mathbf{y}_N \end{pmatrix} \,,$$

so erhält man die Bewegungsgleichung

$$\ddot{\mathbf{Y}} = -B\mathbf{Y} \,. \tag{3.85}$$

Da die Matrix $B$ in (3.85) reell und symmetrisch ist:

$$B_{i\alpha, j\beta} = \left[ B^{(ij)} \right]_{\alpha\beta} = \frac{1}{\sqrt{m_i m_j}} \frac{\partial^2 V}{\partial x_{i\alpha} \partial x_{j\beta}} (\{\mathbf{x}_{k0}\})$$

$$= \frac{1}{\sqrt{m_j m_i}} \frac{\partial^2 V}{\partial x_{j\beta} \partial x_{i\alpha}} (\{\mathbf{x}_{k0}\}) = \left[ B^{(ji)} \right]_{\beta\alpha} = B_{j\beta, i\alpha} \,,$$

gibt es eine orthogonale $3N \times 3N$-Matrix $\mathcal{O}$, die $B$ diagonalisiert:[27]

$$B_{\mathrm{D}} \equiv \mathcal{O} B \mathcal{O}^{\mathrm{T}} = \mathrm{diag}\{\beta_1, \beta_2, \cdots, \beta_{3\mathrm{N}}\} \,. \tag{3.86}$$

Die Bewegungsgleichung für den transformierten Vektor $\mathbf{Z} \equiv \mathcal{O}\mathbf{Y}$ lautet:

$$\ddot{\mathbf{Z}} = -B_{\mathrm{D}}\mathbf{Z} \,.$$

Die möglichen Lösungen mit wohldefinierter Frequenz $\sqrt{\beta_\mu}$ sind für $\mu = 1, 2, \cdots, 3N$ durch $\mathbf{Z}^{(\mu)}(t) = Z_\mu(t)\,\hat{\mathbf{e}}_\mu$ gegeben mit

$$Z_\mu(t) = \begin{cases} Z_\mu(0) \cos(\sqrt{\beta_\mu} t) + \frac{1}{\sqrt{\beta_\mu}} \dot{Z}_\mu(0) \sin(\sqrt{\beta_\mu} t) & \text{(für } \beta_\mu \neq 0) \\ Z_\mu(t) = Z_\mu(0) + \dot{Z}_\mu(0) t & \text{(für } \beta_\mu = 0) \,. \end{cases}$$

Wir führen nun eine Rücktransformation durch und erhalten als mögliche Lösung zur Frequenz $\sqrt{\beta_\mu}$:

$$\mathbf{Y}^{(\mu)}(t) = \mathcal{O}^{\mathrm{T}} \mathbf{Z}^{(\mu)}(t) = Z_\mu(t) \left( \mathcal{O}^{\mathrm{T}} \hat{\mathbf{e}}_\mu \right) \equiv Z_\mu(t) \hat{\mathbf{y}}_\mu \equiv \begin{pmatrix} \mathbf{y}_1^{(\mu)}(t) \\ \vdots \\ \mathbf{y}_N^{(\mu)}(t) \end{pmatrix} \,.$$

Hierbei sind die Einheitsvektoren $\hat{\mathbf{y}}_\mu$ Eigenvektoren der Matrix $B$:

$$B\hat{\mathbf{y}}_\mu = \mathcal{O}^{\mathrm{T}} B_{\mathrm{D}} \mathcal{O} \hat{\mathbf{y}}_\mu = \mathcal{O}^{\mathrm{T}} B_{\mathrm{D}} \hat{\mathbf{e}}_\mu = \beta_\mu (\mathcal{O}^{\mathrm{T}} \hat{\mathbf{e}}_\mu) = \beta_\mu \hat{\mathbf{y}}_\mu \,.$$

Außerdem sind sie orthonormal:

$$\hat{\mathbf{y}}_\mu \cdot \hat{\mathbf{y}}_{\mu'} = (\mathcal{O}^{\mathrm{T}} \hat{\mathbf{e}}_\mu) \cdot (\mathcal{O}^{\mathrm{T}} \hat{\mathbf{e}}_{\mu'}) = \hat{\mathbf{e}}_\mu \cdot (\mathcal{O}\mathcal{O}^{\mathrm{T}} \hat{\mathbf{e}}_{\mu'}) = \hat{\mathbf{e}}_\mu \cdot \hat{\mathbf{e}}_{\mu'} = \delta_{\mu\mu'} \,.$$

---

[27]Da jede reelle, symmetrische Matrix auch hermitesch ist und allgemeine hermitesche Matrizen mit Hilfe einer *unitären* Transformation $\mathcal{U}$ diagonalisiert werden können, kann man alternativ auch $B_{\mathrm{D}} = \mathcal{U} B \mathcal{U}^\dagger$ setzen. In diesem Fall sind die Normalkoordinaten $Z_\mu(t)$, d.h. die Elemente des Vektors $\mathbf{Z} = \mathcal{U}\mathbf{Y}$, im Allgemeinen komplexwertig.

Aus der Lösung $\mathbf{Y}^{(\mu)}(t)$ zur Frequenz $\sqrt{\beta_\mu}$ folgen die entsprechenden Auslenkungen aus der Gleichgewichtslage:

$$\mathbf{x}_i^{(\mu)}(t) - \mathbf{x}_{i0} = \frac{1}{\sqrt{m_i}}\, \mathbf{y}_i^{(\mu)}(t) \qquad (i = 1, \cdots, N) \ .$$

Die Lösung für eine *beliebige* Anfangsbedingung wird im Allgemeinen eine Überlagerung von Lösungen mit wohldefinierter Frequenz sein:

$$\boxed{\ \mathbf{x}_i(t) - \mathbf{x}_{i0} = \frac{1}{\sqrt{m_i}} \sum_\mu \mathbf{y}_i^{(\mu)}(t) \qquad (i = 1, \cdots, N) \ .\ }$$

Hiermit ist das Problem der kleinen Schwingungen formal gelöst.

Ein Wort noch zur Nomenklatur: Die neuen Koordinaten $Z_\mu(t)$, für die die Bewegungsgleichung „diagonal" ist, werden als die *Normalkoordinaten* des Problems der kleinen Schwingungen bezeichnet. Die Eigenwerte $\beta_\mu$ der Matrix $B$ definieren die *Eigenfrequenzen* $\sqrt{\beta_\mu}$ der Schwingung, und die entsprechenden Auslenkungen $\{\mathbf{x}_j(t) - \mathbf{x}_{j0}\}$ aus der Gleichgewichtslage werden als *Eigenschwingung*, *Normalschwingung* oder *Hauptschwingung* bezeichnet.

### Die Schwingungsmatrix $B$ ist positiv semidefinit!

Bei der obigen Diskussion der Eigenschwingungen wurde implizit angenommen, dass die Eigenwerte $\beta_\mu$ der Matrix $B$ nicht-negativ sind. Diese Nicht-Negativität ist unbedingt erforderlich, damit die Gleichgewichtslage $\{\mathbf{x}_{i0}\}$ nicht instabil ist:

$$V(\{\mathbf{x}_i\}) - V(\{\mathbf{x}_{i0}\}) = \tfrac{1}{2}\sum_{ij}(\mathbf{x}_i - \mathbf{x}_{i0})^{\mathrm{T}}(\boldsymbol{\nabla}_i \boldsymbol{\nabla}_j V)(\{\mathbf{x}_{k0}\})(\mathbf{x}_j - \mathbf{x}_{j0}) + \cdots$$

$$= \tfrac{1}{2}\sum_{ij}\mathbf{y}_i^{\mathrm{T}} B^{(ij)} \mathbf{y}_j + \cdots = \tfrac{1}{2}\mathbf{Y}^{\mathrm{T}} B \mathbf{Y} + \cdots \ .$$

Würde für irgendwelche Auslenkungen $\mathbf{Y}$ gelten: $\mathbf{Y}^{\mathrm{T}} B \mathbf{Y} < 0$, so wäre das Gleichgewicht in $\{\mathbf{x}_{i0}\}$ instabil, die Auslenkungen aus der Gleichgewichtslage würden unbeschränkt anwachsen, und der schwingende Körper würde auseinander brechen. Die Matrix $B$ muss also entweder *positiv definit* oder *positiv semidefinit* sein.[28] Nun wissen wir bereits, dass das Gleichgewicht *indifferent* ist, s. Gleichung (3.84). Es folgt daher aus

$$\mathbf{0} = \left[\frac{\partial}{\partial \boldsymbol{\xi}}\, V(\{\mathbf{x}_j + \boldsymbol{\xi}\})\right]_{\boldsymbol{\xi}=\mathbf{0}} = \sum_j (\boldsymbol{\nabla}_j V)(\{\mathbf{x}_i\})$$

durch Ableiten bezüglich $\mathbf{x}_i$, dass in der Gleichgewichtslage $\{\mathbf{x}_{k0}\}$ gilt:

$$\mathbb{O}_3 = \sum_j (\boldsymbol{\nabla}_i \boldsymbol{\nabla}_j V)(\{\mathbf{x}_{k0}\}) = \sum_j V_0^{(ij)} \ .$$

Für alle $\boldsymbol{\xi} \in \mathbb{R}^3$ folgt daher

$$\mathbf{0} = \frac{1}{\sqrt{m_i}}\left[\sum_j V_0^{(ij)}\right]\boldsymbol{\xi} = \sum_j B^{(ij)}(\sqrt{m_j}\,\boldsymbol{\xi})$$

---

[28]Eine symmetrische Matrix $B$ heißt *positiv definit*, falls für alle $\mathbf{Y} \neq \mathbf{0}$ gilt: $\mathbf{Y}^{\mathrm{T}} B \mathbf{Y} > 0$, und *positiv semidefinit*, falls für alle $\mathbf{Y} \neq \mathbf{0}$ gilt: $\mathbf{Y}^{\mathrm{T}} B \mathbf{Y} \geq 0$.

oder mit der Definition $\mathbf{Y}_\xi \equiv (\sqrt{m_1}\xi / \sqrt{m_2}\xi / \cdots / \sqrt{m_N}\xi)$ in $3N$-dimensionaler Notation: $B\mathbf{Y}_\xi = \mathbf{0}$. Dies zeigt, dass die Matrix $B$ tatsächlich positiv *semi*definit, jedoch nicht positiv definit ist. Folglich wird auch die Diagonalmatrix $B_D$ positiv *semi*definit sein, und dies hat wieder zur Konsequenz, dass einige der Eigenfrequenzen null und die übrigen streng positiv sind. Falls das hier betrachtete $N$-Teilchen-System einen *drei*dimensionalen Festkörper beschreibt, treten in der Regel genau *drei* Nullmoden auf; alle anderen Frequenzen sind dann positiv.

### 3.8.2   Beispiel: ein 3-atomiges Ringmolekül

Wir betrachten ein 3-atomiges *klassisches* Ringmolekül der Länge $3a$, sodass der *Radius* dieses ringförmigen Moleküls $\frac{3}{2\pi}a$ beträgt. Entlang des Ringmoleküls sollen sich drei *klassische*, punktförmige Atome an den Positionen $x_1$, $x_2$ und $x_3$ befinden, wobei diese Positionen entlang des Rings gemessen werden. Die Ortsvariable $x$ entspricht somit einer *Bogenlänge*; folglich entsprechen die Positionen $x$ und $x + 3a$ dem *gleichen* Punkt des Rings. Wir nehmen an, dass jedes Atom die Masse $m$ hat und benachbarte Atome durch ideale Federn mit der Federkonstanten $m\omega^2$ und der Ruhelänge $a$ verbunden sind. Die potentielle Energie als Funktion der Positionen $(x_1, x_2, x_3)^{\mathrm{T}} \equiv \mathbf{x}$ der drei Teilchen ist dann durch

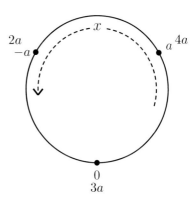

**Abb. 3.22** 3-atomiges Ringmolekül in der Gleichgewichtslage

$$V(\mathbf{x}) = \tfrac{1}{2}m\omega^2 \left[ (x_2 - x_1 - a)^2 + (x_3 - x_2 - a)^2 + (x_1 - x_3 + 2a)^2 \right]$$

gegeben. Dieses Potential ist also invariant unter Translationen des Gesamtsystems entlang des Rings: $V(x_1 + \xi, x_2 + \xi, x_3 + \xi) = V(\mathbf{x})$ für alle $\xi \in \mathbb{R}$. Die Bewegungsgleichungen lauten:

$$m\ddot{x}_1 = -\frac{\partial V}{\partial x_1} = -m\omega^2(2x_1 - x_2 - x_3 + 3a)$$

$$m\ddot{x}_2 = -\frac{\partial V}{\partial x_2} = -m\omega^2(2x_2 - x_3 - x_1)$$

$$m\ddot{x}_3 = -\frac{\partial V}{\partial x_3} = -m\omega^2(2x_3 - x_1 - x_2 - 3a) \ .$$

Ein möglicher Gleichgewichtszustand ist $x_{10} = a$, $x_{20} = 2a$, $x_{30} = 3a$. Wegen der Translationsinvarianz des Potentials entlang des Rings ist dieses Gleichgewicht *indifferent*. Wir führen neue Koordinaten $\mathbf{y} \equiv (y_1, y_2, y_3)^{\mathrm{T}}$ mit $y_j \equiv \sqrt{m}(x_j - aj)$ ein. Die Bewegungsgleichungen für die neuen Koordinaten sind:

$$\ddot{y}_1 = -\omega^2(2y_1 - y_2 - y_3) \quad , \quad \ddot{y}_2 = -\omega^2(2y_2 - y_3 - y_1) \quad , \quad \ddot{y}_3 = -\omega^2(2y_3 - y_1 - y_2)$$

oder kurz:

$$\ddot{\mathbf{y}} = -B\mathbf{y} \qquad \text{mit} \qquad B = \omega^2 \begin{pmatrix} 2 & -1 & -1 \\ -1 & 2 & -1 \\ -1 & -1 & 2 \end{pmatrix} .$$

Die Eigenwerte der Matrix $B$ sind $\beta_1 = 0$, $\beta_2 = 3\omega^2$ und $\beta_3 = 3\omega^2$, sodass man nach der Diagonalisierung von $B$ die folgende Zeitabhängigkeit der Normalkoordinaten $Z_\mu(t)$ erhält:

$$Z_1(t) = Z_1(0) + \dot{Z}_1(0)t$$

$$Z_2(t) = Z_2(0)\cos(\sqrt{3}\,\omega t) + \frac{1}{\sqrt{3}\,\omega}\,\dot{Z}_2(0)\sin(\sqrt{3}\,\omega t)$$

$$Z_3(t) = Z_3(0)\cos(\sqrt{3}\,\omega t) + \frac{1}{\sqrt{3}\,\omega}\,\dot{Z}_3(0)\sin(\sqrt{3}\,\omega t) .$$

Die entsprechenden Eigenvektoren von $B$ sind

$$\hat{\mathbf{y}}_1 = \frac{1}{\sqrt{3}}\begin{pmatrix} 1 \\ 1 \\ 1 \end{pmatrix} \quad , \quad \hat{\mathbf{y}}_2 = \frac{1}{\sqrt{2}}\begin{pmatrix} 1 \\ 0 \\ -1 \end{pmatrix} \quad , \quad \hat{\mathbf{y}}_3 = \frac{1}{\sqrt{6}}\begin{pmatrix} 1 \\ -2 \\ 1 \end{pmatrix} ,$$

und die Eigenschwingungen sind $\mathbf{x}_\mu(t) - \mathbf{x}_0 = \frac{1}{\sqrt{m}}\,Z_\mu(t)\,\hat{\mathbf{y}}_\mu$ mit $\mu = 1, 2, 3$.

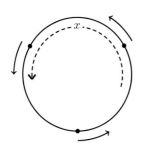 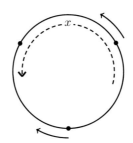 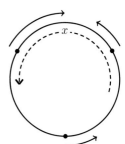

**Abb. 3.23** Erste Mode     **Abb. 3.24** Zweite Mode     **Abb. 3.25** Dritte Mode

Die physikalische Interpretation dieser drei Eigenmoden ist nun einfach:

- Bei der ersten Mode sind die Auslenkungen der drei Atome aus der Gleichgewichtslage stets gleich; da sie außerdem linear in der Zeit anwachsen, liegt hier eine Translation des Gesamtsystems, kombiniert mit einer Geschwindigkeitstransformation vor: Die drei Atome bewegen sich gleichförmig in festem Abstand $a$ voneinander entlang des Rings. Diese erste Schwingungsmode ist grafisch in Abbildung 3.23 dargestellt.

- Bei der zweiten Mode bewegt sich das zweite Atom *nicht*, während die beiden anderen Atome in stets entgegengesetzten Richtungen schwingen. Der Massenschwerpunkt des Systems verlagert sich bei dieser Schwingung also nicht. Die zweite Mode ist in Abbildung 3.24 grafisch dargestellt.

- Bei der dritten Mode wird die synchrone Schwingung des ersten und dritten Atoms durch eine entgegengesetzte Schwingung (mit doppelt so großer Amplitude) des zweiten Atoms kompensiert. Auch bei dieser Schwingung verlagert sich der Massenschwerpunkt des Systems nicht. Diese dritte Schwingung wird in Abbildung 3.25 skizziert.

### 3.8.3  Beispiel: ein N-atomiges Ringmolekül

Als Verallgemeinerung des vorigen Beispiels betrachten wir nun ein eindimensionales $N$-atomiges Ringmolekül der Länge $L = Na$, das also den Radius $Na/2\pi$ hat. Entlang des Ringmoleküls befinden sich nun $N$ klassische, punktförmige Atome an den Positionen $\{x_i \mid i = 1, 2, \cdots, N\}$, die – wie im vorigen Beispiel – entlang des Rings gemessen werden. Die Bogenlängen $x$ und $x + Na$ entsprechen wiederum dem gleichen Punkt des Rings. Wir nehmen wiederum an, dass jedes Atom die Masse $m$ hat und benachbarte Atome durch ideale Federn mit der Federkonstanten $m\omega^2$ und der Ruhelänge $a$ verbunden sind.

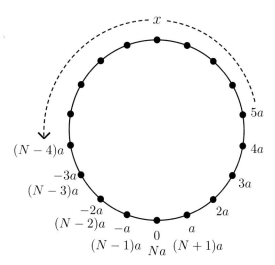

**Abb. 3.26** Skizze eines $N$-atomigen Ringmoleküls in der Gleichgewichtslage

Das Potential als Funktion der Positionen $\{x_i\}$ ist nun durch

$$V(\{x_i\}) = \tfrac{1}{2}m\omega^2 \sum_{i=1}^{N-1}(x_{i+1} - x_i - a)^2 + \tfrac{1}{2}m\omega^2[x_1 - x_N + (N-1)\,a]^2$$

gegeben. Auch dieses Potential ist invariant unter Translationen des Gesamtsystems entlang des Rings: $V(\{x_i + \xi\}) = V(\{x_i\})$ für alle $\xi \in \mathbb{R}$. Die Bewegungsgleichungen lauten für $2 \le i \le N - 1$:

$$\ddot{x}_i = -\frac{1}{m}\frac{\partial V}{\partial x_i} = -\omega^2(2x_i - x_{i+1} - x_{i-1}) \qquad (2 \le i \le N - 1)$$

bzw. für $i = 1$ und $i = N$:

$$\ddot{x}_1 = -\omega^2(2x_1 - x_2 - x_N + Na) \quad , \quad \ddot{x}_N = -\omega^2(2x_N - x_1 - x_{N-1} - Na) \,.$$

Schwingungen sind in diesem Modell nur entlang des Ringes möglich. Eine mögliche Gleichgewichtslage wäre:

$$x_{j0} = aj \qquad (j = 1, 2, \cdots, N) \,,$$

und man kann durch beliebige Translationen entlang des Ringes neue Gleichgewichtszustände erzeugen. Das Gleichgewicht $\{x_{i0}\}$ ist also indifferent. Wir führen neue Variablen

$$x_j - aj \equiv \frac{1}{\sqrt{m}}\, y_j \qquad (j = 1, \cdots, N)$$

ein und erhalten die Bewegungsgleichung:

$$\ddot{y}_i = -\omega^2(2y_i - y_{i+1} - y_{i-1}) \,. \tag{3.87}$$

Wegen der Ringstruktur definiert man hierbei:

$$x_{i+N} \equiv x_i + Na \quad , \quad y_{i+N} \equiv y_i \quad (\forall\, i \in \mathbb{Z}) \,,$$

sodass insbesondere $x_0 \equiv x_N - Na$ und $y_0 \equiv y_N$ gilt.

**Lösung der Bewegungsgleichung durch Fourier-Transformation**

Es ist relativ leicht, die gekoppelten Gleichungen (3.87) zu lösen, da alle Gitter-plätze physikalisch äquivalent sind und daher eine diskrete Translationsinvarianz der möglichen Lösungen vorliegt. Stets wenn eine Bewegungsgleichung *linear* und *forminvariant unter Translationen* ist, bietet sich eine Fourier-Transformation an. Man vermutet daher, dass sich die Lösung von (3.87) bequemer mit Hilfe der Fourier-Amplituden $z_l(t)$ darstellen ließe:

$$y_j(t) = \frac{1}{\sqrt{N}} \sum_l z_l(t) e^{ik_l j a} \quad , \quad k_l = \frac{2\pi l}{Na} \,. \tag{3.88}$$

Die Bedingung $k_l = \frac{2\pi l}{Na}$ kommt daher, dass $y_j = y_{j+N}$ gilt und somit für alle Wellenzahlen $k$ in der Fourier-Entwicklung $e^{ikNa} = 1$ gelten muss, d. h. $kNa = 2\pi l$ mit $l \in \mathbb{Z}$. Da die Wellenzahlen $k_l$ und $k_l + \frac{2\pi}{a}$ für alle $j$ dieselben Phasenfaktoren $e^{ikja}$ ergeben, können wir uns auf $l$-Werte im Intervall $-\frac{N}{2} < l \leq \frac{N}{2}$ beschränken. Die komplexen Amplituden $z_l$ sind nicht alle unabhängig: Wegen $y_j \in \mathbb{R}$ muss für alle $j$ gelten:

$$y_j = y_j^* = \frac{1}{\sqrt{N}} \sum_l z_l^* \, e^{-ik_l j a} = \frac{1}{\sqrt{N}} \sum_l z_l^* \, e^{ik_{-l} j a} = \frac{1}{\sqrt{N}} \sum_l z_{-l}^* \, e^{ik_l j a}$$

und daher für alle $l$-Werte: $z_l = z_{-l}^*$. Durch Einsetzen der Fourier-Entwicklung (3.88) in die Bewegungsgleichung (3.87) ergibt sich:

$$\begin{aligned}
\frac{1}{\sqrt{N}} \sum_l \ddot{z}_l \, e^{ik_l j a} &= -\frac{\omega^2}{\sqrt{N}} \sum_l z_l \, e^{ik_l j a} (2 - e^{ik_l a} - e^{-ik_l a}) \\
&= -\frac{2\omega^2}{\sqrt{N}} \sum_l z_l \, e^{ik_l j a} [1 - \cos(k_l a)] \\
&= -\frac{1}{\sqrt{N}} \sum_l (\omega_l)^2 z_l \, e^{ik_l j a} \tag{3.89}
\end{aligned}$$

mit $\omega_l \equiv \omega(k_l)$ und

$$\boxed{\; \omega(k) \equiv \left\{ 2\omega^2 [1 - \cos(ka)] \right\}^{1/2} = 2\omega |\sin(\tfrac{1}{2}ka)| \geq 0 \,. \;}$$

Durch Vergleichen der Koeffizienten von $e^{ik_l j a}$ auf der linken und rechten Seite von (3.89) erhält man:

$$\ddot{z}_l = -(\omega_l)^2 z_l \,. \tag{3.90}$$

Im Sinne des Abschnitts [3.8.1] stellen die Fourier-Amplituden $\{z_l\}$ also die *Normalkoordinaten* für dieses Schwingungsproblem dar. Die Lösung von (3.90) lautet im Falle $\omega_l \neq 0$:

$$z_l(t) = z_l(0) \cos(\omega_l t) + \tfrac{1}{\omega_l} \dot{z}_l(0) \sin(\omega_l t)$$

und für die $(l = 0)$-Mode mit $\omega_0 = 0$:

$$z_0(t) = z_0(0) + \dot{z}_0(0)t \ .$$

Die Existenz einer Nullschwingung für $l = 0$ ist eine Konsequenz der Indifferenz des Gleichgewichts. Hiermit ist nun auch das Problem der kleinen Schwingungen für das $N$-atomige eindimensionale Ringmolekül vollständig gelöst.

### Die Phononendispersion des Ringmoleküls

Die Schwingungsfrequenzen des $N$-atomiges Ringmoleküls sind für eine endliche, nicht allzu grosse Atomzahl natürlich *diskret* und klar voneinander getrennt. Im Limes einer großen Atomzahl ($N \to \infty$) geht das diskrete Schwingungsspektrum des Ringmoleküls in eine glatte Kurve über, da man für hinreichend große $N$ die diskrete Natur bei einer Messung mit endlicher Auflösung nicht mehr detektieren könnte. Die glatte Kurve wird als *Phononendispersion* bezeichnet. Die Phononendispersion des Ringmoleküls, d. h. die Frequenz $\omega(k)$ der Gitterschwingung als Funktion der Wellenzahl $k$, ist in Abbildung 3.27 skizziert. Da der Verlauf der Dispersionskurve für größere Wellenzahlen ($|k| \simeq \frac{\pi}{a}$) beträchtlich von einer Geraden abweicht, wird es für solche $k$-Werte (d. h. für Wellenlängen, die mit der Gitterkonstanten $a$ vergleichbar sind) zu erheblichen Unterschieden zwischen der *Phasen*geschwindigkeit $\frac{\omega(k)}{k}$ und der *Gruppen*geschwindigkeit $\frac{\partial \omega}{\partial k}(k)$ der Phononen kommen.[29] Nur für kleine Wellenzahlen (d. h. große Wellenlängen), also dort, wo man das Medium durch ein elastisches Kontinuum approximieren kann, sind beide Geschwindigkeiten gleich. Phononenzweige wie in Abb. 3.27, deren Dispersion $\omega(k)$ für kleine Wellenzahlen die von Schallwellen bekannte Form hat: $\omega(k) \sim c_s|k|$, werden generell als *akustische* Zweige bezeichnet, dies im Gegensatz zu *optischen* Phononen, für die $\omega(k = 0) > 0$ gilt.

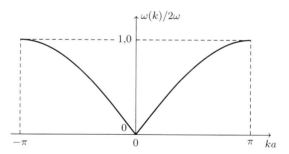

**Abb. 3.27** Phononendispersion des $N$-atomigen Ringmoleküls

### Die Fourier-Transformation als Beispiel einer unitären Transformation

Im Hinblick auf die in Abschnitt [3.8.1] behandelte allgemeine Struktur der Lösung von Schwingungsproblemen fügen wir noch hinzu, dass die hier zur Diagonalisierung verwendete Fourier-Transformation ein Beispiel einer *unitären* Transformation ist. Insofern ist die in diesem Abschnitt verwendete Lösungsmethode eine direkte Anwendung des allgemeinen Schemas. Definieren wir nämlich die Vektoren

---

[29]Die Gruppengeschwindigkeit beschreibt physikalisch die Geschwindigkeit der Einhüllenden eines Wellenpakets und entspricht (in verlustfreien Medien) der *Signal*geschwindigkeit, d. h. der Ausbreitungsgeschwindigkeit von *Information*. Mit der Phasengeschwindigkeit breiten sich fest vorgegebene Werte von Phasen monochromatischer Wellen im Raum aus; verwertbare Information ist hierin *nicht* enthalten.

$\mathbf{y} \equiv (y_1, y_2, \cdots, y_N)^{\mathrm{T}}$ und $\mathbf{z} \equiv (z_1, z_2, \cdots, z_N)^{\mathrm{T}}$ und die Matrizen

$$\mathcal{U}_{lj} \equiv \frac{1}{\sqrt{N}} \, e^{-2\pi i l j/N} \quad , \quad (\mathcal{U}^\dagger)_{jl} = \frac{1}{\sqrt{N}} \, e^{2\pi i l j/N} \,,$$

dann gilt die Beziehung $\mathbf{y} = \mathcal{U}^\dagger \mathbf{z}$. Hierbei bezeichnet die Notation $\mathcal{U}^\dagger$ die *hermitesche Konjugation* der Matrix $\mathcal{U}$, sodass $(\mathcal{U}^\dagger)_{jl} = \mathcal{U}^*_{lj}$ gilt. Die Matrizen $\mathcal{U}$ und $\mathcal{U}^\dagger$ haben die Eigenschaften

$$(\mathcal{U}\mathcal{U}^\dagger)_{ll'} = \sum_j \mathcal{U}_{lj} (\mathcal{U}^\dagger)_{jl'} = \frac{1}{N} \sum_j \left[ e^{2\pi i (l'-l)/N} \right]^j = \delta_{ll'}$$

$$(\mathcal{U}^\dagger \mathcal{U})_{jj'} = \sum_l (\mathcal{U}^\dagger)_{jl} \mathcal{U}_{lj'} = \frac{1}{N} \sum_l \left[ e^{2\pi i (j-j')/N} \right]^l = \delta_{jj'} \,,$$

die auch kurz als $\mathcal{U}\mathcal{U}^\dagger = \mathbb{1}_N$ und $\mathcal{U}^\dagger \mathcal{U} = \mathbb{1}_N$ dargestellt werden können und bedeuten, dass $\mathcal{U}$ und $\mathcal{U}^\dagger$ (und daher auch die Fourier-Transformation) *unitär* sind. Es folgt: $\mathbf{z} = (\mathcal{U}^\dagger)^{-1} \mathbf{y} = \mathcal{U}\mathbf{y}$ oder in Komponentenschreibweise:

$$z_l = \frac{1}{\sqrt{N}} \sum_j y_j \, e^{-ik_l j a} \qquad \left( -\tfrac{N}{2} < l \leq \tfrac{N}{2} \right).$$

Dies zeigt noch einmal explizit, dass die Fourier-Transformation *invertierbar* und der Zusammenhang zwischen den Auslenkungen $\{y_i\}$ und den Fourier-Amplituden $\{z_l\}$ somit *eindeutig* ist.

## 3.9   Übungsaufgaben

### Aufgabe 3.1 Geschwindigkeitsabhängige Kräfte

Wir betrachten ein System wechselwirkender Punktmassen $m_i$ $(i = 1, \cdots, N)$ mit einer auf das $i$-te Teilchen wirkenden Kraft

$$\mathbf{F}_i = \sum_{j \neq i} \mathbf{f}_{ji} \quad , \quad \mathbf{f}_{ji} = f_{ji}(|\mathbf{x}_{ji}|, |\dot{\mathbf{x}}_{ji}|)\hat{\mathbf{x}}_{ji} \quad , \quad \mathbf{x}_{ji} \equiv \mathbf{x}_j - \mathbf{x}_i \quad , \quad f_{ji} = f_{ij} \,.$$

(a) Ist diese Form der Kraft $\mathbf{F}_i$ verträglich mit der Galilei-Invarianz des Systems? Erfüllt die Kraft $\mathbf{F}_i$ das dritte Newton'sche Gesetz (2.46)?

(b) Bestimmen Sie, ob für Kräfte $\mathbf{F}_i$ dieser Form allgemein $\frac{d}{dt}\mathbf{P} = 0$ , $\frac{d}{dt}\mathbf{L} = 0$ bzw. $\frac{d}{dt}E_{\mathrm{kin}} = 0$ gilt, wobei $(\mathbf{P}, \mathbf{L}, E_{\mathrm{kin}})$ den Gesamtimpuls, den Gesamtdrehimpuls und die gesamte kinetische Energie des Systems darstellen.

### Aufgabe 3.2 Energiegewinnung

Ein Reisender befindet sich bezüglich eines mit der Geschwindigkeit $v_0$ geradeaus fahrenden Zuges zunächst in Ruhe. Zur Zeit $t_0$ setzt er sich mit konstanter Beschleunigung $a$ in Fahrtrichtung in Bewegung, bis er eine Relativgeschwindigkeit $v_{\mathrm{r}}$ (relativ zum Zug) erreicht hat.

(a) Nehmen Sie zunächst an, dass der Zug seine Geschwindigkeit beibehält. Welche Arbeit $W$ leistet der Reisende? Welche kinetische Energie gewinnt er? Zeigen Sie, dass die Gesamtenergie erhalten ist.

(b) Ist die angenommene Konstanz der Beschleunigung wesentlich?

(c) Nehmen Sie nun an, dass der Zug antriebsfrei und ohne äußere Kräfte rollt. Berechnen Sie die vom Reisenden geleistete Arbeit sowie die Energieänderungen von Reisendem und Zug und weisen Sie wiederum Energieerhaltung nach.

## Aufgabe 3.3 Geschwindigkeitsabhängige Kräfte – ein Beispiel

Betrachten Sie die Anziehung eines einzelnen Teilchens (mit der Masse $m$) durch die Erde (Masse $M_{\mathrm{E}}$, Radius $R_{\mathrm{E}}$) und nehmen Sie an, dass die Bewegungsgleichung des einzelnen Teilchens durch

$$m\ddot{\mathbf{x}} = \left[ -\frac{\mathcal{G}\, m\, M_{\mathrm{E}}}{x^2} + \gamma(x) |\dot{\mathbf{x}}|^2 \right] \hat{\mathbf{x}} \quad , \quad x \equiv |\mathbf{x}| \tag{3.91}$$

mit $\dot{\mathbf{x}}(0) = 0$ und $|\mathbf{x}(0)| > R_{\mathrm{E}}$ gegeben ist, wobei $\gamma(x)$ den Reibungskoeffizienten darstellt (der für $x \gtrsim R_{\mathrm{E}}$ hinreichend glatt sein soll). Der Ursprung $\mathbf{0}$ des Koordinatensystems befindet sich im Erdmittelpunkt.

(a) Leiten Sie aus (3.91) in der Nähe der Erdoberfläche (d. h. für $x = R_{\mathrm{E}} + z$ mit $0 < \frac{z}{R_{\mathrm{E}}} \ll 1$) eine eindimensionale Bewegungsgleichung für $z(t)$ her und lösen Sie diese.

(b) Inwiefern ist ein Ansatz der Form (3.91) Ihrer Meinung nach realistisch? Bitte begründen Sie Ihre Antwort.

## Aufgabe 3.4 Konservative Kräfte

Betrachten Sie ein abgeschlossenes mechanisches System, das aus zwei Teilchen besteht. Auf Teilchen 1 und 2 wirken die Kräfte $\mathbf{f}_{21} \equiv \mathbf{f}(\mathbf{x}_{21})$ bzw. $\mathbf{f}_{12} \equiv \mathbf{f}(\mathbf{x}_{12})$, wobei $\mathbf{f}(\mathbf{x})$ durch

$$(i)\ \mathbf{f}(\mathbf{x}) = \frac{1}{x_1^2 + x_2^2} \begin{pmatrix} -x_2 \\ x_1 \\ 0 \end{pmatrix} \quad , \quad (ii)\ \mathbf{f}(\mathbf{x}) = \begin{pmatrix} 2x_1 x_2^2 + x_3^3 \\ 2x_1^2 x_2 \\ 3x_1 x_3^2 \end{pmatrix}$$

$$(iii)\ \mathbf{f}(\mathbf{x}) = \sin^5 \left[ e^{x^2 + \sin(x)} \arctan(x) \right] \hat{\mathbf{x}}$$

gegeben ist und wie üblich $x \equiv |\mathbf{x}|$ und $\hat{\mathbf{x}} \equiv \mathbf{x}/x$ gilt. Bestimmen Sie jeweils, ob diese Zweiteilchenkräfte konservativ sind.

## Aufgabe 3.5 Der Sturz ins Zentrum

Wir betrachten das Zweiteilchenproblem $\mu \ddot{\mathbf{x}} = -V'(x) \hat{\mathbf{x}}$ mit $x \equiv |\mathbf{x}|$ für den Relativvektor $\mathbf{x}(t) = \mathbf{x}_{21}(t)$ zweier miteinander wechselwirkender Teilchen und nehmen an, dass das Potential $V(x)$ die Form

$$V(x) = V_0\, x^\beta \qquad (V_0 < 0 \,,\, \beta < -2)$$

hat. Die Kraft, die die Teilchen aufeinander ausüben, ist somit stark *attraktiv*. Des Weiteren nehmen wir an, dass der (erhaltene) Gesamtdrehimpuls im Schwerpunktsystem durch $\mathbf{L}^{(\mathrm{S})} = L\hat{\mathbf{e}}_3$ mit $L > 0$ gegeben ist und dass zur Anfangszeit $t = 0$ gilt: $\dot{x}(0) < 0$ und $x(0) < x_{\mathrm{m}}$ mit

$$x_{\mathrm{m}} \equiv \left( \frac{\beta \mu V_0}{L^2} \right)^{\frac{1}{|2+\beta|}} .$$

(a) Zeigen Sie, dass die beiden Teilchen innerhalb einer *endlichen* Zeit $T > 0$ in den Massenschwerpunkt stürzen. Geben Sie einen *exakten* Ausdruck für $T$ in der Form eines Integrals an. (Sie brauchen dieses Integral nicht explizit zu berechnen.) Erläutern Sie insbesondere, an welcher Stelle Sie die Einschränkung $x(0) < x_\mathrm{m}$ verwendet haben.

(b) Entscheiden Sie, ob die beiden Teilchen *endlich viele* oder *unendlich viele* Umläufe um den Massenschwerpunkt ausführen, bevor sie in ihn hineinstürzen. Erläutern Sie Ihre Antwort.

(c) Wie ist der Sturz in den Massenschwerpunkt [mit $x(t) \downarrow 0$] mit der Gesamtdrehimpulserhaltung vereinbar?

**Aufgabe 3.6 Dynamik einer Rakete nahe einer Galaxie**

Die potentielle Energie eines $N$-Teilchen-Systems mit Gravitationswechselwirkung ist gegeben durch

$$V(\mathbf{X}) = \sum_{i<j} V_{ji}(|\mathbf{x}_{ji}|) = -\sum_{i<j} \frac{\mathcal{G}m_i m_j}{|\mathbf{x}_{ji}|} \quad , \quad \mathbf{X} \equiv (\mathbf{x}_1/\mathbf{x}_2/\cdots/\mathbf{x}_N) \qquad (3.92)$$

und die auf das $k$-te Teilchen wirkende Kraft durch $\mathbf{F}_k = -\boldsymbol{\nabla}_k V$.

(a) Zeigen Sie, dass aus (3.92) folgt: $\mathbf{F}_1 = -\boldsymbol{\nabla}_1 U$ mit $U(\mathbf{X}) = -\sum_{j=2}^{N} \frac{\mathcal{G}m_1 m_j}{|\mathbf{x}_{j1}|}$.

Wir konzentrieren uns nun auf den Spezialfall, wobei die Teilchen $2, 3, \cdots, N$ eine kontinuierliche Massenverteilung (eine „Galaxie") mit der Oberflächenmassendichte $\rho(x_1, x_2)$ in der $\hat{\mathbf{e}}_1$-$\hat{\mathbf{e}}_2$-Ebene bilden und sich Teilchen 1 (die „Rakete") am Ort $\mathbf{x}_1 = x_{13}\hat{\mathbf{e}}_3$ entlang der $\hat{\mathbf{e}}_3$-Achse befindet.

(b) Zeigen Sie für diesen Fall:

$$U = -\int dx_1' \int dx_2' \frac{\mathcal{G}m_1 \rho(x_1', x_2')}{\sqrt{(x_1')^2 + (x_2')^2 + (x_{13})^2}} \equiv u(x_{13}) \, .$$

(c) Zeigen Sie für eine *kreisscheibenförmige* Galaxie mit *homogener* Massenverteilung, $\rho(x_1, x_2) = \bar{\rho} = $ konstant für $(x_1^2 + x_2^2)^{1/2} \leq R$ und $\rho = 0$ sonst, durch Berechnung des Integrals mit Hilfe von Polarkoordinaten:

$$u(x_{13}) = -2\pi m_1 \mathcal{G}\bar{\rho} \left( \sqrt{R^2 + (x_{13})^2} - |x_{13}| \right) \, . \qquad (3.93)$$

(d) Zeigen Sie für den Fall, dass sich die Rakete weit vom Zentrum der Galaxie entfernt befindet ($|x_{13}| \gg R$), durch Taylor-Entwicklung der Wurzel in (3.93):

$$u(x_{13}) \sim -\frac{m_1 M \mathcal{G}}{|x_{13}|} \left[ 1 - \frac{R^2}{4(x_{13})^2} + \cdots \right] \qquad (|x_{13}| \gg R \, , \ M \equiv \pi R^2 \bar{\rho}) \, .$$

Wie interpretieren Sie dieses Ergebnis physikalisch?

(e) Zeigen Sie analog für den Fall, dass sich die Rakete gerade in der Nähe des Zentrums der Galaxie befindet ($|x_{13}| \ll R$):

$$u(x_{13}) \sim -2\pi m_1 \mathcal{G}\bar{\rho} \left( R - |x_{13}| + \frac{(x_{13})^2}{2R} + \cdots \right) \qquad (|x_{13}| \ll R) \, .$$

Folgern Sie hieraus, dass die auf die Rakete einwirkende Gravitationskraft betragsmäßig konstant ist, $|\mathbf{F}_1| = m_1 a$ mit $a \equiv 2\pi\mathcal{G}\bar{\rho}$, und dass die Bewegungsgleichung der Rakete (mit abgeschaltetem Antrieb) nahe dem galaktischen Zentrum $\ddot{x}_{13} = -a\,\mathrm{sgn}(x_{13})$ lautet. Skizzieren Sie die typische Form der Lösungen dieser Bewegungsgleichung als Funktion der Zeit. Sie dürfen hierbei annehmen, dass die Rakete zum Zeitpunkt $t = 0$ relativ zur Galaxie ruht und dass sie sich ungestört durch die galaktische Scheibe hindurchbewegen kann.

### Aufgabe 3.7 Kreisbahnen und kleine Schwingungen

Betrachten Sie zwei Punktteilchen mit den Massen $m_1$ und $m_2$ und den Koordinaten $\mathbf{x}_1$ und $\mathbf{x}_2$, deren Zweiteilchenwechselwirkung aus einem Potential der Form $V(x) = V_0 \ln(x/x_0)$ mit $x \equiv |\mathbf{x}|$, $\mathbf{x} \equiv \mathbf{x}_{21}$ und $x_0 > 0$ abgeleitet werden kann. Wir untersuchen dieses Problem im Schwerpunktsystem.

(a) Betrachten Sie zunächst mögliche Kreisbahnen für den Relativvektor $\mathbf{x}(t)$ der beiden Teilchen: Bestimmen Sie den Gesamtdrehimpuls $|\mathbf{L}^{(\mathrm{S})}|$ sowie die Kreisfrequenz $\omega_\mathrm{K}$, mit der die Kreisbahn durchlaufen wird, beide als Funktion des Radius $|\mathbf{x}(t)|$ der Kreisbahn.

(b) Betrachten Sie nun mögliche kleine Schwingungen um die Kreisbewegung: Bestimmen Sie die Kreisfrequenz $\omega_\mathrm{S}$, mit der solche kleinen Schwingungen ausgeführt werden können, und entscheiden Sie, ob die Bahn einer kleinen Schwingung um die Kreisbahn (im Rahmen der harmonischen Näherung) geschlossen ist.

### Aufgabe 3.8 Der dreidimensionale harmonische Oszillator

Betrachten Sie zwei Punktteilchen mit den Massen $m_1$ und $m_2$ und den Koordinaten $\mathbf{x}_1$ und $\mathbf{x}_2$, deren Zweiteilchenwechselwirkung aus dem Potential $V(x) = \frac{1}{2}\mu\omega^2 x^2$ abgeleitet werden kann. Hierbei ist $x \equiv |\mathbf{x}|$, $\mathbf{x} \equiv \mathbf{x}_{21}$ und $\mu \equiv \frac{m_1 m_2}{m_1 + m_2}$; wir untersuchen dieses Problem im Schwerpunktsystem. Die Gesamtenergie $E^{(\mathrm{S})}$ und der Gesamtdrehimpuls $\mathbf{L}^{(\mathrm{S})} = L\hat{\mathbf{e}}_3$ sind bekanntlich erhalten, und man kann die Bewegung in der $\hat{\mathbf{e}}_1$-$\hat{\mathbf{e}}_2$-Ebene durch zwei Amplituden und zwei Phasen charakterisieren: $x_1(t) = a_1 \cos(\omega t + \varphi_1)$ und $x_2(t) = a_2 \cos(\omega t + \varphi_2)$.

(a) Zeigen Sie: $E^{(\mathrm{S})} = \frac{1}{2}\mu\omega^2 \left(a_1^2 + a_2^2\right)$ und $\mathbf{L}^{(\mathrm{S})} = -\mu\omega a_1 a_2 \sin(\varphi_2 - \varphi_1)\hat{\mathbf{e}}_3$.

(b) Bestimmen Sie die große und die kleine Halbachse der durch $(x_1(t), x_2(t))$ beschriebenen Ellipse als Funktion von $E^{(\mathrm{S})}$ und $|\mathbf{L}^{(\mathrm{S})}|$. Wie lautet also die Normalform dieser Ellipse?

(c) Es sei nun als Anfangsbedingung gegeben:

$$\begin{pmatrix} x_1(0) \\ x_2(0) \end{pmatrix} = \sqrt{2} \begin{pmatrix} 1 \\ 5 \end{pmatrix} \quad \text{und} \quad \begin{pmatrix} \dot{x}_1(0) \\ \dot{x}_2(0) \end{pmatrix} = -\frac{\omega}{\sqrt{2}} \begin{pmatrix} 11 \\ 5 \end{pmatrix}.$$

Bestimmen Sie die zugehörige Normalform.

### Aufgabe 3.9 Geschlossene und nicht-geschlossene Bahnen

Nehmen wir an, zwei Punktteilchen der Massen $m_1$ bzw. $m_2$ üben eine anziehende Kraft aufeinander aus, die das dritte Newton'sche Gesetz erfüllt und aus dem

Zweiteilchenpotential $V(x) = -\frac{A}{x} - \frac{B}{2x^2}$ (mit $A > 0$ und $B > 0$) hergeleitet werden kann. Betrachten Sie nun das effektive Einteilchenproblem für den Relativvektor $\mathbf{x}(t)$ der beiden Punktmassen im Schwerpunktsystem.

(a) Zeigen Sie durch Lösung der Bewegungsgleichung für $x(\varphi)$, dass für $L^2/\mu > B$ der Winkel zwischen den beiden Vektoren, die das Attraktionszentrum $\mathbf{x} = \mathbf{0}$ mit dem Perizentrum bzw. dem Apozentrum der Bahn verbinden, durch

$$\Delta\varphi = \pi \left(1 - \frac{\mu B}{L^2}\right)^{-\frac{1}{2}}$$

gegeben ist, wobei $\mu$ die reduzierte Masse und $L$ den Betrag des Gesamtdrehimpulses darstellt.

(b) Ist die Bahn für $L^2/\mu > B$ im Allgemeinen geschlossen? Falls nein: Ist sie jemals geschlossen?

**Aufgabe 3.10 Kreisbahnen der anderen Art**

Wir betrachten die Relativbewegung eines Zweiteilchenproblems, für die bekanntlich (in der üblichen Polardarstellung) $\dot{\varphi} = \frac{L}{\mu x^2}$ und $\dot{x}^2 = \frac{2}{\mu}\left[E^{(\mathrm{S})} - V_{\mathrm{f}}(x)\right]$ gilt. Das im effektiven Potential $V_{\mathrm{f}}(x)$ enthaltene Zweiteilchenpotential $V(x)$ ist hierbei zunächst beliebig. Man kann sich fragen, ob es neben den in Abschnitt [3.3.1] behandelten Kreisbahnen, bei denen sich das Anziehungszentrum $\mathbf{x} = \mathbf{0}$ im *Mittelpunkt* des Kreises befindet, auch mögliche kreisförmige Bahnen gibt, wobei $\mathbf{x} = \mathbf{0}$ auf dem Kreisrand liegt. Zeigen Sie, dass diese Kreisbahnen der anderen Art nur für Zweiteilchenpotentiale der Form $V(x) = -V_0 x^{-4}$ mit $V_0 > 0$ auftreten, und bestimmen Sie den entsprechenden Wert der Gesamtenergie $E^{(\mathrm{S})}$ und den Radius der Kreisbahn als Funktion von $V_0$ und eventuell anderen Parametern im Problem. Bestimmen Sie außerdem die *Periode* dieser Kreisbewegung der anderen Art, falls sich die beiden Teilchen bei $\mathbf{x} = \mathbf{0}$ ungehindert aneinander vorbeibewegen können.

**Hinweis:** Suchen Sie zunächst eine Parametrisierung der Bahn in der Form

$$x_1(t) = x(\varphi)\cos(\varphi) = R[1 + \cos(\alpha)] \quad , \quad x_2(t) = x(\varphi)\sin(\varphi) = R\sin(\alpha)$$

mit konstantem Radius $R$ und zeitabhängigem Winkel $\alpha$. Berechnen Sie $(\frac{dx}{d\varphi})^2$ dann auf zwei verschiedene Weisen.

**Aufgabe 3.11 Elliptische Kepler-Bahnen**

Für Kepler-Bahnen gilt allgemein

$$\dot{x}^2 = \frac{2}{\mu}\left[E^{(\mathrm{S})} - V_{\mathrm{f}}(x)\right] \quad , \quad V_{\mathrm{f}}(x) = -\frac{\mathcal{G}\mu M}{x} + \frac{L^2}{2\mu x^2}$$

$$p = \frac{L^2}{\mu^2 \mathcal{G}M} \quad , \quad E^{(\mathrm{S})} = -\frac{1}{2}\mu\left(\frac{\mathcal{G}\mu M}{L}\right)^2(1 - \varepsilon^2) \quad , \quad x(\varphi) = \frac{p}{1 + \varepsilon\cos(\varphi)}$$

und für elliptische Kepler-Bahnen zusätzlich noch $p = a_1(1 - \varepsilon^2) = a_2\sqrt{1 - \varepsilon^2}$. Wir konzentrieren uns im Folgenden auf solche elliptischen Bahnen.

(a) Zeigen Sie:

$$a_1 = \frac{\mathcal{G}\mu M}{2|E^{(\mathrm{S})}|} \quad , \quad a_2 = \frac{L}{\sqrt{2\mu|E^{(\mathrm{S})}|}} .$$

**(b)** Zeigen Sie:

$$\left(\frac{dt}{dx}\right)^2 = \frac{\mu x^2}{2|E^{(S)}|[(a_1\varepsilon)^2 - (x - a_1)^2]} \ . \tag{3.94}$$

**(c)** Substituieren Sie die Parametrisierung $x(\xi) = a_1[1 - \varepsilon\cos(\xi)]$ in (3.94). Wählen Sie die Anfangsbedingung so, dass $\xi = 0$ zur Zeit $t = 0$ gilt. Zeigen Sie nun:

$$t(\xi) = \frac{(a_1)^{3/2}}{\sqrt{\mathcal{G}M}}\left[\xi - \varepsilon\sin(\xi)\right] \ .$$

**(d)** Skizzieren Sie die durch $\xi$ parametrisierte Kurve $\left(a_1^{-3/2}\sqrt{\mathcal{G}M}t(\xi),\, a_1^{-1}x(\xi)\right)$ für $\varepsilon = \frac{1}{2}$ und im Grenzfall $\varepsilon \uparrow 1$.

**(e)** Zeigen Sie: $x_1 = a_1[\cos(\xi) - \varepsilon]$ und $x_2 = a_1\sqrt{1 - \varepsilon^2}\sin(\xi)$, wobei $x_{1,2}$ definiert sind durch $\binom{x_1}{x_2} \equiv x(\varphi)\binom{\cos(\varphi)}{\sin(\varphi)}$.

**Aufgabe 3.12 Korrekturen zur Kepler'schen Bewegungsgleichung**

Einschließlich der Korrekturen aufgrund der allgemeinen Relativitätstheorie wird die Kepler-Bahn durch die folgende Differentialgleichung bestimmt:

$$\frac{d^2(x^{-1})}{d\varphi^2} = -(x^{-1} - p^{-1}) + \frac{3\mathcal{G}M}{c^2}x^{-2} \ .$$

Zeigen Sie, dass diese im Formalismus der nichtrelativistischen Newton'schen Mechanik aus einem Potential $V(x) = -\frac{\mathcal{G}\mu M}{x}[1 + f(x)]$ hergeleitet werden kann, wobei $f(x) = \left(\frac{L}{\mu cx}\right)^2 = \left(\frac{x\dot\varphi}{c}\right)^2$ gilt.

**Aufgabe 3.13 Die Winkelabhängigkeit der Zeit im Kepler-Problem**

Die Winkelabhängigkeit $t(\varphi)$ der Zeitvariablen im Kepler-Problem ist bekanntlich sowohl für Ellipsen ($0 \leq \varepsilon < 1$) als auch für Parabeln ($\varepsilon = 1$) und Hyperbeln ($\varepsilon > 1$) gegeben durch:

$$t(\varphi) = \frac{\mu p^2}{L}\tau(\varphi) \quad , \quad \tau(\varphi) = \int_0^\varphi d\varphi' \, \frac{1}{[1 + \varepsilon\cos(\varphi')]^2} \ .$$

**(a)** Zeigen Sie für alle $\varepsilon \geq 0$:

$$\tau(\varphi) = -\tau(-\varphi) \quad ; \quad \tau(\varphi) \sim \frac{\varphi}{(1 + \varepsilon)^2}\left[1 + \frac{\varepsilon\varphi^2}{3(1 + \varepsilon)} + \cdots\right] \quad (\varphi \to 0) \ .$$

**(b)** Zeigen Sie für $\varepsilon \geq 1$ durch Analyse des Integrals $\tau(\varphi)$ nahe $\varphi_\infty \equiv \pi - \arccos\left(\frac{1}{\varepsilon}\right)$:

$$\tau(\varphi) \sim \begin{cases} \frac{1}{\varepsilon^2 - 1}(\varphi_\infty - \varphi)^{-1} & (\varphi \uparrow \varphi_\infty,\ \varepsilon > 1) \\ \frac{4}{3}(\pi - \varphi)^{-3} & (\varphi \uparrow \varphi_\infty = \pi,\ \varepsilon = 1) \ . \end{cases}$$

**(c)** Zeigen Sie für $\varepsilon = 1$ außerdem unter Verwendung von $\cos(\varphi) = 2\cos^2\left(\frac{1}{2}\varphi\right) - 1$ durch explizite Berechnung:

$$\tau(\varphi) = \frac{1}{2}\tan\left(\frac{1}{2}\varphi\right)\left[1 + \frac{1}{3}\tan^2\left(\frac{1}{2}\varphi\right)\right] \ .$$

**Aufgabe 3.14 Beispiel eines exakt lösbaren Dreiteilchenproblems**

Das allgemeine Problem der Dynamik dreier Punktteilchen mit den Massen $m_1$, $m_2$ und $m_3$, die sich durch ihre Gravitationskräfte gegenseitig anziehen, ist nicht allgemein exakt lösbar. Ein exakt lösbarer Spezialfall ist jedoch die Bewegung dreier gleicher Massen ($m_1 = m_2 = m_3 \equiv m$), die zu jedem Zeitpunkt ein *gleichseitiges Dreieck* in einer (in irgendeinem Inertialsystem *festen*) Ebene bilden. Zu jeder Zeit $t$ sind die (i. Allg. zeitabhängigen) Abstände der drei Teilchen zu ihrem gemeinsamen Schwerpunkt also gleich; wir bezeichnen diese drei gleichen Abstände als $x(t)$. O. B. d. A. können wir annehmen, dass die Bewegung in der $\hat{\mathbf{e}}_1$-$\hat{\mathbf{e}}_2$-Ebene stattfindet und dass die Koordinaten von Teilchen 1 im Schwerpunktsystem durch $\mathbf{x}(t) = x(t)(\cos[\varphi(t)], \sin[\varphi(t)], 0)^{\mathrm{T}}$ gegeben sind. Wir bestimmen nun die Bewegungsgleichung für $\mathbf{x}(t)$.

**(a)** Zeigen Sie, dass Teilchen 2 und 3 sich in $\mathbf{x}_+$ und $\mathbf{x}_-$ befinden mit:

$$\mathbf{x}_\pm \equiv \pm \tfrac{1}{2}\sqrt{3}\mathbf{x}_\perp - \tfrac{1}{2}\mathbf{x} \quad , \quad \mathbf{x}_\perp \equiv x \begin{pmatrix} -\sin(\varphi) \\ \cos(\varphi) \\ 0 \end{pmatrix} .$$

**(b)** Zeigen Sie für die Bewegungsgleichung von Teilchen 1:

$$\ddot{\mathbf{x}} = \frac{\mathcal{G}m(\mathbf{x}_+ - \mathbf{x})}{|\mathbf{x}_+ - \mathbf{x}|^3} + \frac{\mathcal{G}m(\mathbf{x}_- - \mathbf{x})}{|\mathbf{x}_- - \mathbf{x}|^3} \stackrel{!}{=} -\frac{\mathcal{G}m\mathbf{x}}{\sqrt{3}\,x^3} .$$

**(c)** Erklären Sie die Beziehung zwischen dem hier betrachteten exakt lösbaren 3-Teilchen-Problem und dem Kepler-Problem.

*Anmerkung:* Dieses spezielle 3-Teilchen-Problem wurde zuerst (in leicht allgemeinerer Form) von Lagrange und Euler untersucht.

**Aufgabe 3.15 Gruß vom Mars**

Ein Marsmännchen befindet sich in seiner fliegenden Untertasse in einer geostationären Bahn und wirft ein Paket mit Werbematerial für einen Urlaub auf dem Mars (Gesamtgewicht 1 kg, Werbetext: „Mars erhöht Ihre potentielle Energie") mit einer Geschwindigkeit von 10 m/s in Richtung Erdmittelpunkt. Bestimmen Sie die Bahn des Werbematerials relativ zur Erde und relativ zur Untertasse.

# Kapitel 4

# Teilsysteme

Häufig können mechanische Systeme nicht als *abgeschlossen* angesehen werden. In solchen Fällen sind die auf das System einwirkenden *äußeren Kräfte* mitzuberücksichtigen. In diesem Kapitel erörtern wir zunächst (in Abschnitt [4.1]) die allgemeinen Eigenschaften solcher *Teilsysteme*. Anschließend diskutieren wir einige wichtige Beispiele, und zwar den *harmonischen Oszillator* mit Reibung und antreibenden Kräften in Abschnitt [4.2], verschiedene mögliche Realisierungen eines *Pendels* im Schwerkraftfeld in [4.3], das *geladene Teilchen* im elektromagnetischen Feld in Abschnitt [4.4] und die Theorie *schwimmender Körper*, die in ihrem Kern auf Archimedes von Syrakus zurückgeht, in Abschnitt [4.5].

Hierbei werden wir dem Verhalten der Bewegungsgleichungen unter Galilei-Transformationen weitaus weniger Aufmerksamkeit schenken als im vorigen Kapitel. Der Grund hierfür ist, wie bereits in Kapitel [2] erklärt, dass viele Bewegungsgleichungen für Teilsysteme durch die Wahl spezieller Bezugssysteme oder durch vorgenommene Näherungen *nicht* manifest Galilei-kovariant sind bzw. erst durch zusätzliche Transformationsregeln für die äußeren Kräfte Galilei-kovariant gemacht werden können. Speziell bei der Behandlung geladener Teilchen im elektromagnetischen Feld gehen wir jedoch noch einmal näher auf die Frage nach der Galilei-Kovarianz der Theorie (einschließlich der äußeren Felder) ein.

## 4.1 Allgemeine Eigenschaften von Teilsystemen

Während *abgeschlossene Einteilchensysteme* sehr einfach zu behandeln sind, da das einzige mögliche Kraftgesetz für solche Systeme durch $\mathbf{F} = \mathbf{0}$ gegeben ist, sind *Teil*systeme, die nur ein einzelnes Teilchen enthalten, weitaus weniger trivial. Da sie in der Physik außerdem eine prominente Rolle spielen, werden im Folgenden Einteilchensysteme unter der Einwirkung äußerer Kräfte gesondert diskutiert.

Anschließend wird die Verallgemeinerung auf Teilsysteme mit beliebiger Teilchenzahl behandelt.

### 4.1.1 Einteilchen-Teilsysteme

Aus dem deterministischen Prinzip der Klassischen Mechanik folgt, dass die allgemeine Form der Bewegungsgleichung eines Einteilchensystems gegeben ist durch

$$\dot{\mathbf{p}} = \mathbf{F}^{(\mathrm{ex})}(\mathbf{x}, \dot{\mathbf{x}}, t) \quad , \quad \mathbf{p} = m\dot{\mathbf{x}} \,,$$

© Springer-Verlag GmbH Deutschland, ein Teil von Springer Nature 2021
P. van Dongen, *Klassische Mechanik*,
https://doi.org/10.1007/978-3-662-63789-0_4

wobei $\mathbf{F}^{(\mathrm{ex})}$ die *äußere Kraft* darstellt, die auf das Teilchen wirkt und nur von den Variablen $(\mathbf{x}, \dot{\mathbf{x}}, t)$ abhängen kann. Wegen $\mathbf{F}^{(\mathrm{ex})} \neq \mathbf{0}$ ist der Impuls in einem solchen Teilsystem nicht erhalten, und das Gleiche gilt dann im Allgemeinen auch für den Drehimpuls $\mathbf{L} = \mathbf{x} \times \mathbf{p}$:

$$\boxed{\frac{d\mathbf{L}}{dt} = \mathbf{x} \times \dot{\mathbf{p}} = \mathbf{x} \times \mathbf{F}^{(\mathrm{ex})}(\mathbf{x}, \dot{\mathbf{x}}, t) \equiv \mathbf{N}^{(\mathrm{ex})}(\mathbf{x}, \dot{\mathbf{x}}, t)\ .} \tag{4.1}$$

Es ist wichtig, zu beachten, dass die Bewegungsgleichungen für den Impuls $\mathbf{p}$ und den Drehimpuls $\mathbf{L}$ *Vektoridentitäten* sind: Falls eine Komponente der Kraft $\mathbf{F}^{(\mathrm{ex})}$ oder des Drehmoments $\mathbf{N}^{(\mathrm{ex})}$ null ist, ist die entsprechende Komponente von $\mathbf{p}$ bzw. $\mathbf{L}$ erhalten, auch wenn die übrigen Komponenten von $\mathbf{F}^{(\mathrm{ex})}$ und $\mathbf{N}^{(\mathrm{ex})}$ von null verschieden sind. Bei der Lösung der Newton'schen Bewegungsgleichung sind solche Erhaltungsgrößen sehr hilfreich, wie wir z.B. beim Kepler-Problem in Abschnitt [3.6] konkret feststellen konnten.

### Arbeit, Potential, Energieerhaltung

Da die äußere Kraft $\mathbf{F}^{(\mathrm{ex})}$ in einem Einteilchen*teil*system *nicht* null ist, verrichtet sie im Allgemeinen *Arbeit* und ändert dadurch die kinetische Energie des Teilchens. Falls die äußere Kraft *konservativ* ist, kann die verrichtete Arbeit durch ein *Potential* ausgedrückt werden. Wir erklären die verschiedenen Konzepte.

Die durch die Kraft $\mathbf{F}^{(\mathrm{ex})}$ bei einer Teilchenbewegung von $\mathbf{x}^{(1)}$ zur Zeit $t_1$ nach $\mathbf{x}^{(2)}$ zur Zeit $t_2$ verrichtete *Arbeit* $W_{1 \to 2}$ wird allgemein durch

$$W_{1 \to 2} \equiv \int_1^2 d\mathbf{x} \cdot \mathbf{F}^{(\mathrm{ex})} = \int_{t_1}^{t_2} dt\ \dot{\mathbf{x}} \cdot \mathbf{F}^{(\mathrm{ex})}(\mathbf{x}, \dot{\mathbf{x}}, t) \equiv W_{1 \to 2}^{(\mathrm{ex})}$$

definiert. Sie ist wie folgt mit der Änderung der *kinetischen Energie* $E_{\mathrm{kin}}$ verknüpft:

$$\begin{aligned} W_{1 \to 2} &= \int_{t_1}^{t_2} dt\ \dot{\mathbf{x}} \cdot \mathbf{F}^{(\mathrm{ex})} = m \int_{t_1}^{t_2} dt\ \dot{\mathbf{x}} \cdot \ddot{\mathbf{x}} = \int_{t_1}^{t_2} dt\ \frac{d}{dt} \left( \tfrac{1}{2} m \dot{\mathbf{x}}^2 \right) \\ &= \tfrac{1}{2} m \dot{\mathbf{x}}^2 \big|_{t_1}^{t_2} = E_{\mathrm{kin}}^{(2)} - E_{\mathrm{kin}}^{(1)}\ . \end{aligned}$$

Für den wichtigen Spezialfall einer rein *orts*abhängigen und *konservativen* äußeren Kraft $\mathbf{F}^{(\mathrm{ex})}(\mathbf{x})$, mit der Eigenschaft

$$\oint d\mathbf{x} \cdot \mathbf{F}^{(\mathrm{ex})}(\mathbf{x}) = 0 \tag{4.2}$$

für jeden geschlossenen Integrationsweg in einem topologisch einfach zusammenhängenden Gebiet, können wir das *Potential* (bzw. die *potentielle Energie*) als vektorielles Kurvenintegral der äußeren Kraft einführen:

$$V_{\mathrm{ex}}(\mathbf{x}) = V_{\mathrm{ex}}(\mathbf{x}_0) - \int_{\mathbf{x}_0}^{\mathbf{x}} d\mathbf{x}' \cdot \mathbf{F}^{(\mathrm{ex})}(\mathbf{x}')\ .$$

Die Integrationskonstante $V_{\mathrm{ex}}(\mathbf{x}_0)$ ist physikalisch wirkungslos und kann bequem gewählt werden. Es gilt für das Differential des Potentials:

$$dV_{\mathrm{ex}} = -\mathbf{F}^{(\mathrm{ex})} \cdot d\mathbf{x} \qquad \text{bzw.} \qquad \mathbf{F}^{(\mathrm{ex})} = -\boldsymbol{\nabla} V_{\mathrm{ex}}\ .$$

Aufgrund des Stokes'schen Satzes, angewandt auf (4.2), oder alternativ direkt aus der Darstellung $\mathbf{F}^{(\mathrm{ex})} = -\boldsymbol{\nabla} V_{\mathrm{ex}}$, folgt nun

$$\boldsymbol{\nabla} \times \mathbf{F}^{(\mathrm{ex})} = \mathbf{0} \,.$$

Für *konservative* Kräfte können wir daher schreiben:

$$E_{\mathrm{kin}}^{(2)} - E_{\mathrm{kin}}^{(1)} = \int_1^2 d\mathbf{x} \cdot \mathbf{F}^{(\mathrm{ex})} = - \int_1^2 d\mathbf{x} \cdot \boldsymbol{\nabla} V_{\mathrm{ex}} = V_{\mathrm{ex}}^{(1)} - V_{\mathrm{ex}}^{(2)}$$

mit $V_{\mathrm{ex}}^{(1)} \equiv V_{\mathrm{ex}}(\mathbf{x}^{(1)})$ und $V_{\mathrm{ex}}^{(2)} \equiv V_{\mathrm{ex}}(\mathbf{x}^{(2)})$. Mit der Definition $E \equiv E_{\mathrm{kin}} + V_{\mathrm{ex}}$ für die Gesamtenergie des Einteilchensystems folgt nun die Identität

$$\boxed{E^{(1)} = E^{(2)} \quad , \quad E \equiv E_{\mathrm{kin}} + V_{\mathrm{ex}} \,,}$$

die die Energieerhaltung des Systems ausdrückt: $\frac{dE}{dt} = 0$.

**Der Virialsatz**

Der Virialsatz (3.13) lautet für Einteilchensysteme mit konservativen Kräften:

$$\boxed{\overline{E_{\mathrm{kin}}} = -\tfrac{1}{2}\overline{\mathbf{x} \cdot \mathbf{F}^{(\mathrm{ex})}} = \tfrac{1}{2}\overline{\mathbf{x} \cdot \boldsymbol{\nabla} V_{\mathrm{ex}}} \,.}$$

Der Virialsatz wird deutlich einfacher für *homogene* Potentiale der Form $V_{\mathrm{ex}}(\lambda \mathbf{x}) = \lambda^{\beta} V_{\mathrm{ex}}(\mathbf{x})$, die daher die Eigenschaft $\mathbf{x} \cdot \boldsymbol{\nabla} V_{\mathrm{ex}} = \beta V_{\mathrm{ex}}$ besitzen:

$$\overline{E_{\mathrm{kin}}} = \tfrac{1}{2}\beta \overline{V_{\mathrm{ex}}} \,.$$

Als Beispiel sei ein Teilchen in einem harmonischen Potential ($\beta = 2$) erwähnt: In diesem Fall gilt $\overline{E_{\mathrm{kin}}} = \overline{E_{\mathrm{pot}}}$.

## 4.1.2   Mehrteilchen-Teilsysteme

Fast alle in Abschnitt [4.1.1] behandelten Eigenschaften von *Einteilchen*systemen können recht einfach auf Systeme *mehrerer Teilchen* verallgemeinert werden. Die Bewegungsgleichungen enthalten nun innere *und* äußere Kräfte :

$$\dot{\mathbf{p}}_i = \mathbf{F}_i \quad , \quad \mathbf{p}_i = m_i \dot{\mathbf{x}}_i \quad (i = 1, 2, \dots, N)$$

mit

$$\mathbf{F}_i \equiv \mathbf{F}_i^{(\mathrm{in})}(\{\mathbf{x}_{ji}\}, \{\dot{\mathbf{x}}_{ji}\}) + \mathbf{F}_i^{(\mathrm{ex})}(\mathbf{X}, \dot{\mathbf{X}}, t) \quad , \quad \mathbf{X} = (\mathbf{x}_1/\mathbf{x}_2/\cdots/\mathbf{x}_N) \,.$$

Hierbei haben wir der Einfachheit halber die dreidimensionalen Ortsvektoren $\{\mathbf{x}_i\}$ sämtlicher Teilchen zu einem einzelnen $3N$-dimensionalen Ortsvektor $\mathbf{X}$ für das Gesamtsystem kombiniert. Die „papierschonende" Notation $\mathbf{X} = (\mathbf{x}_1/\cdots/\mathbf{x}_N)$ aus Gleichung (3.8) bedeutet also komponentenweise: $X_{3(i-1)+\beta} = x_{i\beta}$ mit $1 \leq i \leq N$ und $\beta = 1, 2, 3$. Die mögliche Form der *inneren* Kräfte $\mathbf{F}_i^{(\mathrm{in})}$ ist bereits aus Kapitel

[3] bekannt. Wie in Kapitel [3] nehmen wir auch im Folgenden in der Regel an, dass die Kraft $\mathbf{F}_i^{(\mathrm{in})}$ das dritte Newton'sche Gesetz erfüllt:

$$\mathbf{F}_i^{(\mathrm{in})} = \sum_{j \neq i} \mathbf{f}_{ji} \quad , \quad \mathbf{f}_{ji} = f_{ji}(|\mathbf{x}_{ji}|)\hat{\mathbf{x}}_{ji} \ .$$

Da die inneren Kräfte in diesem Fall – wie wir wissen – keinen Beitrag zu den Bewegungsgleichungen für den Gesamtimpuls und Gesamtdrehimpuls liefern, folgt:

$$\boxed{\ \frac{d\mathbf{P}}{dt} = \sum_{i=1}^{N} \mathbf{F}_i^{(\mathrm{ex})}(\mathbf{X}, \dot{\mathbf{X}}, t) \equiv \mathbf{F}^{(\mathrm{ex})}(\mathbf{X}, \dot{\mathbf{X}}, t)\ } \tag{4.3a}$$

und analog:

$$\boxed{\ \frac{d\mathbf{L}}{dt} = \sum_{i=1}^{N} \mathbf{x}_i \times \mathbf{F}_i^{(\mathrm{ex})} \equiv \mathbf{N}^{(\mathrm{ex})}(\mathbf{X}, \dot{\mathbf{X}}, t)\ } , \tag{4.3b}$$

wobei $\mathbf{F}^{(\mathrm{ex})}$ die Gesamt*kraft* und $\mathbf{N}^{(\mathrm{ex})}$ das Gesamt*drehmoment* darstellen.

Die Bewegungsgleichung für $\mathbf{L}$ bedeutet also, dass die Anwendung eines Dreh-*moments* auf ein Mehrteilchensystem generell eine zeitliche Änderung seines Dreh-*impulses* hervorruft. Beispielsweise werden wir in Kapitel [8] (speziell in Abschnitt [8.6]) bei der Behandlung des Starren Körpers zeigen, dass Drehmomente, die auf rotierende Körper einwirken, eine *Präzessionsbewegung* des Drehimpulsvektors hervorrufen können.

### Arbeit, Potential, Energieerhaltung

Die von den Kräften bei einer Teilchenbewegung verrichtete *Arbeit* ist in einem Mehrteilchensystem gegeben durch

$$W_{1\to 2} = \sum_i \int_1^2 d\mathbf{x}_i \cdot \mathbf{F}_i = W_{1\to 2}^{(\mathrm{in})} + W_{1\to 2}^{(\mathrm{ex})} \ ,$$

wobei $W_{1\to 2}^{(\mathrm{in})} = V_{\mathrm{in}}^{(1)} - V_{\mathrm{in}}^{(2)}$ die bereits in (3.7) berechnete potentielle Energie der inneren Kräfte ist und $W_{1\to 2}^{(\mathrm{ex})}$ durch

$$W_{1\to 2}^{(\mathrm{ex})} \equiv \sum_i \int_1^2 d\mathbf{x}_i \cdot \mathbf{F}_i^{(\mathrm{ex})}$$

definiert wird. Der Zusammenhang mit der kinetischen Energie ist:

$$W_{1\to 2} = \sum_i \int_1^2 d\mathbf{x}_i \cdot \mathbf{F}_i = \sum_i \frac{1}{2} m_i \dot{\mathbf{x}}_i^2 \Big|_{t_1}^{t_2} = E_{\mathrm{kin}}^{(2)} - E_{\mathrm{kin}}^{(1)} \ .$$

Falls die äußeren Kräfte rein *orts*abhängig und *konservativ* sind, d. h., falls für jede Teilchenbewegung entlang einer geschlossenen Schleife

$$\left(\mathbf{X}^{(1)}, t_1\right) \to \left(\mathbf{X}^{(2)}, t_2\right) \to \left(\mathbf{X}^{(1)}, t_1'\right) \qquad (t_1' > t_2 > t_1)$$

für die durch äußere Kräfte verrichtete Arbeit gilt:

$$W_{1\to 2\to 1}^{(ex)} = 0 \, ,$$

können diese äußeren Kräfte, wie für Einteilchensysteme, aus einem *Potential* $V_{ex}(\mathbf{X})$ hergeleitet werden. Wir definieren hierzu (analog zum $\mathbf{X}$-Vektor) einen $3N$-dimensionalen Kraftvektor $\boldsymbol{\mathcal{F}}^{(ex)}$, der sämtliche auf die Einzelteilchen wirkenden Kräfte $\{\mathbf{F}_i^{(ex)}\}$ kombiniert:

$$\boldsymbol{\mathcal{F}}^{(ex)} \equiv \left( \mathbf{F}_1^{(ex)}/\mathbf{F}_2^{(ex)}/\cdots/\mathbf{F}_N^{(ex)} \right) \, .$$

Mit dieser Notation können wir kompakt schreiben:

$$0 = W_{1\to 2\to 1} = \int_{t_1}^{t_1'} dt \, \dot{\mathbf{X}} \cdot \boldsymbol{\mathcal{F}}^{(ex)}(\mathbf{X}) = \oint d\mathbf{X} \cdot \boldsymbol{\mathcal{F}}^{(ex)}(\mathbf{X}) \, , \qquad (4.4)$$

wobei der Integrationsweg durch die geschlossene Schleife $1 \to 2 \to 1$ im $3N$-dimensionalen $\mathbf{X}$-Raum gegeben ist. Das Potential lässt sich daher wieder als vektorielles Kurvenintegral der äußeren Kraft einführen:

$$V_{ex}(\mathbf{X}) = V_{ex}(\mathbf{X}_0) - \int_{\mathbf{X}_0}^{\mathbf{X}} d\mathbf{X}' \cdot \boldsymbol{\mathcal{F}}^{(ex)}(\mathbf{X}') \, ,$$

denn $dV_{ex}$ ist dann ein exaktes Differential:[1]

$$dV_{ex} = -\boldsymbol{\mathcal{F}}^{(ex)} \cdot d\mathbf{X} = -\sum_{i=1}^{N} \mathbf{F}_i^{(ex)} \cdot d\mathbf{x}_i \, .$$

Die Kräfte können daher durch Ableitung aus dem Potential berechnet werden:

$$\boldsymbol{\mathcal{F}}^{(ex)} = -\frac{\partial V_{ex}}{\partial \mathbf{X}} \qquad \text{bzw.} \qquad \mathbf{F}_i^{(ex)} = -\boldsymbol{\nabla}_i V_{ex} \, .$$

Für *konservative* äußere Kräfte gilt folglich, dass die Gesamtenergie des Systems *erhalten* ist:

$$E_{kin}^{(2)} + V_{in}^{(2)} - E_{kin}^{(1)} - V_{in}^{(1)} = W_{1\to 2}^{(ex)} = \sum_i \int_1^2 d\mathbf{x}_i \cdot \mathbf{F}_i^{(ex)} = -\sum_i \int_1^2 d\mathbf{x}_i \cdot \boldsymbol{\nabla}_i V_{ex}$$

$$= -\int_1^2 d\mathbf{X} \cdot \frac{\partial V_{ex}}{\partial \mathbf{X}} = V_{ex}^{(1)} - V_{ex}^{(2)} \, ,$$

denn mit der Definition $E \equiv E_{kin} + V_{in} + V_{ex}$ gilt dann:

$$\boxed{E^{(1)} = E^{(2)} \quad , \quad E \equiv E_{kin} + V_{in} + V_{ex} \, .}$$

Für die Zeitableitung der Gesamtenergie gilt daher auch: $\frac{dE}{dt} = 0$.

---

[1] Dieses Argument ist analog zur Diskussion der *Zweiteilchen*kräfte in Kapitel [3]: Die jetzige Gleichung (4.4) stellt das *Kriterium* dafür dar, dass das Differential $-\boldsymbol{\mathcal{F}}^{(ex)} \cdot d\mathbf{X}$ exakt ist, und ist insofern vollkommen analog zu Gleichung (3.9) in Kapitel [3]. Eine weiterführende Diskussion von exakten Differentialen findet sich z. B. in den Abschnitten 7.3.8 und 9.5.2 von Ref. [10].

**Der Virialsatz**

Der Virialsatz (3.13) lautet für Mehrteilchen*teil*systeme:

$$\overline{E_{\text{kin}}} = -\tfrac{1}{2}\overline{\sum_i \mathbf{x}_i \cdot \mathbf{F}_i} = -\tfrac{1}{2}\overline{\sum_i \mathbf{x}_i \cdot \mathbf{F}_i^{(\text{in})}} - \tfrac{1}{2}\overline{\sum_i \mathbf{x}_i \cdot \mathbf{F}_i^{(\text{ex})}} \, ,$$

wobei der erste Term auf der rechten Seite für homogene Zweiteilchenpotentiale der Form (3.14) als $\tfrac{1}{2}\alpha\overline{V_{\text{in}}(\mathbf{X})}$ geschrieben werden kann. Falls auch die äußeren Kräfte konservativ sind und aus einem homogenen Potential $V_{\text{ex}}(\mathbf{X})$ mit der Eigenschaft

$$V_{\text{ex}}(\lambda\mathbf{x}_1, \lambda\mathbf{x}_2, \ldots, \lambda\mathbf{x}_N) = \lambda^\beta V(\mathbf{x}_1, \mathbf{x}_2, \ldots, \mathbf{x}_N)$$

abgeleitet werden können, sodass

$$\sum_i \mathbf{x}_i \cdot \boldsymbol{\nabla}_i V_{\text{ex}} = \beta V_{\text{ex}}$$

gilt, folgt insgesamt

$$\overline{E_{\text{kin}}} = \tfrac{1}{2}\alpha\overline{V_{\text{in}}} + \tfrac{1}{2}\beta\overline{V_{\text{ex}}} \, .$$

Als Anwendung könnte man z. B. an geladene Teilchen in einer harmonischen Falle ($\beta = 2$) denken, die durch Coulomb-Kräfte ($\alpha = -1$) miteinander wechselwirken.

# 4.2   Der allgemeine harmonische Oszillator

Als erste Anwendung der Theorie der Teilsysteme betrachten wir den harmonischen Oszillator, eventuell unter der Einwirkung von Reibung und antreibenden Kräften. Dieses Modell beschreibt recht allgemein das *Verhalten eines Teilchens in der Nähe einer stabilen Gleichgewichtslage*. Um dies zu verstehen, rufen wir zunächst in Erinnerung, dass die Bewegungsgleichung eines Teilchens der Masse $m$ unter der Einwirkung konservativer Kräfte allgemein in der Form

$$m\ddot{\mathbf{x}} = -(\boldsymbol{\nabla}V)(\mathbf{x})$$

dargestellt werden kann. Nehmen wir nun zusätzlich an, dass das Medium, in das das Teilchen eingebettet ist, Reibungskräfte proportional zur Geschwindigkeit ausübt und dass außerdem noch eine zeitabhängige äußere Kraft $\mathbf{f}(t)$ wirkt, so erhalten wir insgesamt eine Bewegungsgleichung der Form

$$m\ddot{\mathbf{x}} = -R\dot{\mathbf{x}} - (\boldsymbol{\nabla}V)(\mathbf{x}) + \mathbf{f}(t)$$

mit einer Reibungskonstanten $R > 0$. Wir betrachten nun den wichtigen Spezialfall, dass sich das Teilchen in der Nähe einer stabilen Ruhelage $\mathbf{x}_0$ des Potentials $V(\mathbf{x})$ befindet, sodass $(\boldsymbol{\nabla}V)(\mathbf{x}_0) = \mathbf{0}$ gilt und das Potential nahe $\mathbf{x}_0$ bis zur quadratischen Ordnung nach kleinen Auslenkungen $\mathbf{y} \equiv \mathbf{x} - \mathbf{x}_0$ entwickelt werden kann:

$$V(\mathbf{x}) = V(\mathbf{x}_0) + \tfrac{1}{2}(\mathbf{x} - \mathbf{x}_0)^{\text{T}} \frac{\partial^2 V}{\partial \mathbf{x}^2}(\mathbf{x}_0)(\mathbf{x} - \mathbf{x}_0) + \ldots$$

$$= V(\mathbf{x}_0) + \tfrac{1}{2}\mathbf{y}^{\text{T}}V_0\mathbf{y} + \ldots \quad , \quad V_0 \equiv \frac{\partial^2 V}{\partial \mathbf{x}^2}(\mathbf{x}_0) \, .$$

Hierbei muss die Matrix $V_0$ der zweiten Ableitungen *positiv definit* sein, damit die Ruhelage $\mathbf{x}_0$ tatsächlich *stabil* ist.[2] In diesem Fall vereinfacht sich die Bewegungsgleichung auf die *lineare, inhomogene* Form

$$m\ddot{\mathbf{y}} = -R\dot{\mathbf{y}} - V_0\mathbf{y} + \mathbf{f}(t) \,, \tag{4.5}$$

die einen harmonischen Oszillator mit Reibung unter der Einwirkung einer äußeren Kraft $\mathbf{f}(t)$ beschreibt. Der harmonische Oszillator ist somit in der Tat ein einfaches allgemeines Modell für Schwingungsphänomene nahe einer Gleichgewichtslage.

Das Modell (4.5) kann für spezielle Anwendungen noch verfeinert werden: Zum Beispiel könnte man gekoppelte Schwingungen in *Mehrteilchen*systemen nahe einer Gleichgewichtslage mit Hilfe eines *höher*dimensionalen Vektors $\mathbf{y}$ beschreiben, ähnlich wie dies für die „Kleinen Schwingungen" in Abschnitt [3.8] geschah; in solchen Verallgemeinerungen mit mehreren gekoppelten schwingenden Teilchen sind die Konstanten $m$ und $R$ dann normalerweise durch Matrizen zu ersetzen.

### Drehimpuls und Energie des Oszillators

Wir wählen im Folgenden den Ursprung und den Energienullpunkt der Einfachheit halber so, dass $\mathbf{x}_0 = \mathbf{0}$ und $V(\mathbf{x}_0) = 0$ gilt. In diesem Fall ist die zeitliche Änderung des Drehimpulses $\mathbf{L} = m\mathbf{x} \times \dot{\mathbf{x}} = m\mathbf{y} \times \dot{\mathbf{y}}$ durch

$$\dot{\mathbf{L}} = m\mathbf{y} \times \ddot{\mathbf{y}} = \mathbf{y} \times [-R\dot{\mathbf{y}} - V_0\mathbf{y} + \mathbf{f}(t)] \equiv \mathbf{N}(\mathbf{y}, \dot{\mathbf{y}}, t)$$

gegeben, wobei $\mathbf{N}$ das auf den Oszillator wirkende *Drehmoment* darstellt. Wegen $\mathbf{N} \neq \mathbf{0}$ ist klar, dass der Drehimpuls im Allgemeinen nicht erhalten ist. Definiert man die Energie des harmonischen Oszillators (4.5) durch den entsprechenden Ausdruck ohne Reibung und äußere Kräfte:

$$E \equiv \tfrac{1}{2}m\dot{\mathbf{y}}^2 + \tfrac{1}{2}\mathbf{y}^{\mathrm{T}}V_0\mathbf{y} \,,$$

so erhält man die folgende Energiebilanzgleichung

$$\frac{dE}{dt} = m\dot{\mathbf{y}} \cdot \ddot{\mathbf{y}} + \dot{\mathbf{y}}^{\mathrm{T}}V_0\mathbf{y} = \dot{\mathbf{y}} \cdot [-R\dot{\mathbf{y}} - V_0\mathbf{y} + \mathbf{f}(t)] + \dot{\mathbf{y}}^{\mathrm{T}}V_0\mathbf{y} = -R\dot{\mathbf{y}}^2 + \mathbf{f}(t) \cdot \dot{\mathbf{y}} \,.$$

Der erste Term auf der rechten Seite besagt, dass Energie durch Reibung dissipiert wird, und der zweite Term stellt die Leistung dar, die von der äußeren Kraft $\mathbf{f}(t)$ am Teilchen verrichtet wird.

### Reduzierung auf eine eindimensionale Oszillatorgleichung

Dividiert man Gleichung (4.5) durch die Masse $m$, so folgt

$$\ddot{\mathbf{y}} = -2\beta\dot{\mathbf{y}} - B\mathbf{y} + \tfrac{1}{m}\mathbf{f}(t) \quad , \quad \beta \equiv \tfrac{R}{2m} \quad , \quad B \equiv \tfrac{1}{m}V_0 \,,$$

wobei $\beta > 0$ gilt und $B$ eine reelle, symmetrische, positiv definite Matrix ist, die daher mit Hilfe einer orthogonalen Transformation diagonalisiert werden kann:

---

[2]Eine symmetrische Matrix $V_0$ heißt *positiv definit*, falls $\mathbf{y}^{\mathrm{T}}V_0\mathbf{y} > 0$ gilt für alle $\mathbf{y} \neq \mathbf{0}$.

$B = \mathcal{O}^{\mathrm{T}} B_{\mathrm{D}} \mathcal{O}$ mit $(B_{\mathrm{D}})_{ij} = \omega_i^2 \delta_{ij}$ und $\omega_i > 0$. Für $\mathbf{z} \equiv \mathcal{O}\mathbf{y}$ erhält man die Bewegungsgleichung

$$\ddot{\mathbf{z}} = -2\beta\dot{\mathbf{z}} - B_{\mathrm{D}}\mathbf{z} + \mathbf{a}(t) \quad , \quad \mathbf{a}(t) \equiv \tfrac{1}{m}\mathcal{O}\mathbf{f}(t) \, ,$$

die komponentenweise

$$\boxed{\ddot{z}_i = -2\beta\dot{z}_i - \omega_i^2 z_i + a_i(t) \qquad (i = 1, 2, 3)} \tag{4.6}$$

lautet. Wir stellen also fest, dass sich die Bewegungsgleichung (4.5) des *drei*dimensionalen harmonischen Oszillators auf drei *ein*dimensionale Bewegungsgleichungen reduzieren lässt, sodass es im Folgenden ausreicht, sich mit dem eindimensionalen Fall (4.6) zu befassen.

## 4.2.1 Ohne Reibung, ohne antreibende Kraft

Im einfachsten Fall, in dem weder Reibung noch eine antreibende Kraft vorliegt und nur die harmonische Rückstellkraft ungleich null ist, lautet die eindimensionale Bewegungsgleichung (4.6):

$$\boxed{\ddot{z} = -\omega^2 z \, .} \tag{4.7}$$

Der Koordinatenindex $i = 1, 2, 3$ wird im Folgenden unterdrückt. Eine *exakte* Realisierung eines solchen eindimensionalen harmonischen Oszillators auch für *endliche* Auslenkungen ist übrigens das in Abschnitt [4.3.4] behandelte *Zykloidenpendel*.

### Die Standardlösungsmethode

Die Standardmethode zur Lösung von Gleichungen der Form $\ddot{z} = f(z)$ ist, ein erstes Integral zu konstruieren, indem man mit $2\dot{z}$ multipliziert. Es folgt

$$2\dot{z}\ddot{z} + 2\omega^2 z\dot{z} = \frac{d}{dt}\left[\dot{z}^2 + \omega^2 z^2\right] = 0 \quad \text{bzw.} \quad \dot{z}^2 + \omega^2 z^2 = \text{konstant} \equiv e > 0 \, .$$

Physikalisch stellt $e$ die Energie des eindimensionalen harmonischen Oszillators dar (multipliziert mit $\tfrac{2}{m}$). Man substituiert nun $z \equiv \sqrt{\tfrac{e}{\omega^2}}\, u$ und erhält

$$\dot{u}^2 = \frac{\omega^2}{e}(e - eu^2) = \omega^2(1 - u^2) \, .$$

Substituiert man $u \equiv \sin(\varphi)$ mit $\dot{\varphi} > 0$, so folgt $\dot{\varphi} = \omega$ bzw. $\varphi(t) = \omega(t - t_0)$. Die Lösung lautet also

$$z(t) = \sqrt{\frac{e}{\omega^2}} \sin\left[\omega(t - t_0)\right] = \sqrt{\frac{e}{\omega^2}} \left[\sin(\omega t)\cos(\omega t_0) - \cos(\omega t)\sin(\omega t_0)\right]$$

$$= z(0)\cos(\omega t) + \tfrac{1}{\omega}\dot{z}(0)\sin(\omega t) \, , \tag{4.8}$$

wobei man identifiziert:

$$z(0) = -\sqrt{\frac{e}{\omega^2}}\sin(\omega t_0) \quad , \quad \dot{z}(0) = \omega\sqrt{\frac{e}{\omega^2}}\cos(\omega t_0) = \sqrt{e}\cos(\omega t_0) \, .$$

Wie üblich benötigt man *zwei* Integrationskonstanten, um die allgemeine Lösung einer gewöhnlichen Differentialgleichung *zweiter* Ordnung zu charakterisieren. Wir stellen also fest, dass sämtliche Lösungen $z(t)$ von Gleichung (4.7) *periodisch* mit der Periode $\frac{2\pi}{\omega}$ sind. Bemerkenswert an diesem Ergebnis ist auch, dass die Periode $\frac{2\pi}{\omega}$ völlig unabhängig von der maximalen Auslenkung $\{[z(0)]^2 + [\frac{1}{\omega}\dot{z}(0)]^2\}^{1/2}$ ist. Zur Illustration ist die Lösung des harmonischen Oszillators mit der speziellen Anfangsbedingung $\frac{\dot{z}(0)}{z(0)} = -2\omega$ in Abbildung 4.1 dargestellt.

Der Vorteil der hier angewandten „Standardmethode" ist, dass sie schnell und konstruktiv zur Lösung von (4.7) führt (also insbesondere keinen *Ansatz* erfordert), der Nachteil, dass sie doch recht stark auf die spezielle Form von (4.7) zugeschnitten und daher nicht sehr ausbaufähig ist. Wir lösen die Bewegungsgleichung (4.7) daher im Folgenden noch einmal, nun mit einer Methode, die für beliebige homogene oder inhomogene Differentialgleichungen $n$-ter Ordnung mit konstanten Koeffizienten angewandt werden kann und auch in der Quantenmechanik sehr nützlich ist.

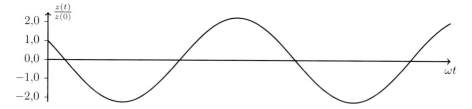

**Abb. 4.1** Lösung des harmonischen Oszillators für die Anfangsbedingung $\frac{\dot{z}(0)}{z(0)} = -2\omega$

### Alternative, flexiblere, allgemeinere Lösungsmethode

Zuerst bringen wir die Differentialgleichung *zweiter* Ordnung (4.7) auf die Form einer Differentialgleichung *erster* Ordnung für den Vektor $\mathbf{u} \equiv (\omega z, \dot{z})$ :

$$\dot{\mathbf{u}} = \frac{d}{dt}\begin{pmatrix} \omega z \\ \dot{z} \end{pmatrix} = \begin{pmatrix} \omega \dot{z} \\ \ddot{z} \end{pmatrix} = \begin{pmatrix} \omega \dot{z} \\ -\omega^2 z \end{pmatrix} = \begin{pmatrix} 0 & \omega \\ -\omega & 0 \end{pmatrix}\begin{pmatrix} \omega z \\ \dot{z} \end{pmatrix} \equiv \Omega\mathbf{u} \ . \qquad (4.9)$$

Die Matrix $\Omega$ hat die schöne Eigenschaft

$$\Omega^2 = \begin{pmatrix} 0 & \omega \\ -\omega & 0 \end{pmatrix}\begin{pmatrix} 0 & \omega \\ -\omega & 0 \end{pmatrix} = -\omega^2 \mathbb{1}_2 \ ,$$

sodass $\Omega^3 = -\omega^2\Omega$, $\Omega^4 = \omega^4 \mathbb{1}_2$ usw. gilt.

Wir definieren die Exponentialfunktion einer $(d \times d)$-Matrix $A$ allgemein durch die Potenzreihe

$$e^A \equiv \sum_{m=0}^{\infty} \frac{1}{m!}A^m \quad , \quad A^0 \equiv \mathbb{1}_d \ .$$

Insbesondere gilt dann für die Exponentialfunktion[3] der $(2 \times 2)$-Matrix $\Omega t$:

$$e^{\Omega t} = \sum_{m=0}^{\infty} \frac{t^m}{m!}\Omega^m$$

---

[3]Hierbei ist zu beachten, dass die Matrixelemente von $\Omega$ die *physikalische* Dimension [FREQUENZ] haben, sodass die $(2 \times 2)$-Matrix $\Omega t$ physikalisch gesprochen „dimensionslos" ist.

und daher auch für die *Zeitableitung* dieser Exponentialfunktion:

$$\frac{d}{dt}e^{\Omega t} = \frac{d}{dt}\sum_{m=0}^{\infty}\frac{t^m}{m!}\Omega^m = \sum_{m=1}^{\infty}\frac{t^{m-1}}{(m-1)!}\Omega^m = \sum_{n=0}^{\infty}\frac{t^n}{n!}\Omega^{n+1} = \begin{cases}\Omega e^{\Omega t}\\ e^{\Omega t}\Omega\end{cases}.$$

Analog gilt: $\frac{d}{dt}e^{-\Omega t} = -\Omega e^{-\Omega t} = -e^{-\Omega t}\Omega$. Es folgt daher:

$$\frac{d}{dt}(e^{\Omega t}e^{-\Omega t}) = e^{\Omega t}(\Omega - \Omega)e^{-\Omega t} = 0 \quad , \quad e^{\Omega t}e^{-\Omega t} = e^{-\Omega t}e^{\Omega t} = \mathbb{1}_2 \, ,$$

sodass die inverse Matrix von $e^{\Omega t}$ durch $e^{-\Omega t}$ gegeben ist und umgekehrt. Mit Hilfe der Exponentialfunktion $e^{\Omega t}$ kann man die Lösung von (4.9) nun sofort angeben, denn aus

$$\mathbf{0} = \dot{\mathbf{u}} - \Omega\mathbf{u} = e^{\Omega t}\frac{d}{dt}(e^{-\Omega t}\mathbf{u})$$

folgt $e^{-\Omega t}\mathbf{u}(t) = \text{konstant} = \mathbf{u}(0)$ bzw.

$$\begin{pmatrix}\omega z(t)\\ \dot{z}(t)\end{pmatrix} = \mathbf{u}(t) = e^{\Omega t}\mathbf{u}(0) = e^{\Omega t}\begin{pmatrix}\omega z(0)\\ \dot{z}(0)\end{pmatrix} \, . \tag{4.10}$$

Hierbei kann man $e^{\Omega t}$ bequem berechnen, indem man die *geraden* und *ungeraden* Terme in der Potenzreihe der Exponentialfunktion getrennt betrachtet. Man verwendet die Eigenschaften $\Omega^{2n} = (-1)^n\omega^{2n}\mathbb{1}_2$ und $\Omega^{2n+1} = (-1)^n\omega^{2n}\Omega$:

$$e^{\Omega t} = \sum_{n=0}^{\infty}\frac{(\Omega t)^{2n}}{(2n)!} + \sum_{n=0}^{\infty}\frac{(\Omega t)^{2n+1}}{(2n+1)!} = \sum_{n=0}^{\infty}(-1)^n\frac{(\omega t)^{2n}}{(2n)!}\mathbb{1}_2 + \frac{1}{\omega}\sum_{n=0}^{\infty}(-1)^n\frac{(\omega t)^{2n+1}}{(2n+1)!}\Omega$$

$$= \cos(\omega t)\mathbb{1}_2 + \frac{1}{\omega}\sin(\omega t)\Omega \, . \tag{4.11}$$

Durch Einsetzen von $e^{\Omega t}$ in (4.10) ergibt sich $z(t) = z(0)\cos(\omega t) + \frac{1}{\omega}\dot{z}(0)\sin(\omega t)$.

**Ausblick**

Die Zeitentwicklung der Lösung $\mathbf{u}(t)$ in (4.10) wird also vollständig durch die Exponentialfunktion $e^{\Omega t}$ festgelegt, die den Anfangszustand $\mathbf{u}(0)$ in den Endzustand $\mathbf{u}(t)$ überführt. Gleichungen der Form $\dot{\mathbf{u}} = \Omega\mathbf{u}$, wobei $\Omega$ eine Matrix darstellt oder einen linearen Operator, und Lösungen der Form $\mathbf{u}(t) = e^{\Omega t}\mathbf{u}(0)$ treten auch häufig in *quantenmechanischen* Problemen auf; in diesem Kontext wird $e^{\Omega t}$ als *Zeitentwicklungsoperator* bezeichnet. In der Quantenmechanik wird die hier für den harmonischen Oszillator berechnete Matrix $e^{\Omega t}$ z. B. als Zeitentwicklungsoperator für ein magnetisches Moment („Spin") in einem in $\hat{\mathbf{e}}_2$-Richtung ausgerichteten Magnetfeld interpretiert, und $\mathbf{u}(t)$ wäre die *Wellenfunktion* dieses Spins.

## 4.2.2   Mit antreibender Kraft, ohne Reibung

Der Vorteil der Lösungsmethode mit Hilfe der Exponentialfunktion $e^{\Omega t}$ wird besonders klar, wenn man das Problem des harmonischen Oszillators unter der Einwirkung einer äußeren Kraft untersucht:

$$\boxed{\ddot{z} = -\omega^2 z + a(t) \, .} \tag{4.12}$$

Als „experimentelle" Anwendung dieses Modells könnte man an eine gut geölte Kinderschaukel denken, die dadurch angetrieben wird, dass der Experimentator periodisch den eigenen Massenschwerpunkt verlagert oder ein Assistent periodisch ein Drehmoment auf den Sitz ausübt. Solange die Auslenkung klein ist und die Luftreibung entsprechend gering, müsste (4.12) ein adäquates Modell darstellen.

In Vektorschreibweise erhält man statt Gleichung (4.12):

$$\dot{\mathbf{u}} = \begin{pmatrix} \omega \dot{z} \\ \ddot{z} \end{pmatrix} = \begin{pmatrix} \omega \dot{z} \\ -\omega^2 z + a \end{pmatrix} = \Omega \mathbf{u} + \boldsymbol{\alpha}(t) \quad , \quad \boldsymbol{\alpha}(t) \equiv \begin{pmatrix} 0 \\ a(t) \end{pmatrix}$$

und somit

$$\boldsymbol{\alpha}(t) = \dot{\mathbf{u}} - \Omega \mathbf{u} = e^{\Omega t} \frac{d}{dt} (e^{-\Omega t} \mathbf{u}) .$$

Die Lösung dieser Bewegungsgleichung folgt nun sofort als:

$$\begin{pmatrix} \omega z(t) \\ \dot{z}(t) \end{pmatrix} = \mathbf{u}(t) = e^{\Omega t} \left[ \mathbf{u}(0) + \int_0^t dt' \, e^{-\Omega t'} \boldsymbol{\alpha}(t') \right]$$

$$= e^{\Omega t} \mathbf{u}(0) + \int_0^t dt' \, e^{\Omega(t-t')} \boldsymbol{\alpha}(t') = e^{\Omega t} \begin{pmatrix} \omega z(0) \\ \dot{z}(0) \end{pmatrix} + \int_0^t dt' \, e^{\Omega(t-t')} \boldsymbol{\alpha}(t') .$$

Im dritten Schritt wurde die Identität $e^{\Omega t} e^{-\Omega t'} = e^{\Omega(t-t')}$ verwendet, die noch am schnellsten dadurch bewiesen werden kann, dass sowohl $F_1(t) \equiv e^{\Omega t} e^{-\Omega t'}$ als auch $F_2(t) \equiv e^{\Omega(t-t')}$ mit festgehaltenem $t'$ die Differentialgleichung $\frac{dF}{dt} = \Omega F$ und die Anfangsbedingung $F(t') = \mathbb{1}_2$ erfüllen. Setzt man die explizite Form von $e^{\Omega t}$ aus (4.11) in die Lösung der Bewegungsgleichung ein, erhält man nun:

$$\boxed{ z(t) = z(0) \cos(\omega t) + \frac{1}{\omega} \dot{z}(0) \sin(\omega t) + \frac{1}{\omega} \int_0^t dt' \sin[\omega(t-t')] a(t') . } \qquad (4.13)$$

Hiermit ist die Dynamik des harmonischen Oszillators in Anwesenheit einer allgemeinen antreibenden Kraft also im Prinzip vollständig bekannt, wobei das Integral im letzten Term – falls eine analytische Lösung außer Reichweite erscheint – eventuell auch numerisch berechnet werden kann.

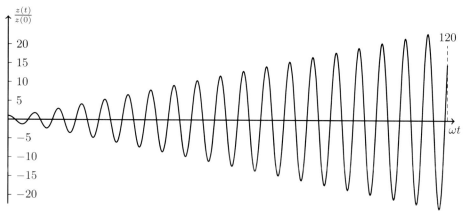

**Abb. 4.2** Resonante Lösung ($\omega_0 \to \omega$) mit $\dot{z}(0) = 0$ und $\frac{a_0}{2z(0)\omega^2} = 0,2$

**Beispiel: die erzwungene Schwingung**

Besonders interessant in (4.13) ist der Spezialfall einer *erzwungenen Schwingung*, wobei die antreibende Kraft die Form $a(t) = a_0 \cos(\omega_0 t)$ hat. In diesem Fall folgt mit Hilfe der Additionstheoreme für trigonometrische Funktionen:[4]

$$\frac{1}{\omega} \int_0^t dt' \sin[\omega(t - t')]a(t') = \frac{a_0}{\omega^2 - \omega_0^2} \left[\cos(\omega_0 t) - \cos(\omega t)\right] ,$$

sodass der letzte Term auf der rechten Seite von (4.13) nach hinreichend langer Zeit sehr groß wird, wenn der Frequenzunterschied $\omega - \omega_0$ klein ist (Resonanz). Im Extremfall $\omega_0 \to \omega$ erhält man für den letzten Term auf der rechten Seite von (4.13) das *linear ansteigende* und oszillierende Verhalten:

$$\frac{1}{\omega} \int_0^t dt' \sin[\omega(t - t')]a(t') = \frac{a_0 t}{2\omega} \sin(\omega t) .$$

In diesem Fall *divergiert* die Lösung $z(t)$ sogar für $t \to \infty$. Es ist klar, dass die Näherung der *kleinen* Schwingungen, die dem Modell des harmonischen Oszillators zugrunde liegt, vorher ihre Gültigkeit verliert. Zwei naheliegende Möglichkeiten für den weiteren zeitlichen Verlauf sind, dass das schwingende System durch die hohe Belastung zerbricht, oder alternativ, dass anharmonische Effekte oder Reibung das Resonanzphänomen abschwächen und die Schwingung bei großer, aber endlicher Amplitude *anharmonisch* oder *gedämpft* aufrecht erhalten wird.

Die resonante Lösung ($\omega_0 \to \omega$) ist für den Spezialfall $\dot{z}(0) = 0$ mit $\frac{a_0}{2z(0)\omega^2} = 0{,}2$ in Abbildung 4.2 skizziert. Die Funktionswerte an der vertikalen Achse zeigen, wie die Amplitude der Schwingung etwa linear in der Zeit ansteigt. Zur Orientierung: Die $\omega t$-Werte in Abb. 4.2 variieren von 0 bis 120; für große $\omega t$-Werte ist der Abstand zwischen zwei aufeinanderfolgenden Nullpunkten der Funktion $z(t)$ etwa gleich $\pi$.

### 4.2.3 Mit Reibung, ohne antreibende Kraft

Nehmen wir nun an, dass *Energiedissipation* durch *Reibungseffekte* auftritt ($\beta > 0$) und die äußere Kraft $\mathbf{f}(t)$ null ist. Die Oszillatorgleichung lautet dann:

$$\boxed{\ddot{z} = -2\beta\dot{z} - \omega^2 z .} \qquad (4.14)$$

Zur experimentellen Realisierung eines solchen Modells auch für *endliche* Auslenkungen könnte man wieder an das in Abschnitt [4.3.4] behandelte Zykloidenpendel denken, wobei nun auch *Reibungseffekte* mitberücksichtigt werden.

In Vektornotation erhält Gleichung (4.14) die folgende Form:

$$\dot{\mathbf{u}} = \begin{pmatrix} \omega\dot{z} \\ \ddot{z} \end{pmatrix} = \begin{pmatrix} \omega\dot{z} \\ -2\beta\dot{z} - \omega^2 z \end{pmatrix} = \begin{pmatrix} 0 & \omega \\ -\omega & -2\beta \end{pmatrix} \begin{pmatrix} \omega z \\ \dot{z} \end{pmatrix} \equiv \Omega\mathbf{u} , \qquad (4.15)$$

und genau wie vorher folgt die Lösung formal als $\mathbf{u}(t) = e^{\Omega t}\mathbf{u}(0)$. Man überprüft jedoch leicht, dass $\Omega^2$ nun nicht proportional zur Identität ist: $\Omega^2 = -\omega^2\mathbb{1}_2 - 2\beta\Omega$, sodass die vorher verwendete Methode zur Berechnung der Exponentialfunktion $e^{\Omega t}$ nicht anwendbar ist. Nun ist aber aus der Mathematik bekannt, dass beim Versuch, eine Matrix $A$ zu diagonalisieren, nur zwei Fälle auftreten können:

---

[4]Verwendet wird konkret $\sin(\varphi_1)\cos(\varphi_2) = \frac{1}{2}\left[\sin(\varphi_1 + \varphi_2) + \sin(\varphi_1 - \varphi_2)\right]$.

- Entweder $A$ hat einen vollständigen Satz von Eigenvektoren und kann mit Hilfe einer nicht-singulären Matrix $S$ diagonalisiert werden: $A = SA_{\mathrm{D}}S^{-1}$,

- oder $A$ hat keinen vollständigen Satz von Eigenvektoren und kann „nur" in eine Jordan'sche Normalform gebracht werden.

Im Falle der $(2 \times 2)$-Matrix $\Omega$ in (4.15) erfüllen die Eigenwerte z. B. die quadratische Gleichung $\lambda^2 + 2\beta\lambda + \omega^2 = 0$ und sind somit durch

$$
\lambda_{\pm} = \begin{cases} -\beta \pm \sqrt{\beta^2 - \omega^2} & (\beta > \omega) \\ -\omega & (\beta = \omega) \\ -\beta \pm i\sqrt{\omega^2 - \beta^2} & (\beta < \omega) \end{cases}
$$

gegeben. Sowohl für $\beta > \omega$ („Kriechfall") als auch für $\beta < \omega$ („Schwingfall") existieren zwei linear unabhängige normierte Eigenvektoren

$$
\mathbf{u}_{\pm} = \frac{1}{\sqrt{\omega^2 + |\lambda_{\pm}|^2}} \begin{pmatrix} \omega \\ \lambda_{\pm} \end{pmatrix} \quad , \quad \Omega\mathbf{u}_{\pm} = \lambda_{\pm}\mathbf{u}_{\pm} \quad , \quad \mathbf{u}_{\sigma}^{\dagger}\mathbf{u}_{\sigma} = 1 \, ,
$$

aber für den Spezialfall $\beta = \omega$ („aperiodischen Grenzfall") existiert nur ein Eigenvektor $\mathbf{u}_0 = \frac{1}{\sqrt{2}}\begin{pmatrix} 1 \\ -1 \end{pmatrix}$. In den ersten beiden Fällen kann $\Omega$ vollständig diagonalisiert, im letzten Fall nur auf die Jordan'sche Normalform gebracht werden. Wir betrachten im Folgenden zuerst den „Kriechfall" und den „Schwingfall" und danach den „aperiodischen Grenzfall".

## Kriechfall und Schwingfall, allgemeine Eigenschaften

Sowohl für den „Kriechfall" $(\beta > \omega)$ als auch für den „Schwingfall" $(\beta < \omega)$ kann die Matrix $\Omega$ also vollständig diagonalisiert werden:

$$
\Omega = S\Omega_{\mathrm{D}}S^{-1} \quad , \quad \Omega_{\mathrm{D}} = \begin{pmatrix} \lambda_+ & 0 \\ 0 & \lambda_- \end{pmatrix} \, ,
$$

wobei die Spalten der nicht-singulären Matrix $S$ durch die Eigenvektoren von $\Omega$ gebildet werden: $S = (\mathbf{u}_+ \, \mathbf{u}_-)$.[5] Mit der Definition $\mathbf{v} \equiv S^{-1}\mathbf{u}$ vereinfacht sich (4.15) auf

$$
\dot{\mathbf{v}} = S^{-1}\dot{\mathbf{u}} = S^{-1}\Omega\mathbf{u} = S^{-1}S\Omega_{\mathrm{D}}S^{-1}\mathbf{u} = \Omega_{\mathrm{D}}\mathbf{v} \, ,
$$

und die Lösung lautet:

$$
\mathbf{v}(t) = e^{\Omega_{\mathrm{D}}t}\mathbf{v}(0) = \begin{pmatrix} e^{\lambda_+ t} & 0 \\ 0 & e^{\lambda_- t} \end{pmatrix}\mathbf{v}(0) \, .
$$

Hiermit ist auch $\mathbf{u}(t) = S\mathbf{v}(t)$ und daher auch $z(t)$ bekannt; das Problem ist also vollständig gelöst. Es gibt übrigens eine einfache Beziehung zwischen der Matrix

---

[5] Hierbei ist $S$ übrigens nicht eindeutig festgelegt: Die alternative Wahl $S = (\mu_1\mathbf{u}_+ \, \mu_2\mathbf{u}_-)$ mit $\mu_{1,2} \in \mathbb{C}\backslash\{0\}$ führt zum selben Ergebnis.

$e^{\Omega t}$, die es ursprünglich zu bestimmen galt, und der Diagonalmatrix $e^{\Omega_D t}$, die tatsächlich berechnet wurde:

$$e^{\Omega t} = \sum_{m=0}^{\infty} \frac{(\Omega t)^m}{m!} = \sum_{m=0}^{\infty} \frac{t^m}{m!} (S\Omega_D S^{-1})^m = S \left( \sum_{m=0}^{\infty} \frac{t^m}{m!} \Omega_D^m \right) S^{-1} = S e^{\Omega_D t} S^{-1} \ .$$

Auch aus dieser Beziehung folgt sofort:

$$\mathbf{v}(t) = S^{-1}\mathbf{u}(t) = S^{-1}e^{\Omega t}\mathbf{u}(0) = e^{\Omega_D t}S^{-1}\mathbf{u}(0) = e^{\Omega_D t}\mathbf{v}(0) \ .$$

### Beispiel: Kriechfall

Für den „Kriechfall" (mit *starker* Dämpfung: $\beta > \omega$) sind die Eigenwerte $\lambda_\pm$ und die Eigenvektoren $\mathbf{u}_\pm$ reell, sodass die Lösung für eine allgemeine Anfangsbedingung $\mathbf{u}(0) = a_+\mathbf{u}_+ + a_-\mathbf{u}_-$ mit $a_\pm \in \mathbb{R}$ lautet:

$$\begin{pmatrix} \omega z(t) \\ \dot{z}(t) \end{pmatrix} = \mathbf{u}(t) = e^{\Omega t}\mathbf{u}(0) = a_+ e^{\lambda_+ t}\mathbf{u}_+ + a_- e^{\lambda_- t}\mathbf{u}_- \ . \tag{4.16}$$

Da sowohl $\lambda_+ < 0$ als auch $\lambda_- < 0$ gilt, kriechen beide Moden in der allgemeinen Lösung *exponentiell* als Funktion der Zeit und *ohne Schwingungen* auf die Ruhelage zu. Für die Auslenkung $z(t)$ des harmonischen Oszillators mit Reibung erhält man:

$$z(t) = \frac{\lambda_- z(0) - \dot{z}(0)}{\lambda_- - \lambda_+} e^{\lambda_+ t} + \frac{\dot{z}(0) - \lambda_+ z(0)}{\lambda_- - \lambda_+} e^{\lambda_- t} \ . \tag{4.17}$$

Die Auslenkung $z(t)$ *kann* einen Nulldurchgang aufweisen, *muss* dies aber nicht. Die Bedingung für einen Nulldurchgang ist $\frac{\dot{z}(0)}{z(0)} < \lambda_-$.

### Beispiel: Schwingfall

Für den „Schwingfall" (mit *schwacher* Dämpfung: $\beta < \omega$) sind die Eigenwerte und Eigenvektoren komplex: $\lambda_- = \lambda_+^*$ und $\mathbf{u}_- = \mathbf{u}_+^*$. Die Anfangsbedingung kann nun allgemein als $\mathbf{u}(0) = a_+\mathbf{u}_+ + a_-\mathbf{u}_-$ mit $a_\pm \in \mathbb{C}$ und $a_- = a_+^*$ dargestellt werden. Die entsprechende zeitabhängige Lösung $\mathbf{u}(t)$ hat wiederum die Form (4.16), und analog hat $z(t)$ wiederum die Form (4.17), die alternativ auch als

$$z(t) = z(0)e^{-\beta t}\cos\left(\sqrt{\omega^2 - \beta^2}\, t\right) + \frac{\dot{z}(0) + \beta z(0)}{\sqrt{\omega^2 - \beta^2}} e^{-\beta t}\sin\left(\sqrt{\omega^2 - \beta^2}\, t\right) \tag{4.18}$$

geschrieben werden kann. Auch hier strebt die Lösung *exponentiell* als Funktion der Zeit der Ruhelage entgegen, nun jedoch *schwingend* statt kriechend. Die Auslenkung $z(t)$ durchläuft nun im Laufe der Zeit *unendlich viele* Nulldurchgänge.

### Aperiodischer Grenzfall

Betrachten wir schließlich den „aperiodischen Grenzfall" ($\beta = \omega$). In diesem Fall hat $\Omega$ den zweifachen Eigenwert $\lambda = -\omega$ und kann durch eine nicht-singuläre Transformation $S$ auf die Jordan'sche Normalform gebracht werden:

$$\Omega = S\Omega_J S^{-1} \ , \quad \Omega_J = \begin{pmatrix} -\omega & 1 \\ 0 & -\omega \end{pmatrix} \ . \tag{4.19}$$

Hierbei liegt die Transformation $S$ wiederum nicht eindeutig fest, denn für alle Matrizen der Form

$$S = \frac{\mu}{\sqrt{2}} \begin{pmatrix} 1 & s_1 \\ -1 & s_2 \end{pmatrix} \quad , \quad S^{-1} = \frac{\sqrt{2}\,\mu^{-1}}{s_1 + s_2} \begin{pmatrix} s_2 & -s_1 \\ 1 & 1 \end{pmatrix} \quad , \quad s_1 + s_2 = \frac{1}{\omega}$$

mit $\mu \in \mathbb{C}\backslash\{0\}$ gilt (4.19). Es folgt mit $\mathbf{v} \equiv S^{-1}\mathbf{u}$:

$$\dot{\mathbf{v}} = \Omega_{\mathrm{J}}\mathbf{v} \quad , \quad \mathbf{v}(t) = e^{\Omega_{\mathrm{J}}t}\mathbf{v}(0) \,.$$

Da man nun leicht mit vollständiger Induktion

$$\Omega_{\mathrm{J}}^m = (-\omega)^{m-1} \begin{pmatrix} -\omega & m \\ 0 & -\omega \end{pmatrix} = (-\omega)^m \mathbb{1}_2 + m(-\omega)^{m-1} \begin{pmatrix} 0 & 1 \\ 0 & 0 \end{pmatrix} \qquad (m \geq 1)$$

beweist, kann auch die Exponentialfunktion $e^{\Omega_{\mathrm{J}}t}$ ohne Probleme berechnet werden:

$$\begin{aligned}
e^{\Omega_{\mathrm{J}}t} &= \mathbb{1}_2 + \sum_{m=1}^{\infty} \frac{t^m}{m!} \left[ (-\omega)^m \mathbb{1}_2 + m(-\omega)^{m-1} \begin{pmatrix} 0 & 1 \\ 0 & 0 \end{pmatrix} \right] \\
&= e^{-\omega t} \mathbb{1}_2 + t \sum_{m=1}^{\infty} \frac{(-\omega t)^{m-1}}{(m-1)!} \begin{pmatrix} 0 & 1 \\ 0 & 0 \end{pmatrix} = \begin{pmatrix} e^{-\omega t} & t\,e^{-\omega t} \\ 0 & e^{-\omega t} \end{pmatrix} .
\end{aligned}$$

Die allgemeine Lösung $\mathbf{u}(t) = S e^{\Omega_{\mathrm{J}}t} S^{-1}\mathbf{u}(0)$ ist daher eine Überlagerung von Termen der Form $e^{-\omega t}$ und Termen mit einer $(t\,e^{-\omega t})$-Zeitabhängigkeit:

$$z(t) = z(0)e^{-\omega t} + [\dot{z}(0) + \omega z(0)]\,t\,e^{-\omega t} \,. \tag{4.20}$$

Man erhält dieses Ergebnis aber auch sofort aus (4.18) im Limes $\beta \uparrow \omega$. Die Lösung (4.20) hat genau *einen* Nulldurchgang für $\left(\omega + \frac{\dot{z}(0)}{z(0)}\right) < 0$ und *keinen* Nulldurchgang für $\left(\omega + \frac{\dot{z}(0)}{z(0)}\right) \geq 0$ oder eventuell für $z(0) = 0$.

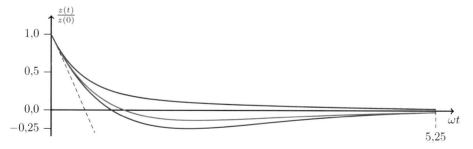

**Abb. 4.3** Lösung des harmonischen Oszillators *ohne* antreibende Kraft für $\frac{\dot{z}(0)}{z(0)} = -2\omega$ und Reibungsstärke $\beta = 0$ (gestrichelt), $\beta/\omega = \frac{1}{2}\sqrt{3}$ (Schwingfall, blau), $\beta/\omega = 1$ (aperiodischer Grenzfall, grün) oder $\beta/\omega = \sqrt{2}$ (Kriechfall, rot)

**Skizze der unterschiedlichen Lösungtypen**

Die Lösung des harmonischen Oszillators *ohne* antreibende Kraft, aber *mit* Reibung ist in Abbildung 4.3 für $\omega t \leq 5{,}25$ grafisch dargestellt. Alle Lösungen haben als Anfangsbedingung $\frac{\dot{z}(0)}{z(0)} = -2\omega$; sie haben jedoch unterschiedliche Reibungsstärken:

- Der Fall *schwacher* Reibung ($\beta/\omega = \frac{1}{2}\sqrt{3} < 1$, Schwingfall) ist in Abb. 4.3 *blau* dargestellt; sogar in diesem Fall ist der zeitliche Abfall der Amplitude so groß, dass der zweite Nullpunkt (von insgesamt *unendlich* vielen) grafisch kaum noch sichtbar ist.

- Die Lösung mit *mittelstarker* Reibung ($\beta/\omega = 1$, aperiodischer Grenzfall) ist *grün* dargestellt; aufgrund der Anfangsbedingung $\left(\omega + \frac{\dot{z}(0)}{z(0)}\right) = -\omega < 0$ tritt genau *ein* Nulldurchgang auf.

- Der Fall *starker* Reibung ($\beta/\omega = \sqrt{2} > 1$, Kriechfall) ist in Abb. 4.3 *rot* eingetragen; in diesem Fall treten *keine* Nulldurchgänge auf, da die entsprechende Bedingung für einen Nulldurchgang, $\frac{\dot{z}(0)}{z(0)} < \lambda_- = -(\sqrt{2} + 1)\omega$, nicht erfüllt ist.

Zum Vergleich ist außerdem *gestrichelt* die bereits in Abb. 4.1 skizzierte Lösung zur gleichen Anfangsbedingung für den harmonischen Oszillator *ohne* Reibung ($\beta = 0$) angegeben; ab etwa $\omega t \gtrsim 0{,}6$ wird diese Lösung so groß (die maximale Amplitude der Lösung aus Abb. 4.1 ist $\sqrt{5} \simeq 2{,}236$), dass sie im Bild nicht mehr darstellbar ist. Dieser Vergleich mit der Lösung *ohne* Reibung illustriert noch einmal, wie drastisch Reibungseffekte das dynamische Verhalten makroskopischer Phänomene ändern können.

## 4.2.4   Mit Reibung und antreibender Kraft

Das allgemeine Problem mit Reibung und einer antreibenden Kraft,

$$\boxed{\ddot{z} = -2\beta\dot{z} - \omega^2 z + a(t)}\tag{4.21}$$

ist nun nicht mehr schwierig.[6] In Vektornotation gilt:

$$\dot{\mathbf{u}} = \Omega\mathbf{u} + \boldsymbol{\alpha}(t) \quad , \quad \boldsymbol{\alpha}(t) = \begin{pmatrix} 0 \\ a(t) \end{pmatrix} ,$$

und die allgemeine Lösung ist – wie in Abschnitt [4.2.2] – durch

$$\mathbf{u}(t) = e^{\Omega t}\mathbf{u}(0) + \int_0^t dt'' \, e^{\Omega(t-t'')}\boldsymbol{\alpha}(t'')$$

gegeben. Die Matrix $\Omega$ hat hierbei die in Abschnitt [4.2.3] behandelte Form; ihre Eigenwerte $\lambda_\pm$ haben also für alle positiven $(\beta,\omega)$-Werte einen *negativen* Realteil, sodass die Matrixelemente von $e^{\Omega t}$ alle streng *exponentiell* als Funktion der Zeit abfallen. Der erste Term $e^{\Omega t}\mathbf{u}(0)$ auf der rechten Seite zeigt daher, dass in der Lösung $\mathbf{u}(t)$ im Laufe der Zeit jegliche Information über die Anfangsbedingungen verloren geht. Nach hinreichend langer Zeit trägt also nur noch der zweite Term auf der rechten Seite zu $\mathbf{u}(t)$ und daher auch zu $z(t)$ bei:

$$\begin{pmatrix} \omega z \\ \dot{z} \end{pmatrix} = \mathbf{u}(t) \sim \int_0^t dt'' \, e^{\Omega(t-t'')}\boldsymbol{\alpha}(t'') = \int_0^t dt' \, e^{\Omega t'}\boldsymbol{\alpha}(t-t') .\tag{4.22}$$

---

[6]Analog zur Interpretation von (4.12) könnte man diese Gleichung als realistisches Modell für eine (weniger gut geölte) Kinderschaukel mit periodischem Antrieb auffassen.

Im letzten Schritt wurde die Integrationsvariable $t''$ durch $t - t'$ ersetzt. Die rechte Seite von Gleichung (4.22) zeigt, dass $\mathbf{u}(t)$ im Allgemeinen auch nach langer Zeit *nicht* klein wird, da das Integrationsintervall $0 \leq t' \lesssim |\mathrm{Re}(\lambda_\pm)|^{-1}$ immer einen endlichen Beitrag ergibt, solange zumindest $\boldsymbol{\alpha}(t)$ endlich bleibt.[7]

## Beispiel: periodische äußere Kraft

Oft betrachtet man den Spezialfall einer *periodischen* äußeren Kraft der einfachen Form $a(t) = a_0 \cos(\omega_0 t)$. In diesem Fall ist die Lösung $\mathbf{u}(t)$ nach dem Abklingen der Anfangsbedingung gegeben durch

$$
\mathbf{u}(t) \sim a_0 S \int_0^t dt'\, e^{\Omega_D t'} \cos[\omega_0(t - t')] S^{-1} \begin{pmatrix} 0 \\ 1 \end{pmatrix}
$$

$$
\sim a_0 S \left[ \cos(\omega_0 t) \int_0^\infty dt'\, e^{\Omega_D t'} \cos(\omega_0 t') + \sin(\omega_0 t) \int_0^\infty dt'\, e^{\Omega_D t'} \sin(\omega_0 t') \right] S^{-1} \begin{pmatrix} 0 \\ 1 \end{pmatrix} .
$$

Da die Matrixelemente von $e^{\Omega_D t'}$ als Funktionen der Zeit exponentiell abfallen, konvergieren die $t'$-Integrale für $t \to \infty$ gegen endliche Konstanten. Man erhält das Langzeitverhalten von $\mathbf{u}(t)$ also, indem man die oberen Integrationsgrenzen durch Unendlich ersetzt. Die Integrale auf der rechten Seite stellen somit konstante (d. h. zeit*un*abhängige) Matrizen dar. Daher ist bereits an dieser Stelle klar, dass die Langzeitlösung von (4.21) die allgemeine Form

$$
\boxed{z(t) \sim \zeta \cos(\omega_0 t - \varphi)} \tag{4.23}
$$

mit einer Amplitude $\zeta$ und einer Phase $\varphi$ hat. Setzt man dieses Ergebnis in (4.21) ein und vergleicht die Koeffizienten von $\cos(\omega_0 t)$ und $\sin(\omega_0 t)$, erhält man:

$$
\varphi = \arctan\left( \frac{2\beta\omega_0}{\omega^2 - \omega_0^2} \right) \quad (0 < \varphi < \pi) \quad , \quad \zeta = \frac{a_0}{\sqrt{(\omega^2 - \omega_0^2)^2 + (2\beta\omega_0)^2}} ,
$$

wobei $\arctan(x)$ so definiert wird, dass $\varphi$ stetig als Funktion von $\omega_0$ ist und außerdem $\varphi \to 0$ gilt für $\omega_0 \to 0$.

Es ist klar, dass die Amplitude $\zeta(\omega, \omega_0)$ in (4.23) ein Maximum durchläuft und in diesem Sinne *Resonanz* auftritt, wenn $\omega$ (bei festem $\omega_0$) oder $\omega_0$ (bei festem $\omega$) variiert wird. Diese zwei Fälle sind jedoch *nicht* äquivalent.

Falls in einem Experiment die Oszillatorfrequenz $\omega$ (bei fester Frequenz $\omega_0$ der äußeren Kraft) variiert wird, durchläuft die Amplitude ihr Maximum für $\omega \to \omega_0$:

$$
0 = \frac{\partial \zeta}{\partial \omega}(\omega_0, \omega_0) \quad , \quad \varphi(\omega_0, \omega_0) = \frac{\pi}{2} \quad , \quad \zeta(\omega_0, \omega_0) = \frac{a_0}{2\beta\omega_0} .
$$

Das Ergebnis $\varphi(\omega_0, \omega_0) = \frac{\pi}{2}$ zeigt, dass die Kraft $a(t) = a_0 \cos(\omega_0 t)$ und die daraus resultierende Oszillation $z(t) \sim \zeta \cos(\omega_0 t - \frac{\pi}{2}) = \zeta \sin(\omega_0 t)$ außer Phase sind. Die Kraft $a(t)$ und die *Geschwindigkeit* der Oszillation $\dot{z}(t) \sim \zeta\omega_0 \cos(\omega_0 t)$ sind dann

---

[7] Der $\mathbf{u}_+$-Anteil in $\boldsymbol{\alpha}(t - t')$ trägt für $t' \lesssim |\mathrm{Re}(\lambda_+)|^{-1}$ bei, der $\mathbf{u}_-$-Anteil für $t' \lesssim |\mathrm{Re}(\lambda_-)|^{-1}$. Für alle Spezialfälle in Abschnitt [4.2.3] gilt hierbei $|\mathrm{Re}(\lambda_+)|^{-1} \geq |\mathrm{Re}(\lambda_-)|^{-1}$.

allerdings genau *in Phase*, sodass die erbrachte *Leistung* in diesem Fall optimal ist. Der Spezialfall $\omega \to \omega_0$ wird als „Phasenresonanz" bezeichnet.

Falls jedoch experimentell die Frequenz $\omega_0$ der äußeren Kraft (bei fester Oszillatorfrequenz $\omega$) variiert wird, ist die Amplitude maximal für $\omega_0 = \omega_0^{\max}(\omega)$ mit

$$\omega_0^{\max}(\omega) \equiv \begin{cases} \sqrt{\omega^2 - 2\beta^2} & (\omega \geq \sqrt{2}\beta) \\ 0 & (\omega \leq \sqrt{2}\beta)\,. \end{cases}$$

Die Variation von $\omega_0$ bei festem $\omega$ dürfte physikalisch der relevantere Fall sein, da sich in Anwendungen normalerweise die äußere Kraft (bzw. ihre Frequenz) ändern würde. Die Phase $\varphi$ und die Amplitude $\zeta$ sind für $\omega_0 = \omega_0^{\max}(\omega)$ gegeben durch

$$\varphi^{\max}(\omega) \equiv \begin{cases} \arctan\left(\sqrt{(\omega/\beta)^2 - 2}\right) \\ 0 \end{cases} \quad \text{bzw.} \quad \zeta^{\max}(\omega) \equiv \begin{cases} \frac{a_0/2\beta}{\sqrt{\omega^2 - \beta^2}} & (\omega \geq \sqrt{2}\beta) \\ a_0/\omega^2 & (\omega \leq \sqrt{2}\beta)\,. \end{cases}$$

Für schnelle Oszillationen bzw. schwache Reibung ($\omega \gg \beta$) folgt daher im Maximum: $\zeta^{\max} \to a_0/2\beta\omega$ und $\varphi^{\max} \to \frac{\pi}{2}$. Das letztere Ergebnis zeigt, dass die periodische äußere Kraft $a(t) = a_0 \cos(\omega_0 t)$ und die daraus resultierende Oszillation $z(t) \sim \zeta \sin(\omega_0 t)$ für $\omega \gg \beta$ wieder außer Phase sind („Phasenresonanz").

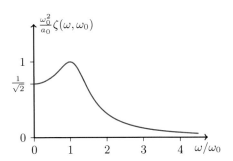

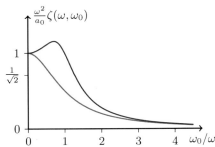

**Abb. 4.4** Amplitude $\zeta$ als Funktion von $\omega$ bei festem $\omega_0$ für $\beta = \frac{1}{2}\omega_0$ (rot)

**Abb. 4.5** Amplitude $\zeta$ als Funktion von $\omega_0$ bei festem $\omega$ für $\beta = \omega$ (grün) und für $\beta = \frac{1}{2}\omega$ (blau)

Das Verhalten der Amplitude $\zeta(\omega, \omega_0)$ ist als Funktion von $\omega$ bei festem $\omega_0$ und für eine Reibungsstärke $\beta = \frac{1}{2}\omega_0$ als die *rote* Kurve in Abbildung 4.4 dargestellt. Diese Kurve hat ein globales Maximum $\omega_0^2 \zeta^{\max}/a_0 = 1$ für $\omega/\omega_0 = 1$ und Randminima für $\omega/\omega_0 = 0$ und $\omega/\omega_0 = \infty$. Die Amplitude $\zeta$ als Funktion von $\omega_0$ bei festem $\omega$ ist für eine Reibungsstärke $\beta = \omega$ in Abbildung 4.5 als *grüne* und außerdem für eine Reibungsstärke $\beta = \frac{1}{2}\omega$ als *blaue* Kurve dargestellt:

- Die grün eingetragene Kurve mit $\beta/\omega = 1 > \frac{1}{\sqrt{2}}$ hat lediglich ein Randmaximum für $\omega_0/\omega = 0$ und ein Randminimum für $\omega_0/\omega = \infty$.

- Die blaue Kurve mit $\beta/\omega = \frac{1}{2} < \frac{1}{\sqrt{2}}$ hat Randminima für $\omega_0/\omega = 0$ und $\omega_0/\omega = \infty$ und ein globales Maximum $\omega^2 \zeta^{\max}/a_0 = \frac{2}{\sqrt{3}}$ für $\omega_0/\omega = \frac{1}{\sqrt{2}}$.

Nur für sehr schwache Reibung (mit $\frac{\beta}{\omega} \downarrow 0$) wird die Amplitude sehr groß:

$$\omega^2 \zeta^{\max}/a_0 \to \frac{\omega}{2\beta} \to \infty\,.$$

Dieses Maximum tritt dann für

$$\omega_0^{\max}/\omega \sim \left[1 - (\beta/\omega)^2\right] \uparrow 1$$

auf. Dieses Ergebnis bestätigt unsere frühere Vermutung (siehe Abschnitt [4.2.2]), dass Reibungseffekte Resonanzphänomene abschwächen und dazu führen können, dass die Schwingung bei großer aber endlicher Amplitude aufrecht erhalten wird.

## 4.3 Das Pendel

Als zweite Anwendung der allgemeinen Theorie der Teilsysteme betrachten wir das *Pendel* in einigen seiner wichtigsten Erscheinungsformen. Ein Massenpunkt im Schwerkraftfeld, der frei an einem starren masselosen Stab um einen Befestigungspunkt pendeln kann, wird allgemein als *sphärisches Pendel* bezeichnet. Falls die Bewegung des Massenpunkts in einer senkrechten Ebene stattfindet, spricht man speziell von einem *mathematischen Pendel*. Wir behandeln im Folgenden zuerst die *allgemeinen Eigenschaften* des sphärischen Pendels (siehe Abschnitt [4.3.1]). Anschließend diskutieren wir in Abschnitt [4.3.2] die verhältnismäßig einfache Lösung des *mathematischen Pendels*. Danach (in Abschnitt [4.3.3]) wird die Lösung des allgemeinen sphärischen Pendels behandelt. Schließlich untersuchen wir in Abschnitt [4.3.4] eine wichtige Variante des mathematischen Pendels, das sogenannte *Zykloidenpendel*, das eine *auslenkungsunabhängige Schwingungsdauer* hat und daher eine exakte Realisierung des harmonischen Oszillators darstellt.

### 4.3.1 Das sphärische Pendel, allgemeine Eigenschaften

Wir fangen an mit der genauen Definition: Ein sphärisches Pendel besteht aus einem Massenpunkt (Masse $m$), der im konstanten Schwerkraftfeld (Beschleunigung $\mathbf{g}$) mit Hilfe eines starren masselosen Stabes (Länge $l$) an einem unbeweglichen Befestigungspunkt aufgehängt ist und frei um diesen pendeln kann. Ein solches Pendel ist ein Beispiel eines *Einteilchen*-Teilsystems, da nur die Dynamik des Massenpunktes von Interesse ist und dieser durch das Schwerkraftfeld an die Außenwelt gekoppelt ist. Wir wählen das Koordinatensystem so, dass der Aufhängepunkt sich im Ursprung befindet und $\mathbf{g} = -g\hat{\mathbf{e}}_3$ gilt. Die Koordinaten des Massenpunktes werden als $\mathbf{x}$ bezeichnet. Für spezi-

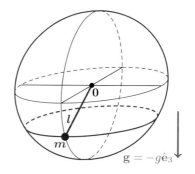

**Abb. 4.6** Sphärisches Pendel, hier auf einer speziellen Bahn mit $\dot{\vartheta} = 0$, $\dot{\varphi} = $ konstant („konisches Pendel")

ell gewählte Anfangsbedingungen [nämlich falls $\dot{\mathbf{x}}(0) \parallel (\hat{\mathbf{e}}_3 \times \mathbf{x}(0)) \times \mathbf{x}(0)$ gilt] findet die Pendelbewegung in einer Ebene statt, die durch die $\hat{\mathbf{e}}_3$- und $\hat{\mathbf{x}}(0)$-Achsen aufgespannt wird. In diesem Fall reduziert sich das sphärische Pendel auf das *mathematische Pendel* (siehe Abschnitt [4.3.2]).

Das sphärische Pendel ist in Abbildung 4.6 skizziert. Das Pendel selbst sowie seine (in diesem Fall kreisförmige) Bahn sind *rot* dargestellt. Das sphärische Pendel (Länge $l$, Masse $m$) ist frei beweglich im Ursprung $\mathbf{0}$ aufgehängt. Die

Pendelmasse $m$ kann sich daher frei über die *blau* eingetragene *Kugeloberfläche* mit Radius $l$ bewegen, allerdings auch *nur* über diese Kugeloberfläche, die daher als „Bewegungsmannigfaltigkeit" des Pendels bezeichnet wird. Die Schwerkraftsbeschleunigung in $(-\hat{\mathbf{e}}_3)$-Richtung ist *grün* eingetragen. Das sphärische Pendel in Abb. 4.6 befindet sich auf einer sehr speziellen, relativ einfachen Bahn mit konstantem Polarwinkel $\vartheta$ und konstanter azimutaler Geschwindigkeit $\dot{\varphi}$. Ein solches Pendel mit $\dot{\vartheta} = 0$ und $\dot{\varphi} = $ konstant wird als „konisches Pendel" bezeichnet.

### Der Stab definiert eine *Zwangsbedingung*

Wie bereits oben erwähnt, wird die Bewegung des Massenpunkts $m$ eines sphärischen Pendels räumlich dadurch eingeschränkt, dass der Stab einen konstanten Abstand $l$ vom Massenpunkt zum Ursprung *erzwingt*:

$$\boxed{|\mathbf{x}|^2 = \mathbf{x} \cdot \mathbf{x} = l^2 \, .} \tag{4.24}$$

Die Bewegung des Massenpunkts ist also auf eine *Kugeloberfläche* beschränkt, was auch den Namen („sphärisches Pendel" oder „Kugelpendel") erklärt. Eine solche Einschränkung der Beweglichkeit wird als *Zwangsbedingung* bezeichnet. Zwangsbedingungen der Form (4.24), die als *Gleichung* der Form

$$f(\mathbf{x}, t) = 0 \tag{4.25}$$

geschrieben werden können [hier also mit $f(\mathbf{x}, t) \equiv \mathbf{x}^2 - l^2$], heissen *holonome* Zwangsbedingungen; solche, die nicht in der Form (4.25) geschrieben werden können, heissen nicht-holonom.[8] Beispiele für nicht-holonome Zwangsbedingungen wären die Beschränkung der Bewegung eines Teilchens auf das *Innere* der Kugel, $\mathbf{x}^2 - l^2 \leq 0$, die nur als *Ungleichung* dargestellt werden kann, oder eine Zwangsbedingung, die nicht nur von $(\mathbf{x}, t)$ sondern auch von der Geschwindigkeit $\dot{\mathbf{x}}$ abhängig ist: $f(\mathbf{x}, \dot{\mathbf{x}}, t) = 0$. Bei den holonomen Zwangsbedingungen unterscheidet man noch zwischen zeit*un*abhängigen oder *skleronomen* und explizit zeitabhängigen oder *rheonomen* Zwangsbedingungen. Die Zwangsbedingung (4.24) für das sphärische Pendel ist dementsprechend ein Beispiel einer skleronomen Bedingung. Würde man z. B. am Aufhängepunkt rütteln, so entstünde eine rheonome Zwangsbedingung der Form

$$|\mathbf{x} - \mathbf{a}(t)|^2 - l^2 = 0 \, ,$$

die – wie wir in Abschnitt [6.8] sehen werden – zu überaus interessanten Effekten führen kann.

### Die Zwangsbedingung führt zu einer *Zwangskraft*

Beim sphärischen Pendel wirken also *zwei* Kräfte auf den Massenpunkt, nämlich die Schwerkraft $m\mathbf{g}$ und eine Kraft in der Richtung des Stabs, die gewährleistet, dass die Zwangsbedingung (4.24) zu jedem Zeitpunkt erfüllt ist:

$$m\ddot{\mathbf{x}} = -mg\hat{\mathbf{e}}_3 - \lambda(\mathbf{x}, \dot{\mathbf{x}})\hat{\mathbf{x}} \, .$$

---

[8]Der Sprachgebrauch stammt aus dem Griechischen: ὅλος $\simeq$ ganz, vollständig; νόμος $\simeq$ Gesetz, Regel; σκληρός $\simeq$ starr, unbiegsam; ῥέω $\simeq$ fließen, sich ändern.

Da die physikalische Situation homogen in der Zeitvariablen ist, kann die Amplitude $\lambda$ der Kraft nur von den Orts- und Geschwindigkeitsvariablen des Massenpunkts abhängig sein. Die genaue Form von $\lambda$ folgt aus der Zwangsbedingung (4.24), indem man diese zweimal nach der Zeit differenziert. Die erste Zeitableitung ergibt:

$$0 = \frac{d}{dt} \tfrac{1}{2} \mathbf{x}^2 = \mathbf{x} \cdot \dot{\mathbf{x}} \tag{4.26a}$$

und bringt die offensichtliche Einschränkung zum Ausdruck, dass die Bewegung entlang der Kugeloberfläche $|\mathbf{x}|^2 = l^2$ orthogonal auf der Stabrichtung $\hat{\mathbf{x}}$ stehen muss. Die zweite Zeitableitung ergibt eine Bestimmungsgleichung für $\lambda(\mathbf{x}, \dot{\mathbf{x}})$:

$$0 = \frac{d^2}{dt^2} \tfrac{1}{2} \mathbf{x}^2 = \frac{d}{dt} \left( \mathbf{x} \cdot \dot{\mathbf{x}} \right) = \dot{\mathbf{x}}^2 + \mathbf{x} \cdot \ddot{\mathbf{x}} \tag{4.26b}$$

$$= \dot{\mathbf{x}}^2 + \mathbf{x} \cdot \left( -g\hat{\mathbf{e}}_3 - \frac{\lambda}{m} \hat{\mathbf{x}} \right) = \dot{\mathbf{x}}^2 - g \left( \mathbf{x} \cdot \hat{\mathbf{e}}_3 \right) - \frac{\lambda}{m} x$$

mit dem Resultat:

$$\boxed{ \lambda = \frac{m\dot{\mathbf{x}}^2}{x} - mg \left( \hat{\mathbf{x}} \cdot \hat{\mathbf{e}}_3 \right) . }$$

Man hätte dieses Ergebnis aber auch ohne Berechnung aufschreiben können: Die vom Stab auf den Massenpunkt ausgeübte Zwangskraft muss zum einen die *Zentrifugalkraft* und zum anderen die entlang des Stabs gerichtete *Schwerkraft*komponente kompensieren. Da das Skalarprodukt $\mathbf{x} \cdot \dot{\mathbf{x}}$ aufgrund von Gleichung (4.26b), d. h. $0 = \frac{d}{dt} \left( \mathbf{x} \cdot \dot{\mathbf{x}} \right)$, zeitlich konstant ist, kann (4.26a) auch durch die Anfangsbedingung $\mathbf{x}(0) \cdot \dot{\mathbf{x}}(0) = 0$ ersetzt werden. Insgesamt erhalten wir aus (4.26) die Bewegungsgleichung samt Anfangsbedingungen:

$$\ddot{\mathbf{x}} = g[(\hat{\mathbf{x}} \cdot \hat{\mathbf{e}}_3)\hat{\mathbf{x}} - \hat{\mathbf{e}}_3] - \frac{\dot{\mathbf{x}}^2}{x} \hat{\mathbf{x}} \quad , \quad \mathbf{x}(0) \cdot \dot{\mathbf{x}}(0) = 0 \quad , \quad |\mathbf{x}(0)| = l \ , \tag{4.27}$$

die alternativ auch als

$$\ddot{\mathbf{x}} = g(\hat{\mathbf{e}}_3 \times \hat{\mathbf{x}}) \times \hat{\mathbf{x}} - \frac{\dot{\mathbf{x}}^2}{x} \hat{\mathbf{x}} \quad , \quad \mathbf{x}(0) \cdot \dot{\mathbf{x}}(0) = 0 \quad , \quad |\mathbf{x}(0)| = l$$

geschrieben werden können. Die von der Zwangskraft herrührende Anfangsbedingung für die *Geschwindigkeit* legt den Vektor $\dot{\mathbf{x}}(0)$ also nicht komplett fest, sondern fordert lediglich $\dot{\mathbf{x}}(0) \perp \mathbf{x}(0)$.

### Drehimpuls des sphärischen Pendels

Eine Bewegungsgleichung für den Drehimpuls $\mathbf{L} = m\mathbf{x} \times \dot{\mathbf{x}}$ folgt aus

$$\dot{\mathbf{L}} = \mathbf{N}$$

mit

$$\mathbf{N} = m\mathbf{x} \times \ddot{\mathbf{x}} = m\mathbf{x} \times \left( -g\hat{\mathbf{e}}_3 - \frac{\lambda}{m}\hat{\mathbf{x}} \right) = -mg\mathbf{x} \times \hat{\mathbf{e}}_3 . \tag{4.28}$$

An dieser Stelle wird die unter Gleichung (4.1) gemachte Anmerkung relevant, dass die Bewegungsgleichung $\dot{\mathbf{L}} = \mathbf{N}$ eine *Vektoridentität* ist: Falls eine der Komponenten von $\mathbf{N}$ null ist, ist die entsprechende Komponente von $\mathbf{L}$ erhalten. In (4.28) gilt z. B. $N_3 = 0$, sodass $L_3$ eine Erhaltungsgröße darstellt: $L_3(t) = L_3(0)$. Das Erhaltungsgesetz für $L_3(t)$ kann alternativ auch so formuliert werden, dass die Flächengeschwindigkeit der auf die $\hat{\mathbf{e}}_1$-$\hat{\mathbf{e}}_2$-Ebene projizierten Bahn konstant ist.

**Energie des sphärischen Pendels**

Da die Schwerkraft aus einem Potential abgeleitet werden kann,

$$-mg\,\hat{\mathbf{e}}_3 = -(\boldsymbol{\nabla}V)(\mathbf{x}) \quad , \quad V(\mathbf{x}) = mg(\hat{\mathbf{e}}_3 \cdot \mathbf{x}) \,,$$

identifizieren wir $V(\mathbf{x})$ als die *potentielle Energie* des Massenpunkts. Wegen der Identität $0 = \frac{d}{dt}(\frac{1}{2}\mathbf{x}^2) = \mathbf{x} \cdot \dot{\mathbf{x}}$ in (4.26a) folgt noch

$$\frac{d}{dt}\,E_{\text{kin}} = \frac{d}{dt}\,\tfrac{1}{2}\,m\dot{\mathbf{x}}^2 = m\dot{\mathbf{x}}\cdot\ddot{\mathbf{x}} = m\dot{\mathbf{x}}\cdot\left(-g\hat{\mathbf{e}}_3 - \frac{\lambda}{m}\,\hat{\mathbf{x}}\right) = -mg(\hat{\mathbf{e}}_3\cdot\dot{\mathbf{x}}) = -\frac{d}{dt}\,V(\mathbf{x})\,,$$

sodass die Gesamtenergie des Massenpunktes,

$$E = E_{\text{kin}} + V(\mathbf{x})\,,$$

eine weitere Erhaltungsgröße darstellt. Wegen $E_{\text{kin}} \geq 0$ und $V(\mathbf{x}) \geq -mgl$ gilt für die möglichen Werte dieser Erhaltungsgröße: $E \geq -mgl$.

**Sphärisches Pendel in sphärischen Koordinaten**

Wegen der sphärischen Symmetrie des Problems ist es bequem, Winkelvariablen $(\vartheta, \varphi)$ und die entsprechenden Einheitsvektoren $(\hat{\mathbf{x}}, \hat{\mathbf{e}}_\vartheta, \hat{\mathbf{e}}_\varphi)$ einzuführen:

$$\hat{\mathbf{x}} \equiv \begin{pmatrix} \cos(\varphi)\sin(\vartheta) \\ \sin(\varphi)\sin(\vartheta) \\ \cos(\vartheta) \end{pmatrix} \quad , \quad \hat{\mathbf{e}}_\vartheta \equiv \begin{pmatrix} \cos(\varphi)\cos(\vartheta) \\ \sin(\varphi)\cos(\vartheta) \\ -\sin(\vartheta) \end{pmatrix} \quad , \quad \hat{\mathbf{e}}_\varphi = \begin{pmatrix} -\sin(\varphi) \\ \cos(\varphi) \\ 0 \end{pmatrix},$$

die eine *Orthonormalbasis* bilden. Es gilt daher:

$$\mathbf{x} = l\hat{\mathbf{x}} \quad , \quad \dot{\mathbf{x}} = l[\dot{\vartheta}\hat{\mathbf{e}}_\vartheta + \dot{\varphi}\sin(\vartheta)\hat{\mathbf{e}}_\varphi]\,.$$

Der Drehimpuls kann als

$$\mathbf{L} = ml^2\hat{\mathbf{x}} \times [\dot{\vartheta}\hat{\mathbf{e}}_\vartheta + \dot{\varphi}\sin(\vartheta)\hat{\mathbf{e}}_\varphi] = ml^2[\dot{\vartheta}\hat{\mathbf{e}}_\varphi - \dot{\varphi}\sin(\vartheta)\hat{\mathbf{e}}_\vartheta]$$

und das Drehmoment als

$$\mathbf{N} = -mgl\hat{\mathbf{x}} \times \hat{\mathbf{e}}_3 = -mgl\sin(\vartheta)\begin{pmatrix} \sin(\varphi) \\ -\cos(\varphi) \\ 0 \end{pmatrix} = mgl\sin(\vartheta)\,\hat{\mathbf{e}}_\varphi$$

geschrieben werden. Wegen der Beziehung $N_3 = 0$ ist die 3-Komponente des Drehimpulses eine Erhaltungsgröße:

$$\boxed{L_3 = ml^2\dot{\varphi}\sin^2(\vartheta)\,.} \qquad (4.29)$$

Die zweite Erhaltungsgröße, die Gesamtenergie des Massenpunktes, ist durch

$$\boxed{E = \tfrac{1}{2}m\dot{\mathbf{x}}^2 + V(\mathbf{x}) = \tfrac{1}{2}ml^2\left[\dot{\vartheta}^2 + \dot{\varphi}^2\sin^2(\vartheta)\right] + mgl\cos(\vartheta)} \qquad (4.30)$$

gegeben. Die Erhaltungsgesetze (4.29) und (4.30) stellen zwei gewöhnliche nichtlineare Differentialgleichungen erster Ordnung für die Winkelvariablen $(\vartheta, \varphi)$ dar, aus denen $\vartheta(t)$ und $\varphi(t)$ und somit auch $\mathbf{x}(t)$ berechnet werden können. Im Folgenden wird dieses Problem zuerst für das mathematische Pendel (mit $L_3 = 0$ bzw. $\dot{\varphi} = 0$) und dann auch für das allgemeine sphärische Pendel gelöst.

## 4.3.2   Das mathematische Pendel

Beim mathematischen Pendel ($\dot{\varphi} = 0$) findet die Bewegung des Massenpunktes auf
dem Kreisrand $\{\mathbf{x} \,|\, \mathbf{x}^2 = l^2 \,\wedge\, x_2/x_1 = \text{konstant}\}$ statt, d. h. auf einer eindimen-
sionalen Untermenge der zweidimensionalen Kugelfläche $\{\mathbf{x} \,|\, \mathbf{x}^2 = l^2\}$. Da sich die
Dynamik also in einer (vertikalen) *Ebene* abspielt und der Abstand $|\mathbf{x}| = l$ zwi-
schen dem Massenpunkt und dem Ursprung konstant ist, kann der Aufenthaltsort
des Massenpunkts bequem – wie in Abbildung 4.7 skizziert – mit Hilfe einer Winkelvariable $\psi$ beschrieben werden. Hierbei wird $\psi$ relativ zum Vektor $-\hat{\mathbf{e}}_3$ gemessen:
$\cos(\psi) = -\hat{\mathbf{x}} \cdot \hat{\mathbf{e}}_3 = -\cos(\vartheta)$. Die Winkelvariable $\psi$ wird so definiert, dass $\psi(t) \in \mathbb{R}$
für alle $t \geq 0$ kontinuierlich ist; dies ist z. B. dann relevant, wenn sich das Pendel
(evtl. auch mehrmals) überschlägt.

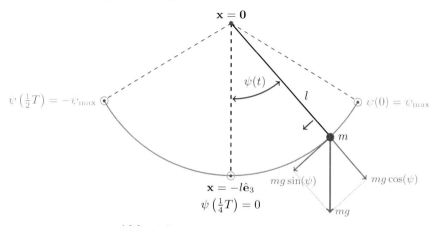

**Abb. 4.7** Das mathematische Pendel

### Energie und Bewegungsgleichung des mathematischen Pendels

Die Bewegungsgleichung des mathematischen Pendels ist relativ leicht lösbar, da
mit der *Energie* des Pendels eine Erhaltungsgröße bekannt ist. Umgekehrt folgt die
*Bewegungsgleichung* des Pendels, indem man die Energie nach der Zeitvariablen
ableitet. Die Energie des mathematischen Pendels ist bereits aus (4.30) bekannt:

$$E = \tfrac{1}{2}ml^2\dot{\psi}^2 - mgl\cos(\psi) \,, \tag{4.31}$$

und die Bewegungsgleichung folgt aus dem Energieerhaltungssatz $\frac{dE}{dt} = 0$ als

$$\ddot{\psi} = -\omega^2 \sin(\psi) \quad, \quad \omega \equiv \sqrt{g/l} \,. \tag{4.32}$$

Nur für kleine Auslenkungen ($\psi_{\max} \ll 1$) hat diese Bewegungsgleichung die vertrau-
te Form $\ddot{\psi} = -\omega^2\psi$ eines eindimensionalen harmonischen Oszillators. Die Lösung
ist in diesem Fall bekanntlich durch[9]

$$\psi(t) = \psi(0)\cos(\omega t) + \tfrac{1}{\omega}\dot{\psi}(0)\sin(\omega t)$$

gegeben. Im Folgenden befassen wir uns mit der Lösung von (4.32) für *endliche*
Auslenkungen.

---

[9]Siehe (3.39) und (3.40) oder (4.8) für die Lösung der eindimensionalen Oszillatorgleichung.

**Lösung der Bewegungsgleichung für *endliche* Auslenkungen**

Wir nehmen zuerst an, dass $E < mgl$ gilt, d. h., dass sich das Pendel *nicht* überschlägt. Für $E < mgl$ erreicht das Pendel einen maximalen Ausschlag

$$\psi_{\mathrm{max}} = \arccos\left(-\frac{E}{mgl}\right) < \pi \ .$$

Dies folgt aus Gleichung (4.31), indem man auf der rechten Seite $\dot{\psi} = 0$ setzt. Generell wird die Lösung der Bewegungsgleichung (4.32) durch die Existenz der Erhaltungsgröße *Energie* in (4.31) stark vereinfacht, da man aufgrund von (4.31) lediglich noch eine Differentialgleichung *erster* Ordnung für $\psi(t)$ lösen muss:

$$\dot{\psi} = \pm\,\omega\sqrt{2[\cos(\psi) - \cos(\psi_{\mathrm{max}})]} \ . \tag{4.33}$$

Das Vorzeichen der rechten Seite wechselt bei $\psi = \pm\,\psi_{\mathrm{max}}$. Nehmen wir z. B. an, dass das Pendel – wie in Abb. 4.7 skizziert – zur Zeit $t = 0$ maximal ausgelenkt ist: $\psi(0) = \psi_{\mathrm{max}}$. In diesem Fall gilt $\dot{\psi} < 0$ für $0 < t < \frac{1}{2}T$, wobei $T$ die Periode der Pendelbewegung darstellt. Die Lösung von (4.31) ist daher:

$$\omega t = -\int_{\psi_{\mathrm{max}}}^{\psi} d\psi'\, \frac{1}{\sqrt{2[\cos(\psi') - \cos(\psi_{\mathrm{max}})]}} \qquad (0 < t < \tfrac{1}{2}T) \ .$$

Wir verwenden nun die Variablensubstitutionen $\psi \to \varphi$ und analog $\psi' \to \varphi'$:

$$\frac{\sin(\frac{1}{2}\psi)}{\sin(\frac{1}{2}\psi_{\mathrm{max}})} \equiv \sin(\varphi) \quad , \quad \frac{\sin(\frac{1}{2}\psi')}{\sin(\frac{1}{2}\psi_{\mathrm{max}})} \equiv \sin(\varphi') \ .$$

Mit Hilfe der Beziehung $\cos(\psi) = 1 - 2\sin^2(\frac{1}{2}\psi)$ folgt hieraus noch für das Differential $d\psi'$:

$$d\psi' = \frac{2\cos(\varphi')\sin(\frac{1}{2}\psi_{\mathrm{max}})}{\sqrt{1 - \sin^2(\frac{1}{2}\psi_{\mathrm{max}})\sin^2(\varphi')}}\, d\varphi' \ .$$

Durch Einsetzen dieser Substitutionen ergibt sich:

$$\omega t = \frac{1}{2}\int_{\psi}^{\psi_{\mathrm{max}}} d\psi'\, \frac{1}{\sqrt{\sin^2(\frac{1}{2}\psi_{\mathrm{max}}) - \sin^2(\frac{1}{2}\psi')}} = \int_{\varphi}^{\pi/2} d\varphi'\, \frac{1}{\sqrt{1 - \sin^2(\frac{1}{2}\psi_{\mathrm{max}})\sin^2(\varphi')}} \ .$$

Nach einer Viertelperiode (d. h. für $t = \frac{1}{4}T$) durchläuft das Pendel den Punkt $\varphi = 0$, also gilt:[10]

$$\tfrac{1}{4}\omega T = \int_0^{\pi/2} d\varphi'\, \frac{1}{\sqrt{1 - m\sin^2(\varphi')}} \equiv K(m) \quad , \quad m \equiv \sin^2(\tfrac{1}{2}\psi_{\mathrm{max}}) \ . \tag{4.34}$$

Hierbei ist $K(m)$ eine wohlbekannte *spezielle Funktion*, die den Namen „vollständiges elliptisches Integral der ersten Art" trägt. Zwar lässt sich das Integral $K(m)$ nicht weiter vereinfachen, aber über solche *speziellen Funktionen* ist in der Mathematik sehr viel bekannt (siehe z. B. Refn. [1, 2]). Daher haben wir mit der Reduktion der Schwingungsdauer auf ein elliptisches *Integral* viel gewonnen.

---

[10]Achtung: Die Verwendung der dimensionslosen Variablen $m = \sin^2(\frac{1}{2}\psi_{\mathrm{max}})$ in Gleichung (4.34) entspricht in der Theorie elliptischer Integrale genauso sehr der Tradition wie die Bezeichnung $m$ für Masse in der Physik, siehe z. B. Gleichung (4.31). Eine Verwechslung sollte aber aufgrund der unterschiedlichen physikalischen Dimensionen unwahrscheinlich sein. Bis zum Ende dieses Abschnitts [4.3.2] stellt $m$ meist die dimensionslose mathematische Größe $\sin^2(\frac{1}{2}\psi_{\mathrm{max}})$ dar.

Nicht nur ist der allgemeine Verlauf der Funktion $K(m)$ bekannt (s. Abbildung 4.8), man kennt auch ihr Verhalten für kleine $m$ (d. h. für $\psi_{\max} \downarrow 0$):

$$K(m) = \tfrac{1}{2}\pi \left(1 + \tfrac{1}{4}m + \tfrac{9}{64}m^2 + \ldots\right) \qquad (m \to 0)$$

und für $m \uparrow 1$ (d. h. für $\psi_{\max} \uparrow \pi$):

$$K(m) \sim \tfrac{1}{2}\ln\left(\tfrac{16}{1-m}\right) \to \infty \qquad (m \uparrow 1)\,.$$

Das letzte Resultat bedeutet, dass die Schwingungsdauer $T$ für $\psi_{\max} \uparrow \pi$ logarithmisch *divergiert*. Wir stellen fest, dass die Periode des mathematischen Pendels recht stark von der Amplitude der Schwingung abhängt. Als Baustein für eine genau funktionierende Uhr ist das mathematische Pendel daher eher ungeeignet, zumindest falls der praktische Einsatz einer solchen Uhr (man denke z. B. an eine Schiffsuhr) auch Amplitudenvariationen mit sich bringt.[11]

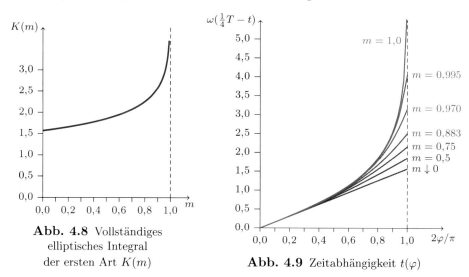

**Abb. 4.8** Vollständiges elliptisches Integral der ersten Art $K(m)$

**Abb. 4.9** Zeitabhängigkeit $t(\varphi)$

Interessanterweise kann nicht nur die Schwingungsdauer $T$ sondern auch die komplette Winkelabhängigkeit der Zeit, $t(\varphi)$, auf spezielle Funktionen zurückgeführt werden:

$$\omega(\tfrac{1}{4}T - t) = \int_0^\varphi d\varphi'\ \frac{1}{\sqrt{1 - m\sin^2(\varphi')}} \equiv F(\varphi|m)\,.$$

Die Funktion $F(\varphi|m)$ wird aus naheliegenden Gründen als *un*vollständiges elliptisches Integral der ersten Art bezeichnet. Die Winkelabhängigkeit der Zeit, $t(\varphi)$, ist in Abbildung 4.9 für einige $m$-Werte im Intervall $(0, 1]$ grafisch dargestellt. Wegen der Beziehung $m \equiv \sin^2(\tfrac{1}{2}\psi_{\max})$ steigt der maximale Ausschlag $\psi_{\max}$ hierbei an von $\psi_{\max} \ll 1$ für $m \downarrow 0$ (*rote* Kurve) bis $\psi_{\max} = \tfrac{\pi}{2}$ für $m = 1$ (*grüne* Kurve). Detailliertere Informationen über elliptische Integrale findet man in Handbüchern, z. B. in Ref. [1], Kapitel 17.

---

[11]Zumindest im 17. und 18. Jahrhundert war dies ein ernsthaftes Problem, dessen Beantwortung überlebenswichtig war: Eine genaue Zeitmessung ist erforderlich für die präzise Bestimmung von Längengraden auf dem Meer. Siehe Abschnitt [4.3.4] für einen interessanten Lösungsversuch.

**Grenzfall $E = mgl$: Das Pendel steht Kopf**

Aus dem vorher Gesagten ist klar, dass sich das Pendel mit $E = mgl$ entweder in instabilem Gleichgewicht befindet [für $\psi(0) = \pi$] oder eine unendlich lange Zeit benötigt, um diese instabile Gleichgewichtslage zu erreichen [für $\psi(0) \neq \pi$].

**Bei hoher Energie: Das Pendel überschlägt sich**

Nehmen wir schließlich an, dass $E > mgl$ gilt, sodass das Pendel sich ständig überschlägt. Die Umlaufzeit sei $\Theta$. Für $\psi(0) = \pi$ und $\dot\psi(0) < 0$ erhält man mit der Definition $\frac{E}{mgl} \equiv \cosh(\psi_0)$:

$$\omega t = - \int_\pi^\psi d\psi' \, \frac{1}{\sqrt{2[\cos(\psi') + \cosh(\psi_0)]}} = \frac{1}{2} \int_\psi^\pi d\psi' \, \frac{1}{\sqrt{\cosh^2(\frac{1}{2}\psi_0) - \sin^2(\frac{1}{2}\psi')}} \ .$$

Mit $m \equiv \cosh^{-2}(\frac{1}{2}\psi_0) < 1$ folgt:

$$\tfrac{1}{2}\omega\Theta = \sqrt{m} \int_0^{\pi/2} d\varphi' \, \frac{1}{\sqrt{1 - m\sin^2(\varphi')}} = \sqrt{m}\, K(m)$$

und analog:

$$\omega\left(\tfrac{1}{2}\Theta - t\right) = \sqrt{m} \int_0^{\frac{1}{2}\psi} d\varphi' \, \frac{1}{\sqrt{1 - m\sin^2(\varphi')}} = \sqrt{m}\, F\left(\tfrac{1}{2}\psi \,\middle|\, m\right) \ .$$

Auch in diesem Fall kann man die Dynamik des Massenpunkts daher recht kompakt mit Hilfe von speziellen Funktionen beschreiben.

### 4.3.3  Das sphärische Pendel

Wir kehren zurück zum allgemeinen *sphärischen* Pendel, das durch die Erhaltungssätze für die 3-Komponente des Drehimpulses und die Energie $E \geq -mgl$ charakterisiert wird. Es gilt also einerseits:

$$\dot\varphi = \frac{L_3}{ml^2 \sin^2(\vartheta)}$$

und andererseits:

$$\begin{aligned}
\tfrac{1}{2}\dot\vartheta^2 &= \frac{1}{ml^2}\left[E - mgl\cos(\vartheta)\right] - \tfrac{1}{2}\dot\varphi^2 \sin^2(\vartheta) \\
&= \frac{1}{ml^2}\left[E - mgl\cos(\vartheta)\right] - \frac{1}{2}\left(\frac{L_3}{ml^2}\right)^2 \frac{1}{\sin^2(\vartheta)} \ .
\end{aligned} \tag{4.35}$$

Wir versuchen zunächst, diese Gleichungen zu vereinfachen. Dabei ist es vorteilhaft, die Winkelvariable $\vartheta$ durch die dimensionslose Variable $u \equiv \cos(\vartheta)$ zu ersetzen. Hierzu multiplizieren wir (4.35) mit $\sin^2(\vartheta)$; wir erhalten nun

$$\dot\varphi = \frac{L_3}{ml^2(1 - u^2)} \quad , \quad \tfrac{1}{2}\dot u^2 = \frac{1}{ml^2}(E - mgl\,u)(1 - u^2) - \frac{1}{2}\left(\frac{L_3}{ml^2}\right)^2 \ .$$

Es ist bereits an dieser Stelle klar, dass die zweite Gleichung im Prinzip durch Variablentrennung lösbar ist. Durch Einsetzen des Ergebnisses $u(t)$ in die erste Gleichung erhält man dann (wiederum durch Variablentrennung) auch $\varphi(t)$.

**Formulierung der Bewegungsgleichung in *dimensionslosen* Variablen**

Bei der konkreten Lösung der Bewegungsgleichung ist es zunächst einmal hilfreich, festzustellen, dass das Problem des sphärischen Pendels eine charakteristische *Zeit*skala $\sqrt{l/g}$ und neben der variablen Energie $E \geq -mgl$ auch zwei charakteristische *Energie*skalen $mgl$ und $(L_3)^2/2ml^2$ enthält. Um die Gleichungen für $\varphi(t)$ und $u(t)$ weiter zu vereinfachen, ist es daher zweckmäßig, eine *dimensionslose* Zeit $\tau \equiv \sqrt{g/l}\,t$, eine *dimensionslose* Energie $\varepsilon \equiv \frac{E}{mgl} \geq -1$ und eine *dimensionslose* 3-Komponente des Drehimpulses $\lambda_3$ einzuführen:

$$\tfrac{1}{2}(\lambda_3)^2 \equiv \frac{(L_3)^2/2ml^2}{mgl} \qquad \text{bzw.} \qquad \lambda_3 = \frac{L_3}{m\sqrt{gl^3}}\,.$$

Man erhält dann die Gleichungen:

$$\frac{d\varphi}{d\tau} = \sqrt{l/g}\,\dot{\varphi} = \frac{\lambda_3}{1-u^2} \tag{4.36}$$

und

$$\begin{aligned}
\frac{1}{2}\left(\frac{du}{d\tau}\right)^2 = \frac{l}{2g}\,\dot{u}^2 &= \frac{1}{mgl}\,(E - mgl\,u)(1-u^2) - \frac{l}{2g}\left(\frac{L_3}{ml^2}\right)^2 \\
&= (\varepsilon - u)(1-u^2) - \tfrac{1}{2}(\lambda_3)^2 \qquad (\varepsilon \geq -1)\,.
\end{aligned}$$

Mit Hilfe der Definition $V_{\mathrm{f}}(u) \equiv u + \varepsilon u^2 - u^3$ kann diese letzte Gleichung auch in der Form

$$\boxed{\;\frac{1}{2}\left(\frac{du}{d\tau}\right)^2 = \varepsilon - \tfrac{1}{2}\lambda_3^2 - V_{\mathrm{f}}(u) \qquad (\varepsilon \geq -1)\;} \tag{4.37}$$

geschrieben werden. Wir haben die Dynamik des sphärischen Pendels somit auf diejenige eines Teilchens der Masse eins und der Energie $\varepsilon - \tfrac{1}{2}\lambda_3^2$ zurückgeführt, das eine *ein*dimensionale Bewegung im effektiven Potential $V_{\mathrm{f}}(u)$ ausführt. Hierbei können wir uns (da die Bewegungsgleichung nur von $\lambda_3^2$ abhängt) auf den Parameterbereich $\lambda_3 \geq 0$ beschränken. Wir nehmen also an, dass sich das Pendel in *positivem* Sinne um die $\hat{\mathbf{e}}_3$-Achse bewegt.

**Bewegung im effektiven Potential $V_{\mathrm{f}}(u)$**

Der typische Verlauf des effektiven Potentials $V_{\mathrm{f}}(u)$ ist in Abbildung 4.10 skizziert. Die Nullpunkte von $V_{\mathrm{f}}(u)$ sind gegeben durch

$$u_- = \tfrac{1}{2}\left(\varepsilon - \sqrt{\varepsilon^2+4}\right) < 0 \quad , \quad u_0 = 0 \quad , \quad u_+ = \tfrac{1}{2}\left(\varepsilon + \sqrt{\varepsilon^2+4}\right) > 0$$

und die Nullpunkte der Ableitung $V_{\mathrm{f}}'(u) = 1 + 2\varepsilon u - 3u^2$ durch

$$u_-' = \tfrac{1}{3}\left(\varepsilon - \sqrt{\varepsilon^2+3}\right) < 0 \quad , \quad u_+' = \tfrac{1}{3}\left(\varepsilon + \sqrt{\varepsilon^2+3}\right) > 0\,.$$

Hierbei[12] gilt $V_{\mathrm{f}}(u_\pm') - \varepsilon = 2u_\pm'(u_\pm' - \varepsilon)^2$ und daher $V_{\mathrm{f}}(u_-') \leq \varepsilon \leq V_{\mathrm{f}}(u_+')$. Die Existenz eines gebundenen Zustands der Energie $\varepsilon - \tfrac{1}{2}\lambda_3^2$ im effektiven Potential $V_{\mathrm{f}}(u)$ mit $u \in [-1,1]$ erfordert:

$$V_{\mathrm{f}}(u_-') \leq \varepsilon - \tfrac{1}{2}\lambda_3^2 \leq \min\{V_{\mathrm{f}}(-1), V_{\mathrm{f}}(1)\} \qquad (u_+' \geq 1)\,, \tag{4.38a}$$

---

[12]Dies folgt durch die Kombination von $V_{\mathrm{f}}(u)-\varepsilon = (u-\varepsilon)(1-u^2)$ und $1-(u_\pm')^2 = 2u_\pm'(u_\pm'-\varepsilon)$.

falls $u'_+ \geq 1$ gilt, und

$$V_f(u'_-) \leq \varepsilon - \tfrac{1}{2}\lambda_3^2 \leq \min\{V_f(-1), V_f(u'_+)\} \qquad (u'_+ \leq 1) \qquad (4.38b)$$

für den Fall $u'_+ \leq 1$. Die beiden *linken* Ungleichungen in (4.38a) und (4.38b) folgen direkt aus der Bewegungsgleichung $0 \leq \tfrac{1}{2}(\tfrac{du}{d\tau})^2 = \varepsilon - \tfrac{1}{2}\lambda_3^2 - V_f(u)$ in (4.37). Die beiden *rechten* Ungleichungen folgen analog daraus, dass die Variable $u = \cos(\vartheta)$ nur Werte im Intervall $[-1, 1]$ annehmen kann und daher zwischen Werten $u_{\min}$ und $u_{\max}$ mit den Eigenschaften $-1 \leq u_{\min} \leq u'_- < u_{\max} \leq \min\{u'_+, 1\}$ hin- und herpendeln muss. Die im $\vartheta$-Freiheitsgrad enthaltene kinetische Energie muss also für $u = u_{\min}$ und $u = u_{\max}$ gerade *null* sein, sodass für $u'_+ \geq 1$ gilt:

$$\varepsilon - \tfrac{1}{2}\lambda_3^2 \overset{!}{=} V_f(u_{\min}) \leq V_f(-1) \quad , \quad \varepsilon - \tfrac{1}{2}\lambda_3^2 \overset{!}{=} V_f(u_{\max}) \leq V_f(1) \, ,$$

während für $u'_+ \leq 1$ analog $V_f(1) \to V_f(u'_+)$ zu ersetzen ist. Da jedoch für alle $\varepsilon \geq -1$ gilt: $V_f(\pm 1) = \varepsilon$ und $V_f(u'_+) \geq \varepsilon$, sind die beiden *rechten* Ungleichungen in (4.38) automatisch erfüllt. Die *linken* Ungleichungen liefern die Einschränkung

$$0 \leq \lambda_3 \leq \sqrt{2\left[\varepsilon - V_f(u'_-)\right]} \, ,$$

die physikalisch besagt, dass die im $\varphi$-Freiheitsgrad enthaltene kinetische Energie die gesamte kinetische Energie nicht übersteigen kann. Man überprüft leicht, dass $-1 \leq V_f(u'_-) \leq \varepsilon$ gilt, sodass die obere Schranke für $\lambda_3$ reell und nicht-negativ ist.

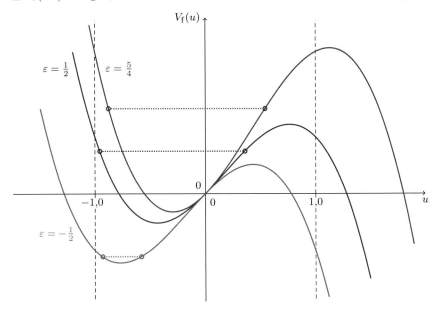

**Abb. 4.10** Typischer Verlauf des effektiven Potentials $V_f(u)$ für Parameterwerte $\varepsilon > 1$ (rot), $0 < \varepsilon < 1$ (blau) und $-1 < \varepsilon < 0$ (grün). Punktiert eingetragen ist die Gesamtenergie $\varepsilon - \tfrac{1}{2}\lambda_3^2$ mit $\lambda_3 = 1$ (rot), $\lambda_3 = \tfrac{1}{2}$ (blau) und $\lambda_3 = \tfrac{1}{3}$ (grün)

Zur Illustration wurde in Abb. 4.10 *punktiert* auch die *Gesamtenergie* $\varepsilon - \tfrac{1}{2}\lambda_3^2$ des $u$- bzw. $\vartheta$-Freiheitsgrads eingetragen. Hierbei wurden für $\varepsilon = \tfrac{5}{4} / \tfrac{1}{2} / -\tfrac{1}{2}$ die Drehimpulswerte $\lambda_3 = 1 / \tfrac{1}{2} / \tfrac{1}{3}$ gewählt. Die Kreise am linken und rechten Ende der punktierten Strecken entsprechen den Werten $u_{\min}$ und $u_{\max}$.

Aufgrund dieser Überlegungen ist klar, dass die Gleichung $V_f(u) = \varepsilon - \frac{1}{2}\lambda_3^2$ stets genau drei reelle Lösungen $u_1 \leq u_2 \leq u_3$ hat:

$$(\varepsilon - \tfrac{1}{2}\lambda_3^2) - V_f(u) = (u - u_1)(u_2 - u)(u_3 - u) \quad (u_i \in \mathbb{R},\ i = 1, 2, 3)\,, \quad (4.39)$$

wobei wir sofort $u_1 = u_{\min}$ und $u_2 = u_{\max}$ identifizieren können; die dritte reelle Lösung $u_3$ hat für die Dynamik des $u$-Freiheitsgrads zunächst keine direkte Bedeutung [siehe jedoch (4.47)]. Als Beispiel betrachten wir den Spezialfall $\lambda_3 \downarrow 0$ (d. h. das *mathematische Pendel*). In diesem Fall erhalten wir die drei reellen Lösungen $u_1 = -1$, $u_2 = \min\{\varepsilon, 1\}$ und $u_3 = \max\{\varepsilon, 1\}$. Für Bahnen mit $\varepsilon < 1$, für die sich das mathematische Pendel nicht überschlägt, erfordert jeder volle Umlauf *vier* Bewegungen von $u_2$ nach $u_1$ oder umgekehrt. Aus diesem Grund wird auch für das *sphärische Pendel* mit $\lambda_3 \neq 0$ ein voller Umlauf durch den Zyklus $u_1 \rightarrow u_2 \rightarrow u_1 \rightarrow u_2 \rightarrow u_1$ definiert, obwohl die Bahn des Massenpunktes in diesem Fall im Allgemeinen *nicht geschlossen* ist.

**Präzession der Umlaufbahn**

Wir bezeichnen die Zunahme der Winkelvariablen $\varphi$ während eines vollen Umlaufs als $2\pi + \Delta\varphi$. Hierbei wird ein voller Umlauf – wie oben bereits erwähnt – durch den Zyklus $u_1 \rightarrow u_2 \rightarrow u_1 \rightarrow u_2 \rightarrow u_1$ und somit durch die Dynamik der $\vartheta$-*Variablen* definiert. Da der Zyklus also *vier* Phasen der Form $u_1 \rightarrow u_2$ oder $u_2 \rightarrow u_1$ hat, die alle *gleich lang* dauern,[13], reicht es aus, die im Laufe der *ersten* Phase $u_1 \rightarrow u_2$ auftretende Präzession $\frac{1}{4}(2\pi + \Delta\varphi)$ zu berechnen:

$$\frac{1}{4}(2\pi + \Delta\varphi) = \int_{\varphi(u_1)}^{\varphi(u_2)} d\varphi = \int_{\tau(u_1)}^{\tau(u_2)} d\tau\, \frac{d\varphi}{d\tau} = \tau_{21}\left\langle \frac{d\varphi}{d\tau} \right\rangle. \quad (4.40)$$

Hierbei stellt $\tau_{21} \equiv \tau(u_2) - \tau(u_1)$ die Zeitdauer der ersten Phase $u_1 \rightarrow u_2$ und $\langle \cdots \rangle$ den Zeitmittelwert über diese Phase dar. Der Differenzwinkel $\Delta\varphi$ wird als *Präzessionswinkel* bezeichnet und die zeitliche Änderung der Umlaufbahn als *Präzession*.

Wir berechnen $\Delta\varphi$ im Folgenden zuerst für ein relativ einfaches Beispiel, nämlich für das in Abb. 4.6 skizzierte *konische Pendel*, das nun allerdings auch *kleine Schwingungen* in $\vartheta$- bzw. $u$-Richtung ausführen kann. Aus diesem Beispiel kann man lernen, dass die *Präzession* des spärischen Pendels daher rührt, dass die Winkelfrequenzen der Schwingungsbewegungen in $\varphi$- und $\vartheta$-Richtung im Allgemeinen *ungleich* sind. Insofern ist die Präzessionsbewegung in diesem Beispiel den kleinen Schwingungen um die Gleichgewichtslage, die in Abschnitt [3.3.2] besprochen und in Abb. 3.9 skizziert wurden, sehr ähnlich. Nach diesem Beispiel behandeln wir den *allgemeinen* Fall der Präzession des sphärischen Pendels und zeigen, dass $\Delta\varphi$ *exakt* in der Form eines elliptischen Integrals berechnet werden kann.

**Ein einfaches Beispiel** Wir betrachten zuerst als Beispiel *kleine Schwingungen* um die in Abb. 4.6 skizzierte konische Pendelbewegung. Wir nehmen also an, dass die azimutale Geschwindigkeit nun lediglich *approximativ* konstant ist:

---

[13]Die Dauer der Phasen $u_1 \rightarrow u_2$ und $u_2 \rightarrow u_1$ ist gleich, da $u_2 \rightarrow u_1$ wegen der $\tau$-Unabhängigkeit der rechten Seite von (4.37) als Zeitumkehrung von $u_1 \rightarrow u_2$ angesehen werden kann.

$\frac{d\varphi}{d\tau} \simeq \omega_\varphi =$ konstant, und dass der Polarwinkel $\vartheta$ kleine Schwingungen um einen festen Mittelwert $\vartheta_0$ ausführt. Diese kleinen Schwingungen um die konische Pendelbewegung sind in Abbildung 4.11 skizziert. Der Vergleich mit Abb. 4.10 zeigt, dass der mittlere Polarwinkel $\vartheta_0$ dem lokalen Minimum $u'_-$ des effektiven Potentials $V_f(u)$ entspricht: $\cos(\vartheta_0) = u'_-$. Aus Gleichung (4.36) folgt daher: $\omega_\varphi = \lambda_3/[1 - (u'_-)^2]$, sodass wir aufgrund von (4.40) für den Präzessionswinkel $\Delta\varphi$ erhalten:

$$\Delta\varphi \simeq \frac{4\tau_{21}\lambda_3}{1 - (u'_-)^2} - 2\pi \; . \tag{4.41}$$

Auf der rechten Seite ist lediglich die Dauer $4\tau_{21}$ eines kompletten Zyklus noch unbekannt. Um diese zu berechnen müssen wir im Folgenden auch die Dynamik der $\vartheta$-Variablen betrachten. Bevor wir uns dieser Aufgabe widmen, betrachten wir zuerst die Pendelbewegung in Abb. 4.11 etwas genauer.

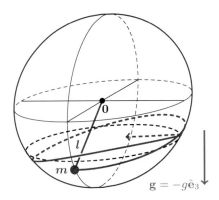

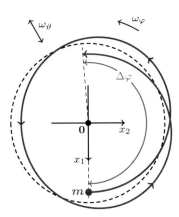

**Abb. 4.11** Das sphärische Pendel in einer kleinen Schwingung um das konische Pendel ($\varepsilon = \frac{1}{4}$, $u'_- = -\frac{1}{2}$)

**Abb. 4.12** Kleine Schwingung um konisches Pendel (von oben, $\varepsilon = \frac{1}{4}$)

Abb. 4.11 zeigt einen einzelnen Zyklus $u_1 \to u_2 \to u_1 \to u_2 \to u_1$ einer kleinen Schwingung um die konische Pendelbewegung. Die Bahn des *konischen* Pendels (ohne Schwingung) wird durch den horizontalen, schwarz gestrichelten Kreisrand in der unteren Halbkugel dargestellt. Während des Schwingungszyklus windet sich die in Abb. 4.11 *rot* eingezeichnete Pendelmasse $m$ etwa anderthalb mal um die Kugel herum: $2\pi + \Delta\varphi \simeq 3{,}0237\pi$, sodass der Präzessionswinkel in diesem Beispiel durch $\Delta\varphi \simeq 1{,}0237\pi$ gegeben ist. Die *Orientierung* der Pendelbewegung ändert sich während eines Zyklus also um etwa $1{,}0237\pi$. Diese Orientierungs*änderung* wird als Präzession bezeichnet. Die Parameterwerte im dargestellten Beispiel sind $\vartheta_0 = \frac{2}{3}\pi$, $u'_- = \cos(\vartheta_0) = -\frac{1}{2}$ und $\varepsilon = \frac{1}{4}$. Um die Bewegung der Pendelmasse während eines Zyklus noch etwas klarer darstellen zu können, wird die Bahn des sphärischen Pendels in Abbildung 4.12 *von oben* gezeigt, d. h. aus der Richtung des positiven $\hat{e}_3$-Achse. Man sieht deutlich, wie die Bahn sich insgesamt etwa anderhalb Mal um die $\hat{e}_3$-Achse windet und dass der Winkel zwischen End- und Anfangspunkt des Zyklus etwa $3{,}0237\pi$ beträgt. Der Zyklus fängt in $u_1$ bei der *rot* eingezeichneten Pendelmasse $m$ an; die weiteren Stationen ($u_2, u_1, u_2, u_1$) des Zyklus sind jeweils durch eine Pfeilspitze markiert.

Um die Zeitdauer $4\tau_{21}$ in Gleichung (4.41) und daher den Präzessionswinkel $\Delta\varphi$

für eine kleine Schwingung um die konische Pendelbewegung konkret ausrechnen zu können, betrachten wir nun die Dynamik der $\vartheta$-Variablen. Die Bewegungsgleichung für die $\vartheta$-Variable folgt durch Ableiten nach $\tau$ aus Gleichung (4.37):

$$\frac{d^2u}{d\tau^2} = -V_{\mathrm{f}}'(u) = -\left[V_{\mathrm{f}}'(u_-') + V_{\mathrm{f}}''(u_-')(u - u_-') + \tfrac{1}{2}V_{\mathrm{f}}'''(u_-')(u - u_-')^2\right]$$

$$= -\left[2(\varepsilon - 3u_-')(u - u_-') - 3(u - u_-')^2\right] \simeq -2\sqrt{\varepsilon^2 + 3}\,(u - u_-')\,. \quad (4.42)$$

Im zweiten Schritt wurde $V_{\mathrm{f}}'(u)$ um $u = u_-'$ in eine Taylor-Reihe entwickelt. Aufgrund der einfachen kubischen Form des effektiven Potentials, $V_{\mathrm{f}}(u) \equiv u + \varepsilon u^2 - u^3$, sind hierbei alle Terme jenseits des quadratischen Beitrags exakt null. Im dritten Schritt wurde verwendet, dass $V_{\mathrm{f}}$ in $u = u_-'$ minimal ist: $V_{\mathrm{f}}'(u_-') = 0$. Im letzten Schritt wurde im linearen Beitrag die $\varepsilon$-Abhängigkeit $u_-' = \frac{1}{3}(\varepsilon - \sqrt{\varepsilon^2 + 3})$ des lokalen Minimums eingesetzt. Außerdem wurde der quadratische Beitrag $\propto (u - u_-')^2$ vernachlässigt, da wir lediglich *kleine* Schwingungen betrachten. Die Lösung von (4.42) hat die Form

$$u(\tau) \simeq u_-' + \tfrac{1}{2}u_{21}\cos[\omega_\vartheta(\tau - \tau_0)] \quad , \quad u_{21} \equiv u_2 - u_1 \quad , \quad \omega_\vartheta \equiv \sqrt{2\sqrt{\varepsilon^2 + 3}}\,,$$

wobei $\tau_0$ eine (im Folgenden unwichtige) Integrationskonstante ist.

Dieses Ergebnis für die Dynamik der $\vartheta$-Variablen impliziert dreierlei: Erstens lernen wir, dass das Kriterium für die *Kleinheit* der $\vartheta$-Schwingung lautet: $u_{21} \ll 1$, d. h., dass $u_{21}$ der dimensionslose kleine Parameter in dieser Störungsentwicklung um die konische Pendelbewegung ist. Zweitens folgt hieraus aufgrund von (4.37):

$$\tfrac{1}{2}\lambda_3^2 = \varepsilon - V_{\mathrm{f}}(u) - \frac{1}{2}\left(\frac{du}{d\tau}\right)^2 = \varepsilon - V_{\mathrm{f}}(u_-') + \mathcal{O}(u_{21}^2)$$

$$= (\varepsilon - u_-')[1 - (u_-')^2] + \mathcal{O}(u_{21}^2)\,, \quad (4.43)$$

wobei der letzte Term für $u_{21} \ll 1$ vernachlässigbar klein ist, sodass die dimensionslose 3-Komponente des Drehimpulses durch $\lambda_3 \simeq \{2(\varepsilon - u_-')[1 - (u_-')^2]\}^{1/2}$ gegeben ist. Drittens folgt aus der Lösung für $u(\tau)$, dass die Gesamtdauer $4\tau_{21}$ eines kompletten Zyklus $u_1 \to u_2 \to u_1 \to u_2 \to u_1$ der $\vartheta$-Variablen durch $4\pi/\omega_\vartheta$ gegeben ist. Durch Einsetzen dieser Gesamtdauer in (4.41) erhält man:

$$\Delta\varphi \simeq 2\pi\left[\frac{2\lambda_3/\omega_\vartheta}{1 - (u_-')^2} - 1\right] \simeq 4\pi\sqrt{\frac{(\varepsilon - u_-')/\sqrt{\varepsilon^2 + 3}}{1 - (u_-')^2}} - 2\pi\,.$$

An dieser Stelle kann man noch die Eigenschaft $0 = V_{\mathrm{f}}'(u_-') = 1 + 2\varepsilon u_-' - 3(u_-')^2$ verwenden, um $(\varepsilon - u_-')/[1 - (u_-')^2]$ durch $-1/2u_-' = \frac{1}{2}(\sqrt{\varepsilon^2 + 3} + \varepsilon)$ zu ersetzen. Man erhält dann als Endergebnis für den Präzessionswinkel als Funktion der dimensionslosen Energie $\varepsilon = \frac{E}{mgl} \geq -1$:

$$\Delta\varphi \simeq 4\pi\left[\sqrt{\frac{1}{2}\left(1 + \frac{\varepsilon}{\sqrt{\varepsilon^2 + 3}}\right)} - \frac{1}{2}\right] \sim \begin{cases} \frac{3}{4}\pi[\varepsilon - (-1)] & (\varepsilon \downarrow -1) \\ 2\pi\left(1 - \frac{3}{4\varepsilon^2}\right) & (\varepsilon \to \infty) \end{cases}\,. \quad (4.44)$$

Speziell für das in Abb. 4.11 und Abb. 4.12 dargestellte Beispiel mit $\varepsilon = \frac{1}{4}$ folgt also $\Delta\varphi = 2\pi(\frac{4}{\sqrt{7}} - 1) \simeq 1{,}0237\pi$. Da $\Delta\varphi/2\pi = \frac{4}{\sqrt{7}} - 1$ *irrational* ist, schließt sich die Bahn der Pendelbewegung in diesem Fall also auch nach beliebig vielen Umläufen *nicht*. Für allgemeine $\varepsilon$-Werte wurde die Funktion $\Delta\varphi(\varepsilon)$ in Abbildung 4.13 grafisch dargestellt. Wie man sieht, ist der Präzessionswinkel für sehr niedrige Pendelenergien (d. h. im Limes $\varepsilon \downarrow -1$) gleich null und steigt dann *linear* als Funktion von $\varepsilon$ an. Für sehr hohe Pendelenergien (d. h. im Limes $\varepsilon \to \infty$) nähert sich der Präzessionswinkel dem Wert $2\pi$. Interessant ist noch, dass der Präzessionswinkel $\Delta\varphi(\varepsilon)$ für höhere $\varepsilon$-Werte recht groß sein kann, wie man an Gleichung (4.44) und Abb. 4.13 erkennt. Der aus den Abbildungen 4.11 und 4.12 bekannte Spezialfall $\varepsilon = \frac{1}{4}$ mit $\Delta\varphi/2\pi \simeq 0{,}5119$ ist in Abb. 4.13 gestrichelt eingetragen.

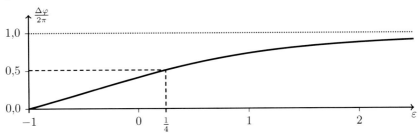

**Abb. 4.13** Verlauf des Präzessionswinkels als Funktion der Energie $\varepsilon = \frac{E}{mgl}$

**Der allgemeine Fall**   Um den Präzessionswinkel $\Delta\varphi$ *allgemein* (also nicht nur für kleine Schwingungen um die konische Pendelbewegung) berechnen zu können, kehren wir zurück zu Gleichung (4.40), setzen die Berechnung ab dem zweiten Schritt aber anders fort; mit Hilfe von (4.36) und (4.37) erhalten wir nun:

$$\frac{1}{4}(2\pi + \Delta\varphi) = \int_{\varphi(u_1)}^{\varphi(u_2)} d\varphi = \int_{u_1}^{u_2} du\, \frac{d\varphi}{du} = \int_{u_1}^{u_2} du\, \frac{d\varphi}{d\tau} \bigg/ \frac{du}{d\tau}$$

$$= \frac{\lambda_3}{\sqrt{2}} \int_{u_1}^{u_2} du\, \frac{1}{(1-u^2)\sqrt{\varepsilon - \frac{1}{2}\lambda_3^2 - V_{\mathrm{f}}(u)}}$$

$$= \frac{\lambda_3}{\sqrt{2}} \int_{u_1}^{u_2} du\, \frac{1}{(1-u^2)\sqrt{(u-u_1)(u_2-u)(u_3-u)}} . \tag{4.45}$$

Wir möchten im Folgenden zeigen, dass der Präzessionswinkel $\Delta\varphi$ als elliptisches Integral und somit als eine bekannte Standardfunktion dargestellt werden kann. Hierzu benötigen wir noch eine Variablentransformation. Wir schreiben zunächst für den Faktor $(1-u^2)^{-1}$ in (4.45):

$$\frac{1}{1-u^2} = \frac{1}{2}\left(\frac{1}{1+u} + \frac{1}{1-u}\right) = \frac{1}{2}\sum_{\sigma=\pm} \frac{1}{1-\sigma u}$$

und substituieren dann in (4.45):

$$u \equiv u_1 + (u_2 - u_1)v^2 \quad , \quad du = 2(u_2 - u_1)v\, dv . \tag{4.46}$$

Es folgt mit der Definition $\frac{u_2 - u_1}{u_3 - u_1} \equiv \sin^2(\alpha)$:

$$u - u_1 = (u_2 - u_1)v^2 \quad , \quad u_2 - u = (u_2 - u_1)(1 - v^2)$$

$$u_3 - u = (u_3 - u_1)\left[1 - \frac{u_2 - u_1}{u_3 - u_1}v^2\right] = (u_3 - u_1)\left[1 - \sin^2(\alpha)v^2\right]$$

und

$$\frac{1}{1-\sigma u} = \frac{1}{(1-\sigma u_1)(1-n_\sigma v^2)} \quad , \quad n_\sigma \equiv \sigma \frac{u_2 - u_1}{1-\sigma u_1} .$$

Durch Einsetzen dieser Ergebnisse in (4.45) erhalten wir:

$$\frac{1}{4}(2\pi + \Delta\varphi) = \frac{\lambda_3}{\sqrt{2(u_3 - u_1)}} \sum_{\sigma=\pm} \frac{1}{1-\sigma u_1} \Pi(n_\sigma \backslash \alpha) , \tag{4.47}$$

wobei $\Pi(n_\sigma \backslash \alpha)$ ein vollständiges elliptisches Integral der *dritten* Art ist:

$$\Pi(n \backslash \alpha) \equiv \int_0^1 dv \, \frac{1}{(1-nv^2)\sqrt{(1-v^2)\left[1-\sin^2(\alpha)v^2\right]}}$$

$$= \int_0^{\pi/2} d\psi \, \frac{1}{\left[1-n\sin^2(\psi)\right]\sqrt{1-\sin^2(\alpha)\sin^2(\psi)}} .$$

Elliptische Integrale werden z. B. in Ref. [1], Kapitel 17, im Detail behandelt. Wir stellen also fest, dass der Präzessionswinkel $\Delta\varphi$ als Linearkombination zweier elliptischer Integrale der dritten Art geschrieben werden kann, die von den Parametern $n_+ > 0$ und $n_- < 0$ abhängen. Ref. [1] erklärt, dass der $n_-$-Beitrag als *zirkular* bezeichnet wird und der $n_-$-Beitrag als *hyperbolisch* für $u_3 < 1$ bzw. als *zirkular* für $u_3 > 1$. Allgemein kann die komplette Bahnbewegung $\varphi(u)$ als *un*vollständiges elliptisches Integral der *dritten* Art geschrieben werden.

**Berechnung der Umlaufzeit des sphärischen Pendels**

Es ist analog möglich, die Umlaufzeit $T$ zu berechnen, die während eines vollen Zyklus $u_1 \to u_2 \to u_1 \to u_2 \to u_1$ der $\vartheta$-*Variablen* vergeht:

$$\frac{1}{4}\sqrt{\frac{g}{l}}\,T = \sqrt{\frac{g}{l}} \int_{t(u_1)}^{t(u_2)} dt = \int_{\tau(u_1)}^{\tau(u_2)} d\tau = \int_{u_1}^{u_2} du \left(\frac{du}{d\tau}\right)^{-1}$$

$$= \frac{1}{\sqrt{2}} \int_{u_1}^{u_2} \frac{du}{\sqrt{(\varepsilon - \frac{1}{2}\lambda_3^2) - V_{\mathrm{f}}(u)}} = \frac{1}{\sqrt{2}} \int_{u_1}^{u_2} \frac{du}{\sqrt{(u-u_1)(u_2-u)(u_3-u)}} .$$

Im zweiten Schritt haben wir die physikalische Zeit $t$ durch die *dimensionslose* Zeit $\tau \equiv \sqrt{g/l}\,t$ ersetzt. Im dritten Schritt wurde statt der Zeit $\tau$ die Bahnkoordinate $u$ als Integrationsvariable gewählt. In der zweiten Zeile wurde das Energieerhaltungsgesetz (4.37) in dimensionsloser Form eingesetzt und im letzten Schritt dann die Faktorisierung (4.39) verwendet. Mit Hilfe der Substitution (4.46) erhält man interessanterweise wiederum das in (4.34) definierte vollständige elliptische Integral $K(m)$ der *ersten* Art, nun allerdings mit dem Argument $m \equiv \sin^2(\alpha)$:

$$\frac{1}{4}\omega T = \sqrt{\frac{2}{u_3 - u_1}} \int_0^1 dv \, \frac{1}{\sqrt{(1-v^2)\left[1-\sin^2(\alpha)v^2\right]}} \quad , \quad \omega \equiv \sqrt{\frac{g}{l}}$$

$$= \sqrt{\frac{2}{u_3 - u_1}} \int_0^{\pi/2} d\varphi' \, \frac{1}{\sqrt{1-\sin^2(\alpha)\sin^2(\varphi')}} , \tag{4.48}$$

d. h.

$$\frac{1}{4}\omega T = \sqrt{\frac{2}{u_3 - u_1}}\, K(m) \quad , \quad m \equiv \sin^2(\alpha) \, . \tag{4.49}$$

Im zweiten Schritt in (4.48) wurde $v \equiv \sin(\varphi')$ definiert, um besser mit der Definition (4.34) vergleichen zu können. Im Limes $\lambda_3 \downarrow 0$, in dem $u_1 \to -1$, $u_2 \to \varepsilon$, $u_3 \to 1$ und $\varepsilon \to -\cos(\psi_{\max})$ gilt, erhält man den Ausdruck (4.34) für die Schwingungszeit des mathematischen Pendels zurück. Dies sieht man aus:

$$\sin^2(\alpha) = \frac{u_2 - u_1}{u_3 - u_1} \to \frac{\varepsilon - (-1)}{1 - (-1)} = \tfrac{1}{2}(1 + \varepsilon) = \tfrac{1}{2}\left[1 - \cos(\psi_{\max})\right] = \sin^2(\tfrac{1}{2}\psi_{\max}) \, ,$$

da $m \equiv \sin^2(\tfrac{1}{2}\psi_{\max})$ in der Tat das Argument von $K(m)$ in (4.34) für das mathematische Pendel ist. Insofern ist das Ergebnis (4.49) für die Umlaufzeit des *sphärischen* Pendels eine direkte und relativ einfache Verallgemeinerung des früheren Ergebnisses (4.34) für die Umlaufzeit des *mathematischen* Pendels.

### 4.3.4   Das isochrone Pendel

Sowohl das mathematische als auch das sphärische Pendel sind ungeeignet für die Konstruktion einer hochgenauen Uhr, da die Schwingungsdauer empfindlich von der Amplitude der Schwingung abhängt.[14] Zum Beispiel gilt für das mathematische Pendel (man beachte Fußnote 10 auf Seite 140):

$$T = 4\sqrt{l/g}\, K(m) \quad , \quad m = \sin^2(\tfrac{1}{2}\psi_{\max}) \, ,$$

wobei das elliptische Integral $K(m)$ rapide mit $m$ (d. h. mit der Amplitude der Schwingung) ansteigt, wie aus Abb. 4.8 ersichtlich ist. Es ist daher naheliegend, zu versuchen, ein *isochrones* Pendel (mit einer von der Amplitude *un*abhängigen Schwingungsdauer) zu konstruieren, indem man das Pendel bei zunehmender Auslenkung entsprechend *verkürzt*. Diese Idee und ihre Realisierung stammen von Christiaan Huygens, der sie 1659 ausgearbeitet und dann 1673 in seinem Werk „Horologium Oscillatorium" publiziert hat.

Betrachten wir also ein Fadenpendel der Länge $l$, das im Punkte $\mathbf{x} = \mathbf{0}$ aufgehängt ist und an dessen unterem Ende sich eine Punktmasse $m$ befindet. Gesucht sind zwei Kurven $K_1$ und $K_2$ mit der Eigenschaft, dass die Punktmasse $m$ eine isochrone Pendelbewegung entlang $K_2$ ausführt, falls das Pendel sich während der Schwingung an $K_1$ anschmiegt. Ein entsprechendes Fadenpendel ist zusammen mit den beiden Kurven $K_1$ und $K_2$ in Abbildung 4.14 skizziert; der Aufhängepunkt $\mathbf{x} = \mathbf{0}$ des Fadenpendels ist in Abb. 4.14 in der Mitte der horizontalen Achse *blau* dargestellt. Außerdem zeigt Abb. 4.14 in *rot* das isochrone Pendel mit der Pendelmasse $m$. Die Kurven $K_1$ und $K_2$ werden als *Evolute* bzw. *Evolvente* bezeichnet.[15] Ihre Form ist im Voraus *nicht* bekannt und soll im Folgenden aus der Forderung nach einer *isochronen* Pendelbewegung berechnet werden.

---

[14]Das Gleiche gilt übrigens für das sogenannte *physikalische Pendel*, das kurz in Kapitel [8] besprochen wird und äquivalent zum mathematischen Pendel mit einer effektiven Länge $l_{\mathrm{eff}}$ ist.

[15]Dies sind mittlerweile Standardbegriffe der Differentialgeometrie, die ihren Ursprung jedoch bereits im 17. Jahrhundert haben. Huygens selbst spricht in seinem „Horologium Oscillatorium" von *Evoluta* ($\simeq$ die „abgewickelte" Kurve) und *Descripta ex evolutione* ($\simeq$ durch Abwicklung [des Pendelfadens] beschriebene Kurve), siehe Ref. [18].

Wie beim mathematischen Pendel betrachten wir nur Pendelbewegungen in einer fest vorgegebenen *Ebene*. Wir wählen die Koordinatenachsen so, dass diese der $\hat{\mathbf{e}}_1$-$\hat{\mathbf{e}}_3$-Ebene entspricht; die $x_2$-Koordinate des Massenpunkts ist dann gleich null. Wir nehmen an, dass die Schwerkraft in $(-\hat{\mathbf{e}}_3)$-Richtung zeigt. Da die vom mathematischen Pendel bekannte Schwingungsbewegung bereits für beliebig kleine Auslenkungen abgeändert werden soll, können wir sofort schließen, dass der Öffnungswinkel der Kurve $K_1$ im Punkt $\mathbf{x} = \mathbf{0}$ gleich null sein muss.

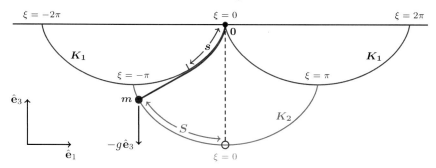

**Abb. 4.14** Skizze des isochronen Pendels mit Evolute $K_1$ und Evolvente $K_2$

### Parametrisierung von Evolute $K_1$ und Evolvente $K_2$

Wir parametrisieren die Kurve $K_1$ mit Hilfe der Bogenlänge $s$, wie in Abb. 4.14 angegeben, und bezeichnen einen Punkt auf dieser Kurve dementsprechend als $(x_1(s), x_3(s))^{\mathrm{T}}$. Hierbei gilt:

$$\boxed{(ds)^2 = (dx_1)^2 + (dx_3)^2 \quad \text{bzw.} \quad \left(\frac{dx_1}{ds}\right)^2 + \left(\frac{dx_3}{ds}\right)^2 = 1 \, .} \tag{4.50}$$

Die Bogenlänge $s$ soll ab dem Aufhängepunkt $\mathbf{0}$ gerechnet werden, d.h., es gilt $s > 0$ für $x_1 > 0$ und $s < 0$ für $x_1 < 0$ oder kurz: $\mathrm{sgn}(s) = \mathrm{sgn}(x_1)$. Aus Gleichung (4.50) folgt, dass die Vektoren

$$\hat{\mathbf{t}}_1 \equiv \left(\frac{dx_1}{ds}, \frac{dx_3}{ds}\right)^{\mathrm{T}} \quad \text{und} \quad \hat{\mathbf{n}}_1 \equiv \left(\frac{dx_3}{ds}, -\frac{dx_1}{ds}\right)^{\mathrm{T}}$$

beide *Einheits*vektoren sind: $|\hat{\mathbf{t}}_1| = |\hat{\mathbf{n}}_1| = 1$. Hierbei ist $\hat{\mathbf{t}}_1$ ein *Tangentialvektor* und $\hat{\mathbf{n}}_1$ ein *Normalenvektor* der Kurve $K_1$ in $(x_1, x_3)^{\mathrm{T}}$, sodass $\hat{\mathbf{t}}_1 \cdot \hat{\mathbf{n}}_1 = 0$ gilt. In Abbildung 4.15 wird für $s < 0$ ein Ausschnitt von Abb. 4.14 gezeigt, in dem die Orientierung der Vektoren $\hat{\mathbf{t}}_1$ und $\hat{\mathbf{n}}_1$ angegeben ist.

Analog verfahren wir mit $K_2$ und parametrisieren diese Kurve mit Hilfe der Bogenlänge $S$, wie ebenfalls in Abb. 4.14 skizziert; ein Punkt auf der Kurve wird als $(X_1(S), X_3(S))^{\mathrm{T}}$ bezeichnet. Es gilt:

$$\boxed{(dS)^2 = (dX_1)^2 + (dX_3)^2 \quad \text{bzw.} \quad \left(\frac{dX_1}{dS}\right)^2 + \left(\frac{dX_3}{dS}\right)^2 = 1} \tag{4.51}$$

mit $\mathrm{sgn}(S) = \mathrm{sgn}(X_1)$. Nun folgt aus Gleichung (4.51), dass die Vektoren

$$\hat{\mathbf{t}}_2 \equiv \left(\frac{dX_1}{dS}, \frac{dX_3}{dS}\right)^{\mathrm{T}} \quad \text{und} \quad \hat{\mathbf{n}}_2 \equiv \left(\frac{dX_3}{dS}, -\frac{dX_1}{dS}\right)^{\mathrm{T}}$$

beide *Einheits*vektoren sind: $|\hat{\mathbf{t}}_2| = |\hat{\mathbf{n}}_2| = 1$. Hierbei ist $\hat{\mathbf{t}}_2$ ein *Tangentialvektor* und $\hat{\mathbf{n}}_2$ ein *Normalenvektor* der Kurve $K_2$ in $(X_1, X_3)^{\mathrm{T}}$, sodass $\hat{\mathbf{t}}_2 \cdot \hat{\mathbf{n}}_2 = 0$ gilt. Die Orientierung der Vektoren $\hat{\mathbf{t}}_2$ und $\hat{\mathbf{n}}_2$ wird ebenfalls für $s < 0$ in Abb. 4.15 gezeigt.

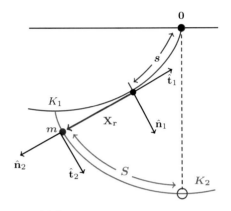

Die beiden Kurven $K_1$ und $K_2$ sind durch geometrische Beziehungen miteinander verknüpft. Dies sieht man daraus, dass die drei Vektoren $\hat{\mathbf{t}}_1$, $\hat{\mathbf{n}}_2$ und

$$\mathbf{X}_{\mathrm{r}} \equiv (X_1 - x_1, X_3 - x_3)^{\mathrm{T}}$$

*parallel* zueinander sind. Hierbei stellt $\mathbf{X}_{\mathrm{r}}$ den *Relativvektor* dar, der in Abb. 4.14 vom Punkt $(x_1, x_3)^{\mathrm{T}}$ auf der Kurve $K_1$ zur roten Pendelmasse $m$ im Punkt $(X_1, X_3)^{\mathrm{T}}$ auf der Kurve $K_2$ zeigt; in Abb. 4.15 ist $\mathbf{X}_{\mathrm{r}}$ *rot* eingetragen. Da das Pendel insgesamt die Länge $l$ hat und ein Teil des Fadens der Länge $|s|$ sich an $K_1$ anschmiegt, hat dieser Relativvektor die Länge $|\mathbf{X}_{\mathrm{r}}| = l - |s|$. Die Vektoren $\mathbf{X}_{\mathrm{r}}$ und $\hat{\mathbf{n}}_2$ sind nicht nur *parallel*, sondern zeigen auch immer in dieselbe Richtung.

**Abb. 4.15** Orientierung der Vektoren $\mathbf{X}_{\mathrm{r}}$, $\hat{\mathbf{t}}_{1,2}$ und $\hat{\mathbf{n}}_{1,2}$

Dagegen zeigen $\mathbf{X}_{\mathrm{r}}$ und $\hat{\mathbf{t}}_1$ in *entgegengesetzte* Richtungen für $s < 0$ und in *dieselbe* Richtung für $s > 0$. Zusammenfassend gelten also die drei Beziehungen:

$$\hat{\mathbf{n}}_2 \overset{\text{(a)}}{=} \mathrm{sgn}(s)\,\hat{\mathbf{t}}_1 \overset{\text{(b)}}{=} (l - |s|)^{-1}\mathbf{X}_{\mathrm{r}} \overset{\text{(c)}}{=} \hat{\mathbf{n}}_2 \ ,$$

von denen allerdings nur *zwei* unabhängig sind. Diese lauten in expliziter Form:

$$\begin{pmatrix} \frac{dX_3}{dS} \\ -\frac{dX_1}{dS} \end{pmatrix} \overset{\text{(a)}}{=} \mathrm{sgn}(s) \begin{pmatrix} \frac{dx_1}{ds} \\ \frac{dx_3}{ds} \end{pmatrix} \overset{\text{(b)}}{=} \frac{1}{(l - |s|)} \begin{pmatrix} X_1 - x_1 \\ X_3 - x_3 \end{pmatrix} \overset{\text{(c)}}{=} \begin{pmatrix} \frac{dX_3}{dS} \\ -\frac{dX_1}{dS} \end{pmatrix} . \tag{4.52}$$

Die Kurven $K_1$ und $K_2$, die wir im Folgenden konstruieren, müssen die Identitäten (a), (b) und (c) in (4.52) erfüllen.

**Bestimmung der Evolvente $K_2$**

Die Form der Kurve $K_2$ (also der Evolvente) kann wie folgt bestimmt werden: Da das physikalische Problem (die Verkürzung eines Fadenpendels im Schwerkraftfeld $\mathbf{g} = -g\hat{\mathbf{e}}_3$, das in $\mathbf{x} = \mathbf{0}$ aufgehängt wurde) *symmetrisch* unter einer Spiegelung an der $\hat{\mathbf{e}}_3$-Achse ist, können wir annehmen, dass $K_1$ und $K_2$ symmetrisch um $s = 0$ bzw. $S = 0$ sind:

$$\begin{pmatrix} x_1(-s) \\ x_3(-s) \end{pmatrix} = \begin{pmatrix} -x_1(s) \\ x_3(s) \end{pmatrix} \quad , \quad \begin{pmatrix} X_1(-S) \\ X_3(-S) \end{pmatrix} = \begin{pmatrix} -X_1(S) \\ X_3(S) \end{pmatrix} .$$

Die *kinetische* Energie des Massenpunkts kann als

$$\tfrac{1}{2}m\left(\dot{X}_1^2 + \dot{X}_3^2\right) = \tfrac{1}{2}m\left[\left(\frac{dX_1}{dS}\right)^2 + \left(\frac{dX_3}{dS}\right)^2\right]\dot{S}^2 = \tfrac{1}{2}m\dot{S}^2$$

geschrieben werden. Falls nun die *potentielle* Energie des Massenpunkts die vom harmonischen Oszillator bekannte *quadratische* Form hätte:

$$mg\left[X_3(S) + l\right] = \tfrac{1}{2}m\omega^2 S^2 \quad , \quad \omega = \sqrt{g/l} \ , \tag{4.53}$$

wäre das Problem gelöst, da in diesem Fall eine isochrone Schwingung mit der Frequenz $\omega$ auftritt. Hierbei muss unbedingt $\omega = \sqrt{g/l}$ gelten, da dies der korrekte Ausdruck für kleine Auslenkungen eines mathematischen Pendels der Länge $l$ ist. Der Ansatz (4.53) ist auch unsere einzige Hoffnung: In Übungsaufgabe 4.3 wird gezeigt, dass die Beziehung zwischen der Schwingungsdauer als Funktion der Energie und der potentiellen Energie *eindeutig* ist, falls das Potential $V(S)$ symmetrisch um $S = 0$ ist. Ein Ansatz der Form $mg(X_3 + l) = V(S)$ mit symmetrischem $V(S) \neq \frac{1}{2}m\omega^2 S^2$ könnte daher nicht zu einer isochronen Schwingung führen.

Der Einfachheit halber betrachten wir zunächst die rechte Hälfte der Kurve $K_2$, sodass $S$, $\frac{dX_1}{dS}$ und $\frac{dX_3}{dS}$ alle positiv sind. Aus der allgemeinen Beziehung (4.51) folgt mit Hilfe des Ansatzes (4.53), d. h. $S(X_3) = \sqrt{2l(X_3 + l)}$, die Differentialgleichung

$$\frac{dX_1}{dX_3} = \sqrt{\left(\frac{dS}{dX_3}\right)^2 - 1} \overset{!}{=} \sqrt{\frac{l}{2(X_3 + l)} - 1} \quad , \quad \begin{pmatrix} X_1 \\ X_3 \end{pmatrix}_{S=0} = \begin{pmatrix} 0 \\ -l \end{pmatrix} \quad , \quad (4.54)$$

die sofort integriert werden kann:

$$X_1 = \int_{-l}^{X_3} dx \, \sqrt{[S'(x)]^2 - 1} = \int_{-l}^{X_3} dx \, \sqrt{\frac{l}{2(x + l)} - 1} \;.$$

Hierbei muss $-l \leq X_3 \leq -\frac{1}{2}l$ gelten, damit der Integrand auf der rechten Seite reell ist. Wir substituieren daher:

$$X_3 + l \equiv \tfrac{1}{4}l\left[1 - \cos(\xi)\right] \qquad (0 \leq \xi \leq \pi) \tag{4.55a}$$

und entsprechend für die Integrationsvariable:

$$x + l = \tfrac{1}{4}l\left[1 - \cos(\xi')\right] \quad , \quad dx = \tfrac{1}{4}l\sin(\xi')\,d\xi' \qquad (0 \leq \xi' \leq \xi) \;.$$

Es folgt:

$$X_1 = \tfrac{1}{4}l \int_0^\xi d\xi' \sin(\xi') \sqrt{\frac{2}{1 - \cos(\xi')} - 1} = \tfrac{1}{4}l \int_0^\xi d\xi' \sin(\xi') \sqrt{\frac{1 + \cos(\xi')}{1 - \cos(\xi')}}$$

$$= \tfrac{1}{4}l \int_0^\xi d\xi' \sin(\xi') \frac{1 + \cos(\xi')}{\sqrt{1 - \cos^2(\xi')}} = \tfrac{1}{4}l \int_0^\xi d\xi' \left[1 + \cos(\xi')\right]$$

$$= \tfrac{1}{4}l\left[\xi + \sin(\xi)\right] \;. \tag{4.55b}$$

Für die linke Hälfte der Kurve, d. h. für $S \leq 0$ und $-\pi \leq \xi \leq 0$, findet man dasselbe Ergebnis (4.55). Die Gleichungen (4.55) stellen daher eine explizite Parametrisierung von $K_2$ mit Hilfe des Parameters $\xi$ dar. Für die Bogenlänge $S(\xi)$ findet man aufgrund des Ansatzes (4.53):

$$[S(\xi)]^2 = 2l(X_3 + l) = \tfrac{1}{2}l^2\left[1 - \cos(\xi)\right] = l^2 \sin^2(\tfrac{1}{2}\xi) \;,$$

d. h. $S(\xi) = l\sin(\frac{1}{2}\xi)$. Die Kurve (4.55) wird als *Zykloide* bezeichnet. Es ist dieselbe Kurve, die ein Punkt eines geradeaus rollenden Rads beschreibt, der sich im Abstand $\frac{1}{4}l$ vom Radmittelpunkt befindet; dies erklärt wohl auch den Namen „Zykloide". Die physikalische Interpretation des Parameters $\xi$ ist diejenige des Winkels, um den sich das rollende Rad gedreht hat. Die Evolvente $K_2$ und die Bogenlänge $S(\xi)$ sind in den Abbn. 4.14 und 4.15 *grün* dargestellt.

Die Zykloide kommt in physikalischen Problemen in ganz unterschiedlichem Kontext öfter vor. Neben dem rollenden Rad und dem isochronen Pendel kann als weiteres Beispiel die Bewegung eines geladenen Teilchens in gekreuzten elektrischen und magnetischen Feldern genannt werden; diese Anwendung wird in Abschnitt [4.4.2] behandelt. Ein weiteres Beispiel ist die *Brachystochrone*, d. h. die Kurve, die den *schnellsten* Weg zwischen zwei vorgegebenen Punkten im Schwerkraftfeld beschreibt. Um die Form dieser Kurve bestimmen zu können, benötigt man Argumente der Variationsrechnung; wir zeigen in Abschnitt [6.3.1], dass dieses Problem auch innerhalb der Lagrange-Theorie formuliert und gelöst werden kann.

### Bestimmung der Evolute $K_1$

Da die Form der Evolvente $K_2$ nun bekannt ist, kann man diese Resultate in (4.52) einsetzen und auch die Evolute $K_1$ berechnen. Konkret verwenden wir die Identität (a) aus (4.52) und Gleichung (4.50). Aus dem Vergleich der Ergebnisse

$$\frac{dX_3}{dX_1} = \frac{\sin(\xi)}{1 + \cos(\xi)} = \tan(\tfrac{1}{2}\xi) \quad , \quad \frac{dX_1}{dS} = \left[1 + \left(\frac{dX_3}{dX_1}\right)^2\right]^{-1/2} = \left|\cos(\tfrac{1}{2}\xi)\right|$$

für die Evolvente $K_2$ mit den entsprechenden Ausdrücken

$$\frac{dx_3}{dx_1} = -\frac{dX_1}{dX_3} = -\frac{1}{\tan(\tfrac{1}{2}\xi)} = -\tan\left(\frac{\pi}{2} - \tfrac{1}{2}\xi\right) = \tan[\tfrac{1}{2}(\xi - \pi)] \tag{4.56a}$$

$$\frac{dx_1}{ds} = \left[1 + \left(\frac{dx_3}{dx_1}\right)^2\right]^{-1/2} = \left|\cos[\tfrac{1}{2}(\xi - \pi)]\right| \tag{4.56b}$$

für die Evolute $K_1$ ist klar, dass auch $K_1$ die Form einer Zykloide hat, die allerdings in $\hat{e}_1$-Richtung relativ zu $K_2$ verschoben ist:

$$\begin{pmatrix} x_1(\xi) \\ x_3(\xi) \end{pmatrix} = \begin{pmatrix} \tfrac{1}{4}l\left[\xi - \sin(\xi)\right] \\ -\tfrac{1}{4}l\left[1 - \cos(\xi)\right] \end{pmatrix} \quad , \quad s(\xi) = l\left[1 - \cos(\tfrac{1}{2}\xi)\right] \; . \tag{4.57}$$

Es gilt die Beziehung $S/l = \frac{s}{l}\left(\frac{2l}{|s|} - 1\right)^{1/2}$. Im ersten Schritt von (4.56a) wurde die Identität (a) aus (4.52) verwendet, im ersten Schritt von (4.56b) Gleichung (4.50). Die Amplitude der Zykloide $K_1$ in (4.57) folgt aus der Forderung $(x_1, x_3) = (X_1, X_3)$ für $\xi = \pi$, die besagt, dass das Fadenpendel sich für $\xi = \pi$ vollständig an die Kurve $K_1$ angeschmiegt hat. Setzt man die explizite Form (4.57) der Kurve $K_1$ bzw. (4.55) der Kurve $K_2$ in die Bedingungen (b) und (c) in (4.52) ein, stellt man fest, dass auch diese beiden Identitäten in der Tat erfüllt sind.

Die Evolute $K_1$ erfüllt ebenfalls eine Differentialgleichung, analog zu (4.54). Um diese herleiten zu können, verwenden wir die Identität

$$\frac{dx_1}{ds} = \frac{\tfrac{1}{4}l[1 - \cos(\xi)]d\xi}{\tfrac{1}{2}l\sin(\tfrac{1}{2}\xi)d\xi} = \sin(\tfrac{1}{2}\xi) = \sqrt{-\frac{2x_3}{l}} \; , \tag{4.58}$$

wobei der letzte Schritt aus $x_3 = -\tfrac{1}{4}l[1 - \cos(\xi)] = -\tfrac{1}{2}l\sin^2(\tfrac{1}{2}\xi)$ folgt. Aus (4.58) folgt nun die Differentialgleichung:

$$\frac{dx_3}{dx_1} = -\frac{dX_1}{dX_3} = -\sqrt{\left(\frac{dS}{dX_3}\right)^2 - 1} = -\sqrt{\left(\frac{ds}{dx_1}\right)^2 - 1} = -\sqrt{-\frac{l}{2x_3} - 1} \; , \tag{4.59}$$

die mit der Anfangsbedingung $\left(\begin{smallmatrix} x_1 \\ x_3 \end{smallmatrix}\right)_{s=0} = \left(\begin{smallmatrix} 0 \\ 0 \end{smallmatrix}\right)$ zu lösen ist. Die Lösung dieser Differentialgleichung wird also durch (4.57) gegeben. Bei der Behandlung der *Brachystochrone* in Abschnitt [6.3.1] werden wir auf Gleichung (4.59) zurückkommen.

Auch die Evolute $K_1$ und die Bogenlänge $s(\xi)$ sind in den Abbn. 4.14 und 4.15 grafisch dargestellt, und zwar mit Hilfe der *blauen* Kurven. Aus Abb. 4.14 ist klar ersichtlich, dass die Anwesenheit der Evolute dazu führt, dass das Pendel während der Pendelbewegung verkürzt wird. Gerade diese Verkürzung macht das Pendel *isochron*. Die Aufhängung eines Fadenpendels zwischen zwei zykloidenförmigen Evoluten wird auch als *tautochrone Pendelaufhängung* bezeichnet.

Die *praktische* Umsetzung von Christiaan Huygens' Erfindung des isochronen Pendels hat sich übrigens wegen der dabei auftretenden *Reibungsprobleme* als schwierig erwiesen: Man konnte das Pendel im 17. Jahrhundert ja nicht ohne Weiteres aus reibungsarmen Materialien konstruieren und in einer Vakuumkammer aufhängen.[16] Andere praktische Erfindungen von Huygens auf dem Gebiet der Zeitmessung, wie z.B. diejenige der *Unruh*,[17] haben sich jedoch bewährt und werden auch heute noch in mechanischen Uhrwerken verwendet.

# 4.4   Die Lorentz-Kraft

Die Lorentz-Kraft ist die Kraft, die ein elektromagnetisches Feld auf *geladene* Teilchen ausübt. Sie stellt daher – neben der Schwerkraft – eine der beiden fundamentalen Kräfte dar, die im Rahmen der *Mechanik* untersucht werden können.

Die Lorentz-Kraft ist außerdem einer der zwei Pfeiler der *Elektrodynamik*. Die Elektrodynamik befasst sich im Allgemeinen mit der Wechselwirkung elektromagnetischer Felder und geladener materieller Teilchen. Es liegen daher zwei miteinander gekoppelte Probleme vor: Einerseits ist man an der Zeitentwicklung der *elektromagnetischen Felder* in Anwesenheit von Ladungen und Strömen interessiert; diese Zeitentwicklung wird durch die Maxwell-Gleichungen beschrieben. Andererseits möchte man die Dynamik der *Ladungen und Ströme* in Anwesenheit der Felder bestimmen; die Dynamik solcher geladener materieller Teilchen folgt aus dem Lorentz'schen Kraftgesetz. Durch Kombination der Maxwell-Gleichungen mit dem Lorentz'schen Kraftgesetz erhält man dann eine vollständige und in sich geschlossene Beschreibung der Teilchen und Felder gemeinsam.[18]

### Definition und Motivation der Lorentz-Kraft, typische Stärke

Die Dynamik eines geladenen, nicht-relativistischen Teilchens der Masse $m$ und Ladung $q$ in einem elektromagnetischen Feld wird durch die Newton'sche Bewegungsgleichung $m\ddot{\mathbf{x}} = \mathbf{F}(\mathbf{x}, \dot{\mathbf{x}}, t)$ beschrieben, die für den Spezialfall $\mathbf{F} = \mathbf{F}_{\mathrm{Lor}}$ auch als *Lorentz'sche Bewegungsgleichung* bezeichnet wird:

$$m\ddot{\mathbf{x}} = \mathbf{F}_{\mathrm{Lor}}(\mathbf{x}, \dot{\mathbf{x}}, t) \quad , \quad \mathbf{F}_{\mathrm{Lor}} = q(\mathbf{E} + \dot{\mathbf{x}} \times \mathbf{B}) \; . \tag{4.60}$$

---

[16]Die Erkenntnis, dass in der makroskopischen Welt *Reibung* als „störender Faktor" berücksichtigt werden muss, ist an sich äußerst wichtig. In seiner Ode an die Reibung in Kapitel VII, § 1, von Ref. [20] bezeichnet Arnold Sommerfeld die Reibung, neben der Schwerkraft, als „wohl die wichtigste Kraft in unserem Dasein". Die Nichtberücksichtigung der Reibung in den Lagrange- und Hamilton-Formulierungen der Mechanik (siehe die Kapitel [6] und [7]) schränkt die praktischen Anwendungen der Analytischen Mechanik auf *irdische* Phänomene daher erheblich ein.

[17]Die Unruh ist ein Gangregler für mechanische Uhren. Dieser basiert auf einem *Schwingsystem*, das zwei wesentliche Elemente enthält, nämlich eine *Balance*, d. h. eine kleine Schwungmasse, und eine *Spiralfeder*, die das rücktreibende Drehmoment für die Schwungmasse bewirkt.

[18]Allerdings muss die Lorentz-Kraft hierfür noch *relativistisch* korrekt formuliert werden. Dazu kommen wir im nächsten Kapitel [5].

Hierbei stellt $\mathbf{F}_{\mathrm{Lor}}$ die *Lorentz-Kraft* dar. Das elektrische Feld $\mathbf{E}$ und das Magnetfeld $\mathbf{B}$ sind im Allgemeinen orts- und zeitabhängig: $\mathbf{E} = \mathbf{E}(\mathbf{x}, t)$ und $\mathbf{B} = \mathbf{B}(\mathbf{x}, t)$.

Die Lorentz-Kraft wurde 1895 von Hendrik Antoon Lorentz postuliert. Lorentz' Vermutung basierte auf dem Verhalten der $(\mathbf{E}, \mathbf{B})$-Felder unter „Lorentz-Transformationen" bis zur *linearen*[19] Ordnung in $\boldsymbol{\beta} \equiv \mathbf{v}/c$, wobei $\mathbf{v} = \mathbf{v}_{\mathrm{rel}}(K', K)$ die Relativgeschwindigkeit des Inertialsystems $K'$ in Bezug auf $K$ bezeichnet:

$$\mathbf{E}' = \mathbf{E} + \mathbf{v} \times \mathbf{B} + \ldots = \mathbf{E} + \boldsymbol{\beta} \times (c\mathbf{B}) + \mathcal{O}(\beta^2) \tag{4.61a}$$

$$c\mathbf{B}' = c\mathbf{B} - \tfrac{1}{c}\mathbf{v} \times \mathbf{E} + \ldots = c\mathbf{B} - \boldsymbol{\beta} \times \mathbf{E} + \mathcal{O}(\beta^2) \ . \tag{4.61b}$$

Die Felder im Inertialsystem $K$ werden hierbei durch $(\mathbf{E}, \mathbf{B})$, diejenigen in $K'$ durch $(\mathbf{E}', \mathbf{B}')$ dargestellt. Wir betrachten nun ein nicht-relativistisches geladenes Teilchen, das zur Zeit $t$ in $K$ die Geschwindigkeit $\dot{\mathbf{x}}$ hat, und definieren $K'$ durch die Wahl $\mathbf{v}_{\mathrm{rel}}(K', K) = \dot{\mathbf{x}}$ (und außerdem $\boldsymbol{\alpha} = 0$, $\boldsymbol{\xi} = 0$, $\sigma = +1$, $\tau = 0$). Da das Teilchen zur Zeit $t$ in $K'$ ruht, spürt es in diesem Inertialsystem lediglich ein elektrisches Feld $\mathbf{E}'$, und es folgt:

$$m\ddot{\mathbf{x}} = m\ddot{\mathbf{x}}' = q\mathbf{E}' = q(\mathbf{E} + \dot{\mathbf{x}} \times \mathbf{B}) = \mathbf{F}_{\mathrm{Lor}} \ ,$$

sodass im ursprünglichen Inertialsystem $K$ auf das Teilchen die geschwindigkeitsabhängige Lorentz-Kraft in der Form (4.60) wirkt.

Bemerkenswert an (4.61) ist, dass die physikalischen Größen $\mathbf{E}$ und $c\mathbf{B}$ im SI-Einheitensystem dieselbe physikalische Dimension haben und auch ein gleichartiges Verhalten unter Lorentz-Transformationen zeigen. Wir werden später sehen, dass der *echte* Vektor $\mathbf{E}$ und der *Pseudo*vektor $c\mathbf{B}$ in der Relativitätstheorie untrennbar miteinander verflochten sind und zusammen den elektromagnetischen Feldtensor bilden. Ein Wort noch zu Größenordnungen: Die Stärke *elektrischer* Felder ist im Labor auf $10^7 - 10^8$ V/m beschränkt. Starke *Magnetfelder* sind etwa im Bereich $3 - 30$ T angesiedelt, sodass die Größe $cB$ auf etwa $10^9 - 10^{10}$ Tm/s beschränkt ist. Hierbei gilt: 1 Tm/s = 1 V/m. In diesem Sinne sind starke Magnetfelder im Labor etwa um einen Faktor $10^2$ stärker als starke elektrische Felder. Bei diesem Vergleich ist allerdings zu beachten, dass $c\mathbf{B}$ in der Lorentz-Kraft vektoriell mit $\dot{\mathbf{x}}/c$ multipliziert wird, sodass die Kraft $q\dot{\mathbf{x}} \times \mathbf{B}$ unter den meisten irdischen Umständen (mit $|\dot{\mathbf{x}}| \ll c$) eher klein ist im Vergleich zu $q\mathbf{E}$.

### 4.4.1 Galilei-Kovarianz der Lorentz-Bewegungsgleichung

Aus der Sicht der Klassischen Mechanik beschreibt die Lorentz'sche Bewegungsgleichung die Dynamik eines *Teilsystems*, nämlich diejenige eines geladenen Teilchens der Masse $m$ und Ladung $q$, das durch die Kopplung der Ladung an die $(\mathbf{E}, \mathbf{B})$-Felder mit der Außenwelt verbunden ist. Die Frage nach der Galilei-Kovarianz der Bewegungsgleichung (4.60) ist also gleichbedeutend mit der Frage nach einer Transformationsregel für die $\mathbf{E}$- und $\mathbf{B}$-Felder, die Gleichung (4.60) insgesamt forminvariant lässt unter beliebigen Galilei-Transformationen.

Wir betrachten daher eine allgemeine Galilei-Transformation (3.16)

$$\mathbf{x}' = \sigma R(\boldsymbol{\alpha})^{-1}\mathbf{x} - \mathbf{v}t - \boldsymbol{\xi} = \sigma R(\boldsymbol{\alpha})^{-1}(\mathbf{x} - \mathbf{v}_\alpha t - \boldsymbol{\xi}_\alpha) \quad , \quad t' = t - \tau$$

und fordern, dass neben

$$m\ddot{\mathbf{x}} = q\left[\mathbf{E}(\mathbf{x}, t) + \dot{\mathbf{x}} \times \mathbf{B}(\mathbf{x}, t)\right]$$

---

[19]Die *exakte* Form der Lorentz-Transformationen wird in Abschnitt [5.5] diskutiert.

im Inertialsystem $K$ auch

$$m\ddot{\mathbf{x}}' = q\left[\mathbf{E}'(\mathbf{x}',t') + \dot{\mathbf{x}}' \times \mathbf{B}'(\mathbf{x}',t')\right]$$

im Inertialsystem $K'$ mit $\mathbf{v}_{\text{rel}}(K',K) = \mathbf{v}$ gilt. Gesucht ist die Transformation, die die Felder $(\mathbf{E}',\mathbf{B}')$ in $K'$ mit den Feldern $(\mathbf{E},\mathbf{B})$ in $K$ verknüpft. Aufgrund der Lorentz'schen Bewegungsgleichung (4.60) und der Definition der Galilei-Transformation erhält man:

$$q(\mathbf{E}' + \dot{\mathbf{x}}' \times \mathbf{B}') = m\ddot{\mathbf{x}}' = m\frac{d^2}{dt^2}\sigma R(\boldsymbol{\alpha})^{-1}(\mathbf{x} - \mathbf{v}_\alpha t - \boldsymbol{\xi}_\alpha) = \sigma R(\boldsymbol{\alpha})^{-1} m\ddot{\mathbf{x}}$$

$$= \sigma R(\boldsymbol{\alpha})^{-1} q\left(\mathbf{E} + \dot{\mathbf{x}} \times \mathbf{B}\right) = q\sigma R(\boldsymbol{\alpha})^{-1}\left\{\mathbf{E} + \left[\sigma R(\boldsymbol{\alpha})\dot{\mathbf{x}}' + \mathbf{v}_\alpha\right] \times \mathbf{B}\right\}$$

$$= q\left\{\sigma R(\boldsymbol{\alpha})^{-1}\left(\mathbf{E} + \mathbf{v}_\alpha \times \mathbf{B}\right) + R(\boldsymbol{\alpha})^{-1}\left[R(\boldsymbol{\alpha})\dot{\mathbf{x}}'\right] \times \mathbf{B}\right\}$$

$$= q\left\{\sigma R(\boldsymbol{\alpha})^{-1}\left(\mathbf{E} + \mathbf{v}_\alpha \times \mathbf{B}\right) + \dot{\mathbf{x}}' \times \left[R(\boldsymbol{\alpha})^{-1}\mathbf{B}\right]\right\}. \tag{4.62}$$

In der zweiten Zeile wurde zunächst die Lorentz'sche Bewegungsgleichung im Inertialsystem $K$ eingesetzt und anschließend die Geschwindigkeit $\dot{\mathbf{x}}$ in $K$ durch den äquivalenten Ausdruck $\sigma R(\boldsymbol{\alpha})\dot{\mathbf{x}}' + \mathbf{v}_\alpha$ ersetzt, damit die $\dot{\mathbf{x}}'$-Abhängigkeit der Kraft manifest wird. In der dritten Zeile wurden die $\dot{\mathbf{x}}'$-abhängigen und -unabhängigen Terme getrennt. In der vierten Zeile wurde die bereits aus Aufgabe 2.3 bekannte Vektoridentität $R(\boldsymbol{\alpha})^{-1}(\mathbf{a} \times \mathbf{b}) = \left[R(\boldsymbol{\alpha})^{-1}\mathbf{a}\right] \times \left[R(\boldsymbol{\alpha})^{-1}\mathbf{b}\right]$ verwendet.

Ein Vergleich der geschwindigkeitsabhängigen und -unabhängigen Terme auf der linken und rechten Seite von Gleichung (4.62) ergibt nun:

$$\mathbf{E}'(\mathbf{x}',t') = \sigma R(\boldsymbol{\alpha})^{-1}\left[\mathbf{E}(\mathbf{x},t) + \mathbf{v}_\alpha \times \mathbf{B}(\mathbf{x},t)\right] \tag{4.63a}$$

$$\mathbf{B}'(\mathbf{x}',t') = R(\boldsymbol{\alpha})^{-1}\mathbf{B}(\mathbf{x},t), \tag{4.63b}$$

wobei $\mathbf{x}$ und $t$ auf der rechten Seite noch durch die entsprechenden Ausdrücke mit $\mathbf{x}'$ und $t'$ zu ersetzen sind:

$$\mathbf{x} = \sigma R(\boldsymbol{\alpha})\mathbf{x}' + \mathbf{v}_\alpha(t' + \tau) + \boldsymbol{\xi}_\alpha \quad , \quad t = t' + \tau,$$

damit man die $(\mathbf{E}',\mathbf{B}')$-Felder auch wirklich als Funktionen von $(\mathbf{x}',t')$ erhält. Für eine rein orthogonale Transformation (mit $\mathbf{v}_\alpha = \mathbf{0}$, $\boldsymbol{\xi}_\alpha = \mathbf{0}$ und $\tau = 0$) vereinfacht sich (4.63) auf die Form

$$\mathbf{E}' = \sigma R(\boldsymbol{\alpha})^{-1}\mathbf{E} \quad , \quad \mathbf{B}' = R(\boldsymbol{\alpha})^{-1}\mathbf{B},$$

die zeigt, dass das elektrische Feld $\mathbf{E}$ einen *echten* Vektor und das Magnetfeld $\mathbf{B}$ einen *Pseudo*vektor darstellt. Insbesondere gilt bei einer Raumspiegelung am Ursprung: $\mathbf{E}' = -\mathbf{E}$ und $\mathbf{B}' = \mathbf{B}$.

### Konsequenzen für invariante Größen

Aus den allgemeinen Transformationsregeln (4.63) für die elektrischen und magnetischen Felder geht interessanterweise noch hervor, dass das Skalarprodukt $\mathbf{E} \cdot \mathbf{B}$ bis auf einen Faktor $\sigma$ invariant unter Galilei-Transformationen ist und somit einen *Pseudoskalar* darstellt:

$$\mathbf{E}' \cdot \mathbf{B}' = \left[\sigma R(\boldsymbol{\alpha})^{-1}\left(\mathbf{E} + \mathbf{v}_\alpha \times \mathbf{B}\right)\right] \cdot \left[R(\boldsymbol{\alpha})^{-1}\mathbf{B}\right] = \sigma\left(\mathbf{E} + \mathbf{v}_\alpha \times \mathbf{B}\right) \cdot \mathbf{B} = \sigma\mathbf{E} \cdot \mathbf{B}.$$

Die Eigenschaft, dass $\mathbf{E} \cdot \mathbf{B}$ ein Pseudoskalar ist, gilt auch in der relativistischen Theorie, in der die Galilei-Transformationen durch Poincaré-Transformationen[20]

---

[20]Poincaré- und Lorentz-Transformationen werden in Abschnitt [5.5] diskutiert.

ersetzt werden. Genau genommen gibt es in der relativistischen Theorie *zwei* physikalische Größen, die invariant sind, falls sich die Orientierung des Koordinatensystems bei der Poincaré-Transformation nicht ändert ($\sigma = +1$), nämlich $\mathbf{E} \cdot \mathbf{B}$ und $\mathbf{E}^2 - c^2 \mathbf{B}^2$. Eine einfache Rechnung zeigt jedoch, dass die Größe $\mathbf{E}^2 - c^2 \mathbf{B}^2$ in der nicht-relativistischen Theorie *nicht* invariant ist:

$$\left(\mathbf{E}'\right)^2 - c^2 (\mathbf{B}')^2 = \mathbf{E}^2 - c^2\mathbf{B}^2 + 2\mathbf{v}_\alpha \cdot \left(\mathbf{B} \times \mathbf{E}\right) + \left(\mathbf{v}_\alpha \times \mathbf{B}\right)^2 \neq \mathbf{E}^2 - c^2\mathbf{B}^2 \ .$$

Offensichtlich sind die Transformationsregeln (4.63) mit Vorsicht zu genießen, falls die Relativgeschwindigkeit der Inertialsysteme sehr hoch wird: $|\mathbf{v}_\alpha|/c \gtrsim 10^{-2}$. Wir lernen somit etwas sehr Wichtiges, nämlich dass die *Konsistenz* einer Theorie oder eines Ansatzes noch keineswegs ihre *Richtigkeit* impliziert! Konkret impliziert die *Konsistenz* der Lorentz'schen Bewegungsgleichung in ihrer nicht-relativistischen Form (4.60), die durch (4.63) gewährleistet wird, nicht, dass sie auch *korrekt* ist. Im Gegenteil: Die relativistische Theorie zeigt, dass sowohl die Bewegungsgleichung als auch die Transformationsregeln für die $\mathbf{E}$- und $\mathbf{B}$-Felder zu modifizieren sind, bevor sie erfolgreich im Bereich $|\mathbf{v}_\alpha|/c \gtrsim 10^{-2}$ angewandt werden können.

## 4.4.2 Beispiel: konstante Felder

Als relativ einfaches Beispiel für die Wirkung der Lorentz-Kraft auf geladene, materielle Teilchen betrachten wir den Spezialfall orts- und zeit*un*abhängiger elektromagnetischer Felder.

### Spezialfall: *nur* ein elektrisches Feld oder *nur* ein Magnetfeld

Die Lorentz'sche Bewegungsgleichung für ein Teilchen in einem konstanten *elektrischen* Feld (mit $\mathbf{B} = \mathbf{0}$) lautet:

$$m\ddot{\mathbf{x}} = q\mathbf{E} \ .$$

Dieses Problem ist formal identisch mit der Bewegungsgleichung für ein massives Teilchen in einem konstanten Schwerkraftfeld (z. B. nahe der Erdoberfläche), und die Lösung hat dementsprechend dieselbe Form:

$$\mathbf{x}(t) = \mathbf{x}(0) + \dot{\mathbf{x}}(0)t + \frac{qt^2}{2m}\mathbf{E} \ .$$

Die Lorentz'sche Bewegungsgleichung für ein geladenes Teilchen in einem konstanten *Magnet*feld (mit $\mathbf{E} = \mathbf{0}$) lautet:

$$m\ddot{\mathbf{x}} = q\dot{\mathbf{x}} \times \mathbf{B} \ .$$

Wir wählen das Koordinatensystem gemäß

$$\hat{\mathbf{B}} \equiv \hat{\mathbf{e}}_3 \quad , \quad \frac{\mathbf{B} \times \dot{\mathbf{x}}(0)}{|\mathbf{B} \times \dot{\mathbf{x}}(0)|} \equiv \hat{\mathbf{e}}_2 \quad , \quad \hat{\mathbf{e}}_2 \times \hat{\mathbf{e}}_3 \equiv \hat{\mathbf{e}}_1 \ , \tag{4.64}$$

sodass sich die Bewegungsgleichung vereinfacht auf

$$\frac{d}{dt}\begin{pmatrix} \dot{x}_1 \\ \dot{x}_2 \\ \dot{x}_3 \end{pmatrix} = \omega \begin{pmatrix} \dot{x}_2 \\ -\dot{x}_1 \\ 0 \end{pmatrix} \quad , \quad \omega \equiv \frac{qB}{m} \ .$$

In $\hat{\mathbf{e}}_3$-Richtung bewegt sich das geladene Teilchen geradlinig-gleichförmig:

$$x_3(t) = x_3(0) + \dot{x}_3(0)t \ ,$$

während es in den $\hat{\mathbf{e}}_1$- und $\hat{\mathbf{e}}_2$-Richtungen um die Magnetfeldrichtung präzediert:

$$\dot{x}_1(t) = \dot{x}_1(0)\cos(\omega t) \quad , \quad \dot{x}_2(t) = \ddot{x}_1(t)/\omega = -\dot{x}_1(0)\sin(\omega t) \ .$$

Durch eine Integration erhält man die Zeitabhängigkeit der $(x_1, x_2)$-Koordinaten:

$$x_1(t) = x_1(0) + \frac{\dot{x}_1(0)}{\omega}\sin(\omega t) \quad , \quad x_2(t) = x_2(0) + \frac{\dot{x}_1(0)}{\omega}[\cos(\omega t) - 1] \ . \ (4.65)$$

Hierbei ist zu beachten, dass die allgemeine Lösung (4.65) nur von *drei* Integrationskonstanten $x_1(0)$, $x_2(0)$ und $\dot{x}_1(0)$ abhängig ist; die vierte Integrationskonstante $\dot{x}_2(0)$ wurde durch die Wahl des Koordinatensystems gleich null gesetzt. Für den Spezialfall $\mathbf{B} \times \dot{\mathbf{x}}(0) = \mathbf{0}$ gilt, dass in diesem Fall $\hat{\mathbf{e}}_2 \perp \hat{\mathbf{e}}_3$ beliebig gewählt werden kann; unabhängig von der Wahl von $\hat{\mathbf{e}}_2$ gilt dann $\dot{x}_1(0) = \dot{x}_2(0) = 0$, und es folgt $x_1(t) = x_1(0)$ und $x_2(t) = x_2(0)$. Hiermit ist die Dynamik sowohl im konstanten elektrischen Feld als auch im konstanten Magnetfeld vollständig bekannt.

**Allgemeiner Fall: konstante elektrische *und* magnetische Felder**

Betrachten wir schließlich das allgemeine Problem der Dynamik eines geladenen Teilchens in konstanten elektrischen und magnetischen Feldern:

$$\boxed{m\ddot{\mathbf{x}} = q(\mathbf{E} + \dot{\mathbf{x}} \times \mathbf{B})\ .}$$

Wir wählen das Koordinatensystem nun gemäß

$$\hat{\mathbf{B}} = \hat{\mathbf{e}}_3 \quad , \quad \frac{\mathbf{B} \times \mathbf{E}}{|\mathbf{B} \times \mathbf{E}|} \equiv \hat{\mathbf{e}}_2 \quad , \quad \hat{\mathbf{e}}_2 \times \hat{\mathbf{e}}_3 \equiv \hat{\mathbf{e}}_1$$

und erhalten die Bewegungsgleichung

$$\frac{d}{dt}\begin{pmatrix} \dot{x}_1 \\ \dot{x}_2 \\ \dot{x}_3 \end{pmatrix} = \begin{pmatrix} \varepsilon_1 + \omega\dot{x}_2 \\ -\omega\dot{x}_1 \\ \varepsilon_3 \end{pmatrix} \quad , \quad \boldsymbol{\varepsilon} \equiv \begin{pmatrix} \varepsilon_1 \\ 0 \\ \varepsilon_3 \end{pmatrix} \equiv \frac{q}{m}\mathbf{E} \quad , \quad \omega = \frac{qB}{m} \ . \quad (4.66)$$

Die Bewegung in $\hat{\mathbf{e}}_3$-Richtung ist im Allgemeinen gleichmäßig beschleunigt:

$$x_3(t) = x_3(0) + \dot{x}_3(0)t + \tfrac{1}{2}\varepsilon_3 t^2 \ .$$

Für die Bewegung in $\hat{\mathbf{e}}_1$-Richtung erhalten wir zunächst die typische Differentialgleichung für einen eindimensionalen harmonischen Oszillator:

$$\dddot{x}_1 = \omega\ddot{x}_2 = -\omega^2\dot{x}_1 \ .$$

Diese hat als Lösung für die Geschwindigkeit:

$$\begin{aligned} \dot{x}_1(t) &= \dot{x}_1(0)\cos(\omega t) + \frac{\ddot{x}_1(0)}{\omega}\sin(\omega t) \\ &= \dot{x}_1(0)\cos(\omega t) + \left[\frac{\varepsilon_1}{\omega} + \dot{x}_2(0)\right]\sin(\omega t) \end{aligned} \quad (4.67)$$

und daher, nach einer weiteren Integration, für die $x_1$-Koordinate:

$$x_1(t) = x_1(0) + \frac{\dot{x}_1(0)}{\omega}\sin(\omega t) + \frac{1}{\omega}\left[\frac{\varepsilon_1}{\omega} + \dot{x}_2(0)\right][1 - \cos(\omega t)] \ .$$

Die Geschwindigkeit in $\hat{\mathbf{e}}_2$-Richtung folgt aus

$$\ddot{x}_2(t) = -\omega\dot{x}_1 = -\omega\dot{x}_1(0)\cos(\omega t) - \omega\left[\frac{\varepsilon_1}{\omega} + \dot{x}_2(0)\right]\sin(\omega t)$$

als

$$\dot{x}_2 = \dot{x}_2(0) - \dot{x}_1(0)\sin(\omega t) - \left[\frac{\varepsilon_1}{\omega} + \dot{x}_2(0)\right][1 - \cos(\omega t)] \ . \quad (4.68)$$

Nach einer weiteren Integration erhält man für die $x_2$-Koordinate:

$$x_2(t) = x_2(0) + \dot{x}_2(0)t - \frac{\dot{x}_1(0)}{\omega}[1 - \cos(\omega t)] - \left[\frac{\varepsilon_1}{\omega} + \dot{x}_2(0)\right]\left[t - \frac{\sin(\omega t)}{\omega}\right].$$

Für den Spezialfall $\mathbf{B} \times \mathbf{E} = \mathbf{0}$ kann $\hat{\mathbf{e}}_2$ wie in (4.64) gewählt werden, und es folgt sofort (4.65). Hiermit ist nun auch die allgemeine Dynamik in konstanten $\mathbf{E}$- und $\mathbf{B}$-Feldern vollständig bekannt.

Interessant an der allgemeinen Lösung (4.67) und (4.68) für die Geschwindigkeiten $\dot{x}_1$ und $\dot{x}_2$ ist noch Folgendes: Eine *Zeitmittelung* zeigt, dass die zeitlich gemittelte Bewegung gleichförmig in $(-\hat{\mathbf{e}}_2)$-Richtung erfolgt, während die Geschwindigkeitskomponente in $\hat{\mathbf{e}}_1$-Richtung nach der Zeitmittelung *null* ist:

$$\overline{\dot{x}_1} = 0 \quad , \quad \overline{\dot{x}_2} = -\frac{\varepsilon_1}{\omega} = -\frac{E_1}{B}.$$

Dieses Ergebnis ist bemerkenswert, weil das elektrische Feld gerade eine Komponente in $\hat{\mathbf{e}}_1$-Richtung aber *keine* Komponente in $\hat{\mathbf{e}}_2$-Richtung hat.

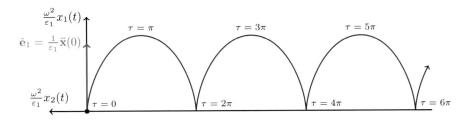

**Abb. 4.16** Bewegung in gekreuzten $\mathbf{E}$- und $\mathbf{B}$-Felder mit $\mathbf{E} = E\hat{\mathbf{e}}_1$ und $\mathbf{B} = B\hat{\mathbf{e}}_3$ sowie den Anfangsbedingungen $\mathbf{x}(0) = \mathbf{0}$ und $\dot{\mathbf{x}}(0) = \mathbf{0}$

Zur Illustration ist die Bahn eines geladenen Teilchens in gekreuzten $\mathbf{E}$- und $\mathbf{B}$-Felder in Abbildung 4.16 dargestellt. Im skizzierten Beispiel ruht das Teilchen zum Anfangszeitpunkt $t = 0$ im Ursprung und zeigt das konstante elektrische Feld in $\hat{\mathbf{e}}_1$- und das konstante Magnetfeld in $\hat{\mathbf{e}}_3$-Richtung:

$$\mathbf{E} = E\hat{\mathbf{e}}_1 \quad , \quad \mathbf{B} = B\hat{\mathbf{e}}_3 \quad , \quad \mathbf{x}(0) = \mathbf{0} \quad , \quad \dot{\mathbf{x}}(0) = \mathbf{0}.$$

Die Lösung der Bewegungsgleichungen für diesen Fall lautet:

$$\frac{\omega^2}{\varepsilon_1}x_1(t) = 1 - \cos(\tau) \quad , \quad \frac{\omega^2}{\varepsilon_1}x_2(t) = -[\tau - \sin(\tau)] \quad , \quad \boxed{x_3(t) = 0} \quad , \quad \omega t \equiv \tau$$

oder kompakt, nur für die Bewegung in der $\hat{\mathbf{e}}_1$-$\hat{\mathbf{e}}_2$-Ebene:

$$\boxed{\begin{pmatrix} \omega^2 x_1/\varepsilon_1 \\ \omega^2 x_2/\varepsilon_1 \end{pmatrix} = \begin{pmatrix} 1 - \cos(\tau) \\ -[\tau - \sin(\tau)] \end{pmatrix}.} \tag{4.69}$$

Aus Abb. 4.16 ist in der Tat klar ersichtlich, dass die zeitlich gemittelte Bewegung gleichförmig in $(-\hat{\mathbf{e}}_2)$-Richtung erfolgt und *keine* Geschwindigkeitskomponente in $\hat{\mathbf{e}}_1$-Richtung aufweist. Die entsprechende Bahnkurve, die in Abb. 4.16 skizziert und in Gleichung (4.69) mathematisch dargestellt ist, ist uns übrigens gut bekannt: Es ist die *Zykloide*, die wir bereits in Abschnitt [4.3.4] im Rahmen der Behandlung des isochronen Pendels kennengelernt haben.

# 4.5 Schwimmende Körper

Die Frage nach den Bedingungen, unter denen ein Körper in einer Flüssigkeit *schwimmt*, d. h. eine stabile Gleichgewichtslage einnehmen kann, ist bekanntlich schon sehr alt: Bereits Archimedes von Syrakus (ca. 287–212 v. Chr.) behandelt diese Frage in seinem Werk περὶ ὀχουμένων („über schwimmende Körper") in den Propositionen 4, 5 und 6 des *ersten Buches* (siehe Ref. [17], Seite 256 – 258).[21]

Allgemein gilt, dass *drei* Bedingungen erfüllt sein müssen, damit ein Körper stationär und stabil schwimmt. Die ersten beiden sind, dass sich sowohl die auftretenden *Kräfte* als auch die auftretenden *Drehmomente* gegenseitig aufheben müssen, damit eine Gleichgewichtslage existiert. Die dritte ist, dass diese Gleichgewichtslage *stabil unter kleinen Auslenkungen* sein muss.

Diese drei Bedingungen können mit Hilfe der allgemein für Teilsysteme gültigen *Bewegungsgleichungen* (4.3) formalisiert werden, wobei zu bedenken ist, dass auf schwimmende Körper nur zeit- und geschwindigkeits*unabhängige* äußere Kräfte (nämlich Gravitation und Druck) einwirken. Außerdem sind die in den Bewegungsgleichungen auftretenden äußeren Kräfte für schwimmende Körper rein *lokal*, d. h. nur vom Ort $\mathbf{x}_l$ des $l$-ten Teilchens abhängig. Die allgemeinen Gleichungen (4.3) für den Gesamtimpuls und den Gesamtdrehimpuls vereinfachen sich daher auf

$$\frac{d\mathbf{P}}{dt} = \sum_{l=1}^{N} \mathbf{F}_l^{(\text{ex})}(\mathbf{x}_l) \quad , \quad \frac{d\mathbf{L}}{dt} = \sum_{l=1}^{N} \mathbf{x}_l \times \mathbf{F}_l^{(\text{ex})}(\mathbf{x}_l) \; . \tag{4.70}$$

Wir bezeichnen den schwimmenden Körper als $\mathcal{K}$ und seine Oberfläche als $\partial\mathcal{K}$. Der $l$-te Massenpunkt von $\mathcal{K}$ hat die Masse $m_l$, den Ortsvektor $\mathbf{x}_l$ und die Geschwindigkeit $\dot{\mathbf{x}}_l$. Der Gesamtimpuls des Körpers ist dann $\mathbf{P} = \sum_l m_l \dot{\mathbf{x}}_l$, der Gesamtdrehimpuls $\mathbf{L} = \sum_l m_l \mathbf{x}_l \times \dot{\mathbf{x}}_l$, die Gesamtmasse $M_\mathcal{K} = \sum_l m_l$ und der Massenschwerpunkt ist $\mathbf{x}_\mathcal{K} = M_\mathcal{K}^{-1} \sum_l m_l \mathbf{x}_l$. Wir nehmen im Folgenden an, dass der Körper $\mathcal{K}$ *starr* ist und durch eine glatte Massendichte $\rho_\mathcal{K}(\mathbf{x})$ beschrieben werden kann. Ein solcher schwimmender Körper mit dem Massenschwerpunkt $\mathbf{x}_\mathcal{K} = M_\mathcal{K}^{-1} \sum_l m_l \mathbf{x}_l$ und glatter Massendichte ist in Abbildung 4.17 skizziert.

## 4.5.1 Bedingung 1: Kräftegleichgewicht

Wir betrachten zuerst das zweite Newton'sche Gesetz, d. h. die *erste* Gleichung in (4.70). Wir beschreiben den Körper $\mathcal{K}$ und die Flüssigkeit, in der $\mathcal{K}$ schwimmt, als *kontinuierliche Medien* mit den Massendichten $\rho_\mathcal{K}(\mathbf{x})$ und $\rho_\mathcal{F}$. Dann folgt:

$$\frac{d\mathbf{P}}{dt} = \int_\mathcal{K} d^3x \, g\rho_\mathcal{K}(\mathbf{x})(-\hat{\mathbf{e}}_3) + \int_{\partial\mathcal{K}} [-p(\mathbf{x})d\mathbf{S}] = -gM_\mathcal{K}\hat{\mathbf{e}}_3 - \int_{\partial\mathcal{K}} [p(\mathbf{x})\mathbb{1}_3]d\mathbf{S} \; , \tag{4.71}$$

wobei $g$ die Schwerkraftsbeschleunigung an der Erdoberfläche und $p(\mathbf{x})$ der Druck im $\mathcal{K}$ umgebenden Medium (d. h. in der Flüssigkeit bzw. in der Luft) ist. Das vektorielle Flächenelement $d\mathbf{S} = |d\mathbf{S}|\hat{\mathbf{n}}$ und der Normalenvektor $\hat{\mathbf{n}}$ sollen bei der Integration über die Körperoberfläche $\partial\mathcal{K}$ *auswärts* gerichtet sein, sodass die vom Druck verursachte Kraft $-p(\mathbf{x})d\mathbf{S}$ *einwärts* zeigt.[22] Wir nehmen an, dass die Grenzfläche

---

[21] Das berühmte „heureka" basiert auf Proposition 7, siehe die Seiten 258 – 261 in Ref. [17].

[22] Siehe Abschnitt 9.3 von Ref. [10] für mehr Hintergrundinformation über Flächenintegrale. Der hier verwendete Gauß'sche Satz wird in Abschnitt 9.4 von Ref. [10] behandelt.

zwischen Flüssigkeit und Luft durch $x_3 = 0$ gegeben ist und dass der Luftdruck $p_0$ nahe der Erdoberfläche als konstant angesehen werden kann. Der Druck und der Druckgradient sind dann gegeben durch

$$p(\mathbf{x}) = p_0 - g\rho_{\mathcal{F}}x_3\Theta(-x_3) \quad , \quad (\nabla p)(\mathbf{x}) = -g\rho_{\mathcal{F}}\hat{\mathbf{e}}_3\Theta(-x_3) \ .$$

Durch Anwendung des Gauß'schen Satzes auf das Flächenintegral in (4.71) erhalten wir:

$$\frac{d\mathbf{P}}{dt} = -gM_{\mathcal{K}}\hat{\mathbf{e}}_3 - \int_{\partial\mathcal{K}} \big[p(\mathbf{x})\mathbb{1}_3\big]\,d\mathbf{S} = -gM_{\mathcal{K}}\hat{\mathbf{e}}_3 - \sum_{i=1}^{3}\hat{\mathbf{e}}_i\int_{\partial\mathcal{K}} p(\mathbf{x})\hat{\mathbf{e}}_i \cdot d\mathbf{S}$$

$$= -gM_{\mathcal{K}}\hat{\mathbf{e}}_3 - \sum_{i=1}^{3}\hat{\mathbf{e}}_i\int_{\mathcal{K}} d^3x\,\nabla\cdot\big[p(\mathbf{x})\hat{\mathbf{e}}_i\big] = -gM_{\mathcal{K}}\hat{\mathbf{e}}_3 - \int_{\mathcal{K}} d^3x\,(\nabla p)(\mathbf{x})$$

$$= -gM_{\mathcal{K}}\hat{\mathbf{e}}_3 + g\rho_{\mathcal{F}}\,\hat{\mathbf{e}}_3\int_{\mathcal{K}} d^3x\,\Theta(-x_3) = -g\hat{\mathbf{e}}_3\big(M_{\mathcal{K}} - M_{\mathcal{F}}\big) \ . \tag{4.72}$$

Im letzten Schritt verwendeten wir, dass $\int_{\mathcal{K}} d^3x\,\Theta(-x_3) \equiv V_{\mathcal{F}}$ das Volumen der vom Körper verdrängten Flüssigkeit darstellt und $\rho_{\mathcal{F}}$ für schwimmende Körper als ortsunabhängig angesehen werden kann; das Produkt $V_{\mathcal{F}}\rho_{\mathcal{F}}$ ergibt dann die Masse $M_{\mathcal{F}}$ der vom Körper verdrängten Flüssigkeit. Man beachte, dass der konstante Beitrag $p_0$ zum Druck keinen Einfluss auf das Endergebnis in (4.72) hat.

Gleichung (4.72) bringt das *Archimedische Prinzip* zum Ausdruck: Die Masse eines teilweise oder komplett in eine Flüssigkeit eingetauchten Körpers im Schwerkraftfeld wird effektiv um die Masse der verdrängten Flüssigkeit verringert. Ein *teilweise* in eine Flüssigkeit eingetauchter Körper *schwimmt* daher, wenn sich die Kräfte auf der rechten Seite von Gleichung (4.72) gerade aufheben, d. h., wenn die Gesamtmasse $M_{\mathcal{K}}$ des Körpers exakt gleich der Masse $M_{\mathcal{F}}$ der verdrängten Flüssigkeit ist.[23]

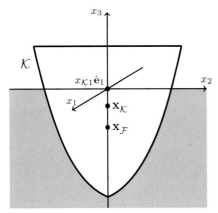

**Abb. 4.17** Querschnitt durch den schwimmenden Körper $\mathcal{K}$ für $x_1 = x_{\mathcal{K}1}$

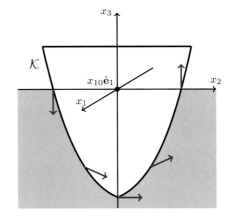

**Abb. 4.18** Kleine Drehung des schwimmenden Körpers um $\hat{\mathbf{e}}_1$-Achse

---

[23]Die Bezeichnung „Archimedisches Prinzip" für dieses Kräftegleichgewicht ist insofern etwas merkwürdig, als Archimedes' Leistung deutlich über dieses eine Resultat hinausgeht: Er befasst sich in seinem *zweiten Buch* der „schwimmenden Körper" auch ausführlich mit der *Stabilität* von Gleichgewichtslagen. Diesem Thema widmen wir uns in den Abschnitten [4.5.2] und [4.5.3].

## 4.5.2	Bedingung 2: Gleichgewicht der Drehmomente

Wir betrachten nun die *zweite* Gleichung in (4.70), d. h. die Bewegungsgleichung für den Gesamtdrehimpuls. Sie lautet in der Kontinuumsformulierung:

$$\frac{d\mathbf{L}}{dt} = \sum_{l=1}^{N} \mathbf{x}_l \times \mathbf{F}_l^{(\text{ex})}(\mathbf{x}_l) = \int_{\mathcal{K}} d^3x\, \mathbf{x} \times \left[ -g\rho_{\mathcal{K}}(\mathbf{x})\hat{\mathbf{e}}_3 \right] + \int_{\partial\mathcal{K}} \mathbf{x} \times \left[ -p(\mathbf{x})d\mathbf{S} \right] .$$

Die Bewegungsgleichung für die *i*-te Komponente $L_i$ des Gesamtdrehimpulses lautet daher in der Einstein-Notation:

$$\begin{aligned}
\dot{L}_i &= \varepsilon_{ijk}\left[ -g\delta_{k3} \int_{\mathcal{K}} d^3x\, x_j \rho_{\mathcal{K}}(\mathbf{x}) - \int_{\partial\mathcal{K}} x_j [p_0 - \rho_{\mathcal{F}} g x_3 \Theta(-x_3)]dS_k \right] \\
&= \varepsilon_{ijk}\left\{ -g\delta_{k3} M_{\mathcal{K}} x_{\mathcal{K}j} - \int_{\mathcal{K}} d^3x\, \partial_k [x_j p_0 - x_j \rho_{\mathcal{F}} g x_3 \Theta(-x_3)] \right\} \\
&= \varepsilon_{ijk}\left\{ -g\delta_{k3} M_{\mathcal{K}} x_{\mathcal{K}j} + \rho_{\mathcal{F}} g \left[ \delta_{kj} \int_{\mathcal{K}} d^3x\, x_3 \Theta(-x_3) + \delta_{k3} \int_{\mathcal{K}} d^3x\, x_j \Theta(-x_3) \right] \right\} \\
&= -g\varepsilon_{ijk}\left( M_{\mathcal{K}} x_{\mathcal{K}j} - M_{\mathcal{F}} x_{\mathcal{F}j} \right)\delta_{k3}
\end{aligned}$$

bzw. in Vektornotation:

$$\dot{\mathbf{L}} = -g\left( M_{\mathcal{K}}\mathbf{x}_{\mathcal{K}} - M_{\mathcal{F}}\mathbf{x}_{\mathcal{F}} \right) \times \hat{\mathbf{e}}_3 .$$

Wir verwendeten die Eigenschaft $\varepsilon_{ijk}\delta_{kj} = 0$ und definierten den Massenschwerpunkt der verdrängten Flüssigkeit als $\mathbf{x}_{\mathcal{F}} \equiv V_{\mathcal{F}}^{-1} \int_{\mathcal{K}} d^3x\, \mathbf{x}\, \Theta(-x_3)$. Aufgrund der Eigenschaft $\varepsilon_{ijk}\delta_{kj} = 0$ fällt auch hier der Beitrag des konstanten Terms $p_0$ im Druck weg und hat daher keinen Einfluss auf das Endergebnis. Wir stellen fest, dass sich die auftretenden *Kräfte* und *Drehmomente* gegenseitig aufheben, falls

$$\boxed{M_{\mathcal{K}} = M_{\mathcal{F}} \quad , \quad (\mathbf{x}_{\mathcal{K}} - \mathbf{x}_{\mathcal{F}}) \times \hat{\mathbf{e}}_3 = \mathbf{0}} \tag{4.73}$$

gilt. Damit eine Gleichgewichtslage existiert, muss der Massenschwerpunkt des Körpers $\mathbf{x}_{\mathcal{K}}$ also senkrecht über dem Massenschwerpunkt $\mathbf{x}_{\mathcal{F}}$ der verdrängten Flüssigkeit angeordnet sein. Diese Gleichgewichtslage kann dann entweder stabil oder instabil sein. Abb. 4.17 zeigt einen Querschnitt durch den Körper $\mathcal{K}$ für $x_1 = x_{\mathcal{K}1}\hat{\mathbf{e}}_1$. Aus dieser Abbildung ist auch die Anordnung der Massenschwerpunkte $\mathbf{x}_{\mathcal{K}}$ und $\mathbf{x}_{\mathcal{F}}$ ersichtlich.

## 4.5.3	Bedingung 3: Stabilität der Gleichgewichtslage

Das dritte Kriterium, das erfüllt sein muss, damit ein Körper *schwimmt*, ist die Stabilität des Gleichgewichts unter kleinen Auslenkungen. Die physikalische Situation ist invariant unter *Translationen* $T_{\mathbf{a}}\mathbf{x} = \mathbf{x} + \mathbf{a}$ mit $\mathbf{a} = a_1\hat{\mathbf{e}}_1 + a_2\hat{\mathbf{e}}_2$ parallel zur Grenzfläche zwischen Flüssigkeit und Luft. Derartige *Translationen* werden also nicht zu Instabilitäten führen. Wir konzentrieren uns daher im Folgenden auf *Drehungen* um eine Achse, die durch die Grenzfläche zwischen Flüssigkeit und Luft verläuft. Wie wir aus (2.33) wissen, haben Drehungen allgemein die Form $R(\boldsymbol{\alpha})\mathbf{x} = \hat{\boldsymbol{\alpha}}(\hat{\boldsymbol{\alpha}} \cdot \mathbf{x}) - \hat{\boldsymbol{\alpha}} \times (\hat{\boldsymbol{\alpha}} \times \mathbf{x}) \cos(\alpha) + (\hat{\boldsymbol{\alpha}} \times \mathbf{x})\sin(\alpha)$ mit $\boldsymbol{\alpha} = \alpha\hat{\boldsymbol{\alpha}}$ und $|\hat{\boldsymbol{\alpha}}| = 1$. Hierbei bezeichnet $\hat{\boldsymbol{\alpha}}$ die Ausrichtung der Drehachse und $\alpha$ den Drehwinkel. Speziell für *kleine* Drehungen ($\alpha \ll 1$) gilt:

$$R(\boldsymbol{\alpha})\mathbf{x} = \mathbf{x} + (\hat{\boldsymbol{\alpha}} \times \mathbf{x})\alpha + \mathcal{O}(\alpha^2) = \mathbf{x} + \boldsymbol{\alpha} \times \mathbf{x} + \mathcal{O}(\alpha^2) .$$

Wir betrachten im Folgenden schwimmende Körper, die in ihrer Gleichgewichtslage (4.73) invariant unter Spiegelungen $S\mathbf{x} = \mathbf{x} - 2x_2\hat{\mathbf{e}}_2$ an der $\hat{\mathbf{e}}_1$-$\hat{\mathbf{e}}_3$-Ebene sind, für die also in der Gleichgewichtslage $\rho_{\mathcal{K}}(\mathbf{x}) = \rho_{\mathcal{K}}(S\mathbf{x})$ gilt. Der Schnittfläche eines solchen spiegelsymmetrischen Körpers mit der $(x_1 = x_{10})$-Ebene ist in Abbildung 4.18 skizziert. Vektoren in diesem Schnitt durch den Körper können in der Form $\mathbf{x} = x_{10}\hat{\mathbf{e}}_1 + \mathbf{x}_\perp$ mit $\mathbf{x}_\perp = x_2\hat{\mathbf{e}}_2 + x_3\hat{\mathbf{e}}_3$ dargestellt werden. Wir drehen diese Körper um die $\hat{\mathbf{e}}_1$-Achse, die also durch die Symmetrieebene $x_2 = 0$ verläuft. Eine Drehung mit $\boldsymbol{\alpha} = \alpha\hat{\mathbf{e}}_1$ und $\alpha > 0$ bedeutet, dass der in Abb. 4.18 skizzierte Körper um $\boldsymbol{\alpha} \times \mathbf{x}_\perp$ nach *rechts* ausgelenkt wird. Diese Auslenkungen sind in Abb. 4.18 durch *rote* Pfeile grafisch dargestellt. Falls die Schwimmlage *stabil* ist, erwartet man eine Rückstellkraft in $\left(-\boldsymbol{\alpha} \times \mathbf{x}_\perp\right)$-Richtung und somit ein Drehmoment in Richtung

$$-\mathbf{x}_\perp \times (\boldsymbol{\alpha} \times \mathbf{x}_\perp) = -\mathbf{x}_\perp^2 \boldsymbol{\alpha} + \mathbf{x}_\perp(\boldsymbol{\alpha} \cdot \mathbf{x}_\perp) = -\alpha\mathbf{x}_\perp^2\hat{\mathbf{e}}_1 \,,$$

also in $(-\hat{\mathbf{e}}_1)$-Richtung. Analog erwartet man für eine *instabile* Schwimmlage ein Drehmoment in $(+\hat{\mathbf{e}}_1)$-Richtung.

### *Keine* Änderung des Kräftegleichgewichts unter Drehungen

Wir untersuchen zuerst das *Kräftegleichgewicht* bei einer kleinen Drehung ($\alpha \ll 1$) um die $\hat{\mathbf{e}}_1$-Achse. Wir verwenden weiterhin die Notation $\mathcal{K}$ für den schwimmenden Körper *in der Gleichgewichtslage* (4.73). Bei der Drehung ändern sich sowohl die Aufenthaltsorte der Massenpunkte in $\mathcal{K}$ als auch die Flächenelemente $d\mathbf{S}$ der Körperoberfläche $\partial\mathcal{K}$:

$$\mathbf{x}' = \mathbf{x} + \boldsymbol{\alpha} \times \mathbf{x} + \mathcal{O}(\alpha^2) \quad , \quad d\mathbf{S}' = d\mathbf{S} + \boldsymbol{\alpha} \times d\mathbf{S} + \mathcal{O}(\alpha^2) \,.$$

Bei der Berechnung von $\frac{d\mathbf{P}}{dt}$ ist zu bedenken, dass sich der Beitrag eines Volumenelements aufgrund der *Schwerkraft* nicht ändert, sodass der erste Term auf der rechten Seite von (4.71) unverändert übernommen werden kann. Folglich lautet die Bewegungsgleichung (4.71) nach der Drehung:

$$\frac{d\mathbf{P}}{dt} = \sum_{l=1}^{N} \mathbf{F}_l^{(ex)}(\mathbf{x}_l') = \int_{\mathcal{K}} d^3x \, g\rho_{\mathcal{K}}(\mathbf{x})(-\hat{\mathbf{e}}_3) - \int_{\partial\mathcal{K}} \left[p(\mathbf{x}')\mathbb{1}_3\right] d\mathbf{S}'$$

$$= -gM_{\mathcal{K}}\hat{\mathbf{e}}_3 - \int_{\partial\mathcal{K}} (d\mathbf{S} + \boldsymbol{\alpha} \times d\mathbf{S}) \, p(\mathbf{x} + \boldsymbol{\alpha} \times \mathbf{x})$$

$$= -gM_{\mathcal{K}}\hat{\mathbf{e}}_3 - \int_{\partial\mathcal{K}} d\mathbf{S} \, p(\mathbf{x}) - \int_{\partial\mathcal{K}} (\boldsymbol{\alpha} \times d\mathbf{S}) \, p(\mathbf{x}) - \int_{\partial\mathcal{K}} d\mathbf{S} \left[(\boldsymbol{\alpha} \times \mathbf{x}) \cdot (\nabla p)(\mathbf{x})\right] .$$

Die ersten beiden Terme sind aufgrund von Gleichung (4.72) zusammen gleich $-g\hat{\mathbf{e}}_3(M_{\mathcal{K}} - M_{\mathcal{F}})$ und heben sich im Gleichgewicht also gegenseitig exakt auf. Der dritte Term auf der rechten Seite folgt aus:

$$-\int_{\partial\mathcal{K}} (\boldsymbol{\alpha} \times d\mathbf{S}) \, p(\mathbf{x}) = -\boldsymbol{\alpha} \times \int_{\partial\mathcal{K}} d\mathbf{S} \, p(\mathbf{x}) = \alpha\hat{\mathbf{e}}_1 \times (gM_{\mathcal{F}}\hat{\mathbf{e}}_3) = -\alpha g M_{\mathcal{F}}\hat{\mathbf{e}}_2 \,.$$

Im zweiten Schritt wurde das Ergebnis $-\int_{\partial\mathcal{K}} d\mathbf{S} \, p(\mathbf{x}) = gM_{\mathcal{F}}\hat{\mathbf{e}}_3$ aus Gleichung (4.72) verwendet und im dritten die Multiplikationseigenschaft $\hat{\mathbf{e}}_1 \times \hat{\mathbf{e}}_3 = -\hat{\mathbf{e}}_2$ der Basisvektoren.

Der vierte Term auf der rechten Seite ist aufgrund des Gauß'schen Satzes gegeben durch:

$$
\int_{\partial\mathcal{K}} d\mathbf{S}\,[(\boldsymbol{\alpha}\times\mathbf{x})\cdot(\nabla p)(\mathbf{x})] = \int_{\mathcal{K}} d^3x\,\nabla[(\boldsymbol{\alpha}\times\mathbf{x})\cdot(\nabla p)(\mathbf{x})]
$$

$$
= -g\rho_{\mathcal{F}}\,\alpha\int_{\mathcal{K}} d^3x\,\nabla\big\{(\hat{\mathbf{e}}_1\times\mathbf{x})\cdot\nabla[x_3\Theta(-x_3)]\big\}
$$

$$
= -g\rho_{\mathcal{F}}\,\alpha\int_{\mathcal{K}} d^3x\,\nabla\big\{[\hat{\mathbf{e}}_1\times(x_2\hat{\mathbf{e}}_2)]\cdot\hat{\mathbf{e}}_3\partial_3[x_3\Theta(-x_3)]\big\}
$$

$$
= -g\rho_{\mathcal{F}}\,\alpha\int_{\mathcal{K}} d^3x\,(\hat{\mathbf{e}}_2\partial_2+\hat{\mathbf{e}}_3\partial_3)\big\{x_2\partial_3[x_3\Theta(-x_3)]\big\}
$$

$$
= -g\rho_{\mathcal{F}}\,\alpha\int_{\mathcal{K}} d^3x\,\big\{\hat{\mathbf{e}}_2\Theta(-x_3)+x_2\hat{\mathbf{e}}_3\partial_3^2[x_3\Theta(-x_3)]\big\}
$$

$$
= -g\alpha M_{\mathcal{F}}\hat{\mathbf{e}}_2 + g\rho_{\mathcal{F}}\,\alpha\hat{\mathbf{e}}_3\int_{\mathcal{K}} d^3x\,x_2\delta(x_3) \stackrel{!}{=} -g\alpha M_{\mathcal{F}}\hat{\mathbf{e}}_2\,.
$$

Im vorletzten Schritt verwendeten wir die Identität $\partial_3^2[x_3\Theta(-x_3)] = \partial_3[\Theta(-x_3)-x_3\delta(x_3)] = -2\delta(x_3)-x_3\delta'(x_3)$ sowie eine partielle Integration: $\int dx_3\,x_3\delta'(x_3) = -\int dx_3\,\delta(x_3)$. Im letzten Schritt wurde die Symmetrie des Körpers unter Spiegelungen an der $\hat{\mathbf{e}}_1$-$\hat{\mathbf{e}}_3$-Ebene ausgenutzt: $\int_{\mathcal{K}} d^3x\,x_2\delta(x_3) = 0$. Durch Kombination der Ergebnisse erhalten wir:

$$
\boxed{\frac{d\mathbf{P}}{dt} = -\alpha g M_{\mathcal{F}}\hat{\mathbf{e}}_2 - (-g\alpha M_{\mathcal{F}}\hat{\mathbf{e}}_2) = \mathbf{0}\,.}
$$

Hieraus können wir schließen, dass die kleine Drehung $R(\alpha\hat{\mathbf{e}}_1)$ das *Kräftegleichgewicht* unverletzt lässt. Zu untersuchen ist noch, wie sich die Bilanz der *Drehmomente* unter $R(\alpha\hat{\mathbf{e}}_1)$ verhält.

### Änderung des Drehimpulses unter Drehungen

Bei der Berechnung von $\frac{d\mathbf{L}}{dt}$ ist zu bedenken, dass sich zwar der Beitrag eines Volumenelements aufgrund der *Schwerkraft* nicht ändert, der *Hebel* jedoch wohl: $\mathbf{x}\to\mathbf{x}'$. Die Bewegungsgleichung für den Drehimpuls lautet daher nach der Drehung:

$$
\frac{d\mathbf{L}}{dt} = \sum_{l=1}^{N}\mathbf{x}'_l\times\mathbf{F}_l^{(\text{ex})}(\mathbf{x}'_l) = \int_{\mathcal{K}} d^3x\,\mathbf{x}'\times[-g\rho_{\mathcal{K}}(\mathbf{x})\hat{\mathbf{e}}_3] + \int_{\partial\mathcal{K}}\mathbf{x}'\times[-p(\mathbf{x}')d\mathbf{S}']
$$

$$
= \int_{\mathcal{K}} d^3x\,\mathbf{x}\times[-g\rho_{\mathcal{K}}(\mathbf{x})\hat{\mathbf{e}}_3] + \int_{\partial\mathcal{K}}\mathbf{x}\times[-p(\mathbf{x})d\mathbf{S}] + \sum_{r=3}^{6}\mathbf{T}_r\,, \tag{4.74}
$$

wobei $\mathbf{T}_{3,4,5,6}$ vier weitere Terme in dieser Gleichung bezeichnen:

$$
\mathbf{T}_3 = \int_{\mathcal{K}} d^3x\,(\boldsymbol{\alpha}\times\mathbf{x})\times[-g\rho_{\mathcal{K}}(\mathbf{x})\hat{\mathbf{e}}_3]\quad,\quad \mathbf{T}_4 = \int_{\partial\mathcal{K}}(\boldsymbol{\alpha}\times\mathbf{x})\times[-p(\mathbf{x})d\mathbf{S}]
$$

$$
\mathbf{T}_5 = -\int_{\partial\mathcal{K}}\mathbf{x}\times[(\boldsymbol{\alpha}\times\mathbf{x})\cdot(\nabla p)(\mathbf{x})d\mathbf{S}]\quad,\quad \mathbf{T}_6 = -\int_{\partial\mathcal{K}}\mathbf{x}\times[p(\mathbf{x})(\boldsymbol{\alpha}\times d\mathbf{S})]\,.
$$

Die ersten beiden Terme auf der rechten Seite von Gleichung (4.74) heben sich gegenseitig aufgrund der Gleichgewichtsbedingung (4.73) exakt auf. Der Term $\mathbf{T}_3$ ergibt sich als:

$$
\mathbf{T}_3 = -\alpha g \int_\mathcal{K} d^3x \, (\hat{\mathbf{e}}_1 \times \mathbf{x}) \times \hat{\mathbf{e}}_3 \rho_\mathcal{K}(\mathbf{x}) = -\alpha g \int_\mathcal{K} d^3x \, \left[\hat{\mathbf{e}}_1 \times (x_2 \hat{\mathbf{e}}_2 + x_3 \hat{\mathbf{e}}_3)\right] \times \hat{\mathbf{e}}_3 \rho_\mathcal{K}(\mathbf{x})
$$

$$
= -\alpha g \int_\mathcal{K} d^3x \, (-x_3 \hat{\mathbf{e}}_2) \times \hat{\mathbf{e}}_3 \rho_\mathcal{K}(\mathbf{x}) = \alpha g \hat{\mathbf{e}}_1 \int_\mathcal{K} d^3x \, x_3 \rho_\mathcal{K}(\mathbf{x}) = \alpha g \hat{\mathbf{e}}_1 M_\mathcal{K} x_{\mathcal{K}3} \ .
$$

Die Terme $\mathbf{T}_4$ und $\mathbf{T}_6$ berechnet man am besten zusammen:

$$
\mathbf{T}_4 + \mathbf{T}_6 = -\int_{\partial\mathcal{K}} p(\mathbf{x})\left[(\boldsymbol{\alpha} \times \mathbf{x}) \times d\mathbf{S} + \mathbf{x} \times (\boldsymbol{\alpha} \times d\mathbf{S})\right]
$$

$$
= -\int_{\partial\mathcal{K}} p(\mathbf{x})\left[d\mathbf{S} \times (\mathbf{x} \times \boldsymbol{\alpha}) + \mathbf{x} \times (\boldsymbol{\alpha} \times d\mathbf{S})\right] = \int_{\partial\mathcal{K}} p(\mathbf{x})\, \boldsymbol{\alpha} \times (d\mathbf{S} \times \mathbf{x})
$$

$$
= -\boldsymbol{\alpha} \times \int_{\partial\mathcal{K}} p(\mathbf{x})\, \mathbf{x} \times d\mathbf{S} = g M_\mathcal{F}\, \boldsymbol{\alpha} \times (\mathbf{x}_\mathcal{F} \times \hat{\mathbf{e}}_3)
$$

$$
= \alpha g M_\mathcal{F}\, \hat{\mathbf{e}}_1 \times (-x_{\mathcal{F}1}\hat{\mathbf{e}}_2 + x_{\mathcal{F}2}\hat{\mathbf{e}}_1) = -\alpha g M_\mathcal{F}\, x_{\mathcal{F}1}\hat{\mathbf{e}}_3 \ .
$$

Im zweiten und vierten Schritt verwendeten wir die Antisymmetrie des Vektorprodukts und im dritten die Jacobi-Identität für Vektorprodukte.[24] Im vierten Schritt wurde das Ergebnis $\int_{\partial\mathcal{K}} \mathbf{x} \times [-p(\mathbf{x})d\mathbf{S}] = g M_\mathcal{F} \mathbf{x}_\mathcal{F} \times \hat{\mathbf{e}}_3$ aus Abschnitt [4.5.2] eingesetzt. Insgesamt gilt bisher also $\mathbf{T}_3 + \mathbf{T}_4 + \mathbf{T}_6 = \alpha g (M_\mathcal{K} x_{\mathcal{K}3}\hat{\mathbf{e}}_1 - M_\mathcal{F} x_{\mathcal{F}1}\hat{\mathbf{e}}_3)$.

Den Term $\mathbf{T}_5$ berechnen wir komponentenweise. Die $i$-te Komponente ist:

$$
T_{5i} = -\alpha\varepsilon_{ijk}\varepsilon_{lmn}\delta_{l1} \int_{\partial\mathcal{K}} x_j x_m \partial_n \left[-g\rho_\mathcal{F} x_3 \Theta(-x_3)\right] dS_k
$$

$$
= \alpha g \rho_\mathcal{F} \varepsilon_{ijk}\varepsilon_{1m3} \int_\mathcal{K} d^3x \, \partial_k \left\{x_j x_m \partial_3 \left[x_3 \Theta(-x_3)\right]\right\}
$$

$$
= \alpha g \rho_\mathcal{F} \varepsilon_{ijk}\delta_{m2} \int_\mathcal{K} d^3x \, \left(\delta_{km}x_j + \delta_{kj}x_m + x_j x_m \delta_{k3}\partial_3\right)\partial_3\left[x_3 \Theta(-x_3)\right] \ .
$$

Wir verwenden $\varepsilon_{ijk}\delta_{kj} = 0$ und $\delta_{m2}\delta_{km} = \delta_{k2}$:

$$
T_{5i} = \alpha g \rho_\mathcal{F} \int_\mathcal{K} d^3x \, \left\{\varepsilon_{ij2} x_j \Theta(-x_3) + \varepsilon_{ij3} x_j x_2 \partial_3^2\left[x_3 \Theta(-x_3)\right]\right\}
$$

$$
= \alpha g \left[M_\mathcal{F}\left(-x_{\mathcal{F}3}\delta_{i1} + x_{\mathcal{F}1}\delta_{i3}\right) - \delta_{i1}\rho_\mathcal{F} \int_\mathcal{K} d^3x \, (x_2)^2 \delta(x_3)\right] \ .
$$

Bei der Berechnung des letzten Terms wurde wiederum die Spiegelsymmetrie bzgl. der $\hat{\mathbf{e}}_1$-$\hat{\mathbf{e}}_3$-Ebene verwendet. Durch Kombination aller Ergebnisse erhält man ein erstaunlich einfaches Ergebnis für die zeitliche Änderung des Drehimpulses $\frac{d\mathbf{L}}{dt}$:

$$
\boxed{\frac{d\mathbf{L}}{dt} = \alpha g \hat{\mathbf{e}}_1 \left[M_\mathcal{K} x_{\mathcal{K}3} - M_\mathcal{F} x_{\mathcal{F}3} - \rho_\mathcal{F} \int_\mathcal{K} d^3x \, (x_2)^2 \delta(x_3)\right] \ .} \tag{4.75}
$$

---

[24]Die Jacobi-Identität lautet $\mathbf{a} \times (\mathbf{b} \times \mathbf{c}) + \mathbf{b} \times (\mathbf{c} \times \mathbf{a}) + \mathbf{c} \times (\mathbf{a} \times \mathbf{b}) = \mathbf{0}$, siehe z. B. Gleichung (3.21) in Ref. [10] für eine Herleitung.

Auch diese Bewegungsgleichung für den Drehimpuls ist unabhängig vom konstanten
Luftdruck $p_0$. Wie erwartet, hat $\frac{d\mathbf{L}}{dt}$ nur eine
$\hat{\mathbf{e}}_1$-Komponente, die also für $\alpha > 0$ bei einer *stabilen* Gleichgewichtslage *negativ* und
bei einer *instabilen* Gleichgewichtslage *positiv* sein soll. In (4.75) kann man noch vereinfachen:

$$M_\mathcal{K} = M_\mathcal{F} = V_\mathcal{F} \rho_\mathcal{F} \,,$$

wobei $V_\mathcal{F}$ das Volumen der verdrängten
Flüssigkeit ist. Mit dieser Notation erhält
man schließlich

$$V_\mathcal{F}\big(x_{\mathcal{K}3} - x_{\mathcal{F}3}\big) < \int_\mathcal{K} d^3x \, (x_2)^2 \delta(x_3) \quad (4.76)$$

für das gesuchte Stabilitätskriterium.

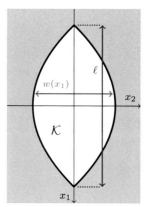

**Abb. 4.19** Definition der
Breite $w(x)$ und Länge $\ell$

### Erste physikalische Konsequenzen des Stabilitätskriteriums

Um das Stabilitätskriterium (4.76) besser interpretieren zu können, definieren wir
die *Breite des Körpers* in $\hat{\mathbf{e}}_2$-Richtung an der Grenzfläche $x_3 = 0$ als $w(x_1)$. Diese
Breite ist also – wie in Abbildung 4.19 dargestellt – im Allgemeinen noch eine
Funktion der $\hat{\mathbf{e}}_1$-Koordinate $x_1$. Mit Hilfe dieser Definition kann das Kriterium
(4.76) auf die Form

$$V_\mathcal{F}\big|\mathbf{x}_\mathcal{K} - \mathbf{x}_\mathcal{F}\big| < \int_\mathcal{K} dx_1 \int_{-w(x_1)/2}^{w(x_1)/2} dx_2 \, (x_2)^2 = \tfrac{1}{12}\int_\mathcal{K} dx_1 \, [w(x_1)]^3 = \tfrac{1}{12}\ell \langle [w(x_1)]^3 \rangle \quad (4.77a)$$

vereinfacht werden. Auf der linken Seite wurde
verwendet, dass sich der Massenschwerpunkt $\mathbf{x}_\mathcal{K}$
des Körpers im Gleichgewicht senkrecht über dem
Massenschwerpunkt $\mathbf{x}_\mathcal{F}$ der verdrängten Flüssigkeit
befindet. Im letzten Schritt wurde die *Gesamtlänge*
$\ell$ des schwimmenden Körpers in $\hat{\mathbf{e}}_1$-Richtung eingeführt, die ebenfalls in Abb. 4.19 grafisch dargestellt
ist. Die Notation $\langle \cdots \rangle$ bezeichnet einen Mittelwert
über die möglichen $x_1$-Werte des Körpers.

Für den in Abbildung 4.20 separat dargestellten Spezialfall eines Körpers mit *rechteckigem*
Querschnitt mit der Grenzfläche $x_3 = 0$, sodass
$w(x_1) = $ konstant $\equiv w$ gilt, erhält man das einfache
Kriterium

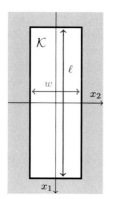

**Abb. 4.20** Körper $\mathcal{K}$ mit
rechteckigem Querschnitt

$$\boxed{V_\mathcal{F}\big|\mathbf{x}_\mathcal{K} - \mathbf{x}_\mathcal{F}\big| < \tfrac{1}{12}\ell w^3 \,.} \qquad (4.77b)$$

Die physikalische Interpretation der beiden Ergebnisse (4.77) ist, dass der Mas-
senschwerpunkt $\mathbf{x}_\mathcal{K}$ des Körpers *nicht allzu weit* über $\mathbf{x}_\mathcal{F}$ liegen darf, da die Lage

des Körpers sonst *instabil* wird. Alternativ kann man (4.77) auch so interpretieren, dass die *Breite* des Körpers an der Grenzfläche zwischen Flüssigkeit und Luft *hinreichend groß* sein sollte, damit die Gleichgewichtslage nicht instabil wird.

Um zwei praktische Beispiele zu nennen: Falls man als Freizeitaktivität *Stand-Up-Paddling* betreiben möchte („Stehpaddeln"), ist man gut beraten, ein Paddelbrett zu kaufen, das nicht zu kurz und vor allem nicht zu schmal ist. Auch das Gewicht und die Größe der paddelnden Person spielen selbstverständlich eine sehr wichtige Rolle. Ein zweites Beispiel ist der Bau von *Brücken* über Wasserstraßen, wobei oft große, schwere Bauteile mit Kränen, die auf Pontons stehen, angehoben werden. Anschließend werden diese Bauteile dann an den Kränen hängend auf den Pontons zur Baustelle transportiert. Bei diesem Vorgang sollte man allerdings sorgfältig darauf achten, dass die Massenschwerpunkte $\mathbf{x}_{\mathcal{K}}$ der Pontons samt Kränen und Bauteilen nicht zu hoch über den Massenschwerpunkten $\mathbf{x}_{\mathcal{F}}$ der verdrängten Flüssigkeit liegen, da sonst – wie die Praxis schon gezeigt hat – die Schwimmlage der Pontons *instabil* wird und die fürchterlichsten Unfälle passieren können.

Weitere Beispiele des Stabilitätskriteriums (4.77) und seine Beziehung zur *Symmetriebrechung* werden in den Übungsaufgaben 4.6 und 4.7 behandelt.

### 4.5.4   Spezialfall: schwimmende *homogene* Körper

Wir betrachten speziell Körper $\mathcal{K} = \{\mathbf{x} \,|\, x_1 \in [-\frac{1}{2}\ell, \frac{1}{2}\ell]\,, \mathbf{x}_{\perp} \in \mathcal{Q}\}$ mit einer *homogenen* Massendichte: $\rho_{\mathcal{K}}(\mathbf{x}) = \rho_{\mathcal{K}}$, die außerdem für $|x_1| \leq \frac{1}{2}\ell$ *translationsinvariant* in $\hat{\mathbf{e}}_1$-Richtung sind. Hierbei ist wie vorher $\mathbf{x}_{\perp} = x_2\hat{\mathbf{e}}_2 + x_3\hat{\mathbf{e}}_3$, und $\mathcal{Q}$ bezeichnet den senkrechten *Querschnitt* durch den Körper. Nach wie vor nehmen wir an, dass der Körper *spiegelsymmetrisch* bzgl. der $\hat{\mathbf{e}}_1$-$\hat{\mathbf{e}}_3$-Ebene ist. Da die Massendichte nun *homogen* ist, folgt für solche Körper aus der ersten Gleichgewichtsbedingung $M_{\mathcal{K}} = M_{\mathcal{F}}$ in (4.73): $\rho_{\mathcal{K}} V_{\mathcal{K}} = \rho_{\mathcal{F}} V_{\mathcal{F}}$ und daher $V_{\mathcal{F}}/V_{\mathcal{K}} = \rho_{\mathcal{K}}/\rho_{\mathcal{F}} \equiv \rho < 1$. Hierbei wurde die *relative* Dichte $\rho$ von Körper und Flüssigkeit definiert, die kleiner als eins sein muss, damit der Körper auf der Flüssigkeit schwimmt.

Es wird im Folgenden bequem sein, neben dem Volumen $V_{\mathcal{K}}$ des Körpers und dem Teilvolumen $V_{\mathcal{F}}$, das sich *unterhalb* der Grenzfläche zwischen Luft und Flüssigkeit befindet, auch das komplementäre Teilvolumen $V_{\mathcal{L}} = V_{\mathcal{K}} - V_{\mathcal{F}}$ einzuführen, das sich *oberhalb* dieser Grenzfläche in der Luft befindet. Aus $V_{\mathcal{F}}/V_{\mathcal{K}} = \rho$ folgt dann $V_{\mathcal{L}}/V_{\mathcal{K}} = 1 - \rho$. Die Schwerpunkte[25] des Körpers $\mathcal{K}$ und der beiden Teilvolumina sind durch

$$\mathbf{x}_{\mathcal{K}} = \frac{1}{V_{\mathcal{K}}}\int_{\mathcal{K}} d^3x\, \mathbf{x} \quad , \quad \mathbf{x}_{\mathcal{F}} = \frac{1}{V_{\mathcal{F}}}\int_{\mathcal{F}} d^3x\, \mathbf{x} \quad , \quad \mathbf{x}_{\mathcal{L}} = \frac{1}{V_{\mathcal{L}}}\int_{\mathcal{L}} d^3x\, \mathbf{x} \qquad (4.78\text{a})$$

gegeben. Hieraus folgt direkt eine lineare Beziehung zwischen diesen drei Schwerpunkten:

$$\mathbf{x}_{\mathcal{K}} = \frac{1}{V_{\mathcal{K}}}\int_{\mathcal{K}} d^3x\, \mathbf{x} = \frac{1}{V_{\mathcal{K}}}\big(V_{\mathcal{F}}\mathbf{x}_{\mathcal{F}} + V_{\mathcal{L}}\mathbf{x}_{\mathcal{L}}\big) = \rho\mathbf{x}_{\mathcal{F}} + (1-\rho)\mathbf{x}_{\mathcal{L}} \,. \qquad (4.78\text{b})$$

Der Schwerpunkt $\mathbf{x}_{\mathcal{K}}$ ist also als konvexe Kombination von $\mathbf{x}_{\mathcal{F}}$ und $\mathbf{x}_{\mathcal{L}}$ darstellbar, sodass $\mathbf{x}_{\mathcal{L}}$ geometrisch über $\mathbf{x}_{\mathcal{K}}$ und $\mathbf{x}_{\mathcal{F}}$ liegen muss:

$$\mathbf{x}_{\mathcal{K}} = \lambda_{\mathcal{K}}\hat{\mathbf{e}}_3 \quad , \quad \mathbf{x}_{\mathcal{F}} = \lambda_{\mathcal{F}}\hat{\mathbf{e}}_3 \quad , \quad \mathbf{x}_{\mathcal{L}} = \lambda_{\mathcal{L}}\hat{\mathbf{e}}_3 \quad , \quad \lambda_{\mathcal{K}} = \rho\lambda_{\mathcal{F}} + (1-\rho)\lambda_{\mathcal{L}} \,.$$

---

[25]Wegen der *Homogenität* des Körpers sind Massenschwerpunkte und Schwerpunkte identisch.

Die Lage der drei Schwerpunkte ist in Abbildung 4.21 dargestellt. Das Stabilitäts-kriterium für einen derartigen Körper ist durch (4.77) gegeben.

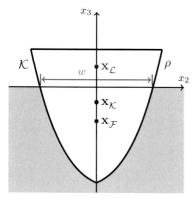

**Abb. 4.21** Querschnitt durch einen homogenen Körper $\mathcal{K}$ (Dichte $\rho$, $x_1 = 0$)

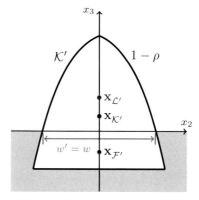

**Abb. 4.22** Querschnitt durch $\mathcal{K}'$ (homogen, Dichte $1 - \rho$, $x_1 = 0$)

Diese allgemeinen Überlegungen haben als interessante Konsequenz, dass wir eine *Symmetriebeziehung* zwischen identisch geformten Körpern $\mathcal{K}$ und $\mathcal{K}'$ mit den Dichten $\rho$ bzw. $1 - \rho$ erhalten! Wir nehmen an, dass der Körper $\mathcal{K}$, wie in Abbildung 4.21 skizziert, stabil in einer Gleichgewichtslage schwimmt, die spiegelsymmetrisch bzgl. der $\hat{\mathbf{e}}_1$-$\hat{\mathbf{e}}_3$-Ebene ist. Folglich ist das Stabilitätskriterium (4.77) erfüllt. Außer-dem betrachten wir den identisch geformten Körper $\mathcal{K}'$ mit der Dichte $1 - \rho$, dessen Lage durch Spiegelung an der $\hat{\mathbf{e}}_1$-$\hat{\mathbf{e}}_2$-Ebene[26] (also an der Grenzfläche zwischen Luft und Flüssigkeit) aus der Lage von $\mathcal{K}$ erhalten wird (siehe Abb. 4.22).

Für die Volumina gilt: $V_{\mathcal{K}'} = V_{\mathcal{K}}$, $V_{\mathcal{F}'} = V_{\mathcal{L}}$ und $V_{\mathcal{L}'} = V_{\mathcal{F}}$. Aus (4.78a) folgt daher $\mathbf{x}_{\mathcal{K}} = -\mathbf{x}_{\mathcal{K}'}$, $\mathbf{x}_{\mathcal{F}} = -\mathbf{x}_{\mathcal{L}'}$ und $\mathbf{x}_{\mathcal{L}} = -\mathbf{x}_{\mathcal{F}'}$, sodass die beiden Identitäten

$$\mathbf{x}_{\mathcal{K}} = \rho \mathbf{x}_{\mathcal{F}} + (1 - \rho) \mathbf{x}_{\mathcal{L}} \quad , \quad \mathbf{x}_{\mathcal{K}'} = (1 - \rho) \mathbf{x}_{\mathcal{F}'} + \rho \mathbf{x}_{\mathcal{L}'}$$

äquivalent sind. Wir erhalten weitere Identitäten $V_{\mathcal{F}'}/V_{\mathcal{K}'} = V_{\mathcal{L}}/V_{\mathcal{K}} = 1 - \rho$ und $V_{\mathcal{L}'}/V_{\mathcal{K}'} = \rho$. Hieraus folgt wieder: $M_{\mathcal{F}'}/M_{\mathcal{K}'} = \rho_{\mathcal{F}'} V_{\mathcal{F}'}/\rho_{\mathcal{K}'} V_{\mathcal{K}'} = \frac{1-\rho}{1-\rho} = 1$. Die Lage von $\mathcal{K}'$ ist daher ebenfalls eine Gleichgewichtslage, da die Gleichgewichtsbe-dingungen (4.73) erfüllt sind. Auch die Gleichgewichtslage von $\mathcal{K}'$ ist spiegelsym-metrisch bzgl. der $\hat{\mathbf{e}}_1$-$\hat{\mathbf{e}}_3$-Ebene.

Wir zeigen nun, dass diese Gleichgewichtslage von $\mathcal{K}'$ *stabil* ist. Für den Abstand zwischen den Schwerpunkten $\mathbf{x}_{\mathcal{K}'}$ und $\mathbf{x}_{\mathcal{F}'}$ gilt:

$$\left| \mathbf{x}_{\mathcal{K}'} - \mathbf{x}_{\mathcal{F}'} \right| = \left| -\mathbf{x}_{\mathcal{K}} + \mathbf{x}_{\mathcal{L}} \right| = \left| -\mathbf{x}_{\mathcal{K}} + \frac{1}{1-\rho} (\mathbf{x}_{\mathcal{K}} - \rho \mathbf{x}_{\mathcal{F}}) \right| = \frac{\rho}{1-\rho} \left| \mathbf{x}_{\mathcal{K}} - \mathbf{x}_{\mathcal{F}} \right| .$$

Aus dem Stabilitätskriterium (4.77) für $\mathcal{K}$ folgt daher:

$$\frac{1}{12} \ell (w')^3 = \frac{1}{12} \ell w^3 > V_{\mathcal{F}} \left| \mathbf{x}_{\mathcal{K}} - \mathbf{x}_{\mathcal{F}} \right| = \rho V_{\mathcal{K}} \frac{1-\rho}{\rho} \left| \mathbf{x}_{\mathcal{K}'} - \mathbf{x}_{\mathcal{F}'} \right|$$
$$= (1 - \rho) V_{\mathcal{K}'} \left| \mathbf{x}_{\mathcal{K}'} - \mathbf{x}_{\mathcal{F}'} \right| = V_{\mathcal{F}'} \left| \mathbf{x}_{\mathcal{K}'} - \mathbf{x}_{\mathcal{F}'} \right| , \tag{4.79}$$

sodass auch der Körper $\mathcal{K}'$ mit der Dichte $1 - \rho$ dann *stabil* schwimmt. Diese Sym-metriebeziehung ist sehr nützlich bei der Untersuchung von schwimmenden homo-genen Körpern mit einer relativ einfachen geometrischen Form, z. B. von solchen

---

[26]Alternativ kann man an der $\hat{\mathbf{e}}_1$-Achse spiegeln oder eine Punktspiegelung am Ursprung $\mathbf{0}$ durchführen; das Ergebnis ist für diese spezielle Anordnung immer das gleiche.

mit einem *polygonalen* (dreieckigen, quadratischen, ...) Querschnitt $\mathcal{Q}$. Konkrete Anwendungen werden in den Übungsaufgaben 4.6 und 4.7 behandelt.

Die Annahme, dass der Körper $\mathcal{K}$ *stabil* in einer Gleichgewichtslage schwimmt, ist in diesen Überlegungen allerdings wesentlich. Für den in Abb. 4.21 gezeichneten Körper $\mathcal{K}$ kann leicht gezeigt werden, dass dieser bei einer hinreichend *hohen* relativen Dichte $(1 - \rho \ll 1)$ stabil schwimmt. Folglich schwimmt $\mathcal{K}'$ in Abb. 4.22 stabil bei hinreichend *niedriger* Dichte $(\rho \ll 1)$. Für mittlere Dichten $(\rho \simeq \frac{1}{2})$ sind beide Schwimmlagen *instabil*. Stattdessen erhält man dann eine der beiden in den Abbildungen 4.23 und 4.24 skizzierten stabilen Schwimmlagen, die *nicht* spiegelsymmetrisch bzgl. der $\hat{\mathbf{e}}_1$-$\hat{\mathbf{e}}_3$-Ebene sind und insofern die vom physikalischen Problem vorgegebene Symmetrie *brechen*. Dieser Effekt der *Symmetriebrechung* wird in den Übungsaufgaben 4.6 und 4.7 ebenfalls im Detail behandelt.

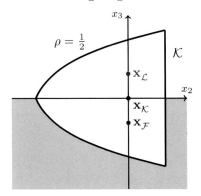  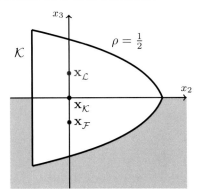

**Abb. 4.23** Querschnitt durch den um $+\frac{\pi}{2}$ um die $\hat{\mathbf{e}}_1$-Achse gedrehten homogenen Körper $\mathcal{K}$ (Dichte $\rho = \frac{1}{2}$)    **Abb. 4.24** Querschnitt durch den um $-\frac{\pi}{2}$ um die $\hat{\mathbf{e}}_1$-Achse gedrehten homogenen Körper $\mathcal{K}$ (Dichte $\rho = \frac{1}{2}$)

# 4.6  Übungsaufgaben

### Aufgabe 4.1 Anharmonische Oszillatoren

Die Schwingungsdauer eines harmonischen Oszillators (mit der Bewegungsgleichung $\ddot{z} = -\omega^2 z$) hängt bekanntlich nicht von der maximalen Auslenkung (oder alternativ: von der Energie $E$) des Oszillators ab. Betrachten Sie nun allgemein die Schwingungsdauer $T$ der Bewegung eines Teilchens der Masse $m$ im Potential $V(z)$. Zeigen Sie für die Schwingungsdauer $T$:

**(a)** $T \propto E^{\frac{1}{n} - \frac{1}{2}}$ für $V(z) = V_0 |z|^n$ mit $V_0 > 0$, $n > 0$ und $E > 0$.

**(b)** $T = \sqrt{2m}\frac{\pi}{a}|E|^{-\frac{1}{2}}$ für $V(z) = -V_0 \cosh^{-2}(az)$ mit $a > 0$ und $-V_0 < E < 0$.

### Aufgabe 4.2 Das konische Pendel

Das in Abb. 4.6 skizzierte sphärische Pendel befindet sich auf einer sehr speziellen Bahn mit konstantem Polarwinkel $\vartheta$ und konstanter azimutaler Geschwindigkeit $\dot{\varphi}$. Ein solches Pendel wird als *konisches Pendel* bezeichnet. Berechnen Sie die Umlaufzeit $T$ des konischen Pendels als Funktion der Gesamtenergie $E$, die durch Gleichung (4.30) gegeben ist. Die Umlaufzeit $T$ wird in diesem Fall durch die Dynamik der $\varphi$-Variablen definiert: $\varphi(t + T) = \varphi(t) + 2\pi$ für alle $t \in \mathbb{R}$.

## Aufgabe 4.3 Beziehung zwischen Schwingungsdauer und Potential

Falls man als Verallgemeinerung von Gleichung (4.53), die nur für ein *isochrones* Pendel gilt, ein symmetrisches, streng monoton als Funktion von $|S|$ ansteigendes Potential $V(S)$ ansetzt, ergibt sich $\frac{1}{2}m\dot{S}^2 + V(S) = E$ für die Energie und daher $m\ddot{S} = -V'(S)$ für die Bewegungsgleichung. Ohne Beschränkung der Allgemeinheit können wir $V(0) = 0$ annehmen. Wir zeigen in dieser Aufgabe, dass die Beziehung zwischen der Schwingungsdauer $T(E)$ als Funktion der Energie und dem Potential $V(S)$ als Funktion der Auslenkung *eindeutig* ist. Hieraus folgt, dass die Schwingung *nur* für ein Potential der Form $V(S) = \frac{1}{2}m\omega^2 S^2$ *isochron* ist.

(a) Leiten Sie aus der Bewegungsgleichung $m\ddot{S} = -V'(S)$ durch Multiplikation mit $\dot{S}$ und zweifache Integration ab, dass die Schwingungsdauer als Funktion der Energie allgemein gegeben ist durch:
$$T(E) = 2\sqrt{2m} \int_0^{S_{\max}} dS\, \frac{1}{\sqrt{E - V(S)}}\;.$$

(b) Transformieren Sie die Integrationsvariable in (a) gemäß $dS = S'(V)dV$, wobei $S(V)$ die Umkehrfunktion von $V(S)$ ist, und zeigen Sie:
$$\frac{T(E)}{2\sqrt{2m}} = \int_0^E dV\, \frac{S'(V)}{\sqrt{E - V}} = I[S'](E)\quad,\quad I[f'](y) \equiv \int_0^y dx\, \frac{f'(x)}{\sqrt{y - x}}\;.$$

(c) Zeigen Sie: $I^2[f'](z) \equiv I\big[I[f']\big](z) = \pi[f(z) - f(0)]$, und leiten Sie daraus ab:
$$2\pi\sqrt{2m}\,S(V) = \int_0^V dE\, \frac{T(E)}{\sqrt{V - E}}\;.$$

Folgern Sie, dass die Beziehung zwischen $T(E)$ und $V(S)$ *eindeutig* ist.

(d) Zeigen Sie speziell für den Fall $T(E) = \frac{2\pi}{\omega}$ mit $\omega = \sqrt{g/l}$, dass aus (c) folgt: $V(S) = \frac{1}{2}m\omega^2 S^2$.

## Aufgabe 4.4 Lorentz-Kraft mit konstanten Feldern

Wir zeigen nun, dass die Lorentz'sche Bewegungsgleichung $\ddot{\mathbf{x}} = \frac{q}{m}(\mathbf{E} + \dot{\mathbf{x}} \times \mathbf{B})$ mit orts- und zeit*un*abhängigen Feldern $\mathbf{E}$ und $\mathbf{B}$ auch mit Hilfe komplexer Zahlen lösbar ist. Wir wählen das Koordinatensystem so, dass $\hat{\mathbf{e}}_3 \equiv \mathbf{B}/B$ mit $B \equiv |\mathbf{B}|, \hat{\mathbf{e}}_2 \equiv \mathbf{B} \times \mathbf{E}/|\mathbf{B} \times \mathbf{E}|$ und $\hat{\mathbf{e}}_2 \times \hat{\mathbf{e}}_3 \equiv \hat{\mathbf{e}}_1$ gilt, und nehmen zunächst $\mathbf{B} \times \mathbf{E} \neq \mathbf{0}$ an. Wie aus Gleichung (4.66) bekannt, gilt nun die Bewegungsgleichung $\ddot{\mathbf{x}} = (\varepsilon_1 + \omega\dot{x}_2, -\omega\dot{x}_1, \varepsilon_3)^{\mathrm{T}}$ mit $\omega \equiv qB/m$ und $\varepsilon_j \equiv qE_j/m$ $(j = 1, 2, 3)$, und es folgt sofort $x_3(t) = x_3(0) + \dot{x}_3(0)t + \frac{1}{2}\varepsilon_3 t^2$. Wir definieren $\xi(t) \equiv x_1(t) + ix_2(t)$. Die Anfangswerte $x_1(0)$, $x_2(0)$, $\dot{x}_1(0)$ und $\dot{x}_2(0)$ seien vorgegeben.

(a) Zeigen Sie: $\ddot{\xi} = -i\omega\big(\dot{\xi} + i\frac{\varepsilon_1}{\omega}\big)$. Leiten Sie hieraus ab: $\xi(t) = \mu(t) + \rho\,e^{-i\omega t}$ mit
$$\mu(t) \equiv \xi(0) - \rho - i\frac{\varepsilon_1}{\omega}t\quad,\quad \rho \equiv \frac{i}{\omega}\big[\dot{\xi}(0) + i\frac{\varepsilon_1}{\omega}\big]\;.$$

Interpretieren Sie das Ergebnis für die Bahn $\xi(t)$ geometrisch.

(b) Berechnen Sie $\xi(t)$ im Limes $B \to 0$, wobei $\mathbf{E}$ festgehalten wird. Interpretieren Sie das Ergebnis geometrisch.

(c) Berechnen Sie $\xi(t)$ im Limes $\mathbf{E} \times \mathbf{B} \to \mathbf{0}$, wobei $E_3$ und $\mathbf{B}$ festgehalten werden. Interpretieren Sie das Ergebnis geometrisch.

**(d)** Betrachten Sie allgemein eine Bahn eines geladenen Teilchens vom Startpunkt $(\mathbf{x}_1, t_1)$ zum Endpunkt $(\mathbf{x}_2, t_2)$ im Lorentz-Kraftfeld $\mathbf{F}_{\mathrm{Lor}} = q(\mathbf{E} + \dot{\mathbf{x}} \times \mathbf{B})$ mit konstantem $\mathbf{E}$ und $\mathbf{B}$. Bestimmen Sie die vom Feld am Teilchen beim Durchlaufen der Bahn verrichtete Arbeit explizit als Funktion von $\delta\mathbf{x} \equiv \mathbf{x}_2 - \mathbf{x}_1$ und $\delta t \equiv t_2 - t_1$.

## Aufgabe 4.5 Geladenes Teilchen in der Falle

Betrachten Sie die Lorentz'sche Bewegungsgleichung $\ddot{\mathbf{x}} = \frac{q}{m}(\mathbf{E} + \dot{\mathbf{x}} \times \mathbf{B})$ mit einem konstanten (orts- und zeitunabhängigen) Magnetfeld $\mathbf{B} = B\hat{\mathbf{e}}_1$, einem zeitunabhängigen elektrischen Feld $\mathbf{E} = \varepsilon\mathbf{x}$ und den Definitionen $\frac{qB}{m} \equiv \omega$ und $\frac{q\varepsilon}{m} = -\alpha^2$. Wir nehmen an, dass $q\varepsilon < 0$ und daher $\alpha^2 > 0$ gilt, sodass $\mathbf{E}$ effektiv eine *harmonische Falle* definiert. Die Anfangswerte $\mathbf{x}(0)$ und $\dot{\mathbf{x}}(0)$ sind vorgegeben.

**(a)** Zeigen Sie, dass die Bewegungsgleichung durch $\ddot{\mathbf{x}} = -\alpha^2\mathbf{x} + \omega(0, \dot{x}_3, -\dot{x}_2)^{\mathrm{T}}$ gegeben ist, und bestimmen Sie $x_1(t)$ explizit für die vorgegebenen Anfangsbedingungen.

**(b)** Zeigen Sie, dass $\mathbf{y} \equiv (x_2, \dot{x}_2/\alpha, x_3, \dot{x}_3/\alpha)^{\mathrm{T}}$ eine Gleichung der Form $\dot{\mathbf{y}} = A\mathbf{y}$ erfüllt, wobei $A$ eine zeitunabhängige, reelle, antisymmetrische $4 \times 4$-Matrix ist. Warum ist $A$ diagonalisierbar? Bestimmen Sie die Eigenwerte von $A$ explizit. Zeigen Sie insbesondere, dass diese Eigenwerte die Form $\pm i\omega_+$ bzw. $\pm i\omega_-$ mit $\omega_\pm \in \mathbb{R}^+$ haben.

**(c)** Warum folgt aus **(b)**, dass $x_2(t)$ und $x_3(t)$ mit irgendwelchen reellen Konstanten $A_{2,3}$, $B_{2,3}$, $C_{2,3}$, $D_{2,3}$ die Form

$$x_2(t) = A_2\cos(\omega_+t) + B_2\sin(\omega_+t) + C_2\cos(\omega_-t) + D_2\sin(\omega_-t)$$
$$x_3(t) = A_3\cos(\omega_+t) + B_3\sin(\omega_+t) + C_3\cos(\omega_-t) + D_3\sin(\omega_-t)$$

haben müssen? Durch welche acht Gleichungen sind die acht Konstanten $A_{2,3}$, $B_{2,3}$, $C_{2,3}$, $D_{2,3}$ festgelegt? (Es reicht, wenn Sie diese Gleichungen *herleiten*, eine explizite Lösung ist nicht erforderlich.)

## Aufgabe 4.6 Schwimmende Körper mit dreieckigem Querschnitt   (PP)

Zur Illustration der allgemeinen Überlegungen in Abschnitt [4.5.4] betrachten wir einen schwimmenden *homogenen* Körper mit *gleichseitigem dreieckigem* Querschnitt (siehe Abbildung 4.25). Ein solcher Körper wird in der Geometrie als *reguläres dreieckiges Prisma* bezeichnet. Wie in Abschnitt [4.5.4] wählen wir das Koordinatensystem so, dass die Längsrichtung des Körpers in $\hat{\mathbf{e}}_1$-Richtung zeigt und die Beschleunigung $g$ der Schwerkraft in $(-\hat{\mathbf{e}}_3)$-Richtung. Wir wählen die Grenzfläche zwischen Luft und Flüssigkeit als $\hat{\mathbf{e}}_1$-$\hat{\mathbf{e}}_2$-Ebene. Die Länge $\ell$ des Körpers soll hinreichend groß im Vergleich zur Kantenlänge des dreieckigen Querschnitts sein, damit die Längsrichtung in der stabilen Schwimmlage tatsächlich parallel zur Grenzfläche ausgerichtet ist. Die Massendichte des Körpers ist $\rho_{\mathcal{K}}$, diejenige der Flüssigkeit $\rho_{\mathcal{F}}$; für das Verhältnis $\rho_{\mathcal{K}}/\rho_{\mathcal{F}} \equiv \rho$ gilt $0 < \rho < 1$.

Wir betrachten im Folgenden die verschiedenen möglichen Schwimmlagen. Aufgrund der Symmetrie des *Problems*, in dem die Schwerkraft in $(-\hat{\mathbf{e}}_3)$- und die Längsrichtung in $\hat{\mathbf{e}}_1$-Richtung zeigt, würde man eine stabile Schwimmlage erwarten, die symmetrisch unter Spiegelungen an der $\hat{\mathbf{e}}_1$-$\hat{\mathbf{e}}_3$-Ebene ist. Das Faszinierende an diesem Problem ist, dass die Symmetrie der *Lösung*, die von der Natur ausgewählt wird, im Dichteintervall $\frac{7}{16} < \rho < \frac{9}{16}$ hiervon abweicht. Insofern stellt die Schwimmlage des „dreieckigen Prismas" ein einfaches Beispiel für Symmetrie*brechung* dar.

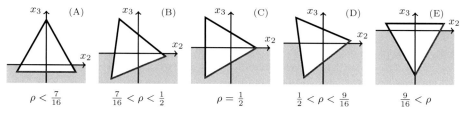

$$\rho < \frac{7}{16} \qquad \frac{7}{16} < \rho < \frac{1}{2} \qquad \rho = \frac{1}{2} \qquad \frac{1}{2} < \rho < \frac{9}{16} \qquad \frac{9}{16} < \rho$$

**Abb. 4.25** Schwimmende Körper mit dreieckigem Querschnitt und variabler Dichte $\rho$

**(a)** Zeigen Sie, dass die Schwimmlage (A) in Abb. 4.25 stabil ist im Dichteintervall $\rho \leq \frac{7}{16}$. Leiten Sie hieraus mit Hilfe einer Symmetrieüberlegung ab, dass die Schwimmlage (E) stabil ist im Dichteintervall $\rho \geq \frac{9}{16}$.

**(b)** Zeigen Sie, dass schräge Schwimmlagen der Form (B) in Abb. 4.25, mit *einer* Ecke über der Grenzfläche, stabil sind im Dichteintervall $\frac{7}{16} < \rho < \frac{1}{2}$.

**(c)** Leiten Sie aus **(b)** mit Hilfe einer Symmetrieüberlegung ab, dass schräge Schwimmlagen der Form (D), mit *zwei* Ecken über der Grenzfläche, stabil sind im Dichteintervall $\frac{1}{2} < \rho < \frac{9}{16}$.

Abb. 4.25 zeigt, dass sich der schwimmende Körper bei ständiger Erhöhung der relativen Dichte $\rho$ um den Winkel $\frac{\pi}{3}$ von der Schwimmlage (A) in die Schwimmlage (E) dreht. Diese Drehung kann in positivem oder (äquivalent) in negativem Sinne verlaufen. Definiert man den Winkel zwischen der $\hat{e}_2$-Achse in Abb. 4.25 und der *rot markierten* Kante, die in der Lage (A) waagerecht ausgerichtet ist, als $\varphi(\rho)$, so zeigt Abb. 4.25, dass $\varphi(\rho)$ im Dichteintervall $\frac{7}{16} \leq \rho \leq \frac{9}{16}$ von null auf $\frac{\pi}{3}$ ansteigt.

**(d)** Aus welchem einfachen physikalischen Grund ist das Auftreten dieser Drehung um $\frac{\pi}{3}$ intuitiv plausibel? Aufgrund von welchem einfachen Argument ist daher auch das Auftreten von *Symmetriebrechung* naheliegend?

**(e)** Berechnen Sie $\varphi(\rho)$ im Dichteintervall $\frac{7}{16} \leq \rho \leq \frac{9}{16}$ explizit und skizzieren Sie das Ergebnis. Zeigen Sie insbesondere für das Verhalten von $\varphi(\rho)$ in der Nähe der Ränder dieses Intervalls:

$$\varphi(\rho) \sim \frac{4}{\sqrt{3}}\sqrt{\rho - \frac{7}{16}} \quad \left(\rho \downarrow \frac{7}{16}\right) \quad , \quad \frac{\pi}{3} - \varphi(\rho) \sim \frac{4}{\sqrt{3}}\sqrt{\frac{9}{16} - \rho} \quad \left(\rho \uparrow \frac{9}{16}\right).$$

**Aufgabe 4.7 Schwimmende Körper mit quadratischem Querschnitt** (PP)

Wir betrachten das gleiche Problem wie in Aufgabe 4.6, nun allerdings für schwimmende Körper mit *quadratischem* (statt dreieckigem) Querschnitt. Derartige Körper heißen in der Geometrie *reguläre viereckige Prismen*. Bei einer Variation des Verhältnisses $\rho = \rho_{\mathcal{K}}/\rho_{\mathcal{F}}$ der Massendichten von Körper und Flüssigkeit (mit $0 < \rho < 1$) dreht sich auch nun das Prisma um seine $\hat{e}_1$-Achse, und auch nun tritt *Symmetriebrechung* auf. Die verschiedenen Phasen, die bei Änderung der relativen Dichte $\rho$ durchlaufen werden, und die entsprechenden Dichteintervalle sind in Abbildung 4.26 dargestellt. Die *blauen* Linien in Abb. 4.26 markieren die Höhe des Flüssigkeitsniveaus *außerhalb* des schwimmenden Körpers. Dementsprechend stellen die *hellblauen* Bereiche die verdrängte Flüssigkeit dar. Die untere Kante der Schwimmlage für $\rho \downarrow 0$ wurde *rot* eingezeichnet, um die Drehung des Körpers um bis zu $\frac{\pi}{2}$ bei Erhöhung der relativen Dichte $\rho$ hervorzuheben.

Zeigen Sie für dieses Problem, dass die in Abb. 4.26 dargestellten Schwimmlagen in der Tat in den angegebenen Dichteintervallen *stabil* sind. Verwenden Sie bei Bedarf geeignete Symmetrieüberlegungen. Berechnen Sie zusätzlich für $\rho \in (0, 1)$ den Winkel $\varphi(\rho)$, um den sich der schwimmende Körper im Vergleich zur Lage für $\rho \downarrow 0$ gedreht hat, d. h. den Winkel zwischen der *roten* und der *blauen* Linie. Wie verhält sich $\varphi(\rho)$ am Rand des Dichtebereichs, in dem Symmetriebrechung auftritt, d. h. für $\rho \downarrow \frac{1}{2} - \frac{1}{6}\sqrt{3}$ und $\rho \uparrow \frac{9}{32}$? Vergleichen Sie die Ergebnisse für reguläre drei- und viereckige Prismen; welche Gemeinsamkeiten und Unterschiede sehen Sie?

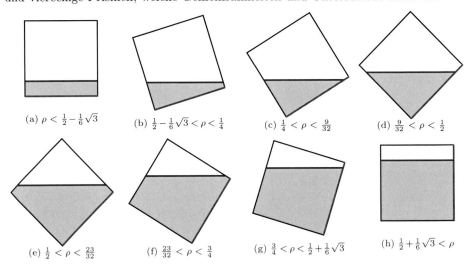

(a) $\rho < \frac{1}{2} - \frac{1}{6}\sqrt{3}$     (b) $\frac{1}{2} - \frac{1}{6}\sqrt{3} < \rho < \frac{1}{4}$     (c) $\frac{1}{4} < \rho < \frac{9}{32}$     (d) $\frac{9}{32} < \rho < \frac{1}{2}$

(e) $\frac{1}{2} < \rho < \frac{23}{32}$     (f) $\frac{23}{32} < \rho < \frac{3}{4}$     (g) $\frac{3}{4} < \rho < \frac{1}{2} + \frac{1}{6}\sqrt{3}$     (h) $\frac{1}{2} + \frac{1}{6}\sqrt{3} < \rho$

**Abb. 4.26** Schwimmlagen des regulären viereckigen Prismas als Funktion der Dichte $\rho$

# Kapitel 5

# Spezielle Relativitätstheorie

Die Newton'sche Mechanik, die wir bisher untersucht haben, gilt *nicht* uneingeschränkt. Sogar wenn man quantenmechanische Effekte außer Acht lässt und sich auf die Dynamik *klassischer Punktteilchen* beschränkt, ist die Newton'sche Beschreibung ungültig für Teilchen, deren Geschwindigkeiten von derselben Größenordnung sind wie die Lichtgeschwindigkeit *c*. Die Präzisierung der physikalischen Gesetze für Teilchen mit derart hohen Geschwindigkeiten wird als die *Relativitätstheorie* bezeichnet. Konzentriert man sich hierbei auf klassische Teilchen unter der Einwirkung *elektromagnetischer* Kräfte, spricht man von der *Speziellen Relativitätstheorie*,[1] nimmt man noch die *Gravitation* hinzu, spricht man von *Allgemeiner Relativitätstheorie*. Wir befassen uns im Folgenden ausschließlich mit *elektromagnetischen* Kräften und daher mit der *Speziellen Relativitätstheorie*.

Wir zeigen zuerst, in Abschnitt [5.1], warum man überhaupt eine Präzisierung der Newton'schen Mechanik für Teilchen unter der Einwirkung elektromagnetischer Kräfte benötigt. Hierzu erklären wir, warum die bisherige Theorie im Grenzfall hoher Geschwindigkeiten *inkonsistent* wird. Die Postulate der Speziellen Relativitätstheorie werden in Abschnitt [5.2] behandelt; interessant ist, dass sie dieselbe *Struktur* wie diejenigen der Newton'schen Mechanik haben. In Abschnitt [5.3] skizzieren wir erste Konsequenzen der Postulate: Die wichtigsten Unterschiede zur Newton'schen Mechanik sind sofort aus den Postulaten ersichtlich; man benötigt hierzu keine längeren Berechnungen. Zentral wichtig in der Speziellen Relativitätstheorie sind die Begriffe *Abstand* und *Eigenzeit*, die in Abschnitt [5.4] erklärt werden. Aufgrund dieser Begriffe kann man *Lorentz-Transformationen* einführen, unter denen die physikalischen Gesetze forminvariant sind; wir behandeln diese Transformationen in Abschnitt [5.5]. In Abschnitt [5.6] diskutieren wir weitere wichtige Konsequenzen der Lorentz-Kovarianz physikalischer Gesetze. Wir zeigen in Abschnitt [5.7], dass man die Gesetze der Speziellen Relativitätstheorie bequem mit Hilfe einer *4-Schreibweise* formulieren kann; es stellt sich dabei heraus, dass et-

---

[1] Allgemeiner beschreibt die Spezielle Relativitätstheorie Teilchen *ohne Gravitationswechselwirkung*. Sie ist daher relevant für Teilchen unter der Einwirkung *elektromagnetischer*, *schwacher* und *starker* Kräfte. Da die schwache und die starke Wechselwirkung im Rahmen der Klassischen Mechanik nicht erfasst werden können, konzentrieren wir uns im Folgenden auf die Beschreibung der *elektromagnetischen* Wechselwirkung. Das Ziel in diesem Kapitel ist also die relativistisch korrekte Beschreibung der Lorentz-Kraft.

© Springer-Verlag GmbH Deutschland, ein Teil von Springer Nature 2021
P. van Dongen, *Klassische Mechanik*,
https://doi.org/10.1007/978-3-662-63789-0_5

liche physikalische Größen als *4-Vektoren* formuliert werden können. Nach diesen
Vorarbeiten kann in Abschnitt [5.8] die berühmte Beziehung $E = mc^2$ zwischen
der Energie und der relativistischen Masse eines Teilchens hergeleitet werden. In
Abschnitt [5.9] erreichen wir das Hauptziel dieses Kapitels: Wir können die Lorentz-
Kraft, die auf ein Punktteilchen einwirkt, *relativistisch* korrekt beschreiben. Hiermit
ist schließlich klar, wie die Newton'sche Mechanik unter relativistischen Bedingungen zu präzisieren ist. In den beiden Abschnitten [5.10] und [5.11] zeigen wir dann
anhand einiger Beispiele, wie diese relativistische Form der Lorentz'schen Bewegungsgleichung konkret gelöst werden kann und inwiefern (genauer: wie drastisch)
sich die relativistischen Lösungen von den nicht-relativistischen unterscheiden.

## 5.1   Die Galilei-Kovarianz stößt an ihre Grenzen

Bei der Behandlung der Lorentz-Kraft in Abschnitt [4.4.1] konnten wir feststellen,
dass die Lorentz'sche Bewegungsgleichung kovariant ist unter Galilei-Transformationen, *falls* die elektrischen und magnetischen Felder gemäß Gleichung (4.61a)
mittransformiert werden. Das Problem ist aber, dass die elektrischen und magnetischen Felder bei Geschwindigkeitstransformationen mit Relativgeschwindigkeiten
$\mathbf{v}_\alpha$ im relativistischen Bereich *nicht* gemäß Gleichung (4.61a) mittransformiert werden. Dies bedeutet, dass die Newton'sche Mechanik in diesem Bereich ungültig ist
und präzisiert werden muss.

   Interessanterweise stoßen wir hiermit auf eine Inkonsistenz der *mechanischen*
Gesetze, die ihre Wurzeln *nicht* in der Mechanik selbst hat, sondern in der Beschreibung der *elektromagnetischen Felder*, an die die Punktteilchen der Mechanik
durch ihre Ladungen gekoppelt sind. Der Zweck dieses Abschnitts [5.1] ist daher zweierlei: Zuerst möchten wir in Unterabschnitt [5.1.1] zeigen, wie die Gesetze
der Elektrodynamik lauten und was ihre wichtigsten Konsequenzen sind. Danach
prüfen wir in Unterabschnitt [5.1.2], ob diese Gesetze Galilei-kovariant sind, und
zeigen, dass das *nicht* so ist. Das Ziel dieses Kapitels wird sein, diese Inkonsistenz zu reparieren. Wir werden aber feststellen, dass die Newton'schen Gesetze im
nicht-relativistischen Bereich ihre Gültigkeit beibehalten und dass das Gebäude der
Mechanik nach der „Reparatur" in noch besserer Verfassung ist als vorher.

### 5.1.1   Die Maxwell-Gleichungen und ihre Eigenschaften

Die *Elektrodynamik*, d. h. die Beschreibung der *Zeitabhängigkeit* elektromagnetischer Phänomene, wurde überwiegend von drei Forschern begründet: Hans Chris-
tian Ørsted entdeckte 1820, dass elektrische Ströme Magnetfelder hervorrufen. Mi-
chael Faraday zeigte daraufhin 1831, dass auch das Umgekehrte zutrifft: Zeitlich
veränderliche Magnetfelder induzieren Ströme in Stromkreisen. Schließlich fasste James Clerk Maxwell die bisherigen Einsichten 1864 in seinen vier „Maxwell-
Gleichungen" zusammen. Aufgrund seiner „Maxwell-Theorie" machte er zwei wichtige Vorhersagen, nämlich erstens, dass auch *zeitlich veränderliche elektrische Felder Magnetfelder erzeugen*, und zweitens, dass *elektromagnetische Wellen* existieren. Die letzte Vorhersage wurde 1887 von Heinrich Hertz experimentell verifiziert.

   Die vier Maxwell-Gleichungen bestimmen die Zeitentwicklung der elektrischen
bzw. magnetischen Felder $\mathbf{E}(\mathbf{x}, t)$ und $\mathbf{B}(\mathbf{x}, t)$ für vorgegebene Ladungs- bzw. Strom-

dichten $\rho_q(\mathbf{x}, t)$ und $\mathbf{j}_q(\mathbf{x}, t)$. Sie stellen eine Verbindung her zwischen den Ladungs- und Stromdichten einerseits und andererseits den Orts- und Zeitableitungen der Felder $\mathbf{E}$ und $\mathbf{B}$. Die Maxwell-Gleichungen lauten [mit $\mu_0 \equiv 1/(c^2 \varepsilon_0)$]:

$$
\begin{array}{ll}
\text{I. } \boldsymbol{\nabla} \cdot \mathbf{E} = \dfrac{1}{\varepsilon_0} \rho_q & \text{III. } \boldsymbol{\nabla} \times \mathbf{E} + \dfrac{\partial \mathbf{B}}{\partial t} = \mathbf{0} \\[2ex]
\text{II. } \boldsymbol{\nabla} \cdot \mathbf{B} = 0 & \text{IV. } \boldsymbol{\nabla} \times \mathbf{B} - \varepsilon_0 \mu_0 \dfrac{\partial \mathbf{E}}{\partial t} = \mu_0 \mathbf{j}_q \, .
\end{array}
\tag{5.1}
$$

Diese *Maxwell-Theorie* ist eine *fundamentale, mikroskopische, klassische* Theorie. Dies bedeutet insbesondere, dass in der Maxwell-Theorie (wie auch in der Mechanik) angenommen wird, dass die *Materie* aus klassischen *Punktteilchen* aufgebaut ist. In den Maxwell-Gleichungen wird die Materie durch die Ladungs- und Stromdichten beschrieben. Die *Ladungsdichte* $\rho_q$ für Punktteilchen ist uns bereits aus Gleichung (2.21) bekannt; die entsprechende *Stromdichte* $\mathbf{j}_q$ hat eine analoge Form, wobei nun für jedes Punktteilchen auch die *Geschwindigkeit* berücksichtigt wird:

$$
\begin{aligned}
\rho_q(\mathbf{x}, t) &= \sum_\nu q_\nu \, \delta(\mathbf{x} - \mathbf{x}_\nu(t)) \\
\mathbf{j}_q(\mathbf{x}, t) &= \sum_\nu q_\nu \dot{\mathbf{x}}_\nu(t) \, \delta(\mathbf{x} - \mathbf{x}_\nu(t)) \, .
\end{aligned}
\tag{5.2}
$$

Hierbei bezeichnet $\nu$ die verschiedenen Punktteilchen und stellen $q_\nu$ bzw. $\mathbf{x}_\nu(t)$ die Ladung und die Bahn des $\nu$-ten Punktteilchens dar. Die *Anzahl* der Punktteilchen kann beliebig groß sein, ist jedoch natürlich *endlich*. Die Dirac'sche Deltafunktion $\delta(\mathbf{x})$ wurde in Gleichung (2.2) definiert; sie beschreibt sehr stark lokalisierte Teilchen und hat die fundamentale Eigenschaft $\int d^3 x' \, f(\mathbf{x}') \, \delta(\mathbf{x}' - \mathbf{x}) = f(\mathbf{x})$.

Die vier Maxwell-Gleichungen (5.1) werden auch als die Maxwell-Theorie „im Vakuum" bezeichnet. Diese Bezeichnung ist aufgrund der Ladungs- und Stromdichten für Punktteilchen in (5.2) gut verständlich: Der Zusatz „im Vakuum" deutet an, dass die Maxwell-Gleichungen (5.1) die Zeitentwicklung der elektromagnetischen Felder *im Vakuum* zwischen den klassischen Punktteilchen beschreiben (und nicht z. B. in irgendeinem kontinuierlichen Medium).

### Ladungserhaltung

Eine grundlegende Eigenschaft der Maxwell-Gleichungen (5.1) ist, dass sie mit der *Ladungserhaltung* der Materie verträglich sind. Ladungserhaltung ist experimentell getestet und gilt als eins der fundamentalen Naturgesetze. Das Gesetz der Ladungserhaltung wird kompakt durch die folgende Beziehung zwischen der Ladungs- und der Stromdichte ausgedrückt:

$$
\frac{\partial \rho_q}{\partial t} + \boldsymbol{\nabla} \cdot \mathbf{j}_q = 0 \, .
\tag{5.3}
$$

Eine Gleichung der Form (5.3) wird als *Kontinuitätsgleichung* bezeichnet. Dass aus ihr tatsächlich die Erhaltung der Gesamtladung $Q(t) \equiv \int_{\mathbb{R}^3} d^3 x \, \rho_q(\mathbf{x}, t)$ im ganzen

Raum folgt, sieht man mit Hilfe des Gauß'schen Satzes[2] wie folgt ein:

$$\frac{dQ}{dt} = \frac{d}{dt} \int_{\mathbb{R}^3} d^3x \, \rho_q(\mathbf{x}, t) = \int_{\mathbb{R}^3} d^3x \, \frac{\partial \rho_q}{\partial t}(\mathbf{x}, t) = - \int_{\mathbb{R}^3} d^3x \, \boldsymbol{\nabla} \cdot \mathbf{j}_q(\mathbf{x}, t)$$

$$= - \int_{\partial \mathbb{R}^3} d\mathbf{S} \cdot \mathbf{j}_q(\mathbf{x}, t) = 0 \quad , \quad Q(t) = \text{konstant} = Q(0) \, .$$

Im dritten Schritt wurde die Kontinuitätsgleichung (5.3) verwendet und im vierten der Gauß'sche Satz, mit dessen Hilfe das Integral über den gesamten Ortsraum $\mathbb{R}^3$ in ein Integral über den Rand $\partial \mathbb{R}^3$ des Ortsraums umgewandelt werden konnte. Der letzte Schritt folgt dann daraus, dass der Rand $\partial \mathbb{R}^3$ des Ortsraums *im Unendlichen* liegt und die Stromdichte $\mathbf{j}_q(\mathbf{x}, t)$ dort überall rigoros null ist.

*Dass* die Maxwell-Gleichungen (5.1) tatsächlich mit der Ladungserhaltung der Materie verträglich sind, sieht man durch Einsetzen der *inhomogenen* Maxwell-Gleichungen I und IV in (5.3):

$$\frac{\partial \rho_q}{\partial t} + \boldsymbol{\nabla} \cdot \mathbf{j}_q = \frac{\partial}{\partial t} \left( \varepsilon_0 \boldsymbol{\nabla} \cdot \mathbf{E} \right) + \frac{1}{\mu_0} \boldsymbol{\nabla} \cdot \left( \boldsymbol{\nabla} \times \mathbf{B} - \varepsilon_0 \mu_0 \frac{\partial \mathbf{E}}{\partial t} \right)$$

$$= \varepsilon_0 \frac{\partial}{\partial t} \boldsymbol{\nabla} \cdot \mathbf{E} - \varepsilon_0 \boldsymbol{\nabla} \cdot \frac{\partial \mathbf{E}}{\partial t} = 0 \, .$$

Im zweiten Schritt wurde die Identität $\boldsymbol{\nabla} \cdot (\boldsymbol{\nabla} \times \mathbf{B}) = 0$ und im dritten die Vertauschbarkeit von Ableitungen verwendet. Auch die Definitionen (5.2) der Ladungs- und Stromdichten sind mit der Ladungserhaltung in der Form (5.3) verträglich, denn es gilt aufgrund der Kettenregel:

$$\frac{\partial \rho_q}{\partial t} = \frac{\partial}{\partial t} \sum_\nu q_\nu \, \delta(\mathbf{x} - \mathbf{x}_\nu(t)) = - \sum_\nu q_\nu \dot{\mathbf{x}}_\nu(t) \cdot \boldsymbol{\nabla} \delta(\mathbf{x} - \mathbf{x}_\nu(t))$$

$$= - \boldsymbol{\nabla} \cdot \sum_\nu q_\nu \dot{\mathbf{x}}_\nu(t) \, \delta(\mathbf{x} - \mathbf{x}_\nu(t)) = - \boldsymbol{\nabla} \cdot \mathbf{j}_q \, .$$

Hierbei sollte man beachten, dass der $\boldsymbol{\nabla}$-Operator nur auf die $\mathbf{x}$-Abhängigkeit von Funktionen einwirkt[3] und nicht z. B. auf die rein zeitabhängige Bahn $\mathbf{x}_\nu(t)$ oder ihre Geschwindigkeit $\dot{\mathbf{x}}_\nu(t)$.

**Elektromagnetische Wellen**

Eine der sehr wichtigen Vorhersagen der Maxwell-Theorie ist die Existenz *elektromagnetischer Wellen*, ein Phänomen, das 1887 tatsächlich von Heinrich Hertz nachgewiesen werden konnte. Aus den Maxwell-Gleichungen (5.1) folgt mit Hilfe der allgemeinen Vektoridentität[4]

$$\boldsymbol{\nabla} \times (\boldsymbol{\nabla} \times \mathbf{a}) = \boldsymbol{\nabla} (\boldsymbol{\nabla} \cdot \mathbf{a}) - \Delta \mathbf{a} \tag{5.4}$$

---

[2]Siehe z. B. Kapitel 9 von Ref. [10] für eine ausführliche Diskussion des Gauß'schen Satzes. Bei Anwendung des Gauß'schen Satzes auf den ganzen Ortsraum $\mathbb{R}^3$, wie hier, macht man eigentlich zwei Schritte in einem: Man wendet den Gauß'schen Satz zuerst auf ein *endliches* kugelförmiges Gebiet mit Radius $R$ an und nimmt anschließend den Limes $R \to \infty$.

[3]Die Wirkung des $\boldsymbol{\nabla}$-Operators auf die Deltafunktion in Integralen ist ähnlich definiert wie diejenige auf normale Funktionen: $\int d^3x \, f(\mathbf{x}) \boldsymbol{\nabla} \delta(\mathbf{x} - \mathbf{x}_\nu(t)) = - \int d^3x \, \delta(\mathbf{x} - \mathbf{x}_\nu(t)) (\boldsymbol{\nabla} f)(\mathbf{x})$.

[4]Siehe für die „doppelte Rotation" in der Vektoranalysis z. B. Formel (5.31) in Ref. [10].

nämlich die folgende inhomogene *Wellengleichung* für das Magnetfeld:

$$\frac{1}{c^2}\frac{\partial^2 \mathbf{B}}{\partial t^2} = -\varepsilon_0\mu_0 \boldsymbol{\nabla} \times \frac{\partial \mathbf{E}}{\partial t} = \boldsymbol{\nabla} \times (\mu_0\mathbf{j}_\mathrm{q} - \boldsymbol{\nabla} \times \mathbf{B}) = \mu_0 \boldsymbol{\nabla} \times \mathbf{j}_\mathrm{q} + \Delta\mathbf{B}\ .$$

Mit Hilfe des *d'Alembert-Operators* $\Box \equiv \frac{1}{c^2}\frac{\partial^2}{\partial t^2} - \Delta$ kann diese Wellengleichung auch kompakt als

$$\boxed{\Box\,\mathbf{B} = \mu_0 \boldsymbol{\nabla} \times \mathbf{j}_\mathrm{q}\ .}\tag{5.5}$$

dargestellt werden. Analog folgt für das elektrische Feld:

$$\frac{1}{c^2}\frac{\partial^2 \mathbf{E}}{\partial t^2} = \frac{\partial}{\partial t}\left(\boldsymbol{\nabla} \times \mathbf{B} - \mu_0\mathbf{j}_\mathrm{q}\right) = -\boldsymbol{\nabla} \times (\boldsymbol{\nabla} \times \mathbf{E}) - \mu_0\frac{\partial \mathbf{j}_\mathrm{q}}{\partial t}$$

$$= \Delta\mathbf{E} - \boldsymbol{\nabla}\left(\boldsymbol{\nabla} \cdot \mathbf{E}\right) - \mu_0\frac{\partial \mathbf{j}_\mathrm{q}}{\partial t}$$

und daher kompakt mit Hilfe des d'Alembert-Operators:

$$\boxed{\Box\,\mathbf{E} = -\frac{1}{\varepsilon_0}\left(\boldsymbol{\nabla}\rho_\mathrm{q} + \frac{1}{c^2}\frac{\partial \mathbf{j}_\mathrm{q}}{\partial t}\right)\ .}\tag{5.6}$$

Die Gleichungen (5.5) und (5.6) zeigen, dass sowohl das **E**- als auch das **B**-Feld partielle Differentialgleichungen mit sehr ähnlicher Struktur erfüllen, die die Ausbreitung *elektromagnetischer Wellen* beschreiben[5] und entsprechend als *inhomogene Wellengleichungen* bezeichnet werden. Die *Inhomogenitäten* auf der rechten Seite von (5.5) und (5.6) bedeuten physikalisch, dass die elektromagnetischen Wellen von den *Ladungen* und *Strömen* hervorgerufen werden, die somit als *Quellen* des elektromagnetischen Feldes wirken.

**Elektromagnetische Potentiale**

Eine weitere wichtige Eigenschaft der Maxwell-Gleichungen (5.1) ist, dass die Felder **E** und **B** mit Hilfe von elektromagnetischen *Potentialen* $\Phi$ und **A** darstellbar sind. Aus den beiden *homogenen* Maxwell-Gleichungen II und III folgt nämlich:

$$\boxed{\mathbf{E} = -\boldsymbol{\nabla}\Phi - \frac{\partial \mathbf{A}}{\partial t}\quad,\quad \mathbf{B} = \boldsymbol{\nabla} \times \mathbf{A}\ .}\tag{5.7}$$

Dies ist ein äußerst nützliches Ergebnis: Aufgrund der beiden homogenen Maxwell-Gleichungen kann die Zahl der zu untersuchenden Feldkomponenten also von *sechs* (für **E** und **B**) auf *vier* (für $\Phi$ und **A**) reduziert werden. Außerdem kann man aus den Gleichungen (5.5) und (5.6) weitere inhomogene Wellengleichungen für die Potentiale $\Phi$ und **A** herleiten [siehe später: (5.78) und (5.80)], die sich als sehr wichtig für die Weiterentwicklung der Relativitätstheorie erweisen werden.

---

[5]Dass derartige Gleichungen *wellenartige* Lösungen erlauben, sieht man bereits an der einfacheren Gleichung $\Box\,\mathbf{E} = 0$ mit $\Box = \frac{1}{c^2}\frac{\partial^2}{\partial t^2} - \Delta$, die Lösungen vom Typ $e^{i(\mathbf{k}\cdot\mathbf{x} - \omega t)}$ mit Wellenvektor **k**, Wellenzahl $|\mathbf{k}|$ und Frequenz $\omega = c|\mathbf{k}|$ hat.

Wir zeigen nun die Gültigkeit von Gleichung (5.7). Die Maxwell-Gleichung II
in (5.1), $\boldsymbol{\nabla} \cdot \mathbf{B} = 0$, impliziert unter der (in der Elektrodynamik immer[6] erfüllten)
Annahme, dass $\mathbf{B}(\mathbf{x}, t) \to \mathbf{0}$ für $|\mathbf{x}| \to \infty$ gilt:

$$\mathbf{B} = \boldsymbol{\nabla} \times \int d\mathbf{x}' \, \frac{(\boldsymbol{\nabla} \times \mathbf{B})(\mathbf{x}', t)}{4\pi \, |\mathbf{x} - \mathbf{x}'|} \, . \tag{5.8}$$

Daher ist $\mathbf{B}$ tatsächlich in der Form $\boldsymbol{\nabla} \times \mathbf{A}$ darstellbar. Umgekehrt impliziert
$\mathbf{B} = \boldsymbol{\nabla} \times \mathbf{A}$ natürlich $\boldsymbol{\nabla} \cdot \mathbf{B} = 0$. Daraus können wir die Äquivalenz der beiden
Gleichungen folgern. Durch Einsetzen von $\mathbf{B} = \boldsymbol{\nabla} \times \mathbf{A}$ in die Maxwell-Gleichung
III ergibt sich:

$$\boldsymbol{\nabla} \times \left( \mathbf{E} + \frac{\partial \mathbf{A}}{\partial t} \right) = \mathbf{0} \, ,$$

sodass für $\mathbf{e} \equiv \mathbf{E} + \frac{\partial \mathbf{A}}{\partial t}$ die Gleichung $\boldsymbol{\nabla} \times \mathbf{e} = \mathbf{0}$ gilt. Nun impliziert $\boldsymbol{\nabla} \times \mathbf{e} = \mathbf{0}$
unter der (immer erfüllten) Bedingung, dass $\mathbf{e}(\mathbf{x}, t) \to \mathbf{0}$ für $|\mathbf{x}| \to \infty$ gilt:

$$\mathbf{e} = -\boldsymbol{\nabla} \int d\mathbf{x}' \, \frac{(\boldsymbol{\nabla} \cdot \mathbf{e})(\mathbf{x}', t)}{4\pi \, |\mathbf{x} - \mathbf{x}'|} \, , \tag{5.9}$$

also ist $\mathbf{e}$ in der Form $-\boldsymbol{\nabla}\Phi$ darstellbar; umgekehrt folgt aus $\mathbf{e} = -\boldsymbol{\nabla}\Phi$ direkt
$\boldsymbol{\nabla} \times \mathbf{e} = \mathbf{0}$. Daher sind auch diese beiden Gleichungen äquivalent. Hiermit ist die
*Existenz* der Potentiale $\Phi$ und $\mathbf{A}$ in (5.7) nachgewiesen. Die Gleichungen (5.8) und
(5.9) können mit Hilfe der Identität $\Delta \left( -\frac{1}{4\pi x} \right) = \delta(\mathbf{x})$ aus Anhang A bewiesen
werden (siehe Aufgabe 5.1 oder ergänzend die Seiten 516 – 519 in Ref. [10]).

Das Vektorpotential $\mathbf{A}$ und das skalare Potential $\Phi$ in (5.7) sind übrigens *nicht
eindeutig* durch die Felder $\mathbf{E}$ und $\mathbf{B}$ bestimmt. Aus $\mathbf{B} = \boldsymbol{\nabla} \times \mathbf{A}$ ist klar, dass man
zu $\mathbf{A}$ einen beliebigen *Gradienten* addieren kann, ohne das $\mathbf{B}$-Feld zu ändern; damit
auch das $\mathbf{E}$-Feld invariant bleibt, muss dann zu $\Phi$ eine entsprechende *Zeitableitung*
addiert werden. Die Potentiale

$$\boxed{\tilde{\mathbf{A}} = \mathbf{A} - \frac{1}{c}\boldsymbol{\nabla}\Lambda \, , \quad \tilde{\Phi} = \Phi + \frac{1}{c}\frac{\partial \Lambda}{\partial t}} \tag{5.10}$$

beschreiben also *dieselben* physikalischen Felder $\mathbf{E}$ und $\mathbf{B}$ wie die Potentiale $(\mathbf{A}, \Phi)$.

Die Invarianz der Maxwell-Theorie unter solchen sogenannten *Eichtransformationen* der Form (5.10) ist eng mit dem Gesetz der *Ladungserhaltung* verknüpft. In
konkreten Berechnungen ist es oft vorteilhaft, die Potentiale $(\mathbf{A}, \Phi)$ durch weitere
Bedingungen („Eichungen") einzuschränken. Grundsätzlich kann man nur *eine* solche Zusatzbedingung fordern, da nur *eine einzige* Funktion $\Lambda(\mathbf{x}, t)$ für Eichtransformationen zur Verfügung steht. In dieser Weise wird die Zahl der zu untersuchenden
unabhängigen Feldkomponenten also weiter von *vier* (ohne Eichung) auf *drei* (mit
einer Eichung) reduziert.

Wir nennen zwei Beispiele für mögliche Eichungen: In nicht-relativistischen Anwendungen wird häufig die *Coulomb*-Eichung

$$\boldsymbol{\nabla} \cdot \mathbf{A} = 0 \tag{5.11}$$

---

[6]Dies folgt aus der Endlichkeit der Lichtgeschwindigkeit: Falls man zur Zeit $t = t_0$ ein Experiment startet, das in einem *endlichen* Raumbereich lokalisiert ist und elektromagnetische Signale
(Wellen) produziert, können diese niemals in endlicher Zeit das Unendliche erreichen, sodass die
vom Experiment erzeugten $(\mathbf{E}, \mathbf{B})$-Felder für hinreichend große $|\mathbf{x}|$-Werte rigoros null sind.

verwendet. In einem relativistischen Kontext, also insbesondere auch in diesem Kapitel, ist die *Lorenz*-Eichung

$$\frac{1}{c^2}\partial_t\Phi + \boldsymbol{\nabla}\cdot\mathbf{A} = 0 \tag{5.12}$$

in der Regel zweckmäßiger.[7] Die Darstellung der Felder $\mathbf{E}$ und $\mathbf{B}$ mit Hilfe der elektromagnetischen Potentiale $(\mathbf{A},\Phi)$ wird im Laufe dieses Kapitels (und auch in späteren Kapiteln) sehr wichtig werden.

## 5.1.2  Sind die Maxwell-Gleichungen Galilei-kovariant?

Bei der Behandlung der Lorentz-Kraft in Abschnitt [4.4.1] stellten wir fest, dass die nicht-relativistische Lorentz'sche Bewegungsgleichung kovariant ist unter allgemeinen Galilei-Transformationen zwischen Inertialsystemen $K$ und $K'$ der Form

$$\mathbf{x}' = \sigma R(\boldsymbol{\alpha})^{-1}(\mathbf{x} - \mathbf{v}_\alpha t - \boldsymbol{\xi}_\alpha) \quad , \quad t' = t - \tau \,,$$

*falls* die elektrischen und magnetischen Felder gemäß

$$\begin{aligned}
\mathbf{E}'(\mathbf{x}',t') &= \sigma R(\boldsymbol{\alpha})^{-1}\left[\mathbf{E}(\mathbf{x},t) + \mathbf{v}_\alpha\times\mathbf{B}(\mathbf{x},t)\right]\\
\mathbf{B}'(\mathbf{x}',t') &= R(\boldsymbol{\alpha})^{-1}\mathbf{B}(\mathbf{x},t)
\end{aligned} \tag{5.13}$$

mittransformiert werden. Hier untersuchen wir, ob die Maxwell-Gleichungen tatsächlich mit diesem Transformationsverhalten verträglich sind und zeigen, wie bereits in der Einführung zum Abschnitt [5.1] angekündigt, dass dies *nicht* zutrifft. Diese Inkompatibilität von Elektrodynamik und Galilei-Kovarianz wird uns dann dazu motivieren, auch die Postulate der *Mechanik* zu revidieren.

**Galilei-Kovarianz der homogenen Maxwell-Gleichungen?**

Wir betrachten zuerst die beiden *homogenen* Maxwell-Gleichungen $\boldsymbol{\nabla}\cdot\mathbf{B} = 0$ und $\boldsymbol{\nabla}\times\mathbf{E} + \frac{\partial\mathbf{B}}{\partial t} = \mathbf{0}$. Der Nabla-Operator $\boldsymbol{\nabla}$ wird bei einer Galilei-Transformation $\mathbf{x} = \sigma R(\boldsymbol{\alpha})\mathbf{x}' + \mathbf{v}_\alpha(t'+\tau) + \boldsymbol{\xi}_\alpha$ aufgrund der Kettenregel wie folgt transformiert:

$$\frac{\partial}{\partial x_i'} = \frac{\partial x_j}{\partial x_i'}\frac{\partial}{\partial x_j} = \sigma\left[R(\boldsymbol{\alpha})\right]_{ji}\frac{\partial}{\partial x_j} = \sigma\left[R(\boldsymbol{\alpha})^{-1}\right]_{ij}\frac{\partial}{\partial x_j} \,,$$

d.h. in Vektornotation:

$$\boldsymbol{\nabla}' = \sigma R(\boldsymbol{\alpha})^{-1}\boldsymbol{\nabla} \,.$$

Dies bedeutet, dass der Nabla-Operator $\boldsymbol{\nabla}$ unter Drehungen und Raumspiegelungen wie ein *echter Vektor* transformiert wird. Außerdem gilt aufgrund des Transformationsgesetzes $t = t' + \tau$ der Zeitvariablen bzw. aufgrund der Kettenregel:

$$\frac{\partial}{\partial t'} = \frac{\partial t}{\partial t'}\frac{\partial}{\partial t} + \frac{\partial x_j}{\partial t'}\frac{\partial}{\partial x_j} = \frac{\partial}{\partial t} + v_{\alpha j}\frac{\partial}{\partial x_j} = \frac{\partial}{\partial t} + \mathbf{v}_\alpha\cdot\boldsymbol{\nabla}\,.$$

---

[7]Die Lorenz-Eichung ist nach dem dänischer Physiker Ludvig Valentin Lorenz (1829–1891) benannt. Der Vorteil der *Lorenz-Eichung* in der Relativitätstheorie ist ihre *Lorentz-Kovarianz*.

Aufgrund der Transformationsgesetze für $\boldsymbol{\nabla}$ und $\mathbf{B}$ kann $\boldsymbol{\nabla}\cdot\mathbf{B}$ im Inertialsystem $K'$ berechnet werden:

$$\boldsymbol{\nabla}'\cdot\mathbf{B}' = \left[\sigma R(\boldsymbol{\alpha})^{-1}\boldsymbol{\nabla}\right]\cdot\left[R(\boldsymbol{\alpha})^{-1}\mathbf{B}\right] = \sigma\boldsymbol{\nabla}\cdot\mathbf{B} = 0\,.$$

Wir stellen fest, dass die Maxwell-Gleichung II in (5.1) an sich also durchaus form-invariant unter Galilei-Transformationen ist. Analog kann die Forminvarianz der Maxwell-Gleichung III in (5.1) getestet werden. Wir stellen fest, dass diese *ebenfalls* forminvariant unter Galilei-Transformationen ist:

$$\boldsymbol{\nabla}'\times\mathbf{E}' + \frac{\partial\mathbf{B}'}{\partial t'} = \left[\sigma R(\boldsymbol{\alpha})^{-1}\boldsymbol{\nabla}\right]\times\left\{\sigma R(\boldsymbol{\alpha})^{-1}\left[\mathbf{E}(\mathbf{x},t)+\mathbf{v}_\alpha\times\mathbf{B}(\mathbf{x},t)\right]\right\} + R(\boldsymbol{\alpha})^{-1}\frac{\partial\mathbf{B}}{\partial t'}$$

$$= R(\boldsymbol{\alpha})^{-1}\left\{\boldsymbol{\nabla}\times\left[\mathbf{E}(\mathbf{x},t)+\mathbf{v}_\alpha\times\mathbf{B}(\mathbf{x},t)\right] + \frac{\partial\mathbf{B}}{\partial t} + (\mathbf{v}_\alpha\cdot\boldsymbol{\nabla})\mathbf{B}\right\}$$

$$= R(\boldsymbol{\alpha})^{-1}\left[\boldsymbol{\nabla}\times\mathbf{E} + \frac{\partial\mathbf{B}}{\partial t}\right] = R(\boldsymbol{\alpha})^{-1}\mathbf{0} = \mathbf{0}\,.$$

Im ersten Schritt wurden lediglich die Transformationsgesetze für $\boldsymbol{\nabla}$, $\mathbf{E}$ und $\mathbf{B}$ eingesetzt. Im zweiten Schritt wurde $\sigma^2 = 1$ und das Transformationsgesetze für $\frac{\partial}{\partial t}$ sowie die aus Übungsaufgabe 2.3 (b) bekannte Identität $\left[R(\boldsymbol{\alpha})^{-1}\mathbf{a}\right]\times\left[R(\boldsymbol{\alpha})^{-1}\mathbf{b}\right] = R(\boldsymbol{\alpha})^{-1}(\mathbf{a}\times\mathbf{b})$ verwendet; auch wurde $R(\boldsymbol{\alpha})^{-1}$ ausgeklammert. Im dritten Schritt wurde die Beziehung

$$\boldsymbol{\nabla}\times(\mathbf{v}_\alpha\times\mathbf{B}) = (\boldsymbol{\nabla}\cdot\mathbf{B})\,\mathbf{v}_\alpha - (\mathbf{v}_\alpha\cdot\boldsymbol{\nabla})\,\mathbf{B} = -(\mathbf{v}_\alpha\cdot\boldsymbol{\nabla})\,\mathbf{B}$$

eingesetzt, die dazu führt, dass sich die $\mathbf{v}_\alpha$-Terme gegenseitig aufheben, und im vierten die Gültigkeit von Maxwell-Gleichung III im Inertialsystem $K$ verwendet.

Die *homogenen* Maxwell-Gleichungen sind *an sich* also durchaus mit der Galilei-Kovarianz verträglich.

**Galilei-Kovarianz der Ladungs- und Stromdichten?**

Wir betrachten nun die beiden *inhomogenen* Maxwell-Gleichungen $\boldsymbol{\nabla}\cdot\mathbf{E} = \frac{1}{\varepsilon_0}\rho_\mathrm{q}$ und $\boldsymbol{\nabla}\times\mathbf{B} - \varepsilon_0\mu_0\frac{\partial\mathbf{E}}{\partial t} = \mu_0\mathbf{j}_\mathrm{q}$. Das Transformationsverhalten der Inhomogenitäten $\rho_\mathrm{q}$ und $\mathbf{j}_\mathrm{q}$ folgt aus ihren Definitionen

$$\rho_\mathrm{q} \equiv \sum_i q_i\,\delta(\mathbf{x}-\mathbf{x}_i(t))\quad,\quad \mathbf{j}_\mathrm{q} \equiv \sum_i q_i\,\dot{\mathbf{x}}_i(t)\delta(\mathbf{x}-\mathbf{x}_i(t))$$

und der aus Teil (d) von Übungsaufgabe 2.6 bekannten Rechenregel $\delta(A\mathbf{x}+\mathbf{b}) = \frac{1}{|\det(A)|}\delta(\mathbf{x}+A^{-1}\mathbf{b})$. Diese Rechenregel bedeutet insbesondere bei der Anwendung von Galilei-Transformationen:

$$\delta(\mathbf{x}_1'-\mathbf{x}_2') = \delta\big(\sigma R(\boldsymbol{\alpha})^{-1}(\mathbf{x}_1-\mathbf{x}_2)\big) = \delta(\mathbf{x}_1-\mathbf{x}_2)\,.$$

Aus diesem Tranformationsgesetz für die Deltafunktion folgt nun erstens, dass die Ladungsdichte *invariant* unter Galilei-Transformationen ist:

$$\rho_\mathrm{q}'(\mathbf{x}',t') = \sum_i q_i\,\delta\big(\mathbf{x}'-\mathbf{x}_i'(t')\big) = \sum_i q_i\,\delta\big(\mathbf{x}-\mathbf{x}_i(t)\big) = \rho_\mathrm{q}(\mathbf{x},t)\,,$$

und zweitens, dass die Stromdichte in $K'$ bestimmt ist durch:

$$\mathbf{j}'_q(\mathbf{x}', t') = \sum_i q_i \, \dot{\mathbf{x}}'_i(t') \, \delta\big(\mathbf{x}' - \mathbf{x}'_i(t')\big) = \sum_i q_i \, \sigma R(\boldsymbol{\alpha})^{-1} \left[\dot{\mathbf{x}}_i(t) - \mathbf{v}_\alpha\right] \delta\big(\mathbf{x} - \mathbf{x}_i(t)\big)$$

$$= \sigma R(\boldsymbol{\alpha})^{-1} \left[\sum_i q_i \, \dot{\mathbf{x}}_i(t) \, \delta\big(\mathbf{x} - \mathbf{x}_i(t)\big) - \mathbf{v}_\alpha \sum_i q_i \, \delta\big(\mathbf{x} - \mathbf{x}_i(t)\big)\right]$$

$$= \sigma R(\boldsymbol{\alpha})^{-1} \left[\mathbf{j}_q(\mathbf{x}, t) - \mathbf{v}_\alpha \rho_q(\mathbf{x}, t)\right] \ .$$

Kurz gefasst gilt also:

$$\boxed{\rho'_q = \rho_q \quad , \quad \mathbf{j}'_q = \sigma R(\boldsymbol{\alpha})^{-1}(\mathbf{j}_q - \mathbf{v}_\alpha \rho_q) \ .} \tag{5.14}$$

Für den Spezialfall einer orthogonalen Transformation ($\mathbf{v}_\alpha = \mathbf{0}$ , $\boldsymbol{\xi}_\alpha = \mathbf{0}$) folgt aus diesem Ergebnis, dass die Ladungsdichte wie ein *Skalar* und die Stromdichte wie ein *echter Vektor* transformiert wird. Die transformierten Ladungs- und Stromdichten erfüllen auch im neuen Inertialsystem eine Kontinuitätsgleichung der Form

$$\frac{\partial \rho'_q}{\partial t'} + \boldsymbol{\nabla}' \cdot \mathbf{j}'_q = \left(\frac{\partial}{\partial t} + \mathbf{v}_\alpha \cdot \boldsymbol{\nabla}\right)\rho_q + \left[\sigma R(\boldsymbol{\alpha})^{-1}\boldsymbol{\nabla}\right] \cdot \left[\sigma R(\boldsymbol{\alpha})^{-1}(\mathbf{j}_q - \mathbf{v}_\alpha \rho_q)\right]$$

$$= \frac{\partial \rho_q}{\partial t} + \mathbf{v}_\alpha \cdot (\boldsymbol{\nabla}\rho_q) + \boldsymbol{\nabla} \cdot \mathbf{j}_q - \mathbf{v}_\alpha \cdot (\boldsymbol{\nabla}\rho_q) = \frac{\partial \rho_q}{\partial t} + \boldsymbol{\nabla} \cdot \mathbf{j}_q = 0 \ .$$

Wir stellen somit fest, dass auch die Konzepte der Ladungs- und Stromdichten *an sich* mit der Galilei-Kovarianz der Theorie verträglich sind.

**Galilei-Kovarianz der inhomogenen Maxwell-Gleichungen?**

Die Unverträglichkeit der Maxwell-Theorie insgesamt mit der Galilei-Kovarianz wird erst ersichtlich, wenn man das Transformationsverhalten (5.13) der Felder und (5.14) der Ladungs- und Stromdichten mit den *inhomogenen* Maxwell-Gleichungen kombiniert. Es folgt nämlich für Maxwell-Gleichung I in (5.1):

$$\boldsymbol{\nabla}' \cdot \mathbf{E}' = \left[\sigma R(\boldsymbol{\alpha})^{-1}\boldsymbol{\nabla}\right] \cdot \left[\sigma R(\boldsymbol{\alpha})^{-1}(\mathbf{E} + \mathbf{v}_\alpha \times \mathbf{B})\right] = \boldsymbol{\nabla} \cdot (\mathbf{E} + \mathbf{v}_\alpha \times \mathbf{B})$$

$$= \boldsymbol{\nabla} \cdot \mathbf{E} - \mathbf{v}_\alpha \cdot (\boldsymbol{\nabla} \times \mathbf{B}) = \frac{1}{\varepsilon_0}\rho_q - \mathbf{v}_\alpha \cdot (\boldsymbol{\nabla} \times \mathbf{B}) \neq \frac{1}{\varepsilon_0}\rho'_q \ ,$$

sodass diese Maxwell-Gleichung *nicht* forminvariant unter Galilei-Transformationen ist. Im zweiten Schritt wurde $\sigma^2 = 1$ benutzt sowie die Invarianz eines Skalarprodukts unter Drehungen. Im dritten Schritt wurde die Antisymmetrie des Vektorprodukts und die Invarianz von Spatprodukten unter zyklischen Vertauschungen verwendet. Der vierte Schritt beruht auf der Gültigkeit der Maxwell-Gleichung I im Inertialsystem $K$, und die Ungleichung im letzten Schritt folgt aus der Beliebigkeit von $\boldsymbol{\nabla} \times \mathbf{B}$ und Vektor $\mathbf{v}_\alpha$.

Analog erhält man für Maxwell-Gleichung IV in (5.1):

$$\boldsymbol{\nabla}' \times \mathbf{B}' - \frac{1}{c^2}\frac{\partial \mathbf{E}'}{\partial t'} = (\sigma R^{-1}\boldsymbol{\nabla}) \times (R^{-1}\mathbf{B}) - \frac{\sigma}{c^2}R^{-1}\left(\frac{\partial}{\partial t} + \mathbf{v}_\alpha \cdot \boldsymbol{\nabla}\right)(\mathbf{E} + \mathbf{v}_\alpha \times \mathbf{B})$$

$$= \sigma R^{-1}\left[\boldsymbol{\nabla} \times \mathbf{B} - \frac{1}{c^2}\left(\frac{\partial}{\partial t} + \mathbf{v}_\alpha \cdot \boldsymbol{\nabla}\right)(\mathbf{E} + \mathbf{v}_\alpha \times \mathbf{B})\right]$$

$$= \sigma R^{-1}\left\{\mu_0 \mathbf{j}_q - \frac{1}{c^2}\left[\mathbf{v}_\alpha \times \frac{\partial \mathbf{B}}{\partial t} + (\mathbf{v}_\alpha \cdot \boldsymbol{\nabla})\mathbf{E} + (\mathbf{v}_\alpha \cdot \boldsymbol{\nabla})(\mathbf{v}_\alpha \times \mathbf{B})\right]\right\} \ .$$

Im ersten Schritt wurden die Transformationsgesetze für $\boldsymbol{\nabla}$, $\frac{\partial}{\partial t}$, $\mathbf{E}$ und $\mathbf{B}$ eingesetzt. Im zweiten Schritt wurde wiederum die aus Übungsaufgabe 2.3 (b) bekannte Identität verwendet; außerdem wurden $\sigma$ und $R^{-1}$ ausgeklammert. Der dritte Schritt beruht auf der Gültigkeit der Maxwell-Gleichung IV im Inertialsystem $K$. Ersetzt man auf der rechten Seite noch $\mathbf{j}_\mathrm{q}$ durch die Stromdichte $\mathbf{j}'_\mathrm{q}$ in $K'$ mit Hilfe von (5.14), so muss man feststellen, dass auch Maxwell-Gleichung IV *nicht* forminvariant und somit unverträglich mit der Galilei-Kovarianz ist:

$$
\boldsymbol{\nabla}' \times \mathbf{B}' - \frac{1}{c^2}\frac{\partial \mathbf{E}'}{\partial t'} = \mu_0 \mathbf{j}'_\mathrm{q} + \frac{1}{c^2}\sigma R^{-1}\left[\frac{1}{\varepsilon_0}\mathbf{v}_\alpha \rho_\mathrm{q} + \mathbf{v}_\alpha \times (\boldsymbol{\nabla} \times \mathbf{E})\right.
$$

$$
\left. - (\mathbf{v}_\alpha \cdot \boldsymbol{\nabla})\mathbf{E} - (\mathbf{v}_\alpha \cdot \boldsymbol{\nabla})(\mathbf{v}_\alpha \times \mathbf{B})\right] \neq \mu_0 \mathbf{j}'_\mathrm{q}\,.
$$

Den letzten Schritt weist man noch am einfachsten dadurch nach, dass der Beitrag $[\cdots]$ nur einen einzigen Term von Ordnung $|\mathbf{v}_\alpha|^2$ enthält, der im Allgemeinen ungleich null ist und nicht durch andere Terme kompensiert werden kann.

**Was jetzt?**

Die fehlende Galilei-Kovarianz der Maxwell-Theorie zeigt, dass die Newton'sche Dynamik der Teilchen und die Maxwell'sche Beschreibung der Felder nicht kompatibel sind, da sie unterschiedliche Symmetrien aufweisen. Die kombinierte Theorie von Teilchen *und* Feldern hätte eine *beobachterabhängige* Struktur und wäre somit physikalisch unakzeptabel. Heutzutage wissen wir, dass die Newton'sche Mechanik nur approximativ korrekt ist (nämlich für $|\dot{\mathbf{x}}|/c \ll 1$) und dass man für eine einheitliche Theorie von Teilchen und Feldern einen Formalismus benötigt, in dem die Lichtgeschwindigkeit (d. h. die Ausbreitungsgeschwindigkeit elektromagnetischer Signale) eine zentrale Rolle spielt. Im Rest dieses Kapitels werden wir uns daher mit den Grundlagen dieser *Speziellen Relativitätstheorie* auseinandersetzen und einige wichtige Anwendungen der relativistischen Mechanik diskutieren.

## 5.2   Die Postulate der Speziellen Relativitätstheorie

Die Struktur der Speziellen Relativitätstheorie ist derjenigen der Newton'schen Mechanik sehr ähnlich: In beiden Fällen beschreibt man die Dynamik von Körpern mit Hilfe einer (nicht-gekrümmten) vierdimensionalen Raum-Zeit. In beiden Fällen ist es sehr hilfreich, sich bei der Beschreibung dieser Dynamik zunächst auf *Punkt*teilchen zu konzentrieren. In beiden Fällen gilt das *Relativitätsprinzip*, das die Existenz von *Inertialsystemen* postuliert:

**P1:** Es existieren überabzählbar viele *Inertialsysteme*, in denen alle physikalischen Gesetze zu jedem Zeitpunkt gleich sind.

Implizit in P1 enthalten ist wiederum die Annahme der Homogenität sowie der Isotropie des Raums und der Zeit. Wie in der Newton'schen Mechanik gilt auch in der Speziellen Relativitätstheorie das *deterministische Prinzip*:

**P3:** Die Bewegung eines mechanischen Systems ist für *alle* Zeiten durch die Vorgabe der Koordinaten und Geschwindigkeiten aller Teilchen zu einem *einzelnen* Zeitpunkt vollständig festgelegt.

Allerdings werdem wir in Abschnitt [5.9] feststellen, dass ein separates Postulat P3 in der Speziellen Relativitätstheorie unnötig ist, da dessen Gültigkeit bereits aus P1 und P2 in Kombination mit dem Postulat P3 der *Newton'schen* Mechanik folgt. In der Speziellen Relativitätstheorie bedeuten die Worte „mechanisches System" übrigens *System geladener klassischer Teilchen*, da im Rahmen der *Klassischen* Mechanik nur die elektromagnetische Kraft klassischer Teilchen sinnvoll erfasst werden kann (siehe hierzu auch die Fußnote 1 auf Seite 175). Hierbei darf ein „geladenes Teilchen" als Spezialfall natürlich auch die Ladung *null* besitzen.

Neben den gemeinsamen Postulaten P1 und P3 gibt es zwischen der relativistischen (R) und der nicht-relativistischen (NR) Mechanik auch einen wesentlichen Unterschied, der durch das zweite Postulat zum Ausdruck gebracht wird. Wir formulieren dieses zweite Postulat zuerst in einer Form ohne Bezug auf *Abstände*, die stattdessen die zentrale Rolle der *Lichtgeschwindigkeit* hervorhebt:

**P2(R):** Die Lichtgeschwindigkeit im Vakuum hat in allen Inertialsystemen denselben Wert $c = 2{,}99792458 \cdot 10^8$ m/s.

**P2(NR):** Die Lichtgeschwindigkeit ist effektiv unendlich groß im Vergleich zu allen anderen in der Theorie auftretenden Geschwindigkeiten.

Das zweite Postulat bedeutet physikalisch, dass die Wechselwirkung zwischen Teilchen (z. B. durch Austausch von Strahlungsenergie oder Einwirkung von elektromagnetischen Kräften) in der nicht-relativistischen Theorie *instantan* erfolgt, während die Ausbreitungsgeschwindigkeit $c$ von Information in der relativistischen Theorie eine *endliche, universelle* Konstante ist (also gültig in *jedem* Inertialsystem). Das zweite Postulat der *Newton'schen* Mechanik kann – wie wir wissen – auch in der folgenden *geometrischen* Weise (mit Bezug auf *Abstände*) formuliert werden:

**P2(NR′):** *Zeitdifferenzen* und die *räumlichen Abstände gleichzeitiger Ereignisse* sind *absolut*, d. h. in allen Inertialsystemen gleich.

Das relativistische Pendant der *absoluten* Größen „Zeit" und „Abstand" der Newton'schen Mechanik ist der beobachterunabhängige „*Abstand infinitesimal benachbarter Ereignisse*" oder kurz: „*infinitesimale Abstand*" $ds$, dessen Quadrat durch

$$(ds)^2 = c^2(dt)^2 - (d\mathbf{x})^2$$

gegeben ist. Dieses Abstandsquadrat stellt somit eine der zentralen Größen der Relativitätstheorie dar. Die geometrische Formulierung des zweiten Postulats der *Speziellen Relativitätstheorie*, basierend auf dem *Abstandsbegriff*, lautet daher:

**P2(R′):** Das *infinitesimale Abstandsquadrat* $(ds)^2 = c^2(dt)^2 - (d\mathbf{x})^2$ ist eine *absolute* Größe, d. h. in allen Inertialsystemen *gleich*.

In Abschnitt [5.4] werden wir P2(R′) aus P2(R) herleiten. Mathematisch bedeutet das zweite Postulat, dass die Gesetze der Newton'schen Mechanik kovariant unter *Galilei-Transformationen* und diejenigen der Einstein'schen relativistischen Mechanik kovariant unter *Lorentz-* und *Poincaré-Transformationen* sind.

**Zum *Anwendungsbereich* der Speziellen Relativitätstheorie**

Die *nicht-relativistische* Klassische Mechanik beschreibt die Dynamik physikalischer Objekte unter der Einwirkung von Kräften, die mikroskopisch auf die *Gravitation* oder auf *elektromagnetische* Wechselwirkung zurückgeführt werden können. Da die Spezielle Relativitätstheorie Gravitationskräfte bekanntlich nicht beschreiben kann (hierfür benötigt man die Allgemeine Relativitätstheorie), bleiben als ihr Anwendungsbereich in einem *klassischen* (d. h. nicht-quantenmechanischen) Kontext nur *elektromagnetische Kräfte* übrig.

Im Rahmen der Speziellen Relativitätstheorie beschreibt man also typischerweise die Dynamik elektromagnetischer Felder bei vorgegebenen Ladungen und Strömen (mit Hilfe der *Maxwell-Gleichungen*) oder die Dynamik von Ladungen und Strömen bei vorgegebenen elektromagnetischen Feldern (mit Hilfe der *Lorentz'schen Bewegungsgleichung*). Jeder dieser beiden Pfeiler der Elektrodynamik beschreibt einzeln ein *Teilsystem*. Wie wir wissen ergibt das Relativitätsprinzip für *Teilsysteme* jedoch nur dann einen Sinn, wenn zusätzlich angegeben wird, wie die „Außenwelt" mittransformiert wird. Es ist daher klar, dass die Bestimmung des Transformationsverhaltens von Ladungen, Strömen *und* Feldern unter Lorentz-Transformationen bei der Formulierung der Speziellen Relativitätstheorie von großer Bedeutung sein wird. In diesem Buch über *Mechanik* werden wir uns allerdings, nachdem die Formulierung der Theorie abgeschlossen ist, auf die Dynamik von Ladungen und Strömen bei vorgegebenen elektromagnetischen Feldern, d. h. auf die Lösung der *Lorentz'schen Bewegungsgleichung* konzentrieren.

**Ein Wort zur historischen Entwicklung der Relativitätstheorie**

Etliche Ergebnisse der Speziellen Relativitätstheorie waren bereits vor Einsteins Arbeit (Ref. [12]) aus dem Jahr 1905 bekannt. Erwähnt seien insbesondere die Lorentz-Transformation in linearer (Lorentz, 1895) und in beliebiger Ordnung (Larmor, 1898; Lorentz 1899; Poincaré, 1905), die Lorentz- oder Fitzgerald-Lorentz-Kontraktion (Fitzgerald, 1889; Lorentz, 1892), die Lorentz-Kraft (Lorentz, 1895), die Gruppenstruktur der Lorentz-Transformationen, das Relativitätsprinzip, die Invarianz der Eigenzeit und das Additionsgesetz für Geschwindigkeiten (Poincaré, 1905). Das Großartige von Einsteins Beitrag (Ref. [12]) ist die Reduktion der Theorie auf wenige Postulate und die Herleitung von alten und auch neuen Ergebnissen aus diesen Postulaten.[8] Interessant ist noch, dass neben Lorentz' Arbeit (1895) das Fizeau'sche Experiment (1851) und die Aberration von Sternenlicht (Bradley, 1729) Einsteins Denken beeinflusst haben, das oft zitierte Michelson-Morley-Experiment jedoch offenbar kaum. Für mehr Details sei auf die ausgezeichnete Einstein-Biografie „Subtle is the Lord" von Abraham Pais (Ref. [27]) verwiesen.

# 5.3   Erste Konsequenzen der Postulate

Wir leiten in diesem Abschnitt unmittelbar aus den Postulaten der Speziellen Relativitätstheorie einige Konsequenzen her, die teilweise drastisch von den Vorhersagen der Newton'schen Theorie abweichen. Beispiele sind die Beobachter*abhängigkeit* der

---

[8]Neu sind z. B. der transversale Doppler-Effekt, die Fresnel-Formel $c' = \frac{c}{n} + v\left(1 - \frac{1}{n^2}\right)$ mit dem Brechungsindex $n$ und das sogenannte „Zwillingsparadoxon".

Längen von Zeitintervallen sowie die Zeitdilatation und die Lorentz-Kontraktion. Bereits diese ersten Konsequenzen zeigen, dass die *absolute* Zeit und der *absolute* Abstand zweier gleichzeitiger Ereignisse, die in der Newton'schen Mechanik eine zentrale Rolle spielen, in der Relativitätstheorie verloren gehen. Wir zeigen außerdem, dass Längen senkrecht zur Richtung der Relativgeschwindigkeit zweier Inertialsysteme auch in der Relativitätstheorie (wie in der Newton'schen Mechanik) beobachter*unabhängig* sind.

## Beobachterabhängigkeit der Längen von Zeitintervallen

Eine erste Konsequenz der Postulate der Speziellen Relativitätstheorie ist, dass die Zeit (anders als in der Newton'schen Mechanik) *keine* absolute Größe ist. Um dies zu zeigen, betrachten wir – wie in Abbildung 5.1 – zwei Inertialsysteme $K'$ und $K$, wobei $K'$ die Geschwindigkeit $\mathbf{v}_{\mathrm{rel}}(K', K) = \mathbf{v}$ relativ zu $K$ hat. Wir nehmen außerdem an, dass in $K'$ entlang der Koordinatenachse *parallel* zur Relativgeschwindigkeit (also entlang der $\mathbf{x}' \cdot \hat{\mathbf{v}}$-Achse) ein Sender $S$ und (in gleichem Ab-

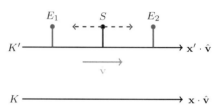

**Abb. 5.1** Ein Sender mit zwei Empfängern $E_1$ und $E_2$

stand von $S$) zwei Empfänger $E_1$ und $E_2$ ruhen (siehe Abb. 5.1).

Zur Zeit $t = 0$ sendet $S$ zwei Lichtsignale aus, eins zu $E_1$ und eins zu $E_2$. Beide Empfänger werden ihre Signale in $K'$ wegen der Isotropie des Raums gleichzeitig erhalten. Für einen Beobachter in $K$ jedoch wird der Empfänger $E_1$ sein Signal *zuerst* erhalten, da $E_1$ sich auf das Licht *zubewegt*, das sich auch in $K$ aufgrund von Postulat P2(R) mit der Geschwindigkeit $c$ ausbreitet. Für einen Beobachter in $K$ ist der Weg, der vom Licht bis zum Empfang durch $E_1$ zurückgelegt werden muss, also *kürzer* als der Weg bis zum Empfang durch $E_2$.

Hieraus folgt, dass Ereignisse, die *gleichzeitig* sind in $K'$, in $K$ *nicht gleichzeitig* sein müssen, und dass Zeitintervalle, die *gleich lang* sind in $K'$, in $K$ im Allgemeinen *ungleich lang* sind.

## Invarianz von Längen senkrecht zur Geschwindigkeitsrichtung

Betrachten wir nun das Transformationsverhalten von *Längen* im Ortsraum. Wir vergleichen wiederum Messergebnisse in den beiden bereits aus Abb. 5.1 bekannten Inertialsystemen $K'$ und $K$ mit der Relativgeschwindigkeit $\mathbf{v}_{\mathrm{rel}}(K', K) = \mathbf{v}$. Abstände *senkrecht* zur Relativgeschwindigkeit $\mathbf{v}$ werden in diesen beiden Systemen $K$ und $K'$ auch in der Speziellen Relativitätstheorie als gleich groß gemessen. Um

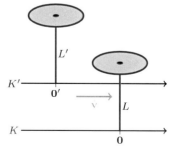

**Abb. 5.2** Welche Latte wird abgesägt?

dies zu zeigen, nehmen wir an, dass im Ursprung $\mathbf{0}$ von $K$ und im Ursprung $\mathbf{0}'$ von $K'$ zwei parallel zueinander und senkrecht zur $\hat{\mathbf{v}}$-Achse ausgerichtete Latten $L$ und

$L'$ stehen, beide mit einer Länge $\ell$ in ihrem Ruhesystem und beide mit einer *Kreissäge* an ihrem oberen Ende (siehe Abbildung 5.2). Wir nehmen des Weiteren an, dass $\mathbf{0}$ und $\mathbf{0}'$ für $t = t' = 0$ zusammenfallen. Sowohl die Latte $L$ in $K$ als auch die Latte $L'$ in $K'$ sieht die jeweils andere Latte mit relativistischer Geschwindigkeit und einer Kreissäge am oberen Ende auf sich zurasen. Was passiert?

Die physikalische Situation in $K$ und in $K'$ ist identisch, also müssen aufgrund des Relativitätspostulats P1 auch die physikalischen Gesetze in diesen beiden Inertialsystemen identisch sein. Zwar kommen beide Latten (aus der Sicht des jeweils anderen) aus entgegengesetzten Raumrichtungen, aber dies darf aufgrund der Isotropie des Raums keinen Unterschied machen. Folglich müssen beide Latten auch den gleichen Gesetzen bezüglich des Absägens gehorchen. Dies bedeutet, dass die Latte $L'$ gemäß den Messungen eines Beobachters im System $K$ nicht *kürzer* als $L$ selbst sein kann, da sonst (im Widerspruch zum Relativitätsprinzip) $L$ durchgesägt wird und $L'$ unversehrt bleibt. Umgekehrt kann $L'$ gemäß den Messungen des Beobachters in $K$ auch nicht *länger* sein. Also sind beide (gemäß den Messungen der beiden Beobachter in $K$ und $K'$) *gleich lang*.

### Die Zeitdilatation

Wir befestigen nun statt der Kreissäge jeweils zwei Spiegel an den beiden Latten, einen am oberen und einen am unteren Ende, und senden einen Lichtstrahl zwischen beiden Spiegeln hin und her (siehe Abbildung 5.3). Wir haben in dieser Weise zwei identische Uhren konstruiert, die in ihrem jeweiligen Ruhesystem durch die Periode $T = 2\ell/c$ charakterisiert werden. Wir berechnen nun die Periode $T'$ der bewegten Uhr in $K'$, wie sie von einem Beobachter in $K$ gemessen würde. In einer Periode legt der Lichtstrahl in der an $L'$ befestigten Uhr – wie in Abbildung 5.4 dargestellt – aus der Sicht des Beobachters in $K$ einen Weg $2[\ell^2 + (\frac{1}{2}vT')^2]^{1/2}$ zurück.

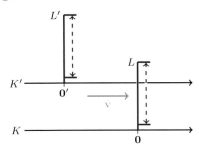

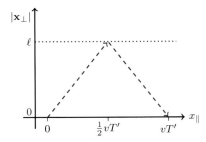

**Abb. 5.3** Zwei identische Uhren in den Inertialsystemen $K$ und $K'$

**Abb. 5.4** Berechnung der Periode einer bewegten Uhr

Da das Licht in $K$ aufgrund des Postulats P2(R) die Geschwindigkeit $c$ hat, muss

$$T' = \frac{2}{c}\sqrt{\ell^2 + \left(\tfrac{1}{2}vT'\right)^2}$$

gelten. Diese Gleichung kann leicht nach $T'$ aufgelöst werden. Das Ergebnis lautet:

$$\boxed{T' = \frac{2\ell/c}{\sqrt{1 - \left(\frac{v}{c}\right)^2}} = \frac{T}{\sqrt{1-\beta^2}} \equiv \gamma T \quad , \quad \beta \equiv \frac{v}{c} \quad , \quad \gamma \equiv \frac{1}{\sqrt{1-\beta^2}} \, .}$$ (5.15)

Hierbei wurden zwei neue Notationen eingeführt, nämlich $\beta$ für die dimensionslose Geschwindigkeit eines Teilchens oder Bezugssystems relativ zur Lichtgeschwindigkeit und $\gamma$ für die Größe $(1 - \beta^2)^{-1/2}$, die in der Relativitätstheorie sehr häufig vorkommt und hier das Verhältnis der Perioden in einem bewegten bzw. ruhenden Bezugssystem bezeichnet. Gleichung (5.15) bedeutet, dass die Periode einer bewegten Uhr gemäß den Zeitmessungen eines Beobachters in $K$ *länger* dauert als diejenige einer identischen Uhr in $K$. *Bewegte Uhren laufen demnach generell langsamer.* Diese Konsequenz der Postulate der Relativitätstheorie wird als *Zeitdilatation* („Zeitausdehnung") bezeichnet.

**Die Lorentz-Kontraktion**

Wir kippen nun die Uhr in $K'$, sodass die Latte $L'$ in der Richtung der Relativgeschwindigkeit **v** zeigt (siehe Abbildung 5.5). Die Länge und die Periode der Uhr in $K'$ sind nach wie vor $\ell$ bzw. $T$, und die Periode der Uhr wird von einem Beobachter in $K$ als $T'$ gemessen. Wir bestimmen nun die Länge $\ell'$ der bewegten Uhr in $K'$,

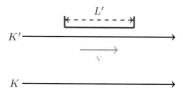

**Abb. 5.5** Zur Lorentz-Kontraktion

wie sie von einem Beobachter in $K$ gemessen würde. Die Uhr in $K'$ bewegt sich (gemäß den Messungen von $K$) mit einer Geschwindigkeit $v$ nach rechts. Nehmen wir an, dass ein Lichtstrahl eine Zeit $t'_{\mathrm{LR}}$ bzw. $t'_{\mathrm{RL}}$ benötigt, um sich von links nach rechts oder rechts nach links zu bewegen. Da die Lichtgeschwindigkeit in $K$ aufgrund von Postulat P2(R) den Wert $c$ hat, muss in seinem Inertialsystem gelten:

$$
t'_{\mathrm{LR}} = \frac{\ell' + vt'_{\mathrm{LR}}}{c} \quad , \quad t'_{\mathrm{RL}} = \frac{\ell' - vt'_{\mathrm{RL}}}{c} \; .
$$

Diese Gleichungen können leicht nach $t'_{\mathrm{LR}}$ und $t'_{\mathrm{RL}}$ aufgelöst werden:

$$
t'_{\mathrm{LR}} = \frac{\ell'/c}{1 - \beta} \quad , \quad t'_{\mathrm{RL}} = \frac{\ell'/c}{1 + \beta} \; .
$$

Durch Addition der beiden Ergebnisse erhält man:

$$
\gamma T = T' = t'_{\mathrm{LR}} + t'_{\mathrm{RL}} = \frac{\ell'}{c}\left(\frac{1}{1-\beta} + \frac{1}{1+\beta}\right) = \frac{2\ell'/c}{1 - \beta^2} = \frac{2\gamma^2\ell'}{c} \; .
$$

Für die Länge $\ell'$ der bewegten Uhr in $K'$, wie sie von einem Beobachter in $K$ gemessen wird, folgt also:

$$
\boxed{\ell' = \frac{Tc}{2\gamma} = \frac{\ell}{\gamma} \; .}
$$

$$(5.16)$$

Wir schließen hieraus, dass die Länge eines bewegten Körpers in der Geschwindigkeitsrichtung *verkürzt* ist im Vergleich zur Ruhelänge. Diese Konsequenz der Relativitätstheorie wird *Lorentz-* (oder *Fitzgerald-Lorentz-)Kontraktion* genannt.

# 5.4  Der Abstand und die Eigenzeit

Bereits bei der Behandlung der Postulate der Speziellen Relativitätstheorie in Abschnitt [5.2] wurde darauf hingewiesen, dass die nicht-relativistischen absoluten Größen „Zeit" und „Abstand" in der Relativitätstheorie durch den beobachterunabhängigen „infinitesimalen Abstand" ersetzt werden. Der infinitesimale Abstand ist in der Relativitätstheorie von zentraler Bedeutung, da seine Invarianz unter Koordinatentransformationen zwischen Inertialsystemen zeigt, dass die physikalischen Gesetze *Lorentz-kovariant* sind. Im Folgenden führen wir die Begriffe „Abstand" und „Eigenzeit" ein und leiten ein Theorem (Einstein, 1905) über die Eigenzeit bewegter Bezugssysteme ab.

### Der *Abstand* zweier Ereignisse

Betrachten wir die Emission eines Lichtsignals am Ort $\mathbf{x}_1$ zur Zeit $t_1$ im Bezugssystem $K$ und seine Absorption am Ort $\mathbf{x}_2$ zur späteren Zeit $t_2$, ebenfalls in $K$. Da das Signal sich in $K$ gemäß dem zweiten Postulat in der Form P2(R) mit der Geschwindigkeit $c$ ausbreitet, gilt offensichtlich

$$c^2(t_2 - t_1)^2 - (\mathbf{x}_2 - \mathbf{x}_1)^2 = 0 \ .$$

Falls die entsprechenden Koordinaten im Inertialsystem $K'$, das relativ zu $K$ die Geschwindigkeit $\mathbf{v}_{\mathrm{rel}}(K', K) = \mathbf{v}$ hat, durch $(\mathbf{x}'_1, t'_1)$ und $(\mathbf{x}'_2, t'_2)$ gegeben sind, gilt analog aufgrund von P2(R):

$$c^2(t'_2 - t'_1)^2 - (\mathbf{x}'_2 - \mathbf{x}'_1)^2 = 0 \ ,$$

da das Lichtsignal in $K'$ nach dem zweiten Postulat ebenfalls die Geschwindigkeit $c$ hat. Die Größen $s$ und $s'$, die durch

$$s^2 \equiv c^2(t_2 - t_1)^2 - (\mathbf{x}_2 - \mathbf{x}_1)^2 \quad , \quad (s')^2 \equiv c^2(t'_2 - t'_1)^2 - (\mathbf{x}'_2 - \mathbf{x}'_1)^2$$

definiert sind, werden als die *Abstände* zwischen den Ereignissen bei $(\mathbf{x}_1, t_1)$ und $(\mathbf{x}_2, t_2)$ in $K$ bzw. bei $(\mathbf{x}'_1, t'_1)$ und $(\mathbf{x}'_2, t'_2)$ in $K'$ bezeichnet. Dieses Argument zeigt, dass die Aussage $s = 0$ in *allen* Inertialsystemen gilt, falls sie in *irgendeinem* Inertialsystem zutrifft.

### Der *Abstand* zweier infinitesimal benachbarter Ereignisse

Der Abstand $ds$ zweier *infinitesimal* benachbarter Ereignisse bei den Raumzeitkoordinaten $(\mathbf{x}, t)$ und $(\mathbf{x} + d\mathbf{x}, t + dt)$ in $K$ ist entsprechend durch

$$\boxed{(ds)^2 = c^2(dt)^2 - (d\mathbf{x})^2} \tag{5.17}$$

gegeben. Analog gilt in einem beliebigen Inertialsystem $K'$ für den Abstand $ds'$ infinitesimal benachbarter Ereignisse:

$$(ds')^2 = c^2(dt')^2 - (d\mathbf{x}')^2 \ ,$$

und wiederum impliziert $ds = 0$ in $K$ die Identität $ds' = 0$ für alle $K'$. Das negative Vorzeichen von $(d\mathbf{x})^2$ in (5.17) zeigt, dass der Abstand hier nicht gemäß der euklidischen, sondern nach einer (von Hermann Minkowski eingeführten) pseudo-euklidischen Geometrie definiert wird. Der Abstand infinitesimal benachbarter Ereignisse $ds$ wird alternativ auch als *Linienelement* oder als *differentielles Raum-Zeit-Intervall* bezeichnet. Es ist zu beachten, dass die infinitesimale Größe $ds$ kein exaktes Differential darstellt, sodass die Auswertung von Integralen der Form $\oint ds$ entlang einer geschlossenen Schleife im Allgemeinen nicht null ergibt. Dies sieht man bereits daran, dass sowohl eine Integration $\oint ds = c \oint |dt|$ entlang der Zeitachse bei festem Ort ($d\mathbf{x} = \mathbf{0}$) als auch eine Integration $\oint ds = i \oint |d\mathbf{x}|$ im Ortsraum bei fester Zeit ($dt = 0$) offensichtlich nicht null ergibt.

**Konsequenzen des zweiten Postulats für den infinitesimalen Abstand**

Wir möchten nun das infinitesimale Abstandsquadrat $(ds)^2$ im Inertialsystem $K$ mit dem Pendant $(ds')^2$ in $K'$ vergleichen und betrachten hierzu allgemein ein Teilchen, das sich in $K$ mit der Geschwindigkeit $\mathbf{u}$ bewegt. Mit den Notationen $\frac{d\mathbf{x}}{dt} \equiv \mathbf{u}$ und $\frac{\mathbf{u}}{c} \equiv \boldsymbol{\beta}_u$ für die (dimensionslose) Geschwindigkeit gilt in $K$:

$$(ds)^2 = c^2(dt)^2 - (d\mathbf{x})^2 = c^2(dt)^2\left(1 - \frac{\mathbf{u}^2}{c^2}\right) = c^2(dt)^2(1 - \boldsymbol{\beta}_u^2). \qquad (5.18)$$

Um $(ds)^2$ mit $(ds')^2$ vergleichen zu können, nehmen wir allgemein an, dass die Orts- und Zeitkoordinaten $(\mathbf{x}', t')$ in $K'$ gemäß $\mathbf{x}' = \mathbf{x}'(\mathbf{x}, t; \mathbf{v})$ und $t' = t'(\mathbf{x}, t; \mathbf{v})$ mit den Koordinaten $(\mathbf{x}, t)$ in $K$ verknüpft sind. In diesem Fall gilt zwischen den Differentialen $(d\mathbf{x}', dt')$ und $(d\mathbf{x}, dt)$ die lineare Beziehung

$$\begin{pmatrix} c\,dt' \\ d\mathbf{x}' \end{pmatrix} = \Lambda \begin{pmatrix} c\,dt \\ d\mathbf{x} \end{pmatrix} \quad , \quad \Lambda(\mathbf{x}, t; \mathbf{v}) \equiv \begin{pmatrix} \frac{\partial t'}{\partial t} & c\left(\frac{\partial t'}{\partial \mathbf{x}}\right)^{\mathrm{T}} \\ \frac{1}{c}\frac{\partial \mathbf{x}'}{\partial t} & \frac{\partial \mathbf{x}'}{\partial \mathbf{x}} \end{pmatrix} , \qquad (5.19)$$

wobei die $(4 \times 4)$-Matrix $\Lambda$ offensichtlich *reell* ist.[9] Das Abstandsquadrat $(ds')^2 = c^2(dt')^2 - (d\mathbf{x}')^2$ in $K'$ folgt daher als

$$\begin{pmatrix} c\,dt' \\ d\mathbf{x}' \end{pmatrix}^{\mathrm{T}} \begin{pmatrix} 1 & \mathbf{0}^{\mathrm{T}} \\ \mathbf{0} & -\mathbb{1} \end{pmatrix} \begin{pmatrix} c\,dt' \\ d\mathbf{x}' \end{pmatrix} = \begin{pmatrix} c\,dt \\ d\mathbf{x} \end{pmatrix}^{\mathrm{T}} B \begin{pmatrix} c\,dt \\ d\mathbf{x} \end{pmatrix} = c^2(dt)^2 \begin{pmatrix} 1 \\ \boldsymbol{\beta}_u \end{pmatrix}^{\mathrm{T}} B \begin{pmatrix} 1 \\ \boldsymbol{\beta}_u \end{pmatrix} \quad (5.20a)$$

mit

$$B(\mathbf{x}, t; \mathbf{v}) \equiv \tilde{\Lambda} \begin{pmatrix} 1 & \mathbf{0}^{\mathrm{T}} \\ \mathbf{0} & -\mathbb{1} \end{pmatrix} \Lambda , \qquad (5.20b)$$

wobei die Matrix $B$ reell und symmetrisch ist. Wir verwenden in diesem Kapitel über die Relativitätstheorie ausnahmsweise[10] die Notation $\tilde{\Lambda}$ für die gespiegelte (transponierte) Matrix: $\tilde{\Lambda}_{ij} = \Lambda_{ji}$.

Wir betrachten zuerst *speziell* den Fall, dass das „Teilchen" im Inertialsystem $K$ ein *Photon* ist und sich daher mit Lichtgeschwindigkeit bewegt: $|\mathbf{u}| = c$ bzw. $|\boldsymbol{\beta}_u| = 1$. In diesem Fall wissen wir bereits, dass sowohl $ds = 0$ als auch $ds' = 0$ gilt. Die von P2(R) postulierte *Invarianz* der Aussage $ds = 0$ unter Koordinatentransformationen, d.h. die *Äquivalenz* der Aussagen $ds = 0$ in $K$ und $ds' = 0$ in $K'$, hat weitreichende Konsequenzen. Um dies zu sehen, interpretieren wir die beiden

---

[9]Die Transformationsmatrix $\Lambda$, die $\left(\begin{smallmatrix} c\,dt \\ d\mathbf{x} \end{smallmatrix}\right)$ in $K$ mit $\left(\begin{smallmatrix} c\,dt' \\ d\mathbf{x}' \end{smallmatrix}\right)$ in $K'$ verknüpft, wird als *Lorentz-Transformation* bezeichnet.

[10]Statt der üblichen Notation $\Lambda^{\mathrm{T}}$ verwenden wir $\tilde{\Lambda}$ für die gespiegelte Matrix, da die Transposition in der Speziellen Relativitätstheorie eine andere Bedeutung hat, siehe Gleichung (5.72).

Gleichungen $ds = 0$ und $ds' = 0$ *geometrisch*. Aufgrund von Gleichung (5.18) lautet die geometrische Interpretation der Aussage $ds = 0$ in $K$, dass die dimensionslose Geschwindigkeit $\boldsymbol{\beta}_u$ des Lichtsignals auf einer Kugel mit Radius eins und Mittelpunkt $\mathbf{0}$ liegt. Wir betrachten nun die Interpretation von $ds' = 0$ in $K'$. Aufgrund von Gleichung (5.20a) hat die Aussage $ds' = 0$ in $K'$ zur Konsequenz:

$$0 = \begin{pmatrix} 1 \\ \boldsymbol{\beta}_u \end{pmatrix}^{\mathrm{T}} B \begin{pmatrix} 1 \\ \boldsymbol{\beta}_u \end{pmatrix} . \tag{5.21}$$

Dies ist ebenfalls eine Bestimmungsgleichung für $\boldsymbol{\beta}_u$, und man muss natürlich fordern, dass auch Gleichung (5.21) geometrisch eine Kugel mit Radius eins und Mittelpunkt $\mathbf{0}$ beschreibt. Gleichung (5.21) stellt aber nur dann eine Gleichung für eine Kugel mit Radius eins und Mittelpunkt $\mathbf{0}$ dar, wenn die Matrix $B$ die Form

$$B = \frac{1}{\varepsilon} \begin{pmatrix} 1 & \mathbf{0}^{\mathrm{T}} \\ \mathbf{0} & -\mathbb{1} \end{pmatrix} \quad , \quad \varepsilon = \varepsilon(\mathbf{x}, t; \mathbf{v}) \tag{5.22}$$

hat und $\varepsilon$ reellwertig ist (mit $\varepsilon \neq 0$). Hierbei ist $\mathbf{v} = \mathbf{v}_{\mathrm{rel}}(K', K)$ wie vorher die Relativgeschwindigkeit der Inertialsysteme $K$ und $K'$.

Wir betrachten die infinitesimalen Abstandsquadrate $(ds)^2$ in $K$ und $(ds')^2$ in $K'$ wieder *allgemein* für Teilchen, die in $K$ die dimensionslose Geschwindigkeit $\boldsymbol{\beta}_u$ haben (mit $|\boldsymbol{\beta}_u| \leq 1$). Wir wissen nun, dass die Matrix $B$ in (5.20b) für beliebige Koordinatentransformationen $\Lambda$ zwischen $K$ und $K'$ die Form (5.22) haben muss. Hieraus folgt aber sofort eine allgemeine Beziehung zwischen $(ds')^2$ und $(ds)^2$:

$$(ds')^2 = \frac{1}{\varepsilon} c^2 (dt)^2 \big(1 - \boldsymbol{\beta}_u^2\big) = \frac{1}{\varepsilon}(ds)^2 .$$

Diese Beziehung kann auch als

$$\left(\frac{ds}{ds'}\right)^2 = \varepsilon(\mathbf{x}, t; \mathbf{v})$$

geschrieben werden. Hierbei kann die Funktion $\varepsilon$ jedoch wegen der Homogenität des Raums und der Zeit nicht von $(\mathbf{x}, t)$ oder $(\mathbf{x}', t')$ und wegen der Isotropie des Raums nicht von $\hat{\mathbf{v}}$ abhängen. Somit ist nur eine Abhängigkeit vom Geschwindigkeitsbetrag $v = |\mathbf{v}|$ möglich:

$$(ds)^2 = \varepsilon(v)(ds')^2 .$$

Betrachten wir nun umgekehrt eine Koordinatentransformation vom Inertialsystem $K'$ zum Inertialsystem $K$, sodass $\mathbf{v}_{\mathrm{rel}}(K, K') = -\mathbf{v}$ gilt, so erhalten wir analog:

$$(ds')^2 = \varepsilon\big(|-\mathbf{v}|\big)(ds)^2 = \varepsilon(v)(ds)^2 .$$

Durch Kombination der beiden Transformationen ergibt sich

$$(ds)^2 = \varepsilon(v)(ds')^2 = [\varepsilon(v)]^2 (ds)^2 \quad \text{bzw.} \quad [\varepsilon(v)]^2 = 1 .$$

Wegen $\varepsilon(0) = 1$ und der Stetigkeit von $\varepsilon(v)$ als Funktion der Relativgeschwindigkeit $v$ kommt nur die Wurzel $\varepsilon(v) = \varepsilon(0) = 1$ in Betracht. Wir erhalten somit das sehr wichtige Ergebnis:

$$\boxed{(ds)^2 = (ds')^2 .} \tag{5.23}$$

Der infinitesimale Abstand ist also *invariant* unter Koordinatentransformationen von einem Inertialsystem in ein anderes.

Da Gleichung (5.23) aus dem zweiten Postulat P2(R) über die Beobachterun-abhängigkeit der Lichtgeschwindigkeit *hergeleitet* wurde und diese Beobachterun-abhängigkeit als Spezialfall $ds = ds' = 0$ für Lichtsignale auch in (5.23) *enthalten* ist, kann Gleichung (5.23) als alternative Formulierung des zweiten Postulats be-trachtet werden. Wir haben hiermit gezeigt:

**P2(R′):** Der *infinitesimale Abstand ds* mit $(ds)^2 = c^2(dt)^2 - (d\mathbf{x})^2$ ist eine *absolute* Größe, d. h. in allen Inertialsystemen *gleich*.

Durch Einsetzen des Ergebnisses $\varepsilon = 1$ in (5.20) und (5.22) können wir außerdem schließen, dass die Lorentz-Transformation $\Lambda$ die Matrixgleichung

$$G = \tilde{\Lambda} G \Lambda \quad , \quad G \equiv \begin{pmatrix} 1 & \mathbf{0}^{\mathrm{T}} \\ \mathbf{0} & -\mathbb{1} \end{pmatrix} \tag{5.24}$$

erfüllen muss. Diese Konsistenzgleichung schränkt die mögliche Form der Transfor-mationsmatrix $\Lambda$ stark ein.

In Abschnitt [5.5] werden wir, ausgehend von Gleichung (5.24), die mögliche Form der Lorentz-Transformationen $\Lambda$ bestimmen. Bemerkenswert ist zunächst ein-mal, dass die Bestimmungsgleichung (5.24) für Lorentz-Transformationen vollkom-men *unabhängig* von den Raum-Zeit-Koordinaten $(\mathbf{x}, t)$ sowie der Relativgeschwin-digkeit $\mathbf{v}$ der beiden Inertialsysteme $K$ und $K'$ ist. Dies bedeutet aber *nicht* auto-matisch, dass auch die in (5.19) eingeführte Transformationsmatrix $\Lambda(\mathbf{x}, t; \mathbf{v})$ voll-kommen unabhängig von $(\mathbf{x}, t; \mathbf{v})$ ist. Hierfür benötigt man zusätzliche Argumen-te: Bereits der Vergleich mit den nicht-relativistischen Galilei-Transformationen suggeriert, dass $\Lambda$ explizit von der Relativgeschwindigkeit $\mathbf{v}$ sowie auch weiteren Parametern (z. B. einem Drehvektor $\boldsymbol{\alpha}$) abhängen kann. Allerdings ist aufgrund der Homogenität der Raum-Zeit auch klar, dass die Transformationsmatrix $\Lambda$ in (5.19) nicht von den Raum-Zeit-Koordinaten $(\mathbf{x}, t)$ abhängen darf: An jedem ande-ren Punkt der Raum-Zeit sollte die Transformation in identischer Weise erfolgen. Zusammenfassend erwarten wir also, dass $\Lambda$ eventuell noch von Parametern $(\mathbf{v}, \boldsymbol{\alpha})$ abhängen kann. Wir werden diese Erwartung in Abschnitt [5.5] bestätigen können.

### Die Eigenzeit und das Zwillingsparadoxon

Mit dem invarianten infinitesimalen Abstand $ds$ ist eine invariante infinitesimale Zeit $d\tau$ verknüpft:

$$d\tau \equiv \frac{ds}{c} = \sqrt{1 - \frac{1}{c^2}\left(\frac{d\mathbf{x}}{dt}\right)^2}\, dt = \sqrt{1 - \left(\frac{u}{c}\right)^2}\, dt = \sqrt{1 - \beta_u^2}\, dt = \frac{dt}{\gamma_u}\, . \tag{5.25}$$

Diese Gleichung besagt, dass in einem bewegten Bezugssystem $B$, das sich mit der Geschwindigkeit $\mathbf{u}(t)$ relativ zu einem Inertialsystem $K$ bewegt, oder auch konkret für ein *Teilchen* mit der Geschwindigkeit $\mathbf{u}(t)$ in $K$, die Zeit $d\tau = \frac{dt}{\gamma_u}$ vergeht, wenn die unbewegte Uhr in $K$ die Zeitdauer $dt$ anzeigt. Nur wenn das bewegte Bezugs-system und das Inertialsystem $K$ *identisch* sind, sodass ihre Relativgeschwindigkeit null ist: $\mathbf{u}(t) = \mathbf{0}$, gilt $d\tau = dt$. Allgemeiner gilt, dass man zu jeder Zeit $t$ ein Inerti-alsystem $K'_t$ finden kann, das zu diesem speziellen Zeitpunkt eine Geschwindigkeit null relativ zum Bezugssystem $B$ hat [und daher eine Geschwindigkeit $\mathbf{u}(t)$ relativ zu $K$]. Das Inertialsystem $K'_t$ wird als *instantanes Ruhesystem* des bewegten Be-zugssystems $B$ zum Zeitpunkt $t$ bezeichnet. Zu diesem Zeitpunkt gilt also $d\tau = dt'$, wobei $dt'$ die in $K_t'$ vergangene infinitesimale Zeit ist. Hieraus folgt also, dass $d\tau$ die Zeitspanne darstellt, die in einem instantan mitbewegten Inertialsystem vergehen würde. Aus diesem Grund wird $\tau$ als die „Eigenzeit" des bewegten Bezugssystems $B$ bezeichnet. Es ist die Zeit, die für eine Astronautin vergeht, die sich in einer relativ zu $K$ beschleunigten Rakete befindet, oder für ein kosmisches Teilchen, das mit hoher Geschwindigkeit auf unser Sonnensystem zurast.

Durch Integration von (5.25) ergibt sich die insgesamt während eines *endlichen* Zeitintervalls in $K$ vergangene *Eigenzeit* von $B$:

$$\tau_2 - \tau_1 = \int_{t_1}^{t_2} dt \, \frac{1}{\gamma_u(t)} = \int_{t_1}^{t_2} dt \, \sqrt{1 - \beta_u(t)^2} \, . \tag{5.26}$$

Man sieht wiederum, dass bewegte Uhren langsamer laufen als ruhende. Wenn also zwei Uhren $U_1$ und $U_2$ anfangs im Inertialsystem $K$ zur selben Zeit am selben Ort sind, $U_1$ auch weiterhin in $K$ verbleibt und $U_2$ sich entlang einer geschlossenen Schleife bewegt, sodass beide Uhren schließlich wieder zusammentreffen, dann ist $U_2$ aufgrund von (5.25) und (5.26) im Vergleich zu $U_1$ zurückgeblieben. Dieses Resultat geht auf Einstein (1905) zurück, der es als „Theorem" bezeichnete. Die etwas unglückliche Bezeichnung *Uhren-* oder *Zwillingsparadoxon* ist jüngeren Datums und stammt von Paul Langevin (1911). Gleichung (5.26) ist aber nichts Paradoxes, sondern eine klare Konsequenz der Postulate der Speziellen Relativitätstheorie. Wir gehen in Übungsaufgabe 5.5 näher hierauf ein.

### Nomenklatur für Abstände im Minkowski-Diagramm

Wir betrachten noch einmal zwei Ereignisse bei $(\mathbf{x}_1, t_1)$ und $(\mathbf{x}_2, t_2)$ in $K$, die in $K'$ bei $(\mathbf{x}_1', t_1')$ und $(\mathbf{x}_2', t_2')$ stattfinden. Durch Integration des Ergebnisses $ds = ds'$ in Gleichung (5.23) folgt auch für die endlichen *Abstände* dieser Ereignisse in den beiden Inertialsystemen: $s = \int ds = \int ds' = s'$. Auch der *Abstand* ist also *invariant* unter den Lorentz- oder Poincaré-Transformationen, die im nächsten Abschnitt [5.5] behandelt werden. Man beachte jedoch, dass der so definierte *Abstand* im Allgemeinen *wegabhängig* ist. Für den einfachsten Fall, dass die beiden Ereignisse in $K$ durch eine *Gerade* miteinander verbunden sind, wird der entsprechende Weg in $K'$ *ebenfalls eine Gerade* sein, da die Transformationsmatrix $\Lambda$ unabhängig von $(\mathbf{x}, t)$ ist. Die Invarianz des Abstands unter Lorentz- oder Poincaré-Transformationen bedeutet in diesem Fall:

$$(s_{21})^2 = c^2(t_{21})^2 - (\mathbf{x}_{21})^2 = c^2(t_{21}')^2 - (\mathbf{x}_{21}')^2 = (s_{21}')^2 \, , \tag{5.27}$$

wobei $t_{21} \equiv t_2 - t_1$ definiert wurde und analog für $t_{21}'$, $\mathbf{x}_{21}$ und $\mathbf{x}_{21}'$.

Aus (5.27) wird klar, dass man nur dann zu zwei Ereignissen im System $K$ ein anderes Bezugssystem $K'$ finden kann, in dem diese Ereignisse *am selben Ort* auftreten ($\mathbf{x}_{21}' = \mathbf{0}$), wenn

$$(s_{21})^2 = c^2(t_{21}')^2 > 0$$

ist. Man bezeichnet positive Abstandsquadrate, $(s_{21})^2 > 0$, als *zeit*artig. Analog kann man nur dann zu zwei Ereignissen in $K$ ein Bezugssystem $K'$ finden, in dem diese Ereignisse *gleichzeitig* auftreten (also mit $t_{21}' = 0$), falls gilt:

$$(s_{21})^2 = -(\mathbf{x}_{21}')^2 < 0 \, .$$

Negative Abstandsquadrate, $(s_{21})^2 < 0$, heißen *raum*artig. Nullabstände, $(s_{21})^2 = 0$, werden als *licht*artig bezeichnet. Diese Einteilung
ist invariant unter Koordinatentransformationen und daher *absolut*. Sie wird häufig mit
Hilfe eines einfachen „Weltbilds" (oder auch
*Minkowski-Diagramms*, siehe Abbildung 5.6)
dargestellt. Neben dem Lichtkegel $(s_{21})^2 = 0$,
der lichtartige Abstände zwischen Ereignissen
repräsentiert, unterscheidet man die absolute
Zukunft, $(s_{21})^2 > 0$ mit $t_{21} > 0$, die absolute Vergangenheit, $(s_{21})^2 > 0$ mit $t_{21} < 0$,
und das absolut Entfernte, $(s_{21})^2 < 0$. Eine
kausale Beziehung zwischen zwei Ereignissen
ist nur dann möglich, wenn ihr Abstand zeit-
oder lichtartig ist, d. h., wenn $(s_{21})^2 \geq 0$ gilt.

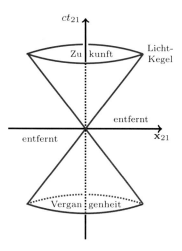

**Abb. 5.6** Minkowski-Diagramm

## 5.5 Poincaré- und Lorentz-Transformationen

Wir möchten nun die möglichen Transformationen untersuchen, die die Inertialsysteme der Speziellen Relativitätstheorie miteinander verbinden und somit die
relativistische Verallgemeinerung der Galilei-Transformationen der Newton'schen
Mechanik darstellen. Wir wissen bereits aus Gleichung (5.19), dass die *Differentia-
le* der Koordinaten zweier Inertialsysteme $K$ und $K'$ mit $\mathbf{v}_{\text{rel}}(K', K) = \mathbf{v}$ durch
eine lineare Abbildung $\Lambda$ miteinander verknüpft sind:

$$\begin{pmatrix} c\,dt' \\ d\mathbf{x}' \end{pmatrix} = \Lambda \begin{pmatrix} c\,dt \\ d\mathbf{x} \end{pmatrix} \quad , \quad \Lambda(\mathbf{v}, \boldsymbol{\alpha}) \equiv \begin{pmatrix} \frac{\partial t'}{\partial t} & c\left(\frac{\partial t'}{\partial \mathbf{x}}\right)^{\text{T}} \\ \frac{1}{c}\frac{\partial \mathbf{x}'}{\partial t} & \frac{\partial \mathbf{x}'}{\partial \mathbf{x}} \end{pmatrix} , \tag{5.28a}$$

wobei $\Lambda$ die Konsistenzgleichung (5.24) erfüllt:

$$G = \tilde{\Lambda} G \Lambda \quad , \quad G = \begin{pmatrix} 1 & \mathbf{0}^{\text{T}} \\ \mathbf{0} & -\mathbb{1} \end{pmatrix} . \tag{5.28b}$$

Hierbei bezeichnet $\tilde{\Lambda}$ wieder die gespiegelte (transponierte) Matrix: $\tilde{\Lambda}_{ij} = \Lambda_{ji}$.
Außerdem wissen wir, dass die $(4 \times 4)$-Matrix $\Lambda$ aufgrund der Homogenität der
Raum-Zeit zwar von der Relativgeschwindigkeit $\mathbf{v}$ der beiden Inertialsysteme $K$
und $K'$ oder einem Drehvektor $\boldsymbol{\alpha}$, aber nicht von den Raum-Zeit-Koordinaten
$(\mathbf{x}, t)$ abhängen kann. Gleichung (5.28b) stellt eine *Bestimmungsgleichung* für die
Matrizen $\Lambda$ dar. Da $\Lambda(\mathbf{v})$ nicht explizit von $(\mathbf{x}, t)$ abhängt, kann man Gleichung
(5.28a) direkt integrieren. Das Ergebnis zeigt, dass die Koordinaten von $K$ und $K'$
durch lineare Transformationen der Form

$$\boxed{\begin{pmatrix} ct' \\ \mathbf{x}' \end{pmatrix} = \Lambda(\mathbf{v}, \boldsymbol{\alpha}) \begin{pmatrix} ct \\ \mathbf{x} \end{pmatrix} + \begin{pmatrix} a_0 \\ \mathbf{a} \end{pmatrix}} \tag{5.29}$$

miteinander verbunden sind. Hierbei wird $\Lambda(\mathbf{v}, \boldsymbol{\alpha})$ durch die Bestimmungsgleichung (5.28b) festgelegt. Die Integrationskonstante $\begin{pmatrix} a_0 \\ \mathbf{a} \end{pmatrix}$ entspricht geometrisch
einer *Translation*. Lineare Transformationen der Form (5.29) werden als *Poincaré-
Transformationen* bezeichnet, falls sie tatsächlich eine Translation enthalten und

somit *inhomogen* sind: $\left(\begin{smallmatrix} a_0 \\ \mathbf{a} \end{smallmatrix}\right) \neq \left(\begin{smallmatrix} 0 \\ \mathbf{0} \end{smallmatrix}\right)$, und als *Lorentz-Transformationen*, falls sie *homogen* sind: $\left(\begin{smallmatrix} a_0 \\ \mathbf{a} \end{smallmatrix}\right) = \left(\begin{smallmatrix} 0 \\ \mathbf{0} \end{smallmatrix}\right)$. Für Lorentz-Transformationen gilt also, dass der Ursprung $\left(\begin{smallmatrix} ct \\ \mathbf{x} \end{smallmatrix}\right) = \left(\begin{smallmatrix} 0 \\ \mathbf{0} \end{smallmatrix}\right)$ der Raum-Zeit im Inertialsystem $K$ auch im Inertialsystem $K'$ als Ursprung der Raum-Zeit gemessen wird: $\left(\begin{smallmatrix} ct' \\ \mathbf{x}' \end{smallmatrix}\right) = \left(\begin{smallmatrix} 0 \\ \mathbf{0} \end{smallmatrix}\right)$.

## Die Lorentz-Gruppe

Lorentz-Transformationen entsprechen daher dem *homogenen* Anteil der linearen Transformation (5.29), der vollständig durch die $(4 \times 4)$-Matrix $\Lambda(\mathbf{v}, \boldsymbol{\alpha})$ charakterisiert wird. Die Gesamtheit aller Lorentz-Transformationen

$$\mathcal{L} \equiv \left\{ \Lambda \mid \tilde{\Lambda} G \Lambda = G \right\}$$

bildet eine Gruppe, die *Lorentz-Gruppe*. Die Gruppenstruktur von $\mathcal{L}$ folgt direkt aus der Relation $\tilde{\Lambda} G \Lambda = G$, denn wenn $\Lambda_1$ und $\Lambda_2$ zur Lorentz-Gruppe gehören, gilt dasselbe für das Produkt $\Lambda_1 \Lambda_2$:

$$(\tilde{\Lambda}_2 \tilde{\Lambda}_1) G (\Lambda_1 \Lambda_2) = \tilde{\Lambda}_2 (\tilde{\Lambda}_1 G \Lambda_1) \Lambda_2 = \tilde{\Lambda}_2 G \Lambda_2 = G \ .$$

Außerdem ist die Multiplikation von Lorentz-Transformationen *assoziativ*, da die Matrixmultiplikation generell assoziativ ist, es existiert ein neutrales Element $\mathbb{1}_4$, da $\mathbb{1}_4 G \mathbb{1}_4 = G$ gilt und $\mathbb{1}_4$ daher zur Gruppe gehört, und es existiert für alle Lorentz-Transformationen $\Lambda$ ein *inverses Element*. Die letzte Behauptung folgt aus $\tilde{\Lambda} G \Lambda = G$, da die äquivalente Beziehung $G \tilde{\Lambda} G \Lambda = \mathbb{1}_4$ bedeutet, dass

$$G \tilde{\Lambda} G = \begin{pmatrix} \frac{\partial t'}{\partial t} & -\frac{1}{c} \left(\frac{\partial \mathbf{x}'}{\partial t}\right)^{\mathrm{T}} \\ -c \frac{\partial t'}{\partial \mathbf{x}} & \left(\frac{\partial \mathbf{x}'}{\partial \mathbf{x}}\right)^{\mathrm{T}} \end{pmatrix} \stackrel{!}{=} \Lambda^{-1} = \begin{pmatrix} \frac{\partial t'}{\partial t} & c\left(\frac{\partial t'}{\partial \mathbf{x}}\right)^{\mathrm{T}} \\ \frac{1}{c} \frac{\partial \mathbf{x}'}{\partial t} & \frac{\partial \mathbf{x}'}{\partial \mathbf{x}} \end{pmatrix}^{-1}$$

die zu $\Lambda$ inverse Matrix darstellt. Die Matrixbeziehung $G \tilde{\Lambda} G \Lambda = \mathbb{1}_4$ bedeutet, dass für die einzelnen Matrixelemente die folgenden drei Konsistenzgleichungen erfüllt sein *müssen*, damit $\Lambda$ eine Lorentz-Transformation darstellt:

$$1 = \left(\frac{\partial t'}{\partial t}\right)^2 - \frac{1}{c^2} \left|\frac{\partial \mathbf{x}'}{\partial t}\right|^2 \tag{5.30a}$$

$$\mathbf{0} = -c \frac{\partial t'}{\partial t} \frac{\partial t'}{\partial \mathbf{x}} + \frac{1}{c} \left(\frac{\partial \mathbf{x}'}{\partial \mathbf{x}}\right)^{\mathrm{T}} \frac{\partial \mathbf{x}'}{\partial t} \tag{5.30b}$$

$$\mathbb{1}_3 = \left(\frac{\partial \mathbf{x}'}{\partial \mathbf{x}}\right)^{\mathrm{T}} \frac{\partial \mathbf{x}'}{\partial \mathbf{x}} - c^2 \frac{\partial t'}{\partial \mathbf{x}} \left(\frac{\partial t'}{\partial \mathbf{x}}\right)^{\mathrm{T}} \ . \tag{5.30c}$$

Hierbei sind die Ableitungen auf der rechten Seite von (5.30), also $\frac{\partial t'}{\partial t}$, die Vektoren $\frac{\partial \mathbf{x}'}{\partial t}$ und $\frac{\partial t'}{\partial \mathbf{x}}$ und die Matrix $\frac{\partial \mathbf{x}'}{\partial \mathbf{x}}$, alle *konstant*, d. h. *unabhängig* von $(\mathbf{x}, t)$.

Aus der Bestimmungsgleichung $G \tilde{\Lambda} G \Lambda = \mathbb{1}_4$ für die Lorentz-Transformationen folgt außerdem direkt, dass allgemein $[\det(\Lambda)]^2 = 1$ gilt:

$$1 = \det(\mathbb{1}_4) = \det(G \tilde{\Lambda} G \Lambda) = \det(G^2) \det(\tilde{\Lambda}) \det(\Lambda) = [\det(\Lambda)]^2 \ .$$

Hieraus ergibt sich $\det(\Lambda) = \pm 1$. Transformationen mit $\det(\Lambda) = +1$ bezeichnet man als „eigentliche" Lorentz-Transformationen ($\Lambda \in \mathcal{L}_+$) und solche mit $\frac{\partial t'}{\partial t} > 0$ als „orthochron" ($\Lambda \in \mathcal{L}^{\uparrow}$), da $t'$ dann eine monoton ansteigende Funktion von

$t$ ist. Es folgt übrigens direkt aus (5.30a), dass für alle orthochronen Lorentz-Transformationen sogar $\frac{\partial t'}{\partial t} \geq 1$ gilt:

$$\frac{\partial t'}{\partial t} = \sqrt{1 + \frac{1}{c^2}\left|\frac{\partial \mathbf{x}'}{\partial t}\right|^2} \geq 1 \ .$$

Innerhalb der Lorentz-Gruppe $\mathcal{L}$ ist die *eigentliche orthochrone* Lorentz-Gruppe $\mathcal{L}_+^\uparrow$, deren Elemente die beiden Bedingungen $\frac{\partial t'}{\partial t} \geq 1$ und $\det(\Lambda) = +1$ erfüllen, am wichtigsten. Zu dieser Untergruppe $\mathcal{L}_+^\uparrow$ von $\mathcal{L}$ gehören die gewöhnlichen Drehungen um eine feste Achse und die Geschwindigkeitstransformationen im Orts-Zeit-Raum, die auch als „Boosts" bezeichnet werden. Im Folgenden befassen wir uns ausschließlich mit der eigentlichen orthochronen Lorentz-Gruppe $\mathcal{L}_+^\uparrow$.

### Drehungen

Wir nehmen zunächst an, dass in Gleichung (5.30) gilt: $\frac{\partial \mathbf{x}'}{\partial t} = \mathbf{0}$. Da wir $\Lambda \in \mathcal{L}_+^\uparrow$ annehmen, folgt $\frac{\partial t'}{\partial t} = +1$ aus (5.30a). Dies wiederum bedeutet $\frac{\partial t'}{\partial \mathbf{x}} = \mathbf{0}$ aufgrund von Gleichung (5.30b). Durch die Kombination der letzten beiden Ergebnisse ergibt sich $t' = t$. Aus Gleichung (5.30c) folgt dann mit der Definition $R \equiv \frac{\partial \mathbf{x}'}{\partial \mathbf{x}}$ die Bestimmungsgleichung $\mathbb{1}_3 = R^{\mathrm{T}}R$, die zeigt, dass die Transformation $R$ *orthogonal* sein muss: $R \in O_3$. Da wir $\Lambda \in \mathcal{L}_+^\uparrow$ annehmen und somit $\det(\Lambda) = \det(R) = +1$ gelten muss, kann $R$ nur eine dreidimensionale *Drehung* sein: $R \in SO(3)$. Das Thema „Drehungen" ist uns bereits in Abschnitt [2.5.4] begegnet. Wir wissen daher, dass dreidimensionale Drehungen durch eine feste Drehrichtung $\hat{\boldsymbol{\alpha}}$ und einen Drehwinkel $\alpha$ und daher insgesamt durch einen Drehvektor $\boldsymbol{\alpha} = \alpha\hat{\boldsymbol{\alpha}}$ charakterisiert werden können: $R = R(\boldsymbol{\alpha})$. Die Wirkung einer solchen dreidimensionalen Drehung auf einen beliebigen dreidimensionalen Vektor $\mathbf{x}$ ist aus Gleichung (2.33) bekannt:

$$R(\boldsymbol{\alpha})\mathbf{x} = \hat{\boldsymbol{\alpha}}(\hat{\boldsymbol{\alpha}} \cdot \mathbf{x}) - \hat{\boldsymbol{\alpha}} \times (\hat{\boldsymbol{\alpha}} \times \mathbf{x})\cos(\alpha) + (\hat{\boldsymbol{\alpha}} \times \mathbf{x})\sin(\alpha) \ . \tag{5.31a}$$

Für die entsprechenden Lorentz-Transformationen bedeutet dies, das sie durch eine $(4 \times 4)$-Matrix der Form

$$\Lambda_{\mathrm{R}}(\boldsymbol{\alpha}) = \begin{pmatrix} 1 & \mathbf{0}^{\mathrm{T}} \\ \mathbf{0} & R(\boldsymbol{\alpha}) \end{pmatrix} \tag{5.31b}$$

gegeben sind. Zusammenfassend lernen wir also, dass sämtliche Transformationen, die im Ortsraum eine Drehung darstellen und die Zeitvariable invariant lassen, zur eigentlichen orthochronen Lorentz-Gruppe $\mathcal{L}_+^\uparrow$ gehören.

### Geschwindigkeitstransformationen

Wir untersuchen nun mögliche *Geschwindigkeitstransformationen* oder „Boosts" $\Lambda_{\mathrm{B}}$ (ohne zusätzliche Drehung des Koordinatensystems) und nehmen dazu an, dass in der Bestimmungsgleichung für die Lorentz-Transformationen (5.30) gilt: $\frac{\partial \mathbf{x}'}{\partial t} \neq \mathbf{0}$. Aus Gleichung (5.30a) folgt dann $\frac{\partial t'}{\partial t} > 1$, da wir $\Lambda \in \mathcal{L}_+^\uparrow$ annehmen. Das Verhältnis $\frac{\partial \mathbf{x}'}{\partial t} / \frac{\partial t'}{\partial t}$ stellt die Geschwindigkeit eines in $K$ *festen* Punkts (z. B. des Ursprungs in $K$) dar, gemessen in $K'$. Notieren wir die Relativgeschwindigkeit der beiden Inertialsysteme $K$ und $K'$ wie üblich als $\mathbf{v}_{\mathrm{rel}}(K', K) = \mathbf{v}$, so muss gelten:

$$\frac{\partial \mathbf{x}'}{\partial t} \bigg/ \frac{\partial t'}{\partial t} = -\mathbf{v} \quad \text{bzw.} \quad \frac{\partial \mathbf{x}'}{\partial t} = -\frac{\partial t'}{\partial t}\mathbf{v} \,.$$

Eingesetzt in Gleichung (5.30a) ergibt sich daraus dann konkret (mit $\beta = \frac{v}{c}$):

$$1 = \left(\frac{\partial t'}{\partial t}\right)^2 (1 - \beta^2) \quad \text{bzw.} \quad \frac{\partial t'}{\partial t} = \frac{1}{\sqrt{1-\beta^2}} \equiv \gamma \quad \text{und} \quad \frac{\partial \mathbf{x}'}{\partial t} = -\gamma\mathbf{v} \,.$$

Um die beiden weiteren Ableitungen $\frac{\partial t'}{\partial \mathbf{x}}$ und $\frac{\partial \mathbf{x}'}{\partial \mathbf{x}}$ auszurechnen, führen wir zuerst die Notation $\frac{\partial \mathbf{x}'}{\partial \mathbf{x}} \equiv \Gamma$ ein. Durch Einsetzen der Ergebnisse für $\frac{\partial \mathbf{x}'}{\partial t}$ und $\frac{\partial t'}{\partial t}$ in Gleichung (5.30b) erhält man zunächst: $\frac{\partial t'}{\partial \mathbf{x}} = -\frac{\beta}{c}\Gamma^{\mathrm{T}}\hat{\boldsymbol{\beta}}$. Durch Substitution dieser Beziehung in (5.30c) ergibt sich dann eine geschlossene Gleichung für $\Gamma$:

$$\mathbb{1}_3 = \Gamma^{\mathrm{T}}\left(\mathbb{1}_3 - \beta^2 \hat{\boldsymbol{\beta}}\hat{\boldsymbol{\beta}}^{\mathrm{T}}\right)\Gamma \quad , \quad \left(\hat{\boldsymbol{\beta}}\hat{\boldsymbol{\beta}}^{\mathrm{T}}\right)_{ij} = \hat{\beta}_i \hat{\beta}_j \,, \tag{5.32}$$

wobei das Produkt $\hat{\boldsymbol{\beta}}\hat{\boldsymbol{\beta}}^{\mathrm{T}}$ als Dyade aufzufassen ist und eine $(3 \times 3)$-Matrix darstellt. Glücklicherweise ist es relativ einfach, die Lösung von (5.32) zu bestimmen. Wir wissen nämlich bereits aufgrund von (5.29) und unseren bisherigen Ergebnissen für $\Lambda(\mathbf{v})$, dass $\mathbf{x}' = \Gamma\mathbf{x} - \gamma\mathbf{v}t$ gilt. Aus dem in Abb. 5.2 skizzierten Argument über die Invarianz senkrechter Längen folgt nun, dass $\Gamma$ auf beliebige Vektoren $\mathbf{x}_\perp$, die senkrecht auf der $\hat{\boldsymbol{\beta}}$-Richtung stehen, wie die Identität wirkt: $\Gamma\mathbf{x}_\perp = \mathbf{x}_\perp$. Außerdem folgt aus Gleichung (5.16), dass ein Beobachter in $K$ einen in $K'$ ruhenden Stab, der *parallel* zur $\hat{\boldsymbol{\beta}}$-Richtung orientiert ist, um den $\gamma$-Faktor *verkürzt* misst, d. h., dass $\Gamma\hat{\boldsymbol{\beta}} = \gamma\hat{\boldsymbol{\beta}}$ gilt.[11] Diese Ergebnisse bedeuten zusammengenommen, dass

$$\frac{\partial \mathbf{x}'}{\partial \mathbf{x}} = \Gamma = \mathbb{1}_3 + (\gamma - 1)\hat{\boldsymbol{\beta}}\hat{\boldsymbol{\beta}}^{\mathrm{T}} \tag{5.33}$$

gelten muss. Durch Einsetzen dieses Ausdrucks für $\Gamma$ in (5.32), Ausmultiplizieren und Verwenden von $\gamma = (1 - \beta^2)^{-1/2}$ zeigt man leicht, dass (5.32) tatsächlich für alle Geschwindigkeitsvektoren $\boldsymbol{\beta}$ erfüllt ist. Aus (5.33) folgt schließlich noch

$$\frac{\partial t'}{\partial \mathbf{x}} = -\frac{\beta}{c}\Gamma^{\mathrm{T}}\hat{\boldsymbol{\beta}} = -\frac{\beta}{c}\left[\mathbb{1}_3 + (\gamma - 1)\hat{\boldsymbol{\beta}}\hat{\boldsymbol{\beta}}^{\mathrm{T}}\right]^{\mathrm{T}}\hat{\boldsymbol{\beta}} = -\frac{\beta}{c}\left(\hat{\boldsymbol{\beta}} + (\gamma - 1)\hat{\boldsymbol{\beta}}\right) = -\frac{\gamma}{c}\boldsymbol{\beta} \,,$$

sodass alle Matrixelemente der Geschwindigkeitstransformation $\Lambda_{\mathrm{B}}$ nun bekannt sind. Zusammenfassend sind die Form von $\Lambda_{\mathrm{B}}$ und die entsprechende Beziehung zwischen den Koordinaten in $K$ und $K'$ also gegeben durch:

$$\Lambda_{\mathrm{B}}(\mathbf{v}) \equiv \begin{pmatrix} \gamma & -\gamma\boldsymbol{\beta}^{\mathrm{T}} \\ -\gamma\boldsymbol{\beta} & \mathbb{1}_3 + (\gamma - 1)\hat{\boldsymbol{\beta}}\hat{\boldsymbol{\beta}}^{\mathrm{T}} \end{pmatrix} \quad , \quad \begin{pmatrix} ct' \\ \mathbf{x}' \end{pmatrix} = \begin{pmatrix} \gamma(ct - \beta x_\parallel) \\ \mathbf{x}_\perp + \gamma(x_\parallel - vt)\hat{\boldsymbol{\beta}} \end{pmatrix} \,, \tag{5.34}$$

---

[11] Denn wenn sich die Stabenden in $K$ bei $x_1\hat{\boldsymbol{\beta}}$ und $x_2\hat{\boldsymbol{\beta}}$ und in $K'$ bei $x_1'\hat{\boldsymbol{\beta}}$ und $x_2'\hat{\boldsymbol{\beta}}$ befinden, muss $x_2 - x_1 = \frac{1}{\gamma}(x_2' - x_1')$ gelten. Da die Längenmessung in $K$ bei festem $t$ durchgeführt wird, folgt aber aus der Beziehung $\mathbf{x}' = \Gamma\mathbf{x} - \gamma\mathbf{v}t$ durch Subtraktion der Gleichungen für die beiden Stabenden „1" und „2": $(x_2' - x_1')\hat{\boldsymbol{\beta}} = (x_2 - x_1)\Gamma\hat{\boldsymbol{\beta}}$. Folglich muss $\Gamma\hat{\boldsymbol{\beta}} = \gamma\hat{\boldsymbol{\beta}}$ gelten.

wobei $x_\parallel \equiv \mathbf{x} \cdot \hat{\boldsymbol{\beta}}$ die Projektion von $\mathbf{x}$ auf die $\hat{\boldsymbol{\beta}}$-Richtung und $\mathbf{x}_\perp \equiv \mathbf{x} - x_\parallel \hat{\boldsymbol{\beta}}$ den dazu senkrechten Anteil darstellt. Bei fester Geschwindigkeit $v$ erhält man im Limes $c \to \infty$ wieder die Galilei-Transformation: $t' = t$, $\mathbf{x}' = \mathbf{x} - \mathbf{v}t$. Dies zeigt, dass die Newton'sche Mechanik im nicht-relativistischen Limes in der Speziellen Relativitätstheorie als Grenzfall enthalten ist.

## Alternative Darstellung von Geschwindigkeitstransformationen

Da die Relativgeschwindigkeit $\mathbf{v}$ der Bezugssysteme $K$ und $K'$ sicherlich von oben durch die Lichtgeschwindigkeit beschränkt wird, kann man $\mathbf{v} = c \tanh(\phi)\hat{\boldsymbol{\beta}}$ parametrisieren und damit auch: $\boldsymbol{\beta} = \tanh(\phi)\hat{\boldsymbol{\beta}}$ bzw. $\beta = \tanh(\phi)$. Hieraus folgt:

$$\gamma = \left(1 - \beta^2\right)^{-1/2} = \left[1 - \tanh^2(\phi)\right]^{-1/2} = \cosh(\phi) \quad , \quad \gamma\beta = \sinh(\phi) \, . \tag{5.35}$$

Der Parameter $\phi$ wird hierbei als *Rapidität* bezeichnet; umgekehrt gilt die Beziehung $\phi = \operatorname{artanh}(\beta)$. Setzt man diese Parametrisierung in $\Lambda_\mathrm{B}(\mathbf{v})$ aus Gleichung (5.34) ein, erhält man die folgende *hyperbolische* Form der Matrix $\Lambda_\mathrm{B}$:

$$\Lambda_\mathrm{B}(\phi, \hat{\boldsymbol{\beta}}) = \mathbb{1}_4 + \begin{pmatrix} [\cosh(\phi) - 1] & -\sinh(\phi)\hat{\boldsymbol{\beta}}^\mathrm{T} \\ -\sinh(\phi)\hat{\boldsymbol{\beta}} & [\cosh(\phi) - 1]\hat{\boldsymbol{\beta}}\hat{\boldsymbol{\beta}}^\mathrm{T} \end{pmatrix} , \tag{5.36a}$$

wobei das Produkt $\hat{\boldsymbol{\beta}}\hat{\boldsymbol{\beta}}^\mathrm{T}$ wiederum als Dyade aufzufassen ist. Die Beziehung zwischen den Koordinaten in $K$ und $K'$ ist für die hyperbolische Darstellung der Geschwindigkeitstransformation gegeben durch:

$$\begin{pmatrix} ct' \\ \mathbf{x}' \end{pmatrix} = \begin{pmatrix} \cosh(\phi)ct - \sinh(\phi)(\mathbf{x} \cdot \hat{\boldsymbol{\beta}}) \\ -\sinh(\phi)ct\hat{\boldsymbol{\beta}} + [\mathbf{x} - (\mathbf{x} \cdot \hat{\boldsymbol{\beta}})\hat{\boldsymbol{\beta}}] + \cosh(\phi)(\mathbf{x} \cdot \hat{\boldsymbol{\beta}})\hat{\boldsymbol{\beta}} \end{pmatrix} . \tag{5.36b}$$

Die hyperbolische Darstellung der Lorentz-Transformation ist für manche Zwecke praktischer als (5.34) in der $(\boldsymbol{\beta}, \gamma)$-Sprache. Dies wird z. B. auch klar bei der Untersuchung von Lorentz-Transformationen als *Lie-Gruppe* im nächsten Abschnitt.

## Die eigentliche orthochrone Lorentz-Gruppe als Lie-Gruppe ∗

Die Untergruppe $\mathcal{L}_+^\uparrow$ der Lorentz-Gruppe ist eine *kontinuierliche Gruppe* oder *Lie-Gruppe*[12] und hat dann auch die entsprechende Struktur: Eine endliche Lorentz-Transformation kann als Produkt vieler „kleiner" Lorentz-Transformationen, die nur geringfügig von der Identität abweichen, geschrieben werden. Diese Eigenschaft vereinfacht die Behandlung solcher Transformationen sehr stark. Wir zeigen diese Vereinfachungen zuerst für Drehungen, dann für Geschwindigkeitstransformationen und schließlich für beliebige Lorentz-Transformationen.

**Drehungen** Die speziellen Lorentz-Transformationen, die im Ortsraum eine Drehung darstellen und die Zeitvariable invariant lassen, sind durch Gleichung (5.31) festgelegt. Der Einfachheit halber bezeichnen wir sowohl die $(3 \times 3)$-Matrix $R(\boldsymbol{\alpha})$

---

[12]Vereinfacht formuliert bedeutet dies, dass der Drehvektor $\boldsymbol{\alpha}$ und die Relativgeschwindigkeit $\boldsymbol{\beta}$ bei den Boosts *kontinuierlich* variieren und stetig mit dem Nullvektor $\boldsymbol{\alpha} = \boldsymbol{\beta} = \mathbf{0}$ verbunden werden können, sodass die Lorentz-Transformationen in *exponentieller* Form darstellbar sind.

in (5.31a) als auch die $(4 \times 4)$-Matrix $\Lambda_R(\boldsymbol{\alpha})$ in (5.31b) als „Drehungen". Es ist intuitiv klar und kann auch leicht mathematisch bewiesen werden, dass bei sukzessiver Anwendung mehrerer Drehungen $\Lambda_R(\alpha\hat{\boldsymbol{\alpha}})$ mit *derselben* Drehachse $\hat{\boldsymbol{\alpha}}$, jedoch möglicherweise unterschiedlichen $\alpha$-Werten, die Drehwinkel *additiv* sind:

$$\Lambda_R(\alpha_1\hat{\boldsymbol{\alpha}})\Lambda_R(\alpha_2\hat{\boldsymbol{\alpha}}) = \Lambda_R((\alpha_1 + \alpha_2)\hat{\boldsymbol{\alpha}}) = \Lambda_R(\alpha_2\hat{\boldsymbol{\alpha}})\Lambda_R(\alpha_1\hat{\boldsymbol{\alpha}}) . \qquad (5.37)$$

Solche Drehungen mit fester Drehachse $\hat{\boldsymbol{\alpha}}$ sind also *kommutativ* (d. h. lassen sich vertauschen) und bilden daher eine *kommutative („abelsche") Gruppe*. Hieraus folgt, dass die mehrmalige Anwendung „kleiner" Drehungen eine „große" Drehung ergibt:

$$\Lambda_R(\boldsymbol{\alpha}) = \left[\Lambda\left(\tfrac{1}{n}\boldsymbol{\alpha}\right)\right]^n = \begin{pmatrix} 1 & \mathbf{0}^T \\ \mathbf{0} & R\left(\tfrac{1}{n}\boldsymbol{\alpha}\right) \end{pmatrix}^n \qquad (n \in \mathbb{N}) . \qquad (5.38)$$

Dies gilt für alle $n \in \mathbb{N}$. Wir möchten am Ende den Grenzfall $n \to \infty$ betrachten und konzentrieren uns daher im Folgenden auf *große* $n$-Werte. Nun ist $R\left(\tfrac{1}{n}\boldsymbol{\alpha}\right) = R\left(\tfrac{\alpha}{n}\hat{\boldsymbol{\alpha}}\right)$ für $n \gg 1$ eine Drehung mit sehr kleinem Drehwinkel $\tfrac{\alpha}{n}$, die also nur geringfügig von der Identität abweicht und daher leicht aus (5.31a) berechnet werden kann:

$$
\begin{aligned}
R\left(\tfrac{\alpha}{n}\hat{\boldsymbol{\alpha}}\right)\mathbf{x} &= \hat{\boldsymbol{\alpha}}(\hat{\boldsymbol{\alpha}} \cdot \mathbf{x}) - \hat{\boldsymbol{\alpha}} \times (\hat{\boldsymbol{\alpha}} \times \mathbf{x}) \cos\left(\tfrac{\alpha}{n}\right) + (\hat{\boldsymbol{\alpha}} \times \mathbf{x}) \sin\left(\tfrac{\alpha}{n}\right) \\
&= \hat{\boldsymbol{\alpha}}(\hat{\boldsymbol{\alpha}} \cdot \mathbf{x}) - \hat{\boldsymbol{\alpha}} \times (\hat{\boldsymbol{\alpha}} \times \mathbf{x}) + \tfrac{\alpha}{n}(\hat{\boldsymbol{\alpha}} \times \mathbf{x}) + \mathcal{O}\left(\tfrac{1}{n^2}\right) \quad (n \to \infty) \\
&= \mathbf{x} + \tfrac{\alpha}{n}(\hat{\boldsymbol{\alpha}} \times \mathbf{x}) + \mathcal{O}\left(\tfrac{1}{n^2}\right) = \mathbf{x} + \tfrac{1}{n}(\boldsymbol{\alpha} \times \mathbf{x}) + \mathcal{O}\left(\tfrac{1}{n^2}\right) \quad (n \to \infty) .
\end{aligned}
$$

Im vorletzten Schritt wurde die Identität $\mathbf{x} = \hat{\boldsymbol{\alpha}}(\hat{\boldsymbol{\alpha}} \cdot \mathbf{x}) - \hat{\boldsymbol{\alpha}} \times (\hat{\boldsymbol{\alpha}} \times \mathbf{x})$ aus Gleichung (2.32) verwendet. In Matrixnotation bedeutet dies:

$$R\left(\tfrac{1}{n}\boldsymbol{\alpha}\right) = \mathbb{1}_3 + \frac{1}{n}\begin{pmatrix} 0 & -\alpha_3 & \alpha_2 \\ \alpha_3 & 0 & -\alpha_1 \\ -\alpha_2 & \alpha_1 & 0 \end{pmatrix} + \mathcal{O}\left(\tfrac{1}{n^2}\right) = \mathbb{1}_3 - \frac{i}{n}\boldsymbol{\alpha}\cdot\boldsymbol{\ell} + \mathcal{O}\left(\tfrac{1}{n^2}\right) \quad (n \to \infty) ,$$

wobei $\boldsymbol{\ell} = (\ell_1, \ell_2, \ell_3)^T$ ein dreidimensionaler Vektor ist, der als Komponenten die drei *Drehmatrizen* hat:

$$\ell_1 \equiv \begin{pmatrix} 0 & 0 & 0 \\ 0 & 0 & -i \\ 0 & i & 0 \end{pmatrix} \quad , \quad \ell_2 \equiv \begin{pmatrix} 0 & 0 & i \\ 0 & 0 & 0 \\ -i & 0 & 0 \end{pmatrix} \quad , \quad \ell_3 \equiv \begin{pmatrix} 0 & -i & 0 \\ i & 0 & 0 \\ 0 & 0 & 0 \end{pmatrix} .$$

Die zusätzlichen Faktoren $i$ im Term $-\tfrac{i}{n}\boldsymbol{\alpha}\cdot\boldsymbol{\ell}$ wurden eingeführt, damit die drei Matrizen $\ell_k$ *hermitesch* sind. Für die „kleine" $(4\times4)$-Drehung $\Lambda\left(\tfrac{1}{n}\boldsymbol{\alpha}\right)$ in (5.38) folgt hieraus, dass sie für große $n$-Werte durch die $(4\times4)$-Drehmatrizen $\mathbf{L} = (L_1, L_2, L_3)^T$ charakterisiert wird:

$$\Lambda\left(\tfrac{1}{n}\boldsymbol{\alpha}\right) = \mathbb{1}_4 - \frac{i}{n}\boldsymbol{\alpha}\cdot\mathbf{L} + \mathcal{O}\left(\tfrac{1}{n^2}\right) \quad (n \to \infty) \quad , \quad L_k \equiv \begin{pmatrix} 0 & \mathbf{0}^T \\ \mathbf{0} & \ell_k \end{pmatrix} . \qquad (5.39)$$

An dieser Stelle ist es sehr nützlich, Exponentialfunktionen und Logarithmen von *Matrizen* einzuführen, die allgemein für reelle $(n \times n)$-Matrizen $A$ und $B$ durch die übliche Potenzreihenentwicklung definiert werden können:

$$e^A \equiv \sum_{m=0}^{\infty} \frac{A^m}{m!} \quad , \quad \ln(B) = \sum_{m=1}^{\infty}(-1)^{m-1}\frac{(B - \mathbb{1}_n)^m}{m} . \qquad (5.40)$$

Es gelten die vertrauten Rechenregeln[13]

$$\ln\!\big(e^A\big) = A \quad , \quad e^{\ln(B)} = B \quad , \quad e^{nA} = \big(e^A\big)^n \quad , \quad \ln\!\big(B^n\big) = n\ln(B) \; .$$

Wir wenden diese nun auf die Drehung $\Lambda_{\mathrm{R}}(\boldsymbol{\alpha})$ in Gleichung (5.38) an und konzentrieren uns speziell auf den Grenzfall $n \to \infty$:

$$\begin{aligned}
\Lambda_{\mathrm{R}}(\boldsymbol{\alpha}) &= \big[\Lambda\big(\tfrac{1}{n}\boldsymbol{\alpha}\big)\big]^n = \lim_{n\to\infty} \big[\Lambda\big(\tfrac{1}{n}\boldsymbol{\alpha}\big)\big]^n = \lim_{n\to\infty} \exp\!\big\{n\ln\big[\Lambda\big(\tfrac{1}{n}\boldsymbol{\alpha}\big)\big]\big\} \\
&= \lim_{n\to\infty} \exp\!\big\{n\ln\big[\mathbb{1}_4 - \tfrac{i}{n}\boldsymbol{\alpha}\cdot\mathbf{L} + \mathcal{O}\big(\tfrac{1}{n^2}\big)\big]\big\} \\
&= \lim_{n\to\infty} \exp\!\big\{n\big[-\tfrac{i}{n}\boldsymbol{\alpha}\cdot\mathbf{L} + \mathcal{O}\big(\tfrac{1}{n^2}\big)\big]\big\} = e^{-i\boldsymbol{\alpha}\cdot\mathbf{L}} \; .
\end{aligned} \tag{5.41}$$

Wir stellen also fest, dass sämtliche Lorentz-Transformationen mit dem Charakter einer *Drehung* in der Form einer *Exponentialfunktion* dargestellt werden können. Hierbei wird das Argument der Exponentialfunktion durch das Skalarprodukt des Drehvektors $\boldsymbol{\alpha}$ und des Vektors $\mathbf{L}$ der Drehmatrizen bestimmt. Die Drehmatrizen $\mathbf{L} = (L_1, L_2, L_3)^{\mathrm{T}}$ werden als *Erzeuger* der Drehgruppe $SO(3)$ bezeichnet. Wenn man allgemein den *Kommutator* zweier Matrizen durch $[M_1, M_2] \equiv M_1 M_2 - M_2 M_1$ definiert, erfüllen die Erzeuger $(L_1, L_2, L_3)^{\mathrm{T}}$ der Drehgruppe die relativ einfachen Vertauschungsrelationen

$$\boxed{\; [L_k, L_l] = i\varepsilon_{klm} L_m \; . \;} \tag{5.42}$$

Diese Vertauschungsbeziehungen zeigen, dass der Kommutator zweier Drehmatrizen $L_k$ und $L_l$ wiederum durch eine Drehmatrix $L_m$ gegeben und die Algebra der Drehmatrizen in diesem Sinne *geschlossen* ist.

Zusammenfassend haben wir gelernt, dass beliebige Drehungen innerhalb der eigentlichen orthochronen Lorentz-Gruppe in *Exponentialform* darstellbar sind. Diese Darstellung beruht essenziell auf der Eigenschaft (5.37), dass bei sukzessiver Anwendung mehrerer Drehungen $\Lambda_{\mathrm{R}}(\alpha\hat{\boldsymbol{\alpha}})$ mit *derselben* Drehachse $\hat{\boldsymbol{\alpha}}$, jedoch möglicherweise unterschiedlichen $\alpha$-Werten, die Drehwinkel *additiv* sind. Da die Drehvektoren $\boldsymbol{\alpha}$ einen *beschränkten, abgeschlossenen* und daher *kompakten* Definitionsbereich besitzen, ist die Drehgruppe ein Beispiel für eine *kompakte* Lie-Gruppe. Aus der Darstellung (5.41) folgt außerdem für Drehungen: $\Lambda^\dagger = \Lambda^{-1}$ bzw. $\Lambda^\dagger\Lambda = \mathbb{1}_4$, sodass die Drehgruppe auch *unitär* ist.

**Geschwindigkeitstransformationen**  Die Behandlung der „*Boosts*" $\Lambda_{\mathrm{B}}$ innerhalb der Untergruppe $\mathcal{L}_+^\uparrow$ der Lorentz-Gruppe erfolgt vollkommen analog. Wir verwenden die *hyperbolische* Form der Matrix $\Lambda_{\mathrm{B}}(\phi, \hat{\boldsymbol{\beta}})$ aus Gleichung (5.36a), die neben der *Richtung* $\hat{\boldsymbol{\beta}}$ der Relativgeschwindigkeit zwischen den Inertialsystemen $K$ und $K'$ auch von der *Rapidität* $\phi$ abhängt. Wir halten im Folgenden die Richtung $\hat{\boldsymbol{\beta}}$ fest und variieren die Rapidität $\phi$.

Die hyperbolische Darstellung in Gleichung (5.36b) zeigt, dass Ortsvektoren der Form $\mathbf{x}_\perp = \mathbf{x} - (\mathbf{x}\cdot\hat{\boldsymbol{\beta}})\hat{\boldsymbol{\beta}}$, die senkrecht auf der $\hat{\boldsymbol{\beta}}$-Richtung stehen, *invariant* sind:

---

[13]Für zwei Matrizen $A_1$ und $A_2$, die nicht miteinander kommutieren ($A_1 A_2 \neq A_2 A_1$) gilt aber im Allgemeinen: $e^{A_1 + A_2} \neq e^{A_1} e^{A_2}$. Analog gilt im Allgemeinen $\ln(B_1 B_2) \neq \ln(B_1) + \ln(B_2)$. Damit die „Potenzreihenentwicklung" für den Logarithmus $\ln(B)$ in (5.40) konvergiert, muss die Matrix $B$ hinreichend „nahe" an der Identität $\mathbb{1}_n$ sein.

$\Lambda_{\mathrm{B}}\left(\begin{smallmatrix} 0 \\ \mathbf{x}_\perp \end{smallmatrix}\right) = \left(\begin{smallmatrix} 0 \\ \mathbf{x}_\perp \end{smallmatrix}\right)$, sodass man sich bei der Untersuchung der Wirkung von $\Lambda_{\mathrm{B}}$ auf die $\hat{\boldsymbol{\beta}}$-Richtung im Ortsraum beschränken kann:

$$\begin{pmatrix} ct' \\ x'_\| \hat{\boldsymbol{\beta}} \end{pmatrix} = \begin{pmatrix} \cosh(\phi) & -\sinh(\phi)\boldsymbol{\beta}^{\mathrm{T}} \\ -\sinh(\phi)\hat{\boldsymbol{\beta}} & \cosh(\phi)\hat{\boldsymbol{\beta}}\hat{\boldsymbol{\beta}}^{\mathrm{T}} \end{pmatrix} \begin{pmatrix} ct \\ x_\| \hat{\boldsymbol{\beta}} \end{pmatrix} .$$

Noch kompakter formuliert gilt also:

$$\begin{pmatrix} ct' \\ x'_\| \end{pmatrix} = \Lambda_{\mathrm{B}}(\phi) \begin{pmatrix} ct \\ x_\| \end{pmatrix} \quad , \quad \Lambda_{\mathrm{B}}(\phi) = \begin{pmatrix} \cosh(\phi) & -\sinh(\phi) \\ -\sinh(\phi) & \cosh(\phi) \end{pmatrix} , \tag{5.43}$$

wobei die (festgehaltene) $\hat{\boldsymbol{\beta}}$-Richtung nun nicht mehr explizit in der Notation angegeben wird. Die zweidimensionale Darstellung (5.43) wird sich speziell in Abschnitt [5.6] als sehr nützlich erweisen. Analog zu den Drehungen mit festgehaltener Drehachse gilt auch für Boosts mit festgehaltener $\hat{\boldsymbol{\beta}}$-Richtung, dass sie miteinander kommutieren und dass die *Rapiditäten* dabei *additiv* sind. Dies sieht man noch am einfachsten durch direkte Matrixmultiplikation, wenn man die bekannten Additionsformeln für Hyperbelfunktionen verwendet:

$$\Lambda_{\mathrm{B}}(\phi_2)\Lambda_{\mathrm{B}}(\phi_1) = \begin{pmatrix} \cosh(\phi_1) & -\sinh(\phi_1) \\ -\sinh(\phi_1) & \cosh(\phi_1) \end{pmatrix} \begin{pmatrix} \cosh(\phi_2) & -\sinh(\phi_2) \\ -\sinh(\phi_2) & \cosh(\phi_2) \end{pmatrix}$$

$$= \begin{pmatrix} \cosh(\phi_1 + \phi_2) & -\sinh(\phi_1 + \phi_2) \\ -\sinh(\phi_1 + \phi_2) & \cosh(\phi_1 + \phi_2) \end{pmatrix} = \Lambda_{\mathrm{B}}(\phi_1 + \phi_2) . \tag{5.44}$$

Die Additivität der Rapiditäten ist übrigens ganz und gar nicht selbstverständlich: Beispielsweise gilt diese Additivität für andere Variablen, wie die an sich zu den Rapiditäten äquivalenten Geschwindigkeiten $\beta = \tanh(\phi)$ definitiv *nicht*. Die entsprechenden Geschwindigkeiten $\beta_1$, $\beta_2$ und $\beta_{1+2}$ sind nämlich durch

$$\beta_{1+2} = \tanh(\phi_1 + \phi_2) = \tanh[\mathrm{artanh}(\beta_1) + \mathrm{artanh}(\beta_2)] = \frac{\beta_1 + \beta_2}{1 + \beta_1\beta_2} \tag{5.45}$$

miteinander verknüpft. Im letzten Schritt wurde die Additionsformel für den Tangens hyperbolicus verwendet. Die Relativgeschwindigkeit $\beta_{1+2}$ der Inertialsysteme nach *zwei* Boosts ist als gerade *nicht* durch $\beta_1 + \beta_2$ gegeben.[14]

Aus der Additivität (5.44) folgt, dass mehrmalige Anwendung einer „kleinen" Geschwindigkeitstransformation mit fester $\hat{\boldsymbol{\beta}}$-Richtung eine „große" ergibt:

$$\Lambda_{\mathrm{B}}(\phi, \hat{\boldsymbol{\beta}}) = \left[\Lambda_{\mathrm{B}}\left(\tfrac{\phi}{n}, \hat{\boldsymbol{\beta}}\right)\right]^n \quad \text{bzw.} \quad \Lambda_{\mathrm{B}}(\phi) = \left[\Lambda_{\mathrm{B}}\left(\tfrac{\phi}{n}\right)\right]^n \quad (n \in \mathbb{N}) . \tag{5.46}$$

Da die Rapidität $\tfrac{\phi}{n}$ der „kleinen" Geschwindigkeitstransformation $\Lambda_{\mathrm{B}}\left(\tfrac{\phi}{n}, \hat{\boldsymbol{\beta}}\right)$ für $n \to \infty$ gegen null strebt, reicht es aus, Boosts in der Nähe der Identität ($\phi = 0$) zu untersuchen. Wir verwenden hierzu die $\Lambda_{\mathrm{B}}\left(\tfrac{\phi}{n}, \hat{\boldsymbol{\beta}}\right)$-Notation (bei festem $\hat{\boldsymbol{\beta}}$).

Für Boosts in der Nähe der Identität folgt aus Gleichung (5.36a):

$$\Lambda_{\mathrm{B}}\left(\tfrac{\phi}{n}, \hat{\boldsymbol{\beta}}\right) = \mathbb{1}_4 + \begin{pmatrix} [\cosh(\tfrac{\phi}{n}) - 1] & -\sinh(\tfrac{\phi}{n})\hat{\boldsymbol{\beta}}^{\mathrm{T}} \\ -\sinh(\tfrac{\phi}{n})\hat{\boldsymbol{\beta}} & [\cosh(\tfrac{\phi}{n}) - 1]\hat{\boldsymbol{\beta}}\hat{\boldsymbol{\beta}}^{\mathrm{T}} \end{pmatrix} \sim \mathbb{1}_4 - \frac{\phi}{n}\begin{pmatrix} 0 & \hat{\boldsymbol{\beta}}^{\mathrm{T}} \\ \hat{\boldsymbol{\beta}} & \mathbb{0}_3 \end{pmatrix}$$

$$\sim \mathbb{1}_4 - \tfrac{1}{n}\phi \cdot \mathbf{M} \quad (n \to \infty) \quad , \quad M_k = \begin{pmatrix} 0 & \hat{\mathbf{e}}_k^{\mathrm{T}} \\ \hat{\mathbf{e}}_k & \mathbb{0}_3 \end{pmatrix} , \tag{5.47a}$$

---

[14]Hiermit haben wir übrigens spontan das Additionsgesetz für (parallel ausgerichtete) Geschwindigkeiten entdeckt! Wir kommen auf dieses Thema in Abschnitt [5.6] zurück.

wobei wir $\phi \equiv \phi \hat{\boldsymbol{\beta}}$ und $\mathbf{M} \equiv (M_1, M_2, M_3)^{\mathrm{T}}$ definierten und $\mathbb{O}_3$ die $3 \times 3$-Nullmatrix ist. Man beachte, dass auch die Matrizen $\{M_k\}$ *hermitesch* sind. Für große $n$-Werte folgt aus Gleichung (5.46):

$$
\begin{aligned}
\Lambda_{\mathrm{B}}(\phi, \hat{\boldsymbol{\beta}}) &= \left[\Lambda_{\mathrm{B}}\left(\tfrac{\phi}{n}, \hat{\boldsymbol{\beta}}\right)\right]^n \\
&= \lim_{n \to \infty} \left[\Lambda_{\mathrm{B}}\left(\tfrac{\phi}{n}, \hat{\boldsymbol{\beta}}\right)\right]^n \\
&= \lim_{n \to \infty} \exp\left\{n \ln\left[\Lambda_{\mathrm{B}}\left(\tfrac{\phi}{n}, \hat{\boldsymbol{\beta}}\right)\right]\right\} \\
&= \lim_{n \to \infty} \exp\left\{n \ln\left[\mathbb{1}_4 - \tfrac{1}{n}\phi \cdot \mathbf{M} + \mathcal{O}\left(\tfrac{1}{n^2}\right)\right]\right\} \\
&= \lim_{n \to \infty} \exp\left\{n\left[-\tfrac{1}{n}\phi \cdot \mathbf{M} + \mathcal{O}\left(\tfrac{1}{n^2}\right)\right]\right\} = e^{-\phi \cdot \mathbf{M}} \ .
\end{aligned}
\tag{5.47b}
$$

Auch die Geschwindigkeitstransformationen $\Lambda_{\mathrm{B}}(\phi, \hat{\boldsymbol{\beta}})$ können also in der Form einer *Exponentialfunktion* dargestellt werden. Das Argument der Exponentialfunktion wird nun durch das Skalarprodukt des Vektors $\phi$ und des Vektors der Matrizen $\mathbf{M}$ bestimmt. Die drei Matrizen $\{M_k\}$ sind die *Erzeuger* der Geschwindigkeitstransformationen und erfüllen – ähnlich wie die Erzeuger der Drehgruppe – relativ einfache Vertauschungsrelationen, die nun allerdings nicht in sich geschlossen sind:

$$
\boxed{
\begin{aligned}
[L_k, L_l] &= i\varepsilon_{klm} L_m \\
[M_k, M_l] &= i\varepsilon_{klm} L_m \\
[L_k, M_l] &= i\varepsilon_{klm} M_m \ .
\end{aligned}
}
\tag{5.48}
$$

Die Vertauschungsbeziehungen zeigen nämlich, dass der Kommutator zweier Matrizen $M_k$ und $M_l$ nun *nicht* wiederum eine der $\mathbf{M}$-Matrizen ergibt, sondern eine *Dreh*matrix $L_m$. Dies zeigt, dass die Algebra der $\mathbf{M}$-Matrizen an diejenige der $\mathbf{L}$-Matrizen gekoppelt ist. Die Mischbeziehung $[L_k, M_l] = i\varepsilon_{klm} M_m$ zeigt schließlich, dass der Kommutator zweier Matrizen $L_k$ und $M_l$ eine $M_m$-Matrix ergibt, sodass die *Gesamtalgebra* der sechs $(\mathbf{M}, \mathbf{L})$-Matrizen *geschlossen* ist. Wir werden im Folgenden feststellen, dass die sechs Erzeuger $(\mathbf{M}, \mathbf{L})$ zusammen die eigentliche orthochrone Lorentz-Gruppe $\mathcal{L}_+^\uparrow$ aufspannen.

Wir haben somit gelernt, dass auch Geschwindigkeitstransformationen in *Exponentialform* darstellbar sind. Diese Darstellung beruht essenziell auf der Eigenschaft (5.44), dass bei sukzessiver Anwendung mehrerer Boosts $\Lambda_{\mathrm{B}}(\phi, \hat{\boldsymbol{\beta}})$ mit festem $\hat{\boldsymbol{\beta}}$ die Rapiditäten *additiv* sind. Da die Rapiditäten $\phi$ beliebige reelle Werte annehmen können und daher einen *nicht-kompakten* Definitionsbereich besitzen, sind die Boosts (und daher auch die ganze Lorentz-Untergruppe $\mathcal{L}_+^\uparrow$) ein Beispiel für eine *nicht-kompakte* Lie-Gruppe. Aus der Darstellung (5.47) folgt außerdem $\Lambda^\dagger \neq \Lambda^{-1}$ bzw. $\Lambda^\dagger \Lambda \neq \mathbb{1}_4$, sodass die Untergruppe der Geschwindigkeitstransformationen (und daher auch $\mathcal{L}_+^\uparrow$ insgesamt) *nicht-unitär* ist.

**Allgemeine Lorentz-Transformationen $\Lambda \in \mathcal{L}_+^\uparrow$**    Aufgrund der bisherigen Ergebnisse (5.39) und (5.47a) für Drehungen bzw. Geschwindigkeitstransformationen kann man vermuten, dass eine „kleine" allgemeine Lorentz-Transformation $\Lambda \in \mathcal{L}_+^\uparrow$ für $n \to \infty$ darstellbar ist in der Form

$$
\Lambda\left(\tfrac{\alpha}{n}, \tfrac{\phi}{n}\right) = \mathbb{1}_4 - \tfrac{1}{n}\left(i\boldsymbol{\alpha} \cdot \mathbf{L} + \phi \cdot \mathbf{M}\right) + \mathcal{O}\left(\tfrac{1}{n^2}\right)
\tag{5.49}
$$

und dass die $n$-te Potenz der „kleinen" Lorentz-Transformation im Limes $n \to \infty$ eine „große" Lorentz-Transformation $\Lambda \in \mathcal{L}_+^\uparrow$ in Exponentialform ergibt:

$$
\begin{aligned}
\Lambda(\boldsymbol{\alpha}, \boldsymbol{\phi}) &\equiv \lim_{n \to \infty} \left[\Lambda\left(\tfrac{\alpha}{n}, \tfrac{\phi}{n}\right)\right]^n = \lim_{n \to \infty} \exp\left\{n \ln\left[\Lambda\left(\tfrac{\alpha}{n}, \tfrac{\phi}{n}\right)\right]\right\} \\
&= \lim_{n \to \infty} \exp\left\{n \ln\left[\mathbb{1}_4 - \tfrac{1}{n}\left(i\boldsymbol{\alpha} \cdot \mathbf{L} + \boldsymbol{\phi} \cdot \mathbf{M}\right) + \mathcal{O}\left(\tfrac{1}{n^2}\right)\right]\right\} \\
&= \lim_{n \to \infty} \exp\left\{n\left[-\tfrac{1}{n}\left(i\boldsymbol{\alpha} \cdot \mathbf{L} + \boldsymbol{\phi} \cdot \mathbf{M}\right) + \mathcal{O}\left(\tfrac{1}{n^2}\right)\right]\right\} = e^{-i\boldsymbol{\alpha} \cdot \mathbf{L} - \boldsymbol{\phi} \cdot \mathbf{M}} \ . \quad (5.50)
\end{aligned}
$$

Wir zeigen im Folgenden, dass diese Vermutungen korrekt sind.

Wir zeigen zuallererst, dass *jede* endliche Lorentz-Transformation $\Lambda \in \mathcal{L}_+^\uparrow$ als Produkt von $n$ Lorentz-Transformationen $\Lambda^{1/n}$ nahe der Identität geschrieben werden kann: $\Lambda = (\Lambda^{1/n})^n$, d. h., dass $\Lambda^{1/n}$ tatsächlich eine *Lorentz-Transformation* ist, falls dies für $\Lambda$ zutrifft. Dies sieht man ein wie folgt: Aus der Bedingungsgleichung $\tilde{\Lambda} G \Lambda = G$ für Lorentz-Transformationen folgt

$$
e^{-\ln(\Lambda)} = \Lambda^{-1} = G\tilde{\Lambda}G = Ge^{\ln(\tilde{\Lambda})}G = \sum_{n=0}^{\infty} \frac{1}{n!}\left[G \ln(\tilde{\Lambda})G\right]^n = e^{G \ln(\tilde{\Lambda})G} \ .
$$

Im vierten Schritt verwendeten wir $G^2 = \mathbb{1}_4$. Ein Vergleich der Exponenten zeigt, dass $-\ln(\Lambda) = G \ln(\tilde{\Lambda})G$ bzw. $\ln(\tilde{\Lambda})G + G \ln(\Lambda) = \mathbb{O}_4$ gilt, wobei $\mathbb{O}_4$ die $(4 \times 4)$-Nullmatrix darstellt. Dies bedeutet, dass die Funktion $G(\lambda) \equiv e^{\lambda \ln(\tilde{\Lambda})} G e^{\lambda \ln(\Lambda)}$ die Differentialgleichung $G'(\lambda) = \mathbb{O}_4$ mit der Anfangsbedingung $G(0) = G$ erfüllt. Die eindeutige Lösung dieser Gleichung ist $G(\lambda) = G$. Folglich gilt $e^{\lambda \ln(\tilde{\Lambda})} G e^{\lambda \ln(\Lambda)} = G$ für alle $\lambda \in \mathbb{R}$, sodass $e^{\lambda \ln(\Lambda)}$ eine Lorentz-Transformation ist, falls dies für $\Lambda$ gilt. Insbesondere ist dann auch

$$
\Lambda^{1/n} = e^{\frac{1}{n}\ln(\Lambda)} = \mathbb{1}_4 - \tfrac{1}{n}\Omega + \mathcal{O}\left(\tfrac{1}{n^2}\right) \quad , \quad \Omega \equiv -\ln(\Lambda)
$$

eine Lorentz-Transformation, und es gilt $\tilde{\Omega} G + G\Omega = \mathbb{O}_4$ bzw. $\tilde{\Omega} = -G\Omega G$.

Um die Form der Matrix $\Omega$ zu bestimmen, parametrisieren wir sie mit einer reellen Zahl $\omega_0$, zwei reellen dreidimensionalen Vektoren $\boldsymbol{\omega}_1$ und $\boldsymbol{\omega}_2$ und einer reellen $(3 \times 3)$-Matrix $\Omega_3$:

$$
\begin{pmatrix} \omega_0 & \boldsymbol{\omega}_1^{\mathrm{T}} \\ \boldsymbol{\omega}_2 & \Omega_3 \end{pmatrix} = \tilde{\Omega} = -G\begin{pmatrix} \omega_0 & \boldsymbol{\omega}_2^{\mathrm{T}} \\ \boldsymbol{\omega}_1 & \Omega_3 \end{pmatrix}G = -\begin{pmatrix} \omega_0 & -\boldsymbol{\omega}_2^{\mathrm{T}} \\ -\boldsymbol{\omega}_1 & \Omega_3 \end{pmatrix} = \begin{pmatrix} -\omega_0 & \boldsymbol{\omega}_2^{\mathrm{T}} \\ \boldsymbol{\omega}_1 & -\Omega_3 \end{pmatrix} \ .
$$

Aus dem Vergleich der beiden Seiten dieser Gleichung folgt $\omega_0 = 0$ sowie $\boldsymbol{\omega}_1 = \boldsymbol{\omega}_2$ und $\tilde{\Omega}_3 = -\Omega_3$. Wir können also $\boldsymbol{\omega}_1 = \boldsymbol{\omega}_2 = \boldsymbol{\phi}$ und $\Omega_3 = i\boldsymbol{\alpha} \cdot \boldsymbol{\ell}$ wählen, wobei $\boldsymbol{\phi} \in \mathbb{R}^3$ und $\boldsymbol{\alpha} \in \mathbb{R}^3$ beliebige reelle Vektoren sind und die Komponenten von $\boldsymbol{\ell} = (\ell_1, \ell_2, \ell_3)^{\mathrm{T}}$ die üblichen $(3 \times 3)$-Drehmatrizen darstellen. Hiermit ist die Richtigkeit der Vermutung (5.49) nachgewiesen. Durch Produktbildung folgt nun:

$$
\boxed{\Lambda \equiv \lim_{n \to \infty} \left(\Lambda^{1/n}\right)^n = \lim_{n \to \infty} \left[\mathbb{1}_4 - \tfrac{1}{n}\Omega + \mathcal{O}\left(\tfrac{1}{n^2}\right)\right]^n = e^{-\Omega} = e^{-i\boldsymbol{\alpha} \cdot \mathbf{L} - \boldsymbol{\phi} \cdot \mathbf{M}}} \ ,
$$

sodass auch (5.50) nachgewiesen ist. Wir überprüfen noch einmal, dass das unendliche Produkt $\Lambda = e^{-\Omega}$ für *alle* möglichen $\boldsymbol{\phi} \in \mathbb{R}^3$ und $\boldsymbol{\alpha} \in \mathbb{R}^3$ tatsächlich eine Lorentz-Transformation darstellt. Dies sieht man explizit aus:

$$
\tilde{\Lambda} G \Lambda = e^{-\tilde{\Omega}} G e^{-\Omega} = e^{G\Omega G} G e^{-\Omega} = G e^{\Omega} G^2 e^{-\Omega} = G e^{\Omega} e^{-\Omega} = G \ .
$$

Im zweiten Schritt wurde die Bedingungsgleichung $\tilde{\Omega} = -G\Omega G$ verwendet, im dritten die Potenzreihenentwicklung der Exponentialfunktion sowie $G^2 = \mathbb{1}_4$.

# 5.6  Physikalische Folgen der Lorentz-Kovarianz

Wir haben generell in Abschnitt [5.5] und ganz konkret in Gleichung (5.50) festgestellt, dass eigentliche orthochrone Lorentz-Transformationen aus Drehungen und Geschwindigkeitstransformationen zusammengesetzt sind. Da Rotationen in der Speziellen Relativitätstheorie für die meisten Anwendungen unwesentlich sind, konzentrieren wir uns im Folgenden überwiegend auf *Geschwindigkeitstransformationen*. Auch die Translationen aus der allgemeineren Poincaré-Gruppe werden im Folgenden keine Rolle spielen. Bei den Geschwindigkeitstransformationen können wir uns häufig auf die *zweidimensionale* Darstellung (5.43) beschränken, wobei nur die Zeitrichtung und die $\hat{\boldsymbol{\beta}}$-Richtung im Ortsraum berücksichtigt werden:

$$\begin{pmatrix} ct' \\ x_\parallel' \end{pmatrix} = \Lambda_{\mathrm{B}}(\phi) \begin{pmatrix} ct \\ x_\parallel \end{pmatrix} \quad , \quad \Lambda_{\mathrm{B}}(\phi) = \begin{pmatrix} \cosh(\phi) & -\sinh(\phi) \\ -\sinh(\phi) & \cosh(\phi) \end{pmatrix} .$$

Der Grund hierfür ist, dass Ortsvektoren, die *senkrecht* auf der $\hat{\boldsymbol{\beta}}$-Richtung stehen, *invariant* und somit für uns weitgehend uninteressant sind. Ersetzt man in $\Lambda_{\mathrm{B}}(\phi)$ noch die Rapidität $\phi$ durch die Geschwindigkeit $\beta = \tanh(\phi)$, sodass nach Gleichung (5.35) auch $\gamma = \cosh(\phi)$ und $\gamma\beta = \sinh(\phi)$ gilt, erhält man eine alternative zweidimensionale Darstellung in der $(\beta, \gamma)$-Sprache:

$$\begin{pmatrix} ct' \\ x_\parallel' \end{pmatrix} = \gamma \begin{pmatrix} 1 & -\beta \\ -\beta & 1 \end{pmatrix} \begin{pmatrix} ct \\ x_\parallel \end{pmatrix} . \tag{5.51}$$

Explizit lautet die Beziehung (5.51) zwischen den Koordinaten $(ct', x_\parallel')$ in $K'$ und $(ct, x_\parallel)$ in $K$:

$$\left| \begin{aligned} t' &= \gamma(t - \tfrac{v}{c^2} x_\parallel) \\ x_\parallel' &= \gamma(x_\parallel - vt) \end{aligned} \right. \quad \text{oder umgekehrt:} \quad \left| \begin{aligned} t &= \gamma(t' + \tfrac{v}{c^2} x_\parallel') \\ x_\parallel &= \gamma(x_\parallel' + vt') . \end{aligned} \right. \tag{5.52}$$

Ausgehend von den Gleichungen (5.52) leiten wir im Folgenden die wichtigsten physikalischen Konsequenzen der Lorentz-Kovarianz her. Zuerst weisen wir die bereits bekannten Phänomene *Lorentz-Kontraktion* und *Zeitdilatation* nach, und dann behandeln wir zwei neue Themen, nämlich die Deformation „starrer" Körper und die Frage nach der möglichen Existenz von Teilchen mit Überlichtgeschwindigkeit („Tachyonen"). Als weitere Konsequenzen diskutieren wir das Additionsgesetz für relativistische Geschwindigkeiten und das Transformationsverhalten von Winkelvariablen (mit der Aberration von Sternenlicht als Anwendung).

### Lorentz-Kontraktion

Wir betrachten – wie in Abbildung 5.5 – die üblichen zwei Inertialsysteme $K'$ und $K$, wobei $K'$ die Geschwindigkeit $\mathbf{v}_{\mathrm{rel}}(K', K) = \mathbf{v}$ relativ zu $K$ hat. Ein Maßstab, der in $K'$ ruht, dort parallel zu $\hat{\boldsymbol{\beta}}$ orientiert ist und in $K'$-Einheiten die Länge $\ell$ hat, wird dann nach den Messungen von $K$ Lorentz-kontrahiert sein, d. h. eine *kleinere* Länge $\ell'$ aufweisen: $\ell' < \ell$. Dies folgt aus Gleichung (5.52). Nehmen wir nämlich an, der Stab befinde sich in $K'$ in Ruhe zwischen den Koordinaten $x_\parallel'^{(1)}$ und $x_\parallel'^{(2)}$, sodass $x_\parallel'^{(2)} - x_\parallel'^{(1)} = \ell$ gilt. Aus dem Transformationsgesetz $x_\parallel' = \gamma(x_\parallel - vt)$ in

Gleichung (5.52) folgt, dass eine Längenmessung für den Stab zur Zeit $t$ in $K$ das folgende Ergebnis hat:

$$\ell' = x_\parallel^{(2)} - x_\parallel^{(1)} = \left(\frac{1}{\gamma}x_\parallel'^{(2)} + vt\right) - \left(\frac{1}{\gamma}x_\parallel'^{(1)} + vt\right) = \frac{1}{\gamma}\left(x_\parallel'^{(2)} - x_\parallel'^{(1)}\right) = \frac{\ell}{\gamma} \,. \quad (5.53)$$

Dies ist die bereits bekannte Lorentz-Kontraktion. In die Herleitung geht also entscheidend ein, dass die Koordinaten $\mathbf{x}^{(1)}$ und $\mathbf{x}^{(2)}$ der Endpunkte bei dieser Längenmessung in $K$ *gleichzeitig* (zur selben Zeit $t$) bestimmt werden.[15]

Aus (5.53) folgt, dass das *Volumen* $V$ eines beliebigen Körpers, der in $K'$ ruht, nach den Messungen von $K$ um einen Faktor $\gamma^{-1} = \sqrt{1 - \beta^2}$ kleiner ist, da es sich bei der Geschwindigkeitstransformation in der $\hat{\boldsymbol{\beta}}$-Richtung um diesen Faktor verringert und in den beiden Raumrichtungen senkrecht zu $\hat{\boldsymbol{\beta}}$ invariant ist.

In Anhang C behandeln wir als Anwendung der Lorentz-Kontraktion das *Leiterparadoxon*, in dem auch der Begriff „starrer Körper" eine wichtige Rolle spielt.

### Zeitdilatation

Auch die Zeitdilatation lässt sich mit Hilfe der Lorentz-Transformation (5.52) nachweisen. Betrachten wir – wie in Abbildung 5.3 – eine Uhr, die in $K'$ ruht und anzeigt, dass zwischen zwei Ereignissen, die beide am Ort $(x_\parallel', \mathbf{x}_\perp')$ in $K'$ stattfanden, die Zeit $\Delta t' = t_2' - t_1'$ vergangen ist. Für einen Beobachter in $K$ ist zwischen beiden Ereignissen aufgrund des Transformationsgesetzes $t = \gamma(t' + \frac{v}{c^2}x_\parallel')$ sogar die Zeit

$$\Delta t = t_2 - t_1 = \gamma\left(t_2' + \frac{v}{c^2}x_\parallel'\right) - \gamma\left(t_1' + \frac{v}{c^2}x_\parallel'\right) = \gamma\left(t_2' - t_1'\right) = \gamma\Delta t'$$

vergangen, sodass er zum Schluss kommt, dass die Uhr in $K'$ nachgeht: Bewegte Uhren laufen langsamer.

### Deformation „starrer" Körper

Wir gehen wieder aus von den üblichen Inertialsystemen $K'$ und $K$ mit $\mathbf{v}_{\text{rel}}(K', K) = \mathbf{v}$ und betrachten nun zusätzlich einen geraden, starren Stab der Länge $\ell$, der in $K'$ – wie in Abbildung 5.7 dargestellt – stets *parallel* zur $\hat{\boldsymbol{\beta}}$-Richtung orientiert sein soll. Der Stab soll sich in $K'$ mit variabler Geschwindigkeit in der festen Richtung $\hat{\mathbf{e}}_\perp \perp \hat{\boldsymbol{\beta}}$ bewegen und in $\hat{\boldsymbol{\beta}}$-Richtung *ruhen*. Die beiden Stabenden befinden sich daher bei den Koordinaten

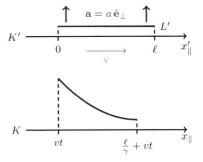

$$\mathbf{x}'^{(1)}(t') = x_\parallel'^{(1)}\hat{\boldsymbol{\beta}} + x_\perp'(t')\hat{\mathbf{e}}_\perp$$

$$\mathbf{x}'^{(2)}(t') = x_\parallel'^{(2)}\hat{\boldsymbol{\beta}} + x_\perp'(t')\hat{\mathbf{e}}_\perp \,,$$

**Abb. 5.7** Zur Deformation „starrer" Körper

wobei wir der Einfachheit halber $x_\parallel'^{(1)} = 0$, $x_\parallel'^{(2)} = \ell$ und $x_\perp'(0) = 0$ wählen können:

$$\mathbf{x}'^{(1)}(t') = x_\perp'(t')\hat{\mathbf{e}}_\perp \quad , \quad \mathbf{x}'^{(2)}(t') = \ell\hat{\boldsymbol{\beta}} + x_\perp'(t')\hat{\mathbf{e}}_\perp \quad , \quad x_\perp'(0) = 0 \,.$$

---

[15]Ein ähnliches Argument wurde auch in Fussnote 11 auf Seite 198 verwendet.

Ein Beobachter in $K'$ misst also einfach einen geraden, starren Stab der Länge $\ell$, parallel zur $\hat{\boldsymbol{\beta}}$-Richtung orientiert, der in $K'$ die senkrechte Koordinate $x'_\perp(t')$ hat. Die Kernfrage ist: Was misst ein Beobachter in $K$?

Da $K'$ die Geschwindigkeit $\mathbf{v}_{\mathrm{rel}}(K', K) = \mathbf{v}$ relativ zu $K$ hat, wird ein Beobachter in $K$ das Intervall $0 \leq x'_\parallel \leq \ell$, in dem sich der Stab in $K'$ befindet, aufgrund der Lorentz-Kontraktion um einen Faktor $\gamma = (1 - \beta^2)^{-1/2}$ mit $\beta = \frac{v}{c}$ verkürzt messen. Die Stabenden befinden sich in $K$ bei $x_\parallel^{(1)} = vt$ und $x_\parallel^{(2)} = \frac{\ell}{\gamma} + vt$. Dies folgt direkt aus der Gleichung $x'_\parallel = \gamma(x_\parallel - vt)$ in (5.52). Betrachten wir daher einen $x_\parallel$-Wert im Intervall $\left[vt, \frac{\ell}{\gamma} + vt\right]$ zum Zeitpunkt $t$ in $K$: Aus Gleichung (5.52) wissen wir, dass die entsprechenden $K'$-Werte gegeben sind durch

$$x'_\parallel = \gamma(x_\parallel - vt) \quad \text{und} \quad t' = \gamma\left(t - \frac{v}{c^2}x_\parallel\right).$$

Zum Zeitpunkt $t'$ hat der Stab in $K'$ die ($x_\parallel$-unabhängige) *senkrechte* Koordinate $x'_\perp(t')$. Senkrechte Längen sind *invariant* unter Lorentz-Transformationen, sodass auch der Beobachter in $K$ die senkrechten Koordinaten

$$\mathbf{x}_\perp = x'_\perp(t')\hat{\mathbf{e}}_\perp = x'_\perp\left(\gamma(t - \frac{v}{c^2}x_\parallel)\right)\hat{\mathbf{e}}_\perp$$

messen wird. Die rechte Seite *ändert* sich aber als Funktion von $x_\parallel$, wenn sich der Beobachter in $K$ den Stab zu einem *festen* Zeitpunkt $t$ anschaut! Dies bedeutet, dass der Beobachter in $K$ keinen starren geraden Stab misst, sondern einen *deformierten* Körper, der die Form auch noch *zeitlich ändert*.

Wir betrachten ein einfaches Beispiel und nehmen an, dass der starre, gerade Stab in $K'$ – wie in Abb. 5.7 dargestellt – in $\hat{\mathbf{e}}_\perp$-Richtung *gleichmäßig beschleunigt* wird, sodass $x'_\perp(t') = \frac{1}{2}a(t')^2$ gilt mit konstanter Beschleunigung $a$. Unser allgemeines Argument zeigt, dass der Beobachter in $K$ die senkrechten Koordinaten $\mathbf{x}_\perp = \frac{1}{2}a\gamma^2(t - \frac{v}{c^2}x_\parallel)^2\hat{\mathbf{e}}_\perp$ misst. Folglich hat der Stab in $K$ zum festen Zeitpunkt $t$ – wie in Abb. 5.7 skizziert – die Form eines *Parabelsegments*. Das Minimum dieses Parabelsegments verschiebt sich als Funktion der Zeit vom linken zum rechten Ende des Körpers, d. h. von $x_\parallel^{(1)}$ für $t = 0$ nach $x_\parallel^{(2)}$ für $t \geq \frac{v\gamma\ell}{c^2}$, sodass sich die Form des Körpers in $K$ explizit zeitlich ändert.

Aus diesem Beispiel lernen wir außerdem, dass der Begriff „starrer Körper" in der Relativitätstheorie beobachterabhängig ist und daher keinen eindeutigen Sinn ergibt. Man kommt letztlich nicht umhin, die Dynamik der einzelnen *Punktteilchen* zu betrachten. In Anhang C behandeln wir das sogenannte *Leiterparadoxon*, das womöglich in noch krasserer Weise ebenfalls zum Schluss führt, dass der Begriff „starrer Körper" in der Relativitätstheorie keinen Sinn ergibt.

### Gibt es Tachyonen?

Es gibt experimentell keinerlei Beweis für die Existenz von *Tachyonen*,[16] d. h. von Teilchen, die sich mit Überlichtgeschwindigkeit bewegen können. Auch theoretisch führt die Hypothese der Existenz solcher Tachyonen zu logischen Widersprüchen. Wir erklären dies im Folgenden anhand eines Beispiels.

Wir gehen wiederum aus von der zweidimensionalen Darstellung (5.52) der Lorentz-Transformation, die die Inertialsysteme $K'$ und $K$ mit $\mathbf{v}_{\mathrm{rel}}(K', K) = \mathbf{v}$

---

[16]Das altgriechische ταχύς bedeutet allerdings lediglich „schnell" und τάχος (enthalten in z. B. *Tachometer*) lediglich „Geschwindigkeit". Das Wort *Tachyon* ist eine Neuschöpfung.

miteinander verbindet. Insbesondere betrachten wir die beiden Gleichungen

$$t' = \gamma\left(t - \tfrac{v}{c^2}x_\parallel\right) \quad \text{und} \quad x'_\parallel = \gamma\left(x_\parallel - vt\right)$$

und nehmen an, dass im Inertialsystem $K$ *zwei Ereignisse* auftreten: ein erstes Ereignis (nämlich das *Versenden* einer Nachricht) zur Zeit $t_1$ am Ort $\mathbf{x}_1 = x_{1\parallel}\hat{\boldsymbol{\beta}}$ und ein zweites Ereignis (das *Empfangen* dieser Nachricht) zur Zeit $t_2 > t_1$ am Ort $\mathbf{x}_2 = x_{2\parallel}\hat{\boldsymbol{\beta}}$ mit $x_{2\parallel} > x_{1\parallel}$. Wir definieren die Zeitdifferenz $\Delta t \equiv t_2 - t_1$ und die Relativkoordinate $\Delta x_\parallel = x_{2\parallel} - x_{1\parallel}$. Durch Differenzbildung ergibt sich aus den beiden Gleichungen für $t'$ und $x'_\parallel$:

$$\Delta t' = \gamma\left(\Delta t - \tfrac{v}{c^2}\Delta x_\parallel\right) \quad \text{und} \quad \Delta x'_\parallel = \gamma\left(\Delta x_\parallel - v\Delta t\right).$$

Nehmen wir nun an, dass die Nachricht im Inertialsystem $K$ mit *Überlichtgeschwindigkeit* übermittelt werden könnte. In diesem Fall würde

$$\frac{\Delta x_\parallel}{\Delta t} > c \quad \text{mit} \quad \Delta x_\parallel > 0 \quad \text{und} \quad \Delta t > 0$$

gelten. Ein Beobachter im Inertialsystem $K'$ würde jedoch als Zeitdifferenz zwischen dem Versenden und dem Empfangen der Nachricht

$$\Delta t' = \gamma\Delta t\left(1 - \frac{v}{c^2}\frac{\Delta x_\parallel}{\Delta t}\right) \tag{5.54}$$

messen, und diese Zeitdifferenz ist *negativ* für $\frac{c^2}{\Delta x_\parallel/\Delta t} < v < c$, d. h. für hinreichend hohe Relativgeschwindigkeiten der beiden Inertialsysteme. Der Beobachter in $K'$ würde also feststellen, dass der Empfang der Nachricht *vor* dem Versand erfolgt. Dies verletzt das grundlegende *Kausalitäts*gesetz in der Physik, das besagt, dass die Ursache vor der Wirkung auftreten muss.

Logisch unmöglich wird die Hypothese der Existenz von Tachyonen, wenn die „Nachricht" auch noch zurück an den Absender geschickt wird. Eine typische Anordnung wurde in Abbildung 5.8 skizziert. Wir nehmen an, dass die zwei Beobachter in $K$ und $K'$ nun zwei rivalisierende galaktische Gangster namens $G$ und $G'$ sind, die sich beide im Ursprung ihres jeweiligen Inertialsystems aufhalten und beide mit einer Tachyonenkanone

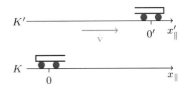

**Abb. 5.8** Gibt es Tachyonen?

ausgerüstet sind. Die Kanone von $G$ schießt in $K$ mit der Überlichtgeschwindigkeit $w = \bar{\beta}c$, diejenige von $G'$ in $K'$ mit $w' = \bar{\beta}'c$; es gilt also sowohl $\bar{\beta} > 1$ als auch $\bar{\beta}' > 1$. Beide Ursprünge $\mathbf{0}$ und $\mathbf{0}'$ fallen zur Zeit $t = t' = 0$ zusammen.

Zuerst verschickt $G'$ eine „Nachricht". Wir betrachten das Geschehen daher im Inertialsystem $K'$: Zum Zeitpunkt $t'_0$ schießt $G'$ mit seiner Tachyonenkanone auf $G$, der sich in $K'$ allerdings mit der Geschwindigkeit $-v = -\beta c$ bewegt ($\beta < 1$). Eine Zeit $\Delta t'_0$ später erreichen die Tachyonen die Koordinaten von $G$. Die Reisezeit $\Delta t'_0$ erfüllt die Gleichung $-v(t'_0 + \Delta t'_0) = -w'\Delta t'_0$ mit der Lösung

$$\Delta t'_0 = \frac{\beta t'_0}{\bar{\beta}' - \beta}.$$

Die Tachyonen erreichen $G$ (in $K'$-Einheiten) zum Zeitpunkt

$$t'_1 \equiv t'_0 + \Delta t'_0 = \frac{\bar{\beta}' t'_0}{\bar{\beta}' - \beta}$$

am Ort $x'_{1\parallel} = -w' \Delta t'_0 = -\beta c t'_1$. Rechnet man die Raum-Zeit-Koordinaten $(t'_1, x'_{1\parallel})$ in $K'$ mit Hilfe der Formeln (5.52) in Koordinaten $(t_1, x_{1\parallel})$ in $K$ um, so erhält man

$$t_1 = \gamma\big(t'_1 + \tfrac{v}{c^2} x'_{1\parallel}\big) = \frac{\bar{\beta}' t'_0}{\gamma(\bar{\beta}' - \beta)} \quad , \quad x_{1\parallel} = \gamma\big(x'_{1\parallel} + v t'_1\big) = 0 \ ,$$

wobei das Ergebnis für $x_{1\parallel}$ zu erwarten war, da $G$ sich ja im Ursprung von $K$ befindet. Wir nehmen an, dass der Schuss von $G'$ seinen Rivalen $G$ um ein Haar verfehlt und dass dieser instantan mit seiner Tachyonenkanone zurückschießt.

Wir betrachten das Geschehen nun im Inertialsystem $K$ und nehmen an, dass die Tachyonen von $G$ den Rivalen $G'$ nach einer Zeit $\Delta t_1$ am Ort $w\Delta t_1$ erreichen. Im Inertialsystem $K$ befindet sich $G'$ (wegen der Lorentz-Kontraktion paralleler Längen) zum Zeitpunkt $t_1$ am Ort $x_\parallel = \frac{1}{\gamma}(-x'_{1\parallel}) = \frac{1}{\gamma}\beta c t'_1$ und bewegt sich mit der Geschwindigkeit $v$ in positiver $x_\parallel$-Richtung. Die Reisezeit $\Delta t_1$ erfüllt daher die Gleichung $w\Delta t_1 = \frac{1}{\gamma}\beta c t'_1 + v\Delta t_1$. Die Lösung $\Delta t_1$ lautet:

$$\Delta t_1 = \frac{\beta c t'_1}{\gamma(w - v)} = \frac{\bar{\beta}' \beta t'_0}{\gamma(\bar{\beta}' - \beta)(\bar{\beta} - \beta)} \ .$$

Wir kehren wieder zu $K'$ zurück. Die entsprechende Reisezeit $\Delta t'_1$ in $K'$ kann mit Gleichung (5.54) berechnet werden:

$$\Delta t'_1 = \gamma\Delta t_1\big(1 - \tfrac{v}{c^2}w\big) = \gamma\Delta t_1(1 - \bar{\beta}\beta) = \frac{\bar{\beta}' \beta(1 - \bar{\beta}\beta)t'_0}{(\bar{\beta}' - \beta)(\bar{\beta} - \beta)} \ .$$

Seit dem ursprünglichen Schuss in $K'$ ist also insgesamt in $K'$ die Zeit

$$\Delta t' \equiv \Delta t'_0 + \Delta t'_1 = \frac{\beta t'_0}{(\bar{\beta}' - \beta)(\bar{\beta} - \beta)}\big[(\bar{\beta} - \beta) + \bar{\beta}'(1 - \bar{\beta}\beta)\big]$$

$$= -\frac{\beta(1 + \bar{\beta}'\bar{\beta})t'_0}{(\bar{\beta}' - \beta)(\bar{\beta} - \beta)}(\beta - \beta_c) \quad , \quad \beta_c \equiv \frac{\bar{\beta} + \bar{\beta}'}{1 + \bar{\beta}'\bar{\beta}}$$

vergangen. Hierbei ist essenziell wichtig, dass für alle $\bar{\beta}, \bar{\beta}' > 1$ gilt:

$$0 < \beta_c = \frac{\bar{\beta} + \bar{\beta}'}{(\bar{\beta}' - 1)(\bar{\beta} - 1) + \bar{\beta} + \bar{\beta}'} = \left[1 + \frac{(\bar{\beta}' - 1)(\bar{\beta} - 1)}{\bar{\beta} + \bar{\beta}'}\right]^{-1} < 1 \ . \quad (5.55)$$

Das Ergebnis zeigt, dass das Kausalitätsgesetz verletzt wird und die Tachyonen von $G$ bei $G'$ ankommen, *bevor* dieser selbst geschossen hat ($\Delta t' < 0$), *falls* die Relativgeschwindigkeit $\beta$ der Inertialsysteme hinreichend groß ist ($\beta_c < \beta < 1$). Ein logischer Widerspruch entsteht, wenn man z. B. annimmt, dass die Tachyonen von $G$ die Kanone von $G'$ treffen und irreparabel zerstören. In diesem Fall ist die *Konsequenz* des Handelns von $G'$, dass dieses unmöglich hätte stattfinden können.

## 5.6.1 Das Additionsgesetz für Geschwindigkeiten

Additionsregeln für Geschwindigkeiten sind in der Relativitätstheorie sehr wichtig, da sie die *Nicht*existenz von Überlichtgeschwindigkeiten deutlich machen. Nehmen wir nämlich an, wir hätten *drei* Inertialsysteme $K$, $K'$ und $K''$, wobei $K'$ die Geschwindigkeit $\mathbf{v}_{\mathrm{rel}}(K', K) = \frac{2}{3}c\,\mathbf{e}_1$ relativ zu $K$ hat und $K''$ die Geschwindigkeit $\mathbf{v}_{\mathrm{rel}}(K'', K') = \frac{2}{3}c\,\mathbf{e}_1$ relativ zu $K'$. Darf man hieraus schließen, dass $K''$ dann auch die Überlichtgeschwindigkeit $\mathbf{v}_{\mathrm{rel}}(K'', K) = \left(\frac{2}{3} + \frac{2}{3}\right)c\,\mathbf{e}_1 = \frac{4}{3}c\,\mathbf{e}_1$ relativ zu $K$ hat? Die Antwort lautet entschieden „*nein!*", und das Additionsgesetz für Geschwindigkeiten zeigt, was stattdessen passiert. Wir behandeln zuerst den relativ einfachen Fall der Addition *parallel* zueinander ausgerichteter Relativgeschwindigkeiten und danach den allgemeinen Fall der Addition nicht notwendigerweise paralleler Geschwindigkeiten.

### Additionsgesetz für *parallele* Geschwindigkeiten

Wir betrachten die *drei* Inertialsysteme $K$, $K'$ und $K''$ mit $\mathbf{v}_{\mathrm{rel}}(K', K) = v\hat{\boldsymbol{\beta}}$ sowie $\mathbf{v}_{\mathrm{rel}}(K'', K') = v'\hat{\boldsymbol{\beta}}$ und $\mathbf{v}_{\mathrm{rel}}(K'', K) = v''\hat{\boldsymbol{\beta}}$, wobei diese drei Relativgeschwindigkeiten also alle entlang derselben Richtung $\hat{\boldsymbol{\beta}}$ orientiert sind. Für diesen Fall haben wir bereits in den Gleichungen (5.44) und (5.45) gezeigt, dass sich die *Rapiditäten* bei der zweifachen Geschwindigkeitstransformation *addieren*, $\phi'' = \phi + \phi'$, und dass für die *Geschwindigkeiten* eine nicht-lineare Beziehung zwischen $\beta'' = \frac{v''}{c}$ und den beiden Boostgeschwindigkeiten $\beta = \frac{v}{c}$ und $\beta' = \frac{v'}{c}$ gilt:

$$\beta'' = \frac{\beta + \beta'}{1 + \beta\beta'} \,. \tag{5.56}$$

Dies ist das relativistische Gesetz für die Addition *paralleler* Geschwindigkeiten, das uns erlaubt, die anfangs gestellte Frage (nun korrekt) zu beantworten: Für drei Inertialsysteme $K$, $K'$ und $K''$ mit $\mathbf{v}_{\mathrm{rel}}(K', K) = \frac{2}{3}c\,\mathbf{e}_1$ rund $\mathbf{v}_{\mathrm{rel}}(K'', K') = \frac{2}{3}c\,\mathbf{e}_1$ ist $\hat{\boldsymbol{\beta}} = \mathbf{e}_1$ und $\beta = \beta' = \frac{2}{3}$, sodass die Geschwindigkeit $\mathbf{v}_{\mathrm{rel}}(K'', K)$ von $K''$ relativ zu $K$ betragsmäßig durch $\beta''c = \left(\frac{2}{3} + \frac{2}{3}\right)c / \left(1 + \frac{2}{3} \cdot \frac{2}{3}\right) = \frac{12}{13}c < c$ gegeben ist.

### Additionsgesetz für *allgemeine* Geschwindigkeiten

Neben den üblichen zwei Inertialsystemen $K$ und $K'$ mit $\mathbf{v}_{\mathrm{rel}}(K', K) = \mathbf{v}$ betrachten wir nun zusätzlich ein *Teilchen* (z. B. eine *Rakete*), das in $K$ die Bahn $\mathbf{x}(t)$ und in $K'$ die Bahn $\mathbf{x}'(t')$ hat. Diese Situation ist in Abbildung 5.9 skizziert. Da weder $\mathbf{x}(t)$ und $\frac{d\mathbf{x}}{dt}(t)$ noch $\mathbf{x}'(t')$ und $\frac{d\mathbf{x}'}{dt'}(t')$ zu irgendeinem Zeitpunkt parallel zu $\mathbf{v}$ sein müssen, sind die bisherigen Betrachtungen über parallele Geschwindigkeiten unzulänglich. Wir sind daher gezwungen, zur allgemeinen vierdimensionalen Dar-

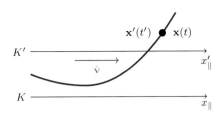

**Abb. 5.9** Zwei Inertialsysteme $K$ und $K'$ sowie eine „Rakete"

stellung (5.34) der Lorentz-Transformation zurückzukehren:

$$\begin{pmatrix} ct' \\ \mathbf{x}' \end{pmatrix} = \begin{pmatrix} 0 \\ \mathbf{x}_\perp \end{pmatrix} + \gamma \begin{pmatrix} ct - \beta x_\parallel \\ (x_\parallel - vt)\hat{\boldsymbol{\beta}} \end{pmatrix} = \begin{pmatrix} 0 \\ \mathbf{x}_\perp \end{pmatrix} + \gamma \begin{pmatrix} 1 & -\beta \\ -\boldsymbol{\beta} & \hat{\boldsymbol{\beta}} \end{pmatrix} \begin{pmatrix} ct \\ x_\parallel \end{pmatrix} \,.$$

Hierbei stellt $x_\parallel \equiv \mathbf{x} \cdot \hat{\boldsymbol{\beta}}$ die Ortskoordinate in $\hat{\boldsymbol{\beta}}$-Richtung in $K$ und $\mathbf{x}_\perp \equiv \mathbf{x} - x_\parallel \hat{\boldsymbol{\beta}}$ den senkrechten Anteil des Ortsvektors $\mathbf{x}$ dar. Analog ist $x'_\parallel \equiv \mathbf{x}' \cdot \hat{\boldsymbol{\beta}}$ der parallele und $\mathbf{x}'_\perp \equiv \mathbf{x}' - x'_\parallel \hat{\boldsymbol{\beta}}$ der senkrechte Anteil des Ortsvektors $\mathbf{x}'$ in $K'$.

Als Startpunkt unserer Untersuchung allgemeiner Geschwindigkeiten verwenden wir jedoch nicht den Ausdruck für $\begin{pmatrix} ct' \\ \mathbf{x}' \end{pmatrix}$ als Funktion von $\begin{pmatrix} ct \\ \mathbf{x} \end{pmatrix}$, sondern die äquivalente *inverse* Beziehung für $\left(\begin{smallmatrix} ct \\ \mathbf{x} \end{smallmatrix}\right)$ als Funktion von $\left(\begin{smallmatrix} ct' \\ \mathbf{x}' \end{smallmatrix}\right)$:

$$\begin{pmatrix} ct \\ \mathbf{x} \end{pmatrix} = \begin{pmatrix} 0 \\ \mathbf{x}'_\perp \end{pmatrix} + \gamma \begin{pmatrix} 1 & \boldsymbol{\beta} \\ \boldsymbol{\beta} & \hat{\boldsymbol{\beta}} \end{pmatrix} \begin{pmatrix} ct' \\ x'_\| \end{pmatrix} . \tag{5.57}$$

Die Geschwindigkeiten des *Teilchens* sind in $K$- bzw. $K'$-Einheiten gegeben durch:

$$\mathbf{u} \equiv \frac{d\mathbf{x}}{dt} \quad , \quad \mathbf{u}' \equiv \frac{d\mathbf{x}'}{dt'}$$

und haben in $K$ die Komponenten $u_\| = \mathbf{u} \cdot \hat{\boldsymbol{\beta}}$ parallel sowie $\mathbf{u}_\perp = \mathbf{u} - u_\| \hat{\boldsymbol{\beta}}$ senkrecht zur $\hat{\boldsymbol{\beta}}$-Richtung und analog in $K'$ die Komponenten $u'_\| = \mathbf{u}' \cdot \hat{\boldsymbol{\beta}}$ parallel sowie $\mathbf{u}'_\perp = \mathbf{u}' - u'_\| \hat{\boldsymbol{\beta}}$ senkrecht zur $\hat{\boldsymbol{\beta}}$-Richtung. Aus der oberen Zeile in (5.57) folgt durch Ableiten nach der Zeitvariablen $t'$ des Inertialsystems $K'$ und Division durch $c$:

$$\frac{dt}{dt'} = \gamma \left( 1 + \frac{\beta}{c} \frac{dx'_\|}{dt'} \right) \quad \text{bzw.} \quad \frac{dt'}{dt} = \frac{1}{\gamma \left( 1 + \frac{1}{c^2} v u'_\| \right)} . \tag{5.58}$$

Aus der unteren Zeile in (5.57) folgt durch Ableiten der Funktion $\mathbf{x}(t'(t))$ nach der Zeitvariablen $t$ des Inertialsystems $K$ unter Berücksichtigung der Kettenregel:

$$\mathbf{u} = \frac{d\mathbf{x}}{dt} = \left[ \frac{d\mathbf{x}'_\perp}{dt'} + \gamma \left( \beta c + \frac{dx'_\|}{dt'} \right) \hat{\boldsymbol{\beta}} \right] \frac{dt'}{dt} = \frac{\mathbf{u}'_\perp + \gamma (v + u'_\|) \hat{\boldsymbol{\beta}}}{\gamma \left( 1 + \frac{1}{c^2} v u'_\| \right)} . \tag{5.59}$$

In dieser Gleichung fällt auf, dass die Geschwindigkeit $\mathbf{u}$ *nicht-symmetrisch* von $\mathbf{u}'$ und $\mathbf{v}$ abhängt; dies ist eine direkte Konsequenz der Nichtkommutativität der Lorentz-Transformationen für allgemeine (nicht-parallele) Boostgeschwindigkeiten. Aus Gleichung (5.59) erhält man noch die folgenden Ergebnisse für die parallelen und senkrechten Geschwindigkeitskomponenten von $\mathbf{u}$:

$$\boxed{u_\| = \frac{u'_\| + v}{1 + \frac{1}{c^2} v u'_\|} \quad , \quad \mathbf{u}_\perp = \frac{\mathbf{u}'_\perp}{\gamma \left( 1 + \frac{1}{c^2} v u'_\| \right)} .} \tag{5.60}$$

Die Komponenten $u'_\|$ und $v$ werden also gemäß dem Additionsgesetz für *parallele* Geschwindigkeiten addiert. Wir lernen aus (5.60) außerdem, dass senkrechte *Geschwindigkeits*komponenten – im Gegensatz zu senkrechten Komponenten von Ortsvektoren – unter Lorentz-Transformationen keineswegs invariant sind.

## 5.6.2 Transformationsverhalten von Winkelvariablen

Aus dem Transformationsgesetz (5.60) für die parallelen und senkrechten Geschwindigkeitskomponenten von $\mathbf{u}$ kann auch das *Transformationsverhalten von Winkeln* bestimmt werden. Nehmen wir an, ein Teilchen bewegt sich in $K$ mit einer Geschwindigkeit $\mathbf{u}$, die einen Winkel $\vartheta$ mit der $\hat{\boldsymbol{\beta}}$-Richtung einschließt:

$$u_\| = u \cos(\vartheta) \quad , \quad \mathbf{u}_\perp = u \sin(\vartheta) \hat{\mathbf{u}}_\perp .$$

Analog definieren wir einen Winkel $\vartheta'$ im Inertialsystem $K'$:

$$u'_\| = u' \cos(\vartheta') \quad , \quad \mathbf{u}'_\perp = u' \sin(\vartheta') \hat{\mathbf{u}}_\perp .$$

Setzt man diese Definitionen in (5.60) ein, folgen die Gleichungen:

$$u\cos(\vartheta) = \frac{u'\cos(\vartheta') + v}{1 + \frac{1}{c^2}vu'\cos(\vartheta')} \quad , \quad u\sin(\vartheta) = \frac{u'\sin(\vartheta')}{\gamma\left[1 + \frac{1}{c^2}vu'\cos(\vartheta')\right]} \; .$$

Aus diesen beiden Gleichungen kann man die Geschwindigkeit $u$ eliminieren, indem man die zweite Gleichung durch die erste dividiert; man erhält dann eine Beziehung für $\vartheta$ als Funktion von $\vartheta'$, die parametrisch von $u'$ und $v$ abhängt:

$$\tan(\vartheta) = \frac{u'\sin(\vartheta')}{\gamma[u'\cos(\vartheta') + v]} \; .$$

Wir betrachten einen wichtigen Spezialfall: Falls das „Teilchen" ein Photon (oder klassisch: ein Lichtstrahl) ist und sich im Inertialsystem $K'$ mit der Geschwindigkeit $u' = c$ bewegt, vereinfacht sich diese Formel auf

$$\tan(\vartheta) = \frac{\sin(\vartheta')}{\gamma[\cos(\vartheta') + \beta]} \; . \tag{5.61}$$

Beim Wechsel des Inertialsystems von $K'$ zu $K$ tritt also eine Änderung der beobachteten Richtung des Lichtstrahls von $\vartheta'$ zu $\vartheta$ auf! Diese Richtungsänderung des Lichts beim Übergang auf ein anderes Inertialsystem ist als *Aberration von Sternenlicht* bekannt und wurde erstmals 1725 von dem britischen Astronomen James Bradley beobachtet. Bradley entdeckte, dass die Position der Sterne sich ändert aufgrund der Bewegung der Erde in ihrer Umlaufbahn um die Sonne. Für kleine $\beta$-Werte erhält man aus (5.61) bis zur linearen Ordnung in $\beta$:

$$\frac{\vartheta - \vartheta'}{\cos^2(\vartheta')} \sim [\tan(\vartheta) - \tan(\vartheta')] \sim \tan(\vartheta')\left[\left(1 - \frac{\beta}{\cos(\vartheta')}\right) - 1\right] \sim -\beta\frac{\sin(\vartheta')}{\cos^2(\vartheta')} \; .$$

Aus dem Vergleich der linken und rechten Seiten ergibt sich dann für die Winkeländerung beim Übergang auf ein anderes Inertialsystem:

$$\Delta\vartheta \equiv \vartheta' - \vartheta \sim \beta\sin(\vartheta') + \mathcal{O}(\beta^2) \; ,$$

in guter Übereinstimmung mit Bradleys Ergebnissen. Aus der Amplitude $\beta$ der Winkelabhängigkeit konnte Bradley außerdem erstmals einen einigermassen genauen Wert ($c \simeq 3{,}01 \cdot 10^5$ km/s) für die Lichtgeschwindigkeit bestimmen.

Am Ende des nächsten Abschnitts [5.7] kommen wir im Rahmen der Behandlung des *relativistischen Doppler-Effekts* noch einmal auf das Transformationsverhalten von Winkeln bei astronomischen Beobachtungen zurück.

### 5.6.3   Weitere optische Effekte

Im letzten Abschnitt wurden bereits erste Beispiele dafür genannt, dass der *optische Eindruck*, den ein Beobachter im Inertialsystem $K$ von entfernten Objekten erhält, von der Geschwindigkeit dieser Objekte relativ zu $K$ abhängt. Die Aberration von Sternenlicht ist ein Beispiel dafür, dass *Winkelvariablen* sich mit der

Relativgeschwindigkeit $\mathbf{v}_{\text{rel}}(K', K) = \mathbf{v}$ von Inertialsystemen ändern. Der relativistische Doppler-Effekt (siehe Abschnitt [5.7]) wird zeigen, dass auch die *Frequenz* von Licht sich mit dem Bezugssystem ändert. Diese Effekte treten auf, da die Signalgeschwindigkeit $c$ des Lichts, das das optische Bild vermittelt, *endlich* ist und von derselben Größenordnung wie die Relativgeschwindigkeit $|\mathbf{v}|$.

In diesem Abschnitt möchten wir weitere optische Effekte ansprechen, die aus der *Endlichkeit* der Lichtgeschwindigkeit folgen und bewirken, dass der *optische Eindruck*, den ein Beobachter in $K$ von einem bewegten Objekt erhält, drastisch von der Lorentz-kontrahierten *realen Form* dieses Objekts in $K$ abweichen kann. Hierbei ist von zentraler Bedeutung, dass die *reale Form* eines Objekts zu einem *festen* Zeitpunkt gemessen wird und sich der *optische Eindruck* aus Signalen zusammensetzt, die zu *unterschiedlichen Zeiten* von diesem Objekt ausgestrahlt wurden.

Zur Illustration betrachten wir zwei Inertialsysteme $K$ und $K'$, die sich mit $\mathbf{v}_{\text{rel}}(K', K) = \mathbf{v}$ relativ zueinander bewegen. Wir nehmen an, dass die Koordinatenursprünge beider Systeme zur Zeit $t = t' = 0$ zusammenfallen und dass die Lorentz-Transformation, die die Koordinatensysteme verbindet, ein reiner Boost ist. Die Relativgeschwindigkeit $\mathbf{v}$ zeigt in $\hat{\mathbf{e}}_2 = \hat{\mathbf{e}}_2'$-Richtung. Im Inertialsystem $K'$ ruht ein räumlich ausgedehnter Körper. Misst man die Koordinaten dieses Körpers in $K$ alle *gleichzeitig*, so erhält man bekanntlich in $\hat{\mathbf{e}}_1$- und $\hat{\mathbf{e}}_3$-Richtung die gleichen Ausdehnungen, die auch im Ruhesystem $K'$ vorliegen, während die Ausdehnung in $\hat{\mathbf{e}}_2$-Richtung aufgrund der Lorentz-Kontraktion um einen Faktor $\gamma = (1 - \beta^2)^{-1/2}$ mit $\beta = \frac{v}{c}$ reduziert ist.

Betrachtet ein in $K$ ruhender Beobachter den Körper jedoch mit bloßem Auge, oder macht er ein Foto, so sieht er etwas anderes, da die Lichtsignale, die das Auge oder die Kamera zur *festen* Zeit $t_0$ empfängt, zu *unterschiedlichen* Zeiten durch die verschiedenen Punkte der Körperoberfläche ausgestrahlt wurden. Um dieses *optische Bild* des Körpers zu bestimmen, führen wir ein Gedankenexperiment durch und platzieren eine in $K$ ruhende, auf den Körper gerichtete Kamera im Punkt $\mathbf{x}_0$. Wir zeigen nun das zentrale Ergebnis dieses Abschnitts:

> Das Lichtsignal, das die Kamera in $\mathbf{x}_0$ zur Zeit $t_0$ (gemessen in $K$-Zeit)
> vom Punkt $\mathbf{x}_e' = (x_1', x_2', x_3')$ der Körperoberfläche in $K'$ erhält, wurde
> zur Zeit $t_e$ am Ort $\mathbf{x}_e = (x_1', \frac{1}{\gamma}x_2' + vt_e, x_3')$ in $K$ emittiert,
> wobei $t_e$ und $\mathbf{x}_e$ durch $c(t_0 - t_e) = |\mathbf{x}_e - \mathbf{x}_0|$ verknüpft sind.

Dieses Ergebnis folgt direkt daraus, dass beliebige Punkte $\mathbf{x}' = (x_1', x_2', x_3')$ zur Zeit $t'$ in $K'$ durch die Lorentz-Transformation (5.52):

$$t' = \gamma(t - \tfrac{\beta}{c}x_2) \quad , \quad x_2' = \gamma(x_2 - vt) \quad , \quad x_1' = x_1 \quad , \quad x_3' = x_3$$

in Punkte $\mathbf{x} = (x_1', \frac{1}{\gamma}x_2' + vt, x_3')$ in $K$ zur Zeit $t$ umgewandelt werden. Wird also insbesondere von einem Punkt $\mathbf{x}_e = (x_1', \frac{1}{\gamma}x_2' + vt_e, x_3')$ der Körperoberfläche in $K$ zur Zeit $t_e$ ein Lichtsignal ausgesandt, das zur Zeit $t_0$ am Ort $\mathbf{x}_0$ von der Kamera aufgefangen wird, so muss die Beziehung $c(t_0 - t_e) = |\mathbf{x}_e - \mathbf{x}_0|$ gelten, denn beide Seiten dieser Gleichung stellen den Abstand von der Quelle des Lichtsignals zur Kamera dar. Wir zeigen einige Konsequenzen dieser Beziehung.[17]

---

[17]Eine hervorragende Darstellung der Visualisierung der Speziellen (und Allgemeinen) Relativitätstheorie findet man auf der sehr empfehlenswerten Webseite Ref. [21] von Ute Kraus und Corvin Zahn. Auch die hier behandelten Beispiele werden dort visualisiert.

**Beispiel 1: Stab *senkrecht* zur Geschwindigkeitsrichtung**

Wir betrachten einen Stab der Ruhelänge $\ell$, der *senkrecht* zur Richtung der Relativgeschwindigkeit $\mathbf{v}_{\mathrm{rel}}(K', K) = v\hat{\mathbf{e}}_2$ der beiden Koordinatensysteme $K$ und $K'$ ausgerichtet ist. Der Stab ruht im Ursprung von $K'$ und hat dort die Koordinaten $\{\mathbf{x}' \,|\, |x_1'| \leq \frac{1}{2}\ell \,,\ x_2' = x_3' = 0\}$. Wir nehmen an, dass sich die Kamera im Punkt $\mathbf{x}_0 = \mathbf{0}$ des Inertialsystems $K$ befindet.[18] Die Kamera soll also zum Zeitpunkt $t_0$ Photonen empfangen, die zur Zeit $t_{\mathrm{e}}$ von einem Punkt $\mathbf{x}_{\mathrm{e}} = (x_1', vt_{\mathrm{e}}, 0)$ der Staboberfläche ausgesandt wurden. Hierbei gilt:

$$c(t_0 - t_{\mathrm{e}}) = |\mathbf{x}_{\mathrm{e}} - \mathbf{x}_0| = |\mathbf{x}_{\mathrm{e}}| = \sqrt{(x_1')^2 + (vt_{\mathrm{e}})^2} \quad,\quad (t_0 - t_{\mathrm{e}})^2 = \left(\frac{x_1}{c}\right)^2 + \left(\beta t_{\mathrm{e}}\right)^2 .$$

Im letzten Schritt verwendeten wir die Beziehung $\mathbf{x}_{\mathrm{e}} = (x_1, x_2, 0) = (x_1', vt_{\mathrm{e}}, 0)$ zwischen den Stabkoordinaten in $K$ und $K'$, woraus konkret $x_1 = x_1'$ und $x_2 = vt_{\mathrm{e}}$ folgt. Die physikalisch relevante Lösung der quadratischen Gleichung für $t_{\mathrm{e}}$ ist

$$t_{\mathrm{e}}(x_1) = \frac{1}{1 - \beta^2}\left[t_0 - \sqrt{(\beta t_0)^2 + (1 - \beta^2)\left(\frac{x_1}{c}\right)^2}\,\right].$$

Die alternative Lösung mit dem $(+)$-Zeichen vor der Wurzel ist nicht akzeptabel, da diese die Kausalitätsbeziehung $t_{\mathrm{e}} < t_0$ verletzt.

Neben $x_1 = x_1'$ ist nun auch die zweite Koordinate der Photonenquelle in $\mathbf{x}_{\mathrm{e}} = (x_1, x_2, 0)$ bekannt:

$$x_2(x_1) = vt_{\mathrm{e}}(x_1) = \frac{v}{1 - \beta^2}\left[t_0 - \beta|t_0|\sqrt{1 + \left(\frac{x_1}{\gamma vt_0}\right)^2}\,\right].$$

Hiermit ist klar, welches optische Bild die Kamera in $K$ vom Stab erhält: Für den Spezialfall $t_0 \to 0$ folgt $x_2 = -v\gamma\frac{|x_1|}{c} = -\beta\gamma|x_1|$. Der optische Eindruck zum Zeitpunkt $t_0 = 0$ ist also, dass der Stab in der Mitte geknickt ist und beide Stabhälften einen Winkel $\varphi = \arcsin(\beta)$ mit der $\hat{\mathbf{e}}_1$-Achse bilden. Für Zeiten $t_0 \neq 0$ kann man definieren: $\frac{x_1}{\gamma v|t_0|} \equiv \sinh(y)$. Für die $x_2$-Koordinate folgt dann $\frac{x_2}{\gamma v|t_0|} = \gamma[\mathrm{sgn}(t_0) - \beta\cosh(y)]$. Das Kamerabild suggeriert also im allgemeinen Fall, dass der Stab die Form eines *Hyperbelsegments* hat. Die Verzerrung der Stabform im optischen Bild ist am größten, wenn der Abstand zwischen Stab und Kamera gering ist, d. h. für $\sinh(y_\ell) \equiv \frac{\ell}{2\gamma v|t_0|} \gtrsim 1$. In großem Abstand von der Kamera, d. h. für $\sinh(y_\ell) \ll 1$, ist die Verzerrung kaum sichtbar: Für $t_0 \to \pm\infty$ hat der Stab die Form einer *Geraden*: $\frac{x_2}{\gamma v|t_0|} \sim \pm\gamma(1 \mp \beta) = \pm\left(\frac{1\mp\beta}{1\pm\beta}\right)^{1/2} = \text{konstant}$.

Das optisches Bild eines *senkrecht* zur Relativgeschwindigkeit $\mathbf{v}_{\mathrm{rel}}(K', K) = v\hat{\mathbf{e}}_2$ ausgerichteten Stabs ist in Abbildung 5.10 skizziert. Die Kamera (*grün* dargestellt) befindet sich im Ursprung. Für die Skizze wurde konkret angenommen, dass sich der Stab auf die Kamera zubewegt ($t_0 < 0$) und dass $\beta = \frac{1}{2}\sqrt{3}$ bzw. $\gamma = 2$ gilt. Die Skizze zeigt, dass der Stab (*blau* dargestellt mit *schwarz gestrichelten* Asymptoten) im optischen Bild eine Hyperbelform hat und noch relativ weit von der Kamera entfernt ist $\left[\frac{x_2}{\gamma v|t_0|} \leq -\gamma(1+\beta)\right]$, obwohl er sich tatsächlich zum Zeitpunkt $t_0$ (*blau gestrichelt* dargestellt) bereits nahe bei der Kamera befindet $\left(\frac{x_2}{\gamma v|t_0|} = -\frac{1}{\gamma}\right)$.

---

[18]Um Kollisionen zwischen Kamera und Stab zu vermeiden, nimmt man besser an, dass sich die Kamera in $\mathbf{x}_0 = \varepsilon\ell\hat{\mathbf{e}}_3$ befindet mit $\varepsilon \ll 1$. Für die Berechnung macht dies keinen Unterschied.

## Beispiel 2: Stab *parallel* zur Geschwindigkeitsrichtung

Als zweites Beispiel betrachten wir einen Stab der Ruhelänge $\ell$, der *parallel* zur Richtung der Relativgeschwindigkeit $\mathbf{v}_{\text{rel}}(K', K) = v\hat{\mathbf{e}}_2$ der beiden Koordinatensysteme $K$ und $K'$ ausgerichtet ist. Der Stab ruht wiederum im Ursprung von $K'$ und hat dort die Koordinaten $\{\mathbf{x}' \,|\, |x_2'| \leq \frac{1}{2}\ell \,,\, x_1' = x_3' = 0\}$. Die Kamera befindet sich wieder im Ursprung $\mathbf{x}_0 = \mathbf{0}$ des Inertialsystems $K$, oder genauer: in $\mathbf{x}_0 = \varepsilon\ell\hat{\mathbf{e}}_3$ mit $\varepsilon \ll 1$, um Kollisionen zwischen Kamera und Stab zu vermeiden.

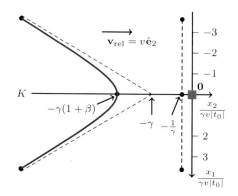

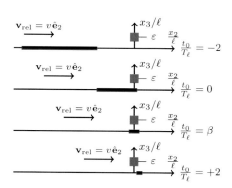

**Abb. 5.10** Optisches Bild eines Stabs *senkrecht* zu $\mathbf{v}_{\text{rel}}(K', K) = v\hat{\mathbf{e}}_2$

**Abb. 5.11** Optisches Bild eines Stabs *parallel* zu $\mathbf{v}_{\text{rel}}(K', K) = v\hat{\mathbf{e}}_2$

Die Kamera empfängt nun zum Zeitpunkt $t_0$ Photonen, die zur Zeit $t_e$ in $K$ von einem Punkt $\mathbf{x}_e = \left(\frac{x_2'}{\gamma} + vt_e\right)\hat{\mathbf{e}}_2$ der Staboberfäche ausgesandt wurden. Es gilt die Beziehung:

$$c(t_0 - t_e) = |\mathbf{x}_e - \mathbf{x}_0| = |\mathbf{x}_e| = \left|\frac{x_2'}{\gamma} + vt_e\right| = v|t_e - T(x_2')| \quad,\quad T(x_2') = -\frac{x_2'}{\gamma v}\,,$$

wobei $|T(x_2')| \leq \frac{\ell}{2\gamma v} \equiv T_\ell$ gilt. Für die Endpunkte gilt speziell $T(-\frac{1}{2}\ell) = -T(\frac{1}{2}\ell) = T_\ell$. Bei der Lösung der linearen Gleichung für $t_e$ muss man die Fälle $t_e \leq T(x_2')$ und $t_e \geq T(x_2')$ unterscheiden; für $t_e(x_2')$ und $\mathbf{x}_e(x_2') = \left(\frac{x_2'}{\gamma} + vt_e\right)\hat{\mathbf{e}}_2$ erhält man:

$$t_e(x_2') = \frac{t_0 - \beta T(x_2')}{1 - \beta} \quad,\quad \mathbf{x}_e(x_2') = \frac{v[t_0 - T(x_2')]}{1 - \beta}\hat{\mathbf{e}}_2 \quad \text{für } t_e \leq T(x_2')$$

$$t_e(x_2') = \frac{t_0 + \beta T(x_2')}{1 + \beta} \quad,\quad \mathbf{x}_e(x_2') = \frac{v[t_0 - T(x_2')]}{1 + \beta}\hat{\mathbf{e}}_2 \quad \text{für } t_e \geq T(x_2')\,.$$

Mit diesen Ergebnissen kann man nun die *scheinbare* Länge $\ell_s$ des Stabs im optischen Bild der Kamera ausrechnen: $\ell_s \equiv [\mathbf{x}_e(\frac{1}{2}\ell) - \mathbf{x}_e(-\frac{1}{2}\ell)] \cdot \hat{\mathbf{e}}_2$. Hierbei muss man drei Fälle unterscheiden:

$$\ell_s = \frac{v}{1-\beta}\left[T(-\tfrac{1}{2}\ell) - T(\tfrac{1}{2}\ell)\right] = \frac{2vT_\ell}{1-\beta} = \frac{\ell}{\gamma(1-\beta)} = \ell\sqrt{\frac{1+\beta}{1-\beta}} > \ell \qquad (t_0 \leq -T_\ell)$$

$$\ell_s = \frac{v}{1+\beta}\left[T(-\tfrac{1}{2}\ell) - T(\tfrac{1}{2}\ell)\right] = \frac{2vT_\ell}{1+\beta} = \frac{\ell}{\gamma(1+\beta)} = \ell\sqrt{\frac{1-\beta}{1+\beta}} < \ell \qquad (T_\ell \leq t_0)$$

$$\ell_s = \frac{v(t_0+T_\ell)}{1+\beta} - \frac{v(t_0-T_\ell)}{1-\beta} = \frac{2v}{1-\beta^2}(T_\ell - \beta t_0) = \gamma\ell\left(1 - \frac{\beta t_0}{T_\ell}\right) \qquad (-T_\ell \leq t_0 \leq T_\ell)\,.$$

Die erste Zeile zeigt, dass die Länge des Stabs im optischen Bild der Kamera um einen Faktor $\frac{1}{1-\beta}$ *größer* erscheint als die tatsächliche Lorentz-kontrahierte Länge $\frac{\ell}{\gamma}$, wenn der Stab sich auf die Kamera zubewegt. Die zweite Zeile zeigt, dass die Stablänge optisch um einen Faktor $\frac{1}{1+\beta}$ *kleiner* als $\frac{\ell}{\gamma}$ wirkt, wenn der Stab sich von der Kamera wegbewegt. Die dritte Zeile beschreibt die Übergangsphase, wenn der Stab an der Kamera vorbeirast; in dieser Phase wird die scheinbare Länge $\ell_\mathrm{s}$ kontinuierlich immer kleiner und ist z. B. zum Zeitpunkt $t_0 = \beta T_\ell$ genau gleich der tatsächlichen Lorentz-kontrahierten Länge $\frac{\ell}{\gamma}$ des Stabs.

Das optisches Bild eines *parallel* zu $\mathbf{v}_\mathrm{rel}(K',K) = v\hat{\mathbf{e}}_2$ ausgerichteten Stabs ist in Abbildung 5.11 skizziert. Um Kollisionen mit dem Stab zu vermeiden wurde die Kamera (*grün* dargestellt) in $\mathbf{x}_0 = \varepsilon\ell\hat{\mathbf{e}}_3$ platziert. Für die Skizze wurde wie auch in Abb. 5.10 angenommen, dass $\beta = \frac{1}{2}\sqrt{3}$ bzw. $\gamma = 2$ gilt. Die Skizze zeigt, dass der Stab (*blau* dargestellt) im optischen Bild beim Passieren der Kamera scheinbar rapide kleiner wird. Tatsächlich hat der Stab im Inertialsystem $K$ stets die Länge $\ell/\gamma$; nur zum Zeitpunkt $t_0 = \beta T_\ell$ hat auch die scheinbare Länge $\ell_\mathrm{s}$ diesen Wert.

**Beispiel 3: der relativistische Würfel**

In Übungsaufgabe 5.7 betrachten wir als drittes Beispiel einen Würfel mit Seitenlängen $\ell$ und Koordinaten $\{\mathbf{x}' \,|\, |x_i'| \leq \frac{1}{2}\ell,\ i = 1,2,3\}$ in seinem Ruhesystem $K'$. Die Kamera soll sich nun im Inertialsystem $K$ im Punkt $\mathbf{x}_0 = L\hat{\mathbf{e}}_1$ befinden und den Würfel beim Passieren des Ursprungs $\mathbf{x} = \mathbf{0}$ fotografieren. An diesem dritten Beispiel zeigt sich zusätzlich der interessante Effekt, dass bewegte Objekte im optischen Bild der Kamera *gedreht* erscheinen.

# 5.7   4-Schreibweise und 4-Vektoren

Von allen Ergebnissen, die wir bisher erzielt haben, sind aus grundsätzlicher Sicht *zwei* am wichtigsten: Die Invarianz des Abstands infinitesimal benachbarter Ereignisse, die aus den Postulaten hergeleitet wurde und äquivalent zum zweiten Postulat der Speziellen Relativitätstheorie ist, und die Gruppenstruktur der Lorentz-Transformationen, unter denen der infinitesimale Abstand *invariant* und sämtliche physikalischen Gesetze *kovariant* sind. Der infinitesimale Abstand wurde in Gleichung (5.17) definiert; dessen Quadrat $(ds)^2 = c^2(dt)^2 - (d\mathbf{x})^2$ ist durch

$$(ds)^2 = \begin{pmatrix} d(ct) \\ d\mathbf{x} \end{pmatrix}^\mathrm{T} \begin{pmatrix} 1 & \mathbf{0}^\mathrm{T} \\ \mathbf{0} & -\mathbb{1}_3 \end{pmatrix} \begin{pmatrix} d(ct) \\ d\mathbf{x} \end{pmatrix} = \begin{pmatrix} d(ct) \\ d(-\mathbf{x}) \end{pmatrix} \cdot \begin{pmatrix} d(ct) \\ d\mathbf{x} \end{pmatrix} \tag{5.62a}$$

gegeben. Die Lorentz-Gruppe und die physikalischen Konsequenzen der Lorentz-Kovarianz wurden in den Abschnitten [5.5] bzw. [5.6] behandelt. Die Bestimmungsgleichung für Lorentz-Transformationen ist Gleichung (5.28), die als

$$\begin{pmatrix} c\,dt' \\ d\mathbf{x}' \end{pmatrix} = \Lambda \begin{pmatrix} c\,dt \\ d\mathbf{x} \end{pmatrix} \quad , \quad G = \tilde{\Lambda} G \Lambda \quad , \quad G = \begin{pmatrix} 1 & \mathbf{0}^\mathrm{T} \\ \mathbf{0} & -\mathbb{1}_3 \end{pmatrix} \tag{5.62b}$$

zusammengefasst werden kann. Hierbei wurden der infinitesimale Abstand (5.62a) und die Bestimmungsgleichung für Lorentz-Transformationen (5.62b) in *Vektor-Matrix-Schreibweise* formuliert. Um weitere Fortschritte machen zu können, ist diese Notation jedoch weder effizient noch zweckdienlich. Wir werden sie daher durch eine effizientere Notation ersetzen müssen. Diese effizientere Notation wird die *vier* Koordinaten der physikalischen Raum-Zeit in einheitlicher Weise beschreiben und ist dementsprechend als *4-Notation* oder *4-Schreibweise* bekannt. Wir erklären im Folgenden, wie diese 4-Notation funktioniert, wie Lorentz- und Poincaré-Transformationen sowie Skalarprodukte in dieser Notation formuliert werden, und wir behandeln die wichtigsten „4-Vektoren", d. h. vierdimensionale Größen, die zwischen Inertialsystemen gemäß der Lorentz-Gruppe transformiert werden. Zur Unterscheidung werden wir die Vektor-Matrix-Schreibweise in (5.62), die zwar auch vierkomponentige Vektoren verwendet, aber die Zeitvariable einzeln aufführt und für die Ortskomponenten explizit noch *3-Vektoren* wie $d\mathbf{x}$ und $d\mathbf{x}'$ enthält, als *3-Notation* bezeichnen.

## 5.7.1  4-Schreibweise

Die Vektor-Matrix-Schreibweise in den Gleichungen (5.62) ist aus mehreren Gründen unhandlich. Erstens ist sie *ineffizient*: Sowohl Gleichung (5.62a) als auch (5.62b) enthält explizit die Matrix $G$, die die Ortskomponenten mit einem zusätzlichen Minuszeichen versieht. Da sich die Matrix $G$ in sämtliche weiteren Berechnungen einschleichen würde, ist es wünschenswert eine Notation zu entwickeln, die diese Matrix automatisch berücksichtigt. Außerdem wäre es effizienter, analog zur herkömmlichen 3-Notation eine vierdimensionale Variante der *Summenkonvention* (Einstein-Notation) einzuführen.

Zweitens ist die Vektor-Matrix-Schreibweise (5.62) *nicht zweckdienlich*: Im Grunde ist auch dieses Problem bereits aus der Newton'schen Mechanik bekannt: Es treten dort Größen wie $\delta_{ij}$ und $\varepsilon_{ijk}$ auf, die unter *orthogonalen* Transformationen $O$ wie *echte Tensoren* oder *Pseudotensoren* transformiert werden:

$$O_{ii'}O_{jj'}\delta_{i'j'} = \delta_{ij} \quad , \quad O_{ii'}O_{jj'}O_{kk'}\varepsilon_{i'j'k'} = \det(O)\varepsilon_{ijk} \ .$$

Solche Beziehungen sind in Matrix-Schreibweise kaum darstellbar. Man benötigt hierfür unbedingt die *Einstein-Notation*. In der Speziellen Relativitätstheorie werden wir ähnlichen Größen mit mehreren Indizes begegnen, wie $g_{\mu\nu}$ und $g^{\mu}{}_{\nu}$ oder $\varepsilon^{\mu\nu\rho\sigma}$, sodass auch in diesem Fall eine Summenkonvention dringend erwünscht ist.

### 4-Ortsvektoren und der metrische Tensor

Wir definieren zuerst einen *4-Ortsvektor* $(x^{\mu})$, der die vier Raum-Zeit-Koordinaten $(ct, \mathbf{x}^{\mathrm{T}})$ beschreibt. Die Differentiale dieser Koordinaten spielen in den beiden Gleichungen (5.62) eine zentrale Rolle. Da die Raum-Zeit *vier*dimensional ist und der 4-Ortsvektor $(x^{\mu})$ somit *vier* Komponenten hat, werden diese mit den *vier* Indizes $\mu = 0, 1, 2, 3$ bezeichnet. Hierbei gibt der Index $\mu = 0$ die zeitliche Komponente $ct$ des 4-Ortsvektors an und die Indizes $\mu = 1, 2, 3$ die drei räumlichen Freiheitsgrade. Der 4-Ortsvektor hat daher die folgende Gestalt:

$$(x^{\mu}) = (x^0, x^1, x^2, x^3) \stackrel{4 \to 3}{\equiv} (ct, \mathbf{x}^{\mathrm{T}}) \ . \tag{5.63a}$$

Analog gilt für sein Differential:

$$(dx^{\mu}) = (dx^0, dx^1, dx^2, dx^3) \stackrel{4 \to 3}{\equiv} (c\,dt, d\mathbf{x}^{\mathrm{T}}) \ . \tag{5.63b}$$

Dieses Differential hat genau die gleiche Form wie der *rechte* der beiden infinitesimalen Vektoren auf der rechten Seite von Gleichung (5.62a).

In die Definition (5.63a) des 4-Ortsvektors gehen die drei *räumlichen* Komponenten von $(x^\mu)$ also *ohne* zusätzliches Minuszeichen ein.[19] Ein solcher 4-Ortsvektor *ohne* zusätzliches Minuszeichen und mit den Indizes $\mu$ *oben angeordnet* wird als *kontravarianter* 4-Ortsvektor bezeichnet. Man beachte, dass die Notation $(x^\mu)$ den ganzen vierkomponentigen 4-Ortsvektor beschreibt; die Notation $x^\mu$ dagegen bezeichnet eine einzelne Komponente. Analog ist $(dx^\mu)$ in (5.63b) *ohne* zusätzliches Minuszeichen ein *kontravariantes* Differential, das die Komponenten $dx^\mu$ hat.

Generell werden die Komponenten von 4-Vektoren mit *griechischen* Buchstaben $\mu, \nu, \rho, \sigma, \cdots$ indiziert. Gelegentlich betrachten wir auch nur die drei *räumlichen* Komponenten $x^1$, $x^2$ und $x^3$ oder Summen über Produkte solcher Komponenten; in diesem Fall werden diese räumlichen Komponenten mit *lateinischen* Indizes angegeben, also wie $x^i$ mit $i = 1, 2, 3$. Man beachte auch, dass wir zur *Definition* von 4-Vektoren gelegentlich die herkömmliche 3-Notation mit zeitlichen Variablen und 3-Vektoren benötigen, sodass notwendigerweise Übergänge zwischen der „neuen" und der „alten" Notation auftreten werden. Wir kennzeichnen solche Übergänge von 4- zu 3-Notation im Folgenden – wie in Gleichung (5.63) – immer durch ein „Warnschild" $4 \to 3$ und eventuelle Umkehrvorgänge durch $3 \to 4$.

Neben dem kontravarianten 4-Ortsvektor (ohne Minuszeichen, mit den Indizes $\mu$ oben) führen wir den mit $(x^\mu)$ assoziierten *kovarianten* 4-Ortsvektor ein:

$$(x_\mu) = (x_0, x_1, x_2, x_3) \stackrel{4 \to 3}{\equiv} (ct, -\mathbf{x}^{\mathrm{T}}) \,. \tag{5.64a}$$

Wiederum kann der Index $\mu$ die vier Werte $0, 1, 2, 3$ annehmen, wobei $\mu = 0$ die zeitliche Komponente und $\mu = 1, 2, 3$ die drei räumlichen Freiheitsgrade bezeichnet. Der kovariante 4-Ortsvektor $(x_\mu)$ wird durch *zusätzliche Minuszeichen* in den drei *räumlichen* Komponenten gekennzeichnet und (zur Unterscheidung vom kontravarianten Vektor) mit den Indizes $\mu$ *unten angeordnet* notiert. Man beachte also: Die räumliche Komponente $x_i$ ($i = 1, 2, 3$) im kovarianten 4-Vektor $(x_\mu)$ unterscheidet sich von der $i$-ten Komponente $x_i$ in $\mathbf{x}^{\mathrm{T}}$ in der 3-Notation durch ein Minuszeichen! Das Differential des kovarianten 4-Ortsvektors ist analog gegeben durch

$$(dx_\mu) = (dx_0, dx_1, dx_2, dx_3) \stackrel{4 \to 3}{\equiv} (c\,dt, -d\mathbf{x}^{\mathrm{T}}) \,. \tag{5.64b}$$

Dieses Differential hat genau die gleiche Form wie der *linke* der beiden infinitesimalen Vektoren auf der rechten Seite von Gleichung (5.62a). An dieser Stelle wird auch klar, warum diese unterschiedlichen Definitionen von $(x^\mu)$ und $(x_\mu)$ bzw. $(dx^\mu)$ und $(dx_\mu)$ so effizient und hilfreich sind: Effektiv wird durch die zusätzlichen Minuszeichen in der Definition von $(x_\mu)$ und $(dx_\mu)$ die Wirkung der Matrix $G$ in (5.62) berücksichtigt. Die Wirkung von $G$ ist also nur noch *implizit* sichtbar (an der Stellung der Indizes $\mu$) und wird *explizit* weitgehend aus den nachfolgenden Berechnungen eliminiert!

Wir werden im Folgenden [z. B. in Gleichung (5.67)] sehen, dass die Notation sogar noch weiter kondensiert werden kann: Statt $(x^\mu)$ oder $(x_\mu)$ für den (kontra-

---

[19]Dies im Gegensatz zum *kovarianten* 4-Ortsvektor, der anschließend behandelt wird.

bzw. kovarianten) 4-Ortsvektor können wir gelegentlich einfach $x$ schreiben. Analog können wir statt $(dx^\mu)$ oder $(dx_\mu)$ für das Differential dieser 4-Ortsvektoren gelegentlich $dx$ schreiben. Die Stellung der Indizes wird dabei dann automatisch durch die „Grammatik" der Einstein-Konvention vorgegeben.

Eine Bemerkung noch zur Nomenklatur: Es ist natürlich wichtig, den Unterschied zwischen kontra- und kovarianten Größen durch unterschiedliche *Namen* zum Ausdruck zu bringen. Man sollte aber den *Worten* „kontravariant" und „kovariant" nicht allzu viel Gewicht beimessen: In seiner „Theory of Relativity" plädiert Wolfgang Pauli (siehe Ref. [28]) sogar dafür, diese Bezeichnungen zu vertauschen, bzw. sie durch die älteren Namen „kogredient" und „kontragredient" zu ersetzen. Wir werden die Namen „kontra-" und „kovariant" im Folgenden aber beibehalten.

**Der metrische Tensor**

Wir haben gerade gelernt, dass der kovariante 4-Ortsvektor $(x_\mu)$ dieselbe physikalische Information enthält wie der kontravariante 4-Ortsvektor $(x^\mu)$, aber *zusätzlich* die Wirkung der Matrix $G$ in (5.62) berücksichtigt. Diese Beziehung zwischen den beiden Typen von 4-Ortsvektoren kann auch in 4-Schreibweise sichtbar gemacht werden. Hierzu definieren[20] wir den *metrischen Tensor* in der Form $(g_{\mu\nu})$ oder $(g^{\mu\nu})$, beide mit einer $(4 \times 4)$-Struktur, die dementsprechend durch *zwei* Indizes $\mu, \nu = 0, 1, 2, 3$ charakterisiert werden kann:

$$
(g_{\mu\nu}) \overset{4 \to 3}{\equiv} \begin{pmatrix} 1 & \mathbf{0}^{\mathrm{T}} \\ \mathbf{0} & -\mathbb{1}_3 \end{pmatrix} \quad , \quad (g^{\mu\nu}) \overset{4 \to 3}{\equiv} \begin{pmatrix} 1 & \mathbf{0}^{\mathrm{T}} \\ \mathbf{0} & -\mathbb{1}_3 \end{pmatrix} . \tag{5.65}
$$

Der metrische Tensor hat also genau die gleiche Struktur wie die Matrix $G$ in (5.62). Wiederum bezeichnet die Notation $(g_{\mu\nu})$ oder $(g^{\mu\nu})$ den ganzen $(4 \times 4)$-Tensor, während $g_{\mu\nu}$ oder $g^{\mu\nu}$ ein einzelnes Tensorelement mit den konkreten Indizes $\mu, \nu$ darstellt. Man beachte, dass für alle $\mu, \nu = 0, 1, 2, 3$ in der Speziellen (im Gegensatz zur Allgemeinen) Relativitätstheorie $g_{\mu\nu} = g^{\mu\nu}$ gilt. Der metrische Tensor $(g_{\mu\nu})$ (mit den Indizes *unten*) wird als *kovariant* und $(g^{\mu\nu})$ (mit den Indizes *oben*) als *kontravariant* bezeichnet. Auf den allgemeinen *Tensor*begriff gehen wir in Abschnitt [5.9] ausführlicher ein.

Wir führen nun die Einstein-Konvention ein. Die Regeln sind einfach: Wenn in einem Ausdruck mit mehreren Indexvariablen exakt *zwei* dieser Indizes gleich sind *und* einer dieser Indizes *kontra*- und der andere *ko*variant ist, dann wird *implizit* (d. h. ohne ein Summenzeichen anzugeben) über diese beiden Indizes *summiert*. Beispielsweise ist in $x^\nu x_\nu$ oder $g_{\mu\nu} x^\nu$ über den Index $\nu = 0, 1, 2, 3$ zu summieren:

$$
x^\nu x_\nu = x^0 x_0 + x^1 x_1 + x^2 x_2 + x^3 x_3 \quad , \quad g_{\mu\nu} x^\nu = g_{\mu 0} x^0 + g_{\mu 1} x^1 + g_{\mu 2} x^2 + g_{\mu 3} x^3 .
$$

Ausdrücke mit mehr als zwei gleichen Indexvariablen (wie $g_{\nu\nu} x^\nu$) sind nach der Einstein-Grammatik *inkorrekt* und somit *undefiniert*. Ausdrücke mit zwei gleichen *kontra*varianten oder zwei gleichen *ko*varianten Indexvariablen (wie $x_\nu x_\nu$ oder $x^\nu x^\nu$) sind ebenfalls *undefiniert*. Berechnungen, die auf solche Ausdrücke führen, enthalten mit Sicherheit einen Denk- oder Rechenfehler.

---

[20]Dies ist die in der speziellen Relativitätstheorie und Quantenmechanik übliche Definition. In der allgemeinen Relativitätstheorie definiert man $g$ häufig mit entgegengesetztem Vorzeichen.

Wir wenden die Einstein-Konvention nun auf den kontravarianten 4-Ortsvektor $(x^\mu)$ und den kovarianten metrischen Tensor $(g_{\mu\nu})$ an. Das gerade betrachtete Beispiel $g_{\mu\nu}x^\nu$ bedeutet konkret:

$$g_{\mu\nu}x^\nu = g_{\mu 0}x^0 + g_{\mu 1}x^1 + g_{\mu 2}x^2 + g_{\mu 3}x^3 = \begin{cases} +1 \cdot x^0 = ct & \text{(für } \mu = 0) \\ -1 \cdot x^i = -x^i & \text{(für } \mu = i = 1,2,3) \end{cases}$$

und daher kompakt:

$$(g_{\mu\nu}x^\nu) = (x_\mu) \overset{4\to 3}{=} (ct, -\mathbf{x}^{\mathrm{T}}) \,.$$

Wir stellen fest, dass durch die Anwendung des metrischen Tensors ein *kontra*varianter in einen *ko*varianten 4-Ortsvektor umgewandelt wird. Auch das Umgekehrte ist möglich:

$$g^{\mu\nu}x_\nu = g^{\mu 0}x_0 + g^{\mu 1}x_1 + g^{\mu 2}x_2 + g^{\mu 3}x_3 = \begin{cases} +1 \cdot x_0 = ct & \text{(für } \mu = 0) \\ -1 \cdot x_i = +x^i & \text{(für } \mu = i = 1,2,3) \end{cases} \,.$$

Kompakt bedeutet dies:

$$(g^{\mu\nu}x_\nu) = (x^\mu) \overset{4\to 3}{=} (ct, \mathbf{x}^{\mathrm{T}}) \,.$$

Allgemeiner lernen wir, dass man den metrischen Tensor $(g_{\mu\nu})$ dazu verwenden kann, kontravariante Indizes *herunter*zuziehen (kovariant zu machen), und den Tensor $(g^{\mu\nu})$ dazu, kovariante Indizes *herauf*zuziehen (kontravariant zu machen).

Wir wenden diese Möglichkeit, kontra- in ko- und ko- in kontravariante Indizes umzuwandeln, nun auf den metrischen Tensor selbst an und *definieren* die Tensorelemente

$$g_\mu{}^\rho \equiv g_{\mu\nu}g^{\nu\rho} = \begin{cases} (+1)^2 = 1 & \text{(für } \mu = \rho = 0) \\ (-1)^2 = 1 & \text{(für } \mu = \rho = 1,2,3) \\ 0 & \text{(für } \mu \neq \rho) \,. \end{cases} \tag{5.66a}$$

Man kann dieses Ergebnis auf zwei verschiedene Weisen interpretieren: Eine Variante ist, dass der kontravariante Index $\nu$ in $g^{\nu\rho}$ mit Hilfe von $g_{\mu\nu}$ *herunter*gezogen, die andere, dass der kovariante Index $\nu$ in $g_{\mu\nu}$ mit Hilfe von $g^{\nu\rho}$ *herauf*gezogen wird. Das Endergebnis ist dasselbe, nämlich die $(4 \times 4)$-*Identität*. Da die Identitätsmatrix traditionell auch als *Kronecker-$\delta$* geschrieben wird, führt man neben der Notation $g_\mu{}^\rho$ gelegentlich auch die äquivalente Notation $\delta_\mu{}^\rho \equiv g_\mu{}^\rho$ ein. Der Tensor $g_\mu{}^\rho$ ist weder rein kontra- noch rein kovariant und wird als *gemischt* bezeichnet.

Da der metrische Tensor *symmetrisch* ist und daher in (5.66a) sowohl $g_{\mu\nu} = g_{\nu\mu}$ als auch $g^{\nu\rho} = g^{\rho\nu}$ gilt, kann man analog definieren:

$$g^\rho{}_\mu \equiv g^{\rho\nu}g_{\nu\mu} = g_{\mu\nu}g^{\nu\rho} = \begin{cases} 1 & \text{(für } \mu = \rho) \\ 0 & \text{(für } \mu \neq \rho) \,. \end{cases} \tag{5.66b}$$

Das Ergebnis ist wiederum die $(4 \times 4)$-Identität. Man führt daher neben der Notation $g^\rho{}_\mu$ gelegentlich auch die äquivalente Notation $\delta^\rho{}_\mu \equiv g^\rho{}_\mu$ mit einem Kronecker-$\delta$ ein. Auch der Tensor $g^\rho{}_\mu$ wird als *gemischt* bezeichnet.

Wie beim 4-Ortsvektor $x$ kann die Notation auch beim metrischen Tensor weiter kondensiert werden: Statt $(g_{\mu\nu})$ oder $(g^{\mu\nu})$ oder $(g_\mu{}^\rho)$ oder $(g^\rho{}_\mu)$ können wir gelegentlich einfach $g$ schreiben. Die Stellung der Indizes wird dabei durch die „Grammatik" der Einstein-Konvention vorgegeben. Als Beispiel betrachten wir die Gleichung $x = gx$. Man kann die Indizes auf vier verschiedene Weisen im Einklang mit der Einstein-Konvention anordnen, nämlich als:

$$x_\mu = g_{\mu\nu}x^\nu \quad , \quad x^\mu = g^{\mu\nu}x_\nu \quad , \quad x_\mu = g_\mu{}^\nu x_\nu \quad , \quad x^\mu = g^\mu{}_\nu x^\nu \ . \tag{5.67}$$

Alle vier Gleichungen sind grammatikalisch und physikalisch korrekt. Man sollte nur darauf achten, dass die Indexvariable $\mu$ auf der linken Seite einer Gleichung den gleichen (kontra- oder kovarianten) Charakter hat wie auf der rechten Seite. Analog kann man auch in der Gleichung $g = gg$ die Indizes im Einklang mit der Einstein-Konvention anordnen. Man erhält dann etliche Möglichkeiten, wie

$$g_\mu{}^\rho = g_{\mu\nu}g^{\nu\rho} \quad , \quad g^\rho{}_\mu = g^{\rho\nu}g_{\nu\mu} \quad , \quad g^{\nu\rho} = g^\nu{}_\mu g^{\mu\rho} \ ,$$

die alle physikalisch korrekt sind, wenn man nur darauf achtet, dass die Indexvariablen auf beiden Seiten einer Gleichung den gleichen kontra- oder kovarianten Charakter haben. Weitere Möglichkeiten ergeben sich z. B., indem man auf beiden Seiten einer Gleichung denselben Index herunter- bzw. heraufzieht.

### Der infinitesimale Abstand

Mit Hilfe der Einstein-Konvention und dem Unterschied zwischen den kontra- und kovarianten Differentialen (5.63b) und (5.64b) des 4-Ortsvektors kann man nun auch bequem das Quadrat der infinitesimalen Eigenzeit $d\tau$ bzw. des Raum-Zeit-Intervalls $ds$ formulieren. Man erhält:

$$\boxed{c^2(d\tau)^2 = (ds)^2 = c^2(dt)^2 - (d\mathbf{x})^2 = g_{\mu\nu}dx^\mu dx^\nu = dx_\mu dx^\mu \ .} \tag{5.68}$$

Vergleicht man die rechte Seite von (5.68) mit den letzten beiden Ausdrücken in der Gleichungskette (5.62a), so fällt auf, dass die jetzige Form $dx_\mu dx^\mu$ für $(ds)^2$ erstens wegen der Verwendung der Einstein-Konvention viel kompakter ist und zweitens die Matrix $G$ nicht mehr explizit zeigt, da diese nun implizit im kovarianten Differential $dx_\mu$ enthalten ist. Die Vorteile der 4-Notation werden allmählich klarer!

### Skalarprodukte von 4-Vektoren

Die rechte Seite $dx_\mu dx^\mu$ in (5.68) ist ein erstes Beispiel für ein *Skalarprodukt* zweier 4-Vektoren, in diesem Fall des Differentials $dx$ mit sich selbst. Wir geben zuerst die Definitionen von allgemeinen *4-Vektoren* und allgemeinen *Skalarprodukten* solcher 4-Vektoren und behandeln dann die wichtigsten Eigenschaften des Skalarprodukts.

Wir erinnern daran, dass der 4-Ortsvektor $x$ und sein Differential $dx$ bei Übergängen von einem Inertialsystem auf ein anderes gemäß der *Lorentz-Gruppe* transformiert werden. Die Lorentz-Transformation lässt sich in 3-Notation bzw. in der neuen 4-Notation wie folgt darstellen:

$$\begin{pmatrix} c\,dt' \\ d\mathbf{x}' \end{pmatrix} = \Lambda \begin{pmatrix} c\,dt \\ d\mathbf{x} \end{pmatrix} \quad \xrightarrow{3\to 4} \quad (x')^\mu = \Lambda^\mu{}_\nu x^\nu \quad , \quad x' = \Lambda x \ . \tag{5.69a}$$

Man sieht bereits an diesem Beispiel, dass die Elemente der Matrix $\Lambda$ in 3-Notation den Elementen $\Lambda^\mu{}_\nu$ der Lorentz-Transformation $\Lambda$ in 4-Notation entsprechen, wobei also der erste Index $\mu$ *kontra-* und der zweite Index $\nu$ *kovariant* ist. Weitere Varianten der Lorentz-Transformation in 4-Notation erhält man durch Herauf- und Herunterziehen von Indizes mit Hilfe des metrischen Tensors:

$$\Lambda_{\mu\nu} = g_{\mu\rho}\Lambda^\rho{}_\nu \quad , \quad \Lambda^{\mu\nu} = g^{\rho\nu}\Lambda^\mu{}_\rho \quad , \quad \Lambda_\mu{}^\nu = g_{\mu\rho}\,g^{\nu\sigma}\Lambda^\rho{}_\sigma \; .$$

Diese verschiedenen Varianten von $\Lambda$ sind *nicht* identisch: Jede Anwendung des metrischen Tensors versieht die räumlichen Indizes $1,2,3$ mit einem Minuszeichen. Insbesondere erhält man durch Herunterziehen des Index $\mu$ ein Transformationsgesetz für das Differential des *ko*varianten 4-Ortsvektors:

$$\begin{pmatrix} c\,dt' \\ -d\mathbf{x}' \end{pmatrix} = G\Lambda G \begin{pmatrix} c\,dt \\ -d\mathbf{x} \end{pmatrix} \quad \overset{3\to4}{\longrightarrow} \quad (dx')_\mu = \Lambda_\mu{}^\nu dx_\nu \; . \tag{5.69b}$$

Auf die Lorentz-Transformationen $\Lambda$ in 4-Notation und ihre Eigenschaften gehen wir in Abschnitt [5.7.2] genauer ein.

Hiermit sind wir in der Lage, allgemeine *4-Vektoren* zu definieren:[21] Jede physikalische Größe $(a^\mu) = (a^0, a^1, a^2, a^3)$, die unter Lorentz-Transformationen genauso transformiert wird wie der 4-Ortsvektor $(x^\mu)$,

$$\boxed{(a')^\mu = \Lambda^\mu{}_\nu a^\nu \; ,} \tag{5.70a}$$

ist ein *kontravarianter* 4-Vektor, jede Größe $(a_\mu)$, die wie $(x_\mu)$ transformiert wird,

$$\boxed{(a')_\mu = \Lambda_\mu{}^\nu a_\nu \quad , \quad \Lambda_\mu{}^\nu = g_{\mu\rho}\,g^{\nu\sigma}\Lambda^\rho{}_\sigma \; ,} \tag{5.70b}$$

ein *kovarianter* 4-Vektor. Die Beziehung zwischen dem ko- und dem kontravarianten 4-Vektor wird wie üblich mit Hilfe des metrischen Tensors hergestellt: $a_\mu = g_{\mu\nu}a^\nu$ bzw. $a^\mu = g^{\mu\nu}a_\nu$. Das *Skalarprodukt* zweier unterschiedlicher 4-Vektoren $a$ und $b$ wird nun definiert durch

$$\boxed{a \cdot b \equiv a^\mu b_\mu = a_\mu b^\mu \; .} \tag{5.71}$$

Die Identität der beiden Ausdrücke $a^\mu b_\mu$ und $a_\mu b^\mu$ sieht man z.B. wie folgt ein: $a^\mu b_\mu = a^\mu (g_{\mu\nu}b^\nu) = (a^\mu g_{\mu\nu})b^\nu = a_\nu b^\nu = a_\mu b^\mu$. Im letzten Schritt wurde lediglich der Summationsindex $\nu \to \mu$ umbenannt. Speziell kann man nun auch das *Quadrat* $a^2 \equiv a \cdot a$ eines 4-Vektors als Skalarprodukt dieses 4-Vektors mit sich selbst einführen:

$$a^2 \equiv a \cdot a = a^\mu a_\mu \; .$$

Dieses „Quadrat" ist [wegen des implizit in $(a_\mu)$ enthaltenen metrischen Tensors] *nicht unbedingt positiv*: Vektoren mit $a^2 > 0$, $a^2 = 0$ oder $a^2 < 0$ werden zeit-, licht- oder raumartig genannt. Diese Nomenklatur geht auf diejenige für das Quadrat des *4-Orts*vektors $x^2 = (ct)^2 - \mathbf{x}^2$ im Minkowski-Diagramm (siehe Abb. 5.6) zurück: Für $x^2 > 0$ dominiert die Zeitvariable, für $x^2 < 0$ der Ortsvektor, und die Gleichung $x^2 = (ct)^2 - \mathbf{x}^2 = 0$ beschreibt ein Signal mit Lichtgeschwindigkeit.[22]

---

[21]Konkrete physikalische *Beispiele* für solche weiteren 4-Vektoren folgen in Abschnitt [5.7.3].

[22]Da „Quadrate" wie $a^2 = a \cdot a = a^\mu a_\mu$ auch *negativ* werden können, sprechen Mathematiker nicht von einem *Skalarprodukt*, sondern von einer *nicht-ausgearteten Bilinearform*. Wir werden diesen Jargon hier jedoch nicht übernehmen.

**Die Transposition in der Speziellen Relativitätstheorie**

Wir haben gerade gelernt, dass das Skalarprodukt zweier 4-Vektoren $a$ und $b$ durch $a \cdot b \equiv a^\mu b_\mu = a_\mu b^\mu$ definiert wird und dass ein 4-Vektor unter Lorentz-Transformationen wie der 4-Ortsvektor $x$ transformiert wird: $(a')^\mu = \Lambda^\mu{}_\nu a^\nu$. Hieraus folgt, dass ein Skalarprodukt, das im Inertialsystem $K$ durch $a \cdot b$ gegeben ist, nach der Lorentz-Transformation (also in $K'$) die Form $a' \cdot b' = \Lambda a \cdot \Lambda b$ hat. Wir *definieren* die Transposition $\Lambda^{\mathrm{T}}$ in der Speziellen Relativitätstheorie durch

$$\Lambda a \cdot \Lambda b = \Lambda a \cdot b' \equiv a \cdot \Lambda^{\mathrm{T}} b' \,. \tag{5.72}$$

Die Beziehung zwischen $\Lambda^{\mathrm{T}}$ und der Lorentz-Transformation $\Lambda$ kann wie folgt bestimmt werden:

$$a^\mu (\Lambda^{\mathrm{T}})_\mu{}^\nu (b')_\nu = a \cdot \Lambda^{\mathrm{T}} b' = \Lambda a \cdot b' = \left(\Lambda^\nu{}_\mu a^\mu\right)(b')_\nu = a^\mu \left(\Lambda^\nu{}_\mu (b')_\nu\right) \,.$$

Da diese Gleichung für beliebige 4-Vektoren $a$ und $b$ gilt, kann man hieraus schließen (u. a. durch zusätzliches Herauf- und Herunterziehen von Indizes):

$$(\Lambda^{\mathrm{T}})_\mu{}^\nu = \Lambda^\nu{}_\mu \quad , \quad (\Lambda^{\mathrm{T}})^{\mu\nu} = \Lambda^{\nu\mu} \quad , \quad (\Lambda^{\mathrm{T}})_{\mu\nu} = \Lambda_{\nu\mu} \quad , \quad (\Lambda^{\mathrm{T}})^\mu{}_\nu = \Lambda_\nu{}^\mu \,. \tag{5.73}$$

Die letzte dieser vier Gleichungen zeigt, dass die transponierte Lorentz-Transformation *nicht* (wie im Falle einer dreidimensionalen Drehung) der *gespiegelten* Matrix $(\tilde{\Lambda})^\mu{}_\nu \equiv \Lambda^\nu{}_\mu$ entspricht:

$$(\Lambda^{\mathrm{T}})^\mu{}_\nu = \Lambda_\nu{}^\mu = g_{\nu\rho} g^{\mu\sigma} \Lambda^\rho{}_\sigma \neq \Lambda^\nu{}_\mu \,.$$

Stattdessen erhalten die gemischt räumlich-zeitlichen Matrixelemente (mit $\mu = 0$ und $\nu = 1, 2, 3$ oder $\nu = 0$ und $\mu = 1, 2, 3$) ein zusätzliches Minuszeichen. Aus diesem Grund wurde in Gleichung (5.20) ausnahmsweise die Notation $\tilde{\Lambda}$ für eine *gespiegelte* $(4 \times 4)$-Matrix eingeführt (siehe auch Fussnote 10 auf Seite 191).

## 5.7.2 Poincaré- und Lorentz-Transformationen

Die *Poincaré*-Transformationen sind uns bereits aus Abschnitt [5.5] bekannt als die allgemeinen linearen Transformationen des 4-Ortsvektors $x^\mu$, die die Quadrate $(ds)^2$ des infinitesimalen Abstands und $(d\tau)^2$ der Eigenzeit invariant lassen. Sie haben die allgemeine Form

$$x^\mu \rightarrow (x')^\mu = \Lambda^\mu{}_\nu x^\nu + a^\mu \,, \tag{5.74}$$

die zeigt, dass sie aus einem homogenen Anteil $(x')^\mu = \Lambda^\mu{}_\nu x^\nu$, der *Lorentz*-Transformation, und einer *Translation* $(x')^\mu = x^\mu + a^\mu$ zusammengesetzt sind. Hierbei soll $(a^\mu)$ also *konstant*, d. h. orts- und zeit*un*abhängig sein. Aus Gleichung (5.69a) ist bekannt, dass $\Lambda^\mu{}_\nu$ gleich dem entsprechenden Matrixelement von $\Lambda$ in 3-Notation ist. Außerdem wissen wir [z. B. aus den Gleichungen (5.24) und (5.62b)], dass Lorentz-Transformationen in der 3-Notation die Bestimmungsgleichung $G = \tilde{\Lambda} G \Lambda$ erfüllen. Wir möchten diese Bestimmungsgleichung nun in die 4-Notation übersetzen.

**Bestimmungsgleichung der Lorentz-Transformationen in 4-Notation**

Ähnlich wie die Gleichung $G = \tilde{\Lambda} G \Lambda$ in der 3-Notation, folgt auch die Bestimmungsgleichung für Lorentz-Transformationen in der 4-Notation aus der Invarianz $(ds)^2 = (ds')^2$ des quadratischen infinitesimalen Abstands [siehe Gleichung (5.23)]. Diese Invarianz bedeutet konkret in 4-Notation:

$$g_{\rho\sigma} dx^\rho dx^\sigma = (ds)^2 \overset{!}{=} (ds')^2 = g_{\mu\nu}(dx')^\mu (dx')^\nu = g_{\mu\nu} \Lambda^\mu{}_\rho \Lambda^\nu{}_\sigma dx^\rho dx^\sigma \;,$$

wobei im letzten Schritt das Transformationsverhalten des Differentials $dx$ verwendet wurde: $(dx')^\mu = \Lambda^\mu{}_\nu dx^\nu$ und analog für $(dx')^\nu$. Vergleicht man nun die linke mit der rechten Seite der Gleichungskette und verwendet die Unabhängigkeit der Differentiale $dx^\rho$ bzw. $dx^\sigma$, so erhält man die folgende Konsistenzgleichung für $\Lambda$:

$$g_{\rho\sigma} = g_{\mu\nu} \Lambda^\mu{}_\rho \Lambda^\nu{}_\sigma = (\Lambda^\mathrm{T})_\rho{}^\mu \, g_{\mu\nu} \Lambda^\nu{}_\sigma = (\Lambda^\mathrm{T} g \Lambda)_{\rho\sigma} \;. \tag{5.75a}$$

Durch zusätzliches Herauf- und Herunterziehen von Indizes mit Hilfe des metrischen Tensors kommt man zum Schluss, dass die Identität $g = \Lambda^\mathrm{T} g \Lambda$ für alle möglichen Anordnungen der Indizes zutrifft. Wir haben somit die gesuchte Bestimmungsgleichung für Lorentz-Transformationen in der 4-Notation erhalten:

$$\boxed{g = \Lambda^\mathrm{T} g \Lambda \;.} \tag{5.75b}$$

Insbesondere folgt aus der Identität $g = \Lambda^\mathrm{T} g \Lambda$ bei einer Anordnung der Indizes entlang der „Hauptdiagonalen" (d. h. links-oben und rechts-unten):[23]

$$\delta^\rho{}_\sigma = g^\rho{}_\sigma = (\Lambda^\mathrm{T} g \Lambda)^\rho{}_\sigma = (\Lambda^\mathrm{T})^\rho{}_\mu g^\mu{}_\nu \Lambda^\nu{}_\sigma = (\Lambda^\mathrm{T})^\rho{}_\mu \delta^\mu{}_\nu \Lambda^\nu{}_\sigma = (\Lambda^\mathrm{T})^\rho{}_\mu \Lambda^\mu{}_\sigma \;.$$

Folglich ist $\Lambda^\mathrm{T}$, betrachtet als *Matrix*, die zu $\Lambda$ *inverse* Matrix:

$$\boxed{(\Lambda^{-1})^\rho{}_\mu = (\Lambda^\mathrm{T})^\rho{}_\mu = \Lambda_\mu{}^\rho \;.} \tag{5.76}$$

Dass Gleichung (5.75b) im Einklang mit der Bestimmungsgleichung $G = \tilde{\Lambda} G \Lambda$ in 3-Notation ist, sieht man direkt aus dem ersten Schritt in (5.75a):

$$g_{\rho\sigma} = g_{\mu\nu} \Lambda^\mu{}_\rho \Lambda^\nu{}_\sigma = \Lambda^\mu{}_\rho g_{\mu\nu} \Lambda^\nu{}_\sigma \overset{4 \to 3}{=} \sum_{\mu,\nu} (\tilde{\Lambda})^\rho{}_\mu g_{\mu\nu} \Lambda^\nu{}_\sigma \;,$$

wobei wir im letzten Schritt die 4-Notation schleunigst verlassen mussten, da das doppelte Auftreten eines kovarianten Index $\mu$ in der Einstein-Konvention zutiefst illegal wäre. Im Sinne der konventionellen Matrixrechnung ergibt der Vergleich von linker mit rechter Seite aber genau das Resultat $G = \tilde{\Lambda} G \Lambda$ in (5.24).

**Die Lorentz-Gruppe in 4-Notation**

Auch in 4-Notation sieht man ein, dass die Gesamtheit aller Lorentz-Transformationen $\{\Lambda \,|\, \Lambda^\mathrm{T} g \Lambda = g\}$ eine Gruppe bildet, die *Lorentz-Gruppe* $\mathcal{L}$. Die Gruppenstruktur der Lorentz-Gruppe folgt direkt aus der Relation $\Lambda^\mathrm{T} g \Lambda = g$, denn wenn $\Lambda_1$ und $\Lambda_2$ zur Lorentz-Gruppe gehören, gilt dasselbe für das Produkt $\Lambda_1 \Lambda_2$:

$$(\Lambda_2^\mathrm{T} \Lambda_1^\mathrm{T}) g (\Lambda_1 \Lambda_2) = \Lambda_2^\mathrm{T} (\Lambda_1^\mathrm{T} g \Lambda_1) \Lambda_2 = \Lambda_2^\mathrm{T} g \Lambda_2 = g \;.$$

---

[23]Diese Anordnung entspricht genau den *Matrixelementen* der 3-Notation, wie wir in Gleichung (5.69a) gesehen haben, da so *kontra*variante in *kontra*variante 4-Vektoren überführt werden.

Hierbei wird neben der Eigenschaft $(\Lambda_1\Lambda_2)^{\mathrm{T}} = \Lambda_2^{\mathrm{T}}\Lambda_1^{\mathrm{T}}$ verwendet, dass die Multiplikation von Lorentz-Transformationen *assoziativ* (da die Matrixmultiplikation generell assoziativ) ist. Außerdem existiert ein *neutrales Element* (nämlich das Kronecker-$\delta$, da $(\delta\Lambda)^\mu{}_\nu = \Lambda^\mu{}_\nu$ und $(\delta g\delta)^\mu{}_\nu = g^\mu{}_\nu$ gilt und $\delta$ daher zur Gruppe gehört), und es existiert für alle Lorentz-Transformationen $\Lambda$ ein *inverses Element* [siehe Gleichung (5.76)]. Aus $\Lambda^{\mathrm{T}}g\Lambda = g$ folgen auch weitere (uns bereits bekannte) Eigenschaften der Lorentz-Transformationen, wie $[\det(\Lambda)]^2 = 1$ und daher $\det(\Lambda) = \pm 1$. Wir erinnern daran, dass innerhalb der Lorentz-Gruppe $\mathcal{L}$ die eigentliche orthochrone Lorentz-Gruppe $\mathcal{L}_+^\uparrow$, deren Elemente die Bedingungen $\Lambda^0{}_0 \geq 1$ und $\det(\Lambda) = +1$ erfüllen, am wichtigsten ist.

### 5.7.3  Weitere 4-Vektoren

Die zentrale und definierende Eigenschaft allgemeiner 4-Vektoren wurde bereits in Gleichung (5.70) erklärt: Jede physikalische Größe $(a^\mu)$ bzw. $(a_\mu)$, die unter Lorentz-Transformationen genauso transformiert wird wie der kontra- oder kovariante 4-Ortsvektor wird als kontra- oder kovarianter *4-Vektor* bezeichnet:

$$(a')^\mu = \Lambda^\mu{}_\nu a^\nu \quad , \quad (a')_\mu = \Lambda_\mu{}^\nu a_\nu \quad , \quad \Lambda_\mu{}^\nu = g_{\mu\rho}\, g^{\nu\sigma}\Lambda^\rho{}_\sigma \; .$$

Konkret haben wir allerdings in der Klasse der 4-Vektoren bisher nur den 4-Ortsvektor $x$ und sein Differential $dx$ kennengelernt. Es gibt aber viele weitere Größen, die unter Lorentz-Transformationen genauso transformiert werden wie der 4-Ortsvektor, und etliche davon sind auch nötig für die relativistisch korrekte Beschreibung der Dynamik von Teilchen, d. h. bei der korrekten Formulierung der *Lorentz'schen Bewegungsgleichung*. Wir behandeln daher im Folgenden: allgemeine *Ableitungen* nach den Raum-Zeit-Koordinaten (wie den 4-Gradienten), spezielle *Ableitungen nach der Eigenzeit* (wie die 4-Geschwindigkeit und die 4-Beschleunigung), die *4-Stromdichte*, die die bewegten Ladungen beschreibt, das *4-Potential*, dessen Ableitungen das elektromagnetische Feld darstellen, sowie den *4-Wellenvektor*, der die Beschreibung des relativistischen Doppler-Effekts ermöglicht und somit die Untersuchung relativistischer Materie im Weltall erleichtert.

Neben den 4-Vektoren gibt es in der Relativitätstheorie auch Größen, die unter Lorentz-Transformationen *invariant* sind. Solche Größen werden allgemein als (Lorentz-)*Skalare* bezeichnet. Wir haben bereits ein Beispiel für einen solchen *Skalar* kennengelernt, nämlich das Quadrat $(ds)^2 = (ds')^2$ des infinitesimalen Abstands. Hierbei hat $(ds)^2$ die Struktur eines *Skalarprodukts*: $(ds)^2 = dx \cdot dx$. Allgemeiner gilt, dass *jedes* Skalarprodukt $a \cdot b \equiv a^\mu b_\mu = a_\mu b^\mu$ zweier 4-Vektoren $a$ und $b$ Lorentz-invariant und daher ein Skalar ist. Dies folgt direkt aus der Bestimmungsgleichung $g = \Lambda^{\mathrm{T}}g\Lambda$ für Lorentz-Transformationen:

$$a' \cdot b' = (a')_\mu (b')^\mu = g_{\mu\nu}(a')^\nu (b')^\mu = \Lambda^\mu{}_\sigma g_{\mu\nu}\Lambda^\nu{}_\rho b^\sigma a^\rho$$
$$= (\Lambda^{\mathrm{T}}g\Lambda)_{\sigma\rho}b^\sigma a^\rho = g_{\sigma\rho}b^\sigma a^\rho = a_\sigma b^\sigma = a \cdot b \; .$$

Insbesondere ist also jedes *Quadrat* $a^2 = a \cdot a$ eines 4-Vektors $a$ ein Skalar; ein Beispiel ist $(ds)^2 = dx \cdot dx$. Wir werden im Folgenden weitere Skalare kennenlernen, wie z. B. den *d'Alembert-Operator*, die *4-Divergenz* und natürlich *Skalarprodukte* der oben bereits genannten 4-Vektoren.

**4-Ableitungen, 4-Gradient, 4-Divergenz und d'Alembert-Operator**

Als erste weitere 4-Vektoren führen wir die *Ableitungen* nach den kontra- bzw. kovarianten Raum-Zeit-Koordinaten $(x^\mu)$ und $(x_\mu)$ ein:

$$\boxed{\partial_\mu \equiv \frac{\partial}{\partial x^\mu} \quad , \quad \partial^\mu \equiv \frac{\partial}{\partial x_\mu} = g^{\mu\nu}\partial_\nu \ .}$$

(5.77)

Die Notation $\partial_\mu$ bzw. $\partial^\mu$ ist bewusst gewählt, da die Ableitungen $\partial_\mu$ nach den *kontravarianten* Koordinaten $(x^\mu)$ in der Tat einen *kovarianten* 4-Vektor bilden, und analog bilden die Ableitungen $\partial^\mu$ nach den *kovarianten* Koordinaten $(x_\mu)$ einen *kontravarianten* 4-Vektor. Dies folgt aus der Form der Poincaré-Transformation:

$$(x')^\mu = \Lambda^\mu{}_\nu \, x^\nu + a^\mu \quad \text{bzw.} \quad x^\mu = (\Lambda^{-1})^\mu{}_\nu[(x')^\nu - a^\nu] \ ,$$

die das Transformationsverhalten der Ableitungen festlegt:

$$\partial'_\nu = \frac{\partial x^\mu}{\partial (x')^\nu}\partial_\mu = (\Lambda^{-1})^\mu{}_\nu\partial_\mu = \Lambda_\nu{}^\mu\partial_\mu \ .$$

Hierbei wurde $(\Lambda^{-1})^\mu{}_\nu = \Lambda_\nu{}^\mu$ verwendet, siehe (5.76). Analog folgt aus:

$$(x')_\mu = \Lambda_\mu{}^\nu \, x_\nu + a_\mu \quad \text{bzw.} \quad x_\mu = (\Lambda^{-1})_\mu{}^\nu[(x')_\nu - a_\nu] \ ,$$

dass $(\partial^\mu)$ wegen $(\partial')^\nu = (\Lambda^{-1})_\mu{}^\nu\partial^\mu = \Lambda^\nu{}_\mu\partial^\mu$ ein kontravarianter 4-Vektor ist.

Falls $\varphi(x)$ ein Skalar (und somit *invariant* unter Lorentz-Transformationen) ist: $\varphi(x) = \varphi(\Lambda x)$, folgt aus dem Transformationsverhalten der Ableitungen, dass

$$\boxed{(\partial_\mu \varphi) = \left(\frac{\partial \varphi}{\partial x^\mu}\right) \stackrel{4\to3}{=} \left(\frac{1}{c}\frac{\partial \varphi}{\partial t}, (\boldsymbol{\nabla}\varphi)^{\mathrm{T}}\right)}$$

einen *kovarianten* 4-Vektor darstellt, der als kovarianter *4-Gradient* bezeichnet wird. Analog wird $(\partial^\mu\varphi)$ wegen $(\partial')^\nu = \Lambda^\nu{}_\mu\partial^\mu$ als *kontravarianter 4-Gradient* bezeichnet.

Mit Hilfe der 4-Vektoren $(\partial_\mu)$ und $(\partial^\mu)$ kann man auch *Skalare* definieren. Ein Beispiel ist der *d'Alembert-Operator* $\Box$, der als Skalarprodukt $\partial_\mu\partial^\mu$ der ko- und kontravarianten Ableitungen geschrieben werden kann:

$$\boxed{\Box = \frac{1}{c^2}\frac{\partial^2}{\partial t^2} - \Delta = g^{\mu\nu}\partial_\mu\partial_\nu = \partial_\mu\partial^\mu = \partial \cdot \partial \ .}$$

Das Skalarprodukt von $\partial$ mit einem anderen 4-Vektor $a$ wird als *4-Divergenz* bezeichnet:

$$\boxed{\frac{\partial a^\mu}{\partial x^\mu} = \partial_\mu a^\mu = \partial^\mu a_\mu \equiv \partial \cdot a \ .}$$

Die 4-Divergenz ist also *invariant* unter Lorentz-Transformationen.

## 4-Geschwindigkeit und 4-Beschleunigung

Ein weiterer 4-Vektor ist die 4-Geschwindigkeit $(u^\mu)$ eines Teilchens, das sich mit der 3-Geschwindigkeit $\mathbf{u}(t)$ im Inertialsystem $K$ bewegt,

$$
u^\mu \equiv \frac{dx^\mu}{d\tau} \quad , \quad d\tau = \frac{dt}{\gamma_u} = dt\sqrt{1 - \left(\frac{u}{c}\right)^2} .
$$

Da $(u^\mu)$ also als Ableitung von $(x^\mu)$ (einem 4-Vektor) nach der Eigenzeit $\tau$ des Teilchens (einem Skalar) definiert ist, wird $(u^\mu)$ ebenfalls wie ein 4-Vektor transformiert. Die explizite Form von $(u^\mu)$ in herkömmlicher Notation ist:

$$
(u^\mu) \overset{4\to3}{=} \frac{\frac{d}{dt}(ct, \mathbf{x}^\mathrm{T})}{\sqrt{1-\left(\frac{u}{c}\right)^2}} = \frac{1}{\sqrt{1-\left(\frac{u}{c}\right)^2}}\left(c, \mathbf{u}^\mathrm{T}\right) \equiv \gamma_u c\left(1, \boldsymbol{\beta}_u^\mathrm{T}\right) .
$$

Entweder aus dieser expliziten Form oder direkt aus $dx^\mu dx_\mu = c^2(d\tau)^2$ folgert man nun $u^2 = u \cdot u = u^\mu u_\mu = c^2$. Das Quadrat der 4-Geschwindigkeit ist also auf $c^2$ normiert! Ihre Komponenten sind daher nicht unabhängig.

Analog definiert man die 4-Beschleunigung $\left(\frac{du^\mu}{d\tau}\right)$, die ebenfalls ein 4-Vektor ist. Durch Ableiten von $u^\mu u_\mu = c^2$ nach der Eigenzeit sieht man ein, dass die 4-Beschleunigung stets senkrecht auf der 4-Geschwindigkeit steht: $\frac{du^\mu}{d\tau}u_\mu = 0$.

## Die 4-Stromdichte

Wir untersuchen nun, wie Lorentz-Transformationen auf Größen wirken, die *bewegte Ladungen* charakterisieren und somit direkt relevant sind für die Herleitung der relativistischen Lorentz'schen Bewegungsgleichung.

Als erste Größe betrachten wir die *elektrische Ladung* von Punktteilchen oder Körpern. Es ist eine experimentelle Gegebenheit, dass die elektrische Ladung ein Lorentz-Skalar ist. Alles andere würde auch unserer Alltagserfahrung widersprechen: Obwohl die Ionen und Elektronen in Festkörpern sehr unterschiedliche Geschwindigkeiten haben und diese Geschwindigkeiten temperatur- und materialabhängig sind, sind Alltagsgegenstände - wie wir wissen - elektrisch neutral.

Es folgt, dass die *Ladungsdichte* wie $\rho'_\mathrm{q} = \gamma_v \rho_{\mathrm{q}0}$ transformiert wird, wenn $\rho_{\mathrm{q}0}$ die Ladungsdichte im *Ruhe*system $K$ darstellt und $\rho'_\mathrm{q}$ die Ladungsdichte in einem Inertialsystem $K'$ mit $\mathbf{v}_\mathrm{rel}(K', K) = \mathbf{v}$. Dies folgt sofort daraus, dass die Gesamtladung in einem Volumenelement erhalten ist, $\rho_{\mathrm{q}0}dV = \rho'_\mathrm{q}dV'$, und das Volumenelement gemäß $dV' = \gamma_v^{-1}dV$ transformiert wird [siehe den Text unter Gleichung (5.53)].

Nehmen wir nun an, dass die Ladungsdichte in $K$ *nicht ruht*, sondern sich mit der Geschwindigkeit $\mathbf{u}$ in diesem Inertialsystem bewegt. Sie befindet sich somit in Ruhe im Inertialsystem $K'$ mit $\mathbf{v}_\mathrm{rel}(K', K) = \mathbf{u}$. Die in $K$ gemessene Ladungsdichte ist daher $\rho_\mathrm{q} = \gamma_u \rho_{\mathrm{q}0}$ mit $\gamma_u \equiv (1 - \beta_u^2)^{-1/2}$. Neben der *Ladungs*dichte wird man in $K$ auch eine *Strom*dichte $\mathbf{j}_\mathrm{q} = \rho_\mathrm{q}\mathbf{u} = \gamma_u \rho_{\mathrm{q}0}\mathbf{u}$ messen. Insgesamt verhält

$$
(j^\mu) \overset{4\to3}{\equiv} (c\rho_\mathrm{q}, \mathbf{j}_\mathrm{q}^\mathrm{T}) = \rho_{\mathrm{q}0}c\gamma_u\left(1, \tfrac{1}{c}\mathbf{u}^\mathrm{T}\right) = \rho_{\mathrm{q}0}c\gamma_u(1, \boldsymbol{\beta}_u^\mathrm{T}) \overset{3\to4}{=} \rho_{\mathrm{q}0}(u^\mu)
$$

sich also wie ein 4-Vektor und wird dementsprechend als *4-Stromdichte* bezeichnet. Folglich wird $(j^\mu)$ gemäß der Lorentz-Gruppe transformiert.

In diesem Argument wurde vorausgesetzt, dass alle an $\rho_\mathrm{q}$ beteiligten Einzelladungen dieselbe Geschwindigkeit $\mathbf{u}$ haben. Im allgemeinen Fall, in dem die Ladungsdichte aus Ladungen unterschiedlicher Geschwindigkeit aufgebaut ist, erreicht man denselben Schluss, dass $(j^\mu) = (c\rho_\mathrm{q}, \mathbf{j}_\mathrm{q}^\mathrm{T})$ wie ein kontravarianter 4-Vektor transformiert wird, indem man sich die Gesamtladungsdichte aus Teilladungsdichten uniformer Geschwindigkeit aufgebaut denkt.

Das Erhaltungsgesetz für die Gesamtladung, das in differentieller Form als Kontinuitätsgleichung (5.3) darstellbar ist, lautet in der 4-Schreibweise

$$0 = \frac{\partial \rho_\mathrm{q}}{\partial t} + \boldsymbol{\nabla} \cdot \mathbf{j}_\mathrm{q} = \frac{\partial (c\rho_\mathrm{q})}{\partial (ct)} + \frac{\partial}{\partial x_i} j_i \overset{3\to4}{=} \frac{\partial}{\partial x^0} j^0 + \frac{\partial}{\partial x^i} j^i = \partial_\mu j^\mu = \partial \cdot j \ .$$

Da die rechte Seite die Form eines Skalarprodukts zweier 4-Vektoren hat und somit manifest Lorentz-invariant ist, bedeutet diese Gleichung physikalisch, dass die Gesamtladung in *allen* Inertialsystemen erhalten ist, falls sie in *irgendeinem* Inertialsystem erhalten ist.

### Das 4-Potential

Bereits aus der nicht-relativistischen Form (4.60) der Lorentz'schen Bewegungsgleichung $m\ddot{\mathbf{x}} = \mathbf{F}_\mathrm{Lor}(\mathbf{x}, \dot{\mathbf{x}}, t)$ mit $\mathbf{F}_\mathrm{Lor} = q(\mathbf{E} + \dot{\mathbf{x}} \times \mathbf{B})$ ist klar, dass wir für die Formulierung der *relativistischen* Bewegungsgleichung unbedingt auch das Transformationsverhalten des elektromagnetischen Felds $(\mathbf{E}, \mathbf{B})$ verstehen müssen. Aus Gleichung (5.7) ist bekannt, dass die $(\mathbf{E}, \mathbf{B})$-Felder kompakt mit Hilfe *elektromagnetischer Potentiale* beschrieben werden können:

$$\mathbf{E} = -\boldsymbol{\nabla}\Phi - \frac{\partial \mathbf{A}}{\partial t} \quad , \quad \mathbf{B} = \boldsymbol{\nabla} \times \mathbf{A} \ ,$$

sodass wir äquivalent das Transformationsverhalten der elektromagnetischen Potentiale $\Phi$ und $\mathbf{A}$ verstehen müssen. Wie bei der Herleitung von Gleichung (5.7) diskutiert wurde, folgt die Darstellung der $(\mathbf{E}, \mathbf{B})$-Felder mit Hilfe von $\Phi$ und $\mathbf{A}$ aus den *homogenen* Maxwell-Gleichungen $\boldsymbol{\nabla} \cdot \mathbf{B} = 0$ und $\boldsymbol{\nabla} \times \mathbf{E} + \frac{\partial \mathbf{B}}{\partial t} = \mathbf{0}$. Wir zeigen im Folgenden, dass das skalare Potential $\Phi$ und das dreikomponentige Vektorpotential $\mathbf{A}$ zusammen zu einem 4-Vektor, dem 4-Potential $(A^\mu) = (\Phi, c\mathbf{A}^\mathrm{T})$, kombiniert werden können. Wir zeigen allerdings auch, dass die Kombination $(\Phi, c\mathbf{A}^\mathrm{T})$ nicht automatisch und nicht allgemein einen 4-Vektor darstellt, sondern *nur* für die spezielle *Lorenz-Eichung* $\frac{1}{c^2}\partial_t \Phi + \boldsymbol{\nabla} \cdot \mathbf{A} = 0$ in Gleichung (5.12).

Da die reine Existenz der elektromagnetischen Potentiale $\Phi$ und $\mathbf{A}$ bereits zu den *homogenen* Maxwell-Gleichungen äquivalent ist, kann man sich von diesen homogenen Gleichungen keine weitere Information über das Transformationsverhalten von $\Phi$ und $\mathbf{A}$ erhoffen. Diese Information wird aus den *inhomogenen* Maxwell-Gleichungen $\boldsymbol{\nabla} \cdot \mathbf{E} = \frac{1}{\varepsilon_0}\rho_\mathrm{q}$ und $\boldsymbol{\nabla} \times \mathbf{B} - \varepsilon_0 \mu_0 \frac{\partial \mathbf{E}}{\partial t} = \mu_0 \mathbf{j}_\mathrm{q}$ kommen müssen. Hierbei wird es sich als wesentlich herausstellen, dass wir das Transformationsverhalten der Inhomogenitäten $(c\rho_\mathrm{q}, \mathbf{j}_\mathrm{q}^\mathrm{T}) = (j^\mu)$ bereits kennen: Diese bilden einen 4-Vektor.

Wir betrachten daher die *inhomogenen* Maxwell-Gleichungen und ersetzen dabei die $(\mathbf{E}, \mathbf{B})$-Felder durch die elektromagnetischen Potentiale $\Phi$ und $\mathbf{A}$, in der Hoffnung so eine Identität für $A = (A^\mu) = (\Phi, c\mathbf{A}^\mathrm{T})$ erhalten zu können. Aus der inhomogenen Maxwell-Gleichung $\boldsymbol{\nabla} \cdot \mathbf{E} = \frac{1}{\varepsilon_0} \rho_{\mathrm{q}}$ ergibt sich in dieser Weise:

$$
\begin{aligned}
\frac{1}{\varepsilon_0 c}(c\rho_{\mathrm{q}}) = \frac{1}{\varepsilon_0} \rho_{\mathrm{q}} &= \boldsymbol{\nabla} \cdot \mathbf{E} = -\Delta \Phi - \frac{\partial}{\partial t} \boldsymbol{\nabla} \cdot \mathbf{A} \\
&= \left( \frac{1}{c^2} \frac{\partial^2}{\partial t^2} - \Delta \right) \Phi - \frac{\partial}{\partial t} \left( \boldsymbol{\nabla} \cdot \mathbf{A} + \frac{1}{c^2} \frac{\partial \Phi}{\partial t} \right) \\
&= \Box \Phi - \frac{\partial}{\partial(ct)} \left[ \boldsymbol{\nabla} \cdot (c\mathbf{A}) + \frac{\partial \Phi}{\partial(ct)} \right] \overset{3\to4}{=} \Box \Phi - \frac{\partial}{\partial(ct)} (\partial_\nu A^\nu)
\end{aligned}
$$

und aus der inhomogenen Maxwell-Gleichung $\boldsymbol{\nabla} \times \mathbf{B} - \varepsilon_0 \mu_0 \frac{\partial \mathbf{E}}{\partial t} = \mu_0 \mathbf{j}_{\mathrm{q}}$:

$$
\begin{aligned}
\frac{1}{\varepsilon_0 c} \mathbf{j}_{\mathrm{q}} = \mu_0 c \mathbf{j}_{\mathrm{q}} &= c \left( \boldsymbol{\nabla} \times \mathbf{B} - \varepsilon_0 \mu_0 \frac{\partial \mathbf{E}}{\partial t} \right) \\
&= c \left[ \boldsymbol{\nabla} \times (\boldsymbol{\nabla} \times \mathbf{A}) - \frac{1}{c^2} \left( -\boldsymbol{\nabla} \frac{\partial \Phi}{\partial t} - \frac{\partial^2 \mathbf{A}}{\partial t^2} \right) \right] \\
&= c \left[ \boldsymbol{\nabla}(\boldsymbol{\nabla} \cdot \mathbf{A}) - \Delta \mathbf{A} + \frac{1}{c^2} \frac{\partial^2 \mathbf{A}}{\partial t^2} + \frac{1}{c^2} \boldsymbol{\nabla} \frac{\partial \Phi}{\partial t} \right] \\
&= \boldsymbol{\nabla} \left[ \boldsymbol{\nabla} \cdot (c\mathbf{A}) + \frac{\partial \Phi}{\partial(ct)} \right] + \Box(c\mathbf{A}) \overset{3\to4}{=} \Box(c\mathbf{A}) - \frac{\partial}{\partial(-\mathbf{x})} (\partial_\nu A^\nu) .
\end{aligned}
$$

Die Kombination dieser beiden Gleichungen ergibt daher in 4-Schreibweise:

$$
\boxed{ \frac{1}{\varepsilon_0 c} j^\mu = \Box A^\mu - \partial^\mu (\partial_\nu A^\nu) . } \tag{5.78}
$$

Die linke Seite dieser Gleichung ist ein 4-Vektor, also muss auch die rechte Seite wie ein 4-Vektor transformiert werden. Wegen der Eichfreiheit bei der Wahl von $A^\mu$ bedeutet dies noch keineswegs, dass die einzelnen Terme $\Box A^\mu$ und $\partial^\mu (\partial_\nu A^\nu)$ in (5.78) wie 4-Vektoren transformiert werden. Man kann daher auch *nicht* schließen, dass $(A^\mu)$ wie ein 4-Vektor transformiert wird; um dies zu erreichen, muss man die Eichung festlegen. Die Eichtransformation (5.10) hat in 4-Schreibweise die Form

$$
A^\mu \longrightarrow \tilde{A}^\mu \equiv A^\mu + \partial^\mu \Lambda ,
$$

wobei $\Lambda$ eine zunächst beliebige Funktion des 4-Ortsvektors $x^\nu$ ist.[24] Damit $A^\mu$ 4-Vektor-Charakter erhält, erlegen wir dem Potential die *Lorenz-Eichung* aus Gleichung (5.12) auf, die [nach einer Multiplikation von (5.12) mit $c$] durch

$$
0 = \frac{\partial \Phi}{\partial(ct)} + \boldsymbol{\nabla} \cdot (c\mathbf{A}) \overset{3\to4}{=} \frac{\partial A^0}{\partial x^0} + \frac{\partial A^i}{\partial x^i} = \partial_\nu A^\nu \quad \text{bzw.} \quad \boxed{\partial_\nu A^\nu = 0} \tag{5.79}
$$

definiert ist. Die Bestimmungsgleichung für das 4-Potential in (5.78) reduziert sich in dieser Eichung nämlich auf eine inhomogene Wellengleichung für $A^\mu$:

$$
\boxed{ \Box A^\mu = \frac{1}{\varepsilon_0 c} j^\mu . } \tag{5.80}
$$

---

[24]Achtung: Die Notation $\Lambda$ ist sowohl für Eichtransformationen als auch für die Lorenz-Transformation üblich. Aus dem Kontext ist aber immer klar, was gemeint ist.

Die Interpretation dieser Gleichung ist, dass die 4-Stromdichte $(j^\mu) = (c\rho_q, \mathbf{j}_q^T)$ als *Quelle* des Wellenphänomens $(A^\mu)$ und somit der $(\mathbf{E}, \mathbf{B})$-Felder auftritt.

Analog würde in einem anderen Inertialsystem die Eichung $\partial'_\nu(A')^\nu = 0$ und die Wellengleichung $\Box'(A')^\mu = \frac{1}{\varepsilon_0 c}(j')^\mu$ gelten. Diese beiden Gleichungen sind aber automatisch erfüllt, wenn man für das 4-Potential das Transformationsverhalten $(A')^\mu = \Lambda^\mu_{\ \nu}A^\nu$ festlegt. In diesem Fall ist $\partial \cdot A$ ein *Skalarprodukt* und somit *invariant* unter Lorentz-Transformationen; außerdem gilt dann:

$$\Box'(A')^\mu = \Lambda^\mu_{\ \nu}\Box A^\nu = \frac{1}{\varepsilon_0 c}\Lambda^\mu_{\ \nu}j^\nu = \frac{1}{\varepsilon_0 c}(j')^\mu \ .$$

Dieses Argument zeigt, dass man es so *einrichten kann*, dass das 4-Potential $(A^\mu)$ ein *4-Vektor* ist. Wir verwendeten an dieser Stelle wesentlich, dass $j = (c\rho_q, \mathbf{j}_q^T)$ und die Ableitungen $\partial$ beide *4-Vektoren* sind.

Wir haben in (5.79) allerdings implizit angenommen, dass die Lorenz-Eichung $\partial_\nu A^\nu = 0$ überhaupt realisiert werden kann. Die Lorenz-Eichung lässt sich aber *immer* realisieren, denn wenn $\Box \bar{A}^\mu - \partial^\mu(\partial_\nu \bar{A}^\nu) = \frac{1}{\varepsilon_0 c}j^\mu$ mit $\partial_\nu \bar{A}^\nu \neq 0$ gelten sollte, könnte man eine Funktion $\chi$ und ein neues 4-Potential $(A^\mu)$ einführen:

$$\Box\chi \equiv -\partial_\mu \bar{A}^\mu \tag{5.81a}$$

$$A^\mu \equiv \bar{A}^\mu + \partial^\mu \chi \ , \tag{5.81b}$$

sodass $(A^\mu)$ dieselben physikalischen Felder wie $(\bar{A}^\mu)$ beschreibt und außerdem die Lorenz-Bedingung $\partial_\mu A^\mu = 0$ erfüllt. Es ist nämlich immer möglich, Wellengleichungen der Form (5.81a) zu lösen, sodass eine Funktion $\chi$ mit der Eigenschaft (5.81a) mit Sicherheit existiert.

Die Lorenz-Bedingung (5.79) legt das 4-Potential übrigens nicht eindeutig fest, da auch das alternative Potential

$$\boxed{\tilde{A}^\mu = A^\mu + \partial^\mu \Lambda \quad , \quad \Box\Lambda = 0} \tag{5.82}$$

die gleichen physikalischen Felder beschreibt und die Lorenz-Bedingung erfüllt. Das 4-Potential ist in der Lorenz-Eichung daher bis auf den 4-Gradienten einer Lösung $\Lambda$ der *homogenen* Wellengleichung bestimmt. Die 4-Potentiale $(A^\mu)$ und $(\tilde{A}^\mu)$ sind also dann und nur dann physikalisch äquivalente *4-Vektoren*, wenn die Funktion $\Lambda$ in (5.82) ein *Lorentz-Skalar* (d. h. *invariant* unter Lorentz-Transformationen) ist. Auch an dieser Stelle sieht man, dass das 4-Potential *nicht automatisch* ein 4-Vektor ist, man dies jedoch so *einrichten kann*. Wir gehen daher im Folgenden davon aus, dass $A^\mu$ ein 4-Vektor *ist* und dass es aufgrund von (5.82) bei der Bestimmung von $A^\mu$ noch eine residuale (durch den Skalar $\Lambda$ bestimmte) Eichfreiheit gibt.

### Der 4-Wellenvektor

Gleichung (5.80) zeigt also, dass das 4-Potential in der Lorenz-Eichung eine *inhomogene Wellengleichung* erfüllt. Falls keine Quellen $j$ des elektromagnetischen Feldes vorhanden sind, d. h. für $j^\mu = 0$, genügt $A^\mu(x)$ der *homogenen* Wellengleichung $\Box A^\mu = 0$ und kann somit als Überlagerung ebener Wellen der Form

$$A^\mu(x) = A^\mu(0)e^{i(\mathbf{k}\cdot\mathbf{x} - \omega t)} = A^\mu(0)e^{-i(\frac{\omega}{c}ct - \mathbf{k}\cdot\mathbf{x})} \tag{5.83a}$$

geschrieben werden. Damit $A^\mu(x)$ die Wellengleichung $\square A^\mu = 0$ erfüllt, muss für die Frequenz gelten: $\omega = c|\mathbf{k}|$. Wir erkennen die Vierergruppe $x = (ct, \mathbf{x}^\mathrm{T})$ im Exponenten sofort als 4-Ortsvektor und stellen fest, dass $x$ in (5.83a) mit einer anderen Vierergruppe $k = (\frac{\omega}{c}, \mathbf{k}^\mathrm{T})$ kombiniert wird, die aus der Frequenz $\omega$ und dem 3-Wellenvektor $\mathbf{k}$ aufgebaut ist. Obwohl wir noch nicht wissen, dass $k$ ein *4-Vektor* ist, bezeichnen wir die Vierergruppe

$$(k^\nu) = \left(\tfrac{\omega}{c}, \mathbf{k}^\mathrm{T}\right)$$

als *4-Wellenvektor* und schreiben $\frac{\omega}{c}ct - \mathbf{k} \cdot \mathbf{x} = k_\nu x^\nu$:

$$A^\mu(x) = A^\mu(0)e^{-ik_\nu x^\nu} = A^\mu(0)e^{-i\varphi(x)} \,. \tag{5.83b}$$

Hierbei ist $\varphi(x) \equiv k_\nu x^\nu$ die *Phase* der Welle.

Wir zeigen nun, dass $A(0)$ und $k$ beide 4-Vektoren sind und $\varphi$ ein Lorentz-Skalar ist. Nehmen wir an, (5.83b) gilt im Inertialsystem $K$. Im Inertialsystem $K'$ mit $\mathbf{v}_\mathrm{rel}(K', K) = \mathbf{v}$ gilt dann aufgrund des 4-Vektor-Charakters von $(A^\mu)$:

$$(A')^\mu(x') = \Lambda^\mu{}_\nu A^\nu(x) = \Lambda^\mu{}_\nu A^\nu(0)e^{-i\varphi(x)} = \left(A'(0)\right)^\mu e^{-i\varphi'(x')}$$

mit $\left(A'(0)\right)^\mu \equiv \Lambda^\mu{}_\nu A^\nu(0)$, sodass die Amplitude des 4-Potentials wie ein 4-Vektor transformiert wird und die Phase wie ein Lorentz-Skalar:

$$\varphi'(x') \equiv \varphi(x) = k_\nu x^\nu = k_\nu (\Lambda^{-1})^\nu{}_\mu (x')^\mu = k_\nu \Lambda_\mu{}^\nu (x')^\mu \equiv (k')_\mu (x')^\mu \,.$$

Im dritten Schritt verwendeten wir die Lorentz-Transformation $x^\mu = (\Lambda^{-1})^\mu{}_\nu (x')^\nu$ für den 4-Ortsvektor und im vierten die Identität $(\Lambda^{-1})^\rho{}_\mu = \Lambda_\mu{}^\rho$ aus Gleichung (5.76) für die inverse Lorentz-Transformation. Die Gleichungskette zeigt außerdem, dass auch der 4-Wellenvektor $k^\nu$ ein echter 4-Vektor ist, d. h. gemäß der Lorentz-Gruppe transformiert wird: $(k')_\mu = \Lambda_\mu{}^\nu k_\nu$ bzw. $(k')^\mu = \Lambda^\mu{}_\nu k^\nu$. Im Falle von Wellenpaketen, d. h. von Überlagerungen ebener Wellen, gelten diese Schlussfolgerungen auch für jede einzelne Fourier-Komponente.

Aus der Quantenmechanik ist bekannt, dass ein Photon mit dem Wellenvektor $\mathbf{k}$ und der Frequenz $\omega$ einen Impuls $\mathbf{p} = \hbar\mathbf{k}$ und eine Energie $\mathcal{E} = \hbar\omega$ besitzt. Für den Spezialfall des Photons stellen wir hier also erstmals fest, dass Impuls und Energie in der Relativitätstheorie zu einem 4-Vektor vereint werden:

$$p \equiv (p^\mu) \stackrel{4 \to 3}{\equiv} \left(\frac{\mathcal{E}}{c}, \mathbf{p}^\mathrm{T}\right) = \hbar\left(\frac{\omega}{c}, \mathbf{k}^\mathrm{T}\right) \stackrel{3 \to 4}{=} \hbar(k^\mu) \equiv \hbar k \,.$$

Wir werden später sehen, dass diese enge Verflechtung von Energie und Impuls auch allgemeiner gilt.

### Transformation von Winkeln und der relativistische Doppler-Effekt

Da wir nun wissen, dass der 4-Wellenvektor $k = \left(\frac{\omega}{c}, \mathbf{k}^\mathrm{T}\right)$ ein echter 4-Vektor ist, also gemäß der Lorentz-Gruppe transformiert wird, können wir die Konsequenzen dieses Transformationsverhaltens untersuchen. Wir führen zunächst einmal eine

*Winkelvariable* $\vartheta$ ein, indem wir die Richtung von $\mathbf{k}$ mit der Richtung der Relativgeschwindigkeit $\hat{\boldsymbol{\beta}}$ der beiden Inertialsysteme $K$ und $K'$ vergleichen, wie in Abbildung 5.12 grafisch dargestellt:

$$k_\parallel \equiv \mathbf{k} \cdot \hat{\boldsymbol{\beta}} \equiv |\mathbf{k}| \cos(\vartheta) \quad \text{und} \quad \mathbf{k}_\perp \equiv \mathbf{k} - k_\parallel \hat{\boldsymbol{\beta}} \equiv |\mathbf{k}| \sin(\vartheta)\hat{\mathbf{k}}_\perp \ . \tag{5.84a}$$

Analog erhält man für $\mathbf{k}'$, wie ebenfalls in Abb. 5.12 dargestellt:

$$k'_\parallel \equiv \mathbf{k}' \cdot \hat{\boldsymbol{\beta}} \equiv |\mathbf{k}'| \cos(\vartheta') \quad \text{und} \quad \mathbf{k}'_\perp \equiv \mathbf{k}' - k'_\parallel \hat{\boldsymbol{\beta}} \equiv |\mathbf{k}'| \sin(\vartheta')\hat{\mathbf{k}}_\perp \ . \tag{5.84b}$$

Mit diesen Definitionen lautet die (vierdimensionale) Lorentz-Transformation für den 4-Wellenvektor:

$$\begin{pmatrix} \omega'/c \\ \mathbf{k}' \end{pmatrix} = \begin{pmatrix} 0 \\ \mathbf{k}_\perp \end{pmatrix} + \gamma \begin{pmatrix} 1 & -\beta \\ -\boldsymbol{\beta} & \hat{\boldsymbol{\beta}} \end{pmatrix} \begin{pmatrix} \omega/c \\ k_\parallel \end{pmatrix} \ . \tag{5.85}$$

Die erste Zeile dieser Vektoridentität zeigt, dass die Frequenz $\omega$ der Welle abhängig vom Einfallswinkel $\vartheta$ wie folgt transformiert wird:

$$\boxed{\omega' = \gamma(\omega - \beta c k_\parallel) = \gamma\omega \left(1 - \beta\frac{k_\parallel}{|\mathbf{k}|}\right) = \gamma\omega[1 - \beta\cos(\vartheta)] \ .} \tag{5.86}$$

Das Transformationsgesetz $\vartheta \to \vartheta'$ für den Winkel erhalten wir aus (5.84), indem wir zuerst die zweite Gleichung in (5.84b) betragsmäßig durch die erste dividieren und dann die Beziehungen zwischen $\mathbf{k}$ und $\mathbf{k}'$ in den letzten drei Zeilen von (5.85) einsetzen:

$$\tan(\vartheta') = \frac{|\mathbf{k}'_\perp|}{k'_\parallel} = \frac{|\mathbf{k}_\perp|}{\gamma\left(k_\parallel - \beta\frac{\omega}{c}\right)} = \frac{|\mathbf{k}_\perp|/|\mathbf{k}|}{\gamma\left(\frac{k_\parallel}{|\mathbf{k}|} - \beta\right)} = \frac{\sin(\vartheta)}{\gamma[\cos(\vartheta) - \beta]} \ .$$

Im letzten Schritt wurden die beiden Gleichungen in (5.84a) verwendet. Diese Beziehung zwischen $\vartheta$ und $\vartheta'$ kann auch umgekehrt werden (am einfachsten, indem man gleichzeitig $\vartheta \leftrightarrow \vartheta'$ und $\beta \leftrightarrow -\beta$ ersetzt):

$$\tan(\vartheta) = \frac{\sin(\vartheta')}{\gamma[\cos(\vartheta') + \beta]} \ .$$

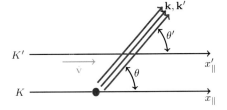

**Abb. 5.12** Zum Transformationsgesetz $\vartheta \leftrightarrow \vartheta'$ für den Winkel

Dies ist natürlich genau das gleiche Gesetz (5.61) für die Transformation von Winkeln, das wir bereits im Rahmen unserer Untersuchung der Aberration von Sternenlicht erhielten.

Gleichung (5.86) beschreibt den relativistischen *Doppler-Effekt*. Die Frequenz $\omega$ wird also mit zwei Faktoren multipliziert: Der winkelabhängige Faktor $1 - \beta_v \cos(\vartheta)$ ist bereits vom nicht-relativistischen Doppler-Effekt bekannt. Der zweite Faktor $\gamma_v$ stellt eine relativistische Korrektur dar und ruft sogar für transversal einfallendes Licht ($\vartheta = \frac{\pi}{2}$) einen Doppler-Effekt hervor („transversaler Doppler-Effekt"). Beim longitudinalen Doppler-Effekt ($\vartheta = 0$ bzw. $\vartheta = \pi$) wird die Frequenz $\omega$ wie folgt transformiert:

$$\omega' = \sqrt{\frac{1-\beta}{1+\beta}}\,\omega \quad (\vartheta = \vartheta' = 0) \quad , \quad \omega' = \sqrt{\frac{1+\beta}{1-\beta}}\,\omega \quad (\vartheta = \vartheta' = \pi) \,.$$

Beim transversalen Doppler-Effekt ($\vartheta = \frac{\pi}{2}$, jedoch $\vartheta' = \pi - \arctan[(\gamma\beta)^{-1}] \neq \frac{\pi}{2}$) tritt eine *Rotverschiebung* auf: $\omega = \frac{1}{\gamma_v}\omega' < \omega'$.

Als typische Anwendung des transversalen Doppler-Effekts betrachten wir einen Stern, der im Inertialsystem $K'$ ruht und dort Licht mit der Frequenz $\omega'$ ausstrahlt. Ein Beobachter auf der Erde („Inertial-system $K$"), für den dieses Licht unter dem Winkel $\vartheta = \frac{\pi}{2}$ relativ zur $\hat{\mathbf{v}}$-Richtung einfällt (siehe Abbildung 5.13), wird die kleinere Frequenz

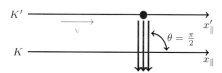

$$\omega = \omega'/\gamma_v < \omega' \quad (\vartheta = \tfrac{\pi}{2})$$

**Abb. 5.13** Zum transversalen Doppler-Effekt

messen. Der transversale Doppler-Effekt ist eine Konsequenz der Zeitdilatation, denn für den Beobachter auf der Erde wird eine in $K'$ ruhende Uhr (in diesem Fall also der Licht ausstrahlende Stern) um einen Faktor $\frac{1}{\gamma_v}$ langsamer laufen als eine Uhr, die im Inertialsystem $K$ ruht.

## 5.8   Masse und Energie

Wegen der einfachen quantenmechanischen Relation $\mathcal{E} = \hbar\omega$ für die Energie eines Photons mit der Frequenz $\omega$ kann man aufgrund des Doppler-Effekts, Gleichung (5.86), sofort das Transformationsgesetz für die *Energie elektromagnetischer Strahlung* angeben: Sendet ein Körper in seinem Ruhesystem $K$ insgesamt $N$ Photonen der Frequenz $\omega$ unter einem Winkel $\vartheta$ zur $\hat{\boldsymbol{\beta}}$-Achse aus, so misst ein Beobachter im Inertialsystem $K'$ mit $\mathbf{v}_{\mathrm{rel}}(K', K) = \mathbf{v} = v\hat{\boldsymbol{\beta}}$ für die ausgestrahlte Energie:

$$\mathcal{E}' = N\hbar\omega' = \gamma N\hbar\omega[1 - \beta\cos(\vartheta)] = \gamma\mathcal{E}[1 - \beta\cos(\vartheta)] \,. \tag{5.87}$$

Wir wenden dieses Transformationsgesetz für die Energie im Folgenden an.

Wir betrachten konkret einen Körper der Masse $m_0$ in seinem Ruhesystem $K$, der in den Richtungen $\vartheta$ und $\vartheta - \pi$ jeweils $N$ Photo-nen der Frequenz $\omega$ ausstrahlt, stets zwei Pho-tonen (eins in jeder Richtung) zur gleichen Zeit. Dieser Körper wird in Abbildung 5.14 skizziert. Die Energie des Körpers vor und nach dem Ausstrahlen sei $\mathcal{E}(0)$ bzw. $\mathcal{E}^{(0)}(0)$. Schreiben wir noch: $2N\hbar\omega = \varepsilon$, dann lautet das Gesetz der Energieerhaltung in $K$:

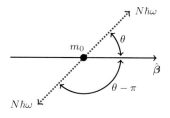

**Abb. 5.14** Zur Äquivalenz von Masse und Energie

$$\mathcal{E}(0) = \mathcal{E}^{(0)}(0) + \tfrac{1}{2}\varepsilon + \tfrac{1}{2}\varepsilon = \mathcal{E}^{(0)}(0) + \varepsilon \,.$$

Auch in $K'$ gilt Energieerhaltung, nun für die Energien des bewegten Körpers und der Strahlung:

$$\mathcal{E}(v) = \mathcal{E}^{(0)}(v) + \tfrac{1}{2}\varepsilon\gamma[1 - \beta\cos(\vartheta)] + \tfrac{1}{2}\varepsilon\gamma[1 - \beta\cos(\vartheta - \pi)] = \mathcal{E}^{(0)}(v) + \varepsilon\gamma \ .$$

Wir definieren die *kinetische Energie* des Körpers vor und nach dem Ausstrahlen durch:

$$\mathcal{E}_{\mathrm{kin}}(v) \equiv \mathcal{E}(v) - \mathcal{E}(0) \quad , \quad \mathcal{E}_{\mathrm{kin}}^{(0)}(v) \equiv \mathcal{E}^{(0)}(v) - \mathcal{E}^{(0)}(0) \ . \tag{5.88}$$

Wir werten diese kinetischen Energien nun im *nicht-relativistischen* Limes aus, da man dort aufgrund der bekannten Beziehung $\mathcal{E}_{\mathrm{kin}}(v) \sim \tfrac{1}{2}m_0 v^2$ Information über die *Ruhemasse* des Körpers erhält. Wir möchten bestimmen, ob sich die Ruhemasse durch den Energieverlust geändert hat. Zieht man also die Energieerhaltungsgesetze in $K$ und $K'$ unter Verwendung von (5.88) voneinander ab, so folgt für $\beta = \tfrac{v}{c} \ll 1$:

$$\mathcal{E}_{\mathrm{kin}}^{(0)}(v) = \mathcal{E}_{\mathrm{kin}}(v) - \varepsilon(\gamma - 1) \sim \tfrac{1}{2}m_0 v^2 - \tfrac{1}{2}\varepsilon\beta^2 = \tfrac{1}{2}\big(m_0 - \tfrac{\varepsilon}{c^2}\big)v^2 = \tfrac{1}{2}m_0^{(0)}v^2 \ .$$

Das Massendefizit $\mu_0 \equiv m_0 - m_0^{(0)} = \tfrac{\varepsilon}{c^2}$ entspricht also einer Energie $\varepsilon = \mu_0 c^2$. Wir stellen fest, dass die Ruhemasse sich in der Tat (u. U. signifikant) geändert hat.

Wir kehren zurück zum allgemeinen relativistischen Fall $0 \le v < c$. Da man prinzipiell die ganze Ruhemasse eines Körpers in Strahlung umwandeln kann (z. B. durch Annihilation von Materie und Antimaterie), folgt für $\mathcal{E}^{(0)}(0) = \mathcal{E}^{(0)}(v) = 0$ aus den beiden Energieerhaltungsgesetzen:

$$\boxed{\mathcal{E}(0) = \varepsilon = m_0 c^2 \quad , \quad \mathcal{E}(v) = \varepsilon\gamma = \gamma m_0 c^2 = mc^2 \ .} \tag{5.89}$$

Hierbei wurde die relativistische Masse $m \equiv \gamma m_0$ eingeführt. Die relativistische Masse und die Energie eines bewegten Teilchens sind demnach *äquivalent*. Außerdem folgt nun auch für *Teilchen*, dass der kinetische 4-Impulsvektor

$$\boxed{(\pi^\mu) \overset{4 \to 3}{\equiv} (\mathcal{E}/c, m\mathbf{u}^{\mathrm{T}}) = mc(1, \tfrac{1}{c}\mathbf{u}^{\mathrm{T}}) = m_0 c\gamma_u(1, \boldsymbol{\beta}_u^{\mathrm{T}}) \overset{3 \to 4}{\equiv} m_0(u^\mu)} \tag{5.90}$$

ein 4-Vektor ist, der die physikalischen Größen Energie $\mathcal{E} = mc^2 = \gamma m_0 c^2$ und kinetischen Impuls $\boldsymbol{\pi} = m\mathbf{u} = \gamma_u m_0 \mathbf{u}$ untrennbar miteinander verknüpft.[25] Ähnlich wie die Komponenten der 4-Geschwindigkeit, die die Beziehung $u^\mu u_\mu = c^2$ erfüllen, sind auch Energie $\mathcal{E}$ und kinetischer Impuls $\boldsymbol{\pi}$ keine *un*abhängigen Größen. Sie erfüllen die relativistische Energie-Impuls-Dispersionsrelation:

$$\pi^\mu \pi_\mu = \big(\mathcal{E}/c\big)^2 - \boldsymbol{\pi}^2 = m_0^2 u^\mu u_\mu = m_0^2 c^2 \quad , \quad \boxed{\mathcal{E} = \sqrt{\boldsymbol{\pi}^2 c^2 + m_0^2 c^4} \ .} \tag{5.91}$$

Im *nicht-relativistischen* Limes lautet diese Dispersionsrelation:

$$\mathcal{E} = m_0 c^2 \sqrt{1 + \left(\frac{\boldsymbol{\pi}}{m_0 c}\right)^2} \sim m_0 c^2 \left[1 + \frac{1}{2}\left(\frac{\boldsymbol{\pi}}{m_0 c}\right)^2 + \cdots\right] = m_0 c^2 + \frac{\boldsymbol{\pi}^2}{2m_0} + \cdots ,$$

---

[25]Die Größe $m_0(u^\mu)$ wird als $(\pi^\mu)$ bezeichnet und „kinetischer Impuls" genannt, da die Notation $(p^\mu)$ normalerweise für den *kanonischen* Impuls $p^\mu = \pi^\mu - \tfrac{q}{c}A^\mu$ eines geladenen Teilchens im elektromagnetischen Feld verwendet wird, den wir in Kapitel [6] kennenlernen werden.

sodass $\mathcal{E}$ in diesem Grenzfall die Summe von *Ruhe*energie und Newton'scher *kinetischer* Energie ist (was auch den Namen „*kinetischer Impuls*" erklärt).

Das hier dargestellte Argument für die Äquivalenz (5.89) von Masse und Energie basiert auf einer Arbeit von A. Einstein (Ref. [13]), in der er übrigens interessanterweise eine *klassische* (d. h. nicht-quantenmechanische) Herleitung des Transformationsgesetzes (5.87) für die Strahlungsenergie gab. Das Konzept des Photons, das er ja selbst wenige Monate zuvor in seiner Arbeit über den photoelektrischen Effekt vorgeschlagen hatte, muss ihm wohl noch zu spekulativ erschienen sein.

## 5.9   Lorentz-Kraft und elektromagnetische Felder

Wir nähern uns unserem Ziel, der relativistisch korrekten Formulierung der Lorentz'schen Bewegungsgleichung! Hierzu sollten wir zuerst noch das Verhalten elektromagnetischer Felder unter Lorentz-Transformationen besser verstehen. Die **E**- und **B**-Felder werden in der Relativitätstheorie in der Form eines *elektromagnetischen Feldtensors* zusammengefasst, sodass wir auch ein paar einleitende Bemerkungen über *Tensoren* machen müssen. Nach diesen Vorarbeiten kann in Abschnitt [5.9.1] die Lorentz'sche Bewegungsgleichung korrekt relativistisch formuliert werden. Schließlich präsentieren wir in Abschnitt [5.9.2] noch die Maxwell-Gleichungen in kovarianter Form. Hiermit kehren wir zu unserem Ausgangspunkt zurück, der in Abschnitt [5.1] nachgewiesenen Verletzung der *Galilei*-Kovarianz durch die Maxwell-Gleichungen, die ja die Motivation für dieses Kapitel war: Die Herleitung der Maxwell-Gleichungen in kovarianter Form zeigt, dass die Inkompatibilität der Newton'schen Mechanik und der Elektrodynamik von der Speziellen Relativitätstheorie tatsächlich behoben wird, indem sie die *Galilei*-Gruppe durch die *Lorentz*- bzw. *Poincaré*-Gruppe ersetzt.

### Allgemeine Tensoren

Bevor wir im nächsten Unterabschnitt den *elektromagnetischen Feldtensor* einführen, möchten wir zuerst die Begriffe „tensorielle Produkte" und „Tensor" kurz vorstellen. „Tensorielle Produkte" – insofern wir diese benötigen – sind *Zusammensetzungen* von Vierervektoren: Die einfachste Zusammensetzung ist das *dyadische* Produkt $(D^{\mu\nu})$ zweier 4-Vektoren $(a^{\mu})$ und $(b^{\nu})$, dessen Tensorelemente dementsprechend durch *zwei* Indizes $\mu, \nu$ charakterisiert werden:

$$D^{\mu\nu} \equiv a^{\mu}b^{\nu} \,. \tag{5.92}$$

Das Verhalten der *Dyade* $(D^{\mu\nu})$ unter Lorentz-Transformationen folgt direkt aus demjenigen der 4-Vektoren $(a^{\mu})$ und $(b^{\nu})$:

$$(D')^{\mu\nu} = (a')^{\mu}(b')^{\nu} = \Lambda^{\mu}{}_{\rho}\Lambda^{\nu}{}_{\sigma}a^{\rho}b^{\sigma} = \Lambda^{\mu}{}_{\rho}\Lambda^{\nu}{}_{\sigma}D^{\rho\sigma} \,.$$

Eine Dyade wird also mit *zwei* $\Lambda$-Matrizen transformiert. Die Dyade $(D^{\mu\nu})$ mit den Indizes oben heißt *kontravariant*, die Dyade $(D_{\mu\nu}) = (g_{\mu\rho}g_{\nu\sigma}D^{\rho\sigma}) = (a_{\mu}b_{\nu})$ heißt *kovariant*, und die Mischformen $(D_{\mu}{}^{\nu})$ und $(D^{\mu}{}_{\nu})$ mit den Tensorelementen $D_{\mu}{}^{\nu} = g_{\mu\rho}D^{\rho\nu} = a_{\mu}b^{\nu}$ bzw. $D^{\mu}{}_{\nu} = g_{\nu\sigma}D^{\mu\sigma} = a^{\mu}b_{\nu}$ werden naturgemäß als *gemischt* bezeichnet. Die kontravariante Verallgemeinerung:

$$D^{\nu_1\nu_2\cdots\nu_n} \equiv a_1^{\nu_1}a_2^{\nu_2}\cdots a_n^{\nu_n} \tag{5.93}$$

wird analog wie

$$(D')^{\mu_1\mu_2\cdots\mu_n} = \Lambda^{\mu_1}{}_{\nu_1}\Lambda^{\mu_2}{}_{\nu_2}\cdots\Lambda^{\mu_n}{}_{\nu_n}D^{\nu_1\nu_2\cdots\nu_n}$$

transformiert, wenn $(a_1)$, $(a_2)$, $\cdots$, $(a_n)$ alle kontravariante 4-Vektoren sind. Die Transformation des kovarianten Pendants $D_{\nu_1\nu_2\cdots\nu_n} \equiv (a_1)_{\nu_1}(a_2)_{\nu_2}\cdots(a_n)_{\nu_n}$ erfolgt in ähnlicher Weise mit $n$ Matrizen der Form $(\Lambda_{\mu_i}{}^{\nu_i})$. Auch gemischte Verallgemeinerungen, mit einigen Indizes oben und anderen unten, sind möglich.

*Tensoren* sind die Verallgemeinerung von (5.92) und (5.93): Jede Größe $(T^{\mu\nu})$, die genauso transformiert wird (in unserem Fall unter Lorentz-Transformationen) wie $(D^{\mu\nu})$ heißt kontravarianter Tensor 2. Stufe, jede Größe $(T^{\nu_1\nu_2\cdots\nu_n})$, die genauso transformiert wird wie $(D^{\nu_1\nu_2\cdots\nu_n})$ in (5.93) heißt kontravarianter Tensor $n$-ter Stufe. Die 4-Vektoren und die Skalare sind Tensoren *erster* bzw. *nullter* Stufe. Die Bildung von Skalarprodukten führt zur „Verjüngung" eines Tensors: So stellen z. B.

$$(d^{\mu}) \equiv (D^{\mu\nu}c_{\nu}) = (a^{\mu}b^{\nu}c_{\nu}) \quad \text{und} \quad (t^{\mu}) \equiv (T^{\mu\nu}c_{\nu})$$

beide kontravariante 4-Vektoren dar, falls $(c_{\nu})$ ein kovarianter 4-Vektor ist.

### Der elektromagnetische Feldtensor

Wir betrachten nun die *Ableitungen des 4-Potentials nach dem 4-Ortsvektor*. Diese Ableitungen sind physikalisch natürlich äußerst relevant, da die Komponenten der $(\mathbf{E}, \mathbf{B})$-Felder aus solchen Ableitungen aufgebaut sind. Aufgrund der gerade gemachten Bemerkungen über „allgemeine Tensoren" ist klar, dass der Tensor

$$\boxed{F^{\mu\nu} \equiv \partial^{\mu}A^{\nu} - \partial^{\nu}A^{\mu}} \quad \text{mit:} \quad F^{\nu\mu} = \partial^{\nu}A^{\mu} - \partial^{\mu}A^{\nu} = -F^{\mu\nu} \tag{5.94}$$

die Differenz zweier Dyaden und somit einen antisymmetrischen, kontravarianten 4-Tensor zweiter Stufe darstellt, der wie folgt Lorentz-transformiert wird:

$$\boxed{(F')^{\mu\nu} = \Lambda^{\mu}{}_{\rho}\Lambda^{\nu}{}_{\sigma}F^{\rho\sigma}} \ . \tag{5.95}$$

Die Antisymmetrie in der Definition (5.94) ist von wesentlicher Bedeutung, da $F^{\mu\nu}$ hierdurch *eichinvariant* wird: $\tilde{F}^{\mu\nu} = F^{\mu\nu}$ falls $\tilde{A}^{\mu} = A^{\mu} + \partial^{\mu}\Lambda$, während die Produkte $\partial^{\mu}A^{\nu}$ und $\partial^{\nu}A^{\mu}$ *einzeln* nicht eichinvariant wären.

Da die Ableitungen des 4-Potentials die Komponenten des elektromagnetischen Feldes bestimmen, versuchen wir nun, den Zusammenhang zwischen $(F^{\mu\nu})$ und den $(\mathbf{E}, \mathbf{B})$-Feldern zu klären. Die explizite Form von $(F^{\mu\nu})$ folgt aus $F^{\mu\mu} = 0$ und

$$F^{i0} = \partial^{i}A^{0} - \partial^{0}A^{i} \stackrel{4\to3}{=} \left[-\boldsymbol{\nabla}\Phi - \frac{\partial\mathbf{A}}{\partial t}\right]_{i} = E_{i}$$

$$F^{ij} = \partial^{i}A^{j} - \partial^{j}A^{i} \stackrel{4\to3}{=} -c(\partial_{i}A_{j} - \partial_{j}A_{i}) = \varepsilon_{ijk}(-cB_{k}) = -c\,\varepsilon_{ijk}B_{k} \ .$$

Bei der Berechnung von $F^{ij}$ wurde im zweiten Schritt $\partial^{i} \stackrel{4\to3}{=} -\partial_{i}$ sowie $A^{i} \stackrel{4\to3}{=} cA_{i}$ verwendet und im dritten Schritt $B_{k} = (\boldsymbol{\nabla}\times\mathbf{A})_{k} = \varepsilon_{klm}\partial_{l}A_{m}$. Wir verwendeten außerdem die Rechenregel $\varepsilon_{ijk}\varepsilon_{klm} = \delta_{il}\delta_{jm} - \delta_{im}\delta_{jl}$. Fügt man alle Information zusammen, so kann man $(F^{\mu\nu})$ insgesamt als $(4 \times 4)$-Tableau von Komponenten der $(\mathbf{E}, \mathbf{B})$-Felder schreiben:

$$F \equiv \left(F^{\mu\nu}\right) \overset{4\to3}{=} \begin{pmatrix} 0 & -E_1 & -E_2 & -E_3 \\ E_1 & 0 & -cB_3 & cB_2 \\ E_2 & cB_3 & 0 & -cB_1 \\ E_3 & -cB_2 & cB_1 & 0 \end{pmatrix} . \tag{5.96}$$

Da die Tensorelemente von $F$ durch die Komponenten der $(\mathbf{E}, \mathbf{B})$-Felder bestimmt werden, wird $F$ auch als der *elektromagnetische Feldtensor* bezeichnet. Die Eichinvarianz von $F$ ist aus der Darstellung (5.96) klar ersichtlich.

Da $\mathbf{E}$ und $\mathbf{A}$ unter Raumspiegelungen $(\mathbf{x} \to \mathbf{x}' = -\mathbf{x})$ bekanntlich wie *echte* Vektoren $(\mathbf{E}' = -\mathbf{E}, \mathbf{A}' = -\mathbf{A})$ transformiert werden, das Magnetfeld $\mathbf{B}$ dagegen wie ein *Pseudo*vektor $(\mathbf{B}' = \mathbf{B})$ transformiert wird, folgt für das Transformationsverhalten des Feldtensors unter Raumspiegelungen:

$$F \to F' \overset{4\to3}{=} \begin{pmatrix} 0 & E_1 & E_2 & E_3 \\ -E_1 & 0 & -cB_3 & cB_2 \\ -E_2 & cB_3 & 0 & -cB_1 \\ -E_3 & -cB_2 & cB_1 & 0 \end{pmatrix} .$$

Der Feldtensor zeigt somit das allgemeine Transformationsverhalten von Tensoren unter *Raumspiegelungen*, die wir in der Form einer speziellen Lorentz-Transformation $\Lambda^\mu{}_\nu = \sigma(\mu)\delta^\mu{}_\nu$ mit $\sigma(0) = 1$ und $\sigma(1) = \sigma(2) = \sigma(3) = -1$ darstellen können:

$$(F')^{\mu\nu} = \Lambda^\mu{}_\rho \Lambda^\nu{}_\sigma F^{\rho\sigma} = \sigma(\mu)\sigma(\nu) F^{\mu\nu} . \tag{5.97a}$$

*Echte antisymmetrische Tensoren* 2. Stufe $(A^{\mu\nu})$, wie der elektromagnetische Feldtensor, können also generell mit Hilfe eines *polaren* (oder *echten*) Vektors $\mathbf{p}$ und eines *axialen* (oder *Pseudo*-)Vektors $\mathbf{a}$ beschrieben werden:

$$\left(A^{\mu\nu}\right) \overset{4\to3}{=} \begin{pmatrix} 0 & -p_1 & -p_2 & -p_3 \\ p_1 & 0 & -a_3 & a_2 \\ p_2 & a_3 & 0 & -a_1 \\ p_3 & -a_2 & a_1 & 0 \end{pmatrix} \equiv (\mathbf{p}, \mathbf{a}) , \tag{5.97b}$$

denn man kann zeigen (siehe Übungsaufgabe 5.10), dass $\mathbf{p}$ und $\mathbf{a}$ unter Raumspiegelungen wie $\mathbf{p}' = -\mathbf{p}$ bzw. $\mathbf{a}' = \mathbf{a}$ und unter dreidimensionalen Drehungen wie $\mathbf{p}' = R(\boldsymbol{\alpha})\mathbf{p}$ bzw. $\mathbf{a}' = R(\boldsymbol{\alpha})\mathbf{a}$ transformiert werden. In dieser kompakten Notation gilt für den elektromagnetischen Feldtensor also: $(F^{\mu\nu}) = (\mathbf{E}, c\mathbf{B})$.

Gleichung (5.95) legt das Verhalten des elektromagnetischen Feldtensors (und daher der Felder $\mathbf{E}$ und $\mathbf{B}$) unter Lorentz-Transformationen fest. Interessanterweise kann man dieses Transformationsverhalten auch ganz anders formulieren und zwar als *komplexe* Drehung des *komplexen* Vektors $\mathbf{F} \equiv \mathbf{E} + ic\mathbf{B}$: In Übungsaufgabe 5.12 wird nämlich gezeigt, dass zumindest für eigentliche orthochrone Lorentz-Transformationen $\Lambda \in \mathcal{L}_+^\uparrow$ gilt: $\mathbf{F}' = R(\boldsymbol{\alpha} - i\boldsymbol{\phi})\mathbf{F}$.

### Das Transformationsverhalten des elektromagnetischen Feldes

Da das Transformationsverhalten des elektromagnetischen Feldtensors $(F^{\mu\nu})$ nun aus (5.95) bekannt ist, kann auch das Verhalten der $\mathbf{E}$- und $\mathbf{B}$-Felder unter Lorentz-Transformationen bestimmt werden. Für das $\mathbf{E}$-Feld erhält man zunächst unter

Berücksichtigung von $F^{00} = 0$:

$$(E')_i = (F')^{i0} = \Lambda^i_{\ \rho}\Lambda^0_{\ \sigma}F^{\rho\sigma} = \Lambda^i_{\ j}\Lambda^0_{\ 0}F^{j0} + \Lambda^i_{\ 0}\Lambda^0_{\ j}F^{0j} + \Lambda^i_{\ j}\Lambda^0_{\ k}F^{jk}\ .$$

Setzt man auf der rechten Seite dieser Gleichung mit Hilfe von (5.96) die explizite Form der verschiedenen Tensorelemente von $(F^{\mu\nu})$ ein sowie die explizite Form der Lorentz-Transformation $(\Lambda^\mu_{\ \nu})$:

$$(\Lambda^\mu_{\ \nu}) \overset{4\to3}{=} \begin{pmatrix} \gamma & -\gamma\boldsymbol{\beta}^{\mathrm{T}} \\ -\gamma\boldsymbol{\beta} & \mathbb{1}_3 + (\gamma-1)\hat{\boldsymbol{\beta}}\hat{\boldsymbol{\beta}} \end{pmatrix}\ ,$$

die eine *Geschwindigkeitstransformation* beschreibt, dann folgt für das **E**-Feld:

$$\begin{aligned}
(E')_i &= \gamma[\delta_{ij} + (\gamma-1)\hat{\beta}_i\hat{\beta}_j]E_j + (-\gamma\beta_i)(-\gamma\beta_j)(-E_j) \\
&\quad + [\delta_{ij} + (\gamma-1)\hat{\beta}_i\hat{\beta}_j](-\gamma\beta_k)\varepsilon_{jkl}(-cB_l) \\
&= \gamma(E_i + \varepsilon_{ikl}v_kB_l) + [\gamma(\gamma-1) - \gamma^2\beta^2]\hat{\beta}_i(\hat{\boldsymbol{\beta}}\cdot\mathbf{E})\ .
\end{aligned}$$

Im zweiten Schritt wurde $\hat{\beta}_j\hat{\beta}_k\varepsilon_{jkl} = 0$ verwendet. Der letzte Term auf der rechten Seite kann wegen der Identität $\gamma^2(1-\beta^2) = 1$ stark vereinfacht werden:

$$(E')_i = \gamma(E_i + \varepsilon_{ikl}v_kB_l) - (\gamma-1)\hat{\beta}_i(\hat{\boldsymbol{\beta}}\cdot\mathbf{E})\ ,$$

sodass wir für den *Vektor* **E** das folgende Transformationsverhalten erhalten:

$$\boxed{\mathbf{E}' = \gamma(\mathbf{E} + \mathbf{v}\times\mathbf{B}) - (\gamma-1)(\hat{\boldsymbol{\beta}}\cdot\mathbf{E})\hat{\boldsymbol{\beta}}\ .} \tag{5.98a}$$

Analog ergibt sich für das **B**-Feld (siehe Übungsaufgabe 5.13):

$$\boxed{\mathbf{B}' = \gamma\left(\mathbf{B} - \tfrac{1}{c}\boldsymbol{\beta}\times\mathbf{E}\right) - (\gamma-1)(\hat{\boldsymbol{\beta}}\cdot\mathbf{B})\hat{\boldsymbol{\beta}}\ .} \tag{5.98b}$$

Diese Gleichungen für die Transformation der $(\mathbf{E}, \mathbf{B})$-Felder bedeuten für das Transformationsverhalten der Feldkomponenten $E_\parallel = \hat{\boldsymbol{\beta}}\cdot\mathbf{E}$ und $B_\parallel = \hat{\boldsymbol{\beta}}\cdot\mathbf{B}$ *parallel* zur Relativgeschwindigkeit $\hat{\boldsymbol{\beta}}$ bzw. für die Transformation der senkrechten Feldkomponenten $\mathbf{E}_\perp = \mathbf{E} - E_\parallel\hat{\boldsymbol{\beta}}$ und $\mathbf{B}_\perp = \mathbf{B} - B_\parallel\hat{\boldsymbol{\beta}}$:

$$E'_\parallel = E_\parallel \quad,\quad \mathbf{E}'_\perp = \gamma(\mathbf{E}_\perp + \mathbf{v}\times\mathbf{B}_\perp) \quad \text{bzw.} \quad \mathbf{E}'_\perp = \gamma(\mathbf{E}_\perp + \boldsymbol{\beta}\times c\mathbf{B}_\perp)$$

$$B'_\parallel = B_\parallel \quad,\quad \mathbf{B}'_\perp = \gamma(\mathbf{B}_\perp - \tfrac{1}{c}\boldsymbol{\beta}\times\mathbf{E}_\perp) \quad \text{bzw.} \quad c\mathbf{B}'_\perp = \gamma(c\mathbf{B}_\perp - \boldsymbol{\beta}\times\mathbf{E}_\perp)\ .$$

Die Symmetrie in diesen Gleichungen ist bemerkenswert: Man erhält die erste Zeile aus der zweiten (oder umgekehrt), indem man gleichzeitig $\mathbf{E} \leftrightarrow c\mathbf{B}$ und $\boldsymbol{\beta} \leftrightarrow -\boldsymbol{\beta}$ ersetzt. Hiermit ist auch das Transformationsverhalten der elektromagnetischen Felder unter Lorentz-Transformationen bekannt.

## 5.9.1 Die relativistische Formulierung der Lorentz-Kraft!

Wir sind nun am Ziel dieses Kapitels angekommen und können uns mit der relativistischen Formulierung der *Lorentz-Kraft* befassen. Hierzu definieren wir den 4-Vektor $(K^\mu)$ mit

$$\boxed{K^\mu \equiv \frac{q}{c}F^{\mu\nu}u_\nu\ ,}$$

der durch Verjüngung des Tensorprodukts von $(F^{\mu\nu})$ und der 4-Geschwindigkeit $(u_\nu)$ entsteht. Durch explizite Berechnung sieht man, dass $(K^\mu)$ in der Tat eine relativistische Verallgemeinerung der Lorentz-Kraft darstellt:

$$(K^\mu) = \frac{q}{c}(F^{\mu 0} u_0 + F^{\mu j} u_j) \overset{4 \to 3}{=} q\gamma_u\big(F^{\mu 0} + F^{\mu j}(-\beta_j)\big)$$

$$= q\gamma_u\big(\mathbf{E} \cdot \boldsymbol{\beta}\, ,\, (\mathbf{E} + \mathbf{u} \times \mathbf{B})^{\mathrm{T}}\big)\,. \tag{5.99}$$

Im letzten Schritt wurde $F^{i0} = E_i$ benutzt und außerdem für die zeitlichen ($\mu = 0$) und räumlichen ($\mu = i = 1, 2, 3$) Komponenten von $(K^\mu)$:

$$F^{0j}(-\beta_j) = E_j\beta_j \quad , \quad F^{ij}(-\beta_j) = (-\varepsilon_{ijk}cB_k)(-\beta_j) = c(\boldsymbol{\beta} \times \mathbf{B})_i = (\mathbf{u} \times \mathbf{B})_i\,.$$

Die zeitliche Komponente von $(K^\mu)$ in (5.99) stellt die Leistung dar (dividiert durch $c$ und gemessen pro *Eigenzeit*), die das elektromagnetische Feld am Teilchen verrichtet.

Wir betrachten nun die folgende *Bewegungsgleichung*:

$$\boxed{m_0 \frac{d^2 x^\mu}{d\tau^2} = K^\mu \quad , \quad d\tau = \frac{dt}{\gamma_u}\,,} \tag{5.100}$$

die $(K^\mu)$ mit einem anderen 4-Vektor, der 4-Beschleunigung, verknüpft. Gleichung (5.100) ist sicherlich korrekt im momentanen Ruhesystem des Teilchens ($\mathbf{u} = \mathbf{0}$), denn dann erhält man für die *zeitlichen* Komponenten die Identität $0 = 0$ und für die *räumlichen* die korrekte Form der Lorentz'schen Bewegungsgleichung

$$m_0 \frac{d^2\mathbf{x}}{dt^2} = q\mathbf{E}\,. \tag{5.101}$$

Da das Gesetz (5.100) in diesem speziellen Inertialsystem gültig ist und außerdem Lorentz-kovariant formuliert wurde, muss es nach dem Relativitätsprinzip in *jedem* Inertialsystem gelten. Wir haben somit in Gleichung (5.100) die korrekte relativistische Formulierung der Lorentz'schen Bewegungsgleichung gefunden!

Da $(K^\mu)$ in (5.99) manifest ein *4-Vektor* ist, folgt, dass das vierte Newton'sche Gesetz in abgewandelter Form auch in der Speziellen Relativitätstheorie gilt: Die einzige Kraft, die sie *klassisch* sinnvoll beschreiben kann, die *Lorentz-Kraft*, wird unter Lorentz-Transformationen wie ein *4-Vektor* transformiert.

Das Kraftgesetz (5.100) mit $K^\mu = \frac{q}{c}F^{\mu\nu}u_\nu$ lädt ein zu einem Konsistenzcheck: Aus Abschnitt [5.7.3] ist bekannt, dass die 4-Beschleunigung, also die *linke* Seite von Gleichung (5.100), stets senkrecht auf der 4-Geschwindigkeit stehen muss. Das Gleiche muss dann aufgrund von (5.100) natürlich auch für die 4-Kraft $(K^\mu)$, d. h. für die *rechte* Seite von (5.100), gelten. Aufgrund der Antisymmetrie von $(F^{\mu\nu})$ und der Symmetrie von $(u_\mu u_\nu)$ folgt tatsächlich:

$$u_\mu \frac{du^\mu}{d\tau} = u_\mu\left(\frac{1}{m_0}K^\mu\right) = \frac{q}{m_0 c}u_\mu F^{\mu\nu}u_\nu = 0\,,$$

sodass diese Konsistenzbedingung automatisch erfüllt ist.

**Wie löst man die Lorentz'sche Bewegungsgleichung konkret?**

Die Lorentz'sche Bewegungsgleichung wird in der Praxis gelöst, indem man sie zuerst in herkömmlicher 3-Notation formuliert und anschließend zerlegt in gekoppelte Differentialgleichungen für die einzelnen Komponenten. Wir skizzieren hier die allgemeine Methode. Beispiele werden in den Abschnitten [5.10] und [5.11] behandelt.

Wir verwenden den bereits in Gleichung (5.90) definierten kinetischen 4-Impuls $(\pi^\mu) = (\mathcal{E}/c, m\mathbf{u}^\mathrm{T}) = m_0(u^\mu) = \gamma_u m_0 c(1, \boldsymbol{\beta}_u^\mathrm{T})$, und wir führen die Notation $\boldsymbol{\pi} = m\mathbf{u} = \gamma_u m_0 \mathbf{u}$ für den *drei*dimensionalen kinetischen Impulsvektor ein. Mit dieser Notation kann die relativistische Bewegungsgleichung (5.100) alternativ in der Form

$$\gamma_u \frac{d(\pi^\mu)}{dt} = m_0\gamma_u \frac{d}{dt}(u^\mu) = m_0 \frac{d^2(x^\mu)}{d\tau^2} = (K^\mu) = q\gamma_u\big(\mathbf{E}\cdot\boldsymbol{\beta}_u, (\mathbf{E}+\mathbf{u}\times\mathbf{B})^\mathrm{T}\big)$$

geschrieben werden. Wir dividieren die linke und rechte Seite zuerst durch $\gamma_u$:

$$\frac{d(\pi^\mu)}{dt} = q\big(\mathbf{E}\cdot\boldsymbol{\beta}_u, (\mathbf{E}+\mathbf{u}\times\mathbf{B})^\mathrm{T}\big) \tag{5.102}$$

und trennen anschließend die zeitlichen ($\mu = 0$) und räumlichen ($\mu = 1, 2, 3$) Komponenten dieser Gleichung. Aus den drei Gleichungen für die räumlichen Komponenten ergibt sich eine Bewegungsgleichung für den dreidimensionalen kinetischen Impuls:

$$\boxed{\frac{d\boldsymbol{\pi}}{dt} = q(\mathbf{E}+\mathbf{u}\times\mathbf{B}) \quad , \quad \boldsymbol{\pi} = \gamma_u m_0 \mathbf{u} \,.} \tag{5.103a}$$

Andererseits ergibt sich aus der zeitlichen Komponente von (5.102) eine Gleichung für die zeitliche Änderung der Energie des Teilchens durch Wechselwirkung mit dem elektromagnetischen Feld:

$$\boxed{\frac{d\mathcal{E}}{dt} = \frac{d}{dt}(\gamma_u m_0 c^2) = \frac{d}{dt}(\pi^0 c) = q\mathbf{E}\cdot\mathbf{u} \,.} \tag{5.103b}$$

Hierbei stellt die rechte Seite die *Leistung* dar, die das elektromagnetische Feld am Teilchen verrichtet. Die Zeitableitung $\frac{d}{dt}$ auf der linken Seite zeigt, dass diese Leistung nun im *Inertialsystem* gemessen wird. Die Energieänderung (5.103b) folgt aber auch unmittelbar aus der Dispersionsrelation $\mathcal{E} = [\boldsymbol{\pi}^2 c^2 + m_0^2 c^4]^{1/2} = \gamma m_0 c^2$ in (5.91) und der Bewegungsgleichung für den kinetischen Impuls:

$$\frac{d\mathcal{E}}{dt} = \frac{c^2\boldsymbol{\pi}\cdot\frac{d\boldsymbol{\pi}}{dt}}{\sqrt{\boldsymbol{\pi}^2 c^2 + m_0^2 c^4}} = \frac{q}{\gamma_u m_0}\boldsymbol{\pi}\cdot(\mathbf{E}+\mathbf{u}\times\mathbf{B}) = q\mathbf{E}\cdot\mathbf{u} \,. \tag{5.104}$$

Folglich ist die zweite der beiden Gleichungen (5.103a) und (5.103b) *redundant*, sodass es bei der Untersuchung der Dynamik eines geladenen Teilchens ausreicht, sich auf Gleichung (5.103a) zu beschränken.

Gleichung (5.103a) stellt mathematisch einen Satz von drei gekoppelten Differentialgleichungen *zweiter* Ordnung für die drei Bahnkomponenten $x_i(t)$ dar, deren erste *Ableitungen* im Geschwindigkeitsvektor $\mathbf{u} = \frac{d\mathbf{x}}{dt}$ und deren *Funktionswerte* in den Feldern $\mathbf{E}\big(\mathbf{x}(t), t\big)$ und $\mathbf{B}\big(\mathbf{x}(t), t\big)$ enthalten sind. Wir stellen nebenbei fest, dass das dritte Postulat (P3) der Newton'schen Mechanik, das *deterministische Prinzip*, unverändert auch in der Speziellen Relativitätstheorie gilt und dort sogar aus dem Postulat (P3) der *Newton'schen Mechanik* folgt, siehe Gleichung (5.101).

Wir zeigen in den Abschnitten [5.10] und [5.11] anhand einiger Beispiele, wie Gleichung (5.103a) konkret gelöst werden kann und wie sich die Lösungen physikalisch verhalten. Weitere Beispiele sind in den Übungsaufgaben 5.16 und 5.17 (für konstante **E**- und **B**-Felder) sowie in den Aufgaben 5.18 und 5.19 enthalten. Der allereinfachste Fall, derjenige des *kräftefreien* Teilchens ($K^\mu = 0$) wird kurz im nächsten Abschnitt besprochen.

Interessant ist noch, dass auch die relativistischen Bewegungsgleichungen (5.103) forminvariant sind unter Zeitumkehr, da in diesem Fall ($\boldsymbol{\pi}$, $t$, $\mathbf{u}$, $\mathbf{B}$) das Vorzeichen wechseln und $q$ und $\mathbf{E}$ invariant sind. Analog stellt man fest, dass die Gleichungen (5.103) forminvariant sind unter einer Raumspiegelung am Ursprung, wobei die Felder gemäß $\mathbf{E} \to -\mathbf{E}$ und $\mathbf{B} \to \mathbf{B}$ transformiert werden.

### Einfachster Spezialfall: das kräftefreie Teilchen

Der Fall des kräftefreien Teilchens [$K^\mu = 0$ in Gleichung (5.100)] ist zwar einfach, aber dennoch interessant, insbesondere im Hinblick auf mögliche *Erhaltungsgrößen*. Für das kräftefreie Teilchen lautet (5.100):

$$m_0 \frac{d^2 x^\mu}{d\tau^2} = m_0 \gamma_u \frac{d}{dt} \gamma_u \frac{dx^\mu}{dt} = 0 \quad , \quad d\tau = \frac{dt}{\gamma_u} \; . \tag{5.105}$$

Es folgt $\gamma_u \frac{dx^\mu}{dt}$ = konstant und daher speziell für die räumlichen Komponenten: $\gamma_u \mathbf{u}$ = konstant, d. h. quadriert $\gamma_u^2 \mathbf{u}^2 = \mathbf{u}^2 / \big[1 - (\frac{\mathbf{u}}{c})^2\big]$ = konstant und daher $\mathbf{u}^2$ = konstant bzw. $\gamma_u$ = konstant. Die Gleichung $\gamma_u \mathbf{u}$ = konstant vereinfacht sich hiermit auf $\mathbf{u}$ = konstant $\equiv \mathbf{u}_0$. Wir stellen daher fest, dass sich das kräftefreie Teilchen auch in der relativistischen Theorie – wie in der nicht-relativistischen Mechanik – geradlinig-gleichförmig bewegt: $(x^\mu(t)) = (x^\mu(0)) + (c, \mathbf{u}_0^{\mathrm{T}})t$.

Die Gleichungen (5.103) zeigen bereits, dass das kräftefreie Teilchen zwei Erhaltungsgrößen aufweist, nämlich den kinetischen Impuls $\boldsymbol{\pi} = \gamma_u m_0 \mathbf{u}$ und die Summe $\mathcal{E} = [\boldsymbol{\pi}^2 c^2 + m_0^2 c^4]^{1/2} = \gamma m_0 c^2$ der kinetischen Energie und Ruheenergie:

$$\frac{d\boldsymbol{\pi}}{dt} = \mathbf{0} \quad , \quad \frac{d\mathcal{E}}{dt} = 0 \; .$$

Aus der nicht-relativistischen Mechanik ist jedoch bekannt, dass neben dem Impuls und der Energie auch der *Drehimpuls* eines kräftefreien Teilchens[26] *erhalten* ist: Es gilt $\frac{d\mathbf{L}}{dt} = \mathbf{0}$ mit

$$\mathbf{L} \equiv \mathbf{x} \times \boldsymbol{\pi} = \begin{pmatrix} x_2 \pi_3 - x_3 \pi_2 \\ x_3 \pi_1 - x_1 \pi_3 \\ x_1 \pi_2 - x_2 \pi_1 \end{pmatrix} \quad , \quad L_i = \varepsilon_{ijk} x_j \pi_k \quad , \quad \boldsymbol{\pi} = m\mathbf{u} \; .$$

Man erwartet natürlich, dass dieses Erhaltungsgesetz in irgendeiner Form auch in der Relativitätstheorie überlebt. Aufgrund der expliziten Gestalt des Pseudovektors

---

[26] Allgemeiner ist der Drehimpulsvektor eines Teilchens unter der Einwirkung von *Zentralkräften* erhalten. Wir zeigen in Abschnitt [5.11], dass dies auch in der Speziellen Relativitätstheorie zutrifft. An dieser Stelle möchten wir uns aber auf kräftefreie Teilchen beschränken.

**L** erscheint es plausibel, dass seine Komponenten den räumlich-räumlichen Anteil eines antisymmetrischen Tensors bilden könnten, ähnlich der Rolle des **B**-Felds im elektromagnetischen Feldtensor ($F^{\mu\nu}$). Der Ansatz ($L^{\mu\nu}$) für den Drehimpuls mit

$$L^{\mu\nu} = x^\mu \pi^\nu - x^\nu \pi^\mu \tag{5.106}$$

führt wegen $\frac{d\pi^\mu}{d\tau} = \gamma_u \frac{d\pi^\mu}{dt} = 0$ [siehe Gleichung (5.102)] tatsächlich sofort zum Erfolg:

$$\frac{dL^{\mu\nu}}{d\tau} = \frac{dx^\mu}{d\tau}\pi^\nu + x^\mu \frac{d\pi^\nu}{d\tau} - \frac{dx^\nu}{d\tau}\pi^\mu - x^\nu \frac{d\pi^\mu}{d\tau}$$
$$= u^\mu\pi^\nu - u^\nu\pi^\mu = m_0(u^\mu u^\nu - u^\nu u^\mu) = 0 \; .$$

Die relativistische Verallgemeinerung (5.106) des nicht-relativistischen Drehimpuls-*vektors* **L** wird als *Drehimpulstensor* bezeichnet. Der (echte) antisymmetrische Tensor 2. Stufe ($L^{\mu\nu}$) ist im Falle des kräftefreien Teilchens eine Erhaltungsgröße:

$$\boxed{\frac{dL^{\mu\nu}}{d\tau} = 0} \; , \quad \left(L^{\mu\nu}\right) = \begin{pmatrix} 0 & & -\boldsymbol{\ell}^{\mathrm{T}} & \\ & 0 & L_3 & -L_2 \\ \boldsymbol{\ell} & -L_3 & 0 & L_1 \\ & L_2 & -L_1 & 0 \end{pmatrix} \; , \quad \boldsymbol{\ell} \equiv \frac{\mathcal{E}}{c}\mathbf{x} - \boldsymbol{\pi}ct \; .$$

Neben dem Drehimpulsvektor **L** ist also auch der Vektor $\boldsymbol{\ell}$ erhalten, was lediglich bedeutet, dass sich das Teilchen mit konstanter Geschwindigkeit bewegt:

$$\mathbf{x} = \frac{c}{\mathcal{E}}\boldsymbol{\ell} + \mathbf{u}t \; , \quad \mathbf{u} = \frac{c^2}{\mathcal{E}}\boldsymbol{\pi} = \frac{\boldsymbol{\pi}}{\gamma_u m_0} \; .$$

Auch der Begriff des relativistischen Drehimpulses lässt sich auf Systeme mehrerer Teilchen verallgemeinern.

Wie üblich sind die hier hergeleiteten Erhaltungsgesetze mit Invarianzen der Bewegungsgleichung verknüpft. Die Impulserhaltung folgt aus der Translationsinvarianz im Ortsraum und die Energieerhaltung aus der Translationsinvarianz in der Zeit. Die Erhaltung des Drehimpuls-4-Tensors ist eine Konsequenz der Lorentz-Invarianz. Zusammenfassend lässt sich also sagen, dass die hergeleiteten Erhaltungsgesetze die Invarianz des Systems unter Poincaré-Transformationen widerspiegeln.

### 5.9.2   Die Maxwell-Gleichungen in kovarianter Form

Nachdem die Dynamik der *Teilchen* in Abschnitt [5.9.1] relativistisch korrekt formuliert werden konnte, wenden wir uns nun der Dynamik der *Felder* zu. Wir möchten explizit zeigen, dass die in Abschnitt [5.1] nachgewiesene *Inkompatibilität* der Newton'schen Mechanik und der Maxwell-Gleichungen von der Speziellen Relativitätstheorie tatsächlich behoben wird, d. h., dass sowohl die *inhomogenen* als auch die *homogenen* Maxwell-Gleichungen Lorentz-kovariant formuliert werden können. Wir zeigen hier zuerst, dass die *inhomogenen* Maxwell-Gleichungen Lorentz-kovariant formuliert werden können.

Da die Maxwell-Gleichungen (5.1) die *Ableitungen* der (**E**, **B**)-Felder mit der 4-Stromdichte verknüpfen und die Komponenten der (**E**, **B**)-Felder im elektromagnetischen Feldtensor ($F^{\mu\nu}$) enthalten sind, erscheint es naheliegend, *Ableitungen* von $F^{\mu\nu}$ zu berechnen, in der Hoffnung, so einen Bezug zu den Komponenten $j^\mu$ der 4-Stromdichte herstellen zu können. Aus der expliziten Form von $F^{\mu\nu}$ in (5.96) folgt konkret für die zeitliche Komponente ($\nu = 0$) der *4-Divergenz* des Feldtensors:

$$\partial_\mu F^{\mu 0} \overset{4\to3}{=} \boldsymbol{\nabla} \cdot \mathbf{E} = \frac{1}{\varepsilon_0}\rho_\mathrm{q} = \frac{1}{\varepsilon_0 c}c\rho_\mathrm{q} \overset{3\to4}{=} \mu_0 c j^0$$

und analog für die räumlichen Komponenten ($\nu = j = 1, 2, 3$):

$$\partial_\mu F^{\mu j} = \partial_0 F^{0j} + \partial_i F^{ij} \overset{4\to3}{=} \frac{\partial(-E_j)}{\partial(ct)} + \frac{\partial}{\partial x_i}(-c\varepsilon_{ijk}B_k)$$
$$= c\left(\varepsilon_{jik}\frac{\partial}{\partial x_i}B_k - \frac{1}{c^2}\frac{\partial E_j}{\partial t}\right) = c\left(\boldsymbol{\nabla}\times\mathbf{B} - \varepsilon_0\mu_0\frac{\partial\mathbf{E}}{\partial t}\right)_j \overset{3\to4}{=} \mu_0 c j^j .$$

Insgesamt erhalten wir daher für alle $\nu = 0, 1, 2, 3$ eine manifest Lorentz-kovariante Gleichung, die die zwei 4-Vektoren $(\partial_\mu F^{\mu\nu})$ und $(j^\nu)$ miteinander verknüpft:

$$\boxed{\partial_\mu F^{\mu\nu} = \mu_0 c j^\nu .} \tag{5.107}$$

Gleichung (5.107) stellt somit die relativistisch kovariante Form der *inhomogenen* Maxwell-Gleichungen dar.

### Einige spezielle Tensoren

Bevor wir die *homogenen* Maxwell-Gleichungen Lorentz-kovariant formulieren können, sind ein paar Bemerkungen über spezielle Tensoren hilfreich.

Zum Beispiel ist das *Kronecker-Delta* $(g^\mu{}_\nu) = (\delta^\mu{}_\nu)$ ein *echter* Tensor wegen:

$$\Lambda^\mu{}_\rho\Lambda_\nu{}^\sigma\delta^\rho{}_\sigma = \Lambda^\mu{}_\rho\Lambda_\nu{}^\rho = \Lambda^\mu{}_\rho(\Lambda^{-1})^\rho{}_\nu = \delta^\mu{}_\nu .$$

Wie verwendeten den Ausdruck (5.76) für die inverse Lorentz-Transformation. Aus den Eigenschaften des Kronecker-Deltas folgt sofort $\Lambda^\mu{}_\rho\Lambda_\tau{}^\sigma g^\rho{}_\sigma = g^\mu{}_\tau$ und daher:

$$\Lambda^\mu{}_\rho\Lambda^\nu{}_\sigma g^{\rho\sigma} = g^{\nu\tau}(\Lambda^\mu{}_\rho\Lambda_\tau{}^\sigma g^\rho{}_\sigma) = g^{\nu\tau}g^\mu{}_\tau = g^{\nu\mu} = g^{\mu\nu} ,$$

sodass auch der „metrische Tensor" $(g^{\mu\nu})$ tatsächlich ein *echter* kontravarianter Tensor 2. Stufe ist. Analog ist $(g_{\mu\nu})$ ein *echter* kovarianter Tensor. Diese Eigenschaften des metrischen Tensors folgen natürlich auch direkt aus der Konsistenzgleichung (5.75) für die Lorentz-Transformationen $\Lambda$.

Ein anderer spezieller Tensor wäre der *Nulltensor* $(N^{\mu\nu})$, dessen Elemente in jedem Inertialsystem alle null sind: $N^{\mu\nu} = 0$ für alle $\mu, \nu$.

Ein weiterer Tensor, der im Folgenden sehr wichtig wird, ist der *Levi-Civita-Tensor* $(\varepsilon^{\mu\nu\rho\sigma})$, der *in allen Inertialsystemen gleich* definiert ist:

$$\boxed{\varepsilon^{\mu\nu\rho\sigma} \equiv \begin{cases} \mathrm{sgn}(P) & \text{falls } (\mu\nu\rho\sigma) = \big(P(0), P(1), P(2), P(3)\big) , \\ 0 & \text{sonst} . \end{cases}}$$

Hierbei ist $P$ eine beliebige Permutation der vier Zahlen $\{0, 1, 2, 3\}$. Dass der so definierte $\varepsilon$-Tensor, trotz des sehr einfachen Transformationsverhaltens – es soll ja per definitionem $(\varepsilon')^{\mu\nu\rho\sigma} \equiv \varepsilon^{\mu\nu\rho\sigma}$ gelten –, wirklich ein *Tensor* bezüglich eigentlicher, orthochroner Lorentz-Transformationen ist, folgt aus der Relation:

$$\Lambda^{\mu}{}_{\mu'}\Lambda^{\nu}{}_{\nu'}\Lambda^{\rho}{}_{\rho'}\Lambda^{\sigma}{}_{\sigma'}\varepsilon^{\mu'\nu'\rho'\sigma'} = C(\Lambda)\varepsilon^{\mu\nu\rho\sigma} . \tag{5.108a}$$

Die linke Seite dieser Gleichung ist nämlich vollständig antisymmetrisch in den Indizes $\mu\nu\rho\sigma$ und muss daher proportional zu $\varepsilon^{\mu\nu\rho\sigma}$ sein. Die Proportionalitätskonstante $C(\Lambda)$ kann selbstverständlich von $\Lambda$ abhängen. Um diese Konstante $C(\Lambda)$ zu bestimmen, setzen wir $(\mu\nu\rho\sigma) = (0\,1\,2\,3)$, sodass die linke Seite gleich $\det(\Lambda) = 1$ und die rechte Seite gleich $C(\Lambda)$ ist. Es folgt

$$C(\Lambda) = \det(\Lambda) , \tag{5.108b}$$

sodass $\varepsilon^{\mu\nu\rho\sigma}$ unter $\mathcal{L}_{+}^{\uparrow}$-Transformationen [mit $\det(\Lambda) = 1$] tatsächlich wie ein Tensor transformiert wird:

$$\Lambda^{\mu}{}_{\mu'}\Lambda^{\nu}{}_{\nu'}\Lambda^{\rho}{}_{\rho'}\Lambda^{\sigma}{}_{\sigma'}\varepsilon^{\mu'\nu'\rho'\sigma'} = \varepsilon^{\mu\nu\rho\sigma} \qquad \left(\Lambda \in \mathcal{L}_{+}^{\uparrow}\right) .$$

Im Falle einer Raumspiegelung am Ursprung [mit $\det(\Lambda) = -1$] würde man jedoch für einen *echten* Tensor $(\varepsilon')^{\mu\nu\rho\sigma} = \det(\Lambda)\varepsilon^{\mu\nu\rho\sigma} = -\varepsilon^{\mu\nu\rho\sigma}$ erwarten, während tatsächlich per definitionem gilt:

$$\boxed{(\varepsilon')^{\mu\nu\rho\sigma} \equiv \varepsilon^{\mu\nu\rho\sigma} .}$$

In diesem Sinne weicht das Transformationsverhalten des *Pseudo*tensors $(\varepsilon^{\mu\nu\rho\sigma})$ also von demjenigen eines *echten* Tensors ab.

Analog zur Klassifizierung von Vektoren aufgrund ihres Transformationsverhaltens unter Raumspiegelungen (z. B. $\mathbf{E}' = -\mathbf{E}$, jedoch $\mathbf{B}' = \mathbf{B}$) unterscheidet man allgemeiner *echte* Tensoren und *Pseudo*tensoren: Ein Lorentz-Pseudotensor wird unter $\mathcal{L}_{+}^{\uparrow}$, jedoch nicht unter $\mathcal{L}_{-}^{\uparrow}$, wie ein Tensor transformiert. Im Falle von $\mathcal{L}_{-}^{\uparrow}$-Transformationen erhält der Pseudotensor im Vergleich zum Transformationsverhalten des echten Tensors ein zusätzliches Minuszeichen.

**Duale Tensoren**

Man kann den Levi-Civita-Tensor auch zur Erzeugung neuer Tensoren verwenden:

$$\boxed{\tilde{a}^{\mu\nu\rho} = \varepsilon^{\mu\nu\rho\sigma}a_{\sigma} \quad , \quad \tilde{a}^{\mu\nu} = \tfrac{1}{2}\varepsilon^{\mu\nu\rho\sigma}a_{\rho\sigma} \quad , \quad \tilde{a}^{\mu} = \tfrac{1}{6}\varepsilon^{\mu\nu\rho\sigma}a_{\nu\rho\sigma} ,} \tag{5.109}$$

wobei natürlich nur *antisymmetrische* Tensoren $(a^{\rho\sigma})$ und $(a^{\nu\rho\sigma})$ von Interesse sind.[27] Falls $(a^{\sigma})$ ein *echter* Tensor ist, dann ist $(\tilde{a}^{\mu\nu\rho})$ ein *Pseudo*tensor und umgekehrt. Analoges gilt für $(a^{\rho\sigma})$ und $(\tilde{a}^{\mu\nu})$ und $(a^{\nu\rho\sigma})$ und $(\tilde{a}^{\mu})$. Die Größen $(a^{\sigma})$ und $(\tilde{a}^{\mu\nu\rho})$ heißen *dual* zueinander. Dies gilt analog auch für $(a^{\rho\sigma})$ und $(\tilde{a}^{\mu\nu})$ und für $(a^{\nu\rho\sigma})$ und $(\tilde{a}^{\mu})$. Diese Dualitätstransformation ist umkehrbar (s. Aufgabe 5.8):

$$\tilde{\tilde{a}}^{\mu} = a^{\mu} \quad , \quad \tilde{\tilde{a}}^{\mu\nu} = -a^{\mu\nu} \quad , \quad \tilde{\tilde{a}}^{\mu\nu\rho} = a^{\mu\nu\rho} . \tag{5.110}$$

Wendet man die Dualitätstransformation ein- bzw. zweimal an auf einen *echten* antisymmetrischen Tensor zweiter Stufe der Form $(A^{\mu\nu}) = (\mathbf{p}, \mathbf{a})$, so erhält man den dualen *Pseudo*tensor $(\tilde{A}^{\mu\nu}) = (\mathbf{a}, -\mathbf{p})$ und den doppeltdualen *echten* Tensor $(\tilde{\tilde{A}}^{\mu\nu}) = (-\mathbf{p}, -\mathbf{a}) = (-A^{\mu\nu})$, siehe hierzu Übungsaufgabe 5.10.

---

[27]Die Kontraktion symmetrischer und antisymmetrischer Tensoren ergibt ja null.

## Die homogenen Maxwell-Gleichungen

Wir wenden die in (5.109) definierte Dualitätstransformation nun auf den elektromagnetischen Feldtensor $(F^{\mu\nu})$ an. Aus Aufgabe 5.10 folgt:

$$
\left(\tilde{F}^{\mu\nu}\right) = \left(\tfrac{1}{2}\varepsilon^{\mu\nu\rho\sigma}F_{\rho\sigma}\right) \overset{4\to 3}{=} \begin{pmatrix} 0 & & -c\mathbf{B}^{\mathrm{T}} & \\ & 0 & E_3 & -E_2 \\ c\mathbf{B} & -E_3 & 0 & E_1 \\ & E_2 & -E_1 & 0 \end{pmatrix} . \tag{5.111}
$$

Da $(F^{\mu\nu})$ ein „echter" Tensor und $(\varepsilon^{\mu\nu\rho\sigma})$ ein Pseudotensor ist, muss auch $(\tilde{F}^{\mu\nu})$ ein Pseudotensor sein.[28] Hierbei ist $(\tilde{F}^{\mu\nu})$ als *dualer Feldtensor* bekannt. Seine 4-Divergenz ist für $\nu = 0$ bzw. $\nu = j = 1, 2, 3$ gegeben durch

$$
\partial_\mu \tilde{F}^{\mu 0} \overset{3\to 4}{=} \boldsymbol{\nabla} \cdot (c\mathbf{B}) = c(\boldsymbol{\nabla} \cdot \mathbf{B}) = 0
$$

und

$$
\partial_\mu \tilde{F}^{\mu j} = \partial_0 \tilde{F}^{0j} + \partial_i \tilde{F}^{ij} \overset{4\to 3}{=} \partial_0(-cB_j) + \partial_i(\varepsilon_{ijk}E_k) = -\left(\frac{\partial \mathbf{B}}{\partial t} + \boldsymbol{\nabla} \times \mathbf{E}\right)_j = 0
$$

und daher insgesamt durch

$$
\partial_\mu \tilde{F}^{\mu\nu} = 0 . \tag{5.112}
$$

Gleichung (5.112) fasst also die beiden *homogenen* Maxwell-Gleichungen in kovarianter Form zusammen. Eine Alternativform von (5.112) folgt durch Einsetzen der Dualitätstransformation $\tilde{F}^{\mu\nu} = \tfrac{1}{2}\varepsilon^{\mu\nu\rho\sigma}F_{\rho\sigma}$:

$$
\tfrac{1}{2}\varepsilon^{\mu\nu\rho\sigma}\partial_\mu F_{\rho\sigma} = 0 . \tag{5.113}
$$

Diese Alternativform kann für alle $\nu = 0, 1, 2, 3$ und alle $\mu, \rho, \sigma \neq \nu$ geschrieben werden als:

$$
\partial_\mu F_{\rho\sigma} + \partial_\rho F_{\sigma\mu} + \partial_\sigma F_{\mu\rho} = 0 .
$$

Die kompakte Form (5.112) der homogenen Maxwell-Gleichungen ist jedoch für die meisten praktischen Zwecke bequemer.

Es ist übrigens zu beachten, dass (5.112) nur dann einen nicht-trivialen physikalischen Inhalt hat, wenn man den Feldtensor mit Hilfe der elektromagnetischen Felder $\mathbf{E}$ und $\mathbf{B}$ beschreibt: $(\tilde{F}^{\mu\nu}) = (c\mathbf{B}, -\mathbf{E})$. Man erhält in diesem Fall die homogenen Maxwell-Gleichungen $\boldsymbol{\nabla} \cdot \mathbf{B} = 0$ bzw. $\frac{\partial \mathbf{B}}{\partial t} + \boldsymbol{\nabla} \times \mathbf{E} = \mathbf{0}$.

Drückt man die Felder (und somit auch $F^{\mu\nu}$ und $\tilde{F}^{\mu\nu}$) jedoch mit Hilfe des 4-Potentials aus, $F^{\mu\nu} = \partial^\mu A^\nu - \partial^\nu A^\mu$, verliert Gleichung (5.112) sofort jegliche physikalische Aussagekraft. Dies sieht man noch am einfachsten in der Form (5.113), die wegen der Antisymmetrie von $\varepsilon^{\mu\nu\rho\sigma}$ und der Symmetrie von $\partial_\mu\partial_\rho$ keinerlei Einschränkungen für das 4-Potential $A_\sigma$ beinhaltet:

$$
\partial_\mu \tilde{F}^{\mu\nu} = \tfrac{1}{2}\varepsilon^{\mu\nu\rho\sigma}\partial_\mu F_{\rho\sigma} = \tfrac{1}{2}\varepsilon^{\mu\nu\rho\sigma}\partial_\mu(\partial_\rho A_\sigma - \partial_\sigma A_\rho) = \varepsilon^{\mu\nu\rho\sigma}\partial_\mu\partial_\rho A_\sigma = 0 . \tag{5.114}
$$

---

[28] Allgemein gilt, dass das Produkt zweier Pseudotensoren oder zweier echter Tensoren einen *echten* Tensor ergibt und das Produkt eines echten und eines Pseudotensors einen *Pseudo*tensor.

Die Erklärung hierfür ist, dass die Annahme der Existenz eines 4-Potentials bereits *äquivalent* zu den homogenen Maxwell-Gleichungen ist. Die Identität (5.114) drückt also lediglich aus, dass die homogenen Maxwell-Gleichungen sich selbst implizieren. Auf diese Äquivalenz gehen wir in Übungsaufgabe 5.14 näher ein.

### Invarianten des elektromagnetischen Feldes

Die Lorentz-Transformation der $(\mathbf{E}, \mathbf{B})$-Felder kann alternativ auch als *komplexe* Drehung des *komplexen* Vektors $\mathbf{F} \equiv \mathbf{E} + ic\mathbf{B}$ interpretiert werden, wie in Übungsaufgabe 5.12 gezeigt wird. Als Nebeneffekt dieser Berechnung kann man feststellen, dass das elektromagnetische Feld genau zwei *Lorentz-Invarianten* aufweist, nämlich die Größen $\mathbf{E}^2 - (c\mathbf{B})^2$ und $\mathbf{E} \cdot (c\mathbf{B})$. Solche Invarianten sind von größter Bedeutung, da es sich hierbei um Eigenschaften des elektromagnetischen Feldes handelt, die für alle möglichen Beobachter in allen möglichen Inertialsystemen quantitativ gleich sind. Abschnitt [5.10] wird außerdem zeigen, dass diese Invarianten bei der Lösung der Lorentz'schen Bewegungsgleichung sehr nützlich sind.

Hier möchten wir zeigen, dass man diese Invarianten in relativ einfacher Weise auch direkt aus dem elektromagnetischen Feldtensor selbst herleiten kann. Einerseits wissen wir ja, dass der Feldtensor $(F^{\mu\nu})$ das elektromagnetische Feld beschreibt, andererseits wissen wir auch, dass *Skalarprodukte* von 4-Vektoren *Lorentz-invariant* sind. Kombiniert man diese beiden Fakten miteinander, ist es naheliegend zu vermuten, dass geeignete Verjüngungen von $(F^{\mu\nu})$ mit sich selbst ebenfalls Lorentz-invariant sind. Wir zeigen hier, dass diese Vermutung korrekt ist und dass das elektromagnetische Feld somit *Lorentz-Invarianten* aufweist.

Eine mögliche Invariante erhält man, indem man $(F^{\mu\nu})$ mit sich selbst kombiniert und bezüglich der beiden Indizes $\mu$ und $\nu$ verjüngt:

$$\begin{aligned} F^{\mu\nu} F_{\mu\nu} &= F^{0i} F_{0i} + F^{i0} F_{i0} + F^{ij} F_{ij} \\ &\overset{4 \to 3}{=} (-E_i)E_i + E_i(-E_i) + (-\varepsilon_{ijk} cB_k)(-\varepsilon_{ijl} cB_l) \\ &= 2c^2 \delta_{kl} B_k B_l - 2\mathbf{E}^2 = -2[\mathbf{E}^2 - (c\mathbf{B})^2] \, . \end{aligned}$$

Weitere Verjüngungen von $F^{\mu\nu}$ mit sich selbst, wie $F^{\mu\nu} F_{\nu\mu} = -F^{\mu\nu} F_{\mu\nu}$ würden keine neue Information ergeben. Man kann aber $(F^{\mu\nu})$ auch mit seinem dualen Tensor $(\tilde{F}_{\mu\nu})$ kombinieren und bezüglich der beiden Indizes $\mu$ und $\nu$ verjüngen. Man erhält dann eine weitere, unabhängige Invariante:

$$\begin{aligned} F^{\mu\nu} \tilde{F}_{\mu\nu} &= F^{0i} \tilde{F}_{0i} + F^{i0} \tilde{F}_{i0} + F^{ij} \tilde{F}_{ij} \\ &\overset{4 \to 3}{=} (-E_i)cB_i + E_i(-cB_i) + (-\varepsilon_{ijk} cB_k)(\varepsilon_{ijl} E_l) \\ &= -2\mathbf{E} \cdot (c\mathbf{B}) - 2\delta_{kl}(cB_k)E_l = -4\mathbf{E} \cdot (c\mathbf{B}) \, . \end{aligned}$$

Eine dritte naheliegende Möglichkeit wäre, $(\tilde{F}^{\mu\nu})$ mit sich selbst zu kombinieren und bezüglich der beiden Indizes $\mu$ und $\nu$ zu verjüngen. Dies ergibt jedoch (bis auf ein Vorzeichen) das gleiche Ergebnis wie $F^{\mu\nu} F_{\mu\nu}$:

$$\begin{aligned} \tilde{F}^{\mu\nu} \tilde{F}_{\mu\nu} &= \tfrac{1}{2} \varepsilon^{\mu\nu\rho\sigma} F_{\rho\sigma} \tilde{F}_{\mu\nu} = F_{\rho\sigma} \left( \tfrac{1}{2} \varepsilon^{\rho\sigma\mu\nu} \tilde{F}_{\mu\nu} \right) \\ &= F_{\rho\sigma} \tilde{\tilde{F}}^{\rho\sigma} = -F_{\rho\sigma} F^{\rho\sigma} \overset{4 \to 3}{=} 2[\mathbf{E}^2 - (c\mathbf{B})^2] \, . \end{aligned}$$

Man erhält in dieser Weise also keine neue Information. Wir schließen hieraus, dass zunächst einmal nur die beiden Größen

$$\boxed{I_1 \equiv \mathbf{E}^2 - (c\mathbf{B})^2 \quad \text{und} \quad I_2 \equiv \mathbf{E} \cdot (c\mathbf{B})} \qquad (5.115)$$

invariant sind unter eigentlichen, orthochronen Lorentz-Transformationen $\Lambda \in \mathcal{L}_+^\uparrow$. Hierbei ist zu beachten, dass $I_1$ ein *echter* Skalar ist, d. h. auch invariant ist unter der vollen Lorentz-Gruppe $\mathcal{L}$, während $I_2$ das Vorzeichen wechselt unter Raumspiegelungen und somit einen *Pseudo*skalar darstellt. Außerdem ist zu beachten, dass die beiden Invarianten *lokal* definiert sind:

$$I_1'(\mathbf{x}', t') = I_1(\mathbf{x}, t) \quad , \quad I_2'(\mathbf{x}', t') = I_2(\mathbf{x}, t) \, ,$$

sodass tatsächlich ein 4-fach unendlicher Satz von Lorentz-invarianten Messgrößen vorliegt. Insbesondere folgt aus der Invarianz von (5.115), dass in *allen* Inertialsystemen an einem bestimmten Raum-Zeit-Punkt $E > cB$ (oder $E < cB$ oder $E = cB$) gilt, falls dies in *irgendeinem* Inertialsystem gilt, und analog, dass die **E**- und **B**-Felder in *allen* Inertialsystemen an einem bestimmten Raum-Zeit-Punkt orthogonal sind, falls dies in *irgendeinem* Inertialsystem gilt.

## 5.10 Konstante E- und B-Felder

Wir möchten im Folgenden anhand einiger Beispiele zeigen, wie die Lorentz'sche Bewegungsgleichung $\frac{d\boldsymbol{\pi}}{dt} = q(\mathbf{E} + \mathbf{u} \times \mathbf{B})$ mit $\boldsymbol{\pi} = \gamma_u m_0 \mathbf{u}$ in (5.103a) konkret gelöst werden kann und wie sich die Lösungen physikalisch verhalten. Da die Lösung von Gleichungen der Form (5.103a) für allgemeine Felder $\mathbf{E}(\mathbf{x}, t)$ und $\mathbf{B}(\mathbf{x}, t)$ natürlich schwierig ist, werden wir uns in diesem und dem nächsten Abschnitt auf relativ einfache, aber dennoch physikalisch wichtige Spezialfälle konzentrieren. In diesem Abschnitt behandeln wir die Bewegung geladener Teilchen in einem konstanten (d. h. *räumlich homogenen* und *zeitunabhängigen*) elektromagnetischen Feld.

Aus Gleichung (5.115) oder alternativ aus Übungsaufgabe 5.12 wissen wir, dass es genau zwei mögliche *Lorentz-Invarianten* des elektromagnetischen Feldes gibt, nämlich $I_1 = \mathbf{E}^2 - (c\mathbf{B})^2$ und $I_2 = \mathbf{E} \cdot (c\mathbf{B})$. Für alle Beobachter in allen Inertialsystemen haben die Größen $\mathbf{E}^2 - (c\mathbf{B})^2$ und $\mathbf{E} \cdot (c\mathbf{B})$, ausgewertet an einem beliebigen Punkt der Raum-Zeit, also den gleichen numerischen Wert. Für den Spezialfall *räumlich und zeitlich konstanter* elektromagnetischer Felder folgt hieraus, dass nur zwei Möglichkeiten existieren, nämlich $\mathbf{E} \cdot (c\mathbf{B}) \neq 0$ und $\mathbf{E} \cdot (c\mathbf{B}) = 0$, wobei es im letzteren Fall zweckmäßig ist, die drei Spezialfälle $E > cB$, $E = cB$ und $E < cB$ zu unterscheiden. Man erhält also insgesamt nur *vier* Möglichkeiten. Wir zeigen in Übungsaufgabe 5.15, dass diese vier Möglichkeiten mit Hilfe geeigneter Lorentz-Transformationen weiter vereinfacht werden können. Die Ergebnisse der Berechnung von Aufgabe 5.15 lassen sich wie folgt zusammenfassen:

$(i)$ Falls $\mathbf{E} \cdot c\mathbf{B} = 0$ und $E > cB$ gilt, gibt es eine Lorentz-Transformation mit der Eigenschaft, dass das Magnetfeld im neuen Inertialsystem null ist $(B' = 0)$ und das neue elektrische Feld betragsmäßig gleich $E' = \sqrt{E^2 - c^2 B^2}$.

$(ii)$ Falls $\mathbf{E} \cdot c\mathbf{B} = 0$ und $E < cB$ gilt, gibt es eine Lorentz-Transformation mit der Eigenschaft, dass das elektrische Feld im neuen Inertialsystem null ist $(E' = 0)$ und das neue Magnetfeld betragsmäßig gleich $cB' = \sqrt{c^2 B^2 - E^2}$.

($iii$) Falls in irgendeinem Inertialsystem $\mathbf{E} \cdot c\mathbf{B} = 0$ und $E = cB$ gilt, werden diese Beziehungen zwischen den $(\mathbf{E}, \mathbf{B})$-Feldern in jedem Inertialsystem erfüllt sein.

($iv$) Falls $\mathbf{E} \cdot c\mathbf{B} \neq 0$ gilt, kann man die Felder mit Hilfe einer geeigneten Lorentz-Transformation parallel ausrichten, sodass die Felder im neuen Inertialsystem die Form $\mathbf{E}' \parallel \mathbf{B}'$ mit $E' \neq 0$ und $B' \neq 0$ haben.

Die Lösung der ersten beiden Probleme (also $B' = 0$ bzw. $E' = 0$) ist verhältnismäßig einfach und erfolgt teilweise auch analog zum nicht-relativistischen Fall. Die Fälle ($i$) und ($ii$) werden daher in den beiden Übungsaufgaben 5.16 und 5.17 behandelt. Hier konzentrieren wir uns auf die Möglichkeiten ($iii$) und ($iv$), für die keins der beiden Felder $\mathbf{E}$ oder $\mathbf{B}$ wegtransformiert werden kann.

## 5.10.1 Orthogonale, gleich starke, konstante E- und B-Felder

Für den Fall ($iii$), also wenn $\mathbf{E} \cdot c\mathbf{B} = 0$ und $E = cB$ gilt, gehen wir von den allgemeinen Bewegungsgleichungen (5.103) für den kinetischen Impuls und die Energie aus:

$$
\begin{aligned}
\frac{d\boldsymbol{\pi}}{dt} &= q(\mathbf{E} + \mathbf{u} \times \mathbf{B}) \quad , \quad \boldsymbol{\pi} = \gamma_u m_0 \mathbf{u} \\
\frac{d\mathcal{E}}{dt} &= q\mathbf{E} \cdot \mathbf{u} \quad , \quad \mathcal{E} = \gamma_u m_0 c^2 = \sqrt{\boldsymbol{\pi}^2 c^2 + m_0^2 c^4} \; .
\end{aligned}
\tag{5.116}
$$

Da die Energieänderung – wie in Gleichung (5.104) gezeigt – aber sofort aus der Bewegungsgleichung für den kinetischen Impuls folgt, reicht es *im Prinzip*, sich auf die erste der beiden Gleichungen (5.116) zu beschränken. Wir werden die Gleichung für die Energieänderung im Folgenden dennoch beibehalten, da dies praktische Vorteile hat. Auch ist eine geschickte Wahl der Notation und des Koordinatensystems bei der Lösung von (5.116) hilfreich: Hierzu führen wir die *dimensionslose Zeitvariable*

$$
T \equiv \frac{qEt}{m_0 c}
$$

ein und wählen außerdem die $\hat{\mathbf{e}}_1$-Achse entlang des elektrischen Felds ($\hat{\mathbf{e}}_1 \equiv \hat{\mathbf{E}}$) sowie die $\hat{\mathbf{e}}_2$-Achse entlang des Magnetfelds ($\hat{\mathbf{e}}_2 \equiv \hat{\mathbf{B}} \perp \hat{\mathbf{E}} = \hat{\mathbf{e}}_1$, $\hat{\mathbf{e}}_3 \equiv \hat{\mathbf{e}}_1 \times \hat{\mathbf{e}}_2$). Mit dieser Wahl von Notation und Koordinaten reduziert sich (5.116) auf:

$$
\boxed{\frac{d(\gamma_u \boldsymbol{\beta})}{dT} = \hat{\mathbf{e}}_1 + \boldsymbol{\beta} \times \hat{\mathbf{e}}_2 \quad , \quad \frac{d\gamma_u}{dT} = \hat{\mathbf{e}}_1 \cdot \boldsymbol{\beta} \, ,}
\tag{5.117}
$$

wobei die zweite Gleichung, wie bereits gesagt, redundant ist.

**Warum die nicht-relativistische Lösung langfristig inkonsistent ist** ...

Bevor wir die relativistisch korrekten Gleichungen (5.117) lösen, untersuchen wir zuerst den nicht-relativistischen Limes, der hier durch die Näherung $\boldsymbol{\pi} \to m_0 \mathbf{u}$ bzw. $\gamma_u \to 1$ definiert ist:

$$
\frac{d}{dT}\begin{pmatrix} \beta_1 \\ \beta_2 \\ \beta_3 \end{pmatrix} = \frac{d\boldsymbol{\beta}}{dT} = \hat{\mathbf{e}}_1 + \boldsymbol{\beta} \times \hat{\mathbf{e}}_2 = \begin{pmatrix} 1 - \beta_3 \\ 0 \\ \beta_1 \end{pmatrix} .
$$

Nochmaliges Ableiten nach $T$ führt auf $\frac{d^2\beta_1}{dT^2} = -\beta_1$ und $\frac{d^2}{dT^2}(1-\beta_3) = -(1-\beta_3)$, sodass man *oszillierende* Lösungen erhält: Neben $\beta_2 = \text{konstant} = \beta_2(0)$ folgt

$$\beta_1(T) = \beta_1(0)\cos(T) + \frac{d\beta_1}{dT}(0)\sin(T)$$

$$1 - \beta_3(T) = [1-\beta_3(0)]\cos(T) - \frac{d\beta_3}{dT}(0)\sin(T)$$

mit den zeitlichen Mittelwerten $\overline{\beta_1(T)} = 0$ und $\overline{\beta_3(T)} = 1$. Die nicht-relativistische Näherung sagt also eine Driftbewegung in $\hat{\mathbf{e}}_3$-Richtung mit der Lichtgeschwindigkeit als *mittlerer* Geschwindigkeit voraus, wobei also auch durchaus Überlichtgeschwindigkeiten auftreten werden! Für Zeiten $T \gtrsim 1$ bzw. $t \gtrsim \frac{m_0 c}{qE}$ kann diese Vorhersage nicht korrekt sein. Auch für nicht-relativistische Anfangsgeschwindigkeiten benötigt man zur Bestimmung des Langzeitverhaltens von $\boldsymbol{\pi}(t)$ und $\mathcal{E}(t)$ also unbedingt die Lösung der relativistisch korrekten Gleichungen (5.117).

### Die relativistisch korrekte Lösung

Auch die relativistisch korrekten Gleichungen (5.117),

$$\frac{d(\gamma\beta_1)}{dT} = 1 - \beta_3 \quad , \quad \frac{d(\gamma\beta_2)}{dT} = 0 \quad , \quad \frac{d(\gamma\beta_3)}{dT} = \beta_1 \quad , \quad \frac{d\gamma}{dT} = \beta_1 \, ,$$

können glücklicherweise recht einfach gelöst werden, da es einige Erhaltungsgrößen gibt. Aus der zweiten Gleichung und aus der Differenz der vierten und dritten Gleichung ergeben sich nämlich direkt die Bewegungskonstanten:

$$\gamma\beta_2 = \gamma(0)\beta_2(0) \equiv \pm\sqrt{\varepsilon^2 - 1} \qquad (\varepsilon > 1) \tag{5.118a}$$

$$\gamma(1-\beta_3) = \gamma(0)(1-\beta_3(0)) \equiv \alpha > 0 \, , \tag{5.118b}$$

die mit reellen Zahlen $\alpha > 0$ und $\varepsilon > 1$ [und eventuell dem $\pm$-Zeichen, abhängig davon, ob $\beta_2(0) \geq 0$ oder $\beta_2(0) < 0$ gilt] parametrisiert werden können. Außerdem folgt aus der Identität $\gamma^2 = (\gamma\boldsymbol{\beta})^2 + 1$ noch, dass $\gamma(1+\beta_3)$ eine einfache quadratische Funktion von $\gamma\beta_1$ ist:

$$\gamma(1+\beta_3) = \frac{\gamma^2(1-\beta_3^2)}{\gamma(1-\beta_3)} = \frac{1}{\alpha}[(\gamma\boldsymbol{\beta})^2 + 1 - \gamma^2\beta_3^2]$$

$$= \frac{1}{\alpha}[(\gamma\beta_1)^2 + (\gamma\beta_2)^2 + 1] = \frac{1}{\alpha}[(\gamma\beta_1)^2 + \varepsilon^2] \, ,$$

sodass sowohl $\gamma$ als auch $\beta_3$ explizit als Funktionen von $\gamma\beta_1$ geschrieben werden können:

$$\gamma = \tfrac{1}{2}[\gamma(1-\beta_3) + \gamma(1+\beta_3)] = \tfrac{1}{2}\alpha + \frac{1}{2\alpha}[(\gamma\beta_1)^2 + \varepsilon^2] \tag{5.119a}$$

$$\beta_3 = \frac{1}{2\gamma}[-\gamma(1-\beta_3) + \gamma(1+\beta_3)] = -\frac{\alpha}{2\gamma} + \frac{1}{2\alpha\gamma}[(\gamma\beta_1)^2 + \varepsilon^2] \, . \tag{5.119b}$$

Da $\gamma$ nun explizit als Funktion von $\gamma\beta_1$ bekannt ist und $1 - \beta_3$ aufgrund von $\frac{d(\gamma\beta_1)}{dT} = 1 - \beta_3$ mit der *Zeitableitung* von $\gamma\beta_1$ verknüpft ist, erhält man eine Gleichung, die die Zeitabhängigkeit von $\gamma\beta_1$ (und daher von $\gamma$ und $\beta_3$) festlegt:

$$\alpha = \gamma(1-\beta_3) = \gamma\frac{d(\gamma\beta_1)}{dT} = \left[\left(\tfrac{1}{2}\alpha + \frac{\varepsilon^2}{2\alpha}\right) + \frac{(\gamma\beta_1)^2}{2\alpha}\right]\frac{d(\gamma\beta_1)}{dT}$$

$$= \frac{d}{dT}\left[\left(\tfrac{1}{2}\alpha + \frac{\varepsilon^2}{2\alpha}\right)\gamma\beta_1 + \frac{(\gamma\beta_1)^3}{6\alpha}\right] \, .$$

Durch Integration dieser Gleichung ergibt sich als Lösung:

$$T - T_0 = \left(\frac{1}{2} + \frac{\varepsilon^2}{2\alpha^2}\right)\gamma\beta_1 + \frac{(\gamma\beta_1)^3}{6\alpha^2} \, , \tag{5.120}$$

wobei die Integrationskonstante $-T_0$ durch den Wert der rechten Seite von (5.120) zur Zeit $T = 0$ gegeben ist. Im Langzeitlimes, d. h. für $T \to \infty$, muss die *rechte* Seite von Gleichung (5.120) linear in $T$ ansteigen, d. h., es muss $\gamma\beta_1 \to \infty$ gelten. Da in diesem Limes also $(\gamma\beta_1)^3 \gg \gamma\beta_1$ gilt, kann der lineare Term $\propto \gamma\beta_1$ vernachlässigt werden. Daher folgt aus (5.120):

$$\gamma\beta_1 \sim (6\alpha^2 T)^{1/3} \to \infty \qquad (T \to \infty) \, . \tag{5.121}$$

Dann gilt aufgrund von (5.119a) auch

$$\gamma \sim \tfrac{1}{2\alpha}(\gamma\beta_1)^2 \sim \tfrac{1}{2\alpha}(6\alpha^2 T)^{2/3} \to \infty \qquad (T \to \infty)$$

und aufgrund von $\gamma(1 - \beta_3) = \alpha$ in (5.118b) bzw. $\gamma\beta_2 = \gamma(0)\beta_2(0)$ in (5.118a):

$$\beta_3 = \left(1 - \frac{\alpha}{\gamma}\right) = \left(1 - \frac{2\alpha^2}{(6\alpha^2 T)^{2/3}}\right)\uparrow 1 \qquad (T \to \infty)$$

$$\beta_2 = \frac{\gamma(0)\beta_2(0)}{\gamma} = \frac{2\alpha\gamma(0)\beta_2(0)}{(6\alpha^2 T)^{2/3}} \to 0 \qquad (T \to \infty) \, .$$

Schließlich folgt noch aus Gleichung (5.121):

$$\beta_1 = (\gamma\beta_1)/\gamma \sim 2\alpha(6\alpha^2 T)^{-1/3} \to 0 \qquad (T \to \infty) \, .$$

Abweichend von den Vorhersagen der nicht-relativistischen Näherung weist die exakte Lösung für $T \to \infty$ also *kein* oszillierendes Verhalten der Geschwindigkeitskomponenten $\beta_1$ und $\beta_3$ auf. Auch die Eigenschaften $\beta_1 \to 0$ und $\beta_2 \to 0$ der exakten Lösung weichen qualitativ von den entsprechenden nicht-relativistischen Ergebnissen ab. Nur die Tatsache, dass im Langzeitlimes *im Mittel* eine Driftbewegung in $\hat{e}_3$-Richtung auftritt, die *fast* mit Lichtgeschwindigkeit erfolgt, wird von der nicht-relativistischen Näherung einigermaßen reproduziert.

**Ein Beispiel**

Wir betrachten die relativistische Dynamik eines Teilchens der Ladung $q$ in einem elektromagnetischen Feld mit den Eigenschaften $E = cB$ und $\hat{e}_1 = \hat{\mathbf{E}} \perp \hat{\mathbf{B}} = \hat{e}_2$. Die (dimensionslose) Zeit ist durch $T = \frac{qEt}{m_0 c}$ gegeben. Wir nehmen in diesem Beispiel an, dass das Teilchen anfangs *ruht*, sodass $\boldsymbol{\beta}(0) = 0$ und $\gamma(0) = 1$ gilt. Aus diesen Anfangsbedingungen folgt, dass die Integrationskonstanten in (5.118) die Werte $\alpha = \varepsilon = 1$ und in (5.120) den Wert $T_0 = 0$ haben. Die $(\gamma\beta_1)$-Abhängigkeit der dimensionslosen Zeit $T$ in (5.120) ist folglich durch $T = \gamma\beta_1 + \frac{1}{6}(\gamma\beta_1)^3$, diejenige von $\gamma$ in (5.119a) durch $\gamma = 1 + \frac{1}{2}(\gamma\beta_1)^2$ und diejenige von $\beta_3$ in (5.119b) durch $\beta_3 = (\gamma\beta_1)^2/[2 + (\gamma\beta_1)^2]$ gegeben. Die zwei weiteren Geschwindigkeitskomponenten erhält man aus $\beta_2 = 0$ und $\beta_1 = (\gamma\beta_1)/\gamma = (\gamma\beta_1)/[1 + \frac{1}{2}(\gamma\beta_1)^2]$, sodass sämtliche Größen $T$, $\gamma$ und $\beta_{1,2,3}$ nun *parametrisch* durch $\gamma\beta_1$ bestimmt sind und folglich in der Form $\beta_{1,2,3}(T)$ bzw. $\gamma(T)$ gezeichnet werden können. Da $\gamma(T)$ nun bekannt ist, kann man auch den relativen Gewinn an Energie $\delta\mathcal{E} = [\gamma - \gamma(0)]/\gamma(0) = \gamma - 1$ des geladenen Teilchens als Funktion der Zeit $T$ berechnen.

Die drei Geschwindigkeitskomponenten $\beta_{1,2,3}(T)$ als Funktionen der dimensionslosen Zeit $T$ sind in Abbildung 5.15 skizziert. Alle Komponenten sind zur Zeit $T = 0$ gleich null. Die *grüne* Kurve zeigt, dass $\beta_2$ auch für $T > 0$ gleich null ist, die *rote*, dass sich $\beta_3$ im Langzeitlimes an den Wert eins annähert. Die *blaue* Kurve zeigt, dass $\beta_1$ zwar anfangs ansteigt, wie in der nicht-relativistischen Lösung, aber dann kein oszillierendes Verhalten aufweist, sondern algebraisch und relativ langsam gegen null strebt: $\beta_1 \sim 2(6T)^{-1/3} \to 0$ für $T \to \infty$.

In Abbildung 5.16 wird der relative Gewinn an Energie $\delta\mathcal{E} = \gamma - 1$ des geladenen Teilchens als Funktion der Zeit $T$ skizziert und mit dem asymptotischen Verhalten $\delta\mathcal{E} \sim \frac{1}{2}(6T)^{2/3} - 2$ dieser Größe für $T \to \infty$ verglichen.[29] Die nicht-relativistische Lösung sagt für diese Größe aufgrund der Gleichung $\frac{d\gamma_u}{dT} = \hat{\mathbf{e}}_1 \cdot \boldsymbol{\beta} = \beta_1(T) = \sin(T)$ *ozillierendes* Verhalten vorher: $\gamma_u(T) - 1 = 1 - \cos(T)$. Die relativistisch korrekte Lösung zeigt dagegen, dass $\delta\mathcal{E}$ monoton ansteigt und im Langzeitlimes algebraisch und etwas schwächer als linear *divergiert*.

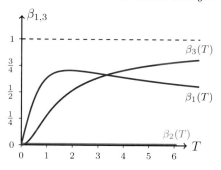

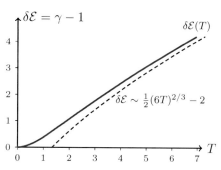

**Abb. 5.15** Die drei Komponenten der Geschwindigkeit als Funktion der Zeit $T$

**Abb. 5.16** Energiegewinn als Funktion der Zeit $T$

### 5.10.2   Nicht-orthogonale konstante **E**- und **B**-Felder

Wir betrachten nun Fall *(iv)*, der in einem geeigneten Bezugssystem durch *parallele* Felder charakterisiert wird: $\mathbf{E} \parallel \mathbf{B}$, und wählen $\hat{\mathbf{E}} = \hat{\mathbf{B}} = \hat{\mathbf{e}}_1$ sowie $cB/E \equiv b$:

$$\frac{d(\gamma\boldsymbol{\beta})}{dT} = \hat{\mathbf{e}}_1 + b\boldsymbol{\beta} \times \hat{\mathbf{e}}_1 \quad , \quad \frac{d\gamma}{dT} = \hat{\mathbf{e}}_1 \cdot \boldsymbol{\beta} . \tag{5.122}$$

Hierbei stellt $T \equiv \frac{qEt}{m_0 c}$ wiederum die (dimensionslose) Zeitvariable dar. Die zweite Gleichung ist zwar streng genommen redundant, wird aber weiter berücksichtigt, da dies praktische Vorteile bietet, wie wir sehen werden.

---

[29]Für das asymptotische Verhalten von $\delta\mathcal{E}$ muss man auch die nächste Korrektur zu (5.121) ausrechnen. Aus $T = \gamma\beta_1 + \frac{1}{6}(\gamma\beta_1)^3$ folgt $\gamma\beta_1 \sim (6T)^{1/3}[1 - 2(6T)^{-2/3}]$. Durch Einsetzen dieses Ergebnisses für $\gamma\beta_1$ in $\gamma = 1 + \frac{1}{2}(\gamma\beta_1)^2$ erhält man dann $\gamma \sim \frac{1}{2}(6T)^{2/3} - 1$ für $T \to \infty$, woraus wiederum $\delta\mathcal{E} = \gamma - 1 \sim \frac{1}{2}(6T)^{2/3} - 2$ folgt.

**Warum die nicht-relativistische Lösung langfristig inkonsistent ist** ...

In der nicht-relativistischen Näherung $\gamma \to 1$ lauten die Bewegungsgleichungen:

$$\frac{d\beta_1}{dT} = 1 \quad , \quad \frac{d}{dT}\begin{pmatrix} \beta_2 \\ \beta_3 \end{pmatrix} = b \begin{pmatrix} \beta_3 \\ -\beta_2 \end{pmatrix} \quad , \quad \frac{d\gamma}{dT} = \beta_1 \ .$$

Folglich steigt die Geschwindigkeitskomponente $\beta_1$ linear und $\gamma$ quadratisch als Funktion von $T$ an:

$$\beta_1 = \beta_1(0) + T \quad , \quad \gamma = \gamma(0) + \beta_1(0)T + \tfrac{1}{2}T^2 \ , \tag{5.123}$$

während $\beta_2$ und $\beta_3$ mit der Frequenz $|b|$ um ihre Mittelwerte $\beta_2 = 0$ bzw. $\beta_3 = 0$ oszillieren. Aus Gleichung (5.123) folgt, dass die nicht-relativistische Näherung für $T \gtrsim 1$ bzw. $t \gtrsim \frac{m_0 c}{qE}$ ungültig ist: Die vorhergesagten Überlichtgeschwindigkeiten für $\beta_1$ sind offensichtlich unphysikalisch und die Vorhersage $\gamma \sim \tfrac{1}{2}T^2 \to \infty$ für $T \to \infty$ widerspricht eklatant der Annahme $\gamma \to 1$.

**Die relativistisch korrekte Lösung**

Aus den relativistisch korrekten Gleichungen (5.122)

$$\frac{d(\gamma\beta_1)}{dT} = 1 \quad , \quad \frac{d}{dT}\begin{pmatrix} \gamma\beta_2 \\ \gamma\beta_3 \end{pmatrix} = b \begin{pmatrix} \beta_3 \\ -\beta_2 \end{pmatrix} \quad , \quad \frac{d\gamma}{dT} = \beta_1$$

folgt einerseits

$$\gamma\beta_1 = \gamma(0)\beta_1(0) + T$$

und andererseits

$$\frac{d\gamma^2}{dT} = 2\gamma\frac{d\gamma}{dT} = 2\gamma\beta_1 = 2[\gamma(0)\beta_1(0)+T] \quad , \quad \gamma^2 = [\gamma(0)\beta_1(0)+T]^2 + \text{Konstante} \ .$$

Folglich ist die Funktion $\gamma(T)$ bereits explizit bekannt, sodass auch $\beta_1(T)$ berechnet werden kann:

$$\gamma(T) = \sqrt{\gamma(0)^2[1 - \beta_1(0)^2] + [\gamma(0)\beta_1(0) + T]^2} \quad , \quad \beta_1 = \frac{\gamma\beta_1}{\gamma} = \frac{\gamma(0)\beta_1(0) + T}{\gamma(T)} \ .$$

Um die Gleichungen für $\gamma\beta_2$ und $\gamma\beta_3$ zu lösen:

$$\frac{d}{dT}\begin{pmatrix} \gamma\beta_2 \\ \gamma\beta_3 \end{pmatrix} = \frac{b}{\gamma} \begin{pmatrix} \gamma\beta_3 \\ -\gamma\beta_2 \end{pmatrix} \ ,$$

führen wir die Hilfsvariable $\Theta$ ein, die eine *lineare* Funktion der Zeit $T$ ist:

$$\Theta(T) \equiv \frac{\gamma(0)\beta_1(0) + T}{\gamma(0)\sqrt{1 - \beta_1(0)^2}}$$

sowie die neue dimensionslose *Zeit*variable $\vartheta \equiv \text{arsinh}(\Theta)$, die physikalisch wegen der Beziehung $d\vartheta = \frac{dT}{\gamma}$ die *Eigenzeit* des geladenen Teilchens darstellt:

$$\frac{dT}{\gamma(T)} = \frac{\gamma(0)\sqrt{1 - \beta_1(0)^2}d\Theta}{\gamma(0)\sqrt{1 - \beta_1(0)^2}\sqrt{1 + \Theta^2}} = d[\text{arsinh}(\Theta)] = d\vartheta \ .$$

Die Gleichungen für $\gamma\beta_2$ und $\gamma\beta_3$ vereinfachen sich in der $\vartheta$-Sprache auf:

$$\frac{d}{d\vartheta}\begin{pmatrix}\gamma\beta_2\\\gamma\beta_3\end{pmatrix}=b\begin{pmatrix}\gamma\beta_3\\-\gamma\beta_2\end{pmatrix}\ .$$

Wir erhalten oszillierende Lösungen mit monoton abklingender Amplitude für $\beta_2$ und $\beta_3$ als Funktion der neuen Zeitvariablen $\vartheta(T)$:

$$\beta_2=\frac{\gamma(0)\beta_2(0)}{\gamma}\cos[b(\vartheta-\vartheta_0)]+\frac{\gamma(0)\beta_3(0)}{\gamma}\sin[b(\vartheta-\vartheta_0)]\tag{5.124a}$$

$$\beta_3=\frac{\gamma(0)\beta_3(0)}{\gamma}\cos[b(\vartheta-\vartheta_0)]-\frac{\gamma(0)\beta_2(0)}{\gamma}\sin[b(\vartheta-\vartheta_0)]\ ,\tag{5.124b}$$

wobei

$$\vartheta_0\equiv\mathrm{arsinh}[\Theta(0)]=\mathrm{arsinh}\left(\frac{\beta_1(0)}{\sqrt{1-\beta_1(0)^2}}\right)=\mathrm{artanh}[\beta_1(0)]$$

gilt. Aus den Gleichungen

$$\gamma=\gamma(0)\sqrt{1-\beta_1(0)^2}\sqrt{1+\Theta^2}=\gamma(0)\sqrt{1-\beta_1(0)^2}\cosh(\vartheta)\tag{5.125a}$$

$$\beta_1=\frac{\gamma\beta_1}{\gamma}=\frac{\gamma(0)\beta_1(0)+T}{\gamma}=\frac{\Theta}{\sqrt{1+\Theta^2}}=\tanh(\vartheta)\tag{5.125b}$$

und $\vartheta\to\infty$ für $T\to\infty$ folgt noch: $\gamma\to\infty$ und $\beta_1\uparrow 1$ für $T\to\infty$. Im Gegensatz zu den Ergebnissen der nicht-relativistischen Näherung führt die exakte Lösung selbstverständlich *nicht* zu Überlichtgeschwindigkeiten.

Dieses Problem ist ein schönes Beispiel dafür, dass eine Berechnung stark vereinfacht und die Lösung viel transparenter werden kann, wenn man nur die richtigen Variablen (hier: die Eigenzeit $\vartheta$) verwendet.

### Ein Beispiel

Wir betrachten die relativistische Dynamik eines Teilchens der Ladung $q$ in einem elektromagnetischen Feld mit den Eigenschaften $cB/E=b$ und $\hat{\mathbf{e}}_1=\hat{\mathbf{E}}=\hat{\mathbf{B}}$. Wir wählen den Parameterwert $b=1$. Die (dimensionslose) Zeit ist durch $T=\frac{qEt}{m_0c}$ gegeben. Wir nehmen in diesem Beispiel an, dass anfangs $\beta_1(0)=0$ und $\beta_3(0)=0$, jedoch $\beta_2(0)=\frac{1}{2}\sqrt{3}\neq 0$ und somit insgesamt $\gamma(0)=2$ gilt. Folglich sind die Zeitvariablen gemäß $\sinh(\vartheta)=\Theta=T/\gamma(0)=\frac{1}{2}T$ miteinander verknüpft. Aus Gleichung (5.125a) folgt $\gamma=\gamma(0)\cosh(\vartheta)=2\cosh(\vartheta)$, Gleichung (5.125b) lautet $\beta_1=\tanh(\vartheta)$, und aus den beiden Gleichungen (5.124a) und (5.124b) erhält man

$$\beta_2=\beta_2(0)\frac{\cos(b\vartheta)}{\cosh(\vartheta)}=\frac{1}{2}\sqrt{3}\frac{\cos(\vartheta)}{\cosh(\vartheta)}\quad,\quad\beta_3=-\beta_2(0)\frac{\sin(b\vartheta)}{\cosh(\vartheta)}=-\frac{1}{2}\sqrt{3}\frac{\sin(\vartheta)}{\cosh(\vartheta)}\ .$$

Der relative Gewinn an Energie des geladenen Teilchens als Funktion der Zeit ist durch $\delta\mathcal{E}=[\gamma-\gamma(0)]/\gamma(0)=\frac{1}{2}(\gamma-2)=\cosh(\vartheta)-1$ gegeben.

Die Geschwindigkeitskomponenten des geladenen Teilchens sind in Abbildung 5.17 als Funktionen der dimensionslosen Zeit $T$ im Inertialsystem aufgetragen. Die *blaue* Kurve zeigt, wie sich $\beta_1=\tanh(\vartheta)$ dem Grenzwert eins relativ zügig nähert.

Interessant sind die *grüne* und die *rote* Kurve, die oszillierendes Verhalten von $\beta_2$ bzw. $\beta_3$ als Funktion von $\vartheta$ zeigen sollten, dies auf der Skala der Abbildung jedoch nicht tun. Die Erklärung hierfür ist, dass die Eigenzeit $\vartheta \sim \ln(T)$ für $T \gtrsim 1$ sehr langsam mit der Zeit $T$ im Inertialsystem ansteigt, sodass sich diese Oszillationen über sehr lange Zeitintervalle ausstrecken. Zumindest ist bereits auf der Skala der Abbildung sichtbar, dass im Langzeitlimes $\beta_2 \to 0$ und $\beta_3 \to 0$ gilt.

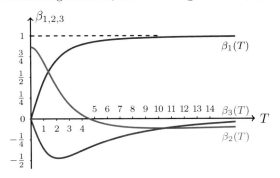
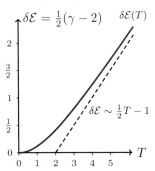

**Abb. 5.17** Die drei Komponenten der Geschwindigkeit als Funktionen der Zeit $T$

**Abb. 5.18** Energiegewinn als Funktion der Zeit $T$

Der relative Gewinn an Energie $\delta\mathcal{E} = \frac{1}{2}(\gamma-2)$ des geladenen Teilchens als Funktion der Zeit $T$ ist in Abbildung 5.18 aufgetragen. Anders als in Abschnitt [5.10.1] nimmt die Energie des Teilchens hier stärker, nämlich *linear*, als Funktion der Zeit $T$ zu. Der physikalische Grund hierfür ist, dass sich das Teilchen in diesem Beispiel im relativistischen Bereich *parallel* zu den **E**- und **B**-Feldern bewegt, sodass es zunehmend nur das elektrische Feld und kaum noch das Magnetfeld spürt. Das **E**-Feld kann also effizient Energie auf das Teilchen übertragen, während das **B**-Feld es kaum noch ablenken kann. In Abschnitt [5.10.1] hat das **B**-Feld dagegen das Teilchen in $\hat{\mathbf{e}}_3$-Richtung (senkrecht zu sowohl **E** als auch **B**) abgelenkt, sodass die Energieübertragung wesentlich ineffizienter erfolgte.

## 5.11 Coulomb-Problem für ein einzelnes Teilchen

Wir betrachten nun die Dynamik eines geladenen relativistischen Teilchens (mit der Ladung $q$ und der Ruhemasse $m_0$) in einem zeit*un*abhängigen Zentralpotential und ohne äußeres Magnetfeld:

$$\Phi(\mathbf{x}) = \frac{q_0}{4\pi\varepsilon_0 x} \quad , \quad \mathbf{A}(\mathbf{x}) = \mathbf{0} \qquad \text{mit} \qquad x \equiv |\mathbf{x}| \, .$$

Dieses Modell beschreibt die Bewegung eines geladenen Teilchens im Coulomb-Feld eines anderen, immobilen Teilchens der Ladung $q_0$, das sich im Ursprung $\mathbf{x} = \mathbf{0}$ befindet. Das 4-Potential $A^\mu = (\Phi, c\mathbf{A})$ erfüllt im Ruhesystem der immobilen Ladung sowohl die Coulomb- als auch die Lorenz-Eichung. Die Bewegungsgleichung des mobilen geladenen Teilchens lautet

$$\frac{d\boldsymbol{\pi}}{dt} = q\mathbf{E} \quad , \quad \boldsymbol{\pi} = \gamma_u m_0 \mathbf{u} \quad , \quad \mathbf{E} = -\boldsymbol{\nabla}\Phi = \frac{q_0 \hat{\mathbf{x}}}{4\pi\varepsilon_0 x^2} \, . \qquad (5.126)$$

Es gibt zwei naheliegende Erhaltungsgrößen, nämlich den Drehimpuls $\mathbf{L} = \mathbf{x} \times \boldsymbol{\pi}$:

$$\frac{d\mathbf{L}}{dt} = \frac{d}{dt}(\mathbf{x} \times \boldsymbol{\pi}) = \mathbf{u} \times \boldsymbol{\pi} + \mathbf{x} \times \frac{d\boldsymbol{\pi}}{dt} = \mathbf{x} \times (q\mathbf{E}) = \mathbf{0}$$

und die Gesamtenergie $\mathcal{E}_{\mathrm{g}} = \sqrt{\boldsymbol{\pi}^2 c^2 + m_0^2 c^4} - \frac{a}{x}$ mit $a \equiv \frac{-qq_0}{4\pi\varepsilon_0}$:

$$\frac{d\mathcal{E}_{\mathrm{g}}}{dt} = \frac{c^2 \boldsymbol{\pi} \cdot \frac{d\boldsymbol{\pi}}{dt}}{\sqrt{\boldsymbol{\pi}^2 c^2 + m_0^2 c^4}} + \frac{a}{x^2}\frac{dx}{dt} = \frac{c^2 \boldsymbol{\pi} \cdot (q\mathbf{E})}{\gamma m_0 c^2} + \frac{a}{x^2}\frac{dx}{dt} \qquad \left(a \equiv \frac{-qq_0}{4\pi\varepsilon_0}\right)$$

$$= \mathbf{u} \cdot \left(-\frac{a}{x^2}\hat{\mathbf{x}}\right) + \frac{a}{x^2}\frac{dx}{dt} = \frac{a}{x^2}\left(\frac{dx}{dt} - \mathbf{u} \cdot \hat{\mathbf{x}}\right) = 0 \,.$$

Im nicht-relativistischen Grenzfall, in dem $\boldsymbol{\pi} = m_0\mathbf{u}$ gilt, existiert noch eine dritte Erhaltungsgröße, der „Lenz'sche Vektor"

$$\mathbf{a} \equiv \mathbf{u} \times \mathbf{L} - a\hat{\mathbf{x}} \quad, \quad \frac{d\mathbf{a}}{dt} = 0 \quad, \quad \mathbf{a} \cdot \mathbf{L} = 0 \,,$$

der vom Ursprung zum Perizentrum der elliptischen Bahn zeigt (also zum Punkt der Umlaufbahn, der dem Ursprung am nächsten liegt). Für $\mathcal{E}_{\mathrm{g}}^{\mathrm{NR}} < 0$ sind alle Bahnen im nicht-relativistischen Grenzfall bekanntlich geschlossen. Es wird im Folgenden eine spannende Frage sein, ob diese dritte Erhaltungsgröße auch in der relativistisch korrekten Lösung „überlebt" und ob die Bahnen auch dann geschlossen sind.

### Die relativistischen Bewegungsgleichungen für die Impulskomponenten

Wir versuchen zuerst, die relativistische Bewegungsgleichung (5.126) auf die Form gekoppelter Differentialgleichungen für die *Komponenten* des Impulsvektors $\boldsymbol{\pi}$ zu bringen, in der Hoffnung, dass diese Gleichungen mit Standardmethoden gelöst werden können. Hierbei ist eine geschickte Wahl des Koordinatensystems sehr wichtig. Genau wie im nicht-relativistischen Fall ist es vorteilhaft, die $\hat{\mathbf{e}}_3$-Achse parallel zum (erhaltenen) Drehimpulsvektor zu wählen und die Umlaufbahn, die nun in der $\hat{\mathbf{e}}_1$-$\hat{\mathbf{e}}_2$-Ebene verläuft, mit Hilfe von *Polarkoordinaten* zu beschreiben. Wie für das Kepler-Problem in den Gleichungen (3.28) und (3.29) sind der Ortsvektor und der entsprechende Geschwindigkeitsvektor dann gegeben durch

$$\mathbf{x} = x\left[\cos(\varphi)\hat{\mathbf{e}}_1 + \sin(\varphi)\hat{\mathbf{e}}_2\right] = x\,\hat{\mathbf{x}} \quad, \quad \mathbf{u} = \dot{\mathbf{x}} = \dot{x}\,\hat{\mathbf{x}} + x\dot{\varphi}\,\hat{\mathbf{e}}_\varphi \,,$$

wobei $\hat{\mathbf{e}}_\varphi \equiv -\sin(\varphi)\hat{\mathbf{e}}_1 + \cos(\varphi)\hat{\mathbf{e}}_2$ definiert wurde. Folglich ist der kinetische Impuls $\boldsymbol{\pi}$ in Polarkoordinaten gleich

$$\boldsymbol{\pi} = \gamma_u m_0\mathbf{u} = \gamma_u m_0\left(\dot{x}\,\hat{\mathbf{x}} + x\dot{\varphi}\,\hat{\mathbf{e}}_\varphi\right) \,.$$

Mit diesem Resultat kann nun auch der Drehimpuls $\mathbf{L} = \mathbf{x} \times \boldsymbol{\pi}$ berechnet werden:

$$\mathbf{L} = \mathbf{x} \times \boldsymbol{\pi} = \gamma m_0\mathbf{x} \times (\dot{x}\hat{\mathbf{x}} + x\dot{\varphi}\hat{\mathbf{e}}_\varphi) = \gamma m_0 x^2\dot{\varphi}\,(\hat{\mathbf{x}} \times \hat{\mathbf{e}}_\varphi) = \pi_\varphi\,\hat{\mathbf{e}}_3 \,,$$

wobei wir $\pi_\varphi \equiv \gamma m_0 x^2\dot{\varphi}$ definierten. Wir werden im Folgenden (o. B. d. A.) annehmen, dass sich das geladene Teilchen im *positiven* Sinne um die immobile Ladung im Ursprung herumbewegt ($\dot{\varphi} > 0$), sodass auch $\pi_\varphi > 0$ und somit $\pi_\varphi = |\mathbf{L}|$ gilt.

Aufgrund der Definition $\pi_\varphi \equiv \gamma m_0 x^2 \dot\varphi$ kann der kinetische Impuls $\boldsymbol{\pi}$ als Summe zweier Beiträge geschrieben werden:

$$\boldsymbol{\pi} = \pi_x \hat{\mathbf{x}} + \frac{\pi_\varphi}{x} \hat{\mathbf{e}}_\varphi \quad \text{mit} \quad \pi_x \equiv \gamma m_0 \dot{x} \quad , \quad \pi_\varphi = \gamma m_0 x^2 \dot\varphi \,,$$

wobei $\pi_x$ als *radialer* Impuls interpretiert werden kann und $\pi_\varphi$, wie wir bereits wissen, als *Drehimpuls*. Wir suchen nun im Folgenden *Bewegungsgleichungen* für diese beiden Impulskomponenten.

Eine dieser beiden Bewegungsgleichungen folgt direkt aus der Drehimpulserhaltung als $\frac{d\pi_\varphi}{dt} = 0$. Die zweite folgt aus der allgemeinen Bewegungsgleichung $\frac{d\boldsymbol{\pi}}{dt} = q\mathbf{E} = -\frac{a}{x^2}\hat{\mathbf{x}}$ und den beiden Identitäten $\frac{d}{dt}\hat{\mathbf{x}} = \dot\varphi\,\hat{\mathbf{e}}_\varphi$ und $\frac{d}{dt}\hat{\mathbf{e}}_\varphi = -\dot\varphi\,\hat{\mathbf{x}}$:

$$-\frac{a}{x^2}\hat{\mathbf{x}} = \frac{d\boldsymbol{\pi}}{dt} = \frac{d}{dt}\left(\pi_x\hat{\mathbf{x}} + \frac{\pi_\varphi}{x}\hat{\mathbf{e}}_\varphi\right) = \dot\pi_x\hat{\mathbf{x}} + \pi_x\dot\varphi\,\hat{\mathbf{e}}_\varphi - \frac{\pi_\varphi}{x^2}\dot{x}\,\hat{\mathbf{e}}_\varphi - \frac{\pi_\varphi}{x}\dot\varphi\,\hat{\mathbf{x}} \,.$$

Die beiden Beiträge in $\hat{\mathbf{e}}_\varphi$-Richtung heben sich gegenseitig auf, sodass nur noch Komponenten in $\hat{\mathbf{x}}$-Richtung übrigbleiben, aus denen eine Bewegungsgleichung für $\pi_x$ bestimmt werden kann. Insgesamt lauten die Bewegungsgleichungen für die beiden Impulskomponenten also:

$$\frac{d\pi_x}{dt} = \gamma m_0 x \dot\varphi^2 - \frac{a}{x^2} \quad , \quad \frac{d\pi_\varphi}{dt} = 0 \,. \tag{5.127}$$

Unser Ziel wird im Folgenden sein, die Form $x(\varphi)$ der Bahn aus diesen beiden Bewegungsgleichungen zu bestimmen.

### Sind Kreisbahnen möglich?

Man kann relativ leicht zeigen, dass *Kreisbahnen* in der Tat möglich sind, allerdings nur dann, wenn der dimensionslose Parameter

$$\bar{a} \equiv \frac{a}{\pi_\varphi c} \tag{5.128}$$

Werte im Intervall $0 < \bar{a} < 1$ annimmt: Für eine Kreisbahn ist der radiale Impuls nämlich gleich null: $\pi_x = \gamma m_0 \dot{x} = 0$, sodass sicherlich auch $\frac{d\pi_x}{dt} = 0$ gilt. Aus der ersten der beiden Bewegungsgleichungen in (5.127) folgt nun $a = \gamma m_0 x^3 \dot\varphi^2 > 0$. Durch Einsetzen der Identitäten $\pi_\varphi \equiv \gamma m_0 x^2 \dot\varphi$ und $|\mathbf{u}| = \beta_u c$ können wir die Konstante $a$ mit der dimensionslosen Umlaufgeschwindigkeit $\beta_u$ auf der Kreisbahn in Verbindung bringen:

$$a = \gamma m_0 x^3 \dot\varphi^2 = \pi_\varphi x \dot\varphi = \pi_\varphi |\mathbf{u}| = \beta_u \pi_\varphi c \,.$$

Dividiert man nun links und rechts durch $\pi_\varphi c$, so folgt insgesamt die Ungleichung $0 < \bar{a} = \beta_u < 1$. Man sollte hierbei bedenken, dass der Parameter $\bar{a}$ bei geeigneter Wahl der Ladungen $q$ und $q_0$ sowie der Anfangsbedingungen grundsätzlich jeden reellen Wert annehmen kann ($\bar{a} \in \mathbb{R}$), sodass die Ungleichung $0 < \bar{a} = \beta_u < 1$ die

Möglichkeit einer Kreisbahn durchaus einschränkt. Der *Radius* der Kreisbahn kann für $0 < \bar{a} < 1$ bei fest vorgegebenem Drehimpuls als

$$x = \frac{a}{\gamma m_0 |\mathbf{u}|^2} = \frac{\bar{a}|\mathbf{L}|c}{\gamma m_0 c^2 \beta_u^2} = \frac{|\mathbf{L}|}{m_0 c \bar{a}} \sqrt{1 - \bar{a}^2}$$

berechnet werden, sodass für $\bar{a} \uparrow 1$ bei festem $|\mathbf{L}|$ offenbar $x \downarrow 0$ gilt und die mobile Ladung in den Ursprung hineinstürzt. Dieses Ergebnis macht es auch physikalisch verständlich, dass für $\bar{a} \geq 1$ keine Kreisbahnen möglich sind.

Der dimensionslose Parameter $\bar{a}$ in (5.128) wird im Folgenden generell eine entscheidende Rolle bei der Klassifizierung von möglichen Lösungen spielen.

### Die Bewegungsgleichung für *allgemeine* Bahnen

Um die Form *allgemeiner* Bahnen zu bestimmen, verwenden wir die Erhaltungsgesetze für die Gesamtenergie $\mathcal{E}_g$ und den Drehimpuls $\pi_\varphi$. Diese beiden Erhaltungsgrößen stellen zwei *erste* Integrale der beiden Bewegungsgleichungen (5.127) dar, die die Lösung dieser Gleichungen stark vereinfachen. Wenn man die Zerlegung $\boldsymbol{\pi} = \pi_x \hat{\mathbf{e}}_x + \frac{\pi_\varphi}{x} \hat{\mathbf{e}}_\varphi$ des kinetischen Impulses nach seinen Komponenten in den Ausdruck für die Gesamtenergie einsetzt, ergibt sich:

$$\mathcal{E}_g = \sqrt{\pi^2 c^2 + m_0^2 c^4} - \frac{a}{x} = c\sqrt{\pi_x^2 + \frac{\pi_\varphi^2}{x^2} + (m_0 c)^2} - \frac{a}{x} \, .$$

Wir lösen diese Gleichung nun nach dem radialen Impuls $\pi_x$ auf:

$$\pi_x^2 = (\gamma m_0 \dot{x})^2 = \frac{1}{c^2}\left(\mathcal{E}_g + \frac{a}{x}\right)^2 - \frac{\pi_\varphi^2}{x^2} - (m_0 c)^2 \, .$$

Dividiert man die linke und die rechte Seite dieser Gleichung durch $\pi_\varphi^2$, so erhält man eine gewöhnliche Differentialgleichung für den inversen Bahnradius $[x(\varphi)]^{-1}$:

$$\left(\frac{d(x^{-1})}{d\varphi}\right)^2 = \left(\frac{\gamma m_0 \dot{x}}{\gamma m_0 x^2 \dot{\varphi}}\right)^2 = \left(\frac{\pi_x}{\pi_\varphi}\right)^2 = \frac{1}{\pi_\varphi^2 c^2}\left(\mathcal{E}_g + \frac{a}{x}\right)^2 - \frac{1}{x^2} - \left(\frac{m_0 c}{\pi_\varphi}\right)^2 \, .$$

In dieser Differentialgleichung ersetzen wir die dimensionsbehaftete Konstante $a$ durch den dimensionslosen Parameter $\bar{a} \equiv \frac{a}{\pi_\varphi c}$ aus (5.128) und vervollständigen den quadratischen Ausdruck für $[x(\varphi)]^{-1}$:

$$\left(\frac{d(x^{-1})}{d\varphi}\right)^2 = \frac{\mathcal{E}_g^2 - (m_0 c^2)^2}{(\pi_\varphi c)^2} - (1 - \bar{a}^2)\frac{1}{x^2} + 2\frac{\mathcal{E}_g \bar{a}}{\pi_\varphi c}\frac{1}{x} \tag{5.129a}$$

$$= \frac{\mathcal{E}_g^2 - (m_0 c^2)^2}{(\pi_\varphi c)^2} - (1 - \bar{a}^2)\left[\frac{1}{x} - \frac{\mathcal{E}_g \bar{a}}{\pi_\varphi c(1 - \bar{a}^2)}\right]^2 + \frac{\mathcal{E}_g^2 \bar{a}^2}{(\pi_\varphi c)^2(1 - \bar{a}^2)}$$

$$= \frac{\mathcal{E}_g^2 - (m_0 c^2)^2(1 - \bar{a}^2)}{(\pi_\varphi c)^2(1 - \bar{a}^2)} - (1 - \bar{a}^2)\left[\frac{1}{x} - \frac{\mathcal{E}_g \bar{a}}{\pi_\varphi c(1 - \bar{a}^2)}\right]^2 \, . \tag{5.129b}$$

Bei der Herleitung von (5.129b) aus Gleichung (5.129a) haben wir allerdings angenommen, dass $\bar{a}^2 \neq 1$ gilt. Für den Spezialfall $\bar{a}^2 = 1$ werden wir daher im Folgenden statt (5.129b) die Gleichung (5.129a) verwenden.

Das Lösungsverfahren wird signifikant transparenter, wenn wir sämtliche Größen in den beiden Gleichungen (5.129b) und (5.129a) *dimensionslos* gestalten. Hierzu führen wir die dimensionslose Länge $\xi$ und die dimensionslose Energie $\eta$ sowie den weiteren dimensionslosen Parameter $\varepsilon$ ein:

$$\xi \equiv \frac{|a|m_0 x}{\pi_\varphi^2} = \frac{|\bar{a}|m_0 c x}{\pi_\varphi} \quad , \quad \eta \equiv \frac{\mathcal{E}_{\mathrm{g}}}{m_0 c^2} \quad , \quad \varepsilon \equiv \sqrt{1 - \frac{1 - \eta^2}{\bar{a}^2}} \; .$$

Mit diesen Definitionen erhalten wir für den Spezialfall $\bar{a}^2 = 1$ aus (5.129a):

$$\boxed{\left(\frac{d\xi^{-1}}{d\varphi}\right)^2 = \mathrm{sgn}(\bar{a})\frac{2\eta}{\xi} + \eta^2 - 1} \tag{5.130a}$$

und für $\bar{a}^2 \neq 1$ aus (5.129b):

$$\boxed{\left(\frac{d\xi^{-1}}{d\varphi}\right)^2 = \frac{\varepsilon^2}{1 - \bar{a}^2} - (1 - \bar{a}^2)\left[\frac{1}{\xi} - \frac{\mathrm{sgn}(\bar{a})\eta}{1 - \bar{a}^2}\right]^2 \; .} \tag{5.130b}$$

Die dimensionslosen Größen $\bar{a}$, $\eta$ und $\varepsilon$ erfüllen übrigens für alle $\bar{a} \neq 0$ die folgende nützliche Beziehung:

$$\varepsilon^2 - \eta^2 = \left(1 - \frac{1 - \eta^2}{\bar{a}^2}\right) - \eta^2 = (1 - \eta^2)\frac{\bar{a}^2 - 1}{\bar{a}^2} \; .$$

Aus dieser Beziehung folgen erstens allgemeine Regeln für das Vorzeichen von $\varepsilon - \eta$, die im Folgenden hilfreich sein werden:

$$(\varepsilon - \eta) \begin{cases} > 0 & \text{für} \quad (\eta < 1,\, \bar{a}^2 > 1) \quad \text{oder} \quad (\eta > 1,\, \bar{a}^2 < 1) \\ = 0 & \text{für} \quad (\eta > 0,\, \bar{a}^2 = 1) \quad \text{oder} \quad (\eta = 1,\, \bar{a}^2 > 0) \\ < 0 & \text{für} \quad (\eta > 1,\, \bar{a}^2 > 1) \quad \text{oder} \quad (\eta < 1,\, \bar{a}^2 < 1) \; . \end{cases} \tag{5.131}$$

Zweitens folgt aus dieser Beziehung die Identität:

$$\lim_{\bar{a}^2 \to 1} \frac{\varepsilon^2 - \eta^2}{1 - \bar{a}^2} = \eta^2 - 1 \; , \tag{5.132}$$

mit deren Hilfe man leicht zeigen kann, dass sich (5.130b) im Limes $\bar{a}^2 \to 1$ auf (5.130a) vereinfacht.

Wir werden den Spezialfall $\bar{a}^2 = 1$ im Folgenden als „kritisch" bezeichnen, da er die beiden Regimes der schwachen ($\bar{a}^2 < 1$) und starken ($\bar{a}^2 > 1$) Coulomb-Wechselwirkung trennt und die Lösungen für diesen Spezialfall fundamental anderes Verhalten aufweisen als diejenigen im Schwach- oder Starkkopplungsregime.

### Spezialfall: *attraktive* Coulomb-Wechselwirkung ($\bar{a} > 0$)

Im Folgenden konzentrieren wir uns auf *attraktive* Coulomb-Wechselwirkung zwischen den beiden Ladungen, d. h., wir betrachten $\bar{a} > 0$. In diesem Fall erhalten wir statt (5.130) die beiden Gleichungen:

$$\left(\frac{d\xi^{-1}}{d\varphi}\right)^2 = \frac{2\eta}{\xi} - (1 - \eta^2) \qquad (\bar{a} = 1) \tag{5.133a}$$

$$\left(\frac{d\xi^{-1}}{d\varphi}\right)^2 = \frac{\varepsilon^2}{1-\bar{a}^2} - (1-\bar{a}^2)\left(\frac{1}{\xi} - \frac{\eta}{1-\bar{a}^2}\right)^2 \qquad (0 < \bar{a} \neq 1)\,, \qquad (5.133\text{b})$$

die beide – wie wir zeigen werden – leicht mit Standardmethoden lösbar sind.

Natürlich sind die Differentialgleichungen (5.130) auch lösbar für den entgegengesetzten Fall *repulsiver* Coulomb-Wechselwirkung zwischen den beiden Ladungen, d.h. für $\bar{a} < 0$. Diese Berechnungen sind aber stark analog zu denjenigen für $\bar{a} > 0$. In Übungsaufgabe 5.18 kommen wir auf den Fall *repulsiver* Coulomb-Wechselwirkung zurück.

### Kritischer Fall $\bar{a} = 1$ mit algebraischen Spiralen

Wir lösen zuerst die Differentialgleichung (5.133a) für den „kritischen" Spezialfall $\bar{a} = 1$. Gleichung (5.133a) lässt sich lösen, indem man zunächst auf beiden Seiten die Wurzel zieht (unter Berücksichtigung eines möglicherweise negativen Vorzeichens) und anschließend die Variablen trennt:

$$d\left[\frac{1}{\eta}\sqrt{\frac{2\eta}{\xi} - (1-\eta^2)}\right] = \frac{d(\xi^{-1})}{\sqrt{\frac{2\eta}{\xi} - (1-\eta^2)}} = \pm d\varphi = d[\pm(\varphi - \varphi_0)]\,.$$

Die linke und die rechte Seite zeigen, dass die beiden Stammfunktionen nach der Variablentrennung explizit angegeben werden können. Die Lösung von Gleichung (5.133a) hat daher für irgendeine Integrationskonstante $\varphi_0$ die Form:

$$\frac{1}{\eta}\sqrt{\frac{2\eta}{\xi} - (1-\eta^2)} = \pm(\varphi - \varphi_0)\,.$$

Löst man diese Gleichung zunächst nach $\frac{2\eta}{\xi}$ und anschließend nach der gesuchten Funktion $\xi(\varphi)$ selbst auf, erhält man die folgenden Ergebnisse:

$$\frac{2\eta}{\xi(\varphi)} = \eta^2(\varphi - \varphi_0)^2 + (1-\eta^2) \quad , \quad \boxed{\xi(\varphi) = \frac{2\eta}{\eta^2(\varphi - \varphi_0)^2 + (1-\eta^2)}}\,. \qquad (5.134)$$

Die Bahnform für diesen „kritischen" Spezialfall $\bar{a} = 1$ weicht sehr stark von den möglichen Bahnformen im nicht-relativistischen Kepler-Problem ab!

Wir können die folgenden Fälle unterscheiden:

- Für $\eta < 1$ ist der Term $1 - \eta^2$ im Nenner von $\xi(\varphi)$ in (5.134) strikt positiv, sodass für $\varphi \to \infty$ immer $\xi \propto \varphi^{-2} \downarrow 0$ folgt. Dies bedeutet, dass sich das Teilchen mit der Ladung $q$ spiralförmig in das Anziehungszentrum im Ursprung hineinbewegt! Derartige Lösungen gibt es im Kepler-Problem nicht. Dieser Lösungstyp ist in Abbildung 5.19 für die Integrationskonstante $\varphi_0 = 0$ und eine dimensionslose Energie $\eta = \sqrt{2/3} < 1$ grafisch dargestellt.

- Für $\eta > 1$ ist der Term $1 - \eta^2$ in (5.134) *negativ*, sodass nur $\varphi$-Werte in den beiden Intervallen $\varphi > \varphi^+$ und $\varphi < \varphi^-$ mit $\varphi^\pm \equiv \varphi_0 \pm \sqrt{1-\eta^{-2}}$ physikalisch zulässig sind, damit $\xi(\varphi) > 0$ gilt. Man erhält für $\eta > 1$ das gleiche Ergebnis $\xi \propto \varphi^{-2} \downarrow 0$ einer spiralförmigen Bewegung in den Ursprung hinein, falls $\dot{x}(0) < 0$ [oder äquivalent: $\varphi(0) > \varphi^+$] gilt. Dieser Lösungstyp ist in Abbildung 5.20 für die Integrationskonstante $\varphi_0 = 0$ und eine dimensionslose Energie $\eta = 2/\sqrt{3} > 1$ grafisch dargestellt.

- Falls $\eta > 1$ und $\dot{x}(0) > 0$ [oder äquivalent: $\varphi(0) < \varphi^-$] gilt, entweicht das Teilchen ins Unendliche: $\xi(\varphi(t)) \to \infty$ für $t \to \infty$. Man erhält eine grafische Darstellung für diesen Lösungstyp, wenn man in Abb. 5.20 die Bewegungsrichtung umkehrt. Für $t \to \infty$ würde das Teilchen in der Richtung des eingezeichneten Asymptoten ins Unendliche entweichen.

Die *geometrische* Bedeutung von $\varphi^\pm$ ist also, dass diese Winkelvariablen die Richtung der *Asymptoten* angeben, d. h. die Geschwindigkeitsrichtung, die das Teilchen hätte, falls man die Bahn bis ins Unendliche verlängert. Die Winkelvariable $\varphi_0$ bestimmt geometrisch die räumliche Orientierung der Bahn im $(\xi, \varphi)$-Polarplot; eine Änderung des $\varphi_0$-Werts entspricht einer *Drehung* dieser Orientierung.

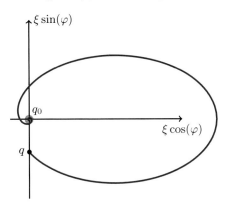

**Abb. 5.19** Lösung für $\varphi_0 = 0$ und $\eta = \sqrt{2/3} < 1$ 　　　　**Abb. 5.20** Lösung für $\varphi_0 = 0$ und $\eta = 2/\sqrt{3} > 1$

### Bewegungsgleichungen für schwache oder starke Anziehung ($\bar{a} \neq 1$)

Um Gleichung (5.133b) für $\xi(\varphi)$ in den beiden Regimes mit schwacher ($0 < \bar{a} < 1$) oder starker ($\bar{a} > 1$) Coulomb-Anziehung zu lösen, führen wir die Hilfsvariablen

$$X^{-1} \equiv \frac{|1 - \bar{a}^2|}{\varepsilon} \left( \frac{1}{\xi} - \frac{\eta}{1 - \bar{a}^2} \right) \quad \text{und} \quad \Phi \equiv \sqrt{|1 - \bar{a}^2|}\, \varphi$$

ein. Die Variable $X$ stellt physikalisch (analog zu $\xi$) eine dimensionslose *Länge* dar und $\Phi$ einen *reskalierten Polarwinkel*. Mit Hilfe dieser Definitionen erhalten wir statt (5.133b) die Differentialgleichung

$$\left( \frac{dX^{-1}}{d\Phi} \right)^2 = \mathrm{sgn}(1 - \bar{a}^2)(1 - X^{-2}) \,,$$

deren Lösung für starke Coulomb-Anziehung ($\bar{a} > 1$) die Form

$$X^{-1} = \cosh(\Phi - \Phi_0) \quad, \quad \frac{1}{\xi} = \frac{1}{\bar{a}^2 - 1} \left\{ -\eta + \varepsilon \cosh \left[ \sqrt{\bar{a}^2 - 1}\, (\varphi - \varphi_0) \right] \right\} \quad (5.135)$$

und für schwache Coulomb-Anziehung ($0 < \bar{a} < 1$) die Form

$$X^{-1} = \cos(\Phi - \Phi_0) \quad, \quad \frac{1}{\xi} = \frac{1}{1 - \bar{a}^2} \left\{ \eta + \varepsilon \cos \left[ \sqrt{1 - \bar{a}^2}\, (\varphi - \varphi_0) \right] \right\} \quad (5.136)$$

hat. Wir behandeln im Folgenden zuerst die möglichen Bahnformen für starke Coulomb-Anziehung ($\bar{a} > 1$) und danach für schwache Anziehung ($0 < \bar{a} < 1$).

**Starke Anziehung ($\bar{a} > 1$) mit exponentiellen Spiralen**

Wir betrachten zuerst die Lösung (5.135) für den Fall starker Anziehung ($\bar{a} > 1$):

$$\xi(\varphi) = \frac{\bar{a}^2 - 1}{-\eta + \varepsilon \cosh\left[\sqrt{\bar{a}^2 - 1}\,(\varphi - \varphi_0)\right]} \ . \tag{5.137}$$

Hierbei sind nur solche $\varphi$-Werte physikalisch zulässig, die zu Radialabständen $\xi(\varphi) > 0$ führen. Die Bedingung $\xi(\varphi) > 0$ ist immer erfüllt, falls $\varepsilon - \eta > 0$ gilt, aber nur für hinreichend große Werte von $|\varphi - \varphi_0|$, falls $\varepsilon - \eta < 0$ gilt. An dieser Stelle wird Formel (5.131) sehr hilfreich; wir entnehmen (5.131) für $\bar{a} > 1$:

$$\bar{a} > 1 \quad \Rightarrow \quad (\varepsilon - \eta) \begin{cases} > 0 & \text{für} \quad \eta < 1 \\ = 0 & \text{für} \quad \eta = 1 \\ < 0 & \text{für} \quad \eta > 1 \ . \end{cases}$$

Dies bedeutet, dass der Nenner von $\xi(\varphi)$ in (5.137) keine Nullstellen aufweist und alle $\varphi$-Werte zulässig sind, falls $\eta < 1$ gilt, während für $\eta = 1$ nur Werte $\varphi \neq \varphi_0$ und für $\eta > 1$ nur $\varphi$-Werte in den beiden Intervallen

$$\varphi > \varphi^+ \quad \text{und} \quad \varphi < \varphi^- \quad \text{mit} \quad \varphi^\pm \equiv \varphi_0 \pm \frac{1}{\sqrt{\bar{a}^2 - 1}} \operatorname{arcosh}\left(\frac{\eta}{\varepsilon}\right) \in \mathbb{R}$$

zulässig sind. Für $\eta > 1$ und $\varphi^- < \varphi < \varphi^+$ wäre $\xi(\varphi) < 0$ in (5.137).

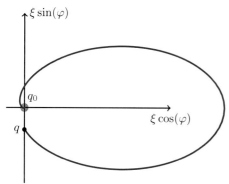

**Abb. 5.21** Lösung für $\varphi_0 = 0$, $\bar{a} = \sqrt{3}$ und $\eta = \frac{1}{2} < 1$

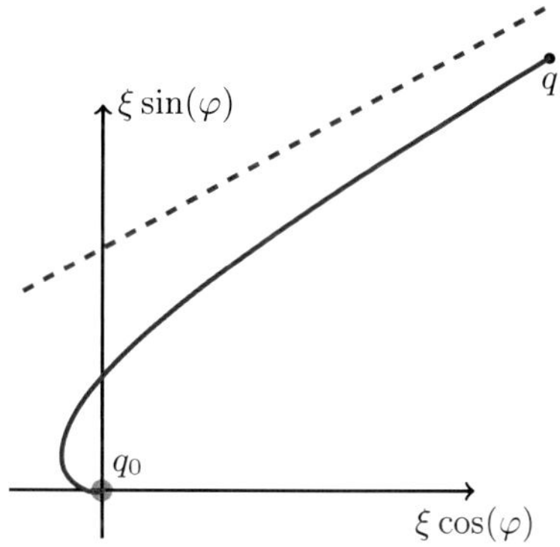

**Abb. 5.22** Lösung für $\varphi_0 = 0$, $\bar{a} = \sqrt{3}$ und $\eta = 2 > 1$

Wir können daher die folgenden Fälle unterscheiden:

- Für $\eta < 1$ zeigt die Lösung (5.137) im Falle starker Anziehung für alle Anfangswerte $\varphi(0)$ dasselbe Phänomen $\xi(\varphi) \downarrow 0$ für $\varphi \to \infty$, das auch bereits aus der Lösung (5.134) für $\bar{a} = 1$ hervorging, allerdings sagt (5.137) keine *algebraische* Spirale (mit $\xi \propto \varphi^{-2}$), sondern *exponentielles* Verhalten voraus: $\xi \propto e^{-\sqrt{\bar{a}^2 - 1}\,\varphi}$. Dieser Lösungstyp ist in Abbildung 5.21 für die Integrationskonstante $\varphi_0 = 0$, einen Parameterwert $\bar{a} = \sqrt{3}$ und eine dimensionslose Energie $\eta = \frac{1}{2} < 1$ grafisch dargestellt.

- Für $\eta \geq 1$ weist die Lösung (5.137) ebenfalls einen Sturz in den Ursprung auf: $\xi(\varphi) \downarrow 0$ für $\varphi \to \infty$, allerdings nur für Anfangswerte $\varphi(0) > \varphi^+$ [bzw.

$\varphi(0) > \varphi_0$ im Spezialfall $\eta = 1$]. Dieser Lösungstyp ist in Abbildung 5.22 für $\eta = 2 > 1$ (und ebenfalls für $\varphi_0 = 0$ und $\bar{a} = \sqrt{3}$) skizziert.

- Falls $\eta \geq 1$ und anfangs $\varphi < \varphi^-$ [bzw. $\varphi(0) < \varphi_0$ im Spezialfall $\eta = 1$] gilt, entweicht das Teilchen ins Unendliche: $\xi(\varphi(t)) \to \infty$ für $t \to \infty$. Man erhält wieder eine grafische Darstellung für diesen Lösungstyp, wenn man in Abb. 5.22 die Bewegungsrichtung umkehrt. Für $t \to \infty$ würde das Teilchen in der Richtung des eingezeichneten Asymptoten ins Unendliche entweichen.

Die *geometrische* Bedeutung von $\varphi^\pm$ und $\varphi_0$ ist analog zu derjenigen in Abb. 5.20.

Bemerkenswert an den Abbildungen 5.21 und 5.22 für $\bar{a} > 1$ im Vergleich mit den beiden Abbildungen 5.19 und 5.20 für $\bar{a} = 1$ ist die *Ähnlichkeit* der Bahnform: Nur kurz vor dem Sturz in den Ursprung sieht man unterschiedliches Verhalten der beiden Lösungstypen. Dennoch ist die *analytische* Form der Bahnbewegung (algebraisches Verhalten für $\bar{a} = 1$, exponentielles für $\bar{a} > 1$) fundamental anders. Außerdem ist an den Lösungen (5.134) und (5.137) für $\bar{a} \geq 1$ noch interessant, dass die *Zeit*, die das Teilchen mit der Ladung $q$ benötigt, um in den Ursprung hinein-zufallen, *endlich* ist. Während dieser endlichen Zeit macht das Teilchen *unendlich viele Umdrehungen* um den Ursprung. Dies wird in Übungsaufgabe 5.18 behandelt.

### Schwache Anziehung ($\bar{a} < 1$) mit Rosetten

Die Lösung für den Fall schwacher Anziehung ($\bar{a} < 1$) ist durch Gleichung (5.136) gegeben:

$$
\boxed{\;\xi(\varphi) = \frac{1 - \bar{a}^2}{\eta + \varepsilon \cos\left[\sqrt{1 - \bar{a}^2}\,(\varphi - \varphi_0)\right]}\;,\;}
\qquad (5.138)
$$

wobei wiederum nur $\varphi$-Werte mit $\xi(\varphi) > 0$ physikalisch zulässig sind. Die Bedingung $\xi(\varphi) > 0$ ist immer erfüllt, falls $\varepsilon - \eta < 0$ gilt, aber die $\varphi$-Variable ist auf gewisse endliche $\varphi$-Intervalle beschränkt, falls $\varepsilon - \eta \geq 0$ gilt. Wiederum ist Formel (5.131) hilfreich; wir entnehmen (5.131) für $\bar{a} < 1$:

$$
\bar{a} < 1 \quad \Rightarrow \quad (\varepsilon - \eta) \begin{cases} > 0 & \text{für} \quad \eta > 1 \\ = 0 & \text{für} \quad \eta = 1 \\ < 0 & \text{für} \quad \eta < 1\,. \end{cases}
$$

Dies bedeutet, dass der Nenner von $\xi(\varphi)$ in (5.138) keine Nullstellen aufweist und alle $\varphi$-Werte zulässig sind, falls $\eta < 1$ gilt. Für $\eta \geq 1$ sind nur $\varphi$-Werte in den Intervallen

$$
\varphi^- < \varphi - 2\pi n < \varphi^+ \quad (n \in \mathbb{Z}) \quad \text{mit} \quad \varphi^\pm \equiv \varphi_0 \pm \frac{1}{\sqrt{1 - \bar{a}^2}} \arccos\left(-\frac{\eta}{\varepsilon}\right) \in \mathbb{R}
$$

zulässig, wobei für $\eta = 1$ gilt:

$$
\arccos\left(-\eta/\varepsilon\right) = \arccos(-1) = \pi \qquad (\eta = 1)\,.
$$

Da sich der Polarwinkel $\varphi(t)$ als Funktion der Zeit nur stetig ändern kann, ist für $\eta \geq 1$ der ganzzahlige Index $n$ des Intervalls eindeutig festgelegt; dieser wird durch den Anfangswert $\varphi(0)$ bestimmt. Wir können daher die folgenden Fälle unterscheiden:

- Für $\eta < 1$ variiert die Lösung $\xi(\varphi)$ periodisch zwischen einem Perizentrum mit dem Bahnradius $\xi_{\text{peri}}$ und einem Apozentrum mit dem Bahnradius $\xi_{\text{apo}}$:

$$\xi_{\text{peri}} = \frac{1 - \bar{a}^2}{\eta + \varepsilon} \quad , \quad \xi_{\text{apo}} = \frac{1 - \bar{a}^2}{\eta - \varepsilon} \; .$$

Diese Lösungen beschreiben *Bindungszustände*. Im Gegensatz zur nicht-relativistischen Lösung sind die relativistischen *Umlaufbahnen* für diese Bindungszustände jedoch im Allgemeinen *nicht geschlossen* und somit selbst *nicht-periodisch* als Funktion der Zeit:[30]

$$\xi(\varphi + 2\pi) \neq \xi(\varphi) \; .$$

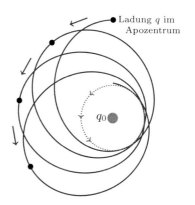

Ladung $q$ im Apozentrum

$q_0$

Die Lösung von (5.138) ist für eine Integrationskonstante $\varphi_0 = 0$, den Parameterwert $\bar{a} \simeq 0{,}436 < 1$ und die dimensionslose Energie $\eta \simeq 0{,}922 < 1$ in Abbildung 5.23 skizziert. Die Nicht-Geschlossenheit der Bahn und die daraus resultierende Rosettenform sind klar ersichtlich. Mit der Nicht-Geschlossenheit der Umlaufbahn geht natürlich auch der Verlust der dritten Erhaltungsgröße (also des Lenz'schen Vektors) einher, denn der Lenz'sche Vektor markiert ja gerade im Kepler-Problem die räumliche Ausrichtung der periodisch durchlaufenen Bahn.

**Abb. 5.23** Lösung für $\varphi_0 = 0$, $\bar{a} \simeq 0{,}436$ und $\eta \simeq 0{,}922 < 1$

- Für $\eta \geq 1$ strebt die Lösung im Langzeitlimes einer Nullstelle des Nenners von $\xi(\varphi)$ in (5.138) entgegen, sodass für $t \to \infty$ gilt: $\xi(\varphi(t)) \to \infty$. Diese Lösungen beschreiben *Streuzustände*. Hierbei ist die Lösung für $\eta = 1$ (und daher $\varepsilon = \eta = 1$) das relativistische Analogon der Kepler'schen Parabelbahn und die Lösung für $\eta > 1$ (und daher $\varepsilon > \eta > 1$) das relativistische Analogon der Kepler'schen Hyperbelbahn.

Wir stellen also fest, dass die Lösung für schwache Coulomb-Anziehung ($\bar{a} < 1$) etliche Gemeinsamkeiten mit der nicht-relativistischen Lösung zeigt, aber auch drastische Unterschiede. Man kann die nicht-relativistische Lösung im nicht-relativistischen Limes ($\bar{a} \to 0$, $\eta \to 1$) auch leicht aus der relativistischen Lösung (5.138) herleiten: Im gekoppelten Limes $\bar{a} \to 0$ und $\eta \to 1$ reduziert sich Gleichung (5.138) nämlich auf die bekannte Form (3.65) der nicht-relativistischen Kepler-Bahn,

$$\xi = \frac{x}{p} = \frac{1}{1 + \varepsilon \cos(\varphi - \varphi_0)} \quad \left( p = \frac{\mathbf{L}^2}{m_0 a} \quad , \quad \varepsilon = \sqrt{1 + \frac{2\mathcal{E}_{\text{NR}} \mathbf{L}^2}{m_0 a^2}} \right) ,$$

die für $\varepsilon < 1$ eine Ellipse, für $\varepsilon = 1$ eine Parabel und für $\varepsilon > 1$ eine Hyperbel beschreibt. Hierbei ist $\mathcal{E}_{\text{NR}} = \mathcal{E}_{\text{g}} - m_0 c^2$ die nicht-relativistische Energie der Bahn.

---

[30] Nur in Ausnahmefällen, z. B. für $\sqrt{1 - \bar{a}^2} = \frac{m}{n} < 1$ (mit $m, n \in \mathbb{N}$ teilerfremd), erhält man geschlossene Bahnen; im angegebenen Beispiel enthält eine Periode $n$ Umläufe um den Ursprung.

# 5.12  Übungsaufgaben

### Aufgabe 5.1  Der Helmholtz'sche Satz

In dieser Aufgabe befassen wir uns mit divergenz- und wirbelfreien Vektorfeldern im $\mathbb{R}^3$ und außerdem mit dem Helmholtz'schen Satz, der besagt, dass ein beliebiges Vektorfeld im dreidimensionalen Raum als Summe eines wirbelfreien und eines divergenzfreien Anteils darstellbar ist. Voraussetzung ist stets, dass die betrachteten Vektorfelder hinreichend schnell gegen null gehen für $x \equiv |\mathbf{x}| \to \infty$. Es wird mehrmals die Identität $\Delta(-\frac{1}{4\pi x}) = \delta(\mathbf{x})$ verwendet.

**(a)** Zeigen Sie für Vektorfelder $\mathbf{B}(\mathbf{x}, t)$ mit $\boldsymbol{\nabla} \cdot \mathbf{B} = 0$:

$$\mathbf{B}(\mathbf{x}, t) = \boldsymbol{\nabla} \times \int d\mathbf{x}' \, \frac{(\boldsymbol{\nabla} \times \mathbf{B})(\mathbf{x}', t)}{4\pi |\mathbf{x} - \mathbf{x}'|} \;.$$

**(b)** Zeigen Sie für Vektorfelder $\mathbf{e}(\mathbf{x}, t)$ mit $\boldsymbol{\nabla} \times \mathbf{e} = \mathbf{0}$:

$$\mathbf{e}(\mathbf{x}, t) = -\boldsymbol{\nabla} \int d\mathbf{x}' \, \frac{(\boldsymbol{\nabla} \cdot \mathbf{e})(\mathbf{x}', t)}{4\pi |\mathbf{x} - \mathbf{x}'|} \;.$$

**(c)** Beweisen Sie als Verallgemeinerung von (a) und (b) den Helmholtz'schen Satz:

$$\mathbf{a}(\mathbf{x}, t) = -\boldsymbol{\nabla} \int d\mathbf{x}' \, \frac{(\boldsymbol{\nabla} \cdot \mathbf{a})(\mathbf{x}', t)}{4\pi |\mathbf{x} - \mathbf{x}'|} + \boldsymbol{\nabla} \times \int d\mathbf{x}' \, \frac{(\boldsymbol{\nabla} \times \mathbf{a})(\mathbf{x}', t)}{4\pi |\mathbf{x} - \mathbf{x}'|} \;.$$

### Aufgabe 5.2  Lorentz-Transformationen in linearer Ordnung

In dieser Aufgabe versuchen wir die Ideen nachzuvollziehen, die Hendrik Antoon Lorentz 1895 zu „seinen" Transformationen geführt haben. Wir wissen bereits, dass die Maxwell-Gleichungen *nicht* Galilei-kovariant sind. Um die Kovarianz-Eigenschaften der Maxwell-Theorie besser zu verstehen, untersuchen wir verallgemeinerte Transformationen der Form

$$\mathbf{x}' = \mathbf{x} - \boldsymbol{\beta}ct + \mathcal{O}(\beta^2) \quad , \quad t' = t - \frac{\lambda_1}{c}\boldsymbol{\beta} \cdot \mathbf{x} + \mathcal{O}(\beta^2) \;, \tag{5.139a}$$

wobei $(\mathbf{x}', t')$ und $(\mathbf{x}, t)$ die Koordinaten in den Inertialsystemen $K'$ bzw. $K$ sind und $K'$ sich relativ zu $K$ mit der Geschwindigkeit $\mathbf{v} = \boldsymbol{\beta}c$ bewegt. Für die Felder $\mathbf{E}$ und $\mathbf{B}$ erwartet man ein Transformationsverhalten der Form

$$\mathbf{E}' = \mathbf{E} + c\boldsymbol{\beta} \times \mathbf{B} + \mathcal{O}(\beta^2) \quad , \quad \mathbf{B}' = \mathbf{B} - \frac{\lambda_2}{c}\boldsymbol{\beta} \times \mathbf{E} + \mathcal{O}(\beta^2) \;, \tag{5.139b}$$

da die lineare Korrektur $\boldsymbol{\beta} \times \mathbf{E}$ korrekterweise wie ein Pseudovektor transformiert wird. Analog erwartet man für die Ladungs- und Stromdichten:

$$\mathbf{j}' = \mathbf{j} - c\boldsymbol{\beta}\rho + \mathcal{O}(\beta^2) \quad , \quad \rho' = \rho - \frac{\lambda_3}{c}\boldsymbol{\beta} \cdot \mathbf{j} + \mathcal{O}(\beta^2) \;. \tag{5.139c}$$

Die jeweils ersten Gleichungen in (5.139a), (5.139b) und (5.139c) werden durch die entsprechende Galilei-Transformation [$\lambda_1 = 0$ in (5.139a)] motiviert. $\mathbf{E}'$ und $\mathbf{E}$ sind Kurzformen für $\mathbf{E}'(\mathbf{x}', t')$ bzw. $\mathbf{E}(\mathbf{x}, t)$. Analoges gilt für $\mathbf{B}'$ und $\mathbf{B}$, $\mathbf{j}'$ und $\mathbf{j}$ und $\rho'$ und $\rho$. Terme von $\mathcal{O}(\beta^2)$ dürfen im Folgenden stets vernachlässigt werden.

(a) Zeigen Sie, dass die homogenen Maxwell-Gleichungen nur dann unter der Transformation (5.139a)+(5.139b) forminvariant sind, falls $\lambda_1 = \lambda_2$ gilt.

(b) Zeigen Sie, dass die inhomogenen Maxwell-Gleichungen nur dann unter der Transformation (5.139) forminvariant sind, falls $\lambda_1 = \lambda_2 = \lambda_3 = 1$ gilt.

Hiermit haben Sie die Lorentz-Kovarianz der Maxwell-Theorie (zumindest in linearer Ordnung) nachgewiesen!

### Aufgabe 5.3 Die ein- bzw. zweidimensionale Lorentz-Gruppe

Die aus der Vorlesung bekannte „dreidimensionale" Lorentz-Gruppe $\mathcal{L}$ besteht aus allen reellen, homogenen, linearen Koordinatentransformationen $\Lambda$, die das infinitesimale Abstandsquadrat $(ds)^2 \equiv c^2(dt)^2 - (d\mathbf{x})^2$ mit $d\mathbf{x} = (dx^1, dx^2, dx^3)$ invariant lassen. Analog kann man die *ein-* und *zwei*dimensionalen Lorentz-Gruppen $\mathcal{L}(1)$ bzw. $\mathcal{L}(2)$ betrachten, die die quadratischen Formen $c^2(dt)^2 - (dx^1)^2$ bzw. $c^2(dt)^2 - (dx^1)^2 - (dx^2)^2$ invariant lassen. Wie im Falle des dreidimensionalen Ortsraums kann man auch für $\mathcal{L}(1)$ eine eigentliche [mit $\det(\Lambda) = 1$] orthochrone (mit $\frac{\partial t'}{\partial t} \geq 1$) Untergruppe $\mathcal{L}_+^\uparrow(1)$ und analog für $\mathcal{L}(2)$ eine eigentliche orthochrone Untergruppe $\mathcal{L}_+^\uparrow(2)$ unterscheiden. Wir werden im Folgenden die Lie-Gruppen-Struktur von $\mathcal{L}_+^\uparrow(1)$ und $\mathcal{L}_+^\uparrow(2)$ untersuchen und hierbei der Einfachheit halber normale Matrixnotation verwenden.

(a) Zeigen Sie, dass die Elemente von $\mathcal{L}_+^\uparrow(1)$ die Form $\Lambda(\phi) = e^{-\phi\sigma_1}$ mit $\phi \in \mathbb{R}$ und $\sigma_1 = \left(\begin{smallmatrix} 0 & 1 \\ 1 & 0 \end{smallmatrix}\right)$ besitzen. Berechnen Sie $\Lambda(\phi)$ explizit. Ist $\mathcal{L}_+^\uparrow(1)$ abelsch? Ist $\mathcal{L}_+^\uparrow(1)$ kompakt? Bestimmen Sie die Relation $\phi(\beta)$ für den Fall, dass $\Lambda$ die Geschwindigkeitstransformation zwischen zwei Inertialsystemen $K$ und $K'$ mit $v_{\text{rel}}(K', K) = v$ und $\frac{v}{c} \equiv \beta$ beschreibt.

(b) Zeigen Sie nun, dass die Elemente von $\mathcal{L}_+^\uparrow(2)$ die Form $\Lambda = e^{-i\alpha L - \phi_1 M_1 - \phi_2 M_2}$ mit

$$L = \begin{pmatrix} 0 & 0 & 0 \\ 0 & 0 & -i \\ 0 & i & 0 \end{pmatrix} \quad , \quad M_1 = \begin{pmatrix} 0 & 1 & 0 \\ 1 & 0 & 0 \\ 0 & 0 & 0 \end{pmatrix} \quad , \quad M_2 = \begin{pmatrix} 0 & 0 & 1 \\ 0 & 0 & 0 \\ 1 & 0 & 0 \end{pmatrix}$$

besitzen. Welche Vertauschungsbeziehungen erfüllen die Erzeuger $L$, $M_1$ und $M_2$ von $\mathcal{L}_+^\uparrow(2)$? Ist $\mathcal{L}_+^\uparrow(2)$ abelsch? Ist $\mathcal{L}_+^\uparrow(2)$ kompakt? Bestimmen Sie die Relationen $\phi_1(\beta)$ und $\phi_2(\beta)$ für den Fall, dass $\Lambda$ die Geschwindigkeitstransformation zwischen zwei Inertialsystemen $K$ und $K'$ mit $\mathbf{v}_{\text{rel}}(K', K) = v\hat{\mathbf{e}}_2$ und $\frac{v}{c} \equiv \beta$ beschreibt.

### Aufgabe 5.4 Eine Spritztour durch die Milchstraße

Eine Astronautin befindet sich in der Nähe unserer Sonne in einer Rakete, die sich geradlinig in $\hat{\beta}$-Richtung durch die Milchstraße bewegt. Anfangs ist ihre Geschwindigkeit sehr niedrig (auf jeden Fall nicht-relativistisch) im Vergleich zu den benachbarten Sternen. Die Astronautin schaut aus dem Fenster, sieht den Polarstern ($\alpha$ Ursae Minoris) unter einem Winkel von 45° zu ihrer Flugrichtung und untersucht insbesondere die Absorptionslinie von Eisen (bei etwa 5300 Å) in dessen Spektrum. Dann beschleunigt sie, zuerst auf $0{,}3\,c$, danach auf $0{,}6\,c$ und noch etwas später auf $0{,}9\,c$, schließlich sogar auf $0{,}99\,c$. Diese letzte Geschwindigkeit behält sie dann auch bei.

**(a)** Unter welchem Winkel zu ihrer Flugrichtung sieht die Astronautin jeweils den Polarstern? Bei welcher Wellenlänge sieht sie jeweils die Absorptionslinie von Eisen?

Sie fliegt an einem (in seinem Ruhesystem) sphärischen Planeten vorbei, der (in seinem Ruhesystem) einen Durchmesser von $10^7\,\mathrm{m}$ hat.

**(b)** Beschreiben Sie die Resultate ihrer Längenmessungen an diesem Planeten.

Sie nähert sich einer kosmischen Ampel, die im Inertialsystem der Fixsterne ruht und dort auf Rot ($6500\,\text{Å}$) steht.

**(c)** Auf welche Geschwindigkeit muss die Astronautin abbremsen, damit sie grünes Licht ($5300\,\text{Å}$) für ihren Weiterflug erhält?

Nach der Ampel beschleunigt die Astronautin wieder auf $0{,}99\,c$ und sieht dann plötzlich eine zweite Ampel genau rechts von ihr (also unter einem Winkel von $90°$ zu ihrer Flugrichtung). Auch diese zweite Ampel ruht im Inertialsystem der Fixsterne und steht dort auf Rot.

**(d)** Welche Farbe hat die Ampel laut der Astronautin?

### Aufgabe 5.5  Über hyperbolische Bewegung und zwei Bärte

Betrachten Sie zwei Inertialsysteme $K$ und $K'$, wobei $K'$ die Geschwindigkeit $\mathbf{v}$ relativ zu $K$ hat. Wir wählen die $x_1$- und $x_1'$-Achsen von $K$ und $K'$ parallel zur Geschwindigkeit: $\hat{\mathbf{e}}_1 = \hat{\mathbf{e}}_1' = \hat{\mathbf{v}}$.

**(a)** Leiten Sie aus dem relativistischen Transformationsgesetz für Geschwindigkeiten das folgende Transformationsgesetz für Beschleunigungen ab:

$$\frac{d^2 x_1}{dt^2} = \frac{d^2 x_1'}{(dt')^2} \left/ \left[ \gamma \left( 1 + \frac{v}{c^2} \frac{dx_1'}{dt'} \right) \right]^3 \right. \quad , \quad \gamma = \frac{1}{\sqrt{1 - \beta^2}} \quad , \quad \beta = \frac{v}{c} \, .$$

Wir betrachten nun einen Körper, der zur Zeit $t = 0$ im Ursprung $\mathbf{x} = \mathbf{0}$ des Inertialsystems $K$ ruht. Für $t \geq 0$ wird der Körper in $\hat{\mathbf{e}}_1$-Richtung beschleunigt; die Größe der Beschleunigung ist hierbei konstant (und gleich $a$) im jeweiligen Ruhesystem des Körpers.

**(b)** Zeigen Sie, dass die dimensionslose Geschwindigkeit $\beta = \frac{dx_1}{d(ct)}$ des Körpers die Gleichung $\frac{d\beta}{dt} = \frac{a}{c}(1 - \beta^2)^{3/2}$ erfüllt, und leiten Sie hieraus für die $x_1$-Koordinate und die Eigenzeit des Körpers ab:

$$\beta(t) = \left[ 1 + \left( \frac{c}{at} \right)^2 \right]^{-1/2} \quad , \quad x_1(t) = \sqrt{c^2 t^2 + \frac{c^4}{a^2}} - \frac{c^2}{a} \quad , \quad \tau(t) = \frac{c}{a} \operatorname{arsinh}\left( \frac{at}{c} \right) \, .$$

Erklären Sie den Namen „hyperbolische Bewegung".

Als Anwendung betrachten wir Einsteins Theorem über das Zurückbleiben beschleunigter Uhren („Zwillingsparadoxon"): Zwei (männliche) Zwillinge trennen sich zur Zeit $t = 0$; der eine verbringt seine Zeit ruhend im Ursprung des Inertialsystems $K$, der andere fliegt mit einer Rakete hin und zurück zu einem (einen Abstand $L$ entfernten) Stern, wobei die (in seinem jeweiligen Ruhesystem gemessene) Beschleunigung betragsmäßig stets konstant ist (das erste und letzte Viertel der Reise sei die Beschleunigung $+a$, das zweite und dritte Viertel $-a$).

(c) Um wieviel jünger ist der Astronaut als sein Bruder, wenn er am Ende seiner Reise an den Ursprung des Inertialsystems $K$ zurückkehrt?

Nehmen wir an, der Ursprung $\mathbf{0}$ entspricht der Erde, die Beschleunigung sei $a = g \simeq 9{,}8 \, \mathrm{m/s^2}$ und der Stern sei $\alpha$ Centauri, sodass $L \simeq 4{,}3$ Lichtjahre gilt. Nehmen wir des Weiteren an, die Zwillinge sind zur Zeit $t = 0$ wohlrasiert und lassen ab der Trennung ihre Bärte wachsen (mit einer Wachstumsgeschwindigkeit von 2 cm/Monat, wobei Länge und Zeit in ihrem jeweiligen Ruhesystem gemessen werden).

(d) Wieviel länger ist der Bart des zurückgebliebenen Zwillings als derjenige seines Bruders bei dessen Rückkehr (gemessen im Inertialsystem $K$)?

## Aufgabe 5.6 Addition paralleler Geschwindigkeiten

In Gleichung (5.56) wurde das Gesetz $\beta'' = \frac{\beta + \beta'}{1 + \beta\beta'}$ für die Addition *paralleler* Geschwindigkeiten präsentiert. Zeigen Sie, dass:

(a) für alle $\beta$, $\beta'$ mit $0 < \beta, \beta' < 1$ gilt: $\beta'' < 1$. Schließen Sie hieraus, dass die Addition endlich vieler paralleler Unterlichtgeschwindigkeiten niemals zu einer Überlichtgeschwindigkeit führen kann.

(b) für alle $\beta$, $\beta' > 0$ mit $\max\{\beta, \beta'\} = 1$ gilt: $\beta'' = 1$. Sehen Sie eine Verbindung zwischen diesem Resultat und dem zweiten Postulat der Speziellen Relativitätstheorie?

## Aufgabe 5.7 Der relativistische Würfel

Als Anwendung der in Abschnitt [5.6.3] behandelten optischen Effekte betrachten wir zwei Inertialsysteme $K$ und $K'$, die sich mit $\mathbf{v}_{\mathrm{rel}}(K', K) = v\hat{\mathbf{e}}_2$ relativ zueinander bewegen, und nehmen an, dass die Koordinatenursprünge beider Systeme zur Zeit $t = t' = 0$ zusammenfallen. Außerdem nehmen wir an, dass die Lorentz-Transformation, die die Koordinatensysteme verbindet, ein reiner Boost ist. Im Inertialsystem $K'$ ruht ein Würfel mit den Seitenlängen $\ell$; seine Koordinaten sind $\{\mathbf{x}' \mid |x_i'| \le \frac{1}{2}\ell, \ i = 1, 2, 3\}$. Misst man die Koordinaten dieses Körpers im Inertialsystem $K$ alle *gleichzeitig*, so erhält man bekanntlich *keinen* Würfel, sondern einen *Quader*, der in $\hat{\mathbf{e}}_1$- und $\hat{\mathbf{e}}_3$-Richtung die Länge $\ell$ hat und in $\hat{\mathbf{e}}_2$-Richtung aufgrund der Lorentz-Kontraktion die Länge $\ell/\gamma$ mit $\gamma = (1 - \beta^2)^{-1/2}$ und $\beta = \frac{v}{c}$.

Um das *optische* Bild des Würfels in $K$ zu bestimmen, platzieren wir eine auf den Ursprung von $K$ gerichtete Kamera in $\mathbf{x}_0 \equiv L\hat{\mathbf{e}}_1$. Wir nehmen an, dass der Körper des Würfels transparent ist und markieren die Eckpunkte, Kanten und Flächen mit kleinen Lämpchen, sodass ein Beobachter in $\mathbf{x}_0$ alle 6 Flächen deutlich sehen kann. Zur Zeit $t_0 = L/c$ wird ein Foto gemacht. Der Einfachheit halber nehmen wir an, dass $L \gg \ell$ gilt; dies vereinfacht die Berechnung stark.

(a) Beschreiben Sie das optische Bild des Würfels auf dem Foto quantitativ und skizzieren Sie es. Berechnen Sie insbesondere im optischen Bild den Winkel zwischen den Seitenwänden des Würfels und der Blickrichtung. Zeigen Sie, dass das optische Bild den Eindruck erweckt, dass der Würfel um den Winkel $\arcsin(\beta)$ um die $\hat{\mathbf{e}}_3$-Achse durch den Würfelmittelpunkt *gedreht* ist.

Aufgrund des ersten Versuchs erhält man optisch den Eindruck, dass man die Lorentz-Kontraktion des Würfels auf einem zur Zeit $t_0 = 0$ gemachten Foto hätte sehen können. (Warum?) Wir wiederholen daher das Gedankenexperiment und lösen nun bereits zur Zeit $t_0 = 0$ die Kamera aus. Nach wie vor gilt $L \gg \ell$.

(b) Beschreiben Sie quantitativ, an welcher Stelle und mit welcher Form die Kamera den Würfel sieht; machen Sie eine Skizze. Bestimmen Sie insbesondere die scheinbare Breite des Würfels im optischen Bild der Kamera.

(c) Überprüfen Sie analog zu (a), dass die scheinbare Drehung im optischen Bild nicht nur für würfelförmige Objekte, sondern genauso auch z. B. für eine relativistische Kugel („Fußball") der Form $\{\mathbf{x}' \mid \sum_{i=1}^{3} (x_i')^2 \leq \ell\}$ in $K'$ auftritt.

**Aufgabe 5.8 Der Levi-Civita-Tensor**

Wir betrachten den vollständig antisymmetrischen Tensor $(\varepsilon^{\mu\nu\rho\sigma})$ in vier Dimensionen ($\mu, \nu, \rho, \sigma \in \{0, 1, 2, 3\}$):

$$\varepsilon^{\mu\nu\rho\sigma} = \begin{cases} \operatorname{sgn}(P), & \text{falls } (\mu\nu\rho\sigma) = \big(P(0),\, P(1),\, P(2),\, P(3)\big) \\ 0 & \text{sonst,} \end{cases}$$

wobei $P$ eine Permutation der Zahlen $\{0, 1, 2, 3\}$ darstellt.

(a) Bestimmen Sie $(\varepsilon_{\mu\nu\rho\sigma})$.

(b) Welche *Stufen* haben die Tensoren $(\varepsilon^{\mu\nu\rho\sigma})$, $(\varepsilon^{\mu\nu\rho\sigma}\varepsilon^{\alpha\beta\gamma\delta})$, $(\varepsilon^{\mu\nu\rho\sigma}\varepsilon^{\alpha\beta\gamma\delta}\varepsilon^{\varphi\xi\psi\zeta})$? Sind sie vollständig antisymmetrisch? Sind sie echte oder Pseudotensoren?

(c) Zeigen Sie: $\varepsilon^{\mu\nu\rho\sigma}\varepsilon_{\mu\nu\rho\sigma} = -24$ und außerdem

$$\varepsilon^{\mu\nu\rho\sigma}\varepsilon_{\alpha\nu\rho\sigma} = -6\delta^{\mu}{}_{\alpha} \quad,\quad \varepsilon^{\mu\nu\rho\sigma}\varepsilon_{\alpha\beta\gamma\delta} = -\det\begin{pmatrix} \delta^{\mu}{}_{\alpha} & \delta^{\mu}{}_{\beta} & \delta^{\mu}{}_{\gamma} & \delta^{\mu}{}_{\delta} \\ \delta^{\nu}{}_{\alpha} & \delta^{\nu}{}_{\beta} & \delta^{\nu}{}_{\gamma} & \delta^{\nu}{}_{\delta} \\ \delta^{\rho}{}_{\alpha} & \delta^{\rho}{}_{\beta} & \delta^{\rho}{}_{\gamma} & \delta^{\rho}{}_{\delta} \\ \delta^{\sigma}{}_{\alpha} & \delta^{\sigma}{}_{\beta} & \delta^{\sigma}{}_{\gamma} & \delta^{\sigma}{}_{\delta} \end{pmatrix}$$

$$\varepsilon^{\mu\nu\rho\sigma}\varepsilon_{\alpha\beta\gamma\sigma} = -\det\begin{pmatrix} \delta^{\mu}{}_{\alpha} & \delta^{\mu}{}_{\beta} & \delta^{\mu}{}_{\gamma} \\ \delta^{\nu}{}_{\alpha} & \delta^{\nu}{}_{\beta} & \delta^{\nu}{}_{\gamma} \\ \delta^{\rho}{}_{\alpha} & \delta^{\rho}{}_{\beta} & \delta^{\rho}{}_{\gamma} \end{pmatrix} \quad,\quad \varepsilon^{\mu\nu\rho\sigma}\varepsilon_{\alpha\beta\rho\sigma} = -2\det\begin{pmatrix} \delta^{\mu}{}_{\alpha} & \delta^{\mu}{}_{\beta} \\ \delta^{\nu}{}_{\alpha} & \delta^{\nu}{}_{\beta} \end{pmatrix}.$$

Sind die linken Glieder dieser fünf Gleichungen Elemente von echten oder von Pseudotensoren?

(d) Zeigen Sie: $\varepsilon_{\mu\nu\rho\sigma}\,\varepsilon^{\alpha\beta\gamma\delta}\Lambda^{\mu}{}_{\alpha}\Lambda^{\nu}{}_{\beta}\Lambda^{\rho}{}_{\gamma}\Lambda^{\sigma}{}_{\delta} = -24\det(\Lambda)$ .

(e) Beweisen Sie Gleichung (5.110): $\tilde{\tilde{a}}^{\mu} = a^{\mu}$, $\tilde{\tilde{a}}^{\mu\nu} = -a^{\mu\nu}$, $\tilde{\tilde{a}}^{\mu\nu\rho} = a^{\mu\nu\rho}$.

**Aufgabe 5.9 Transformationsverhalten von Winkeln**

Seien $K$ und $K'$ zwei Inertialsysteme mit $\mathbf{v}_{\mathrm{rel}}(K', K) = \mathbf{v}$ und $\boldsymbol{\beta} = \beta\hat{\boldsymbol{\beta}} = \frac{\mathbf{v}}{c}$. Ein in $K$ ruhender Beobachter detektiert einen unter dem Winkel $\vartheta$ mit der $\hat{\beta}$-Achse einfallenden Lichtstrahl. Aus Gleichung (5.61) ist für diesen Fall bekannt, dass ein in $K'$ ruhender Beobachter diesen Lichtstrahl unter einem Winkel $\vartheta'$ mit der $\hat{\beta}$-Achse detektieren wird:

$$\tan(\vartheta) = \frac{\sin(\vartheta')}{\gamma[\cos(\vartheta') + \beta]} \quad , \quad \gamma = \frac{1}{\sqrt{1 - \beta^2}} \; .$$

Es ist physikalisch klar (aber mathematisch nicht offensichtlich), dass umgekehrt

$$\tan(\vartheta') = \frac{\sin(\vartheta)}{\gamma[\cos(\vartheta) - \beta]} \tag{5.140}$$

gelten muss. Zeigen Sie (5.140), ausgehend von (5.61), durch explizite Berechnung.

## Aufgabe 5.10 Antisymmetrische Tensoren 2. Stufe

**(a)** Zeigen Sie, dass ein beliebiger, antisymmetrischer, echter Lorentz-Tensor zweiter Stufe darstellbar ist in der Form

$$\left(A^{\mu\nu}\right) = \begin{pmatrix} 0 & -p_1 & -p_2 & -p_3 \\ p_1 & 0 & -a_3 & a_2 \\ p_2 & a_3 & 0 & -a_1 \\ p_3 & -a_2 & a_1 & 0 \end{pmatrix} ,$$

wobei $\mathbf{p} = (p_1, p_2, p_3)^{\mathrm{T}}$ ein polarer (echter) und $\mathbf{a} = (a_1, a_2, a_3)^{\mathrm{T}}$ ein axialer Vektor (Pseudovektor) bezüglich dreidimensionaler orthogonaler Transformationen (also bezüglich Drehungen und Raumspiegelungen) ist. **Hinweis:** Untersuchen Sie das Transformationsverhalten des Tensors $(A^{\mu\nu})$ unter Lorentz-Transformationen der Form $\left(\Lambda^{\mu}{}_{\nu}\right) = \left(\begin{smallmatrix} 1 & \mathbf{0}^{\mathrm{T}} \\ \mathbf{0} & \mathcal{O} \end{smallmatrix}\right)$, wobei $\mathcal{O}$ eine dreidimensionale orthogonale Transformation ist: $\mathcal{O}^{\mathrm{T}}\mathcal{O} = \mathbb{1}_3$ .

**(b)** Bestimmen Sie den zu $(A^{\mu\nu})$ dualen Tensor $(\tilde{A}^{\mu\nu}) \equiv (\frac{1}{2}\varepsilon^{\mu\nu\rho\sigma} A_{\rho\sigma})$ und den doppeltdualen Tensor $(\tilde{\tilde{A}}^{\mu\nu})$.

## Aufgabe 5.11 Die Photonenrakete

Wir betrachten eine Rakete, die sich geradlinig bewegt und durch Photonenausstoß angetrieben wird: Strahlt die Rakete Photonen (und somit Energie und Impuls) in der Rückwärtsrichtung aus, so erfährt sie nach dem Impulserhaltungssatz eine Kraft nach vorne. Wir nehmen an, dass der Antriebsmechanismus der Rakete imstande ist, Masse vollständig in Strahlung (Photonen) umzusetzen, und bezeichnen die (zeitabhängige) Masse der Rakete, gemessen in ihrem momentanen Ruhesystem, als $M$. Zur Zeit $t = 0$ möge die Rakete im Inertialsystem $K$ ruhen, ihre Masse zu diesem Zeitpunkt sei $M_0$.

**(a)** Zeigen Sie:

$$\frac{dM}{d\beta} = -\gamma^2 M \quad , \quad \beta = \frac{v}{c} \quad , \quad \gamma = \frac{1}{\sqrt{1 - \beta^2}} ,$$

wobei $v$ die Geschwindigkeit der Rakete im Inertialsystem $K$ ist, und bestimmen Sie $M(\beta)$ aus dieser Gleichung. **Hinweis:** Verwenden Sie bei Bedarf Aufgabe 5.5, Teil **(a)**.

Nehmen wir nun an, die Rakete soll eine Raumkapsel mit einer Ruhemasse von 20 Tonnen von der Erde nach $\alpha$ Centauri hin- und hertransportieren, und zwar so, dass sie sowohl auf der Hin- als auch auf der Rückreise eine Maximalgeschwindigkeit von $0{,}8\,c$ erreicht. Einfachheitshalber vernachlässigen wir die Effekte der Schwerkraft in der Nähe von Erde und $\alpha$ Centauri.

**(b)** Bestimmen Sie die hierzu erforderliche Mindestmasse $M_0$ der Rakete beim Start.

Wir betrachten wieder das allgemeine, in (a) untersuchte Problem und nehmen zusätzlich an, der Antrieb der Rakete funktioniere so, dass die pro Zeiteinheit in Photonen umgesetzte Masse (gemessen im momentanen Ruhesystem der Rakete) stets proportional zu $M$ ist.

**(c)** Bestimmen Sie $\beta(t)$ und die Eigenzeit $\tau(t)$ der Rakete; hierbei bezeichnet $t$ die Zeit in $K$.

Nehmen wir nun alternativ an, der Antrieb funktioniere so, dass die in Photonen umgesetzte Masse pro Zeiteinheit (gemessen im momentanen Ruhesystem der Rakete) konstant ist.

**(d)** Bestimmen Sie die funktionalen Beziehungen zwischen $\beta$ und $\tau$ bzw. $\beta$ und $t$ in diesem Fall. Skizzieren Sie die Funktionen $\beta(t)$ und $\tau(t)$.

### Aufgabe 5.12 Lorentz-Transformationen und komplexe Drehungen

Der elektromagnetische Feldtensor $F^{\mu\nu} = (\mathbf{E}, c\mathbf{B})$ wird unter allgemeinen Lorentz-Transformationen - wie jeder Tensor zweiter Stufe - gemäß $(F')^{\mu\nu} = \Lambda^\mu{}_\rho \Lambda^\nu{}_\sigma F^{\rho\sigma}$ transformiert. Betrachten Sie nun speziell eine eigentliche orthochrone Lorentz-Transformation, $\Lambda \in \mathcal{L}_+^\uparrow$, die [in der Notation von Gleichung (5.50)] die Form $\Lambda = e^{-i\boldsymbol{\alpha}\cdot\mathbf{L} - \boldsymbol{\phi}\cdot\mathbf{M}}$ hat. Fügen wir die im Feldtensor $F^{\mu\nu}$ enthaltenen $\mathbf{E}$- und $\mathbf{B}$-Felder zu einem *komplexen* Vektor zusammen: $\mathbf{F} \equiv \mathbf{E} + ic\mathbf{B}$, so lässt sich die Lorentz-Transformation von $F^{\mu\nu}$ interessanterweise auch als komplexe Drehung von $\mathbf{F}$ formulieren: $\mathbf{F}' = R(\boldsymbol{\alpha} - i\boldsymbol{\phi})\mathbf{F}$. Beweisen Sie dies. Warum ist es wieder ausreichend, Lorentz-Transformationen nahe der Identität zu betrachten?

### Aufgabe 5.13 Transformation des B-Felds unter Lorentz-Boosts

Zeigen Sie aus dem bekannten Transformationsverhalten des elektromagnetischen Feldtensors, $(F')^{\mu\nu} = \Lambda^\mu{}_\rho \Lambda^\nu{}_\sigma F^{\rho\sigma}$, und der Form

$$\left(\Lambda^\mu{}_\nu\right) = \begin{pmatrix} \gamma & -\gamma\boldsymbol{\beta}^{\mathrm{T}} \\ -\gamma\boldsymbol{\beta} & \mathbb{1}_3 + (\gamma-1)\hat{\boldsymbol{\beta}}\hat{\boldsymbol{\beta}} \end{pmatrix}$$

der Geschwindigkeitstransformation, dass das Magnetfeld $\mathbf{B}$ unter Boosts wie folgt transformiert wird:

$$\mathbf{B}' = \gamma\left(\mathbf{B} - \tfrac{1}{c}\boldsymbol{\beta} \times \mathbf{E}\right) - (\gamma-1)(\hat{\boldsymbol{\beta}} \cdot \mathbf{B})\hat{\boldsymbol{\beta}}\,.$$

### Aufgabe 5.14 Der Satz von Helmholtz in kovarianter Form

In Abschnitt [5.9.2] wurde gezeigt, dass die homogenen Maxwell-Gleichungen die

Form $\partial_\mu \tilde{F}^{\mu\nu} = 0$ haben und dass sie äquivalent zur Annahme der Existenz eines *4-Potentials* $A^\mu$ sind. In dieser Aufgabe möchten wir zeigen, dass eine solche Beziehung zwischen Divergenzfreiheit und Existenz eines (verallgemeinerten) 4-Potentials generell für antisymmetrische Tensoren zweiter Stufe gilt.

**(a)** Zeigen Sie mit Hilfe des *Satzes von Helmholtz* (s. Abschnitt [5.1.1]), dass aus der Divergenzfreiheit $\partial_\mu A^{\mu\nu} = 0$ eines antisymmetrischen Tensors zweiter Stufe $(A^{\mu\nu})$ die Existenz eines 4-Vektors $(\xi^\mu)$ mit $A^{\mu\nu} = \varepsilon^{\mu\nu\rho\sigma} \partial_\rho \xi_\sigma$ folgt:

$$0 = \partial_\mu A^{\mu j} \quad \Leftrightarrow \quad \exists \xi^\mu \quad \text{mit} \quad A^{\mu\nu} = \varepsilon^{\mu\nu\rho\sigma} \partial_\rho \xi_\sigma \ . \tag{5.141a}$$

Folgern Sie hieraus, dass $(\xi^\mu)$ ein 4-Pseudovektor sein muss, falls $(A^{\mu\nu})$ ein *echter* Tensor ist, und ein echter 4-Vektor, falls $(A^{\mu\nu})$ ein *Pseudo*tensor ist.

**(b)** Folgern Sie aus (5.141a) mit Hilfe einer Dualitätstransformation:

$$0 = \partial_\mu A^{\mu j} \quad \Leftrightarrow \quad \exists \xi^\mu \quad \text{mit} \quad -\tilde{A}^{\mu\nu} = \partial^\mu \xi^\nu - \partial^\nu \xi^\mu \ . \tag{5.141b}$$

Wir betrachten nun den Spezialfall $-\tilde{A}^{\mu\nu} = F^{\mu\nu}$.

**(c)** Was folgt in diesem Spezialfall aus dem Helmholtz'schen Satz für $\partial_\mu \tilde{F}^{\mu\nu}$?

### Aufgabe 5.15 Parallele E- und B-Felder

Wir führen eine Lorentz-Transformation $\Lambda \in \mathcal{L}_+^\uparrow$ von einem Inertialsystem $K$ zu einem anderen Inertialsystem $K'$ mit $\mathbf{v}_{\text{rel}}(K', K) = \mathbf{v}$ durch.

**(a)** Nehmen wir zuerst an, dass die **E**- und **B**-Felder in $K$ parallel sind: $\mathbf{E} \neq \mathbf{0}$, $\mathbf{B} \neq \mathbf{0}$, $\mathbf{E} \parallel \mathbf{B}$. Für welche $\Lambda \in \mathcal{L}_+^\uparrow$ gilt dann auch in $K'$: $\mathbf{E}' \parallel \mathbf{B}'$? Warum ist es hierfür ausreichend, Lorentz-Transformationen nahe der Identität zu betrachten?

**(b)** Nehmen wir nun an, dass in $K$ nicht gilt: $\mathbf{E} \parallel \mathbf{B}$. Geben Sie explizit eine Transformation $\Lambda \in \mathcal{L}_+^\uparrow$ an, sodass in $K'$ gilt: $\mathbf{E}' \parallel \mathbf{B}'$. Bestimmen Sie $\beta = |\mathbf{v}|/c$ insbesondere für die Spezialfälle $\mathbf{E} \perp \mathbf{B}$ und $|\mathbf{E}| = c|\mathbf{B}|$. Was passiert, wenn sowohl $\mathbf{E} \perp \mathbf{B}$ als auch $|\mathbf{E}| = c|\mathbf{B}|$ gilt?

### Aufgabe 5.16 Relativistisches Teilchen im elektrischen Feld

Wir betrachten ein Teilchen der Ruhemasse $m_0$ und der Ladung $q$ in einem räumlich homogenen, zeitunabhängigen elektrischen Feld $\mathbf{E}$. Der kinetische Impuls $\boldsymbol{\pi} = \gamma_u m_0 \mathbf{u}$ und die Energie $\mathcal{E} = \gamma_u m_0 c^2$ des Teilchens erfüllen die Bewegungsgleichungen $\frac{d\boldsymbol{\pi}}{dt} = q\mathbf{E}$ und $\frac{d\mathcal{E}}{dt} = q\mathbf{E} \cdot \mathbf{u}$. Lösen Sie diese Bewegungsgleichungen für eine allgemeine Anfangsgeschwindigkeit $\mathbf{u}(0) \equiv \mathbf{u}_0$ zur Zeit $t = 0$. Wir nehmen an, dass das Teilchen sich zur Zeit $t = 0$ im Ursprung befindet: $\mathbf{x}(0) = \mathbf{0}$, und definieren $x_\parallel \equiv \mathbf{x} \cdot \hat{\mathbf{E}}$, $\pi_{0\parallel} \equiv \boldsymbol{\pi}(0) \cdot \hat{\mathbf{E}}$, $\boldsymbol{\pi}_{0\perp} = \boldsymbol{\pi}(0) - \pi_{0\parallel}\hat{\mathbf{E}}$, $\hat{\boldsymbol{\pi}}_{0\perp} \equiv \boldsymbol{\pi}_{0\perp}/|\boldsymbol{\pi}_{0\perp}|$ und $x_\perp \equiv \mathbf{x} \cdot \hat{\boldsymbol{\pi}}_{0\perp}$. Berechnen Sie $\mathbf{x}(t)$ und $\mathcal{E}(t)$ und zeigen Sie insbesondere für den Spezialfall $\pi_{0\parallel} = 0$:

$$x_\parallel(t) = \frac{m_0 c^2}{qE} \sqrt{1 + \left(\frac{\pi_{0\perp}}{m_0 c}\right)^2} \left[\cosh\left(\frac{qE x_\perp}{|\boldsymbol{\pi}_{0\perp}| c}\right) - 1\right] \ .$$

Vergleichen Sie die Bahnformen relativistischer und nicht-relativistischer Teilchen für diesen Spezialfall. Skizzieren Sie die Bahnform $x_\perp(x_\parallel)$ und auch die Zeitabhängigkeit der Geschwindigkeit sowie des Energiegewinns der beschleunigten Ladung.

**Aufgabe 5.17 Relativistisches Teilchen im Magnetfeld**

Wir betrachten ein Teilchen der Ruhemasse $m_0$ und der Ladung $q$ in einem räumlich homogenen, zeitunabhängigen Magnetfeld $\mathbf{B}$. Der kinetische Impuls $\boldsymbol{\pi} = \gamma_u m_0 \mathbf{u}$ und die Energie $\mathcal{E} = \gamma_u m_0 c^2$ des Teilchens erfüllen die Bewegungsgleichungen $\frac{d\boldsymbol{\pi}}{dt} = q\mathbf{u} \times \mathbf{B}$ und $\frac{d\mathcal{E}}{dt} = 0$. Die Anfangsbedingung lautet $\mathbf{u}(0) \equiv \mathbf{u}_0$ und $\mathbf{x}(0) = \mathbf{0}$. Lösen Sie die Bewegungsgleichungen und bestimmen Sie $\mathbf{x}(t)$.

**Aufgabe 5.18 Das relativistische Coulomb-Problem** (P)

Betrachten Sie ein relativistisches geladenes Teilchen (Ruhemasse $m_0$, Ladung $q$), das sich im Coulomb-Feld einer unbeweglichen Ladung $q_0$ befindet. Die Bewegungsgleichungen (5.127) des Teilchens lauten:

$$\frac{d\pi_x}{dt} = \gamma m_0 x \dot\varphi^2 - \frac{a}{x^2} \quad , \quad \frac{d\pi_\varphi}{dt} = 0 \quad , \quad a \equiv -\frac{qq_0}{4\pi\varepsilon_0} \; .$$

Wir definieren den Parameter $\bar{a} \equiv \frac{a}{\pi_\varphi c}$, wobei $\pi_\varphi$ den (erhaltenen) Drehimpuls des Teilchens darstellt. In Abschnitt [5.11] wurde die Lösung der entsprechenden Bewegungsgleichung für den Fall attraktiver Coulomb-Wechselwirkung ($\bar{a} > 0$) diskutiert. Wir stellten fest, dass das Teilchen für Parameterwerte $\bar{a} \geq 1$ in das Anziehungszentrum hineinstürzt, falls für die Gesamtenergie $\mathcal{E}_\mathrm{g}$ des Teilchens entweder $\mathcal{E}_\mathrm{g} < m_0 c^2$ oder alternativ $\mathcal{E}_\mathrm{g} \geq m_0 c^2$ und zusätzlich $\dot{x}(0) < 0$ gilt.

(a) Zeigen Sie, dass für $\bar{a} \geq 1$ die Zeit, die das geladene Teilchen benötigt, um in den Kern hineinzustürzen, *endlich* ist.

(b) Lösen Sie die Bewegungsgleichungen nun für den Spezialfall $\bar{a} = -1$ mit *repulsiver* Coulomb-Wechselwirkung. Bestimmen Sie insbesondere den Ablenkungswinkel eines Teilchens, das aus dem Unendlichen eintrifft und an der abstoßenden Ladung $q_0$ gestreut wird.

(c) Bestimmen Sie den Ablenkungswinkel analog für $-1 < \bar{a} < 0$.

(d) Bestimmen Sie den Ablenkungswinkel analog für $\bar{a} < -1$.

(e) Skizzieren Sie die Ergebnisse für den Ablenkungswinkel für $\bar{a} = -\frac{1}{\sqrt{2}}$, $\bar{a} = -1$ und $\bar{a} = -\sqrt{2}$ als Funktion des Parameters $\eta = \frac{\mathcal{E}_\mathrm{g}}{m_0 c^2}$.

**Aufgabe 5.19 Der relativistische harmonische Oszillator** (P)

Die relativistische Variante des harmonischen Oszillators wird durch die Bewegungsgleichung

$$\frac{d\boldsymbol{\pi}}{dt} = -m_0 \omega^2 \mathbf{x} \quad , \quad \boldsymbol{\pi} = \gamma_u m_0 \mathbf{u} \quad , \quad \mathbf{u} = \frac{d\mathbf{x}}{dt}$$

beschrieben und ließe sich in der Elektrodynamik mit Hilfe von Potentialen $q\Phi(\mathbf{x}) = \frac{1}{2}m_0\omega^2\mathbf{x}^2$ und $\mathbf{A}(\mathbf{x}) = \mathbf{0}$ realisieren.

(a) Zeigen Sie, dass der Drehimpuls $\mathbf{L}$ und die Gesamtenergie $\mathcal{E}_g$ des harmonischen Oszillators erhalten sind.

Wählen Sie den Drehimpuls in $\hat{e}_3$-Richtung und beschreiben Sie die Bewegung in der $(x_1, x_2)$-Ebene mit Hilfe von Polarkoordinaten $(x, \varphi)$.

**(b)** Bestimmen Sie die Bewegungsgleichungen für den radialen Impuls $\pi_x$ und den Drehimpuls $\pi_\varphi$. Leiten Sie aus dem Energieerhaltungssatz eine Beziehung zwischen $\pi_x$ und $x$ her.

**(c)** Unter welcher Bedingung für das Verhältnis $\dot{\varphi}/\omega$ sind *Kreisbahnen* möglich? Welche Beziehung gibt es dann zwischen dem Radius $x$ der Kreisbahn und $\dot{\varphi}/\omega$? Welche $\dot{\varphi}/\omega$-Werte führen zu einer nicht-relativistischen, welche zu einer hoch-relativistischen Bewegung?

**(d)** Zeigen Sie, dass die Variablen $x(t)$ und $\varphi(t)$ Bewegungsgleichungen der Form

$$\left(\frac{dx}{d\varphi}\right)^2 = f(x) \quad , \quad \dot{\varphi} = g(x)$$

erfüllen. Bestimmen Sie $f(x)$ und $g(x)$ explizit. Wie könnte man $x(t)$ und $\varphi(t)$ im Prinzip – eventuell mit Hilfe von numerischen Methoden – aus diesen Bewegungsgleichungen bestimmen?

**(e)** Zeigen Sie, dass man die Bewegungsgleichungen mit Hilfe der Variablen $\xi \equiv \frac{m_0 c x}{\pi_\varphi}$ und $\theta \equiv \omega t$ und der Parameter $\eta \equiv \frac{\mathcal{E}_g}{m_0 c^2}$ und $\lambda \equiv \frac{\omega \pi_\varphi}{m_0 c^2}$ auch dimensionslos darstellen kann. Bestimmen Sie die Werte von $\xi$, $\eta$ und $\lambda$ für Kreisbahnen.

**(f)** Lösen Sie die Bewegungsgleichung für $\xi(\varphi)$ für den Fall $\eta = \frac{11}{4}$ und $\lambda = \frac{3}{\sqrt{2}}$. Ist die Bahn geschlossen?

**(g)** Skizzieren Sie die Lösung der Bewegungsgleichung für $\xi(\varphi)$ für den Fall $\lambda^2 = 2\eta$ mit $\eta = 3$. Ist die Bahn geschlossen?

# Kapitel 6

# Lagrange-Formulierung der Mechanik

In diesem Kapitel und dem nächsten zeigen wir, dass die Newton'sche Mechanik und die Spezielle Relativitätstheorie, die wir in den Kapiteln [2-4] bzw. [5] kennengelernt haben, kompakter, eleganter und effizienter formuliert werden können. Diese kompakte Umformulierung wird als die *Analytische Mechanik* bezeichnet.[1] Sie existiert in zwei Varianten, die beide ihre spezifischen Vorteile haben, nämlich in der Formulierung von *Lagrange*, die in diesem Kapitel behandelt wird, und in der Formulierung von *Hamilton*, der das nächste Kapitel gewidmet ist.

Die Analytische Mechanik wurde im 18. und 19. Jahrhundert von Newtons Erben als alternative Formulierung seiner *nicht-relativistischen* Mechanik entwickelt, ist aber ohne Weiteres auch auf die *relativistische* Dynamik anwendbar. Sie wurde insbesondere von d'Alembert, Euler, Lagrange, Hamilton und Jacobi vorangetrieben, wobei allerdings auch viele andere wichtige Beiträge geliefert haben (Johann Bernoulli, Maupertuis, Gauß, Cauchy, Poisson, Poincaré, ... ). Die Methoden und Konzepte der Analytischen Mechanik haben auch im 20. Jahrhundert zu wichtigen Weiterentwicklungen geführt. Beispiele sind die Theorie dynamischer Systeme (mit Anwendungen in der Himmelsmechanik), die Statistische Mechanik, die Quantenmechanik und die Quantenfeldtheorie. Die Weiterentwicklungen der Analytischen Mechanik sind mittlerweile so zahlreich und allumfassend und ihre Methoden auch in anderen Bereichen so wertvoll, dass sie ohne Übertreibung als Fundament der Theoretischen Physik angesehen werden kann.

Wir erklären zuerst, in Abschnitt [6.1], *warum* man überhaupt jenseits der bereits bekannten Bewegungsgleichungen weitere Ideen und Methoden benötigt. In Abschnitt [6.2] zeigen wir anhand einiger Beispiele, dass die Bewegungsgleichungen der Newton'schen Mechanik kompakt mit Hilfe einer skalaren *Lagrange-Funktion* umformuliert werden können, die dann die sogenannte *Lagrange-Gleichung* erfüllt. In Abschnitt [6.3] stellen wir fest, dass diese Lagrange-Gleichung sogar aus einem *Variationsprinzip*, dem Hamilton'schen Prinzip, hergeleitet werden kann. Die *Invarianzen* der Lagrange-Gleichung werden in Abschnitt [6.4] untersucht. Einer der

---

[1]Elementare Darstellungen der Analytischen Mechanik finden sich z. B. in den Refn. [36], [8] und [14], mehr fortgeschrittene in den Refn. [22] und [37].

großen Vorteile der Lagrange-Formulierung ist, dass man auch *Zwangsbedingungen*, die die Dynamik eines Systems einschränken, mitberücksichtigen kann; diese Zwangsbedingungen und die zu ihrer Beschreibung erforderlichen *verallgemeinerten Koordinaten* werden in den Abschnitten [6.5], [6.6] und [6.7] behandelt.

Im weiteren Verlauf dieses Kapitels werden die Eigenschaften der Lagrange-Formulierung in verallgemeinerten Koordinaten näher untersucht. In Abschnitt [6.8] behandeln wir ein Beispiel für eine *zeitabhängige* Zwangsbedingung, das zeigt, dass ein Pendel durchaus auch stabil kopfstehen (und sogar um diese senkrechte Lage pendeln) kann. Das Hamilton'sche Prinzip in verallgemeinerten Koordinaten wird in Abschnitt [6.9] behandelt und eine Variante der Lagrange-Gleichungen, die es erlaubt, auch *Zwangskräfte* zu berechnen, in Abschnitt [6.10]. Die Frage nach den *Erhaltungsgrößen* eines Systems wird in den Abschnitten [6.11] und [6.12] untersucht. Schließlich zeigen wir in Abschnitt [6.13] anhand einiger Beispiele, dass man Zwangsbedingungen auch dann noch theoretisch untersuchen kann, wenn sie *nicht* in der Form einer *Gleichung* darstellbar sind.

# 6.1   Warum Analytische Mechanik?

Man könnte meinen, dass die Newton'schen Bewegungsgleichungen und diejenigen der Speziellen Relativitätstheorie die Mechanik bereits vollständig beschreiben, sodass Erweiterungen im Sinne der Analytischen Mechanik zunächst einmal überflüssig erscheinen. Wir möchten in diesem Abschnitt ein paar Gründe nennen, warum eine solche Weiterentwicklung dennoch wünschenswert oder gar erforderlich ist.

Hierzu rufen wir die *Struktur* der bisherigen Bewegungsgleichungen in Erinnerung: Diese Struktur folgt aus dem *deterministischen Prinzip* der Klassischen Mechanik, das besagt, dass die physikalische Bahn eines Teilchens vollständig durch die Anfangswerte der Koordinaten und Geschwindigkeiten festgelegt ist. Die entsprechende Newton'sche Bewegungsgleichung für *nicht-relativistische* Systeme wurde in den Kapiteln [2] - [4] untersucht; sie hat für einzelne Teilchen die Form

$$\dot{\mathbf{p}} = \mathbf{F}(\mathbf{x}, \dot{\mathbf{x}}, t) \quad , \quad \mathbf{p} \equiv m\dot{\mathbf{x}} \; . \tag{6.1a}$$

Analog lernten wir in Kapitel [5] die *relativistische* Erweiterung von Gleichung (6.1a) kennen, die Lorentz'sche Bewegungsgleichung für den kinetischen Impuls $\boldsymbol{\pi}$:

$$\frac{d\boldsymbol{\pi}}{dt} = q(\mathbf{E} + \mathbf{u} \times \mathbf{B}) \quad , \quad \boldsymbol{\pi} = \gamma_u m_0 \mathbf{u} \quad , \quad \gamma_u = \frac{1}{\sqrt{1 - \mathbf{u}^2/c^2}} \; . \tag{6.1b}$$

Die beiden Bewegungsgleichungen (6.1) können problemlos für Vielteilchensysteme erweitert werden. Im Folgenden nennen wir einige Gründe, warum die Struktur dieser Gleichungen dennoch für viele Anwendungen oder auch für Grundlagenforschung unbefriedigend ist und warum die Theorie – wenn man an einem besseren *Verständnis* der Mechanik interessiert ist – weiterentwickelt werden sollte.

**Bisher ist unklar, was die physikalische Bahn unter allen möglichen Bahnen auszeichnet:** Man möchte besser verstehen, *warum* überhaupt Bewegungsgleichungen der Form (6.1) gelten, die ja die *physikalische Bahn* bestimmen: Ist die physikalische Bahn in irgendeinem Sinne (im Vergleich zu anderen Bahnen zwischen den gleichen Anfangs- und Endpunkten) ausgezeichnet? Ist sie in irgendeinem Sinne optimal oder extremal? Diese Frage konnte – wie wir sehen werden – in sehr eleganter Weise von Euler, Lagrange und Hamilton beantwortet werden.

**Nicht immer sind kartesische Koordinaten vorteilhaft:** Die Bewegungsgleichungen (6.1) sind zunächst einmal in kartesischen Koordinaten formuliert und gelten zunächst nur in Inertialsystemen. Man möchte daher wissen, welche Bewegungsgleichungen für *nicht-kartesische Koordinaten* und *Nicht-Inertialsysteme* gelten und natürlich auch, welche Symmetrie- und Invarianzeigenschaften diese neuen Gleichungen besitzen. Ähnliche Fragen drängen sich auf für die große und wichtige Klasse von Systemen mit *Zwangsbedingungen* (man denke z. B. an das sphärische und das mathematische Pendel aus Kapitel [4] oder an Hantelmoleküle).

**Lösungsverfahren und Transformationen:** Generell stellt sich die Frage nach allgemeinen Lösungsverfahren für mechanische Probleme. Welche Form der Bewegungsgleichung ist am besten als Startpunkt für formale Untersuchungen geeignet? Wie ist die Bewegungsgleichung zu transformieren, damit sie sich wesentlich vereinfacht? Diese Fragen sind bereits innerhalb der Lagrange-Formulierung relevant; dort können Konzepte wie *Punkttransformationen*, mögliche *Invarianzen* und z. B. das *Noether-Theorem* zu einer partiellen Antwort beitragen. Im Rahmen der Hamilton-Formulierung haben insbesondere Hamilton und Jacobi viel zu allgemeinen Lösungsverfahren beigetragen; wichtige Stichworte sind *kanonische Transformationen* und *Hamilton-Jacobi-Gleichung*.

**Anwendungen und Weiterentwicklungen:** Außerdem hat sich herausgestellt, dass die Newton'sche Theorie für bestimmte Anwendungen und Weiterentwicklungen nicht die optimale Formulierung ist. Beispiele sind die Durchführung der Störungstheorie in der Himmelsmechanik und die Entwicklung der Quantenmechanik, die beide auf der Hamilton-Formulierung aufbauen. Aus dem Bereich der *Himmelsmechanik* kann z. B. das berühmte *KAM-Theorem* genannt werden. Begriffe wie „Hamilton-Funktion" und „Poisson-Klammern", die wir in der Hamilton-Mechanik kennenlernen werden, wirken in modifizierter Form in der *Quantenmechanik* weiter.

Aus diesen Gründen untersuchen wir in diesem und dem nächsten Kapitel mögliche *Weiterentwicklungen* der Newton'schen Mechanik. In diesem Kapitel konzentrieren wir uns auf die *Lagrange-Formulierung*. Im nächsten Abschnitt zeigen wir zuerst, dass die Bewegungsgleichungen der nicht-relativistischen Newton'schen Mechanik kompakt mit Hilfe einer einzelnen skalaren *Lagrange-Funktion* formuliert werden können. Analog kann übrigens auch die *relativistische* Lorentz'sche Bewegungsgleichung mit Hilfe einer einzelnen skalaren Lagrange-Funktion formuliert werden; dies zeigen wir separat in Anhang D.

## 6.2 Die Lagrange-Funktion

Bemerkenswert an der Newton'schen Mechanik ist, dass die Bewegungsgleichung $m_i \ddot{\mathbf{x}}_i = \mathbf{F}_i$ Vektorcharakter hat und die Gesamtenergie durch zwei skalare Größen, die *kinetische* Energie $E_{\text{kin}} = \sum_i \frac{1}{2} m_i \dot{\mathbf{x}}_i^2$ und die *potentielle* Energie $V(\{\mathbf{x}_j\})$, bestimmt ist. Wir nehmen hierbei an, dass die Kräfte konservativ sind. Die Begriffe „Vektor" und „Skalar" werden hierbei durch das Transformationsverhalten der Kräfte bzw. der Energien unter orthogonalen Transformationen bestimmt (siehe Abschnitt [3.2]). Im Folgenden zeigen wir – zunächst nur für einige Spezialfälle –, dass sowohl die Bewegungsgleichung als auch die Gesamtenergie in vielen Fällen durch eine *einzelne skalare Funktion*, die sogenannte *Lagrange-Funktion*, bestimmt werden. Aufgrund der Tatsache, dass die Kenntnis einer einzelnen skalaren Funktion die Dynamik komplizierter Vielteilchensysteme vollständig festlegt, vereinfacht sich der Formalismus in hohem Maße. Im Verlauf dieses Kapitels werden wir sehen, dass diese Vereinfachung nicht nur für die Newton'sche Mechanik in kartesischen Koordinaten zutrifft, sondern weitgehend verallgemeinert werden kann.

### Ein Wort vorab über unabhängige Variablen und Ableitungen

Wie in Abschnitt [3.1] werden wir im Folgenden die Koordinaten der Teilchen in einem $N$-Teilchen-System und ihre Geschwindigkeiten als $\mathbf{X}$ bzw. $\dot{\mathbf{X}}$ bezeichnen:

$$\mathbf{X} \equiv \begin{pmatrix} \mathbf{x}_1 \\ \vdots \\ \mathbf{x}_N \end{pmatrix} = (\mathbf{x}_1/\mathbf{x}_2/\cdots/\mathbf{x}_N) \quad , \quad \dot{\mathbf{X}} \equiv \begin{pmatrix} \dot{\mathbf{x}}_1 \\ \vdots \\ \dot{\mathbf{x}}_N \end{pmatrix} = (\dot{\mathbf{x}}_1/\dot{\mathbf{x}}_2/\cdots/\dot{\mathbf{x}}_N) \, .$$

In dieser Gleichung und gelegentlich auch später in diesem Kapitel verwenden wir wieder die „papierschonende" Notation $\mathbf{X} = (\mathbf{x}_1/\cdots/\mathbf{x}_N)$ aus Gleichung (3.8).

Die Energien und Kräfte in einem solchen $N$-Teilchen-System werden im Allgemeinen von den Variablen $(\mathbf{X}, \dot{\mathbf{X}}, t)$, d. h. von den Koordinaten und Geschwindigkeiten der Teilchen sowie eventuell explizit von der Zeitvariablen $t$ abhängen. Diese physikalischen Größen sind für *beliebige* Werte der Variablen $\mathbf{X}$, $\dot{\mathbf{X}}$ und $t$ definiert. Dementsprechend sind sie als Funktionen von $6N + 1$ *unabhängigen* Variablen $(\mathbf{X}, \dot{\mathbf{X}}, t)$ aufzufassen. Dies bedeutet konkret, dass bei den partiellen Ableitungen $\partial_{x_{j\alpha}}$ und $\partial_{\dot{x}_{j\alpha}}$ bzgl. der Orts- bzw. Geschwindigkeitskomponenten (mit $j = 1, 2, \cdots, N$ und $\alpha = 1, 2, 3$) oder bei der Zeitableitung $\partial_t$ die anderen $6N$ Variablen festzuhalten sind.

### Die spezielle physikalische Bahn als Lösung der Bewegungsgleichung

Neben den $6N + 1$ unabhängigen Variablen $(\mathbf{X}, \dot{\mathbf{X}}, t)$ werden wir zur Beschreibung der *physikalischen Bahn*, die die Lösung der Newton'schen Bewegungsgleichung zu vorgegebenen Anfangsbedingungen $\mathbf{X}(0)$ und $\dot{\mathbf{X}}(0)$ darstellt, die Notation $\mathbf{X}_\phi(t)$ einführen. Generell werden die Eigenschaften der physikalischen Bahn (z. B. die Energien, Kräfte, usw.) im Folgenden mit Hilfe des Index „$\phi$" bezeichnet. In der Literatur sind Aussagen, die für allgemeine Bahnen $\mathbf{X}(t)$ zutreffen, und solche, die nur für die physikalische Bahn $\mathbf{X}_\phi(t)$ gelten, nicht immer klar getrennt. In diesem Abschnitt werden wir den Unterschied explizit angeben; falls Missverständnisse ausgeschlossen sind, wird der Index „$\phi$" später gelegentlich unterdrückt.

### Einzelnes Teilchen unter der Einwirkung einer konservativen Kraft

Betrachten wir zunächst – wie in Abbildung 6.1 dargestellt – den einfachen Fall eines einzelnen Teilchens unter der Einwirkung einer konservativen äußeren Kraft.

Die kinetische Energie kann (für allgemeine Bahnen und insbesondere auch für die physikalische Bahn) mit Hilfe einer Funktion $T(\dot{\mathbf{x}})$ beschrieben werden, die nur von der Geschwindigkeit des Teilchens abhängt:

$$T(\dot{\mathbf{x}}) = \tfrac{1}{2}m\dot{\mathbf{x}}^2 \quad , \quad E_{\mathrm{kin}}(t) \equiv \tfrac{1}{2}m\left[\dot{\mathbf{x}}_\phi(t)\right]^2 = T(\dot{\mathbf{x}}_\phi(t)) \, ,$$

und die äußere Kraft sowie die potentielle Energie können aus einer Potentialfunktion $V(\mathbf{x})$ abgeleitet werden:

$$\mathbf{F}(\mathbf{x}) = \mathbf{F}^{(\mathrm{ex})}(\mathbf{x}) = -(\boldsymbol{\nabla}V)(\mathbf{x}) \quad , \quad E_{\mathrm{pot}}(t) \equiv V(\mathbf{x}_\phi(t)) \, .$$

Mit Hilfe der Definition

$$\boxed{L(\mathbf{x},\dot{\mathbf{x}}) \equiv T(\dot{\mathbf{x}}) - V(\mathbf{x})}$$

kann die Bewegungsgleichung $m\ddot{\mathbf{x}}_\phi = -\frac{\partial V}{\partial \mathbf{x}}(\mathbf{x}_\phi)$ daher in der Form einer *Lagrange-Gleichung*[2] geschrieben werden:

$$\begin{aligned} \mathbf{0} &= m\ddot{\mathbf{x}}_\phi + \frac{\partial V}{\partial \mathbf{x}}(\mathbf{x}_\phi) = \frac{d}{dt}(m\dot{\mathbf{x}}_\phi) + \frac{\partial V}{\partial \mathbf{x}}(\mathbf{x}_\phi) \\ &= \frac{d}{dt}\left[\frac{\partial T}{\partial \dot{\mathbf{x}}}(\dot{\mathbf{x}}_\phi)\right] + \frac{\partial V}{\partial \mathbf{x}}(\mathbf{x}_\phi) = \frac{d}{dt}\left[\frac{\partial L}{\partial \dot{\mathbf{x}}}(\mathbf{x}_\phi,\dot{\mathbf{x}}_\phi)\right] - \frac{\partial L}{\partial \mathbf{x}}(\mathbf{x}_\phi,\dot{\mathbf{x}}_\phi) \, , \end{aligned}$$

d. h. als

$$\boxed{\frac{d}{dt}\left[\frac{\partial L}{\partial \dot{\mathbf{x}}}(\mathbf{x}_\phi,\dot{\mathbf{x}}_\phi)\right] - \frac{\partial L}{\partial \mathbf{x}}(\mathbf{x}_\phi,\dot{\mathbf{x}}_\phi) = \mathbf{0} \, .}$$

Auch die erhaltene Gesamtenergie $E = E_{\mathrm{kin}}(t) + E_{\mathrm{pot}}(t)$ des Teilchens in der physikalischen Bahn lässt sich mit Hilfe der Funktion $L$ ausdrücken:

$$\begin{aligned} E &= T(\dot{\mathbf{x}}_\phi) + V(\mathbf{x}_\phi) = m\dot{\mathbf{x}}_\phi^2 - [T(\dot{\mathbf{x}}_\phi) - V(\mathbf{x}_\phi)] \\ &= \dot{\mathbf{x}}_\phi \cdot \frac{\partial T}{\partial \dot{\mathbf{x}}}(\dot{\mathbf{x}}_\phi) - L(\mathbf{x}_\phi,\dot{\mathbf{x}}_\phi) = \dot{\mathbf{x}}_\phi \cdot \frac{\partial L}{\partial \dot{\mathbf{x}}}(\mathbf{x}_\phi,\dot{\mathbf{x}}_\phi) - L(\mathbf{x}_\phi,\dot{\mathbf{x}}_\phi) \, . \end{aligned}$$

Wir stellen fest, dass die Dynamik dieses einfachen Systems in der Tat vollständig durch eine einzelne skalare Funktion $L(\mathbf{x},\dot{\mathbf{x}})$ beschrieben werden kann. Die Funktion $L$ wird als die *Lagrange-Funktion* für dieses Problem bezeichnet. Wir werden im Folgenden sehen, dass die Darstellung der Bewegungsgleichung und der Gesamtenergie $E$ mit Hilfe einer Lagrange-Funktion $L$ auch auf wesentlich komplexere physikalische Systeme übertragen werden kann.

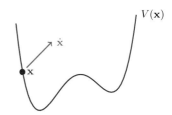

**Abb. 6.1** Ort, Geschwindigkeit und Potentialfunktion des Teilchens

---

[2]Diese Gleichung wird in der Variationsrechnung als *Euler-Lagrange-Gleichung* bezeichnet. Der Sprachgebrauch in der Physik ist differenzierter: Die Bestimmungsgleichung stationärer Lösungen von Variationsprinzipien wird in der Punktmechanik als Lagrange-Gleichung bezeichnet und nur in der Kontinuumsmechanik bzw. klassischen Feldtheorie als Euler-Lagrange-Gleichung.

**$N$ Teilchen unter der Einwirkung einer konservativen äußeren Kraft**

Die Verallgemeinerung auf $N$-Teilchen-Systeme mit konservativen inneren und äußeren Kräften ist einfach (siehe Abbildung 6.2 für eine grafische Darstellung). Die kinetische Energie ist nun durch

$$T(\dot{\mathbf{X}}) = \sum_{i=1}^{N} \tfrac{1}{2} m_i \dot{\mathbf{x}}_i^2 \quad , \quad E_{\text{kin}} \equiv T(\dot{\mathbf{X}}_\phi)$$

und das Potential durch

$$V(\mathbf{X}) = V_{\text{in}}(\mathbf{X}) + V_{\text{ex}}(\mathbf{X}) \quad , \quad E_{\text{pot}}(t) \equiv V(\mathbf{X}_\phi(t))$$

gegeben. Die Bewegungsgleichung lautet

$$\mathbf{0} = m_i \ddot{\mathbf{x}}_{\phi i} - \mathbf{F}_{\phi i} = m_i \ddot{\mathbf{x}}_{\phi i} + \frac{\partial V}{\partial \mathbf{x}_i}(\mathbf{X}_\phi) = \frac{d}{dt}\left[\frac{\partial T}{\partial \dot{\mathbf{x}}_i}(\dot{\mathbf{X}}_\phi)\right] + \frac{\partial V}{\partial \mathbf{x}_i}(\mathbf{X}_\phi) \,,$$

sodass mit der Definition

$$\boxed{L(\mathbf{X}, \dot{\mathbf{X}}) \equiv T(\dot{\mathbf{X}}) - V(\mathbf{X})}$$

nun die Lagrange-Gleichung

$$\frac{d}{dt}\left[\frac{\partial L}{\partial \dot{\mathbf{x}}_i}(\mathbf{X}_\phi, \dot{\mathbf{X}}_\phi)\right] - \frac{\partial L}{\partial \mathbf{x}_i}(\mathbf{X}_\phi, \dot{\mathbf{X}}_\phi) = \mathbf{0} \qquad (i = 1, 2, \cdots, N)$$

oder auch kurz

$$\boxed{\frac{d}{dt}\left[\frac{\partial L}{\partial \dot{\mathbf{X}}}(\mathbf{X}_\phi, \dot{\mathbf{X}}_\phi)\right] - \frac{\partial L}{\partial \mathbf{X}}(\mathbf{X}_\phi, \dot{\mathbf{X}}_\phi) = \mathbf{0}}$$

gilt. Für die erhaltene Gesamtenergie erhält man den Ausdruck:

$$E = T(\dot{\mathbf{X}}_\phi) + V(\mathbf{X}_\phi) = \sum_i m_i \dot{\mathbf{x}}_{\phi i}^2 - \left[T(\dot{\mathbf{X}}_\phi) - V(\mathbf{X}_\phi)\right]$$

$$= \sum_i \dot{\mathbf{x}}_{\phi i} \cdot \frac{\partial L}{\partial \dot{\mathbf{x}}_i}(\mathbf{X}_\phi, \dot{\mathbf{X}}_\phi) - L(\mathbf{X}_\phi, \dot{\mathbf{X}}_\phi) = \dot{\mathbf{X}}_\phi \cdot \frac{\partial L}{\partial \dot{\mathbf{X}}}(\mathbf{X}_\phi, \dot{\mathbf{X}}_\phi) - L(\mathbf{X}_\phi, \dot{\mathbf{X}}_\phi) \,,$$

sodass die skalare Lagrange-Funktion $L$ wiederum ausreicht, die Dynamik des Systems vollständig zu beschreiben.

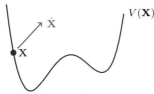

**Abb. 6.2** Ort, Geschwindigkeit und Potentialfunktion der $N$ Teilchen

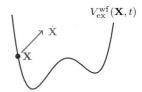

**Abb. 6.3** $N$ Teilchen im Potential einer wirbelfreien Kraft

### $N$ Teilchen unter der Einwirkung einer wirbelfreien äußeren Kraft

Als nächste Stufe der Verallgemeinerung betrachten wir ein $N$-Teilchen-System mit inneren Kräften, die – wie vorher – das dritte Newton'sche Gesetz erfüllen, und äußeren Kräften, die zwar aus einem Potential abgeleitet werden können, nun aber explizit zeitabhängig sind (siehe Abbildung 6.3):

$$\mathbf{F}_i^{(\text{ex})} = -(\boldsymbol{\nabla}_i V_{\text{ex}}^{\text{wf}})(\mathbf{X}, t) \ .$$

Solche Kräfte, die im Allgemeinen nicht-konservativ sind, werden als *wirbelfrei* bezeichnet und entsprechend durch einen Index „wf" gekennzeichnet. Da die Kräfte nicht konservativ sind, ist die Gesamtenergie des Systems im Allgemeinen nicht erhalten. Wir konzentrieren uns im Folgenden daher auf die Formulierung der Bewegungsgleichung mit Hilfe einer Lagrange-Funktion. Aus den Definitionen der Lagrange-Funktion $L$ und des Gesamtpotentials $V$:

$$\boxed{L(\mathbf{X}, \dot{\mathbf{X}}, t) \equiv T(\dot{\mathbf{X}}) - V(\mathbf{X}, t) \quad , \quad V(\mathbf{X}, t) \equiv V_{\text{in}}(\mathbf{X}) + V_{\text{ex}}^{\text{wf}}(\mathbf{X}, t)}$$

folgt nun:

$$\mathbf{0} = m_i \ddot{\mathbf{x}}_{\phi i} - \mathbf{F}_{\phi i} = \left[\frac{d}{dt}\left(\frac{\partial T}{\partial \dot{\mathbf{x}}_i}\right) + \frac{\partial V}{\partial \mathbf{x}_i}\right]_\phi = \left[\frac{d}{dt}\left(\frac{\partial L}{\partial \dot{\mathbf{x}}_i}\right) - \frac{\partial L}{\partial \mathbf{x}_i}\right]_\phi \ ,$$

sodass die Bewegungsgleichung sogar für diesen recht allgemeinen zeitabhängigen Fall die Form einer Lagrange-Gleichung hat,

$$\boxed{\left[\frac{d}{dt}\left(\frac{\partial L}{\partial \dot{\mathbf{X}}}\right) - \frac{\partial L}{\partial \mathbf{X}}\right]_\phi = \mathbf{0} \ ,}$$

und somit vollständig durch die skalare Funktion $L = T - V$ bestimmt wird. Der Index „$\phi$" deutet wie üblich an, dass die entsprechenden Größen für die physikalische Bahn auszuwerten sind. Beispiele von wirbelfreien Kraftfeldern wären langsam veränderliche elektrische Felder oder zeitlich veränderliche Gravitationskräfte.

### Einzelnes Teilchen unter der Einwirkung einer Lorentz-Kraft

Da wir nun sowohl konservative (ortsabhängige) als auch wirbelfreie (orts- und zeitabhängige) Kräfte mit Hilfe einer Lagrange-Funktion beschreiben können, stellt sich die Frage, ob sich das Konzept der Lagrange-Funktion auch auf *geschwindigkeits*abhängige Kräfte übertragen lässt. Wir untersuchen diese Frage zuerst für den wichtigen Spezialfall *elektromagnetischer* Kräfte. Falls sich im elek-

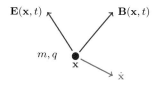

**Abb. 6.4** Geladenes Teilchen im elektromagnetischen Feld

tromagnetischen Feld nur ein einzelnes geladenes Teilchen der Masse $m$ und Ladung $q$ befindet (siehe Abbildung 6.4), lautet die Bewegungsgleichung

$$m\ddot{\mathbf{x}}_\phi = \mathbf{F}_{\text{Lor}}(\mathbf{x}_\phi, \dot{\mathbf{x}}_\phi, t) = q\left[\mathbf{E}(\mathbf{x}_\phi, t) + \dot{\mathbf{x}}_\phi \times \mathbf{B}(\mathbf{x}_\phi, t)\right] \ ,$$

wobei die $(\mathbf{E}, \mathbf{B})$-Felder bekanntlich (siehe Abschnitt [5.1.1]) aus den elektromagnetischen Potentialen $(\Phi, \mathbf{A})$ abgeleitet werden können:

$$\mathbf{E} = -\boldsymbol{\nabla}\Phi - \frac{\partial \mathbf{A}}{\partial t} \quad , \quad \mathbf{B} = \boldsymbol{\nabla} \times \mathbf{A} \,.$$

Aufgrund dieser Darstellung der Felder mit Hilfe von Potentialen kann man zeigen, dass auch die Lorentz-Kraft $\mathbf{F}_{\mathrm{Lor}}$ aus einer Potentialfunktion

$$\boxed{V_{\mathrm{Lor}}(\mathbf{x}, \dot{\mathbf{x}}, t) \equiv q\left[\Phi(\mathbf{x}, t) - \dot{\mathbf{x}} \cdot \mathbf{A}(\mathbf{x}, t)\right]} \tag{6.2}$$

abgeleitet werden kann, wobei diese Potentialfunktion nun allerdings nicht nur orts- und zeit-, sondern auch geschwindigkeitsabhängig ist. Aus der Vektoridentität

$$\dot{\mathbf{x}} \times (\boldsymbol{\nabla} \times \mathbf{A}) = \boldsymbol{\nabla}(\dot{\mathbf{x}} \cdot \mathbf{A}) - (\dot{\mathbf{x}} \cdot \boldsymbol{\nabla})\mathbf{A}$$

folgt nämlich für die Lorentz-Kraft, die ein geladenes Teilchen entlang der physikalischen Bahn spürt:

$$\begin{aligned}
\mathbf{F}_{\mathrm{Lor}}(\mathbf{x}_\phi, \dot{\mathbf{x}}_\phi, t) &= q(\mathbf{E} + \dot{\mathbf{x}} \times \mathbf{B})_\phi \\
&= q\left[-\boldsymbol{\nabla}\Phi - \frac{\partial \mathbf{A}}{\partial t} + \dot{\mathbf{x}} \times (\boldsymbol{\nabla} \times \mathbf{A})\right]_\phi \\
&= q\left\{-\frac{\partial}{\partial \mathbf{x}}(\Phi - \dot{\mathbf{x}} \cdot \mathbf{A}) - \left[\frac{\partial \mathbf{A}}{\partial t} + (\dot{\mathbf{x}} \cdot \boldsymbol{\nabla})\mathbf{A}\right]\right\}_\phi \\
&= \left[-\frac{\partial}{\partial \mathbf{x}}V_{\mathrm{Lor}} - q\frac{d}{dt}\mathbf{A}\right]_\phi = \left[-\frac{\partial V_{\mathrm{Lor}}}{\partial \mathbf{x}} + \frac{d}{dt}\frac{\partial V_{\mathrm{Lor}}}{\partial \dot{\mathbf{x}}}\right]_\phi \,. \tag{6.3}
\end{aligned}$$

In der letzten Zeile wurde die Kettenregel verwendet und dabei die *vollständige Zeitableitung* $\frac{d}{dt}$ für Bewegungen entlang der physikalischen Bahn eingeführt:

$$\frac{d}{dt}\mathbf{A}(\mathbf{x}_\phi(t), t) = \frac{\partial \mathbf{A}}{\partial t}(\mathbf{x}_\phi(t), t) + \dot{\mathbf{x}}_\phi \cdot \frac{\partial \mathbf{A}}{\partial \mathbf{x}}(\mathbf{x}_\phi(t), t) \quad , \quad \frac{d}{dt} = \frac{\partial}{\partial t} + \dot{\mathbf{x}}_\phi \cdot \boldsymbol{\nabla} \,.$$

Mit Hilfe der Definition der Lagrange-Funktion

$$\boxed{L(\mathbf{x}, \dot{\mathbf{x}}, t) \equiv T(\dot{\mathbf{x}}) - V_{\mathrm{Lor}}(\mathbf{x}, \dot{\mathbf{x}}, t)} \tag{6.4}$$

vereinfacht sich die Bewegungsgleichung also auf

$$\begin{aligned}
\mathbf{0} = m\ddot{\mathbf{x}}_\phi - \mathbf{F}_{\mathrm{Lor}}(\mathbf{x}_\phi, \dot{\mathbf{x}}_\phi, t) &= \left[\frac{d}{dt}\left(\frac{\partial T}{\partial \dot{\mathbf{x}}}\right) - \frac{d}{dt}\left(\frac{\partial V_{\mathrm{Lor}}}{\partial \dot{\mathbf{x}}}\right) + \frac{\partial V_{\mathrm{Lor}}}{\partial \mathbf{x}}\right]_\phi \\
&= \left[\frac{d}{dt}\left(\frac{\partial L}{\partial \dot{\mathbf{x}}}\right) - \frac{\partial L}{\partial \mathbf{x}}\right]_\phi ,
\end{aligned}$$

sodass die Dynamik des Systems auch in diesem Fall vollständig durch eine einzelne skalare Lagrange-Funktion bestimmt ist.

## $N$ Teilchen unter der Einwirkung von Lorentz-Kräften

Das Ergebnis des vorigen Beispiels lässt sich leicht verallgemeinern: Für $N$ geladene Teilchen kann die Lorentz-Kraft nämlich geschrieben werden, als

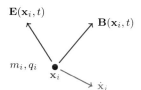

$$\mathbf{F}_{\phi i}^{\mathrm{Lor}} = q_i \left[ \mathbf{E}(\mathbf{x}_i, t) + \dot{\mathbf{x}}_i \times \mathbf{B}(\mathbf{x}_i, t) \right]_\phi$$

$$= \left[ \frac{d}{dt} \left( \frac{\partial V_{\mathrm{ex}}^{\mathrm{Lor}}}{\partial \dot{\mathbf{x}}_i} \right) - \frac{\partial V_{\mathrm{ex}}^{\mathrm{Lor}}}{\partial \mathbf{x}_i} \right]_\phi$$

**Abb. 6.5** $N$ geladene Teilchen im elektromagnetischen Feld

mit

$$V_{\mathrm{ex}}^{\mathrm{Lor}}(\mathbf{X}, \dot{\mathbf{X}}, t) = \sum_{i=1}^{N} q_i \left[ \Phi(\mathbf{x}_i, t) - \dot{\mathbf{x}}_i \cdot \mathbf{A}(\mathbf{x}_i, t) \right] ,$$

sodass die Lagrange-Funktion gegeben ist durch

$$\boxed{ L(\mathbf{X}, \dot{\mathbf{X}}, t) \equiv T(\dot{\mathbf{X}}) - V_{\mathrm{ex}}^{\mathrm{Lor}}(\mathbf{X}, t) \quad , \quad \left[ \frac{d}{dt} \left( \frac{\partial L}{\partial \dot{\mathbf{X}}} \right) - \frac{\partial L}{\partial \mathbf{X}} \right]_\phi = \mathbf{0} }$$

und die Bewegungsgleichung wiederum die Form einer Lagrange-Gleichung hat.

## $N$ Teilchen unter der Einwirkung allgemeiner Kräfte

Falls die inneren Kräfte des $N$-Teilchen-Systems das dritte Newton'sche Gesetz erfüllen und die eventuell vorliegenden nicht-elektromagnetischen Kräfte wirbelfrei sind, kann die Gesamtkraft

$$\mathbf{F}_i = \mathbf{F}_i^{(\mathrm{in})} + \mathbf{F}_i^{(\mathrm{wf})} + \mathbf{F}_i^{\mathrm{Lor}} = \frac{d}{dt} \left( \frac{\partial V}{\partial \dot{\mathbf{x}}_i} \right) - \frac{\partial V}{\partial \mathbf{x}_i}$$

aus dem Potential

$$V(\mathbf{X}, \dot{\mathbf{X}}, t) \equiv V_{\mathrm{in}} + V_{\mathrm{ex}}^{\mathrm{wf}} + V_{\mathrm{ex}}^{\mathrm{Lor}}$$

abgeleitet werden, und es folgt wiederum

$$\boxed{ \left[ \frac{d}{dt} \left( \frac{\partial L}{\partial \dot{\mathbf{X}}} \right) - \frac{\partial L}{\partial \mathbf{X}} \right]_\phi = \mathbf{0} \quad , \quad L(\mathbf{X}, \dot{\mathbf{X}}, t) \equiv T - V . }$$

Sogar in diesem recht allgemeinen und komplexen Fall kann die Dynamik in der Form einer einzelnen Funktion zusammengefasst werden.

## Reibungskräfte und Dissipationsfunktion

Es ist übrigens nicht so, dass *alle* möglichen Kraftgesetze mit Hilfe einer geeigneten Lagrange-Funktion in der Form einer Lagrange-Gleichung geschrieben werden können. Eine wichtige Ausnahme, für die keine Lagrange-Funktion existiert, sind Reibungskräfte: Zum Beispiel lässt sich die Bewegungsgleichung für ein einzelnes

Teilchen unter der Einwirkung von wirbelfreien Kräften sowie einer Reibungskraft, proportional zu seiner Geschwindigkeit,

$$m\ddot{\mathbf{x}}_\phi = -(\boldsymbol{\nabla} V_{\mathrm{ex}}^{\mathrm{wf}})(\mathbf{x}_\phi, t) + \mathbf{F}_{\mathrm{R}}(\dot{\mathbf{x}}_\phi) \qquad \text{mit} \qquad \mathbf{F}_{\mathrm{R}} = -k\dot{\mathbf{x}}_\phi \,,$$

nicht als Lagrange-Gleichung schreiben, da die Reibungskraft $\mathbf{F}_{\mathrm{R}}(\dot{\mathbf{x}})$ nicht in der Form $\frac{d}{dt}\left(\frac{\partial V_{\mathrm{R}}}{\partial \dot{\mathbf{x}}}\right) - \frac{\partial V_{\mathrm{R}}}{\partial \mathbf{x}}$ mit einem „Reibungspotential" $V_{\mathrm{R}} = V_{\mathrm{R}}(\mathbf{x}, \dot{\mathbf{x}}, t)$ dargestellt werden kann. In diesem Fall benötigt man *zwei* skalare Funktionen, um die Dynamik des Systems zu beschreiben. Neben der Lagrange-Funktion

$$L(\mathbf{x}, \dot{\mathbf{x}}, t) = T(\dot{\mathbf{x}}) - V_{\mathrm{ex}}^{\mathrm{wf}}(\mathbf{x}, t) \,,$$

die den Einfluss der wirbelfreien äußeren Kraft beschreibt, führt man üblicherweise noch eine *Dissipationsfunktion* $\mathcal{F}$ ein:

$$\boxed{\mathbf{F}_{\mathrm{R}} = -\frac{\partial \mathcal{F}}{\partial \dot{\mathbf{x}}} \quad , \quad \mathcal{F}(\dot{\mathbf{x}}) \equiv \tfrac{1}{2} k \dot{\mathbf{x}}^2 \,.}$$

Mit Hilfe dieser zwei skalaren Funktionen $L$ und $\mathcal{F}$ kann die Bewegungsgleichung nun geschrieben werden als

$$\boxed{\left[ \frac{d}{dt}\left( \frac{\partial L}{\partial \dot{\mathbf{x}}} \right) - \frac{\partial L}{\partial \mathbf{x}} + \frac{\partial \mathcal{F}}{\partial \dot{\mathbf{x}}} \right]_\phi = \mathbf{0} \,.} \qquad (6.5)$$

Das Konzept der Dissipationsfunktion, das erstmals von John William Strutt (Lord Rayleigh) eingeführt wurde, kann für $N$-Teilchen-Systeme verallgemeinert werden, *falls* die Reibungskräfte lineare Funktionen der Geschwindigkeiten sind.

**Fazit**

Abschließend stellen wir fest, dass die Newton'sche Bewegungsgleichung für viele Systeme (jedoch nicht für alle) als Lagrange-Gleichung darstellbar ist. Im Folgenden zeigen wir, dass die physikalische Bahn der Newton'schen Theorie aus einem *Variationsprinzip* bestimmt werden kann, *falls* eine Darstellung der Bahn als Lösung einer Lagrange-Gleichung möglich ist. Analoge Ergebnisse erhält man für die *relativistische* Lorentz'sche Bewegungsgleichung; diese werden separat in Anhang D behandelt. Das Variationsprinzip liefert eine präzise Antwort auf die in Abschnitt [6.1] gestellte Frage, wodurch die physikalische Bahn unter allen denkbaren Bahnen zwischen fest vorgegebenen Anfangs- und Endpunkten ausgezeichnet ist.

## 6.3  Das Hamilton'sche Variationsprinzip

Der Einfachheit halber betrachten wir zunächst nur ein einzelnes Teilchen, dessen Dynamik durch die Lagrange-Funktion $L(\mathbf{x}, \dot{\mathbf{x}}, t)$ bestimmt wird. Die Anfangsbedingungen seien so, dass sich das Teilchen zur Zeit $t_1$ am Ort $\mathbf{x}_1$ und zur späteren Zeit $t_2$ am Ort $\mathbf{x}_2$ befindet. Unsere Aufgabe ist also, zu klären, in welcher Hinsicht die physikalische Bahn $\mathbf{x}_\phi$, die die Lagrange-Gleichung

$$\frac{d}{dt}\left( \frac{\partial L}{\partial \dot{\mathbf{x}}} \right) - \frac{\partial L}{\partial \mathbf{x}} = \mathbf{0}$$

und die Anfangs- und Endbedingungen $\mathbf{x}_\phi(t_1) = \mathbf{x}_1$ und $\mathbf{x}_\phi(t_2) = \mathbf{x}_2$ erfüllt, unter allen denkbaren Bahnen $\mathbf{x}(t)$ mit $\mathbf{x}(t_1) = \mathbf{x}_1$ und $\mathbf{x}(t_2) = \mathbf{x}_2$ ausgezeichnet ist. In

Abbildung 6.6 sind neben der physikalischen Bahn $\mathbf{x}_\phi$ auch zwei weitere mögliche
Bahnen $\mathbf{x}'$ und $\mathbf{x}''$ dargestellt.

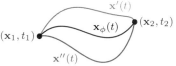

Die Antwort auf eine solche Frage nach
tieferem Verständnis ist – wie immer – nur
dann hilfreich, wenn sie konzeptionell einfacher als die ursprüngliche Formulierung (d. h.
in diesem Fall also die Lagrange-Gleichung)
ist. Das Hamilton'sche Variationsprinzip ist
in diesem Sinne äußerst hilfreich, da es alle

**Abb. 6.6** Verschiedene Bahnen,
alle mit $\mathbf{x}(t_1) = \mathbf{x}_1$ und $\mathbf{x}(t_2) = \mathbf{x}_2$

möglichen Probleme der Lagrange-Mechanik und daher sehr viele Probleme der
Newton'schen Mechanik in der kurzen und eleganten Formel

$$\boxed{\delta S = 0} \tag{6.6}$$

zusammenfasst. Die Kürze dieser Formel ist jedoch trügerisch: Konzeptionell ist
sie keineswegs trivial. Im Folgenden wird erklärt, was die Symbole $\delta$ und $S$ und
die Null auf der rechten Seite genau bedeuten und in welchem Sinne beide Seiten
gleich sind.

### Das Wirkungsfunktional

Eine zentrale Rolle im Hamilton'schen Variationsprinzip spielt das sogenannte Wirkungsfunktional

$$\boxed{S_{(\mathbf{x}_1,t_1)}^{(\mathbf{x}_2,t_2)}[\mathbf{x}] \equiv \int_{t_1}^{t_2} dt\, L(\mathbf{x}(t), \dot{\mathbf{x}}(t), t)\,,} \tag{6.7}$$

das meistens kurz als $S[\mathbf{x}]$ oder $S$ geschrieben und als die *Wirkung* bezeichnet wird.
Das Wirkungsfunktional $S[\mathbf{x}]$ ist in der Tat ein *Funktional*, da es Funktionen [näm-
lich alle möglichen Bahnen $\mathbf{x}(t)$ mit $\mathbf{x}(t_1) = \mathbf{x}_1$ und $\mathbf{x}(t_2) = \mathbf{x}_2$, insbesondere also
auch die physikalische Bahn $\mathbf{x}_\phi(t)$] auf reelle Zahlen abbildet: $S[\mathbf{x}] \in \mathbb{R}$. Außerdem
ist das Wirkungsfunktional $S_{(\mathbf{x}_1,t_1)}^{(\mathbf{x}_2,t_2)}$ in seiner Abhängigkeit von den Anfangs- und
Endkoordinaten $(\mathbf{x}_1,t_1)$ bzw. $(\mathbf{x}_2,t_2)$ bei fest vorgegebener Bahn $\mathbf{x}$ eine normale
*Funktion*. Das Wirkungsfunktional hat die physikalische Dimension [ENERGIE] $\times$
[ZEIT] $=$ [WIRKUNG]. Hiermit ist die Bedeutung des Symbols $S$ in (6.6) geklärt.

### Benachbarte Bahnen

Wir betrachten das Wirkungsfunktional
im Folgenden für die physikalische Bahn
$\mathbf{x}_\phi(t)$ und auch für benachbarte Bahnen
$\mathbf{x}(t)$, die nur geringfügig von der physikalischen Bahn abweichen:

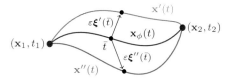

**Abb. 6.7** Die Abweichung $\varepsilon\boldsymbol{\xi}$
für die Bahnen $\mathbf{x}'$ und $\mathbf{x}''$

$$\boxed{\begin{array}{c} \mathbf{x}(t) = \mathbf{x}_\phi(t) + \varepsilon\boldsymbol{\xi}(t) \\ [\boldsymbol{\xi}(t) \in \mathbb{R}^3 \text{ fest},\ \varepsilon \ll 1]\,. \end{array}} \tag{6.8}$$

Wir sind hierbei insbesondere am Verhalten der Wirkung im Limes $\varepsilon \to 0$ interessiert. Wegen der Bedingungen $\mathbf{x}(t_1) = \mathbf{x}_1$ und $\mathbf{x}(t_2) = \mathbf{x}_2$ muss

$$\boldsymbol{\xi}(t_1) = \boldsymbol{\xi}(t_2) = \mathbf{0} \tag{6.9}$$

gelten; ansonsten ist die Funktion $\boldsymbol{\xi}(t)$ beliebig. In Abbildung 6.7 wurden die Abweichungen $\varepsilon\boldsymbol{\xi}'$ und $\varepsilon\boldsymbol{\xi}''$ von der physikalischen Bahn $\mathbf{x}_\phi$ zum Zeitpunkt $t = \bar{t}$ für die möglichen alternativen Bahnen $\mathbf{x}'$ bzw. $\mathbf{x}''$ skizziert.

**Definition und Eigenschaften der „Variation"**

Um die Abweichungen der benachbarten alternativen Bahnen von $\mathbf{x}_\phi$ näher untersuchen zu können, führen wir die Notation $\delta\mathbf{x}$ ein:

$$(\delta\mathbf{x})(t) \equiv \mathbf{x}(t) - \mathbf{x}_\phi(t) = \varepsilon\boldsymbol{\xi}(t)$$

und bezeichnen $(\delta\mathbf{x})(t)$ als *Variation*. Wir werden die Notation $\delta$ auch allgemeiner verwenden, um die Abweichung von physikalischen Größen von ihrem Wert für die physikalische Bahn zu beschreiben. Betrachten wir ein paar Beispiele: Die Variation $\delta\dot{\mathbf{x}}$ der Geschwindigkeit ist durch

$$(\delta\dot{\mathbf{x}})(t) \equiv \dot{\mathbf{x}}(t) - \dot{\mathbf{x}}_\phi(t) = \varepsilon\dot{\boldsymbol{\xi}}(t)$$

definiert. Sei $G(\mathbf{x}, \dot{\mathbf{x}}, t)$ allgemein eine Größe, die von den Bahnkoordinaten, der Geschwindigkeit und der Zeit abhängig ist. Ihre Variation $\delta G$ ist dann durch

$$\boxed{(\delta G)(\mathbf{x}, \dot{\mathbf{x}}, t) \equiv G(\mathbf{x}(t), \dot{\mathbf{x}}(t), t) - G(\mathbf{x}_\phi(t), \dot{\mathbf{x}}_\phi(t), t)} \qquad (6.10)$$

gegeben, wobei $\mathbf{x}(t)$ die benachbarte Bahn (6.8) von $\mathbf{x}_\phi$ darstellt. Es ist wichtig, zu beachten, dass hierbei nur die Bahnvariablen $(\mathbf{x}(t), \dot{\mathbf{x}}(t))$ und *nicht* die Zeit $t$ variiert werden. Die Variation $\delta S$ des Wirkungsfunktionals ist schließlich durch

$$(\delta S)^{(\mathbf{x}_2, t_2)}_{(\mathbf{x}_1, t_1)}[\mathbf{x}] \equiv S^{(\mathbf{x}_2, t_2)}_{(\mathbf{x}_1, t_1)}[\mathbf{x}] - S^{(\mathbf{x}_2, t_2)}_{(\mathbf{x}_1, t_1)}[\mathbf{x}_\phi] = S^{(\mathbf{x}_2, t_2)}_{(\mathbf{x}_1, t_1)}[\mathbf{x}_\phi + \varepsilon\boldsymbol{\xi}] - S^{(\mathbf{x}_2, t_2)}_{(\mathbf{x}_1, t_1)}[\mathbf{x}_\phi]$$

gegeben. Die Bildung der Variation $\delta G$ kommutiert mit ihrer Zeitableitung; beispielsweise erhält man für $G = \mathbf{x}$:

$$\left(\delta\frac{d}{dt}\mathbf{x}\right)(t) = \frac{d\mathbf{x}}{dt}(t) - \frac{d\mathbf{x}_\phi}{dt}(t) = \frac{d(\mathbf{x} - \mathbf{x}_\phi)}{dt}(t) = \left(\frac{d}{dt}\delta\mathbf{x}\right)(t)$$

oder kurz:

$$\boxed{\delta\frac{d}{dt} = \frac{d}{dt}\delta\,.} \qquad (6.11a)$$

Außerdem kommutiert die Bildung der Variation $\delta G$ in (6.10) für beliebige Funktionen $G$ mit *bestimmten* Integralen über die Zeitvariable $t$; beispielsweise erhält man für $G = L$:

$$\delta\int_{t_1}^{t_2} dt\, L(\mathbf{x}(t), \dot{\mathbf{x}}(t), t) = \int_{t_1}^{t_2} dt\, L(\mathbf{x}(t), \dot{\mathbf{x}}(t), t) - \int_{t_1}^{t_2} dt\, L(\mathbf{x}_\phi(t), \dot{\mathbf{x}}_\phi(t), t)$$

$$= \int_{t_1}^{t_2} dt\, \left[L(\mathbf{x}(t), \dot{\mathbf{x}}(t), t) - L(\mathbf{x}_\phi(t), \dot{\mathbf{x}}_\phi(t), t)\right] = \int_{t_1}^{t_2} dt\, (\delta L)(\mathbf{x}(t), \dot{\mathbf{x}}(t), t)$$

oder kurz:

$$\boxed{\delta\int_{t_1}^{t_2} dt = \int_{t_1}^{t_2} dt\,\delta\,.} \qquad (6.11b)$$

Hiermit sind auch die Bedeutung und einige der Eigenschaften des Symbols $\delta$ in (6.6) geklärt.

## Inhalt des Hamilton'schen Variationsprinzips

Das Hamilton'sche Variationsprinzip besagt nun, dass das Wirkungsfunktional für $\mathbf{x} = \mathbf{x}_\phi$ *stationär* ist. Dies bedeutet mathematisch, dass *für alle Funktionen* $\boldsymbol{\xi}$, die die Bedingungen (6.9) erfüllen, für $\varepsilon \to 0$ gilt:

$$(\delta S)^{(\mathbf{x}_2,t_2)}_{(\mathbf{x}_1,t_1)}[\mathbf{x}_\phi + \varepsilon\boldsymbol{\xi}] = \mathcal{O}(\varepsilon^2) \qquad (\varepsilon \to 0) \, .$$

Für alle $\boldsymbol{\xi}$ ist dann:

$$\lim_{\varepsilon \to 0} \frac{1}{\varepsilon}(\delta S)^{(\mathbf{x}_2,t_2)}_{(\mathbf{x}_1,t_1)}[\mathbf{x}_\phi + \varepsilon\boldsymbol{\xi}] = 0 \, . \tag{6.12}$$

Da die linke Seite von (6.12) für alle $\boldsymbol{\xi}$ gilt und somit ein *lineares Funktional* von $\boldsymbol{\xi}$ darstellt, ist auch die Null auf der rechten Seite von (6.12) oder (6.6) als Funktional zu interpretieren, und das Gleichheitszeichen in diesen beiden Gleichungen zeigt daher die Identität zweier Funktionale an. Hiermit ist die Bedeutung der verschiedenen Symbole in Gleichung (6.6) vollständig geklärt.

## Herleitung der Lagrange-Gleichung aus dem Variationsprinzip

Wir zeigen nun, dass das Hamilton'sche Variationsprinzip äquivalent zur Lagrange-Gleichung ist. Hierzu berechnen wir $\frac{1}{\varepsilon}\delta S$ und fordern, dass diese Größe im Limes $\varepsilon \to 0$ null ist:

$$\begin{aligned}
\frac{1}{\varepsilon}\delta S &= \frac{1}{\varepsilon}\delta \int_{t_1}^{t_2} dt\, L(\mathbf{x}(t),\dot{\mathbf{x}}(t),t) = \frac{1}{\varepsilon}\int_{t_1}^{t_2} dt\,(\delta L)(\mathbf{x}(t),\dot{\mathbf{x}}(t),t) \\
&= \frac{1}{\varepsilon}\int_{t_1}^{t_2} dt\,\left[ L(\mathbf{x}_\phi(t)+\varepsilon\boldsymbol{\xi}(t),\dot{\mathbf{x}}_\phi(t)+\varepsilon\dot{\boldsymbol{\xi}}(t),t) - L(\mathbf{x}_\phi(t),\dot{\mathbf{x}}_\phi(t),t)\right] \\
&= \int_{t_1}^{t_2} dt\,\left[ \frac{\partial L}{\partial \mathbf{x}}(\mathbf{x}_\phi(t),\dot{\mathbf{x}}_\phi(t),t)\cdot\boldsymbol{\xi}(t) + \frac{\partial L}{\partial \dot{\mathbf{x}}}(\mathbf{x}_\phi(t),\dot{\mathbf{x}}_\phi(t),t)\cdot\dot{\boldsymbol{\xi}}(t)\right] + \mathcal{O}(\varepsilon) \\
&= \frac{\partial L}{\partial \dot{\mathbf{x}}}(\mathbf{x}_\phi(t),\dot{\mathbf{x}}_\phi(t),t)\cdot\boldsymbol{\xi}(t)\Big|_{t_1}^{t_2} \\
&\quad + \int_{t_1}^{t_2} dt\,\left\{ \frac{\partial L}{\partial \mathbf{x}}(\mathbf{x}_\phi(t),\dot{\mathbf{x}}_\phi(t),t) - \frac{d}{dt}\left[ \frac{\partial L}{\partial \dot{\mathbf{x}}}(\mathbf{x}_\phi(t),\dot{\mathbf{x}}_\phi(t),t)\right]\right\}\cdot\boldsymbol{\xi}(t) + \mathcal{O}(\varepsilon) \, .
\end{aligned}$$

In der ersten Zeile wurde zuerst die Definition (6.7) des Wirkungsfunktionals $S$ eingesetzt und dann die Eigenschaft (6.11b) verwendet. In der zweiten Zeile wurde für die benachbarten Bahnen von $\mathbf{x}_\phi$ Gleichung (6.8) eingesetzt. In der dritten Zeile wurde der Integrand $[\cdots]$ bis zur linearen Ordnung in $\varepsilon$ in eine Taylor-Reihe entwickelt. Im letzten Schritt wurde der Term proportional zu $\dot{\boldsymbol{\xi}}$ im Integranden partiell integriert. Der erste Term auf der rechten Seite dieser Gleichungskette ist nun aber *null* wegen der Bedingung $\boldsymbol{\xi}(t_1) = \boldsymbol{\xi}(t_2) = \mathbf{0}$, und die $\mathcal{O}(\varepsilon)$-Korrektur ist im Limes $\varepsilon \to 0$ vernachlässigbar. Das Hamilton'sche Prinzip (6.12) kann also nur dann zutreffen, wenn für alle möglichen stetig differenzierbaren Funktionen $\boldsymbol{\xi}(t)$ mit $\boldsymbol{\xi}(t_1) = \boldsymbol{\xi}(t_2) = \mathbf{0}$ gilt:

$$\int_{t_1}^{t_2} dt\,\left\{ \frac{\partial L}{\partial \mathbf{x}}(\mathbf{x}_\phi(t),\dot{\mathbf{x}}_\phi(t),t) - \frac{d}{dt}\left[ \frac{\partial L}{\partial \dot{\mathbf{x}}}(\mathbf{x}_\phi(t),\dot{\mathbf{x}}_\phi(t),t)\right]\right\}\cdot\boldsymbol{\xi}(t) = 0 \, .$$

Dies ist wiederum nur dann möglich, wenn für alle $t \in [t_1, t_2]$ im Integranden $\{\cdots\} = 0$ gilt, d. h., wenn die physikalische Bahn $\mathbf{x}_\phi$ die Lagrange-Gleichung erfüllt:

$$\frac{\partial L}{\partial \mathbf{x}}(\mathbf{x}_\phi(t), \dot{\mathbf{x}}_\phi(t), t) - \frac{d}{dt}\left[\frac{\partial L}{\partial \dot{\mathbf{x}}}(\mathbf{x}_\phi(t), \dot{\mathbf{x}}_\phi(t), t)\right] = \mathbf{0} \, . \tag{6.13}$$

Die Umkehrung dieser Argumentenkette zeigt, dass aus der Lagrange-Gleichung das Hamilton'sche Prinzip folgt, sodass beide Gleichungen äquivalent sind.

### Interpretation der Lagrange-Gleichung als *Funktionalableitung*

Um den mathematischen Inhalt der Lagrange-Gleichung (6.13) besser zu verstehen, schreiben wir die Variation $\delta S$ der Wirkung in der Form

$$\delta S = \int_{t_1}^{t_2} dt \left[\frac{\partial L}{\partial \mathbf{x}} - \frac{d}{dt}\left(\frac{\partial L}{\partial \dot{\mathbf{x}}}\right)\right]_\phi \cdot (\delta \mathbf{x})(t) + \mathcal{O}(\varepsilon^2) \, , \tag{6.14a}$$

wobei der Index „$\phi$" wiederum bedeutet, dass die entsprechende Größe an der Stelle der physikalischen Bahn auszuwerten ist. Vergleicht man diesen Ausdruck für $\delta S$ mit der Variation einer normalen Funktion $S(\{\mathbf{x}_i\})$ in der Nähe eines Punkts $\{\mathbf{x}_{\phi i}\}$:

$$dS \equiv S(\{\mathbf{x}_{\phi i} + d\mathbf{x}_i\}) - S(\{\mathbf{x}_{\phi i}\}) = \sum_i \frac{\partial S}{\partial \mathbf{x}_i}(\{\mathbf{x}_{\phi i}\}) \cdot d\mathbf{x}_i + \cdots \, ,$$

wobei die Rolle der kontinuierlichen Variablen $t$ also durch die diskrete Variable $i$ übernommen wird, so wird klar, dass die linke Seite der Lagrange-Gleichung (6.13) als Ableitung des Funktionals $S$ nach der Bahn $\mathbf{x}$ an der Stelle $(\mathbf{x}_\phi, t)$ zu interpretieren ist:

$$\boxed{\left[\frac{\partial L}{\partial \mathbf{x}} - \frac{d}{dt}\left(\frac{\partial L}{\partial \dot{\mathbf{x}}}\right)\right]_\phi = \frac{\delta S}{\delta \mathbf{x}(t)}[\mathbf{x}_\phi] \, .} \tag{6.14b}$$

Die Ableitung $\frac{\delta S}{\delta \mathbf{x}(t)}$ wird dementsprechend als *Funktionalableitung* bezeichnet. Die lineare Beziehung zwischen dem Funktional $\delta S$ und der Variation $\delta \mathbf{x}$ in (6.14a) hat dieselbe Bedeutung wie Gleichung (6.14b) für die Funktionalableitung $\frac{\delta S}{\delta \mathbf{x}(t)}$. Die Notation $\delta$ (statt $\partial$) unterstreicht noch einmal den Unterschied zur partiellen Ableitung. Die Lagrange-Gleichung (6.13) impliziert daher, dass die Funktionalableitung des Wirkungsfunktionals an der Stelle der physikalischen Bahn null ist:

$$\boxed{\frac{\delta S}{\delta \mathbf{x}(t)}[\mathbf{x}_\phi] = \mathbf{0} \, .} \tag{6.15}$$

Hiermit wird übrigens auch die mathematische Bedeutung der Formel $\delta S = 0$ in (6.6) noch weiter präzisiert.

### „Stationär" muss nicht heißen: „optimal"

Der Deutlichkeit halber sollte betont werden, dass wir nur gezeigt haben, dass das Wirkungsfunktional für die physikalische Bahn *stationär*, und nicht, dass es

„optimal" (minimal oder maximal) ist. Um zu entscheiden, ob $\mathbf{x}_\phi$ einem Minimum, Maximum oder Sattelpunkt von $S[\mathbf{x}]$ entspricht, müsste man offensichtlich die zweite Ableitung von $S[\mathbf{x}]$ an der Stelle $\mathbf{x} = \mathbf{x}_\phi$ bestimmen. Die physikalische Bahn wird jedoch durch die Nullstellen der *ersten* Ableitung des Wirkungsfunktionals bestimmt, unabhängig davon, ob ein Minimum, Maximum oder Sattelpunkt vorliegt. Daher ist im Voraus schon klar, dass die Frage nach der Natur des stationären Punkts mathematisch zwar interessant, physikalisch betrachtet jedoch weniger relevant ist. Anhand konkreter Beispiele zeigt man außerdem leicht, dass die Lösungen von (6.13) bzw. (6.15) mit $\mathbf{x}_\phi(t_1) = \mathbf{x}_1$ und $\mathbf{x}_\phi(t_2) = \mathbf{x}_2$ sowohl ein Minimum als auch ein Maximum oder einen Sattelpunkt von $S[\mathbf{x}]$ darstellen können.[3]

### Verallgemeinerung auf beliebige $N$-Teilchen-Systeme

Die Verallgemeinerung des Hamilton'schen Prinzips auf beliebige $N$-Teilchen-Systeme unter der Einwirkung innerer und äußerer Kräfte ist sehr einfach, vorausgesetzt dass die Dynamik dieser Systeme mit Hilfe einer Lagrange-Funktion beschrieben werden kann. Die physikalische Bahn kann nun als $\mathbf{X}_\phi(t) \equiv (\mathbf{x}_{\phi 1}(t)/ \cdots /\mathbf{x}_{\phi N}(t))$ dargestellt werden, und das Wirkungsfunktional ist durch

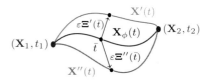

$$S^{(\mathbf{X}_2,t_2)}_{(\mathbf{X}_1,t_1)}[\mathbf{X}] = \int_{t_1}^{t_2} dt\, L(\mathbf{X}(t),\dot{\mathbf{X}}(t),t)$$

**Abb. 6.8** Die Abweichung $\varepsilon\mathbf{\Xi}$ für die Bahnen $\mathbf{X}'$ und $\mathbf{X}''$

mit $\mathbf{X}(t) = (\mathbf{x}_1(t)/ \cdots /\mathbf{x}_N(t))$ gegeben. Das Hamilton'sche Prinzip lautet

$$\lim_{\varepsilon \to 0} \frac{1}{\varepsilon} (\delta S)^{(\mathbf{X}_2,t_2)}_{(\mathbf{X}_1,t_1)}[\mathbf{X}_\phi + \varepsilon\mathbf{\Xi}] = 0 \quad , \quad \mathbf{\Xi}(t) \equiv \{\boldsymbol{\xi}_i(t)\}$$

mit $\boldsymbol{\xi}_i(t_1) = \boldsymbol{\xi}_i(t_2) = \mathbf{0}$ für alle $i = 1, 2, \cdots, N$. Der Vergleich der Abbildungen 6.8 und 6.7 unterstreicht noch einmal die Analogie zwischen Ein- und Vielteilchensystemen. Aus dem Hamilton'schen Prinzip folgt nun die Lagrange-Gleichung

$$\frac{\partial L}{\partial \mathbf{x}_i}(\mathbf{X}_\phi, \dot{\mathbf{X}}_\phi, t) - \frac{d}{dt}\left[\frac{\partial L}{\partial \dot{\mathbf{x}}_i}(\mathbf{X}_\phi, \dot{\mathbf{X}}_\phi, t)\right] = \mathbf{0} \qquad (i = 1, 2, \cdots, N)$$

bzw.

$$\frac{\partial L}{\partial \mathbf{X}}(\mathbf{X}_\phi, \dot{\mathbf{X}}_\phi, t) - \frac{d}{dt}\left[\frac{\partial L}{\partial \dot{\mathbf{X}}}(\mathbf{X}_\phi, \dot{\mathbf{X}}_\phi, t)\right] = \mathbf{0} \,.$$

Die Lagrange-Gleichung impliziert umgekehrt wiederum das Hamilton'sche Prinzip und kann auch als Bedingung für die Funktionalableitung der Wirkung,

$$\frac{\delta S}{\delta \mathbf{X}(t)}[\mathbf{X}_\phi] = \mathbf{0} \,,$$

---

[3]In dieser Hinsicht sind speziell die Übungsaufgaben 6.6 und 6.17 illustrativ. In Aufgabe 6.6 betrachten wir Beispiele mit unendlich vielen stationären Lösungen, von denen in der Regel nur eine die minimale Wirkung hat. Das Beispiel in Aufgabe 6.17 weist ein ganzes Spektrum an stationären Lösungen auf: globale und lokale Minima, Maxima, Sattelpunkte und sogar ein Randminimum. Nur in (wichtigen) Spezialfällen und unter Einschränkungen kann man zeigen, dass die Wirkung für die physikalische Bahn *minimal* ist; hierzu muss man annehmen, dass $L = T - V$ zeit*un*abhängig und $V$ geschwindigkeits*un*abhängig ist, und sich außerdem auf solche benachbarten Bahnen $\mathbf{x}(t)$ beschränken, die *energieerhaltend* sind (siehe Ref. [37], §103).

geschrieben werden. Wir lernen also, dass die in der Lagrange-Gleichung enthaltene Dynamik auch für Vielteilchensysteme aus einem *Variationsprinzip* abgeleitet werden kann.

### 6.3.1   Einfache Beispiele aus der Variationsrechnung

Im vorigen Abschnitt haben wir gelernt, dass die Dynamik eines *mechanischen* Systems durch die Lösung eines *Variationsproblems* bestimmt werden kann. Bevor wir uns aber mit den Variationsproblemen der Mechanik befassen, erscheint es sinnvoll, sich zuerst mit einigen typischen, relativ einfachen Beispielen aus der Variationsrechnung vertraut zu machen. In diesem Abschnitt übersetzen wir daher einige altbekannte Variationsprobleme in die Sprache des Lagrange-Formalismus und zeigen, wie die entsprechenden Lagrange-Gleichungen gelöst werden können. Da diese „altbekannten" Probleme allerdings *statischer* Natur sind, wird die Rolle der *Zeit*variablen hierbei durch eine relevante *Länge* übernommen, die wir – um die Analogie zu verdeutlichen – mit dem Symbol $t$ bezeichnen werden.

**Kürzeste Verbindung zwischen zwei Punkten**

Nehmen wir an, die Punkte $\mathbf{a}_1 = (x_1, y_1, z_1)^{\mathrm{T}}$ und $\mathbf{a}_2 = (x_2, y_2, z_2)^{\mathrm{T}}$ im dreidimensionalen Raum sind durch eine Kurve $K$ miteinander verbunden, die durch die Variable $x$ parametrisiert werden kann:

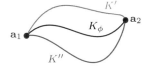

$$K = \left\{ \big(x, y(x), z(x)\big) \mid x_1 \leq x \leq x_2 \right\} \ .$$

**Abb. 6.9** Mögliche Verbindungs-kurven der beiden Punkte $\mathbf{a}_1$ und $\mathbf{a}_2$

Einige mögliche Verbindungskurven für die beiden Punkte $\mathbf{a}_1$ und $\mathbf{a}_2$ sind in Abbildung 6.9 dargestellt. Gesucht ist die kürzeste Verbindung zwischen beiden Punkten, die in Abb. 6.9 als $K_\phi$ bezeichnet wird. Da die infinitesimale Bogenlänge durch $ds = \sqrt{(dx)^2 + (dy)^2 + (dz)^2}$ gegeben ist, folgt die Gesamtlänge der Kurve als

$$S = \int_{x_1}^{x_2} ds = \int_{x_1}^{x_2} dx \ \sqrt{1 + [y'(x)]^2 + [z'(x)]^2} \ .$$

Wechselt man an dieser Stelle die Notation:

$$(x, y, z) \to (t, x_1, x_2) \equiv (t, \mathbf{x}) \quad ; \quad (x_i, y_i, z_i) \to (t_i, \mathbf{x}_i) \quad (i = 1, 2) \ ,$$

so entsteht ein Ausdruck für die Länge der Kurve:

$$S_{(\mathbf{x}_1, t_1)}^{(\mathbf{x}_2, t_2)}[\mathbf{x}] = \int_{t_1}^{t_2} dt \ L(\dot{\mathbf{x}}(t)) \quad , \quad L(\dot{\mathbf{x}}) \equiv \sqrt{1 + \dot{x}_1^2 + \dot{x}_2^2} = \sqrt{1 + \dot{\mathbf{x}}^2} \ ,$$

der die Form eines Wirkungsfunktionals für die Dynamik eines Teilchens im zweidimensionalen **x**-Raum hat. Die Lagrange-Gleichung für einen stationären Punkt dieser Wirkung (d. h. in der ursprünglichen Formulierung: für die kürzeste Verbindung) lautet

$$\mathbf{0} = \frac{d}{dt}\left(\frac{\partial L}{\partial \dot{\mathbf{x}}}\right) - \frac{\partial L}{\partial \mathbf{x}} = \frac{d}{dt}\left(\frac{\dot{\mathbf{x}}}{\sqrt{1 + \dot{\mathbf{x}}^2}}\right) \ ,$$

sodass $\dot{\mathbf{x}}/\sqrt{1+\dot{\mathbf{x}}^2}$ und somit auch die „Geschwindigkeit" $\dot{\mathbf{x}}$ selbst Erhaltungsgrößen darstellen. Die Lösung des Minimierungsproblems ist daher:

$$\begin{pmatrix} t \\ \mathbf{x}(t) \end{pmatrix} = \begin{pmatrix} t_1 \\ \mathbf{x}_1 \end{pmatrix} + \begin{pmatrix} 1 \\ \dot{\mathbf{x}}_1 \end{pmatrix}(t - t_1) \quad , \quad \dot{\mathbf{x}}_1 \equiv \frac{\mathbf{x}_2 - \mathbf{x}_1}{t_2 - t_1} \ ,$$

und diese Lösung stellt in der ursprünglichen Formulierung genau eine *Gerade* dar.

### Die Brachistochrone

Gesucht ist nun nicht der kürzeste, sondern der *schnellste* Weg $K$, entlang dessen ein Teilchen sich im Schwerkraftfeld $\mathbf{g} = -g\hat{\mathbf{e}}_z$ von einem Startpunkt $\mathbf{a}_1 = (x_1, y_1, z_1)$ zu einem Endpunkt $\mathbf{a}_2 = (x_2, y_2, z_2)$ bewegen kann. Hierbei sollte man sich den „Weg" als einen dünnen, starren, glatten Stahldraht vorstellen und das „Teilchen" als Perle, die reibungslos entlang des Drahtes von $\mathbf{a}_1$ nach $\mathbf{a}_2$ gleitet.

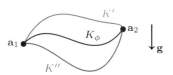

**Abb. 6.10** Mögliche Verbindungskurven der beiden Punkte $\mathbf{a}_1$ und $\mathbf{a}_2$

Wir nehmen der Einfachheit halber an, dass die Anfangsgeschwindigkeit des Teilchens beim Start in $\mathbf{a}_1$ *null* ist. Mögliche Verbindungskurven $K$ der beiden Punkte $\mathbf{a}_1$ und $\mathbf{a}_2$ sind in Abbildung 6.10 dargestellt. Wir können o. B. d. A. annehmen, dass $\mathbf{a}_1 = (x_1, y_1, z_1) = \mathbf{0}$ gilt. Wir wählen außerdem $x_2 > 0$ und $y_2 = 0$, sodass die physikalische Situation spiegelsymmetrisch bezüglich der $(x, z)$-Ebene ist. Folglich wird der Weg $K$ gänzlich in dieser Ebene verlaufen, oder genauer: im dritten Quadranten der $(x, z)$-Ebene mit $x \geq 0$ und $z \leq 0$. Der Energieerhaltungssatz lautet aufgrund der Anfangsbedingung:

$$\tfrac{1}{2}mv^2 + mgz = E = \text{konstant} \overset{!}{=} 0 \ ,$$

sodass die Geschwindigkeit des Teilchens höhenabhängig ist: $v = \sqrt{-2gz}$. Nehmen wir an, das Teilchen verlässt $\mathbf{a}_1$ zur Zeit $t_1$ und erreicht $\mathbf{a}_2$ zur späteren Zeit $t_2 > t_1$. Die für den Weg $K$ benötigte Zeitdauer ist dann durch

$$T = \int_{t_1}^{t_2} dt = \int_{s_1}^{s_2} \frac{ds}{v} = \int_0^{x_2} dx \sqrt{\frac{1 + (dz/dx)^2}{-2gz}}$$

gegeben (wobei $s$ die Bogenlänge bezeichnet) und hängt somit lediglich von der *Bahnform* $z(x)$ ab. Wechseln wir nun wie folgt die Notation:

$$(T, x, x_2, z) \to (S, t, T, x) \ ,$$

so ist die zu minimierende Größe

$$\boxed{S[x] = \int_0^T dt\, L(x, \dot{x}) \quad , \quad L(x, \dot{x}) = \sqrt{\frac{1 + \dot{x}^2}{-2gx}}}$$

formal äquivalent zum Wirkungsfunktional für die Dynamik eines Teilchens im eindimensionalen Raum. Start- und Endpunkt der Bahn $x(t)$ sind hierbei durch $x(0) = 0$ und $x(T) = z_2 \leq 0$ gegeben; für alle $t \in [0, T]$ gilt $x(t) \leq 0$.

Die entsprechende Lagrange-Gleichung für die Bahn des Teilchens lautet:

$$0 = \frac{d}{dt}\left(\frac{\partial L}{\partial \dot{x}}\right) - \frac{\partial L}{\partial x} = \ddot{x}\,\frac{\partial^2 L}{\partial \dot{x}^2} + \dot{x}\,\frac{\partial^2 L}{\partial x \partial \dot{x}} - \frac{\partial L}{\partial x}\,. \tag{6.16}$$

Die Ableitungen von $L$ nach den Variablen $x$ bzw. $\dot{x}$ können bequem mit Hilfe der Größe $A \equiv -x(1 + \dot{x}^2) \geq 0$ ausgedrückt werden. Man erhält:

$$\frac{\partial L}{\partial x} = \frac{1}{2x^2}\sqrt{\frac{A}{2g}} \quad , \quad \frac{\partial^2 L}{\partial x \partial \dot{x}} = \frac{-\dot{x}}{2x\sqrt{2gA}} \quad , \quad \frac{\partial^2 L}{\partial \dot{x}^2} = \frac{1}{(1 + \dot{x}^2)\sqrt{2gA}}\,.$$

Durch Einsetzen dieser Ergebnisse in die Lagrange-Gleichung (6.16) ergibt sich:

$$0 = \frac{1}{\sqrt{2gA}}\left(\frac{\ddot{x}}{1 + \dot{x}^2} - \frac{\dot{x}^2}{2x} - \frac{A}{2x^2}\right) = \frac{1}{\sqrt{2gA}}\left(\frac{\ddot{x}}{1 + \dot{x}^2} - \frac{\dot{x}^2}{2x} + \frac{1 + \dot{x}^2}{2x}\right)\,.$$

Die Terme $\pm\dot{x}^2/2x$ heben sich gegenseitig auf. Kombiniert man die verbleibenden Terme und verwendet die Identität $\frac{dA}{dt} = -\dot{x}(1 + \dot{x}^2 + 2x\ddot{x})$, erhält man:

$$0 = \frac{1 + \dot{x}^2 + 2x\ddot{x}}{2x(1 + \dot{x}^2)\sqrt{2gA}} = \frac{-dA/dt}{2x\dot{x}(1 + \dot{x}^2)\sqrt{2gA}} \quad \text{und daher} \quad \frac{dA}{dt} \overset{!}{=} 0\,.$$

Wir stellen fest, dass $A$ eine Erhaltungsgröße ist! Da $A$ zeitlich konstant ist, muss für irgendeine positive Konstante $l$ gelten:

$$A = -x(1 + \dot{x}^2) \equiv \tfrac{1}{2}l \quad \text{und daher} \quad \frac{dx}{dt} = \dot{x} = \pm\sqrt{-\frac{l}{2x} - 1}\,. \tag{6.17}$$

Der letzte Schritt zeigt, dass das Erhaltungsgesetz für $A$ auch als *Differentialgleichung* für $x(t)$ geschrieben werden kann. Es tritt ein Vorzeichenwechsel $(-) \to (+)$ in $\dot{x}$ auf, sobald $x$ den Wert $-\tfrac{1}{2}l$ erreicht.

Wir möchten die Differentialgleichung (6.17) nun mit der Anfangsbedingung $x(0) = 0$ lösen. Diese Aufgabe ist glücklicherweise sehr einfach, da wir genau dieselbe Differentialgleichung (mit derselben Anfangsbedingung $x = 0$) bereits einmal gelöst haben, nämlich in Abschnitt [4.3.4], siehe Gleichung (4.59). Um die Korrespondenz der beiden Probleme zu sehen, muss man lediglich die Variablen $(x_1, x_3)$ in Gleichung (4.59) durch $(t, x)$ ersetzen. Wir können daher die in Abschnitt [4.3.4] erzielte Lösung (4.57) sofort übernehmen. Gleichung (4.57) zeigt, dass die Lösung der Differentialgleichung (6.17) mit Hilfe einer Winkelvariablen $\xi$ parametrisiert werden kann,

$$t = \tfrac{1}{4}l[\xi - \sin(\xi)] \quad , \quad x = -\tfrac{1}{4}l[1 - \cos(\xi)]\,, \tag{6.18a}$$

und somit die Form einer *Zykloide* hat. Die Brachistochrone hat also genau die gleiche Form wie die Evolute $K_1$ des isochronen Pendels aus Abschnitt [4.3.4], die als die *blaue* Kurve in Abb. 4.14 grafisch dargestellt ist. Die Integrationskonstante $l$ in der allgemeinen Lösung (6.18a) wird durch die Bedingung $x(T) = z_2$ festgelegt. Der $\xi$-Wert im Startpunkt $x(0) = 0$ der Kurve ist $\xi_{\min} = 0$, und wir bezeichnen den $\xi$-Wert im Endpunkt $x(T) = z_2$ als $\xi_{\max}$, sodass

$$T = \tfrac{1}{4}l[\xi_{\max} - \sin(\xi_{\max})] \quad , \quad x(T) = -\tfrac{1}{4}l[1 - \cos(\xi_{\max})] \tag{6.18b}$$

gilt. In der ursprünglichen Formulierung bedeutet die Bedingung $x(T) = z_2$, dass die Brachistochrone $z(x)$ die Eigenschaft $z(x_2) = z_2$ hat. Dadurch erhalten die Gleichungen (6.18b) in dieser ursprünglichen Notation die Form

$$4x_2/l = \xi_{\max} - \sin(\xi_{\max}) \quad , \quad -4z_2/l = 1 - \cos(\xi_{\max}) \, . \tag{6.19}$$

Ein Beispiel einer Brachistochrone mit relativ kleinem Gefälle während der Fallbewegung, $|z_2|/x_2 < \frac{2}{\pi}$ bzw. $\xi_{\max} > \pi$, wurde in Abbildung 6.11 skizziert.

Wir möchten nun zeigen, wie Gleichung (6.19) konkret gelöst wird und nehmen hierbei zuerst an, dass das Gefälle $\gamma \equiv |z_2|/x_2$ entlang der Brachistochrone relativ groß ist: $\gamma \geq \frac{2}{\pi}$. In diesem Fall ist die physikalisch relevante Lösung der zweiten Gleichung von (6.19) durch $\xi_{\max} = \arccos(1 + 4z_2/l) \leq \pi$ gegeben und gilt also für alle Punkte der Brachistochrone $0 \leq \xi \leq \xi_{\max} \leq \pi$. Der Endpunkt $\mathbf{a}_2$ befindet sich in diesem Fall also in der *linken* Hälfte des blau gezeichneten Zykloidsegments in Abb. 6.11. Setzt man die Lösung für $\xi_{\max}$ in die erste Gleichung von (6.19) ein, so ergibt sich eine Bestimmungsgleichung für $l$, die für beliebige Werte des Gefälles $\gamma \geq \frac{2}{\pi}$ eindeutig nach der Variablen $l$ aufgelöst werden kann. Es ist bequem, Gleichung (6.19) hierzu als

$$\frac{l}{4|\mathbf{a}_2|} = \frac{l}{4\sqrt{x_2^2 + z_2^2}} = \left\{ [\xi_{\max} - \sin(\xi_{\max})]^2 + [1 - \cos(\xi_{\max})]^2 \right\}^{-1}$$

umzuformulieren. Beispielsweise erhält man für $\xi_{\max} = \pi$, $\xi_{\max} = \frac{\pi}{2}$ bzw. $\xi_{\max} \downarrow 0$:

$$\frac{l}{4|\mathbf{a}_2|} = \left\{ \begin{array}{c} (\pi^2 + 4)^{-1/2} \\ (\frac{1}{4}\pi^2 - \pi + 2)^{-1/2} \\ \frac{2}{9}\gamma^2 \end{array} \right\} \quad \text{mit einem Gefälle} \quad \left\{ \begin{array}{l} \gamma = 2/\pi \\ \gamma = 2/(\pi - 2) \\ \gamma \to \infty \, . \end{array} \right.$$

In allen diesen Fällen ist der Endpunkt auch der *Tiefpunkt* der Bahn. Der dimensionslose Längenparameters $l/4|\mathbf{a}_2|$ als Funktion des Gefälles $\gamma$ wurde in Abbildung 6.12 skizziert.

Nehmen wir nun alternativ an, dass das Gefälle entlang der Brachistochrone kleiner ist: $\gamma < \frac{2}{\pi}$. In diesem Fall ist die physikalisch relevante Lösung der zweiten Glei-

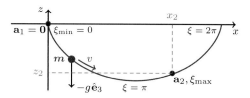

**Abb. 6.11** Die Brachistochrone

chung in (6.19) durch $\xi_{\max} = 2\pi - \arccos(1 + 4z_2/l) > \pi$ gegeben. Der Endpunkt $\mathbf{a}_2$ befindet sich also in der *rechten* Hälfte des blauen Zykloidsegments in Abb. 6.11, wie dort auch eingezeichnet. Z. B. erhält man für $\xi_{\max} = \frac{3}{2}\pi$ bzw. $\xi_{\max} = 2\pi$:

$$\frac{l}{4|\mathbf{a}_2|} = \left\{ \begin{array}{c} (\frac{9}{4}\pi^2 + 3\pi + 2)^{-1/2} \\ (2\pi)^{-1} \end{array} \right\} \quad \text{mit einem Gefälle} \quad \gamma = \left\{ \begin{array}{l} 2/(3\pi + 2) \\ 0 \, . \end{array} \right.$$

Da für $\gamma < \frac{2}{\pi}$ nun $\xi_{\max} > \pi$ gilt, wird der Tiefpunkt der Brachistochrone *vor* $\xi_{\max}$ erreicht, nämlich bereits für $\xi = \pi$. Auch der Parameterbereich $\gamma < \frac{2}{\pi}$ wurde in Abb. 6.12 eingetragen.

Zusammenfassend ist der Längenparameter $l/4|\mathbf{a}_2|$ als Funktion von $\gamma$ streng monoton ansteigend. Diese Funktion $l/4|\mathbf{a}_2|$ hat den Anfangswert $(2\pi)^{-1}$ für $\gamma = 0$, steigt dann zunächst langsam an, wie $(2\pi)^{-1} + \mathcal{O}(\gamma^{3/2})$ für $\gamma \downarrow 0$, und divergiert schließlich für große $\gamma$-Werte wie $\frac{2}{9}\gamma^2$.

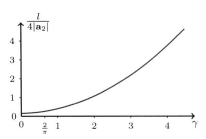

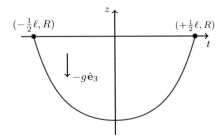

**Abb. 6.12** Verlauf des Längenparameters $l$      **Abb. 6.13** Die Kettenlinie

## Die Kettenlinie

Das Problem der „Kettenlinie", also der von einer Kette (oder einem Seil) im Schwerkraftfeld nahe der Erde beschriebenen Kurve, weicht insofern von den beiden vorigen Problemen ab, als das „Wirkungsfunktional" nun unter einer *Zwangsbedingung* variiert werden soll. Im Falle der Kette ist das „Wirkungsfunktional" durch die *potentielle Energie* der Kette im Schwerkraftfeld und die Zwangsbedingung durch die konstante und vorgegebene *Länge $\mathcal{L}$ der Kette* gegeben. Wir bezeichnen die (konstant angenommene) Massendichte der Kette als $\rho$, die Schwerkraftbeschleunigung als $g$ und die kartesische Koordinate der Kette parallel zur Erdoberfläche als $t$, sodass die Kette sich in der $t$-$z$-Ebene befindet. Gesucht ist die Form $z(t)$ der Kette mit minimaler potentieller Energie. Wir nehmen der Einfachheit halber an, dass sich beide Aufhängepunkte der Kette – wie in Abbildung 6.13 skizziert – auf gleicher Höhe befinden und durch $\left(-\frac{1}{2}\ell, R\right)$ bzw. $\left(+\frac{1}{2}\ell, R\right)$, natürlich mit $\ell \leq \mathcal{L}$, gegeben sind.

Da die potentielle Energie der Kette und die Zwangsbedingung der festen Länge gegeben sind durch

$$E_{\text{pot}} = \int_{-\frac{1}{2}\ell}^{\frac{1}{2}\ell} dt \, \rho g \, z(t) \sqrt{1 + [z'(t)]^2} \quad , \quad \int_{-\frac{1}{2}\ell}^{\frac{1}{2}\ell} dt \, \sqrt{1 + [z'(t)]^2} = \mathcal{L} \, ,$$

kann das zu minimierende Wirkungsfunktional mit Hilfe eines Lagrange-Multiplikators $\lambda$ geschrieben werden als[4]

$$S[z, \lambda] = \int_{-\frac{1}{2}\ell}^{\frac{1}{2}\ell} dt \, \rho g \, z \sqrt{1 + (z')^2} - \rho g \lambda \left[ \int_{-\frac{1}{2}\ell}^{\frac{1}{2}\ell} dt \, \sqrt{1 + (z')^2} - \mathcal{L} \right] \, ,$$

d. h. als

$$\boxed{S[z, \lambda] = \int_{-\frac{1}{2}\ell}^{\frac{1}{2}\ell} dt \, L\left(z(t), z'(t)\right) + \rho g \lambda \mathcal{L} \quad , \quad L = \rho g [z(t) - \lambda] \sqrt{1 + [z'(t)]^2} \, .}$$

---

[4]Wir erklären die Wirkung des *Lagrange-Multiplikators* bei der Optimierung einer *Funktion* $f(\mathbf{x})$ unter der *Einschränkung* $g(\mathbf{x}) = 0$, wobei $f, g : \mathbb{R}^n \to \mathbb{R}$ gilt; die Wirkung des Lagrange-Multiplikators bei der Optimierung von *Funktionalen* unter Einschränkungen ist analog. Nehmen wir an, die Funktion $f$ hat auf der $(n-1)$-dimensionalen Fläche $\{\mathbf{x} \mid g(\mathbf{x}) = 0\}$ ein Extremum in $\mathbf{x}_0$. Im infinitesimal benachbarten Punkt $\mathbf{x}_0 + d\mathbf{x}$ auf dieser Fläche muss also einerseits $0 = g(\mathbf{x}_0 + d\mathbf{x}) = (\nabla g)(\mathbf{x}_0) \cdot d\mathbf{x}$ gelten, andererseits aber auch $0 = df = f(\mathbf{x}_0 + d\mathbf{x}) - f(\mathbf{x}_0) = (\nabla f)(\mathbf{x}_0) \cdot d\mathbf{x}$. Folglich gilt für beliebige Verbindungsvektoren $d\mathbf{x}$ zu solchen Nachbarpunkten: $(\nabla f)(\mathbf{x}_0) \perp d\mathbf{x} \perp (\nabla g)(\mathbf{x}_0)$. Für irgendein $\lambda \in \mathbb{R}$ muss also gelten: $(\nabla f)(\mathbf{x}_0) = \lambda (\nabla g)(\mathbf{x}_0)$. Dies bedeutet, dass $\mathbf{x}_0$ durch Optimierung von $f - \lambda g$ bestimmt werden kann. Der Wert des Parameters $\lambda$ folgt hierbei aus der Konsistenzbedingung $g(\mathbf{x}_0) = 0$, die in $\mathbf{x}_0$ ebenfalls erfüllt sein muss.

Die Stationarität von $S$ als *Funktion* von $\lambda$ und *Funktional* von $z$ impliziert nun:

$$0 = \frac{1}{\rho g}\frac{\partial S}{\partial \lambda} = \mathcal{L} - \int_{-\frac{1}{2}\ell}^{\frac{1}{2}\ell} dt \, \sqrt{1 + [z'(t)]^2} \tag{6.20}$$

$$0 = \frac{1}{\rho g}\frac{\delta S}{\delta z(t)} = \frac{1}{\rho g}\left[\frac{\partial L}{\partial z} - \frac{d}{dt}\left(\frac{\partial L}{\partial z'}\right)\right] = \sqrt{1 + (z')^2} - \frac{d}{dt}\frac{(z - \lambda)z'}{\sqrt{1 + (z')^2}} \; . \tag{6.21}$$

Durch Multiplikation von Gleichung (6.21) mit $2(z - \lambda)z'/\sqrt{1 + (z')^2}$ ergibt sich zunächst:

$$0 = 2(z - \lambda)z' - 2\frac{(z - \lambda)z'}{\sqrt{1 + (z')^2}}\frac{d}{dt}\left[\frac{(z - \lambda)z'}{\sqrt{1 + (z')^2}}\right] = \frac{d}{dt}\left\{(z - \lambda)^2 - \left[\frac{(z - \lambda)z'}{\sqrt{1 + (z')^2}}\right]^2\right\}$$

und daher nach einer ersten Integration:

$$(z - \lambda)^2\left[1 - \frac{(z')^2}{1 + (z')^2}\right] = \frac{(z - \lambda)^2}{1 + (z')^2} = a^2 \geq 0 \; . \tag{6.22}$$

Die Differentialgleichung $z' = \pm\left[\left(\frac{z - \lambda}{a}\right)^2 - 1\right]^{1/2}$ hat im Allgemeinen die Lösungen $z(t) = \lambda + a\cosh\left(\frac{t_0 \pm t}{a}\right)$ mit beliebigem $t_0 \in \mathbb{R}$. Die Symmetrie $z(\pm\frac{1}{2}\ell) = R$ erlaubt jedoch nur $t_0 = 0$ bzw. $z(t) = \lambda + a\cosh(t/a)$, wobei $\lambda$ und $a$ außerdem die Bedingung $\lambda + a\cosh\left(\frac{\ell}{2a}\right) = R$ erfüllen müssen.

Eine weitere Beziehung zwischen $\lambda$ und $a$ folgt aus Gleichung (6.20) als:

$$\mathcal{L} = \int_{-\frac{1}{2}\ell}^{\frac{1}{2}\ell} dt \, \sqrt{1 + \sinh^2\left(\frac{t}{a}\right)} = 2a\int_0^{\ell/2a} d\tau \cosh(\tau) = 2a\sinh\left(\frac{\ell}{2a}\right) \; ,$$

sodass der Parameter $y \equiv \frac{2a}{\ell}$ (und somit $a$) durch die Bedingung $\mathcal{L}/\ell = y\sinh(y^{-1})$ eindeutig festgelegt ist. Hiermit folgt der Lagrange-Parameter $\lambda$ als

$$\lambda = R - a\cosh\left(\frac{\ell}{2a}\right) = R - \frac{1}{2}\ell y\cosh\left(y^{-1}\right) \; .$$

Die gesuchte Kettenlinie ist daher schließlich durch

$$z(t) = R + \frac{1}{2}\ell y\left[\cosh\left(\frac{2t}{\ell y}\right) - \cosh\left(y^{-1}\right)\right]$$

gegeben und hat also die Form eines Kosinus hyperbolicus.

Die „Kettenlinie" beschreibt übrigens nicht nur die Form einer Kette im Schwerkraftfeld, sondern z.B. auch die Form von *Seifenblasen*. Die Beziehung zwischen beiden Problemen wird in Übungsaufgabe 6.17 untersucht.

# 6.4 Invarianzen der Lagrange-Gleichung

Wir diskutieren in diesem Abschnitt die Invarianz der Lagrange'schen Bewegungsgleichung unter Galilei-Transformationen, unter Eichtransformationen (und allgemeiner: unter Addition einer „vollständigen Zeitableitung" zur Lagrange-Funktion) sowie unter „Zeitumkehr". Wir betrachten zunächst die Addition einer „vollständigen Zeitableitung" zur Lagrange-Funktion.

## 6.4.1 Addition einer „vollständigen Zeitableitung"

Die *Lagrange-Gleichung* ist invariant, wenn man eine „vollständige Zeitableitung" einer beliebigen Funktion der Koordinaten und der Zeit zur *Lagrange-Funktion* hinzufügt. Die Addition einer „vollständigen Zeitableitung" zur Lagrange-Funktion $L$ bedeutet *per definitionem*, dass man $L$ ersetzt durch eine neue Lagrange-Funktion $L'$ der folgenden Form:

$$
L \to L' \equiv L + \sum_j \dot{\mathbf{x}}_j \cdot (\boldsymbol{\nabla}_j \lambda)(\{\mathbf{x}_i\}, t) + \frac{\partial \lambda}{\partial t}(\{\mathbf{x}_i\}, t) = L + \frac{d}{dt}\lambda(\{\mathbf{x}_i\}, t) \ .
$$

Hierbei ist aber unbedingt zu beachten, dass die kompakte Notation $\frac{d\lambda}{dt}$, die hier als „vollständige Zeitableitung" von $\lambda(\{\mathbf{x}_i\}, t)$ bezeichnet wird:

$$
\frac{d}{dt}\lambda(\{\mathbf{x}_i\}, t) \equiv \sum_j \dot{\mathbf{x}}_j \cdot (\boldsymbol{\nabla}_j \lambda)(\{\mathbf{x}_i\}, t) + \frac{\partial \lambda}{\partial t}(\{\mathbf{x}_i\}, t) \ , \tag{6.23}
$$

lediglich *symbolische* Bedeutung hat, da die Vektoren $\mathbf{x}_i$ und $\dot{\mathbf{x}}_j$ auf der rechten Seite in (6.23) *keine* Funktionen der Zeit darstellen, wie dies bei einer echten vollständigen Zeitableitung der Fall wäre, sondern *unabhängige Variable*. Die kompakte Notation $\frac{d\lambda}{dt}$ in (6.23) ist daher eher als Gedankenstütze zu interpretieren.

Die Lagrange-*Gleichung* ist *invariant* unter der Addition von $\frac{d\lambda}{dt}$ – trotz der drastischen Änderung der Lagrange-*Funktion*. Dies folgt daraus, dass der Beitrag des Zusatzterms $\frac{d\lambda}{dt}$ zur neuen Lagrange-Gleichung exakt *null* ergibt:

$$
\frac{d}{dt}\left(\frac{\partial}{\partial \dot{\mathbf{x}}_i} \frac{d\lambda}{dt}\right) - \frac{\partial}{\partial \mathbf{x}_i} \frac{d\lambda}{dt} = \frac{d}{dt}\left[\frac{\partial}{\partial \dot{\mathbf{x}}_i}\left(\sum_j \dot{\mathbf{x}}_j \cdot \frac{\partial \lambda}{\partial \mathbf{x}_j} + \frac{\partial \lambda}{\partial t}\right)\right] - \frac{\partial}{\partial \mathbf{x}_i} \frac{d\lambda}{dt}
$$

$$
= \frac{d}{dt}\frac{\partial \lambda}{\partial \mathbf{x}_i} - \frac{\partial}{\partial \mathbf{x}_i}\frac{d\lambda}{dt} = 0 \ ,
$$

da die beiden Ableitungen $\frac{d}{dt}$ und $\frac{\partial}{\partial \mathbf{x}_i}$ vertauschbar sind. Alternativ geht die Invarianz der Bewegungsgleichung unter Addition einer „vollständigen Zeitableitung" daraus hervor, dass der Zusatzterm $\frac{d\lambda}{dt}$ das Wirkungsfunktional nur um eine Konstante ändert:

$$
S'^{(\mathbf{X}_2, t_2)}_{(\mathbf{X}_1, t_1)}[\mathbf{X}] = \int_{t_1}^{t_2} dt\, L'(\mathbf{X}(t), \dot{\mathbf{X}}(t), t) = \int_{t_1}^{t_2} dt\, \left[L(\mathbf{X}(t), \dot{\mathbf{X}}(t), t) + \frac{d}{dt}\lambda(\mathbf{X}(t), t)\right]
$$

$$
= S^{(\mathbf{X}_2, t_2)}_{(\mathbf{X}_1, t_1)}[\mathbf{X}] + \lambda(\mathbf{X}_2, t_2) - \lambda(\mathbf{X}_1, t_1) \ .
$$

Da diese zusätzliche Konstante in der Wirkung für alle möglichen Bahnen $\mathbf{X}(t) = \{\mathbf{x}_i(t)\}$ mit festen Anfangs- und Endpunkten $\mathbf{X}(t_1) = \mathbf{X}_1$ und $\mathbf{X}(t_2) = \mathbf{X}_2$ gleich ist, spielt sie bei der Bestimmung der stationären Lösung keine Rolle.

## 6.4.2 Galilei-Invarianz

Wir betrachten zunächst abgeschlossene mechanische Systeme, für die die *Bewegungsgleichung* automatisch forminvariant unter Galilei-Transformationen ist. Um das Transformationsverhalten der *Lagrange-Funktion* bestimmen zu können, benötigen wir Information über die potentielle und die kinetische Energie. Das Transformationsverhalten dieser beiden Größen ist bereits aus Abschnitt [3.2] bekannt: Die potentielle Energie ist invariant unter Galilei-Transformationen:

$$V' = V(\mathbf{X}') = V(\mathbf{X}) = V ,$$

vorausgesetzt, dass die inneren Kräfte das dritte Newton'sche Gesetz erfüllen. Die kinetische Energie $T$ wird wie folgt transformiert:

$$T' = \sum_i \tfrac{1}{2} m_i (\dot{\mathbf{x}}_i')^2 = \sum_i \tfrac{1}{2} m_i \left[\sigma R(\boldsymbol{\alpha})^{-1}(\dot{\mathbf{x}}_i - \mathbf{v}_\alpha)\right]^2 = \sum_i \tfrac{1}{2} m_i (\dot{\mathbf{x}}_i - \mathbf{v}_\alpha)^2$$

$$= T + \sum_i \left(\tfrac{1}{2} m_i \mathbf{v}_\alpha^2 - m_i \dot{\mathbf{x}}_i \cdot \mathbf{v}_\alpha\right) \stackrel{!}{=} T + \frac{d}{dt}\lambda(\mathbf{X}, t) ,$$

wobei im letzten Schritt $\lambda \equiv \sum_i \left(\tfrac{1}{2} m_i \mathbf{v}_\alpha^2 t - m_i \mathbf{x}_i \cdot \mathbf{v}_\alpha\right)$ definiert wurde. Insgesamt ändert die Lagrange-Funktion sich also um eine „vollständige Zeitableitung":

$$\boxed{L' = T' - V' = L + \frac{d}{dt}\lambda(\mathbf{X}, t) ,}$$

und wir wissen bereits aus Abschnitt [6.4.1], dass dies die Bewegungsgleichung nicht beeinflusst.

Das Argument für die Invarianz der Bewegungsgleichung eines *Teil*systems verläuft sehr ähnlich: Nun ist auch der Beitrag *äußerer* Kräfte mitzuberücksichtigen. Die Invarianz der Bewegungsgleichung erfordert, dass diese äußeren Kräfte (die „Außenwelt") bei der Galilei-Transformation explizit mittransformiert werden. Wir unterscheiden wieder nicht-elektromagnetische äußere Kräfte und Lorentz-Kräfte. Damit die Bewegungsgleichung $m_i \ddot{\mathbf{x}}_i = \mathbf{F}_i$ Galilei-invariant ist, muss in beiden Fällen das vierte Newton'sche Gesetz (siehe Abschnitt [2.7]) erfüllt sein:

$$\mathbf{F}_i' = \sigma R(\boldsymbol{\alpha})^{-1} \mathbf{F}_i .$$

Betrachten wir nun zuerst die recht große Klasse von wirbelfreien (nicht-elektromagnetischen) äußeren Kräften. In diesem Fall muss das Potential invariant sein, damit die Kräfte als echte Vektoren transformiert werden:

$$\left(V_{\text{ex}}^{\text{wf}}\right)'(\mathbf{X}', t') = V_{\text{ex}}^{\text{wf}}(\mathbf{X}, t) = V_{\text{ex}}^{\text{wf}}\left(\{\sigma R(\boldsymbol{\alpha})\mathbf{x}_i' + \mathbf{v}_\alpha(t' + \tau) + \boldsymbol{\xi}_\alpha\}, t' + \tau\right) ,$$

denn dies impliziert (mit Indizes $\beta, \gamma \in \{1, 2, 3\}$ für Ortskomponenten):

$$F_{i\gamma}' = -\frac{\partial}{\partial x_{i\gamma}'}\left(V_{\text{ex}}^{\text{wf}}\right)' = -\frac{\partial}{\partial x_{i\gamma}'}V_{\text{ex}}^{\text{wf}} = -\frac{\partial x_{i\beta}}{\partial x_{i\gamma}'}\frac{\partial V_{\text{ex}}^{\text{wf}}}{\partial x_{i\beta}}$$

$$= \sigma R(\boldsymbol{\alpha})_{\beta\gamma} F_{i\beta} = \sigma \left[R(\boldsymbol{\alpha})^{\text{T}}\right]_{\gamma\beta} F_{i\beta} = \sigma \left[R(\boldsymbol{\alpha})^{-1}\right]_{\gamma\beta} F_{i\beta}$$

oder in Vektorschreibweise: $\mathbf{F}_i' = \sigma R(\boldsymbol{\alpha})^{-1} \mathbf{F}_i$. Da die potentielle Energie also invariant ist unter Galilei-Transformationen und die Lagrange-Funktion sich auch in Anwesenheit wirbelfreier äußerer Kräfte nur um eine „vollständige Zeitableitung" ändert, ist die Bewegungsgleichung für die Gesamtdynamik des $N$-Teilchen-Systems nach wie vor invariant.

Berücksichtigen wir schließlich auch mögliche elektromagnetische äußere Kräfte (Lorentz-Kräfte), die zusätzlich auf die Teilchen wirken können, so müssen wir das Transformationsverhalten des Lorentz-Potentials

$$V_{\text{Lor}} = \sum_i q_i \left[ \Phi(\mathbf{x}_i, t) - \dot{\mathbf{x}}_i \cdot \mathbf{A}(\mathbf{x}_i, t) \right]$$

unter Galilei-Transformationen und somit auch dasjenige der elektromagnetischen Potentiale $(\Phi, \mathbf{A})$ kennen. Das Transformationsverhalten der $\mathbf{E}, \mathbf{B}$-Felder unter Galilei-Transformationen ist bereits aus Gleichung (4.61a) bekannt:

$$\mathbf{E}'(\mathbf{x}', t') = \sigma R(\boldsymbol{\alpha})^{-1} \left[ \mathbf{E}(\mathbf{x}, t) + \mathbf{v}_\alpha \times \mathbf{B}(\mathbf{x}, t) \right]$$
$$\mathbf{B}'(\mathbf{x}', t') = R(\boldsymbol{\alpha})^{-1} \mathbf{B}(\mathbf{x}, t) \ .$$

Diese Beziehung zwischen den Feldern ist erfüllt, falls die elektromagnetischen Potentiale $(\Phi, \mathbf{A})$ und $(\Phi', \mathbf{A}')$ in den beiden Inertialsystemen wie folgt miteinander verknüpft sind:

$$\mathbf{A}'(\mathbf{x}', t') = \sigma R(\boldsymbol{\alpha})^{-1} \mathbf{A}(\mathbf{x}, t) \quad , \quad \Phi'(\mathbf{x}', t') = \Phi(\mathbf{x}, t) - \mathbf{v}_\alpha \cdot \mathbf{A}(\mathbf{x}, t) \ ,$$

wobei $\mathbf{v}_\alpha \equiv \sigma R(\boldsymbol{\alpha})\mathbf{v}$ gilt. Da nun für alle Teilchen $\Phi(\mathbf{x}_i, t) - \dot{\mathbf{x}}_i \cdot \mathbf{A}(\mathbf{x}_i, t)$ invariant unter Galilei-Transformationen ist:

$$\Phi' - \dot{\mathbf{x}}' \cdot \mathbf{A}' = \Phi - \mathbf{v}_\alpha \cdot \mathbf{A} - \left[ \sigma R(\boldsymbol{\alpha})^{-1} (\dot{\mathbf{x}} - \mathbf{v}_\alpha) \right] \cdot \left[ \sigma R(\boldsymbol{\alpha})^{-1} \mathbf{A} \right]$$
$$= \Phi - \mathbf{v}_\alpha \cdot \mathbf{A} - (\dot{\mathbf{x}} - \mathbf{v}_\alpha) \cdot \mathbf{A} = \Phi - \dot{\mathbf{x}} \cdot \mathbf{A} \ ,$$

gilt insgesamt $V'_{\text{Lor}} = V_{\text{Lor}}$, sodass auch der Beitrag der Lorentz-Kräfte zum Gesamtpotential invariant ist. Auch unter Berücksichtigung von Lorentz-Kräften ändert sich die Lagrange-Funktion also lediglich um eine „vollständige Zeitableitung", sodass die Bewegungsgleichung für die Gesamtdynamik nach wie vor invariant ist.

### 6.4.3   Eichinvarianz

Bei einer Eichtransformation werden die elektromagnetischen Potentiale $(\mathbf{A}, \Phi)$ wie folgt transformiert:

$$\tilde{\mathbf{A}} \equiv \mathbf{A} - \frac{1}{c} \boldsymbol{\nabla} \Lambda \quad , \quad \tilde{\Phi} \equiv \Phi + \frac{1}{c} \frac{\partial \Lambda}{\partial t} \ , \tag{6.24}$$

wobei die orts- und zeitabhängige Funktion $\Lambda(\mathbf{x}, t)$ beliebig ist. Die Felder $\mathbf{E}$ und $\mathbf{B}$ und somit auch die Maxwell-Gleichungen und die Lorentz'sche Bewegungsgleichung sind invariant unter einer solchen Eichtransformation. Da die Größe $\Phi - \dot{\mathbf{x}} \cdot \mathbf{A}$ sich nur um eine „vollständige Zeitableitung" im Sinne von Abschnitt [6.4.1] ändert:

$$\Phi' - \dot{\mathbf{x}} \cdot \mathbf{A}' = \Phi - \dot{\mathbf{x}} \cdot \mathbf{A} + \frac{1}{c} \left( \frac{\partial \Lambda}{\partial t} + \dot{\mathbf{x}} \cdot \boldsymbol{\nabla} \Lambda \right) = \Phi - \dot{\mathbf{x}} \cdot \mathbf{A} + \frac{1}{c} \frac{d}{dt} \Lambda(\mathbf{x}, t) \ ,$$

gilt dasselbe für den Beitrag der Lorentz-Kräfte zur potentiellen Energie:

$$V'_{\text{Lor}} = \sum_i q_i \left[ \Phi'(\mathbf{x}_i, t) - \dot{\mathbf{x}}_i \cdot \mathbf{A}'(\mathbf{x}_i, t) \right] = V_{\text{Lor}} + \frac{d}{dt} \sum_i \frac{q_i}{c} \Lambda(\mathbf{x}_i, t)$$

und für die Lagrange-Funktion:

$$L' = L - \frac{d}{dt} \sum_i \frac{q_i}{c} \Lambda(\mathbf{x}_i, t) \ .$$

Hiermit kann die Invarianz der Bewegungsgleichung unter Eichtransformationen wiederum aufgrund der Addition einer „vollständigen Zeitableitung" zur Lagrange-Funktion verstanden werden.

### 6.4.4 Invarianz unter „Zeitumkehr"

Es ist wohl klar, dass es physikalisch vollkommen unmöglich ist, die Zeit rückwärts verlaufen zu lassen, sodass der Begriff „Zeitumkehr" streng genommen keinen Sinn hat. Unter „Zeitumkehr" versteht man in der Klassischen Mechanik dann auch eher das instantane Umkehren aller Geschwindigkeiten, wobei die Zeit in üblicher Weise weiter vorwärts verläuft. Dementsprechend bedeutet die „Invarianz unter Zeitumkehr" der Dynamik eines Teilchens oder eines Mehrteilchensystems, dass dieses Teilchen bzw. dieses System seine Bahn bei Umkehrung aller Geschwindigkeiten noch einmal durchläuft, nun aber in entgegengesetzter Richtung.

Startet das Teilchen z. B. – wie in Abbildung 6.14 skizziert – zur Zeit $t_1$ am Ort $\mathbf{x}_1$ mit der Geschwindigkeit $\dot{\mathbf{x}}_1$ und erreicht es den Ort $\mathbf{x}_2$ mit der Geschwindigkeit $\dot{\mathbf{x}}_2$ zur Zeit $t_2$, dann muss die Umkehrung seiner Geschwindigkeit zur Zeit $t_2$ dazu führen, dass es zur Zeit $2t_2 - t_1$ den Ort $\mathbf{x}_1$ wieder erreicht, nun aber mit der Geschwindigkeit $-\dot{\mathbf{x}}_1$. Falls $\mathbf{x}(t)$ die für $t_1 \le t \le t_2$ durchlaufene Bahn darstellt, so bedeutet Invarianz unter Zeitumkehr, dass die (nach einer Umkehrung der Geschwindigkeit $\dot{\mathbf{x}}$ zur Zeit $t_2$) für

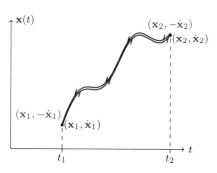

**Abb. 6.14** Invarianz unter Zeitumkehr

$t_2 \le t' \le 2t_2 - t_1$ durchlaufene Bahn durch $\mathbf{x}(2t_2 - t') \equiv \mathbf{x}'(t')$ gegeben ist. Die zwei Bahnstrecken $\mathbf{x}(t)$ für $t_1 \le t \le t_2$ und $\mathbf{x}'(t')$ für $t_2 \le t' \le 2t_2 - t_1$ sind in Abb. 6.14 *blau* bzw. *rot* eingezeichnet.

Analog gilt für ein $N$-Teilchensystem, das invariant unter Zeitumkehr ist, dass die Bahn für $t_2 \le t' \le 2t_2 - t_1$ durch $\{\mathbf{x}_i(2t_2 - t')\} \equiv \{\mathbf{x}_i'(t')\}$ gegeben ist.

Der Einfachheit halber führen wir wieder die Schreibweise

$$\mathbf{X}(t) \equiv (\mathbf{x}_1(t)/\mathbf{x}_2(t)/\cdots/\mathbf{x}_N(t)) \quad , \quad \dot{\mathbf{X}}(t) \equiv (\dot{\mathbf{x}}_1(t)/\dot{\mathbf{x}}_2(t)/\cdots/\dot{\mathbf{x}}_N(t))$$

und analog für $\mathbf{X}'(t')$ und $\dot{\mathbf{X}}'(t')$ ein. Allgemein lautet die Newton'sche Bewegungsgleichung:

$$m_i \frac{d^2\mathbf{x}_i}{dt^2}(t) = \mathbf{F}_i(\mathbf{X}, \dot{\mathbf{X}}, t) \quad , \quad m_i \frac{d^2\mathbf{x}_i'}{(dt')^2}(t') = \mathbf{F}_i(\mathbf{X}', \dot{\mathbf{X}}', t') \ .$$

Invarianz unter Zeitumkehr bedeutet

$$\mathbf{F}_i(\mathbf{X}', \dot{\mathbf{X}}', t') = m_i \frac{d^2\mathbf{x}'_i}{(dt')^2}(t') = m_i \frac{d^2\mathbf{x}_i}{dt^2}(2t_2 - t')$$

$$= \mathbf{F}_i(\mathbf{X}(2t_2 - t'), \dot{\mathbf{X}}(2t_2 - t'), 2t_2 - t') = \mathbf{F}_i(\mathbf{X}', -\dot{\mathbf{X}}', 2t_2 - t'),$$

sodass das Kraftgesetz für alle $(\mathbf{X}, \dot{\mathbf{X}}, t)$ die Bedingung

$$\boxed{\mathbf{F}_i(\mathbf{X}, \dot{\mathbf{X}}, t) = \mathbf{F}_i(\mathbf{X}, -\dot{\mathbf{X}}, 2t_2 - t)} \tag{6.25}$$

erfüllen muss. Für das Gesamtpotential des $N$-Teilchen-Systems impliziert Gleichung (6.25):

$$V(\mathbf{X}, \dot{\mathbf{X}}, t) = V(\mathbf{X}, -\dot{\mathbf{X}}, 2t_2 - t).$$

Dies bedeutet, dass die Lagrange-Funktion die Bedingung

$$L(\mathbf{X}, \dot{\mathbf{X}}, t) = L(\mathbf{X}, -\dot{\mathbf{X}}, 2t_2 - t)$$

erfüllen soll, und daher auch, dass die Wirkung *invariant* unter „Zeitumkehr" ist:

$$S' = \int_{t_2}^{2t_2 - t_1} dt' \, L\big(\mathbf{X}'(t'), \dot{\mathbf{X}}'(t'), t'\big) = \int_{t_2}^{2t_2 - t_1} dt' \, L\big(\mathbf{X}(2t_2 - t'), -\dot{\mathbf{X}}(2t_2 - t'), t'\big)$$

$$= \int_{t_1}^{t_2} dt \, L\big(\mathbf{X}(t), -\dot{\mathbf{X}}(t), 2t_2 - t\big) = \int_{t_1}^{t_2} dt \, L\big(\mathbf{X}(t), \dot{\mathbf{X}}(t), t\big) = S.$$

Hiermit ist auch das Transformationsverhalten des Wirkungsfunktionals $S[\mathbf{X}]$ unter „Zeitumkehr" geklärt.

Für innere Kräfte in einem $N$-Teilchen-System, die das dritte Newton'sche Gesetz erfüllen und somit zeit- und geschwindigkeitsunabhängig sind, ist die Bedingung (6.25) automatisch erfüllt. Damit (6.25) für wirbelfreie äußere Kräfte nichtelektromagnetischer Natur gilt, die ja ebenfalls geschwindigkeitsunabhängig sind, muss der entsprechende Beitrag zum Potential die Eigenschaft

$$V_{\text{ex}}^{\text{wf}}(\mathbf{X}, t) = V_{\text{ex}}^{\text{wf}}(\mathbf{X}, 2t_2 - t) \tag{6.26}$$

besitzen. Physikalisch bedeutet (6.26), dass auch alle Geschwindigkeiten der Teilchen in der „Außenwelt" zur Zeit $t_2$ umgekehrt werden müssen, damit die Gesamtdynamik invariant unter einer „Zeitumkehr" zur Zeit $t_2$ ist. Im Falle der Lorentz-Kraft impliziert (6.25) für die $\mathbf{E}$- und $\mathbf{B}$-Felder:

$$\mathbf{E}(\mathbf{x}, 2t_2 - t) = \mathbf{E}(\mathbf{x}, t) \quad , \quad \mathbf{B}(\mathbf{x}, 2t_2 - t) = -\mathbf{B}(\mathbf{x}, t) \qquad (t_1 \leq t < t_2) \tag{6.27}$$

bzw. für die elektromagnetischen Potentiale:

$$\Phi(\mathbf{x}, 2t_2 - t) = \Phi(\mathbf{x}, t) \quad , \quad \mathbf{A}(\mathbf{x}, 2t_2 - t) = -\mathbf{A}(\mathbf{x}, t) \qquad (t_1 \leq t < t_2). \tag{6.28}$$

Man sieht, dass Zeitumkehrinvarianz nur dann gegeben ist, wenn das Magnetfeld bei der „Zeitumkehr" zur Zeit $t_2$ das Vorzeichen wechselt, das elektrische Feld jedoch nicht:

$$\mathbf{B}(t_2 + 0^+) = -\mathbf{B}(t_2 - 0^+) \quad , \quad \mathbf{E}(t_2 + 0^+) = \mathbf{E}(t_2 - 0^+).$$

Wiederum bedeutet dies physikalisch, dass auch die Geschwindigkeiten aller Teilchen in der Außenwelt (und somit auch alle Ströme, die ja das Magnetfeld erzeugen) zur Zeit $t_2$ umgekehrt werden müssen.

Bisher haben wir lediglich die Forderung auferlegt, dass das System invariant unter Zeitumkehr bezüglich eines *festen* Zeitpunkts $t_2$ sein soll. Wird nun die strengere Forderung auferlegt, dass die Zeitumkehrinvarianz zu *jedem* Zeitpunkt $t_2$ vorliegen soll, so zeigt (6.26), dass das Potential $V_{\text{ex}}^{\text{wf}}$ zeitunabhängig sein muss, sodass die entsprechende Kraft nicht nur wirbelfrei sondern auch konservativ ist. Für den elektromagnetischen Fall zeigen (6.27) und (6.28), dass nur statische elektrische Felder, $\mathbf{E} = \mathbf{E}(\mathbf{x})$ bzw. $\Phi = \Phi(\mathbf{x})$ mit $\mathbf{A} = 0$ und $\mathbf{B} = 0$, mit der Zeitumkehrinvarianz zu *jedem* Zeitpunkt verträglich sind.

## 6.5  Zwangsbedingungen

Bei den bisher diskutierten mechanischen $N$-Teilchen-Systemen waren die $3N$ kartesischen Koordinaten $\mathbf{X} \equiv (\mathbf{x}_1/\mathbf{x}_2/\cdots/\mathbf{x}_N)$ grundsätzlich unabhängig voneinander. Folglich stand dem System der ganze $3N$-dimensionale $\mathbf{X}$-Raum zur Verfügung oder war zumindest der verfügbare Raumbereich $3N$-dimensional. Unabhängig variierbare Ortskoordinaten werden allgemein als *Freiheitsgrade* eines mechanischen Systems bezeichnet; die bisher behandelten Systeme mit ihren $3N$ unabhängig variierbaren $\mathbf{X}$-Komponenten haben somit $3N$ Freiheitsgrade.

Die Anzahl der Freiheitsgrade eines $N$-Teilchen-Systems kann durchaus (viel) kleiner als $3N$ sein. Dies ist immer dann der Fall, wenn Beziehungen der Form

$$\boxed{f_m(\mathbf{X}, t) = f_m(\mathbf{x}_1, \mathbf{x}_2, \cdots, \mathbf{x}_N, t) = 0 \qquad (m = 1, 2, \cdots, Z)} \qquad (6.29)$$

zwischen den kartesischen Koordinaten des Systems vorliegen. Solche Einschränkungen der Bewegungsmöglichkeit eines Systems sind uns schon bei der Behandlung des sphärischen Pendels (siehe Abschnitt [4.3.1]) begegnet. Sie werden allgemein als Zwangsbedingungen, oder genauer: als *holonome* Zwangsbedingungen bezeichnet. Ist die Zwangsbedingung explizit zeitabhängig oder gerade zeit*un*abhängig, so kann sie zusätzlich als „rheonom" bzw. „skleronom" bezeichnet werden. Dieser Sprachgebrauch wurde bereits in Fussnote 8 auf Seite 136 erklärt. Wir nehmen im Folgenden an, dass jede der $Z$ holonomen Zwangsbedingungen (6.29) die Anzahl der unabhängig variierbaren Ortskoordinaten des Systems um eins reduziert, sodass die Gesamtzahl $f$ der Freiheitsgrade genau gleich $3N - Z$ ist.[5] Hierzu reicht es, anzunehmen, dass die Funktionen $f_m$, die die Zwangsbedingungen charakterisieren, für alle $\mathbf{X}$ mit $f_m(\mathbf{X}, t) = 0$ stetig differenzierbar und die Gradienten $\partial f_m/\partial \mathbf{X}$ $(m = 1, \cdots, Z)$ linear unabhängig sind.

Da die Anzahl der Freiheitsgrade eines $N$-Teilchen-Systems, das den Zwangsbedingungen (6.29) unterliegt, also durch $f = 3N - Z$ gegeben ist, kann jede mögliche Konfiguration $\mathbf{X} = (\mathbf{x}_1/\cdots/\mathbf{x}_N)$ des Systems mit Hilfe von $f = 3N - Z$ unabhän-

---

[5]Natürlich hätte man alle $Z$ Zwangsbedingungen in Gleichung (6.29) auch mit Hilfe einer einzelnen Bedingung der Form $f(\mathbf{X}, t) \equiv \sum_{m=1}^{Z} [f_m(\mathbf{X}, t)]^2 = 0$ zusammenfassen können. Wir werden eine solche Kompaktschreibweise im Folgenden jedoch *nicht* verwenden, um die eindeutige Relation $f = 3N - Z$ zwischen der Anzahl der Freiheitsgrade und der Zahl der holonomen Zwangsbedingungen nicht zu verlieren.

gigen neuen Koordinaten $(q_1, q_2, \cdots, q_f)^T \equiv \mathbf{q}$ beschrieben werden:

$$\mathbf{x}_i = \mathbf{x}_i(q_1, q_2, \cdots, q_f, t) = \mathbf{x}_i(\mathbf{q}, t) \qquad (i = 1, 2, \cdots, N) \ . \tag{6.30}$$

Die unabhängig variierbaren Koordinaten $\{q_k\}$ werden als *verallgemeinerte Koordinaten* bezeichnet; die Menge aller dem System zur Verfügung stehenden $\mathbf{q}$-Werte heisst der *Konfigurationsraum* des Systems und wird im Folgenden als $\mathcal{Q}$ bezeichnet. Es ist wichtig, zu beachten, dass die Koordinatensätze $\{\mathbf{q}\}$ im Allgemeinen *keine* Vektoren darstellen, da sie in der Regel die Axiome des Vektorraums *nicht* erfüllen. Eine Summe $\mathbf{q}_1 + \mathbf{q}_2$ oder ein Vielfaches $\lambda\mathbf{q}$ muss nicht in $\mathcal{Q}$ enthalten sein. Unterschiedliche Komponenten von $\mathbf{q}$ müssen nicht einmal die gleiche physikalische Dimension haben. Zwar wird es im Folgenden bequem sein, auch für verallgemeinerte Koordinaten $(q_1, q_2, \cdots, q_f)$ einige kompakte Vektorschreibweisen zu übernehmen (wie $\mathbf{q}$, $\mathbf{q}^T$ oder das Skalarprodukt), aber dies soll nicht suggerieren, dass $\mathbf{q}$ ein Vektor *ist*.

Die Menge $\{\mathbf{X}(\mathbf{q}, t) \,|\, \mathbf{q} \in \mathcal{Q}\}$ aller dem System zur Verfügung stehenden $\mathbf{X}$-Werte bildet eine (im Allgemeinen zeitabhängige) $f$-dimensionale Mannigfaltigkeit $\mathcal{M} \subset \mathbb{R}^{3N}$, die wir als die *Bewegungsmannigfaltigkeit* des Systems bezeichnen werden. Die Funktion $\mathbf{X}(\mathbf{q}, t)$, die Punkte des Konfigurationsraums $\mathcal{Q}$ in Ortsvektoren der Bewegungsmannigfaltigkeit $\mathcal{M}$ überführt, ist in Abbildung 6.15 grafisch dargestellt. Abb. 6.15 zeigt auch konkret, wie der spezielle Punkt $\bar{\mathbf{q}} \in \mathcal{Q}$ in den Ortsvektor $\mathbf{X}(\bar{\mathbf{q}}, t) \in \mathcal{M}$ überführt wird; beide Punkte sind *orangefarben* eingezeichnet.

Um den Sprachgebrauch etwas zu vereinfachen, bezeichnen wir den Spezialfall einer *ein*dimensionalen Mannigfaltigkeit ($f = 1$) im Folgenden als *Kurve*, denjenigen einer $(3N - 1)$-dimensionalen Mannigfaltigkeit ($Z = 1$) als *(Hyper)fläche*.

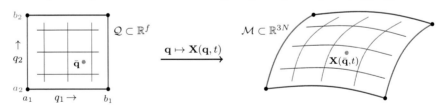

**Abb. 6.15** Abbildung vom Konfigurationsraum in die „Bewegungsmannigfaltigkeit"

## 6.5.1   Beispiele für *holonome* Zwangsbedingungen

Wir betrachten nun ein paar Beispiele für mechanische Systeme mit einer eingeschränkten Zahl der Freiheitsgrade ($f < 3N$).

### Das sphärische Pendel

Im Rahmen der Newton'schen Mechanik haben wir das oben bereits angesprochene *sphärische Pendel* kennengelernt, das sich über eine *Kugelfläche* bewegt (siehe Abschnitt [4.3.1] und Abb. 4.6). In diesem Fall ist die „Bewegungsmannigfaltigkeit" also eine *zweidimensionale* Kugeloberfläche. Falls der Aufhängepunkt des Pendelstabs, dessen Länge wir als $l$ bezeichnen, als Ursprung des Koordinatensystems gewählt wird, lautet die skleronome holonome Zwangsbedingung für das sphärische Pendel:

$$f(\mathbf{x}, t) \equiv \mathbf{x}^2 - l^2 = 0 \ .$$

Wählen wir als unsere verallgemeinerten Koordinaten die üblichen Winkelvariablen $(\vartheta, \varphi)$, so ist der Konfigurationsraum durch $\mathcal{Q} = [0, \pi] \times [0, 2\pi]$ gegeben. Um die Stetigkeit der Variablen $\varphi(t)$ über mehrere Umläufe hinweg zu gewährleisten, ist es zweckmäßig, den Konfigurationsraum auf $[0, \pi] \times \mathbb{R}$ auszudehnen, wobei identifiziert wird: $\mathbf{x}(\vartheta, \varphi) = \mathbf{x}(\vartheta, \varphi + 2\pi)$.

### Das mathematische Pendel

Man erhält das *mathematische Pendel* (siehe Abschnitt [4.3.2] sowie Abb. 4.7) entweder als Spezialfall des sphärischen Pendels (für spezielle Anfangsbedingungen) oder durch Auferlegen einer zusätzlichen (skleronomen, holonomen) Zwangsbedingung:

$$f_1(\mathbf{x}, t) \equiv \mathbf{x}^2 - l^2 = 0 \quad , \quad f_2(\mathbf{x}, t) \equiv x_2 = 0 \, .$$

Die Bewegungsmannigfaltigkeit des mathematischen Pendels ist daher eine *Kurve* (und zwar ein Kreisrand). Falls wir als verallgemeinerte Koordinate den üblichen Winkel $\varphi$ wählen, ist der Konfigurationsraum durch $\mathcal{Q} = [0, 2\pi)$ oder [bei periodischer Fortsetzung mit $\mathbf{x}(\varphi) = \mathbf{x}(\varphi + 2\pi)$] durch $\mathbb{R}$ gegeben.

Wird am Aufhängepunkt des mathematischen Pendels gerüttelt, sodass er sich nicht im Ursprung, sondern am zeitlich veränderlichen Ort $\mathbf{a}(t) = (a_1(t), 0, a_3(t))^{\mathrm{T}}$ befindet, so liegen zwei holonome Zwangsbedingungen vor:

$$f_1(\mathbf{x}, t) \equiv |\mathbf{x} - \mathbf{a}(t)|^2 - l^2 = 0 \quad , \quad f_2(\mathbf{x}, t) \equiv x_2 = 0 \, , \tag{6.31}$$

wobei die erste rheonom und die zweite nach wie vor skleronom ist. Die Bewegungsmannigfaltigkeit ist wiederum eine Kurve, die nun allerdings explizit zeitabhängig ist. Ein konkretes Beispiel für eine solche rheonome Zwangsbedingung wird in Abschnitt [6.8] behandelt.

### Hantelmoleküle

Als weiteres Beispiel einer Zwangsbedingung betrachten wir ein *Hantelmolekül*, d. h. zwei Atome (mit den Massen $m_1$ bzw. $m_2$), die durch einen starren Stab der Länge $l$ miteinander verbunden sind. Ein solches Hantelmolekül ist in Abbildung 6.16

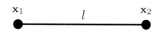

**Abb. 6.16** Das Hantelmolekül

skizziert. Dieses „Hantelmolekül" ist ein einfaches klassisches Modell für reale zweiatomige Moleküle wie $O_2$, $N_2$ oder $CO$. Eine makroskopische Anzahl solcher Hantelmoleküle könnte daher dazu verwendet werden, einige der wichtigsten atmosphärischen Gase zu beschreiben. Die (skleronome, holonome) Zwangsbedingung für die Koordinaten $\mathbf{x}_1$ und $\mathbf{x}_2$ der beiden Atome eines Hantelmoleküls lautet

$$f_1(\mathbf{x}_1, \mathbf{x}_2, t) \equiv |\mathbf{x}_1 - \mathbf{x}_2|^2 - l^2 = 0 \, .$$

Für $N$ Atome (mit $N$ gerade), die insgesamt $\frac{1}{2}N$ Hantelmoleküle formen, erhält man:

$$f_m(\mathbf{X}, t) \equiv |\mathbf{x}_{2m} - \mathbf{x}_{2m-1}|^2 - l^2 = 0 \quad (m = 1, 2, \cdots, \tfrac{1}{2}N) \, .$$

Die Anzahl der Freiheitsgrade ist in diesem Fall durch

$$f = 3N - Z = 3N - \tfrac{1}{2}N = \tfrac{5}{2}N$$

gegeben.

**Lineare Polymere**

Ein einfaches Modell für ein lineares *Poly-mer* entsteht, wenn man die Atome mit den Indizes $m$ und $m+1$ für $1 \leq m \leq N-1$ durch $N-1$ Stäbe mit den Längen $l_m$ verbindet. Die Zwangsbedingung lautet in diesem Fall:

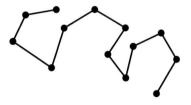

$$f_m(\mathbf{X}, t) \equiv |\mathbf{x}_{m+1} - \mathbf{x}_m|^2 - l_m^2 = 0$$
$$(m = 1, \cdots, N-1),$$

**Abb. 6.17** Ein lineares Polymer

und die Anzahl der Freiheitsgrade ist $f = 3N - (N-1) = 2N + 1$. Ein solches lineares Polymer wurde für $N = 13$ und $f = 27$ in Abbildung 6.17 skizziert. Selbstverständlich kann man analog auch Modelle für *verzweigte* Polymere konstruieren, wobei jedes Atom nun mit mehr als zwei Partnern verbunden sein darf.

**Der starre Körper**

Sehr wichtig in der Mechanik ist auch der *starre Körper*, der insgesamt nur $f = 6$ Freiheitsgrade hat. Ein einfacher starrer Körper mit „Atomen" auf einem kubischen Gitter ist in Abbildung 6.18 skizziert. Die Zahl $f = 6$ der Freiheitsgrade des starren Körpers folgt sofort daraus, dass der Massenschwerpunkt des Körpers beweglich ist und der Körper sich (bei festgehaltenem Massenschwerpunkt) lediglich noch um eine Achse drehen kann. Folglich sind nur die drei Komponenten des Gesamtimpulses $\mathbf{P}$ und die drei Komponenten des Gesamtdrehimpulses $\mathbf{L}$ des starren Körpers variabel. Diese sechs (Dreh)impulskomponenten können dann allerdings im Prinzip beliebige Werte annehmen. Dementsprechend wird der starre Körper im Allgemeinen durch $Z = 3N - f = 3N - 6$ Zwangsbedingungen cha-rakterisiert.[6] Der starre Körper wird ausführlich in Kapitel [8] behandelt.

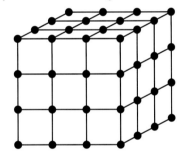

**Abb. 6.18** Der starre Körper

**Kugel auf *idealer glatter* Ebene**

Als letztes Beispiel einer (skleronomen) holonomen Zwangsbedingung diskutieren wir die Bewegung einer Kugel[7] mit dem Radius $R$ über eine *ideale glatte* horizontale Ebene. Wir wählen das Koordinatensystem so, dass die Ebene durch $\{x_3 = 0\}$ gegeben ist. Da zwischen der Kugel und der idealen glatten Ebene keine Reibung stattfindet, bewirkt die Ebene lediglich, dass sich der Mittelpunkt $\mathbf{x}_\mathrm{M}$ der Kugel in

---

[6]Diese Zählung der Freiheitsgrade und Zwangsbedingungen trifft nur für $N \geq 3$ zu: Für $N = 2$ ist die Drehimpulskomponente in Richtung des Stabs gleich null ($f = 5$, $Z = 1$), für $N = 1$ gilt $\mathbf{L} = \mathbf{0}$ (und somit $f = 3$, $Z = 0$).

[7]In konkreten Untersuchungen solcher Kugeln (siehe z. B. Abschnitt [8.7]) werden wir (der Einfachheit halber) eine sphärisch symmetrische Massenverteilung voraussetzen, sodass der Kugelmittelpunkt zugleich auch Massenschwerpunkt ist. Deshalb die Notation $\mathbf{x}_\mathrm{M}$.

der $(x_3 = R)$-Ebene befindet. Die Zwangsbedingung lautet dementsprechend:

$$f(\mathbf{x}_{\mathrm{M}}, t) \equiv \hat{\mathbf{e}}_3 \cdot \mathbf{x}_{\mathrm{M}} - R = 0 \,, \tag{6.32}$$

und von den 6 Freiheitsgraden eines freien starren Körpers bleiben für die Kugel auf der idealen glatten Ebene nur noch 5 übrig. Man könnte diese 5 Freiheitsgrade z. B. durch die zwei freien Komponenten $x_{\mathrm{M1}}$ und $x_{\mathrm{M2}}$ des Mittelpunkts und durch drei Winkelvariablen $(\vartheta, \varphi, \psi)$ charakterisieren, wobei die Winkelvariablen z. B. die Richtung der Achse durch $\mathbf{x}_{\mathrm{M}}$ und einen fest gewählten Punkt $\mathbf{x}_{\mathrm{P}}$ der Kugeloberfläche und die Orientierung der Kugel relativ zu dieser Achse festlegen.

## 6.5.2 Beispiele für *nicht-holonome* Zwangsbedingungen

Jede Zwangsbedingung, die nicht holonom ist, heisst *nicht-holonom*. Eine mögliche Form einer nicht-holonomen Zwangsbedingung ist eine Einschränkung der Beweglichkeit, die nur als *Un*gleichung darstellbar ist:

$$f(\mathbf{X}, t) = f(\mathbf{x}_1, \mathbf{x}_2, \cdots, \mathbf{x}_N, t) \geq 0 \,.$$

Als einfaches Beispiel mit $N = 1$ sei die Kugel auf der idealen glatten Ebene erwähnt, die nun auch über die Ebene hüpfen kann, sodass der Mittelpunkt $\mathbf{x}_{\mathrm{M}}$ die Ungleichung

$$f(\mathbf{x}_{\mathrm{M}}, t) \equiv \hat{\mathbf{e}}_3 \cdot \mathbf{x}_{\mathrm{M}} - R \geq 0$$

erfüllt.

Eine andere mögliche Form einer nicht-holonomen Zwangsbedingung ist eine Beziehung zwischen Koordinaten, *Geschwindigkeiten* und eventuell der Zeit, die *nicht* in der Form

$$f(\mathbf{x}_1, \mathbf{x}_2, \cdots, \mathbf{x}_N, t) = 0 \tag{6.33}$$

darstellbar ist. Hierzu zunächst Folgendes: Obwohl jede holonome Zwangsbedingung der Form (6.33) für alle möglichen Bahnen $\mathbf{X}(t)$ die Beziehung

$$df = \sum_{i=1}^{N} \frac{\partial f}{\partial \mathbf{x}_i} \cdot d\mathbf{x}_i + \frac{\partial f}{\partial t} dt = 0 \quad , \quad \frac{df}{dt} = \sum_{i=1}^{N} \frac{\partial f}{\partial \mathbf{x}_i} \cdot \dot{\mathbf{x}}_i + \frac{\partial f}{\partial t} = 0 \tag{6.34}$$

zwischen Koordinaten, Geschwindigkeiten und der Zeit impliziert, können umgekehrt *nicht* alle Beziehungen

$$\sum_{i=1}^{N} \boldsymbol{\varphi}_i(\mathbf{X}, t) \cdot d\mathbf{x}_i + \varphi_0(\mathbf{X}, t) dt = 0 \quad , \quad \sum_{i=1}^{N} \boldsymbol{\varphi}_i(\mathbf{X}, t) \cdot \dot{\mathbf{x}}_i + \varphi_0(\mathbf{X}, t) = 0 \tag{6.35}$$

auch in der Form (6.33) geschrieben werden. Die genaue Bedingung dafür, dass Gleichung (6.35) in der Form (6.33) darstellbar ist, ist, dass das Differential $d\Phi \equiv \sum_i \boldsymbol{\varphi}_i \cdot d\mathbf{x}_i + \varphi_0 \, dt$ *exakt* ist, d. h., dass für alle $i, j = 1, 2, \cdots, N$:

$$\frac{\partial \varphi_{i\alpha}}{\partial x_{j\beta}} = \frac{\partial \varphi_{j\beta}}{\partial x_{i\alpha}} \quad (\alpha, \beta = 1, 2, 3) \quad , \quad \frac{\partial \boldsymbol{\varphi}_i}{\partial t} = \frac{\partial \varphi_0}{\partial \mathbf{x}_i}$$

gilt. Falls $d\Phi$ nicht exakt ist, aber $\gamma(\mathbf{X}, t)\, d\Phi$ wohl, heißt $\gamma(\mathbf{X}, t)$ ein *integrierender Faktor*. Die Beziehung (6.34) für das exakte Differential $df$ wird dann als *integrabel* bezeichnet. Beziehungen der Form (6.35), die sogar nach Multiplikation mit beliebigen Funktionen $\gamma(\mathbf{X}, t)$ nicht integrabel sind, heißen *nicht-integrabel*. Nicht-integrable Beziehungen zwischen den Koordinaten, den Geschwindigkeiten und der Zeit sind ein weiteres wichtiges Beispiel für nicht-holonome Zwangsbedingungen, das ausführlicher in Abschnitt [6.13] und Kapitel [8] behandelt wird.

**Beispiel: Kugel auf *idealer rauer* Ebene**

Als konkrete Anwendung betrachten wir wiederum die Kugel mit dem Radius $R$ auf der $(x_3 = 0)$-Ebene, wobei wir nun allerdings annehmen, dass diese Ebene *ideal rau* ist. Dies bedeutet, dass die Kugel nur rollen kann, jedoch nicht gleiten. Die Geschwindigkeit des Kontaktpunkts der Kugel mit der $(x_3 = 0)$-Ebene ist daher zu jeder Zeit genau null. Für die Geschwindigkeitskomponente in $\hat{\mathbf{e}}_3$-Richtung kann diese Einschränkung nach wie vor mit Hilfe der holonomen Zwangsbedingung (6.32) beschrieben werden. Die Einschränkung der Geschwindigkeitskomponenten in $\hat{\mathbf{e}}_1$- und $\hat{\mathbf{e}}_2$-Richtung führt auf zwei Beziehungen zwischen den Winkelgeschwindigkeiten $(\dot{\vartheta}, \dot{\varphi}, \dot{\psi})$, die nicht-integrabel und daher nicht-holonom sind. Die explizite Form dieser zwei nicht-holonomen Zwangsbedingungen wird später (im Rahmen der Untersuchung der Dynamik starrer Körper in Kapitel [8]) im Detail hergeleitet.

Auf jeden Fall sollte klar sein, dass die Untersuchung der Dynamik einer *realen* Kugel (z. B. derjenigen eines Fußballs) auf einer *realen* Ebene (z. B. auf einem Rasen) im Allgemeinen sehr schwierig ist: Der Ball kann rollen, gleiten und hüpfen, und der Rasen ist weder ideal glatt noch ideal rau. Da außerdem noch Luftreibung zu berücksichtigen ist, durch inelastische Stöße Dissipation auftritt und der Ball nur näherungsweise als „rund" angesehen werden kann, ist klar, dass eine detaillierte physikalische Untersuchung realer Ballspiele äußerst kompliziert wäre. Die gleiche Aussage trifft wohl für nahezu alle makroskopischen Vorgänge zu.

# 6.6   Verallgemeinerte Koordinaten

Wir beschränken uns im Folgenden auf $N$-Teilchen-Systeme mit *holonomen* Zwangsbedingungen der Form (6.29), sodass der Konfigurationsraum des Systems, wie in Gleichung (6.30) und Abb. 6.15 dargestellt, mit Hilfe von $f = 3N - Z$ verallgemeinerten Koordinaten $\{q_k\}$ beschrieben werden kann:

$$\boxed{\mathbf{x}_i = \mathbf{x}_i(q_1, q_2, \cdots, q_f, t) \equiv \mathbf{x}_i(\mathbf{q}, t) \qquad (i = 1, 2, \cdots, N)\,.} \qquad (6.36)$$

Neben $\mathbf{q} = (q_1, \cdots, q_f)^{\mathrm{T}}$ und $\mathbf{X} = (\mathbf{x}_1/\cdots/\mathbf{x}_N)$ führen wir auch die Notationen $\dot{\mathbf{q}}$ und $\dot{\mathbf{X}}$ für die Geschwindigkeiten $(\dot{q}_1, \cdots, \dot{q}_f)^{\mathrm{T}}$ bzw. $(\dot{\mathbf{x}}_1/\cdots/\dot{\mathbf{x}}_N)$ ein. Damit sowohl die Bewegungsmannigfaltigkeit $\{\mathbf{X}(\mathbf{q}, t)\,|\,\mathbf{q} \in \mathcal{Q}\}$ als auch der Konfigurationsraum $f$-dimensional sind, muss die Abbildung (6.36) vom Konfigurationsraum $\mathcal{Q}$ in die Bewegungsmannigfaltigkeit $\mathcal{M}$ unbedingt *nicht-singulär* sein, d. h., die $f$ Tangentialvektoren $\frac{\partial \mathbf{X}}{\partial q_k}(\mathbf{q}, t)$ an der Bewegungsmannigfaltigkeit im Punkt $\mathbf{q}$ zur Zeit $t$ müssen *linear unabhängig* sein.

Diese lineare Unabhängigkeit lässt sich auch leicht grafisch darstellen. Hierzu betrachten wir zunächst einmal den speziellen (orangefarbenen) Punkt $\bar{\mathbf{q}} \in \mathcal{Q}$ in

Abb. 6.15, der von der Funktion $\mathbf{X}$ in den Ortsvektor $\mathbf{X}(\bar{\mathbf{q}}, t) \in \mathcal{M}$ überführt wird. Abbildung 6.19 zeigt, wie infinitesimale Auslenkungen $\hat{\mathbf{e}}_1 dq_1$ und $\hat{\mathbf{e}}_2 dq_2$ aus $\bar{\mathbf{q}}$ in *linear unabhängige* infinitesimale Auslenkungen $\frac{\partial \mathbf{X}}{\partial q_1} dq_1$ und $\frac{\partial \mathbf{X}}{\partial q_2} dq_2$ aus $\mathbf{X}(\bar{\mathbf{q}}, t)$ überführt werden. Hierbei sind $\frac{\partial \mathbf{X}}{\partial q_1}$ und $\frac{\partial \mathbf{X}}{\partial q_2}$ Tangentialvektoren an der Bewegungsmannigfaltigkeit $\mathcal{M}$. Abbildung 6.20 zeigt (allerdings nur für den Spezialfall $f = 2$), wie die $f$ linear unabhängigen $\frac{\partial \mathbf{X}}{\partial q_k}(\mathbf{q}, t)$ die Tangentialebene an $\mathcal{M}$ aufgespannen.

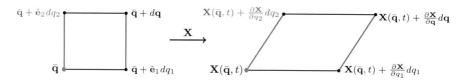

**Abb. 6.19** Infinitesimale Auslenkungen aus $\bar{\mathbf{q}}$ und $\mathbf{X}(\bar{\mathbf{q}}, t)$

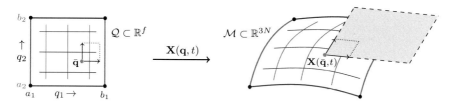

**Abb. 6.20** Die von $\frac{\partial \mathbf{X}}{\partial q_k}(\mathbf{q}, t)$ $(k = 1, \cdots, f)$ aufgespannte Tangentialebene an $\mathcal{M}$

### Die Differentiale der Ortsvektoren und die Geschwindigkeiten

In den Überlegungen zu den Abbildungen 6.19 und 6.20 wurde die Abbildung $\mathbf{X}$ bei *konstanter* Zeitvariabler $t$ untersucht. Dementsprechend stellt die in Abb. 6.20 hellgrün eingezeichnete Ebene die Tangentialebene an $\mathcal{M}$ zu einer festen Zeit $t$ dar. Allgemeiner wird eine Änderung der Variablen $(\mathbf{q}, t)$ eine Änderung des Ortsvektors $\mathbf{X}$ des Systems bzw. $\mathbf{x}_i$ des $i$-ten Teilchens zur Folge haben, die auch Beiträge der zeitlichen Änderung enthält. Aus (6.36) folgt konkret für die Differentiale $d\mathbf{x}_i$:

$$d\mathbf{x}_i = \sum_{k=1}^{f} \frac{\partial \mathbf{x}_i}{\partial q_k}(\mathbf{q}, t) dq_k + \frac{\partial \mathbf{x}_i}{\partial t}(\mathbf{q}, t) dt \tag{6.37}$$

und daher für die Geschwindigkeiten $\dot{\mathbf{x}}_i$:

$$\boxed{\dot{\mathbf{x}}_i(\mathbf{q}, \dot{\mathbf{q}}, t) = \sum_{k=1}^{f} \frac{\partial \mathbf{x}_i}{\partial q_k}(\mathbf{q}, t) \dot{q}_k + \frac{\partial \mathbf{x}_i}{\partial t}(\mathbf{q}, t) \qquad (i = 1, 2, \cdots, N) \,.} \tag{6.38}$$

Demnach wird die $(\mathbf{q}, t)$-Abhängigkeit der *Geschwindigkeiten* $\dot{\mathbf{X}}(\mathbf{q}, \dot{\mathbf{q}}, t)$ generell nicht nur durch die $f$ Tangentialvektoren $\frac{\partial \mathbf{X}}{\partial q_k}$ sondern auch durch die partielle Zeitableitung $\frac{\partial \mathbf{X}}{\partial t}$ bestimmt. Außerdem folgt aus den Gleichungen (6.37) und (6.38) eine weitere wichtige Identität: Da die Differentiale $\{dq_k\}$ und $dt$ in Gleichung (6.37) *unabhängig* von $(\mathbf{q}, t)$ sind, folgt beim Übergang auf Gleichung (6.38), dass auch die $2f + 1$ Variablen $(\mathbf{q}, \dot{\mathbf{q}}, t)$ alle *unabhängig* voneinander sind. Wegen der Unabhängigkeit der Variablen $(\mathbf{q}, \dot{\mathbf{q}}, t)$ folgt dann aus (6.38):

$$\boxed{\frac{\partial \dot{\mathbf{x}}_i}{\partial \dot{q}_k}(\mathbf{q}, t) = \frac{\partial \mathbf{x}_i}{\partial q_k}(\mathbf{q}, t) \, .}$$   (6.39)

Wir werden diese wichtige Beziehung im Folgenden mehrmals verwenden.

**Physikalische Größen als Funktion der *verallgemeinerten* Koordinaten!**

Aufgrund der drei Gleichungen (6.36) sowie (6.37) und (6.38) sind die Beziehungen zwischen den *kartesischen* Koordinaten und Geschwindigkeiten und den *verallgemeinerten* Koordinaten und Geschwindigkeiten nun vollständig bekannt. Wir zeigen im Folgenden, dass diese Beziehungen dazu verwendet werden können, physikalische Größen, die bereits als Funktion der kartesischen Koordinaten und Geschwindigkeiten bekannt sind, auch als Funktion der verallgemeinerten Variablen $(\mathbf{q}, \dot{\mathbf{q}})$ zu bestimmen. Zur Unterscheidung wird die *kartesische* Variante dieser Funktionen im Folgenden stets durch einen Index „K" gekennzeichnet.

**Beispiel: die kinetische Energie**

Als Beispiel betrachten wir die *kinetische Energie*, die formal als Funktion der Variablen $(\mathbf{X}, \dot{\mathbf{X}}, t)$ angesehen werden kann, aber tatsächlich *explizit* nur von den kartesischen Geschwindigkeiten $\dot{\mathbf{X}}$ abhängt. Aufgrund von (6.38) erhält man:

$$T_{\mathrm{K}}(\mathbf{X}, \dot{\mathbf{X}}, t) = \sum_{i=1}^{N} \tfrac{1}{2} m_i \dot{\mathbf{x}}_i^2 = \sum_{i=1}^{N} \tfrac{1}{2} m_i \left( \sum_{k=1}^{f} \frac{\partial \mathbf{x}_i}{\partial q_k} \dot{q}_k + \frac{\partial \mathbf{x}_i}{\partial t} \right)^2 \equiv T(\mathbf{q}, \dot{\mathbf{q}}, t) \, . \quad (6.40)$$

Durch Ausmultiplizieren des Quadrats $(\cdots)^2$ sieht man, dass $T(\mathbf{q}, \dot{\mathbf{q}}, t)$ auch als Funktion der verallgemeinerten Geschwindigkeiten $\dot{q}_k$ im Allgemeinen *quadratisch* (jedoch nicht notwendigerweise *homogen* quadratisch) ist:

$$\boxed{T(\mathbf{q}, \dot{\mathbf{q}}, t) = \tfrac{1}{2} \sum_{kl} a_{kl} \dot{q}_k \dot{q}_l + \sum_{k} a_k \dot{q}_k + a_0 \, .}$$   (6.41)

Hierbei haben wir neben dem „Massentensor" $(a_{kl})$ mit den Tensorelementen $a_{kl}$:

$$a_{kl}(\mathbf{q}, t) \equiv \sum_{i=1}^{N} m_i \frac{\partial \mathbf{x}_i}{\partial q_k}(\mathbf{q}, t) \cdot \frac{\partial \mathbf{x}_i}{\partial q_l}(\mathbf{q}, t)$$   (6.42)

die weiteren Definitionen

$$a_k(\mathbf{q}, t) \equiv \sum_{i=1}^{N} m_i \frac{\partial \mathbf{x}_i}{\partial q_k}(\mathbf{q}, t) \cdot \frac{\partial \mathbf{x}_i}{\partial t}(\mathbf{q}, t) \quad , \quad a_0(\mathbf{q}, t) \equiv \tfrac{1}{2} \sum_{i=1}^{N} m_i \left[ \frac{\partial \mathbf{x}_i}{\partial t}(\mathbf{q}, t) \right]^2$$

eingeführt. Nur für den Spezialfall, dass die holonomen Zwangsbedingungen zeit-unabhängig („skleronom") sind und die verallgemeinerten Koordinaten so gewählt werden, dass $\frac{\partial \mathbf{x}_i}{\partial t}(\mathbf{q}, t) = 0$ gilt, hat $T(\mathbf{q}, \dot{\mathbf{q}}, t)$ also im Allgemeinen eine homogen quadratische Form als Funktion der $\{\dot{q}_k\}$.

**Die kinetische Energie ist *strikt konvex* als Funktion von $\dot{\mathbf{q}}$**

Aus der allgemeinen Form des Massentensors $(a_{kl}) \equiv A$ in Gleichung (6.42) folgt, dass dieser *positiv definit* ist.[8] Um dies zu zeigen, führen wir noch die Definitionen $\mathbf{y}_i \equiv \sqrt{m_i}\mathbf{x}_i$ und $\mathbf{Y} \equiv (\mathbf{y}_1/\mathbf{y}_2/\cdots/\mathbf{y}_N)$ ein. Nun folgt in der Tat für die Matrix $(a_{kl}) = A$ in (6.42) und alle Vektoren $\mathbf{u} \neq \mathbf{0}$:

$$\mathbf{u}^{\mathrm{T}}A\mathbf{u} = \sum_{k,l} u_k\, a_{kl}\, u_l = \sum_{k,l} u_k \frac{\partial \mathbf{Y}}{\partial q_k} \cdot \frac{\partial \mathbf{Y}}{\partial q_l} u_l = \left| \frac{\partial \mathbf{Y}}{\partial \mathbf{q}} \mathbf{u} \right|^2 > 0\,.$$

Im letzten Schritt geht entscheidend ein, dass die $f$ Tangentialvektoren $\left\{ \frac{\partial \mathbf{X}}{\partial q_k} \right\}$ und somit auch die $f$ Vektoren $\left\{ \frac{\partial \mathbf{Y}}{\partial q_k} \right\}$ linear unabhängig sind, sodass für alle $\mathbf{u} \neq \mathbf{0}$ auch $\frac{\partial \mathbf{Y}}{\partial \mathbf{q}} \mathbf{u} \neq \mathbf{0}$ gilt. Folglich ist die symmetrische Matrix $A(\mathbf{q},t) = (a_{kl}) = \frac{\partial^2 T}{\partial \dot{\mathbf{q}}^2}(\mathbf{q},t)$ in der Tat – wie behauptet – positiv definit. Die äußerst wichtige physikalische Konsequenz hiervon ist, dass die kinetische Energie $T(\mathbf{q},\dot{\mathbf{q}},t)$ deshalb *strikt konvex*[9] als Funktion der Geschwindigkeiten $\dot{\mathbf{q}}$ ist. Diese Eigenschaft der kinetischen Energie wird von entscheidender Bedeutung bei der Formulierung der Hamilton-Theorie in Kapitel [7] sein.

## 6.6.1 Bewegungsgleichung in verallgemeinerten Koordinaten

Die Newton'sche Bewegungsgleichung stellt nach dem zweiten Newton'schen Gesetz eine Beziehung zwischen der Trägheitskraft $m_i\ddot{\mathbf{x}}_i$ des $i$-ten Teilchens und der auf das $i$-te Teilchen einwirkenden Kraft $\mathbf{F}_i$ her, die eine Funktion der kartesischen Koordinaten, der Geschwindigkeiten und der Zeit ist:

$$\boxed{m_i\ddot{\mathbf{x}}_i = \mathbf{F}_i(\mathbf{X},\dot{\mathbf{X}},t) = \mathbf{F}_i^{\mathrm{K}} + \mathbf{F}_i^{\mathrm{Z}} \qquad (i = 1,2,\cdots,N)\,.} \qquad (6.43)$$

Hierbei kann die explizite Form der Kraft $\mathbf{F}_i$ natürlich sehr kompliziert sein; im Folgenden wird jedoch nur wichtig sein, zwei Beiträge zur Gesamtkraft $\mathbf{F}_i$ zu unterscheiden: Kräfte $\mathbf{F}_i^{\mathrm{Z}}$, die (z. B. von Stäben, Drähten, Oberflächen usw.) auf das $i$-te Teilchen ausgeübt werden, um die Einhaltung der Zwangsbedingung zu gewährleisten, und daher als *Zwangskräfte* bezeichnet werden, und alle anderen Kräfte, die wir - da sie Funktionen der *kartesischen* Koordinaten und Geschwindigkeiten sowie eventuell der Zeit sind - als $\mathbf{F}_i^{\mathrm{K}}$ bezeichnen werden. In $\mathbf{F}_i^{\mathrm{K}}$ sind also die üblichen inneren und äußeren Kräfte enthalten, die auch in Abwesenheit der Zwangsbedingung auf das $i$-te Teilchen einwirken würden.

**Idee der Herleitung der Bewegungsgleichung in q-Koordinaten**

Die Grundidee hinter der Herleitung der Bewegungsgleichung in verallgemeinerten Koordinaten ist besonders einfach: Statt der $3N$ *nicht-unabhängigen* Gleichungen (6.43) für die kartesischen Koordinaten $\mathbf{X}_\phi(t)$ der physikalischen Bahn erwartet

---

[8]Der Begriff positiv definit wurde bereits in der Fussnote 28 auf Seite 104 für eine symmetrische Matrix $A$ definiert: Für jeden Vektor $\mathbf{u} = (u_1, u_2, \cdots, u_f) \neq \mathbf{0}$ soll in diesem Fall $\mathbf{u}^{\mathrm{T}}A\mathbf{u} > 0$ gelten.

[9]*Strikte Konvexität* einer (mindestens zweimal differenzierbaren) Funktion $F$ mehrerer Variabler bedeutet, dass die Matrix der zweiten Ableitungen von $F$ *positiv definit* ist.

man $f$ *unabhängige* Bewegungsgleichungen (d. h. gewöhnliche Differentialgleichungen zweiter Ordnung) für die verallgemeinerten Koordinaten $\{q_{\phi k}(t)\}$. Wir wissen aber, dass die Bewegungsmannigfaltigkeit des $N$-Teilchen-Systems und daher auch die *Tangentialebenen* an dieser Bewegungsmannigfaltigkeit $f$-*dimensional* sind. Die Idee ist nun, den Gleichungssatz (6.43) auf $f$ voneinander unabhängige Tangentialvektoren im Punkt $\mathbf{X}_\phi(t) = \mathbf{X}(\mathbf{q}_\phi(t), t)$ der Bewegungsmannigfaltigkeit zu projizieren. Jede dieser Projektionen liefert eine Bewegungsgleichung, sodass man insgesamt genau $f$ unabhängige Bewegungsgleichungen für die verallgemeinerten Koordinaten $\{q_{\phi k}(t)\}$ erhält.

Die Herleitung der Bewegungsgleichung erfolgt also in *drei* Schritten: Im *ersten* Schritt projiziert man die Trägheitskraft $M\ddot{\mathbf{X}}_\phi(t)$ auf der *linken* Seite von (6.43) auf einen beliebigen Tangentialvektor $\delta\mathbf{X}$ von $\mathcal{M}$. Insgesamt gibt es $f$ solche unabhängige Tangentialvektoren. Im *zweiten* Schritt geht man analog für die Gesamtkraft $\mathbf{\Phi} \equiv (\mathbf{F}_1/\mathbf{F}_2/\cdots/\mathbf{F}_N)$ auf der *rechten* Seite von (6.43) vor: Auch $\mathbf{\Phi}$ wird auf $\delta\mathbf{X}$ projiziert. Im *dritten* Schritt setzt man beide Ergebnisse gleich und erhält so eine erste Bewegungsgleichung in verallgemeinerten Koordinaten. Wiederholt man diese Arbeitsschritte für $f - 1$ weitere unabhängige Tangentialvektoren $\delta\mathbf{X}$, so folgen insgesamt $f$ unabhängige Bewegungsgleichungen in verallgemeinerten Koordinaten. Diese drei Arbeitsschritte sind in Abbildung 6.21 grafisch dargestellt.

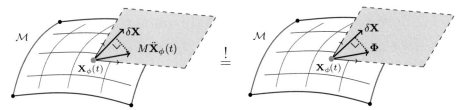

**Abb. 6.21** Zur Herleitung der Bewegungsgleichung in verallgemeinerten Koordinaten

**Konstruktion der Tangentialvektoren $\delta\mathbf{X}$**

Zur Konstruktion beliebiger Tangentialvektoren $\delta\mathbf{X}$ an der Bewegungsmannigfaltigkeit $\mathcal{M}$ betrachten wir einen Punkt $\mathbf{X}_\phi(t) = \mathbf{X}(\mathbf{q}_\phi(t), t)$ der physikalischen Bahn sowie beliebige Vektoren $\delta\mathbf{q} \equiv (\delta q_1, \delta q_2, \cdots, \delta q_f) \in \mathbb{R}^f$. Der Vektor

$$\delta\mathbf{X} \equiv \sum_{k=1}^{f} \frac{\partial\mathbf{X}}{\partial q_k}(\mathbf{q}_\phi(t), t)\delta q_k = \frac{\partial\mathbf{X}}{\partial\mathbf{q}}(\mathbf{q}_\phi(t), t)\,\delta\mathbf{q}$$

stellt dann geometrisch einen Tangentialvektor an der Bewegungsmannigfaltigkeit im Punkt $\mathbf{X}_\phi(t)$ zur Zeit $t$ dar. Folglich bildet die Menge aller Vektoren $\mathbf{X}$ der Form

$$\mathbf{X} = \mathbf{X}_\phi(t) + \delta\mathbf{X} \quad , \quad \delta\mathbf{X} \equiv \left(\frac{\partial\mathbf{X}}{\partial\mathbf{q}}\right)_\phi \delta\mathbf{q} \qquad (\delta\mathbf{q} \in \mathbb{R}^f)$$

die Tangentialebene an der Bewegungsmannigfaltigkeit im Punkt $\mathbf{X}_\phi(t)$ zur Zeit $t$. Für den Beitrag des $i$-ten Teilchens zum Tangentialvektor $\delta\mathbf{X}$ führen wir noch die Notation $\delta\mathbf{x}_i$ ein:

$$\delta\mathbf{X} = \mathbf{X} - \mathbf{X}_\phi(t) \equiv (\delta\mathbf{x}_1/\delta\mathbf{x}_2/\cdots/\delta\mathbf{x}_N) \; .$$

Diese Notation wird sich im Folgenden bei der Projektion von Gleichung (6.43) auf $\delta \mathbf{X}$ als sehr nützlich erweisen.

### Der erste Schritt

Wir projizieren zuerst die *linke* Seite der Newton'schen Bewegungsgleichung (6.43) auf den Tangentialvektor $\delta \mathbf{X}$. Hierzu ist es nützlich, die Beiträge der verschiedenen Teilchen $i = 1, \cdots, N$ miteinander zu kombinieren, indem wir eine „Massenmatrix"

$$M \equiv \mathrm{diag}(m_1 \mathbb{1}_3, m_2 \mathbb{1}_3, \cdots, m_N \mathbb{1}_3)$$

einführen.[10] Die Projektion von $M\ddot{\mathbf{X}}_\phi$ auf $\delta \mathbf{X}$ ist dann:

$$\left(M\ddot{\mathbf{X}}_\phi\right) \cdot \delta \mathbf{X} = \sum_{i=1}^{N} m_i \ddot{\mathbf{x}}_{\phi i}(t) \cdot \delta \mathbf{x}_i . \tag{6.44}$$

Das Ziel ist im Folgenden, die rechte Seite von Gleichung (6.44) als Funktion der verallgemeinerten Koordinaten zu bestimmen. Mit Hilfe der Identitäten (6.38) und (6.39) und der in (6.40) eingeführten Funktionen $T_\mathrm{K}$ und $T$ lässt sich Gleichung (6.44) wie folgt umformulieren:

$$
\begin{aligned}
\left(M\ddot{\mathbf{X}}_\phi\right) \cdot \delta \mathbf{X} &= \sum_{i=1}^{N} m_i \ddot{\mathbf{x}}_{\phi i} \cdot \left[ \sum_{k=1}^{f} \frac{\partial \mathbf{x}_i}{\partial q_k}(\mathbf{q}_\phi(t), t)\delta q_k \right] \\
&= \sum_{i,k} m_i \left[ \frac{d}{dt}\left( \dot{\mathbf{x}}_i \cdot \frac{\partial \dot{\mathbf{x}}_i}{\partial \dot{q}_k} \right) - \dot{\mathbf{x}}_i \cdot \frac{d}{dt} \frac{\partial \mathbf{x}_i}{\partial q_k} \right]_\phi \delta q_k \\
&= \sum_k \left[ \frac{d}{dt} \frac{\partial T_\mathrm{K}}{\partial \dot{q}_k} - \frac{\partial T_\mathrm{K}}{\partial q_k} \right]_\phi \delta q_k \quad , \quad T_\mathrm{K} = \sum_i \tfrac{1}{2} m_i \dot{\mathbf{x}}_i^2 .
\end{aligned}
$$

Im letzten Schritt wurde die Unabhängigkeit der Ableitungen nach den Variablen $\mathbf{q}$ und $\dot{\mathbf{q}}$ verwendet:

$$\frac{d}{dt} \frac{\partial \mathbf{x}_i}{\partial q_k} = \sum_l \frac{\partial^2 \mathbf{x}_i}{\partial q_l \partial q_k} \dot{q}_l + \frac{\partial^2 \mathbf{x}_i}{\partial t \partial q_k} = \frac{\partial}{\partial q_k} \left( \sum_l \frac{\partial \mathbf{x}_i}{\partial q_l} \dot{q}_l + \frac{\partial \mathbf{x}_i}{\partial t} \right) = \frac{\partial \dot{\mathbf{x}}_i}{\partial q_k} . \tag{6.45}$$

Aus der Definition $T(\mathbf{q}, \dot{\mathbf{q}}, t) \equiv T_\mathrm{K}(\mathbf{X}, \dot{\mathbf{X}}, t) = \sum_i \tfrac{1}{2} m_i \dot{\mathbf{x}}_i^2$ folgt schließlich:

$$\boxed{\left(M\ddot{\mathbf{X}}_\phi\right) \cdot \delta \mathbf{X} = \sum_k \left[ \frac{d}{dt}\left( \frac{\partial T}{\partial \dot{q}_k} \right) - \frac{\partial T}{\partial q_k} \right]_\phi \delta q_k ,} \tag{6.46}$$

sodass die in (6.44) definierte Projektion $\left(M\ddot{\mathbf{X}}_\phi\right) \cdot \delta \mathbf{X}$ nun explizit als Funktion der verallgemeinerten Koordinaten bekannt ist.

---

[10]Die Notation $\mathrm{diag}(\cdots)$ bezeichnet eine Diagonalmatrix mit den Elementen $\cdots$ auf der Hauptdiagonalen.

**Der zweite Schritt**

Wir projizieren nun die Kräfte $\boldsymbol{\Phi} = (\mathbf{F}_1/\mathbf{F}_2/\cdots/\mathbf{F}_N)$, also die *rechte* Seite von Gleichung (6.43), auf den Tangentialvektor $\delta\mathbf{X}$:

$$\boldsymbol{\Phi} \cdot \delta\mathbf{X} = \sum_{i=1}^{N} \mathbf{F}_i(\mathbf{X}_\phi(t), \dot{\mathbf{X}}_\phi(t), t) \cdot \delta\mathbf{x}_i \ . \tag{6.47}$$

Hierbei hat $\boldsymbol{\Phi} \cdot \delta\mathbf{X}$ die physikalische Dimension [KRAFT $\times$ WEG] = [ENERGIE]. Diese Größe stellt formal die Arbeit dar, die die in der physikalischen Bahn wirkende Kraft $\boldsymbol{\Phi}(\mathbf{X}_\phi(t), \dot{\mathbf{X}}_\phi(t), t)$ zum Zeitpunkt $t$ entlang der Variation $\delta\mathbf{X}$ verrichten würde.[11] Die Projektion $\boldsymbol{\Phi} \cdot \delta\mathbf{X}$ in (6.47) kann wie folgt als Funktion der verallgemeinerten Koordinaten berechnet werden:

$$\boldsymbol{\Phi} \cdot \delta\mathbf{X} = \sum_{i=1}^{N} \mathbf{F}_{\phi i} \cdot \left[ \sum_{k=1}^{f} \frac{\partial \mathbf{x}_i}{\partial q_k}(\mathbf{q}_\phi(t), t)\delta q_k \right] = \sum_{k=1}^{f} \mathcal{F}_{\phi k}\delta q_k \ . \tag{6.48}$$

Hierbei wurden die *verallgemeinerten Kräfte* $\mathcal{F}_k$ definiert:

$$\mathcal{F}_k(\mathbf{q}, \dot{\mathbf{q}}, t) \equiv \sum_{i=1}^{N} \mathbf{F}_i \cdot \frac{\partial \mathbf{x}_i}{\partial q_k} \quad , \quad \mathcal{F}_{\phi k} \equiv \mathcal{F}_k(\mathbf{q}_\phi, \dot{\mathbf{q}}_\phi, t)$$

und ist $\mathcal{F}_{\phi k}$ der $\mathcal{F}_k$-Wert, ausgewertet an der Stelle der physikalischen Bahn $\mathbf{X}_\phi(t) = \mathbf{X}(\mathbf{q}_\phi(t), t)$ mit den entsprechenden Geschwindigkeiten $\dot{\mathbf{X}}(\mathbf{q}_\phi(t), \dot{\mathbf{q}}_\phi(t), t)$.

**Der dritte Schritt**

Der Vergleich der beiden Projektionen (6.46) und (6.48), die aufgrund von (6.43) identisch sein müssen, ergibt nun sofort die Beziehung

$$\sum_k \left[ \frac{d}{dt}\left( \frac{\partial T}{\partial \dot{q}_k} \right) - \frac{\partial T}{\partial q_k} - \mathcal{F}_k \right]_\phi \delta q_k = 0 \ .$$

Da diese Beziehung für *beliebige* Tangentialvektoren $\delta\mathbf{X}$ (und somit für *beliebige* Variationen $\delta\mathbf{q}$) gelten soll, folgt

$$\left[ \frac{d}{dt}\left( \frac{\partial T}{\partial \dot{q}_k} \right) - \frac{\partial T}{\partial q_k} - \mathcal{F}_k \right]_\phi = 0 \qquad (k = 1, 2, \cdots, f) \ . \tag{6.49}$$

Dies ist die allgemeine Form der Lagrange'schen Bewegungsgleichung in verallgemeinerten Koordinaten. Wir werden im nachfolgenden Abschnitt [6.7] sehen, dass sie durch eine nähere Betrachtung der verallgemeinerten Kräfte $\mathcal{F}_k$ noch erheblich vereinfacht werden kann. Insbesondere lässt sich die Bewegungsgleichung (6.49) in vielen Fällen aus einer einzelnen skalaren Lagrange-Funktion herleiten!

---

[11]Es ist aber wichtig, zu beachten, dass die Variation $\delta\mathbf{X}$ vollkommen unabhängig von der tatsächlichen Bewegungsrichtung $\dot{\mathbf{X}}_\phi(t)$ des Systems ist, sodass $\boldsymbol{\Phi} \cdot \delta\mathbf{X}$ lediglich eine mathematische Hilfsgröße ist, die nicht experimentell gemessen werden kann.

# 6.7 Verallgemeinerte Kräfte

Die in (6.49) verbleibenden verallgemeinerten Kräfte $\mathcal{F}_k$ stellen insofern ein Problem dar, als sie neben den explizit bekannten inneren und äußeren Kräften $\mathbf{F}_i^K$ auch die (zunächst unbekannten) Zwangskräfte $\mathbf{F}_i^Z$ enthalten:

$$\mathcal{F}_k = \sum_{i=1}^N \mathbf{F}_i \cdot \frac{\partial \mathbf{x}_i}{\partial q_k} = \sum_{i=1}^N \mathbf{F}_i^K \cdot \frac{\partial \mathbf{x}_i}{\partial q_k} + \sum_{i=1}^N \mathbf{F}_i^Z \cdot \frac{\partial \mathbf{x}_i}{\partial q_k} . \tag{6.50}$$

Ein Beispiel kann hier hilfreich sein: In Abschnitt [4.3.1] konnten wir die auf das *sphärische Pendel* einwirkende Zwangskraft explizit berechnen:

$$\mathbf{F}^Z(\mathbf{x}, \dot{\mathbf{x}}) = -\lambda(\mathbf{x}, \dot{\mathbf{x}})\hat{\mathbf{x}} \quad , \quad \lambda = \frac{m\dot{\mathbf{x}}^2}{x} - mg(\hat{\mathbf{x}} \cdot \hat{\mathbf{e}}_3) .$$

Die Zwangskraft wirkt somit in Richtung des Stabes, steht also senkrecht auf der durch die Zwangsbedingung $f(\mathbf{x}, t) = \mathbf{x}^2 - l^2 = 0$ definierten Fläche und verrichtet daher *keine* Arbeit. Es ist nun plausibel (und lässt sich für konkrete Modelle auch zeigen), dass dieses Ergebnis verallgemeinert werden kann: Falls eine (skleronome oder rheonome) holonome Zwangsbedingung *keine Reibungskräfte* hervorruft, gilt generell, dass die Zwangskraft $(\mathbf{F}_1^Z/\mathbf{F}_2^Z/\cdots/\mathbf{F}_N^Z)$ senkrecht auf der Bewegungsmannigfaltigkeit steht und daher keinen Beitrag zu $\mathcal{F}_k$ liefert:

$$\boxed{\mathcal{F}_k^Z \equiv \sum_{i=1}^N \mathbf{F}_i^Z \cdot \frac{\partial \mathbf{x}_i}{\partial q_k} \overset{!}{=} 0 \qquad (k = 1, 2, \cdots, f) .} \tag{6.51}$$

Im Falle einer *zeitabhängigen* (rheonomen) Zwangsbedingung bedeutet dies allerdings *nicht*, dass diese Zwangsbedingung bei einer *realen* Bewegung $d\mathbf{X}_\phi(t) = \dot{\mathbf{X}}_\phi(t)dt$ überhaupt keine Arbeit verrichtet. In diesem Fall ist der Beitrag der Zwangskräfte zur Leistung (d. h. zur Arbeit pro Zeiteinheit) gegeben durch

$$\frac{dW^Z}{dt} = \sum_{i=1}^N \mathbf{F}_i^Z \cdot \frac{d\mathbf{x}_i}{dt} = \sum_{i=1}^N \mathbf{F}_i^Z \cdot \left( \sum_{k=1}^f \frac{\partial \mathbf{x}_i}{\partial q_k} \dot{q}_k + \frac{\partial \mathbf{x}_i}{\partial t} \right)$$

$$= \sum_{k=1}^f \mathcal{F}_k^Z \dot{q}_k + \mathcal{F}_t = \mathcal{F}_t \quad , \quad \mathcal{F}_t \equiv \sum_{i=1}^N \mathbf{F}_i^Z \cdot \frac{\partial \mathbf{x}_i}{\partial t} .$$

Obwohl die verallgemeinerten Kräfte $\mathcal{F}_k^Z$ (in Abwesenheit von Reibung) alle gleich null sind, muss die mit der Zeitvariablen $t$ verknüpfte verallgemeinerte Kraft $\mathcal{F}_t$ keineswegs null sein.

### Das zentrale Postulat der Analytischen Mechanik

In der analytischen Mechanik (d. h. bei der Formulierung des Lagrange- und des Hamilton-Formalismus) beschränkt man sich üblicherweise auf Systeme, die die Bedingung $\mathcal{F}_k^Z = 0$ exakt oder zumindest in genügend guter Näherung erfüllen. Da im Wesentlichen keine anderen Annahmen gemacht werden, kann Gleichung (6.51) als *zentrales Postulat der Analytischen Mechanik* angesehen werden. Es ist kein Postulat im Sinne eines fundamentalen, jedoch unbeweisbaren Naturgesetzes, sondern eher im Sinne einer Annahme, Voraussetzung oder Einschränkung: Wir wissen ja, dass Gleichung (6.51) in Anwesenheit von Reibung sicherlich nicht gilt.

**Konsequenzen des zentralen Postulats**

Da die Zwangskräfte aufgrund des zentralen Postulats (6.51) also nicht zur verall-gemeinerten Kraft $\mathcal{F}_k$ beitragen, vereinfacht sich (6.50) auf

$$\mathcal{F}_k(\mathbf{q}, \dot{\mathbf{q}}, t) = \sum_{i=1}^{N} \mathbf{F}_i^{\mathrm{K}} \cdot \frac{\partial \mathbf{x}_i}{\partial q_k} \, . \tag{6.52}$$

Wir haben hiermit ein wichtiges Resultat erzielt: Da die rechte Seite von (6.52) nur noch von den (explizit bekannten) inneren und äußeren Kräften abhängt und $\mathcal{F}_k$ somit als Funktion von $(\mathbf{q}, \dot{\mathbf{q}}, t)$ bekannt ist, ist die Bewegungsgleichung (6.49),

$$\frac{d}{dt}\left(\frac{\partial T}{\partial \dot{q}_k}\right) - \frac{\partial T}{\partial q_k} = \mathcal{F}_k \qquad (k = 1, 2, \cdots, f) \, ,$$

überhaupt nicht mehr von den Zwangskräften abhängig! Dies vereinfacht die Lö-sung der Bewegungsgleichung natürlich enorm und stellt einen der großen Vorteile des Lagrange-Formalismus dar.[12] Ein weiterer Vorteil ist, dass der Lagrange-For-malismus weitgehend unabhängig von der Wahl der verallgemeinerten Koordinaten $\{q_k\}$ ist: Hätten wir statt $\{q_k\}$ andere Koordinaten $\{\bar{q}_k\}$ gewählt:

$$\mathbf{x}_i = \bar{\mathbf{x}}_i(\bar{q}_1, \bar{q}_2, \cdots, \bar{q}_k, t) = \bar{\mathbf{x}}_i(\bar{\mathbf{q}}, t) \qquad (i = 1, 2, \cdots, N) \, ,$$

so hätte man ebenfalls eine Gleichung der Form (6.49) erhalten, allerdings mit anderen Ausdrücken für die kinetische Energie und die verallgemeinerten Kräfte: $(T, \mathcal{F}_k) \to (\bar{T}, \bar{\mathcal{F}}_k)$. Die *Struktur* (nicht aber die explizite Form) der Lagrange-Gleichung (6.49) ist daher invariant unter allgemeinen *Punkttransformationen* der Koordinaten,

$$\bar{q}_k \equiv \bar{q}_k(\mathbf{q}, t) \quad \text{bzw.} \quad \bar{\mathbf{q}} = \bar{\mathbf{q}}(\mathbf{q}, t) \, .$$

Hierbei muss man natürlich fordern, dass die Transformation nicht-singulär ist, d. h., dass $\det\left(\frac{\partial \bar{q}_k}{\partial q_l}\right) \neq 0$ gilt.

## 6.7.1 Geschwindigkeitsunabhängige Kräfte

Innere Kräfte, die das dritte Newton'sche Gesetz erfüllen, sowie wirbelfreie nicht-elektromagnetische äußere Kräfte können aus einem *Potential* hergeleitet werden:

$$\mathbf{F}_i^{\mathrm{K}} = -(\boldsymbol{\nabla}_i V^{\mathrm{K}})(\mathbf{X}, t) \, ,$$

wobei der Index „K" wie üblich physikalische Größen in kartesischen Koordinaten bezeichnet. Die verallgemeinerte Kraft $\mathcal{F}_k$ folgt daher als:

$$\mathcal{F}_k = \sum_{i=1}^{N} \mathbf{F}_i^{\mathrm{K}} \cdot \frac{\partial \mathbf{x}_i}{\partial q_k} = -\sum_{i=1}^{N} \frac{\partial V^{\mathrm{K}}}{\partial \mathbf{x}_i} \cdot \frac{\partial \mathbf{x}_i}{\partial q_k} = -\frac{\partial V}{\partial q_k}(\mathbf{q}, t) \, , \tag{6.53}$$

---

[12]Spätestens an dieser Stelle wird der Sinn der Projektion auf die Tangentialebene in Ab-schnitt [6.6.1] klar: Durch diese Projektion werden die Zwangskräfte, die senkrecht auf der Bewe-gungsmannigfaltigkeit stehen, herausprojiziert und somit aus der Lagrange-Gleichung in verall-gemeinerten Koordinaten eliminiert.

wobei das Potential $V(\mathbf{q}, t)$ als Funktion der verallgemeinerten Koordinaten durch

$$V(\mathbf{q}, t) \equiv V^{\mathrm{K}}(\mathbf{X}(\mathbf{q}, t), t)$$

definiert ist. Definieren wir nun die Lagrange-Funktion (wie üblich) als

$$\boxed{L(\mathbf{q}, \dot{\mathbf{q}}, t) \equiv T(\mathbf{q}, \dot{\mathbf{q}}, t) - V(\mathbf{q}, t) \,,} \tag{6.54}$$

so folgt aus (6.49) und (6.53):

$$0 = \left[ \frac{d}{dt}\left( \frac{\partial T}{\partial \dot{q}_k} \right) - \frac{\partial T}{\partial q_k} + \frac{\partial V}{\partial q_k} \right]_\phi = \left[ \frac{d}{dt} \frac{\partial (T - V)}{\partial \dot{q}_k} - \frac{\partial (T - V)}{\partial q_k} \right]_\phi \,,$$

d. h.

$$\boxed{0 = \left[ \frac{d}{dt}\left( \frac{\partial L}{\partial \dot{q}_k} \right) - \frac{\partial L}{\partial q_k} \right]_\phi \qquad (k = 1, 2, \cdots, f) \,.} \tag{6.55}$$

Die letzten beiden Gleichungen gelten also *nur* für die physikalische Bahn $\mathbf{q}_\phi(t)$. Die Bewegungsgleichung (6.55) hat genau dieselbe Struktur wie diejenige, die wir für den einfachen Fall ohne Zwangsbedingungen in kartesischen Koordinaten hergeleitet haben! Gleichung (6.55) wird als die *Lagrange-Gleichung der 2. Art* bezeichnet.

Aus Gleichung (6.54) folgt noch, dass die Lagrange-Funktion eines Systems mit geschwindigkeitsunabhängigen Kräften im Allgemeinen *strikt konvex* als Funktion der Geschwindigkeit $\dot{\mathbf{q}}$ ist, denn das Potential $V(\mathbf{q}, t)$ in (6.54) ist geschwindigkeitsunabhängig, und die kinetische Energie $T(\mathbf{q}, \dot{\mathbf{q}}, t)$ ist bekanntlich strikt konvex als Funktion von $\dot{\mathbf{q}}$ (siehe Abschnitt [6.6]).

## 6.7.2 Lorentz-Kräfte

Wir nehmen nun an, die Teilchen sind geladen und spüren nicht nur die vorher diskutierten geschwindigkeitsunabhängigen Kräfte, sondern auch äußere elektromagnetische Kräfte (Lorentz-Kräfte). Solche Lorentz-Kräfte können bekanntlich (siehe Abschnitt [6.2]) ebenfalls aus einem Potential $V_{\mathrm{Lor}}^{\mathrm{K}}$ hergeleitet werden, das nun jedoch geschwindigkeits*abhängig* ist:

$$\mathbf{F}_{\phi i}^{\mathrm{Lor}} = \left[ \frac{d}{dt}\left( \frac{\partial V_{\mathrm{Lor}}^{\mathrm{K}}}{\partial \dot{\mathbf{x}}_i} \right) - \frac{\partial V_{\mathrm{Lor}}^{\mathrm{K}}}{\partial \mathbf{x}_i} \right]_\phi \,.$$

Hierbei ist $V_{\mathrm{Lor}}^{\mathrm{K}}$ definiert durch

$$V_{\mathrm{Lor}}^{\mathrm{K}}(\mathbf{X}, \dot{\mathbf{X}}, t) = \sum_{i=1}^{N} \hat{q}_i \left[ \Phi(\mathbf{x}_i, t) - \dot{\mathbf{x}}_i \cdot \mathbf{A}(\mathbf{x}_i, t) \right] \equiv V_{\mathrm{Lor}}(\mathbf{q}, \dot{\mathbf{q}}, t) \,. \tag{6.56}$$

Die Ladung des $i$-ten Teilchens wird (um Verwechslung mit den verallgemeinerten Koordinaten $\{q_k\}$ zu vermeiden) vorübergehend als $\hat{q}_i$ bezeichnet. Die Einführung des Potentials $V_{\mathrm{Lor}}(\mathbf{q}, \dot{\mathbf{q}}, t)$ als Funktion der verallgemeinerten Koordinaten ist sehr

sinnvoll, da man unter Verwendung von (6.39) und (6.45) die folgende sehr wichtige
Identität zeigen kann:

$$\left[\frac{d}{dt}\left(\frac{\partial V_{\mathrm{Lor}}}{\partial \dot{q}_k}\right) - \frac{\partial V_{\mathrm{Lor}}}{\partial q_k}\right]_\phi = \sum_{i=1}^{N}\left[\frac{d}{dt}\left(\frac{\partial V_{\mathrm{Lor}}}{\partial \dot{\mathbf{x}}_i}\cdot\frac{\partial \dot{\mathbf{x}}_i}{\partial \dot{q}_k}\right) - \frac{\partial V_{\mathrm{Lor}}}{\partial \mathbf{x}_i}\cdot\frac{\partial \mathbf{x}_i}{\partial q_k} - \frac{\partial V_{\mathrm{Lor}}}{\partial \dot{\mathbf{x}}_i}\cdot\frac{\partial \dot{\mathbf{x}}_i}{\partial q_k}\right]_\phi$$

$$= \sum_{i=1}^{N}\left\{\left[\frac{d}{dt}\left(\frac{\partial V_{\mathrm{Lor}}^{\mathrm{K}}}{\partial \dot{\mathbf{x}}_i}\right) - \frac{\partial V_{\mathrm{Lor}}^{\mathrm{K}}}{\partial \mathbf{x}_i}\right]\cdot\frac{\partial \mathbf{x}_i}{\partial q_k} + \frac{\partial V_{\mathrm{Lor}}^{\mathrm{K}}}{\partial \dot{\mathbf{x}}_i}\cdot\left[\frac{d}{dt}\left(\frac{\partial \mathbf{x}_i}{\partial q_k}\right) - \frac{\partial \dot{\mathbf{x}}_i}{\partial q_k}\right]\right\}_\phi$$

$$= \left[\sum_{i=1}^{N}\mathbf{F}_i^{\mathrm{Lor}}\cdot\frac{\partial \mathbf{x}_i}{\partial q_k}\right]_\phi = \mathcal{F}_{\phi k}^{\mathrm{Lor}}\ .$$

Aufgrund dieser Identität ist die verallgemeinerte Gesamtkraft $\mathcal{F}_{\phi k}^{\mathrm{G}} \equiv \mathcal{F}_{\phi k} + \mathcal{F}_{\phi k}^{\mathrm{Lor}}$
somit durch

$$\mathcal{F}_{\phi k}^{\mathrm{G}} = \left[\frac{d}{dt}\left(\frac{\partial V_{\mathrm{G}}}{\partial \dot{q}_k}\right) - \frac{\partial V_{\mathrm{G}}}{\partial q_k}\right]_\phi \quad , \quad V_{\mathrm{G}} \equiv V + V_{\mathrm{Lor}}$$

gegeben. Mit der Definition $L = T - V_{\mathrm{G}}$ der Lagrange-Funktion erhält man also
auch unter Berücksichtigung zusätzlicher Lorentz-Kräfte eine Bewegungsgleichung
der Form (6.55).

Wir zeigen nun, dass man auch für den Fall verallgemeinerter Koordinaten *elektromagnetische Potentiale* definieren kann und dass das Konzept der *Eichinvarianz*
vollständig auf die verallgemeinerte Darstellung übertragbar ist.

**Verallgemeinerte elektromagnetische Potentiale**

Elektromagnetische Potentiale lassen sich aufgrund von (6.56) definieren:

$$V_{\mathrm{Lor}}(\mathbf{q},\dot{\mathbf{q}},t) = \sum_{i=1}^{N}\hat{q}_i\left[\Phi^{\mathrm{K}}(\mathbf{x}_i,t) - \left(\sum_k \frac{\partial \mathbf{x}_i}{\partial q_k}\dot{q}_k + \frac{\partial \mathbf{x}_i}{\partial t}\right)\cdot\mathbf{A}^{\mathrm{K}}(\mathbf{x}_i,t)\right]$$

$$= \Phi(\mathbf{q},t) - \sum_k \dot{q}_k A_k(\mathbf{q},t)\ .$$

Hierbei ist das verallgemeinerte skalare Potential $\Phi$ definiert durch

$$\Phi(\mathbf{q},t) \equiv \sum_{i=1}^{N}\hat{q}_i\left[\Phi^{\mathrm{K}}(\mathbf{x}_i,t) - \frac{\partial \mathbf{x}_i}{\partial t}\cdot\mathbf{A}^{\mathrm{K}}(\mathbf{x}_i,t)\right]\ ,$$

und die $f$ Komponenten $A_k$ des verallgemeinerten Vektorpotentials sind durch

$$A_k(\mathbf{q},t) \equiv \sum_{i=1}^{N}\hat{q}_i\frac{\partial \mathbf{x}_i}{\partial q_k}\cdot\mathbf{A}^{\mathrm{K}}(\mathbf{x}_i,t)$$

gegeben. Es ist zu beachten, dass die Lagrange-Funktion auch für Systeme mit
zusätzlichen Lorentz-Kräften *strikt konvex* als Funktion der Geschwindigkeit $\dot{\mathbf{q}}$ ist;
dies folgt daraus, dass die kinetische Energie strikt konvex ist (siehe Abschnitt [6.6])
und das Potential $V_{\mathrm{Lor}}(\mathbf{q},\dot{\mathbf{q}},t)$ lediglich *linear* von der Geschwindigkeit abhängt.

Es folgt außerdem, dass die verallgemeinerte Lorentz-Kraft $\mathcal{F}_k^{\text{Lor}}$ in der üblichen Art und Weise mit Hilfe verallgemeinerter elektrischer und magnetischer Felder dargestellt werden kann:

$$
\mathcal{F}_{\phi k}^{\text{Lor}} = \left[ \frac{d}{dt}\left( \frac{\partial V_{\text{Lor}}}{\partial \dot{q}_k} \right) - \left( \frac{\partial V_{\text{Lor}}}{\partial q_k} \right) \right]_\phi = \left[ \frac{d}{dt}(-A_k) - \frac{\partial \Phi}{\partial q_k} + \sum_l \dot{q}_l \frac{\partial A_l}{\partial q_k} \right]_\phi
$$

$$
= \left[ -\left( \sum_l \dot{q}_l \frac{\partial A_k}{\partial q_l} + \frac{\partial A_k}{\partial t} \right) - \frac{\partial \Phi}{\partial q_k} + \sum_l \dot{q}_l \frac{\partial A_l}{\partial q_k} \right]_\phi = \left[ \mathcal{E}_k + \sum_l \mathcal{B}_{kl} \dot{q}_l \right]_\phi ,
$$

wobei die elektrischen und magnetischen Feldkomponenten durch

$$
\boxed{\mathcal{E}_k \equiv -\frac{\partial \Phi}{\partial q_k} - \frac{\partial A_k}{\partial t} \quad , \quad \mathcal{B}_{kl} \equiv \frac{\partial A_l}{\partial q_k} - \frac{\partial A_k}{\partial q_l}} \tag{6.57}
$$

definiert wurden.[13]

## Eichinvarianz der verallgemeinerten Potentiale

Eichinvarianz bedeutet in kartesischen Koordinaten, dass die Eichtransformation

$$
\tilde{\mathbf{A}}^{\text{K}} \equiv \mathbf{A}^{\text{K}} - \frac{1}{c}\boldsymbol{\nabla}\Lambda^{\text{K}} \quad , \quad \tilde{\Phi}^{\text{K}} \equiv \Phi^{\text{K}} + \frac{1}{c}\frac{\partial \Lambda^{\text{K}}}{\partial t}
$$

die Lagrange-*Funktion* lediglich um eine „vollständige Zeitableitung" ändert,

$$
\tilde{L}_{\text{K}} = L_{\text{K}} - \frac{d}{dt} \sum_{i=1}^N \frac{\hat{q}_i}{c} \Lambda^{\text{K}}(\mathbf{x}_i, t) ,
$$

und somit die Lagrange-*Gleichung* invariant lässt. In verallgemeinerten Koordinaten erhält man mit Hilfe der Definition

$$
\Lambda(\mathbf{q}, t) \equiv \sum_{i=1}^N \hat{q}_i \Lambda^{\text{K}}\big( \mathbf{x}_i(\mathbf{q}, t), t \big)
$$

die folgenden Beziehungen zwischen „neuen" und „alten" elektromagnetischen Potentialen:

$$
\tilde{A}_k = A_k - \frac{1}{c}\sum_{i=1}^N \hat{q}_i \frac{\partial \mathbf{x}_i}{\partial q_k} \cdot (\boldsymbol{\nabla}\Lambda^{\text{K}})(\mathbf{x}_i, t) = A_k - \frac{1}{c}\frac{\partial \Lambda}{\partial q_k}
$$

$$
\tilde{\Phi} = \Phi + \frac{1}{c}\sum_{i=1}^N \hat{q}_i \left[ \frac{\partial \Lambda^{\text{K}}}{\partial t}(\mathbf{x}_i, t) + \frac{\partial \mathbf{x}_i}{\partial t} \cdot \left( \boldsymbol{\nabla}\Lambda^{\text{K}} \right)(\mathbf{x}_i, t) \right] = \Phi + \frac{1}{c}\frac{\partial \Lambda}{\partial t} .
$$

---

[13]Die Analogie wird klarer, wenn man bedenkt, dass die Lorentz-Kraft $\mathbf{F}^{\text{Lor}} = q(\mathbf{E} + \dot{\mathbf{x}} \times \mathbf{B})$ in kartesischen Koordinaten alternativ auch als

$$
\mathbf{F}_k^{\text{Lor}} = q(E_k + \sum_l \mathcal{B}_{kl} \dot{x}_l) \qquad (k, l = 1, 2, 3)
$$

darstellbar ist. Hierbei ist der antisymmetrische *echte* Tensor $\mathcal{B}_{kl}$ gemäß einer *Dualitäts*transformation eindeutig mit dem *Pseudo*vektor $\mathbf{B}$ verknüpft: $\mathcal{B}_{kl} \equiv \varepsilon_{klm} B_m$. Umgekehrt gilt auch $B_k = \frac{1}{2}\varepsilon_{klm}\mathcal{B}_{lm}$, sodass $\mathbf{B}$ und $\mathcal{B}$ in der Tat „dual" sind. Aufgrund von $\mathbf{B} = \boldsymbol{\nabla} \times \mathbf{A}$ gilt für den antisymmetrischen Tensor: $\mathcal{B}_{kl} = \partial_k A_l - \partial_l A_k$, analog zu (6.57).

Folglich unterscheidet sich die neue Lagrange-Funktion von der alten in der Tat lediglich durch eine „vollständige Zeitableitung":

$$\tilde{L} = L - \frac{1}{c}\left(\frac{\partial \Lambda}{\partial t} + \sum_k \dot{q}_k \frac{\partial \Lambda}{\partial q_k}\right) = L - \frac{1}{c}\frac{d\Lambda}{dt} \; , \tag{6.58}$$

sodass auch in diesem Fall die Lagrange-Gleichung der 2. Art invariant ist: Der Nachweis, dass die Addition einer „vollständigen Zeitableitung" die Bewegungsgleichung nicht ändert, verläuft für verallgemeinerte Koordinaten vollkommen analog zum kartesischen Fall (siehe Abschnitt [6.4.1]).

### 6.7.3   Reibungskräfte

Wir wissen bereits aus Gleichung (6.5), dass Reibungskräfte im Allgemeinen *nicht* mit Hilfe einer Lagrange-Funktion beschrieben werden können. Sogar für den Spezialfall einer *linearen* Abhängigkeit der Reibungskräfte von den Geschwindigkeiten erfordern sie die Einführung einer *Dissipationsfunktion*.

Wir möchten dieses Konzept nun in verallgemeinerten Koordinaten formulieren. Hierzu betrachten wir zuerst ein in kartesischen Koordinaten („K") formuliertes Reibungsgesetz der Form $\mathbf{F}_{i,\mathrm{R}}^{\mathrm{K}} = -\frac{\partial \mathcal{F}^{\mathrm{K}}}{\partial \dot{\mathbf{x}}_i}$, das aus einer Dissipationsfunktion $\mathcal{F}^{\mathrm{K}}(\dot{\mathbf{X}})$ hergeleitet wird. Damit tatsächlich für alle möglichen Geschwindigkeiten $\dot{\mathbf{X}}$ Dissipation auftritt, muss für die erbrachte Leistung $\sum_i \dot{\mathbf{x}}_i \cdot \mathbf{F}_{i,\mathrm{R}}^{\mathrm{K}} = -\dot{\mathbf{X}} \cdot \frac{\partial \mathcal{F}^{\mathrm{K}}}{\partial \dot{\mathbf{X}}} < 0$ gelten. Mit der Definition $\mathcal{F}(\mathbf{q}, \dot{\mathbf{q}}, t) \equiv \mathcal{F}^{\mathrm{K}}(\dot{\mathbf{X}})$ erhält man dann unter Verwendung von (6.39) für die verallgemeinerte Reibungskraft:

$$\mathcal{F}_{k,\mathrm{R}} = \sum_{i=1}^N \mathbf{F}_{i,\mathrm{R}}^{\mathrm{K}} \cdot \frac{\partial \mathbf{x}_i}{\partial q_k} = -\sum_{i=1}^N \frac{\partial \mathcal{F}^{\mathrm{K}}}{\partial \dot{\mathbf{x}}_i} \cdot \frac{\partial \dot{\mathbf{x}}_i}{\partial \dot{q}_k} = -\frac{\partial \mathcal{F}}{\partial \dot{q}_k} \; ,$$

sodass die Lagrange-Gleichung der 2. Art die Form

$$\boxed{0 = \frac{d}{dt}\left(\frac{\partial L}{\partial \dot{q}_k}\right) - \frac{\partial L}{\partial q_k} + \frac{\partial \mathcal{F}}{\partial \dot{q}_k}}$$

erhält. Typischerweise nimmt man in Modellberechnungen an, dass die Dissipationsfunktion die Form $\mathcal{F}^{\mathrm{K}}(\dot{\mathbf{X}}) = \frac{1}{2}\dot{\mathbf{X}}^{\mathrm{T}} K \dot{\mathbf{X}}$ hat, wobei der Tensor $K$ positiv definit sein soll. Die Reibungskräfte sind dann *lineare* Funktionen der Geschwindigkeiten.

Fazit ist also, dass die Beschreibung *allgemeiner* Reibungskräfte im Rahmen des Lagrange-Formalismus problematisch ist. Sogar wenn die Reibungskräfte in kartesischen Koordinaten aus einer Dissipationsfunktion $\mathcal{F}^{\mathrm{K}}(\dot{\mathbf{X}})$ hergeleitet werden können, benötigt man hierzu *zwei* skalare Funktionen $L$ und $\mathcal{F}$.

### 6.7.4   Historische Anmerkungen

Das zentrale Postulat (6.51) der Analytischen Mechanik impliziert für beliebige Variationen $\{\delta q_k\}$ der physikalischen Bahn im Konfigurationsraum:

$$0 = \sum_{k=1}^f \mathcal{F}_k^{\mathrm{Z}} \delta q_k = \sum_{i=1}^N \mathbf{F}_i^{\mathrm{Z}} \cdot \delta \mathbf{x}_i \; . \tag{6.59}$$

Setzt man nun die Newton'sche Bewegungsgleichung (6.43) in (6.59) ein, so entsteht die Identität

$$\sum_{i=1}^{N} \left( m_i \ddot{\mathbf{x}}_i - \mathbf{F}_i^{\mathrm{K}} \right) \cdot \delta \mathbf{x}_i = 0 \,, \tag{6.60}$$

die im Grunde eine Kombination unseres „dritten Schrittes" $\left( M \ddot{\mathbf{X}}_\phi - \mathbf{\Phi} \right) \cdot \delta \mathbf{X} = 0$ mit dem zentralen Postulat darstellt. Man könnte die Bewegungsgleichung (6.49) mit $\mathcal{F}_k$ in der Form (6.52) daher natürlich auch ausgehend von (6.60) herleiten. In der Tat hat die Identität (6.60) Lagrange als Startpunkt für die Herleitung seiner „Lagrange-Gleichung" (6.49) gedient, sodass Gleichung (6.60), die ursprünglich von Bernoulli und d'Alembert aufgestellt wurde und als *d'Alembert'sches Prinzip* bekannt ist, historisch sehr wichtig war.[14]

Des Weiteren wird die Variation $\delta \mathbf{X}$ in (6.47) und (6.44) in der Literatur oft als *virtuelle Verrückung* bezeichnet. Dementsprechend wird (6.59) im Jargon so interpretiert, dass die *virtuelle Arbeit* der Zwangskräfte stets null ist. Da Projektionen auf den Tangentialvektor $\delta \mathbf{X}$, wie die rechte Seite von (6.59) oder $\mathbf{\Phi} \cdot \delta \mathbf{X}$ in (6.47), jedoch lediglich mathematische Hilfsmittel darstellen, weder real noch virtuell etwas „verrückt" und weder real noch virtuell „Arbeit" geleistet wird, scheinen solche historischen Begriffe eher irreführend als hilfreich zu sein.

## 6.8 Beispiel einer rheonomen Zwangsbedingung

In diesem Abschnitt zeigen wir, dass die *Zeitabhängigkeit* einer Zwangsbedingung das physikalische Verhalten eines Systems in dramatischer Weise beeinflussen kann, sogar dann, wenn die Amplitude der zeitlichen Änderungen sehr gering ist. Als konkretes Beispiel betrachten wir – wie in Abbildung 6.22 skizziert – ein mathematisches Pendel der Masse $m$ und Länge $l$ in der $x_1$-$x_3$-Ebene, dessen Aufhängepunkt $\mathbf{a}(t)$ mit kleiner Amplitude, jedoch hoher Frequenz periodisch bewegt wird:

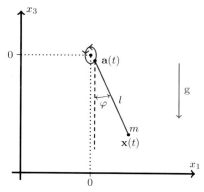

**Abb. 6.22** Mathematisches Pendel mit zeitabhängigem Aufhängepunkt $\mathbf{a}(t)$

$$\mathbf{a}(t) = \begin{pmatrix} a_1 \cos(\omega t) \\ 0 \\ a_2 \sin(\omega t) \end{pmatrix} \equiv \sqrt{(a_1)^2 + (a_2)^2} \begin{pmatrix} \bar{a}_1 \cos(\omega t) \\ 0 \\ \bar{a}_2 \sin(\omega t) \end{pmatrix} \quad , \quad \bar{a}_{1,2} \equiv \frac{a_{1,2}}{\sqrt{(a_1)^2 + (a_2)^2}} \,.$$

Hierbei soll „kleine Amplitude" bedeuten, dass der dimensionslose Parameter

$$\varepsilon \equiv \sqrt{(a_1)^2 + (a_2)^2}/l$$

klein ist: $\varepsilon \ll 1$, während „hohe Frequenz" bedeutet, dass die Frequenz $\omega$ der Störung sehr viel größer als die Pendelfrequenz $\omega_0 \equiv \sqrt{g/l}$ des ungestörten mathematischen Pendels ist: $\omega/\omega_0 \gg 1$.

---

[14]Für den Spezialfall, dass *keine* Zwangskräfte vorliegen und somit $\mathbf{F}_i^{\mathrm{Z}} = \mathbf{0}$ gilt, reduziert sich (6.60) auf das übliche zweite Newton'sche Gesetz.

Die kartesischen Koordinaten der Pendelmasse $m$ in der $x_1$-$x_3$-Ebene sind der rheonomen Zwangsbedingung

$$\boxed{|\mathbf{x}(t) - \mathbf{a}(t)| = l}$$

unterworfen und können daher in der Form

$$\mathbf{x}(t) = \mathbf{a}(t) + l \begin{pmatrix} \sin(\varphi) \\ 0 \\ -\cos(\varphi) \end{pmatrix}$$

dargestellt werden; hierbei spielt $\varphi$ die Rolle einer verallgemeinerten Koordinate. Die Lagrange-Funktion $L(\varphi, \dot{\varphi}, t)$ ist daher gegeben durch

$$L(\varphi, \dot{\varphi}, t) = \tfrac{1}{2} m \left| \dot{\mathbf{a}}(t) + l\dot{\varphi} \begin{pmatrix} \cos(\varphi) \\ 0 \\ \sin(\varphi) \end{pmatrix} \right|^2 - mg \left[ a_2 \sin(\omega t) - l \cos(\varphi) \right] .$$

Diese Lagrange-Funktion kann glücklicherweise durch die Elimination einer „vollständigen Zeitableitung" stark vereinfacht werden: Hierzu schreiben wir

$$L(\varphi, \dot{\varphi}, t) = \tfrac{1}{2} m l^2 \dot{\varphi}^2 + mgl\cos(\varphi) + L_1 + L_2 ,$$

wobei die rein zeitabhängige Funktion $L_1 \equiv \tfrac{1}{2} m \dot{\mathbf{a}}^2 - mga_2 \sin(\omega t)$ direkt als (echte) vollständige Zeitableitung geschrieben und daher aus $L$ weggelassen werden kann. Der Anteil $L_2$ ist gegeben durch:

$$\begin{aligned}
L_2 &\equiv ml\dot{\varphi}\dot{\mathbf{a}} \cdot \begin{pmatrix} \cos(\varphi) \\ 0 \\ \sin(\varphi) \end{pmatrix} = \varepsilon m l^2 \omega \dot{\varphi} \begin{pmatrix} -\bar{a}_1 \sin(\omega t) \\ 0 \\ \bar{a}_2 \cos(\omega t) \end{pmatrix} \cdot \begin{pmatrix} \cos(\varphi) \\ 0 \\ \sin(\varphi) \end{pmatrix} \\
&= \varepsilon m l^2 \omega \dot{\varphi} \left[ -\bar{a}_1 \sin(\omega t) \cos(\varphi) + \bar{a}_2 \cos(\omega t) \sin(\varphi) \right] \\
&= -\varepsilon m l^2 \omega \left\{ \frac{d}{dt} \left[ \bar{a}_1 \sin(\omega t) \sin(\varphi) + \bar{a}_2 \cos(\omega t) \cos(\varphi) \right] \right. \\
&\qquad\qquad \left. - \bar{a}_1 \omega \cos(\omega t) \sin(\varphi) + \bar{a}_2 \omega \sin(\omega t) \cos(\varphi) \right\} .
\end{aligned}$$

Wir stellen fest, dass $L_2$ eine „vollständige Zeitableitung" enthält, die ebenfalls aus $L$ weggelassen werden kann; von $L_2$ bleiben also nur die letzten beiden Terme in $\{\cdots\}$ übrig. Abgesehen von einer „vollständigen Zeitableitung" folgt daher für die Lagrange-Funktion:

$$L(\varphi, \dot{\varphi}, t) = \tfrac{1}{2} m l^2 \dot{\varphi}^2 + \varepsilon \omega^2 m l^2 \left[ \bar{a}_1 \cos(\omega t) \sin(\varphi) - \bar{a}_2 \sin(\omega t) \cos(\varphi) \right] + mgl\cos(\varphi) .$$

Die entsprechende Lagrange-Gleichung lautet

$$\boxed{\ddot{\varphi} = -\omega_0^2 \sin(\varphi) + \varepsilon \omega^2 F(\varphi, \omega t) ,} \tag{6.61a}$$

wobei die schnell variierende äußere Kraft $F(\varphi, \tau)$ durch

$$\boxed{F(\varphi, \tau) \equiv \bar{a}_1 \cos(\tau) \cos(\varphi) + \bar{a}_2 \sin(\tau) \sin(\varphi) \quad , \quad \tau \equiv \omega t} \tag{6.61b}$$

definiert wird. Es ist klar, dass die Amplitude $\varepsilon \omega^2$ der schnell variierenden Kraft für hinreichend hohe Frequenzen ($\omega \gg 1$) auch für $\varepsilon \ll 1$ recht groß sein kann.

## Zur Orientierung: ein einfaches, exakt lösbares Modell

Um die Wirkung einer schnell variierenden Kraft mit (möglicherweise) recht großer Amplitude besser einschätzen zu können, betrachten wir ein einfaches, exakt lösbares Modell, das man für kleine $\varphi$-Werte aus (6.61) erhält:

$$\ddot{\varphi} = -\omega_0^2 \varphi + \bar{\varepsilon}\omega^2 \cos(\omega t) \quad , \quad \bar{\varepsilon} \equiv \varepsilon \bar{a}_1 \ll 1 \; .$$

Diese Gleichung beschreibt genau den harmonischen Oszillator mit einer antreibenden Kraft (jedoch ohne Reibung), der in Abschnitt [4.2.2] untersucht wurde. Wir können die dort berechnete Lösung (mit geringen Änderungen in der Notation) übernehmen:

$$\varphi(t) = \varphi(0)\cos(\omega_0 t) + \frac{\dot{\varphi}(0)}{\omega_0}\sin(\omega_0 t) + \frac{\bar{\varepsilon}\omega^2}{\omega_0^2 - \omega^2}\left[\cos(\omega t) - \cos(\omega_0 t)\right] \; .$$

Für $\omega \simeq \omega_0$ wird der letzte Term auf der rechten Seite bekanntlich sehr groß; wir bezeichneten diesen Effekt in Abschnitt [4.2.2] als *Resonanz*. Im Falle der schnell variierenden Kraft sind wir jedoch primär an relativ *großen* $\omega$-Werten interessiert; man erhält für $\omega \gg \omega_0$:

$$\varphi(t) = \varphi(0)\cos(\omega_0 t) + \frac{\dot{\varphi}(0)}{\omega_0}\sin(\omega_0 t) - \bar{\varepsilon}\left[\cos(\omega t) - \cos(\omega_0 t)\right] + \mathcal{O}\left(\bar{\varepsilon}\frac{\omega_0^2}{\omega^2}\right)$$

$$= \left[\varphi(0) + \bar{\varepsilon}\right]\cos(\omega_0 t) + \frac{\dot{\varphi}(0)}{\omega_0}\sin(\omega_0 t) - \bar{\varepsilon}\cos(\omega t) + \mathcal{O}\left(\bar{\varepsilon}\frac{\omega_0^2}{\omega^2}\right)$$

$$\equiv \Phi(t) - \bar{\varepsilon}\cos(\omega t) + \mathcal{O}\left(\bar{\varepsilon}\frac{\omega_0^2}{\omega^2}\right) \; .$$

Wir lernen somit, dass die Lösung $\varphi(t)$ durch schnelle Oszillationen mit kleiner Amplitude ($\bar{\varepsilon} \ll 1$) um die Funktion $\Phi(t)$ charakterisiert wird, wobei $\Phi(t)$ langsam variiert und das *mittlere Verhalten* von $\varphi(t)$ widerspiegelt.

## Zurück zum ursprünglichen Problem

Allgemeiner erwartet man daher physikalisch, dass die Überlagerung der langsam variierenden Kraft $-\omega_0^2 \sin(\varphi)$ und der schnell variierenden Kraft $F(\varphi, \omega t)$ in (6.61a) eine Pendelbewegung hervorruft, die durch kleine Oszillationen um ein wohldefiniertes mittleres Verhalten charakterisiert ist. Dies entspricht dem Ansatz:

$$\varphi_\omega(t) = \Phi(t) + \varepsilon \sum_{m,n=0}^{\infty} \frac{\varepsilon^m}{\omega^n}\xi_{mn}(t,\tau)$$

$$= \Phi(t) + \varepsilon\xi_{00}(t,\tau) + \varepsilon^2\xi_{10}(t,\tau) + \frac{\varepsilon}{\omega}\xi_{01}(t,\tau) + \cdots \; , \tag{6.62}$$

wobei die Funktionen $\xi_{mn}(t,\tau)$ unabhängig von den Parametern $\varepsilon$ und $\omega$ und $2\pi$-periodisch als Funktion von $\tau$ sind. Die Funktion $\Phi(t)$ bestimmt das mittlere Verhalten der Bahn $\varphi_\omega(t)$ und wird als das *Leitzentrum* bezeichnet. Um die Worte „mittleres Verhalten" zu präzisieren, führen wir die Zeitmittelung einer Funktion $f(t,\tau)$ ein, die $2\pi$-periodisch in der Variablen $\tau$ ist:

$$\bar{f}(t) \equiv \frac{1}{2\pi}\int_{\tau_0-\pi}^{\tau_0+\pi} d\tau \; f(t,\tau) \quad , \quad f(t,\tau+2\pi) = f(t,\tau) \; . \tag{6.63}$$

Bei dieser Zeitmittelung werden die Variablen $t$ und $\tau$ als formal unabhängig aufgefasst. Wegen der $2\pi$-Periodizität ist $\bar{f}(t)$ unabhängig von $\tau_0$. Wir fordern nun, dass $\Phi(t)$ den Zeitmittelwert der Lösung $\varphi_\omega(t)$ beschreibt:

$$\boxed{\Phi(t) = \overline{\varphi_\omega}(t) \qquad \text{bzw.} \qquad \overline{\xi_{mn}}(t) = 0 \quad (m, n \in \mathbb{N}) \,.}\tag{6.64}$$

Da $\Phi$ langsam variiert als Funktion der Zeit und $\xi_{mn}$ schnell, wird $\Phi$ im Jargon als „langsame Variable" und $\xi_{mn}$ entsprechend als „schnelle Variable" bezeichnet. Wir werden im Folgenden versuchen, die „schnellen Variablen" zu eliminieren und eine geschlossene Gleichung für $\Phi(t)$ aufzustellen.

**Effektives Potential für die zeitgemittelte Bewegung**

Setzt man den Ansatz (6.62) in die Lagrange-Gleichung (6.61a) ein, ergibt sich unter Vernachlässigung von Termen höherer Ordnung in den Parametern $\varepsilon$ oder $\frac{1}{\omega}$:

$$\ddot{\Phi} + \varepsilon\omega^2 \left[ \frac{\partial^2 \xi_{00}}{\partial\tau^2} + \varepsilon \frac{\partial^2 \xi_{10}}{\partial\tau^2} + \frac{1}{\omega} \frac{\partial^2 \xi_{01}}{\partial\tau^2} + \frac{2}{\omega} \frac{\partial^2 \xi_{00}}{\partial t \partial\tau} \right]$$
$$= -\omega_0^2 \sin(\Phi) + \varepsilon\omega^2 \left[ F(\Phi, \tau) + \varepsilon\xi_{00} \frac{\partial F}{\partial\Phi}(\Phi, \tau) \right] \,.\tag{6.65}$$

Ein Vergleich der führenden $\tau$-abhängigen Terme auf beiden Seiten zeigt, dass $\xi_{00}$ in einfacher Weise mit der schnell variierenden Kraft zusammenhängt:

$$\frac{\partial^2 \xi_{00}}{\partial\tau^2}(t, \tau) = F(\Phi(t), \tau) \quad \text{bzw.} \quad \xi_{00}(t, \tau) = -F(\Phi(t), \tau) \,.$$

Die letzte dieser beiden Gleichungen folgt direkt aus der Form (6.61b) der äußeren Kraft. Durch Zeitmittelung (6.63) erhält man nun aufgrund von (6.64) und der $2\pi$-periodischen $\tau$-Abhängigkeit der Funktionen $\xi_{mn}$:

$$\ddot{\Phi} = -\omega_0^2 \sin(\Phi) + \varepsilon^2\omega^2 \overline{\xi_{00} \frac{\partial F}{\partial\Phi}} = -\omega_0^2 \sin(\Phi) - \varepsilon^2\omega^2 \overline{F \frac{\partial F}{\partial\Phi}}$$
$$= -\omega_0^2 \sin(\Phi) - \tfrac{1}{2}\varepsilon^2\omega^2 \overline{\frac{\partial F^2}{\partial\Phi}} = -\frac{\partial V_{\mathrm{f}}}{\partial\Phi}(\Phi)\tag{6.66}$$

mit

$$V_{\mathrm{f}}(\Phi) \equiv \omega_0^2 \left[1 - \cos(\Phi)\right] + \tfrac{1}{2}\varepsilon^2\omega^2 \overline{F^2}$$
$$= \omega_0^2 \left[1 - \cos(\Phi)\right] + \tfrac{1}{4}\varepsilon^2\omega^2 \left[\bar{a}_1^2 \cos^2(\Phi) + \bar{a}_2^2 \sin^2(\Phi)\right] \,.\tag{6.67}$$

Im letzten Schritt wurde wiederum (6.61b) verwendet. Bei Bedarf kann man durch den Vergleich der höheren Ordnungen in (6.65) weitere Korrekturen ausrechnen:

$$\frac{\partial\xi_{01}}{\partial\tau} = -2\frac{\partial\xi_{00}}{\partial t} \quad , \quad \xi_{01} = -2\dot{\Phi}\left[\bar{a}_1 \sin(\tau)\sin(\Phi) + \bar{a}_2 \cos(\tau)\cos(\Phi)\right]$$
$$\frac{\partial^2\xi_{10}}{\partial\tau^2} = -\tfrac{1}{2}\frac{\partial}{\partial\Phi}(F^2 - \overline{F^2}) \quad , \quad \xi_{10} = -\tfrac{1}{16}\left[\cos(2\tau)\sin(2\Phi) - 2\bar{a}_1\bar{a}_2 \sin(2\tau)\cos(2\Phi)\right] \,.$$

Die Bewegungsgleichung (6.66) stellt ein hochinteressantes Ergebnis dar: Das Leitzentrum $\Phi(t)$ des Pendels bewegt sich offenbar im effektiven Potential $V_{\mathrm{f}}(\Phi)$, dessen Form explizit von der Amplitude und der Frequenz der oszillierenden Bewegung des Aufhängepunktes abhängig ist!

**Im effektiven Potential kann das Pendel u. U. kopfstehen!**

Wir betrachten das effektive Potential $V_f(\Phi)$ in (6.67) nun etwas genauer: Für eine kreisförmige Bewegung des Aufhängepunktes ($\bar{a}_1 = \bar{a}_2 = \frac{1}{\sqrt{2}}$) passiert offenbar nichts Interessantes, da der Zusatzterm auf der rechten Seite von (6.67) in diesem Fall konstant (d. h. $\Phi$-unabhängig) ist. Für $\bar{a}_1 \neq \bar{a}_2$ folgen die stationären Punkte des Potentials aus

$$0 = V_f'(\Phi) = \omega_0^2 \sin(\Phi)\left[1 - \Omega\cos(\Phi)\right] \quad , \quad \Omega \equiv \frac{\varepsilon^2\omega^2(\bar{a}_1^2 - \bar{a}_2^2)}{2\omega_0^2}$$

als $\Phi = 0, \pi, \Phi_\pm$ mit $\Phi_\pm \equiv \pm\arccos(\Omega^{-1})$. Um die Stabilität dieser stationären Punkte zu untersuchen, berechnen wir die zweite Ableitung des Potentials:

$$V_f''(\Phi) = \omega_0^2\left\{\cos(\Phi) - \Omega\left[2\cos^2(\Phi) - 1\right]\right\} \ .$$

Es folgt:

$$V_f''(0) = \omega_0^2(1 - \Omega) \quad , \quad V_f''(\pi) = -\omega_0^2(1 + \Omega) \quad , \quad V_f''(\Phi_\pm) = \omega_0^2\left(\Omega - \frac{1}{\Omega}\right) \ .$$

Für eine überwiegend horizontale Bewegung des Aufhängepunktes ($\bar{a}_1 > \bar{a}_2$ bzw. $\Omega > 0$) folgt also, dass die übliche Ruhelage $\Phi = 0$ nur für niedrige Frequenzen ($\Omega < 1$) stabil ist; für höhere Frequenzen ($\Omega > 1$) ist die stabile Ruhelage durch $\Phi_\pm$ gegeben, sodass das Pendel in der Ruhelage schräg zur Seite ausgelenkt ist. Für eine überwiegend vertikale Bewegung ($\bar{a}_1 < \bar{a}_2$ bzw. $\Omega < 0$), wie diese auch in Abb. (6.22) eingezeichnet ist, ist die übliche Ruhelage $\Phi = 0$ immer stabil, die stationären Punkte $\Phi_\pm$ (die nur für $|\Omega| > 1$ existieren) sind immer instabil, und die senkrechte Lage ($\Phi = \pi$) ist instabil für niedrige ($-1 < \Omega < 0$) und stabil für hohe ($\Omega < -1$) Frequenzen. Bei einer überwiegend vertikalen Oszillation des Aufhängepunktes und genügend hohen Frequenzen kann ein Pendel also durchaus kopfstehen und dabei kleine Oszillationen durchführen!

## 6.9 Das Hamilton'sche Prinzip in verallgemeinerten Koordinaten

Die Formulierung des Hamilton'schen Prinzips und die Herleitung der Bewegungsgleichung aus dem Variationsprinzip erfolgen für verallgemeinerte Koordinaten völlig analog zum kartesischen Fall. Wir fassen die wichtigsten Schritte kurz zusammen.

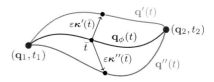

**Abb. 6.23** Die Abweichung $\varepsilon\boldsymbol{\kappa}$ für die Bahnen $\mathbf{q}'$ und $\mathbf{q}''$

Wir bezeichnen die physikalische Bahn im Konfigurationsraum als $\mathbf{q}_\phi(t) = \{q_{\phi k}(t)\}$ und betrachten allgemein benachbarte Bahnen $\mathbf{q}(t) = \{q_k(t)\}$, die zur Anfangs- und zur Endzeit mit der physikalischen Bahn zusammenfallen: $\mathbf{q}(t_1) = \mathbf{q}_\phi(t_1) \equiv \mathbf{q}_1$, $\mathbf{q}(t_2) = \mathbf{q}_\phi(t_2) \equiv \mathbf{q}_2$. Eine Skizze der physikalischen Bahn $\mathbf{q}_\phi(t)$ sowie zweier benachbarter Bahnen $\mathbf{q}'(t)$ und $\mathbf{q}''(t)$ findet sich in Abbildung 6.23. Wir definieren wiederum Variationen

$$(\delta q_k)(t) \equiv q_k(t) - q_{\phi k}(t) = \varepsilon\kappa_k(t) \quad , \quad (\delta\mathbf{q})(t) \equiv \mathbf{q}(t) - \mathbf{q}_\phi(t) = \varepsilon\boldsymbol{\kappa}(t)$$

mit $\boldsymbol{\kappa}(t) = \{\kappa_k(t)\}$, sodass $\boldsymbol{\kappa}(t_1) = \boldsymbol{\kappa}(t_2) = \mathbf{0}$ gilt. Die Wirkung wird auch für verallgemeinerte Koordinaten als Zeitintegral der Lagrange-Funktion definiert:

$$S^{(\mathbf{q}_2, t_2)}_{(\mathbf{q}_1, t_1)}[\mathbf{q}] = \int_{t_1}^{t_2} dt \, L(\mathbf{q}(t), \dot{\mathbf{q}}(t), t) \, , \tag{6.68}$$

und das entsprechende Hamilton'sche Prinzip lautet:

$$\boxed{\lim_{\varepsilon \to 0} \frac{1}{\varepsilon}(\delta S)^{(\mathbf{q}_2, t_2)}_{(\mathbf{q}_1, t_1)}[\mathbf{q}_\phi + \varepsilon \boldsymbol{\kappa}] = 0 \qquad (\forall \boldsymbol{\kappa} \text{ mit } \boldsymbol{\kappa}(t_1) = \boldsymbol{\kappa}(t_2) = \mathbf{0}) \, .}$$

Die Variation der Wirkung nahe der physikalischen Bahn wird wiederum mit den Methoden berechnet, die wir bereits in Abschnitt [6.3] kennengelernt haben:

$$\begin{aligned}
\frac{1}{\varepsilon}\delta S &= \frac{1}{\varepsilon}\delta \int_{t_1}^{t_2} dt \, L(\mathbf{q}(t), \dot{\mathbf{q}}(t), t) \\
&= \frac{1}{\varepsilon} \int_{t_1}^{t_2} dt \, [L(\mathbf{q}_\phi(t) + \varepsilon \boldsymbol{\kappa}(t), \dot{\mathbf{q}}_\phi(t) + \varepsilon \dot{\boldsymbol{\kappa}}(t), t) - L(\mathbf{q}_\phi(t), \dot{\mathbf{q}}_\phi(t), t)] \\
&= \int_{t_1}^{t_2} dt \, \left\{ \frac{\partial L}{\partial \mathbf{q}}(\mathbf{q}_\phi(t), \dot{\mathbf{q}}_\phi(t), t) - \frac{d}{dt}\left[\frac{\partial L}{\partial \dot{\mathbf{q}}}(\mathbf{q}_\phi(t), \dot{\mathbf{q}}_\phi(t), t)\right] \right\} \cdot \boldsymbol{\kappa}(t) + \mathcal{O}(\varepsilon) \, ,
\end{aligned}$$

sodass man als Konsequenz des Hamilton'schen Prinzips die Lagrange-Gleichung (der zweiten Art) erhält:

$$\boxed{\mathbf{0} = \left[\frac{\delta S}{\delta \mathbf{q}(t)}\right]_\phi = \frac{\partial L}{\partial \mathbf{q}}(\mathbf{q}_\phi(t), \dot{\mathbf{q}}_\phi(t), t) - \frac{d}{dt}\left[\frac{\partial L}{\partial \dot{\mathbf{q}}}(\mathbf{q}_\phi(t), \dot{\mathbf{q}}_\phi(t), t)\right] \, .} \tag{6.69}$$

Da die Wirkung $S$ in (6.68) auch in der allgemeinen Formulierung die Form eines Zeitintegrals hat und die Anfangs- und Endpunkte bei der Variation festgehalten werden, ist klar, dass die Bewegungsgleichung *invariant* ist unter der Addition einer „vollständigen Zeitableitung" zur Lagrange-Funktion:

$$L \to L' \equiv L + \frac{d}{dt}\lambda(\mathbf{q}, t) = L + \dot{\mathbf{q}} \cdot \frac{\partial \lambda}{\partial \mathbf{q}}(\mathbf{q}, t) + \frac{\partial \lambda}{\partial t}(\mathbf{q}, t) \, ,$$

da diese Transformation die Wirkung lediglich um eine additive Konstante ändert:

$$S \to S' = S + \lambda(\mathbf{q}_2, t_2) - \lambda(\mathbf{q}_1, t_1) = S + \text{Konstante} \, .$$

Ein Beispiel einer Transformation, die die Lagrange-Funktion lediglich um eine „vollständige Zeitableitung" ändert, ist die Eichtransformation in verallgemeinerten Koordinaten, s. Gleichung (6.58).

## 6.10   Die Lagrange-Gleichungen der ersten Art

Die Lagrange-Gleichungen der *zweiten* Art haben den Vorteil, dass sie (wegen der Eliminierung aller Zwangskräfte) eine sehr einfache Struktur besitzen, und den Nachteil, dass man überhaupt keine Information über eben diese Zwangskräfte erhält. Manchmal benötigt man als Physiker jedoch unbedingt Information über die

Zwangskräfte, z. B. wenn geklärt werden muss, ob ein Seil, dessen Seilspannung einen gewissen Wert nicht überschreiten darf, einen bestimmten dynamischen Vorgang ohne zu reißen übersteht. Zur Berechnung von Zwangskräften verwendet man die Lagrange-Gleichungen der *ersten* Art. Der Einfachheit halber betrachten wir im Folgenden nur *holonome* Zwangsbedingungen.

### Herleitung der Lagrange-Gleichung der *ersten* Art

Nehmen wir an, ein $N$-Teilchen-System unterliegt insgesamt $Z$ *holonomen* (möglicherweise zeitabhängigen) Zwangsbedingungen der Form

$$\bar{f}_m(\mathbf{x}_1, \mathbf{x}_2, \cdots, \mathbf{x}_N, t) = 0 \qquad (m = 1, 2, \cdots, Z) \, ,$$

die also $Z$ Zwangskräfte erzeugen, von denen man allerdings nur die ersten $z \leq Z$ kennen möchte. Die auf das $i$-te Teilchen wirkende Kraft hat somit, analog zu Gleichung (6.43), die allgemeine Form

$$\boxed{\mathbf{F}_i = \mathbf{F}_i^{\mathrm{K}} + \mathbf{F}_i^{Z-z} + \mathbf{F}_i^z \, ,}$$

wobei $\mathbf{F}_i^{\mathrm{K}}$ die inneren und äußeren Kräfte (in kartesischen Koordinaten) darstellt, die nicht auf Zwangskräfte zurückzuführen sind, und $\mathbf{F}_i^z$ und $\mathbf{F}_i^{Z-z}$ die Wirkung der ersten $z$ bzw. der letzten $Z - z$ Zwangsbedingungen repräsentieren. Analog zum Vorgang in Abschnitt [6.6] führen wir nun $3N - (Z - z) = f + z$ verallgemeinerte Koordinaten $\mathbf{q} = (q_1, q_2, \cdots, q_{f+z})^{\mathrm{T}}$ ein, mit deren Hilfe die $Z - z$ Zwangsbedingungen mit den Indizes $z + 1 \leq m \leq Z$ automatisch berücksichtigt werden können. Unter den üblichen Annahmen (innere Kräfte, die das dritte Newton'sche Gesetz erfüllen, usw.) erhält man die Bewegungsgleichung

$$\left[\frac{d}{dt}\left(\frac{\partial L}{\partial \dot{q}_k}\right) - \frac{\partial L}{\partial q_k} - \mathcal{F}_k^z\right]_\phi = 0 \qquad (k = 1, 2, \cdots, f + z) \, , \tag{6.70}$$

wobei die verallgemeinerte Kraft $\mathcal{F}_k^z$ die Wirkung der Zwangskräfte $\mathbf{F}_i^z$ darstellt,

$$\mathcal{F}_k^z = \sum_{i=1}^N \mathbf{F}_i^z \cdot \frac{\partial \mathbf{x}_i}{\partial q_k} \, ,$$

die von den verbleibenden $z$ Zwangsbedingungen hervorgerufen werden:

$$f_m(\mathbf{q}, t) \equiv \bar{f}_m(\mathbf{X}(\mathbf{q}, t), t) = 0 \qquad (m = 1, 2, \cdots, z) \, . \tag{6.71}$$

Aufgrund von (6.71) ist der Konfigurationsraum der Lösungen von (6.70) effektiv $f$-dimensional. Für alle möglichen Variationen $\delta q_k$ in der $f$-dimensionalen Tangentialebene an der Bewegungsmannigfaltigkeit muss gelten:

$$\boldsymbol{\mathcal{F}}^z \cdot \delta \mathbf{q} = \sum_{k=1}^{f+z} \mathcal{F}_k^z \delta q_k = 0 \, ,$$

sodass die Zwangskraft $\boldsymbol{\mathcal{F}}^z \equiv (\mathcal{F}_1^z / \mathcal{F}_2^z / \cdots / \mathcal{F}_{f+z}^z)$ stets senkrecht auf der Mannigfaltigkeit $\{\mathbf{q} \,|\, f_m(\mathbf{q}, t) = 0 \,, m = 1, 2, \cdots, z\}$ steht. Da das orthogonale Komplement der Tangentialebene an dieser Mannigfaltigkeit im Punkt $(\mathbf{q}_\phi, t)$ durch die

Gradienten $\frac{\partial f_m}{\partial \mathbf{q}}(\mathbf{q}_\phi, t)$ mit $1 \leq m \leq z$ aufgespannt wird:

$$(\delta f_m)(\mathbf{q}, t) = \frac{\partial f_m}{\partial \mathbf{q}}(\mathbf{q}_\phi, t) \cdot (\delta \mathbf{q})(t) = 0 \qquad (m = 1, 2, \cdots, z) \,,$$

muss für gewisse Proportionalitätskonstanten $\lambda_m(t)$:

$$\boxed{\mathcal{F}_\phi^z = \sum_{m=1}^z \lambda_m(t) \frac{\partial f_m}{\partial \mathbf{q}}(\mathbf{q}_\phi, t)}$$

gelten. Durch Einsetzen in (6.70) erhält man für die Bewegungsgleichung:

$$\left[ \frac{d}{dt}\left( \frac{\partial L}{\partial \dot{q}_k} \right) - \frac{\partial L}{\partial q_k} \right]_\phi = \sum_{m=1}^z \lambda_m(t) \frac{\partial f_m}{\partial q_k}(\mathbf{q}_\phi, t) \qquad (k = 1, 2, \cdots, f+z) \quad (6.72a)$$

$$f_m(\mathbf{q}_\phi(t), t) = 0 \qquad (m = 1, 2, \cdots, z) \,. \tag{6.72b}$$

Der Gleichungssatz (6.72) enthält insgesamt $f + 2z$ unabhängige Gleichungen für die $f + 2z$ Unbekannten $\{q_{\phi k}\}, \{\lambda_m\}$ und ist somit vollständig lösbar. Die mit den Zwangsbedingungen $f_m = 0$ ($1 \leq m \leq z$) verknüpften Zwangskräfte sind also im Unterraum $\{\bar{f}_m = 0 \,|\, z + 1 \leq m \leq Z\}$ durch

$$\mathcal{F}_\phi^{(m)} = \lambda_m(t) \frac{\partial f_m}{\partial \mathbf{q}}(\mathbf{q}_\phi, t) \qquad (m = 1, 2, \cdots, z) \tag{6.73}$$

gegeben. Ein wichtiger Spezialfall tritt für $z = Z$ auf. In diesem Fall gilt $f = 3N - z$ bzw. $f + z = 3N$, sodass (6.73) die vollständige Zwangskraft (zum Beispiel: die Spannung in *sämtlichen* Seilen im Experiment) im $3N$-dimensionalen Raum darstellt. Die Form der Bewegungsgleichung (6.72a) kann hierbei durch eine geeignete Wahl der verallgemeinerten Koordinaten im $3N$-dimensionalen Raum optimiert werden. Gleichung (6.72a) wird allgemein (nicht nur für $z = Z$) als die Lagrange-Gleichung der *ersten* Art bezeichnet.

### Ein Variationsprinzip für die Lagrange-Gleichung der ersten Art

Auch die Lagrange-Gleichung der *ersten* Art (6.72a) kann aus einem *Variationsprinzip* hergeleitet werden. Die entsprechende Verallgemeinerung des Hamilton'schen Prinzips hat die Form

$$\lim_{\varepsilon \to 0} \frac{1}{\varepsilon} (\delta \bar{S})_{(\mathbf{q}_1, t_1)}^{(\mathbf{q}_2, t_2)} [\mathbf{q}_\phi + \varepsilon \boldsymbol{\kappa}] = 0 \qquad (\forall \boldsymbol{\kappa} \text{ mit } \boldsymbol{\kappa}(t_1) = \boldsymbol{\kappa}(t_2) = \mathbf{0})$$

mit

$$\boxed{\bar{S}_{(\mathbf{q}_1, t_1)}^{(\mathbf{q}_2, t_2)}[\mathbf{q}] \equiv \int_{t_1}^{t_2} dt \left[ L\left(\mathbf{q}(t), \dot{\mathbf{q}}(t), t\right) + \sum_{m=1}^z \lambda_m(t) f_m(\mathbf{q}(t), t) \right] \,,} \tag{6.74}$$

denn für die stationäre Lösung von $\bar{S}$ gilt genau (6.72a):

$$\mathbf{0} = \left[ \frac{\delta \bar{S}}{\delta \mathbf{q}(t)} \right]_\phi = \left[ \frac{\partial L}{\partial \mathbf{q}} - \frac{d}{dt}\left( \frac{\partial L}{\partial \dot{\mathbf{q}}} \right) + \sum_{m=1}^z \lambda_m(t) \frac{\partial f_m}{\partial \mathbf{q}} \right]_\phi \,.$$

Zusätzlich müssen noch die Zwangsbedingungen (6.72b) auferlegt werden. Die Proportionalitätskonstanten $\{\lambda_m(t)\}$ werden als *Lagrange-Multiplikatoren* bezeichnet (siehe Fußnote 4 auf Seite 294). Der Lagrange-Multiplikator $\lambda_m(t)$ bewirkt, dass die Wirkung $\bar{S}$ unter der Einschränkung $f_m = 0$ für alle $t \in [t_1, t_2]$ stationär ist.

Alternativ, und vielleicht noch eleganter, kann man den vollständigen Gleichungssatz (6.72) aus einem Variationsprinzip der Form

$$\lim_{\varepsilon \to 0} \frac{1}{\varepsilon} (\delta \bar{S})_{(\mathbf{q}_1, t_1)}^{(\mathbf{q}_2, t_2)} [\mathbf{q}, \boldsymbol{\lambda}] = 0$$

herleiten, wobei $\bar{S}[\mathbf{q}, \boldsymbol{\lambda}]$ formal dieselbe Struktur wie $\bar{S}[\mathbf{q}]$ in (6.74) hat. Die Variation $(\delta \mathbf{q})(t)$ ist denselben Einschränkungen $(\delta \mathbf{q})(t_1) = (\delta \mathbf{q})(t_2) = \mathbf{0}$ unterworfen wie vorher, und für die Variation $(\delta \boldsymbol{\lambda})(t)$ mit $\boldsymbol{\lambda} \equiv \{\lambda_m\}$ gelten auch zu den Anfangs- und Endzeiten $t_1$ bzw. $t_2$ keinerlei Einschränkungen. Die Euler-Lagrange-Gleichungen für den stationären Punkt der Wirkung $\bar{S}[\mathbf{q}, \boldsymbol{\lambda}]$, betrachtet als Funktional von $\mathbf{q}$ und $\boldsymbol{\lambda}$, liefern nun sowohl die Lagrange-Gleichung der ersten Art (6.72a) als auch die Zwangsbedingungen (6.72b). Hiermit ist gezeigt, dass man auch Zwangskräfte aus einem Variationsprinzip berechnen kann, vorausgesetzt, dass die entsprechenden Zwangsbedingungen holonom sind.

### Anmerkungen

Die Lagrange-Gleichungen (6.72) der ersten Art müssen nicht immer explizit gelöst werden, um die Zwangskräfte zu berechnen. Manchmal erhält man die Lösung (einschließlich der Zwangskräfte) nämlich einfacher über einen kleinen Umweg: Eliminiert man die verbleibenden $z$ Zwangsbedingungen, indem man verallgemeinerte Koordinaten $\bar{\mathbf{q}} = (\bar{q}_1, \bar{q}_2, \cdots, \bar{q}_f)$ einführt, die die $f$-dimensionale Fläche parametrisieren, auf der sich das System im $\mathbf{q}$-Raum bewegt, und löst man die Lagrange-Gleichungen der *zweiten* Art im $\bar{\mathbf{q}}$-Raum, so erhält man die physikalische Bahn des Systems in der Form $\bar{\mathbf{q}}_\phi(t)$ im $\bar{\mathbf{q}}$-Raum bzw. $\mathbf{q}_\phi(t) = \mathbf{q}(\bar{\mathbf{q}}_\phi(t), t)$ im $\mathbf{q}$-Raum. Setzt man diese Lösung $\mathbf{q}_\phi(t)$ in die linke Seite von (6.72a) ein, ergibt sich ein expliziter Ausdruck für die Gesamtzwangskraft auf der rechten Seite von (6.72a). Die Gesamtzwangskraft lässt sich eindeutig als Linearkombination der Gradienten $\left\{ \frac{\partial f_m}{\partial \mathbf{q}} \mid m = 1, 2, \cdots, z \right\}$ schreiben; die Komponente in Richtung $\frac{\partial f_m}{\partial \mathbf{q}}$ stellt hierbei die mit der $m$-ten Zwangsbedingung verknüpfte Zwangskraft (6.73) dar.

Ob die Lagrange-Gleichungen der ersten Art (6.72) für $(\mathbf{q}_\phi(t), \boldsymbol{\lambda}_\phi(t))$ oder diejenigen der zweiten Art für $\bar{\mathbf{q}}_\phi(t)$ einfacher lösbar sind, lässt sich im Voraus nicht immer entscheiden; die Antwort hängt in konkreten Anwendungen auch von der Wahl der verallgemeinerten Koordinaten $\bar{\mathbf{q}}$ ab. Beispiele, wofür der „Umweg" über die Lagrange-Gleichungen der *zweiten* Art schnell zur Lösung führt, sind das unten diskutierte *sphärische Pendel* und sein Spezialfall, das *mathematische Pendel*.

### Beispiel: das sphärische Pendel

Als Beispiel für die Beschreibung von Zwangskräften im Rahmen des Lagrange-Formalismus betrachten wir noch einmal das *sphärische Pendel*, das ausführlich in Abschnitt [4.3.1] untersucht wurde. Die Lagrange-Funktion und die relevante (skleronome, holonome) Zwangsbedingung sind gegeben durch

$$L(\mathbf{x}, \dot{\mathbf{x}}, t) = \tfrac{1}{2} m \dot{\mathbf{x}}^2 - m g x_3 \quad , \quad f(\mathbf{x}) \equiv l - |\mathbf{x}| = 0 \; .$$

Die Bahn $\mathbf{x}(t)$, die das Wirkungsfunktional

$$\bar{S}_{(\mathbf{x}_1,t_1)}^{(\mathbf{x}_2,t_2)}[\mathbf{x}] = \int_{t_1}^{t_2} dt \, [L\left(\mathbf{x}(t), \dot{\mathbf{x}}(t), t\right) + \lambda(t) f\left(\mathbf{x}(t)\right)]$$

stationär macht, erfüllt die Lagrange-Gleichung der ersten Art,

$$\mathbf{0} = \frac{\partial L}{\partial \mathbf{x}} - \frac{d}{dt}\left(\frac{\partial L}{\partial \dot{\mathbf{x}}}\right) + \lambda(t)\frac{\partial f}{\partial \mathbf{x}} = -mg\hat{\mathbf{e}}_3 - m\ddot{\mathbf{x}} - \lambda(t)\hat{\mathbf{x}} \,, \tag{6.75}$$

und außerdem die Zwangsbedingung $|\mathbf{x}| = l$. Ausgehend von diesen Gleichungen findet man genau wie früher, dass der Lagrange-Multiplikator $\lambda(t)$ die Form

$$\lambda(t) = \frac{m[\dot{\mathbf{x}}_\phi(t)]^2}{l} - mg\hat{\mathbf{e}}_3 \cdot \hat{\mathbf{x}}_\phi(t) \tag{6.76}$$

hat und dass Lösungen von (6.75) nur für Anfangsbedingungen mit $|\mathbf{x}(0)| = l$ und $\mathbf{x}(0) \cdot \dot{\mathbf{x}}(0) = 0$ möglich sind.

Für den Spezialfall des *mathematischen Pendels* erhält man relativ einfache und explizite Ergebnisse. In diesem Fall kann die Dynamik bequem mit Hilfe einer verallgemeinerten Koordinate $\psi(t)$ beschrieben werden:

$$\mathbf{x}_\phi(t) = l\begin{pmatrix} \sin(\psi) \\ 0 \\ -\cos(\psi) \end{pmatrix} \quad , \quad \dot{\mathbf{x}}_\phi(t) = l\dot{\psi}\begin{pmatrix} \cos(\psi) \\ 0 \\ \sin(\psi) \end{pmatrix} \,.$$

Aus der Bewegungsgleichung $\ddot{\psi} = -\frac{g}{l}\sin(\psi)$ folgt durch einmalige Integration die Beziehung $\dot{\psi}^2 = 2\frac{g}{l}[\cos(\psi) - \cos(\psi_{\max})]$. Setzt man diese Resultate in (6.76) ein, so erhält man:

$$\lambda(t) = mg\left[\frac{l}{g}\dot{\psi}^2 + \cos(\psi)\right] = 3mg\left[\cos(\psi) - \tfrac{2}{3}\cos(\psi_{\max})\right] \,, \tag{6.77}$$

wobei $\psi(t)$ explizit mit Hilfe spezieller Funktionen bestimmt werden kann (siehe Abschnitt [4.3.2]). Die vom Stab auf den Massenpunkt ausgeübte Zwangskraft ist durch $-\lambda(t)\hat{\mathbf{x}}$ gegeben. Gleichung (6.77) zeigt, dass die Winkelabhängigkeit dieser Zwangskraft für das mathematische Pendel sehr einfach ist.

## 6.11   Erhaltungsgrößen

Bei der Untersuchung eines mechanischen Systems ist es sehr wichtig, möglichst viele (falls möglich: *alle*) Erhaltungsgrößen zu bestimmen, da diese zum einen zur Klassifizierung der Lösungen verwendet werden können und zum anderen die konkrete Berechnung dieser Lösungen stark vereinfachen. Wir diskutieren einige naheliegende Methoden, ausgehend von einer vorgegebenen Lagrange-Funktion $L(\mathbf{q}, \dot{\mathbf{q}}, t)$ Erhaltungsgrößen zu konstruieren.

### 6.11.1   Das Jacobi-Integral

Falls die Lagrange-Funktion nicht explizit von der Zeitvariablen abhängt, ist die Jacobi-*Funktion*

$$\boxed{J(\mathbf{q}, \dot{\mathbf{q}}, t) \equiv \sum_k \frac{\partial L}{\partial \dot{q}_k}\dot{q}_k - L}$$

für die physikalische Bahn *erhalten* und wird dann als das Jacobi-*Integral* bezeichnet. Dieses Erhaltungsgesetz folgt sofort aus

$$
\begin{aligned}
\left(\frac{dJ}{dt}\right)_\phi &= \left\{ \sum_k \left[ \frac{d}{dt}\left(\frac{\partial L}{\partial \dot{q}_k}\right)\dot{q}_k + \frac{\partial L}{\partial \dot{q}_k}\ddot{q}_k \right] - \frac{\partial L}{\partial t} - \sum_k \left[ \frac{\partial L}{\partial q_k}\dot{q}_k + \frac{\partial L}{\partial \dot{q}_k}\ddot{q}_k \right] \right\}_\phi \\
&= \left\{ \sum_k \left[ \frac{d}{dt}\left(\frac{\partial L}{\partial \dot{q}_k}\right) - \frac{\partial L}{\partial q_k} \right]\dot{q}_k - \frac{\partial L}{\partial t} \right\}_\phi = -\left(\frac{\partial L}{\partial t}\right)_\phi .
\end{aligned}
$$

Um die Bedeutung des Jacobi-Integrals besser zu verstehen, betrachten wir ein paar Spezialfälle.

**Beispiel 1**

Zuerst betrachten wir ein System, das skleronomen Zwangsbedingungen unterworfen ist, und wir nehmen an, dass die verallgemeinerten Koordinaten zeitunabhängig gewählt wurden: $\mathbf{x}_i = \mathbf{x}_i(\mathbf{q})$. In diesem Fall hängt auch die kinetische Energie nicht explizit von der Zeit ab und hat nach (6.41) die allgemeine Form

$$
T(\mathbf{q}, \dot{\mathbf{q}}) = \tfrac{1}{2} \sum_{kl} a_{kl}(\mathbf{q})\dot{q}_k \dot{q}_l \qquad , \qquad a_{kl} = a_{lk} .
$$

Wir nehmen außerdem an, dass die verallgemeinerten Kräfte $\mathcal{F}_k$ konservativ sind und somit nach (6.53) aus einem zeitunabhängigen Potential $V(\mathbf{q})$ hergeleitet werden können. Für ein solches System gilt:

$$
J_\phi = \left[ \sum_k \frac{\partial T}{\partial \dot{q}_k}\dot{q}_k - (T - V) \right]_\phi = [2T - (T - V)]_\phi = (T + V)_\phi = E ,
$$

sodass das Jacobi-Integral gleich der *Energie* des Systems ist. In diesem Fall impliziert $\frac{\partial L}{\partial t} = 0$ also $\frac{dE}{dt} = 0$. Umgekehrt ist es *nicht* so, dass $\frac{\partial L}{\partial t} \neq 0$ notwendigerweise bedeutet, dass die Energie des Systems nicht erhalten ist. Dies zeigen wir im folgenden Beispiel.

**Beispiel 2**

Wir betrachten zwei äquivalente Lagrange-Funktionen $L$ und $L'$, die gemäß

$$
L' = L + \frac{d}{dt}\lambda(\mathbf{q}, t) = L + \left( \sum_l \frac{\partial \lambda}{\partial q_l}\dot{q}_l + \frac{\partial \lambda}{\partial t} \right) \quad , \quad \frac{\partial \lambda}{\partial t} \neq 0
$$

miteinander verknüpft sind; außerdem soll $\frac{\partial L}{\partial t} = 0$ und $J_\phi = E = $ konstant gelten. Da die Energie für $L$ erhalten ist, muss das Gleiche für die äquivalente Lagrange-Funktion $L'$ gelten. Da die Jacobi-*Funktion* für $L'$ gegeben ist durch

$$
\begin{aligned}
J'(\mathbf{q}, \dot{\mathbf{q}}, t) &= \sum_k \frac{\partial L'}{\partial \dot{q}_k}\dot{q}_k - L' = J + \sum_k \dot{q}_k \frac{\partial}{\partial \dot{q}_k}\left(\frac{d\lambda}{dt}\right) - \frac{d\lambda}{dt} \\
&= J + \sum_k \dot{q}_k \frac{\partial \lambda}{\partial q_k} - \left( \sum_l \frac{\partial \lambda}{\partial q_l}\dot{q}_l + \frac{\partial \lambda}{\partial t} \right) = J(\mathbf{q}, \dot{\mathbf{q}}, t) - \frac{\partial \lambda}{\partial t} ,
\end{aligned}
$$

hat die Erhaltungsgröße *Energie* in diesem Fall die Form

$$E = J_\phi = \left( J' + \frac{\partial \lambda}{\partial t} \right)_\phi = \left[ \sum_k \frac{\partial L'}{\partial \dot{q}_k} \dot{q}_k - L' + \frac{\partial \lambda}{\partial t} \right]_\phi .$$

Wir stellen fest, dass die Energie für die explizit zeitabhängige Lagrange-Funktion $L'$ im Allgemeinen nicht gleich dem Jacobi-Integral $(J')_\phi$ ist, obwohl das Jacobi-Integral auch in diesem Fall wertvolle Hinweise auf die Existenz einer Erhaltungsgröße ergibt.

## 6.11.2   Zyklische Koordinaten

Falls die Lagrange-Funktion $L(\mathbf{q}, \dot{\mathbf{q}}, t)$ nicht explizit von der verallgemeinerten Koordinate $q_l$ abhängt (für irgendein $l \in \{1, 2, \cdots, f\}$), so wird diese Koordinate als *zyklisch* bezeichnet. Die Existenz einer zyklischen Koordinate,

$$\boxed{\frac{\partial L}{\partial q_l} = 0 \quad \text{und daher:} \quad \left[ \frac{d}{dt}\left( \frac{\partial L}{\partial \dot{q}_l} \right) - \frac{\partial L}{\partial q_l} \right]_\phi = \left[ \frac{d}{dt}\left( \frac{\partial L}{\partial \dot{q}_l} \right) \right]_\phi = 0 ,}$$

impliziert unmittelbar die Existenz einer Erhaltungsgröße:

$$\boxed{\frac{\partial L}{\partial \dot{q}_l} (\mathbf{q}_\phi, \dot{\mathbf{q}}_\phi, t) = \text{ konstant} .}$$

Die physikalische Größe $p_l(\mathbf{q}, \dot{\mathbf{q}}, t) \equiv \frac{\partial L}{\partial \dot{q}_l}(\mathbf{q}, \dot{\mathbf{q}}, t)$ wird generell (d. h. nicht nur, wenn sie für die physikalische Bahn erhalten ist) als der mit $q_l$ assoziierte *verallgemeinerte Impuls* (auch: als der „konjugierte" oder „kanonische" Impuls) bezeichnet. Diese Bezeichnung *Impuls* ist naheliegend, da z. B. für den einfachen Fall $L = \frac{1}{2}m\dot{\mathbf{x}}^2 - V(\mathbf{x})$ in der Tat $\frac{\partial L}{\partial \dot{\mathbf{x}}} = m\dot{\mathbf{x}} = \mathbf{p}$ folgt. In allgemeineren Beispielen muss $\frac{\partial L}{\partial \dot{q}_l}(\mathbf{q}, \dot{\mathbf{q}}, t)$ jedoch nicht unbedingt die physikalische Dimension [IMPULS] haben.

### Beispiel 1

Ein Beispiel, in dem der verallgemeinerter Impuls erhalten ist und die physikalische Dimension [DREHIMPULS] hat, ist das *Zweiteilchenproblem*. Die Lagrange-Funktion des Zweiteilchenproblems in Relativkoordinaten (siehe Gleichung (3.31) in Abschnitt [3.3]) hängt nämlich nicht explizit von der Variablen $\varphi$ ab:

$$L(x, \dot{x}, \varphi, \dot{\varphi}, t) = \tfrac{1}{2}\mu(\dot{x}^2 + x^2\dot{\varphi}^2) - V(x) , \tag{6.78}$$

sodass der verallgemeinerte Impuls $\frac{\partial L}{\partial \dot{\varphi}} = \mu x^2\dot{\varphi}$, den wir in Abschnitt [3.3] als *Dreh*impuls identifizieren konnten, eine Erhaltungsgröße darstellt. Als weitere Erhaltungsgröße folgt wegen $\frac{\partial L}{\partial t} = 0$ die Gesamtenergie $E^{(S)} = \frac{1}{2}\mu(\dot{x}^2 + x^2\dot{\varphi}^2) + V(x)$.

### Beispiel 2

Ein anderes Beispiel für eine Lagrange-Funktion mit einer zyklischen Koordinate und einem assoziierten erhaltenen verallgemeinerten Impuls ist das geladene Teilchen (mit Ladung $\hat{q}$) in einem elektromagnetischen Feld,

$$L(\mathbf{x}, \dot{\mathbf{x}}, t) = \tfrac{1}{2}m\dot{\mathbf{x}}^2 - \hat{q}\left[ \Phi(\mathbf{x}, t) - \dot{\mathbf{x}} \cdot \mathbf{A}(\mathbf{x}, t) \right] , \tag{6.79}$$

mit z. B. $\frac{\partial \Phi}{\partial x_3} = 0$ und $\frac{\partial \mathbf{A}}{\partial x_3} = \mathbf{0}$. In diesem Fall ist die 3-Komponente des verallgemeinerten Impulses $\mathbf{p} = \frac{\partial L}{\partial \dot{\mathbf{x}}}$ erhalten:

$$\frac{dp_3}{dt} = \frac{d}{dt}\left(\frac{\partial L}{\partial \dot{x}_3}\right) = \frac{d}{dt}\left[m\dot{x}_3 + \hat{q}A_3(x_1, x_2, t)\right] = \frac{\partial L}{\partial x_3} = 0 \,.$$

Das bedeutet, dass unter diesen Bedingungen der Gesamtimpuls der Materie und des Feldes in 3-Richtung, $m\dot{x}_3 + \hat{q}A_3(x_1, x_2, t)$, erhalten ist.

### Anmerkung zu den zyklischen Koordinaten

Wie vorher bei der Diskussion des Jacobi-Integrals, gilt auch nun, dass die *Abwesenheit* offensichtlicher zyklischer Koordinaten nicht notwendigerweise die Nicht-Existenz von Impulsintegralen impliziert. Zum Beispiel enthält die Lagrange-Funktion (6.78) für das Zweiteilchenproblem in *kartesischen* Koordinaten,

$$L(x_1, x_2, \dot{x}_1, \dot{x}_2, t) = \tfrac{1}{2}\mu(\dot{x}_1^2 + \dot{x}_2^2) - V\left(\sqrt{x_1^2 + x_2^2}\right),$$

keine offensichtlichen zyklischen Ortskoordinaten. Dennoch wissen wir, dass die 3-Komponente $\mu(x_1\dot{x}_2 - x_2\dot{x}_1)$ des Drehimpulses eine Erhaltungsgröße ist. Aus diesem Beispiel lernen wir erstens, dass die Existenz zyklischer Koordinaten von der Wahl des Koordinatensystems abhängt, und zweitens, dass es vorteilhaft ist, die verallgemeinerten Koordinaten so zu wählen, dass die Lagrange-Funktion möglichst viele zyklische Koordinaten enthält. Letzteres, also die Bestimmung des optimalen Koordinatensystems, ist das Ziel der *Transformationstheorie*.

### Anmerkung zur Definition eines verallgemeinerten Impulses

Das Konzept eines verallgemeinerten oder konjugierten Impulses $p_l \equiv \frac{\partial L}{\partial \dot{q}_l}$ wird sich insbesondere in der Hamilton-Theorie als fundamental wichtig herausstellen. Man sollte allerdings schon beachten, dass der verallgemeinerte Impuls $\mathbf{p} = (p_1, p_2, \cdots, p_f)^\mathrm{T}$ eines physikalischen Systems, wie auch die Lagrange-Funktion, im Allgemeinen *nicht eindeutig* definiert und somit nicht unbedingt eine *Messgröße* ist. Die zu $L$ äquivalente Lagrange-Funktion $L' = L + \frac{d\lambda}{dt}$ ergibt nämlich den äquivalenten verallgemeinerten Impuls

$$\mathbf{p}' = \frac{\partial L'}{\partial \dot{\mathbf{q}}} = \frac{\partial}{\partial \dot{\mathbf{q}}}\left(L + \frac{\partial \lambda}{\partial \mathbf{q}} \cdot \dot{\mathbf{q}} + \frac{\partial \lambda}{\partial t}\right) = \frac{\partial L}{\partial \dot{\mathbf{q}}} + \frac{\partial \lambda}{\partial \mathbf{q}} = \mathbf{p} + \frac{\partial \lambda}{\partial \mathbf{q}}(\mathbf{q}, t) \,,$$

der um eine orts- und zeitabhängige Funktion von $\mathbf{p}$ abweicht. Aus der allgemeinen Lagrange-Funktion (6.79) von Beispiel 2 folgt z. B. der Ausdruck $\mathbf{p} = m\dot{\mathbf{x}} + \hat{q}\mathbf{A}$ für den verallgemeinerten Impuls, der *nicht eichinvariant* ist. Unter einer Eichtransformation der Form (6.24) geht $\mathbf{p}$ in den äquivalenten Impuls $\mathbf{p}' = \mathbf{p} - \frac{1}{c}\hat{q}\boldsymbol{\nabla}\Lambda$ über, sodass wir identifizieren können: $\lambda = -\frac{1}{c}\hat{q}\Lambda$.

## 6.11.3 Elimination von zyklischen Koordinaten

Betrachten wir eine Lagrange-Funktion $L^{(f+1)}$, die nicht explizit von der Koordinate $q_{f+1}$ abhängt:

$$\boxed{L^{(f+1)} = L^{(f+1)}(\mathbf{q}, \dot{\mathbf{q}}, \dot{q}_{f+1}, t) \quad , \quad \mathbf{q} \equiv (q_1, \cdots, q_f) \,.} \tag{6.80}$$

Da $q_{f+1}$ zyklisch ist, stellt der assoziierte Impuls

$$p_{f+1} = \frac{\partial L^{(f+1)}}{\partial \dot{q}_{f+1}} \tag{6.81}$$

für die physikalische Bahn eine Erhaltungsgröße dar, die dazu verwendet werden kann, $\dot{q}_{f+1}$ als Funktion von $(\mathbf{q}, \dot{\mathbf{q}}, t)$ sowie der Konstanten $p_{f+1}$ zu bestimmen:

$$\dot{q}_{f+1} = f(\mathbf{q}, \dot{\mathbf{q}}, t; p_{f+1}) . \tag{6.82}$$

Diese Beziehung erlaubt es uns, $\dot{q}_{f+1}$ gänzlich aus den *Bewegungsgleichungen* für $\mathbf{q}_\phi(t)$ zu eliminieren. Durch Elimination einer zyklischen Variablen kann man daher die Dimensionalität eines Problems reduzieren und es somit (unter Umständen: erheblich) vereinfachen. Die Umkehrfunktion $f$ in (6.82) ist *eindeutig* definiert, da $L^{(f+1)}$ strikt konvex als Funktion von $\dot{q}_{f+1}$ ist.

Man kann sich nun fragen, ob die zyklische Koordinate $q_{f+1}$ nicht auch sofort in der *Lagrange-Funktion* (statt erst in der Bewegungsgleichung) eliminiert werden kann. Im Wesentlichen haben wir dies bereits einmal stillschweigend getan, als wir (in Gleichung (3.31) in Abschnitt [3.3]) die zyklische Winkelvariable $\varphi$ eliminierten und die Energie als $\frac{1}{2}\mu \dot{x}^2 + V_{\mathrm{f}}(x)$ mit $V_{\mathrm{f}}(x) \equiv V(x) + \frac{|\mathbf{L}|^2}{2\mu x^2}$ schrieben. Hier wurde also effektiv die neue Lagrange-Funktion

$$L(x, \dot{x}, t) \equiv \tfrac{1}{2}\mu \dot{x}^2 - V_{\mathrm{f}}(x)$$

eingeführt, die die Dynamik eines *ein*dimensionalen Teilchens im Potential $V_{\mathrm{f}}(x)$ beschreibt. Wir zeigen nun, dass diese Elimination auch für die allgemeine Lagrange-Funktion (6.80) durchgeführt werden kann und dass die Lagrange-Funktion nach der Elimination die Form

$$\boxed{L^{(f)}(\mathbf{q}, \dot{\mathbf{q}}, t; p_{f+1}) \equiv L^{(f+1)}(\mathbf{q}, \dot{\mathbf{q}}, \dot{q}_{f+1}, t) - p_{f+1}\dot{q}_{f+1}} \tag{6.83}$$

hat. Da wir bereits wissen, dass der verallgemeinerte Impuls $p_{f+1}$ in (6.81) für die physikalische Bahn $(\mathbf{q}_\phi, q_{\phi,f+1})$ erhalten ist, beschränken wir uns hierbei auf solche Bahnen $(\mathbf{q}, q_{f+1})$, für die (6.81) mit konstantem $p_{f+1}$ und somit auch (6.82) gilt. Dies bedeutet also, dass die Größe $p_{f+1}$ in (6.83) für alle betrachteten Bahnen $(\mathbf{q}, q_{f+1})$ denselben Wert hat und zeitunabhängig ist, und folglich auch, dass $\dot{q}_{f+1}$ in (6.83) stets durch die rechte Seite von (6.82) zu ersetzen ist.

Um zu zeigen, dass die Lagrange-Funktion $L^{(f)}$ in (6.83) die korrekte Bewegungsgleichung für $\mathbf{q}_\phi(t)$ erzeugt, betrachten wir die mit $L^{(f)}$ verknüpfte Wirkung:

$$S^{(\mathbf{q}_2, t_2)}_{(\mathbf{q}_1, t_1)}[\mathbf{q}] = \int_{t_1}^{t_2} dt\, L^{(f)}(\mathbf{q}, \dot{\mathbf{q}}, t; p_{f+1}) .$$

Für die physikalische Bahn $\mathbf{q}_\phi$ muss $\delta S = 0$ gelten. Wir überprüfen, dass die in (6.83) angegebene Lagrange-Funktion $L^{(f)}$ in der Tat diese Bedingung erfüllt. Der zentrale Punkt hierbei ist, dass die Zeitabhängigkeit von $q_{f+1}(t)$ aufgrund von (6.82) durch

$$q_{f+1}(t) = q_{f+1}(t_1) + \int_{t_1}^{t} dt'\, f(\mathbf{q}(t'), \dot{\mathbf{q}}(t'), t'; p_{f+1})$$

festgelegt ist und keineswegs $\delta q_{f+1}(t_1) = \delta q_{f+1}(t_2) = 0$ gelten muss. Aus diesem Grunde entstehen bei der Variation des Terms $\int dt\, L^{(f+1)}$ in der Wirkung $S[\mathbf{q}]$ zusätzliche *Randterme*, die vom zweiten Term $-p_{f+1}\dot{q}_{f+1}$ in (6.83) kompensiert werden müssen:

$$
\delta \int_{t_1}^{t_2} dt\, L^{(f+1)}(\mathbf{q},\dot{\mathbf{q}},\dot{q}_{f+1},t) = (p_{f+1}\delta q_{f+1})\Big|_{t_1}^{t_2}
$$

$$
+ \sum_{k=1}^{f+1} \int_{t_1}^{t_2} dt\, \left[ \frac{\partial L^{(f+1)}}{\partial q_k} - \frac{d}{dt}\left(\frac{\partial L^{(f+1)}}{\partial \dot{q}_k}\right) \right]_\phi (\delta q_k)(t) + \mathcal{O}(\varepsilon^2)
$$

$$
= p_{f+1}\delta \int_{t_1}^{t_2} dt\, \dot{q}_{f+1} + \mathcal{O}(\varepsilon^2) = \delta \int_{t_1}^{t_2} dt\, p_{f+1}\dot{q}_{f+1} + \mathcal{O}(\varepsilon^2) \, .
$$

Hierbei wurde verwendet, dass $p_{f+1}$ bei der Variation für alle betrachteten Bahnen $(\mathbf{q}(t), q_{f+1}(t))$ gleich und zeitunabhängig ist. Es folgt nun sofort, dass für $L^{(f)}$ in (6.83) in der Tat $\delta S = 0$ gilt, sodass die physikalische Bahn $\mathbf{q}_\phi$ die mit $L^{(f)}$ assoziierte Lagrange-Gleichung erfüllt. Für das vorher angesprochene Zweiteilchen-problem folgt z. B.

$$
L^{(1)}(x,\dot{x},t) = L^{(2)}(x,\dot{x},\varphi,\dot{\varphi},t) - p_\varphi\dot{\varphi} = \tfrac{1}{2}\mu(\dot{x}^2 + x^2\dot{\varphi}^2) - V(x) - \mu x^2\dot{\varphi}^2
$$

$$
= \tfrac{1}{2}\mu\dot{x}^2 - V_{\mathrm{f}}(x) \quad , \quad V_{\mathrm{f}}(x) = V(x) + \frac{|\mathbf{L}|^2}{2\mu x^2} \, ,
$$

wobei $\dot{\varphi} = \frac{|\mathbf{L}|}{\mu x^2}$ verwendet wurde.

Bisher haben wir nur den Fall betrachtet, dass die Lagrange-Funktion eine einzelne zyklische Koordinate $q_{f+1}$ aufweist. Falls *mehrere* zyklische Variablen $\mathbf{q}_{\mathrm{z}} \equiv (q_{f+1}, q_{f+2}, \cdots, q_{f+n})$ vorliegen,

$$
L^{(f+n)} = L^{(f+n)}(\mathbf{q}, \dot{\mathbf{q}}, \dot{\mathbf{q}}_{\mathrm{z}}, t) \, ,
$$

sind alle Komponenten des assoziierten Impulses $\mathbf{p}_{\mathrm{z}} = (p_{f+1}, p_{f+2}, \cdots, p_{f+n})$ erhalten:

$$
\mathbf{p}_{\mathrm{z}} = \frac{\partial L^{(f+n)}}{\partial \dot{\mathbf{q}}_{\mathrm{z}}}(\mathbf{q}, \dot{\mathbf{q}}, \dot{\mathbf{q}}_{\mathrm{z}}, t) \quad \text{bzw.} \quad \dot{\mathbf{q}}_{\mathrm{z}} = \mathbf{f}(\mathbf{q}, \dot{\mathbf{q}}, t; \mathbf{p}_{\mathrm{z}}) \, . \tag{6.84}
$$

Die gleichen Argumente wie vorher zeigen nun, dass die Lagrange-Funktion nach der Elimination aller $\mathbf{q}_{\mathrm{z}}$-Variablen die Form

$$
L^{(f)}(\mathbf{q}, \dot{\mathbf{q}}, t; \mathbf{p}_{\mathrm{z}}) \equiv L^{(f+n)}(\mathbf{q}, \dot{\mathbf{q}}, \dot{\mathbf{q}}_{\mathrm{z}}, t) - \mathbf{p}_{\mathrm{z}} \cdot \dot{\mathbf{q}}_{\mathrm{z}} \tag{6.85}
$$

hat, wobei $\dot{\mathbf{q}}_{\mathrm{z}}$ durch die Funktion $\mathbf{f}(\mathbf{q}, \dot{\mathbf{q}}, t; \mathbf{p}_{\mathrm{z}})$ in (6.84) zu ersetzen ist und der Impuls $\mathbf{p}_{\mathrm{z}}$ für alle betrachteten Bahnen denselben Wert hat und zeitunabhängig ist. Die Lagrange-Funktion *nach* der Elimination der zyklischen $\mathbf{q}_{\mathrm{z}}$-Variablen, also $L^{(f)}$ in (6.85), wird üblicherweise als die *Routh-Funktion* bezeichnet.[15]

---

[15]In Kapitel 7 werden wir sehen, dass die Elimination der verallgemeinerten Geschwindigkeiten $\dot{\mathbf{q}}_{\mathrm{z}}$ zugunsten der Impulse $\mathbf{p}_{\mathrm{z}}$, oder genauer: die Transformation von $L^{(f+n)}(\mathbf{q}, \dot{\mathbf{q}}, \dot{\mathbf{q}}_{\mathrm{z}}, t)$ auf die neue Funktion $-L^{(f)}(\mathbf{q}, \dot{\mathbf{q}}, t; \mathbf{p}_{\mathrm{z}})$, mathematisch gesprochen eine *Legendre-Transformation* darstellt. Die Anwendung einer solchen Transformation ist hier besonders geschickt, da die Variablen $\mathbf{q}_{\mathrm{z}}$ zyklisch und die Impulse $\mathbf{p}_{\mathrm{z}}$ somit erhalten sind.

### 6.11.4    Die Zeit als zyklische Variable

Nehmen wir an, dass die Lagrange-Funktion eines physikalischen Systems nicht explizit zeitabhängig ist: $L = L(\mathbf{q}, \dot{\mathbf{q}})$. Da die Zeit [anders als die Bahnkoordinaten $\mathbf{q}_\phi(t)$] im Lagrange-Formalismus eine *unabhängige* Variable darstellt und $L$ außerdem von den Zeitableitungen $\dot{\mathbf{q}}$ abhängt, kann $t$ nicht ohne Weiteres als zyklisch angesehen werden. Um den Zusammenhang mit der allgemeinen Theorie zyklischer Koordinaten herzustellen, betrachten wir daher die folgende Parametrisierung der möglichen Bahnen:

$$(\mathbf{q}(\tau), t(\tau)) \quad ; \quad \mathbf{q}(0) = \mathbf{q}_1 \, , \quad \mathbf{q}(1) = \mathbf{q}_2 \, , \quad t(0) = t_1 \, , \quad t(1) = t_2 \, ,$$

wobei der Parameter $\tau$ im Intervall $0 \leq \tau \leq 1$ liegt und $\frac{dt}{d\tau} > 0$ gelten soll. Die Wirkung ist somit gegeben durch

$$S^{(f+1)}[\mathbf{q}, t] = \int_0^1 d\tau \, L^{(f+1)}(\mathbf{q}(\tau), \mathbf{q}'(\tau), t'(\tau)) \tag{6.86}$$

mit

$$L^{(f+1)}(\mathbf{q}, \mathbf{q}', t') \equiv t' L(\mathbf{q}, \mathbf{q}'/t') \quad , \quad \mathbf{q}' \equiv \frac{d\mathbf{q}}{d\tau} \quad , \quad t' \equiv \frac{dt}{d\tau} \, ,$$

und die physikalische Bahn $(\mathbf{q}_\phi, t_\phi)$ entspricht dem stationären Punkt der Wirkung $S^{(f+1)}[\mathbf{q}, t]$. In der neuen Formulierung (6.86) ist die Variable $t$ zyklisch und somit formal äquivalent zu $q_{f+1}$ in Abschnitt [6.11.3]. Wir erhalten für den mit $t$ assoziierten (und daher *erhaltenen*) verallgemeinerten Impuls:

$$p_t \equiv \frac{\partial L^{(f+1)}}{\partial t'} = \frac{\partial}{\partial t'} \left[ t' L(\mathbf{q}, \mathbf{q}'/t') \right] = L - (t')^{-1} \frac{\partial L}{\partial \dot{\mathbf{q}}} \cdot \mathbf{q}' = - \left( \frac{\partial L}{\partial \dot{\mathbf{q}}} \cdot \dot{\mathbf{q}} - L \right) = -J \, .$$

Wiederum stellen wir fest, dass die Jacobi-*Funktion* für die physikalische Bahn eine Erhaltungsgröße (d. h. ein *Integral*) darstellt, falls $\frac{\partial L}{\partial t} = 0$ gilt:

$$-(p_t)_\phi = J_\phi = \left( \frac{\partial L}{\partial \dot{\mathbf{q}}} \cdot \dot{\mathbf{q}} - L \right)_\phi \, . \tag{6.87}$$

Außerdem gilt nach der Elimination der zyklischen Variablen $t$ für die Lagrange-Funktion:

$$L^{(f)}(\mathbf{q}, \mathbf{q}') = L^{(f+1)} - p_t t' = t'(L - p_t) = t' \frac{\partial L}{\partial \dot{\mathbf{q}}} \cdot \dot{\mathbf{q}} \, , \tag{6.88}$$

wobei $t'$ auf der rechten Seite mit Hilfe von (6.87) durch die entsprechende Funktion von $(\mathbf{q}, \mathbf{q}')$ zu ersetzen ist. Es ist zu beachten, dass $p_t$ bei der Variation für alle betrachteten Bahnen $(\mathbf{q}(\tau), t(\tau))$ gleich und $\tau$-unabhängig ist.

**Beispiel: das *Prinzip der kleinsten Wirkung***

Als konkretes Beispiel betrachten wir die Lagrange-Funktion

$$L(\mathbf{q}, \dot{\mathbf{q}}) = T(\mathbf{q}, \dot{\mathbf{q}}) - V(\mathbf{q})$$

mit einer kinetischen Energie $T$, die quadratisch in den Geschwindigkeiten $\dot{\mathbf{q}}$ ist:

$$T = \tfrac{1}{2} \sum_{kl} a_{kl}(\mathbf{q}) \dot{q}_k \dot{q}_l = \tfrac{1}{2} \left( \frac{ds}{dt} \right)^2 \quad ; \quad (ds)^2 \equiv \sum_{kl} a_{kl}(\mathbf{q}) dq_k dq_l \ .$$

Wir haben hierbei eine „Bogenlänge" $s$ (mit nicht-exaktem Differential $ds$) eingeführt, die formal analog zum *Abstand* in der speziellen Relativitätstheorie ist: $(ds)^2 = g_{\mu\nu} \, dx^\mu \, dx^\nu$; der positiv definite Massentensor $a_{kl}$ übernimmt in dieser Analogie die Rolle des metrischen Tensors $g_{\mu\nu}$. Aufgrund der Energieerhaltung (d. h. der Konstanz von $T + V = E$) und

$$E - V(\mathbf{q}) = T = \tfrac{1}{2} \left( \frac{ds}{dt} \right)^2 = \tfrac{1}{2}(t')^{-2} \left( \frac{ds}{d\tau} \right)^2$$

gilt $t' = \frac{ds}{d\tau} / \sqrt{2(E - V)}$ und daher:

$$L^{(f)} = t' \frac{\partial L}{\partial \dot{\mathbf{q}}} \cdot \dot{\mathbf{q}} = 2t'T = 2t'(E - V) = \frac{ds}{d\tau} \sqrt{2(E - V)} \ .$$

Die physikalische Bahn $\mathbf{q}_\phi(\tau)$ ist nun durch das Variationsprinzip $\delta S^{(f)}[\mathbf{q}] = 0$ mit

$$S^{(f)}[\mathbf{q}] = \int_0^1 d\tau \, L^{(f)}(\mathbf{q}, \mathbf{q}') = \int_0^1 d\tau \, \frac{ds}{d\tau} \sqrt{2[E - V(\mathbf{q})]} = \int_{\mathbf{q}_1}^{\mathbf{q}_2} ds \, \sqrt{2[E - V(\mathbf{q})]} \quad (6.89)$$

bestimmt, das als das *Jacobi-Prinzip* oder alternativ als das *Prinzip der kleinsten Wirkung* bezeichnet wird. In einer frühen Form geht es auf Pierre Louis Moreau de Maupertuis (1698 - 1759) zurück und wird dann auch gelegentlich nach ihm benannt. Der stationäre Punkt des Funktionals $S^{(f)}[\mathbf{q}]$ bestimmt die *Form* der physikalischen Bahn $\mathbf{q}_\phi$, nicht jedoch ihre Zeitabhängigkeit.

## 6.12   Das Noether-Theorem

In Abschnitt [6.11] konnten wir einige wichtige Erhaltungsgrößen identifizieren, deren Existenz darauf beruhte, dass entweder die Zeitvariable $t$ oder eine der verallgemeinerten Koordinaten $q_k$ *zyklisch* ist, sodass die Lagrange-Funktion eine Invarianz unter Translationen der Form

$$t' = t + \alpha \quad \text{bzw.} \quad q_k' = q_k + \alpha \qquad (\alpha \in \mathbb{R})$$

aufweist. Wir versuchen nun, einen allgemeineren Zusammenhang zwischen *Invarianzen der Dynamik* des Systems (d. h. der Wirkung sowie der Form der Bewegungsgleichung) und *Erhaltungsgrößen* herzustellen und betrachten hierzu allgemein Punkttransformationen der Form

$$t' = t'(t; \boldsymbol{\alpha}) \qquad , \quad \mathbf{q}' = \mathbf{q}'(\mathbf{q}, t; \boldsymbol{\alpha}) \ , \qquad\qquad\qquad (6.90)$$

die von einem kontinuierlich variierbaren Parameter $\boldsymbol{\alpha}$ abhängig sind. Der Parameter $\boldsymbol{\alpha}$ kann hierbei ein- oder mehrdimensional sein. Die Umkehrung von (6.90) ist:

$$t = t(t'; \boldsymbol{\alpha}) \qquad , \quad \mathbf{q} = \mathbf{q}(\mathbf{q}', t'; \boldsymbol{\alpha}) \ .$$

Wir nehmen im Folgenden an, dass der Parameterwert $\boldsymbol{\alpha} = \mathbf{0}$ der Identität entspricht:

$$t'(t;\mathbf{0}) = t \quad , \quad \mathbf{q}'(\mathbf{q},t;\mathbf{0}) = \mathbf{q} \tag{6.91}$$

$$t(t';\mathbf{0}) = t' \quad , \quad \mathbf{q}(\mathbf{q}',t';\mathbf{0}) = \mathbf{q}' \ , \tag{6.92}$$

sodass die Raum-Zeit-Koordinaten für *kleine* Parameterwerte nur geringfügig abgeändert werden: $(\mathbf{q}',t') = (\mathbf{q},t) + \mathcal{O}(|\boldsymbol{\alpha}|)$.

Wir *definieren* nun die neue Lagrange-Funktion $L'(\mathbf{q}',\dot{\mathbf{q}}',t')$ durch

$$\boxed{L(\mathbf{q},\dot{\mathbf{q}},t)dt \equiv L'(\mathbf{q}',\dot{\mathbf{q}}',t';\boldsymbol{\alpha})dt' \quad , \quad \dot{\mathbf{q}}' \equiv \frac{d\mathbf{q}'}{dt'} \ ,} \tag{6.93}$$

d. h. explizit:

$$L'(\mathbf{q}',\dot{\mathbf{q}}',t';\boldsymbol{\alpha}) = L\big(\mathbf{q}(\mathbf{q}',t';\boldsymbol{\alpha}),\dot{\mathbf{q}}(\mathbf{q}',\dot{\mathbf{q}}',t';\boldsymbol{\alpha}),t(t';\boldsymbol{\alpha})\big)\frac{dt}{dt'}(t';\boldsymbol{\alpha}) \ .$$

Gleichung (6.93) bedeutet also, dass die *Wirkung* des Systems invariant unter Punkttransformationen der Form (6.90) sein soll: $S[\mathbf{q}] = S'[\mathbf{q}']$. Außerdem ist die Forminvarianz der Bewegungsgleichung – wie wir wissen – gewährleistet, falls eine Beziehung der Form

$$\boxed{L'(\mathbf{q}',\dot{\mathbf{q}}',t';\boldsymbol{\alpha}) = L(\mathbf{q}',\dot{\mathbf{q}}',t') + \frac{d\lambda}{dt'}(\mathbf{q}',t';\boldsymbol{\alpha})} \tag{6.94}$$

zwischen der „neuen" und der „alten" Lagrange-Funktion und somit eine Beziehung der Form

$$S'[\mathbf{q}'] = S[\mathbf{q}'] + \lambda(\mathbf{q}',t';\boldsymbol{\alpha})\Big|_{t_1'}^{t_2'}$$

zwischen der neuen und der alten Wirkung vorliegt: Denn wir wissen, dass die Addition einer „vollständigen Zeitableitung" zur Lagrange-Funktion die Bewegungsgleichung invariant lässt. Damit $\boldsymbol{\alpha} = \mathbf{0}$ der Identität entspricht, muss $\lambda(\mathbf{q}',t';\mathbf{0}) = 0$ gelten. Die Kombination von (6.93) und (6.94) ergibt nun:

$$L(\mathbf{q},\dot{\mathbf{q}},t)dt = L(\mathbf{q}',\dot{\mathbf{q}}',t')dt' + (d\lambda)(\mathbf{q}',t';\boldsymbol{\alpha}) \ . \tag{6.95}$$

Wir nehmen im Folgenden an, dass die Transformation (6.90) die Bewegungsgleichung invariant lässt, sodass (6.95) gilt, und untersuchen die entsprechenden Konsequenzen.

Der Einfachheit halber führen wir die Notation $(\mathbf{q}',t') = T_{\boldsymbol{\alpha}}(\mathbf{q},t)$ ein, die die Wirkung des Operators $T_{\boldsymbol{\alpha}}$ definiert, und wir schreiben $\boldsymbol{\alpha} = \alpha\hat{\boldsymbol{\alpha}}$. Wir beschränken uns im Folgenden auf Transformationen, die eine 1-Parameter-Gruppe bilden:

$$\boxed{T_{(\alpha_1+\alpha_2)\hat{\boldsymbol{\alpha}}} = T_{\alpha_1\hat{\boldsymbol{\alpha}}}T_{\alpha_2\hat{\boldsymbol{\alpha}}} \quad (\hat{\boldsymbol{\alpha}} \text{ fest}, \alpha_{1,2} \in \mathbb{R}) \ .}$$

Da eine beliebige Transformation $T_{\boldsymbol{\alpha}}$ in diesem Fall aus Transformationen $T_{\boldsymbol{\alpha}/N}$ aufgebaut werden kann, die für $N \to \infty$ nur geringfügig von der Identität abweichen:

$$T_{\boldsymbol{\alpha}} = (T_{\boldsymbol{\alpha}/N})^N \quad (N = 1,2,\cdots) \ ,$$

reicht es aus, die Wirkung von $T_{\boldsymbol{\alpha}}$ für $|\boldsymbol{\alpha}| \to 0$ zu untersuchen. Man kann sich diese Wirkung im Limes $|\boldsymbol{\alpha}| \to 0$ beschaffen, indem man die interessierenden physikalischen Größen bis zur linearen Ordnung in $\boldsymbol{\alpha}$ um $\boldsymbol{\alpha} = \mathbf{0}$ entwickelt. Um den linearen Beitrag zu einer physikalischen Größe anzugeben, führen wir die Notation „$D$" ein. Zum Beispiel gilt

$$t' = t'(t; \boldsymbol{\alpha}) = t + Dt + \mathcal{O}(\boldsymbol{\alpha}^2) \quad , \quad Dt \equiv \frac{\partial t'}{\partial \boldsymbol{\alpha}}(t; \mathbf{0}) \cdot \boldsymbol{\alpha}$$

und

$$\mathbf{q}' = \mathbf{q}'(\mathbf{q}, t; \boldsymbol{\alpha}) = \mathbf{q} + D\mathbf{q} + \mathcal{O}(\boldsymbol{\alpha}^2) \quad , \quad D\mathbf{q} \equiv \frac{\partial \mathbf{q}'}{\partial \boldsymbol{\alpha}}(\mathbf{q}, t; \mathbf{0}) \cdot \boldsymbol{\alpha}$$

und daher

$$\dot{\mathbf{q}}' = \frac{d\mathbf{q}'}{dt'} = \frac{d\mathbf{q}'}{dt} \Big/ \frac{dt'}{dt} = \left[\dot{\mathbf{q}} + \frac{d}{dt}(D\mathbf{q})\right] \Big/ \left[1 + \frac{d}{dt}(Dt)\right] + \mathcal{O}(\boldsymbol{\alpha}^2)$$

$$= \dot{\mathbf{q}} + D\dot{\mathbf{q}} + \mathcal{O}(\boldsymbol{\alpha}^2) \quad , \quad D\dot{\mathbf{q}} \equiv \frac{d}{dt}(D\mathbf{q}) - \dot{\mathbf{q}} \frac{d}{dt}(Dt) \, . \tag{6.96}$$

Außerdem gilt

$$\lambda(\mathbf{q}', t'; \boldsymbol{\alpha}) = (D\lambda)(\mathbf{q}, t) + \mathcal{O}(\boldsymbol{\alpha}^2) \quad , \quad (D\lambda)(\mathbf{q}, t) \equiv \frac{\partial \lambda}{\partial \boldsymbol{\alpha}}(\mathbf{q}, t; \mathbf{0}) \cdot \boldsymbol{\alpha} \, .$$

Für das Differential $dt$ benötigen wir noch die Beziehung $dt' = dt + D(dt) + \mathcal{O}(\boldsymbol{\alpha}^2)$ mit

$$D(dt) \equiv \frac{\partial^2 t'}{\partial t \partial \boldsymbol{\alpha}}(t; \mathbf{0}) \cdot \boldsymbol{\alpha} \, dt = d(Dt) \, .$$

Durch Einsetzen dieser Beziehungen in (6.95) erhält man nun:

$$0 = L(\mathbf{q} + D\mathbf{q}, \dot{\mathbf{q}} + D\dot{\mathbf{q}}, t + Dt) d(t + Dt) - L(\mathbf{q}, \dot{\mathbf{q}}, t) dt + d\left[(D\lambda)(\mathbf{q}, t)\right]$$

$$= \left[\frac{\partial L}{\partial \mathbf{q}}(\mathbf{q}, \dot{\mathbf{q}}, t) \cdot D\mathbf{q} + \frac{\partial L}{\partial \dot{\mathbf{q}}}(\mathbf{q}, \dot{\mathbf{q}}, t) \cdot D\dot{\mathbf{q}} + \frac{\partial L}{\partial t}(\mathbf{q}, \dot{\mathbf{q}}, t) Dt\right] dt$$

$$+ L(\mathbf{q}, \dot{\mathbf{q}}, t) d(Dt) + d\left[(D\lambda)(\mathbf{q}, t)\right]$$

und somit die Konsistenzbedingung:

$$\boxed{0 = \frac{\partial L}{\partial \mathbf{q}} \cdot D\mathbf{q} + \frac{\partial L}{\partial \dot{\mathbf{q}}} \cdot \frac{d(D\mathbf{q})}{dt} + \frac{\partial L}{\partial t} Dt - J \frac{d(Dt)}{dt} + \frac{d(D\lambda)}{dt} \, .} \tag{6.97}$$

Hierbei wurden (6.96) und die Definition $J(\mathbf{q}, \dot{\mathbf{q}}, t) \equiv \dot{\mathbf{q}} \cdot \frac{\partial L}{\partial \dot{\mathbf{q}}} - L$ der Jacobi-Funktion verwendet. Die Lagrange-Funktion muss also für eine gewisse Funktion $\lambda$ die Bedingungsgleichung (6.97) erfüllen, damit die Bewegungsgleichung und die Wirkung forminvariant sein können.

Wir betrachten Gleichung (6.97) nun speziell für die physikalische Bahn $\mathbf{q}_\phi(t)$. In diesem Fall gilt

$$\left(\frac{\partial L}{\partial \mathbf{q}}\right)_\phi = \frac{d}{dt}\left(\frac{\partial L}{\partial \dot{\mathbf{q}}}\right)_\phi \quad , \quad \frac{dJ_\phi}{dt} = -\left(\frac{\partial L}{\partial t}\right)_\phi,$$

sodass (6.97) auch in der Form

$$0 = \frac{d}{dt}\left(\frac{\partial L}{\partial \dot{\mathbf{q}}} \cdot D\mathbf{q} - JDt + D\lambda\right)_\phi \tag{6.98}$$

darstellbar ist. Wir haben hiermit ein sehr wichtiges Ergebnis erhalten: Falls eine Transformation durchgeführt wird, die die Bewegungsgleichung invariant lässt und somit die Bedingungsgleichung (6.97) erfüllt, ist

$$\boxed{\left(\frac{\partial L}{\partial \dot{\mathbf{q}}} \cdot D\mathbf{q} - JDt + D\lambda\right)_\phi = \text{konstant}} \tag{6.99}$$

eine Erhaltungsgröße! Dieser Zusammenhang zwischen kontinuierlichen Symmetrien der Lagrange-Funktion und Erhaltungsgrößen ist als das *Noether-Theorem* bekannt.

### Spezialfälle

Das Noether-Theorem enthält zwei wichtige Spezialfälle, wobei der zweite wiederum ein Spezialfall des ersten ist:

1. Falls sich die Zeitvariable unter der Punkttransformation *nicht* ändert, sodass $t'(t; \boldsymbol{\alpha}) = t$ gilt, erhält man aufgrund von (6.93) und (6.94) die Beziehungen

$$L(\mathbf{q}, \dot{\mathbf{q}}, t) = L'(\mathbf{q}', \dot{\mathbf{q}}', t; \boldsymbol{\alpha}) = L(\mathbf{q}', \dot{\mathbf{q}}', t) + \frac{d\lambda}{dt}(\mathbf{q}', t; \boldsymbol{\alpha}), \tag{6.100}$$

die unter der Bedingung (6.97), d. h.

$$0 = \frac{\partial L}{\partial \mathbf{q}} \cdot D\mathbf{q} + \frac{\partial L}{\partial \dot{\mathbf{q}}} \cdot \frac{d(D\mathbf{q})}{dt} + \frac{d(D\lambda)}{dt}, \tag{6.101}$$

die Existenz einer Erhaltungsgröße $\frac{\partial L}{\partial \dot{\mathbf{q}}} \cdot D\mathbf{q} + D\lambda$ implizieren.

2. Falls außerdem die Punkttransformation zeitunabhängig ist: $\mathbf{q}' = \mathbf{q}'(\mathbf{q}; \boldsymbol{\alpha})$, kann man *immer* [d. h. für *beliebige* zeitabhängige Lagrange-Funktionen der Form $L = L(\mathbf{q}, \dot{\mathbf{q}}, t)$], die Bedingung $\lambda = 0$ fordern, sodass sich die beiden Beziehungen (6.100) auf die Forderung der *Invarianz der Lagrange-Funktion* reduzieren:

$$L(\mathbf{q}, \dot{\mathbf{q}}, t) = L'(\mathbf{q}', \dot{\mathbf{q}}', t; \boldsymbol{\alpha}) = L(\mathbf{q}', \dot{\mathbf{q}}', t). \tag{6.102}$$

Die Konsistenzbedingung (6.97) vereinfacht sich somit auf

$$0 = \frac{\partial L}{\partial \mathbf{q}} \cdot D\mathbf{q} + \frac{\partial L}{\partial \dot{\mathbf{q}}} \cdot \frac{d(D\mathbf{q})}{dt} \tag{6.103}$$

und impliziert nun die Existenz der Erhaltungsgröße $\frac{\partial L}{\partial \dot{\mathbf{q}}} \cdot D\mathbf{q}$; das Noether-Theorem besagt in diesem Falle also, dass Invarianzen der *Lagrange-Funktion* unter 1-Parameter-Gruppen von Punkttransformationen die Existenz von (explizit berechenbaren) Erhaltungsgrößen implizieren.

## 6.12.1   Beispiele

Wir diskutieren im Folgenden einige Beispiele mit $D\lambda = 0$ sowie ein weiteres Beispiel mit $D\lambda \neq 0$.

### Zeittranslation

Zeittranslationen der Form $t' = t + \alpha$ mit $\alpha \in \mathbb{R}$ bilden eine 1-Parameter-Gruppe. Es folgt $Dt = \alpha$, $D\mathbf{q} = \mathbf{0}$ und daher auch $\frac{d}{dt}(D\mathbf{q}) = \mathbf{0}$. Wir zeigen, dass sich auch unter der Annahme $D\lambda = 0$ eine nicht-triviale Erhaltungsgröße finden lässt: Die Bedingungsgleichung (6.97), die die Invarianz der Bewegungsgleichung gewährleisten soll, vereinfacht sich in diesem Fall auf $\frac{\partial L}{\partial t} = 0$. Nur wenn die Lagrange-Funktion nicht explizit zeitabhängig ist, liegt also eine Invarianz vor. Die assoziierte Erhaltungsgröße folgt aus (6.99) als $J_\phi$, d. h. (falls auch die Zwangsbedingungen zeitunabhängig sind) als die *Energie*. Die Tatsache, dass $J_\phi$ eine Erhaltungsgröße darstellt, falls die Zeitvariable zyklisch ist, ist natürlich schon aus Abschnitt [6.11] bekannt.

### Translationen im Konfigurationsraum

Wir betrachten nun Translationen der Form $\mathbf{q}' = \mathbf{q} + \boldsymbol{\alpha}$, wobei $\boldsymbol{\alpha} = \alpha\hat{\boldsymbol{\alpha}}$ ein $f$-dimensionaler Vektor im Konfigurationsraum ist und $\hat{\boldsymbol{\alpha}}$ zunächst festgehalten wird. Wir suchen wiederum Erhaltungsgrößen für $D\lambda = 0$. Es gilt $Dt = 0$, $D\mathbf{q} = \alpha\hat{\boldsymbol{\alpha}}$ und daher $\frac{d}{dt}(D\mathbf{q}) = \mathbf{0}$, sodass sich die Bedingungsgleichung (6.97) auf $\frac{\partial L}{\partial \mathbf{q}} \cdot \hat{\boldsymbol{\alpha}} = 0$ reduziert; die entsprechende Erhaltungsgröße ist dann $\frac{\partial L}{\partial \dot{\mathbf{q}}} \cdot \hat{\boldsymbol{\alpha}}$. Wiederum reproduzieren wir also ein bereits aus Abschnitt [6.11] bekanntes Ergebnis: Falls eine der verallgemeinerten Koordinaten zyklisch ist, ist der assoziierte verallgemeinerte Impuls erhalten. Im Spezialfall, dass $\frac{\partial L}{\partial \mathbf{q}} \cdot \hat{\boldsymbol{\alpha}} = 0$ für mehrere oder gar alle Einheitsvektoren $\hat{\boldsymbol{\alpha}}$ gilt, sind dann mehrere oder gar alle Komponenten des verallgemeinerten Impulses $\frac{\partial L}{\partial \dot{\mathbf{q}}}$ erhalten.

### Drehungen im Ortsraum

Für Drehungen gilt $R(\boldsymbol{\alpha})\mathbf{x}_i = \mathbf{x}_i + \boldsymbol{\alpha} \times \mathbf{x}_i + \mathcal{O}(\boldsymbol{\alpha}^2)$, siehe (2.32) und (2.33), sodass unter der Annahme $D\lambda = 0$ nun $D\mathbf{x}_i = \boldsymbol{\alpha} \times \mathbf{x}_i$, $\frac{d}{dt}(D\mathbf{x}_i) = \boldsymbol{\alpha} \times \dot{\mathbf{x}}_i$ und $Dt = 0$ folgt. Die Bedingungsgleichung (6.97) für die Existenz einer Invarianz lautet nun:

$$0 = \hat{\boldsymbol{\alpha}} \cdot \sum_i \left( \mathbf{x}_i \times \frac{\partial L}{\partial \mathbf{x}_i} + \dot{\mathbf{x}}_i \times \frac{\partial L}{\partial \dot{\mathbf{x}}_i} \right) ,$$

und die assoziierte Erhaltungsgröße ist die entsprechende Komponente des verallgemeinerten Gesamtdrehimpulses $\mathbf{L} = \sum_i \mathbf{x}_i \times \mathbf{p}_i$ mit $\mathbf{p}_i \equiv \frac{\partial L}{\partial \dot{\mathbf{x}}_i}$:

$$\sum_i \frac{\partial L}{\partial \dot{\mathbf{x}}_i} \cdot (\hat{\boldsymbol{\alpha}} \times \mathbf{x}_i) = \hat{\boldsymbol{\alpha}} \cdot \left( \sum_i \mathbf{x}_i \times \frac{\partial L}{\partial \dot{\mathbf{x}}_i} \right) = \hat{\boldsymbol{\alpha}} \cdot \mathbf{L} = \text{konstant} .$$

Dies ergänzt einige Resultate für den Gesamtdrehimpuls aus Kapitel [3] und [4].

**Geschwindigkeitstransformationen**

Betrachten wir schließlich den letzten Baustein der allgemeinen Galilei-Transformation, die Geschwindigkeitstransformation $\mathbf{x}'_i = \mathbf{x}_i - \mathbf{v}t$, wobei die Geschwindigkeit $\mathbf{v}$ die Rolle des Parameters $\boldsymbol{\alpha}$ aus dem allgemeinen Formalismus spielt und daher vorübergehend mit $\boldsymbol{\alpha}$ bezeichnet wird: $\mathbf{x}'_i = \mathbf{x}_i - \boldsymbol{\alpha}t$. Es folgt $D\mathbf{x}_i = -\boldsymbol{\alpha}t$, $\frac{d}{dt}(D\mathbf{x}_i) = -\boldsymbol{\alpha}$ und $Dt = 0$. Wir konzentrieren uns auf *abgeschlossene* mechanische Systeme, die also invariant unter Translationen der Form $\mathbf{x}'_i = \mathbf{x}_i - \boldsymbol{\xi}$ sind und die Eigenschaft $\sum_i \frac{\partial L}{\partial \mathbf{x}_i} = \mathbf{0}$ besitzen. In diesem Fall vereinfacht sich die Bedingungsgleichung (6.97) auf

$$0 = (-\boldsymbol{\alpha}) \cdot \sum_i \frac{\partial L}{\partial \dot{\mathbf{x}}_i} + \frac{d(D\lambda)}{dt} = \frac{d}{dt}\left( D\lambda - \boldsymbol{\alpha} \cdot \sum_i m_i \mathbf{x}_i \right),$$

sodass $D\lambda$ nun ungleich null ist und in einfacher Weise mit dem Massenschwerpunkt zusammenhängt: $D\lambda = \boldsymbol{\alpha} \cdot M\mathbf{x}_M(t)$. Die assoziierte Erhaltungsgröße folgt nun aus (6.99) als

$$D\lambda - \boldsymbol{\alpha}t \cdot \sum_i \frac{\partial L}{\partial \dot{\mathbf{x}}_i} = M\boldsymbol{\alpha} \cdot \left[ \mathbf{x}_M(t) - \frac{1}{M}\mathbf{P}(t)t \right] = \text{konstant} , \qquad (6.104)$$

wobei für translationsinvariante Systeme natürlich auch der Gesamtimpuls erhalten ist: $\mathbf{P}(t) = \mathbf{P}(0)$. Da (6.104) in abgeschlossenen mechanischen Systemen für *alle* Geschwindigkeitsrichtungen $\hat{\boldsymbol{\alpha}}$ gelten soll, folgt:

$$\mathbf{x}_M(t) - \frac{1}{M}\mathbf{P}(t) \cdot t = \text{konstant} .$$

Dass es in abgeschlossenen Systemen generell mindestens zwei Erhaltungsgrößen gibt, $\mathbf{P}(t)$ und $\mathbf{x}_M(t) - \frac{1}{M}\mathbf{P}(t)t$, konnten wir bereits in Abschnitt [3.1] feststellen.

## 6.12.2 Weitere Verallgemeinerung des Noether-Theorems? *

Gleichung (6.94) ist nicht die allgemeinst mögliche Bedingung für die Forminvarianz der Bewegungsgleichung in der Lagrange-Mechanik. Man könnte sich daher fragen, ob die Klasse der Lagrange-Funktionen, für die das Noether-Theorem zutrifft, durch Verallgemeinerung von (6.94) nicht wesentlich vergrößert werden könnte. Wir zeigen in diesem Abschnitt, dass dies *nicht* der Fall ist. Dies bedeutet, dass nicht *jede* Invarianz der Dynamik unter Punkttransformatinen einer Erhaltungsgröße entspricht und dass man in diesem Sinne das Noether-Theorem nicht überinterpretieren sollte.

**Allgemeine Forminvarianz der Bewegungsgleichung**

Allgemein liegt eine Forminvarianz der Bewegungsgleichung vor, falls eine Beziehung der Form

$$L'(\mathbf{q}', \dot{\mathbf{q}}', t'; \boldsymbol{\alpha}) = \mu(\boldsymbol{\alpha})L(\mathbf{q}', \dot{\mathbf{q}}', t') + \frac{d\lambda}{dt'}(\mathbf{q}', t'; \boldsymbol{\alpha}) \qquad (6.105)$$

zwischen der „neuen" und der „alten" Lagrange-Funktion und somit eine Beziehung
der Form

$$S'[\mathbf{q}'] = \mu(\boldsymbol{\alpha})S[\mathbf{q}'] + \lambda(\mathbf{q}', t'; \boldsymbol{\alpha})\Big|_{t_1'}^{t_2'}$$

zwischen neuer und alter Wirkung gilt: Auch die Multiplikation der Lagrange-
Funktion mit einem konstanten Faktor lässt die Bewegungsgleichung ja invariant.
Damit $\boldsymbol{\alpha} = \mathbf{0}$ der Identität entspricht, muss neben $\lambda(\mathbf{q}', t'; \mathbf{0}) = 0$ nun auch $\mu(\mathbf{0}) = 1$
gelten. Durch Kombination von (6.93) und (6.105) ergibt sich:

$$L(\mathbf{q}, \dot{\mathbf{q}}, t)dt = \mu(\boldsymbol{\alpha})L(\mathbf{q}', \dot{\mathbf{q}}', t')dt' + (d\lambda)(\mathbf{q}', t'; \boldsymbol{\alpha}) \ . \tag{6.106}$$

Wir nehmen im Folgenden an, dass die Punkttransformation (6.90) die Bewegungsgleichung invariant lässt, sodass (6.106) gilt, und untersuchen die entsprechenden
Konsequenzen.

**Beispiel**

Eine Transformation, die die Lagrange-Funktion um eine multiplikative Konstante
ändert, ist die Ähnlichkeitstransformation (siehe Abschnitt [3.7]):

$$\mathbf{x}_i'(t') = \lambda\mathbf{x}_i(t) \qquad , \qquad t' = \lambda^{1-\frac{1}{2}\gamma}t \ ,$$

angewandt auf abgeschlossene $N$-Teilchen-Systeme mit inneren Kräften, die aus
einem *homogenen* Potential $V_{\text{in}}(\mathbf{X})$ abgeleitet werden können:

$$L(\mathbf{X}, \dot{\mathbf{X}}) = \sum_{i=1}^{N} \tfrac{1}{2}m_i\dot{\mathbf{x}}_i^2 - V_{\text{in}}(\mathbf{X}) \quad , \quad V_{\text{in}}(\lambda\mathbf{X}) = \lambda^\gamma V_{\text{in}}(\mathbf{X}) \ .$$

In diesem Fall erhält man nämlich für die „neue" Lagrange-Funktion:

$$\begin{aligned}
L'(\mathbf{X}', \dot{\mathbf{X}}') &= L(\mathbf{X}, \dot{\mathbf{X}})\frac{dt}{dt'} = L(\lambda^{-1}\mathbf{X}', \lambda^{-\frac{1}{2}\gamma}\dot{\mathbf{X}}')\lambda^{\frac{1}{2}\gamma-1} \\
&= \lambda^{\frac{1}{2}\gamma-1}\left[\lambda^{-\gamma}T(\dot{\mathbf{X}}') - \lambda^{-\gamma}V_{\text{in}}(\mathbf{X}')\right] = \lambda^{-\left(1+\frac{1}{2}\gamma\right)}L(\mathbf{X}', \dot{\mathbf{X}}') \ .
\end{aligned}$$

Man könnte den Parameter $\alpha$ des allgemeinen Formalismus nun z. B. durch $\lambda \equiv e^\alpha$
definieren.

**Herleitung einer Konsistenzgleichung?**

Bei der Herleitung einer Konsistenzgleichung für die Lagrange-Funktion, also bei
der Verallgemeinerung von Gleichung (6.97), muss nun auch die Änderung $D\mu$ der
multiplikativen Konstanten $\mu(\boldsymbol{\alpha})$ berücksichtigt werden:

$$\mu(\boldsymbol{\alpha}) = 1 + D\mu + \mathcal{O}(\boldsymbol{\alpha}^2) \quad , \quad D\mu \equiv \frac{\partial\mu}{\partial\boldsymbol{\alpha}}(\mathbf{0}) \cdot \boldsymbol{\alpha} \ ,$$

und die entsprechende Verallgemeinerung der Konsistenzbedingung (6.97) lautet:

$$0 = (D\mu)L + \frac{\partial L}{\partial\mathbf{q}} \cdot D\mathbf{q} + \frac{\partial L}{\partial\dot{\mathbf{q}}} \cdot \frac{d(D\mathbf{q})}{dt} + \frac{\partial L}{\partial t}Dt - J\frac{d(Dt)}{dt} + \frac{d(D\lambda)}{dt} \ . \tag{6.107}$$

Die Lagrange-Funktion muss für bestimmte Funktionen $\lambda$ und $\mu$ die Bedingungsgleichung (6.107) erfüllen, damit die Bewegungsgleichung forminvariant sein kann. Betrachten wir Gleichung (6.107) nun speziell für die physikalische Bahn $\mathbf{q}_\phi(t)$:

$$\left(\frac{\partial L}{\partial \mathbf{q}}\right)_\phi = \frac{d}{dt}\left(\frac{\partial L}{\partial \dot{\mathbf{q}}}\right)_\phi \quad , \quad \frac{dJ_\phi}{dt} = -\left(\frac{\partial L}{\partial t}\right)_\phi \; ,$$

so können wir (6.107) auch in der Form

$$0 = (D\mu)L + \frac{d}{dt}\left(\frac{\partial L}{\partial \dot{\mathbf{q}}} \cdot D\mathbf{q} - JDt + D\lambda\right)_\phi \tag{6.108}$$

schreiben. Wir stellen fest, dass im Falle einer Ähnlichkeitstransformation $D\mu \neq 0$ im Allgemeinen *keine* Erhaltungsgröße existiert, da die Lagrange-Funktion $L$ auf der rechten Seite von (6.108) nicht als „vollständige Zeitableitung" der Form $\frac{d\lambda}{dt}(\mathbf{q}, \dot{\mathbf{q}}, t)$ darstellbar ist.

### 6.12.3   Noether-Theorem für zeitunabhängige Punkttransformationen  *

Wir beweisen noch die bei der Diskussion von Gleichung (6.102) aufgestellte Behauptung, dass man für beliebige zeitabhängige Lagrange-Funktionen der Form $L = L(\mathbf{q}, \dot{\mathbf{q}}, t)$ o. B. d. A. $\lambda = 0$ fordern kann. Hierbei wird angenommen, dass $t'(t; \boldsymbol{\alpha}) = t$ und somit $Dt = 0$ gilt und die Punkttransformation zeitunabhängig ist: $\mathbf{q}' = \mathbf{q}'(\mathbf{q}; \boldsymbol{\alpha})$. Die allgemeine Form einer zeitabhängigen Lagrange-Funktion ist

$$L(\mathbf{q}, \dot{\mathbf{q}}, t) = \tfrac{1}{2}\sum_{k,l=1}^{f} a_{kl}(\mathbf{q}, t)\dot{q}_k\dot{q}_l + \sum_{k=1}^{f} a_k(\mathbf{q}, t)\dot{q}_k - V(\mathbf{q}, t) \; ,$$

wobei der Term mit der linearen Geschwindigkeitsabhängigkeit verschiedene Ursachen haben könnte und konkret z. B. von einer Zeitabhängigkeit der Zwangsbedingungen oder einer Ankopplung an ein elektromagnetisches Feld herrühren könnte. Aufgrund von (6.101) gilt allgemein die Bedingungsgleichung

$$0 = \frac{\partial L}{\partial \mathbf{q}} \cdot D\mathbf{q} + \frac{\partial L}{\partial \dot{\mathbf{q}}} \cdot \frac{d(D\mathbf{q})}{dt} + \frac{d(D\lambda)}{dt} \; ,$$

wobei man wegen der Zeitabhängigkeit von $L$ zunächst einmal allgemein $\lambda = \lambda(\mathbf{q}, t; \boldsymbol{\alpha})$ fordern sollte. Die Bedingungsgleichung kann nur dann für alle $\dot{\mathbf{q}}$ gelten, falls die Koeffizienten des geschwindigkeitsunabhängigen, des linearen sowie des quadratischen Terms einzeln gleich null sind:

$$0 = -\frac{\partial V}{\partial \mathbf{q}} \cdot D\mathbf{q} + \frac{\partial(D\lambda)}{\partial t} \tag{6.109a}$$

$$0 = \frac{\partial(D\lambda)}{\partial q_k} + \frac{\partial a_k}{\partial q_l}(Dq_l) + a_l\frac{\partial(Dq_l)}{\partial q_k} \tag{6.109b}$$

$$0 = \frac{\partial a_{kl}}{\partial q_m}(Dq_m) + a_{km}\frac{\partial(Dq_m)}{\partial q_l} + a_{lm}\frac{\partial(Dq_m)}{\partial q_k} \; . \tag{6.109c}$$

Man sieht, dass sowohl $\lambda(\mathbf{q}, t; \boldsymbol{\alpha})$ als auch $\mathbf{a}(\mathbf{q}, t) \equiv (a_1, \cdots, a_f)$ sowie $V(\mathbf{q}, t)$ nur in den Gleichungen (6.109a) und (6.109b) auftreten.

Im Folgenden nehmen wir also an, dass (6.109a) und (6.109b) für irgendeine Funktion $\lambda(\mathbf{q}, t; \boldsymbol{\alpha})$ erfüllt sind. Wir definieren nun $\bar{\mathbf{a}} \equiv \mathbf{a} + \frac{\partial A}{\partial \mathbf{q}}$, wobei die Funktion $A(\mathbf{q}, t)$ die Differentialgleichung $(D\mathbf{q}) \cdot \frac{\partial A}{\partial \mathbf{q}} = D\lambda$ erfüllen soll. Diese Gleichung kann mit Hilfe von Standardmethoden (z. B. der „Methode der charakteristischen Kurven") gelöst werden, sodass für ein beliebiges $\lambda(\mathbf{q}, t; \boldsymbol{\alpha})$ auch $A(\mathbf{q}, t)$ bekannt ist. Die Substitutionen $\mathbf{a} = \bar{\mathbf{a}} - \frac{\partial A}{\partial \mathbf{q}}$ bzw. $V = \bar{V} + \frac{\partial A}{\partial t}$ in (6.109a) und (6.109b) ergeben:

$$0 = \frac{\partial \bar{a}_k}{\partial q_l}(Dq_l) + \bar{a}_l \frac{\partial(Dq_l)}{\partial q_k} \quad , \quad 0 = -\frac{\partial \bar{V}}{\partial \mathbf{q}} \cdot D\mathbf{q} \ . \tag{6.110}$$

Es ist nun wichtig, dass die Lagrange-Funktionen $L$ und $\bar{L}$ mit Koeffizienten $(\mathbf{a}, V)$ und $(\bar{\mathbf{a}}, \bar{V})$ *äquivalent* sind, da sie sich nur um eine „vollständige Zeitableitung" $-\frac{\partial A}{\partial \mathbf{q}} \cdot \dot{\mathbf{q}} - \frac{\partial A}{\partial t} = -\frac{dA}{dt}$ unterscheiden und die entsprechenden Bewegungsgleichungen daher identisch sind. Auch die beiden nach dem Noether-Theorem erhaltenen Größen $\frac{\partial L}{\partial \dot{\mathbf{q}}} \cdot D\mathbf{q} + D\lambda$ bzw. $\frac{\partial \bar{L}}{\partial \dot{\mathbf{q}}} \cdot D\mathbf{q}$ sind identisch. Wir stellen somit fest, dass die Beiträge $-\frac{\partial A}{\partial \mathbf{q}}$ zu $\mathbf{a}(\mathbf{q}, t)$ und $\frac{\partial A}{\partial t}$ zu $V(\mathbf{q}, t)$ physikalisch wirkungslos sind und formal lediglich einer *Eichtransformation* entsprechen.

Einerseits kann man (6.110) also so interpretieren, dass man im Falle einer zeit*un*abhängigen Punkttransformation für beliebige zeitabhängige Lagrange-Funktionen ohne physikalische Einschränkungen $\lambda = 0$ fordern kann; aus der Bedingungsgleichung (6.103) des Noether-Theorems erhält man diese Lagrange-Funktionen dann allerdings nur in der speziellen Eichung $\bar{\mathbf{a}}(\mathbf{q}, t)$ bzw. $\bar{V}(\mathbf{q}, t)$. Alternativ kann man (6.110) so interpretieren, dass man generell $\lambda \neq 0$ zulassen sollte, um eine möglichst allgemeine Form der Lagrange-Funktion, einschließlich der Eichfreiheit, zu erhalten. Ob man die spezielle Formulierung des Noether-Theorems (mit $\lambda = 0$) oder die allgemeine (mit $\lambda \neq 0$) vorzieht, wird in konkreten Berechnungen also von den eventuellen Vor- oder Nachteilen einer zusätzlichen Eichfreiheit in der Lagrange-Funktion abhängen.

## 6.13   Nicht-holonome Zwangsbedingungen

In diesem Kapitel haben wir uns nahezu ausschließlich mit *holonomen* Zwangsbedingungen befasst, da ihre Behandlung einfacher, einheitlicher und eleganter ist und nicht-holonome Bedingungen für die „moderne" Physik (Astrophysik, Quantenphysik, ...) im Wesentlichen irrelevant sind. Andererseits wurde bereits am Ende von Abschnitt [6.5] darauf hingewiesen, dass Rauigkeit von Oberflächen und somit Zwangsbedingungen *nicht-holonomer* Natur sehr wichtig sind für viele makroskopische Vorgänge auf der Erde. Bei der Suche nach möglichen Anwendungen für die in Abschnitt [6.5] erwähnte „Kugel mit dem Radius $R$ auf einer ideal rauen Ebene" muss man nicht primär an Fußball und Billard denken; andere Anwendungen wären der Kugelschreiber auf dem Blatt Papier, der *roll-on*-Deostift auf der Haut und die Maus auf dem Mousepad. Auch beim Autoreifen, einer zweidimensionalen Variante der „Kugel", wünschen sich die meisten Autofahrer, dass er sich nicht-holonom verhält, d. h. auf der Straße haftet und nicht rutscht. Wegen dieser für das tägliche Leben wichtigen Anwendungen betrachten wir nun zum Abschluss dieses Kapitels nicht-holonome Zwangsbedingungen der Form

$$d\Phi = 0 \quad , \quad d\Phi \equiv \sum_{i=1}^{N} \boldsymbol{\varphi}_i(\mathbf{X}, t) \cdot d\mathbf{x}_i + \varphi_0(\mathbf{X}, t) dt \, , \tag{6.111}$$

wobei das Differential $d\Phi$ auch nach Multiplikation mit einer beliebigen Funktion $\gamma(\mathbf{X}, t)$ nicht-exakt sein soll. Es wurde bereits mehrmals darauf hingewiesen, dass (6.111) nicht die allgemeinste Form einer nicht-holonomen Zwangsbedingung ist; für praktische Anwendungen ist die Unterklasse (6.111) dennoch sehr wichtig.

### Herleitung der Bewegungsgleichungen und verallgemeinerten Kräfte

Die Behandlung von Zwangsbedingungen der Form (6.111) und die Herleitung entsprechender Lagrange-Gleichungen verlaufen weitgehend parallel zur Formulierung der Lagrange-Gleichungen der *ersten* Art in Abschnitt [6.10], wobei die $z$ gesondert betrachteten holonomen Zwangsbedingungen in Abschnitt [6.10] nun durch $z$ nicht-holonome Bedingungen ersetzt werden. Nehmen wir also an, unser $N$-Teilchen-System unterliegt $Z - z$ holonomen Zwangsbedingungen der Form

$$f_m(\mathbf{X}, t) = 0 \qquad (m = z + 1, z + 2, \cdots, Z)$$

und außerdem $z$ nicht-holonomen Bedingungen der Form

$$d\bar{\Phi}_m = 0 \quad , \quad d\bar{\Phi}_m \equiv \sum_{i=1}^{N} \bar{\boldsymbol{\varphi}}_{mi}(\mathbf{X}, t) \cdot d\mathbf{x}_i + \bar{\varphi}_{m0}(\mathbf{X}, t) dt \quad (m = 1, 2, \cdots, z) \, ,$$

sodass die auf das $i$-te Teilchen wirkende Kraft die Form

$$\mathbf{F}_i = \mathbf{F}_i^{\mathrm{K}} + \mathbf{F}_i^{Z-z} + \mathbf{F}_i^{z}$$

hat. Hierbei rührt $\mathbf{F}_i^{\mathrm{K}}$ von den inneren und äußeren Kräften, $\mathbf{F}_i^{Z-z}$ von den $Z - z$ holonomen Zwangsbedingungen und $\mathbf{F}_i^{z}$ von den $z$ nicht-holonomen Zwangsbedingungen her. Wir bezeichnen die Anzahl der Freiheitsgrade wiederum als $f = 3N - Z$ und führen $f + z$ verallgemeinerte Koordinaten $\mathbf{q} = (q_1, q_2, \cdots, q_{f+z})$ ein, mit deren Hilfe die $Z - z$ holonomen Zwangsbedingungen berücksichtigt werden können. Analog zu (6.70) erhalten wir die Bewegungsgleichungen

$$\left[ \frac{d}{dt} \left( \frac{\partial L}{\partial \dot{q}_k} \right) - \frac{\partial L}{\partial q_k} - \mathcal{F}_k^z \right]_\phi = 0 \qquad (k = 1, 2, \cdots, f + z)$$

mit der verallgemeinerten Kraft

$$\mathcal{F}_k^z \equiv \sum_{i=1}^{N} \mathbf{F}_i^z \cdot \frac{\partial \mathbf{x}_i}{\partial q_k} \qquad (k = 1, 2, \cdots, f + z) \, ,$$

die von den verbleibenden $z$ nicht-holonomen Zwangsbedingungen

$$d\Phi_m = 0 \quad , \quad d\Phi_m = \sum_{k=1}^{f+z} \varphi_{mk}(\mathbf{q}, t) dq_k + \varphi_{m0}(\mathbf{q}, t) dt \tag{6.112}$$

mit

$$\varphi_{mk}(\mathbf{q}, t) \equiv \sum_{i=1}^{N} \bar{\varphi}_{mi}(\mathbf{X}(\mathbf{q}, t), t) \cdot \frac{\partial \mathbf{x}_i}{\partial q_k} \quad , \quad \varphi_{m0}(\mathbf{q}, t) \equiv \bar{\varphi}_{m0}(\mathbf{X}(\mathbf{q}, t), t)$$

hervorgerufen wird.

## Lösung der Bewegungsgleichungen

Betrachten wir nun die $f$-dimensionale Tangentialebene an der Bewegungsmannigfaltigkeit im Punkt $\mathbf{q}_\phi(t)$ zur Zeit $t$. Da die Tangentialebene zu einer *festen* Zeit $t$ bestimmt werden soll, sind laut (6.112) aufgrund von $dt = 0$ nur Tangentialvektoren $\delta\mathbf{q} = (\delta q_1, \delta q_2, \cdots, \delta q_{f+z})$ möglich, die die Orthogonalitätsbedingung

$$0 = \sum_{k=1}^{f+z} \varphi_{mk}(\mathbf{q}_\phi, t)\delta q_k = \boldsymbol{\varphi}_m(\mathbf{q}_\phi, t) \cdot \delta\mathbf{q} \quad (m = 1, 2, \cdots, z)$$

erfüllen, Tangentialvektoren $\delta\mathbf{q}$ also, die für alle $m = 1, 2, \cdots, z$ senkrecht auf $\boldsymbol{\varphi}_m(\mathbf{q}_\phi, t)$ stehen. Da auch die Zwangskraft $\boldsymbol{\mathcal{F}}^z \equiv (\mathcal{F}_1^z, \cdots, \mathcal{F}_{f+z}^z)$ aufgrund des zentralen Postulats der Analytischen Mechanik senkrecht auf der Tangentialebene steht:

$$\boldsymbol{\mathcal{F}}^z \cdot \delta\mathbf{q} = \sum_{k=1}^{f+z} \mathcal{F}_k^z \delta q_k = 0 \, ,$$

muss für gewisse Proportionalitätskonstanten $\lambda_m(t)$:

$$\boxed{\boldsymbol{\mathcal{F}}_\phi^z = \sum_{m=1}^{z} \lambda_m(t)\boldsymbol{\varphi}_m(\mathbf{q}_\phi, t)} \tag{6.113}$$

gelten. Die Bewegungsgleichungen lauten nun:

$$\left[\frac{d}{dt}\left(\frac{\partial L}{\partial \dot{q}_k}\right) - \frac{\partial L}{\partial q_k}\right]_\phi = \sum_{m=1}^{z} \lambda_m(t)\varphi_{mk}(\mathbf{q}_\phi, t) \quad (k = 1, 2, \cdots, f+z)$$

$$\frac{d\Phi_m}{dt} = \boldsymbol{\varphi}_m(\mathbf{q}_\phi, t) \cdot \dot{\mathbf{q}}_\phi + \varphi_{m0}(\mathbf{q}_\phi, t) = 0 \quad (m = 1, 2, \cdots, z) \, , \tag{6.114}$$

und dieser Gleichungssatz ist vollständig lösbar, da er $f + 2z$ unabhängige Gleichungen für die $f + 2z$ Unbekannten $\{q_k\}, \{\lambda_m\}$ enthält. Aus (6.113) folgt noch, dass die mit der nicht-holonomen Zwangsbedingung $d\Phi_m = 0$ verknüpfte Zwangskraft explizit durch $\boldsymbol{\mathcal{F}}_\phi^{(m)} = \lambda_m(t)\boldsymbol{\varphi}_m(\mathbf{q}_\phi, t)$ gegeben ist.

## Existenz eines Jacobi-Integrals?

Man kann sich noch fragen, ob und inwiefern die für holonome Systeme bekannten Erhaltungsgrößen ein Pendant für nicht-holonome Systeme besitzen. Betrachten wir zuerst die Jacobi-Funktion, die auch für nicht-holonome Systeme durch

$$\boxed{J(\mathbf{q}, \dot{\mathbf{q}}, t) \equiv \frac{\partial L}{\partial \dot{\mathbf{q}}}(\mathbf{q}, \dot{\mathbf{q}}, t) \cdot \dot{\mathbf{q}} - L(\mathbf{q}, \dot{\mathbf{q}}, t)}$$

definiert werden kann. Wir wissen bereits, dass $J(\mathbf{q}, \dot{\mathbf{q}}, t)$ für holonome Systeme erhalten ist, falls die Lagrange-Funktion nicht explizit von der Zeitvariablen abhängt: $\frac{\partial L}{\partial t} = 0$. Für nicht-holonome Systeme erhält man analog:

$$
\begin{aligned}
\left(\frac{dJ}{dt}\right)_\phi &= \left\{ \left[ \frac{d}{dt}\left(\frac{\partial L}{\partial \dot{\mathbf{q}}}\right) - \frac{\partial L}{\partial \mathbf{q}} \right] \cdot \dot{\mathbf{q}} - \frac{\partial L}{\partial t} \right\}_\phi = \left( \boldsymbol{\mathcal{F}}^z \cdot \dot{\mathbf{q}} - \frac{\partial L}{\partial t} \right)_\phi \\
&= \left( \sum_{m=1}^{z} \lambda_m \boldsymbol{\varphi}_m \cdot \dot{\mathbf{q}} - \frac{\partial L}{\partial t} \right)_\phi = - \left[ \sum_{m=1}^{z} \lambda_m(t)\varphi_{m0}(\mathbf{q}, t) + \frac{\partial L}{\partial t} \right]_\phi .
\end{aligned}
$$

Da die Amplitude $\lambda_m(t)$ der Zwangskraft $\boldsymbol{\mathcal{F}}_\phi^{(m)}$ im Allgemeinen sicherlich ungleich null ist, muss man nun fordern:

$$
\boxed{\quad \frac{\partial L}{\partial t} = 0 \quad , \quad \varphi_{m0} = 0 \, , \quad}
\tag{6.115}
$$

damit das Jacobi-Integral auch für nicht-holonome Systeme eine Erhaltungsgröße darstellt. Die entsprechenden nicht-holonomen Zwangsbedingungen haben in diesem Fall also die Form

$$
d\Phi_m = \boldsymbol{\varphi}_m(\mathbf{q}, t) \cdot d\mathbf{q} = 0 \qquad (m = 1, 2, \cdots, z) ,
\tag{6.116}
$$

wobei die Vektoren $\boldsymbol{\varphi}_m(\mathbf{q}, t)$ durchaus explizit von der Zeitvariablen abhängen dürfen. Aus Abschnitt [6.11] ist bereits bekannt, dass das Jacobi-Integral die *Energie* des Systems darstellt, falls neben $\frac{\partial L}{\partial t} = 0$ gilt, dass die auferlegten *holonomen* Zwangsbedingungen zeitunabhängig (skleronom) sind und auch die verallgemeinerten Koordinaten zeitunabhängig gewählt werden: $\mathbf{X} = \mathbf{X}(\mathbf{q})$; in diesem Fall folgt $J_\phi = (T + V)_\phi = E$. Das Gleiche gilt analog für nicht-holonome Systeme mit $z$ nicht-holonomen Zwangsbedingungen der Form (6.116): Es folgt wiederum $J_\phi = E$, falls die $Z - z$ holonomen Zwangsbedingungen alle skleronom sind, $\mathbf{X} = \mathbf{X}(\mathbf{q})$ gewählt wurde und natürlich $\frac{\partial L}{\partial t} = 0$ gilt.

### Zyklische Koordinaten

Die zyklische Natur einer Variablen (z. B. $q_k$) in der Lagrange-Funktion impliziert nun jedoch *nicht* ohne Weiteres die Existenz einer Erhaltungsgröße, da die entsprechende Zwangskraft $\mathcal{F}_k^z$ nicht notwendigerweise null ist:

$$
\left[ \frac{d}{dt}\left(\frac{\partial L}{\partial \dot{q}_k}\right) - \frac{\partial L}{\partial q_k} \right]_\phi = \left[ \frac{d}{dt}\left(\frac{\partial L}{\partial \dot{q}_k}\right) \right]_\phi = (\mathcal{F}_k^z)_\phi = \sum_{m=1}^{z} \lambda_m(t)\varphi_{mk}(\mathbf{q}_\phi, t) .
\tag{6.117}
$$

Dies ist physikalisch leicht verständlich, weil die Variable $q_k$ aufgrund der nicht-holonomen Zwangsbedingungen an andere Freiheitsgrade gekoppelt wird. Trotz der zyklischen Natur von $q_k$ gilt nun also im Allgemeinen *nicht*, dass der entsprechende verallgemeinerte Impuls $\frac{\partial L}{\partial \dot{q}_k}$ für die physikalische Bahn erhalten ist. Wir werden später (in Kapitel [8]) übrigens anhand konkreter Beispiele feststellen, dass die Anwesenheit einer Zwangskraft $(\mathcal{F}_k^z)_\phi \neq 0$ die Existenz einer Erhaltungsgröße nicht unbedingt ausschließt. Diese Erhaltungsgröße wird dann jedoch neben $\left(\frac{\partial L}{\partial \dot{q}_k}\right)_\phi$ auch Beiträge anderer Freiheitsgrade enthalten.

# 6.14 Übungsaufgaben

## Aufgabe 6.1 Geschwindigkeitsabhängige Kräfte

Wir betrachten ein einzelnes geladenes Teilchen der Masse $m$ und Ladung $q$. Die Lorentz-Kraft $\mathbf{F}_{\mathrm{Lor}} = q(\mathbf{E} + \dot{\mathbf{x}} \times \mathbf{B})$ kann bekanntlich aus einem geschwindigkeitsabhängigen Potential hergeleitet werden: Es gilt $\mathbf{F}_{\mathrm{Lor}} = \frac{d}{dt}\left(\frac{\partial V_{\mathrm{Lor}}}{\partial \dot{\mathbf{x}}}\right) - \frac{\partial V_{\mathrm{Lor}}}{\partial \mathbf{x}}$ mit dem Lorentz-Potential $V_{\mathrm{Lor}}(\mathbf{x}, \dot{\mathbf{x}}, t) \equiv q[\Phi(\mathbf{x}, t) - \mathbf{A}(\mathbf{x}, t) \cdot \dot{\mathbf{x}}]$.

**(a)** Zeigen Sie umgekehrt, dass ein geschwindigkeitsabhängiges Potential notwendigerweise die Form $V(\mathbf{x}, \dot{\mathbf{x}}, t) = \widetilde{\Phi}(\mathbf{x}, t) - \widetilde{\mathbf{A}}(\mathbf{x}, t) \cdot \dot{\mathbf{x}}$ haben muss, falls die entsprechende physikalische Kraft in der Form $\frac{d}{dt}\left(\frac{\partial V}{\partial \dot{\mathbf{x}}}\right) - \frac{\partial V}{\partial \mathbf{x}}$ mit $V = V(\mathbf{x}, \dot{\mathbf{x}}, t)$ darstellbar ist und das deterministische Prinzip erfüllt ist.

**(b)** Zeigen Sie, dass die Reibungskraft $\mathbf{F}_{\mathrm{R}} = -k\dot{\mathbf{x}}$ mit $k > 0$ nicht in der Form $\frac{d}{dt}\left(\frac{\partial V}{\partial \dot{\mathbf{x}}}\right) - \frac{\partial V}{\partial \mathbf{x}}$ mit $V = V(\mathbf{x}, \dot{\mathbf{x}}, t)$ darstellbar ist.

**(c)** Bestimmen Sie die Dissipationsfunktion für Reibungskräfte der Form $\mathbf{F}_{\mathrm{R}} = -kv\mathbf{v}$ mit $\mathbf{v} \equiv \dot{\mathbf{x}}$ und $v \equiv |\mathbf{v}|$. Bestimmen Sie die Dissipationsfunktion allgemeiner für Reibungskräfte der Form $\mathbf{F}_{\mathrm{R}} = -f(v)\mathbf{v}$ mit $vf(v) \to 0$ für $v \to 0$.

## Aufgabe 6.2 Die Energie als Erhaltungsgröße

Wir wissen bereits, dass die Größe $\dot{\mathbf{x}} \cdot \frac{\partial L}{\partial \dot{\mathbf{x}}} - L$ die Energie der physikalischen Bahn eines Teilchens darstellt, falls die Lagrange-Funktion die Form $L(\mathbf{x}, \dot{\mathbf{x}}) = T(\dot{\mathbf{x}}) - V(\mathbf{x})$ hat. In dieser Aufgabe betrachten wir allgemein eine Lagrange-Funktion $L(\mathbf{x}, \dot{\mathbf{x}})$, die zwar nach wie vor nicht explizit von der Zeitvariablen abhängt, aber nicht unbedingt die einfache Form $L = T(\dot{\mathbf{x}}) - V(\mathbf{x})$ haben muss.

**(a)** Zeigen Sie, dass für eine solche Lagrange-Funktion die „Energie" $\dot{\mathbf{x}} \cdot \frac{\partial L}{\partial \dot{\mathbf{x}}} - L$ der physikalischen Bahn immer eine Erhaltungsgröße ist.

**(b)** Zeigen Sie analog, dass die „Energie" $\sum_{i=1}^{N} \dot{\mathbf{x}}_i \cdot \frac{\partial L}{\partial \dot{\mathbf{x}}_i} - L$ der physikalischen Bahn eines $N$-Teilchen-Systems eine Erhaltungsgröße ist, falls die Lagrange-Funktion $L(\{\mathbf{x}_i\}, \{\dot{\mathbf{x}}_i\})$ nicht explizit von der Zeitvariablen abhängt.

## Aufgabe 6.3 Die Brachistochrone

In Abschnitt [6.3.1] wurde gezeigt, dass das Problem der Brachistochrone zurückgeführt werden kann auf die Dynamik eines eindimensionalen Teilchens mit der Wirkung und der Lagrange-Funktion

$$S[x] = \int_0^T dt\, L(x(t), \dot{x}(t)) \quad , \quad L(x, \dot{x}) = \sqrt{\frac{1 + \dot{x}^2}{-2gx}} \, .$$

Hierbei sind Start- und Endpunkt der Bahn $x(t)$ durch $x(0) = 0$ und $x(T) = x_2 \le 0$ mit $T > 0$ gegeben. Außerdem wurde gezeigt, dass die „physikalische Bahn" (d. h. die Lösung der entsprechenden Lagrange-Gleichung) mit Hilfe einer Winkelvariablen $\xi$ parametrisiert werden kann und die Form einer *Zykloide* hat [siehe (6.18)]:

$$t = \tfrac{1}{4}l[\xi - \sin(\xi)] \quad , \quad x = -\tfrac{1}{4}l[1 - \cos(\xi)] \quad , \quad T = \tfrac{1}{4}l[\xi_{\max} - \sin(\xi_{\max})] \, .$$

(a) Berechnen Sie den Wert des Wirkungsfunktionals $S$ für die „physikalische Bahn" als Funktion der Parameter $(l, g, \xi_{\max})$.

(b) Bestimmen Sie die Integrationskonstanten für die Randbedingungen $(i)$ $x_1 = x_2 = 0$ und $(ii)$ $x_1 = 0$, $x_2 = -2T/\pi$.

## Aufgabe 6.4 Alternatives Hamilton-Prinzip

Betrachten Sie ein alternatives Hamilton'sches Prinzip, das besagt, dass die physikalische Bahn eines Teilchens das Wirkungsfunktional

$$S[\mathbf{x}] = \int_{t_1}^{t_2} dt \; L(\mathbf{x}, \dot{\mathbf{x}}, \ddot{\mathbf{x}}, t)$$

stationär macht. Bei der Variation der Bahn sind nun die Ortskoordinaten $\mathbf{x}(t_1)$ und $\mathbf{x}(t_2)$ und die Geschwindigkeiten $\dot{\mathbf{x}}(t_1)$ und $\dot{\mathbf{x}}(t_2)$ im Start- und im Endpunkt festzuhalten. Beachten Sie, dass die verallgemeinerte Lagrange-Funktion $L$ nun auch von der Beschleunigung $\ddot{\mathbf{x}}$ abhängen darf.

(a) Wie lautet die (verallgemeinerte) Lagrange-Gleichung für die physikalische Bahn in diesem Fall?

(b) Warum wäre ein solches alternatives Hamilton-Prinzip im Allgemeinen unverträglich mit dem deterministischen Prinzip der Klassischen Mechanik (und daher unphysikalisch)?

## Aufgabe 6.5 Minimierung der Rotationsfläche

Wir betrachten einen Körper, der rotationssymmetrisch bezüglich der $z$-Achse im dreidimensionalen $(x, y, z)$-Raum ist. Die Schnittmenge der Oberfläche dieses Körpers mit der Halbebene $\{y = 0,\ x > 0\}$ werde durch die Kurve $z(x)$ beschrieben. Gesucht ist diejenige Kurve $z(x)$, die die Mantelfläche des Körpers im Bereich $z_1 \leq z \leq z_2$ bei festen Randwerten $(x_1, z_1)$ und $(x_2, z_2)$ minimiert.

(a) Warum kann man o. B. d. A. annehmen, dass jedem $x$-Wert ein eindeutiger $z$-Wert zugeordnet ist und dass $z(x)$ streng monoton ansteigt? *Hinweis:* Zerlegen Sie die Gesamtfläche in geeignete Teilflächen.

(b) Zeigen Sie, dass die Mantelfläche, die sich zwischen $z_1 = z(x_1)$ und $z_2 = z(x_2) > z_1$ befindet, durch

$$\mathcal{F} = 2\pi \int_{x_1}^{x_2} dx \; x\sqrt{1 + [z'(x)]^2}$$

gegeben ist.

Wir wechseln nun die Notation: $(\mathcal{F}, x, x_1, x_2, z, z_1, z_2) \rightarrow (S, t, t_1, t_2, x, x_1, x_2)$.

(c) Zeigen Sie, dass das Minimierungsproblem für $\mathcal{F}$ nach dem Notationswechsel als Hamilton'sches Prinzip für die Dynamik eines eindimensionalen Teilchens interpretiert werden kann:

$$S[x] = \int_{t_1}^{t_2} dt \; L(\dot{x}(t), t) \quad , \quad L(\dot{x}, t) = 2\pi t \sqrt{1 + \dot{x}^2}$$

und lösen Sie die entsprechende Lagrange-Gleichung.

## Aufgabe 6.6 „Stationär" muss nicht heißen: „optimal"

In Abschnitt [6.3] wurde gezeigt, dass die Lagrange-Gleichung aus dem Hamilton'schen Prinzip folgt, das besagt, dass die Wirkung (6.7) bei festzuhaltenden Anfangs- und Endpunkten $\mathbf{x}_{1,2}$ für die physikalische Bahn $\mathbf{x}_\phi$ stationär ist:

$$(\delta S)^{(\mathbf{x}_2,t_2)}_{(\mathbf{x}_1,t_1)}[\mathbf{x}_\phi + \varepsilon\boldsymbol{\xi}] = \mathcal{O}(\varepsilon^2) \quad (\varepsilon \to 0) \quad , \quad S^{(\mathbf{x}_2,t_2)}_{(\mathbf{x}_1,t_1)}[\mathbf{x}] = \int_{t_1}^{t_2} dt\, L(\mathbf{x}(t),\dot{\mathbf{x}}(t),t)\,.$$

Man kann sich nun fragen, ob die physikalische Bahn durch dieses Prinzip *eindeutig* festgelegt ist, und auch, ob die Wirkung $S$ für $\mathbf{x}_\phi$ *minimal* ist. Häufig trifft beides zu, aber in dieser Aufgabe zeigen wir, dass dies nicht unbedingt so sein muss.

Als erstes Beispiel betrachten wir ein Teilchen der Masse $m$, das sich frei entlang des Kreisrands $\{\mathbf{x}\,|\,|\mathbf{x}| = R\}$ in der $\hat{\mathbf{e}}_1$-$\hat{\mathbf{e}}_2$-Ebene bewegt. Wir beschreiben es mit Polarkoordinaten $(R,\varphi)$, sodass die Lagrange-Funktion $L = \frac{1}{2}mR^2\dot{\varphi}^2$ lautet. Bei der Anwendung des Hamilton'schen Prinzips werden die Anfangs- und Endpunkte $\mathbf{x}_1 = R\hat{\mathbf{e}}_1$ bzw. $\mathbf{x}_2 = R\left(\begin{smallmatrix}\cos(\varphi_2)\\\sin(\varphi_2)\end{smallmatrix}\right)$ der Bahnen festgehalten ($0 < \varphi_2 < 2\pi$).

**(a)** Bestimmen Sie die Lagrange-Gleichung des Teilchens. Zeigen Sie, dass diese abzählbar unendlich viele Lösungen hat, die alle *lokale* Minima von $S$ darstellen. Welche dieser Lösungen sind auch *global* minimal?

Als zweites Beispiel betrachten wir ein Teilchen der Masse $m$, das sich frei entlang der Kugelschale $\{\mathbf{x}\,|\,|\mathbf{x}| = R\}$ im dreidimensionalen Raum bewegen kann. Wir beschreiben es mit den üblichen sphärischen Koordinaten $(R,\varphi,\vartheta)$, sodass die Lagrange-Funktion $L = \frac{1}{2}mR^2[\dot{\vartheta}^2 + \dot{\varphi}^2\sin^2(\vartheta)]$ lautet. Bei diesem Beispiel sollen die Anfangs- und Endpunkte $\mathbf{x}_1 = R\hat{\mathbf{e}}_3$ bzw. $\mathbf{x}_2 = -R\hat{\mathbf{e}}_3$ festgehalten werden.

**(b)** Bestimmen Sie die Lagrange-Gleichungen des Teilchens und lösen Sie diese. Zeigen Sie insbesondere, dass die Wirkung für die verschiedenen Lösungen abzählbar unendlich viele unterschiedliche Werte annehmen kann, die alle überabzählbar unendlich oft entartet sind. Stellen diese Lösungen *lokale* Minima von $S$ dar? Welche dieser Lösungen sind auch *global* minimal?

## Aufgabe 6.7 Elektromagnetische Potentiale & Galilei-Transformationen

Das Transformationsverhalten der elektromagnetischen Felder $(\mathbf{E},\mathbf{B})$ unter Galilei-Transformationen ist bereits aus Abschnitt [4.4.1] bekannt [siehe Gleichung (4.61a)]:

$$\mathbf{E}'(\mathbf{x}',t') = \sigma R(\boldsymbol{\alpha})^{-1}\left[\mathbf{E}(\mathbf{x},t) + \mathbf{v}_\alpha \times \mathbf{B}(\mathbf{x},t)\right] \tag{6.118a}$$

$$\mathbf{B}'(\mathbf{x}',t') = R(\boldsymbol{\alpha})^{-1}\mathbf{B}(\mathbf{x},t)\,, \tag{6.118b}$$

wobei die beiden Koordinatensysteme gemäß

$$\mathbf{x}'(\mathbf{x},t) = \sigma R(\boldsymbol{\alpha})^{-1}\mathbf{x} - \mathbf{v}t - \boldsymbol{\xi} = \sigma R(\boldsymbol{\alpha})^{-1}(\mathbf{x} - \mathbf{v}_\alpha t - \boldsymbol{\xi}_\alpha)$$

und $t'(\mathbf{x},t) = t - \tau$ miteinander verknüpft sind. Im Folgenden soll gezeigt werden, dass das Transformationsverhalten

$$\mathbf{A}'(\mathbf{x}',t') = \sigma R(\boldsymbol{\alpha})^{-1}\mathbf{A}(\mathbf{x},t) \tag{6.119a}$$

$$\Phi'(\mathbf{x}',t') = \Phi(\mathbf{x},t) - \mathbf{v}_\alpha \cdot \mathbf{A}(\mathbf{x},t) \tag{6.119b}$$

der elektromagnetischen Potentiale mit (6.118) verträglich ist.

**(a)** Zeigen Sie, dass (6.119a) das Transformationsverhalten (6.118b) impliziert.

**(b)** Zeigen Sie, dass (6.119a) und (6.119b) zusammen das Transformationsverhalten (6.118a) implizieren.

**(c)** Implizieren (6.118a) und (6.118b) umgekehrt auch (6.119a) und (6.119b)?

**(d)** Ist das *Vektor*potential **A** ein echter oder ein Pseudovektor? Ist das *skalare* Potential $\Phi$ wirklich ein Skalar? Begründen Sie Ihre Antwort.

### Aufgabe 6.8 Das sphärische Pendel

Wir betrachten zunächst eine allgemeine Lagrange-Funktion $L(\mathbf{q}, \dot{\mathbf{q}}, t)$ der verallgemeinerten Koordinaten $\mathbf{q} = \{q_k\}$, Geschwindigkeiten $\dot{\mathbf{q}} = \{\dot{q}_k\}$ und Zeit $t$.

**(a)** Zeigen Sie, dass die Bewegungsgleichung invariant ist unter der Addition einer Konstanten zur Lagrange-Funktion.

Betrachten Sie nun speziell das in Abschnitt [4.3.1] behandelte sphärische Pendel.

**(b)** Zeigen Sie, dass die Lagrange-Funktion des sphärischen Pendels in sphärischen Koordinaten durch

$$L(\vartheta, \varphi, \dot{\vartheta}, \dot{\varphi}) = \tfrac{1}{2}ml^2\big[\dot{\vartheta}^2 + \dot{\varphi}^2 \sin^2(\vartheta)\big] - mgl\cos(\vartheta)$$

gegeben ist. Geben Sie die entsprechenden Lagrange-Gleichungen für das sphärische Pendel an und bestimmen Sie die möglichen Lösungen mit $\vartheta = \vartheta_0 = $ konstant. Beschreiben Sie in Worten, welche Art von Pendelbewegung diese Lösungen darstellen.

**(c)** Zeigen Sie, dass man die unter **(b)** bestimmten Lösungen mit $\vartheta = \vartheta_0$ *nicht* erhält, falls man den (konstanten?!) Term $mgl\cos(\vartheta)$ in der Lagrange-Funktion weglässt. Erklären Sie, ob dies Ihren Schlussfolgerungen in (a) widerspricht; begründen Sie Ihre Antwort.

### Aufgabe 6.9 Das Doppelpendel

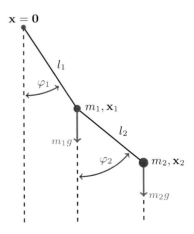

Wir betrachten zwei Massenpunkte, die sich im Schwerkraftfeld $\mathbf{g} = -g\hat{\mathbf{e}}_3$ in der $x_1$-$x_3$-Ebene bewegen können. Der erste Massenpunkt [mit der Masse $m_1$ und den kartesischen Koordinaten $\mathbf{x}_1(t)$] ist durch einen starren masselosen Stab der Länge $l_1$ mit dem Ursprung verbunden. Der zweite Massenpunkt [mit der Masse $m_2$ und den kartesischen Koordinaten $\mathbf{x}_2(t)$] ist durch einen starren masselosen Stab der Länge $l_2$ mit dem ersten Massenpunkt verbunden. Abgesehen von den Zwangsbedingungen $x_{12} = x_{22} = 0$, $|\mathbf{x}_1| = l_1$ und $|\mathbf{x}_2 - \mathbf{x}_1| = l_2$ sind die Massenpunkte frei beweglich. Wir bezeichnen die Winkel zwischen den Vektoren $\mathbf{x}_1$ bzw. $\mathbf{x}_2 - \mathbf{x}_1$ und der $(-\hat{\mathbf{e}}_3)$-Richtung als $\varphi_1$ und $\varphi_2$:

**Abb. 6.24** Das Doppelpendel

$$\mathbf{x}_1 = l_1\left[\sin(\varphi_1)\,\hat{\mathbf{e}}_1 - \cos(\varphi_1)\,\hat{\mathbf{e}}_3\right] \quad , \quad \mathbf{x}_2 = \mathbf{x}_1 + l_2\left[\sin(\varphi_2)\,\hat{\mathbf{e}}_1 - \cos(\varphi_2)\,\hat{\mathbf{e}}_3\right]$$

und betrachten zunächst allgemeine (d. h. nicht notwendigerweise kleine) Auslenkungen des Doppelpendels.

**(a)** Bestimmen Sie die potentielle Energie $V(\varphi_1, \varphi_2)$ des Doppelpendels.

**(b)** Zeigen Sie, dass die kinetische Energie in der Form

$$T(\varphi_1, \varphi_2, \dot\varphi_1, \dot\varphi_2) = \tfrac{1}{2} \sum_{k,l \in \{1,2\}} a_{kl}(\varphi_1, \varphi_2) \dot\varphi_k \dot\varphi_l$$

darstellbar ist, und bestimmen Sie den „Massentensor" $a_{kl}$ explizit.

Wir untersuchen nun den Fall *kleiner Schwingungen* und vernachlässigen alle Beiträge zu $T$ und $V$, die von höherer als quadratischer Ordnung in den Variablen $(\varphi_1, \varphi_2, \dot\varphi_1, \dot\varphi_2)$ sind.

**(c)** Bestimmen Sie die Lagrange-Funktion $L(\varphi_1, \varphi_2, \dot\varphi_1, \dot\varphi_2) = T - V$ in dieser Näherung und geben Sie die entsprechenden Lagrange-Gleichungen an.

**(d)** Bestimmen Sie die Eigenfrequenzen und die Normalschwingungen des Doppelpendels; skizzieren Sie die Normalschwingungen. *Hinweis:* Normalschwingungen $\boldsymbol{\varphi} \equiv (\varphi_1, \varphi_2)$ sind durch eine wohldefinierte Eigenfrequenz $\omega > 0$ charakterisiert und können in der Form $\boldsymbol{\varphi}(t) = \boldsymbol{\varphi}_0 \cos[\omega(t - t_0)]$ mit zeitunabhängigem $\boldsymbol{\varphi}_0 \neq \mathbf{0}$ dargestellt werden.

### Aufgabe 6.10 Das schwingende Dreieck

Wir betrachten drei Massenpunkte (jeweils mit Masse $m$) in der $x_1$-$x_2$-Ebene, die durch drei ideale Federn (jeweils mit der Ruhelänge $\ell$ und der Federkonstanten $m\omega_0^2$) miteinander verbunden sind. Die Bewegung des $k$-ten Massenpunkts (mit $k = 1, 2, 3$) ist insofern eingeschränkt, als er sich nur entlang der Halbachse $\lambda \hat{\mathbf{a}}_k$ mit $\lambda \geq 0$ und

$$\hat{\mathbf{a}}_k \equiv \begin{pmatrix} \cos\left[\frac{2\pi}{3}\left(k - \frac{3}{4}\right)\right] \\ \sin\left[\frac{2\pi}{3}\left(k - \frac{3}{4}\right)\right] \end{pmatrix} \quad (k = 1, 2, 3)$$

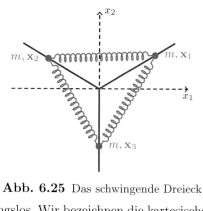

**Abb. 6.25** Das schwingende Dreieck

bewegen kann; diese Bewegung erfolgt reibungslos. Wir bezeichnen die kartesischen Koordinaten des $k$-ten Teilchens in der $x_1$-$x_2$-Ebene als $\mathbf{x}_k(t) = (x_{k1}(t), x_{k2}(t))$.

**(a)** Zeigen Sie, dass $\mathbf{x}_k^{(0)} = \frac{\ell}{\sqrt{3}} \hat{\mathbf{a}}_k$ $(k = 1, 2, 3)$ eine mögliche Gleichgewichtslage der Teilchen darstellt.

Wir führen nun mit Hilfe von $\mathbf{x}_k(t) \equiv \mathbf{x}_k^{(0)}[1 + q_k(t)]$ verallgemeinerte Koordinaten $(q_1, q_2, q_3)^{\mathrm{T}} \equiv \mathbf{q}$ ein und entwickeln den Zustand $\{\mathbf{x}_k(t)\}$ um diese Gleichgewichtslage.

**(b)** Zeigen Sie für $k \neq l$: $|\mathbf{x}_k - \mathbf{x}_l| = \ell\left[1 + \tfrac{1}{2}(q_k + q_l) + \mathcal{O}(|\mathbf{q}|^2)\right]$.

**(c)** Zeigen Sie, dass in der Näherung für *kleine Schwingungen* um die Gleichgewichtslage für die Lagrange-Funktion gilt:

$$L(\mathbf{q}, \dot{\mathbf{q}}) = \tfrac{1}{6} m\ell^2 \left[\dot{\mathbf{q}}^2 - \tfrac{3}{2}\omega_0^2(\mathbf{q}^2 + q_1 q_2 + q_2 q_3 + q_3 q_1)\right] .$$

**(d)** Geben Sie die Lagrange-Gleichungen an.

**(e)** Bestimmen Sie die Normalschwingungen und Eigenfrequenzen des Systems durch Bildung geeigneter Linearkombinationen der Lagrange-Gleichungen. Skizzieren Sie die Normalschwingungen. *Hinweis:* Der Begriff „Normalschwingungen" wurde in Aufgabe 6.9**(d)** erklärt.

### Aufgabe 6.11 Pendel und Feder

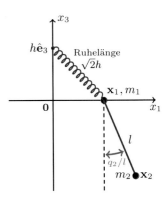

**Abb. 6.26** Skizze des Pendels und der Feder

Wir betrachten das folgende zweidimensionale Schwingungsproblem zweier gekoppelter Punktmassen in der $x_1$-$x_3$-Ebene: Das erste Teilchen (mit der Masse $m_1$ und den Koordinaten $\mathbf{x}_1$) kann sich nur (reibungslos) entlang der $\hat{\mathbf{e}}_1$-Achse bewegen und ist durch eine Feder (mit der Federkonstanten $k$ und der Ruhelänge $\sqrt{2}h$) mit dem Punkte $h\hat{\mathbf{e}}_3$ verbunden. Das zweite Teilchen (mit der Masse $m_2$ und den Koordinaten $\mathbf{x}_2$) ist durch einen starren masselosen Stab der Länge $l$ mit dem ersten Teilchen verbunden und kann (reibungslos) um $\mathbf{x}_1$ pendeln. Das System befindet sich im konstanten Schwerkraftfeld $\mathbf{g} = -g\hat{\mathbf{e}}_3$. Offensichtlich sind sowohl $(\mathbf{x}_1, \mathbf{x}_2) = (h\hat{\mathbf{e}}_1, h\hat{\mathbf{e}}_1 - l\hat{\mathbf{e}}_3)$ als auch $(\mathbf{x}_1, \mathbf{x}_2) = (-h\hat{\mathbf{e}}_1, -h\hat{\mathbf{e}}_1 - l\hat{\mathbf{e}}_3)$ mögliche Gleichgewichtslagen des Systems. Wir konzentrieren uns auf die erste der beiden Gleichgewichtslagen und definieren die verallgemeinerten Koordinaten $\mathbf{q} = (q_1, q_2)^{\mathrm{T}}$ durch:

$$\mathbf{x}_1 = (h + q_1)\hat{\mathbf{e}}_1 \quad , \quad \mathbf{x}_2 = \mathbf{x}_1 + l\left[\sin(q_2/l)\hat{\mathbf{e}}_1 - \cos(q_2/l)\hat{\mathbf{e}}_3\right] .$$

**(a)** Bestimmen Sie die Lagrange-Funktion $L(\mathbf{q}, \dot{\mathbf{q}}, t)$.

**(b)** Vernachlässigen Sie alle Beiträge zur Lagrange-Funktion von höherer als quadratischer Ordnung in den verallgemeinerten Koordinaten und Geschwindigkeiten $(\mathbf{q}, \dot{\mathbf{q}})$ und zeigen Sie, dass die entsprechende Lagrange-Gleichung der zweiten Art auf die Form

$$\ddot{\mathbf{q}} + \frac{1}{m_1}\begin{pmatrix} \frac{1}{2}k & -m_2\omega_0^2 \\ -\frac{1}{2}k & (m_1 + m_2)\omega_0^2 \end{pmatrix}\mathbf{q} = \mathbf{0} \quad , \quad \omega_0^2 \equiv \frac{g}{l} \tag{6.120}$$

gebracht werden kann.

**(c)** Zeigen Sie, dass das Schwingungsproblem (6.120) im Allgemeinen zwei unterschiedliche reelle Eigenfrequenzen $\omega_+$ und $\omega_-$ mit $\omega_\pm > 0$ hat.

Wir betrachten zur Illustration den Spezialfall $m_1 = m_2 = m$ und $k = 3m\omega_0^2$.

**(d)** Bestimmen Sie die Eigenschwingungen von (6.120) für diesen Spezialfall und skizzieren Sie diese. Sind die Eigenschwingungen orthogonal? Müssen sie dies sein?

**Aufgabe 6.12 Hantelmolekül im elektrischen Feld**

Betrachten Sie ein Hantelmolekül, bestehend aus zwei geladenen Massenpunkten, die durch einen starren masselosen Stab der Länge $l$ verbunden sind. Der erste Massenpunkt hat die Masse $m_1$, die Ladung $\hat{q}_1$ und die Koordinaten $\mathbf{x}_1$; die entsprechenden Größen für den zweiten Massenpunkt sind $m_2$, $\hat{q}_2$ und $\mathbf{x}_2$. Das Hantelmolekül befindet sich in einem konstanten (d. h. orts- und zeitunabhängigen) elektrischen Feld $\mathbf{E}$.

**(a)** Geben Sie die Lagrange-Funktion und die relevante holonome Zwangsbedingung als Funktionen der kartesischen Koordinaten und Geschwindigkeiten $(\mathbf{x}_1, \mathbf{x}_2, \dot{\mathbf{x}}_1, \dot{\mathbf{x}}_2)$ und der Zeit an.

Wählen Sie nun den Massenschwerpunkt $\mathbf{x}_{\mathrm{M}}(t) \equiv \frac{m_1\mathbf{x}_1 + m_2\mathbf{x}_2}{m_1 + m_2}$ und den Relativvektor $\mathbf{x}(t) \equiv \mathbf{x}_2 - \mathbf{x}_1$ als verallgemeinerte Koordinaten.

**(b)** Geben Sie die Lagrange-Funktion und die Zwangsbedingung als Funktionen dieser verallgemeinerten Koordinaten an und leiten Sie die entsprechenden Lagrange-Gleichungen der *ersten* Art her.

**(c)** Lösen Sie die Lagrange-Gleichungen der ersten Art für $\mathbf{x}_{\mathrm{M}}(t)$ und bestimmen Sie die vom Stab ausgeübte Zwangskraft als Funktion der verallgemeinerten Koordinaten und Geschwindigkeiten für die physikalische Bahn.

**(d)** Welche Änderungen ergäben sich in **(a)**, **(b)** und **(c)**, falls das elektrische Feld explizit zeitabhängig (aber immer noch ortsunabhängig) wäre?

**Aufgabe 6.13 Eine Rolle und ein Seil**

Betrachten Sie zwei Massenpunkte (mit den Massen $m_1$ und $m_2$ und den kartesischen Koordinaten $\mathbf{x}_1$ und $\mathbf{x}_2$), die an den Endpunkten eines Seils der Länge $l$ befestigt sind. Das Seil kann sich im (konstanten) Schwerkraftfeld $\mathbf{g} = -g\hat{\mathbf{e}}_3$ über eine Rolle (mit dem Radius $R$) bewegen, die sich hierbei reibungslos um die $\hat{\mathbf{e}}_1$-Achse dreht. Wir wählen verallgemeinerte Koordinaten $z_1$ und $z_2$, die durch

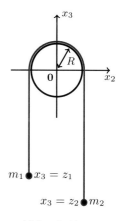

$$\mathbf{x}_1 = -R\hat{\mathbf{e}}_2 + z_1\hat{\mathbf{e}}_3 \quad , \quad \mathbf{x}_2 = R\hat{\mathbf{e}}_2 + z_2\hat{\mathbf{e}}_3 \qquad (z_{1,2} < 0)$$

definiert sind und die holonome skleronome Zwangsbedingung $f(z_1, z_2) \equiv z_1 + z_2 + l - \pi R = 0$ erfüllen. Zur Zeit $t = 0$ soll $z_1(0) = z_0$ und $\dot{z}_1(0) = \dot{z}_0$ gelten. Wir nehmen an, dass das Seil so lang ist und die Anfangsbedingungen so gewählt sind, dass das Seil während der „Messzeit" nicht von der Rolle rutscht.

**Abb. 6.27** Die Rolle und das Seil

**(a)** Geben Sie die Lagrange-Gleichung der *ersten* Art an und bestimmen Sie die vom Seil auf die Massenpunkte ausgeübten Zwangskräfte für den Fall, dass das Seil als masselos angesehen werden kann.

Eliminieren Sie nun die Zwangsbedingung $f(z_1, z_2) = 0$, indem Sie $z_1$ als einzige verallgemeinerte Koordinate wählen.

**(b)** Geben Sie die Lagrange-Gleichung der *zweiten* Art an für den Fall, dass das Seil eine homogene Massendichte $\rho$ pro Längeneinheit besitzt, und lösen Sie diese.

### Aufgabe 6.14 Ein Hantelmolekül schwingt über die Kreuzung

Betrachten Sie ein „Hantelmolekül", bestehend aus zwei „Atomen" der Masse $m$, die durch einen starren masselosen Stab der Länge $l$ miteinander verbunden sind. Eines der beiden Atome hat die Koordinaten $\mathbf{x}_1$ und kann sich nur (reibungslos) entlang der $\hat{\mathbf{e}}_1$-Achse bewegen, das andere hat die Koordinaten $\mathbf{x}_2$ und kann sich nur (reibungslos) entlang der $\hat{\mathbf{e}}_2$-Achse bewegen. Das System wird also in kartesischen Koordinaten charakterisiert durch die Lagrange-Funktion $L(\dot{\mathbf{x}}_1, \dot{\mathbf{x}}_2) = T(\dot{\mathbf{x}}_1, \dot{\mathbf{x}}_2) = \frac{1}{2}m(\dot{\mathbf{x}}_1^2 + \dot{\mathbf{x}}_2^2)$ und die drei skleronomen holonomen Zwangsbedingungen $f_{1,2,3}(\mathbf{x}_1, \mathbf{x}_2) = 0$ mit

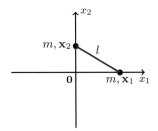

**Abb. 6.28** Skizze des Hantelmoleküls

$$f_1 \equiv \tfrac{1}{2}\left[(\mathbf{x}_1 - \mathbf{x}_2)^2 - l^2\right]$$
$$f_2 \equiv \mathbf{x}_1 \cdot \hat{\mathbf{e}}_2 \quad , \quad f_3 \equiv \mathbf{x}_2 \cdot \hat{\mathbf{e}}_1 \ .$$

**(a)** Geben Sie die Lagrange-Gleichungen der ersten Art in kartesischen Koordinaten an und zeigen Sie, dass die vom Stab auf die erste Masse ausgeübte Zwangskraft entlang des Stabs gerichtet ist.

**(b)** Zeigen Sie mit Hilfe der Lagrange-Gleichungen der ersten Art, dass die Energie $E = T(\dot{\mathbf{x}}_{\phi 1}, \dot{\mathbf{x}}_{\phi 2})$ des Systems erhalten ist.

Eliminieren Sie nun die zweite und dritte Zwangsbedingung, indem Sie verallgemeinerte Koordinaten $(q_1, q_2)$ einführen, die durch $\mathbf{x}_1 \equiv q_1 \hat{\mathbf{e}}_1$ und $\mathbf{x}_2 \equiv q_2 \hat{\mathbf{e}}_2$ definiert sind.

**(c)** Geben Sie die Lagrange-Gleichungen der ersten Art in den verallgemeinerten Koordinaten $(q_1, q_2)$ an und lösen Sie diese.

**(d)** Zeigen Sie durch explizite Berechnung, dass die in **(a)** betrachtete, vom Stab auf die *erste* Masse ausgeübte Zwangskraft Arbeit verrichtet und dass die *Gesamt*arbeit, die von den vom Stab ausgeübten Kräften verrichtet wird, null ist.

**(e)** Skizzieren Sie die Bewegung des Hantelmoleküls und seines Schwerpunkts als Funktionen der Zeit.

### Aufgabe 6.15 Lineare Terme in der kinetischen Energie

Die kinetische Energie $\sum_i \frac{1}{2} m_i \dot{\mathbf{x}}_i^2$ erhält bei einer Transformation auf verallgemeinerte Koordinaten, $\mathbf{x}_i = \mathbf{x}_i(\bar{\mathbf{q}}, t)$ mit $\bar{\mathbf{q}} \equiv (q_1, q_2, \cdots, q_{f+1})^{\mathrm{T}} \in \mathbb{R}^{f+1}$, bekanntlich eine Form, die *quadratisch* (jedoch nicht unbedingt *homogen* quadratisch) als Funktion der verallgemeinerten Geschwindigkeiten ist:

$$T(\bar{\mathbf{q}}, \dot{\bar{\mathbf{q}}}, t) = \tfrac{1}{2} \sum_{k,l=1}^{f+1} a_{kl}(\bar{\mathbf{q}}, t)\dot{q}_k \dot{q}_l + \sum_{k=1}^{f+1} a_k(\bar{\mathbf{q}}, t)\dot{q}_k + a_0(\bar{\mathbf{q}}, t) \ . \tag{6.121}$$

**(a)** Zeigen Sie für eine Transformation $\mathbf{x}_i = \mathbf{x}_i(\bar{\mathbf{q}})$, die nicht explizit von der Zeitvariablen abhängt, dass die kinetische Energie allgemein die Form

$$T(\bar{\mathbf{q}}, \dot{\bar{\mathbf{q}}}) = \tfrac{1}{2} \sum_{k,l=1}^{f+1} a_{kl}(\bar{\mathbf{q}}) \dot{q}_k \dot{q}_l \tag{6.122}$$

mit zeitunabhängigem Massentensor $a_{kl}$ hat.

Wir zeigen nun, ausgehend von (6.122), dass die Elimination zyklischer Variabler durchaus auch lineare Terme in der kinetischen Energie erzeugen kann, wie in (6.121), nun allerdings mit zeit*un*abhängigen Koeffizienten $a_k(\bar{\mathbf{q}})$. Hierzu nehmen wir an, dass die Variable $q_{f+1}$ zyklisch ist, und wir definieren $\bar{\mathbf{q}} \equiv (\mathbf{q}, q_{f+1})$ mit $\mathbf{q} = (q_1, q_2, \cdots, q_f)^{\mathrm{T}}$. Wir nehmen an, dass die Lagrange-Funktion im $\bar{\mathbf{q}}$-Raum die Form $L^{(f+1)} = T(\mathbf{q}, \dot{\mathbf{q}}, \dot{q}_{f+1}) - V(\mathbf{q})$ hat, wobei $T$ homogen quadratisch als Funktion der $\dot{\bar{\mathbf{q}}}$ ist, wie in (6.122).

**(b)** Eliminieren Sie die zyklische Variable $q_{f+1}$ aus $L^{(f+1)}$ und zeigen Sie, dass $L^{(f)}(\mathbf{q}, \dot{\mathbf{q}})$ die Form

$$L^{(f)}(\mathbf{q}, \dot{\mathbf{q}}) = \tfrac{1}{2} \sum_{k,l=1}^{f} a_{kl}^{(f)}(\mathbf{q}) \dot{q}_k \dot{q}_l + \sum_{k=1}^{f} a_k^{(f)}(\mathbf{q}) \dot{q}_k - V^{(f)}(\mathbf{q}) \tag{6.123}$$

hat. Geben Sie hierbei die genauen Beziehungen zwischen $a_{kl}^{(f)}$, $a_k^{(f)}$ und $V^{(f)}$ und den Größen $V$ und $a_{kl}$ an. Zeigen Sie insbesondere, dass $a_k^{(f)} = 0$ gilt, falls die „kinetischen Kopplungen" $a_{k,f+1}$ ($k = 1, 2, \cdots, f$) zwischen $\dot{q}_{f+1}$ und $\{\dot{q}_k \mid 1 \le k \le f\}$ null sind.

Als Beispiel betrachten wir die folgende Lagrange-Funktion mit $f = 2$:

$$L^{(2+1)}(\vartheta, \dot{\vartheta}, \dot{\psi}, \dot{\varphi}) \equiv \tfrac{1}{2} a [\dot{\psi}^2 \sin^2(\vartheta) + \dot{\vartheta}^2] + \tfrac{1}{2} b [\dot{\psi} \cos(\vartheta) + \dot{\varphi}]^2 \quad (a, b > 0),$$

die physikalisch die Dynamik eines Gyroskops beschreibt; die drei Winkelvariablen $(\vartheta, \psi, \varphi)$ werden als „Euler-Winkel" bezeichnet.

**(c)** Eliminieren Sie die zyklische Variable $\psi$ aus $L^{(2+1)}$. Enthält die Lagrange-Funktion $L^{(2)}(\vartheta, \dot{\vartheta}, \dot{\varphi})$ Terme, die linear von den Geschwindigkeiten $(\dot{\vartheta}, \dot{\varphi})$ abhängen? Eliminieren Sie alternativ die zyklische Variable $\varphi$ aus $L^{(2+1)}$. Enthält die Lagrange-Funktion $L^{(2)}(\vartheta, \dot{\vartheta}, \dot{\psi})$ Terme, die linear von den Geschwindigkeiten $(\dot{\vartheta}, \dot{\psi})$ abhängen?

Lineare Terme in einer nicht explizit zeitabhängigen kinetischen Energie werden auch als *gyroskopische Terme* bezeichnet.

### Aufgabe 6.16 Elimination „zyklischer" Geschwindigkeiten

Aus Abschnitt [6.11.3] ist bekannt, wie man eine zyklische Koordinate $q_{f+1}$ aus einer Lagrange-Funktion der Form $L = L^{(f+1)}(\mathbf{q}, \dot{\mathbf{q}}, \dot{q}_{f+1}, t)$ mit $\mathbf{q} \equiv (q_1, q_2, \cdots, q_f)^{\mathrm{T}}$ eliminieren kann. Betrachten Sie nun alternativ eine Lagrange-Funktion der Form $L = \tilde{L}^{(f+1)}(\mathbf{q}, \dot{\mathbf{q}}, q_{f+1}, t)$, die explizit von der Variablen $q_{f+1}$, jedoch nicht von der assoziierten Geschwindigkeit $\dot{q}_{f+1}$ abhängt. Bestimmen Sie, ob (und, wenn ja: in welcher Weise) die Koordinate $q_{f+1}$ aus der Lagrange-Funktion $\tilde{L}^{(f+1)}$ eliminiert werden kann. Geben Sie die genaue Form der Lagrange-Funktion $L^{(f)}(\mathbf{q}, \dot{\mathbf{q}}, t)$ an, die die Dynamik der $\mathbf{q}$-Variablen nach dem Eliminieren von $q_{f+1}$ beschreibt.

**Aufgabe 6.17 Die „Kettenlinie" einer Seifenblase** (P)

Die Form der Kettenlinie (siehe Abschnitt [6.3.1]) tritt auch auf bei *Seifenblasen*, die zwischen zwei identischen, parallelen, koaxialen Ringen aufgespannt sind. Hierbei folgt die Form der Seifenblasen aus dem Kriterium einer *minimalen Energie*, was in diesem Fall gleichbedeutend ist mit der Forderung nach einer *minimalen Fläche*. Wir nehmen an, dass die Ringe den Radius $R$ haben und sich im Abstand $\ell$ voneinander befinden. Die Koordinate entlang der Achse der beiden Ringe wird als $t$ und die vertikale Koordinate als $z$ bezeichnet. Eine derartige Seifenblase ist in Abbildung 6.29 skizziert.

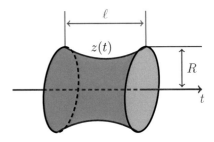

**Abb. 6.29** Skizze einer Seifenblase

**(a)** Zeigen Sie, dass die Kurve $z(t)$, die die Seifenblase beschreibt, das Wirkungsfunktional $S$ minimiert und dabei die Randbedingung $z(\pm\frac{1}{2}\ell) = R$ erfüllt:

$$S[z] = 2\pi \int_{-\frac{1}{2}\ell}^{\frac{1}{2}\ell} dt\, z(t)\sqrt{1 + [z'(t)]^2}\ .$$

Beachten Sie, dass $S[z]$ die gleiche Form hat wie das Wirkungsfunktional der *Kettenlinie*, nun allerdings *ohne* Zwangsbedingung. Wie lautet die Lagrange-Gleichung für $z(t)$? Zeigen Sie, dass die Lagrange-Gleichung zwei Lösungstypen aufweist: „triviale" Lösungen der Form $z(t) = 0$ für $0 < t < \ell$ und „nicht-triviale" Lösungen, die die Gleichung $z' = \pm\left[\left(\frac{z}{a}\right)^2 - 1\right]^{1/2}$ erfüllen.

**(b)** Lösen Sie die Differentialgleichung $z' = \pm\left[\left(\frac{z}{a}\right)^2 - 1\right]^{1/2}$ und bestimmen Sie den Parameter $a(\ell, R)$ aus der Randbedingung. Zeigen Sie, dass es einen kritischen Wert $\ell_c/2R \simeq 0{,}66274$ gibt mit der Eigenschaft, dass für $\ell > \ell_c$ *keine* Lösungen der Konsistenzgleichung für $a(\ell, R)$ existieren, für $\ell = \ell_c$ genau *eine* Lösung und für $\ell < \ell_c$ *zwei* Lösungen. Interpretieren Sie diese Lösungen physikalisch.

**(c)** Berechnen Sie die *Fläche* (d. h. die *Energie*) einer „nicht-trivialen" Seifenblase mit $\ell \leq \ell_c$ und vergleichen Sie diese mit dem entsprechenden Wert für die „triviale" Lösung. Folgern Sie hieraus, dass es einen zweiten kritischen Abstand $\ell_m \simeq 0{,}79624\,\ell_c$ gibt, sodass die Seifenblase nur für $\ell < \ell_m$ *stabil* ist und für $\ell_m \leq \ell < \ell_c$ lediglich *metastabil*. Beschreiben Sie, was passiert, wenn man bei einer stabilen Seifenblase mit $\ell \ll \ell_c$ den Abstand $\ell$ der Ringe stetig bis $\ell \gtrsim \ell_c$ vergrößert.

# Kapitel 7

# Hamilton-Formulierung der Mechanik

Die Behandlung des Lagrange-Formalismus im vorigen Kapitel hat gezeigt, dass man die Dynamik komplizierter wechselwirkender Vielteilchensysteme in äußeren Kraftfeldern auch dann, wenn diese Systeme Zwangsbedingungen unterworfen sind, vollständig mit Hilfe einer einzelnen skalaren Lagrange-Funktion $L(\mathbf{q}, \dot{\mathbf{q}}, t)$ beschreiben kann. Für nahezu alle *praktischen* Zwecke ist die Lagrange-Theorie völlig ausreichend und wegen ihrer einfachen Struktur und ihrer direkteren Verbindung zur Newton'schen Theorie dem in diesem Kapitel zu behandelnden (und grundsätzlich äquivalenten) Hamilton-Formalismus vorzuziehen. Dennoch ist auch – wie bereits in Abschnitt [6.1] erklärt – die Hamilton'sche Formulierung der Klassischen Mechanik für die Physik insgesamt äußerst wichtig: Die Hamilton-Theorie ist elegant und gibt tiefe Einblicke in die *Struktur* der Klassischen Mechanik. Außerdem ist die Hamilton'sche Formulierung für bestimmte *Anwendungen*, insbesondere für die Durchführung der Störungstheorie in der Himmelsmechanik, besser geeignet als die Lagrange-Theorie. Die Hamilton-Theorie ist auch ein besserer Startpunkt für formale (mathematische) Untersuchungen: Die Struktur der Hamilton'schen Bewegungsgleichungen ist invariant unter einer weitaus größeren Klasse von Transformationen als diejenige der Lagrange-Gleichungen. Dementsprechend ist der Hamilton-Formalismus ein besserer Startpunkt für die *Transformationstheorie*, die bezweckt, die Bewegungsgleichungen mit Hilfe geeigneter Transformationen möglichst stark zu vereinfachen. Außerdem bildet die Hamilton-Theorie die Basis für die theoretische Beschreibung der *Quantenphysik*, nicht nur im nicht-relativistischen Fall, der mit Hilfe der Schrödinger-Gleichung beschrieben wird, sondern auch bei der Formulierung der Klein-Gordon- und Dirac-Gleichungen in der relativistischen Theorie.

### Zentrale Idee der Hamilton-Theorie

Die zentrale Idee der Hamilton-Theorie ergibt sich bereits aus der Lagrange-Formulierung der Mechanik: Unsere Untersuchung der Lagrange-Gleichungen der zweiten Art hat allgemein gezeigt, dass das Jacobi-*Integral* $J_\phi$, d.h. die Jacobi-*Funktion*, ausgewertet an der Stelle der physikalischen Bahn:

$$J_\phi = J(\mathbf{q}_\phi, \dot{\mathbf{q}}_\phi, t) \quad , \quad J(\mathbf{q}, \dot{\mathbf{q}}, t) = \frac{\partial L}{\partial \dot{\mathbf{q}}} \cdot \dot{\mathbf{q}} - L \ , \tag{7.1}$$

© Springer-Verlag GmbH Deutschland, ein Teil von Springer Nature 2021
P. van Dongen, *Klassische Mechanik*,
https://doi.org/10.1007/978-3-662-63789-0_7

für Systeme, deren Lagrange-Funktion nicht explizit von der Zeitvariablen abhängt, eine *Erhaltungsgröße* darstellt und (falls auch die Zwangsbedingungen und die Transformationsvorschrift $\mathbf{x}_i(\mathbf{q})$ zeitunabhängig sind) als die *Energie* interpretiert werden kann. Außerdem haben wir gelernt, dass der *verallgemeinerte Impuls*

$$p_k(\mathbf{q}, \dot{\mathbf{q}}, t) \equiv \frac{\partial L}{\partial \dot{q}_k}(\mathbf{q}, \dot{\mathbf{q}}, t) \tag{7.2}$$

ebenfalls eine *Erhaltungsgröße* ist, zumindest falls $L$ nicht explizit von der Koordinate $q_k$ abhängt. Aus diesen Gründen und da es eine enge Beziehung zu *Messgrößen* gibt, spielen die physikalischen Größen $J$ und $\mathbf{p} \equiv (p_1, p_2, \cdots, p_f)^{\mathrm{T}}$ auch dann eine prominente Rolle im Lagrange-Formalismus, wenn sie *nicht* erhalten sind. Man könnte sich daher fragen, ob es nicht hilfreich wäre, die Lagrange-Funktion $L$ durch $J$ in (7.1) und die verallgemeinerte Geschwindigkeit $\dot{\mathbf{q}}$ durch $\mathbf{p}$ in (7.2) zu ersetzen. Dies würde u. a. erfordern, die Geschwindigkeit $\dot{\mathbf{q}}$ durch Inversion der Beziehung $\mathbf{p} = \frac{\partial L}{\partial \dot{\mathbf{q}}}(\mathbf{q}, \dot{\mathbf{q}}, t)$ zu bestimmen:

$$\dot{\mathbf{q}} = \dot{\mathbf{q}}(\mathbf{q}, \mathbf{p}, t)$$

und diese in (7.1) einzusetzen. Man erhält in dieser Weise eine Funktion $H(\mathbf{q}, \mathbf{p}, t)$, die von den verallgemeinerten *Koordinaten*, verallgemeinerten *Impulsen* und von der *Zeit* abhängt. Hierbei sind nun $(\mathbf{q}, \mathbf{p}, t)$ als die unabhängigen Variablen anzusehen:

$$\boxed{H(\mathbf{q}, \mathbf{p}, t) \equiv J(\mathbf{q}, \dot{\mathbf{q}}(\mathbf{q}, \mathbf{p}, t), t) \,.} \tag{7.3}$$

Eine solche Beschreibung mit Hilfe einer Funktion $H(\mathbf{q}, \mathbf{p}, t)$ hätte mindestens dann Vorteile, wenn die Energie oder eine Komponente des verallgemeinerten Impulses eines Systems erhalten ist. Wir werden im Laufe dieses Kapitels sehen, dass die Idee, von $L$ auf $H$ zu transformieren, auch in vielerlei anderer Hinsicht äußerst fruchtbar ist. Die Funktion $H(\mathbf{q}, \mathbf{p}, t)$ bildet die Basis der Hamilton-Theorie und wird als die *Hamilton-Funktion* bezeichnet.

### Die Legendre-Transformation als Brücke zur Hamilton-Theorie

Bevor wir uns im Detail mit den physikalischen Eigenschaften der Hamilton-Funktion und mit der Herleitung entsprechender Bewegungsgleichungen befassen, untersuchen wir zunächst die mathematischen Eigenschaften der Transformation, die durch die Gleichungen (7.1) - (7.3) beschrieben wird und von $L(\mathbf{q}, \dot{\mathbf{q}}, t)$ auf $H(\mathbf{q}, \mathbf{p}, t)$ führt. Eine solche Transformation wird als *Legendre-Transformation* bezeichnet; sie hat in nahezu allen Bereichen der Physik wichtige Anwendungen: Legendre-Transformationen verknüpfen zum Beispiel die verschiedenen thermodynamischen Potentiale (wie die Freie Energie und die Entropie) in der *Thermodynamik* und der *Statistischen Physik*, siehe Ref. [11]. Außerdem spielen Legendre-Transformationen eine wichtige Rolle in *klassischen Feldtheorien*, wie der Elektrodynamik, sowie in *Quantenfeldtheorien*. Solche „Feldtheorien" können gewissermaßen als Verallgemeinerung der Klassischen Mechanik angesehen werden: Während Teilchensysteme in der Klassischen Mechanik durch endlich viele Freiheitsgrade und durch Lagrange- und Hamilton-*Funktionen* charakterisiert sind, besitzt ein Feld ein

Kontinuum von Freiheitsgraden und wird durch Lagrange- und Hamilton-*Dichten* beschrieben. Hierbei sind die Lagrange- und die Hamilton-Variante in beiden Theorien durch Legendre-Transformationen miteinander verknüpft.

**Aufbau dieses Kapitels**

Dieses Kapitel hat drei Teile, die jeweils einen leicht unterschiedlichen Fokus haben.

Im *ersten* Teil werden die Grundlagen der Hamilton-Theorie behandelt. Wir erklären zuerst in Abschnitt [7.1], wie die Legendre-Transformation durchgeführt wird und warum die *strikte Konvexität* der zu transformierenden Funktion hierbei wesentlich ist. In Abschnitt [7.2] wird die Legendre-Transformation dann auf die Lagrange-Funktion angewandt, die in der Tat *strikt konvex* von der Geschwindigkeit abhängt. Die Legendre-Transformierte der Lagrange-Funktion wird die *Hamilton-Funktion* genannt; wir zeigen in Abschnitt [7.3], wie man aus ihr die Bewegungsgleichungen eines physikalischen Systems (die sogenannten *Hamilton-Gleichungen*) herleitet. Zur Illustration der Hamilton-Formulierung stellen wir in Abschnitt [7.4] ein paar Beispiele vor. Auch die Hamilton-Theorie kann, wie in [7.5] gezeigt wird, aus einem *Variationsprinzip* hergeleitet werden, und auch in der Hamilton-Formulierung können *Zwangskräfte* explizit berechnet werden (siehe Abschnitt [7.6]).

Im *zweiten Teil* dieses Kapitels werden einige Themen besprochen, die besonders deshalb so wichtig sind, da sie Ausblicke auf die Quantenmechanik erlauben (oder erhellende Rückblicke auf die Mechanik, nachdem man auch die Quantenmechanik kennengelernt hat). Zuerst behandeln wir in Abschnitt [7.7] die *Hamilton'sche Wirkungsfunktion*, die die *Hamilton-Jacobi-Gleichung* erfüllt. Die Beziehung zwischen *Erhaltungsgrößen* und *Poisson-Klammern* wird in Abschnitt [7.8] erklärt. Allgemeine *kanonische Transformationen* und speziell die wichtigen *Berührungstransformationen* werden in Abschnitt [7.9] eingeführt; Beispiele werden in [7.10] behandelt. In Abschnitt [7.11] untersuchen wir schließlich die *Invarianzeigenschaften* der Poisson-Klammer unter solchen Berührungstransformationen.

Der *dritte* Teil dieses Kapitels berührt die Grundlagen der Hamilton-Mechanik an sich. Bereits aufgrund des zweiten Teils ist klar, dass *Transformationen* und ihre Eigenschaften in der Hamilton-Theorie zentral wichtig sind. Wir zeigen in Abschnitt [7.12], dass die *Struktur* der Hamilton-Theorie *im Phasenraum* und dort speziell in den Eigenschaften der *Jacobi-Matrix* einer Berührungstransformation besonders klar zum Ausdruck kommt. Es stellt sich heraus, dass Jacobi-Matrizen von Berührungstransformationen *symplektisch* sind und eine *symplektische Gruppe* bilden. Diese Formulierung im Phasenraum hat nicht nur für Systeme mit *holonomen*, sondern auch für solche mit *nicht-holonomen* Zwangsbedingungen Vorteile, wie wir in Abschnitt [7.13] zeigen.

In diesem Kapitel beschränken wir uns durchweg auf die Hamilton-Mechanik *nicht-relativistischer* Systeme. Die Hamilton-Formulierung der *relativistischen* Lorentz'schen Bewegungsgleichung wird in Anhang D behandelt.

# 7.1 Die Legendre-Transformation

Wir betrachten zuerst die Legendre-Transformation von Funktionen einer *eindimensionalen* reellen Variablen und dann die Transformation von Funktionen *mehre-*

*rer* Variabler. Wir berücksichtigen mögliche zusätzliche *inerte* Variablen und wenden die Legendre-Transformation konkret auf die Lagrange-Funktion $L(\mathbf{q}, \dot{\mathbf{q}}, t)$ an. Anschließend besprechen wir die Eigenschaften der Legendre-Transformierten der Lagrange-Funktion, d. h. der Hamilton-Funktion $H(\mathbf{q}, \mathbf{p}, t)$.

## 7.1.1 Funktionen einer eindimensionalen reellen Variablen

Wir betrachten zuerst die Legendre-Transformation einer Funktion $F(u)$ einer eindimensionalen reellen Variablen $u \in \mathbb{R}$, die in ihrem Definitionsbereich[1] zweimal differenzierbar ist und eine streng positive zweite Ableitung hat: $F''(u) > 0$. Wir werden solche Funktionen als *strikt konvex* bezeichnen.[2] Die strikte Konvexität von $F(u)$ wird im Folgenden wesentlich sein.[3] In Abbildung 7.1 ist eine strikt konvexe Funktion $F(u)$ als die *blaue* Kurve dargestellt.

Bevor wir die Legendre-Transformierte $G(v)$ von $F(u)$ definieren, führen wir zunächst die Hilfsfunktion

$$\boxed{\mathcal{G}(v, u) \equiv vu - F(u)} \tag{7.4}$$

ein, die (neben $u$) auch noch von einer zweiten Variablen $v$ abhängt. Die Hilfsfunktion $\mathcal{G}$ ist in Abb. 7.1 für einen festen $v$-Wert als Funktion von $u$ *grün* dargestellt. Als Funktion von $v$ ist $\mathcal{G}$ *linear*. Als Funktion von $u$ ist $\mathcal{G}$ *strikt konkav*:

$$\frac{\partial^2 \mathcal{G}}{\partial u^2} = -F''(u) < 0 \, ,$$

sodass diese Hilfsfunktion für den vorgegebenen $v$-Wert entweder kein Maximum oder ein eindeutiges Maximum besitzt. Wir betrachten im Folgenden nur solche $v$-Werte, für die ein eindeutiges Maximum existiert, und bezeichnen den $u$-Wert, wofür dieses Maximum auftritt, als $u_{\mathrm{m}}(v)$. Der Wert von $u_{\mathrm{m}}(v)$ wird dann durch

$$\boxed{0 = \frac{\partial \mathcal{G}}{\partial u}(v, u_{\mathrm{m}}(v)) = v - F'(u_{\mathrm{m}}(v))} \tag{7.5}$$

---

[1] Dieser Definitionsbereich muss im Sinne der Mathematik ein reelles *Intervall* sein. Auch die möglichen $v$-Werte in Gleichung (7.5) bilden ein reelles *Intervall*.

[2] Die in der Regel in der Mathematik verwendete Definition der *strikten Konvexität* ist geringfügig allgemeiner; sie lautet:

$$F(\lambda u_1 + (1 - \lambda)u_2) < \lambda F(u_1) + (1 - \lambda)F(u_2) \quad (u_1 \neq u_2 \, , \, 0 < \lambda < 1) \, .$$

Diese Definition ist insofern allgemeiner, als nicht gefordert wird, dass $F(u)$ (zweimal) differenzierbar ist. Außerdem gibt es Funktionen, wie z.B. $F(u) = u^4$ $(u \in \mathbb{R})$, die nach der mathematischen Definition strikt konvex sind und das Kriterium $F''(u) > 0$ für einzelne $u$-Werte (im Beispiel: für $u = 0$) verletzen. Umgekehrt zeigt man leicht, dass das Kriterium $F''(u) > 0$ die obige Ungleichung impliziert, sodass unsere „strikt konvexen" Funktionen auch nach der mathematischen Definition strikt konvex sind.

[3] Die Funktion $F$ darf bei einer Legendre-Transformation grundsätzlich auch *strikt konkav* sein, sodass in ihrem Definitionsbereich $F''(u) < 0$ gilt, da in diesem Fall $-F(u)$ strikt konvex ist. Mit Hilfe der Definitionen

$$\bar{F}(u) \equiv -F(u) \quad , \quad \bar{G}(v) \equiv -G(-v) \quad , \quad \bar{v} \equiv -v \quad , \quad \bar{u}_{\mathrm{m}}(\bar{v}) \equiv u_{\mathrm{m}}(v)$$

kann man die Bestimmungsgleichungen $G(v) = vu_{\mathrm{m}}(v) - F(u_{\mathrm{m}}(v))$ und $v = F'(u_{\mathrm{m}}(v))$ für *strikt konkaves* $F$ auch als Legendre-Transformation der *strikt konvexen* Funktion $\bar{F}(u)$ darstellen:

$$\bar{G}(\bar{v}) = \bar{v}\bar{u}_{\mathrm{m}}(\bar{v}) - \bar{F}(\bar{u}_{\mathrm{m}}(\bar{v})) \quad , \quad \bar{v} = \bar{F}'(\bar{u}_{\mathrm{m}}(\bar{v})) \, .$$

Wir werden uns im Folgenden aber überwiegend mit strikt *konvexen* Funktionen befassen.

bestimmt. Auch der $u$-Wert $u_\mathrm{m}(v)$ ist in Abb. 7.1 für den dort vorgegebenen $v$-Wert eingetragen. Das Maximum $u_\mathrm{m}(v)$ steigt streng monoton an als Funktion von $v$, denn aus (7.5) folgt durch Ableiten nach $v$: $u'_\mathrm{m}(v) = [F''(u_\mathrm{m}(v))]^{-1} > 0$. Die Legendre-Transformierte $G(v)$ von $F(u)$ wird nun durch

$$\boxed{G(v) \equiv \mathcal{G}(v, u_\mathrm{m}(v)) ,}$$

d. h. durch Einsetzen von $u_\mathrm{m}(v)$ in (7.4) definiert. Variiert man den Wert der vorgegebenen Variablen $v$, so erhält man die Funktion $G(v)$, die in Abbildung 7.2 als die *rote* Kurve dargestellt ist. Die gestrichelten Linien in Abb. 7.2 entsprechen dem speziellen, in Abb. 7.1 vorgegebenen $v$-Wert. Die Tangente an $F$ in $u = u_\mathrm{m}(v)$ ist in Abb. 7.1 *orange gestrichelt* eingetragen; wie man sieht, entspricht die Steigung der Tangente dem vorgegebenen $v$-Wert, im Einklang mit Gleichung (7.5).

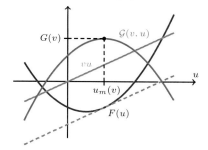

**Abb. 7.1** Legendre-Transformation
von $F(u)$ zu $G(v)$

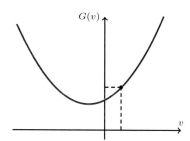

**Abb. 7.2** Die Legendre-transformierte
Funktion $G(v)$ von $F(u)$

### Eigenschaften von Legendre-Transformierten

Wir diskutieren einige Eigenschaften der Legendre-Transformierten $G(v)$ von $F(u)$: Die Funktion $G(v)$ ist ebenfalls strikt konvex; dies folgt mit Hilfe von (7.5) aus

$$G''(v) = \frac{d^2}{dv^2} \left[ v u_\mathrm{m}(v) - F(u_\mathrm{m}(v)) \right] = \frac{d}{dv} \left\{ u_\mathrm{m}(v) + \left[ v - F'(u_\mathrm{m}(v)) \right] u'_\mathrm{m}(v) \right\}$$
$$= u'_\mathrm{m}(v) > 0 .$$

Außerdem ist die Legendre-Transformierte von $G$ wiederum durch $F$ gegeben; aus diesem Grund heißen $F$ und $G$ „dual" und wird die Legendre-Transformation auch als „Dualitätstransformation" bezeichnet. Um die Legendre-Transformierte von $G$ zu bestimmen, definieren wir zunächst die Hilfsfunktion

$$\mathcal{F}(u, v) \equiv uv - G(v) = uv - \left[ v u_\mathrm{m}(v) - F(u_\mathrm{m}(v)) \right] .$$

Da $G$ strikt konvex ist, ist $\mathcal{F}$ strikt konkav als Funktion von $v$ und hat daher entweder kein Maximum oder alternativ ein eindeutiges Maximum bei $v_\mathrm{m}(u)$ mit $v'_\mathrm{m}(u) > 0$, das dann bestimmt wird durch

$$0 = \frac{\partial \mathcal{F}}{\partial v}(u, v_\mathrm{m}(u)) = u - G'(v_\mathrm{m}(u)) = u - u_\mathrm{m}(v_\mathrm{m}(u)) . \tag{7.6}$$

Wir beschränken uns im Folgenden auf solche $v$-Werte, für die ein eindeutiges Maximum bei $v_\mathrm{m}(u)$ existiert. Die Beziehung $u_\mathrm{m}(v_\mathrm{m}(u)) = u$ in (7.6) bedeutet, dass die Funktion $v_\mathrm{m}$ durch Inversion aus $u_\mathrm{m}$ folgt und umgekehrt: $v_\mathrm{m} = u_\mathrm{m}^{-1}$ bzw. $u_\mathrm{m} = v_\mathrm{m}^{-1}$. Die Legendre-Transformierte von $G(v)$ ist daher gegeben durch

$$\mathcal{F}(u, v_\mathrm{m}(u)) = v_\mathrm{m}(u)\left[u - u_\mathrm{m}(v_\mathrm{m}(u))\right] + F(u_\mathrm{m}(v_\mathrm{m}(u))) \overset{!}{=} F(u) \,,$$

sodass die Funktionen $F$ und $G$ in der Tat dual sind. Als letzte Eigenschaft der Legendre-Transformierten $G(v)$ erwähnen wir die *Young'sche Ungleichung*:

$$\boxed{vu \leq F(u) + G(v) \,,} \tag{7.7}$$

die sofort daraus folgt, dass die Hilfsfunktion $\mathcal{G}(v, u)$ ihr globales Maximum als Funktion von $u$ für $u = u_\mathrm{m}(v)$ annimmt:

$$vu - F(u) = \mathcal{G}(v, u) \leq \mathcal{G}(v, u_\mathrm{m}(v)) = G(v) \,.$$

Wir behandeln im Folgenden einige Beispiele für Legendre-Transformationen.

### Beispiele für Legendre-Transformationen

Als erstes Beispiel betrachten wir die (strikt konvexe) Funktion $F : \mathbb{R} \to \mathbb{R}$ mit den Funktionswerten $F(u) = \frac{1}{2}u^2$. Die entsprechende Hilfsfunktion $\mathcal{G}(v, u) = vu - \frac{1}{2}u^2$ hat ihr Maximum als Funktion von $u$ bei $u = u_\mathrm{m}(v) = v$, sodass die Legendre-Transformierte $G$ von $F$ durch

$$G(v) = vu_\mathrm{m}(v) - \frac{1}{2}\left[u_\mathrm{m}(v)\right]^2 = v^2 - \frac{1}{2}v^2 = \frac{1}{2}v^2$$

gegeben ist. Wir stellen fest, dass $G$ und $F$ in diesem Fall dieselbe funktionale Form haben, sodass diese Funktionen *selbstdual* sind. Die Gültigkeit der Young'schen Ungleichung,

$$uv \leq \frac{1}{2}(u^2 + v^2) \qquad \text{bzw.} \qquad 0 \leq \frac{1}{2}(u - v)^2 \,,$$

ist in diesem Fall leicht nachvollziehbar.

Als zweites Beispiel betrachten wir die Funktion $F(u) = \frac{1}{p}u^p$ mit $u > 0$, $p \in \mathbb{R}$ und $p > 1$, die ebenfalls strikt konvex ist. Es folgt $\mathcal{G}(v, u) = vu - \frac{1}{p}u^p$ und daher $u_\mathrm{m}(v) = v^{1/(p-1)}$. Definieren wir nun die reelle Zahl $q \in \mathbb{R}$ durch $q \equiv \frac{p}{p-1} > 1$, so ist die Legendre-Transformierte $G$ von $F$ durch

$$G(v) = vu_\mathrm{m}(v) - F(u_\mathrm{m}(v)) = v^{1 + \frac{1}{p-1}} - \frac{1}{p}\left[v^{\frac{1}{p-1}}\right]^p = \frac{1}{q}v^q \quad (v > 0)$$

gegeben. Die entsprechende Young'sche Ungleichung:

$$uv \leq \frac{1}{p}u^p + \frac{1}{q}v^q \qquad (p, q > 1 \,, \ \tfrac{1}{p} + \tfrac{1}{q} = 1)$$

ist in diesem Fall weitaus weniger naheliegend.

## 7.1.2  Funktionen mehrerer Variabler

Da unser Ziel ist, die Lagrange-Funktion $L(\mathbf{q}, \dot{\mathbf{q}}, t)$ und die Hamilton-Funktion $H(\mathbf{q}, \mathbf{p}, t)$ durch eine Legendre-Transformation miteinander zu verknüpfen, und physikalische Systeme in der Regel *mehrere* Freiheitsgrade aufweisen, müssen die Überlegungen des letzten Abschnitts auf mehrere Variable erweitert werden.

## Strikt konvexe Funktionen und ihre Legendre-Transformation

Auch bei der Legendre-Transformation von Funktionen $F(\mathbf{u})$, die von mehreren Variablen $\mathbf{u} = (u_1, u_2, \cdots, u_n)^{\mathrm{T}}$ abhängig sind, müssen wir strikte Konvexität fordern.[4] Für mindestens zweimal differenzierbare Funktionen $F(\mathbf{u})$ bedeutet dies nun, dass die Matrix der zweiten partiellen Ableitungen von $F$ positiv definit ist, d. h., dass für alle reellwertigen Vektoren $\mathbf{h} \neq \mathbf{0}$ und alle möglichen $\mathbf{u}$-Werte im Definitionsbereich[5] der Funktion $F$ gilt:[6]

$$\mathbf{h}^{\mathrm{T}} \frac{\partial^2 F}{\partial \mathbf{u}^2}(\mathbf{u}) \, \mathbf{h} > 0 \,.$$

Wir führen die Hilfsfunktion $\mathcal{G}(\mathbf{v}, \mathbf{u})$ ein:

$$\boxed{\mathcal{G}(\mathbf{v}, \mathbf{u}) \equiv \mathbf{v} \cdot \mathbf{u} - F(\mathbf{u}) \,,}$$

die strikt konkav als Funktion von $\mathbf{u}$ ist und deshalb als Funktion von $\mathbf{u}$ entweder kein Maximum oder ein eindeutiges Maximum für $\mathbf{u} = \mathbf{u}_{\mathrm{m}}(\mathbf{v})$ hat, wobei $\mathbf{u}_{\mathrm{m}}$ im letzteren Fall durch

$$\boxed{\mathbf{0} = \frac{\partial \mathcal{G}}{\partial \mathbf{u}}(\mathbf{v}, \mathbf{u}_{\mathrm{m}}(\mathbf{v})) = \mathbf{v} - \frac{\partial F}{\partial \mathbf{u}}(\mathbf{u}_{\mathrm{m}}(\mathbf{v}))} \tag{7.8}$$

definiert ist. Wir fügen zwei Anmerkungen hinzu: Erstens folgt durch Ableiten von (7.8) bezüglich $\mathbf{v}$, dass die Matrix $\frac{\partial \mathbf{u}_{\mathrm{m}}}{\partial \mathbf{v}}(\mathbf{v})$ positiv definit ist:

$$\frac{\partial \mathbf{u}_{\mathrm{m}}}{\partial \mathbf{v}}(\mathbf{v}) = \left[ \frac{\partial^2 F}{\partial \mathbf{u}^2}(\mathbf{u}_{\mathrm{m}}(\mathbf{v})) \right]^{-1} \,,$$

da $\frac{\partial^2 F}{\partial \mathbf{u}^2}$ positiv definit ist. Zweitens ist die Lösung $\mathbf{u}_{\mathrm{m}}(\mathbf{v})$ von (7.8), falls sie existiert, in der Tat *eindeutig*, denn die Annahme zweier unterschiedlicher Lösungen $\mathbf{u}_1$ und $\mathbf{u}_2$ mit $\mathbf{u}_2 - \mathbf{u}_1 \equiv \mathbf{u}_{21} \neq \mathbf{0}$ führt sofort zu einem Widerspruch:

$$0 = \left[ \left( \frac{\partial F}{\partial \mathbf{u}} \right)(\mathbf{u}_2) - \left( \frac{\partial F}{\partial \mathbf{u}} \right)(\mathbf{u}_1) \right] \cdot \mathbf{u}_{21} = \int_{\mathbf{u}_1}^{\mathbf{u}_2} d\mathbf{u} \, \cdot \left[ \left( \frac{\partial^2 F}{\partial \mathbf{u}^2} \right)(\mathbf{u}) \, \mathbf{u}_{21} \right]$$

$$- \int_0^1 d\lambda \, \mathbf{u}_{21}^{\mathrm{T}} \left( \frac{\partial^2 F}{\partial \mathbf{u}^2} \right)(\mathbf{u}_1 + \lambda \mathbf{u}_{21}) \, \mathbf{u}_{21} > 0 \,.$$

Hierbei wurde der Integrationsweg von $\mathbf{u}_1$ nach $\mathbf{u}_2$ durch $\mathbf{u} = \mathbf{u}_1 + \lambda \mathbf{u}_{21}$ parametrisiert. Die Legendre-Transformierte $G$ von $F$ folgt nun als

$$\boxed{G(\mathbf{v}) \equiv \mathcal{G}(\mathbf{v}, \mathbf{u}_{\mathrm{m}}(\mathbf{v})) = \mathbf{v} \cdot \mathbf{u}_{\mathrm{m}}(\mathbf{v}) - F(\mathbf{u}_{\mathrm{m}}(\mathbf{v})) \,,}$$

---

[4]Selbstverständlich darf die Funktion $F(\mathbf{u})$ auch strikt konkav sein, aber konkave Funktionen sind für uns zunächst weniger relevant.

[5]Dieser Definitionsbereich muss eine *konvexe* Teilmenge von $\mathbb{R}^n$ sein. Das Gleiche gilt für die Menge der möglichen $\mathbf{v}$-Werte in (7.8).

[6]Die in der konvexen Analysis übliche, geringfügig allgemeinere Definition lautet für Funktionen mehrerer Variablen:

$$F(\lambda \mathbf{u}_1 + (1 - \lambda)\mathbf{u}_2) < \lambda F(\mathbf{u}_1) + (1 - \lambda)F(\mathbf{u}_2) \qquad (\mathbf{u}_1 \neq \mathbf{u}_2 \,,\, 0 < \lambda < 1) \,.$$

Es ist wiederum einfach, zu zeigen, dass unsere Definition diese Ungleichung impliziert.

und durch zweifaches Ableiten nach $\mathbf{v}$ zeigt sich, dass $\frac{\partial^2 G}{\partial \mathbf{v}^2}$ positiv definit und $G$ selbst somit strikt konvex ist. Wir betrachten im Folgenden nur solche $\mathbf{v}$-Werte, für die – wie in Gleichung (7.8) – ein eindeutiges Maximum existiert.

### Die Dualität der Legendre-Transformation

Zur Berechnung der Legendre-Transformierten von $G$ benötigen wir zuerst wiederum die Hilfsfunktion

$$\mathcal{F}(\mathbf{u}, \mathbf{v}) \equiv \mathbf{u} \cdot \mathbf{v} - G(\mathbf{v}) = \mathbf{u} \cdot \mathbf{v} - [\mathbf{v} \cdot \mathbf{u}_{\mathrm{m}}(\mathbf{v}) - F(\mathbf{u}_{\mathrm{m}}(\mathbf{v}))] \ ,$$

die strikt konkav ist als Funktion von $\mathbf{v}$ und (falls dieses existiert) ein eindeutiges Maximum hat für $\mathbf{v} = \mathbf{v}_{\mathrm{m}}(\mathbf{u})$ mit

$$\mathbf{0} = \frac{\partial \mathcal{F}}{\partial \mathbf{v}}(\mathbf{u}, \mathbf{v}_{\mathrm{m}}(\mathbf{u})) = \mathbf{u} - \frac{\partial G}{\partial \mathbf{v}}(\mathbf{v}_{\mathrm{m}}(\mathbf{u})) = \mathbf{u} - \mathbf{u}_{\mathrm{m}}(\mathbf{v}_{\mathrm{m}}(\mathbf{u})) \ .$$

Es folgt wiederum $\mathbf{v}_{\mathrm{m}} = \mathbf{u}_{\mathrm{m}}^{-1}$ bzw. $\mathbf{u}_{\mathrm{m}} = \mathbf{v}_{\mathrm{m}}^{-1}$. Die Legendre-Transformierte von $G$ ist nun:

$$\mathcal{F}(\mathbf{u}, \mathbf{v}_{\mathrm{m}}(\mathbf{u})) = \mathbf{v}_{\mathrm{m}}(\mathbf{u}) \cdot [\mathbf{u} - \mathbf{u}_{\mathrm{m}}(\mathbf{v}_{\mathrm{m}}(\mathbf{u}))] + F(\mathbf{u}_{\mathrm{m}}(\mathbf{v}_{\mathrm{m}}(\mathbf{u}))) \overset{!}{=} F(\mathbf{u}) \ ,$$

sodass $F$ und $G$ auch im mehrdimensionalen Fall *dual* sind. Die *Young'sche Ungleichung* folgt aus

$$\mathbf{v} \cdot \mathbf{u} - F(\mathbf{u}) = \mathcal{G}(\mathbf{v}, \mathbf{u}) \leq \mathcal{G}(\mathbf{v}, \mathbf{u}_{\mathrm{m}}(\mathbf{v})) = G(\mathbf{v})$$

als

$$\boxed{\ \mathbf{v} \cdot \mathbf{u} \leq F(\mathbf{u}) + G(\mathbf{v}) \ .\ }$$

Wir beschränken uns auf ein einzelnes Beispiel: Die Legendre-Transformierte von $F(\mathbf{u}) = \frac{1}{2}\mathbf{u}^2$ ist $G(\mathbf{v}) = \frac{1}{2}\mathbf{v}^2$, sodass die Funktion $F(\mathbf{u}) = \frac{1}{2}\mathbf{u}^2$ auch für $\mathbf{u} \in \mathbb{R}^n$ selbstdual ist; die Young'sche Ungleichung ist in diesem Fall durch $\mathbf{u} \cdot \mathbf{v} \leq \frac{1}{2}(\mathbf{u}^2 + \mathbf{v}^2)$ bzw. $(\mathbf{u} - \mathbf{v})^2 \geq 0$ gegeben.

## 7.1.3   Funktionen mit zusätzlichen inerten Variablen

Als nächste Stufe der Verallgemeinerung betrachten wir Funktionen $F(\mathbf{u}, \mathbf{w})$, die von mehreren Variablen $\mathbf{u} \equiv (u_1, u_2, \cdots, u_n)^{\mathrm{T}}$ und $\mathbf{w} \equiv (w_1, w_2, \cdots, w_{n'})^{\mathrm{T}}$ abhängen und nur bezüglich der $\mathbf{u}$-Variablen Legendre-transformiert werden. Diese Verallgemeinerung ist physikalisch äußerst relevant, da wir im Folgenden Legendre-Transformationen bezüglich der Geschwindigkeiten $\dot{\mathbf{q}}$, jedoch *nicht* bezüglich der Koordinaten $\mathbf{q}$ und der Zeit $t$ durchführen werden.

Für Funktionen $F(\mathbf{u}, \mathbf{w})$, die nur bezüglich der Variablen $\mathbf{u}$ Legendre-transformiert werden, können wir grundsätzlich alle Ergebnisse von Abschnitt [7.1.2] übernehmen, falls $F(\mathbf{u})$, $\mathcal{G}(\mathbf{v}, \mathbf{u})$, $\mathbf{u}_{\mathrm{m}}(\mathbf{v})$, $G(\mathbf{v})$, $\mathcal{F}(\mathbf{u}, \mathbf{v})$ und $\mathbf{v}_{\mathrm{m}}(\mathbf{u})$ überall durch $F(\mathbf{u}, \mathbf{w})$, $\mathcal{G}(\mathbf{v}, \mathbf{u}, \mathbf{w})$, $\mathbf{u}_{\mathrm{m}}(\mathbf{v}, \mathbf{w})$, $G(\mathbf{v}, \mathbf{w})$, $\mathcal{F}(\mathbf{u}, \mathbf{v}, \mathbf{w})$ bzw. $\mathbf{v}_{\mathrm{m}}(\mathbf{u}, \mathbf{w})$ ersetzt werden. Insbesondere gilt also:

$$\mathbf{v} = \frac{\partial F}{\partial \mathbf{u}}(\mathbf{u}_{\mathrm{m}}(\mathbf{v}, \mathbf{w}), \mathbf{w}) \quad , \quad G(\mathbf{v}, \mathbf{w}) = \mathbf{v} \cdot \mathbf{u}_{\mathrm{m}}(\mathbf{v}, \mathbf{w}) - F(\mathbf{u}_{\mathrm{m}}(\mathbf{v}, \mathbf{w}), \mathbf{w}) \ .$$

Im Folgenden sind u. a. die Ableitungen und Differentiale von $G(\mathbf{v}, \mathbf{w})$ relevant. Für die partiellen Ableitungen von $G$ bezüglich $\mathbf{v}$ und $\mathbf{w}$ erhält man

$$\frac{\partial G}{\partial \mathbf{v}}(\mathbf{v}, \mathbf{w}) = \mathbf{u}_{\mathrm{m}}(\mathbf{v}, \mathbf{w}) + \left[\frac{\partial \mathbf{u}_{\mathrm{m}}}{\partial \mathbf{v}}(\mathbf{v}, \mathbf{w})\right]^{\mathrm{T}} \left[\mathbf{v} - \frac{\partial F}{\partial \mathbf{u}}(\mathbf{u}_{\mathrm{m}}(\mathbf{v}, \mathbf{w}), \mathbf{w})\right] = \mathbf{u}_{\mathrm{m}}(\mathbf{v}, \mathbf{w})$$

bzw.

$$\frac{\partial G}{\partial \mathbf{w}}(\mathbf{v}, \mathbf{w}) = \left[\frac{\partial \mathbf{u}_{\mathrm{m}}}{\partial \mathbf{w}}(\mathbf{v}, \mathbf{w})\right]^{\mathrm{T}} \left[\mathbf{v} - \frac{\partial F}{\partial \mathbf{u}}(\mathbf{u}_{\mathrm{m}}(\mathbf{v}, \mathbf{w}), \mathbf{w})\right] - \frac{\partial F}{\partial \mathbf{w}}(\mathbf{u}_{\mathrm{m}}(\mathbf{v}, \mathbf{w}), \mathbf{w})$$

$$= -\frac{\partial F}{\partial \mathbf{w}}(\mathbf{u}_{\mathrm{m}}(\mathbf{v}, \mathbf{w}), \mathbf{w}) .$$

Es folgt für das Differential $dG$:

$$dG = \mathbf{u}_{\mathrm{m}}(\mathbf{v}, \mathbf{w}) \cdot d\mathbf{v} - \frac{\partial F}{\partial \mathbf{w}}(\mathbf{u}_{\mathrm{m}}(\mathbf{v}, \mathbf{w}), \mathbf{w}) \cdot d\mathbf{w} , \tag{7.9}$$

und umgekehrt gilt natürlich auch für das Differential $dF$:

$$dF = \mathbf{v}_{\mathrm{m}}(\mathbf{u}, \mathbf{w}) \cdot d\mathbf{u} - \frac{\partial G}{\partial \mathbf{w}}(\mathbf{v}_{\mathrm{m}}(\mathbf{u}, \mathbf{w}), \mathbf{w}) \cdot d\mathbf{w} . \tag{7.10}$$

# 7.2 Anwendung der Legendre-Transformation auf die Lagrange-Funktion

Wir untersuchen nun die Legendre-Transformation der Lagrange-Funktion $L(\mathbf{q}, \dot{\mathbf{q}}, t)$ bezüglich der Geschwindigkeiten $\dot{\mathbf{q}}$, wobei zu beachten ist, dass die Koordinaten $\mathbf{q}$ und die Zeit $t$ bei dieser Transformation nur als unveränderliche Parameter auftreten und somit „inerte" Variable sind. Die Legendre-Transformation bezüglich $\dot{\mathbf{q}}$ ist nur deshalb möglich, weil die Lagrange-Funktion $L(\mathbf{q}, \dot{\mathbf{q}}, t)$, wie wir aus Abschnitt [6.6] wissen, für alle uns interessierenden Probleme eine strikt konvexe Funktion der Geschwindigkeiten ist.

### Herleitung der Hamilton-Funktion

Wir wenden die Ideen und Ergebnisse der letzten beiden Abschnitte nun an und führen eine neue Variable $\mathbf{p} = (p_1, p_2, \cdots, p_f)^{\mathrm{T}}$ ein, den *kanonisch* zu $\mathbf{q}$ *konjugierten Impuls*, sowie die Hilfsfunktion

$$\boxed{\mathcal{H}(\mathbf{q}, \mathbf{p}, \dot{\mathbf{q}}, t) \equiv \mathbf{p} \cdot \dot{\mathbf{q}} - L(\mathbf{q}, \dot{\mathbf{q}}, t) .}$$

Die Hilfsgröße $\mathcal{H}$ ist strikt konkav als Funktion von $\dot{\mathbf{q}}$ und hat daher (als Funktion von $\dot{\mathbf{q}}$) ein eindeutiges Maximum für $\dot{\mathbf{q}} = \dot{\mathbf{q}}_{\mathrm{m}}(\mathbf{q}, \mathbf{p}, t)$, wobei $\dot{\mathbf{q}}_{\mathrm{m}}$ durch

$$\boxed{\mathbf{0} = \frac{\partial \mathcal{H}}{\partial \dot{\mathbf{q}}}(\mathbf{q}, \mathbf{p}, \dot{\mathbf{q}}_{\mathrm{m}}, t) = \mathbf{p} - \frac{\partial L}{\partial \dot{\mathbf{q}}}(\mathbf{q}, \dot{\mathbf{q}}_{\mathrm{m}}, t)} \tag{7.11}$$

definiert ist. Die Legendre-Transformierte von $L(\mathbf{q}, \dot{\mathbf{q}}, t)$ ist nun durch

$$\boxed{H(\mathbf{q}, \mathbf{p}, t) \equiv \mathbf{p} \cdot \dot{\mathbf{q}}_{\mathrm{m}}(\mathbf{q}, \mathbf{p}, t) - L(\mathbf{q}, \dot{\mathbf{q}}_{\mathrm{m}}(\mathbf{q}, \mathbf{p}, t), t)} \tag{7.12}$$

gegeben und wird als die *Hamilton-Funktion* bezeichnet.

**Die Dualität der Legendre-Transformation**

Da die Lagrange-Funktion strikt konvex ist als Funktion von $\dot{\mathbf{q}}$, ist $H$ strikt konvex als Funktion des kanonisch zu $\mathbf{q}$ konjugierten Impulses $\mathbf{p}$. Auch die Rücktransformation kann daher problemlos durchgeführt werden: Die Hilfsfunktion

$$\mathcal{L}(\mathbf{q}, \dot{\mathbf{q}}, \mathbf{p}, t) \equiv \dot{\mathbf{q}} \cdot \mathbf{p} - H(\mathbf{q}, \mathbf{p}, t) \tag{7.13}$$

ist strikt konkav als Funktion der Impulsvariablen $\mathbf{p}$ und hat ein eindeutiges Maximum für $\mathbf{p} = \mathbf{p}_{\mathrm{m}}(\mathbf{q}, \dot{\mathbf{q}}, t)$, wobei $\mathbf{p}_{\mathrm{m}}$ durch

$$\mathbf{0} = \frac{\partial \mathcal{L}}{\partial \mathbf{p}}(\mathbf{q}, \dot{\mathbf{q}}, \mathbf{p}_{\mathrm{m}}, t) = \dot{\mathbf{q}} - \frac{\partial H}{\partial \mathbf{p}}(\mathbf{q}, \mathbf{p}_{\mathrm{m}}, t)$$

definiert ist. Die Legendre-Transformierte der Hamilton-Funktion,

$$\mathcal{L}(\mathbf{q}, \dot{\mathbf{q}}, \mathbf{p}_{\mathrm{m}}(\mathbf{q}, \dot{\mathbf{q}}, t), t) = \mathbf{p}_{\mathrm{m}} \cdot [\dot{\mathbf{q}} - \dot{\mathbf{q}}_{\mathrm{m}}(\mathbf{q}, \mathbf{p}_{\mathrm{m}}, t)] + L(\mathbf{q}, \dot{\mathbf{q}}_{\mathrm{m}}(\mathbf{q}, \mathbf{p}_{\mathrm{m}}, t), t) \, ,$$

ist aufgrund der Beziehungen

$$\dot{\mathbf{q}} = \dot{\mathbf{q}}_{\mathrm{m}}(\mathbf{q}, \mathbf{p}_{\mathrm{m}}(\mathbf{q}, \dot{\mathbf{q}}, t), t) \quad , \quad \mathbf{p} = \mathbf{p}_{\mathrm{m}}(\mathbf{q}, \dot{\mathbf{q}}_{\mathrm{m}}(\mathbf{q}, \mathbf{p}, t), t) \tag{7.14}$$

wieder gleich der ursprünglichen Lagrange-Funktion:

$$\mathcal{L}(\mathbf{q}, \dot{\mathbf{q}}, \mathbf{p}_{\mathrm{m}}(\mathbf{q}, \dot{\mathbf{q}}, t), t) = \mathbf{p}_{\mathrm{m}} \cdot (\dot{\mathbf{q}} - \dot{\mathbf{q}}) + L(\mathbf{q}, \dot{\mathbf{q}}, t) \overset{!}{=} L(\mathbf{q}, \dot{\mathbf{q}}, t) \, ,$$

sodass $L$ und $H$ in diesem Sinne *dual* sind. Die Differentiale von $H$ und $L$ sind aufgrund von (7.9) und (7.10) wie

$$dH = \dot{\mathbf{q}}_{\mathrm{m}}(\mathbf{q}, \mathbf{p}, t) \cdot d\mathbf{p} - \frac{\partial L}{\partial \mathbf{q}}(\mathbf{q}, \dot{\mathbf{q}}_{\mathrm{m}}, t) \cdot d\mathbf{q} - \frac{\partial L}{\partial t}(\mathbf{q}, \dot{\mathbf{q}}_{\mathrm{m}}, t)dt$$
$$dL = \mathbf{p}_{\mathrm{m}}(\mathbf{q}, \dot{\mathbf{q}}, t) \cdot d\dot{\mathbf{q}} - \frac{\partial H}{\partial \mathbf{q}}(\mathbf{q}, \mathbf{p}_{\mathrm{m}}, t) \cdot d\mathbf{q} - \frac{\partial H}{\partial t}(\mathbf{q}, \mathbf{p}_{\mathrm{m}}, t)dt \tag{7.15}$$

miteinander verknüpft. Als Kuriosum sei noch die Young'sche Ungleichung erwähnt:

$$\boxed{\mathbf{p} \cdot \dot{\mathbf{q}} \leq L(\mathbf{q}, \dot{\mathbf{q}}, t) + H(\mathbf{q}, \mathbf{p}, t) \, ,}$$

die in der Physik allerdings weniger Anwendung findet, da man in der Regel an exakten oder numerisch exakten Ergebnissen für Bewegungsgleichungen interessiert ist und nicht so sehr an Ungleichungen.

**Nicht-Eindeutigkeit der Hamilton-Funktion**

Eine wichtige (und gelegentlich auch hilfreiche) Eigenschaft des Hamilton-Formalismus ist, dass die *Hamilton-Funktion* eines physikalischen Systems *nicht eindeutig definiert* ist: Man kann diese Wahlfreiheit u. U. dazu verwenden, die Hamilton-Funktion zu vereinfachen. Die Nicht-Eindeutigkeit der Hamilton-Funktion folgt direkt daraus, dass die Lagrange-Funktion nicht eindeutig festgelegt ist, da man immer durch Addition einer „vollständigen Zeitableitung" eine äquivalente Lagrange-Funktion erzeugen kann:

$$L' = L + \frac{d}{dt}\lambda(\mathbf{q}, t) = L + \frac{\partial \lambda}{\partial \mathbf{q}}(\mathbf{q}, t) \cdot \dot{\mathbf{q}} + \frac{\partial \lambda}{\partial t}(\mathbf{q}, t) \, .$$

Dies hat zur Konsequenz, dass sich auch die Hilfsfunktion $\mathcal{H}(\mathbf{q}, \mathbf{p}, \dot{\mathbf{q}}, t)$ ändert und sich das Maximum dieser Hilfsfunktion von $\dot{\mathbf{q}}_m$ nach $\dot{\mathbf{q}}'_m$ verschiebt:

$$\mathbf{p} = \frac{\partial L'}{\partial \dot{\mathbf{q}}}(\mathbf{q}, \dot{\mathbf{q}}'_m, t) = \frac{\partial L}{\partial \dot{\mathbf{q}}}(\mathbf{q}, \dot{\mathbf{q}}'_m, t) + \frac{\partial \lambda}{\partial \mathbf{q}}(\mathbf{q}, t) \ . \tag{7.16}$$

Hieraus folgt sofort:

$$\dot{\mathbf{q}}'_m(\mathbf{q}, \mathbf{p}, t) = \dot{\mathbf{q}}_m\left(\mathbf{q}, \mathbf{p} - \tfrac{\partial \lambda}{\partial \mathbf{q}}, t\right) \ .$$

Die neue Hamilton-Funktion folgt nun als

$$\begin{aligned}
H'(\mathbf{q}, \mathbf{p}, t) &= \mathbf{p} \cdot \dot{\mathbf{q}}'_m - L' = \mathbf{p} \cdot \dot{\mathbf{q}}'_m - L - \frac{\partial \lambda}{\partial \mathbf{q}} \cdot \dot{\mathbf{q}}'_m - \frac{\partial \lambda}{\partial t} \\
&= \left(\mathbf{p} - \frac{\partial \lambda}{\partial \mathbf{q}}\right) \cdot \dot{\mathbf{q}}'_m - L(\mathbf{q}, \dot{\mathbf{q}}'_m, t) - \frac{\partial \lambda}{\partial t}(\mathbf{q}, t) \\
&= H\left(\mathbf{q}, \mathbf{p} - \tfrac{\partial \lambda}{\partial \mathbf{q}}, t\right) - \tfrac{\partial \lambda}{\partial t}(\mathbf{q}, t) \ .
\end{aligned} \tag{7.17}$$

Da die beiden Hamilton-Funktionen $H$ und $H'$ dasselbe physikalische Problem beschreiben, sind sie vollständig äquivalent. Ein konkretes Beispiel für ein physikalisches Problem, das durch Elimination einer „vollständigen Zeitableitung" erheblich vereinfacht werden konnte, haben wir bereits in Abschnitt [6.8] kennengelernt. Dieses Beispiel kann bei Bedarf auch in die Hamilton-Sprache übersetzt werden.

## 7.3 Die Hamilton-Gleichungen

In diesem Abschnitt leiten wir die *Hamilton-Gleichungen* her, d. h. die *Bewegungsgleichungen* der Hamilton-Theorie. Wir untersuchen die Beziehung zwischen der Hamilton-Funktion und der *Energie* eines physikalischen Systems sowie die Form von *Observablen* in der Hamilton-Sprache. Wir zeigen außerdem, dass die Hamilton-Gleichungen – anders als die Lagrange-Gleichungen – *nicht* forminvariant unter der Addition einer „vollständigen Zeitableitung" sind, da der Impuls $\mathbf{p}$ in der Hamilton-Theorie nicht invariant unter solchen Transformationen ist.

### Herleitung der Hamilton-Gleichungen

Ähnlich wie die Variablen „Koordinaten", „Geschwindigkeiten" und „Zeit" $(\mathbf{q}, \dot{\mathbf{q}}, t)$ in der Lagrange-Funktion sind auch die Koordinaten, Impulse und die Zeit $(\mathbf{q}, \mathbf{p}, t)$ in der Hamilton-Funktion grundsätzlich *unabhängige Variable*, die erst durch die Bewegungsgleichung für die physikalische Bahn miteinander verknüpft werden. Mit Hilfe des verallgemeinerten Impulses $\mathbf{p}(\mathbf{q}, \dot{\mathbf{q}}, t)$ der Lagrange-Theorie,

$$\mathbf{p}(\mathbf{q}, \dot{\mathbf{q}}, t) = \frac{\partial L}{\partial \dot{\mathbf{q}}}(\mathbf{q}, \dot{\mathbf{q}}, t) \ ,$$

kann die Lagrange-Gleichung für $\mathbf{q}_\phi(t)$ auch als

$$\dot{\mathbf{p}}_\phi(t) = \frac{\partial L}{\partial \mathbf{q}}(\mathbf{q}_\phi(t), \dot{\mathbf{q}}_\phi(t), t) \quad , \quad \mathbf{p}_\phi(t) \equiv \mathbf{p}(\mathbf{q}_\phi(t), \dot{\mathbf{q}}_\phi(t), t) \tag{7.18}$$

geschrieben werden. Durch Inversion der Beziehung $\mathbf{p}_\phi = \frac{\partial L}{\partial \dot{\mathbf{q}}}(\mathbf{q}_\phi, \dot{\mathbf{q}}_\phi, t)$ ergibt sich:

$$\dot{\mathbf{q}}_\phi = \dot{\mathbf{q}}_\mathrm{m}(\mathbf{q}_\phi, \mathbf{p}_\phi, t) \tag{7.19}$$

und daher aufgrund von (7.14) auch: $\mathbf{p}_\phi = \mathbf{p}_\mathrm{m}(\mathbf{q}_\phi, \dot{\mathbf{q}}_\phi, t)$. Nun wissen wir bereits aus (7.15), dass allgemein die Beziehungen

$$\frac{\partial H}{\partial \mathbf{q}}(\mathbf{q}, \mathbf{p}, t) = -\frac{\partial L}{\partial \mathbf{q}}(\mathbf{q}, \dot{\mathbf{q}}_\mathrm{m}, t) \quad , \quad \frac{\partial H}{\partial \mathbf{p}}(\mathbf{q}, \mathbf{p}, t) = \dot{\mathbf{q}}_\mathrm{m}(\mathbf{q}, \mathbf{p}, t)$$

gelten. Insbesondere findet man daher für die physikalische Bahn:

$$\frac{\partial L}{\partial \mathbf{q}}(\mathbf{q}_\phi, \dot{\mathbf{q}}_\phi, t) = -\frac{\partial H}{\partial \mathbf{q}}(\mathbf{q}_\phi, \mathbf{p}_\phi, t) \quad , \quad \dot{\mathbf{q}}_\mathrm{m}(\mathbf{q}_\phi, \mathbf{p}_\phi, t) = \frac{\partial H}{\partial \mathbf{p}}(\mathbf{q}_\phi, \mathbf{p}_\phi, t) \ .$$

Durch Einsetzen dieser Resultate in (7.18) und (7.19) erhält man nun ein sehr wichtiges Ergebnis:

$$\boxed{\dot{\mathbf{p}}_\phi = -\frac{\partial H}{\partial \mathbf{q}}(\mathbf{q}_\phi, \mathbf{p}_\phi, t) \quad , \quad \dot{\mathbf{q}}_\phi = \frac{\partial H}{\partial \mathbf{p}}(\mathbf{q}_\phi, \mathbf{p}_\phi, t)} \tag{7.20}$$

oder, wie diese Gleichungen meist kurz dargestellt werden:

$$\boxed{\dot{\mathbf{p}} = -\frac{\partial H}{\partial \mathbf{q}} \quad , \quad \dot{\mathbf{q}} = \frac{\partial H}{\partial \mathbf{p}} \ .}$$

Der Gleichungssatz (7.20) enthält insgesamt $2f$ Gleichungen für die $2f$ Unbekannten $\mathbf{p}_\phi(t)$ und $\mathbf{q}_\phi(t)$ und ist somit für vorgegebene Anfangsbedingungen $\mathbf{p}_\phi(0)$ und $\mathbf{q}_\phi(0)$ vollständig und eindeutig lösbar. Die beiden Gleichungen in (7.20) stellen die *Bewegungsgleichungen* des Systems in der Hamilton-Formulierung dar und werden daher als die *Hamilton-Gleichungen* bezeichnet. Sie bilden die Basis für alles Weitere in diesem Kapitel.

### Beziehung zwischen Hamilton-Funktion und Jacobi-Integral

Aus den Hamilton-Gleichungen (7.20) für die physikalische Bahn folgt sofort, dass die Größe

$$H_\phi(t) \equiv H(\mathbf{q}_\phi(t), \mathbf{p}_\phi(t), t)$$

erhalten ist, falls $H$ und somit auch $L$ nicht explizit zeitabhängig sind:

$$\frac{dH_\phi}{dt}(t) = \frac{dH}{dt}(\mathbf{q}_\phi, \mathbf{p}_\phi, t) = \left(\frac{\partial H}{\partial \mathbf{q}}\right)_\phi \cdot \dot{\mathbf{q}}_\phi + \left(\frac{\partial H}{\partial \mathbf{p}}\right)_\phi \cdot \dot{\mathbf{p}}_\phi + \left(\frac{\partial H}{\partial t}\right)_\phi$$

$$= \left(\frac{\partial H}{\partial \mathbf{q}}\right)_\phi \cdot \left(\frac{\partial H}{\partial \mathbf{p}}\right)_\phi - \left(\frac{\partial H}{\partial \mathbf{p}}\right)_\phi \cdot \left(\frac{\partial H}{\partial \mathbf{q}}\right)_\phi + \left(\frac{\partial H}{\partial t}\right)_\phi = \left(\frac{\partial H}{\partial t}\right)_\phi = -\left(\frac{\partial L}{\partial t}\right)_\phi \ ,$$

wobei im letzten Schritt die konkrete Struktur der Differentiale aus (7.15) verwendet wurde. Da $H_\phi$ gleich dem Jacobi-Integral $J_\phi$ ist:

$$\boxed{H_\phi = \mathbf{p}_\phi \cdot \dot{\mathbf{q}}_\phi - L_\phi = \left(\frac{\partial L}{\partial \dot{\mathbf{q}}} \cdot \dot{\mathbf{q}} - L\right)_\phi = J_\phi} \tag{7.21}$$

und $J_\phi$ für Lagrange-Funktionen, die nicht explizit von der Zeit abhängen, gleich der *Energie* des Systems ist,[7] kann auch $H_\phi$ mit der Energie identifiziert werden, falls $\frac{\partial H}{\partial t} = -\frac{\partial L}{\partial t} = 0$ gilt. Wie bereits in Abschnitt [6.11] gezeigt wurde, *kann* ein System eine Erhaltungsgröße *Energie* haben, obwohl $\frac{\partial H}{\partial t} = -\frac{\partial L}{\partial t} \neq 0$ gilt. In diesem Fall kann die Energie jedoch nicht mit $H_\phi$ bzw. $J_\phi$ identifiziert werden.

### Observablen und Messgrößen

Gleichung (7.21) kann auch so interpretiert werden, dass die Hamilton-Funktion im Hamilton-Formalismus der Jacobi-Funktion in der Lagrange-Theorie entspricht:

$$H(\mathbf{q}, \mathbf{p}, t) = J(\mathbf{q}, \dot{\mathbf{q}}_m(\mathbf{q}, \mathbf{p}, t), t) \quad , \quad J(\mathbf{q}, \dot{\mathbf{q}}, t) = H(\mathbf{q}, \mathbf{p}_m(\mathbf{q}, \dot{\mathbf{q}}, t), t)$$

und dass beide Größen für alle möglichen physikalischen Bahnen gleich sind:

$$H_\phi(t) = H(\mathbf{q}_\phi, \mathbf{p}_\phi, t) = J(\mathbf{q}_\phi, \dot{\mathbf{q}}_\phi, t) = J_\phi(t) \ .$$

Dies ist nur ein Beispiel dafür, dass jede Messgröße $A$ eines physikalischen Systems in der Lagrange-Theorie mit Hilfe einer Observablen $A_L(\mathbf{q}, \dot{\mathbf{q}}, t)$ und im Hamilton-Formalismus mit Hilfe einer Observablen $A_H(\mathbf{q}, \mathbf{p}, t)$ beschrieben werden kann, wobei $A_L$ und $A_H$ gemäß

$$A_H(\mathbf{q}, \mathbf{p}, t) = A_L(\mathbf{q}, \dot{\mathbf{q}}_m(\mathbf{q}, \mathbf{p}, t), t) \quad , \quad A_L(\mathbf{q}, \dot{\mathbf{q}}, t) = A_H(\mathbf{q}, \mathbf{p}_m(\mathbf{q}, \dot{\mathbf{q}}, t), t)$$

miteinander verknüpft sind und für alle möglichen physikalischen Bahnen den gleichen Messwert für $A$ vorhersagen:

$$\boxed{A_H(\mathbf{q}_\phi, \mathbf{p}_\phi, t) = A_L(\mathbf{q}_\phi, \dot{\mathbf{q}}_\phi, t) \equiv A_\phi(t) \ .}$$

Analog gibt es einen einfachen Zusammenhang zwischen Observablen $A_L(\mathbf{q}, \dot{\mathbf{q}}, t)$ in der Lagrange-Theorie und Observablen $A_N(\mathbf{X}, \dot{\mathbf{X}}, t)$ in der Newton'schen Mechanik:

$$A_L(\mathbf{q}, \dot{\mathbf{q}}, t) = A_N(\mathbf{X}(\mathbf{q}, t), \dot{\mathbf{X}}(\mathbf{q}, \dot{\mathbf{q}}, t), t) \ ,$$

denn bei einer „Messung" liefern auch diese beiden Größen dasselbe Ergebnis:

$$\boxed{A_N(\mathbf{X}_\phi, \dot{\mathbf{X}}_\phi, t) = A_L(\mathbf{q}_\phi, \dot{\mathbf{q}}_\phi, t) = A_\phi(t) \ .}$$

Wir betrachten zwei Beispiele:

1. Für ein Teilchen der Masse $m$ im Potential $V(\mathbf{x})$ sind die Messgrößen „Impuls", „Drehimpuls" und „Energie" in den verschiedenen Darstellungen gegeben durch

$$A_{L,N}(\mathbf{x}, \dot{\mathbf{x}}, t) = \begin{cases} m\dot{\mathbf{x}} \\ m\mathbf{x} \times \dot{\mathbf{x}} \\ \frac{1}{2}m\dot{\mathbf{x}}^2 + V(\mathbf{x}) \end{cases} \quad , \quad A_H(\mathbf{x}, \mathbf{p}, t) = \begin{cases} \mathbf{p} \\ \mathbf{x} \times \mathbf{p} \\ \mathbf{p}^2/2m + V(\mathbf{x}) \ . \end{cases}$$

---

[7]Wie wir wissen, gilt dies streng genommen nur dann, wenn neben $L$ auch die Zwangsbedingungen und die Transformationsvorschrift $\{\mathbf{x}_i(\mathbf{q})\}$ nicht explizit zeitabhängig sind.

2. Für ein geladenes Teilchen der Masse $m$ und Ladung $\hat{q}$ muss man den verallgemeinerten Impuls $\frac{\partial L}{\partial \dot{\mathbf{x}}} = m\dot{\mathbf{x}} + \hat{q}\mathbf{A}(\mathbf{x}, t)$, der nicht eichinvariant ist, klar vom (manifest eichinvarianten) *kinetischen Impuls* $m\dot{\mathbf{x}}$ unterscheiden. Für die Messgrößen „kinetischer Impuls", „kinetischer Drehimpuls" und „kinetische Energie" erhält man nun:

$$A_{\mathrm{L,N}}(\mathbf{x}, \dot{\mathbf{x}}, t) = \begin{cases} m\dot{\mathbf{x}} \\ m\mathbf{x} \times \dot{\mathbf{x}} \\ \frac{1}{2}m\dot{\mathbf{x}}^2 \end{cases}, \quad A_{\mathrm{H}}(\mathbf{x}, \mathbf{p}, t) = \begin{cases} \mathbf{p} - \hat{q}\mathbf{A}(\mathbf{x}, t) \\ \mathbf{x} \times (\mathbf{p} - \hat{q}\mathbf{A}) \\ \frac{1}{2m}(\mathbf{p} - \hat{q}\mathbf{A})^2 \end{cases},$$

und alle diese Observablen sind eichinvariant.

### Forminvarianz der Hamilton-Gleichungen?

Wir wissen bereits, dass die Hamilton-Funktion, ähnlich wie die Lagrange-Funktion, nicht eindeutig definiert ist, da sie unter Addition einer „vollständigen Zeitableitung" zu $L$ ihre Form ändert. Einerseits ist daher klar, dass auch die Hamilton-Gleichungen für $(\mathbf{q}_\phi, \mathbf{p}_\phi)$ ihre Form ändern werden, andererseits ist ebenso offensichtlich, dass die Lösung $\mathbf{q}_\phi(t)$, eine *Messgröße*, unter einer solchen Transformation invariant sein muss. Wir vergleichen die Bewegungsgleichungen vor und nach der Transformation: Vor der Transformation wird das System durch die Hamilton-Funktion $H(\mathbf{q}, \mathbf{p}, t)$ beschrieben; die entsprechenden Hamilton-Gleichungen

$$\dot{\mathbf{q}}_\phi = \frac{\partial H}{\partial \mathbf{p}}(\mathbf{q}_\phi, \mathbf{p}_\phi, t) \quad , \quad \dot{\mathbf{p}}_\phi = -\frac{\partial H}{\partial \mathbf{q}}(\mathbf{q}_\phi, \mathbf{p}_\phi, t) \tag{7.22}$$

sind unter Berücksichtigung der Anfangsbedingungen $\mathbf{q}_\phi(0) \equiv \mathbf{q}_0$ und $\mathbf{p}_\phi(0) \equiv \mathbf{p}_0$ zu lösen. Durch Addition einer „vollständigen Zeitableitung" $\frac{d}{dt}\lambda(\mathbf{q}, t)$ zu $L$ ändert sich der Impuls gemäß (7.16), sodass nach der Transformation

$$\mathbf{p}'_\phi(t) = \frac{\partial L}{\partial \dot{\mathbf{q}}}(\mathbf{q}_\phi, \dot{\mathbf{q}}_\phi, t) + \frac{\partial \lambda}{\partial \mathbf{q}}(\mathbf{q}_\phi, t) = \mathbf{p}_\phi(t) + \frac{\partial \lambda}{\partial \mathbf{q}}(\mathbf{q}_\phi, t) \tag{7.23}$$

gilt. Man sieht an dieser Stelle ganz klar, dass der Impuls $\mathbf{p}$ in der Hamilton-Theorie *nicht invariant* ist unter der Addition einer „vollständigen Zeitableitung" zur Lagrange-Funktion. Der kanonisch zu $\mathbf{q}$ konjugierte Impuls $\mathbf{p}$ in der Hamilton-Theorie ist also keine messbare Größe (d. h. keine „Observable")!

Die Hamilton-Gleichungen nach der Transformation folgen aus (7.17) als

$$\begin{aligned} \dot{\mathbf{q}}_\phi &= \frac{\partial H}{\partial \mathbf{p}}\Big(\mathbf{q}_\phi, \mathbf{p}'_\phi - \tfrac{\partial \lambda}{\partial \mathbf{q}}(\mathbf{q}_\phi, t), t\Big) \\ \dot{\mathbf{p}}'_\phi &= -\frac{\partial H}{\partial \mathbf{q}}\Big(\mathbf{q}_\phi, \mathbf{p}'_\phi - \tfrac{\partial \lambda}{\partial \mathbf{q}}(\mathbf{q}_\phi, t), t\Big) + \frac{d}{dt}\frac{\partial \lambda}{\partial \mathbf{q}}(\mathbf{q}_\phi, t) , \end{aligned} \tag{7.24}$$

die mit den Anfangsbedingungen

$$\mathbf{q}_\phi(0) = \mathbf{q}_0 \quad , \quad \mathbf{p}'_\phi(0) = \mathbf{p}_0 + \frac{\partial \lambda}{\partial \mathbf{q}}(\mathbf{q}_0, 0)$$

zu lösen sind. In der Tat sind die Hamilton-Gleichungen selbst also nicht forminvariant; man sieht jedoch auch sofort, dass sich (7.24) auf (7.22) reduziert, wenn die Relation (7.23) verwendet wird, d. h., wenn $\mathbf{p}'_\phi - \frac{\partial \lambda}{\partial \mathbf{q}}$ in (7.24) durch $\mathbf{p}_\phi$ ersetzt wird. Die Lösung $\mathbf{q}_\phi(t)$, die eine messbare Größe („Observable") darstellt, ist somit unabhängig von der Wahl der Funktion $\lambda(\mathbf{q}, t)$, wie es natürlich auch sein sollte.

# 7.4 Anwendung des Hamilton-Formalismus

Um die Wirkung der Hamilton-Theorie zu illustrieren, behandeln wir einige Beispiele. Wir diskutieren insbesondere Systeme mit konservativen (oder allgemeiner: wirbelfreien) Kräften und Systeme unter der Einwirkung elektromagnetischer Kräfte. Als spezielle Anwendung betrachten wir das Problem der kleinen Schwingungen. Wir beschränken uns hier – wie überall in diesem Kapitel – auf *nicht-relativistische* Systeme. Die Hamilton-Formulierung der *relativistischen* Lorentz'schen Bewegungsgleichung wird in Anhang D behandelt.

## 7.4.1 Geschwindigkeitsunabhängige Kräfte

Wir behandeln zuerst Systeme mit konservativen oder wirbelfreien Kräften, die durch ein Potential $V(\mathbf{q}, t)$ und eine Lagrange-Funktion der Form

$$\boxed{L(\mathbf{q}, \dot{\mathbf{q}}, t) = T(\mathbf{q}, \dot{\mathbf{q}}, t) - V(\mathbf{q}, t)} \tag{7.25a}$$

beschrieben werden können. Hierbei ist die kinetische Energie $T(\mathbf{q}, \dot{\mathbf{q}}, t)$ aufgrund von (6.41) und (6.42) allgemein quadratisch als Funktion der Geschwindigkeiten:

$$
\begin{aligned}
T(\mathbf{q}, \dot{\mathbf{q}}, t) &= \tfrac{1}{2} \sum_{k,l} a_{kl}(\mathbf{q}, t) \dot{q}_k \dot{q}_l + \sum_k a_k(\mathbf{q}, t) \dot{q}_k + a_0(\mathbf{q}, t) \\
&\equiv \tfrac{1}{2} \dot{\mathbf{q}}^{\mathrm{T}} M(\mathbf{q}, t) \dot{\mathbf{q}} + \mathbf{a}(\mathbf{q}, t) \cdot \dot{\mathbf{q}} + a_0(\mathbf{q}, t) ,
\end{aligned}
\tag{7.25b}
$$

wobei der Massentensor $M(\mathbf{q}, t)$ symmetrisch und positiv definit ist und $T$ und daher auch $L$ somit strikt konvex als Funktionen von $\dot{\mathbf{q}}$ sind. Ein wichtiger Spezialfall von (7.25) tritt auf, wenn die Zwangsbedingungen und die Transformation $\mathbf{x}_i(\mathbf{q}, t)$ in (6.36) nicht explizit zeitabhängig sind, sodass auch die kinetische Energie $T$ nicht explizit von der Zeitvariablen abhängt:

$$\boxed{L(\mathbf{q}, \dot{\mathbf{q}}, t) = T(\mathbf{q}, \dot{\mathbf{q}}) - V(\mathbf{q}, t) .} \tag{7.26a}$$

Wie bereits in Abschnitt [6.6] angemerkt wurde, hat $T$ in diesem Fall die einfachere, homogen quadratische Form

$$T(\mathbf{q}, \dot{\mathbf{q}}) = \tfrac{1}{2} \sum_{k,l} a_{kl}(\mathbf{q}) \dot{q}_k \dot{q}_l \equiv \tfrac{1}{2} \dot{\mathbf{q}}^{\mathrm{T}} M(\mathbf{q}) \dot{\mathbf{q}} \tag{7.26b}$$

mit zeit*un*abhängigem Massentensor $M(\mathbf{q})$. Wir betrachten im Folgenden zuerst den Spezialfall (7.26) und dann den allgemeineren Fall (7.25).

**Spezialfall: kinetische Energie nicht explizit zeitabhängig**

Für die Legendre-Transformation der Lagrange-Funktion in (7.26a) benötigen wir die Funktion $\dot{\mathbf{q}}_{\mathrm{m}}(\mathbf{q}, \mathbf{p})$, die durch (7.11) definiert wird:

$$\mathbf{p} = \frac{\partial L}{\partial \dot{\mathbf{q}}}(\mathbf{q}, \dot{\mathbf{q}}_{\mathrm{m}}, t) = M(\mathbf{q}) \dot{\mathbf{q}}_{\mathrm{m}} \quad , \quad \dot{\mathbf{q}}_{\mathrm{m}}(\mathbf{q}, \mathbf{p}) = M(\mathbf{q})^{-1} \mathbf{p} .$$

Die Hamilton-Funktion folgt aus (7.12) als

$$
\begin{aligned}
H(\mathbf{q}, \mathbf{p}, t) &= \mathbf{p} \cdot \dot{\mathbf{q}}_{\mathrm{m}} - L(\mathbf{q}, \dot{\mathbf{q}}_{\mathrm{m}}, t) \\
&= \mathbf{p}^{\mathrm{T}} M^{-1} \mathbf{p} - \left[ \tfrac{1}{2} (M^{-1}\mathbf{p})^{\mathrm{T}} M (M^{-1}\mathbf{p}) - V(\mathbf{q}, t) \right] \\
&= \mathbf{p}^{\mathrm{T}} \left[ M^{-1} - \tfrac{1}{2}(M^{-1})^{\mathrm{T}} M M^{-1} \right] \mathbf{p} + V(\mathbf{q}, t) \\
&= \tfrac{1}{2} \mathbf{p}^{\mathrm{T}} M(\mathbf{q})^{-1} \mathbf{p} + V(\mathbf{q}, t) \; ,
\end{aligned}
\tag{7.27}
$$

und die Hamilton-Gleichungen lauten $\dot{\mathbf{q}} = \frac{\partial H}{\partial \mathbf{p}} = M^{-1}\mathbf{p}$ bzw.

$$
\dot{p}_k = -\frac{\partial H}{\partial q_k} = \tfrac{1}{2}\mathbf{p}^{\mathrm{T}} \left( -\frac{\partial M^{-1}}{\partial q_k} \right) \mathbf{p} - \frac{\partial V}{\partial q_k} = \tfrac{1}{2}\mathbf{p}^{\mathrm{T}} \left( M^{-1}\frac{\partial M}{\partial q_k} M^{-1} \right) \mathbf{p} - \frac{\partial V}{\partial q_k} \; .
$$

Das Ergebnis (7.27) zeigt, dass die Hamilton-Funktion auch in der Form

$$
\boxed{ H(\mathbf{q}, \mathbf{p}, t) = T(\mathbf{q}, \dot{\mathbf{q}}_{\mathrm{m}}(\mathbf{q}, \mathbf{p})) + V(\mathbf{q}, t) }
$$

darstellbar ist. Wir stellen also recht allgemein fest, dass eine Lagrange-Funktion der Form $L = T - V$ auf eine Hamilton-Funktion der Form $H = T + V$ führt, *falls* die kinetische Energie zeit- und das Potential geschwindigkeitsunabhängig sind.

Zum Beispiel erhält man für ein einzelnes Teilchen der Masse $m$ unter der Einwirkung wirbelfreier Kräfte, das durch die Lagrange-Funktion

$$
L(\mathbf{x}, \dot{\mathbf{x}}, t) = \tfrac{1}{2} m \dot{\mathbf{x}}^2 - V(\mathbf{x}, t)
$$

beschrieben wird, für die Hamilton-Funktion den einfachen Ausdruck

$$
H(\mathbf{x}, \mathbf{p}, t) = \mathbf{p}^2/2m + V(\mathbf{x}, t)
$$

und dementsprechend für die Hamilton-Gleichungen die Form

$$
\dot{\mathbf{x}} = \mathbf{p}/m \quad , \quad \dot{\mathbf{p}} = -\frac{\partial V}{\partial \mathbf{x}}(\mathbf{x}, t) \; .
$$

Ein wichtiger Spezialfall ist der (isotrope) *harmonische Oszillator* mit zeitunabhängigem Potential $V(\mathbf{x}) = \tfrac{1}{2} m \omega^2 \mathbf{x}^2$, der der folgenden Form für die Lagrange- bzw. Hamilton-Funktion entspricht:

$$
L(\mathbf{x}, \dot{\mathbf{x}}) = \tfrac{1}{2} m \dot{\mathbf{x}}^2 - \tfrac{1}{2} m \omega^2 \mathbf{x}^2 \quad , \quad H(\mathbf{x}, \mathbf{p}) = \mathbf{p}^2/2m + \tfrac{1}{2} m \omega^2 \mathbf{x}^2 \; .
\tag{7.28}
$$

Die Lagrange-Gleichung $\ddot{\mathbf{x}} = -\omega^2 \mathbf{x}$ und ihre allgemeine Lösung sind uns aus der Newton'schen Mechanik (siehe Abschnitt [3.5]) gut vertraut; die entsprechenden Hamilton-Gleichungen lauten:

$$
\dot{\mathbf{x}} = \mathbf{p}/m \quad , \quad \dot{\mathbf{p}} = -m\omega^2 \mathbf{x} \; .
$$

Die Hamilton-Funktion des harmonischen Oszillators weist eine hohe Symmetrie auf, da beide Terme die gleiche homogen quadratische Struktur besitzen. Auch die beiden Hamilton-Gleichungen haben eine sehr ähnliche Struktur: $\dot{\mathbf{x}} \propto \mathbf{p}$ und $\dot{\mathbf{p}} \propto -\mathbf{x}$. Diese hohe Symmetrie hat weitreichende physikalische Konsequenzen, u. a. weil die *quantenmechanische* Beschreibung des dreidimensionalen harmonischen Oszillators dieselbe Symmetrie aufweist. Dies führt dazu, dass das Energiespektrum des quantenmechanischen Oszillators eine *hohe Entartung* aufweist.

**Allgemeiner Fall: kinetische Energie explizit zeitabhängig**

Die Legendre-Transformation der Lagrange-Funktion $L(\mathbf{q}, \dot{\mathbf{q}}, t)$ in (7.25a) mit einem allgemeinen geschwindigkeitsunabhängigen Potential $V(\mathbf{q}, t)$ erfolgt vollkommen analog: Die Funktion $\dot{\mathbf{q}}_{\mathrm{m}}(\mathbf{q}, \mathbf{p}, t)$ ergibt sich nun aus (7.11) und (7.25b) als

$$\mathbf{p} = \frac{\partial L}{\partial \dot{\mathbf{q}}}(\mathbf{q}, \dot{\mathbf{q}}_{\mathrm{m}}, t) = M(\mathbf{q}, t)\dot{\mathbf{q}}_{\mathrm{m}} + \mathbf{a}(\mathbf{q}, t) \quad , \quad \dot{\mathbf{q}}_{\mathrm{m}} = M^{-1}(\mathbf{p} - \mathbf{a}) \ .$$

Durch Einsetzen in (7.12) erhält man hier:

$$\begin{aligned} H(\mathbf{q}, \mathbf{p}, t) &= \mathbf{p} \cdot \dot{\mathbf{q}}_{\mathrm{m}} - L(\mathbf{q}, \dot{\mathbf{q}}_{\mathrm{m}}, t) = \mathbf{p}^{\mathrm{T}} M^{-1}(\mathbf{p} - \mathbf{a}) \\ &\quad - \left[ \tfrac{1}{2}(\mathbf{p} - \mathbf{a})^{\mathrm{T}} M^{-1}(\mathbf{p} - \mathbf{a}) + \mathbf{a}^{\mathrm{T}} M^{-1}(\mathbf{p} - \mathbf{a}) + a_0(\mathbf{q}, t) - V(\mathbf{q}, t) \right] \ , \end{aligned}$$

d. h.

$$H(\mathbf{q}, \mathbf{p}, t) = \tfrac{1}{2}(\mathbf{p} - \mathbf{a})^{\mathrm{T}} M^{-1}(\mathbf{p} - \mathbf{a}) + [V(\mathbf{q}, t) - a_0(\mathbf{q}, t)] \ . \tag{7.29}$$

Das Ergebnis zeigt, dass die Hamilton-Funktion für Lagrange-Funktionen der allgemeinen Form (7.25) gewiss *nicht* die Struktur $H = T + V$ hat. Die Hamilton-Gleichungen sind für $H$ in (7.29) durch $\dot{\mathbf{q}} = \frac{\partial H}{\partial \mathbf{p}} = M^{-1}(\mathbf{p} - \mathbf{a})$ und

$$\dot{p}_k = -\frac{\partial H}{\partial q_k} = \tfrac{1}{2}(\mathbf{p} - \mathbf{a})^{\mathrm{T}} M^{-1} \frac{\partial M}{\partial q_k} M^{-1}(\mathbf{p} - \mathbf{a}) + (\mathbf{p} - \mathbf{a})^{\mathrm{T}} M^{-1} \frac{\partial \mathbf{a}}{\partial q_k} + \frac{\partial a_0}{\partial q_k} - \frac{\partial V}{\partial q_k}$$

gegeben. Die Bewegungsgleichung für $p_k(t)$ hängt im Allgemeinen also nicht-linear von den Koordinaten $\mathbf{q}$ und inhomogen quadratisch von den Impulsen $\mathbf{p}$ ab.

## 7.4.2   Lorentz-Kräfte

Für Systeme geladener Teilchen, die (zusätzlich) unter der Einwirkung äußerer elektromagnetischer Kräfte stehen, ist aus Abschnitt [6.7.2] bekannt, dass die Lagrange-Funktion die Struktur

$$L(\mathbf{q}, \dot{\mathbf{q}}, t) = T(\mathbf{q}, \dot{\mathbf{q}}, t) - V_{\mathrm{G}}(\mathbf{q}, \dot{\mathbf{q}}, t)$$

hat mit einem Gesamtpotential

$$V_{\mathrm{G}} = V(\mathbf{q}, t) + V_{\mathrm{Lor}} \quad , \quad V_{\mathrm{Lor}}(\mathbf{q}, \dot{\mathbf{q}}, t) = \Phi(\mathbf{q}, t) - \boldsymbol{\mathcal{A}}(\mathbf{q}, t) \cdot \dot{\mathbf{q}} \ ,$$

wobei $\boldsymbol{\mathcal{A}}(\mathbf{q}, t) = (A_1, A_2, \cdots, A_f)^{\mathrm{T}}$ eine Kurzform für die verschiedenen Komponenten $A_k(\mathbf{q}, t)$ des verallgemeinerten Vektorpotentials ist. Es folgt:

$$\begin{aligned} L &= T - V_{\mathrm{G}} = T - V - V_{\mathrm{Lor}} = \left( \tfrac{1}{2}\dot{\mathbf{q}}^{\mathrm{T}} M \dot{\mathbf{q}} + \mathbf{a} \cdot \dot{\mathbf{q}} + a_0 \right) - V - (\Phi - \boldsymbol{\mathcal{A}} \cdot \dot{\mathbf{q}}) \\ &= \tfrac{1}{2}\dot{\mathbf{q}}^{\mathrm{T}} M \dot{\mathbf{q}} + (\mathbf{a} + \boldsymbol{\mathcal{A}}) \cdot \dot{\mathbf{q}} - (V - a_0 + \Phi) \ , \end{aligned}$$

sodass die Lagrange-Funktion genau die Form (7.25) hat, falls man dort $\mathbf{a}$ durch $\mathbf{a} + \boldsymbol{\mathcal{A}}$ und $a_0$ durch $a_0 - \Phi$ ersetzt. Mit diesen Änderungen folgt die Hamilton-Funktion direkt aus (7.29) als

$$H(\mathbf{q}, \mathbf{p}, t) = \tfrac{1}{2}(\mathbf{p} - \mathbf{a} - \boldsymbol{\mathcal{A}})^{\mathrm{T}} M^{-1}(\mathbf{p} - \mathbf{a} - \boldsymbol{\mathcal{A}}) + V(\mathbf{q}, t) - a_0(\mathbf{q}, t) + \Phi(\mathbf{q}, t) \ . \tag{7.30}$$

Falls *nur* äußere elektromagnetische Kräfte wirken, entfällt der Term $V(\mathbf{q}, t)$, der die inneren Kräfte und die äußeren Kräfte nicht-elektromagnetischer Natur beschreibt.

Als (relativ) einfaches Beispiel betrachten wir ein System $N$ nicht-wechselwirkender Teilchen unter der Einwirkung von Lorentz-Kräften. Wir beschreiben das System in kartesischen Koordinaten, sodass die kinetische Energie die übliche Form $T = \sum_i \frac{1}{2} m_i \dot{\mathbf{x}}_i^2$ hat und das verallgemeinerte Vektorpotential durch

$$\boldsymbol{\mathcal{A}}(\mathbf{q}, t) = (\hat{q}_1 \mathbf{A}(\mathbf{x}_1, t) / \hat{q}_2 \mathbf{A}(\mathbf{x}_2, t) / \cdots / \hat{q}_N \mathbf{A}(\mathbf{x}_N, t))$$

gegeben ist. Für den $3N$-dimensionalen Spaltenvektor $\boldsymbol{\mathcal{A}}$ verwenden wir wieder die „papierschonende" Notation aus Gleichung (3.8). Außerdem hat das verallgemeinerte skalare Potential $\Phi(\mathbf{q}, t)$ die Form

$$\Phi(\mathbf{q}, t) = \sum_{i=1}^{N} \hat{q}_i \Phi^{\mathrm{K}}(\mathbf{x}_i, t) \,,$$

wobei $\Phi^{\mathrm{K}}$ das skalare Potential in kartesischen Koordinaten bezeichnet. In diesem Fall reduziert sich (7.30) auf die Form

$$\boxed{H(\mathbf{X}, \boldsymbol{\mathcal{P}}, t) = \sum_{i=1}^{N} \left\{ \frac{1}{2m_i} \left[ \mathbf{p}_i - \hat{q}_i \mathbf{A}(\mathbf{x}_i, t) \right]^2 + \hat{q}_i \Phi^{\mathrm{K}}(\mathbf{x}_i, t) \right\}}$$

mit $\boldsymbol{\mathcal{P}} = (\mathbf{p}_1 / \mathbf{p}_2 / \cdots / \mathbf{p}_N)$. Für ein einzelnes geladenes Teilchen im elektromagnetischen Feld erhält man also

$$H(\mathbf{x}, \mathbf{p}, t) = \frac{1}{2m} \left[ \mathbf{p} - \hat{q} \mathbf{A}(\mathbf{x}, t) \right]^2 + \hat{q} \Phi^{\mathrm{K}}(\mathbf{x}, t) \,.$$

Die Kombination $\mathbf{p} - \hat{q} \mathbf{A}$ des kanonisch zu $\mathbf{x}$ konjugierten Impulses $\mathbf{p}$ und des Vektorpotentials $\mathbf{A}$ ist sehr allgemein: Sie tritt auch in der Quantenmechanik und in Quantenfeldtheorien auf und ist als die „minimale Kopplung" (nämlich von $\mathbf{p}$ und $\mathbf{A}$) bekannt. Um die Wirkung elektromagnetischer Felder beschreiben zu können, muss man in der Hamilton-Funktion eines Teilchens (oder quantenmechanisch: im Hamilton-*Operator*) lediglich einen Potentialterm $\hat{q} \Phi^{\mathrm{K}}(\mathbf{x}, t)$ hinzufügen und den Impuls $\mathbf{p}$ (quantenmechanisch: den Impuls*operator*) durch $\mathbf{p} - \hat{q} \mathbf{A}(\mathbf{x}, t)$ ersetzen.

### 7.4.3 Kleine Schwingungen

Wir betrachten noch einmal die Lagrange-Funktion (7.26a), wobei wir nun zusätzlich annehmen, dass das Potential *zeitunabhängig* ist:

$$L(\mathbf{q}, \dot{\mathbf{q}}) = T(\mathbf{q}, \dot{\mathbf{q}}) - V(\mathbf{q}) \quad , \quad T(\mathbf{q}, \dot{\mathbf{q}}) = \tfrac{1}{2} \dot{\mathbf{q}}^{\mathrm{T}} M(\mathbf{q}) \dot{\mathbf{q}}$$

und eine *nicht-instabile* (also möglicherweise indifferente) *Gleichgewichtslage* $\mathbf{q}_0$ aufweist:

$$\mathcal{F}_k(\mathbf{q}_0) = -\frac{\partial V}{\partial q_k}(\mathbf{q}_0) = 0 \qquad (k = 1, 2, \cdots, f) \,.$$

Die entsprechende Hamilton-Funktion ist gegeben durch

$$H(\mathbf{q}, \mathbf{p}) = \tfrac{1}{2} \mathbf{p}^{\mathrm{T}} M(\mathbf{q})^{-1} \mathbf{p} + V(\mathbf{q}) \,.$$

Um mögliche kleine Schwingungen des Systems nahe der Gleichgewichtslage $\mathbf{q}_0$ untersuchen zu können, entwickeln wir das Potential nach Potenzen der kleinen Auslenkungen $\mathbf{q} - \mathbf{q}_0$:

$$V(\mathbf{q}) = V(\mathbf{q}_0) + \frac{\partial V}{\partial \mathbf{q}}(\mathbf{q}_0) \cdot (\mathbf{q} - \mathbf{q}_0) + \tfrac{1}{2}(\mathbf{q} - \mathbf{q}_0)^{\mathrm{T}} B(\mathbf{q} - \mathbf{q}_0) + \ldots$$

$$= V(\mathbf{q}_0) + \tfrac{1}{2}(\mathbf{q} - \mathbf{q}_0)^{\mathrm{T}} B(\mathbf{q} - \mathbf{q}_0) + \ldots \quad , \quad B \equiv \frac{\partial^2 V}{\partial \mathbf{q}^2}(\mathbf{q}_0) \ .$$

O. B. d. A. können wir den Ursprung des Konfigurationsraums und den Energie-nullpunkt so wählen, dass $\mathbf{q}_0 = \mathbf{0}$ und $V(\mathbf{q}_0) = 0$ gilt. Das Potential erhält hiermit die Form

$$V(\mathbf{q}) = \tfrac{1}{2}\mathbf{q}^{\mathrm{T}} B \mathbf{q} + \ldots \quad , \quad B = \frac{\partial^2 V}{\partial \mathbf{q}^2}(\mathbf{0}) \ .$$

Definieren wir noch $M(\mathbf{q}_0) = M(\mathbf{0}) \equiv M$ und vernachlässigen alle Beiträge zu $L$ und $H$ von höherer als quadratischer Ordnung, so erhalten wir:

$$\boxed{\begin{aligned} L(\mathbf{q}, \dot{\mathbf{q}}) &= \tfrac{1}{2}\dot{\mathbf{q}}^{\mathrm{T}} M \dot{\mathbf{q}} - \tfrac{1}{2}\mathbf{q}^{\mathrm{T}} B \mathbf{q} \\ H(\mathbf{q}, \mathbf{p}) &= \tfrac{1}{2}\mathbf{p}^{\mathrm{T}} M^{-1} \mathbf{p} + \tfrac{1}{2}\mathbf{q}^{\mathrm{T}} B \mathbf{q} \ . \end{aligned}} \tag{7.31}$$

Hierbei ist die Matrix $M$ wie üblich reell, symmetrisch und positiv definit und die Matrix $B$ im Allgemeinen reell, symmetrisch und positiv semidefinit. Es ist nun sehr der Mühe wert, das Problem der kleinen Schwingungen sowohl in der Lagrange- als auch in der Hamilton-Formulierung zu untersuchen: Die Lösung der Lagrange-Gleichung mag etwas direkter und einfacher sein, aber die Ergebnisse in der Hamilton-Formulierung sind physikalisch viel wichtiger, da sie ohne Weiteres in der Quantenmechanik bei der Untersuchung von Gitterschwingungen (Phononen) übernommen werden können: Die in der klassischen und quantenmechanischen Theorie auftretenden Matrixdiagonalisierungsprobleme sind nämlich *identisch*.

### Lagrange-Gleichungen und Lagrange-Funktion

Wir betrachten zunächst die Lagrange-Formulierung: Die Lagrange-Gleichung folgt aus (7.31) als

$$M\ddot{\mathbf{q}} = -B\mathbf{q} \ . \tag{7.32}$$

Diese Gleichung ist wesentlich komplizierter als die bereits aus der Newton'schen Mechanik bekannte Gleichung (3.85), d. h. $\ddot{\mathbf{Y}} = -B\mathbf{Y}$ mit reellem, symmetrischem, positiv semidefinitem $B$, da in (7.32) *zwei* Matrizen (nämlich $M$ und $B$) nacheinander diagonalisiert werden müssen. Es ist nicht sinnvoll, Gleichung (7.32) in der Form $\ddot{\mathbf{q}} = -M^{-1}B\mathbf{q}$ zu schreiben, da die Matrix $M^{-1}B$ im Allgemeinen nicht symmetrisch ist und man die Diagonalisierungsverfahren für symmetrische Matrizen daher nicht anwenden kann.

Gleichung (7.32) kann dennoch relativ einfach gelöst werden, und zwar wie folgt: Da $M$ reell und symmetrisch ist, gibt es eine orthogonale Transformation $\mathcal{O}_1$, die $M$ diagonalisiert. Da $M$ positiv definit ist, sind alle Eigenwerte $\mu_k$ von $M$ strikt positiv:

$$\mathcal{O}_1^{\mathrm{T}} M \mathcal{O}_1 = \mathrm{diag}(\mu_1, \mu_2, \cdots, \mu_f) \equiv M_{\mathrm{D}} \ .$$

Mit der Definition $\mathbf{q} \equiv \mathcal{O}_1 \mathbf{q}'$ erhalten wir also die Bewegungsgleichung

$$M_{\mathrm{D}} \ddot{\mathbf{q}}' = -\mathcal{O}_1^{\mathrm{T}} B \mathcal{O}_1 \mathbf{q}' \ .$$

Mit Hilfe einer zweiten (im Allgemeinen nicht-orthogonalen) Transformation $\mathbf{q}' \equiv M_{\mathrm{D}}^{-1/2} \mathbf{q}''$ mit

$$M_{\mathrm{D}}^{-1/2} \equiv \mathrm{diag}(\mu_1^{-1/2}, \mu_2^{-1/2}, \cdots, \mu_f^{-1/2})$$

entsteht die Gleichung

$$\ddot{\mathbf{q}}'' = -B' \mathbf{q}'' \quad , \quad B' \equiv M_{\mathrm{D}}^{-1/2} \mathcal{O}_1^{\mathrm{T}} B \mathcal{O}_1 M_{\mathrm{D}}^{-1/2} \ .$$

Da $B$ reell, symmetrisch und positiv semidefinit ist, gilt dasselbe sicherlich auch für die Matrix $B'$, die daher mit Hilfe einer weiteren orthogonalen Transformation $\mathcal{O}_2$ diagonalisiert werden kann:

$$\mathcal{O}_2^{\mathrm{T}} B' \mathcal{O}_2 = \mathrm{diag}(\beta_1, \beta_2, \cdots, \beta_f) \equiv B_{\mathrm{D}} \ .$$

Die Annahme, dass $B$ positiv semidefinit ist, bedeutet, dass alle $\beta_k \geq 0$ sind. Mit Hilfe der Transformation $\mathbf{q}'' = \mathcal{O}_2 \mathbf{Z}$ vereinfacht sich die Bewegungsgleichung auf die Form

$$\ddot{\mathbf{Z}} = -B_{\mathrm{D}} \mathbf{Z} \ ,$$

die uns von der Untersuchung der kleinen Schwingungen in Abschnitt [3.8] bereits vertraut ist: Die möglichen Lösungen mit wohldefinierter Frequenz sind für $\mu = 1, 2, \cdots, f$ gegeben durch $\mathbf{Z}^{(\mu)}(t) = Z_\mu(t) \hat{\mathbf{e}}_\mu$ mit

$$\boxed{Z_\mu(t) = \begin{cases} Z_\mu(0) \cos(\sqrt{\beta_\mu} t) + \dfrac{1}{\sqrt{\beta_\mu}} \dot{Z}_\mu(0) \sin(\sqrt{\beta_\mu} t) & \text{(für } \beta_\mu \neq 0) \\ Z_\mu(0) + \dot{Z}_\mu(0) t & \text{(für } \beta_\mu = 0) \ . \end{cases}}$$

Die Variablen $Z_\mu(t)$ werden als die *Normalkoordinaten* und die Frequenzen $(\beta_\mu)^{1/2}$ als die *Eigenfrequenzen* der Schwingung bezeichnet.

**Eigenschwingungen:**   Die Lösung $\mathbf{Z}^{(\mu)}(t)$ mit der Frequenz $(\beta_\mu)^{1/2}$ entspricht der Eigenschwingung

$$\mathbf{q}^{(\mu)}(t) = \mathcal{O}_1 M_{\mathrm{D}}^{-1/2} \mathcal{O}_2 \mathbf{Z}^{(\mu)}(t) = Z_\mu(t) \mathbf{q}_\mu \quad , \quad \mathbf{q}_\mu \equiv \mathcal{O}_1 M_{\mathrm{D}}^{-1/2} \mathcal{O}_2 \hat{\mathbf{e}}_\mu \ .$$

Die Vektoren $\mathbf{q}_\mu$ bilden einen vollständigen Satz „$M$-orthonormaler" Vektoren:

$$\begin{aligned} \mathbf{q}_\mu^{\mathrm{T}} M \mathbf{q}_{\mu'} &= \left( \mathcal{O}_1 M_{\mathrm{D}}^{-1/2} \mathcal{O}_2 \hat{\mathbf{e}}_\mu \right)^{\mathrm{T}} M \left( \mathcal{O}_1 M_{\mathrm{D}}^{-1/2} \mathcal{O}_2 \hat{\mathbf{e}}_{\mu'} \right) \\ &= \hat{\mathbf{e}}_\mu^{\mathrm{T}} \mathcal{O}_2^{\mathrm{T}} M_{\mathrm{D}}^{-1/2} \mathcal{O}_1^{\mathrm{T}} M \mathcal{O}_1 M_{\mathrm{D}}^{-1/2} \mathcal{O}_2 \hat{\mathbf{e}}_{\mu'} = \hat{\mathbf{e}}_\mu^{\mathrm{T}} \mathcal{O}_2^{\mathrm{T}} M_{\mathrm{D}}^{-1/2} M_{\mathrm{D}} M_{\mathrm{D}}^{-1/2} \mathcal{O}_2 \hat{\mathbf{e}}_{\mu'} \\ &= \hat{\mathbf{e}}_\mu^{\mathrm{T}} \mathcal{O}_2^{\mathrm{T}} \mathcal{O}_2 \hat{\mathbf{e}}_{\mu'} = \hat{\mathbf{e}}_\mu \cdot \hat{\mathbf{e}}_{\mu'} = \delta_{\mu\mu'} \ , \end{aligned}$$

die außerdem „$B$-orthogonal" sind:

$$\mathbf{q}_\mu^{\mathrm{T}} B \mathbf{q}_{\mu'} = \hat{\mathbf{e}}_\mu^{\mathrm{T}} \mathcal{O}_2^{\mathrm{T}} B' \mathcal{O}_2 \hat{\mathbf{e}}_{\mu'} = \beta_\mu \delta_{\mu\mu'}$$

und Eigenvektoren der Matrix $M^{-1}B$ zum Eigenwert $\beta_\mu$ darstellen. Da nämlich für alle $\mu' = 1, 2, \cdots, f$:

$$(M\mathbf{q}_{\mu'})^{\mathrm{T}}(M^{-1}B - \beta_\mu)\mathbf{q}_\mu = \mathbf{q}_{\mu'}^{\mathrm{T}}(B - \beta_\mu M)\mathbf{q}_\mu = (\beta_{\mu'} - \beta_\mu)\delta_{\mu\mu'} = 0$$

gilt und die $\{\mathbf{q}_{\mu'}\}$ und daher auch die $\{M\mathbf{q}_{\mu'}\}$ einen vollständigen Satz bilden, muss für alle $\mu = 1, 2, \cdots, f$:

$$(M^{-1}B - \beta_\mu)\mathbf{q}_\mu = \mathbf{0} \quad \text{bzw.} \quad M^{-1}B\mathbf{q}_\mu = \beta_\mu\mathbf{q}_\mu$$

gelten. Die allgemeine Lösung des Schwingungsproblems (7.32) kann man nun durch Überlagerung von Eigenschwingungen konstruieren:

$$\boxed{\mathbf{q}_\phi(t) = \sum_{\mu=1}^{f} Z_\mu(t)\mathbf{q}_\mu \; .} \tag{7.33}$$

Die Amplituden der $2f$ unabhängigen Lösungen der Lagrange-Gleichung (7.32) werden hierbei durch die $2f$ Anfangsbedingungen $\{Z_\mu(0)\}$ und $\{\dot{Z}_\mu(0)\}$ festgelegt.

**„Diagonalisierung" der Lagrange-Funktion:**  Man kann auch auf dem Niveau der *Lagrange-Funktion* leicht nachweisen, dass die Dynamik des Systems als Überlagerung ungekoppelter harmonischer Schwingungen angesehen werden kann. Motiviert durch (7.33) führen wir in der Lagrange-Funktion eine Punkttransformation von den alten Variablen $\mathbf{q}(t)$ zu neuen Variablen $\boldsymbol{\zeta}(t)$ durch, wobei die Beziehung $\mathbf{q} = \mathbf{q}(\boldsymbol{\zeta})$ durch

$$\mathbf{q}(t) = \sum_{\mu=1}^{f} Z_\mu(t)\mathbf{q}_\mu \quad , \quad \boldsymbol{\zeta}(t) \equiv (Z_1(t), Z_2(t), \cdots, Z_f(t))^{\mathrm{T}}$$

definiert wird:

$$\begin{aligned}
\bar{L}(\boldsymbol{\zeta}, \dot{\boldsymbol{\zeta}}) &\equiv L(\mathbf{q}, \dot{\mathbf{q}}) = \tfrac{1}{2}\sum_{\mu\mu'}\left(\dot{Z}_\mu\mathbf{q}_\mu^{\mathrm{T}}M\mathbf{q}_{\mu'}\dot{Z}_{\mu'} - Z_\mu\mathbf{q}_\mu^{\mathrm{T}}B\mathbf{q}_{\mu'}Z_{\mu'}\right) \\
&= \sum_\mu\left(\tfrac{1}{2}\dot{Z}_\mu^2 - \tfrac{1}{2}\beta_\mu Z_\mu^2\right) = \tfrac{1}{2}\dot{\boldsymbol{\zeta}}^2 - \tfrac{1}{2}\boldsymbol{\zeta}^{\mathrm{T}}B_{\mathrm{D}}\boldsymbol{\zeta} \; .
\end{aligned} \tag{7.34}$$

Die Lagrange-Funktion $\bar{L}$ ist nun insofern *diagonal*, als die verschiedenen Komponenten des $\boldsymbol{\zeta}$-Vektors nicht miteinander gekoppelt werden. Wie man z.B. durch den Vergleich mit (7.28) sieht, beschreibt die Lagrange-Funktion (7.34) ein System von $f$ ungekoppelten harmonischen Oszillatoren der Masse eins mit den Oszillatorfrequenzen $(\beta_\mu)^{1/2}$ $(\mu = 1, 2, \cdots, f)$.

**Hamilton-Gleichungen und Hamilton-Funktion**

Die Hamilton-Gleichungen für das Problem der kleinen Schwingungen folgen aus (7.31) als

$$\dot{\mathbf{q}} = M^{-1}\mathbf{p} \quad , \qquad \dot{\mathbf{p}} = -B\mathbf{q} \tag{7.35}$$

oder kompakter als

$$\frac{d}{dt}\begin{pmatrix} \mathbf{q} \\ \mathbf{p} \end{pmatrix} = \begin{pmatrix} \mathbb{0}_f & M^{-1} \\ -B & \mathbb{0}_f \end{pmatrix}\begin{pmatrix} \mathbf{q} \\ \mathbf{p} \end{pmatrix} \equiv A\begin{pmatrix} \mathbf{q} \\ \mathbf{p} \end{pmatrix} \; , \tag{7.36}$$

wobei $\mathbb{O}_f$ die $(f \times f)$-Nullmatrix darstellt. Der $(\mathbf{q}, \mathbf{p})$-Raum aller möglichen Koordinaten *und* Impulse wird in der Mechanik als *Phasenraum* bezeichnet. In der Hamilton-Formulierung wird das Problem der kleinen Schwingungen im Phasenraum also durch eine $2f$-dimensionale, gewöhnliche, homogene, lineare Differentialgleichung erster Ordnung mit konstanten Koeffizienten beschrieben. Da eine direkte Lösung von (7.36) mit Hilfe der Exponentialfunktion $e^{At}$ der Koeffizientenmatrix in diesem hochdimensionalen Fall nicht praktikabel ist, kehren wir zu den Hamilton-Gleichungen (7.35) zurück und versuchen, diese durch eine geeignete Transformation von den alten Variablen $(\mathbf{q}, \mathbf{p})$ im Phasenraum zu neuen Variablen $(\boldsymbol{\zeta}, \boldsymbol{\pi})$ zu vereinfachen. Wir wählen die Transformation:

$$
\boxed{
\begin{aligned}
\mathbf{q} &= \sum_\mu Z_\mu \mathbf{q}_\mu \qquad , \quad \boldsymbol{\zeta} \equiv (Z_1, Z_2, \cdots, Z_f)^{\mathrm{T}} \\
\mathbf{p} &= \sum_\mu \Pi_\mu M \mathbf{q}_\mu \quad , \quad \boldsymbol{\pi} \equiv (\Pi_1, \Pi_2, \cdots, \Pi_f)^{\mathrm{T}} \; .
\end{aligned}
}
\tag{7.37}
$$

Durch Einsetzen von (7.37) in (7.35) ergeben sich die Gleichungen

$$
\sum_\mu \dot{Z}_\mu \mathbf{q}_\mu = \dot{\mathbf{q}} = M^{-1}\mathbf{p} = \sum_\mu \Pi_\mu \mathbf{q}_\mu
$$

bzw.

$$
\sum_\mu \dot{\Pi}_\mu \mathbf{q}_\mu = M^{-1}\dot{\mathbf{p}} = -M^{-1}B\mathbf{q} = -\sum_\mu Z_\mu M^{-1}B\mathbf{q}_\mu = -\sum_\mu \beta_\mu Z_\mu \mathbf{q}_\mu \; .
$$

Hieraus folgt wegen der Vollständigkeit der $\{\mathbf{q}_\mu\}$:

$$
\dot{Z}_\mu = \Pi_\mu \quad , \quad \dot{\Pi}_\mu = -\beta_\mu Z_\mu \; ,
$$

d. h.,

$$
\boxed{\dot{\boldsymbol{\zeta}} = \boldsymbol{\pi} \quad , \quad \dot{\boldsymbol{\pi}} = -B_D \boldsymbol{\zeta} \; .}
\tag{7.38}
$$

Es ist interessant und wichtig, dass diese Gleichungen ebenfalls aus einer *Hamilton-Funktion* hergeleitet werden können und daher selbst auch „echte" Hamilton-Gleichungen sind: Wir werden Transformationen im Phasenraum, die die Struktur der Hamilton-Gleichungen erhalten, später als *kanonische Transformationen* bezeichnen. Im Falle der Gleichungen (7.38) lautet die neue Hamilton-Funktion:

$$
\boxed{\bar{H}(\boldsymbol{\zeta}, \boldsymbol{\pi}) = \tfrac{1}{2}\boldsymbol{\pi}^2 + \tfrac{1}{2}\boldsymbol{\zeta}^{\mathrm{T}} B_{\mathrm{D}} \boldsymbol{\zeta} = \sum_{\mu=1}^{f} \left( \tfrac{1}{2}\Pi_\mu^2 + \tfrac{1}{2}\beta_\mu Z_\mu^2 \right) \; ,}
\tag{7.39}
$$

und es gilt in der Tat:

$$
\dot{\boldsymbol{\zeta}} = \boldsymbol{\pi} = \frac{\partial \bar{H}}{\partial \boldsymbol{\pi}} \quad , \quad \dot{\boldsymbol{\pi}} = -B_{\mathrm{D}}\boldsymbol{\zeta} = -\frac{\partial \bar{H}}{\partial \boldsymbol{\zeta}} \; .
$$

Interessant ist noch, dass auch die Hamilton-Funktion $\bar{H}$ in dem Sinne diagonal ist, dass die verschiedenen Freiheitsgrade nicht miteinander gekoppelt werden. Durch Vergleich mit (7.28) sieht man außerdem deutlich, dass auch $\bar{H}$ ein System von $f$ ungekoppelten harmonischen Oszillatoren beschreibt.

**Dualität von Lagrange- und Hamilton-Funktion:** Die Lösungswege, die wir in der Lagrange- und der Hamilton-Formulierung gewählt haben, sind natürlich eng miteinander verwandt. Dies sieht man vielleicht noch am deutlichsten daran, dass die Hamilton-Funktion (7.39) und die Lagrange-Funktion (7.34) *dual* zueinander sind, d. h. durch eine Legendre-Transformation auseinander bestimmt werden können. Bezeichnen wir nämlich den zu $\boldsymbol{\zeta}$ in (7.34) konjugierten Impuls als $\boldsymbol{\pi}$:

$$\boldsymbol{\pi} = \frac{\partial \bar{L}}{\partial \dot{\boldsymbol{\zeta}}}\big(\boldsymbol{\zeta}, \dot{\boldsymbol{\zeta}}_{\mathrm{m}}(\boldsymbol{\pi})\big) = \dot{\boldsymbol{\zeta}}_{\mathrm{m}}(\boldsymbol{\pi}) \,,$$

dann ist die zu $\bar{L}$ duale Hamilton-Funktion in der Tat durch

$$\boldsymbol{\pi} \cdot \dot{\boldsymbol{\zeta}}_{\mathrm{m}}(\boldsymbol{\pi}) - \bar{L}\big(\boldsymbol{\zeta}, \dot{\boldsymbol{\zeta}}_{\mathrm{m}}(\boldsymbol{\pi})\big) = \tfrac{1}{2}\boldsymbol{\pi}^2 + \tfrac{1}{2}\boldsymbol{\zeta}^{\mathrm{T}} B_{\mathrm{D}}\boldsymbol{\zeta} = \bar{H}(\boldsymbol{\zeta}, \boldsymbol{\pi})$$

gegeben. Dies zeigt außerdem, dass die spezielle „kanonische" Transformation (7.37) im Rahmen des Lagrange-Formalismus einfach als *Punkt*transformation interpretiert werden kann.

## 7.5 Variationsprinzip für die Hamilton-Gleichungen

Aus den Abschnitten [6.9] und [6.10] wissen wir, dass die Lagrange-Gleichungen der zweiten bzw. ersten Art allgemein aus einem Variationsprinzip, dem „Hamilton'schen Prinzip", hergeleitet werden können. Wir zeigen nun, dass man die Hamilton-Gleichungen (7.20) ebenfalls aus einem Wirkungsprinzip herleiten

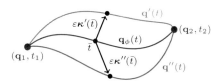

**Abb. 7.3** Physikalische Bahn und benachbarte Bahnen

kann. Hierzu betrachten wir neben der physikalischen Bahn $(\mathbf{q}_\phi(t), \mathbf{p}_\phi(t))$ im Phasenraum – wie in Abbildung 7.3 skizziert – auch allgemeine *benachbarte Bahnen* $(\mathbf{q}(t), \mathbf{p}(t))$, deren $\mathbf{q}$-Werte zur Anfangs- und zur Endzeit mit denjenigen der physikalischen Bahn zusammenfallen:

$$\mathbf{q}(t_1) = \mathbf{q}_\phi(t_1) \equiv \mathbf{q}_1 \quad \text{und} \quad \mathbf{q}(t_2) = \mathbf{q}_\phi(t_2) \equiv \mathbf{q}_2 \,.$$

Es wird also ausdrücklich *nicht* gefordert, dass auch die kanonisch zu $\mathbf{q}$ konjugierten Impulse $\mathbf{p}$ zur Anfangs- und zur Endzeit für alle Bahnen gleich sind. Definieren wir die *Variationen* der Bahn noch als

$$(\delta \mathbf{q})(t) \equiv \mathbf{q}(t) - \mathbf{q}_\phi(t) \equiv \varepsilon \boldsymbol{\kappa}(t) \quad , \quad (\delta \mathbf{p})(t) \equiv \mathbf{p}(t) - \mathbf{p}_\phi(t) \equiv \varepsilon \boldsymbol{\pi}(t) \,, \quad (7.40)$$

so gilt $\boldsymbol{\kappa}(t_1) = \boldsymbol{\kappa}(t_2) = \mathbf{0}$, während $\boldsymbol{\pi}(t_1)$ und $\boldsymbol{\pi}(t_2)$ beliebig (aber endlich) sind. Als Wirkungsfunktional betrachten wir nun das Zeitintegral der in Abschnitt [7.2] eingeführten Hilfsfunktion $\mathcal{L}(\mathbf{q}, \dot{\mathbf{q}}, \mathbf{p}, t)$:

$$\mathcal{S}^{(\mathbf{q}_2, t_2)}_{(\mathbf{q}_1, t_1)}[\mathbf{q}, \mathbf{p}] \equiv \int_{t_1}^{t_2} dt \,\, \mathcal{L}\big(\mathbf{q}(t), \dot{\mathbf{q}}(t), \mathbf{p}(t), t\big) \quad , \quad \mathcal{L}(\mathbf{q}, \dot{\mathbf{q}}, \mathbf{p}, t) = \dot{\mathbf{q}} \cdot \mathbf{p} - H(\mathbf{q}, \mathbf{p}, t) \,,$$

d. h.

$$\mathcal{S}^{(\mathbf{q}_2, t_2)}_{(\mathbf{q}_1, t_1)}[\mathbf{q}, \mathbf{p}] = \int_{t_1}^{t_2} dt \,\, [\dot{\mathbf{q}}(t) \cdot \mathbf{p}(t) - H(\mathbf{q}(t), \mathbf{p}(t), t)] \,. \qquad (7.41)$$

Der stationäre Punkt dieser Wirkung ist bestimmt durch

$$0 = \lim_{\varepsilon \downarrow 0} \frac{1}{\varepsilon} (\delta \mathcal{S})^{(\mathbf{q}_2, t_2)}_{(\mathbf{q}_1, t_1)} [\mathbf{q}_\phi + \varepsilon \boldsymbol{\kappa}, \mathbf{p}_\phi + \varepsilon \boldsymbol{\pi}] \tag{7.42}$$

$$= \int_{t_1}^{t_2} dt \left[ \left( \frac{\partial \mathcal{L}}{\partial \mathbf{q}} \right)_\phi \cdot \boldsymbol{\kappa}(t) + \left( \frac{\partial \mathcal{L}}{\partial \dot{\mathbf{q}}} \right)_\phi \cdot \dot{\boldsymbol{\kappa}}(t) + \left( \frac{\partial \mathcal{L}}{\partial \mathbf{p}} \right)_\phi \cdot \boldsymbol{\pi}(t) \right]$$

$$= \int_{t_1}^{t_2} dt \left\{ \left[ \frac{\partial \mathcal{L}}{\partial \mathbf{q}} - \frac{d}{dt} \left( \frac{\partial \mathcal{L}}{\partial \dot{\mathbf{q}}} \right) \right]_\phi \cdot \boldsymbol{\kappa}(t) + \left( \frac{\partial \mathcal{L}}{\partial \mathbf{p}} \right)_\phi \cdot \boldsymbol{\pi}(t) \right\} . \tag{7.43}$$

Die rechte Seite von (7.43) kann nur dann für alle $\boldsymbol{\kappa}(t)$ mit $\boldsymbol{\kappa}(t_1) = \boldsymbol{\kappa}(t_2) = \mathbf{0}$ und für alle $\boldsymbol{\pi}(t)$ gleich null sein, wenn die beiden Bedingungen

$$\mathbf{0} = \left( \frac{\partial \mathcal{L}}{\partial \mathbf{q}} \right)_\phi - \frac{d}{dt} \left( \frac{\partial \mathcal{L}}{\partial \dot{\mathbf{q}}} \right)_\phi = -\frac{\partial H}{\partial \mathbf{q}} (\mathbf{q}_\phi, \mathbf{p}_\phi, t) - \dot{\mathbf{p}}_\phi$$

$$\mathbf{0} = \left( \frac{\partial \mathcal{L}}{\partial \mathbf{p}} \right)_\phi = \dot{\mathbf{q}}_\phi - \frac{\partial H}{\partial \mathbf{p}} (\mathbf{q}_\phi, \mathbf{p}_\phi, t)$$

erfüllt sind, d. h., wenn die Hamilton-Gleichungen (7.20) gelten. Hiermit ist gezeigt, dass auch die Hamilton-Gleichungen als Bedingungsgleichungen für die Existenz eines stationären Punktes des Wirkungsfunktionals (7.41) angesehen werden können. Die Nomenklatur in der Literatur ist nicht einheitlich: Das Wirkungsfunktional (7.41) wird manchmal als „kanonisches Integral" und das Variationsprinzip (7.42) als „modifiziertes Hamilton'sches Prinzip" bezeichnet.

**Variationsprinzip für Lagrange- *und* Hamilton-Gleichungen**

Es ist auch nicht besonders schwierig, die Lagrange- und Hamilton-Gleichungen *gleichzeitig* aus einem Wirkungsfunktional abzuleiten. Hierzu führen wir *drei* unabhängig variierbare Größen $\mathbf{q}(t)$, $\mathbf{p}(t)$ und $\mathbf{v}(t)$ ein, die die Koordinaten, Impulse und Geschwindigkeiten der möglichen Bahnen darstellen. Die Variationen sind nun durch (7.40) mit $\boldsymbol{\kappa}(t_1) = \boldsymbol{\kappa}(t_2) = \mathbf{0}$ und beliebigem $\boldsymbol{\pi}(t_1)$ und $\boldsymbol{\pi}(t_2)$ gegeben; zusätzlich definieren wir:

$$(\delta \mathbf{v})(t) \equiv \mathbf{v}(t) - \mathbf{v}_\phi(t) \equiv \varepsilon \boldsymbol{\phi}(t) \qquad [\boldsymbol{\phi}(t_1), \boldsymbol{\phi}(t_2) \text{ beliebig}] .$$

Wir betrachten das Wirkungsfunktional

$$\boxed{\widehat{\mathcal{S}}^{(\mathbf{q}_2, t_2)}_{(\mathbf{q}_1, t_1)} [\mathbf{q}, \mathbf{p}, \mathbf{v}] \equiv \int_{t_1}^{t_2} dt \, \widehat{\mathcal{L}} (\mathbf{q}(t), \mathbf{p}(t), \mathbf{v}(t), \dot{\mathbf{q}}(t), t)}$$

mit der Hilfsfunktion

$$\boxed{\widehat{\mathcal{L}} (\mathbf{q}, \mathbf{p}, \mathbf{v}, \dot{\mathbf{q}}, t) \equiv L(\mathbf{q}, \mathbf{v}, t) + \mathbf{p} \cdot (\dot{\mathbf{q}} - \mathbf{v}) .}$$

Dieses Wirkungsfunktional $\widehat{\mathcal{S}}$ kann auch so interpretiert werden, dass das Integral $\int dt \, L(\mathbf{q}, \mathbf{v}, t)$ mit der Zwangsbedingung $\mathbf{v} = \dot{\mathbf{q}}$ zu variieren ist; die Impulse $\mathbf{p}(t)$ treten in dieser Interpretation als Lagrange-Parameter auf, die die Einhaltung dieser Zwangsbedingung gewährleisten sollen. Man erhält nun *drei* Bedingungsglei-chungen für den stationären Punkt des Wirkungsfunktionals:

$$0 = \frac{\partial \widehat{\mathcal{L}}}{\partial \mathbf{p}} = \dot{\mathbf{q}} - \mathbf{v} \tag{7.44a}$$

$$0 = \frac{\partial \widehat{\mathcal{L}}}{\partial \mathbf{q}} - \frac{d}{dt}\left(\frac{\partial \widehat{\mathcal{L}}}{\partial \dot{\mathbf{q}}}\right) = \frac{\partial L}{\partial \mathbf{q}}(\mathbf{q}, \mathbf{v}, t) - \frac{d}{dt}\mathbf{p} \tag{7.44b}$$

$$0 = \frac{\partial \widehat{\mathcal{L}}}{\partial \mathbf{v}} = \frac{\partial L}{\partial \dot{\mathbf{q}}}(\mathbf{q}, \mathbf{v}, t) - \mathbf{p} \,, \tag{7.44c}$$

aus denen unmittelbar hervorgeht, dass dieser stationäre Punkt in der Tat mit der physikalischen Bahn zu identifizieren ist. Durch Kombination von (7.44a) und (7.44c) ergeben sich die Gleichungen

$$\mathbf{p}_\phi(t) = \frac{\partial L}{\partial \dot{\mathbf{q}}}(\mathbf{q}_\phi, \dot{\mathbf{q}}_\phi, t) \quad, \quad \mathbf{v}_\phi = \dot{\mathbf{q}}_\phi = \dot{\mathbf{q}}_m(\mathbf{q}_\phi, \mathbf{p}_\phi, t) \,, \tag{7.45}$$

mit deren Hilfe sich (7.44b) auf die Standardform der Lagrange-Gleichung reduzie-ren lässt:

$$\frac{d}{dt}\left[\frac{\partial L}{\partial \dot{\mathbf{q}}}(\mathbf{q}_\phi, \dot{\mathbf{q}}_\phi, t)\right] = \dot{\mathbf{p}}_\phi(t) = \frac{\partial L}{\partial \mathbf{q}}(\mathbf{q}_\phi, \dot{\mathbf{q}}_\phi, t) \,.$$

Außerdem impliziert die zweite Gleichung in (7.45) einerseits wegen $\dot{\mathbf{q}}_m = \frac{\partial H}{\partial \mathbf{p}}$:

$$\dot{\mathbf{q}}_\phi = \dot{\mathbf{q}}_m(\mathbf{q}_\phi, \mathbf{p}_\phi, t) = \frac{\partial H}{\partial \mathbf{p}}(\mathbf{q}_\phi, \mathbf{p}_\phi, t)$$

und andererseits durch Einsetzen in (7.44b):

$$\dot{\mathbf{p}}_\phi = \frac{\partial L}{\partial \mathbf{q}}(\mathbf{q}_\phi, \mathbf{v}_\phi, t) = \frac{\partial L}{\partial \mathbf{q}}(\mathbf{q}_\phi, \dot{\mathbf{q}}_\phi, t) = \frac{\partial L}{\partial \mathbf{q}}(\mathbf{q}_\phi, \dot{\mathbf{q}}_m(\mathbf{q}_\phi, \mathbf{p}_\phi, t), t) = -\frac{\partial H}{\partial \mathbf{q}}(\mathbf{q}_\phi, \mathbf{p}_\phi, t) \,,$$

sodass auch die Hamilton-Gleichungen erfüllt sind.

## 7.6  Hamilton-Gleichungen „der ersten Art"

Wir zeigen, wie die in Abschnitt [6.10] besprochenen *Lagrange-Gleichungen der ers-ten Art* für holonome Zwangsbedingungen alternativ auch mit Hilfe einer Legendre-Transformation in Hamilton-Form dargestellt und aus einem „modifizierten Ha-milton'schen Prinzip" hergeleitet werden können. Analog erhält man Hamilton-Gleichungen für die Bewegung entlang ideal rauer Oberflächen, die durch nicht-holonome Zwangsbedingungen beschrieben wird, allerdings existiert in diesem Fall kein Variationsprinzip.

### 7.6.1  Holonome Zwangsbedingungen

Für eine Bewegung entlang ideal glatter Oberflächen, d. h. für holonome Zwangs-bedingungen, erhält man (wie bereits aus Abschnitt [6.10] bekannt) die Lagrange-

Gleichungen der ersten Art in folgender Form:

$$\left[ \frac{d}{dt}\left( \frac{\partial L}{\partial \dot{q}_k} \right) - \frac{\partial L}{\partial q_k} \right]_\phi = \sum_{m=1}^{z} \lambda_m(t) \frac{\partial f_m}{\partial q_k}(\mathbf{q}_\phi, t) \qquad (k = 1, 2, \cdots, f+z)$$

$$f_m(\mathbf{q}_\phi(t), t) = 0 \qquad\qquad (m = 1, 2, \cdots, z),$$

und es gilt ein Variationsprinzip der Form $\delta \bar{S}[\mathbf{q}_\phi, \boldsymbol{\lambda}_\phi] = 0$. Aus der in Abschnitt [7.2] beschriebenen Legendre-Transformation der Lagrange-Funktion wissen wir, dass einerseits allgemein $\dot{\mathbf{q}}_m = \frac{\partial H}{\partial \mathbf{p}}$ gilt und andererseits

$$\mathbf{p} = \frac{\partial L}{\partial \dot{\mathbf{q}}}(\mathbf{q}, \dot{\mathbf{q}}_m, t) \quad , \quad \frac{\partial H}{\partial \mathbf{q}}(\mathbf{q}, \mathbf{p}, t) = -\frac{\partial L}{\partial \mathbf{q}}(\mathbf{q}, \dot{\mathbf{q}}_m, t) \ .$$

Durch Kombination erhält man für die physikalische Bahn die Gleichungen:

$$\boxed{\begin{array}{l} \dot{\mathbf{q}}_\phi = \dfrac{\partial H}{\partial \mathbf{p}} \quad , \quad \dot{\mathbf{p}}_\phi = -\dfrac{\partial H}{\partial \mathbf{q}} + \displaystyle\sum_{m=1}^{z} \lambda_m(t) \dfrac{\partial f_m}{\partial \mathbf{q}}(\mathbf{q}_\phi, t) \\[4mm] f_m(\mathbf{q}_\phi, t) = 0 \quad (m = 1, \cdots, z) \ . \end{array}}$$

Diese Hamilton-Gleichungen „der ersten Art" können alternativ aus einem Variationsprinzip der Form

$$0 = \lim_{\varepsilon \downarrow 0} \frac{1}{\varepsilon} (\delta \mathcal{S})_{(\mathbf{q}_1, t_1)}^{(\mathbf{q}_2, t_2)} [\mathbf{q}, \mathbf{p}, \boldsymbol{\lambda}]$$

mit

$$\mathcal{S}_{(\mathbf{q}_1, t_1)}^{(\mathbf{q}_2, t_2)}[\mathbf{q}, \mathbf{p}, \boldsymbol{\lambda}] = \int_{t_1}^{t_2} dt \left[ \dot{\mathbf{q}}(t) \cdot \mathbf{p}(t) - H(\mathbf{q}(t), \mathbf{p}(t), t) + \sum_{m=1}^{z} \lambda_m(t) f_m(\mathbf{q}, t) \right]$$

hergeleitet werden. Bei der Variation müssen die **q**-Werte (aber *nicht* die **p**- und **λ**-Werte) zur Anfangs- und Endzeit mit denjenigen der physikalischen Bahn zusammenfallen.

## 7.6.2   Nicht-holonome Zwangsbedingungen

Für Bewegungen entlang ideal rauer Oberflächen haben wir analog im Rahmen des Lagrange-Formalismus in Abschnitt [6.13] die Bewegungsgleichungen

$$\left[ \frac{d}{dt}\left( \frac{\partial L}{\partial \dot{\mathbf{q}}} \right) - \frac{\partial L}{\partial \mathbf{q}} \right]_\phi = \sum_{m=1}^{z} \lambda_m(t) \boldsymbol{\varphi}_m(\mathbf{q}_\phi, t)$$

$$\boldsymbol{\varphi}_m(\mathbf{q}_\phi, t) \cdot \dot{\mathbf{q}}_\phi + \varphi_{m0}(\mathbf{q}_\phi, t) = 0 \quad (m = 1, 2, \cdots, z)$$

erhalten, die allerdings wegen der Nichtintegrabilität der Zwangsbedingungen *nicht* aus einem Variationsprinzip hergeleitet werden konnten. Eine Legendre-Transformation bezüglich der Geschwindigkeit führt nun auf die Hamilton-Gleichungen

$$\boxed{\begin{array}{l} \dot{\mathbf{q}}_\phi = \dfrac{\partial H}{\partial \mathbf{p}} \quad , \quad \dot{\mathbf{p}}_\phi = -\dfrac{\partial H}{\partial \mathbf{q}} + \displaystyle\sum_{m=1}^{z} \lambda_m(t) \boldsymbol{\varphi}_m(\mathbf{q}_\phi, t) \\[4mm] \boldsymbol{\varphi}_m(\mathbf{q}_\phi, t) \cdot \dfrac{\partial H}{\partial \mathbf{p}}(\mathbf{q}_\phi, \mathbf{p}_\phi, t) + \varphi_{0m}(\mathbf{q}_\varphi, t) = 0 \quad (m = 1, 2, \cdots, z), \end{array}}$$

die ebenfalls *nicht* aus einem Variationsprinzip hergeleitet werden können.

# 7.7 Die Hamilton-Jacobi-Gleichung

Die Dynamik eines mechanischen Systems, die normalerweise mit Hilfe *gewöhnlicher* Differentialgleichungen (Lagrange- oder Hamilton-Gleichungen) beschrieben wird, ist auch in der Form einer *partiellen* Differentialgleichung, der Hamilton-Jacobi-Gleichung, darstellbar. Diese Feststellung ist aus zwei Gründen wichtig: Einerseits spielt die Lösung der Hamilton-Jacobi-Gleichung eine zentrale Rolle *innerhalb der Mechanik* und zwar in der Transformationstheorie (Hamilton-Jacobi-Theorie, siehe Übungsaufgaben 7.6 und 7.7). Andererseits kann diese Lösung im sogenannten *quasi-klassischen Limes* mit der Phase einer quantenmechanischen Wellenfunktion identifiziert werden! Die Analogie bei der Formulierung von Wirkungsprinzipien für *Teilchen* (in der Mechanik) und *Wellen* (in der Optik) hat somit einen Durchbruch bei der Entwicklung der *Quantenmechanik* bewirkt.

## 7.7.1 Hamiltons Wirkungsfunktion und ihre Eigenschaften

Die Hamilton-Jacobi-Gleichung ist eine partielle Differentialgleichung für die *Hamilton'sche Wirkungsfunktion*, d. h. für das *Wirkungsfunktional als Funktion der Anfangs- und Endpunkte*, ausgewertet an der Stelle der physikalischen Bahn. Wegen der Identitäten

$$L\left(\mathbf{q}_\phi, \dot{\mathbf{q}}_\phi, t\right) = \mathcal{L}\left(\mathbf{q}_\phi, \dot{\mathbf{q}}_\phi, \mathbf{p}_\phi, t\right) = \widehat{\mathcal{L}}\left(\mathbf{q}_\phi, \mathbf{p}_\phi, \mathbf{v}_\phi, \dot{\mathbf{q}}_\phi, t\right)$$

macht es keinen Unterschied, welches der Wirkungsfunktionale, die wir in diesem Abschnitt bisher untersuchten, man zur Definition der Wirkungsfunktion $\Sigma$ heranzieht:

$$\boxed{\Sigma_{(\mathbf{q}_1, t_1)}^{(\mathbf{q}_2, t_2)} \equiv S_{(\mathbf{q}_1, t_1)}^{(\mathbf{q}_2, t_2)}[\mathbf{q}_\phi] = \mathcal{S}_{(\mathbf{q}_1, t_1)}^{(\mathbf{q}_2, t_2)}[\mathbf{q}_\phi, \mathbf{p}_\phi] = \widehat{\mathcal{S}}_{(\mathbf{q}_1, t_1)}^{(\mathbf{q}_2, t_2)}[\mathbf{q}_\phi, \mathbf{p}_\phi, \mathbf{v}_\phi] \, .}$$

Nehmen wir an, die Hamilton'sche Wirkungsfunktion $\Sigma$ sei bekannt: Was könnte man, z. B. durch Variation der Anfangs- und Endpunkte oder der Anfangs- und Endzeiten, mit ihrer Hilfe lernen? Um dies zu untersuchen, nehmen wir an, dass die physikalische Bahn, die durch die Raum-Zeit-Punkte $(\mathbf{q}_1, t_1)$ und $(\mathbf{q}_2, t_2)$ verläuft, durch $\mathbf{q}_\phi(t)$ und diejenige, die durch $(\mathbf{q}_1', t_1')$ und $(\mathbf{q}_2', t_2')$ verläuft, durch $\mathbf{q}_\phi'(t)$ gegeben ist. Die Variationen der Anfangs- und Endpunkte sind gegeben durch

$$\delta\mathbf{q}_i \equiv \mathbf{q}_i' - \mathbf{q}_i \equiv \varepsilon\boldsymbol{\kappa}_i \quad , \quad \delta t_i \equiv t_i' - t_i \equiv \varepsilon\tau_i \qquad (i = 1, 2) \, ,$$

und die Variation der Bahn ist gegeben durch

$$(\delta\mathbf{q}_\phi)(t) \equiv \mathbf{q}_\phi'(t) - \mathbf{q}_\phi(t) \equiv \varepsilon\boldsymbol{\kappa}_\phi(t) \, .$$

Wir nehmen an, dass $\boldsymbol{\kappa}_i, \tau_i$ und $\boldsymbol{\kappa}_\phi(t)$ fest vorgegeben sind und betrachten den Effekt möglicher Variationen im Limes $\varepsilon \to 0$. Es folgt:

$$(\delta\Sigma)_{(\mathbf{q}_1, t_1)}^{(\mathbf{q}_2, t_2)} \equiv \Sigma_{(\mathbf{q}_1', t_1')}^{(\mathbf{q}_2', t_2')} - \Sigma_{(\mathbf{q}_1, t_1)}^{(\mathbf{q}_2, t_2)} = \int_{t_1'}^{t_2'} dt \, L\left(\mathbf{q}_\phi', \dot{\mathbf{q}}_\phi', t\right) - \int_{t_1}^{t_2} dt \, L\left(\mathbf{q}_\phi, \dot{\mathbf{q}}_\phi, t\right)$$

$$= \int_{t_1'}^{t_1} dt \, L\left(\mathbf{q}_\phi', \dot{\mathbf{q}}_\phi', t\right) + \int_{t_2}^{t_2'} dt \, L\left(\mathbf{q}_\phi', \dot{\mathbf{q}}_\phi', t\right) + \int_{t_1}^{t_2} dt \, \left[L\left(\mathbf{q}_\phi', \dot{\mathbf{q}}_\phi', t\right) - L\left(\mathbf{q}_\phi, \dot{\mathbf{q}}_\phi, t\right)\right] \, .$$

Mit der Notation $L(\mathbf{q}_\phi, \dot{\mathbf{q}}_\phi, t) \equiv L_\phi(t)$ vereinfacht sich dies auf:

$$(\delta\Sigma)_{(\mathbf{q}_1, t_1)}^{(\mathbf{q}_2, t_2)} = -L_\phi(t_1)\delta t_1 + L_\phi(t_2)\delta t_2$$

$$+ \int_{t_1}^{t_2} dt \left[\frac{\partial L}{\partial \mathbf{q}} - \frac{d}{dt}\left(\frac{\partial L}{\partial \dot{\mathbf{q}}}\right)\right]_\phi \cdot \delta\mathbf{q}_\phi + \left(\frac{\partial L}{\partial \dot{\mathbf{q}}}\right)_\phi \cdot \delta\mathbf{q}_\phi \bigg|_{t_1}^{t_2}$$

$$= -L_\phi(t_1)\delta t_1 + L_\phi(t_2)\delta t_2 + \mathbf{p}_\phi(t_2) \cdot \delta\mathbf{q}_\phi(t_2) - \mathbf{p}_\phi(t_1) \cdot \delta\mathbf{q}_\phi(t_1) \,,$$

wobei $\mathcal{O}(\varepsilon^2)$-Korrekturen vernachlässigt wurden. Wegen

$$\delta\mathbf{q}_\phi(t_i) = \delta\mathbf{q}_i - \dot{\mathbf{q}}_\phi(t_i)\delta t_i \qquad (i = 1, 2)$$

erhält man schließlich

$$(\delta\Sigma)_{(\mathbf{q}_1, t_1)}^{(\mathbf{q}_2, t_2)} = -\mathbf{p}_\phi(t_1) \cdot \delta\mathbf{q}_1 + \mathbf{p}_\phi(t_2) \cdot \delta\mathbf{q}_2 + \left[\mathbf{p}_\phi(t_1) \cdot \dot{\mathbf{q}}_\phi(t_1) - L_\phi(t_1)\right]\delta t_1$$

$$- \left[\mathbf{p}_\phi(t_2) \cdot \dot{\mathbf{q}}_\phi(t_2) - L_\phi(t_2)\right]\delta t_2$$

$$= -\mathbf{p}_\phi(t_1) \cdot \delta\mathbf{q}_1 + \mathbf{p}_\phi(t_2) \cdot \delta\mathbf{q}_2 + H_\phi(t_1)\delta t_1 - H_\phi(t_2)\delta t_2 \,.$$

Es folgt daher generell:

$$\boxed{\frac{\partial\Sigma}{\partial\mathbf{q}_1} = -\mathbf{p}_\phi(t_1) \,, \quad \frac{\partial\Sigma}{\partial\mathbf{q}_2} = \mathbf{p}_\phi(t_2) \,, \quad \frac{\partial\Sigma}{\partial t_1} = H_\phi(t_1) \,, \quad \frac{\partial\Sigma}{\partial t_2} = -H_\phi(t_2) \,.} \quad (7.46)$$

Nehmen wir an, die Anfangsbedingungen $\mathbf{q}_1, \mathbf{p}_\phi(t_1)$ zur Zeit $t_1$ seien vorgegeben und die Hamilton'sche Wirkungsfunktion $\Sigma$ sei bekannt. Durch Inversion der ersten Gleichung in (7.46) erhält man dann $\mathbf{q}_\phi(t_2)$ für beliebige Zeiten $t_2$ in Abhängigkeit von $\mathbf{q}_1, \mathbf{p}_\phi(t_1)$ und $t_1$, sodass die physikalische Bahn vollständig bekannt ist! Durch Einsetzen von $\mathbf{q}_\phi(t_2)$ in die zweite und vierte Gleichung in (7.46) erhält man außerdem Information über den Impuls und die Hamilton-Funktion zur Zeit $t_2$.

### 7.7.2  Herleitung der Hamilton-Jacobi-Gleichung

Um eine einfache Gleichung für die Wirkungsfunktion $\Sigma$ als Funktion von $(\mathbf{q}_2, t_2)$ bei festgehaltenem $(\mathbf{q}_1, t_1)$ herzuleiten, definiert man:

$$\Sigma(\mathbf{q}, t) \equiv \Sigma_{(\mathbf{q}_1, t_1)}^{(\mathbf{q}, t)} \,.$$

Durch Kombination der zweiten und vierten Gleichung in (7.46),

$$\mathbf{p}_\phi(t) = \frac{\partial\Sigma}{\partial\mathbf{q}}(\mathbf{q}_\phi, t) \quad , \quad \frac{\partial\Sigma}{\partial t}(\mathbf{q}_\phi, t) = -H(\mathbf{q}_\phi, \mathbf{p}_\phi, t) \,,$$

erhält man eine nicht-lineare, partielle Differentialgleichung erster Ordnung für die Wirkungsfunktion $\Sigma$,

$$\boxed{\frac{\partial\Sigma}{\partial t}(\mathbf{q}, t) = -H\left(\mathbf{q}, \frac{\partial\Sigma}{\partial\mathbf{q}}(\mathbf{q}, t), t\right) \,,} \quad (7.47)$$

die als die Hamilton-Jacobi-Gleichung bezeichnet wird.

Es wurde bereits erwähnt, dass diese Gleichung die Phase der quantenmechanischen Wellenfunktion im quasiklassischen Limes beschreibt und außerdem eine wichtige Rolle in der Transformationstheorie spielt. Das Auftreten der Differentialgleichung (7.47) in der Hamilton-Theorie hat außerdem zur Konsequenz, dass man die Logik der Herleitung von (7.47) umkehren kann: Falls in irgendeinem physikalischen (oder anderen naturwissenschaftlichen) Kontext eine Differentialgleichung der Form (7.47) mit dem Anfangswert $\Sigma(\mathbf{q}, t_1) \equiv \Sigma_0(\mathbf{q})$ auftreten sollte, kann man die rechte Seite von (7.47) als Hamilton-Funktion interpretieren und für alle $\mathbf{q}_1$ die Hamilton-Gleichungen mit den Anfangswerten $\mathbf{q}_1$ und $\mathbf{p}_1 \equiv \frac{\partial \Sigma_0}{\partial \mathbf{q}}(\mathbf{q}_1)$ lösen:

$$\dot{\mathbf{q}} = \frac{\partial H}{\partial \mathbf{p}} \quad , \quad \dot{\mathbf{p}} = -\frac{\partial H}{\partial \mathbf{q}} \quad , \quad \mathbf{q}(t_1) = \mathbf{q}_1 \quad , \quad \mathbf{p}(t_1) = \mathbf{p}_1 .$$

Bezeichnet man die Lösung dieser Gleichungen als $(\mathbf{q}_\phi(t), \mathbf{p}_\phi(t))$, dann ist die gesuchte Funktion $\Sigma(\mathbf{q}, t)$ entlang der physikalischen Bahn durch

$$\Sigma(\mathbf{q}, t) = \Sigma_0(\mathbf{q}_1) + \mathcal{S}_{(\mathbf{q}_1, t_1)}^{(\mathbf{q}, t)}[\mathbf{q}_\phi, \mathbf{p}_\phi]$$

$$= \Sigma_0(\mathbf{q}_1) + \int_{t_1}^{t} dt' \; \left[\dot{\mathbf{q}}_\phi(t') \cdot \mathbf{p}_\phi(t') - H\big(\mathbf{q}_\phi(t'), \mathbf{p}_\phi(t'), t'\big)\right]$$

gegeben. Kombiniert man die Ergebnisse für alle möglichen $\mathbf{q}_1$-Werte und daher für alle möglichen physikalischen Bahnen, erhält man die Lösung der Hamilton-Jacobi-Gleichung (7.47) für alle $\mathbf{q} \in \mathbb{R}^f$ und alle $t \geq t_1$. Unsere „physikalischen Bahnen" werden in der Theorie partieller Differentialgleichungen als *charakteristische Kurven* bezeichnet.

# 7.8 Erhaltungsgrößen und Poisson-Klammern

In diesem Abschnitt untersuchen wir die Dynamik von physikalischen Messgrößen (Observablen) und zeigen, dass diese Dynamik durch *Poisson-Klammern* bestimmt wird. Wir erforschen die *Eigenschaften* solcher Poisson-Klammern sowie ihre Beziehung zu *Erhaltungsgrößen*. Auch werden wir eine neuartige Definition des für die Physik so wichtigen Begriffs *Vektor* kennenlernen.

### Die Dynamik von *Observablen*

Eine *Observable* in der Hamilton-Theorie ist – wie wir wissen – eine Funktion $A(\mathbf{q}, \mathbf{p}, t)$, die, ausgewertet für die physikalische Bahn,

$$A_\phi(t) = A(\mathbf{q}_\phi, \mathbf{p}_\phi, t) ,$$

eine experimentell messbare Eigenschaft $A$ des Systems quantitativ beschreibt. Beispiele sind neben dem kinetischen Impuls, dem kinetischen Drehimpuls und der kinetischen Energie: der *Massenschwerpunkt*, das *magnetische Moment* oder das *elektrische Dipolmoment*. Die Zeitentwicklung einer Observablen folgt sofort aus den Hamilton-Gleichungen:

$$\frac{d}{dt} A_\phi = \frac{d}{dt} A(\mathbf{q}_\phi, \mathbf{p}_\phi, t) = \left(\frac{\partial A}{\partial \mathbf{q}}\right)_\phi \cdot \dot{\mathbf{q}}_\phi + \left(\frac{\partial A}{\partial \mathbf{p}}\right)_\phi \cdot \dot{\mathbf{p}}_\phi + \left(\frac{\partial A}{\partial t}\right)_\phi$$

$$= \left(\frac{\partial A}{\partial \mathbf{q}} \cdot \frac{\partial H}{\partial \mathbf{p}} - \frac{\partial A}{\partial \mathbf{p}} \cdot \frac{\partial H}{\partial \mathbf{q}}\right)_\phi + \left(\frac{\partial A}{\partial t}\right)_\phi = \{A, H\}_\phi + \left(\frac{\partial A}{\partial t}\right)_\phi , \tag{7.48}$$

wobei wir die *Poisson-Klammer* $\{A, B\}$ zweier Funktionen $A(\mathbf{q}, \mathbf{p}, t)$ und $B(\mathbf{q}, \mathbf{p}, t)$ allgemein definieren als

$$\boxed{\{A, B\} \equiv \frac{\partial A}{\partial \mathbf{q}} \cdot \frac{\partial B}{\partial \mathbf{p}} - \frac{\partial A}{\partial \mathbf{p}} \cdot \frac{\partial B}{\partial \mathbf{q}} = \sum_k \left(\frac{\partial A}{\partial q_k} \frac{\partial B}{\partial p_k} - \frac{\partial A}{\partial p_k} \frac{\partial B}{\partial q_k}\right) .} \tag{7.49}$$

Besonders wichtige Observablen sind die sogenannten *Erhaltungsgrößen*, deren Wert sich im Laufe der Bewegung des Systems nicht ändert, für die also $\frac{d}{dt} A_\phi = 0$

gilt. Erhaltungsgrößen werden alternativ auch als *Bewegungsintegrale* oder als *Integrale der Bewegung* bezeichnet. Es folgt aus (7.48), dass für eine Erhaltungsgröße

$$\frac{d}{dt}A_\phi = \{A, H\}_\phi + \left(\frac{\partial A}{\partial t}\right)_\phi = 0 \tag{7.50}$$

gilt. Falls diese Erhaltungsgröße also nicht explizit von der Zeit abhängt, $\frac{\partial A}{\partial t} = 0$, vereinfacht sich (7.50) auf $\{A, H\}_\phi = 0$. Poisson-Klammern $\{A, H\}$ von Observablen $A$ mit der Hamilton-Funktion sind also sehr wichtig, da sie die Zeitentwicklung dieser Observablen (mit)bestimmen und Hinweise darauf liefern, ob die Observable eventuell erhalten ist. Aus diesem Grund untersuchen wir die Eigenschaften der allgemeinen Poisson-Klammer $\{A, B\}$ in (7.49) im Folgenden etwas detaillierter.

**Eigenschaften der Poisson-Klammer**

Einige Eigenschaften der Poisson-Klammer sind leicht einzusehen: Die Poisson-Klammer ist schiefsymmetrisch,

$$\{A, B\} = -\{B, A\} \,,$$

bilinear:

$$\{\alpha_1 A_1 + \alpha_2 A_2, B\} = \alpha_1\{A_1, B\} + \alpha_2\{A_2, B\} \qquad (\alpha_{1,2} \in \mathbb{R})$$
$$\{A, \beta_1 B_1 + \beta_2 B_2\} = \beta_1\{A, B_1\} + \beta_2\{A, B_2\} \qquad (\beta_{1,2} \in \mathbb{R})$$

und hat für rein zeitabhängige Funktionen $C$ und $(\mathbf{q}, \mathbf{p}, t)$-abhängige Funktionen $(A, B, A_{1,2})$ die Eigenschaften

$$\{A, C\} = 0 \qquad \text{[für } C = C(t)] \tag{7.51a}$$
$$\{A_1 A_2, B\} = A_1\{A_2, B\} + \{A_1, B\}A_2 \tag{7.51b}$$
$$\frac{\partial}{\partial t}\{A, B\} = \left\{\frac{\partial A}{\partial t}, B\right\} + \left\{A, \frac{\partial B}{\partial t}\right\} \,. \tag{7.51c}$$

Außerdem gilt die *Jacobi-Identität*

$$\{A, \{B, C\}\} + \{B, \{C, A\}\} + \{C, \{A, B\}\} = 0 \,, \tag{7.52}$$

die weniger offensichtlich ist und wie folgt bewiesen werden kann: Mit Hilfe der Definitionen

$$\mathbf{a}_k \equiv \begin{pmatrix} \frac{\partial A}{\partial p_k} \\ \frac{\partial A}{\partial q_k} \end{pmatrix} \quad, \quad A_{kl} \equiv \begin{pmatrix} \frac{\partial^2 A}{\partial q_k \partial q_l} & -\frac{\partial^2 A}{\partial q_k \partial p_l} \\ -\frac{\partial^2 A}{\partial p_k \partial q_l} & \frac{\partial^2 A}{\partial p_k \partial p_l} \end{pmatrix} \tag{7.53a}$$

(und analog für die Observablen $B$ und $C$) zeigt man relativ leicht durch explizite Berechnung (siehe Übungsaufgabe 7.8):

$$\{A, \{B, C\}\} = \tfrac{1}{2}\sum_{k,l} \left(\mathbf{a}_k^{\mathrm{T}} C_{kl}\mathbf{b}_l + \mathbf{b}_k^{\mathrm{T}} C_{kl}\mathbf{a}_l - \mathbf{a}_k^{\mathrm{T}} B_{kl}\mathbf{c}_l - \mathbf{c}_k^{\mathrm{T}} B_{kl}\mathbf{a}_l\right) \,. \tag{7.53b}$$

Den zweiten und dritten Term auf der linken Seite von (7.52) bestimmt man durch zyklische Vertauschung. Einsetzen dieser Ergebnisse in (7.52) zeigt, dass jeder Beitrag zweimal vorkommt, allerdings mit unterschiedlichem Vorzeichen, sodass die *linke* Seite von (7.52) insgesamt null ergibt und somit gleich der *rechten* Seite ist.

## Poisson'sches Theorem für die physikalische Bahn

Aus der Jacobi-Identität (7.52) und der Rechenregel (7.51c) folgt das *Poisson'sche Theorem*, das besagt, dass auch die *Poisson-Klammer zweier Erhaltungsgrößen* eine Erhaltungsgröße darstellt. Erfüllen die Observablen $A$ und $B$ nämlich die Bewegungsgleichungen:

$$\frac{d}{dt}A_\phi = \{A, H\}_\phi + \left(\frac{\partial A}{\partial t}\right)_\phi = 0 \quad , \quad \frac{d}{dt}B_\phi = \{B, H\}_\phi + \left(\frac{\partial B}{\partial t}\right)_\phi = 0 ,$$

so folgt aufgrund von (7.51c) und (7.52):

$$\frac{d}{dt}\{A, B\}_\phi = \{\{A, B\}, H\}_\phi + \left[\frac{\partial}{\partial t}\{A, B\}\right]_\phi$$

$$= -\{\{B, H\}, A\}_\phi - \{\{H, A\}, B\}_\phi + \left\{\frac{\partial A}{\partial t}, B\right\}_\phi + \left\{A, \frac{\partial B}{\partial t}\right\}_\phi$$

$$= \left\{\{A, H\} + \frac{\partial A}{\partial t}, B\right\}_\phi - \left\{\{B, H\} + \frac{\partial B}{\partial t}, A\right\}_\phi = 0 ,$$

sodass in der Tat auch $\{A, B\}_\phi$ erhalten ist. Man hat hiermit eine Methode gefunden, aus zwei bekannten Erhaltungsgrößen $A$ und $B$ eine dritte (nämlich $\{A, B\}$) herzuleiten. Dass die Erhaltungsgröße $\{A, B\}$ dann auch nicht-trivial (d. h. ungleich null und unabhängig von $A$ und $B$) ist, ist im Voraus natürlich nicht garantiert.[8]

## Spezialfälle der Poisson-Klammer und Ausblick

Wir betrachten ein paar Spezialfälle der allgemeinen Poisson-Klammer: Für die Poisson-Klammer $\{A, \mathbf{q}\}$ einer beliebigen Observablen $A(\mathbf{q}, \mathbf{p}, t)$ mit den verallgemeinerten Koordinaten $\mathbf{q} = (q_1, q_2, \cdots, q_f)^T$ ergibt sich:

$$\{A, \mathbf{q}\} = \frac{\partial \mathbf{q}}{\partial \mathbf{p}}\frac{\partial A}{\partial \mathbf{q}} - \frac{\partial \mathbf{q}}{\partial \mathbf{q}}\frac{\partial A}{\partial \mathbf{p}} = -\mathbb{1}_f \frac{\partial A}{\partial \mathbf{p}} = -\frac{\partial A}{\partial \mathbf{p}} ,$$

und für die Klammer mit den verallgemeinerten Impulsen $\mathbf{p}$ erhält man:

$$\{A, \mathbf{p}\} = \frac{\partial \mathbf{p}}{\partial \mathbf{p}}\frac{\partial A}{\partial \mathbf{q}} - \frac{\partial \mathbf{p}}{\partial \mathbf{q}}\frac{\partial A}{\partial \mathbf{p}} = \mathbb{1}_f \frac{\partial A}{\partial \mathbf{q}} = \frac{\partial A}{\partial \mathbf{q}} .$$

Falls es sich bei $A$ selbst auch um eine der Koordinaten oder einen der Impulse handelt, ergibt sich:

$$\boxed{\{q_k, q_l\} = 0 \quad , \quad \{p_k, p_l\} = 0 \quad , \quad \{q_k, p_l\} = \delta_{kl} .} \tag{7.54}$$

Die Beziehungen (7.54) werden als die *fundamentalen* Poisson-Klammern bezeichnet. In der Tat haben sie grundlegende Bedeutung, da sie – wie wir später feststellen werden – invariant unter kanonischen Transformationen sind.

---

[8] Als nicht-triviales Beispiel folgt aus (7.55), dass auch die 3-Komponente $L_{3\phi} = \{L_1, L_2\}_\phi$ des Drehimpulses erhalten sein *muss*, falls $L_{1\phi}$ und $L_{2\phi}$ Erhaltungsgrößen sind. Folglich ist dann auch $\mathbf{L}^2_\phi$ erhalten. Die detaillierte Form der Hamilton-Funktion ist für diese Aussage unerheblich. Allgemeiner *muss* die 3-Komponente $v_{3\phi} = \{L_1, v_2\}_\phi$ eines *Vektors* $\mathbf{v}$ erhalten sein, falls $L_{1\phi}$ und $v_{2\phi}$ Erhaltungsgrößen sind, siehe (7.56).

Außerdem sollte als Ausblick darauf hingewiesen werden, dass es einen engen Zusammenhang zwischen der Poisson-Klammer in der Klassischen Mechanik und dem quantenmechanischen *Kommutator* gibt. Genauer formuliert: Man kann zeigen, dass sich Erwartungswerte von Kommutatoren im klassischen Limes auf Poisson-Klammern reduzieren.

## 7.8.1   Beispiel: Vektoren!

In der Newton'schen Mechanik (Abschnitt [2.7]) haben wir *Vektoren* kennengelernt als physikalische Größen, die unter Drehungen im dreidimensionalen Raum genau so transformiert werden wie der Ortsvektor $\mathbf{x}$ oder der Impulsvektor $\mathbf{p} = m\dot{\mathbf{x}}$. Hierbei wurde zwischen *echten* Vektoren und *Pseudovektoren* unterschieden, abhängig davon, ob sich die Größe unter Raumspiegelungen genau so wie der Ortsvektor oder gerade entgegengesetzt verhielt.

Man kann „Vektoren" auch anders (und, wie wir später sehen werden, äquivalent) definieren mit Hilfe von Poisson-Klammern. Hierzu betrachten wir zunächst die Poisson-Klammer des Ortsvektors $\mathbf{x}$ mit dem Bahndrehimpuls $\mathbf{L} = \mathbf{x} \times \mathbf{p}$:

$$\{L_k, x_l\} = \varepsilon_{kmn}\{x_m p_n, x_l\} = \varepsilon_{kmn} x_m (-\delta_{nl}) = \varepsilon_{klm} x_m \ ,$$

wobei die fundamentale Poisson-Klammer $\{x_l, p_n\} = \delta_{nl}$ eingesetzt wurde. Analog folgt für die Poisson-Klammer des Impulsvektors $\mathbf{p}$ mit dem Bahndrehimpuls $\mathbf{L}$:

$$\{L_k, p_l\} = \varepsilon_{klm} p_m$$

und für die Klammer des Bahndrehimpulses mit sich selbst:

$$\{L_k, L_l\} = \varepsilon_{klm} L_m \ . \tag{7.55}$$

Es ist bemerkenswert, dass die Poisson-Klammern von $\mathbf{L}$ mit den drei Vektoren $\mathbf{x}, \mathbf{p}$ und $\mathbf{L}$ alle die gleiche Struktur besitzen:

$$\boxed{\{L_k, v_l\} = \varepsilon_{klm} v_m \ .} \tag{7.56}$$

Allgemeiner können wir daher einen Vektor $\mathbf{v}$ alternativ dadurch definieren, dass diese Größe die Eigenschaft (7.56) haben soll. In Abschnitt [7.9.5] zeigen wir, dass diese alternative Definition eines Vektors äquivalent zur üblichen Definition in der Newton'schen Mechanik ist. Keine Aussage wird in (7.56) darüber gemacht, ob der Vektor $\mathbf{v}$ ein echter oder ein Pseudovektor ist, d. h. wie $\mathbf{v}$ unter Raumspiegelungen transformiert wird. Falls $\mathbf{v}_1$ und $\mathbf{v}_2$ beide Vektoren im Sinne von (7.56) sind, ist übrigens auch das Kreuzprodukt $\mathbf{v}_1 \times \mathbf{v}_2$ ein Vektor in diesem Sinne:

$$\{L_k, (\mathbf{v}_1 \times \mathbf{v}_2)_l\} = \varepsilon_{klm}(\mathbf{v}_1 \times \mathbf{v}_2)_m \tag{7.57a}$$

und zeigt das Skalarprodukt $\mathbf{v}_1 \cdot \mathbf{v}_2$ das typische Verhalten eines Skalars:

$$\{L_k, \mathbf{v}_1 \cdot \mathbf{v}_2\} = 0 \ . \tag{7.57b}$$

Diese beiden Identitäten (7.57) werden in Übungsaufgabe 7.10 nachgewiesen. Aus den Regeln (7.57) kann man sofort schließen, dass auch eine zusammengesetzte Größe wie z. B. der Lenz'sche Vektor

$$\mathbf{a} = \frac{1}{\mu}\mathbf{p} \times \mathbf{L} + V(x)\mathbf{x} \quad , \quad V(x) = -\frac{\mathcal{G}\mu M}{x} \quad , \quad \mathbf{L} = \mathbf{x} \times \mathbf{p}$$

die Vertauschungsbeziehungen

$$\{L_k, a_l\} = \varepsilon_{klm} a_m \tag{7.58}$$

aufweist und somit wie ein *Vektor* im Sinne von (7.56) transformiert wird.

# 7.9   Kanonische Transformationen

Wir führen in diesem Abschnitt *kanonische* Transformationen als Transformationen der Koordinaten und Impulse ein, die die Struktur der Hamilton-Gleichungen *invariant* lassen. Innerhalb dieser großen Klasse von Transformationen konzentrieren wir uns auf *Berührungstransformationen*, die aus einer *erzeugenden Funktion* hergeleitet werden können. Wir behandeln erste Beispiele und zeigen, dass verschiedene Varianten der Berührungstransformation möglich sind und dass solche Transformationen eine *Gruppe* bilden. Diese Gruppeneigenschaft motiviert uns dann dazu, *infinitesimale* Berührungstransformationen und ihre Beziehung zu *Erhaltungsgrößen* zu untersuchen. Auf weitere Beispiele für solche Transformationen gehen wir ausführlich im nächsten Abschnitt [7.10] ein.

**Definition einer *kanonischen* Transformation**

Bereits bei der Behandlung der kleinen Schwingungen in Abschnitt [7.4.3] wurde klar, dass man im Hamilton-Formalismus grundsätzlich viel mehr Freiheit hat, Transformationen durchzuführen, als in der Lagrange-Theorie. Die Struktur der Lagrange-Gleichungen ist, wie wir wissen, invariant unter *Punkttransformationen* der Form $\bar{\mathbf{q}} = \bar{\mathbf{q}}(\mathbf{q}, t)$. Die Transformation der Hamilton-Gleichungen erfolgt jedoch im Phasenraum $\{(\mathbf{q}, \mathbf{p})\}$, sodass sich neben den Koordinaten $\mathbf{q}$ im Allgemeinen auch die Impulse $\mathbf{p}$ ändern werden: Es gilt also $(\mathbf{q}, \mathbf{p}) \rightarrow (\bar{\mathbf{q}}, \bar{\mathbf{p}})$ mit

$$\bar{\mathbf{q}} = \bar{\mathbf{q}}(\mathbf{q}, \mathbf{p}, t) \quad , \quad \bar{\mathbf{p}} = \bar{\mathbf{p}}(\mathbf{q}, \mathbf{p}, t) \, . \tag{7.59}$$

Wir bezeichnen eine solche Transformation im Phasenraum als eine *kanonische Transformation*, falls die Struktur der Hamilton-Theorie unter dieser Transformation invariant ist, sodass die transformierten Bewegungsgleichungen wiederum aus einer Hamilton-Funktion $\bar{H}(\bar{\mathbf{q}}, \bar{\mathbf{p}}, t)$ hergeleitet werden können und somit „echte" Hamilton-Gleichungen sind. Aus den ursprünglichen Hamilton-Gleichungen

$$\dot{\mathbf{q}} = \frac{\partial H}{\partial \mathbf{p}} \quad , \quad \dot{\mathbf{p}} = -\frac{\partial H}{\partial \mathbf{q}}$$

werden durch eine kanonische Transformation neue Bewegungsgleichungen der Form

$$\dot{\bar{\mathbf{q}}} = \frac{\partial \bar{H}}{\partial \bar{\mathbf{p}}} \quad , \quad \dot{\bar{\mathbf{p}}} = -\frac{\partial \bar{H}}{\partial \bar{\mathbf{q}}}$$

erzeugt. Neben dem ursprünglichen Variationsprinzip:

$$\delta \mathcal{S} = 0 \quad , \quad \mathcal{S}_{(\mathbf{q}_1, t_1)}^{(\mathbf{q}_2, t_2)}[\mathbf{q}, \mathbf{p}] = \int_{t_1}^{t_2} dt \, \mathcal{L}(\mathbf{q}, \dot{\mathbf{q}}, \mathbf{p}, t) \tag{7.60}$$

mit $\mathcal{L} \equiv \dot{\mathbf{q}} \cdot \mathbf{p} - H(\mathbf{q}, \mathbf{p}, t)$ gilt daher auch nach der Transformation:

$$\delta \bar{\mathcal{S}} = 0 \quad , \quad \bar{\mathcal{S}}^{(\bar{\mathbf{q}}_2, t_2)}_{(\bar{\mathbf{q}}_1, t_1)}[\bar{\mathbf{q}}, \bar{\mathbf{p}}] = \int_{t_1}^{t_2} dt \; \bar{\mathcal{L}}(\bar{\mathbf{q}}, \dot{\bar{\mathbf{q}}}, \bar{\mathbf{p}}, t) \tag{7.61}$$

mit $\bar{\mathcal{L}} \equiv \dot{\bar{\mathbf{q}}} \cdot \bar{\mathbf{p}} - \bar{H}(\bar{\mathbf{q}}, \bar{\mathbf{p}}, t)$. Es ist wichtig, darauf zu achten, dass die Randbedingungen der Variationsprinzipien (7.60) und (7.61) *nicht* äquivalent sind: In Gleichung (7.60) gilt $(\delta\mathbf{q})(t_1) = (\delta\mathbf{q})(t_2) = \mathbf{0}$ mit $(\delta\mathbf{p})(t_1)$ und $(\delta\mathbf{p})(t_2)$ beliebig, während beim Variationsprozess (7.61) die *transformierten* Endpunkte $\bar{\mathbf{q}}(t_1)$ und $\bar{\mathbf{q}}(t_2)$ festgehalten werden und die *transformierten* Impulse $\bar{\mathbf{p}}(t_1)$ und $\bar{\mathbf{p}}(t_2)$ beliebig sind. Dass diese Bedingungen nicht äquivalent sind, folgt sofort aus der Beziehung (7.59) zwischen „alten" und „neuen" Variablen.

Man könnte (7.59) im Prinzip um eine Gleichung der Form $\bar{t} = \bar{t}(t)$ ergänzen, sodass auch die Zeit bei der kanonischen Transformation mittransformiert wird;[9] da solche Verallgemeinerungen in der Physikliteratur jedoch eher unüblich sind, beschränken wir uns im Folgenden auf Transformationen der Form (7.59).

Aufgrund der gleichzeitigen Gültigkeit der Variationsprinzipien (7.60) und (7.61) könnte man vielleicht meinen, dass die Hilfsfunktionen $\mathcal{L}$ und $\bar{\mathcal{L}}$ in diesen beiden Fällen gleich sind. Das ist *nicht* der Fall. Wir betrachten zwei Beispiele, die zeigen, dass $\mathcal{L}$ und $\bar{\mathcal{L}}$ im Allgemeinen *ungleich* sind.

### 7.9.1    Beispiel: Reskalierung der Impulsvariablen

Als erstes Beispiel betrachten wir eine einfache Reskalierung der Impulsvariablen:

$$\bar{\mathbf{q}} = \mathbf{q} \quad , \quad \bar{\mathbf{p}} = \lambda^{-1}\mathbf{p} \quad , \quad \bar{H}(\bar{\mathbf{q}}, \bar{\mathbf{p}}, t) = \lambda^{-1}H(\bar{\mathbf{q}}, \lambda\bar{\mathbf{p}}, t) \; .$$

Die kanonische Struktur ist unter dieser Transformation erhalten:

$$\frac{\partial \bar{H}}{\partial \bar{\mathbf{p}}} = \frac{\partial H}{\partial \mathbf{p}}(\mathbf{q}, \mathbf{p}, t) = \dot{\mathbf{q}} = \dot{\bar{\mathbf{q}}} \quad , \quad -\frac{\partial \bar{H}}{\partial \bar{\mathbf{q}}} = -\lambda^{-1}\frac{\partial H}{\partial \mathbf{q}}(\mathbf{q}, \mathbf{p}, t) = \lambda^{-1}\dot{\mathbf{p}} = \dot{\bar{\mathbf{p}}} \; .$$

Außerdem folgt $\bar{\mathcal{L}} = \dot{\bar{\mathbf{q}}} \cdot \bar{\mathbf{p}} - \bar{H}(\bar{\mathbf{q}}, \bar{\mathbf{p}}, t) = \lambda^{-1}\mathcal{L}$ und daher auch $\bar{\mathcal{S}} = \lambda^{-1}\mathcal{S}$. Diese Reskalierung der Impulse tritt auch bei der in Fußnote 9 diskutierten Ähnlichkeitstransformation auf, nur werden bei der Ähnlichkeitstransformation die Koordinaten und die Zeit ebenfalls reskaliert.

### 7.9.2    Beispiel: die Berührungstransformation!

Als zweites, wesentlich allgemeineres und wichtigeres Beispiel für eine kanonische Transformation mit $\bar{\mathcal{L}} \neq \mathcal{L}$ diskutieren wir die *Berührungstransformation*,[10] die

---

[9]Ein einfaches Beispiel einer kanonischen Transformation, bei der sich auch die Zeit ändert, ist die in Abschnitt [6.12] diskutierte Ähnlichkeitstransformation $\bar{\mathbf{x}}_i = \lambda\mathbf{x}_i$ mit $\bar{t} = \lambda^{1-\gamma/2}t$ und daher auch $\dot{\bar{\mathbf{x}}}_i = \lambda^{\gamma/2}\dot{\mathbf{x}}_i$. In diesem Fall gilt $\bar{L}(\bar{\mathbf{X}}, \dot{\bar{\mathbf{X}}}) = \lambda^{\gamma/2-1}L(\mathbf{X}, \dot{\mathbf{X}})$ und daher mit der Definition $\mathbf{P} \equiv (\mathbf{p}_1/\mathbf{p}_2/\cdots/\mathbf{p}_N)$ auch $\bar{\mathbf{P}} = \lambda^{-1}\mathbf{P}$, sodass $\bar{H}(\bar{\mathbf{X}}, \bar{\mathbf{P}}) = \lambda^{\gamma/2-1}H(\mathbf{X}, \mathbf{P})$ bzw. $\bar{\mathcal{L}}(\bar{\mathbf{X}}, \dot{\bar{\mathbf{X}}}, \bar{\mathbf{P}}) = \lambda^{\gamma/2-1}\mathcal{L}(\mathbf{X}, \dot{\mathbf{X}}, \mathbf{P})$ folgt. Das Wirkungsfunktional ist unter der Ähnlichkeitstransformation *invariant*: $\bar{\mathcal{S}} = \mathcal{S}$.

[10]Der Begriff „Berührungstransformation" (auf Englisch: *contact transformation*) stammt aus der Differentialgeometrie, ist aber für unsere Zwecke nicht besonders anschaulich.

durch die Gleichung

$$\mathcal{L}(\mathbf{q}, \dot{\mathbf{q}}, \mathbf{p}, t) = \bar{\mathcal{L}}(\bar{\mathbf{q}}, \dot{\bar{\mathbf{q}}}, \bar{\mathbf{p}}, t) + \frac{d}{dt} F_1(\mathbf{q}, \bar{\mathbf{q}}, t) \qquad (7.62)$$

mit einer zunächst beliebigen Funktion $F_1(\mathbf{q}, \bar{\mathbf{q}}, t)$ der alten und neuen Koordinaten definiert ist. Hierbei ist $\frac{dF_1}{dt}$ wiederum als „vollständige Zeitableitung" zu interpretieren, siehe Gleichung (7.63). Aus der Definition (7.62) geht unmittelbar hervor, dass auch nun im Allgemeinen $\mathcal{L} \neq \bar{\mathcal{L}}$ gilt. Es ist zu bedenken, dass die alten und neuen Variablen $(\mathbf{q}, \mathbf{p})$ und $(\bar{\mathbf{q}}, \bar{\mathbf{p}})$ in (7.62) durch (7.59) verknüpft sind, sodass nur jeweils zwei dieser vier Vektoren (oder genauer: nur $2f$ von deren $4f$ Komponenten) als unabhängig angesehen werden können. Wir zeigen im Folgenden, in welcher Weise die Berührungstransformation $(\mathbf{q}, \mathbf{p}) \to (\bar{\mathbf{q}}, \bar{\mathbf{p}})$ durch die Wahl von $F_1$ festgelegt wird. Da die Funktion $F_1$ diese Transformation erzeugt, wird sie als die *erzeugende Funktion* der Berührungstransformation bezeichnet. Wir zeigen außerdem, dass die Transformation (7.62) *kanonisch* ist, sodass die Bewegungsgleichungen für die neue physikalische Bahn $(\bar{\mathbf{q}}_\phi, \bar{\mathbf{p}}_\phi)$ wiederum die Form von *Hamilton-Gleichungen* besitzen. Wegen der unterschiedlichen Randbedingungen für $\mathcal{L}$ und $\bar{\mathcal{L}}$ zur Zeit $t_1$ bzw. $t_2$ ist diese Invarianz der kanonischen Struktur keineswegs trivial.[11]

### Bestimmungsgleichungen für die Berührungstransformation

Wir untersuchen nun zuerst, wie die Berührungstransformation $(\mathbf{q}, \mathbf{p}) \to (\bar{\mathbf{q}}, \bar{\mathbf{p}})$ durch die erzeugende Funktion $F_1$ festgelegt wird. Aus der expliziten Form der „vollständigen Zeitableitung" $\frac{dF_1}{dt}$ in (7.62),

$$\frac{d}{dt} F_1(\mathbf{q}, \bar{\mathbf{q}}, t) \equiv \frac{\partial F_1}{\partial \mathbf{q}} \cdot \dot{\mathbf{q}} + \frac{\partial F_1}{\partial \bar{\mathbf{q}}} \cdot \dot{\bar{\mathbf{q}}} + \frac{\partial F_1}{\partial t} \ , \qquad (7.63)$$

und der Definition von $\mathcal{L}$ und $\bar{\mathcal{L}}$ folgt:

$$\dot{\mathbf{q}} \cdot \mathbf{p} - H(\mathbf{q}, \mathbf{p}, t) = \dot{\bar{\mathbf{q}}} \cdot \bar{\mathbf{p}} - \bar{H}(\bar{\mathbf{q}}, \bar{\mathbf{p}}, t) + \left( \frac{\partial F_1}{\partial \mathbf{q}} \cdot \dot{\mathbf{q}} + \frac{\partial F_1}{\partial \bar{\mathbf{q}}} \cdot \dot{\bar{\mathbf{q}}} + \frac{\partial F_1}{\partial t} \right)$$

bzw.

$$\left( \mathbf{p} - \frac{\partial F_1}{\partial \mathbf{q}} \right) \cdot d\mathbf{q} - \left( \bar{\mathbf{p}} + \frac{\partial F_1}{\partial \bar{\mathbf{q}}} \right) \cdot d\bar{\mathbf{q}} + \left( \bar{H} - H - \frac{\partial F_1}{\partial t} \right) dt = 0 \ . \qquad (7.64)$$

Da die Variablen $(\mathbf{q}, \bar{\mathbf{q}}, t)$ in (7.62) als unabhängig anzusehen sind, muss gelten:

$$\mathbf{p} = \frac{\partial F_1}{\partial \mathbf{q}} \quad , \quad \bar{\mathbf{p}} = -\frac{\partial F_1}{\partial \bar{\mathbf{q}}} \quad , \quad \bar{H} = H + \frac{\partial F_1}{\partial t} \ . \qquad (7.65)$$

Die Berührungstransformation $(\mathbf{q}, \mathbf{p}) \to (\bar{\mathbf{q}}, \bar{\mathbf{p}})$ wird durch die erzeugende Funktion $F_1(\mathbf{q}, \bar{\mathbf{q}}, t)$ also eindeutig festgelegt: Falls $(\mathbf{q}, \mathbf{p})$ vorgegeben ist, kann $\bar{\mathbf{q}}(\mathbf{q}, \mathbf{p}, t)$ durch die Inversion der ersten Gleichung in (7.65) bestimmt werden. Der neue Impuls $\bar{\mathbf{p}}$

---

[11] An dieser Stelle sollte man Vorsicht walten lassen: Man findet sogar in manchen Lehrbüchern die (inkorrekte) Behauptung, dass die Invarianz der kanonischen Struktur sofort daraus folgt, dass sich $\mathcal{L}$ und $\bar{\mathcal{L}}$ „nur" um eine „vollständige Zeitableitung" unterscheiden, so wie auch die Addition einer „vollständigen Zeitableitung" in der Lagrange-Theorie die Bewegungsgleichung invariant lässt. Die Subtilität bei den Randbedingungen wird in diesem Argument völlig übersehen. Im Unterschied zur Lagrange-Theorie liefert die „vollständige Zeitableitung" in (7.62) einen Beitrag *ungleich null* zur Variation der Wirkung $\delta\mathcal{S}$, siehe zum Beispiel Gleichung (7.70).

folgt dann aus der zweiten und die neue Hamilton-Funktion $\bar{H}$ aus der dritten Gleichung in (7.65). Falls umgekehrt $(\bar{\mathbf{q}}, \bar{\mathbf{p}})$ vorgegeben ist, folgt $\mathbf{q}(\bar{\mathbf{q}}, \bar{\mathbf{p}}, t)$ analog durch Inversion der zweiten Gleichung in (7.65). Diese Inversionen sind allerdings nur dann möglich, wenn $\det\left(\partial^2 F_1/\partial\mathbf{q}\partial\bar{\mathbf{q}}\right) \neq 0$ gilt. Dies zeigt bereits, dass $F_1$ in der Praxis keineswegs beliebig ist.

### Einschränkungen für die mögliche Form der erzeugenden Funktion

Weitere Einschränkungen werden klar, wenn man allgemein die Invertierbarkeit der Gleichungen $\mathbf{p} = \partial F_1/\partial\mathbf{q}$ und $\bar{\mathbf{p}} = -\partial F_1/\partial\bar{\mathbf{q}}$ fordert, sodass diese Gleichungen eindeutig nach zwei der vier Variablen $(\mathbf{q}, \mathbf{p}, \bar{\mathbf{q}}, \bar{\mathbf{p}})$ aufgelöst werden können, falls die anderen zwei Variablen vorgegeben sind. Sind beispielsweise $(\mathbf{p}, \bar{\mathbf{q}})$ vorgegeben, so kann $\mathbf{q}$ eindeutig bestimmt werden, falls $F_1$ eine strikt konvexe (oder konkave) Funktion der Variablen $\mathbf{q}$ ist:[12]

$$\mathbf{q} = \mathbf{q}_{\mathrm{m}}(\mathbf{p}, \bar{\mathbf{q}}, t) \quad , \quad \mathbf{p} \equiv \frac{\partial F_1}{\partial\mathbf{q}}(\mathbf{q}_{\mathrm{m}}, \bar{\mathbf{q}}, t) \, . \tag{7.66}$$

Sind andererseits die Variablen $(\mathbf{q}, \bar{\mathbf{p}})$ vorgegeben, dann kann die Gleichung $\bar{\mathbf{p}} = -\partial F_1/\partial\bar{\mathbf{q}}$ eindeutig nach $\bar{\mathbf{q}}$ aufgelöst werden, falls $F_1$ strikt konvex (oder konkav) als Funktion von $\bar{\mathbf{q}}$ ist:

$$\bar{\mathbf{q}} = \bar{\mathbf{q}}_{\mathrm{m}}(\mathbf{q}, \bar{\mathbf{p}}, t) \quad , \quad \bar{\mathbf{p}} \equiv -\frac{\partial F_1}{\partial\bar{\mathbf{q}}}(\mathbf{q}, \bar{\mathbf{q}}_{\mathrm{m}}, t) \, . \tag{7.67}$$

Sind schließlich die Variablen $(\mathbf{p}, \bar{\mathbf{p}})$ vorgegeben, so können die beiden Gleichungen $\mathbf{p} = \partial F_1/\partial\mathbf{q}$ und $\bar{\mathbf{p}} = -\partial F_1/\partial\bar{\mathbf{q}}$ nach $(\mathbf{q}, \bar{\mathbf{q}})$ aufgelöst werden, falls $F_1$ strikt konvex oder konkav in diesen Variablen ist:

$$\begin{pmatrix} \mathbf{q} \\ \bar{\mathbf{q}} \end{pmatrix} = \begin{pmatrix} \mathbf{q}_{\mathrm{mm}}(\mathbf{p}, \bar{\mathbf{p}}, t) \\ \bar{\mathbf{q}}_{\mathrm{mm}}(\mathbf{p}, \bar{\mathbf{p}}, t) \end{pmatrix} \quad , \quad \begin{pmatrix} \mathbf{p} \\ -\bar{\mathbf{p}} \end{pmatrix} \equiv \begin{pmatrix} \frac{\partial F_1}{\partial\mathbf{q}}(\mathbf{q}_{\mathrm{mm}}, \bar{\mathbf{q}}_{\mathrm{mm}}, t) \\ \frac{\partial F_1}{\partial\bar{\mathbf{q}}}(\mathbf{q}_{\mathrm{mm}}, \bar{\mathbf{q}}_{\mathrm{mm}}, t) \end{pmatrix} \, . \tag{7.68}$$

Diese Formeln zeigen außerdem, dass die erzeugende Funktion $F_1$ genügend glatt (d. h. differenzierbar) sein muss.

### Berührungstransformationen sind *kanonisch*!

Wir zeigen schließlich, dass die Berührungstransformation (7.62) kanonisch ist, d. h. die Struktur der Hamilton-Gleichungen invariant lässt. Wir verwenden die übliche Notation: $\delta\mathbf{q} = \varepsilon\boldsymbol{\kappa}$, $\delta\mathbf{p} = \varepsilon\boldsymbol{\pi}$, $\delta\bar{\mathbf{q}} = \varepsilon\bar{\boldsymbol{\kappa}}$, $\delta\bar{\mathbf{p}} = \varepsilon\bar{\boldsymbol{\pi}}$. Das Wirkungsfunktional $\mathcal{S}$ folgt aus (7.62) als

$$\mathcal{S}^{(\mathbf{q}_2, t_2)}_{(\mathbf{q}_1, t_1)}[\mathbf{q}, \mathbf{p}] = \int_{t_1}^{t_2} dt \, [\mathbf{p} \cdot \dot{\mathbf{q}} - H(\mathbf{q}, \mathbf{p}, t)]$$

$$= \int_{t_1}^{t_2} dt \, [\bar{\mathbf{p}} \cdot \dot{\bar{\mathbf{q}}} - \bar{H}(\bar{\mathbf{q}}, \bar{\mathbf{p}}, t)] + F_1(\mathbf{q}(t), \bar{\mathbf{q}}(t), t)\Big|_{t_1}^{t_2} \, . \tag{7.69}$$

---

[12]Die Notationen $\mathbf{q}_{\mathrm{m}}$, $\bar{\mathbf{q}}_{\mathrm{m}}$ und $\mathbf{q}_{\mathrm{mm}}$ in (7.66), (7.67) bzw. (7.68) bringen hierbei zum Ausdruck, dass die Bestimmung der Umkehrfunktionen von $\frac{\partial F_1}{\partial\mathbf{q}}$ und/oder $-\frac{\partial F_1}{\partial\bar{\mathbf{q}}}$ vollkommen analog zur Vorgehensweise bei Legendre-Transformationen in Abschnitt [7.1.2] ist. Die Notation $\mathbf{q}_{\mathrm{mm}}$ deutet speziell an, dass eine Inversion *zweier gekoppelter* Funktionen vorliegt.

Es ist wichtig, zu bedenken, dass beim Variationsprinzip $\delta\mathcal{S} = 0$ zwar $\boldsymbol{\kappa}(t_1) = \boldsymbol{\kappa}(t_2) = \mathbf{0}$, jedoch im Allgemeinen *nicht* $\bar{\boldsymbol{\kappa}}(t_1) = \bar{\boldsymbol{\kappa}}(t_2) = \mathbf{0}$ gilt. Es folgt aus Gleichung (7.69):

$$
\begin{aligned}
\mathbf{0} &= \lim_{\varepsilon \to 0} \frac{1}{\varepsilon} (\delta\mathcal{S})_{(\mathbf{q}_1, t_1)}^{(\mathbf{q}_2, t_2)} [\mathbf{q}, \mathbf{p}] \\
&= \int_{t_1}^{t_2} dt \left[ \dot{\bar{\mathbf{q}}} \cdot \boldsymbol{\pi} + \bar{\mathbf{p}} \cdot \dot{\boldsymbol{\kappa}} - \frac{\partial \bar{H}}{\partial \bar{\mathbf{q}}} \cdot \boldsymbol{\kappa} - \frac{\partial \bar{H}}{\partial \bar{\mathbf{p}}} \cdot \boldsymbol{\pi} \right] + \left. \frac{\partial F_1}{\partial \bar{\mathbf{q}}} \cdot \boldsymbol{\kappa} \right|_{t_1}^{t_2} \\
&= \left. \left( \bar{\mathbf{p}} + \frac{\partial F_1}{\partial \bar{\mathbf{q}}} \right) \cdot \boldsymbol{\kappa} \right|_{t_1}^{t_2} + \int_{t_1}^{t_2} dt \left[ \left( \dot{\bar{\mathbf{q}}} - \frac{\partial \bar{H}}{\partial \bar{\mathbf{p}}} \right) \cdot \boldsymbol{\pi} - \left( \dot{\bar{\mathbf{p}}} + \frac{\partial \bar{H}}{\partial \bar{\mathbf{q}}} \right) \cdot \boldsymbol{\kappa} \right] \\
&= \int_{t_1}^{t_2} dt \left[ \left( \dot{\bar{\mathbf{q}}} - \frac{\partial \bar{H}}{\partial \bar{\mathbf{p}}} \right) \cdot \boldsymbol{\pi} - \left( \dot{\bar{\mathbf{p}}} + \frac{\partial \bar{H}}{\partial \bar{\mathbf{q}}} \right) \cdot \boldsymbol{\kappa} \right] .
\end{aligned}
\tag{7.70}
$$

Im letzten Schritt wurde (7.65) verwendet. Man sieht, dass die „vollständige Zeitableitung" in (7.62) sehr wohl zur Variation der Wirkung beiträgt und genau gegen einen weiteren, bei der partiellen Integration erzeugten Randterm wegfällt. Des Weiteren ist klar, dass die rechte Seite von (7.70) nur dann für alle $(\boldsymbol{\pi}, \boldsymbol{\kappa})$ null sein kann [oder äquivalent: für alle $(\bar{\boldsymbol{\pi}}, \bar{\boldsymbol{\kappa}})$], falls

$$
\dot{\bar{\mathbf{q}}} = \frac{\partial \bar{H}}{\partial \bar{\mathbf{p}}} \quad , \quad \dot{\bar{\mathbf{p}}} = -\frac{\partial \bar{H}}{\partial \bar{\mathbf{q}}}
$$

gilt, d. h., falls die kanonische Struktur der Bewegungsgleichungen invariant ist. Hiermit ist gezeigt, dass jede Berührungstransformation in der Tat *kanonisch* ist.

**Erstes Beispiel einer Berührungstransformation**

Als einfaches, aber äußerst interessantes Beispiel einer Berührungstransformation betrachten wir (7.62) mit $F_1(\mathbf{q}, \bar{\mathbf{q}}, t) = -\mathbf{q} \cdot \bar{\mathbf{q}}$. Es folgt aus (7.65), dass die alten und neuen Variablen gemäß $\mathbf{p} = -\bar{\mathbf{q}}$, $\bar{\mathbf{p}} = \mathbf{q}$ miteinander verknüpft sind, sodass bei der Transformation $(\mathbf{q}, \mathbf{p})$ durch $(\bar{\mathbf{p}}, -\bar{\mathbf{q}})$ ersetzt wird, also „Koordinaten" und „Impulse" ihre Rollen vertauschen! Der Unterschied zwischen Koordinaten und Impulsen geht daher im Hamilton-Formalismus vollständig verloren. Die Freiheit, die man hiermit gewinnt, hat allerdings auch einen Preis, da die klare Struktur der Hamilton-Funktion als duale Funktion der Lagrange-Funktion, insbesondere die strikte Konvexität der Hamilton-Funktion in Abhängigkeit von den *Impulsen*, bei kanonischen Transformationen im Allgemeinen ebenfalls verloren geht.

### 7.9.3 Varianten der Berührungstransformation

Die zweite Gleichung in (7.65), $\bar{\mathbf{p}} = \partial(-F_1)/\partial\bar{\mathbf{q}}$, zeigt in Kombination mit (7.67), dass man statt der erzeugenden Funktion $F_1$ auch die Legendre-Transformierte $F_2(\mathbf{q}, \bar{\mathbf{p}}, t)$ von $-F_1$ bezüglich der Variablen $\bar{\mathbf{q}}$ einführen kann:

$$
F_2(\mathbf{q}, \bar{\mathbf{p}}, t) \equiv \bar{\mathbf{p}} \cdot \bar{\mathbf{q}}_{\mathrm{m}}(\mathbf{q}, \bar{\mathbf{p}}, t) - [-F_1(\mathbf{q}, \bar{\mathbf{q}}_{\mathrm{m}}(\mathbf{q}, \bar{\mathbf{p}}, t), t)] .
\tag{7.71}
$$

Es folgt aus dem allgemeinen Ergebnis (7.9) für Differentiale von Legendre-Transformierten mit inerten Variablen und aus (7.67), dass

$$\frac{\partial F_2}{\partial \mathbf{q}} = \mathbf{p} \quad , \quad \frac{\partial F_2}{\partial \bar{\mathbf{p}}} = \bar{\mathbf{q}}_{\mathrm{m}}(\mathbf{q}, \bar{\mathbf{p}}, t) = \bar{\mathbf{q}} \quad , \quad \frac{\partial F_2}{\partial t} = \bar{H} - H \tag{7.72}$$

gilt, sodass man auch $F_2$ als erzeugende Funktion der Berührungstransformation verwenden kann.

Eine dritte mögliche Formulierung ergibt sich aus der Kombination der Gleichungen $\mathbf{p} = \frac{\partial F_1}{\partial \mathbf{q}}$ und (7.66), die es nahelegt, die Funktion $-F_3(\mathbf{p}, \bar{\mathbf{q}}, t)$ als Legendre-Transformierte von $F_1$ bezüglich der Variablen $\mathbf{q}$ einzuführen:

$$-F_3(\mathbf{p}, \bar{\mathbf{q}}, t) \equiv \mathbf{p} \cdot \mathbf{q}_{\mathrm{m}}(\mathbf{p}, \bar{\mathbf{q}}, t) - F_1\big(\mathbf{q}_{\mathrm{m}}(\mathbf{p}, \bar{\mathbf{q}}, t), \bar{\mathbf{q}}, t\big) \, .$$

Die Ableitungen von $F_3$ folgen sofort aus (7.9) und (7.66):

$$-\frac{\partial F_3}{\partial \mathbf{p}} = \mathbf{q}_{\mathrm{m}}(\mathbf{p}, \bar{\mathbf{q}}, t) = \mathbf{q} \quad , \quad \frac{\partial F_3}{\partial \bar{\mathbf{q}}} = -\bar{\mathbf{p}} \quad , \quad \frac{\partial F_3}{\partial t} = \bar{H} - H \, ,$$

und wiederum kann man statt $F_1$ auch $F_3$ als erzeugende Funktion verwenden.

Als vierte Möglichkeit kann man aufgrund von (7.65) und (7.68) auch die Legendre-Transformierte $-F_4(\mathbf{p}, \bar{\mathbf{p}}, t)$ von $F_1(\mathbf{q}, \bar{\mathbf{q}}, t)$ bezüglich der Variablen $(\mathbf{q}, \bar{\mathbf{q}})$ einführen:

$$-F_4(\mathbf{p}, \bar{\mathbf{p}}, t) \equiv \begin{pmatrix} \mathbf{p} \\ -\bar{\mathbf{p}} \end{pmatrix} \cdot \begin{pmatrix} \mathbf{q}_{\mathrm{mm}}(\mathbf{p}, \bar{\mathbf{p}}, t) \\ \bar{\mathbf{q}}_{\mathrm{mm}}(\mathbf{p}, \bar{\mathbf{p}}, t) \end{pmatrix} - F_1(\mathbf{q}_{\mathrm{mm}}, \bar{\mathbf{q}}_{\mathrm{mm}}, t) \, .$$

Die Ableitungen der Legendre-Transformierten $F_4$ folgen wiederum aus (7.9), nun in Kombination mit (7.68):

$$\frac{\partial F_4}{\partial \mathbf{p}} = -\mathbf{q}_{\mathrm{mm}}(\mathbf{p}, \bar{\mathbf{p}}, t) = -\mathbf{q} \quad , \quad \frac{\partial F_4}{\partial \bar{\mathbf{p}}} = \bar{\mathbf{q}}_{\mathrm{mm}}(\mathbf{p}, \bar{\mathbf{p}}, t) = \bar{\mathbf{q}} \quad , \quad \frac{\partial F_4}{\partial t} = \bar{H} - H \, ,$$

und das Ergebnis zeigt, dass man äquivalent auch $F_4$ als erzeugende Funktion verwenden kann.

### Beispiele für diese Varianten der Berührungstransformation

Typische Beispiele für die drei alternativen Formulierungen der Berührungstransformation sind die *Identität* $(\mathbf{q}, \mathbf{p}) \to (\mathbf{q}, \mathbf{p})$, die durch die erzeugenden Funktionen $F_2(\mathbf{q}, \bar{\mathbf{p}}, t) = \mathbf{q} \cdot \bar{\mathbf{p}}$ bzw. $F_3(\mathbf{p}, \bar{\mathbf{q}}, t) = -\mathbf{p} \cdot \bar{\mathbf{q}}$ beschrieben wird, die *Vertauschung* $(\mathbf{q}, \mathbf{p}) \to (-\mathbf{p}, \mathbf{q})$, die auch durch die erzeugende Funktion $F_4(\mathbf{p}, \bar{\mathbf{p}}, t) = -\mathbf{p} \cdot \bar{\mathbf{p}}$ hervorgerufen wird, und die *Punkttransformation* $\mathbf{q} \to \mathbf{q}'(\mathbf{q}, t)$, die durch $F_2(\mathbf{q}, \bar{\mathbf{p}}, t) = \mathbf{q}'(\mathbf{q}, t) \cdot \bar{\mathbf{p}}$ erzeugt wird. Bemerkenswert an diesen Beispielen ist, dass die erzeugenden Funktionen alle linear (und somit konvex, aber nicht strikt konvex) in mindestens einem ihrer Argumente sind; zumindest in diesen Beispielen führt dies nicht zu Problemen.

### 7.9.4 Berührungstransformationen als Gruppe

Eine weitere elegante Eigenschaft der Berührungstransformationen ist, dass sie bzgl. der *Verkettung* (Hintereinanderausführung) eine *Gruppe* bilden.

Erstens gehört die *Identität* zur Gruppe, denn sie wird z. B. durch $F_2 = \mathbf{q} \cdot \bar{\mathbf{p}}$ dargestellt. Zweitens gibt es zu jeder erzeugenden Funktion $F_1$, die $(\mathbf{q}, \mathbf{p}, H)$ in $(\bar{\mathbf{q}}, \bar{\mathbf{p}}, \bar{H})$ überführt und durch

$$dF_1 = \mathbf{p} \cdot d\mathbf{q} - \bar{\mathbf{p}} \cdot d\bar{\mathbf{q}} + (\bar{H} - H)dt \tag{7.73}$$

charakterisiert wird, eine *Inverse* $F_1'$, die $(\bar{\mathbf{q}}, \bar{\mathbf{p}}, \bar{H})$ auf $(\mathbf{q}, \mathbf{p}, H)$ abbildet und das Differential

$$dF_1' = \bar{\mathbf{p}} \cdot d\bar{\mathbf{q}} - \mathbf{p} \cdot d\mathbf{q} + (H - \bar{H})dt$$

hat; konkret ist diese Inverse durch $F_1'(\bar{\mathbf{q}}, \mathbf{q}, t) = -F_1(\mathbf{q}, \bar{\mathbf{q}}, t)$ gegeben. Drittens gehört auch die *Verkettung* zweier Berührungstransformationen zur Gruppe: Falls die erste Transformation $F_1(\mathbf{q}, \bar{\mathbf{q}}, t)$ durch Gleichung (7.73) gegeben ist und $(\mathbf{q}, \mathbf{p}, H)$ auf $(\bar{\mathbf{q}}, \bar{\mathbf{p}}, \bar{H})$ abbildet und die zweite Transformation $F_1'(\bar{\mathbf{q}}, \bar{\bar{\mathbf{q}}}, t)$ das Differential

$$dF_1' = \bar{\mathbf{p}} \cdot d\bar{\mathbf{q}} - \bar{\bar{\mathbf{p}}} \cdot d\bar{\bar{\mathbf{q}}} + (\bar{\bar{H}} - \bar{H})dt$$

hat und $(\bar{\mathbf{q}}, \bar{\mathbf{p}}, \bar{H})$ auf $(\bar{\bar{\mathbf{q}}}, \bar{\bar{\mathbf{p}}}, \bar{\bar{H}})$ abbildet, gilt

$$d\left(F_1 + F_1'\right) = \mathbf{p} \cdot d\mathbf{q} - \bar{\bar{\mathbf{p}}} \cdot d\bar{\bar{\mathbf{q}}} + \left(\bar{\bar{H}} - H\right)dt = dF_1'',$$

sodass $F_1''(\mathbf{q}, \bar{\bar{\mathbf{q}}}, t) \equiv F_1 + F_1'$ die Transformation $(\mathbf{q}, \mathbf{p}, H) \rightarrow (\bar{\bar{\mathbf{q}}}, \bar{\bar{\mathbf{p}}}, \bar{\bar{H}})$ erzeugt. Viertens ist die *Assoziativität* dreier Berührungstransformationen

$$F_1(\mathbf{q}, \bar{\mathbf{q}}, t) \quad , \quad F_1'(\bar{\mathbf{q}}, \bar{\bar{\mathbf{q}}}, t) \quad , \quad F_1''(\bar{\bar{\mathbf{q}}}, \bar{\bar{\bar{\mathbf{q}}}}, t)$$

dadurch gewährleistet, dass

$$(F_1 + F_1') + F_1'' = F_1 + (F_1' + F_1'')$$

gilt. Alle Gruppeneigenschaften sind somit erfüllt. Die Gruppe der Berührungstransformationen ist kontinuierlich und zusammenhängend. Dies sieht man noch am einfachsten daran, dass jede Transformation stetig mit der Identität verbunden werden kann, denn für alle $F_2(\mathbf{q}, \bar{\mathbf{p}}, t)$ und alle $\lambda \in [0, 1]$ stellt auch

$$F_2(\mathbf{q}, \bar{\mathbf{p}}, t; \lambda) \equiv \mathbf{q} \cdot \bar{\mathbf{p}} + \lambda \left[F_2(\mathbf{q}, \bar{\mathbf{p}}, t) - \mathbf{q} \cdot \bar{\mathbf{p}}\right]$$

eine mögliche erzeugende Funktion einer Berührungstransformation dar.

### 7.9.5 *Infinitesimale* Berührungstransformationen

Da Berührungstransformationen eine zusammenhängende, kontinuierliche Gruppe bilden, ist es naheliegend, *infinitesimale* Berührungstransformationen, d. h. Transformationen *nahe der Identität* zu untersuchen. Man erwartet, endliche Berührungstransformationen aus vielen Transformationen nahe der Identität aufbauen zu können, ähnlich wie endliche Drehungen durch die sukzessive Anwendung vieler Drehungen um einen kleinen Winkel erzeugt werden können.

## Eigenschaften infinitesimaler Berührungstransformationen

Nehmen wir also an, dass die Funktion $f_2(\mathbf{q}, \mathbf{p}, t)$ im Phasenraum vorgegeben ist und die Berührungstransformation $F_2(\mathbf{q}, \bar{\mathbf{p}}, t)$ nahe der Identität durch

$$F_2(\mathbf{q}, \bar{\mathbf{p}}, t) \equiv \mathbf{q} \cdot \bar{\mathbf{p}} + \varepsilon f_2(\mathbf{q}, \bar{\mathbf{p}}, t) \qquad (0 < \varepsilon \ll 1)$$

definiert wird. Der Zusammenhang zwischen den alten und neuen Variablen und der alten und neuen Hamilton-Funktion folgt aus Abschnitt [7.9.3] als

$$\mathbf{p} = \frac{\partial F_2}{\partial \mathbf{q}} = \bar{\mathbf{p}} + \varepsilon \frac{\partial f_2}{\partial \mathbf{q}}(\mathbf{q}, \bar{\mathbf{p}}, t) = \bar{\mathbf{p}} + \varepsilon \frac{\partial f_2}{\partial \mathbf{q}}(\mathbf{q}, \mathbf{p}, t) + \mathcal{O}(\varepsilon^2)$$

$$\bar{\mathbf{q}} = \frac{\partial F_2}{\partial \bar{\mathbf{p}}} = \mathbf{q} + \varepsilon \frac{\partial f_2}{\partial \mathbf{p}}(\mathbf{q}, \bar{\mathbf{p}}, t) = \mathbf{q} + \varepsilon \frac{\partial f_2}{\partial \mathbf{p}}(\mathbf{q}, \mathbf{p}, t) + \mathcal{O}(\varepsilon^2)$$

bzw.

$$\bar{H} - H = \frac{\partial F_2}{\partial t} = \varepsilon \frac{\partial f_2}{\partial t}(\mathbf{q}, \bar{\mathbf{p}}, t) = \varepsilon \frac{\partial f_2}{\partial t}(\mathbf{q}, \mathbf{p}, t) + \mathcal{O}(\varepsilon^2) \,.$$

Unter Vernachlässigung der höheren Ordnungen im kleinen Parameter $\varepsilon$ erhält man daher für die Variationen der Größen $(\mathbf{q}, \mathbf{p})$ und $H$:

$$\delta \mathbf{q} \equiv \bar{\mathbf{q}} - \mathbf{q} = \varepsilon \frac{\partial f_2}{\partial \mathbf{p}}(\mathbf{q}, \mathbf{p}, t) \quad , \quad \delta \mathbf{p} \equiv \bar{\mathbf{p}} - \mathbf{p} = -\varepsilon \frac{\partial f_2}{\partial \mathbf{q}}(\mathbf{q}, \mathbf{p}, t) \qquad (7.74)$$

bzw.

$$\bar{H} - H = \varepsilon \frac{\partial f_2}{\partial t}(\mathbf{q}, \mathbf{p}, t) \,. \tag{7.75}$$

Auch $f_2$ wird in der Literatur üblicherweise als „erzeugende Funktion" der Berührungstransformation bezeichnet.

## Beziehung zu *Erhaltungsgrößen*

Als Verallgemeinerung von (7.74) betrachten wir Variationen $\delta G$ von Observablen $G(\mathbf{q}, \mathbf{p}, t)$, wobei $\delta G$ durch

$$\delta G \equiv G(\bar{\mathbf{q}}, \bar{\mathbf{p}}, t) - G(\mathbf{q}, \mathbf{p}, t)$$

definiert ist. Indem man (7.74) einsetzt, zeigt man, dass $\delta G$ durch die Poisson-Klammer $\{G, f_2\}$ bestimmt wird:

$$\delta G = \frac{\partial G}{\partial \mathbf{q}} \cdot \delta \mathbf{q} + \frac{\partial G}{\partial \mathbf{p}} \cdot \delta \mathbf{p} = \varepsilon \left( \frac{\partial G}{\partial \mathbf{q}} \cdot \frac{\partial f_2}{\partial \mathbf{p}} - \frac{\partial G}{\partial \mathbf{p}} \cdot \frac{\partial f_2}{\partial \mathbf{q}} \right) = \varepsilon \{G, f_2\} \,. \tag{7.76}$$

Als Anwendung betrachten wir Berührungstransformationen mit der speziellen Eigenschaft, dass sie die *Form der Hamilton-Funktion invariant* lassen:

$$\bar{H}(\bar{\mathbf{q}}, \bar{\mathbf{p}}, t) = H(\bar{\mathbf{q}}, \bar{\mathbf{p}}, t) \,. \tag{7.77}$$

Durch Kombination von (7.75) und (7.76) für $G = H$ folgt in diesem Fall:

$$\varepsilon \frac{\partial f_2}{\partial t}(\mathbf{q}, \mathbf{p}, t) = \bar{H}(\bar{\mathbf{q}}, \bar{\mathbf{p}}, t) - H(\mathbf{q}, \mathbf{p}, t) = H(\bar{\mathbf{q}}, \bar{\mathbf{p}}, t) - H(\mathbf{q}, \mathbf{p}, t)$$

$$= \delta H = \varepsilon \{H, f_2\} = -\varepsilon \{f_2, H\} \,,$$

sodass $f_2$ ein Bewegungsintegral der durch $H$ definierten Dynamik sein muss, damit (7.77) gelten kann:

$$\frac{df_2}{dt} = \{f_2, H\} + \frac{\partial f_2}{\partial t} = 0 \,. \tag{7.78}$$

Dieser Schluss lässt sich auch umkehren: Alle Observablen $f_2$, die unter der von $H$ definierten Bewegung *erhalten* sind, erzeugen infinitesimale Berührungstransformationen, die die Form der Hamilton-Funktion invariant lassen.

**Rechenregeln für erzeugende Funktionen nahe der Identität**

Wir behandeln nun einige Rechenregeln für erzeugende Funktionen nahe der Identität ($0 \leq \varepsilon \ll 1$). Falls eine Berührungstransformation *exakt* durch die erzeugende Funktion

$$F_2^a(\mathbf{q}, \bar{\mathbf{p}}, t) = \mathbf{q} \cdot \bar{\mathbf{p}} + \varepsilon f_2^a(\mathbf{q}, \bar{\mathbf{p}}, t)$$

beschrieben wird, dann wird die erzeugende Funktion $F_2^{-a}$ der inversen Transformation,

$$F_2^{-a}(\mathbf{q}, \bar{\mathbf{p}}, t) = \mathbf{q} \cdot \bar{\mathbf{p}} + \varepsilon f_2^{-a}(\mathbf{q}, \bar{\mathbf{p}}, t) \,,$$

durch $f_2^{-a} = -f_2^a$ nicht genau beschrieben; vielmehr erhält man eine Potenzreihe der Form

$$f_2^{-a} = -f_2^a + \varepsilon \frac{\partial f_2^a}{\partial \mathbf{q}} \cdot \frac{\partial f_2^a}{\partial \mathbf{p}} + \mathcal{O}(\varepsilon^2) \,. \tag{7.79}$$

Analog ist die erzeugende Funktion

$$F_2^{ba}(\mathbf{q}, \bar{\mathbf{p}}, t) = \mathbf{q} \cdot \bar{\mathbf{p}} + \varepsilon f_2^{ba}(\mathbf{q}, \bar{\mathbf{p}}, t)$$

eines Produkts zweier Berührungstransformationen, wobei die zuerst angewendete durch $F_2^a$ und die zweite durch $F_2^b$ erzeugt wird,

$$F_2^a = \mathbf{q} \cdot \bar{\mathbf{p}} + \varepsilon f_2^a \quad , \quad F_2^b = \mathbf{q} \cdot \bar{\mathbf{p}} + \varepsilon f_2^b \,,$$

bestimmt durch eine Potenzreihe der Form

$$f_2^{ba} = f_2^b + f_2^a + \varepsilon \frac{\partial f_2^b}{\partial \mathbf{q}} \cdot \frac{\partial f_2^a}{\partial \mathbf{p}} + \mathcal{O}(\varepsilon^2) \,. \tag{7.80}$$

Man sieht wiederum die Gruppenstruktur: Die Inverse einer Berührungstransformation und das Produkt zweier Transformationen sind ebenfalls Berührungstransformationen, und man kann ihre erzeugenden Funktionen nahe der Identität explizit angeben. Da die erzeugende Funktion $f_2^{ba}$ in (7.80) nicht symmetrisch unter Vertauschung von $a$ und $b$ ist, ist klar, dass Berührungstransformationen im Allgemeinen nicht vertauschbar sind: $F_2^{ba} \neq F_2^{ab}$. Folglich sind auch die Inversen $F_2^{(-a)(-b)}$ von $F_2^{ba}$ und $F_2^{(-b)(-a)}$ von $F_2^{ab}$ im Allgemeinen ungleich. Wendet man also zuerst die durch $F_2^{ba}$ erzeugte Transformation an und dann die durch $F_2^{(-b)(-a)}$ erzeugte, so erhält man aufgrund der Nichtvertauschbarkeit der Berührungstransformationen im Allgemeinen $\mathcal{O}(\varepsilon)$-Korrekturen zur Identität $\mathbf{q} \cdot \bar{\mathbf{p}}$:

$$F_2^{[b,a]} \equiv F_2^{(-b)(-a)ba} = \mathbf{q} \cdot \bar{\mathbf{p}} + \varepsilon f_2^{[b,a]}(\mathbf{q}, \bar{\mathbf{p}}, t) \neq \mathbf{q} \cdot \bar{\mathbf{p}} \, .$$

Als Maß für die Nichtvertauschbarkeit zweier Berührungstransformationen ist die erzeugende Funktion $f_2^{[b,a]}$ daher eine sehr interessante Größe. Es ist nicht schwierig, durch Kombination von (7.79) und (7.80) diese erzeugende Funktion explizit zu berechnen. Das Resultat

$$f_2^{[b,a]} = \varepsilon \{ f_2^b, f_2^a \} + \mathcal{O}(\varepsilon^2) \tag{7.81}$$

zeigt, dass die Nichtvertauschbarkeit von Berührungstransformationen nahe der Identität durch die Poisson-Klammer ihrer erzeugenden Funktionen ausgedrückt wird.[13]

# 7.10  Beispiele für Berührungstransformationen

Im Folgenden diskutieren wir einige wichtige Beispiele für Berührungstransformationen, die alle durch erzeugende Funktionen der Form $F_2$ beschrieben werden, nämlich *Translationen* (in Abschnitt [7.10.1]), *Drehungen* (in Abschnitt [7.10.2]), die *Zeitentwicklung* (in Abschnitt [7.10.3]), *unitäre Transformationen* (in Abschnitt [7.10.4]) und das *Kepler-Problem* (in Abschnitt [7.10.5]). Speziell das letzte Beispiel ist physikalisch äußerst wichtig: Es zeigt, dass die ungewöhnliche Existenz einer weiteren Erhaltungsgröße im Kepler-Problem, nämlich des *Lenz'schen Vektors*, daher rührt, dass dieses Problem ein *höhere Symmetrie* hat als Probleme mit allgemeinem Zentralpotential.

## 7.10.1  Beispiel: Translationen

Translationen werden durch die Funktion

$$F_2(\mathbf{q}, \bar{\mathbf{p}}) = \mathbf{q} \cdot \bar{\mathbf{p}} + \boldsymbol{\alpha} \cdot \bar{\mathbf{p}}$$

erzeugt, denn durch Ableitung erhält man:

$$\mathbf{p} = \frac{\partial F_2}{\partial \mathbf{q}} = \bar{\mathbf{p}} \quad , \quad \bar{\mathbf{q}} = \frac{\partial F_2}{\partial \bar{\mathbf{p}}} = \mathbf{q} + \boldsymbol{\alpha} \, .$$

---

[13] Auch sämtliche Rechenregeln in diesem Abschnitt bieten Ausblicke auf die Quantenmechanik. Dort könnte man z.B. statt (7.81) schreiben: $\ln(e^{-i\varepsilon B} e^{-i\varepsilon A} e^{i\varepsilon B} e^{i\varepsilon A}) = (i\varepsilon)^2[B, A] + \mathcal{O}(\varepsilon^3)$, wobei $A$ und $B$ Observablen (hermitesche Operatoren) sind und $[\cdot, \cdot]$ den Kommutator darstellt.

Insbesondere folgt für $\boldsymbol{\alpha} = \varepsilon\hat{\boldsymbol{\alpha}}$ nahe der Identität: $f_2(\mathbf{q}, \mathbf{p}) = \hat{\boldsymbol{\alpha}} \cdot \mathbf{p}$. Falls die Hamilton-Funktion forminvariant unter Translationen in $\hat{\boldsymbol{\alpha}}$-Richtung ist, sodass aufgrund von (7.77) und (7.75)

$$H(\bar{\mathbf{q}}, \bar{\mathbf{p}}) = \bar{H}(\bar{\mathbf{q}}, \bar{\mathbf{p}}) = H(\mathbf{q}, \mathbf{p}) \tag{7.82}$$

gilt, muss die Observable $\hat{\boldsymbol{\alpha}} \cdot \mathbf{p}$ erhalten sein. Translationsinvarianz der Hamilton-Funktion $H$ für alle Werte von $\hat{\boldsymbol{\alpha}}$ bedeutet daher, dass $\mathbf{p}$ eine *Erhaltungsgröße* ist. Wir stellen wiederum fest, dass Translationsinvarianz Impulserhaltung impliziert.

## 7.10.2   Beispiel: Drehungen

Drehungen $\bar{\mathbf{q}} = R(\boldsymbol{\alpha})\mathbf{q}$ und $\bar{\mathbf{p}} = R(\boldsymbol{\alpha})\mathbf{p}$ der Koordinaten $\mathbf{q} = (q_1, q_2, \cdots, q_f)^{\mathrm{T}}$ und Impulse $\mathbf{p} = (p_1, p_2, \cdots, p_f)^{\mathrm{T}}$, wobei also $R(\boldsymbol{\alpha}) \in SO(f)$ gilt, werden erzeugt durch die Funktion

$$F_2(\mathbf{q}, \bar{\mathbf{p}}) = \bar{\mathbf{p}}^{\mathrm{T}} R(\boldsymbol{\alpha})\mathbf{q} \,.$$

Für diese erzeugende Funktion erhält man nämlich durch Ableiten:

$$\bar{\mathbf{q}} = \frac{\partial F_2}{\partial \bar{\mathbf{p}}} = R(\boldsymbol{\alpha})\mathbf{q} \quad , \quad \mathbf{p} = \frac{\partial F_2}{\partial \mathbf{q}} = R(\boldsymbol{\alpha})^{\mathrm{T}}\bar{\mathbf{p}} = R(\boldsymbol{\alpha})^{-1}\bar{\mathbf{p}} \,.$$

Die Drehmatrizen $R(\boldsymbol{\alpha}) \in SO(f)$ sind für beliebige $f = 2, 3, \ldots$ in der Form $R(\boldsymbol{\alpha}) = e^{-i\boldsymbol{\alpha}\cdot\boldsymbol{\ell}}$ darstellbar, wobei $\boldsymbol{\alpha}$ ein $\frac{1}{2}f(f-1)$-dimensionaler reeller Vektor ist und die $\frac{1}{2}f(f-1)$ Komponenten $\ell_k$ von $\boldsymbol{\ell}$ hermitesche antisymmetrische $(f \times f)$-Matrizen mit rein imaginären Einträgen sind. Es gelten Vertauschungsrelationen der Form

$$\boxed{[\ell_k, \ell_l] \equiv \ell_k\ell_l - \ell_l\ell_k = c_{kl}^m\ell_m \,,} \tag{7.83}$$

wobei die Konstanten $c_{kl}^m$ als die *Strukturkonstanten* der Lie-Gruppe $SO(f)$ bezeichnet werden. Wir haben in Gleichung (7.83) wiederum den *Kommutator* $[\cdot, \cdot]$ zweier Matrizen eingeführt, der bereits aus Kapitel [5], nämlich aus den Gleichungen (5.42) und (5.48), bekannt ist. Im Fall $f = 3$ ergibt sich aufgrund von (5.42) für die Strukturkonstanten: $c_{kl}^m = i\varepsilon_{klm}$. Nahe der Identität gilt daher mit $\boldsymbol{\alpha} = \varepsilon\hat{\boldsymbol{\alpha}}$:

$$F_2(\mathbf{q}, \bar{\mathbf{p}}) = \bar{\mathbf{p}}^{\mathrm{T}}[\mathbb{1}_f - i\varepsilon\hat{\boldsymbol{\alpha}}\cdot\boldsymbol{\ell} + \ldots]\mathbf{q} = \bar{\mathbf{p}} \cdot \mathbf{q} - i\varepsilon\hat{\boldsymbol{\alpha}} \cdot (\mathbf{p}^{\mathrm{T}}\boldsymbol{\ell}\mathbf{q}) + \mathcal{O}(\varepsilon^2)$$

und somit

$$f_2(\mathbf{q}, \mathbf{p}) = -i\hat{\boldsymbol{\alpha}} \cdot (\mathbf{p}^{\mathrm{T}}\boldsymbol{\ell}\mathbf{q}) + \mathcal{O}(\varepsilon) \,.$$

Falls die Hamilton-Funktion forminvariant ist unter Drehungen um die $\hat{\boldsymbol{\alpha}}$-Achse, wie in (7.82), ist $\hat{\boldsymbol{\alpha}} \cdot (\mathbf{p}^{\mathrm{T}}\boldsymbol{\ell}\mathbf{q})$ eine Erhaltungsgröße. Falls $H$ forminvariant ist für alle $\hat{\boldsymbol{\alpha}}$, sind die $\frac{1}{2}f(f-1)$ Größen $-i\mathbf{p}^{\mathrm{T}}\ell_k\mathbf{q}$ alle erhalten. Für den Spezialfall $f = 3$ mit

$$\ell_1 = \begin{pmatrix} 0 & 0 & 0 \\ 0 & 0 & -i \\ 0 & i & 0 \end{pmatrix} \quad , \quad \ell_2 = \begin{pmatrix} 0 & 0 & i \\ 0 & 0 & 0 \\ -i & 0 & 0 \end{pmatrix} \quad , \quad \ell_3 = \begin{pmatrix} 0 & -i & 0 \\ i & 0 & 0 \\ 0 & 0 & 0 \end{pmatrix}$$

gilt $-i\mathbf{p}^{\mathrm{T}}\ell_k\mathbf{q} = (\mathbf{q} \times \mathbf{p})_k$ bzw. $f_2(\mathbf{q}, \mathbf{p}) = \hat{\boldsymbol{\alpha}} \cdot \mathbf{L}$, sodass in diesem Fall der Bahndrehimpuls $\mathbf{L} = \mathbf{q} \times \mathbf{p}$ eine *Erhaltungsgröße* darstellt. Wir diskutieren in den folgenden beiden Abschnitten noch zwei in diesem Kontext wichtige Themen.

**Bahndrehimpuls als Erzeuger einer Darstellung der Drehgruppe**

Führen wir die vier Drehungen $R(\boldsymbol{\alpha}), R(\boldsymbol{\beta})$, $R(-\boldsymbol{\alpha})$ und $R(-\boldsymbol{\beta})$ nacheinander aus, so wird die Gesamttransformation durch die Funktion

$$F_2^{[\boldsymbol{\beta},\boldsymbol{\alpha}]}(\mathbf{q},\bar{\mathbf{p}}) = \bar{\mathbf{p}}^{\mathrm{T}} R(-\boldsymbol{\beta})R(-\boldsymbol{\alpha})R(\boldsymbol{\beta})R(\boldsymbol{\alpha})\mathbf{q}$$

erzeugt. Nahe der Identität ($\boldsymbol{\alpha} = \varepsilon\hat{\boldsymbol{\alpha}}$, $\boldsymbol{\beta} = \varepsilon\hat{\boldsymbol{\beta}}$) gilt im Fall $f = 3$:

$$R(-\boldsymbol{\beta})R(-\boldsymbol{\alpha})R(\boldsymbol{\beta})R(\boldsymbol{\alpha}) - \mathbb{1}_3 = -\beta_m\alpha_n[\ell_m,\ell_n] = -i\beta_m\alpha_n\varepsilon_{mnr}\ell_r = -i(\boldsymbol{\beta} \times \boldsymbol{\alpha})\cdot\boldsymbol{\ell}$$

und daher $R(-\boldsymbol{\beta})R(-\boldsymbol{\alpha})R(\boldsymbol{\beta})R(\boldsymbol{\alpha}) = R(\boldsymbol{\beta} \times \boldsymbol{\alpha})$ bzw.

$$\varepsilon f_2^{[\boldsymbol{\beta},\boldsymbol{\alpha}]}(\mathbf{q},\mathbf{p}) = (\boldsymbol{\beta} \times \boldsymbol{\alpha})\cdot[-i\mathbf{p}^{\mathrm{T}}\boldsymbol{\ell}\mathbf{q}] = (\boldsymbol{\beta} \times \boldsymbol{\alpha})\cdot\mathbf{L}\ .$$

Andererseits folgt aus (7.81) mit $f_b = \hat{\boldsymbol{\beta}}\cdot\mathbf{L}$ und $f_a = \hat{\boldsymbol{\alpha}}\cdot\mathbf{L}$:

$$\varepsilon f_2^{[\boldsymbol{\beta},\boldsymbol{\alpha}]}(\mathbf{q},\mathbf{p}) = \{\varepsilon f_b,\varepsilon f_a\} = \boldsymbol{\beta}^{\mathrm{T}}\{\mathbf{L},\mathbf{L}\}\boldsymbol{\alpha}\ .$$

Ein Vergleich der Koeffizienten von $\alpha_m\beta_n$ ergibt

$$\boxed{\{L_m,L_n\} = \varepsilon_{mnr}L_r\ .}$$

Wir stellen also fest, dass die Vertauschungsbeziehungen der Drehmatrizen $\ell_k$ die Form der Poisson-Klammer für die Komponenten des Bahndrehimpulses bestimmen. Insofern können die Komponenten des Bahndrehimpulses $\mathbf{L}$ in der Klassischen Mechanik (wie auch in der Quantenmechanik) als die Erzeuger einer Darstellung der Drehgruppe angesehen werden.

**Transformationsverhalten von *Vektoren***

Wir betrachten nun *Vektoren*, d. h. physikalische Größen $\mathbf{v}$, die unter Drehungen genau so transformiert werden wie der Orts- oder der Impulsvektor:

$$\delta v_l = \bar{v}_l - v_l = \varepsilon(\hat{\boldsymbol{\alpha}} \times \mathbf{v})_l = \varepsilon_{lkm}\alpha_k v_m = -\alpha_k\varepsilon_{klm}v_m\ .$$

Aus (7.74) in Kombination mit $f_2 = \hat{\boldsymbol{\alpha}}\cdot\mathbf{L}$ folgt andererseits für $\mathbf{v} = \mathbf{v}(\mathbf{q},\mathbf{p})$:

$$\delta v_l = \frac{\partial v_l}{\partial\mathbf{q}}\cdot\delta\mathbf{q} + \frac{\partial v_l}{\partial\mathbf{p}}\cdot\delta\mathbf{p} = \varepsilon\left(\frac{\partial v_l}{\partial\mathbf{q}}\cdot\frac{\partial f_2}{\partial\mathbf{p}} - \frac{\partial v_l}{\partial\mathbf{p}}\cdot\frac{\partial f_2}{\partial\mathbf{q}}\right)$$
$$= \varepsilon\{v_l,f_2\} = \varepsilon\{v_l,\hat{\boldsymbol{\alpha}}\cdot\mathbf{L}\} = -\alpha_k\{L_k,v_l\}\ .$$

Ein Vergleich der Koeffizienten von $\alpha_k$ in diesen beiden Formeln ergibt

$$\boxed{\{L_k,v_l\} = \varepsilon_{klm}v_l\ .}$$

Wir stellen daher fest, dass die alternative Definition (7.56) eines *Vektors* in der Tat äquivalent zur üblichen Definition in der Newton'schen Mechanik ist.

### 7.10.3 Beispiel: die Zeitentwicklung

Ein wichtiges Beispiel für eine infinitesimale Berührungstransformation ist die *Zeitentwicklung*, die mit Hilfe der erzeugenden Funktion

$$f_2(\mathbf{q}, \mathbf{p}, t) = H(\mathbf{q}, \mathbf{p}, t)$$

beschrieben werden kann. In diesem Beispiel kann der kleine Parameter $\varepsilon$ als infinitesimaler Zeitschritt interpretiert werden: $\varepsilon = \delta t$. Aus (7.74) folgt nun:

$$\delta \mathbf{q} = \frac{\partial H}{\partial \mathbf{p}}(\mathbf{q}, \mathbf{p}, t)\delta t = \dot{\mathbf{q}}(t)\delta t \quad , \quad \delta \mathbf{p} = -\frac{\partial H}{\partial \mathbf{q}}(\mathbf{q}, \mathbf{p}, t)\delta t = \dot{\mathbf{p}}(t)\delta t \, ,$$

sodass der Punkt $(\mathbf{q}_\phi(t), \mathbf{p}_\phi(t))$ im Phasenraum durch diese Berührungstransformation auf den Punkt $(\mathbf{q}_\phi(t + \delta t), \mathbf{p}_\phi(t + \delta t))$ abgebildet wird. Wir stellen also fest, dass auch die *Zeitentwicklung* eines Systems eine *kanonische* Transformation darstellt; die entsprechende infinitesimale Berührungstransformation wird in diesem Fall von der *Hamilton-Funktion* erzeugt. Neben $F_2$ hat auch die erzeugende Funktion $F_1$ in diesem Fall eine sehr einfache Form. Unter Vernachlässigung der höheren Ordnungen im kleinen Parameter $\varepsilon = \delta t$ erhält man:

$$\begin{aligned} F_1(\mathbf{q}, \bar{\mathbf{q}}, t) &= F_2(\mathbf{q}, \bar{\mathbf{p}}, t) - \bar{\mathbf{p}} \cdot \bar{\mathbf{q}} = \bar{\mathbf{p}} \cdot (\mathbf{q} - \bar{\mathbf{q}}) + H(\mathbf{q}, \bar{\mathbf{p}}, t)\delta t \\ &= -\mathbf{p} \cdot \delta\mathbf{q} + H(\mathbf{q}, \mathbf{p}, t)\delta t = -\left[\mathbf{p} \cdot \dot{\mathbf{q}} - H(\mathbf{q}, \mathbf{p}, t)\right]\delta t \\ &= -L(\mathbf{q}, \dot{\mathbf{q}}, t)\delta t \, , \end{aligned} \qquad (7.84)$$

wobei $(\mathbf{q}, \mathbf{p}, \dot{\mathbf{q}})$ stets als die echte Bewegung des Systems zu interpretieren ist: $\mathbf{q}(t) = \mathbf{q}_\phi(t)$ (usw.). Durch wiederholte Anwendung der infinitesimalen Transformation (7.84) erhält man eine *endliche* Transformation, die den Startpunkt $\mathbf{q}_1$ innerhalb des endlichen Zeitintervalls $t_2 - t_1$ auf $\mathbf{q}_2$ abbildet:

$$\boxed{F_1(\mathbf{q}_1, \mathbf{q}_2, t_1, t_2) = -\int_{t_1}^{t_2} dt\, L(\mathbf{q}_\phi(t), \dot{\mathbf{q}}_\phi(t), t) = -\Sigma_{(\mathbf{q}_1, t_1)}^{(\mathbf{q}_2, t_2)} \, .}$$

Wir stellen somit fest, dass die Zeitentwicklung eines physikalischen Systems im endlichen Zeitintervall $[t_1, t_2]$ durch die entsprechende Lösung der Hamilton-Jacobi-Gleichung erzeugt wird.

### 7.10.4 Beispiel: unitäre Transformationen

Wir betrachten als Motivation für die Untersuchung *unitärer Transformationen* den $f$-dimensionalen isotropen harmonischen Oszillator, der durch die Hamilton-Funktion

$$\begin{aligned} H(\mathbf{q}, \mathbf{p}) &= \tfrac{1}{2m}\mathbf{p}^2 + \tfrac{1}{2}m\omega^2\mathbf{q}^2 = \tfrac{1}{2}m\omega^2\left[\mathbf{q}^2 + \left(\frac{\mathbf{p}}{m\omega}\right)^2\right] \\ &= \tfrac{1}{2}m\omega^2\left(\mathbf{q} - i\frac{\mathbf{p}}{m\omega}\right)^{\mathrm{T}}\left(\mathbf{q} + i\frac{\mathbf{p}}{m\omega}\right) = \tfrac{1}{2}m\omega^2\mathbf{Q}^\dagger\mathbf{Q} \end{aligned}$$

mit $\mathbf{Q} \equiv \mathbf{q} + i\mathbf{p}/m\omega$ beschrieben wird. Eine unitäre Transformation

$$U = U_{\mathrm{R}} + iU_{\mathrm{I}} \quad , \quad U^\dagger U = \mathbb{1}_f \quad , \quad U_{\mathrm{R}} = \mathrm{Re}(U) \quad , \quad U_{\mathrm{I}} = \mathrm{Im}(U)$$

von den alten auf die neuen Variablen:

$$\bar{\mathbf{q}} + i\frac{\bar{\mathbf{p}}}{m\omega} = \bar{\mathbf{Q}} = U^\dagger \mathbf{Q} = U^\dagger \left(\mathbf{q} + i\frac{\mathbf{p}}{m\omega}\right) \tag{7.85}$$

lässt die Hamilton-Funktion invariant:

$$\bar{H}(\bar{\mathbf{q}}, \bar{\mathbf{p}}) = H(\mathbf{q}, \mathbf{p}) = \tfrac{1}{2}m\omega^2 (U\bar{\mathbf{Q}})^\dagger (U\bar{\mathbf{Q}}) = \tfrac{1}{2}m\omega^2 \bar{\mathbf{Q}}^\dagger \bar{\mathbf{Q}} = H(\bar{\mathbf{q}}, \bar{\mathbf{p}}) \ .$$

Diese Invarianz der Hamilton-Funktion unter der Gruppe $U(f)$ impliziert die Existenz vieler Erhaltungsgrößen. Außerdem möchte man die erzeugenden Funktionen endlicher und infinitesimaler unitärer Transformationen kennen. Aus diesen Gründen untersuchen wir unitäre Berührungstransformationen etwas genauer.

**Allgemeine Form der erzeugenden Funktion**

Die unitäre Transformation (7.85) kann auch in der Form zweier reeller Beziehungen zwischen „alten" und „neuen" Koordinaten geschrieben werden:

$$\bar{\mathbf{q}} = U_R^T \mathbf{q} + \frac{1}{m\omega} U_I^T \mathbf{p} \quad , \quad \mathbf{p} = U_R \bar{\mathbf{p}} + m\omega U_I \bar{\mathbf{q}} \ . \tag{7.86}$$

Die Real- und Imaginärteile $U_R$ und $U_I$ der unitären Transformation sind hierbei nicht unabhängig: Aufgrund der Beziehung $U^\dagger U = \mathbb{1}_f = UU^\dagger$ werden sie durch

$$\begin{aligned}
U_R^T U_R + U_I^T U_I &= \mathbb{1}_f = U_R U_R^T + U_I U_I^T \\
U_R^T U_I - U_I^T U_R &= \mathbb{0}_f = U_I U_R^T - U_R U_I^T
\end{aligned} \tag{7.87}$$

miteinander verknüpft. Durch Kombination der Gleichungen (7.86) und (7.87) ergibt sich nun einerseits

$$U_R^T \mathbf{q} + \frac{1}{m\omega} U_I^T U_R \bar{\mathbf{p}} = (\mathbb{1}_f - U_I^T U_I)\bar{\mathbf{q}} = U_R^T U_R \bar{\mathbf{q}}$$

und daher

$$\frac{\partial F_2}{\partial \bar{\mathbf{p}}} = \bar{\mathbf{q}} = U_R^{-1}(U_R^T)^{-1}\left(U_R^T \mathbf{q} + \frac{1}{m\omega} U_R^T U_I \bar{\mathbf{p}}\right) = U_R^{-1}\left(\mathbf{q} + \frac{1}{m\omega} U_I \bar{\mathbf{p}}\right) \ .$$

Andererseits erhält man aus der Kombination von (7.86) und (7.87):

$$U_R \bar{\mathbf{p}} + m\omega U_I U_R^T \mathbf{q} = (\mathbb{1}_f - U_I U_I^T)\mathbf{p} = U_R U_R^T \mathbf{p}$$

und somit

$$\frac{\partial F_2}{\partial \mathbf{q}} = \mathbf{p} = (U_R^T)^{-1} U_R^{-1}(U_R \bar{\mathbf{p}} + m\omega U_R U_I^T \mathbf{q}) = (U_R^T)^{-1}(\bar{\mathbf{p}} + m\omega U_I^T \mathbf{q}) \ .$$

Integriert man die beiden Bestimmungsgleichungen für die erzeugende Funktion $F_2(\mathbf{q}, \bar{\mathbf{p}})$, so ergibt sich sofort die folgende *quadratische* Form:

$$F_2(\mathbf{q}, \bar{\mathbf{p}}) = \bar{\mathbf{p}}^T U_R^{-1} \mathbf{q} + \tfrac{1}{2}m\omega \mathbf{q}^T U_I U_R^{-1} \mathbf{q} + \frac{1}{2m\omega} \bar{\mathbf{p}}^T U_R^{-1} U_I \bar{\mathbf{p}} \ ,$$

wobei noch anzumerken ist, dass die $(f \times f)$-Matrizen $U_I U_R^{-1}$ und $U_R^{-1} U_I$ aufgrund von (7.87) *symmetrisch* sind.

## Parametrisierung einer *infinitesimalen* Berührungstransformation

Die Transformationen der unitären Gruppe $U(f)$ können in der Exponentialform $U = e^{-i(\beta_0 \mathbb{1}_f + \boldsymbol{\beta} \cdot \boldsymbol{\Lambda})}$ dargestellt werden, wobei $\boldsymbol{\beta}$ ein $(f^2 - 1)$-dimensionaler reeller Vektor ist und die $f^2 - 1$ Komponenten $\Lambda_k$ von $\boldsymbol{\Lambda}$ alle hermitesch und spurlos sind: $\Lambda_k^\dagger = \Lambda_k$ und $\mathrm{Sp}(\Lambda_k) = 0$. Der Parameter $\beta_0$ muss reell sein, damit dann $U^\dagger U = \mathbb{1}_f$ und $|\det(U)| = 1$ gilt. Durch Symmetrisierung oder Antisymmetrisierung kann man es immer so einrichten, dass die Erzeuger $\Lambda_k$ entweder rein reell oder rein imaginär sind: Es gibt $\frac{1}{2}f(f-1)$ rein imaginäre Erzeuger $\boldsymbol{\ell}$, die orthogonale Transformationen erzeugen und die wir bereits bei der Behandlung der $f$-dimensionalen Drehungen kennengelernt haben, und $(\frac{1}{2}f + 1)(f - 1)$ rein reelle Erzeuger $\mathbf{m}$, sodass wir insgesamt $\boldsymbol{\beta} \cdot \boldsymbol{\Lambda} = \boldsymbol{\beta}_\mathrm{I} \cdot \boldsymbol{\ell} + \boldsymbol{\beta}_\mathrm{R} \cdot \mathbf{m}$ schreiben können. Nahe der Identität gilt:

$$U = (\mathbb{1}_f - i\boldsymbol{\beta}_\mathrm{I} \cdot \boldsymbol{\ell}) - i(\beta_0 \mathbb{1}_f + \boldsymbol{\beta}_\mathrm{R} \cdot \mathbf{m}) + \mathcal{O}(\beta^2) \,,$$

d. h.,

$$U_\mathrm{R} = \mathbb{1}_f - i\boldsymbol{\beta}_\mathrm{I} \cdot \boldsymbol{\ell} + \dots \quad , \quad U_\mathrm{I} = -(\beta_0 \mathbb{1}_f + \boldsymbol{\beta}_\mathrm{R} \cdot \mathbf{m}) + \dots \,,$$

sodass eine infinitesimale Berührungstransformation durch

$$F_2(\mathbf{q}, \bar{\mathbf{p}}) = \mathbf{q} \cdot \bar{\mathbf{p}} + \varepsilon f_2(\mathbf{q}, \bar{\mathbf{p}})$$

mit

$$\varepsilon f_2(\mathbf{q}, \mathbf{p}) = -\frac{\beta_0}{\omega} H(\mathbf{q}, \mathbf{p}) - \boldsymbol{\beta}_\mathrm{I} \cdot (-i\mathbf{p}^\mathrm{T} \boldsymbol{\ell} \mathbf{q}) - \boldsymbol{\beta}_\mathrm{R} \cdot \left(\tfrac{1}{2}m\omega \mathbf{q}^\mathrm{T} \mathbf{mq} + \tfrac{1}{2m\omega} \mathbf{p}^\mathrm{T} \mathbf{mp}\right) \quad (7.88)$$

gegeben ist.

## Konsequenzen einer möglichen Forminvarianz der Hamilton-Funktion

Betrachten wir nun eine Hamilton-Funktion, die forminvariant unter unitären Transformationen ist. Für eine solche Hamilton-Funktion, insbesondere also für den harmonischen Oszillator, ist $\varepsilon f_2(\mathbf{q}, \mathbf{p})$ für alle $(\beta_0, \boldsymbol{\beta}_\mathrm{I}, \boldsymbol{\beta}_\mathrm{R})$ eine Erhaltungsgröße. Der zweite Term auf der rechten Seite von Gleichung (7.88) zeigt, dass jede der $\frac{1}{2}f(f-1)$ Erhaltungsgrößen $-i\mathbf{p}^\mathrm{T} \boldsymbol{\ell} \mathbf{q}$, die mit der Invarianz unter orthogonalen Transformationen einhergehen, auch nun erhalten ist. Der dritte Term auf der rechten Seite von (7.88) zeigt, dass für eine $U(f)$-invariante Hamilton-Funktion zusätzlich die $(\frac{1}{2}f + 1)(f - 1)$ Größen $\frac{1}{2m}\mathbf{p}^\mathrm{T} \mathbf{mp} + \frac{1}{2}m\omega^2 \mathbf{q}^\mathrm{T} \mathbf{mq}$ erhalten sind. Der Parameter $\beta_0$ im ersten Term erzeugt (auch für endliche Werte dieses Parameters) die Berührungstransformation

$$\begin{pmatrix} \bar{\mathbf{q}} \\ \bar{\mathbf{p}}/m\omega \end{pmatrix} = \begin{pmatrix} \cos(\beta_0)\mathbb{1}_f & -\sin(\beta_0)\mathbb{1}_f \\ \sin(\beta_0)\mathbb{1}_f & \cos(\beta_0)\mathbb{1}_f \end{pmatrix} \begin{pmatrix} \mathbf{q} \\ \mathbf{p}/m\omega \end{pmatrix} \,,$$

die für $\beta_0 = -\omega t$ mit der *Zeitentwicklung* des Systems identisch ist. In der Tat zeigt dieser erste Term auf der rechten Seite von (7.88), dass $\varepsilon f_2$ für $\boldsymbol{\beta} = \mathbf{0}$, $\beta_0 \neq 0$ im Wesentlichen durch die Hamilton-Funktion gegeben ist und somit die Zeitentwicklung erzeugt. Gleichung (7.88) zeigt auch, dass die mit dem Parameter $\beta_0$ verknüpfte *Erhaltungsgröße* gleich der Hamilton-Funktion ist; wegen der Zeitunabhängigkeit von

$H$ ist dieses Ergebnis nicht erstaunlich. Die mit dem Parameter $\beta_0$ zusammenhängende $U(1)$-Invarianz ist daher weniger interessant als die mit $(\boldsymbol{\beta}_\mathrm{I}, \boldsymbol{\beta}_\mathrm{R})$ verknüpfte $SU(f)$-Invarianz, die insgesamt $f^2 - 1$ nicht-triviale Erhaltungsgrößen erzeugt.

Speziell für den *drei*dimensionalen harmonischen Oszillator bedeutet dies, dass neben dem Bahndrehimpuls $\mathbf{L} = \mathbf{q} \times \mathbf{p}$ jede Größe der Form $\frac{1}{2} m\omega^2 q_i q_j + \frac{1}{2m} p_i p_j$ (mit $i, j \in \{1, 2, 3\}$) eine *Erhaltungsgröße* darstellt. Insbesondere ist also der Beitrag $\frac{1}{2} m\omega^2 q_i^2 + \frac{1}{2m} p_i^2$ der $i$-ten Raumdimension zur Gesamtenergie eine *Erhaltungsgröße*. Die Konsequenz dieses Erhaltungsgesetzes für die Energiebeiträge der einzelnen Raumdimensionen ist, dass die *räumliche Ausrichtung* der elliptischen Pendelbewegung des Oszillators festgelegt wird. Insofern verhält sich der dreidimensionale isotrope harmonische Oszillator vollkommen analog zum Kepler-Problem, in dem die räumliche Ausrichtung der Bahnen durch den Lenz'schen Vektor fixiert wird.

## 7.10.5  Beispiel: das Kepler-Problem

Aus dem allgemeinen Ergebnis (7.78) und den bisher diskutierten Beispielen geht bereits recht klar hervor, dass es eine enge Beziehung zwischen *Symmetrien der Hamilton-Funktion* und *Erhaltungsgrößen* gibt. Bei der Behandlung des Kepler-Problems in Abschnitt [3.6],

$$H(\mathbf{x}, \mathbf{p}) = \frac{\mathbf{p}^2}{2\mu} + V(x) \quad , \quad V(x) = -\frac{\mathcal{G}\mu M}{x} \ ,$$

haben wir neben dem Drehimpuls und der Energie, die aufgrund der Rotationsinvarianz und der Zeitunabhängigkeit der Hamilton-Funktion erhalten sind, noch eine weitere Erhaltungsgröße kennengelernt, nämlich den „*Lenz'schen Vektor*",

$$\mathbf{a} = \tfrac{1}{\mu}\mathbf{p} \times \mathbf{L} + V(x)\mathbf{x} \ ,$$

dessen Betrag $|\mathbf{a}| = \mathcal{G}\mu M \varepsilon$ von der Exzentrizität $\varepsilon$ der Bahn abhängt und dessen Richtung vom Aufenthaltsort eines der beiden Teilchen („Teilchen 1") zum Perizentrum zeigt. Analoges gilt für das Coulomb-Problem, wobei $\mathcal{G}\mu M \to -q_1 q_2/4\pi\varepsilon_0$ zu ersetzen ist.

Da der Bahndrehimpuls $\mathbf{L}$ und der Lenz'sche Vektor $\mathbf{a}$ erhalten sind, müssen in der Hamilton-Mechanik die Identitäten

$$\{H, \mathbf{L}\} = 0 \quad , \quad \{H, \mathbf{a}\} = 0 \tag{7.89}$$

gelten, die mit Hilfe der fundamentalen Poisson-Klammern auch leicht explizit nachgewiesen werden können. Außerdem erfüllen die Komponenten von $\mathbf{L}$ und $\mathbf{a}$ untereinander die folgenden Poisson-Klammern:

$$\{L_k, L_l\} = \varepsilon_{klm} L_m \quad , \quad \{L_k, a_l\} = \varepsilon_{klm} a_m \quad , \quad \{a_k, a_l\} = -\tfrac{2}{\mu} H \varepsilon_{klm} L_m \ .$$

Hierbei besagen die beiden ersten, bereits aus (7.55) und (7.58) bekannten Gleichungen lediglich, dass $\mathbf{L}$ und $\mathbf{a}$ *Vektoren* im Sinne von (7.56) sind. Der Nachweis der dritten Gleichung ist etwas aufwendiger, jedoch mit elementaren Mitteln möglich. Schließlich gilt noch $\mathbf{a} \cdot \mathbf{L} = 0$, denn bereits aufgrund geometrischer Überlegungen ist klar, dass die Vektoren $\mathbf{a}$ und $\mathbf{L}$ orthogonal sind.

**Lösungen des Kepler-Problems mit *negativer* Energie**

Wir betrachten zuerst geschlossene, d. h. elliptische Bahnen, die also eine *negative* Schwerpunktsenergie besitzen ($H < 0$), und wir definieren:

$$\mathcal{L} \equiv \left(-\tfrac{2}{\mu}H\right)^{-\frac{1}{2}} \mathbf{a} \, .$$

Aufgrund von (7.89) erhalten wir nun die einfacheren Poisson-Klammern

$$\{L_k, L_l\} = \varepsilon_{klm} L_m \quad , \quad \{L_k, \mathcal{L}_l\} = \varepsilon_{klm} \mathcal{L}_m \quad , \quad \{\mathcal{L}_k, \mathcal{L}_l\} = \varepsilon_{klm} L_m \quad (7.90)$$

mit den zusätzlichen Beziehungen

$$\{H, \mathbf{L}\} = \mathbf{0} \quad , \quad \{H, \mathcal{L}\} = \mathbf{0} \quad , \quad \mathcal{L} \cdot \mathbf{L} = 0 \, .$$

Die Struktur der Poisson-Klammern (7.90) mit der zusätzlichen Beziehung $\mathcal{L} \cdot \mathbf{L} = 0$ ist vollkommen analog zur Multiplikationsstruktur der Erzeuger $\boldsymbol{\ell} = (\boldsymbol{\lambda}, \boldsymbol{\mu})$ mit $\boldsymbol{\lambda} = (\lambda_1, \lambda_2, \lambda_3)$ und $\boldsymbol{\mu} = (\mu_1, \mu_2, \mu_3)$ der Gruppe $SO(4)$:

$$[\lambda_k, \lambda_l] = i\varepsilon_{klm}\lambda_m \quad , \quad [\lambda_k, \mu_l] = i\varepsilon_{klm}\mu_l \quad , \quad [\mu_k, \mu_l] = i\varepsilon_{klm}\lambda_m \quad (7.91)$$

mit $\boldsymbol{\lambda} \cdot \boldsymbol{\mu} = 0$, wobei die Erhaltungsgrößen $(\mathbf{L}, \mathcal{L})$ also den Erzeugern $(-i\boldsymbol{\lambda}, -i\boldsymbol{\mu})$ entsprechen. Die Kommutatoren $[\cdot, \cdot]$ in (7.91) sind uns bereits aus Gleichung (7.83) bekannt, aber auch aus Kapitel [5], siehe (5.42) und (5.48). Wie wir bereits bei der Behandlung der Invarianz unter Drehungen gesehen haben, kann jede Matrix $R(\boldsymbol{\alpha}) \in SO(4)$ in der Form $R(\boldsymbol{\alpha}) = e^{-i\boldsymbol{\alpha}\cdot\boldsymbol{\ell}}$ dargestellt werden, wobei $\boldsymbol{\alpha}$ für $f = 4$ ein 6-dimensionaler reeller Vektor ist.

Die Beziehung zwischen dem Kepler-Problem und der Gruppe $SO(4)$ kann auch auf dem Niveau der erzeugenden Funktion besprochen werden. Definieren wir mit $\boldsymbol{\alpha} = (\boldsymbol{\alpha}_1, \boldsymbol{\alpha}_2)$ und $|\boldsymbol{\alpha}| = \mathcal{O}(\varepsilon)$:

$$F_2^{\boldsymbol{\alpha}}(\mathbf{x}, \bar{\mathbf{p}}) = \mathbf{x} \cdot \bar{\mathbf{p}} + \varepsilon f_2^{\boldsymbol{\alpha}}(\mathbf{x}, \bar{\mathbf{p}}) \quad , \quad \varepsilon f_2^{\boldsymbol{\alpha}} = \boldsymbol{\alpha}_1 \cdot \mathbf{L} + \boldsymbol{\alpha}_2 \cdot \mathcal{L} \, ,$$

und analog für $F_2^{\boldsymbol{\beta}}$ mit $|\boldsymbol{\beta}| = \mathcal{O}(\varepsilon)$, so erhalten wir

$$F_2^{[\boldsymbol{\beta}, \boldsymbol{\alpha}]}(\mathbf{x}, \bar{\mathbf{p}}) = \mathbf{x} \cdot \bar{\mathbf{p}} + \varepsilon f_2^{[\boldsymbol{\beta}, \boldsymbol{\alpha}]}(\mathbf{x}, \bar{\mathbf{p}})$$

mit

$$\begin{aligned}
\varepsilon f_2^{[\boldsymbol{\beta}, \boldsymbol{\alpha}]} &= \{\varepsilon f_2^{\boldsymbol{\beta}}, \varepsilon f_2^{\boldsymbol{\alpha}}\} = \{\beta_{1k} L_k + \beta_{2k} \mathcal{L}_k, \alpha_{1l} L_l + \alpha_{2l} \mathcal{L}_l\} \\
&= (\boldsymbol{\beta}_1 \times \boldsymbol{\alpha}_1 + \boldsymbol{\beta}_2 \times \boldsymbol{\alpha}_2) \cdot \mathbf{L} + (\boldsymbol{\beta}_1 \times \boldsymbol{\alpha}_2 + \boldsymbol{\beta}_2 \times \boldsymbol{\alpha}_1) \cdot \mathcal{L} \\
&\equiv \boldsymbol{\gamma}_1 \cdot \mathbf{L} + \boldsymbol{\gamma}_2 \cdot \mathcal{L} = \varepsilon f_2^{\gamma(\beta, \alpha)} \quad , \quad \boldsymbol{\gamma} \equiv (\boldsymbol{\gamma}_1, \boldsymbol{\gamma}_2) \, .
\end{aligned}$$

Analog gilt für

$$R(\boldsymbol{\alpha}) = e^{-i\boldsymbol{\alpha}\cdot\boldsymbol{\ell}} = \mathbb{1}_4 + \boldsymbol{\alpha}_1 \cdot (-i\boldsymbol{\lambda}) + \boldsymbol{\alpha}_2 \cdot (-i\boldsymbol{\mu}) + \mathcal{O}(\varepsilon^2)$$

nahe der Identität:

$$\begin{aligned}
R(-\boldsymbol{\beta})R(-\boldsymbol{\alpha})R(\boldsymbol{\beta})R(\boldsymbol{\alpha}) &= \mathbb{1}_4 - \beta_m \alpha_n [l_m, l_n] + \mathcal{O}(\varepsilon^3) \\
&= \mathbb{1}_4 - i\boldsymbol{\gamma}_1(\boldsymbol{\beta}, \boldsymbol{\alpha}) \cdot \boldsymbol{\lambda} - i\boldsymbol{\gamma}_2(\boldsymbol{\beta}, \boldsymbol{\alpha}) \cdot \boldsymbol{\mu} + \mathcal{O}(\varepsilon^3) \\
&= R(\boldsymbol{\gamma}(\boldsymbol{\beta}, \boldsymbol{\alpha})) + \mathcal{O}(\varepsilon^3) \, ,
\end{aligned}$$

sodass die Gruppe der von $F_2^\alpha$ erzeugten Transformationen und die 4-dimensionalen Drehungen der Gruppe $SO(4)$ nahe der Identität isomorph sind.

Wir benötigen im Folgenden noch eine weitere Größe, nämlich die Summe der Quadrate der Erzeuger, für $SO(4)$ also $\boldsymbol{\lambda}^2 + \boldsymbol{\mu}^2$ und für die Berührungstransformationen im Kepler-Problem $\mathbf{L}^2 + \boldsymbol{\mathcal{L}}^2$. Diese Größe wird in der Theorie der Lie-Gruppen als „Casimir-Operator" bezeichnet. Wir finden

$$\boxed{\boldsymbol{\lambda}^2 + \boldsymbol{\mu}^2 = 3\mathbb{1}_4 \quad , \quad \mathbf{L}^2 + \boldsymbol{\mathcal{L}}^2 = (\mathcal{G}\mu M)^2 (-\tfrac{2}{\mu} H)^{-1} \, .}$$

Im Kepler-Problem ist der „Casimir-Operator" also in einfacher Weise mit der Hamilton-Funktion verknüpft.

Nach der Transformation $\mathbf{j}_1 \equiv \tfrac{1}{2}(\mathbf{L}+\boldsymbol{\mathcal{L}})$, $\mathbf{j}_2 \equiv \tfrac{1}{2}(\mathbf{L}-\boldsymbol{\mathcal{L}})$ folgt für die Drehimpulse $\mathbf{j}_1$ und $\mathbf{j}_2$:

$$\{j_{1k}, j_{1l}\} = \varepsilon_{klm} j_{1m} \quad , \quad \{j_{2k}, j_{2l}\} = \varepsilon_{klm} j_{2m} \quad \text{mit} \quad \{j_{1k}, j_{2l}\} = 0 \, ,$$

sodass alternativ zwei entkoppelte $SO(3)$-Symmetrien im Kepler-Problem vorliegen, die von $\mathbf{j}_1$ bzw. $\mathbf{j}_2$ erzeugt werden. In der Tat ist die Gruppe $SO(4)$ lokal isomorph zu $SO(3) \times SO(3)$. Aus der Orthogonalität von $\mathbf{L}$ und $\boldsymbol{\mathcal{L}}$ folgt noch:

$$\mathbf{j}_1^2 = \mathbf{j}_2^2 = \tfrac{1}{4}(\mathbf{L}^2 + \boldsymbol{\mathcal{L}}^2) = \tfrac{1}{4}(\mathcal{G}\mu M)^2 (-\tfrac{2}{\mu} H)^{-1} \, .$$

Für fest vorgegebene Energie werden also lediglich die *Beträge* $|\mathbf{j}_1|$ und $|\mathbf{j}_2|$ festgelegt; bezüglich der *Ausrichtung* der Drehimpulse $\mathbf{j}_1$ und $\mathbf{j}_2$ liegt eine energetische Entartung vor. Man erhält übrigens besonders einfache Ausdrücke für die Beträge der Drehimpulse, wenn man die Hamilton-Funktion durch die bereits in Abschnitt [3.6] eingeführte Wirkung $S$ ersetzt:

$$H = -\frac{1}{2}\mu \left(\frac{2\pi \mathcal{G}\mu M}{S}\right)^2 \, .$$

Als Funktion von $S$ gilt nämlich die folgende *lineare* Beziehung: $|\mathbf{j}_1| = |\mathbf{j}_2| = \frac{S}{4\pi}$.

Zusammenfassend lernen wir also, dass die Existenz einer dritten Erhaltungsgröße im Kepler-Problem von der im Vergleich zum allgemeinen Zentralpotential *größeren* Symmetrie herrührt, nämlich $SO(4)$ statt $SO(3)$.

### Lösungen des Kepler-Problems mit *positiver* Energie

Für offene Bahnen ($E > 0$), die also durch *positive* Werte der Hamilton-Funktion charakterisiert werden, führen wir die alternative Definition

$$\boldsymbol{\mathcal{L}} = \left(\tfrac{2}{\mu} H\right)^{-\frac{1}{2}} \mathbf{a}$$

ein, die die folgenden Poisson-Klammern ergibt:

$$\boxed{\{L_k, L_l\} = \varepsilon_{klm} L_m \quad , \quad \{L_k, \mathcal{L}_l\} = \varepsilon_{klm} \mathcal{L}_m \quad , \quad \{\mathcal{L}_k, \mathcal{L}_l\} = -\varepsilon_{klm} L_m \, .}$$

Wir vergleichen diese Poisson-Klammern nun mit den Vertauschungsrelationen für die Erzeuger der *Lorentz-Gruppe*. Die eigentlichen, orthochronen Lorentz-Transformationen $\Lambda \in \mathcal{L}_+^\uparrow$, die sich stetig mit der Identität $\mathbb{1}_4$ verbinden lassen, sind in der

Form $\Lambda = e^{-i\boldsymbol{\alpha}_1 \cdot \boldsymbol{\lambda} - \boldsymbol{\alpha}_2 \cdot \boldsymbol{\mu}}$ mit einem reellen 6-dimensionalen Vektor $\boldsymbol{\alpha} \equiv (\boldsymbol{\alpha}_1, \boldsymbol{\alpha}_2)$ darstellbar. Die Vertauschungsrelationen der (hermiteschen) Erzeuger $(\boldsymbol{\lambda}, \boldsymbol{\mu})$ sind:

$$[\lambda_k, \lambda_l] = i\varepsilon_{klm}\lambda_m \quad , \quad i\lambda_k \text{ reell } , \quad \lambda_k^\dagger = \lambda_k$$

$$[\lambda_k, \mu_l] = i\varepsilon_{klm}\mu_m \quad , \quad \mu_k \text{ reell } , \quad \mu_k^\dagger = \mu_k$$

$$[\mu_k, \mu_l] = i\varepsilon_{klm}\lambda_m \quad , \quad \boldsymbol{\lambda} \cdot \boldsymbol{\mu} = \mathbb{O}_4 ,$$

sodass $(\mathbf{L}, \boldsymbol{\mathcal{L}})$ den Erzeugern $(-i\boldsymbol{\lambda}, -\boldsymbol{\mu})$ entspricht. Die Casimir-Operatoren der Lorentz-Gruppe und des Kepler-Problems sind nun durch

$$\boxed{\boldsymbol{\lambda}^2 + \boldsymbol{\mu}^2 = 3\mathbb{1}_4 \quad , \quad \mathbf{L}^2 - \boldsymbol{\mathcal{L}}^2 = -(\mathcal{G}\mu M)^2 \left(\tfrac{2}{\mu}H\right)^{-1}}$$

gegeben. Wiederum könnte man Größen $\mathbf{j}_1 \equiv \frac{1}{2}(\mathbf{L} + i\boldsymbol{\mathcal{L}})$ und $\mathbf{j}_2 \equiv \frac{1}{2}(\mathbf{L} - i\boldsymbol{\mathcal{L}})$ einführen, die die Poisson-Klammern

$$\{j_{1k}, j_{1l}\} = \varepsilon_{klm}j_{1m} \quad , \quad \{j_{2k}, j_{2l}\} = \varepsilon_{klm}j_{2m} \quad \text{und} \quad \{j_{1k}, j_{2l}\} = 0$$

erfüllen, nur kann man die (in diesem Fall *komplexen*) Vektoren $\mathbf{j}_1$ und $\mathbf{j}_2$ nicht als physikalische Drehimpulse oder als Erzeuger einer infinitesimalen Berührungstransformation interpretieren. Für die Existenz von *Erhaltungsgrößen* ist dies jedoch unerheblich: Auch in diesem Fall sind Drehimpuls, Energie und Lenz'scher Vektor erhalten, nun jedoch aufgrund der größeren *Lorentz*-Symmetrie.

# 7.11 Berührungstransformationen und Poisson-Klammern

Da Poisson-Klammern sehr wichtig sind bei der Formulierung von Bewegungsgleichungen für Observablen und bei der Untersuchung von Erhaltungsgrößen, muss man ihr Transformationsverhalten unter kanonischen Transformationen kennen. Neben allgemeinen *kanonischen* Transformationen untersuchen wir insbesondere auch den Einfluss von *Berührungs*transformationen. Wir definieren:

$$\{A, B\}_{\mathbf{q}, \mathbf{p}} \equiv \frac{\partial A}{\partial \mathbf{q}} \cdot \frac{\partial B}{\partial \mathbf{p}} - \frac{\partial A}{\partial \mathbf{p}} \cdot \frac{\partial B}{\partial \mathbf{q}} \quad , \quad \{A, B\}_{\bar{\mathbf{q}}, \bar{\mathbf{p}}} \equiv \frac{\partial A}{\partial \bar{\mathbf{q}}} \cdot \frac{\partial B}{\partial \bar{\mathbf{p}}} - \frac{\partial A}{\partial \bar{\mathbf{p}}} \cdot \frac{\partial B}{\partial \bar{\mathbf{q}}}$$

und diskutieren das Verhalten von $\{A, B\}$ unter Transformationen $(\mathbf{q}, \mathbf{p}) \rightarrow (\bar{\mathbf{q}}, \bar{\mathbf{p}})$. Besonders interessant wäre es, die *Invarianz* der Poisson-Klammer $\{A, B\}$ nachweisen zu können. Wir werden die Möglichkeit einer solchen Invarianz zunächst für die fundamentalen Poisson-Klammern (7.54) und danach auch für allgemeine Observablen untersuchen.

Für *allgemeine* kanonische Transformationen erhält man sofort ein negatives Ergebnis: Die fundamentalen Poisson-Klammern (und daher auch Poisson-Klammern im Allgemeinen) sind sicherlich nicht invariant unter beliebigen kanonischen Transformationen. Ein einfaches Gegenbeispiel ist die Reskalierung der Impulse, $(\bar{\mathbf{q}}, \bar{\mathbf{p}}) = (\mathbf{q}, \lambda^{-1}\mathbf{p})$, die die Klammern

$$\{\bar{q}_k, \bar{q}_l\}_{\mathbf{q}, \mathbf{p}} = 0 \quad , \quad \{\bar{p}_k, \bar{p}_l\}_{\mathbf{q}, \mathbf{p}} = 0$$

zwar invariant lässt, jedoch zu einer Reskalierung der gemischten Klammer führt:

$$\{\bar{q}_k, \bar{p}_l\}_{\mathbf{q},\mathbf{p}} = \{q_k, \lambda^{-1} p_l\}_{\mathbf{q},\mathbf{p}} = \lambda^{-1}\{q_k, p_l\}_{\mathbf{q},\mathbf{p}} = \lambda^{-1}\delta_{kl} = \lambda^{-1}\{q_k, p_l\}_{\mathbf{q},\mathbf{p}} \ .$$

Aus diesem Grund konzentrieren wir uns im Folgenden auf Berührungstransformationen; wir werden feststellen, dass diese wichtige Klasse von kanonischen Transformationen sehr interessante Transformationseigenschaften für die Poisson-Klammern impliziert. Wir zeigen zuerst, in Abschnitt [7.11.1], dass die *fundamentalen* Poisson-Klammern unter Berührungstransformationen invariant sind, und dann, in Abschnitt [7.11.2], dass das Gleiche sogar für Poisson-Klammern zweier *allgemeiner* Observabler gilt. Anschließend überprüfen wir in Abschnitt [7.11.3], dass die durch Poisson-Klammern bestimmte Dynamik von Koordinaten und Impulsen mit der von den Hamilton-Gleichungen vorhergesagten *identisch* ist.

## 7.11.1   Invarianz der *fundamentalen* Poisson-Klammern!

Für Berührungstransformationen gilt (7.65), also insbesondere $\mathbf{p} = \partial F_1/\partial \mathbf{q}$ und $\bar{\mathbf{p}} = -\partial F_1/\partial \bar{\mathbf{q}}$. Wenn man die erste dieser beiden Gleichungen invertiert, erhält man die neue Variable $\bar{\mathbf{q}} = \bar{\mathbf{q}}(\mathbf{q}, \mathbf{p}, t)$, während $\bar{\mathbf{p}}(\mathbf{q}, \mathbf{p}, t)$ durch Einsetzen von $\bar{\mathbf{q}}$ in die zweite Gleichung folgt. Wir berechnen nun die fundamentalen Poisson-Klammern der *neuen* Variablen $(\bar{\mathbf{q}}, \bar{\mathbf{p}})$ in der *alten* Basis $(\mathbf{q}, \mathbf{p})$:

$$\{\bar{\mathbf{q}}, \bar{\mathbf{q}}\}_{\mathbf{q},\mathbf{p}} = \frac{\partial \bar{\mathbf{q}}}{\partial \mathbf{q}}\left(\frac{\partial \bar{\mathbf{q}}}{\partial \mathbf{p}}\right)^{\mathrm{T}} - \frac{\partial \bar{\mathbf{q}}}{\partial \mathbf{p}}\left(\frac{\partial \bar{\mathbf{q}}}{\partial \mathbf{q}}\right)^{\mathrm{T}} \tag{7.92a}$$

$$\{\bar{\mathbf{p}}, \bar{\mathbf{p}}\}_{\mathbf{q},\mathbf{p}} = \frac{\partial \bar{\mathbf{p}}}{\partial \mathbf{q}}\left(\frac{\partial \bar{\mathbf{p}}}{\partial \mathbf{p}}\right)^{\mathrm{T}} - \frac{\partial \bar{\mathbf{p}}}{\partial \mathbf{p}}\left(\frac{\partial \bar{\mathbf{p}}}{\partial \mathbf{q}}\right)^{\mathrm{T}} \tag{7.92b}$$

$$\{\bar{\mathbf{q}}, \bar{\mathbf{p}}\}_{\mathbf{q},\mathbf{p}} = \frac{\partial \bar{\mathbf{q}}}{\partial \mathbf{q}}\left(\frac{\partial \bar{\mathbf{p}}}{\partial \mathbf{p}}\right)^{\mathrm{T}} - \frac{\partial \bar{\mathbf{q}}}{\partial \mathbf{p}}\left(\frac{\partial \bar{\mathbf{p}}}{\partial \mathbf{q}}\right)^{\mathrm{T}} \ . \tag{7.92c}$$

Hierbei stellt zum Beispiel $\{\bar{\mathbf{q}}, \bar{\mathbf{p}}\}_{\mathbf{q},\mathbf{p}}$ die Matrix mit Matrixelementen $\{\bar{q}_k, \bar{p}_l\}_{\mathbf{q},\mathbf{p}}$ dar (usw.). Zur Berechnung der Poisson-Klammern (7.92) benötigen wir also die Ableitungen $\frac{\partial \bar{\mathbf{q}}}{\partial \mathbf{q}}, \frac{\partial \bar{\mathbf{q}}}{\partial \mathbf{p}}, \frac{\partial \bar{\mathbf{p}}}{\partial \mathbf{q}}$ und $\frac{\partial \bar{\mathbf{p}}}{\partial \mathbf{p}}$. Die ersten beiden Ableitungen folgen aus der Gleichung $\mathbf{p} = \frac{\partial F_1}{\partial \mathbf{q}}$ durch Ableiten nach $\mathbf{q}$ bzw. $\mathbf{p}$:

$$\mathbb{0}_f = \frac{\partial^2 F_1}{\partial \mathbf{q}^2} + \frac{\partial^2 F_1}{\partial \mathbf{q}\partial\bar{\mathbf{q}}}\frac{\partial \bar{\mathbf{q}}}{\partial \mathbf{q}} \quad , \quad \mathbb{1}_f = \frac{\partial^2 F_1}{\partial \mathbf{q}\partial\bar{\mathbf{q}}}\frac{\partial \bar{\mathbf{q}}}{\partial \mathbf{p}}$$

als

$$\frac{\partial \bar{\mathbf{q}}}{\partial \mathbf{q}} = -\left(\frac{\partial^2 F_1}{\partial \mathbf{q}\partial\bar{\mathbf{q}}}\right)^{-1}\frac{\partial^2 F_1}{\partial \mathbf{q}^2} \quad , \quad \frac{\partial \bar{\mathbf{q}}}{\partial \mathbf{p}} = \left(\frac{\partial^2 F_1}{\partial \mathbf{q}\partial\bar{\mathbf{q}}}\right)^{-1} \ .$$

Hierbei wurde neben der üblichen Konvention $\left(\frac{\partial \mathbf{a}}{\partial \mathbf{b}}\right)_{ij} = \frac{\partial a_i}{\partial b_j}$ auch $\left(\frac{\partial^2 F}{\partial \mathbf{a}\partial \mathbf{b}}\right)_{ij} \equiv \frac{\partial^2 F}{\partial a_i \partial b_j}$ verwendet. Die beiden anderen Ableitungen $\frac{\partial \bar{\mathbf{p}}}{\partial \mathbf{q}}$ und $\frac{\partial \bar{\mathbf{p}}}{\partial \mathbf{p}}$ folgen durch Ableiten von $\bar{\mathbf{p}} = -\partial F_1/\partial \bar{\mathbf{q}}$ nach $\mathbf{q}$ bzw. $\mathbf{p}$:

$$\frac{\partial \bar{\mathbf{p}}}{\partial \mathbf{q}} = -\frac{\partial^2 F_1}{\partial \bar{\mathbf{q}}\partial\mathbf{q}} - \frac{\partial^2 F_1}{\partial \bar{\mathbf{q}}^2}\frac{\partial \bar{\mathbf{q}}}{\partial \mathbf{q}} = -\frac{\partial^2 F_1}{\partial \bar{\mathbf{q}}\partial\mathbf{q}} + \frac{\partial^2 F_1}{\partial \bar{\mathbf{q}}^2}\left(\frac{\partial^2 F_1}{\partial \mathbf{q}\partial\bar{\mathbf{q}}}\right)^{-1}\frac{\partial^2 F_1}{\partial \mathbf{q}^2}$$

$$\frac{\partial \bar{\mathbf{p}}}{\partial \mathbf{p}} = -\frac{\partial^2 F_1}{\partial \bar{\mathbf{q}}^2}\frac{\partial \bar{\mathbf{q}}}{\partial \mathbf{p}} = -\frac{\partial^2 F_1}{\partial \bar{\mathbf{q}}^2}\left(\frac{\partial^2 F_1}{\partial \mathbf{q}\partial\bar{\mathbf{q}}}\right)^{-1} \ .$$

Mit Hilfe dieser Ergebnisse kann man nun die Poisson-Klammern (7.92) ausrechnen. Für die Klammer (7.92a) erhält man mit der Rechenregel $(A^{-1})^{\mathrm{T}} = (A^{\mathrm{T}})^{-1}$ für beliebige $f \times f$-Matrizen $A$:

$$\{\bar{\mathbf{q}}, \bar{\mathbf{q}}\}_{\mathbf{q},\mathbf{p}} = -\left[\left(\frac{\partial^2 F_1}{\partial \mathbf{q} \partial \bar{\mathbf{q}}}\right)^{-1} \frac{\partial^2 F_1}{\partial \mathbf{q}^2}\right] \left(\frac{\partial^2 F_1}{\partial \bar{\mathbf{q}} \partial \mathbf{q}}\right)^{-1} + \left(\frac{\partial^2 F_1}{\partial \mathbf{q} \partial \bar{\mathbf{q}}}\right)^{-1} \left[\frac{\partial^2 F_1}{\partial \mathbf{q}^2} \left(\frac{\partial^2 F_1}{\partial \bar{\mathbf{q}} \partial \mathbf{q}}\right)^{-1}\right]$$
$$= \mathbb{O}_f \, .$$

Für die Klammer (7.92b) folgt analog:

$$\{\bar{\mathbf{p}}, \bar{\mathbf{p}}\}_{\mathbf{q},\mathbf{p}} = \left[\frac{\partial^2 F_1}{\partial \bar{\mathbf{q}} \partial \mathbf{q}} - \frac{\partial^2 F_1}{\partial \bar{\mathbf{q}}^2} \left(\frac{\partial^2 F_1}{\partial \mathbf{q} \partial \bar{\mathbf{q}}}\right)^{-1} \frac{\partial^2 F_1}{\partial \mathbf{q}^2}\right] \left(\frac{\partial^2 F_1}{\partial \bar{\mathbf{q}} \partial \mathbf{q}}\right)^{-1} \frac{\partial^2 F_1}{\partial \bar{\mathbf{q}}^2}$$
$$- \frac{\partial^2 F_1}{\partial \bar{\mathbf{q}}^2} \left(\frac{\partial^2 F_1}{\partial \mathbf{q} \partial \bar{\mathbf{q}}}\right)^{-1} \left[\frac{\partial^2 F_1}{\partial \mathbf{q} \partial \bar{\mathbf{q}}} - \frac{\partial^2 F_1}{\partial \mathbf{q}^2} \left(\frac{\partial^2 F_1}{\partial \bar{\mathbf{q}} \partial \mathbf{q}}\right)^{-1} \frac{\partial^2 F_1}{\partial \bar{\mathbf{q}}^2}\right] = \mathbb{O}_f \, ,$$

und die gemischte Poisson-Klammer (7.92c) ist gegeben durch

$$\{\bar{\mathbf{q}}, \bar{\mathbf{p}}\}_{\mathbf{q},\mathbf{p}} = \left[\left(\frac{\partial^2 F_1}{\partial \mathbf{q} \partial \bar{\mathbf{q}}}\right)^{-1} \frac{\partial^2 F_1}{\partial \mathbf{q}^2}\right] \left(\frac{\partial^2 F_1}{\partial \bar{\mathbf{q}} \partial \mathbf{q}}\right)^{-1} \frac{\partial^2 F_1}{\partial \bar{\mathbf{q}}^2}$$
$$+ \left(\frac{\partial^2 F_1}{\partial \mathbf{q} \partial \bar{\mathbf{q}}}\right)^{-1} \left[\frac{\partial^2 F_1}{\partial \mathbf{q} \partial \bar{\mathbf{q}}} - \frac{\partial^2 F_1}{\partial \mathbf{q}^2} \left(\frac{\partial^2 F_1}{\partial \bar{\mathbf{q}} \partial \mathbf{q}}\right)^{-1} \frac{\partial^2 F_1}{\partial \bar{\mathbf{q}}^2}\right] = \mathbb{1}_f \, .$$

Kurzgefasst gilt also:

$$\boxed{\{\bar{\mathbf{q}}, \bar{\mathbf{q}}\}_{\mathbf{q},\mathbf{p}} = \mathbb{O}_f \quad , \quad \{\bar{\mathbf{p}}, \bar{\mathbf{p}}\}_{\mathbf{q},\mathbf{p}} = \mathbb{O}_f \quad , \quad \{\bar{\mathbf{q}}, \bar{\mathbf{p}}\}_{\mathbf{q},\mathbf{p}} = \mathbb{1}_f \, .} \tag{7.93}$$

Wir stellen fest, dass die *fundamentalen* Poisson-Klammern *invariant* sind unter beliebigen Berührungstransformationen.[14]

## 7.11.2 Invarianz der Poisson-Klammer zweier Observabler!

Es ist nach diesen Vorarbeiten relativ einfach, zu zeigen, dass die Poisson-Klammer zweier beliebiger Observabler $A$ und $B$ invariant unter Berührungstransformationen ist. Hierzu führen wir die Observablen $\bar{A}$ und $\bar{B}$ in der $(\bar{\mathbf{q}}, \bar{\mathbf{p}})$-Sprache der „neuen" Variablen ein:

$$\bar{A}(\bar{\mathbf{q}}, \bar{\mathbf{p}}, t) \equiv A\big(\mathbf{q}(\bar{\mathbf{q}}, \bar{\mathbf{p}}, t), \mathbf{p}(\bar{\mathbf{q}}, \bar{\mathbf{p}}, t), t\big)$$
$$\bar{B}(\bar{\mathbf{q}}, \bar{\mathbf{p}}, t) \equiv B\big(\mathbf{q}(\bar{\mathbf{q}}, \bar{\mathbf{p}}, t), \mathbf{p}(\bar{\mathbf{q}}, \bar{\mathbf{p}}, t), t\big)$$

---

[14]Umgekehrt ist es *nicht* so, dass die Invarianz der Poisson-Klammern unter einer kanonischen Transformation auch impliziert, dass diese eine Berührungstransformation ist. Ein Gegenbeispiel ist die in Fussnote 9 auf Seite 390 diskutierte *Ähnlichkeitstransformation*, die wegen $\bar{\mathbf{X}} = \lambda \mathbf{X}$ und $\mathbf{P} = \lambda^{-1} \mathbf{P}$ die fundamentalen Poisson-Klammern invariant lässt, aber nicht als Berührungstransformation darstellbar ist.

und berechnen die in der Sprache der „alten" Variablen vorgegebene Klammer $\{A, B\}_{\mathbf{q}, \mathbf{p}}$ in der „neuen" $(\bar{\mathbf{q}}, \bar{\mathbf{p}})$-Sprache:

$$
\begin{aligned}
\{A, B\}_{\mathbf{q}, \mathbf{p}} &= \frac{\partial A}{\partial \mathbf{q}} \cdot \frac{\partial B}{\partial \mathbf{p}} - \frac{\partial A}{\partial \mathbf{p}} \cdot \frac{\partial B}{\partial \mathbf{q}} = \left( \frac{\partial \bar{A}}{\partial \bar{\mathbf{q}}} \frac{\partial \bar{\mathbf{q}}}{\partial \mathbf{q}} + \frac{\partial \bar{A}}{\partial \bar{\mathbf{p}}} \frac{\partial \bar{\mathbf{p}}}{\partial \mathbf{q}} \right) \left( \frac{\partial \bar{B}}{\partial \bar{\mathbf{q}}} \frac{\partial \bar{\mathbf{q}}}{\partial \mathbf{p}} + \frac{\partial \bar{B}}{\partial \bar{\mathbf{p}}} \frac{\partial \bar{\mathbf{p}}}{\partial \mathbf{p}} \right)^{\mathrm{T}} \\
&\quad - \left( \frac{\partial \bar{A}}{\partial \bar{\mathbf{q}}} \frac{\partial \bar{\mathbf{q}}}{\partial \mathbf{p}} + \frac{\partial \bar{A}}{\partial \bar{\mathbf{p}}} \frac{\partial \bar{\mathbf{p}}}{\partial \mathbf{p}} \right) \left( \frac{\partial \bar{B}}{\partial \bar{\mathbf{q}}} \frac{\partial \bar{\mathbf{q}}}{\partial \mathbf{q}} + \frac{\partial \bar{B}}{\partial \bar{\mathbf{p}}} \frac{\partial \bar{\mathbf{p}}}{\partial \mathbf{q}} \right)^{\mathrm{T}} \\
&= \frac{\partial \bar{A}^{\mathrm{T}}}{\partial \bar{\mathbf{q}}} \{\bar{\mathbf{q}}, \bar{\mathbf{q}}\}_{\mathbf{q}, \mathbf{p}} \frac{\partial \bar{B}}{\partial \bar{\mathbf{q}}} + \frac{\partial \bar{A}^{\mathrm{T}}}{\partial \bar{\mathbf{p}}} \{\bar{\mathbf{p}}, \bar{\mathbf{p}}\}_{\mathbf{q}, \mathbf{p}} \frac{\partial \bar{B}}{\partial \bar{\mathbf{p}}} + \frac{\partial \bar{A}^{\mathrm{T}}}{\partial \bar{\mathbf{q}}} \{\bar{\mathbf{q}}, \bar{\mathbf{p}}\}_{\mathbf{q}, \mathbf{p}} \frac{\partial \bar{B}}{\partial \bar{\mathbf{p}}} \\
&\qquad\qquad\qquad\qquad\qquad\qquad + \frac{\partial \bar{A}^{\mathrm{T}}}{\partial \bar{\mathbf{p}}} \{\bar{\mathbf{p}}, \bar{\mathbf{q}}\}_{\mathbf{q}, \mathbf{p}} \frac{\partial \bar{B}}{\partial \bar{\mathbf{q}}} ,
\end{aligned}
$$

d. h.,

$$
\boxed{\{A, B\}_{\mathbf{q}, \mathbf{p}} = \frac{\partial \bar{A}}{\partial \bar{\mathbf{q}}} \cdot \frac{\partial \bar{B}}{\partial \bar{\mathbf{p}}} - \frac{\partial \bar{A}}{\partial \bar{\mathbf{p}}} \cdot \frac{\partial \bar{B}}{\partial \bar{\mathbf{q}}} = \{\bar{A}, \bar{B}\}_{\bar{\mathbf{q}}, \bar{\mathbf{p}}} .}
\tag{7.94}
$$

Ein Vergleich der linken und rechten Seite dieser Gleichungskette zeigt, dass die Klammer $\{A, B\}_{\mathbf{q}, \mathbf{p}}$ *invariant* ist (d. h. ihren Wert nicht ändert), wenn man sie in die Sprache der neuen $(\bar{\mathbf{q}}, \bar{\mathbf{p}})$-Variablen „übersetzt". Dies ist eine Verallgemeinerung der in (7.93) nachgewiesenen Invarianz der fundamentalen Poisson-Klammern.

**Ausblick auf die Quantenmechanik**

Die in diesem Abschnitt hergeleiteten Invarianzen der Poisson-Klammern haben natürlich an sich grundlegende Bedeutung in der Analytischen Mechanik; sie sind jedoch auch von Interesse im Hinblick auf die Quantenmechanik. In der Quantenmechanik werden Poisson-Klammern ersetzt durch Erwartungswerte von Kommutatoren, und genau wie in (7.93) und (7.94) gilt auch in der Quantentheorie, dass diese Erwartungswerte invariant sind unter kanonischen Transformationen.

### 7.11.3 *Zwei* Darstellungen der Bewegungsgleichungen? *

In diesem Abschnitt betrachten wir eine endliche Berührungstransformation der Form $(\mathbf{q}, \mathbf{p}) \to (\bar{\mathbf{q}}, \bar{\mathbf{p}})$, die durch die erzeugende Funktion $F_1(\mathbf{q}, \bar{\mathbf{q}}, t)$ definiert wird.

$$
\mathbf{p} = \frac{\partial F_1}{\partial \mathbf{q}} \quad , \quad \bar{\mathbf{p}} = -\frac{\partial F_1}{\partial \bar{\mathbf{q}}} \quad , \quad H = \bar{H} - \frac{\partial F_1}{\partial t} .
\tag{7.95}
$$

Wir wissen bereits aus unserer Untersuchung des Variationsprinzips (7.70), dass diese Transformation kanonisch ist, sodass auch die neuen Variablen „echte" Hamilton-Gleichungen erfüllen:

$$
\dot{\bar{\mathbf{q}}} = \frac{\partial \bar{H}}{\partial \bar{\mathbf{p}}} \quad , \quad \dot{\bar{\mathbf{p}}} = -\frac{\partial \bar{H}}{\partial \bar{\mathbf{q}}} .
\tag{7.96}
$$

Andererseits wissen wir auch, dass die Dynamik der physikalischen Größen $\bar{\mathbf{q}}$ und $\bar{\mathbf{p}}$ in der $(\mathbf{q}, \mathbf{p})$-Basis durch Bewegungsgleichungen der (auf den ersten Blick sehr unterschiedlichen) Form

$$\dot{\bar{\mathbf{q}}} = \{\bar{\mathbf{q}}, H\}_{\mathbf{q},\mathbf{p}} + \left(\frac{\partial \bar{\mathbf{q}}}{\partial t}\right)_{\mathbf{q},\mathbf{p}} \quad , \quad \dot{\bar{\mathbf{p}}} = \{\bar{\mathbf{p}}, H\}_{\mathbf{q},\mathbf{p}} + \left(\frac{\partial \bar{\mathbf{p}}}{\partial t}\right)_{\mathbf{q},\mathbf{p}}$$

beschrieben werden. Wir zeigen im Folgenden, dass diese beiden Darstellungen äquivalent sind und dass die Bewegungsgleichungen für $\bar{\mathbf{q}}$ und $\bar{\mathbf{p}}$ in der $(\mathbf{q}, \mathbf{p})$-Basis auf die Form (7.96) gebracht werden können.

### Rechenregeln für Ableitungen

Vorab beweisen wir ein paar Rechenregeln für Ableitungen, die im Folgenden benötigt werden.[15] Für zwei Funktionen $\mathbf{X}(T, \mathbf{Y})$ und $\mathbf{Y}(T, \mathbf{X})$ gilt nämlich allgemein

$$\left(\frac{\partial \mathbf{Y}}{\partial \mathbf{X}}\right)_T = \left(\frac{\partial \mathbf{X}}{\partial \mathbf{Y}}\right)_T^{-1} \quad \text{und} \quad \left(\frac{\partial \mathbf{Y}}{\partial T}\right)_{\mathbf{X}} = -\left(\frac{\partial \mathbf{Y}}{\partial \mathbf{X}}\right)_T \left(\frac{\partial \mathbf{X}}{\partial T}\right)_{\mathbf{Y}} , \tag{7.97}$$

wobei $\mathbf{X}$ und $\mathbf{Y}$ dieselbe Dimension haben sollen: $\mathbf{X} = (X_1, \cdots, X_n)^{\mathrm{T}}$ und $\mathbf{Y} = (Y_1, \cdots, Y_n)^{\mathrm{T}}$. Diese Gleichungen folgen durch Kombination von

$$d\mathbf{X} = \left(\frac{\partial \mathbf{X}}{\partial \mathbf{Y}}\right)_T d\mathbf{Y} + \left(\frac{\partial \mathbf{X}}{\partial T}\right)_{\mathbf{Y}} dT \quad , \quad d\mathbf{Y} = \left(\frac{\partial \mathbf{Y}}{\partial \mathbf{X}}\right)_T d\mathbf{X} + \left(\frac{\partial \mathbf{Y}}{\partial T}\right)_{\mathbf{X}} dT . \tag{7.98}$$

Wenn man den Ausdruck für $d\mathbf{Y}$ in der zweiten dieser beiden Gleichungen in die erste einsetzt, erhält man nämlich:

$$\mathbf{0} = \left[\left(\frac{\partial \mathbf{X}}{\partial \mathbf{Y}}\right)_T \left(\frac{\partial \mathbf{Y}}{\partial \mathbf{X}}\right)_T - \mathbb{1}\right] d\mathbf{X} + \left[\left(\frac{\partial \mathbf{X}}{\partial \mathbf{Y}}\right)_T \left(\frac{\partial \mathbf{Y}}{\partial T}\right)_{\mathbf{X}} + \left(\frac{\partial \mathbf{X}}{\partial T}\right)_{\mathbf{Y}}\right] dT .$$

Da die Variablen $\mathbf{X}$ und $T$ unabhängig sind, müssen die Vorfaktoren ihrer Differentiale null sein. Dies ergibt die beiden Rechenregeln in (7.97).

Sei nun $\mathbf{Z}(T, \mathbf{X})$ eine weitere (nicht notwendigerweise $n$-dimensionale) Funktion, dann gelten zwei weitere Rechenregeln:

$$\left(\frac{\partial \mathbf{Z}}{\partial \mathbf{Y}}\right)_T = \left(\frac{\partial \mathbf{Z}}{\partial \mathbf{X}}\right)_T \left(\frac{\partial \mathbf{X}}{\partial \mathbf{Y}}\right)_T \quad , \quad \left(\frac{\partial \mathbf{Z}}{\partial T}\right)_{\mathbf{Y}} = \left(\frac{\partial \mathbf{Z}}{\partial T}\right)_{\mathbf{X}} + \left(\frac{\partial Z}{\partial \mathbf{X}}\right)_T \left(\frac{\partial \mathbf{X}}{\partial T}\right)_{\mathbf{Y}} . \tag{7.99}$$

Dies folgt mit Hilfe von (7.98) aus:

$$d\mathbf{Z} = \left(\frac{\partial \mathbf{Z}}{\partial \mathbf{X}}\right)_T d\mathbf{X} + \left(\frac{\partial \mathbf{Z}}{\partial T}\right)_{\mathbf{X}} dT$$

$$= \left(\frac{\partial \mathbf{Z}}{\partial \mathbf{X}}\right)_T \left(\frac{\partial \mathbf{X}}{\partial \mathbf{Y}}\right)_T d\mathbf{Y} + \left[\left(\frac{\partial \mathbf{Z}}{\partial T}\right)_{\mathbf{X}} + \left(\frac{\partial \mathbf{Z}}{\partial \mathbf{X}}\right)_T \left(\frac{\partial \mathbf{X}}{\partial T}\right)_{\mathbf{Y}}\right] dT$$

durch Variation der unabhängigen Variablen $\mathbf{Y}$ und $T$.

---

[15]In diesem Abschnitt deutet die Notation $\left(\frac{\partial \mathbf{a}}{\partial \mathbf{b}}\right)_c$ an, dass bei der partiellen Ableitung der mehrdimensionalen Funktion $\mathbf{a}(\mathbf{b}, c)$ nach $\mathbf{b}$ die Größe $c$ konstant gehalten wird. Analog wird bei der partiellen Ableitung $\left(\frac{\partial \mathbf{a}}{\partial c}\right)_{\mathbf{b}}$ von $\mathbf{a}$ nach $c$ die mehrdimensionale Größe $\mathbf{b}$ konstant gehalten.

### Äquivalenz der beiden Darstellungen

Die Bewegungsgleichungen für die neuen Koordinaten und Impulse aufgrund der durch $H(\mathbf{q}, \mathbf{p}, t)$ definierten Dynamik sind:

$$
\begin{aligned}
\dot{\bar{\mathbf{q}}} &= \{\bar{\mathbf{q}}, H\}_{\mathbf{q},\mathbf{p}} + \left(\frac{\partial \bar{\mathbf{q}}}{\partial t}\right)_{\mathbf{q},\mathbf{p}} = \frac{\partial \bar{\mathbf{q}}}{\partial \mathbf{q}} \frac{\partial H}{\partial \mathbf{p}} - \frac{\partial \bar{\mathbf{q}}}{\partial \mathbf{p}} \frac{\partial H}{\partial \mathbf{q}} + \left(\frac{\partial \bar{\mathbf{q}}}{\partial t}\right)_{\mathbf{q},\mathbf{p}} \\
\dot{\bar{\mathbf{p}}} &= \{\bar{\mathbf{p}}, H\}_{\mathbf{q},\mathbf{p}} + \left(\frac{\partial \bar{\mathbf{p}}}{\partial t}\right)_{\mathbf{q},\mathbf{p}} = \frac{\partial \bar{\mathbf{p}}}{\partial \mathbf{q}} \frac{\partial H}{\partial \mathbf{p}} - \frac{\partial \bar{\mathbf{p}}}{\partial \mathbf{p}} \frac{\partial H}{\partial \mathbf{q}} + \left(\frac{\partial \bar{\mathbf{p}}}{\partial t}\right)_{\mathbf{q},\mathbf{p}}
\end{aligned} \tag{7.100}
$$

Die Ableitungen $\frac{\partial H}{\partial \mathbf{q}}$ und $\frac{\partial H}{\partial \mathbf{p}}$ können mit Hilfe der dritten Gleichung in (7.95) auch als Ableitungen der neuen Hamilton-Funktion $\bar{H}$ geschrieben werden:

$$
\begin{aligned}
\frac{\partial H}{\partial \mathbf{q}} &= \left(\frac{\partial \bar{\mathbf{q}}}{\partial \mathbf{q}}\right)^{\mathrm{T}} \frac{\partial \bar{H}}{\partial \bar{\mathbf{q}}} + \left(\frac{\partial \bar{\mathbf{p}}}{\partial \mathbf{q}}\right)^{\mathrm{T}} \frac{\partial \bar{H}}{\partial \bar{\mathbf{p}}} - \left(\frac{\partial \bar{\mathbf{q}}}{\partial \mathbf{q}}\right)^{\mathrm{T}} \frac{\partial^2 F_1}{\partial t \partial \bar{\mathbf{q}}} - \frac{\partial^2 F_1}{\partial t \partial \mathbf{q}} \\
\frac{\partial H}{\partial \mathbf{p}} &= \left(\frac{\partial \bar{\mathbf{q}}}{\partial \mathbf{p}}\right)^{\mathrm{T}} \frac{\partial \bar{H}}{\partial \bar{\mathbf{q}}} + \left(\frac{\partial \bar{\mathbf{p}}}{\partial \mathbf{p}}\right)^{\mathrm{T}} \frac{\partial \bar{H}}{\partial \bar{\mathbf{p}}} - \left(\frac{\partial \bar{\mathbf{q}}}{\partial \mathbf{p}}\right)^{\mathrm{T}} \frac{\partial^2 F_1}{\partial t \partial \bar{\mathbf{q}}}
\end{aligned} \tag{7.101}
$$

Schreiben wir nun wiederum kurz $\{\bar{\mathbf{q}}, \bar{\mathbf{p}}\}_{\mathbf{q},\mathbf{p}}$ für die Matrix mit Matrixelementen $\{\bar{q}_k, \bar{p}_l\}_{\mathbf{q},\mathbf{p}}$, so ergibt sich durch Einsetzen von (7.101) in (7.100):

$$
\dot{\bar{\mathbf{q}}} = \{\bar{\mathbf{q}}, \bar{\mathbf{q}}\}_{\mathbf{q},\mathbf{p}} \left(\frac{\partial \bar{H}}{\partial \bar{\mathbf{q}}} - \frac{\partial^2 F_1}{\partial t \partial \bar{\mathbf{q}}}\right) + \{\bar{\mathbf{q}}, \bar{\mathbf{p}}\}_{\mathbf{q},\mathbf{p}} \frac{\partial \bar{H}}{\partial \bar{\mathbf{p}}} + \left[\frac{\partial \bar{\mathbf{q}}}{\partial \mathbf{p}} \frac{\partial^2 F_1}{\partial t \partial \mathbf{q}} + \left(\frac{\partial \bar{\mathbf{q}}}{\partial t}\right)_{\mathbf{q},\mathbf{p}}\right] \tag{7.102}
$$

und

$$
\dot{\bar{\mathbf{p}}} = -\{\bar{\mathbf{q}}, \bar{\mathbf{p}}\}_{\mathbf{q},\mathbf{p}} \left(\frac{\partial \bar{H}}{\partial \bar{\mathbf{q}}} - \frac{\partial^2 F_1}{\partial t \partial \bar{\mathbf{q}}}\right) - \{\bar{\mathbf{p}}, \bar{\mathbf{p}}\}_{\mathbf{q},\mathbf{p}} \frac{\partial \bar{H}}{\partial \bar{\mathbf{p}}} + \left[\frac{\partial \bar{\mathbf{p}}}{\partial \mathbf{p}} \frac{\partial^2 F_1}{\partial t \partial \mathbf{q}} + \left(\frac{\partial \bar{\mathbf{p}}}{\partial t}\right)_{\mathbf{q},\mathbf{p}}\right] \tag{7.103}
$$

Der letzte Term auf der rechten Seite von (7.102) ergibt null aufgrund der zweiten Rechenregel in (7.97) mit $(\mathbf{X}, \mathbf{Y}, T) = (\mathbf{p}, \bar{\mathbf{q}}, t)$ und der inerten Variablen $\mathbf{q}$:

$$
\left(\frac{\partial \bar{\mathbf{q}}}{\partial \mathbf{p}}\right)_{t,\mathbf{q}} \left(\frac{\partial \mathbf{p}}{\partial t}\right)_{\bar{\mathbf{q}},\mathbf{q}} + \left(\frac{\partial \bar{\mathbf{q}}}{\partial t}\right)_{\mathbf{p},\mathbf{q}} = 0
$$

Der letzte Term auf der rechten Seite von (7.103) lässt sich mit Hilfe der Rechenregel (7.99) berechnen, indem man dort $(\mathbf{X}, \mathbf{Y}, \mathbf{Z}, T)$ durch $(\mathbf{p}, \bar{\mathbf{q}}, \bar{\mathbf{p}}, t)$ ersetzt und $\mathbf{q}$ als inerte Variable berücksichtigt; für diesen Term erhält man:

$$
\left(\frac{\partial \bar{\mathbf{p}}}{\partial \mathbf{p}}\right)_{t,\mathbf{q}} \left(\frac{\partial \mathbf{p}}{\partial t}\right)_{\bar{\mathbf{q}},\mathbf{q}} + \left(\frac{\partial \bar{\mathbf{p}}}{\partial t}\right)_{\mathbf{p},\mathbf{q}} = \left(\frac{\partial \bar{\mathbf{p}}}{\partial t}\right)_{\bar{\mathbf{q}},\mathbf{q}}
$$

Wenn man diese Ergebnisse und die Invarianz (7.93) der fundamentalen Poisson-Klammern verwendet, reduzieren sich (7.102) und (7.103) auf die Gleichungen:

$$
\dot{\bar{\mathbf{q}}} = \frac{\partial \bar{H}}{\partial \bar{\mathbf{p}}} \quad , \quad \dot{\bar{\mathbf{p}}} = -\left[\frac{\partial \bar{H}}{\partial \bar{\mathbf{q}}} + \left(\frac{\partial \bar{\mathbf{p}}}{\partial t}\right)_{\bar{\mathbf{q}},\mathbf{q}}\right] + \left(\frac{\partial \bar{\mathbf{p}}}{\partial t}\right)_{\bar{\mathbf{q}},\mathbf{q}} = -\frac{\partial \bar{H}}{\partial \bar{\mathbf{q}}}
$$

Hiermit ist gezeigt, dass die allgemein gültigen Bewegungsgleichungen für $\bar{\mathbf{q}}$ und $\bar{\mathbf{p}}$ in der $(\mathbf{q}, \mathbf{p})$-Basis im Falle einer Berührungstransformation (7.95) auf die kanonische Form (7.96) gebracht werden können.

# 7.12 Symplektische Struktur der Hamilton-Theorie

In diesem Abschnitt versuchen wir zu klären, was die Hamilton-Theorie „im Innersten zusammenhält". Von zentraler Bedeutung in der Hamilton-Formulierung ist das Verhalten der Theorie unter *Berührungstransformationen*. Um die Wirkung einer solchen Transformation möglichst klar zum Ausdruck zu bringen, formulieren wir die Hamilton-Theorie zuerst kompakt im *Phasenraum* („Γ-Raum"). In dieser kompakten Formulierung untersuchen wir dann speziell die Eigenschaften der *Jacobi-Matrix* einer Berührungstransformationen und stellen fest, dass Jacobi-Matrizen von Berührungstransformationen *symplektisch* sind und eine *symplektische Gruppe* bilden. Die Determinante der Jacobi-Matrix ist daher gleich *eins*. Dieses äußerst wichtige Resultat ist als das *Liouville'sche Theorem* bekannt.

### Der Phasenraum („Γ-Raum")

Es ist bemerkenswert, dass die Hamilton-Gleichungen $\dot{\mathbf{q}} = \frac{\partial H}{\partial \mathbf{p}}$ und $\dot{\mathbf{p}} = -\frac{\partial H}{\partial \mathbf{q}}$ bis auf ein Vorzeichen symmetrisch unter Vertauschung von „Koordinaten" und „Impulsen" sind. Dieses unterschiedliche Vorzeichen ist sehr wichtig, wie wir im Folgenden sehen werden, da es die Transformationseigenschaften der Hamilton-Theorie wesentlich mitbestimmt. Um die Struktur der Hamilton'schen Mechanik zu klären, ist es vorteilhaft, Koordinaten und Impulse mit Hilfe der Notation $(\mathbf{a}/\mathbf{b}/\cdots/\mathbf{c})$ aus Gleichung (3.8) in einer $2f$-dimensionalen Größe $\mathbf{\Gamma}$ zusammenzufassen:

$$\mathbf{\Gamma} = (\boldsymbol{\gamma}_1/\boldsymbol{\gamma}_2/\cdots/\boldsymbol{\gamma}_f) \quad , \quad \boldsymbol{\gamma}_k = \begin{pmatrix} \gamma_{k1} \\ \gamma_{k2} \end{pmatrix} \equiv \begin{pmatrix} q_k \\ p_k \end{pmatrix} .$$

Dementsprechend bezeichnen wir den Phasenraum aller $\mathbf{\Gamma}$-Punkte im Folgenden als Γ-Raum.[16] Führen wir noch die $(2f) \times (2f)$-Matrix $G$ ein:

$$G \equiv \begin{pmatrix} g_{11} & \cdots & g_{1f} \\ \vdots & & \vdots \\ g_{f1} & \cdots & g_{ff} \end{pmatrix} \quad , \quad g_{kl} = \begin{pmatrix} 0 & 1 \\ -1 & 0 \end{pmatrix} \delta_{kl} ,$$

so können die Hamilton-Gleichungen auch in der kompakten Form

$$\dot{\gamma}_k = \sum_l g_{kl} \frac{\partial H}{\partial \gamma_l} \quad \text{bzw.} \quad \boxed{\dot{\mathbf{\Gamma}} = G \frac{\partial H}{\partial \mathbf{\Gamma}}}$$

dargestellt werden.

### Kompakte Darstellung der Hamilton-Theorie

Auch viele andere Größen in der Hamilton-Theorie können bequem mit Hilfe dieser kompakten Notation formuliert werden. Zum Beispiel erhält man für die Poisson-Klammer zweier Observablen $A$ und $B$ den Ausdruck

$$\{A, B\}_{\mathbf{\Gamma}} = \left(\frac{\partial A}{\partial \mathbf{\Gamma}}\right)^{\mathrm{T}} G \frac{\partial B}{\partial \mathbf{\Gamma}} . \tag{7.104}$$

---

[16]Diese Nomenklatur ist besonders in der Statistischen Mechanik gebräuchlich.

Die Änderung (7.74) der Variablen im Phasenraum bei einer *infinitesimalen* Berührungstransformation ist als

$$\delta\mathbf{\Gamma} = \varepsilon G\,\frac{\partial f_2}{\partial\mathbf{\Gamma}}$$

darstellbar, und auch die *endliche* Berührungstransformation erhält eine kompakte Form: Mit Hilfe von

$$\mathcal{L}(\mathbf{q},\dot{\mathbf{q}},\mathbf{p},t) = \mathbf{p}\cdot\dot{\mathbf{q}} - H(\mathbf{q},\mathbf{p},t) = \tfrac{1}{2}\left(\dot{\mathbf{q}}\cdot\mathbf{p} - \dot{\mathbf{p}}\cdot\mathbf{q}\right) - H(\mathbf{\Gamma},t) + \tfrac{1}{2}\tfrac{d}{dt}\left(\mathbf{p}\cdot\mathbf{q}\right)$$
$$= \tfrac{1}{2}\dot{\mathbf{\Gamma}}^{\mathrm{T}}G\mathbf{\Gamma} - H(\mathbf{\Gamma},t) + \tfrac{1}{2}\tfrac{d}{dt}\left(\mathbf{p}\cdot\mathbf{q}\right)$$

lässt sich die Definition (7.62) der endlichen Berührungstransformation als

$$\tfrac{1}{2}\left(\dot{\mathbf{\Gamma}}^{\mathrm{T}}G\mathbf{\Gamma} - \dot{\bar{\mathbf{\Gamma}}}^{\mathrm{T}}G\bar{\mathbf{\Gamma}}\right) - \left[H(\mathbf{\Gamma},t) - \bar{H}(\bar{\mathbf{\Gamma}},t)\right] = \frac{d}{dt}\Phi(\mathbf{\Gamma},\bar{\mathbf{\Gamma}},t) \tag{7.105}$$

schreiben, wobei die Funktion $\Phi$ durch

$$\Phi(\mathbf{\Gamma},\bar{\mathbf{\Gamma}},t) \equiv F_1(\mathbf{q},\bar{\mathbf{q}},t) + \tfrac{1}{2}\left(\mathbf{p}\cdot\mathbf{q} - \bar{\mathbf{p}}\cdot\bar{\mathbf{q}}\right)$$

definiert wurde. Da $G$ antisymmetrisch ist, $G^{\mathrm{T}} = -G$, und die Differentiale $d\mathbf{\Gamma}$ und $d\bar{\mathbf{\Gamma}}$ durch eine Jacobi-Matrix $J$ miteinander verknüpft sind:

$$\boxed{d\bar{\mathbf{\Gamma}} = J\,d\mathbf{\Gamma} + \left(\frac{\partial\bar{\mathbf{\Gamma}}}{\partial t}\right)_{\mathbf{\Gamma}} dt \quad , \quad J \equiv \left(\frac{\partial\bar{\mathbf{\Gamma}}}{\partial\mathbf{\Gamma}}\right)_{t} \, ,}$$

kann Gleichung (7.105) auch in der Form

$$-\tfrac{1}{2}\left(\mathbf{\Gamma}^{\mathrm{T}}G - \bar{\mathbf{\Gamma}}^{\mathrm{T}}GJ\right)d\mathbf{\Gamma} - \left[H(\mathbf{\Gamma},t) - \bar{H}(\bar{\mathbf{\Gamma}},t) - \tfrac{1}{2}\bar{\mathbf{\Gamma}}^{\mathrm{T}}G\frac{\partial\bar{\mathbf{\Gamma}}}{\partial t}\right]dt = d\Phi \tag{7.106}$$

dargestellt werden.

### Die Jacobi-Matrix ist symplektisch!

Wir lernen nun eine sehr fundamentale Eigenschaft der Hamilton-Theorie kennen, nämlich dass die mit einer Berührungstransformation einhergehende Jacobi-Matrix eine *symplektische* Form hat. Dies sieht man wie folgt ein: Es ist aufgrund ihrer Definition als Matrix der zweiten Ableitungen klar, dass

$$-2\frac{\partial^2\Phi}{\partial\mathbf{\Gamma}^2} = \frac{\partial}{\partial\mathbf{\Gamma}}\left(\mathbf{\Gamma}^{\mathrm{T}}G - \bar{\mathbf{\Gamma}}^{\mathrm{T}}GJ\right) = G - \left(\frac{\partial\bar{\mathbf{\Gamma}}}{\partial\mathbf{\Gamma}}\right)^{\mathrm{T}}GJ - \sum_{\alpha,\beta}\bar{\Gamma}_\alpha G_{\alpha\beta}\frac{\partial^2\bar{\Gamma}_\beta}{\partial\mathbf{\Gamma}^2}$$

*symmetrisch* sein muss. Da jede Matrix $\frac{\partial^2\bar{\Gamma}_\beta}{\partial\mathbf{\Gamma}^2}$ symmetrisch ist, muss also

$$G - J^{\mathrm{T}}GJ \stackrel{!}{=} \left(G - J^{\mathrm{T}}GJ\right)^{\mathrm{T}} = G^{\mathrm{T}} - J^{\mathrm{T}}G^{\mathrm{T}}J = -\left(G - J^{\mathrm{T}}GJ\right)$$

gelten, was wiederum $G - J^{\mathrm{T}}GJ = \mathbb{O}_{2f}$ bzw.

$$\boxed{J^{\mathrm{T}}GJ = G} \tag{7.107}$$

impliziert. Matrizen $J$, die die Bedingung (7.107) erfüllen, heißen *symplektisch*. Hieraus folgt direkt, dass *Berührungstransformationen* durch *reellwertige symplektische Jacobi-Matrizen* beschrieben werden. Man überprüft leicht, dass die weitere Konsistenzbedingung $\frac{\partial^2 \Phi}{\partial \Gamma_\alpha \partial t} = \frac{\partial^2 \Phi}{\partial t \partial \Gamma_\alpha}$ in (7.106) automatisch erfüllt ist und somit nicht zu zusätzlichen Einschränkungen für die Jacobi-Matrix $J$ führt.

### Die *Gruppen*eigenschaft symplektischer Matrizen

Die reellwertigen symplektischen Matrizen bilden eine *Gruppe*, die als die *symplektische Gruppe* $Sp(2f)$ bezeichnet wird. Diese Gruppeneigenschaft sieht man wie folgt ein: Offensichtlich ist die Identität symplektisch, $\mathbb{1}_{2f} \in Sp(2f)$, und gehört auch das Produkt zweier symplektischer Matrizen $J_1$ und $J_2$ zur Gruppe:

$$(J_1 J_2)^{\mathrm{T}} G (J_1 J_2) = J_2^{\mathrm{T}} \left( J_1^{\mathrm{T}} G J_1 \right) J_2 = J_2^{\mathrm{T}} G J_2 = G \ .$$

Außerdem impliziert Gleichung (7.107) wegen der Eigenschaft $G^2 = -\mathbb{1}_{2f}$ für die Inversen von $J$ und $J^{\mathrm{T}}$:

$$J^{-1} = -G J^{\mathrm{T}} G \quad , \quad \left( J^{\mathrm{T}} \right)^{-1} = -G J G \ ,$$

sodass auch die Inverse einer symplektischen Matrix in $Sp(2f)$ enthalten ist:

$$\left( J^{-1} \right)^{\mathrm{T}} G J^{-1} = \left( -G J G \right) G J^{-1} = G J J^{-1} = G \ .$$

Schließlich ist die Multiplikation symplektischer Matrizen assoziativ, da die Matrixmultiplikation im Allgemeinen assoziativ ist.

Die Definition (7.107) für symplektische Matrizen impliziert bereits die Bedingung $[\det(J)]^2 = 1$, d. h. $\det(J) = \pm 1$. Darüber hinaus kann man zeigen, dass für *symplektische* Matrizen $\det(J) = +1$ gelten muss.[17] Dies ist auch im Einklang mit unseren bisherigen Ergebnissen für *Berührungstransformationen*: Wir wissen bereits aus Abschnitt [7.9.4], dass jede Berührungstransformation stetig mit der Identität verbunden werden kann, sodass für ihre Determinante nur

$$\boxed{\det(J) = +1}$$

gelten kann. Dieses Resultat, das als das *Liouville'sche Theorem* bekannt ist, gilt insbesondere für die *Zeitentwicklung* eines Systems, die ja auch als Berührungstransformation darstellbar ist (siehe [7.9.5]), und hat in dieser Form wichtige Anwendungen in der Statistischen Physik.

### Anmerkungen

Die Jacobi-Matrix einer Berührungstransformation kann sehr einfach mit Hilfe der in Abschnitt [7.9] eingeführten erzeugenden Funktionen $F_1, F_2, F_3$ und $F_4$ dargestellt werden, denn es gilt:

$$J = \frac{\partial \overline{\boldsymbol{\Gamma}}}{\partial \boldsymbol{\Gamma}} = \begin{pmatrix} j_{11} & \cdots & j_{1N} \\ \vdots & & \vdots \\ j_{N1} & \cdots & j_{NN} \end{pmatrix} \ , \ j_{kl} \equiv \begin{pmatrix} \frac{\partial \bar{q}_k}{\partial q_l} & \frac{\partial \bar{q}_k}{\partial p_l} \\ \frac{\partial \bar{p}_k}{\partial q_l} & \frac{\partial \bar{p}_k}{\partial p_l} \end{pmatrix} = \begin{pmatrix} \frac{\partial^2 F_2}{\partial \bar{p}_k \partial q_l} & \frac{\partial^2 F_4}{\partial \bar{p}_k \partial p_l} \\ -\frac{\partial^2 F_1}{\partial \bar{q}_k \partial q_l} & -\frac{\partial^2 F_3}{\partial \bar{q}_k \partial p_l} \end{pmatrix} ,$$

---

[17]Siehe Ref. [29] für einen elementaren Beweis.

oder äquivalent:

$$
\left(J^{\mathrm{T}} G\right)_{kl} = \begin{pmatrix} \frac{\partial^2 F_1}{\partial q_k \partial \bar{q}_l} & \frac{\partial^2 F_2}{\partial q_k \partial \bar{p}_l} \\[2mm] \frac{\partial^2 F_3}{\partial p_k \partial \bar{q}_l} & \frac{\partial^2 F_4}{\partial p_k \partial \bar{p}_l} \end{pmatrix} .
$$

Insofern folgt die Jacobi-Matrix auch direkt aus den erzeugenden Funktionen.

Bemerkenswert ist außerdem, dass die Bestimmungsgleichung $J^{\mathrm{T}} G J = G$ für *symplektische Matrizen* in (7.107) eine ähnliche Struktur hat wie die Bestimmungsgleichung $\Lambda^{\mathrm{T}} g \Lambda = g$ für *Lorentz-Transformationen*, die wir in Kapitel [5] kennengelernt haben. Dieser Analogie folgend könnte man zum Beispiel die Poisson-Klammer (7.104) als Skalarprodukt zweier Gradienten im $\Gamma$-Raum interpretieren.

## 7.13   Nicht-holonome Systeme   *

In diesem Kapitel wurden bisher nur physikalische Systeme mit *holonomen* Zwangsbedingungen untersucht, für die die Zwangskräfte vollständig aus dem Formalismus eliminiert werden konnten. Im Hinblick auf praktische Anwendungen sind jedoch auch nicht-holonome Zwangsbedingungen sehr wichtig. In diesem Abschnitt untersuchen wir, ob bzw. inwiefern der Hamilton-Formalismus auch auf *nicht-holonome* Systeme erweitert werden kann. Es wird sich hierbei herausstellen, dass die Formulierung der Hamilton'schen Mechanik im $\Gamma$-Raum auch für nicht-holonome Systeme sehr hilfreich ist. Im Folgenden beschränken wir uns wie üblich auf nicht-holonome Zwangsbedingungen der Form (6.111) mit nicht-exaktem Differential $d\Phi$.

### Herleitung der Hamilton-Gleichungen für nicht-holonome Systeme

Systeme mit $z$ nicht-holonomen Zwangsbedingungen der Form $d\Phi_m = 0$ (mit $m = 1, 2, \cdots, z$) können durch den Satz $f + 2z$ unabhängiger Gleichungen (6.114) für die $f + 2z$ Unbekannten $\{q_k\}, \{\lambda_m\}$ beschrieben werden:

$$
\left[\frac{d}{dt}\left(\frac{\partial L}{\partial \dot{\mathbf{q}}}\right) - \frac{\partial L}{\partial \mathbf{q}}\right]_\phi = \sum_{m=1}^{z} \lambda_m(t)\boldsymbol{\varphi}_m(\mathbf{q}_\phi, t)
$$

$$
\frac{d\Phi_m}{dt} = \boldsymbol{\varphi}_m(\mathbf{q}_\phi, t) \cdot \dot{\mathbf{q}}_\phi + \varphi_{m0}(\mathbf{q}_\phi, t) = 0 \quad (m = 1, 2, \cdots, z) .
$$

Mit Hilfe der Methoden von Abschnitt [7.2] erhält man die Hamilton'sche Variante dieser Lagrange-Gleichungen:

$$
\left(\dot{\mathbf{p}} + \frac{\partial H}{\partial \mathbf{q}}\right)_\phi = \sum_{m=1}^{z} \lambda_m(t)\boldsymbol{\varphi}_m(\mathbf{q}_\phi, t) \quad , \quad \left(\dot{\mathbf{q}} - \frac{\partial H}{\partial \mathbf{p}}\right)_\phi = \mathbf{0}
$$

$$
\boldsymbol{\varphi}_m(\mathbf{q}_\phi, t) \cdot \dot{\mathbf{q}}_\phi + \varphi_{m0}(\mathbf{q}_\phi, t) = 0 ,
$$

wobei die Hamilton-Funktion $H(\mathbf{q}, \mathbf{p}, t)$ wie üblich die Legendre-Transformierte von $L(\mathbf{q}, \dot{\mathbf{q}}, t)$ bezüglich der Geschwindigkeiten $\dot{\mathbf{q}}$ darstellt. Führen wir nun, wie im vorigen Abschnitt, den $2f$-dimensionalen Vektor $\boldsymbol{\Gamma}$ und außerdem die Größen

$$
\boldsymbol{\psi}_m(\boldsymbol{\Gamma}, t) \equiv (0, \varphi_{m1}, 0, \varphi_{m2}, \cdots, 0, \varphi_{m,f+z})^{\mathrm{T}} \quad , \quad \psi_{m0}(\boldsymbol{\Gamma}, t) \equiv \varphi_{m0}(\mathbf{q}, t)
$$

ein, so können wir die Hamilton-Gleichungen für nicht-holonome Systeme auch als

$$
\dot{\boldsymbol{\Gamma}} - G\frac{\partial H}{\partial \boldsymbol{\Gamma}} = \sum_{m=1}^{z} \lambda_m(t)\boldsymbol{\psi}_m(\boldsymbol{\Gamma}, t) \quad , \quad 0 = -\boldsymbol{\psi}_m^{\mathrm{T}} G\dot{\boldsymbol{\Gamma}} + \psi_{m0} \tag{7.108}
$$

zusammenfassen.

### Forminvarianz der Hamilton-Gleichungen?

Wir zeigen nun, dass die Hamilton-Gleichungen (7.108) forminvariant sind unter Berührungstransformationen, vorausgesetzt, dass die Größen $\boldsymbol{\psi}_m$ und $\psi_{m0}$ entsprechend mittransformiert werden. Zunächst weisen wir darauf hin, dass die Vektoren $\dot{\boldsymbol{\Gamma}} - G\frac{\partial H}{\partial \boldsymbol{\Gamma}}$ vor und nach der Berührungstransformation in einfacher Weise miteinander verknüpft sind:

$$
\dot{\bar{\boldsymbol{\Gamma}}} - G\frac{\partial \bar{H}}{\partial \bar{\boldsymbol{\Gamma}}} = J\left(\dot{\boldsymbol{\Gamma}} - G\frac{\partial H}{\partial \boldsymbol{\Gamma}}\right) . \tag{7.109}
$$

Dies folgt sofort aus den Ergebnissen von Abschnitt [7.11.3] :

$$
\begin{aligned}
\dot{\bar{\mathbf{q}}} &= \frac{\partial \bar{\mathbf{q}}}{\partial \mathbf{q}}\,\dot{\mathbf{q}} + \frac{\partial \bar{\mathbf{q}}}{\partial \mathbf{p}}\,\dot{\mathbf{p}} + \frac{\partial \bar{\mathbf{q}}}{\partial t} \\
&= \frac{\partial \bar{\mathbf{q}}}{\partial \mathbf{q}}\left(\dot{\mathbf{q}} - \frac{\partial H}{\partial \mathbf{p}}\right) + \frac{\partial \bar{\mathbf{q}}}{\partial \mathbf{p}}\left(\dot{\mathbf{p}} + \frac{\partial H}{\partial \mathbf{q}}\right) + \{\bar{\mathbf{q}}, H\}_{\mathbf{q,p}} + \left(\frac{\partial \bar{\mathbf{q}}}{\partial t}\right)_{\mathbf{q,p}} \\
&= \frac{\partial \bar{\mathbf{q}}}{\partial \mathbf{q}}\left(\dot{\mathbf{q}} - \frac{\partial H}{\partial \mathbf{p}}\right) + \frac{\partial \bar{\mathbf{q}}}{\partial \mathbf{p}}\left(\dot{\mathbf{p}} + \frac{\partial H}{\partial \mathbf{q}}\right) + \frac{\partial \bar{H}}{\partial \bar{\mathbf{p}}}
\end{aligned}
$$

und analog:

$$
\dot{\bar{\mathbf{p}}} = \frac{\partial \bar{\mathbf{p}}}{\partial \mathbf{q}}\left(\dot{\mathbf{q}} - \frac{\partial H}{\partial \mathbf{p}}\right) + \frac{\partial \bar{\mathbf{p}}}{\partial \mathbf{p}}\left(\dot{\mathbf{p}} + \frac{\partial H}{\partial \mathbf{q}}\right) - \frac{\partial \bar{H}}{\partial \bar{\mathbf{q}}} .
$$

Diese Bewegungsgleichungen können nämlich kompakt auch als

$$
\begin{pmatrix} \dot{\bar{\mathbf{q}}} - \frac{\partial \bar{H}}{\partial \bar{\mathbf{p}}} \\ \dot{\bar{\mathbf{p}}} + \frac{\partial \bar{H}}{\partial \bar{\mathbf{q}}} \end{pmatrix} = \begin{pmatrix} \partial \bar{\mathbf{q}}/\partial \mathbf{q} & \partial \bar{\mathbf{q}}/\partial \mathbf{p} \\ \partial \bar{\mathbf{p}}/\partial \mathbf{q} & \partial \bar{\mathbf{p}}/\partial \mathbf{p} \end{pmatrix} \begin{pmatrix} \dot{\mathbf{q}} - \frac{\partial H}{\partial \mathbf{p}} \\ \dot{\mathbf{p}} + \frac{\partial H}{\partial \mathbf{q}} \end{pmatrix}
$$

oder als

$$
\dot{\bar{\gamma}}_k - g_{kk}\frac{\partial \bar{H}}{\partial \bar{\gamma}_k} = \sum_{l=1}^{f} j_{kl}\left(\dot{\gamma}_l - g_{ll}\frac{\partial H}{\partial \gamma_l}\right)
$$

geschrieben werden und daher – noch kompakter – alternativ auch in der Form (7.109). Die Beziehung (7.109) impliziert aufgrund von (7.108):

$$
\dot{\bar{\boldsymbol{\Gamma}}} - G\frac{\partial \bar{H}}{\partial \bar{\boldsymbol{\Gamma}}} = \sum_{m=1}^{z} \lambda_m(t)\bar{\boldsymbol{\psi}}_m(\bar{\boldsymbol{\Gamma}}, t) \quad , \quad \bar{\boldsymbol{\psi}}_m(\bar{\boldsymbol{\Gamma}}, t) \equiv J\boldsymbol{\psi}_m(\boldsymbol{\Gamma}, t) .
$$

Hiermit ist das Verhalten des Vektors $\boldsymbol{\psi}_m$ unter Berührungstransformationen bereits bekannt. Das Transformationsverhalten von $\psi_{m0}$ folgt aus der Form der nichtholonomen Zwangsbedingung in (7.108) in Kombination mit den beiden Beziehungen $\boldsymbol{\psi}_m = J^{-1}\bar{\boldsymbol{\psi}}_m$ und $(J^{-1})^{\mathrm{T}} = -GJG$:

$$0 = -\boldsymbol{\psi}_m^{\mathrm{T}} G\dot{\boldsymbol{\Gamma}} + \psi_{m0} = -(J^{-1}\bar{\boldsymbol{\psi}}_m)^{\mathrm{T}} G\dot{\boldsymbol{\Gamma}} + \psi_{m0} = \bar{\boldsymbol{\psi}}_m^{\mathrm{T}} GJG^2\dot{\boldsymbol{\Gamma}} + \psi_{m0}$$

$$= -\bar{\boldsymbol{\psi}}_m^{\mathrm{T}} GJ\dot{\boldsymbol{\Gamma}} + \psi_{m0} = -\bar{\boldsymbol{\psi}}_m^{\mathrm{T}} G\left[\dot{\bar{\boldsymbol{\Gamma}}} - \left(\frac{\partial\bar{\boldsymbol{\Gamma}}}{\partial t}\right)_{\boldsymbol{\Gamma}}\right] + \psi_{m0} \equiv -\bar{\boldsymbol{\psi}}_m^{\mathrm{T}} G\dot{\bar{\boldsymbol{\Gamma}}} + \bar{\psi}_{m0} \,,$$

sodass unter Berührungstransformationen offenbar

$$\boxed{\bar{\psi}_{m0}(\bar{\boldsymbol{\Gamma}}, t) = \psi_{m0}(\boldsymbol{\Gamma}, t) + \bar{\boldsymbol{\psi}}_m^{\mathrm{T}} G\left(\frac{\partial\bar{\boldsymbol{\Gamma}}}{\partial t}\right)_{\boldsymbol{\Gamma}}}$$

gelten muss, damit die Hamilton'schen Bewegungsgleichungen (7.108) forminvariant sind.

### Spezialfall: *holonome* Zwangsbedingungen

Die bisherigen Ergebnisse sind allgemein gültig für Zwangsbedingungen der Form (6.33) und daher insbesondere auch für den Spezialfall *holonomer* Zwangsbedingungen mit *exakten* Differentialen $d\Phi_m$ ($m = 1, 2, \cdots, z$). Wir fassen die Ergebnisse für diesen Spezialfall kurz zusammen. Die Lagrange-Gleichungen der ersten Art sind für ein System mit $z$ explizit zu untersuchenden holonomen Zwangsbedingungen durch (6.72a) und (6.72b) gegeben:

$$\left[\frac{d}{dt}\left(\frac{\partial L}{\partial\dot{\mathbf{q}}}\right) - \frac{\partial L}{\partial\mathbf{q}}\right]_\phi = \sum_{m=1}^{z} \lambda_m(t)\frac{\partial f_m}{\partial\mathbf{q}}(\mathbf{q}_\phi, t) \quad , \quad f_m(\mathbf{q}_\phi, t) = 0 \,.$$

Definieren wir nun:

$$\varphi_m(\boldsymbol{\Gamma}, t) \equiv f_m(\mathbf{q}, t) \,,$$

so lautet die Hamilton-Variante der Lagrange-Gleichungen der ersten Art:

$$\dot{\boldsymbol{\Gamma}} - G\frac{\partial H}{\partial\boldsymbol{\Gamma}} = -\sum_{m=1}^{z} \lambda_m(t)\, G\frac{\partial\varphi_m}{\partial\boldsymbol{\Gamma}} \quad , \quad \varphi_m(\boldsymbol{\Gamma}, t) = 0 \quad (m = 1, 2, \cdots, z) \,.$$

Definieren wir:

$$\bar{\varphi}_m(\bar{\boldsymbol{\Gamma}}, t) \equiv \varphi_m\left(\boldsymbol{\Gamma}(\bar{\boldsymbol{\Gamma}}, t), t\right) \,,$$

so gilt nach einer Berührungstransformation:

$$\boxed{\dot{\bar{\boldsymbol{\Gamma}}} - G\frac{\partial\bar{H}}{\partial\bar{\boldsymbol{\Gamma}}} = -\sum_{m=1}^{z} \lambda_m(t)\, G\frac{\partial\bar{\varphi}_m}{\partial\bar{\boldsymbol{\Gamma}}} \quad , \quad \bar{\varphi}_m(\bar{\boldsymbol{\Gamma}}, t) = 0 \quad (m = 1, 2, \cdots, z) \,.}$$

Hiermit ist gezeigt, dass auch die Bewegungsgleichungen für *holonome* Systeme forminvariant unter Berührungstransformationen sind, und das Transformationsverhalten der holonomen Zwangsbedingungen wurde explizit bestimmt.

# 7.14   Übungsaufgaben

### Aufgabe 7.1 Legendre-Transformation

Bestimmen Sie die Legendre-Transformierten $G(v)$ der nachfolgenden Funktionen $F(u)$; skizzieren Sie jeweils $F(u)$ und $G(v)$; geben Sie stets an, auf welchem Intervall der reellen Achse $G(v)$ definiert ist:

1. $F(u) = e^u$   ,   $u \in \mathbb{R}$ .

2. $F(u) = \cosh(u)$   ,   $u \in \mathbb{R}$ .

3. $F(u) = |u| + \frac{1}{2}u^2$   ,   $u \in \mathbb{R}$ .

4. $F(u) = -\ln(1 - u^2)$   ,   $-1 < u < 1$ .

Führen Sie in den Fällen 1-3 auch die Rücktransformation durch und berechnen Sie im Fall 4 das asymptotische Verhalten von $G(v)$ für $v \to 0$. **Hinweis:** Beachten Sie Fußnote 2 auf Seite 360!

Falls allgemein $G(v)$ die Legendre-Transformierte einer Funktion $F(u)$ ist, was sind dann die Legendre-Transformierten $G_\lambda(v)$, $G_\mu(v)$ und $G_a(v)$ der Funktionen $F_\lambda(u) \equiv \lambda F(u)$, $F_\mu(u) \equiv F(u) + \mu u$ und $F_a(u) \equiv F(u) + a$?

### Aufgabe 7.2 Der Drehimpuls

Betrachten Sie ein Teilchen der Masse $m$ mit den kartesischen Koordinaten $\mathbf{x} = (x_1, x_2, x_3)^{\mathrm{T}}$ relativ zu einem Inertialsystem. Das Teilchen befindet sich in einem sphärisch symmetrischen Potential $V(x)$, wobei $x \equiv |\mathbf{x}|$ definiert wird. Es wird nun eine Transformation auf sphärische Koordinaten $(x, \vartheta, \varphi)$ durchgeführt.

**(a)** Geben Sie die Lagrange-Funktion $L(x, \vartheta, \varphi, \dot{x}, \dot{\vartheta}, \dot{\varphi})$ des Teilchens und die entsprechenden verallgemeinerten Impulse an.

**(b)** Geben Sie die Hamilton-Funktion $H$ des Teilchens als Funktion von $(x, \vartheta, \varphi)$ und den zu $(x, \vartheta, \varphi)$ konjugierten Impulsen $(p_x, p_\vartheta, p_\varphi)$ an.

Aus der Newton'schen Mechanik wissen wir bereits, dass der Drehimpuls $\mathbf{L}$ des Teilchens und daher auch $\mathbf{L}^2$ erhalten sind und deshalb eine zentrale Rolle bei der Beschreibung der Dynamik des Teilchens spielen.

**(c)** Bestimmen Sie $\mathbf{L}$ und $\mathbf{L}^2$ als Funktionen von $(x, \vartheta, \varphi)$ und $(p_x, p_\vartheta, p_\varphi)$.

**(d)** Bestimmen Sie $H$ als Funktion der Variablen $x, p_x$ und $\mathbf{L}^2$.

### Aufgabe 7.3 Energieerhaltung?

Aus Abschnitt [7.3] [siehe insbesondere Gleichung (7.21)] wissen wir, dass das Jacobi-Integral und die Hamilton-Funktion erhalten sind und die Energie des Systems darstellen, falls $\frac{\partial L}{\partial t} = -\frac{\partial H}{\partial t} = 0$ gilt und die eventuellen Zwangsbedingungen nicht explizit von der Zeitvariablen abhängen.

Zur Illustration betrachten wir einen Massenpunkt (Masse $m$), der reibungslos entlang des Kreisrandes $\{\mathbf{x}| \ |\mathbf{X}(t) - \mathbf{x}| = l\}$ gleiten kann, wobei $\mathbf{X}(t)$ und $l$ den Mittelpunkt und den Radius des Kreises darstellen. Der Kreis soll sich in der $\hat{\mathbf{e}}_1$-$\hat{\mathbf{e}}_2$-Ebene bewegen, sodass $\mathbf{X} = X_1\hat{\mathbf{e}}_1 + X_2\hat{\mathbf{e}}_2$ und $\mathbf{x} = x_1\hat{\mathbf{e}}_1 + x_2\hat{\mathbf{e}}_2$ gilt; die Bewegung $\mathbf{X}(t)$ wird vorgegeben. Man kann die Bewegung des Massenpunkts also mit Hilfe einer einzelnen verallgemeinerten Koordinate $\varphi$ beschreiben: $\mathbf{x}(\varphi, t) = \mathbf{X}(t) + l[\cos(\varphi)\hat{\mathbf{e}}_1 + \sin(\varphi)\hat{\mathbf{e}}_2]$.

(a) Geben Sie einen expliziten Ausdruck für die Energie $E$ des Massenpunkts an.

(b) Wählen Sie nun $L(\varphi, \dot{\varphi}, t) = \frac{1}{2}m\dot{\mathbf{x}}^2$ mit $\dot{\mathbf{x}} \equiv \frac{d}{dt}\mathbf{x}(\varphi, t)$, und leiten Sie aus dieser Lagrange-Funktion Ausdrücke für den verallgemeinerten Impuls und die Hamilton-Funktion ab.

(c) Wie muss man $\mathbf{X}(t)$ wählen, damit die Hamilton-Funktion für alle möglichen physikalischen Bahnen erhalten ist? Ist dann auch die Energie erhalten? Falls nein: Erklären Sie dies. Falls ja: Hätten Sie dies auch aufgrund allgemeiner Überlegungen vorhersehen können?

## Aufgabe 7.4 Eichinvarianz

Betrachten Sie ein System von $N$ geladenen Teilchen [mit den Massen $m_i$, den Ladungen $\hat{q}_i$ und den kartesischen Koordinaten $\mathbf{x}_i$ relativ zu einem Inertialsystem $(i = 1, 2, \cdots, N)$] unter der Einwirkung elektromagnetischer Kräfte, die durch ein skalares Potential $\Phi(\mathbf{x}, t)$ und ein Vektorpotential $\mathbf{A}(\mathbf{x}, t)$ beschrieben werden. Geben Sie die Lagrange-Funktion $L$ für dieses System an und leiten Sie aus $L$ die Hamilton-Funktion $H$ ab, indem Sie die entsprechende Legendre-Transformation explizit durchführen. Zeigen Sie, dass die Hamilton-Funktion $H$ und die kanonisch zu $\{\mathbf{x}_i\}$ konjugierten Impulse $\{\mathbf{p}_i\}$ nicht eichinvariant sind. Geben Sie Ausdrücke für den kinetischen Impuls und die kinetische Energie in der Hamilton-Theorie an und zeigen Sie, dass diese invariant sind unter beliebigen Eichtransformationen.

## Aufgabe 7.5 Impulserhaltung

Betrachten Sie ein $N$-Teilchen-System, dessen Dynamik im Phasenraum $\{(\mathbf{q}, \mathbf{p})\}$ durch die Hamilton-Funktion $H(\mathbf{q}, \mathbf{p}, t)$ mit $\mathbf{q} = (q_1, \cdots, q_f)^{\mathrm{T}}$ und $\mathbf{p} = (p_1, \cdots, p_f)^{\mathrm{T}}$ beschrieben wird, wobei $H(\mathbf{q}, \mathbf{p}, t)$ invariant ist unter Translationen der Form $q_k \to q_k + a$ für $a \in \mathbb{R}$ und alle $k = 1, 2, \cdots, f$. Zeigen Sie mit Hilfe von Poisson-Klammern, dass die Observable $A = \sum_k p_k$ erhalten ist.

## Aufgabe 7.6 Hamilton-Jacobi-Gleichung für die erzeugende Funktion

Aus Abschnitt [7.9.3] ist bekannt, dass Berührungstransformationen alternativ auch mit Hilfe der erzeugenden Funktion $F_2(\mathbf{q}, \bar{\mathbf{p}}, t)$ definiert werden können und dass die „alten" und „neuen" Koordinaten, Impulse und Hamilton-Funktionen in diesem Fall durch $\frac{\partial F_2}{\partial \mathbf{q}} = \mathbf{p}$, $\frac{\partial F_2}{\partial \bar{\mathbf{p}}} = \bar{\mathbf{q}}_{\mathrm{m}}(\mathbf{q}, \bar{\mathbf{p}}, t) = \bar{\mathbf{q}}$ und $\frac{\partial F_2}{\partial t} = \bar{H} - H$ miteinander verknüpft sind [siehe Gleichung (7.72)]. Um die Dynamik der „neuen" Koordinaten und Impulse $\bar{\mathbf{q}}(t)$ bzw. $\bar{\mathbf{p}}(t)$ möglichst stark zu vereinfachen, fordern wir: $\bar{H} = 0$. Zeigen Sie, dass hieraus für die erzeugende Funktion $F_2$ folgt:

$$\bar{\mathbf{p}}(t) = \text{konstant} \quad , \quad \frac{\partial F_2}{\partial t}(\mathbf{q}, \bar{\mathbf{p}}, t) = -H\left(\mathbf{q}, \frac{\partial F_2}{\partial \mathbf{q}}(\mathbf{q}, \bar{\mathbf{p}}, t), t\right) ,$$

d. h., dass $F_2(\mathbf{q}, \bar{\mathbf{p}}, t)$ dann für alle festgehaltenen Werte von $\bar{\mathbf{p}}$ als Funktion von $(\mathbf{q}, t)$ die *Hamilton-Jacobi-Gleichung* (7.47) erfüllen muss.

## Aufgabe 7.7 Hamilton-Jacobi-Theorie für konservative Kräfte

Wir betrachten ein System mit *konservativen Kräften* und einer kinetischen Energie, die nicht explizit zeitabhängig ist. Die allgemeine Form der entsprechenden Hamilton-Funktion folgt aus (7.27) als $H(\mathbf{q}, \mathbf{p}) = \frac{1}{2}\mathbf{p}^{\mathrm{T}} M(\mathbf{q})^{-1}\mathbf{p} + V(\mathbf{q})$. Wir wenden wieder eine Berührungstransformation wie in Aufgabe 7.6 an, nun aber mit einer erzeugenden Funktion $F_2(\mathbf{q}, \bar{\mathbf{p}})$, die *nicht* explizit von der Zeit abhängt, und mit dem Ziel, die „neue" Hamilton-Funktion $\bar{\mathbf{q}}$-unabhängig zu machen: $\bar{H} = \bar{H}(\bar{\mathbf{p}})$.

**(a)** Zeigen Sie, dass der entsprechende neue Bahnimpuls $\bar{\mathbf{p}}_\phi(t)$ zeitlich konstant und die neue Bahnkoordinate $\bar{\mathbf{q}}_\phi(t)$ eine lineare Funktion der Zeit ist und dass die erzeugende Funktion $F_2(\mathbf{q}, \bar{\mathbf{p}})$ die folgende partielle Differentialgleichung erfüllt:

$$ H\left(\mathbf{q}, \frac{\partial F_2}{\partial \mathbf{q}}(\mathbf{q}, \bar{\mathbf{p}})\right) = \bar{H}(\bar{\mathbf{p}}) \ . \tag{7.110} $$

**(b)** Zeigen Sie, dass $F_2(\mathbf{q}_\phi(t), \bar{\mathbf{p}}_\phi(t))$, ausgewertet entlang der physikalischen Bahn, bis auf eine Integrationskonstante dem Wirkungsintegral $\int_{t_1}^{t} dt\ \dot{\mathbf{q}}_\phi \cdot \mathbf{p}_\phi(t)$ entspricht.

**(c)** Betrachten Sie den Spezialfall des eindimensionalen harmonischen Oszillators, $H(q, p) = \frac{1}{2m}p^2 + V(q)$ mit $V(q) = \frac{1}{2}m\omega^2 q^2$. Lösen Sie die Bestimmungsgleichung (7.110) für $F_2(q, \bar{p})$. Bestimmen Sie außerdem die Funktionen $p(q, \bar{p})$ und $\bar{q}(q, \bar{p})$. **Hinweis:** Verwenden Sie, dass es in diesem Spezialfall nur *eine* Erhaltungsgröße gibt, sodass man $\bar{p} = \bar{H}$ wählen kann. Beachten Sie speziell die $\bar{p}$-Abhängigkeit möglicher Integrationskonstanten.

**(d)** Kombinieren Sie die allgemeinen Identitäten $p = \frac{\partial F_2}{\partial q}$ und $\bar{q} = \frac{\partial F_2}{\partial \bar{p}}$ mit den Hamilton-Gleichungen $\dot{\bar{q}}_\phi = \frac{\partial \bar{H}}{\partial \bar{p}}(\bar{p}_\phi)$ und $\dot{\bar{p}}_\phi = 0$ für die neue Bahnkoordinate und den neuen Bahnimpuls. Bestimmen Sie aus dieser Kombination die Zeitabhängigkeit $q_\phi(t)$ der alten Bahnkoordinate und $p_\phi(t)$ des alten Bahnimpulses.

## Aufgabe 7.8 Herleitung der Jacobi-Identität

Bei der Herleitung der Jacobi-Identität $\{A, \{B, C\}\} + \{B, \{C, A\}\} + \{C, \{A, B\}\} = 0$ in Gleichung (7.52) wurde Gleichung (7.53) als „Lemma" verwendet. Zeigen Sie die Gültigkeit von (7.53).

## Aufgabe 7.9 Poisson-Klammern des Drehimpulses

Betrachten Sie ein einzelnes Teilchen der Masse $m$ im Phasenraum $\{(\mathbf{x}, \mathbf{p})\}$, wobei $\mathbf{x}$ die kartesischen Koordinaten des Teilchens relativ zu einem Inertialsystem darstellt und $\mathbf{p}$ der entsprechende (kinetische) Impuls ist. Der (kinetische) Drehimpuls ist somit durch $\mathbf{L} = \mathbf{x} \times \mathbf{p}$ definiert. Berechnen Sie die Poisson-Klammern $\{L_i, x_j\}_{\mathbf{x}, \mathbf{p}}$, $\{L_i, p_j\}_{\mathbf{x}, \mathbf{p}}$, $\{L_i, L_j\}_{\mathbf{x}, \mathbf{p}}$ und $\{\mathbf{L}^2, L_i\}_{\mathbf{x}, \mathbf{p}}$. Was fällt Ihnen bei den ersten drei Klammern auf? Was ist der Unterschied zur vierten Klammer?

## Aufgabe 7.10 Poisson-Klammern von Vektor- und Skalarprodukten

Betrachten Sie zwei *Vektoren* $\mathbf{v}_1$ und $\mathbf{v}_2$ im Sinne von Gleichung (7.56), sodass

$\{L_k, v_{il}\} = \varepsilon_{klm} v_{im}$ gilt mit $i = 1, 2$. Zeigen Sie, dass dann die beiden Gleichungen (7.57) für das Kreuzprodukt $\mathbf{v}_1 \times \mathbf{v}_2$ bzw. das Skalarprodukt $\mathbf{v}_1 \cdot \mathbf{v}_2$ gelten:

$$\{L_k, (\mathbf{v}_1 \times \mathbf{v}_2)_l\} = \varepsilon_{klm} (\mathbf{v}_1 \times \mathbf{v}_2)_m \quad , \quad \{L_k, \mathbf{v}_1 \cdot \mathbf{v}_2\} = 0 \ .$$

## Aufgabe 7.11 Transformationen mit der erzeugenden Funktion $\mathbf{F_3}$

Wir betrachten ein einfaches eindimensionales System, das im Phasenraum durch die Variablen $(q, p)$ beschrieben wird; es gilt $\{q, p\} = \delta_{kl}$. Wir führen nun einige Transformationen der Form $(q, p) \to (\bar{q}, \bar{p})$ durch. Untersuchen Sie für die folgenden Transformationen, ob bzw. für welche $(\alpha, \beta, \gamma)$-Werte sie die fundamentalen Poisson-Klammern invariant lassen und ob bzw. für welche $(\alpha, \beta, \gamma)$-Werte sie eine Berührungstransformation darstellen:

$$(i) \quad \bar{q} = \ln[1 + \sqrt{q}\cos(p)] \quad , \quad \bar{p} = \alpha[1 + \sqrt{q}\cos(p)]\sqrt{q}\sin(p)$$

$$(ii) \quad \bar{q} = \ln[q^{-1}\sin(p)] \quad , \quad \bar{p} = \alpha q \cot(p)$$

$$(iii) \quad \bar{q} = q^\alpha \cos(\beta p) \quad , \quad \bar{p} = \gamma q^\alpha \sin(\beta p) \quad .$$

Geben Sie die entsprechende erzeugende Funktion $F_3(p, \bar{q}, t)$ explizit an, falls Sie der Meinung sind, dass die Transformation eine Berührungstransformation darstellt.

## Aufgabe 7.12 Transformationen mit der erzeugenden Funktion $\mathbf{F_1}$

Bestimmen Sie, ob bzw. für welche $(\alpha, \beta, \gamma)$-Werte die folgende Variablentransformation $(q, p) \to (\bar{q}, \bar{p})$ in einem System mit nur einem Freiheitsgrad:

$$\bar{q} = \sqrt{\frac{2}{\gamma\beta}}\, p^\alpha \cos(\beta q) \quad , \quad \bar{p} = -\sqrt{\frac{2\gamma}{\beta}}\, p^\alpha \sin(\beta q) \qquad (\beta, \gamma > 0)$$

die fundamentalen Poisson-Klammern *invariant* lässt. Untersuchen Sie, ob bzw. für welche Werte der Parameter $(\alpha, \beta, \gamma)$ sie eine *Berührungstransformation* darstellt; geben Sie die entsprechende erzeugende Funktion $F_1$ an, falls eine Berührungstransformation vorliegt.

## Aufgabe 7.13 Ein Paradoxon der erzeugenden Funktion $\mathbf{F_1}$

in Abschnitt [7.9.3] haben wir bei der Untersuchung von erzeugenden Funktionen für Berührungstransformationen festgestellt, dass die *Identität* $(\mathbf{q}, \mathbf{p}) \to (\mathbf{q}, \mathbf{p})$ durch die erzeugende Funktion $F_2(\mathbf{q}, \bar{\mathbf{p}}, t) = \mathbf{q} \cdot \bar{\mathbf{p}}$ und (allgemeiner) die *Punkttransformation* $\mathbf{q} \to \mathbf{q}'(\mathbf{q}, t)$ durch $F_2(\mathbf{q}, \bar{\mathbf{p}}, t) = \mathbf{q}'(\mathbf{q}, t) \cdot \bar{\mathbf{p}}$ beschrieben werden kann. Hierbei ist $F_2$ aufgrund von Gleichung (7.71) die Legendre-Transformierte von $-F_1$. Bestimmt man nun $-F_1$ mit Hilfe einer Legendre-Rücktransformation aus $F_2$, stellt man fest, dass $\bar{\mathbf{p}}_m$ unbestimmt bleibt und $F_1$ gleich *null* ist:

$$-F_1(\mathbf{q}, \bar{\mathbf{q}}, t) = \bar{\mathbf{q}} \cdot \bar{\mathbf{p}}_m(\mathbf{q}, \bar{\mathbf{q}}, t) - F_2(\mathbf{q}, \bar{\mathbf{p}}_m(\mathbf{q}, \bar{\mathbf{q}}, t), t) = [\bar{\mathbf{q}} - \mathbf{q}'(\mathbf{q}, t)] \cdot \bar{\mathbf{p}}_m \overset{!}{=} 0 \ .$$

Folglich sind laut Gleichung (7.65) die neuen und die alten Impulse *null*: $\mathbf{p} = \mathbf{0}$ und $\bar{\mathbf{p}} = \mathbf{0}$; außerdem soll $\bar{H} = H$ gelten. Dieses Ergebnis kann aber nicht stimmen, da es z. B. die fundamentalen Poisson-Klammern (7.54) verletzt: $\{q_k, p_l\} = 0 \neq \delta_{kl}$ sowie $\{\bar{q}_k, \bar{p}_l\} = 0 \neq \delta_{kl}$. Folglich muss die Argumentationskette, die zum Ergebnis $\mathbf{p} = \bar{\mathbf{p}} = \mathbf{0}$ geführt hat, einen Denkfehler enthalten! Die Frage ist nur: wo? Und was kann man aus diesem Paradoxon noch lernen?

# Kapitel 8

# Der starre Körper

In diesem abschließenden Kapitel befassen wir uns mit ausgedehnten physikalischen Körpern, die dadurch ausgezeichnet sind, dass sie (in hinreichend guter Näherung) *nicht deformiert werden* und daher insbesondere auch keine inneren Schwingungen aufweisen. Solche Körper werden als *starr* bezeichnet.[1] Starre Körper existieren allerdings nur in *nicht-relativistischer* Näherung, denn wir wissen bereits aus Kapitel [5] und Anhang C, dass sie mit den Annahmen der Relativitätstheorie unverträglich sind. Auch in nicht-relativistischer Näherung sind sie nur *approximativ* realisiert, da jeder Körper streng genommen immer in gewissem Umfang innere Schwingungen (Phononen und Schallwellen) aufweist. Da viele Körper aber *näherungsweise* starr sind, hat die Theorie des starren Körpers trotz der genannten Einschränkungen viele wichtige Anwendungen, sowohl in der Wissenschaft (z. B. in der Himmelsmechanik) als auch in der Wirtschaft und der Technik (man denke z. B. an das Gyroskop oder an die Fahrradindustrie[2]). Eine besonders interessante Anwendung der Theorie des starren Körpers ist die Physik unseres eigenen Planeten, der *Erde*, unter der Einwirkung der Schwerkraft des Mondes und der Sonne. Eine mögliche Erweiterung einer solchen geophysikalischen Untersuchung ist die Erforschung der Dynamik des *Sonnensystems* (siehe Refn. [24] und [9]).

Das Konzept eines „starren" Körpers stellt also eine *Idealisierung* dar, da innere Freiheitsgrade (z. B. Schwingungen) vernachlässigt werden. Auch wenn diese Idealisierung für viele praktische Zwecke durchaus gerechtfertigt ist, sollte dem Physiker bzw. der Physikerin klar sein, dass sie manchmal unzulänglich ist: Zum Beispiel sind Stöße zwischen makroskopischen Körpern nahezu nie vollständig elastisch, da bei solchen Stößen auch Schwingungen in den beteiligten Körpern angeregt werden. Die Deformation der Erde unter der Einwirkung von Sonne und Mond wird spätestens dann wichtig, wenn man sich für die *Gezeiten* interessiert; dass die Energiedissipation, die mit ihrem Auftreten einhergeht, zu dramatischen Konsequenzen führen kann, sieht man z. B. an der durch die Gezeiten bedingten Erwärmung und

---

[1]Zwei ganz hervorragende Darstellungen der Theorie des Starren Körpers, die allerdings schon älter sind und eher enzyklopädischen als Lehrbuchcharakter haben, sind die Refn. [20] und [37]. Eine gute und elegante Einführung mit Lehrbuchcharakter findet sich in Ref. [8].

[2]Ein Zweirad ist formal äquivalent zu einem Kreisel, da es – ähnlich wie dieser – *drei* Freiheitsgrade aufweist, falls man zumindest den Radfahrer durch eine Punktmasse approximiert. Siehe Ref. [20], Teil IX §8, für eine Diskussion der Stabilität des Fahrrads.

© Springer-Verlag GmbH Deutschland, ein Teil von Springer Nature 2021
P. van Dongen, *Klassische Mechanik*,
https://doi.org/10.1007/978-3-662-63789-0_8

dem Vulkanismus des Jupitermondes Io. Mit solchen Deformationsproblemen werden wir uns im Folgenden jedoch nicht befassen: Wir konzentrieren uns auf die Beschreibung idealer *starrer Körper*.

Dieses Kapitel ist wie folgt aufgebaut: In Abschnitt [8.1] besprechen wir zuerst die wichtigsten Basisbegriffe der Theorie des starren Körpers sowie einige *Spezialfälle* des „Körpers", die u. a. durch eine unterschiedliche Anzahl der Freiheitsgrade charakterisiert werden. In Abschnitt [8.2] zeigen wir, dass die kinetische Energie und der Drehimpuls eines starren Körpers relativ einfach mit Hilfe von *Winkelgeschwindigkeiten* beschrieben werden können; in dieser Beschreibung spielt auch der *Trägheitstensor* eine wichtige Rolle. Die *Struktur* der Bewegungsgleichungen des starren Körpers wird in Abschnitt [8.3] besprochen; neben der kanonischen *Lagrange*-Gleichung wird auch die an sich äquivalente, aber für manche Anwendungen bequemere *Euler*-Gleichung behandelt.

Um Anwendungsbeispiele diskutieren zu können, muss man sich auf eine konkrete Parametrisierung der räumlichen Freiheitsgrade des starren Körpers festlegen; wir wählen in Abschnitt [8.4] die *Euler-Winkel* und bestimmen die entsprechende Form der Drehmatrix und der Winkelgeschwindigkeiten. Anwendungen der Euler-Gleichung werden in Abschnitt [8.5] und solche der Lagrange-Gleichung in Abschnitt [8.6] behandelt. In Abschnitt [8.7] zeigen wir, dass die Dynamik des starren Körpers durchaus auch in Situationen untersucht werden kann, in denen der Körper zusätzlichen *nicht-holonomen* Zwangskräften ausgesetzt ist. Wir schließen das Kapitel in Abschnitt [8.8] ab mit einer Behandlung der Dynamik von Teilchen im (beschleunigten) *körperfesten* Bezugssystem des starren Körpers; diese Ergebnisse gelten also auch dann, wenn auf den starren Körper *Kräfte* einwirken, d. h., wenn seine Winkelgeschwindigkeit zeitlich variiert.

# 8.1 Anzahl der Freiheitsgrade

Wir besprechen zuerst die wichtigsten Basisbegriffe der Theorie des starren Körpers, wie die typischen verallgemeinerten Koordinaten, die man zur Beschreibung der Translations- und Rotationsfreiheitsgrade des „Körpers" verwendet, und die entsprechende Form der kinetischen bzw. potentiellen Energie. Wir weisen darauf hin, dass man bei der *Parametrisierung von Drehungen* des starren Körpers grundsätzlich eine erhebliche Wahlfreiheit hat und dass wir uns erst in einer späteren Phase (siehe Abschnitt [8.4]) auf konkrete Koordinaten (*Euler-Winkel*) festlegen werden. Wir besprechen auch einige *Spezialfälle* des „Körpers", die u. a. durch eine unterschiedliche Anzahl der Freiheitsgrade charakterisiert werden.

### Mikroskopisches Bild des starren Körpers

Man kann sich den starren Körper mikroskopisch aus $N$ Punktteilchen aufgebaut denken, die durch die Massen $m_i$, eventuell auch die Ladungen $\hat{q}_i$ und durch die kartesischen Koordinaten (relativ zu einem Inertialsystem) $\mathbf{x}_i$ charakterisiert werden. Man kann leicht zeigen (z. B. mit vollständiger Induktion), dass für $N \geq 3$ insgesamt $3N - 6$ unabhängige Zwangsbedingungen der Form

$$\boxed{|\mathbf{x}_i - \mathbf{x}_j| = l_{ij} = \text{konstant}} \tag{8.1}$$

vorliegen müssen, damit der Körper starr ist (siehe Abschnitt [6.5]). Insgesamt liegen also $f = 6$ unabhängige Freiheitsgrade vor. Man kann die Lage und die Orientierung eines starren Körpers daher z. B. vollständig mit Hilfe der Schwerpunktskoordinaten $\mathbf{x}_M(t)$ und dreier zusätzlicher Winkelvariablen $\boldsymbol{\vartheta}(t) = (\vartheta_1(t),\, \vartheta_2(t), \vartheta_3(t))$ beschreiben; die sechs assoziierten verallgemeinerten Impulse sind in diesem Fall im Wesentlichen durch den Gesamtimpuls und den Gesamtdrehimpuls gegeben. Jeder Massenpunkt $\mathbf{x}_i$ des starren Körpers könnte somit durch die sechs verallgemeinerten Koordinaten $\mathbf{q} \equiv (\mathbf{x}_M, \boldsymbol{\vartheta})$ beschrieben werden:

$$\mathbf{x}_i(t) = \mathbf{x}_M(t) + D(\boldsymbol{\vartheta}(t)) \left[\mathbf{x}_i(0) - \mathbf{x}_M(0)\right] , \qquad (8.2)$$

wobei $D(\boldsymbol{\vartheta})$ eine geeignet gewählte Drehung mit $D(\boldsymbol{\vartheta}(0)) = \mathbb{1}_3$ darstellt und der Massenschwerpunkt $\mathbf{x}_M(t)$ wie üblich durch

$$\mathbf{x}_M(t) \equiv \frac{1}{M} \sum_{i=1}^{N} m_i \mathbf{x}_i(t) \quad , \quad M \equiv \sum_{i=1}^{N} m_i \qquad (8.3)$$

definiert wird. Hierbei stellt $M$ wie üblich die Gesamtmasse dar.

Ein einfaches Beispiel für einen bewegten starren Körper findet sich in Abbildung 8.1: In diesem Beispiel hat der starre Körper die Form eines *Oktaeders*, an dessen Eckpunkten sich die Massen $m_{i\sigma}$ (mit $i = 1, 2, 3$ und $\sigma = \pm$) befinden. Die Massen $m_{i\sigma} > 0$ sind im Prinzip beliebig und dürfen durchaus alle unterschiedlich sein. Die sechs Massenpunkte werden durch *masselose Stäbe* (in Abb. 8.1 *blau* gezeichnet) zusammengehalten. Die kinetische Energie des starren Körpers weist Translations- und Rotationsbeiträge auf: Der Massenschwerpunkt $\mathbf{x}_M$, der in Abb. 8.1 *grün* eingetragen und fest im Inneren des starren Körpers verankert ist, bewegt

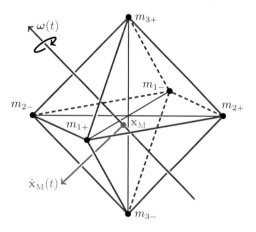

**Abb. 8.1** Einfaches Beispiel für einen starren Körper

sich mit der Schwerpunktsgeschwindigkeit $\dot{\mathbf{x}}_M$ durch den Raum. Außerdem dreht sich der Körper in Abb. 8.1 mit der Winkelfrequenz $\omega = |\boldsymbol{\omega}|$ um die $\hat{\boldsymbol{\omega}}$-Achse, die durch $\mathbf{x}_M$ verlaufen soll. Sowohl $\dot{\mathbf{x}}_M$ als auch $\boldsymbol{\omega}$ dürfen explizit *zeitabhängig* sein. Die genaue Beziehung zwischen der Winkelgeschwindigkeit $\boldsymbol{\omega}(t)$ und der Drehmatrix $D(\boldsymbol{\vartheta}(t))$ in (8.2) wird unten in den Gleichungen (8.14) und (8.15) erklärt.

Aus den allgemeinen Überlegungen (siehe oben) wissen wir bereits, dass für einen starren Körper mit $N = 6$ Teilchen, also insbesondere auch für das Oktaeder in Abb. 8.1, insgesamt $3N - 6 = 12$ unabhängige Zwangsbedingungen („Stäbe") vorliegen müssen, damit der Körper starr ist. Dies zeigt, dass die Konstruktion in Abb. 8.1 redundant ist: Es reicht aus, nur die nächsten Nachbarn im Oktaeder durch Stäbe zu verbinden; die drei Stäbe zwischen den übernächsten Nachbarn, d. h. zwischen den Massen $m_{i+}$ und $m_{i-}$ (mit $i = 1, 2, 3$), sind streng genommen überflüssig. Verbindungslinien zwischen nächsten Nachbarn sind in Abb. 8.1 daher fett (oder fett gestrichelt) eingezeichnet, Verbindungen zwischen übernächsten Nachbarn dünner.

### Struktur der Lagrange-Funktion

Um die Dynamik eines allgemeinen starren Körpers beschreiben zu können, benötigen wir seine *Lagrange-Funktion*

$$L(\mathbf{q}, \dot{\mathbf{q}}, t) = T(\mathbf{q}, \dot{\mathbf{q}}) - V(\mathbf{q}, \dot{\mathbf{q}}, t) \,, \tag{8.4}$$

die wir erhalten, indem wir (8.2) in die entsprechenden Ausdrücke für die kinetische und die potentielle Energie in kartesischen Koordinaten einsetzen:

$$T(\mathbf{q}, \dot{\mathbf{q}}) = T_{\mathrm{K}}(\{\dot{\mathbf{x}}_i\}) \equiv \sum_{i=1}^{N} \tfrac{1}{2} m_i \dot{\mathbf{x}}_i^2 \tag{8.5a}$$

$$V(\mathbf{q}, \dot{\mathbf{q}}, t) = V_{\mathrm{in}}^{\mathrm{K}}(\{\mathbf{x}_i\}) + V_{\mathrm{ex}}^{\mathrm{K}}(\{\mathbf{x}_i\}, t) + V_{\mathrm{Lor}}^{\mathrm{K}}(\{\mathbf{x}_i\}, \{\dot{\mathbf{x}}_i\}, t) \,. \tag{8.5b}$$

Hierbei ist allerdings zu bedenken, dass der Beitrag $V_{\mathrm{in}}^{\mathrm{K}}$ der *inneren* Kräfte im Falle des starren Körpers wegen

$$V_{\mathrm{in}}^{\mathrm{K}}(\{\mathbf{x}_i\}) = \sum_{i<j} V_{ji}(|\mathbf{x}_{ji}|) = \text{konstant}$$

nicht zu den verallgemeinerten Kräften $\mathcal{F}_k = -\frac{\partial V}{\partial q_k}$ im Konfigurationsraum beiträgt. Bei geeigneter Wahl des Energienullpunkts kann $V(\mathbf{q}, \dot{\mathbf{q}}, t)$ daher auch in der einfacheren Form

$$V(\mathbf{q}, \dot{\mathbf{q}}, t) = V_{\mathrm{ex}}^{\mathrm{K}}(\{\mathbf{x}_i\}, t) + V_{\mathrm{Lor}}^{\mathrm{K}}(\{\mathbf{x}_i\}, \{\dot{\mathbf{x}}_i\}, t) \tag{8.6}$$

geschrieben werden. Aus der Lagrange-Funktion (8.4) können bei Bedarf in der üblichen Art und Weise die verallgemeinerten Impulse und (mit Hilfe einer Legendre-Transformation) die assoziierte Hamilton-Funktion berechnet werden.

### Freiheit bei der Wahl der Winkelvariablen

Bei der Parametrisierung der Drehmatrix $D(\boldsymbol{\vartheta})$ in (8.2) mit Winkelvariablen $\boldsymbol{\vartheta}$ hat man grundsätzlich eine erhebliche *Wahlfreiheit*. Insbesondere *muss* man nicht die Standardwahl

$$\boldsymbol{\vartheta} = (\alpha, \vartheta, \varphi) \quad , \quad D(\boldsymbol{\vartheta}) = R(\alpha \hat{\boldsymbol{\alpha}}) = R(\boldsymbol{\alpha}) = e^{-i\boldsymbol{\alpha} \cdot \boldsymbol{\ell}} \quad , \quad \hat{\boldsymbol{\alpha}} = \begin{pmatrix} \sin(\vartheta)\cos(\varphi) \\ \sin(\vartheta)\sin(\varphi) \\ \cos(\vartheta) \end{pmatrix}$$

bei der Parametrisierung von Drehungen treffen (siehe die Abschnitte [2.5.4] und [5.5]). Für praktische Zwecke (z. B. in der Himmelsmechanik) haben sich andere Parametrisierungen der Drehmatrix als geeigneter erwiesen. Insbesondere die Wahl

$$D(\boldsymbol{\vartheta})\mathcal{O} \equiv R(\vartheta_3 \hat{\mathbf{e}}_3) R(\vartheta_2 \hat{\mathbf{e}}_1) R(\vartheta_1 \hat{\mathbf{e}}_3) \equiv R_3 R_2 R_1 \,, \tag{8.7}$$

wobei $\mathcal{O}$ eine (näher zu definierende) $\boldsymbol{\vartheta}$-unabhängige orthogonale Transformation ist, hat sich als bequem und effizient herausgestellt. Die in (8.7) eingeführten

Winkelvariablen $\boldsymbol{\vartheta} = (\vartheta_1, \vartheta_2, \vartheta_3)$ werden als *Euler-Winkel* bezeichnet. Die Überlegungen in den nachfolgenden Abschnitten [8.2] und [8.3] sind jedoch weitgehend unabhängig von der genauen Parametrisierung der Drehmatrix $D(\boldsymbol{\vartheta})$. Wichtig ist zunächst nur, dass $D(\boldsymbol{\vartheta})$ orthogonal mit $\det(D) = +1$ ist und dass sich jede Drehung in der Form $D(\boldsymbol{\vartheta})$ darstellen lässt. Erst in Abschnitt [8.4] werden wir uns auf konkrete Koordinaten (nämlich die bereits genannten Euler-Winkel) festlegen.

### Spezialfälle

Es ist auch relevant und interessant, starre Körper mit weniger als sechs Freiheitsgraden zu untersuchen, starre Körper also, die zusätzlichen Zwangsbedingungen unterworfen sind. Wird z. B. ein Punkt $\mathbf{x}_0 \neq \mathbf{x}_M$ des starren Körpers festgehalten,

$$\mathbf{x}_i(t) = \mathbf{x}_0 + D(\boldsymbol{\vartheta}(t)) \left[\mathbf{x}_i(0) - \mathbf{x}_0\right] ,$$

so liegen nur *drei* unabhängige Freiheitsgrade vor; man spricht in diesem Fall von einem *starren Rotator*.[3] Ein starrer Rotator unter der Einwirkung der Schwerkraft wird als *Kreisel* bezeichnet;[4] anders als das gleichnamige Spielzeug hat ein Kreisel in der Physik also nur drei (nicht fünf) Freiheitsgrade.

Man könnte die Anzahl der Freiheitsgrade weiter einschränken, indem man z. B. fordert, dass der gerade definierte Kreisel nicht um die Verbindungslinie des Punkts $\mathbf{x}_0$ und des Massenschwerpunkts $\mathbf{x}_M(t)$ drehbar sein soll. In diesem Fall erhält man eine räumlich ausgedehnte Verallgemeinerung des *sphärischen Pendels* mit nur *zwei* Freiheitsgraden.

Einen starren Körper mit nur einem Freiheitsgrad erhält man, indem man fordert, dass der Körper lediglich um eine Achse drehbar sein soll, die durch $\mathbf{x}_0$ jedoch nicht durch den Massenschwerpunkt verläuft; in diesem Fall werden also alle Punkte auf der Drehachse festgehalten, nicht nur $\mathbf{x}_0$. Ein solcher Körper mit nur einem Freiheitsgrad wird als *physikalisches Pendel* bezeichnet.

## 8.2 Kinetische Energie und Drehimpuls

Wir untersuchen in diesem Abschnitt zuerst die *kinetische Energie* des starren Körpers und stellen fest, dass diese aus einem *Translations*- und einem *Rotations*beitrag aufgebaut ist. Eine zentrale Rolle im *Rotations*beitrag spielt die zeitliche Änderung der Drehmatrix $D$, aus der die *Winkelgeschwindigkeit* $\boldsymbol{\omega}$ des Körpers folgt. Sowohl die Rotationsenergie als auch der Drehimpuls des starren Körpers enthalten eine weitere wichtige Größe, den *Trägheitstensor*. Wir stellen fest, dass der Trägheitstensor speziell im *körperfesten* Bezugssystem eine einfache Form erhält, ganz besonders nach seiner *Diagonalisierung*. Um die Formulierung der Lagrange-Gleichung im nächsten Abschnitt vorzubereiten, drücken wir die Winkelgeschwindigkeiten noch als Funktionen der Winkelvariablen und ihrer Zeitableitungen aus.

---

[3]Die Nomenklatur in der Literatur ist nicht einheitlich. Manche Autoren bezeichnen einen unendlich dünnen Stab (mit oder ohne Translationsfreiheitsgrad), der also bei geeigneter Wahl des Koordinatensystems die Hauptträgheitsmomente $j_1 = j_2 \neq 0$ und $j_3 = 0$ hat, als Rotator; wir werden diesen Sprachgebrauch hier nicht übernehmen.

[4]Auch hierbei ist die Nomenklatur nicht einheitlich. Manche Autoren bezeichnen nur den symmetrischen Kreisel (mit mindestens zwei gleichen Hauptträgheitsmomenten) als „Kreisel"; auch dieser Sprachgebrauch wird hier nicht übernommen.

**Die kinetische Energie des starren Körpers**

Wir betrachten zuerst die kinetische Energie (8.5a) des starren Körpers, da diese eine relativ einfache Struktur besitzt und die zu ihrer Beschreibung erforderlichen Koordinaten bereits explizit bekannt sind. Wir definieren die Relativvektoren

$$\boldsymbol{\xi}_i(t) \equiv \mathbf{x}_i(t) - \mathbf{x}_{\mathrm{M}}(t) \quad , \quad \boldsymbol{\xi}_i(0) \equiv \bar{\boldsymbol{\xi}}_i \ ,$$

wobei $\mathbf{x}_{\mathrm{M}}(t)$ den Massenschwerpunkt (8.3) bezeichnet, sodass (8.2) auch in der Form $\boldsymbol{\xi}_i(t) = D(\boldsymbol{\vartheta}(t))\bar{\boldsymbol{\xi}}_i$ bzw. als

$$\mathbf{x}_i(t) = \mathbf{x}_{\mathrm{M}}(t) + \boldsymbol{\xi}_i(t) = \mathbf{x}_{\mathrm{M}}(t) + D(\boldsymbol{\vartheta}(t))\bar{\boldsymbol{\xi}}_i \tag{8.8}$$

darstellbar ist. Aus der Definition (8.3) des Massenschwerpunkts folgt die an sich einfache, aber wichtige Identität

$$\sum_i m_i \boldsymbol{\xi}_i(t) = \sum_i m_i \bar{\boldsymbol{\xi}}_i = \mathbf{0} \ , \tag{8.9}$$

die im Folgenden öfter verwendet wird. Die Geschwindigkeiten der Relativvektoren $\boldsymbol{\xi}_i(t)$ sind gegeben durch $\dot{\boldsymbol{\xi}}_i(t) = \dot{D}\bar{\boldsymbol{\xi}}_i$ oder alternativ durch:

$$\dot{\mathbf{x}}_i(t) = \dot{\mathbf{x}}_{\mathrm{M}}(t) + \dot{D}\bar{\boldsymbol{\xi}}_i \ , \tag{8.10a}$$

wobei der Überpunkt wie üblich eine *vollständige Zeitableitung* darstellt, sodass beispielsweise zu interpretieren ist:

$$\dot{\mathbf{x}}(t) = \frac{d\mathbf{x}}{dt}(t) \quad , \quad \dot{D} = \frac{d}{dt}D(\boldsymbol{\vartheta}(t)) = \sum_{i=1}^{3} \dot{\vartheta}_i(t)\frac{\partial D}{\partial \vartheta_i}(\boldsymbol{\vartheta}(t)) \ . \tag{8.10b}$$

Man erhält daher für die kinetische Energie:

$$T = \sum_{i=1}^{N} \tfrac{1}{2}m_i\dot{\mathbf{x}}_i^2 = \sum_{i=1}^{N} \tfrac{1}{2}m_i\big(\dot{\mathbf{x}}_{\mathrm{M}} + \dot{D}\bar{\boldsymbol{\xi}}_i\big)^2 = \tfrac{1}{2}M\dot{\mathbf{x}}_{\mathrm{M}}^2 + \sum_{i=1}^{N} \tfrac{1}{2}m_i\big|\dot{D}\bar{\boldsymbol{\xi}}_i\big|^2$$
$$\equiv T_{\mathrm{tr}}(\dot{\mathbf{x}}_{\mathrm{M}}) + T_{\mathrm{rot}}(\boldsymbol{\vartheta}, \dot{\boldsymbol{\vartheta}}) \ . \tag{8.11}$$

Im dritten Schritt fallen die gemischten Terme aufgrund der Identität (8.9) weg, sodass die kinetische Energie $T(\mathbf{q}, \dot{\mathbf{q}})$ die Summe zweier Terme ist, die die reinen Translations- und Rotationsenergien darstellen. Wegen der Identitäten

$$\dot{D}\bar{\boldsymbol{\xi}}_i = (\dot{D}D^{\mathrm{T}})D\bar{\boldsymbol{\xi}}_i = (\dot{D}D^{\mathrm{T}})\boldsymbol{\xi}_i \quad \text{bzw.} \quad \dot{D}\bar{\boldsymbol{\xi}}_i = D(D^{\mathrm{T}}\dot{D})\bar{\boldsymbol{\xi}}_i$$

kann man $T_{\mathrm{rot}}$ auf zwei unterschiedliche Weisen schreiben, nämlich als:

$$T_{\mathrm{rot}} = \sum_{i=1}^{N} \tfrac{1}{2}m_i\big|\dot{D}D^{\mathrm{T}}\boldsymbol{\xi}_i\big|^2 \tag{8.12}$$

oder alternativ als:

$$T_{\text{rot}} = \sum_{i=1}^{N} \tfrac{1}{2} m_i \left| D(D^{\mathrm{T}}\dot{D})\bar{\boldsymbol{\xi}}_i \right|^2 = \sum_{i=1}^{N} \tfrac{1}{2} m_i \left| D^{\mathrm{T}}\dot{D}\bar{\boldsymbol{\xi}}_i \right|^2 . \tag{8.13}$$

Beide Darstellungen von $T_{\text{rot}}$ haben ihre Vorzüge. Bemerkenswert an (8.12) und (8.13) ist, dass beide Darstellungen lediglich von $\dot{D}D^{\mathrm{T}}$ und $D^{\mathrm{T}}\dot{D}$ abhängen, d. h. von der Drehung $D$ sowie ihrer zeitlichen Änderung $\dot{D}$, und *nicht* von den Details der Parametrisierung von $D$ mit Hilfe von Winkelvariablen $\boldsymbol{\vartheta}$: Nur die Dynamik der gesamten *Matrix* ist also zunächst relevant! Auch der Rotationsanteil am *Drehimpuls* des starren Körpers (s. unten) hängt lediglich von $D$ und $\dot{D}$ ab. Aus diesem Grund sind die Überlegungen in diesem Abschnitt und dem nächsten weitgehend unabhängig von der Wahl der Parametrisierung $D(\boldsymbol{\vartheta})$.

Da die Matrizen $\dot{D}D^{\mathrm{T}}$ und $D^{\mathrm{T}}\dot{D}$ bei der Berechnung von $T_{\text{rot}}$ offensichtlich eine wichtige Rolle spielen, müssen wir uns zuerst mit einigen ihrer Eigenschaften auseinandersetzen.

### Die Drehmatrix D und ihre zeitliche Änderung $\dot{D}$

Da die Drehmatrix $D$ orthogonal ist, sodass $DD^{\mathrm{T}} = \mathbb{1}_3$ und $D^{\mathrm{T}}D = \mathbb{1}_3$ gilt, folgt durch Ableiten nach der Zeit:

$$\dot{D}D^{\mathrm{T}} + D\dot{D}^{\mathrm{T}} = \mathbb{0}_3 \quad , \quad \dot{D}^{\mathrm{T}}D + D^{\mathrm{T}}\dot{D} = \mathbb{0}_3 ,$$

wobei $\mathbb{0}_3$ die $(3 \times 3)$-Nullmatrix darstellt. Wir stellen fest, dass die Matrizen $\dot{D}D^{\mathrm{T}}$ und $D^{\mathrm{T}}\dot{D}$ *antisymmetrisch* sind:

$$\begin{aligned}
\dot{D}D^{\mathrm{T}} &= -D\dot{D}^{\mathrm{T}} = -(\dot{D}D^{\mathrm{T}})^{\mathrm{T}} \equiv -\Omega \quad , \quad \Omega^{\mathrm{T}} = -\Omega \\
D^{\mathrm{T}}\dot{D} &= -\dot{D}^{\mathrm{T}}D = -(D^{\mathrm{T}}\dot{D})^{\mathrm{T}} \equiv -\bar{\Omega} \quad , \quad \bar{\Omega}^{\mathrm{T}} = -\bar{\Omega} .
\end{aligned} \tag{8.14}$$

Die Matrizen $\Omega$ und $\bar{\Omega}$ können wegen ihrer Antisymmetrie eindeutig mit Hilfe dreidimensionaler Vektoren $\boldsymbol{\omega}$ bzw. $\bar{\boldsymbol{\omega}}$ beschrieben werden:

$$\left.\begin{aligned}
\omega_\alpha &\equiv \tfrac{1}{2}\varepsilon_{\alpha\beta\gamma}\Omega_{\beta\gamma} \quad , \quad & \Omega_{\alpha\beta} = \varepsilon_{\alpha\beta\gamma}\omega_\gamma \\
\bar{\omega}_\alpha &\equiv \tfrac{1}{2}\varepsilon_{\alpha\beta\gamma}\bar{\Omega}_{\beta\gamma} \quad , \quad & \bar{\Omega}_{\alpha\beta} = \varepsilon_{\alpha\beta\gamma}\bar{\omega}_\gamma
\end{aligned}\right\} \quad (\alpha, \beta, \gamma = 1, 2, 3) . \tag{8.15}$$

In allen vier Formeln wurde die Einstein'sche Summationskonvention verwendet. Es folgen die Eigenschaften:

$$\boxed{\Omega\boldsymbol{\xi} = -\boldsymbol{\omega} \times \boldsymbol{\xi} \quad , \quad \bar{\Omega}\bar{\boldsymbol{\xi}} = -\bar{\boldsymbol{\omega}} \times \bar{\boldsymbol{\xi}} ,}$$

wobei $\boldsymbol{\xi}, \bar{\boldsymbol{\xi}} \in \mathbb{R}^3$ beliebige Vektoren sind. Insbesondere gilt daher auch

$$\boxed{\Omega\boldsymbol{\omega} = \bar{\Omega}\bar{\boldsymbol{\omega}} = \mathbf{0} .}$$

Die Identität

$$\dot{\boldsymbol{\xi}}_i = \dot{D}D^{\mathrm{T}}\boldsymbol{\xi}_i = -\Omega\boldsymbol{\xi}_i = \boldsymbol{\omega} \times \boldsymbol{\xi}_i \tag{8.16}$$

zeigt, dass $\dot{\boldsymbol{\xi}}_i$ senkrecht auf $\boldsymbol{\omega}$ und $\boldsymbol{\xi}_i$ steht und proportional zu $|\boldsymbol{\omega}|$ ist. Hieraus schließen wir, dass $\boldsymbol{\omega}$ physikalisch die *Winkelgeschwindigkeit* der Rotationsbewegung darstellt.[5] Es gelten die Beziehungen:

$$\Omega = -\dot{D}D^{\mathrm{T}} = D\left(-D^{\mathrm{T}}\dot{D}\right)D^{\mathrm{T}} = D\bar{\Omega}D^{\mathrm{T}} \quad , \quad \boldsymbol{\omega} = D\bar{\boldsymbol{\omega}} \ .$$

Diese Beziehungen sind insofern sehr wichtig, als sie ein allgemeines Prinzip aufdecken: Die Matrizen $D$ verknüpfen zwei Koordinatensysteme, nämlich das *raumfeste* Inertialsystem, in dem das $i$-te Teilchen die Koordinaten $\boldsymbol{\xi}_i(t)$ relativ zu $\mathbf{x}_{\mathrm{M}}(t)$ hat, und das im Allgemeinen beschleunigte *körperfeste* Bezugssystem, in dem dasselbe Teilchen durch die zeitunabhängigen Koordinaten $\bar{\boldsymbol{\xi}}_i$ charakterisiert wird. Ein Vektor $\bar{\mathbf{v}}$ im körperfesten System (Beispiel: $\bar{\mathbf{v}} = \bar{\boldsymbol{\xi}}_i, \bar{\boldsymbol{\omega}}$) wird im raumfesten Inertialsystem mit dem Vektor $\mathbf{v} = D\bar{\mathbf{v}}$ (im Beispiel also mit $\mathbf{v} = \boldsymbol{\xi}_i, \boldsymbol{\omega}$) assoziiert. Die Beziehung $\Omega = D\bar{\Omega}D^{\mathrm{T}}$ zeigt, dass Matrizen $\bar{M}$ im körperfesten System auf Matrizen $M = D\bar{M}D^{\mathrm{T}}$ im Inertialsystem abgebildet werden.[6]

## Darstellung der Matrizen $\Omega$ mit Hilfe von Drehmatrizen

Die Matrizen $\Omega$ und $\bar{\Omega}$ in (8.15) können auch bequem mit Hilfe der Drehmatrizen $\boldsymbol{\ell} = (\ell_1, \ell_2, \ell_3)$ ausgedrückt werden, da die Drehmatrix $\ell_\gamma$ die Komponenten $(\ell_\gamma)_{\alpha\beta} = -i\varepsilon_{\alpha\beta\gamma}$ hat, siehe Abschnitt [5.5]. Es folgt

$$\Omega_{\alpha\beta} = \varepsilon_{\alpha\beta\gamma}\omega_\gamma = i(\ell_\gamma)_{\alpha\beta}\omega_\gamma \quad , \quad \bar{\Omega}_{\alpha\beta} = i(\ell_\gamma)_{\alpha\beta}\bar{\omega}_\gamma$$

und daher $\Omega = i\boldsymbol{\omega}\cdot\boldsymbol{\ell}$ sowie $\bar{\Omega} = i\bar{\boldsymbol{\omega}}\cdot\boldsymbol{\ell}$. Diese Beziehungen gelten allgemein, d. h. auch für zeitlich veränderliche Winkelgeschwindigkeiten $\boldsymbol{\omega}(t)$ und $\bar{\boldsymbol{\omega}}(t)$. Die Matrizen $\Omega$ und $\bar{\Omega}$ sind also im Allgemeinen zeitabhängige Linearkombinationen der Erzeuger $\boldsymbol{\ell} = (\ell_1, \ell_2, \ell_3)$ der Drehgruppe $SO(3)$.

Die Darstellung von $\Omega$ und $\bar{\Omega}$ mit Hilfe von Drehmatrizen ist allerdings nur dann besonders nützlich, falls $\Omega = -\dot{D}D^{\mathrm{T}}$ zeit*un*abhängig ist. Wegen der Anfangsbedingung $D(\boldsymbol{\vartheta}(0)) = \mathbb{1}_3$ gilt in diesem Fall $D = e^{-\Omega t}$ und daher $D^{\mathrm{T}} = e^{\Omega t}$, sodass die beiden Matrizen $\Omega$ und $\bar{\Omega}$ gleich sind: $\bar{\Omega} = -D^{\mathrm{T}}\dot{D} = \Omega$. Dies wiederum impliziert $\bar{\boldsymbol{\omega}} = \boldsymbol{\omega}$. Ein Vergleich mit den in den Abschnitten [2.5.4] und [5.5] behandelten Drehungen $R(\boldsymbol{\alpha}) = e^{-i\boldsymbol{\alpha}\cdot\boldsymbol{\ell}}$ [siehe speziell Gleichung (5.41)] ergibt nun eine einfache Beziehung zwischen den Matrizen $D(\boldsymbol{\vartheta}(t))$ und $R(\boldsymbol{\alpha})$:

$$D = e^{-\Omega t} = e^{-i(\boldsymbol{\omega}t)\cdot\boldsymbol{\ell}} = R(\boldsymbol{\omega}t) \ .$$

Zeitunabhängige Winkelgeschwindigkeiten treten z. B. auf für den „Kugelkreisel" mit drei gleichen Hauptträgheitsmomenten, der in Abschnitt [8.5] besprochen wird. Der Fall zeitunabhängiger Winkelgeschwindigkeiten ist jedoch sehr speziell und im Hinblick auf Anwendungen eher uninteressant. Aus diesem Grund werden wir diesen Spezialfall im Folgenden nicht gesondert behandeln: Wir konzentrieren uns auf starre Körper mit einer grundsätzlich beliebigen zeitabhängigen Drehbewegung.

---

[5]Man sollte beachten, dass die „Winkelgeschwindigkeit" $\boldsymbol{\omega} = \boldsymbol{\omega}(\boldsymbol{\vartheta}, \dot{\boldsymbol{\vartheta}})$ im Allgemeinen nicht gleich der Zeitableitung $\dot{\boldsymbol{\vartheta}}$ der Winkelvariablen $\boldsymbol{\vartheta}$ ist! Nur in einfachen Beispielen, z. B. für $D(\boldsymbol{\vartheta}) = R(\vartheta_3\hat{\mathbf{e}}_3)$, sind beide Größen gleich. Der genaue funktionale Zusammenhang zwischen der Drehmatrix $D(\boldsymbol{\vartheta})$ und den Winkelvariablen $\boldsymbol{\vartheta}$ bzw. zwischen $\boldsymbol{\omega}$ und $(\boldsymbol{\vartheta}, \dot{\boldsymbol{\vartheta}})$ wurde bisher noch nicht einmal eindeutig festgelegt!

[6]Falls nämlich im körperfesten System eine Beziehung der Form $\bar{\boldsymbol{\eta}} = \bar{M}\bar{\boldsymbol{\xi}}$ gilt, folgt daraus im raumfesten System: $\boldsymbol{\eta} = D\bar{\boldsymbol{\eta}} = D\bar{M}\bar{\boldsymbol{\xi}} = D\bar{M}D^{\mathrm{T}}\boldsymbol{\xi}$, d. h. $\boldsymbol{\eta} = M\boldsymbol{\xi}$ mit $M = D\bar{M}D^{\mathrm{T}}$.

### Die Rotationsenergie des starren Körpers

Setzen wir (8.16) nun in den Ausdruck (8.12) für die Rotationsenergie ein, so erhalten wir:

$$T_{\mathrm{rot}} = \sum_{i=1}^{N} \tfrac{1}{2} m_i \left| \boldsymbol{\omega} \times \boldsymbol{\xi}_i \right|^2 = \sum_{i=1}^{N} \tfrac{1}{2} m_i \left[ \boldsymbol{\omega}^2 \boldsymbol{\xi}_i^2 - (\boldsymbol{\omega} \cdot \boldsymbol{\xi}_i)^2 \right]$$

$$= \tfrac{1}{2} \boldsymbol{\omega}^{\mathrm{T}} I \boldsymbol{\omega} \quad , \quad \boxed{ I \equiv \sum_{i=1}^{N} m_i \left( \boldsymbol{\xi}_i^2 \mathbb{1}_3 - \boldsymbol{\xi}_i \boldsymbol{\xi}_i^{\mathrm{T}} \right) \; , } \tag{8.17}$$

wobei $\boldsymbol{\xi}_i \boldsymbol{\xi}_i^{\mathrm{T}}$ als Dyade zu interpretieren ist: $(\boldsymbol{\xi}_i \boldsymbol{\xi}_i^{\mathrm{T}})_{\alpha\beta} = \xi_{i\alpha} \xi_{i\beta}$ mit $\alpha, \beta = 1, 2, 3$. Die in (8.17) definierte *reelle, symmetrische, positiv definite* Matrix $I$ wird als *Trägheitstensor* bezeichnet.

Falls für irgendein $\xi_{\max} > 0$ und alle $i = 1, 2, \cdots, N$ gilt: $|\boldsymbol{\xi}_i| \leq \xi_{\max}$, folgt allgemein die Ungleichung

$$0 \leq \mathrm{Sp}(I) = 2 \sum_{i=1}^{N} m_i \boldsymbol{\xi}_i^2 \leq 2 M \xi_{\max}^2 \tag{8.18}$$

für die Spur des Trägheitstensors. Diese Ungleichung wird sich später, in Abschnitt [8.7], als nützlich erweisen.

Eine eng mit dem Trägheitstensor $I$ verknüpfte Größe ist das *Trägheitsmoment* $J_{\mathbf{x}_{\mathrm{M}} + \lambda \hat{\mathbf{e}}}$, das relativ zu einer Achse $\{\mathbf{x}_{\mathrm{M}} + \lambda \hat{\mathbf{e}} \,|\, \lambda \in \mathbb{R}\}$ durch den Referenzpunkt (hier: durch den Massenschwerpunkt $\mathbf{x}_{\mathrm{M}}$) gemessen wird:

$$\boxed{ J_{\mathbf{x}_{\mathrm{M}} + \lambda \hat{\mathbf{e}}} \equiv \hat{\mathbf{e}}^{\mathrm{T}} I \hat{\mathbf{e}} = \sum_{i=1}^{N} m_i \left| \hat{\mathbf{e}} \times \boldsymbol{\xi}_i \right|^2 = \sum_{i=1}^{N} m_i \left| \boldsymbol{\xi}_{i\perp} \right|^2 \; , } \tag{8.19}$$

wobei $\boldsymbol{\xi}_{i\perp} \equiv \boldsymbol{\xi}_i - (\boldsymbol{\xi}_i \cdot \hat{\mathbf{e}}) \hat{\mathbf{e}}$ definiert wurde. Die Rotationsenergie in (8.17) ist daher alternativ auch als $T_{\mathrm{rot}} = \tfrac{1}{2} \omega^2 J_{\mathbf{x}_{\mathrm{M}} + \lambda \hat{\boldsymbol{\omega}}}$ darstellbar. Die durch die Gleichung

$$\boxed{ J_{\mathbf{x}_{\mathrm{M}} \,|\, \lambda \hat{\mathbf{e}}} \equiv M R_{\mathbf{x}_{\mathrm{M}} + \lambda \hat{\mathbf{e}}}^2 } \tag{8.20}$$

definierte Länge $R_{\mathbf{x}_{\mathrm{M}} + \lambda \hat{\mathbf{e}}} > 0$ wird als *Gyrationsradius* des Körpers bezüglich der Achse $\{\mathbf{x}_{\mathrm{M}} + \lambda \hat{\mathbf{e}} \,|\, \lambda \in \mathbb{R}\}$ bezeichnet. Der Gyrationsradius kann wegen (8.19) als

$$R_{\mathbf{x}_{\mathrm{M}} + \lambda \hat{\mathbf{e}}} = \left( \frac{1}{M} \sum_{i=1}^{N} m_i \left| \boldsymbol{\xi}_{i\perp} \right|^2 \right)^{1/2} = \sqrt{\left\langle \left| \boldsymbol{\xi}_{i\perp} \right|^2 \right\rangle}$$

geschrieben und als die über die Massenverteilung gemittelte Ausdehnung des Körpers senkrecht zur Achse interpretiert werden.

**Änderungen des Referenzpunkts** Wir können den Trägheitstensor und die Trägheitsmomente auch relativ zu einem anderen Referenzpunkt als dem Massenschwerpunkt $\mathbf{x}_{\mathrm{M}}$ definieren. Wir bezeichnen diesen anderen Referenzpunkt als $\mathbf{x}_0$.

Statt der Gleichungen (8.17) und (8.19) betrachten wir dann

$$I_{\mathbf{x}_{\mathrm{M}}-\boldsymbol{\delta}} \equiv \sum_{i=1}^{N} m_i\big[(\boldsymbol{\xi}_i')^2 \mathbb{1}_3 - \boldsymbol{\xi}_i'(\boldsymbol{\xi}_i')^{\mathrm{T}}\big] \quad , \quad J_{\mathbf{x}_{\mathrm{M}}-\boldsymbol{\delta}+\lambda\hat{\mathbf{e}}} \equiv \hat{\mathbf{e}}^{\mathrm{T}} I_{\mathbf{x}_{\mathrm{M}}-\boldsymbol{\delta}}\, \hat{\mathbf{e}} \qquad (8.21)$$

mit $\boldsymbol{\delta} \equiv \mathbf{x}_{\mathrm{M}} - \mathbf{x}_0$ und $\boldsymbol{\xi}_i' \equiv \mathbf{x}_i - \mathbf{x}_0 = \boldsymbol{\xi}_i + \boldsymbol{\delta}$. Für $\boldsymbol{\delta} = \mathbf{0}$ vereinfachen sich diese Definitionen auf (8.17) und (8.19) mit $I_{\mathbf{x}_{\mathrm{M}}} = I$. Bei mehrfacher Verwendung der Identität (8.9) folgt für den so definierten allgemeinen Trägheitstensor:

$$\begin{aligned}
I_{\mathbf{x}_{\mathrm{M}}-\boldsymbol{\delta}} &= \sum_{i=1}^{N} m_i\big[(\boldsymbol{\xi}_i + \boldsymbol{\delta})^2 \mathbb{1}_3 - (\boldsymbol{\xi}_i + \boldsymbol{\delta})(\boldsymbol{\xi}_i + \boldsymbol{\delta})^{\mathrm{T}}\big] \\
&= I + \sum_{i=1}^{N} m_i\big[(2\boldsymbol{\delta}\cdot\boldsymbol{\xi}_i + \boldsymbol{\delta}^2)\mathbb{1}_3 - (\boldsymbol{\delta}\boldsymbol{\xi}_i^{\mathrm{T}} + \boldsymbol{\xi}_i\boldsymbol{\delta}^{\mathrm{T}} + \boldsymbol{\delta}\boldsymbol{\delta}^{\mathrm{T}})\big] \\
&= I + M\big(\boldsymbol{\delta}^2 \mathbb{1}_3 - \boldsymbol{\delta}\boldsymbol{\delta}^{\mathrm{T}}\big)
\end{aligned} \qquad (8.22)$$

und daher für die allgemeinen Trägheitsmomente:

$$J_{\mathbf{x}_{\mathrm{M}}-\boldsymbol{\delta}+\lambda\hat{\mathbf{e}}} = J_{\mathbf{x}_{\mathrm{M}}+\lambda\hat{\mathbf{e}}} + M\big[\boldsymbol{\delta}^2\hat{\mathbf{e}}^2 - (\hat{\mathbf{e}}\cdot\boldsymbol{\delta})^2\big] = J_{\mathbf{x}_{\mathrm{M}}+\lambda\hat{\mathbf{e}}} + M(\hat{\mathbf{e}}\times\boldsymbol{\delta})^2 \,. \qquad (8.23)$$

Gleichung (8.23) ist nach dem Schweizer Mathematiker Jakob Steiner (1796–1863) als „Steiner'scher Satz" bekannt. Entsprechend kann man auch einen verallgemeinerten Gyrationsradius $R_{\mathbf{x}_{\mathrm{M}}-\boldsymbol{\delta}+\lambda\hat{\mathbf{e}}} = [M^{-1}J_{\mathbf{x}_{\mathrm{M}}-\boldsymbol{\delta}+\lambda\hat{\mathbf{e}}}]^{1/2}$ definieren.

### Der Drehimpuls des starren Körpers

Der relativ zum Massenschwerpunkt $\mathbf{x}_{\mathrm{M}}$ definierte Trägheitstensor $I$ in (8.17) ist außerdem sehr hilfreich bei der Beschreibung des *Drehimpulses* eines starren Körpers. Man erhält aufgrund von (8.8) und (8.10a):

$$\begin{aligned}
\mathbf{L} &= \sum_{i=1}^{N} m_i\mathbf{x}_i \times \dot{\mathbf{x}}_i = \sum_{i=1}^{N} m_i\,(\mathbf{x}_{\mathrm{M}} + \boldsymbol{\xi}_i) \times \big(\dot{\mathbf{x}}_{\mathrm{M}} + \dot{D}D^{\mathrm{T}}\boldsymbol{\xi}_i\big) \\
&= M\mathbf{x}_{\mathrm{M}} \times \dot{\mathbf{x}}_{\mathrm{M}} + \sum_{i=1}^{N} m_i\boldsymbol{\xi}_i \times (\dot{D}D^{\mathrm{T}}\boldsymbol{\xi}_i) \,,
\end{aligned}$$

wobei im letzten Schritt wiederum die Eigenschaft $\sum_i m_i\boldsymbol{\xi}_i = \mathbf{0}$ aus (8.9) verwendet wurde. Aus den Identitäten $\dot{D}D^{\mathrm{T}}\boldsymbol{\xi} = -\Omega\boldsymbol{\xi} = \boldsymbol{\omega}\times\boldsymbol{\xi}$ und

$$\boldsymbol{\xi} \times (\boldsymbol{\omega}\times\boldsymbol{\xi}) = \boldsymbol{\xi}^2\boldsymbol{\omega} - \boldsymbol{\xi}(\boldsymbol{\xi}\cdot\boldsymbol{\omega}) = (\boldsymbol{\xi}^2\mathbb{1}_3 - \boldsymbol{\xi}\boldsymbol{\xi}^{\mathrm{T}})\boldsymbol{\omega}$$

folgt noch:

$$\boxed{\mathbf{L} = M\mathbf{x}_{\mathrm{M}} \times \dot{\mathbf{x}}_{\mathrm{M}} + I\boldsymbol{\omega} \equiv \mathbf{L}_{\mathrm{tr}} + \mathbf{L}_{\mathrm{rot}} \,,} \qquad (8.24)$$

sodass auch der Drehimpuls aus einem Translations- und einem Rotationsbeitrag besteht, die additiv sind.

## Der Trägheitstensor im körperfesten Bezugssystem

Die auf den ersten Blick sehr einfachen Ergebnisse (8.17) und (8.24) für die kinetische Energie und den Drehimpuls sind in Wirklichkeit recht kompliziert, da der Trägheitstensor $I$ von $\boldsymbol{\xi}_i(t) = D(\boldsymbol{\vartheta}(t))\bar{\boldsymbol{\xi}}_i$ abhängt (für $i = 1, 2, \cdots, N$) und somit explizit zeitabhängig ist. Es lohnt sich daher sehr, auf das *körperfeste* Bezugssystem zu transformieren:

$$I = \sum_{i=1}^{N} m_i \left[ \left( D\bar{\boldsymbol{\xi}}_i \right)^2 \mathbb{1}_3 - D \left( \bar{\boldsymbol{\xi}}_i \bar{\boldsymbol{\xi}}_i^{\mathrm{T}} \right) D^{\mathrm{T}} \right] = D \left[ \sum_{i=1}^{N} m_i \left( \bar{\boldsymbol{\xi}}_i^2 \mathbb{1}_3 - \bar{\boldsymbol{\xi}}_i \bar{\boldsymbol{\xi}}_i^{\mathrm{T}} \right) \right] D^{\mathrm{T}}$$

$$= D\bar{I}D^{\mathrm{T}} \quad , \quad \boxed{\bar{I} \equiv \sum_{i=1}^{N} m_i \left( \bar{\boldsymbol{\xi}}_i^2 \mathbb{1}_3 - \bar{\boldsymbol{\xi}}_i \bar{\boldsymbol{\xi}}_i^{\mathrm{T}} \right) \quad ,} \tag{8.25}$$

da der Trägheitstensor $\bar{I}$ im körperfesten System zeit*un*abhängig ist und außerdem (genau wie $I$) reell, symmetrisch und positiv definit. Man beachte wieder das Transformationsverhalten $M = D\bar{M}D^{\mathrm{T}}$ für Matrizen. Durch Einsetzen von $\boldsymbol{\omega} = D\bar{\boldsymbol{\omega}}$ und (8.25) in (8.17) und (8.24) ergibt sich nun $T_{\mathrm{rot}} = \bar{T}_{\mathrm{rot}}$ und $\mathbf{L}_{\mathrm{rot}} = D\bar{\mathbf{L}}_{\mathrm{rot}}$ mit:

$$\boxed{\bar{T}_{\mathrm{rot}} \equiv \tfrac{1}{2}\bar{\boldsymbol{\omega}}^{\mathrm{T}}\bar{I}\bar{\boldsymbol{\omega}} \quad , \quad \bar{\mathbf{L}}_{\mathrm{rot}} \equiv \bar{I}\bar{\boldsymbol{\omega}} \ .} \tag{8.26}$$

Wir stellen fest, dass der Drehimpuls $\mathbf{L}_{\mathrm{rot}}$ wie ein *Vektor* (d. h. genau so wie die Relativvektoren $\boldsymbol{\xi}_i$) transformiert wird, während die kinetische Energie $T_{\mathrm{rot}}$ ein *Skalar* ist. Es gilt der einfache Zusammenhang

$$\bar{\mathbf{L}}_{\mathrm{rot}} = \frac{\partial \bar{T}_{\mathrm{rot}}}{\partial \bar{\boldsymbol{\omega}}}$$

zwischen den Rotationsbeiträgen zum Drehimpuls und der kinetischen Energie im körperfesten Bezugssystem.

Da der $(3 \times 3)$-Trägheitstensor $\bar{I}$ im körperfesten System *reell* und *symmetrisch* ist, hat er lediglich *sechs* unabhängige Tensorelemente, die weiter dadurch eingeschränkt werden, dass der Tensor auch *positiv definit* sein soll. Dies bedeutet, dass man zur Realisierung eines allgemeinen Trägheitstensors $\bar{I}$ einen „Baukasten" für einen starren Körper mit lediglich *sechs* unabhängigen Parametern benötigt, wie z. B. das Modell des Oktaeders in Abb. 8.1, in dem die sechs Massen $m_{i\sigma}$ (mit $i = 1, 2, 3$ und $\sigma = \pm$) alle frei wählbar sind. Dieses einfache Beispiel hat also eine deutlich größere Relevanz als man auf den ersten Blick denken würde.

## Diagonalisierung des Trägheitstensors im körperfesten Bezugssystem

Es ist möglich, die Ausdrücke für die kinetische Energie und den Drehimpuls weiter zu vereinfachen, indem man den (reellen, symmetrischen, positiv definiten) Trägheitstensor $\bar{I}$ mit Hilfe einer orthogonalen Transformation $\mathcal{O}$ diagonalisiert:

$$\mathcal{O}^{\mathrm{T}}\bar{I}\mathcal{O} \equiv \bar{\bar{I}} = \begin{pmatrix} j_1 & 0 & 0 \\ 0 & j_2 & 0 \\ 0 & 0 & j_3 \end{pmatrix} \quad , \quad \bar{I} = \mathcal{O}\bar{\bar{I}}\mathcal{O}^{\mathrm{T}} \quad , \quad \det(\mathcal{O}) = 1 \ .$$

Die Hauptträgheitsmomente $j_i$ $(i = 1, 2, 3)$ sind also durch die drei Eigenwerte von $\bar{\bar{I}}$ (oder äquivalent: von $\bar{I}$ oder $I$) gegeben. Die durch die Eigenvektoren von $\bar{I}$

bzw. $\bar{\bar{I}}$ definierten Achsen werden als *Hauptträgheitsachsen* bezeichnet.[7] Um einen expliziten Ausdruck für den diagonalisierten Trägheitstensor $\bar{\bar{I}}$ zu erhalten, führen wir neue körperfeste Koordinaten $\bar{\bar{\boldsymbol{\xi}}} \equiv \mathcal{O}^{\mathrm{T}}\bar{\boldsymbol{\xi}}$ ein; es folgt:

$$\bar{\bar{I}} = \sum_{i=1}^{N} m_i \left( \bar{\bar{\boldsymbol{\xi}}}_i^2 \mathbb{1}_3 - \bar{\bar{\boldsymbol{\xi}}}_i \bar{\bar{\boldsymbol{\xi}}}_i^{\mathrm{T}} \right) .$$

Mit Hilfe der Definition $\bar{\bar{\boldsymbol{\omega}}} \equiv \mathcal{O}^{\mathrm{T}}\bar{\boldsymbol{\omega}}$ gilt nun $\bar{T}_{\mathrm{rot}} = \bar{\bar{T}}_{\mathrm{rot}}$ und $\bar{\mathbf{L}}_{\mathrm{rot}} = \mathcal{O}\bar{\bar{\mathbf{L}}}_{\mathrm{rot}}$ mit

$$\bar{\bar{T}}_{\mathrm{rot}} \equiv \tfrac{1}{2}\bar{\bar{\boldsymbol{\omega}}}^{\mathrm{T}}\bar{\bar{I}}\,\bar{\bar{\boldsymbol{\omega}}} = \tfrac{1}{2}(j_1\bar{\bar{\omega}}_1^2 + j_2\bar{\bar{\omega}}_2^2 + j_3\bar{\bar{\omega}}_3^2) \tag{8.27a}$$

$$\bar{\bar{\mathbf{L}}}_{\mathrm{rot}} \equiv \bar{\bar{I}}\,\bar{\bar{\boldsymbol{\omega}}} = \begin{pmatrix} j_1\bar{\bar{\omega}}_1 \\ j_2\bar{\bar{\omega}}_2 \\ j_3\bar{\bar{\omega}}_3 \end{pmatrix} \quad , \quad \bar{\bar{\mathbf{L}}}_{\mathrm{rot}} = \frac{\partial \bar{\bar{T}}_{\mathrm{rot}}}{\partial\bar{\bar{\boldsymbol{\omega}}}} . \tag{8.27b}$$

Assoziiert mit der Winkelgeschwindigkeit $\bar{\bar{\boldsymbol{\omega}}}$ im neuen körperfesten Bezugssystem ist eine antisymmetrische Matrix $\bar{\bar{\Omega}}$ mit Matrixelementen $\bar{\bar{\Omega}}_{\alpha\beta} = \varepsilon_{\alpha\beta\gamma}\bar{\bar{\omega}}_\gamma$, sodass umgekehrt auch $\bar{\bar{\omega}}_\alpha = \tfrac{1}{2}\varepsilon_{\alpha\beta\gamma}\bar{\bar{\Omega}}_{\beta\gamma}$ gilt. Es gelten die Beziehungen $\bar{\bar{\Omega}} = \mathcal{O}^{\mathrm{T}}\bar{\Omega}\mathcal{O}$ bzw. $\bar{\Omega} = \mathcal{O}\bar{\bar{\Omega}}\mathcal{O}^{\mathrm{T}}$.

Insgesamt erhält man also Beziehungen der Form $\boldsymbol{\xi} = D\mathcal{O}\bar{\bar{\boldsymbol{\xi}}}$, $\boldsymbol{\omega} = D\mathcal{O}\bar{\bar{\boldsymbol{\omega}}}$ und $\Omega = (D\mathcal{O})\bar{\bar{\Omega}}(D\mathcal{O})^{\mathrm{T}}$, die zeigen, dass das körperfeste Bezugssystem, in dem der Trägheitstensor diagonal ist, und das raumfeste Bezugssystem durch die orthogonale Transformation $D\mathcal{O}$ miteinander verknüpft sind. Es ist daher naheliegend, zu versuchen, die Produkttransformation $D\mathcal{O}$ (und nicht $D$ einzeln) in einfachst möglicher Weise [wie z. B. in (8.7)] mit Hilfe von Winkelvariablen zu parametrisieren. Eine mögliche Parametrisierung der Transformation $D\mathcal{O}$ mit Hilfe von Euler-Winkeln wird in Abschnitt [8.4] behandelt.

### Winkelgeschwindigkeiten als Funktionen von $\boldsymbol{\vartheta}$ und $\dot{\boldsymbol{\vartheta}}$

Wir stellen also fest, dass die Rotationsanteile der kinetischen Energie und des Drehimpulses eine sehr einfache Form erhalten, falls man sie als Funktionen der Winkelgeschwindigkeit $\bar{\boldsymbol{\omega}}$ oder $\bar{\bar{\boldsymbol{\omega}}}$ betrachtet. Versucht man nun, auch die Bewegungsgleichung des starren Körpers mit Hilfe von $\bar{\boldsymbol{\omega}}$ oder $\bar{\bar{\boldsymbol{\omega}}}$ zu formulieren, so erhält man die *Euler-Gleichung* (s. unten), die besonders dann vorteilhaft ist, wenn keine äußeren Kräfte auf den Körper einwirken. Falls jedoch äußere Kräfte vorliegen, ist der übliche *Lagrange-Formalismus* meistens einfacher. Um die Lagrange-Funktion formulieren zu können, benötigt man die kinetische Energie als Funktion der Variablen $\dot{\mathbf{x}}_{\mathrm{M}}$, $\boldsymbol{\vartheta}$ und $\dot{\boldsymbol{\vartheta}}$ statt als Funktion von $\dot{\mathbf{x}}_{\mathrm{M}}$, $\boldsymbol{\vartheta}$ und $\boldsymbol{\omega}$ (bzw. $\bar{\boldsymbol{\omega}}$ oder $\bar{\bar{\boldsymbol{\omega}}}$). Mit Hilfe der Beziehung $\Omega = D\dot{D}^{\mathrm{T}}$ kann man nun schreiben:

$$\omega_\alpha = \tfrac{1}{2}\varepsilon_{\alpha\beta\gamma}\Omega_{\beta\gamma} = \tfrac{1}{2}\varepsilon_{\alpha\beta\gamma}D_{\beta\delta}(\dot{D}^{\mathrm{T}})_{\delta\gamma} = \tfrac{1}{2}\varepsilon_{\alpha\beta\gamma}D_{\beta\delta}\frac{\partial D_{\gamma\delta}}{\partial\vartheta_\eta}\dot{\vartheta}_\eta$$

und daher

$$\boxed{\boldsymbol{\omega} = W(\boldsymbol{\vartheta})\dot{\boldsymbol{\vartheta}} \quad , \quad W_{\alpha\eta} \equiv \tfrac{1}{2}\varepsilon_{\alpha\beta\gamma}D_{\beta\delta}\frac{\partial D_{\gamma\delta}}{\partial\vartheta_\eta} .}$$

---

[7]Diese Achsen sind u. U. nicht eindeutig definiert: Falls z. B. zwei Eigenwerte gleich sind, kann man im entsprechenden zweidimensionalen Unterraum zwei orthogonale Achsen *wählen*.

Man erhält somit den vertrauten Ausdruck für die kinetische Energie

$$T_{\text{rot}} = \tfrac{1}{2}\boldsymbol{\omega}^{\mathrm{T}} I \boldsymbol{\omega} = \tfrac{1}{2}\dot{\boldsymbol{\vartheta}}^{\mathrm{T}} M(\boldsymbol{\vartheta})\dot{\boldsymbol{\vartheta}} \tag{8.28}$$

mit einem Massentensor $M(\boldsymbol{\vartheta}) \equiv W(\boldsymbol{\vartheta})^{\mathrm{T}} I W(\boldsymbol{\vartheta})$. Mit Hilfe der Beziehungen

$$\bar{\boldsymbol{\omega}} = D^{\mathrm{T}}\boldsymbol{\omega} = D^{\mathrm{T}} W \dot{\boldsymbol{\vartheta}} = \bar{W}\dot{\boldsymbol{\vartheta}} \quad , \quad \bar{W}(\boldsymbol{\vartheta}) \equiv D^{\mathrm{T}} W$$

und

$$\bar{\bar{\boldsymbol{\omega}}} = \mathcal{O}^{\mathrm{T}}\bar{\boldsymbol{\omega}} = \mathcal{O}^{\mathrm{T}} D^{\mathrm{T}} W \dot{\boldsymbol{\vartheta}} = \bar{\bar{W}}\dot{\boldsymbol{\vartheta}} \quad , \quad \bar{\bar{W}}(\boldsymbol{\vartheta}) \equiv \mathcal{O}^{\mathrm{T}} D^{\mathrm{T}} W = \mathcal{O}^{\mathrm{T}}\bar{W}$$

findet man die folgenden alternativen Ausdrücke für den Massentensor:

$$M(\boldsymbol{\vartheta}) = \bar{W}(\boldsymbol{\vartheta})^{\mathrm{T}} \bar{I}\bar{W}(\boldsymbol{\vartheta}) = \bar{\bar{W}}(\boldsymbol{\vartheta})^{\mathrm{T}} \bar{\bar{I}}\bar{\bar{W}}(\boldsymbol{\vartheta}) \; , \tag{8.29}$$

die insofern einfacher sind, als sie den (zeitunabhängigen) Trägheitstensor $\bar{I}$ bzw. $\bar{\bar{I}}$ im körperfesten System enthalten. Hiermit ist zumindest der *kinetische* Anteil $T(\mathbf{q}, \dot{\mathbf{q}})$ der Lagrange-Funktion des starren Körpers im Prinzip vollständig bekannt.

## 8.3 Die Bewegungsgleichungen des starren Körpers

Um die *Bewegungsgleichungen* des starren Körpers herleiten zu können, formulieren wir zuerst die entsprechende *Lagrange-Funktion* und leiten hieraus die *Lagrange-Gleichungen* ab. Wir zeigen danach, dass man die Dynamik des starren Körpers alternativ (und äquivalent) auch mit Hilfe der sogenannten *Euler-Gleichungen* für die Winkelgeschwindigkeiten beschreiben kann.

### Lagrange-Funktion und Lagrange-Gleichungen

Für die Beschreibung der Dynamik der *sechs* unabhängigen Freiheitsgrade des starren Körpers benötigen wir im Allgemeinen *sechs* unabhängige Bewegungsgleichungen. Diese Bewegungsgleichungen können aus der Lagrange-Funktion des starren Körpers hergeleitet werden, die [siehe die Gleichungen (8.4), (8.6), (8.11) und (8.28)] im Allgemeinen die Form

$$\boxed{L(\mathbf{x}_{\mathrm{M}}, \dot{\mathbf{x}}_{\mathrm{M}}, \boldsymbol{\vartheta}, \dot{\boldsymbol{\vartheta}}, t) = \tfrac{1}{2} M \dot{\mathbf{x}}_{\mathrm{M}}^2 + \tfrac{1}{2}\dot{\boldsymbol{\vartheta}}^{\mathrm{T}} M(\boldsymbol{\vartheta})\dot{\boldsymbol{\vartheta}} - V(\mathbf{x}_{\mathrm{M}}, \dot{\mathbf{x}}_{\mathrm{M}}, \boldsymbol{\vartheta}, \dot{\boldsymbol{\vartheta}}, t)}$$

hat. Der Einfachheit halber nehmen wir im Folgenden an, dass die räumlich gemittelte Ladungsdichte des starren Körpers *null* ist, sodass eventuell vorliegende elektromagnetische Felder keinen Einfluss auf seine Dynamik haben. In diesem Fall ist das Potential vollständig durch nicht-elektromagnetische äußere Kräfte bestimmt:

$$V = V_{\mathrm{ex}}^{\mathrm{K}}(\{\mathbf{x}_i\}, t) = V_{\mathrm{ex}}^{\mathrm{K}}(\{\mathbf{x}_{\mathrm{M}} + D(\boldsymbol{\vartheta})\bar{\boldsymbol{\xi}}_i\}, t) \equiv V(\mathbf{x}_{\mathrm{M}}, \boldsymbol{\vartheta}, t) \; .$$

Folglich vereinfacht sich die Lagrange-Funktion auf

$$L(\mathbf{x}_{\mathrm{M}}, \dot{\mathbf{x}}_{\mathrm{M}}, \boldsymbol{\vartheta}, \dot{\boldsymbol{\vartheta}}, t) = \tfrac{1}{2} M \dot{\mathbf{x}}_{\mathrm{M}}^2 + \tfrac{1}{2}\dot{\boldsymbol{\vartheta}}^{\mathrm{T}} M(\boldsymbol{\vartheta})\dot{\boldsymbol{\vartheta}} - V(\mathbf{x}_{\mathrm{M}}, \boldsymbol{\vartheta}, t) \; ,$$

sodass die entsprechenden Lagrange-Gleichungen lauten:

$$M\ddot{\mathbf{x}}_{\mathrm{M}} = -\frac{\partial V}{\partial \mathbf{x}_{\mathrm{M}}}(\mathbf{x}_{\mathrm{M}}, \boldsymbol{\vartheta}, t) \tag{8.30a}$$

$$\frac{d}{dt}\left[M(\boldsymbol{\vartheta})\dot{\boldsymbol{\vartheta}}\right] = -\frac{\partial V}{\partial \boldsymbol{\vartheta}}(\mathbf{x}_{\mathrm{M}}, \boldsymbol{\vartheta}, t) + \frac{\partial}{\partial \boldsymbol{\vartheta}}\left[\tfrac{1}{2}\dot{\boldsymbol{\vartheta}}^{\mathrm{T}}M(\boldsymbol{\vartheta})\dot{\boldsymbol{\vartheta}}\right] . \tag{8.30b}$$

Die Gleichung $M\ddot{\mathbf{x}}_{\mathrm{M}} = -\frac{\partial V}{\partial \mathbf{x}_{\mathrm{M}}}$ in (8.30a) besagt, dass die Gesamtkraft

$$-\left(\frac{\partial V}{\partial \mathbf{x}_{\mathrm{M}}}\right)_{\boldsymbol{\vartheta},t} = -\sum_{i=1}^{N}\left(\frac{\partial \mathbf{x}_i}{\partial \mathbf{x}_{\mathrm{M}}}\right)_{\boldsymbol{\vartheta}}^{\mathrm{T}}\left(\frac{\partial V_{\mathrm{ex}}^{\mathrm{K}}}{\partial \mathbf{x}_i}\right)_t = \sum_{i=1}^{N}\mathbb{1}_3\mathbf{F}_i = \sum_{i=1}^{N}\mathbf{F}_i \equiv \mathbf{F}$$

im Massenschwerpunkt $\mathbf{x}_{\mathrm{M}}$ angreift und den starren Körper beschleunigt, als ob die Gesamtmasse $M$ im Massenschwerpunkt konzentriert wäre. Die zweite Gleichung (8.30b) beschreibt die Dynamik der Winkelvariablen $\boldsymbol{\vartheta}(t)$ und kann im Detail sehr kompliziert sein. Es ist daher gelegentlich vorteilhaft, die Gleichung für $\dot{\boldsymbol{\vartheta}}$ in (8.30b) durch eine äquivalente, jedoch bequemere Gleichung für die Winkelgeschwindigkeit $\bar{\boldsymbol{\omega}}$ bzw. $\bar{\bar{\boldsymbol{\omega}}}$ zu ersetzen. Die Herleitung dieser Gleichung, der sogenannten *Euler-Gleichung*, verläuft wie folgt.

### Herleitung der Euler-Gleichung im körperfesten Bezugssystem

Zur Herleitung der Euler-Gleichung geht man von der allgemein gültigen Bewegungsgleichung für den Gesamtdrehimpuls des starren Körpers aus:

$$\frac{d\mathbf{L}}{dt} = \mathbf{N} \quad , \quad \mathbf{N} = \sum_i \mathbf{x}_i \times \mathbf{F}_i , \tag{8.31}$$

wobei $\mathbf{N}$ das Gesamtdrehmoment darstellt. Für den starren Körper hat das Gesamtdrehmoment eine recht einfache Form:

$$\mathbf{N} = \sum_i \left[\mathbf{x}_{\mathrm{M}}(t) + D(\boldsymbol{\vartheta}(t))\bar{\boldsymbol{\xi}}_i\right] \times \mathbf{F}_i = \mathbf{x}_{\mathrm{M}} \times \left(\sum_i \mathbf{F}_i\right) + \sum_i \left(D\bar{\boldsymbol{\xi}}_i\right) \times \left(DD^{\mathrm{T}}\mathbf{F}_i\right)$$

$$= \mathbf{x}_{\mathrm{M}} \times \mathbf{F} + \mathbf{N}_{\mathrm{rot}} .$$

Hierbei ist der Rotationsanteil des Gesamtdrehmoments gegeben durch:

$$\mathbf{N}_{\mathrm{rot}} = D\sum_i \bar{\boldsymbol{\xi}}_i \times \left(D^{\mathrm{T}}\mathbf{F}_i\right) \equiv D\sum_i \bar{\boldsymbol{\xi}}_i \times \bar{\mathbf{F}}_i \equiv D\bar{\mathbf{N}}_{\mathrm{rot}} .$$

Andererseits weist auch die Zeitableitung $\frac{d\mathbf{L}}{dt}$ aufgrund von Gleichung (8.24) eine additive Struktur der Translations- und Rotationsbeiträge auf:

$$\frac{d\mathbf{L}}{dt} = \frac{d}{dt}\left(M\mathbf{x}_{\mathrm{M}} \times \dot{\mathbf{x}}_{\mathrm{M}} + \mathbf{L}_{\mathrm{rot}}\right) = M\mathbf{x}_{\mathrm{M}} \times \ddot{\mathbf{x}}_{\mathrm{M}} + \frac{d}{dt}\mathbf{L}_{\mathrm{rot}} = \mathbf{x}_{\mathrm{M}} \times \mathbf{F} + \frac{d}{dt}D\bar{\mathbf{L}}_{\mathrm{rot}} .$$

Durch Einsetzen der Ergebnisse für $\mathbf{N}$ und $\frac{d\mathbf{L}}{dt}$ in die Bewegungsgleichung (8.31) erhält man eine einfache Gleichung für die Rotationsfreiheitsgrade:

$$\boxed{\begin{aligned} \bar{\mathbf{N}}_{\mathrm{rot}} &= D^{\mathrm{T}}\frac{d}{dt}D\bar{\mathbf{L}}_{\mathrm{rot}} = D^{\mathrm{T}}\frac{d}{dt}D\bar{I}\bar{\boldsymbol{\omega}} = \bar{I}\dot{\bar{\boldsymbol{\omega}}} + D^{\mathrm{T}}\dot{D}\bar{I}\bar{\boldsymbol{\omega}} \\ &= \bar{I}\dot{\bar{\boldsymbol{\omega}}} - \Omega I\bar{\boldsymbol{\omega}} = \bar{I}\dot{\bar{\boldsymbol{\omega}}} + \bar{\boldsymbol{\omega}} \times \left(I\bar{\boldsymbol{\omega}}\right) . \end{aligned}} \tag{8.32}$$

Gleichung (8.32) ist die bereits erwähnte *Euler-Gleichung*. In ihre Herleitung geht entscheidend ein, dass der Trägheitstensor $\bar{I}$ im körperfesten System *zeitunabhängig* ist. Es ist klar, dass die Euler-Gleichung besonders dann hilfreich ist, wenn das Gesamtdrehmoment der Rotationsfreiheitsgrade $\bar{\mathbf{N}}_{\text{rot}}$ eine einfache Form hat.

### Euler-Gleichung mit diagonalisiertem Trägheitstensor

Ähnlich wie die Ausdrücke für die kinetische Energie und den Drehimpuls, kann auch die Euler-Gleichung (8.32) weiter vereinfacht werden durch Transformation auf ein körperfestes Bezugssystem, in dem der Trägheitstensor *diagonal* ist. Durch Einsetzen der beiden Beziehungen $\bar{I} = \mathcal{O}\bar{\bar{I}}\mathcal{O}^{\mathrm{T}}$ und $\mathcal{O}^{\mathrm{T}}\bar{\boldsymbol{\omega}} = \bar{\bar{\boldsymbol{\omega}}}$ in (8.32) folgt mit Hilfe der Definition $\mathcal{O}^{\mathrm{T}}\bar{\mathbf{N}}_{\text{rot}} \equiv \bar{\bar{\mathbf{N}}}_{\text{rot}}$:

$$\bar{\bar{\mathbf{N}}}_{\text{rot}} = \mathcal{O}^{\mathrm{T}}\bar{\mathbf{N}}_{\text{rot}} = \bar{\bar{I}}(\mathcal{O}^{\mathrm{T}}\dot{\boldsymbol{\omega}}) + \mathcal{O}^{\mathrm{T}}\left[(\mathcal{O}\bar{\boldsymbol{\omega}}) \times (\mathcal{O}\bar{\bar{I}}\bar{\boldsymbol{\omega}})\right]$$
$$= \bar{\bar{I}}\dot{\bar{\bar{\boldsymbol{\omega}}}} + \bar{\bar{\boldsymbol{\omega}}} \times \left(\bar{\bar{I}}\bar{\bar{\boldsymbol{\omega}}}\right) , \tag{8.33}$$

und man erhält in Komponentenschreibweise:

$$\begin{aligned}
\bar{\bar{N}}_{\text{rot},1} &= j_1\dot{\bar{\bar{\omega}}}_1 + (j_3 - j_2)\bar{\bar{\omega}}_2\bar{\bar{\omega}}_3 \\
\bar{\bar{N}}_{\text{rot},2} &= j_2\dot{\bar{\bar{\omega}}}_2 + (j_1 - j_3)\bar{\bar{\omega}}_3\bar{\bar{\omega}}_1 \\
\bar{\bar{N}}_{\text{rot},3} &= j_3\dot{\bar{\bar{\omega}}}_3 + (j_2 - j_1)\bar{\bar{\omega}}_1\bar{\bar{\omega}}_2 .
\end{aligned} \tag{8.34}$$

Diese letzte Form der Euler-Gleichungen ist besonders häufig in der Literatur anzutreffen; sie stellt einen geeigneten Startpunkt für konkrete Untersuchungen der Dynamik starrer Körper dar.

### Äquivalenz von Euler- und Lagrange-Gleichung

Es ist wichtig, zu beachten, dass die Euler-Gleichung (8.33) vollkommen äquivalent ist zur Lagrange-Gleichung (8.30b),

$$-\frac{\partial V}{\partial \boldsymbol{\vartheta}} = \frac{d}{dt}\left(\frac{\partial T}{\partial \dot{\boldsymbol{\vartheta}}}\right) - \frac{\partial T}{\partial \boldsymbol{\vartheta}} ,$$

oder genauer zu:

$$-\left(\bar{\bar{W}}^{\mathrm{T}}\right)^{-1}\frac{\partial V}{\partial \boldsymbol{\vartheta}} = \left(\bar{\bar{W}}^{\mathrm{T}}\right)^{-1}\left[\frac{d}{dt}\left(\frac{\partial T}{\partial \dot{\boldsymbol{\vartheta}}}\right) - \frac{\partial T}{\partial \boldsymbol{\vartheta}}\right] , \tag{8.35}$$

und sich insofern vollständig in den üblichen Lagrange-Formalismus eingliedern lässt. Hierzu zeigen wir zunächst, dass die beiden *linken* Seiten der Gleichungen (8.33) und (8.35) gleich sind, d. h., dass

$$\bar{\bar{W}}^{\mathrm{T}}\bar{\bar{\mathbf{N}}}_{\text{rot}} = -\left(\frac{\partial V}{\partial \boldsymbol{\vartheta}}\right)_{\mathbf{x}_{\mathrm{M}},t}$$

gilt. Wegen der Identitäten $\bar{\bar{W}}^{\mathrm{T}}\bar{\bar{\mathbf{N}}}_{\text{rot}} = \bar{W}^{\mathrm{T}}\bar{\mathbf{N}}_{\text{rot}} = W^{\mathrm{T}}\mathbf{N}_{\text{rot}}$ ist es ausreichend, alternativ zu zeigen: $(W^{\mathrm{T}})_{\eta\alpha}N_{\text{rot},\alpha} = -\frac{\partial V}{\partial \vartheta_\eta}$ ($\eta = 1, 2, 3$). Die Gültigkeit dieser letzten Gleichung folgt aus:

$$\left(W^{\mathrm{T}}\right)_{\eta\alpha} N_{\mathrm{rot},\alpha} = \sum_i \left(W^{\mathrm{T}}\right)_{\eta\alpha}\left[(D\bar{\boldsymbol{\xi}}_i)\times\mathbf{F}_i\right]_\alpha = \sum_i W_{\alpha\eta}\varepsilon_{\alpha\lambda\mu}D_{\lambda\nu}\bar{\xi}_{i\nu}F_{i\mu}$$

$$= \sum_i \tfrac{1}{2}\varepsilon_{\alpha\beta\gamma}D_{\beta\delta}\frac{\partial D_{\gamma\delta}}{\partial\vartheta_\eta}\varepsilon_{\alpha\lambda\mu}D_{\lambda\nu}\bar{\xi}_{i\nu}F_{i\mu} = \sum_i \frac{\partial D_{\mu\nu}}{\partial\vartheta_\eta}\bar{\xi}_{i\nu}F_{i\mu}$$

$$= \sum_i \left(\frac{\partial D}{\partial\vartheta_\eta}\bar{\boldsymbol{\xi}}\right)\mathbf{F}_i = \sum_i \left(\frac{\partial\mathbf{x}_i}{\partial\vartheta_\eta}\right)_{\mathbf{x}_{\mathrm{M}}}\cdot\left[-\left(\frac{\partial V_{\mathrm{ex}}^{\mathrm{K}}}{\partial\mathbf{x}_i}\right)_t\right] = -\left(\frac{\partial V}{\partial\vartheta_\eta}\right)_{\mathbf{x}_{\mathrm{M}},t},$$

wobei die Definition der Matrix $W(\boldsymbol{\vartheta})$ und die Eigenschaften des $\varepsilon$-Tensors und der Matrix $D(\boldsymbol{\vartheta})$ verwendet wurden. Analog (allerdings mit etwas mehr Aufwand) kann man zeigen, dass auch die beiden *rechten* Seiten der Gleichungen (8.33) und (8.35) identisch sind. Insgesamt können wir daher schließen, dass die Euler-Gleichung (8.33) und die Lagrange-Gleichung (8.30b) äquivalent sind,[8] unabhängig von der konkreten Wahl der Winkelvariablen $\boldsymbol{\vartheta}$.

# 8.4   Explizite Form von D, $\Omega$, $\bar{\Omega}$, $\omega$ und $\bar{\omega}$

Wir definieren zuerst die *Euler-Winkel*, besprechen ihre Beziehung zur herkömmlichen Darstellung von Drehungen mit dem Drehvektor $\boldsymbol{\alpha}$ und behandeln die *Winkelgeschwindigkeit* in der Euler-Darstellung sowie zwei einfache Beispiele für die mögliche Form der *potentiellen* Energie. Anschließend diskutieren wir dann in Abschnitt [8.4.1] die Form der *Lagrange-Funktion* für einige Spezialfälle des starren Körpers, wie den starren Rotator, den Kreisel sowie das sphärische, das physikalische und das mathematische Pendel.

### Definition der Euler-Winkel

Es wurde bereits mehrmals darauf hingewiesen (siehe die Abschnitte [8.1] und [8.2]), dass man bei der Definition der Drehmatrix $D(\boldsymbol{\vartheta})$ eine gewisse Wahlfreiheit hat. Die bisherigen Überlegungen sind unabhängig von der genauen Definition von $D(\boldsymbol{\vartheta})$. Nun werden wir $D(\boldsymbol{\vartheta})$ traditionsgemäß mit Hilfe der *Euler-Winkel* parametrisieren:

$$D(\boldsymbol{\vartheta})\mathcal{O} \equiv R(\vartheta_3\hat{\mathbf{e}}_3)R(\vartheta_2\hat{\mathbf{e}}_1)R(\vartheta_1\hat{\mathbf{e}}_3) \equiv R_3R_2R_1\,, \tag{8.36}$$

wobei $\mathcal{O}$ die zeitunabhängige orthogonale Transformation darstellt, die den Trägheitstensor im körperfesten Bezugssystem diagonalisiert. Es ist nicht schwierig, die Produkttransformation $R_3R_2R_1$ explizit auszurechnen. Das Ergebnis lautet:

$$R_3R_2R_1 = \begin{pmatrix} c_1c_3 - s_1c_2s_3 & -s_1c_3 - c_1c_2s_3 & s_2s_3 \\ c_1s_3 + s_1c_2c_3 & -s_1s_3 + c_1c_2c_3 & -s_2c_3 \\ s_1s_2 & c_1s_2 & c_2 \end{pmatrix}, \tag{8.37}$$

wobei wir für $i = 1,2,3$ definierten: $c_i \equiv \cos(\vartheta_i), s_i \equiv \sin(\vartheta_i)$. Bemerkenswert an der Definition (8.36) ist, dass *zwei* Drehungen um die $\hat{\mathbf{e}}_3$-Achse durchgeführt werden, die durch eine Drehung um die $\hat{\mathbf{e}}_1$-Achse voneinander getrennt sind.

### Beziehung zur alternativen Darstellung mit dem Drehvektor $\alpha$

Wie bereits in Abschnitt [8.1] erklärt, kann man das Produkt $R_3R_2R_1$ selbstverständlich auch in der Form $R_3R_2R_1 = R(\boldsymbol{\alpha})$ darstellen, nur ist diese Darstellung

---

[8]Dies bedeutet, dass man bei Bedarf $\frac{d}{dt}\left(\frac{\partial L}{\partial\dot{\boldsymbol{\vartheta}}}\right) - \frac{\partial L}{\partial\boldsymbol{\vartheta}} \to W^{\mathrm{T}}\left(\frac{d}{dt}\mathbf{L}_{\mathrm{rot}} - \mathbf{N}_{\mathrm{rot}}\right)$ ersetzen kann.

für unsere Zwecke unbequem. Die Drehrichtung $\hat{\boldsymbol{\alpha}}$ erhält man aus (8.37) als Eigenvektor zum Eigenwert eins: $[R_3 R_2 R_1 - \mathbb{1}_3]\hat{\boldsymbol{\alpha}} = \mathbf{0}$. Um auch den Drehwinkel $\alpha$ zu erhalten, stellen wir fest, dass die Identität (2.33),

$$R(\boldsymbol{\alpha})\mathbf{x} = \hat{\boldsymbol{\alpha}}(\hat{\boldsymbol{\alpha}} \cdot \mathbf{x}) - \hat{\boldsymbol{\alpha}} \times (\hat{\boldsymbol{\alpha}} \times \mathbf{x})\cos(\alpha) + (\hat{\boldsymbol{\alpha}} \times \mathbf{x})\sin(\alpha) \ ,$$

eine Beziehung zwischen der Spur der Matrix $R(\boldsymbol{\alpha})$ und dem Winkel $\alpha$ impliziert:

$$\mathrm{Sp}[R(\boldsymbol{\alpha})] = \sum_{i=1}^{3} \hat{\mathbf{e}}_i^{\mathrm{T}} R(\boldsymbol{\alpha})\hat{\mathbf{e}}_i = 1 + 2\cos(\alpha) \ ,$$

die nach $\cos(\alpha)$ aufgelöst werden kann:

$$\cos(\alpha) = \tfrac{1}{2}\left\{\mathrm{Sp}[R(\boldsymbol{\alpha})] - 1\right\} = \tfrac{1}{2}\left\{\mathrm{Sp}[R_3 R_2 R_1] - 1\right\} \ .$$

Außerdem gilt

$$\sin(\alpha) = \tfrac{1}{2}\mathrm{Sp}[AR(\boldsymbol{\alpha})] = \tfrac{1}{2}\mathrm{Sp}[AR_3 R_2 R_1] \quad \text{mit} \quad A_{ij} \equiv \varepsilon_{ijk}\hat{\alpha}_k \ ,$$

sodass $\alpha$ (modulo $2\pi$) eindeutig bestimmt ist. Falls erwünscht, ist ein Übergang zwischen beiden Darstellungen also durchaus möglich.

### Die Winkelgeschwindigkeit in der Euler-Darstellung

Definieren wir nun die drei Hilfsmatrizen $\Omega_i \equiv -\dot{R}_i R_i^{\mathrm{T}}$ $(i = 1, 2, 3)$, so gilt für die Matrix $\Omega$ in der Euler-Darstellung:

$$\begin{aligned}
\Omega &= -\dot{D}D^{\mathrm{T}} = -\dot{D}\mathcal{O}\mathcal{O}^{\mathrm{T}}D^{\mathrm{T}} = -(\dot{D}\mathcal{O})(D\mathcal{O})^{\mathrm{T}} \\
&= -\left(\dot{R}_3 R_2 R_1 + R_3 \dot{R}_2 R_1 + R_3 R_2 \dot{R}_1\right)R_1^{\mathrm{T}}R_2^{\mathrm{T}}R_3^{\mathrm{T}} \\
&= -\left(\dot{R}_3 R_3^{\mathrm{T}} + R_3 \dot{R}_2 R_2^{\mathrm{T}} R_3^{\mathrm{T}} + R_3 R_2 \dot{R}_1 R_1^{\mathrm{T}} R_2^{\mathrm{T}} R_3^{\mathrm{T}}\right) \\
&= \Omega_3 + R_3 \Omega_2 R_3^{\mathrm{T}} + R_3 R_2 \Omega_1 R_2^{\mathrm{T}} R_3^{\mathrm{T}} \ .
\end{aligned} \tag{8.38}$$

Hierbei sind die Hilfsmatrizen $\Omega_i$ durch:

$$\Omega_1 = -\dot{\vartheta}_1 \begin{pmatrix} 0 & -1 & 0 \\ 1 & 0 & 0 \\ 0 & 0 & 0 \end{pmatrix} \quad , \quad \Omega_2 = -\dot{\vartheta}_2 \begin{pmatrix} 0 & 0 & 0 \\ 0 & 0 & -1 \\ 0 & 1 & 0 \end{pmatrix} \quad , \quad \Omega_3 = -\dot{\vartheta}_3 \begin{pmatrix} 0 & -1 & 0 \\ 1 & 0 & 0 \\ 0 & 0 & 0 \end{pmatrix}$$

gegeben. Die explizite Berechnung der rechten Seite von (8.38) ergibt nun zuerst die Matrix $\Omega$ und daher auch $\omega_\alpha = \tfrac{1}{2}\varepsilon_{\alpha\beta\gamma}\Omega_{\beta\gamma}$:

$$\boldsymbol{\omega} = \begin{pmatrix} s_2 s_3 & c_3 & 0 \\ -s_2 c_3 & s_3 & 0 \\ c_2 & 0 & 1 \end{pmatrix}\dot{\boldsymbol{\vartheta}} \ .$$

Mit Hilfe der Drehmatrix $D\mathcal{O} = R_3 R_2 R_1$ in (8.37) erhält man einen Ausdruck für die Winkelgeschwindigkeit $\bar{\boldsymbol{\omega}} = (D\mathcal{O})^{\mathrm{T}}\boldsymbol{\omega}$ im körperfesten Bezugssystem:

$$\bar{\boldsymbol{\omega}} = \begin{pmatrix} 0 & c_1 & s_1 s_2 \\ 0 & -s_1 & c_1 s_2 \\ 1 & 0 & c_2 \end{pmatrix}\dot{\boldsymbol{\vartheta}} \equiv \bar{\bar{W}}(\boldsymbol{\vartheta})\dot{\boldsymbol{\vartheta}} \ . \tag{8.39}$$

Hiermit sind nun auch die Matrix $\bar{\bar{W}}$, die die Winkelgeschwindigkeit $\bar{\boldsymbol{\omega}}$ mit $\dot{\boldsymbol{\vartheta}}$ verknüpft, und somit auch der Massentensor $M(\boldsymbol{\vartheta})$ in (8.29) und die kinetische Energie $T_{\mathrm{rot}}$ in (8.28) explizit als Funktionen der Euler-Winkel bekannt.

**Einfache Beispiele für die mögliche Form der *potentiellen* Energie**

Für manche Spezialfälle hat auch die *potentielle* Energie des starren Körpers eine einfache Form, sodass die Lagrange-Funktion insgesamt bekannt und in einfacher Weise darstellbar ist. Das wichtigste Beispiel ist wohl dasjenige eines starren Körpers im Schwerkraftfeld der Erde nahe der Erdoberfläche mit dem Potential:

$$V = \sum_{i=1}^{N} m_i g \mathbf{x}_i \cdot \hat{\mathbf{e}}_3 = \sum_{i=1}^{N} m_i g (\mathbf{x}_{\mathrm{M}} + \boldsymbol{\xi}_i) \cdot \hat{\mathbf{e}}_3 = M g x_{\mathrm{M3}} + g \left( \sum_{i=1}^{N} m_i \boldsymbol{\xi}_i \right) \cdot \hat{\mathbf{e}}_3$$

$$= M g x_{\mathrm{M3}} \,.$$

Wir verwendeten wiederum die Identität (8.9). Die Lagrange-Funktion ist in diesem Fall also durch

$$\boxed{L = \tfrac{1}{2} M \dot{\mathbf{x}}_{\mathrm{M}}^2 + \tfrac{1}{2} \dot{\boldsymbol{\vartheta}}^{\mathrm{T}} M(\boldsymbol{\vartheta}) \dot{\boldsymbol{\vartheta}} - M g x_{\mathrm{M3}}}$$

gegeben. Es folgt, dass die Translations- und Rotationsfreiheitsgrade nicht miteinander gekoppelt sind: Die Lagrange-Gleichung $M \ddot{\mathbf{x}}_{\mathrm{M}} = -M g \hat{\mathbf{e}}_3$ für die Translationsbewegung zeigt, dass die (zeit- und orts*un*abhängige) Schwerkraft im Massenschwerpunkt angreift und den starren Körper in $(-\hat{\mathbf{e}}_3)$-Richtung beschleunigt. Da das Potential $\boldsymbol{\vartheta}$-unabhängig ist, erfolgt die Rotationsbewegung kräftefrei.

Ein zweites, weitaus spezielleres Beispiel mit einer einfachen Form für die potentielle Energie ist ein starrer Körper, dessen Massenpunkte $m_i$ alle *harmonisch* mit Federkonstanten $k_i = m_i \omega^2$ an einen festen Punkt gebunden sind, den wir o. B. d. A. als Ursprung des Koordinatensystems wählen können. Die potentielle Energie ist in diesem Fall gegeben durch:

$$V = \sum_{i=1}^{N} \tfrac{1}{2} m_i \omega^2 \mathbf{x}_i^2 = \sum_{i=1}^{N} \tfrac{1}{2} m_i \omega^2 (\mathbf{x}_{\mathrm{M}} + \boldsymbol{\xi}_i)^2 = \tfrac{1}{2} M \omega^2 \mathbf{x}_{\mathrm{M}}^2 + \tfrac{1}{2} \omega^2 \sum_{i=1}^{N} m_i \boldsymbol{\xi}_i^2$$

$$= \tfrac{1}{2} M \omega^2 \mathbf{x}_{\mathrm{M}}^2 + \tfrac{1}{4} \omega^2 \mathrm{Sp}(I) \,.$$

Im dritten Schritt verwendeten wir wieder die Identität (8.9). Da im letzten Term $\mathrm{Sp}(I) = \mathrm{Sp}(\bar{I}) = \mathrm{Sp}(\bar{\bar{I}})$ zeitunabhängig ist, ist das Potential, abgesehen von einer wirkungslosen Konstanten, durch $V = \tfrac{1}{2} M \omega^2 \mathbf{x}_{\mathrm{M}}^2$ gegeben. Es folgt, dass die Translations- und Rotationsfreiheitsgrade auch in diesem Fall entkoppelt sind.

## 8.4.1 Zusätzliche Zwangsbedingungen

Die bisherigen Argumente für starre Körper mit Translations- und Rotationsfreiheitsgraden ($f = 6$) können problemlos für Systeme mit einer geringeren Anzahl von Freiheitsgraden übernommen werden.

**Der starre Rotator** Für den starren Rotator ($f = 3$) mit dem festgehaltenen Referenzpunkt $\mathbf{x}_0 \neq \mathbf{x}_{\mathrm{M}}$ entfallen z. B. die Translationsbeiträge zur kinetischen Energie und zum Drehimpuls. Man muss in den Rotationsbeiträgen lediglich $\bar{\boldsymbol{\xi}}_i \rightarrow \bar{\boldsymbol{\xi}}_i' \equiv \mathbf{x}_i(0) - \mathbf{x}_0$ ersetzen. Der Trägheitstensor $I_{\mathbf{x}_0} = I_{\mathbf{x}_{\mathrm{M}} - \boldsymbol{\delta}}$ mit $\boldsymbol{\delta} = \mathbf{x}_{\mathrm{M}} - \mathbf{x}_0$ des starren Rotators ist entsprechend durch die rechte Seite von (8.22) gegeben.[9]

Als einfaches Beispiel für einen starren *Rotator* zeigen wir in Abbildung 8.2 noch einmal den starren *Körper* aus Abb. 8.1 mit der Form eines Oktaeders, an

---

[9]Es gilt dann $T_{\mathrm{rot}} = \tfrac{1}{2} \boldsymbol{\omega}^{\mathrm{T}} I_{\mathbf{x}_0} \boldsymbol{\omega}$ und $\mathbf{L}_{\mathrm{rot}} \equiv \sum_{i=1}^{N} \boldsymbol{\xi}_i' \times \dot{\boldsymbol{\xi}}_i' = \sum_{i=1}^{N} \boldsymbol{\xi}_i' \times (\boldsymbol{\omega} \times \boldsymbol{\xi}_i') = I_{\mathbf{x}_0} \boldsymbol{\omega}$.

dessen Eckpunkten sich Massen $m_{i\sigma}$ (mit $i = 1, 2, 3$ und $\sigma = \pm$) befinden. Der wesentliche Unterschied zu Abb. 8.1 ist jedoch, dass der (in Abb. 8.2 *rot* einge-zeichnete) Referenzpunkt $\mathbf{x}_0 \neq \mathbf{x}_M$ nun festgehalten wird. Der starre Rotator in Abb. 8.2 hat also nur noch *drei* Freiheitsgrade: Das Oktaeder kann sich um eine beliebige Achse durch den Referenz-punkt $\mathbf{x}_0$ drehen, und die (im Allge-meinen *zeitabhängige*) Orientierung dieser Achse wird durch zwei weitere Freiheitsgrade festgelegt. Der festge-haltene Referenzpunkt $\mathbf{x}_0$ kann (an-ders als in Abb. 8.2) auch *außer-halb* des starren Rotators liegen, muss dann jedoch durch masselose Stäbe mit ihm verbunden sein.

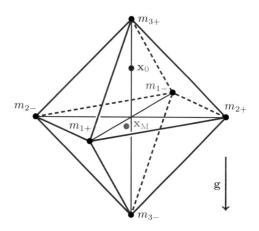

Ein starrer Rotator unter der Ein-wirkung der *Schwerkraft* (also mit $\mathbf{g} \neq \mathbf{0}$ in Abb. 8.2) wird als *Kreisel* bezeichnet. Für den starren Rotator und daher auch für den Kreisel ist die Drehmatrix $D(\boldsymbol{\vartheta})$, wie für den star-ren Körper, generell von drei Winkel-variablen $(\vartheta_1, \vartheta_2, \vartheta_3)$ abhängig. Wir wählen

**Abb. 8.2** Einfaches Beispiel für einen starren Rotator

$$D(\boldsymbol{\vartheta})\mathcal{O} = R(\vartheta_3 \hat{\mathbf{e}}_3)R(\vartheta_2 \hat{\mathbf{e}}_1)R(\vartheta_1 \hat{\mathbf{e}}_3) = R_3 R_2 R_1 \quad , \quad M_0(\boldsymbol{\vartheta}) \equiv W(\boldsymbol{\vartheta})^{\mathrm{T}} I_{\mathbf{x}_0} W(\boldsymbol{\vartheta}) \, ,$$

sodass die gesamte kinetische Energie nun durch $T = \frac{1}{2}\dot{\boldsymbol{\vartheta}}^{\mathrm{T}} M_0(\boldsymbol{\vartheta})\dot{\boldsymbol{\vartheta}}$ gegeben ist. Für einen starren Rotator im *schwerelosen* Zustand ($\mathbf{g} = \mathbf{0}$) ist die potentielle Energie gleich null, sodass hiermit auch die Lagrange-Funktion des Rotators bekannt ist.

**Der Kreisel**  Die potentielle Energie eines Kreisels im Schwerkraftfeld der Erde nahe der Erdoberfläche (also mit $\mathbf{g} = -g\hat{\mathbf{e}}_3$ in Abb. 8.2) ist in einfacher Weise mit Hilfe der Euler-Winkel darstellbar. Wir betrachten zwei Beispiele.

1. Für einen *symmetrischen* Kreisel, dessen Figurenachse im körperfesten Be-zugssystem durch die $\hat{\mathbf{e}}_3$-Achse gegeben wird, gilt zur Anfangszeit $t = 0$:

$$\frac{\mathbf{x}_M(0) - \mathbf{x}_0}{|\mathbf{x}_M(0) - \mathbf{x}_0|} = \mathcal{O}\hat{\mathbf{e}}_3 \quad , \quad |\mathbf{x}_M(0) - \mathbf{x}_0| \equiv l \, . \tag{8.40}$$

In diesem Fall ist der Relativvektor vom Referenzpunkt zum Massenschwer-punkt allgemein durch $\mathbf{x}_M(t) - \mathbf{x}_0 = lD(\boldsymbol{\vartheta}(t))\mathcal{O}\hat{\mathbf{e}}_3$ gegeben, und es folgt:

$$\begin{aligned} V &= \sum_{i=1}^{N} m_i g\,(\mathbf{x}_i - \mathbf{x}_0) \cdot \hat{\mathbf{e}}_3 = Mg\,[\mathbf{x}_M(t) - \mathbf{x}_0] \cdot \hat{\mathbf{e}}_3 \\ &= Mgl\,\hat{\mathbf{e}}_3^{\mathrm{T}} D(\boldsymbol{\vartheta})\mathcal{O}\hat{\mathbf{e}}_3 = Mgl\cos(\vartheta_2) \, . \end{aligned} \tag{8.41}$$

Im letzten Schritt wurde die explizite Form (8.37) der Drehmatrix benutzt. Die Lagrange-Funktion ist somit gegeben durch

$$L = \tfrac{1}{2}\dot{\boldsymbol{\vartheta}}^{\mathrm{T}} M_0(\boldsymbol{\vartheta})\dot{\boldsymbol{\vartheta}} - Mgl\cos(\vartheta_2) \, .$$

2. Für einen Kreisel ohne besondere Symmetrie, jedoch mit $\mathbf{x}_0 = \mathbf{x}_M$, erhält man ebenfalls einen einfachen Ausdruck für die potentielle Energie, nämlich $V = 0$. In diesem Fall wirken weder Kräfte noch Drehmomente auf den Kreisel, obwohl er sich in einem Schwerkraftfeld *endlicher* Stärke befindet. Die Lagrange-Funktion ist für diesen Spezialfall also gleich der Lagrange-Funktion eines starren Rotators im *schwerelosen* Zustand:

$$L = \tfrac{1}{2}\dot{\boldsymbol{\vartheta}}^{\mathrm{T}} M(\boldsymbol{\vartheta})\dot{\boldsymbol{\vartheta}} \qquad (\mathbf{x}_0 = \mathbf{x}_M)\,, \tag{8.42}$$

sodass sich der Kreisel in diesem Fall effektiv frei bewegt.

**Das sphärische Pendel**　Falls Drehungen um die Achse $\mathbf{x}_0 - \mathbf{x}_M$ unmöglich sind, sodass $f = 2$ gilt, kann man die bisherigen Berechnungen (ohne Translationsbeiträge und mit $\bar{\boldsymbol{\xi}}_i \equiv \mathbf{x}_i(0) - \mathbf{x}_0$) ebenfalls übernehmen. Es kommt in diesem Fall vereinfachend hinzu, dass die Drehmatrix von nur *zwei* Winkelvariablen abhängt. Für einen symmetrischen Kreisel im Schwerkraftfeld $\mathbf{g} = -g\hat{\mathbf{e}}_3$ mit dieser zusätzlichen Zwangsbedingung und der Anfangsbedingung (8.40) kann die Drehmatrix wie folgt gewählt werden:

$$D(\vartheta_2, \vartheta_3)\mathcal{O} = R(\vartheta_3\hat{\mathbf{e}}_3)R(\vartheta_2\hat{\mathbf{e}}_1)\,.$$

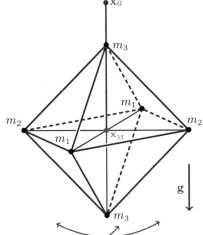

Da in diesem Fall also formal $\vartheta_1 = 0$ und $\dot{\vartheta}_1 = 0$ gilt, vereinfacht sich (8.39) auf:

$$\bar{\boldsymbol{\omega}} = \bar{\bar{W}}(\boldsymbol{\vartheta})\dot{\boldsymbol{\vartheta}}$$

$$= \begin{pmatrix} 0 & 1 & 0 \\ 0 & 0 & s_2 \\ 1 & 0 & c_2 \end{pmatrix} \begin{pmatrix} 0 \\ \dot{\vartheta}_2 \\ \dot{\vartheta}_3 \end{pmatrix} = \begin{pmatrix} \dot{\vartheta}_2 \\ s_2\dot{\vartheta}_3 \\ c_2\dot{\vartheta}_3 \end{pmatrix}\,,$$

sodass die kinetische Energie gegeben ist durch

$$T = \tfrac{1}{2}\bar{\boldsymbol{\omega}}^{\mathrm{T}}\bar{\bar{I}}\,\bar{\boldsymbol{\omega}}$$

$$= \tfrac{1}{2}\left[ j_1\dot{\vartheta}_2^2 + (s_2^2 j_2 + c_2^2 j_3)\dot{\vartheta}_3^2 \right]$$

**Abb. 8.3** Einfaches Beispiel für ein sphärisches Pendel

und die Lagrange-Funktion durch

$$\boxed{L = \tfrac{1}{2}\left[ j_1\dot{\vartheta}_2^2 + (s_2^2 j_2 + c_2^2 j_3)\dot{\vartheta}_3^2 \right] - Mgl\cos(\vartheta_2)\,.}$$

Für das übliche sphärische Pendel (mit $j_1 = j_2 = Ml^2$ und $j_3 = 0$) erhält man die aus Abschnitt [4.3] vertrauten Ausdrücke, allerdings mit einem Notationswechsel $(\vartheta, \varphi, m) \to (\vartheta_2, \vartheta_3, M)$.

Ein einfaches Beispiel für ein *sphärisches Pendel* wird in Abbildung 8.3 gezeigt: Der Körper des Pendels hat wiederum die Struktur eines *Oktaeders*. In diesem Beispiel wurde der feste Punkt $\mathbf{x}_0$ außerhalb des Pendelkörpers gewählt, ist aber durch einen (in Abb. 8.3 *rot* gezeichneten) masselosen Stab mit dem Körper verbunden. Das sphärische Pendel soll *nicht* um die Achse $\mathbf{x}_0 - \mathbf{x}_M$ drehbar sein, sodass noch zwei (ebenfalls *rot* eingezeichnete) Schwingungsfreiheitsgrade übrigbleiben. Damit der Massenschwerpunkt $\mathbf{x}_\mathrm{M}$ in diesem Beispiel genau in der Körpermitte liegt, wurde die Massenverteilung symmetrisch gewählt: $m_{i+} = m_{i-} \equiv m_i$ für $i = 1, 2, 3$.

**Physikalisches und mathematisches Pendel**　Das *physikalische Pendel* entspricht dem Spezialfall eines starren Rotators, der sich im Schwerkraftfeld $\mathbf{g} = -g\hat{\mathbf{e}}_3$ um eine feste *horizontale* Achse $\mathbf{x}_0 + \lambda\hat{\mathbf{e}}_1$ drehen kann, sodass $f = 1$ gilt. Für Drehungen eines solchen physikalischen Pendels mit der Anfangsbedingung

$$\frac{\hat{\mathbf{e}}_1 \times [\hat{\mathbf{e}}_1 \times (\mathbf{x}_\mathrm{M}(0) - \mathbf{x}_0)]}{|\hat{\mathbf{e}}_1 \times (\mathbf{x}_\mathrm{M}(0) - \mathbf{x}_0)|} = \mathcal{O}\hat{\mathbf{e}}_3 \quad , \quad \mathcal{O} = R(\alpha\hat{\mathbf{e}}_1) \, ,$$

kann man die Drehmatrix mit Hilfe einer einzelnen Winkelvariablen $\vartheta_2$ durch

$$D\mathcal{O} = D(\vartheta_2)\mathcal{O} = R(\vartheta_2\hat{\mathbf{e}}_1)$$

parametrisieren. In diesem Fall gilt $\boldsymbol{\omega} = \bar{\boldsymbol{\omega}} = \dot{\vartheta}_2\hat{\mathbf{e}}_1$, sodass die kinetische Energie nun durch $T_\mathrm{rot} = \frac{1}{2}j_1\dot{\vartheta}_2^2$ gegeben ist. Mit der Definition $l_\perp \equiv |\hat{\mathbf{e}}_1 \times (\mathbf{x}_\mathrm{M}(0) - \mathbf{x}_0)|$ erhält man:

$$\hat{\mathbf{e}}_1 \times [\hat{\mathbf{e}}_1 \times (\mathbf{x}_\mathrm{M}(t) - \mathbf{x}_0)] = l_\perp D(\vartheta_2(t))\mathcal{O}\hat{\mathbf{e}}_3$$

und daher

$$V = Mg\,(\mathbf{x}_\mathrm{M} - \mathbf{x}_0) \cdot \hat{\mathbf{e}}_3 = -Mgl_\perp\,\hat{\mathbf{e}}_3^\mathrm{T} D(\vartheta_2)\mathcal{O}\hat{\mathbf{e}}_3 = -Mgl_\perp\cos(\vartheta_2) \, .$$

Die Lagrange-Funktion

$$\boxed{L = \tfrac{1}{2}j_1\dot{\vartheta}_2^2 + Mgl_\perp\cos(\vartheta_2)}$$

eines *physikalischen* Pendels ist daher formal äquivalent zu derjenigen eines *mathematischen* Pendels der Masse $m = M^2 l_\perp^2/j_1$ und der Länge $l = j_1/Ml_\perp$. Die Winkelvariable $\vartheta_2$ entspricht hierbei der Variablen $\psi$ aus Abschnitt [4.3.2], siehe z. B. Gleichung (4.31).

Ein einfaches Beispiel für ein physikalisches Pendel wurde in Abbildung 8.4 skizziert. Das Pendel hat wiederum die Form eines Oktaeders, nun mit beliebigem Massenschwerpunkt $\mathbf{x}_\mathrm{M} \neq \mathbf{x}_0$, und kann sich im Schwerkraftfeld $\mathbf{g} = -g\hat{\mathbf{e}}_3$ um die feste horizontale Achse $\mathbf{x}_0 + \lambda\hat{\mathbf{e}}_1$ drehen (mit $\lambda \in \mathbb{R}$), die in Abb. 8.4 *rot* eingezeichnet ist. Hierbei bezeichnet der Vektor $\hat{\mathbf{e}}_1$ die Richtung der Verbindungslinie der beiden Massen $m_{1-}$ und $m_{1+}$. Dieses physikalische Pendel hat somit nur einen einzelnen Schwingungsfreiheitsgrad ($f = 1$).

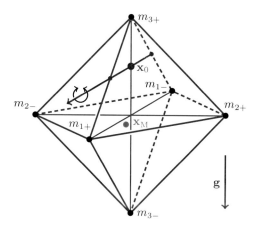

**Abb. 8.4** Einfaches Beispiel für ein physikalisches Pendel

# 8.5   Anwendung der Euler-Gleichung

Wir klären zuerst, wann die Anwendung der *Euler*-Gleichung (im Gegensatz zur
*Lagrange*-Gleichung) vorteilhaft ist und untersuchen dann die Dynamik von kräftefreien starren Körpern mit *drei* bzw. *zwei* gleichen Hauptträgheitsmomenten.
Der Fall mit *drei* gleichen Hauptträgheitsmomenten ist relativ einfach (siehe Abschnitt [8.5.1]); wir zeigen jedoch, *dass* (und *wie*) man auch für den Fall mit *zwei*
gleichen Hauptträgheitsmomenten die Zeitabhängigkeit der Euler-Winkel, der Winkelgeschwindigkeit und der Figurenachse berechnen kann (Abschnitt [8.5.2]). Eine
wichtige Anwendung der Ergebnisse für zwei gleiche Hauptträgheitsmomente ist
die *reguläre Präzession der Erde*.

**Wann ist die Anwendung der Euler-Gleichung vorteilhaft?**

Die Euler-Gleichung (8.33) und ihre explizite Form (8.34) in Komponentenschreibweise sind insbesondere dann nützlich, wenn *keine* äußeren Kräfte wirken, sodass
$\mathbf{N}_{\mathrm{rot}} = \bar{\mathbf{N}}_{\mathrm{rot}} = \bar{\bar{\mathbf{N}}}_{\mathrm{rot}} = 0$ (und natürlich auch $\mathbf{F} = 0$) gilt. In diesem Fall reduziert
sich die Lagrange-Funktion des starren Körpers auf

$$L(\dot{\mathbf{x}}_{\mathrm{M}}, \boldsymbol{\vartheta}, \dot{\boldsymbol{\vartheta}}) = \tfrac{1}{2} M \dot{\mathbf{x}}_{\mathrm{M}}^2 + \tfrac{1}{2} \dot{\boldsymbol{\vartheta}}^{\mathrm{T}} M(\boldsymbol{\vartheta}) \dot{\boldsymbol{\vartheta}} \ , \tag{8.43}$$

sodass die Translations- und die Rotationsbewegung vollständig entkoppelt sind.

**Erhaltungsgrößen**   Da die Lagrange-Funktion in (8.43) nicht explizit zeitabhängig ist, ist die Gesamtenergie $E$ des starren Körpers erhalten. Außerdem ist der
Gesamtimpuls $\mathbf{P}_\phi = M \dot{\mathbf{x}}_{\mathrm{M}\phi}$ erhalten, da die Variable $\mathbf{x}_{\mathrm{M}}$ zyklisch ist; folglich sind
auch die Translationsenergie $E_{\mathrm{tr}} = \tfrac{1}{2} M \dot{\mathbf{x}}_{\mathrm{M}\phi}^2 = \mathbf{P}_\phi^2 / 2M$ und die Rotationsenergie
$E_{\mathrm{rot}} \equiv \tfrac{1}{2} \dot{\boldsymbol{\vartheta}}_\phi^{\mathrm{T}} M(\boldsymbol{\vartheta}_\phi) \dot{\boldsymbol{\vartheta}}_\phi = E - E_{\mathrm{tr}}$ erhalten. Des Weiteren sind aufgrund der Bewegungsgleichungen $\frac{d\mathbf{L}_{\mathrm{tr}}}{dt} = \mathbf{x}_{\mathrm{M}} \times \mathbf{F} = 0$ und $\frac{d\mathbf{L}_{\mathrm{rot}}}{dt} = \mathbf{N}_{\mathrm{rot}} = 0$ auch die Translations-
und Rotationsbeiträge zum Gesamtdrehimpuls $\mathbf{L} = \mathbf{L}_{\mathrm{tr}} + \mathbf{L}_{\mathrm{rot}}$ erhalten, sodass auch
$\mathbf{L}$ selbst eine Erhaltungsgröße darstellt. Da der Gesamtimpuls $\mathbf{P}_\phi = M \dot{\mathbf{x}}_{\mathrm{M}\phi}$ für den
kräftefreien starren Körper erhalten ist, können wir uns im Folgenden auf die Un-
tersuchung der physikalisch interessanteren *Rotations*freiheitsgrade beschränken.
   Obwohl die Existenz dieser Erhaltungsgrößen die Dynamik des kräftefreien starren Körpers natürlich sehr einschränkt, ist eine detaillierte Untersuchung im Allgemeinen (d. h. für beliebige Hauptträgheitsmomente $j_1, j_2$ und $j_3$) nicht einfach. Wir
diskutieren daher im Folgenden die Spezialfälle $j_1 = j_2 = j_3$ und $j_1 = j_2 \neq j_3$, wobei also mindestens zwei der Hauptträgheitsmomente gleich sind. Alle Ergebnisse
dieses Abschnitts gelten selbstverständlich auch für den starren Rotator, der drei
Rotations-, jedoch keine Translationsfreiheitsgrade besitzt ($\dot{\mathbf{x}}_0 = 0$). Aufgrund von
(8.42) wissen wir außerdem, dass alle Ergebnisse für den kräftefreien Rotator auch
für den Kreisel im Schwerkraftfeld gelten, falls der feste Punkt $\mathbf{x}_0$ des Kreisels mit
dem Massenschwerpunkt $\mathbf{x}_{\mathrm{M}}$ zusammenfällt ($\mathbf{x}_0 = \mathbf{x}_{\mathrm{M}}$).

## 8.5.1   Drei gleiche Hauptträgheitsmomente

Da wir uns (wegen $\ddot{\mathbf{x}}_{\mathrm{M}\phi} = 0$) auf die Untersuchung der *Rotations*freiheitsgrade des
kräftefreien starren Körpers beschränken, reduziert sich dieser effektiv auf den *star-
ren Rotator*. Für den starren Rotator mit drei gleichen Hauptträgheitsmomenten

($j_1 = j_2 = j_3$) wird in der Literatur auch die Bezeichnung „Kugelkreisel" verwendet, insbesondere wenn der Rotator der Schwerkraft unterworfen ist. Man erhält ein einfaches Beispiel für einen Kugelkreisel, indem man in Abb. 8.2 für den starren Rotator alle Massen gleichsetzt, $m_{i\sigma} \equiv m$ für $i = 1, 2, 3$ und $\sigma = \pm$, und fordert, dass der festzuhaltende Punkt und der Massenschwerpunkt zusammenfallen: $\mathbf{x}_0 = \mathbf{x}_M$. Dies ergibt den Kugelkreisel, der in Abbildung 8.5 skizziert ist.

Falls keine äußeren Kräfte wirken ($\bar{\mathbf{N}}_{\mathrm{rot}} = \mathbf{0}$) und $j_1 = j_2 = j_3 \equiv j$ gilt, reduziert sich die Euler-Gleichung (8.34) auf

$$\dot{\bar{\boldsymbol{\omega}}} = \mathbf{0} \, ,$$

sodass die Vektoren $\bar{\boldsymbol{\omega}}$ und $\boldsymbol{\omega}$ zeitlich konstant sind. Außerdem folgt aus $\bar{I} = j\mathbb{1}_3$ auch $\hat{I} = \mathcal{O}\bar{I}\mathcal{O}^{\mathrm{T}} = j\mathbb{1}_3$ und $I = D\bar{I}D^{\mathrm{T}} = j\mathbb{1}_3$, sodass die Winkelgeschwindigkeit $\boldsymbol{\omega} = I^{-1}\mathbf{L}_{\mathrm{rot}} = j^{-1}\mathbf{L}_{\mathrm{rot}}$ ebenfalls zeitlich konstant ist. Neben der „körperfesten" Achse $\bar{\boldsymbol{\omega}}$ existiert also auch eine „raumfeste" Achse $\boldsymbol{\omega} = D\bar{\boldsymbol{\omega}}$; dies ist nur dann möglich, wenn $\bar{\boldsymbol{\omega}}$ ein Eigenvektor der Matrix $D$ zum Eigenwert 1 ist, sodass $\boldsymbol{\omega} = \bar{\boldsymbol{\omega}}$ gilt. Die „körperfeste" Achse ist somit auch „raumfest". Es folgt also $D(\boldsymbol{\vartheta}(t)) = R(\boldsymbol{\omega}t)$. Außerdem kann man $\mathcal{O} = \mathbb{1}_3$ wählen, da im Falle dreier gleicher Hauptträgheitsmomente keine Diagonalisierung des Trägheitstensors $\bar{I} = j\mathbb{1}_3$ erforderlich ist. Die (erhaltene) Rotationsenergie,

$$E_{\mathrm{rot}} = \tfrac{1}{2}\boldsymbol{\omega}^{\mathrm{T}}I\boldsymbol{\omega} = \mathbf{L}_{\mathrm{rot}}^2/2j \, ,$$

ist in diesem Fall vollständig durch den (ebenfalls erhaltenen) Rotationsbeitrag $\mathbf{L}_{\mathrm{rot}}$ zum Gesamtdrehimpuls festgelegt. Zusammenfassend lässt sich also sagen, dass sich die Massenpunkte eines starren Körpers mit drei gleichen Hauptträgheitsmomenten im raumfesten Bezugssystem gleichförmig in Kreisen um eine feste Achse bewegen.

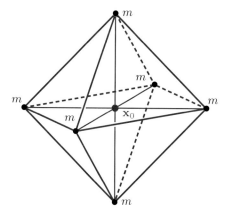

**Abb. 8.5** Ein Kugelkreisel

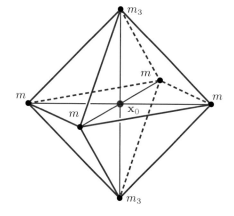

**Abb. 8.6** Symmetrischer Kreisel

## 8.5.2 Zwei gleiche Hauptträgheitsmomente

Wir betrachten nun den kräftefreien Fall des starren Körpers mit zwei gleichen Hauptträgheitsmomenten ($j_1 = j_2 \neq j_3$), der in Abwesenheit von Translationsfreiheitsgraden auch als „symmetrischer Kreisel" bezeichnet wird. Ein Beispiel für einen symmetrischen Kreisel ist in Abb. 8.6 skizziert. Man erhält diesen Kreisel als Spezialfall aus Abb. 8.2 für den starren Rotator, indem man neben $\mathbf{x}_0 = \mathbf{x}_M$ für $\sigma = \pm$ fordert: $m_{i\sigma} \equiv m$ für $i = 1, 2$ sowie $m_{3\sigma} \equiv m_3$.

Die Euler-Gleichungen des symmetrischen Kreisels:

$$0 = j_1\dot{\bar{\omega}}_1 + (j_3 - j_1)\bar{\omega}_2\bar{\omega}_3 \quad , \quad 0 = j_1\dot{\bar{\omega}}_2 - (j_3 - j_1)\bar{\omega}_1\bar{\omega}_3 \quad , \quad 0 = j_3\dot{\bar{\omega}}_3$$

zeigen zunächst, dass $\bar{\omega}_3$ zeitunabhängig ist: $\bar{\omega}_3 = \text{konstant} \equiv \omega_\parallel$, wobei (o. B. d. A.) $\omega_\parallel$ positiv gewählt werden kann. Mit der Definition $\alpha \equiv (j_3 - j_1)\omega_\parallel/j_1$ gilt daher:

$$\dot{\bar{\omega}}_1 = -\alpha\bar{\omega}_2 \quad , \quad \dot{\bar{\omega}}_2 = \alpha\bar{\omega}_1$$

und somit:

$$\boxed{\bar{\omega}_1(t) = \omega_\perp \cos(\alpha t + \varphi_0) \quad , \quad \bar{\omega}_2(t) = \omega_\perp \sin(\alpha t + \varphi_0) \, ,}$$

wobei wir auch die Amplitude $\omega_\perp$ o. B. d. A. positiv wählen können: $\omega_\perp > 0$. Die Winkelgeschwindigkeit $\bar{\boldsymbol{\omega}}(t)$ beschreibt also einen Kreiskegel mit dem Öffnungswinkel $\beta = \arctan(\omega_\perp/\omega_\parallel)$ um die $\hat{\mathbf{e}}_3$-Achse (Figurenachse). Diese Bewegung der Winkelgeschwindigkeit $\bar{\boldsymbol{\omega}}(t)$ wird als *reguläre Präzession* (oder im Rahmen der Diskussion des „schweren" Kreisels, s. Abschnitt [8.6.1], auch als *Nutation*) bezeichnet.

### Die reguläre Präzession der Erde als Anwendung

Bei der Beschreibung der *regulären Präzession* der Erde umkreist der *kinematische* Nordpol (d. h. der Schnittpunkt der $\bar{\boldsymbol{\omega}}$-Achse mit der Nordhalbkugel) den *geometrischen* Nordpol (d. h. den Schnittpunkt der Figurenachse mit der Nordhalbkugel). Zur Beschreibung der Präzession aus der Sicht eines Erdbewohners benötigt man ja gerade die Winkelgeschwindigkeit $\bar{\boldsymbol{\omega}}$ im *körperfesten* System.

Die ellipsoidale Form der Erde kann näherungsweise durch die Hauptträgheitsmomente $j_1 = j_2 < j_3$ mit $(j_3 - j_1)/j_1 \simeq \frac{1}{305}$ beschrieben werden.[10] Da der Öffnungswinkel des von der $\bar{\boldsymbol{\omega}}$-Achse beschriebenen Kreiskegels im Falle der regulären Präzession der Erde nur sehr gering ist, $\beta \simeq \omega_\perp/\omega_\parallel \simeq 6{,}06 \cdot 10^{-7}$ (dies entspricht einem Abstand der $\bar{\boldsymbol{\omega}}$-Achse und der Figurenachse an der Erdoberfläche von etwa 4 m), gilt $\omega_\parallel \simeq |\bar{\boldsymbol{\omega}}| \simeq 2\pi/\text{Sterntag}$. Die Periode der regulären Präzession der Erde folgt daher als $T_0 = \frac{2\pi}{\alpha} \simeq 305 \cdot \frac{2\pi}{\omega_\parallel} \simeq 305$ Sterntage.

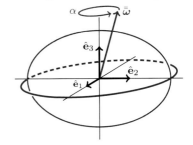

**Abb. 8.7** Illustration der regulären Präzession der Erde

Die reguläre Präzession der Erde wurde 1891 erstmals aufgrund astronomischer Beobachtungen von S. C. Chandler nachgewiesen. Interessant ist, dass die von ihm entdeckte Präzession keineswegs gleichförmig erfolgt und eine signifikant längere Periode (nämlich von ungefähr 427 Sterntagen) hat; diese Diskrepanzen lassen darauf schließen, dass die Erde in Wirklichkeit nicht „starr" ist, und erlauben sogar Rückschlüsse über die elastischen Eigenschaften des Erdinnern.

Zu beachten ist außerdem, dass die hier diskutierte *reguläre* Präzession nichts mit der sogenannten *astronomischen* Präzession der Erde (d. h. mit dem Vorrücken der Knotenlinie mit einer Periode von ungefähr 26000 Jahren, siehe Abschnitt [8.6.4]) zu tun hat, die durch die Gravitationswechselwirkung von Sonne und Mond mit dem „Erdkreisel" hervorgerufen wird.

---

[10]Dies bedeutet im Modell eines symmetrischen Kreisels in Abb. 8.6, dass an den „Polen" etwas weniger Masse angesiedelt ist als am „Äquator": $\frac{m_3}{m} \simeq \left(1 - \frac{1}{305}\right)/\left(1 + \frac{1}{305}\right) \simeq 0{,}9935$.

Die reguläre Präzession der abgeplatteten Erde ist in Abbildung 8.7 skizziert; hierbei wurden allerdings sowohl die Abplattung der Erde als auch der Winkel zwischen $\bar{\bar{\omega}}$ und der Figurenachse $\hat{\mathbf{e}}_3$ sehr stark übertrieben dargestellt.

## Das allgemeine Problem zweier gleicher Hauptträgheitsmomente

Wir kehren von der Anwendung zurück zum allgemeinen Problem und versuchen nun, die Parameter $(\omega_\perp, \omega_\parallel)$ mit den Erhaltungsgrößen $(\mathbf{L}_{\mathrm{rot}}, E_{\mathrm{rot}})$ im Inertialsystem in Verbindung zu bringen. Aus der Gleichung

$$\mathbf{L}_{\mathrm{rot}} = D\mathcal{O}\bar{\mathbf{L}}_{\mathrm{rot}} = D\mathcal{O}\bar{\bar{I}}\bar{\bar{\omega}} = D\mathcal{O}\begin{pmatrix} j_1\bar{\bar{\omega}}_1 \\ j_1\bar{\bar{\omega}}_2 \\ j_3\bar{\bar{\omega}}_3 \end{pmatrix}$$

folgt zuerst:

$$|\mathbf{L}_{\mathrm{rot}}| = \left|\bar{\bar{\mathbf{L}}}_{\mathrm{rot}}\right| = \sqrt{(j_1\omega_\perp)^2 + (j_3\omega_\parallel)^2} \; .$$

Außerdem gilt für die Erhaltungsgröße $E_{\mathrm{rot}}$:

$$E_{\mathrm{rot}} = \tfrac{1}{2}\bar{\bar{\omega}}^{\mathrm{T}}\bar{\bar{I}}\bar{\bar{\omega}} = \tfrac{1}{2}\left[ j_1\left(\bar{\bar{\omega}}_1^2 + \bar{\bar{\omega}}_2^2\right) + j_3\bar{\bar{\omega}}_3^2 \right] = \tfrac{1}{2}\left(j_1\omega_\perp^2 + j_3\omega_\parallel^2\right) \; .$$

Durch Inversion dieser beiden Beziehungen für $|\mathbf{L}_{\mathrm{rot}}|$ und $E_{\mathrm{rot}}$ ergibt sich:

$$\omega_\parallel = \sqrt{\frac{|\mathbf{L}_{\mathrm{rot}}|^2 - 2j_1 E_{\mathrm{rot}}}{(j_3 - j_1)j_3}} \quad , \quad \omega_\perp = \sqrt{\frac{2j_3 E_{\mathrm{rot}} - |\mathbf{L}_{\mathrm{rot}}|^2}{(j_3 - j_1)j_1}} \; .$$

Für den Öffnungswinkel des Kreiskegels erhält man somit:

$$\tan(\beta) = \frac{\omega_\perp}{\omega_\parallel} = \sqrt{\frac{2j_3 E_{\mathrm{rot}} - |\mathbf{L}_{\mathrm{rot}}|^2}{|\mathbf{L}_{\mathrm{rot}}|^2 - 2j_1 E_{\mathrm{rot}}}} \; .$$

Alle relevanten physikalischen Größen sind hiermit als Funktion von $E_{\mathrm{rot}}$ und $|\mathbf{L}_{\mathrm{rot}}|$ bekannt. Insbesondere findet man für die reguläre Präzession der Erde, dass die Rotationsenergie $E_{\mathrm{rot}}$ nur geringfügig von $|\mathbf{L}_{\mathrm{rot}}|^2/2j_3$ abweicht, sodass approximativ

$$\omega_\parallel \simeq \frac{|\mathbf{L}_{\mathrm{rot}}|}{j_3} \quad , \quad \beta \simeq \sqrt{\frac{(2j_3 E_{\mathrm{rot}}/|\mathbf{L}_{\mathrm{rot}}|^2) - 1}{1 - j_1/j_3}}$$

gilt. Setzt man hier den beobachteten Wert $\beta \simeq 6{,}06 \cdot 10^{-7}$ ein, so folgt das Ergebnis

$$E_{\mathrm{rot}} \simeq \frac{|\mathbf{L}_{\mathrm{rot}}|^2}{2j_3}\left(1 + 1{,}22 \cdot 10^{-15}\right) \; .$$

Daran sieht man, dass die Auslenkung der Winkelgeschwindigkeit aus der Figurenachse im Falle der regulären Präzession der Erde in wirklich nur sehr geringem Maße zur Rotationsenergie beiträgt.

**Zeitabhängigkeit der Euler-Winkel** Wir bestimmen nun explizite Ausdrücke für die Zeitabhängigkeit $\vartheta(t)$ der Euler-Winkel. Bisher wurde die Ausrichtung der Koordinatenachsen des *raum*festen Bezugssystems (und somit auch die orthogonale Transformation $\mathcal{O}$) noch nicht berechnet. Es ist bequem, die $\hat{\mathbf{e}}_3$-Achse des raumfesten Koordinatensystems entlang der Erhaltungsgröße $\mathbf{L}_{\mathrm{rot}}$ zu wählen:

$$\mathbf{L}_{\mathrm{rot}} = |\mathbf{L}_{\mathrm{rot}}|\,\hat{\mathbf{e}}_3 = \sqrt{(j_1\omega_\perp)^2 + (j_3\omega_\parallel)^2}\,\hat{\mathbf{e}}_3 \; .$$

In diesem Fall ergibt sich nämlich:

$$|\mathbf{L}_{\text{rot}}|\cos[\vartheta_2(t)] = |\mathbf{L}_{\text{rot}}|\,\hat{\mathbf{e}}_3^{\mathrm{T}} D\mathcal{O}\hat{\mathbf{e}}_3 = \mathbf{L}_{\text{rot}}^{\mathrm{T}} D\mathcal{O}\hat{\mathbf{e}}_3$$

$$= \left[(D\mathcal{O})^{\mathrm{T}}\mathbf{L}_{\text{rot}}\right]\cdot\hat{\mathbf{e}}_3 = \bar{\bar{\mathbf{L}}}_{\text{rot}}\cdot\hat{\mathbf{e}}_3 = j_3\bar{\bar{\omega}}_3 = \text{konstant}\,,$$

sodass $\vartheta_2 = \text{konstant}$ mit $\vartheta_2 \in (-\frac{1}{2}\pi, \frac{1}{2}\pi)$ gilt:

$$c_2 = \cos(\vartheta_2) = \frac{j_3\bar{\bar{\omega}}_3}{|\mathbf{L}_{\text{rot}}|} = \frac{j_3\omega_\parallel}{\sqrt{(j_1\omega_\perp)^2 + (j_3\omega_\parallel)^2}} > 0\,.$$

Aus der Beziehung

$$\bar{\bar{\boldsymbol{\omega}}} = \begin{pmatrix} c_1\dot{\vartheta}_2 + s_1 s_2\dot{\vartheta}_3 \\ -s_1\dot{\vartheta}_2 + c_1 s_2\dot{\vartheta}_3 \\ \dot{\vartheta}_1 + c_2\dot{\vartheta}_3 \end{pmatrix} = \begin{pmatrix} \omega_\perp\cos(\alpha t + \varphi_0) \\ \omega_\perp\sin(\alpha t + \varphi_0) \\ \omega_\parallel \end{pmatrix}$$

folgt mit $\dot{\vartheta}_2 = 0$:

$$s_1 s_2\dot{\vartheta}_3 = \omega_\perp\cos(\alpha t + \varphi_0)\quad,\quad c_1 s_2\dot{\vartheta}_3 = \omega_\perp\sin(\alpha t + \varphi_0)\quad,\quad \dot{\vartheta}_1 + c_2\dot{\vartheta}_3 = \omega_\parallel\,.$$

Durch Division der ersten beiden Gleichungen ergibt sich $\tan(\vartheta_1) = \cot(\alpha t + \varphi_0)$, sodass wir $\vartheta_1 = \frac{\pi}{2} - (\alpha t + \varphi_0)$ wählen können; die ersten beiden Gleichungen vereinfachen sich daher auf die Form $s_2\dot{\vartheta}_3 = \omega_\perp$. Mit $\dot{\vartheta}_1 = -\alpha$ ergibt die dritte Beziehung:

$$\dot{\vartheta}_3 = \frac{\omega_\parallel + \alpha}{c_2} = \frac{1}{j_3}\left(1 + \frac{\alpha}{\omega_\parallel}\right)\sqrt{(j_1\omega_\perp)^2 + (j_3\omega_\parallel)^2}$$

$$= \frac{1}{j_1}\sqrt{(j_1\omega_\perp)^2 + (j_3\omega_\parallel)^2} > 0\quad,\quad \vartheta_3(t) = \vartheta_3(0) + \frac{t}{j_1}\sqrt{(j_1\omega_\perp)^2 + (j_3\omega_\parallel)^2}$$

und daher

$$s_2 = \frac{\omega_\perp}{\dot{\vartheta}_3} = \frac{j_1\omega_\perp}{\sqrt{(j_1\omega_\perp)^2 + (j_3\omega_\parallel)^2}} > 0\,, \tag{8.44}$$

sodass offenbar $\vartheta_2 \in (0, \frac{1}{2}\pi)$ gilt. Wählen wir nun schließlich $\vartheta_3(0) = 0$, so liegen die Euler-Winkel $\boldsymbol{\vartheta}(t)$ als Funktionen der Zeit eindeutig fest.

**Zeitabhängigkeit der Winkelgeschwindigkeit und der Figurenachse** Man überprüft leicht mit Hilfe des expliziten Ausdrucks (8.37) für die Drehmatrix $D(\boldsymbol{\vartheta})\mathcal{O}$ und der gerade hergeleiteten Ergebnisse für die Euler-Winkel $\boldsymbol{\vartheta}(t)$, dass die Erhaltungsgröße $\mathbf{L}_{\text{rot}}$ im „raumfesten" Bezugssystem in der Tat gegeben ist durch

$$\mathbf{L}_{\text{rot}} = D\mathcal{O}\begin{pmatrix} j_1\bar{\bar{\omega}}_1 \\ j_1\bar{\bar{\omega}}_2 \\ j_3\bar{\bar{\omega}}_3 \end{pmatrix} = \sqrt{(j_1\omega_\perp)^2 + (j_3\omega_\parallel)^2}\,\hat{\mathbf{e}}_3\,.$$

Die *Winkelgeschwindigkeit* $\boldsymbol{\omega}$ im raumfesten Koordinatensystem folgt als

$$\boldsymbol{\omega} = \begin{pmatrix} s_2 s_3 & c_3 & 0 \\ -s_2 c_3 & s_3 & 0 \\ c_2 & 0 & 1 \end{pmatrix}\dot{\boldsymbol{\vartheta}} = \begin{pmatrix} -\alpha s_2 s_3 \\ \alpha s_2 c_3 \\ c_2\dot{\vartheta}_1 + \dot{\vartheta}_3 \end{pmatrix}\,.$$

Wegen

$$c_2\dot{\vartheta}_1 + \dot{\vartheta}_3 = \frac{j_1\omega_\perp^2 + j_3\omega_\parallel^2}{\sqrt{(j_1\omega_\perp)^2 + (j_3\omega_\parallel)^2}} = \frac{2E_{\rm rot}}{|\mathbf{L}_{\rm rot}|}$$

gilt also

$$\boldsymbol{\omega}(t) = \frac{2E_{\rm rot}}{|\mathbf{L}_{\rm rot}|}\,\hat{\mathbf{e}}_3 + \alpha s_2\,R(\dot{\vartheta}_3 t\,\hat{\mathbf{e}}_3)\,\hat{\mathbf{e}}_2\,, \qquad (8.45)$$

und wir stellen fest, dass die Winkelgeschwindigkeit $\boldsymbol{\omega}(t)$ im raumfesten Bezugssystem mit der Winkelfrequenz $\dot{\vartheta}_3 = |\mathbf{L}_{\rm rot}|/j_1$ um die $\hat{\mathbf{e}}_3$-Richtung, d.h. um die Richtung des Drehimpulsvektors, rotiert:

$$\langle\boldsymbol{\omega}\rangle_t \equiv \frac{1}{T_3}\int_{t-\frac{1}{2}T_3}^{t+\frac{1}{2}T_3} dt'\,\boldsymbol{\omega}(t') = \frac{2E_{\rm rot}}{|\mathbf{L}_{\rm rot}|^2}\,\mathbf{L}_{\rm rot}\,, \qquad T_3 \equiv \frac{2\pi}{\dot{\vartheta}_3}\,.$$

Hierbei ist der Winkel zwischen $\boldsymbol{\omega}(t)$ und $\mathbf{L}_{\rm rot}$ konstant und wird durch

$$\arctan\left(\frac{\alpha s_2}{c_2\dot{\vartheta}_1 + \dot{\vartheta}_3}\right) = \arctan\left[\frac{(j_3 - j_1)\omega_\perp\omega_\parallel}{j_1\omega_\perp^2 + j_3\omega_\parallel^2}\right]$$

gegeben. Speziell für die reguläre Präzession der Erde erhält man für diesen Winkel approximativ das Ergebnis $(j_3 - j_1)\omega_\perp/j_3\omega_\parallel \simeq \frac{1}{305}\beta \simeq 2\cdot 10^{-9}$, sodass $\boldsymbol{\omega}(t)$ und $\mathbf{L}_{\rm rot}$ in diesem Fall nahezu parallel zueinander stehen.

Auch die Richtung $\hat{\mathbf{f}}(t)$ der *Figurenachse* dreht sich mit der Winkelfrequenz $\dot{\vartheta}_3 = |\mathbf{L}_{\rm rot}|/j_1$ um den Drehimpulsvektor $\mathbf{L}_{\rm rot}$, nur sind $\hat{\mathbf{f}}(t)$ und $\boldsymbol{\omega}(t)$ im Allgemeinen nicht parallel. Dies folgt aus

$$\hat{\mathbf{f}}(t) = D(\boldsymbol{\vartheta}(t))\mathcal{O}\,\hat{\mathbf{e}}_3 = \begin{pmatrix} s_2s_3 \\ -s_2c_3 \\ c_2 \end{pmatrix} = c_2\,\hat{\mathbf{e}}_3 - s_2 R(\dot{\vartheta}_3 t\,\hat{\mathbf{e}}_3)\,\hat{\mathbf{e}}_2 \qquad (8.46)$$

und

$$\langle\hat{\mathbf{f}}\rangle_t \equiv \frac{1}{T_3}\int_{t-\frac{1}{2}T_3}^{t+\frac{1}{2}T_3} dt'\,\hat{\mathbf{f}}(t') = \frac{c_2}{|\mathbf{L}_{\rm rot}|}\,\mathbf{L}_{\rm rot}\,.$$

Aus $\hat{\mathbf{e}}_3 \cdot \hat{\mathbf{f}}(t) = \hat{\mathbf{e}}_3^{\rm T} D(\boldsymbol{\vartheta}(t))\mathcal{O}\hat{\mathbf{e}}_3 = c_2$ sieht man noch, dass der Winkel zwischen der Figurenachse und dem Drehimpulsvektor im raumfesten Bezugssystem konstant und gleich $\vartheta_2$ ist. Für die reguläre Präzession der Erde folgt aus Gleichung (8.44), dass dieser Winkel approximativ durch $\omega_\perp/\omega_\parallel \simeq \beta \simeq 6\cdot 10^{-7}$ gegeben ist; auch dieser Winkel ist daher in diesem Fall offensichtlich sehr klein, aber doch signifikant größer als der entsprechende Winkel zwischen $\boldsymbol{\omega}(t)$ und $\mathbf{L}_{\rm rot}$.

Die drei Vektoren, die die Richtungen des Drehimpulses, der Winkelgeschwindigkeit und der Figurenachse angeben, sind also im Allgemeinen alle unterschiedlich; linear unabhängig sind sie allerdings nicht, da sie alle in der Ebene liegen, die durch die Vektoren $\hat{\mathbf{e}}_3$ und $R(\dot{\vartheta}_3 t\,\hat{\mathbf{e}}_3)\,\hat{\mathbf{e}}_2$ aufgespannt wird. Hierbei liegt der Drehimpulsvektor $\mathbf{L}_{\rm rot}$ geometrisch immer *zwischen* den beiden zeitlich veränderlichen Vektoren $\boldsymbol{\omega}(t)$ und $\hat{\mathbf{f}}(t)$; dies sieht man daran, dass die Vorfaktoren der $R(\dot{\vartheta}_3 t\,\hat{\mathbf{e}}_3)\,\hat{\mathbf{e}}_2$-Komponenten in (8.45) und (8.46) unterschiedliche Vorzeichen haben.

# 8.6    Anwendung der Lagrange-Gleichung

Wir betrachten nun zwei Anwendungen der Theorie des starren Körpers, in denen äußere Kräfte eine zentrale Rolle spielen, sodass die Euler-Gleichungen weniger geeignet sind und es vielmehr vorteilhaft ist, die Standardbeschreibung mit Hilfe der Lagrange-Gleichungen zu verwenden. Das erste Beispiel, das wir in diesem Abschnitt diskutieren, ist der *schwere Kreisel* im Schwerkraftfeld der Erde nahe der Erdoberfläche, das zweite ist die *astronomische Präzession der Erde* im Schwerkraftfeld von Sonne und Mond. Im ersten Beispiel illustrieren wir den schweren Kreisel in den Abschnitten [8.6.1], [8.6.2] bzw. [8.6.3] anhand von drei Spezialfällen: dem *symmetrischen* schweren Kreisel und den Kreiseln von *Kowalewskaja* sowie *Gorjatschew und Tschaplygin*. Das zweite Beispiel, die astronomische Präzession der Erde, wird in Abschnitt [8.6.4] behandelt.

## 8.6.1    Der symmetrische schwere Kreisel

Als erstes Beispiel für einen starren Körper unter der Einwirkung von äußeren Kräften betrachten wir den *symmetrischen schweren Kreisel*, also einen Kreisel mit zwei gleichen Hauptträgheitsmomenten ($j_1 = j_2 \neq j_3$) im Schwerkraftfeld der Erde nahe der Erdoberfläche. Dementsprechend ist die Schwerkraftbeschleunigung im *raumfesten* Bezugssystem wie üblich durch $\mathbf{g} = -g\hat{\mathbf{e}}_3$ gegeben.

Wir nehmen an, dass der untere Punkt $\mathbf{x}_0$ des Kreisels festgehalten wird und wählen diesen Punkt als Ursprung sowohl des *raumfesten* als auch des *körperfesten* Bezugssystems. Als $\hat{\mathbf{e}}_3$-Achse des körperfesten Bezugssystems wählen wir die Figurenachse des symmetrischen Kreisels. Ein einfacher Bauplan für einen solchen symmetrischen schweren Kreisel findet sich in Abbildung 8.8.

Der Winkel zwischen der Figurenachse des Kreisels und der Vertikalen im *raumfesten* Bezugssystem ist $\vartheta_2$; dies folgt sofort aus (8.37) wegen $\hat{\mathbf{e}}_3^{\mathrm{T}} D(\boldsymbol{\vartheta})\mathcal{O}\hat{\mathbf{e}}_3 = \cos(\vartheta_2)$. Die *potentielle Energie* des Kreisels im Schwerkraftfeld ist aufgrund von (8.41) durch $V(\vartheta_2) = Mgl\cos(\vartheta_2)$ gegeben, wobei $M$ wie üblich die Gesamtmasse des Kreisels bezeichnet und $l \equiv |\mathbf{x}_{\mathrm{M}}(0) - \mathbf{x}_0|$ definiert wird.

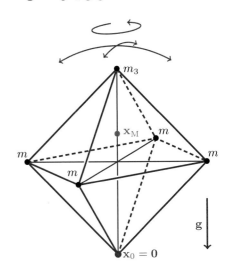

**Abb. 8.8** Bauplan für einen symmetrischen schweren Kreisel

Um die *kinetische Energie* zu bestimmen, benötigen wir zuerst die Hauptträgheitsmomente $j_i'$ ($i = 1, 2, 3$) des Kreisels relativ zu $\mathbf{x}_0$. Nehmen wir an, die Hauptträgheitsmomente $j_1 = j_2$ und $j_3$ relativ zum Massenschwerpunkt seien bekannt. Aus dem Steiner'schen Satz folgt dann:

$$j_i' = J_{\mathbf{x}_{\mathrm{M}}-l\hat{\mathbf{e}}_3+\lambda\hat{\mathbf{e}}_i} = j_i + Ml^2\left(\hat{\mathbf{e}}_i \times \hat{\mathbf{e}}_3\right)^2 = j_i + Ml^2(\delta_{i1} + \delta_{i2}) \, ,$$

sodass $j_1' = j_2' = j_1 + Ml^2$ und $j_3' = j_3$ gilt. Die kinetische Energie folgt nun mit

Hilfe von (8.27a) und (8.39) als:

$$T = T_{\text{rot}} = \tfrac{1}{2}\bar{\boldsymbol{\omega}}^{\text{T}} \bar{\bar{I}}_{\mathbf{x}_0} \bar{\boldsymbol{\omega}} \tag{8.47}$$
$$= \tfrac{1}{2}j_1'\left(\bar{\omega}_1^2 + \bar{\omega}_2^2\right) + \tfrac{1}{2}j_3'\bar{\omega}_3^2$$
$$= \tfrac{1}{2}j_1'\left[\left(c_1\dot{\vartheta}_2 + s_1 s_2\dot{\vartheta}_3\right)^2 + \left(-s_1\dot{\vartheta}_2 + c_1 s_2\dot{\vartheta}_3\right)^2\right] + \tfrac{1}{2}j_3\left(\dot{\vartheta}_1 + c_2\dot{\vartheta}_3\right)^2$$
$$= \tfrac{1}{2}j_1'\left(\dot{\vartheta}_2^2 + s_2^2\dot{\vartheta}_3^2\right) + \tfrac{1}{2}j_3\left(\dot{\vartheta}_1 + c_2\dot{\vartheta}_3\right)^2 . \tag{8.48}$$

Insgesamt ist die *Lagrange-Funktion* daher durch

$$\boxed{L = T - V = \tfrac{1}{2}j_1'\left(\dot{\vartheta}_2^2 + s_2^2\dot{\vartheta}_3^2\right) + \tfrac{1}{2}j_3\left(\dot{\vartheta}_1 + c_2\dot{\vartheta}_3\right)^2 - Mglc_2}$$

gegeben. Diese Lagrange-Funktion ist der Startpunkt unserer weiteren Untersuchungen.

Da die Variablen $\vartheta_1$ und $\vartheta_3$ zyklisch sind, sind die entsprechenden verallgemeinerten Impulse $p_1$ und $p_3$ erhalten:

$$p_1 \equiv \frac{\partial L}{\partial \dot{\vartheta}_1} = j_3(\dot{\vartheta}_1 + c_2\dot{\vartheta}_3) = \text{konstant} \tag{8.49}$$

sowie

$$p_3 \equiv \frac{\partial L}{\partial \dot{\vartheta}_3} = \left(j_1' s_2^2 + j_3 c_2^2\right)\dot{\vartheta}_3 + j_3 c_2\dot{\vartheta}_1 = \text{konstant} . \tag{8.50}$$

Die Lagrange-Funktion hängt außerdem nicht explizit von der Zeitvariablen ab; daher ist auch die Energie $E$ des schweren Kreisels erhalten:

$$E = \tfrac{1}{2}j_1'(\dot{\vartheta}_2^2 + s_2^2\dot{\vartheta}_3^2) + \tfrac{1}{2}j_3(\dot{\vartheta}_1 + c_2\dot{\vartheta}_3)^2 + Mglc_2 = \text{konstant} . \tag{8.51}$$

Die Zeitableitungen $\dot{\vartheta}_1$ und $\dot{\vartheta}_3$ können als Funktionen des Winkels $\vartheta_2$ aus (8.49) und (8.50) bestimmt werden:

$$\dot{\vartheta}_1(\vartheta_2) = \frac{p_1}{j_3} - c_2\frac{p_3 - c_2 p_1}{j_1' s_2^2} \quad , \quad \dot{\vartheta}_3(\vartheta_2) = \frac{p_3 - c_2 p_1}{j_1' s_2^2} . \tag{8.52}$$

Die Winkelvariablen $\vartheta_1(t)$ und $\vartheta_3(t)$ sind also vollständig bestimmt, sobald die Zeitabhängigkeit des Winkels $\vartheta_2$ bekannt ist. Um diese zu berechnen, setzen wir (8.49) in die Energierelation ein; so entsteht der einfache Ausdruck

$$E' = \tfrac{1}{2}j_1'\dot{\vartheta}_2^2 + V_{\text{f}}(\vartheta_2) , \tag{8.53}$$

der die Energieerhaltung einer eindimensionalen Bewegung im effektiven Potential $V_{\text{f}}(\vartheta_2)$ beschreibt. Hierbei wird definiert:

$$E' \equiv E - \frac{p_1^2}{2j_3} - Mgl \quad , \quad V_{\text{f}}(\vartheta_2) \equiv \frac{1}{2j_1'}\left(\frac{p_3 - c_2 p_1}{s_2}\right)^2 - Mgl(1 - c_2) .$$

Das effektive Potential hat im Allgemeinen (d. h. für $p_1 \neq p_3$) ein eindeutiges Minimum für irgendein $\vartheta_{\min} \in (0, \pi)$ und divergiert für $\vartheta_2 \downarrow 0$ und $\vartheta_2 \uparrow \pi$. Der Winkel $\vartheta_2(t)$ pendelt also zwischen den Werten $\vartheta_-$ und $\vartheta_+$ (mit $0 < \vartheta_- < \vartheta_{\min} < \vartheta_+ < \pi$) hin und her, wobei die genaue Zeitabhängigkeit von $\vartheta_2(t)$ durch Integration von (8.53) bestimmt werden kann. Setzt man $\vartheta_2(t)$ in (8.52) ein und integriert dann, erhält man auch $\vartheta_1(t)$ und $\vartheta_3(t)$. Hiermit ist das Problem des schweren Kreisels grundsätzlich gelöst.

Eine Skizze des effektiven Potentials $V_{\mathrm{f}}(\vartheta_2)$ wird in Abbildung 8.9 gezeigt. Als Parameterwerte wurde hierbei $\frac{p_1}{p_3} = \frac{1}{4}$ und $p_3^2/2j_1' Mgl = \frac{5}{4}$ gewählt. Für $E'/Mgl = \frac{9}{4}$ wurden die entsprechenden Werte von $\vartheta_-$ und $\vartheta_+$ eingetragen.

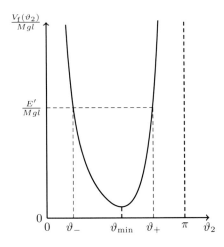

**Abb. 8.9** Das effektive Potential des schweren Kreisels

### Stabilität der Rotationsbewegung um die vertikale Achse?

Mit Hilfe dieser allgemeinen Ergebnisse kann man auch die Frage untersuchen, ob eine Rotationsbewegung um die vertikale Achse *stabil* ist. In diesem Fall gilt $\vartheta_2(t) = 0$, sodass $p_1 = j_3(\dot{\vartheta}_1 + \dot{\vartheta}_3) = p_3$ folgt. Im Spezialfall $p_1 = p_3$ hat das effektive Potential für kleine Winkel die Form

$$V_{\mathrm{f}}(\vartheta) = \frac{p_1^2}{2j_1'} \left[ \frac{1 - \cos(\vartheta)}{\sin(\vartheta)} \right]^2 - Mgl\left[1 - \cos(\vartheta)\right] = \frac{p_1^2}{2j_1'} \tan^2(\tfrac{1}{2}\vartheta) - 2Mgl \sin^2(\tfrac{1}{2}\vartheta)$$

$$\sim \left( \frac{p_1^2}{8j_1'} - \tfrac{1}{2}Mgl \right) \vartheta^2 + \mathcal{O}(\vartheta^4) \qquad (\vartheta \to 0) \,.$$

Wir stellen also fest, dass eine Rotation um die vertikale Achse ($\vartheta_2 = 0$) nur dann stabil ist, falls $|p_1| > 2\sqrt{j_1' Mgl}$ gilt. Dies bedeutet, dass die 3-Komponente der Winkelgeschwindigkeit hinreichend groß sein muss:

$$\boxed{\ |\omega_3| = |\bar{\bar{\omega}}_3| = |\dot{\vartheta}_1 + \dot{\vartheta}_3| = \frac{|p_1|}{j_3} > \frac{2}{j_3} \sqrt{j_1' Mgl} \, , \ }$$

damit die Bewegung um die vertikale Achse stabil ist.

### Der „schnelle" Kreisel

Ein symmetrischer schwerer Kreisel wird als „schneller Kreisel" bezeichnet, wenn seine kinetische Energie $\frac{1}{2}\bar{\omega}^{\mathrm{T}} \bar{\bar{I}}_{\mathbf{x}_0} \bar{\omega}$ viel größer als die typische Variation der potentiellen Energie $Mgl \cos(\vartheta_2)$ ist:

$$\boxed{\ \frac{1}{j_1} |\mathbf{L}_{\mathrm{rot}}|^2 \gg Mgl \,. \ } \qquad (8.54)$$

Folglich kann die Wirkung der Schwerkraft bei der Untersuchung der Dynamik des schnellen Kreisels als kleine Störung aufgefasst werden. In führender Ordnung (in einer Entwicklung nach Potenzen des kleinen Parameters $j_1 Mgl / |\mathbf{L}_{\mathrm{rot}}|^2$) verhält sich der symmetrische schnelle Kreisel also wie ein symmetrischer *kräftefreier* Kreisel. Aus Abschnitt [8.5] wissen wir, dass ein solcher kräftefreier Kreisel reguläre Präzessionsbewegungen aufweist, die im Rahmen der Diskussion des schweren Kreisels übrigens als *Nutationen* bezeichnet werden. Das Wort *Präzession* ist in diesem Kontext für die zusätzliche langsame Rotationsbewegung des Drehimpulsvektors (und daher auch der Winkelgeschwindigkeit und der Figurenachse) um die Richtung der Schwerkraftbeschleunigung, d.h. um die $\hat{\mathbf{e}}_3$-Achse, reserviert.

**Präzession des Drehimpulses eines „schnellen" Kreisels** Dass eine solche langsame Präzession des Drehimpulsvektors um die $\hat{\mathbf{e}}_3$-Richtung in der Tat auftritt, folgt aus der Bewegungsgleichung:

$$\frac{d\mathbf{L}_{\mathrm{rot}}}{dt} = \mathbf{N}_{\mathrm{rot}} = \sum_i \boldsymbol{\xi}_i' \times \mathbf{F}_i = -g \sum_i m_i(\mathbf{x}_i - \mathbf{x}_0) \times \hat{\mathbf{e}}_3$$

$$= -Mg[\mathbf{x}_{\mathrm{M}}(t) - \mathbf{x}_0] \times \hat{\mathbf{e}}_3 = -Mgl\,\hat{\mathbf{f}}_g(t) \times \hat{\mathbf{e}}_3 \quad , \quad l \equiv |\mathbf{x}_{\mathrm{M}}(0) - \mathbf{x}_0| \,\,,$$

wobei $\hat{\mathbf{f}}_g(t)$ die Richtung der Figurenachse als Funktion der Zeit in Anwesenheit einer Schwerkraftbeschleunigung $\mathbf{g} = -g\hat{\mathbf{e}}_3$ bezeichnet. Aus Abschnitt [8.5] wissen wir für den Spezialfall $g = 0$, dass $\hat{\mathbf{f}}_0(t)$ mit der Winkelfrequenz $\dot{\vartheta}_3 = |\mathbf{L}_{\mathrm{rot}}| / j_1$ Nutationen um die Richtung des Drehimpulses ausführt, wobei der konstante Winkel zwischen $\mathbf{L}_{\mathrm{rot}}$ und $\hat{\mathbf{f}}_0$ im Folgenden (um Verwechslung mit dem Winkel $\vartheta_2$ zwischen der Figurenachse und der $\hat{\mathbf{e}}_3$-Richtung im raumfesten Koordinatensystem zu vermeiden) als $\vartheta_2^{\mathrm{N}}$ bezeichnet wird:

$$\langle \hat{\mathbf{f}}_0 \rangle_t \equiv \frac{1}{T_3} \int_{t-\frac{1}{2}T_3}^{t+\frac{1}{2}T_3} dt'\, \hat{\mathbf{f}}_0(t') = \frac{\cos\left(\vartheta_2^{\mathrm{N}}\right)}{|\mathbf{L}_{\mathrm{rot}}|} \mathbf{L}_{\mathrm{rot}} \,\,. \tag{8.55}$$

Aus der Bewegungsgleichung für den Drehimpuls ergibt sich nach einer Zeitmittelung über eine Nutationsperiode $T_3 = 2\pi/\dot{\vartheta}_3$:

$$\frac{d}{dt}\langle \mathbf{L}_{\mathrm{rot}} \rangle_t = \left\langle \frac{d\mathbf{L}_{\mathrm{rot}}}{dt} \right\rangle_t = -Mgl\, \langle \hat{\mathbf{f}}_g \rangle_t \times \hat{\mathbf{e}}_3$$

$$\sim -\frac{Mgl\cos\left(\vartheta_2^{\mathrm{N}}\right)}{|\langle \mathbf{L}_{\mathrm{rot}} \rangle_t|} \langle \mathbf{L}_{\mathrm{rot}} \rangle_t \times \hat{\mathbf{e}}_3 \,\,. \tag{8.56}$$

Hierbei wurde verwendet, dass $\langle \hat{\mathbf{f}}_g \rangle_t$ für genügend kleine $g$-Werte, d. h., wenn die Ungleichung (8.54) erfüllt ist, durch die rechte Seite von (8.55) ersetzt werden kann. Die Bewegungsgleichung (8.56) zeigt, dass $\langle \mathbf{L}_{\mathrm{rot}} \rangle_t$ unter der Einwirkung der Schwerkraft mit der Winkelfrequenz

$$\boxed{\omega_{\mathrm{P}} \equiv Mgl\cos\left(\vartheta_2^{\mathrm{N}}\right) / |\langle \mathbf{L}_{\mathrm{rot}} \rangle_t|}$$

um die $\hat{\mathbf{e}}_3$-Achse präzediert, wobei $|\langle \mathbf{L}_{\mathrm{rot}} \rangle_t|$ zeitunabhängig ist. Für den schnellen Kreisel ist die *Präzession* mit der Winkelfrequenz $\omega_{\mathrm{P}}$, wie bereits angedeutet, sehr viel langsamer als die *Nutation* der Figurenachse um die Richtung des Drehimpulses, die mit der Frequenz $\omega_{\mathrm{N}} \equiv |\mathbf{L}_{\mathrm{rot}}| / j_1$ erfolgt. Dies sieht man aus der Definition (8.54) des schnellen Kreisels, die ja nichts anderes als $\omega_{\mathrm{P}} \ll \omega_{\mathrm{N}}$ bedeutet. Nur unter dieser Bedingung lassen sich die Zeitskalen der Nutations- und Präzessionsbewegung sauber trennen.

## 8.6.2   Kowalewskajas Kreisel

Es ist im Allgemeinen nicht möglich, die Bewegungsgleichungen eines *beliebig* geformten, *un*symmetrischen Kreisels exakt zu lösen, d.h. auf die Berechnung einiger weniger Integrale („Quadraturen") zurückzuführen. Wie wir bereits bei der Untersuchung des *symmetrischen* schweren Kreisels festgestellt haben, erfordert die Reduktion der drei Bewegungsgleichungen *zweiter* Ordnung für $\vartheta_1(t), \vartheta_2(t)$ und $\vartheta_3(t)$ auf drei Gleichungen *erster* Ordnung die Existenz *dreier* Bewegungsintegrale. Im Falle des symmetrischen schweren Kreisels sind diese drei Bewegungsintegrale durch die drei Größen $p_1, p_3$ und $E$ in den Gleichungen (8.49)-(8.51) gegeben.

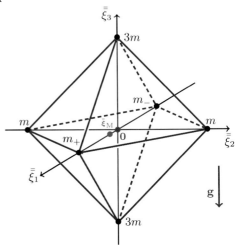

**Abb. 8.10** Einfacher Bauplan eines Kowalewskaja-Kreisels

Ein sehr interessantes Beispiel eines exakt lösbaren *unsymmetrischen* Kreisels ($j_1 \neq j_2 \neq j_3 \neq j_1$) wurde 1888 von der russischen Mathematikerin Sonja Kowalewskaja entdeckt, die für ihre Arbeit über die Kreiseltheorie im selben Jahr noch den Bordin-Preis der französischen Akademie der Wissenschaften erhielt. Der Kowalewskaja-Kreisel ist dadurch definiert, dass:

- zwei der drei Hauptträgheitsmomente *relativ zum festen Punkt* $\mathbf{x}_0$ des Kreisels *gleich* und doppelt so groß wie das dritte sind ($j_1' = j_2' = 2j_3'$),

- der Massenschwerpunkt $\mathbf{x}_M$ in der Ebene liegt, die durch die zu $j_1'$ und $j_2'$ gehörigen Hauptträgheitsachsen aufgespannt wird,

- für die drei Hauptträgheitsmomente *relativ zum Massenschwerpunkt* $\mathbf{x}_M$ eine *Unsymmetrie* gilt: $j_1 \neq j_2 \neq j_3 \neq j_1$.

Massenschwerpunkt und fester Punkt des Kowalewskaja-Kreisels müssen daher logischerweise unbedingt *ungleich* sein: $\mathbf{x}_M \neq \mathbf{x}_0$.

### Einfacher Bauplan für den Kowalewskaja-Kreisel

Ein einfacher Bauplan für einen Kowalewskaja-Kreisel findet sich in Abbildung 8.10: In diesem Beispiel hat der Kreisel die Form eines Oktaeders mit der Seitenlänge $\sqrt{2}a$, an dessen Eckpunkten sich die Massen $m$ (in $\bar{\bar{\boldsymbol{\xi}}} = \pm a\hat{\mathbf{e}}_2$), $3m$ (in $\bar{\bar{\boldsymbol{\xi}}} = \pm a\hat{\mathbf{e}}_3$) bzw. $m_\pm \equiv (1 \pm \lambda)m$ (in $\bar{\bar{\boldsymbol{\xi}}} = \pm a\hat{\mathbf{e}}_1$, mit $0 < \lambda \leq 1$) befinden. Wir verwenden hierbei die $\bar{\bar{\boldsymbol{\xi}}}$-Koordinaten, da der Trägheitstensor im körperfesten Koordinatensystem, aufgespannt durch die Vektoren $(\hat{\mathbf{e}}_1, \hat{\mathbf{e}}_2, \hat{\mathbf{e}}_3)$, *diagonal* ist.

Wir nehmen an, dass diese sechs Massenpunkte durch masselose Stäbe (in Abb. 8.10 *blau* gezeichnet) zusammengehalten werden und außerdem mit dem (in Abb. 8.10 *rot* eingetragenen) *festen* Punkt $\bar{\bar{\boldsymbol{\xi}}}_0 = \mathbf{0}$ des Kreisels verbunden sind. Man überprüft leicht, dass für die Hauptträgheitsmomente, die *relativ zum festen Punkt* berechnet werden, $j_1' = j_2' = 8ma^2$ sowie $j_3' = 4ma^2$ gilt, sodass die Bedingung $j_1' =$

$j_2' = 2j_3'$ in der Tat erfüllt ist. Außerdem liegt der (in Abb. 8.10 *grün* eingetragene) Massenschwerpunkt $\bar{\boldsymbol{\xi}}_M = \frac{1}{5}\lambda a\hat{\mathbf{e}}_1$, wie erforderlich, in der $\hat{\mathbf{e}}_1$-$\hat{\mathbf{e}}_2$-Ebene. Aus dem Steiner'schen Satz folgt $j_1 = j_1'$, $j_2 = j_2' - \frac{2}{5}m\lambda^2 a^2$ und $j_3 = j_3' - \frac{2}{5}m\lambda^2 a^2$, sodass der Kowalewskaja-Kreisel *unsymmetrisch* ist.

## Lagrange-Funktion des Kowalewskaja-Kreisels

Der Nachweis der exakten Lösbarkeit des allgemeinen Kowalewskaja-Kreisels erfordert also die Konstruktion dreier Erhaltungsgrößen. Um diese zu bestimmen, benötigen wir zuerst die Bewegungsgleichungen des Kreisels und somit seine Lagrange-Funktion. Da zwei der drei Hauptträgheitsmomente $j_i'$ gleich sind, folgt die kinetische Energie des Kreisels analog zu (8.47) als:

$$T = \tfrac{1}{2}j_1'(\dot{\vartheta}_2^2 + s_2^2\dot{\vartheta}_3^2) + \tfrac{1}{2}j_3'(\dot{\vartheta}_1 + c_2\dot{\vartheta}_3)^2 = j_3'\left[\dot{\vartheta}_2^2 + s_2^2\dot{\vartheta}_3^2 + \tfrac{1}{2}(\dot{\vartheta}_1 + c_2\dot{\vartheta}_3)^2\right] ,$$

wobei die Beziehung $j_1' = 2j_3'$ verwendet wurde. Die potentielle Energie kann analog zur Vorgehensweise (8.40) - (8.41) für den symmetrischen Kreisel konstruiert werden. Wir definieren die $\hat{\mathbf{e}}_1$-Achse des körperfesten Systems nun für $t = 0$ durch:

$$\frac{\mathbf{x}_M(0) - \mathbf{x}_0}{|\mathbf{x}_M(0) - \mathbf{x}_0|} \equiv \mathcal{O}\hat{\mathbf{e}}_1 \quad , \quad |\mathbf{x}_M(0) - \mathbf{x}_0| \equiv l ,$$

sodass für $t \geq 0$ allgemein

$$\mathbf{x}_M(t) - \mathbf{x}_0 = lD(\boldsymbol{\vartheta}(t))\mathcal{O}\hat{\mathbf{e}}_1$$

gilt. Es folgt nun:

$$\begin{aligned}
V &= \sum_{i=1}^N m_i g\hat{\mathbf{e}}_3 \cdot (\mathbf{x}_i - \mathbf{x}_0) = Mg\hat{\mathbf{e}}_3 \cdot [\mathbf{x}_M(t) - \mathbf{x}_0] \\
&= Mgl\hat{\mathbf{e}}_3^T D(\boldsymbol{\vartheta}(t))\mathcal{O}\hat{\mathbf{e}}_1 = Mgl\hat{\mathbf{e}}_3^T R_3 R_2 R_1\hat{\mathbf{e}}_1 = Mgls_1s_2 ,
\end{aligned}$$

wobei wiederum die explizite Form (8.37) der Drehmatrix $R_3 R_2 R_1$ verwendet wurde. Insgesamt gilt also

$$\boxed{L = j_3'[\dot{\vartheta}_2^2 + s_2^2\dot{\vartheta}_3^2 + \tfrac{1}{2}(\dot{\vartheta}_1 + c_2\dot{\vartheta}_3)^2] - Mgls_1s_2} \tag{8.57}$$

für die Lagrange-Funktion des Kowalewskaja-Kreisels.

## Existenz dreier Erhaltungsgrößen!

Für den *symmetrischen* schweren Kreisel folgt die Existenz dreier Erhaltungsgrößen $(p_1, p_3, E)$ sofort daraus, dass in diesem Falle die Variablen $(\vartheta_1, \vartheta_3, t)$ zyklisch sind. Für den *Kowalewskaja*-Kreisel sind $(\vartheta_3, t)$ nach wie vor zyklisch, sodass $p_3$ und $E$ erhalten sind:

$$p_3 = \frac{\partial L}{\partial \dot{\vartheta}_3} = j_3'\left[(1 + s_2^2)\dot{\vartheta}_3 + c_2\dot{\vartheta}_1\right] = \text{konstant} \tag{8.58a}$$

$$E = j_3'\left[\dot{\vartheta}_2^2 + s_2^2\dot{\vartheta}_3^2 + \tfrac{1}{2}(\dot{\vartheta}_1 + c_2\dot{\vartheta}_3)^2\right] + Mgls_1s_2 = \text{konstant} . \tag{8.58b}$$

Der verallgemeinerte Impuls $\partial L/\partial\dot\vartheta_1$ ist nun jedoch *nicht* erhalten, da $L$ explizit $\vartheta_1$-abhängig ist. Die Existenz einer dritten unabhängigen Erhaltungsgröße ist daher keineswegs selbstverständlich. Die Bewegungsgleichungen für $\vartheta_i(t)$ ($i=1,2,3$) lauten mit $\mu\equiv Mgl/j_3'$:

$$0=\frac{1}{j_3'}\left[\frac{d}{dt}\left(\frac{\partial L}{\partial\dot\vartheta_1}\right)-\frac{\partial L}{\partial\vartheta_1}\right]=\ddot\vartheta_1+c_2\ddot\vartheta_3-s_2\dot\vartheta_2\dot\vartheta_3+\mu c_1 s_2 \tag{8.59a}$$

$$0=\frac{1}{j_3'}\left[\frac{d}{dt}\left(\frac{\partial L}{\partial\dot\vartheta_2}\right)-\frac{\partial L}{\partial\vartheta_2}\right]=2\ddot\vartheta_2-s_2c_2\dot\vartheta_3^2+s_2\dot\vartheta_1\dot\vartheta_3+\mu s_1 c_2 \tag{8.59b}$$

$$0=\frac{1}{j_3'}\frac{d}{dt}\left(\frac{\partial L}{\partial\dot\vartheta_3}\right)=(1+s_2^2)\ddot\vartheta_3+2s_2c_2\dot\vartheta_2\dot\vartheta_3+c_2\ddot\vartheta_1-s_2\dot\vartheta_1\dot\vartheta_2\ . \tag{8.59c}$$

Durch Einsetzen von Gleichung (8.59a) für $\ddot\vartheta_1$ in (8.59c) ergibt sich:

$$\begin{aligned}0&=(1+s_2^2-c_2^2)\ddot\vartheta_3+3s_2c_2\dot\vartheta_2\dot\vartheta_3-s_2\dot\vartheta_1\dot\vartheta_2-\mu c_1 s_2 c_2\\&=s_2[2s_2\ddot\vartheta_3+3c_2\dot\vartheta_2\dot\vartheta_3-\dot\vartheta_1\dot\vartheta_2-\mu c_1 c_2]\end{aligned}$$

und daher:

$$0=2\frac{d}{dt}(s_2\dot\vartheta_3)-(\dot\vartheta_1-c_2\dot\vartheta_3)\dot\vartheta_2-\mu c_1 c_2\ . \tag{8.60}$$

Wenn man Gleichung (8.59b), multipliziert mit der imaginären Einheit $i$, zu Gleichung (8.60) addiert, erhält man:

$$0=2\frac{d}{dt}(s_2\dot\vartheta_3+i\dot\vartheta_2)+i(s_2\dot\vartheta_3+i\dot\vartheta_2)(\dot\vartheta_1-c_2\dot\vartheta_3)-\mu e^{-i\vartheta_1}c_2\ .$$

Durch Multiplikation dieses Ergebnisses mit $s_2\dot\vartheta_3+i\dot\vartheta_2$ folgt:

$$\begin{aligned}0&=\frac{d}{dt}(s_2\dot\vartheta_3+i\dot\vartheta_2)^2+i(s_2\dot\vartheta_3+i\dot\vartheta_2)^2(\dot\vartheta_1-c_2\dot\vartheta_3)-\mu e^{-i\vartheta_1}c_2(s_2\dot\vartheta_3+i\dot\vartheta_2)\\&=\frac{d}{dt}\left[(s_2\dot\vartheta_3+i\dot\vartheta_2)^2-i\mu e^{-i\vartheta_1}s_2\right]+i(\dot\vartheta_1-c_2\dot\vartheta_3)\left[(s_2\dot\vartheta_3+i\dot\vartheta_2)^2-i\mu e^{-i\vartheta_1}s_2\right]\end{aligned}$$

und daher:

$$0=\frac{d}{dt}\ln\left[(s_2\dot\vartheta_3+i\dot\vartheta_2)^2-i\mu e^{-i\vartheta_1}s_2\right]+i(\dot\vartheta_1-c_2\dot\vartheta_3)\ .$$

Wegen $\mathrm{Re}[\ln(z)]=\ln|z|$ gilt für den *Realteil* der rechten Seite:

$$0=\frac{d}{dt}\ln\left|(s_2\dot\vartheta_3+i\dot\vartheta_2)^2-i\mu e^{-i\vartheta_1}s_2\right|\ .$$

Wir stellen also fest, dass die Größe

$$\boxed{\begin{aligned}K&\equiv|(s_2\dot\vartheta_3+i\dot\vartheta_2)^2-i\mu e^{-i\vartheta_1}s_2|^2\\&=(s_2^2\dot\vartheta_3^2-\dot\vartheta_2^2-\mu s_1 s_2)^2+(2\dot\vartheta_2\dot\vartheta_3-\mu c_1)^2s_2^2=\ \text{konstant}\end{aligned}} \tag{8.61}$$

für den Kowalewskaja-Kreisel eine *dritte* unabhängige Erhaltungsgröße darstellt. Hiermit ist dieses Problem auf die Berechnung von „Quadraturen" (d. h. *Integrationen*) zurückgeführt und somit im Prinzip exakt gelöst. Man kann den Gleichungssatz (8.58a), (8.58b), (8.61) weiter vereinfachen, indem man $\dot\vartheta_3$ aus (8.58b) und (8.61) mit Hilfe von (8.58a) eliminiert. Sonja Kowalewskaja hat noch gezeigt, dass die explizite Lösung der Bewegungsgleichungen in der Form von hyperelliptischen Funktionen darstellbar ist.

### 8.6.3  Der Kreisel von Gorjatschew und Tschaplygin

Man könnte sich fragen, ob neben Kowalewskajas Kreisel (mit $j_1' = j_2' = rj_3'$ und $r = 2$) noch weitere exakte Lösungen (mit $r \notin \{0, 1, 2\}$) möglich sind. Teilantworten auf diese Frage wurden bereits kurz nach Kowalewskajas Entdeckung Ende des 19. Jahrhunderts geliefert, u. a. von Gorjatschew und Tschaplygin, die zeigten, dass auch der Kreisel mit $r = 4$ exakte Lösungen zulässt, allerdings nur, wenn die 3-Komponente $p_3 = \frac{\partial L}{\partial \dot{\vartheta}_3}$ des verallgemeinerten Impulses den Wert null hat. Wir gehen im Folgenden kurz auf diesen Spezialfall ein, wobei die Parameter $r$ und $p_3$ zunächst allgemein gehalten werden.

**Lagrange-Funktion und zwei erste Bewegungsintegrale**

Die Lagrange-Funktion ist für beliebige $r$-Werte durch

$$L = j_3'\left[\tfrac{1}{2}r(\dot{\vartheta}_2^2 + s_2^2\dot{\vartheta}_3^2) + \tfrac{1}{2}(\dot{\vartheta}_1 + c_2\dot{\vartheta}_3)^2\right] - Mgls_1s_2$$

gegeben, sodass die 3-Komponente des verallgemeinerten Impulses gleich

$$p_3 = \frac{\partial L}{\partial \dot{\vartheta}_3} = j_3'\left\{\left[r + (1 - r)c_2^2\right]\dot{\vartheta}_3 + c_2\dot{\vartheta}_1\right\}$$

ist. Da die Variablen $\vartheta_3$ und $t$ (wie im Falle von Kowalewskajas Kreisel) zyklisch sind, sind $p_3$ und die Energie $E = T + V$ erhalten.

**Existenz eines dritten Bewegungsintegrals!**

Man könnte nun versuchen, ein drittes Bewegungsintegral der *Lagrange*-Gleichungen zu bestimmen, aber die explizite Form des von Gorjatschew und Tschaplygin nachgewiesenen Integrals,

$$I_3 = \bar{\bar{\omega}}_3\left(\bar{\bar{\omega}}_1^2 + \bar{\bar{\omega}}_2^2\right) - \mu\bar{\bar{\omega}}_1c_2 \quad , \quad \mu \equiv Mgl/j_3' \,,$$

zeigt bereits, dass die Winkelgeschwindigkeiten $\bar{\bar{\omega}}$ und daher auch die *Euler*-Gleichungen für den Nachweis der Zeitunabhängigkeit von $I_3$ besser geeignet sind. Wir erinnern daran, dass die Beziehung zwischen $\bar{\bar{\omega}}$ und $\dot{\vartheta}$ durch (8.39) gegeben ist:

$$\bar{\bar{\omega}} = \bar{\bar{W}}(\vartheta)\dot{\vartheta} \quad , \quad \dot{\vartheta} = \left[\bar{\bar{W}}(\vartheta)\right]^{-1}\bar{\bar{\omega}}$$

mit

$$\bar{\bar{W}}(\vartheta) = \begin{pmatrix} 0 & c_1 & s_1s_2 \\ 0 & -s_1 & c_1s_2 \\ 1 & 0 & c_2 \end{pmatrix} \quad , \quad [\bar{\bar{W}}(\vartheta)]^{-1} = \begin{pmatrix} -s_1c_2/s_2 & -c_1c_2/s_2 & 1 \\ c_1 & -s_1 & 0 \\ s_1/s_2 & c_1/s_2 & 0 \end{pmatrix}$$

und dass die Euler-Gleichung gemäß (8.34) lautet:

$$\begin{pmatrix} r\dot{\bar{\bar{\omega}}}_1 - (r-1)\bar{\bar{\omega}}_2\bar{\bar{\omega}}_3 \\ r\dot{\bar{\bar{\omega}}}_2 + (r-1)\bar{\bar{\omega}}_3\bar{\bar{\omega}}_1 \\ \dot{\bar{\bar{\omega}}}_3 \end{pmatrix} = (j_3')^{-1}\bar{\mathbf{N}}_{\text{rot}} = -(j_3')^{-1}(\bar{\bar{W}}^{\text{T}})^{-1}\frac{\partial V}{\partial \vartheta}$$

$$= -\mu\begin{pmatrix} -s_1c_2/s_2 & c_1 & s_1/s_2 \\ -c_1c_2/s_2 & -s_1 & c_1/s_2 \\ 1 & 0 & 0 \end{pmatrix}\begin{pmatrix} c_1s_2 \\ s_1c_2 \\ 0 \end{pmatrix} = -\mu\begin{pmatrix} 0 \\ -c_2 \\ c_1s_2 \end{pmatrix} \,.$$

Mit Hilfe der Euler-Gleichung für $\dot{\bar{\bar{\omega}}}$ und der Beziehung $\dot{\vartheta}_2 = c_1\bar{\bar{\omega}}_1 - s_1\bar{\bar{\omega}}_2$ erhält man nun sofort:

$$\frac{dI_3}{dt} = \frac{\mu}{r}\bar{\bar{\omega}}_2\left[(3 - r)\bar{\bar{\omega}}_3c_2 - rs_2(s_1\bar{\bar{\omega}}_1 + c_1\bar{\bar{\omega}}_2)\right] \,.$$

Die rechte Seite kann durch Einsetzen der Beziehung zwischen der Erhaltungsgröße $p_3$ und den Winkelgeschwindigkeiten $\bar{\bar{\omega}}$,

$$p_3 = j_3' \left[ c_2 \bar{\bar{\omega}}_3 + rs_2(s_1 \bar{\bar{\omega}}_1 + c_1 \bar{\bar{\omega}}_2) \right] ,$$

noch erheblich vereinfacht werden:

$$\frac{dI_3}{dt} = \frac{\mu}{r} \bar{\bar{\omega}}_2 \left[ (4 - r)\bar{\bar{\omega}}_3 c_2 - p_3/j_3' \right] .$$

Dieses Resultat gilt allgemein, d. h. für beliebige Werte von $r$ und $p_3$, und zeigt, dass die Größe $I_3$ im Allgemeinen keineswegs erhalten ist. Nur wenn man die zusätzlichen Annahmen von Gorjatschew und Tschaplygin macht, folgt $I_3$ als drittes Bewegungsintegral:

$$\boxed{\frac{dI_3}{dt} = 0 \ \text{für} \ r = 4 \ , \ p_3 = 0 .}$$

Die Zusatzbedingung $p_3 = 0$ für die Erhaltungsgröße $p_3$ bedeutet, dass zum Anfangszeitpunkt $t = 0$ gelten soll: $-\frac{d\vartheta_1}{d\vartheta_3} = r/c_2 + (1 - r)c_2$, d. h., dass $I_3$ nur für Bahnen mit solchen speziellen Anfangsbedingungen erhalten ist. Auch in diesem Fall ist die explizite Lösung der Bewegungsgleichungen in der Form von hyperelliptischen Funktionen darstellbar.

Ein einfacher Bauplan für einen Kreisel, der die Anforderungen von Gorjatschew und Tschaplygin erfüllt, findet sich in Abbildung 8.11: Die Struktur ist im Wesentlichen die gleiche wie beim Kowalewskaja-Kreisel,

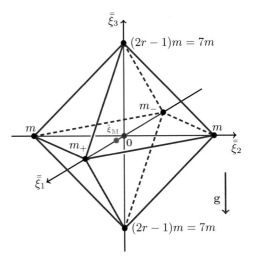

**Abb. 8.11** Einfacher Bauplan für den Kreisel von Gorjatschew und Tschaplygin

nur haben die Massen in den beiden Punkten $\bar{\bar{\xi}} = \pm a\hat{e}_3$ wegen $r = 4$ nun den Wert $(2r - 1)m = 7m$. Die Massen in $\bar{\bar{\xi}} = \pm a\hat{e}_1$ sind wiederum durch $m_\pm \equiv (1 \pm \lambda)m$ mit $0 < \lambda \le 1$ gegeben. Der Massenschwerpunkt $\bar{\bar{\xi}}_M = \frac{\lambda a}{2r+1}\hat{e}_1 = \frac{1}{9}\lambda a\hat{e}_1$ liegt nach wie vor in der $\hat{e}_1$-$\hat{e}_2$-Ebene. Für die Hauptträgheitsmomente, die *relativ zum festen Punkt* $\bar{\bar{\xi}}_0 = 0$ berechnet werden, gilt $j_1' = j_2' = 4rma^2 = 16ma^2$ sowie $j_3' = 4ma^2$, sodass die Bedingung $j_1' = j_2' = rj_3' = 4j_3'$ in der Tat erfüllt ist.

## 8.6.4 Astronomische Präzession

Als zweites Beispiel eines starren Körpers unter der Einwirkung von äußeren Kräften betrachten wir wiederum einen Kreisel in einem Schwerkraftfeld. Der „Kreisel" soll nun jedoch die *Erde* darstellen, das Schwerkraftfeld ist nun *räumlich inhomogen*, und der Effekt, den wir beschreiben möchten, ist die sogenannte *astronomische Präzession*. Die Theorie ist (mit entsprechend geänderten numerischen Werten) natürlich auch auf andere Himmelskörper als die Erde anwendbar.

Die *astronomische* Präzession der Erde wird (im Gegensatz zur kräftefreien *regulären* Präzession) durch die Gravitationswechselwirkung der Erde mit Sonne und Mond hervorgerufen. Der Begriff „astronomische Präzession" deutet die *Präzession der Figurenachse* der Erde um den Normalenvektor der Ekliptik an oder (äquivalent) das *Vorrücken der Knotenlinie*[11] der Erde (s. Abbildung 8.12). Die Periode dieser Bewegung ist ungefähr 26000 Jahre. Aufgrund der astronomischen Beobachtung weiß man, dass der Öffnungswinkel $\vartheta_2$ des Präzessionskegels zeitlich konstant ist ($\vartheta_2 \simeq 0{,}41\,\mathrm{rad} \,\hat{=}\, 23{,}5°$) und dass die Präzession gleichförmig im Uhrzeigersinn mit einer Geschwindigkeit $\dot{\vartheta}_3 \simeq -2\pi/(26000\ \text{Jahre})$ erfolgt. Die Geschwindigkeit $|\dot{\vartheta}_3|$ der astronomischen Präzession ist daher viel geringer als diejenige der Rotation der Erde um ihre Figurenachse: $\dot{\vartheta}_1 \simeq 2\pi/\text{Sterntag}$. In Abb. 8.12 ist die Erde *blau* dargestellt, der Mond bzw. die Mondbahn *grün* und die Sonne bzw. ihre Bahn *orange*. Die Darstellung in Abb. 8.12 ist *geozentrisch*: Der Erdmittelpunkt wird als Ursprung sowohl des *körperfesten* als auch des *raumfesten* Bezugssystems gewählt.

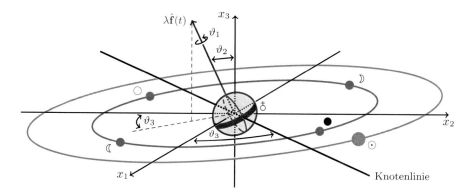

**Abb. 8.12** Zur Illustration der astronomischen Präzession der Erde

Die Wahl der Winkelvariablen in Abb. 8.12 entspricht genau unserer bisherigen Definition der Euler-Winkel,

$$D(\boldsymbol{\vartheta})\mathcal{O} = R(\vartheta_3\hat{\mathbf{e}}_3)R(\vartheta_2\hat{\mathbf{e}}_1)R(\vartheta_1\hat{\mathbf{e}}_3) = R_3 R_2 R_1\ .$$

Hierbei wird die orthogonale Transformation $\mathcal{O}$ so gewählt wird, dass die Drehung $D(\boldsymbol{\vartheta}(t))\mathcal{O}$ die Figurenachse $\hat{\mathbf{e}}_3$ im *körperfesten* System auf die Figurenachse $\hat{\mathbf{e}}_3' = \hat{\mathbf{f}}(t)$ im *raumfesten* Bezugssystem (d. h. im Inertialsystem) abbildet. Die beiden anderen Basisvektoren $\hat{\mathbf{e}}_1$ und $\hat{\mathbf{e}}_2$ im *körperfesten* Bezugssystem spannen die *Äquatorebene* der Erde auf, die Basisvektoren $\hat{\mathbf{e}}_1$ und $\hat{\mathbf{e}}_2$ im *raumfesten* System die *Ekliptik*. Die Basisvektoren des *körperfesten* Bezugssystems entsprechen im *raumfesten* System Einheitsvektoren $\hat{\mathbf{e}}_i' = R_3 R_2 R_1 \hat{\mathbf{e}}_i$. Diese Einheitsvektoren $\hat{\mathbf{e}}_i'$ folgen aus der expliziten Form von $D(\boldsymbol{\vartheta})\mathcal{O}$ in (8.37) als:

$$\hat{\mathbf{e}}_1' = \begin{pmatrix} c_1 c_3 - s_1 c_2 s_3 \\ c_1 s_3 + s_1 c_2 c_3 \\ s_1 s_2 \end{pmatrix}\ ,\quad \hat{\mathbf{e}}_2' = \begin{pmatrix} -s_1 c_3 - c_1 c_2 s_3 \\ -s_1 s_3 + c_1 c_2 c_3 \\ c_1 s_2 \end{pmatrix}\ ,\quad \hat{\mathbf{e}}_3' = \begin{pmatrix} s_2 s_3 \\ -s_2 c_3 \\ c_2 \end{pmatrix}\ , \quad (8.62)$$

---

[11]Als *Knotenlinie* wird in diesem Kontext die Schnittgerade der *Äquatorebene* der Erde und der *Ekliptik*, d. h. der Bahnebene der Erde in ihrer Bewegung um die Sonne, bezeichnet.

wobei wir für $i = 1, 2, 3$ wie üblich definierten: $c_i \equiv \cos(\vartheta_i), s_i \equiv \sin(\vartheta_i)$. Aus diesen expliziten Darstellungen geht z. B. hervor, dass der Winkel zwischen der Figurenachse $\hat{\mathbf{e}}_3'(\boldsymbol{\vartheta}(t)) = \hat{\mathbf{f}}(t)$ im raumfesten Bezugssystem und dem Normalenvektor $\hat{\mathbf{e}}_3$ zur Ekliptik, wie in Abb. 8.12 dargestellt, gleich $\vartheta_2$ ist: $\hat{\mathbf{e}}_3 \cdot \hat{\mathbf{e}}_3' = c_2 = \cos(\vartheta_2)$. Außerdem geht aus (8.62) hervor, dass der Einheitsvektor $\hat{\mathbf{e}}_1'$ *zweimal* pro Sterntag, nämlich immer dann, wenn $\vartheta_1 = 0, \pi$ gilt, parallel zur *Knotenlinie* ausgerichtet ist: $\hat{\mathbf{e}}_1'\big|_{\vartheta_1 = 0, \pi} = \pm(c_3, s_3, 0)^{\mathrm{T}}$. Analoges gilt für den Einheitsvektor $\hat{\mathbf{e}}_2'$, falls $\vartheta_1 = \frac{\pi}{2}, \frac{3\pi}{2}$ gilt. Die Knotenlinie wird im *körperfesten* Bezugssystem durch die Richtung $c_1\hat{\mathbf{e}}_1 - s_1\hat{\mathbf{e}}_2$ definiert und dreht sich also mit einer Periode von einem Sterntag um die Figurenachse $\hat{\mathbf{e}}_3$. Im *raumfesten* Bezugssystem ist die Richtung der Knotenlinie entsprechend durch $c_1\hat{\mathbf{e}}_1' - s_1\hat{\mathbf{e}}_2' = (c_3, s_3, 0)^{\mathrm{T}}$ gegeben.

Wir zeigen im Folgenden, wie man, ausgehend von der einfachen Modellskizze in Abb. 8.12, die astronomische Präzession der Erde theoretisch *verstehen* und quantitativ *berechnen* kann. Konkret gehen wir aus von der *Lagrange-Gleichung* für die Rotationsbewegung der Erde, die hierbei als *symmetrischer Kreisel* mit den Hauptträgheitsmomenten $j_1 = j_2 < j_3$ aufgefasst wird. Das nachfolgende Argument basiert auf einer Berechnung von F. Klein und A. Sommerfeld in ihrem herrlichen Buch „Über die Theorie des Kreisels" (Ref. [20]), die selbst wiederum auf einer Idee von C. F. Gauß beruht. Die Berechnung von Klein und Sommerfeld ist auch deshalb so instruktiv, da sie von einigen einfachen *Modellannahmen* ausgeht, die, wenn auch nicht exakt, auf jeden Fall plausibel und im Rahmen der gewünschten Genauigkeit gerechtfertigt sind. Diese approximative Behandlung deckt den physikalischen Mechanismus hinter der astronomischen Präzession in viel transparenterer Weise auf als eine detailliertere Rechnung dies tun könnte.

### Modellannahmen

Unsere erste Modellannahme ist, dass die in Wirklichkeit näherungsweise *ellipsoidale* Erde mit ihren Hauptträgheitsmomenten $j_1 = j_2 < j_3$ durch eine *Kugel* mit einem *Massengürtel* um ihren Äquator ersetzt werden kann. Die „Erdkugel" (in Abb. 8.12 *blau* dargestellt, mit Radius $R_{\mathrm{E}}$) soll eine sphärisch symmetrische Massenverteilung und drei identische Hauptträgheitsmomente $j_{\mathrm{K}}$ haben. Der Massengürtel (in Abb. 8.12 *rot* dargestellt) soll eine homogene Massenverteilung mit der Gesamtmasse $m$ besitzen. Hierbei sind die Parameter $j_{\mathrm{K}}$ und $m$ so zu wählen, dass das Gesamtgebilde aus Kugel und Gürtel ebenfalls die Hauptträgheitsmomente $j_1 = j_2 < j_3$ hat. Eine kurze Rechnung zeigt, dass der Gürtel den Trägheitstensor

$$\bar{\bar{I}}_{\mathrm{G}} = mR_{\mathrm{E}}^2 \begin{pmatrix} \frac{1}{2} & 0 & 0 \\ 0 & \frac{1}{2} & 0 \\ 0 & 0 & 1 \end{pmatrix}$$

hat, sodass sich zusammen mit dem Trägheitstensor $\bar{\bar{I}}_{\mathrm{K}} = j_{\mathrm{K}}\mathbb{1}_3$ der Kugel für den Gesamtträgheitstensor der Erde

$$\bar{\bar{I}} = \begin{pmatrix} j_1 & 0 & 0 \\ 0 & j_1 & 0 \\ 0 & 0 & j_3 \end{pmatrix} \quad , \quad j_1 = j_{\mathrm{K}} + \tfrac{1}{2}mR_{\mathrm{E}}^2 \quad , \quad j_3 = j_{\mathrm{K}} + mR_{\mathrm{E}}^2$$

ergibt. Umgekehrt muss daher

$$j_{\mathrm{K}} = 2j_1 - j_3 \quad , \quad m = \frac{2}{R_{\mathrm{E}}^2}\,(j_3 - j_1)$$

gelten, damit Kugel und Gürtel zusammen die Hauptträgheitsmomente der (näherungsweise) ellipsoidalen Erde reproduzieren.

Die zweite Modellannahme ist, dass die Mondbahn in genügend guter Näherung in der Ekliptik verläuft. Dies ist nicht ganz korrekt: In Wirklichkeit ist die Mondbahn um ungefähr 0,087 rad $\widehat{=}$ 5° gegen die Ekliptik geneigt. Die möglichen Effekte dieser kleinen Neigung (insbesondere die von der Präzession der Mondbahn hervorgerufene *astronomische Nutation* der Erde) werden im Folgenden nicht berücksichtigt.

Eine dritte Modellannahme ist, dass für die astronomische Präzession der Erde nur ihre Rotationsfreiheitsgrade relevant sind, sodass man den Erdmittelpunkt auch als raumfest auffassen kann.

Eine vierte Modellannahme wird dadurch motiviert, dass die Periode der astronomischen Präzession sehr lang im Vergleich zu einem Erdjahr ist, sodass Sonne und Mond während einer Periode (von der Erde aus gesehen, deren Mittelpunkt wir ja festhalten) die Erde sehr oft umkreisen. Wir können daher die beweglichen Massenpunkte Sonne und Mond über ihre jeweilige Umlaufbahn „ausschmieren". Dies bedeutet konkret, dass die Sonne (mit der Masse $M_{\mathrm{S}}$) im Modell durch einen (in Abb. 8.12 *orangefarben* dargestellten) homogenen Ring mit der Gesamtmasse $M_{\mathrm{S}}$ in einem Abstand $A_{\mathrm{ES}} \simeq 1{,}496 \cdot 10^{11}$ m von der Erde ersetzt wird. Analog wird der Mond (mit der Masse $M_{\mathrm{M}}$) durch einen (in Abb. 8.12 *grün* gezeichneten) homogenen Ring mit der Gesamtmasse $M_{\mathrm{M}}$ in einem Abstand $A_{\mathrm{EM}} \simeq 3{,}844 \cdot 10^8$ m von der Erde ersetzt. Hierbei haben die Massen $M_{\mathrm{S}}$ und $M_{\mathrm{M}}$ die Werte $M_{\mathrm{S}} \simeq 1{,}9891 \cdot 10^{30}$ kg und $M_{\mathrm{M}} \simeq 7{,}349 \cdot 10^{22}$ kg. Es ist von vornherein nicht klar, welcher der beiden Himmelskörper stärker am Erdring ziehen wird: Die Sonne ist zwar weiter entfernt, aber auch sehr viel schwerer als der Mond. Ob nun der Beitrag der Sonne oder derjenige des Mondes größer ist, wird die konkrete Berechnung zeigen.

Dass die nachfolgende Berechnung weitere, weniger wesentliche Annahmen enthält, folgt schon aus unserem Sprachgebrauch („umkreisen", „Massenpunkte", usw.): Die Elliptizität der Relativbewegung von Sonne und Erde bzw. Mond und Erde wird vernachlässigt, genauso wie z. B. die ausgedehnte Struktur und die Inhomogenität der Massenverteilung von Mond und Sonne. Auch der Einfluss anderer Planeten (Venus, Mars, Jupiter, Saturn, ...) wird vernachlässigt.

### Bestimmung der potentiellen Energie und der Lagrange-Funktion

Um die potentielle Energie des Erdgürtels in Wechselwirkung mit dem Sonnen- und dem Mondring als Funktion des Winkels $\vartheta_2$ ausrechnen zu können, betrachten wir zunächst allgemein einen homogenen Massenring (der Masse $M$) in Wechselwirkung mit dem Erdgürtel. Die Erdkugel wird lediglich eine wirkungslose Konstante zur potentiellen Energie beitragen und ist somit im Folgenden irrelevant. Da die potentielle Energie $V = V(\vartheta_2)$ wegen der Rotationssymmetrie bzgl. der $\hat{\mathbf{e}}_3$-Achse des raumfesten Koordinatensystems (s. Abb. 8.12) nicht von $\vartheta_3$ abhängig ist, können wir bei der Berechnung von $V(\vartheta_2)$ auch $\vartheta_3 = 0$ annehmen. Dies ist insofern bequem, als der Massenring (R) und der Erdgürtel (E) nun durch

$$\mathbf{x}_\mathrm{R} = A\begin{pmatrix}\cos(\psi)\\\sin(\psi)\\0\end{pmatrix} \quad , \quad \mathbf{x}_\mathrm{E} = R_\mathrm{E} R(\vartheta_2\hat{\mathbf{e}}_1)\begin{pmatrix}\cos(\varphi)\\\sin(\varphi)\\0\end{pmatrix} = R_\mathrm{E}\begin{pmatrix}\cos(\varphi)\\\sin(\varphi)\cos(\vartheta_2)\\\sin(\varphi)\sin(\vartheta_2)\end{pmatrix}$$

parametrisiert werden können. Es gilt also $\mathbf{x}_\mathrm{R}\cdot\mathbf{x}_\mathrm{E} = AR_\mathrm{E}\Phi(\psi,\phi;\vartheta_2)$ mit

$$\Phi(\psi,\varphi;\vartheta_2) \equiv \cos(\psi)\cos(\varphi) + \sin(\psi)\sin(\varphi)\cos(\vartheta_2) \ .$$

Mit Hilfe der Taylor-Entwicklung

$$(1-y)^{-1/2} = 1 + \tfrac{1}{2}y + \tfrac{3}{8}y^2 + \cdots \quad , \quad y \equiv \frac{2\mathbf{x}_\mathrm{R}\cdot\mathbf{x}_\mathrm{E}}{A^2 + R_\mathrm{E}^2}$$

nach dem kleinen Parameter $y$ erhält man

$$\frac{1}{|\mathbf{x}_\mathrm{R} - \mathbf{x}_\mathrm{E}|} = \frac{1}{\sqrt{\mathbf{x}_\mathrm{R}^2 + \mathbf{x}_\mathrm{E}^2 - 2\mathbf{x}_\mathrm{R}\cdot\mathbf{x}_\mathrm{E}}} = \frac{1}{\sqrt{A^2 + R_\mathrm{E}^2}}\left(1 + \tfrac{1}{2}y + \tfrac{3}{8}y^2 + \cdots\right)$$

$$= \frac{1}{\sqrt{A^2 + R_\mathrm{E}^2}}\left[1 + \frac{R_\mathrm{E}}{A}\Phi + \frac{3}{2}\left(\frac{R_\mathrm{E}}{A}\right)^2\Phi^2 + \cdots\right] \ ,$$

wobei in der Klammer $[\cdots]$ Terme von Ordnung $(R_\mathrm{E}/A)^3$ vernachlässigt wurden. Es ist klar, dass eine solche Entwicklung gerechtfertigt ist, da $R_\mathrm{E}/A$ sowohl für $A = A_\mathrm{ES}$ als auch für $A = A_\mathrm{EM}$ einen kleinen Parameter darstellt. Aufgrund dieser Entwicklung und der Identität

$$\langle\Phi(\psi,\varphi;\vartheta_2)\rangle \equiv \frac{1}{(2\pi)^2}\int_0^{2\pi} d\psi\int_0^{2\pi} d\varphi\ \Phi(\psi,\varphi;\vartheta_2) = 0$$

kann das Wechselwirkungspotential von Massenring und Erdgürtel nun als

$$V(\vartheta_2) = -\frac{\mathcal{G}Mm}{(2\pi)^2}\int_0^{2\pi} d\psi\int_0^{2\pi} d\varphi\ \frac{1}{|\mathbf{x}_\mathrm{R} - \mathbf{x}_\mathrm{E}|} = -\frac{\mathcal{G}Mm}{\sqrt{A^2 + R_\mathrm{E}^2}}\left[1 + \frac{3}{2}\left(\frac{R_\mathrm{E}}{A}\right)^2\langle\Phi^2\rangle + \cdots\right]$$

geschrieben werden mit

$$\langle\Phi^2\rangle = \langle\cos^2(\psi)\cos^2(\varphi)\rangle + \langle\sin^2(\psi)\sin^2(\varphi)\rangle\cos^2(\vartheta_2) + \tfrac{1}{2}\langle\sin(2\psi)\sin(2\varphi)\rangle\cos(\vartheta_2)$$

$$= \tfrac{1}{4}\left[1 + \cos^2(\vartheta_2)\right] \ .$$

Abgesehen von einer wirkungslosen Konstanten und unter Vernachlässigung von höheren Ordnungen des kleinen Parameters $R_\mathrm{E}/A$ erhält man also:

$$V(\vartheta_2) = -\frac{3\mathcal{G}MmR_\mathrm{E}^2}{8A^3}\cos^2(\vartheta_2) \ .$$

Für Sonne ($M = M_\mathrm{S}$, $A = A_\mathrm{ES}$) und Mond ($M = M_\mathrm{M}$, $A = A_\mathrm{EM}$) zusammen ergibt dies:

$$V(\vartheta_2) = -\tfrac{3}{8}\mathcal{G}mR_\mathrm{E}^2\left(\frac{M_\mathrm{S}}{A_\mathrm{ES}^3} + \frac{M_\mathrm{M}}{A_\mathrm{EM}^3}\right)\cos^2(\vartheta_2) = \tfrac{1}{2}P\cos^2(\vartheta_2)$$

mit

$$P \equiv -\tfrac{3}{2}\mathcal{G}(j_3 - j_1)\left(\frac{M_S}{A_{ES}^3} + \frac{M_M}{A_{EM}^3}\right) .$$

Wegen unserer Wahl der Euler-Winkel für die verallgemeinerten Koordinaten $\vartheta$ erhalten wir für die kinetische Energie den bereits aus Abschnitt [8.6.1] bekannten Ausdruck. Die Lagrange-Funktion insgesamt ist daher durch

$$\boxed{\begin{aligned} L = T - V &= \tfrac{1}{2}\bar{\boldsymbol{\omega}}^{\mathrm{T}}\bar{\bar{I}}\bar{\boldsymbol{\omega}} - V(\vartheta_2)\\ &= \tfrac{1}{2}\left[ j_1\left(\dot{\vartheta}_2^2 + s_2^2\dot{\vartheta}_3^2\right) + j_3\left(\dot{\vartheta}_1 + c_2\dot{\vartheta}_3\right)^2 - P\cos^2(\vartheta_2)\right] \end{aligned}}$$

gegeben.

### Zeitabhängigkeit der Euler-Winkel

Analog zu den Gleichungen (8.49)–(8.52) gilt auch jetzt, dass die verallgemeinerten Impulse $p_1 = \frac{\partial L}{\partial \dot{\vartheta}_1}$ und $p_3 = \frac{\partial L}{\partial \dot{\vartheta}_3}$ wegen der zyklischen Natur der Variablen $\vartheta_1$ und $\vartheta_3$ erhalten sind, sodass für die verallgemeinerten Geschwindigkeiten $\dot{\vartheta}_1$ und $\dot{\vartheta}_3$:

$$\dot{\vartheta}_1 = \frac{p_1}{j_3} - c_2\frac{p_3 - c_2 p_1}{j_1 s_2^2} \quad , \quad \dot{\vartheta}_3 = \frac{p_3 - c_2 p_1}{j_1 s_2^2} \tag{8.63}$$

mit zeitunabhängigen Parametern $(p_1, p_3)$ gilt. Das Energieerhaltungsgesetz für die Bewegung in $\vartheta_2$-Richtung lautet nun

$$E' = \tfrac{1}{2}j_1\dot{\vartheta}_2^2 + V_{\mathrm{f}}(\vartheta_2)$$

mit

$$E' = E - \frac{p_1^2}{2j_3} \quad , \quad V_{\mathrm{f}}(\vartheta_2) = \frac{1}{2j_1}\left(\frac{p_3 - c_2 p_1}{s_2}\right)^2 + \tfrac{1}{2}Pc_2^2 .$$

Um die astronomische Beobachtung theoretisch beschreiben zu können, suchen wir eine Lösung dieser Gleichungen mit

$$\dot{\vartheta}_2 = 0 \quad , \quad \vartheta_2 = \vartheta_{\min} \simeq 0{,}41\,\mathrm{rad} \,\hat{=}\, 23\tfrac{1}{2}^{\circ} \quad , \quad E' = V_{\mathrm{f}}(\vartheta_{\min})$$

und

$$\dot{\vartheta}_1 = \text{konstant} \simeq \frac{2\pi}{\text{Sterntag}} \simeq \frac{2\pi \cdot 366\tfrac{1}{4}}{3600 \cdot 24 \cdot 365\tfrac{1}{4}}\,\mathrm{s}^{-1} \simeq 7{,}29 \cdot 10^{-5}\,\mathrm{s}^{-1} .$$

Auch die verallgemeinerte Geschwindigkeit $\dot{\vartheta}_3$ soll zeitlich konstant sein; das Ziel ist, ihren Wert zu bestimmen. Die Forderungen $\dot{\vartheta}_2 = 0$ und $\dot{\vartheta}_{1,3} = \text{konstant}$ sind sicherlich kompatibel miteinander, da $\dot{\vartheta}_2 = 0$ bzw. $\vartheta_2 = \text{konstant}$ aufgrund von (8.63) in der Tat $\dot{\vartheta}_{1,3} = \text{konstant}$ impliziert.

**Bestimmung der Geschwindigkeit der astronomischen Präzession**

Wir bestimmen die verallgemeinerte Geschwindigkeit $\dot{\vartheta}_3$ nun aus der Gleichung $\frac{dV_f}{d\vartheta_2}(\vartheta_{\min}) = 0$ für den Winkel $\vartheta_2 = \vartheta_{\min}$, wobei wir mehrmals (8.63) verwenden:

$$
\begin{aligned}
0 = \frac{dV_f}{d\vartheta_2} &= -Pc_2 s_2 + s_2 \dot{\vartheta}_3 \frac{d}{d\vartheta_2}\left(\frac{p_3 - c_2 p_1}{s_2}\right) = -Pc_2 s_2 + s_2 \dot{\vartheta}_3 \left(p_1 - j_1 c_2 \dot{\vartheta}_3\right) \\
&= -Pc_2 s_2 + s_2 \dot{\vartheta}_3 \left[j_3\left(\dot{\vartheta}_1 + c_2 \dot{\vartheta}_3\right) - j_1 c_2 \dot{\vartheta}_3\right] \\
&= -Pc_2 s_2 + j_3 s_2 \dot{\vartheta}_3 \left[\dot{\vartheta}_1 + \frac{j_3 - j_1}{j_3} c_2 \dot{\vartheta}_3\right] \ .
\end{aligned}
\tag{8.64}
$$

Da einerseits

$$
\frac{j_3 - j_1}{j_3} \simeq \frac{j_3 - j_1}{j_1} \simeq \frac{1}{305} \ll 1
$$

gilt und andererseits aufgrund der astronomischen Beobachtung bekannt ist, dass die astronomische Präzession sehr langsam erfolgt: $|\dot{\vartheta}_3| \ll \dot{\vartheta}_1$, können wir schließen, dass der zweite Term in der Klammer $[\cdots]$ in (8.64) sehr viel kleiner als der erste ist. Es folgt:

$$
\dot{\vartheta}_3 = \frac{Pc_2}{j_3 \dot{\vartheta}_1} = -\tfrac{3}{2}\mathcal{G}\frac{j_3 - j_1}{\dot{\vartheta}_1 j_3}\left(\frac{M_S}{A_{ES}^3} + \frac{M_M}{A_{EM}^3}\right)\cos(\vartheta_{\min}) \ .
\tag{8.65}
$$

Setzen wir nun $\mathcal{G} \simeq 6{,}6732 \cdot 10^{-11} \text{Nm}^2/\text{kg}^2$ und die bekannten Werte von $\dot{\vartheta}_1, \vartheta_{\min}$, $M_S, A_{ES}, M_M, A_{EM}$ und $(j_3 - j_1)/j_3$ in (8.65) ein, so erhalten wir

$$
\dot{\vartheta}_3 \simeq -0{,}779 \cdot 10^{-11}\,\text{s}^{-1}
\tag{8.66}
$$

für die Geschwindigkeit der astronomischen Präzession und daher

$$
T_3 \equiv \frac{2\pi}{|\dot{\vartheta}_3|} \simeq 8{,}061 \cdot 10^{11}\,\text{s} \simeq 26000\ \text{Jahre}
$$

für ihre Periode, im Einklang mit der Beobachtung. Interessant ist das *negative* Vorzeichen der Präzessionsgeschwindigkeit $\dot{\vartheta}_3$ in (8.66), das einem *Vorrücken* der Knotenlinie der Erde in der Ekliptik entspricht. Hierbei bedeutet „Vorrücken", dass sich die Knotenlinie (von der Erde aus gesehen) am Sternenhimmel nach *Westen* bewegt und somit im *Uhrzeigersinn* um den Normalenvektor der Ekliptik dreht.

**Wer trägt stärker zur astronomischen Präzession bei: Sonne oder Mond?**

Schließlich kann man die Frage beantworten, ob die Sonne oder der Mond mehr zur Präzession beiträgt, wenn man die Sonnen- und Mondmassen sowie die Entfernungen dieser Himmelskörper von der Erde, $A = A_{ES}$ bzw. $A = A_{EM}$, in (8.65) einsetzt. Aufgrund des Ergebnisses:

$$
\frac{M_S}{A_{ES}^3} + \frac{M_M}{A_{EM}^3} \simeq \frac{M_S}{A_{ES}^3}\left(1 + 2{,}18\right)
$$

ist klar, dass mehr als zwei Drittel des Effekts durch die Gravitationswechselwirkung des „Erdgürtels" mit dem Mond und nur knapp ein Drittel durch die Wechselwirkung mit der (an sich viel schwereren) Sonne verursacht wird. Dennoch tragen beide Himmelskörper signifikant zur astronomischen Präzession bei.

# 8.7  Beispiele nicht-holonomer Systeme  *

Die Methoden und Ideen, die in diesem Kapitel zur Untersuchung der Dynamik eines starren Körpers entwickelt wurden, können ohne Weiteres auch zur Lösung von Problemen angewandt werden, in denen der starre Körper zusätzlichen *nicht-holonomen* Zwangskräften ausgesetzt ist. Als Beispiel betrachten wir im Folgenden das Verhalten eines *sphärisch symmetrischen starren Körpers*, der sich unter der Einwirkung äußerer Kräfte (normalerweise der Schwerkraft) über eine ideal raue Oberfläche bewegt.[12] In Abschnitt [8.7.1] betrachten wir zuerst allgemein die Struktur der Bewegungsgleichungen und die Form des Trägheitstensors. Anwendungen werden in den Abschnitten [8.7.2] - [8.7.6] behandelt. In den Abschnitten [8.7.2] und [8.7.3] besprechen wir zwei relativ einfache und naheliegende Spezialfälle, nämlich die Dynamik einer Kugel im Schwerkraftfeld auf einer ideal rauen *horizontalen* bzw. *schiefen* Ebene. Die Verallgemeinerung für eine Kugel in einem *zeitabhängigen Schwerkraftfeld* wird in Abschnitt [8.7.4] diskutiert. In den Abschnitten [8.7.5] und [8.7.6] zeigen wir, dass nicht-holonome Systeme auch auf anderen Oberflächen als *Ebenen* untersucht werden können: Konkret behandeln wir die Dynamik einer *Kugel auf einer Kugel*, wobei letztere sogar selbst beweglich sein darf; dieses Problem stellt eine *nicht-holonome* Variante des *sphärischen Pendels* dar![13]

## 8.7.1  Allgemeine Überlegungen

Wir betrachten also zunächst allgemein einen sphärisch symmetrischen starren Körper, der sich unter der Einwirkung äußerer Kräfte über eine ideal raue Oberfläche bewegt. In diesem Problem liegen also *eine holonome* und *zwei nicht-holonome* Zwangsbedingungen vor: Die holonome Bedingung besagt, dass der Abstand vom Kugelmittelpunkt $\mathbf{x}_{\mathrm{M}}(t)$ zur rauen Oberfläche genau gleich dem Kugelradius $r$ ist. Die zwei nicht-holonomen Bedingungen bringen zum Ausdruck, dass die beiden Geschwindigkeitskomponenten der Kugeloberfläche relativ zum rauen Untergrund im Berührungspunkt dieser beiden Oberflächen null sind. Alle drei Zwangsbedingungen sind zeitunabhängig (skleronom). Die typischen Bewegungsgleichungen, mit denen wir uns befassen werden, folgen daher aus (6.114) mit $Z = 3, z = 2$ als:

$$\boxed{\begin{aligned}
&\left[\frac{d}{dt}\left(\frac{\partial L}{\partial \dot{q}_k}\right) - \frac{\partial L}{\partial q_k}\right]_\phi = \lambda_1(t)\varphi_{1k}(\mathbf{q}_\phi) + \lambda_2(t)\varphi_{2k}(\mathbf{q}_\phi) \quad (k = 1, 2, \cdots, 5)\\
&\boldsymbol{\varphi}_1(\mathbf{q}_\phi) \cdot \dot{\mathbf{q}}_\phi = \boldsymbol{\varphi}_2(\mathbf{q}_\phi) \cdot \dot{\mathbf{q}}_\phi = 0\,,
\end{aligned}}$$

wobei $L(\mathbf{q}, \dot{\mathbf{q}}, t)$ die für das jeweilige Problem relevante Lagrange-Funktion ist und $\boldsymbol{\varphi}_m(\mathbf{q})$ $(m = 1, 2)$ die zwei skleronomen nicht-holonomen Zwangsbedingungen charakterisiert. Aufgrund der allgemeinen Überlegungen in Abschnitt [6.13] wissen wir bereits, dass das Jacobi-Integral für solche Systeme erhalten und gleich der Energie ist, falls $\frac{\partial L}{\partial t} = 0$ gilt.

---

[12]Man denke hierbei an eine Billardkugel auf einem Billardtisch oder einen Fußball auf dem Fußballfeld, wobei Billardtisch und Fußballfeld allerdings nur sehr approximativ „ideal rau" sind.

[13]Diese Beispiele für exakt lösbare nicht-holonome Probleme und etliche weitere werden auch in der sehr empfehlenswerten Monographie Ref. [37] über die Analytische Dynamik des Starren Körpers behandelt. Kapitel VIII von Ref. [37] gibt auch entsprechende Originalliteratur an.

**Lagrange- und Euler-Gleichungen**

Nach der Elimination der holonomen Zwangsbedingung ist der Konfigurationsraum der Kugel auf der rauen Oberfläche nur noch *fünf*dimensional, sodass die verallgemeinerten Koordinaten die Form $\mathbf{q} = (q_1, q_2, \cdots, q_5)^{\mathrm{T}}$ haben. Wir wählen die verallgemeinerten Koordinaten $\{q_k\}$ so, dass $(q_1, q_2)^{\mathrm{T}} \equiv \mathbf{q}_{\mathrm{M}}$ die Lage des Kugelmittelpunktes $\mathbf{x}_{\mathrm{M}}$ über der rauen Oberfläche parametrisiert: $\mathbf{x}_{\mathrm{M}} = \mathbf{x}_{\mathrm{M}}(\mathbf{q}_{\mathrm{M}})$, während die restlichen Koordinaten die Orientierung der Kugel bezüglich fest vorgegebener Achsen festlegen: $(q_3, q_4, q_5)^{\mathrm{T}} = \boldsymbol{\vartheta}$. Insgesamt gilt daher: $\mathbf{q} = (\mathbf{q}_{\mathrm{M}}, \boldsymbol{\vartheta})$, und die entsprechenden Lagrange-Gleichungen lauten:

$$\frac{d}{dt}\left(\frac{\partial L}{\partial \dot{\mathbf{q}}_{\mathrm{M}}}\right) - \frac{\partial L}{\partial \mathbf{q}_{\mathrm{M}}} = \boldsymbol{\mathcal{F}}_{\mathbf{q}_{\mathrm{M}}} \quad , \quad \frac{d}{dt}\left(\frac{\partial L}{\partial \dot{\boldsymbol{\vartheta}}}\right) - \frac{\partial L}{\partial \boldsymbol{\vartheta}} = \boldsymbol{\mathcal{F}}_{\boldsymbol{\vartheta}} \; , \qquad (8.67)$$

wobei die nicht-holonomen Zwangskräfte $\boldsymbol{\mathcal{F}}_{\mathbf{q}_{\mathrm{M}}}$ und $\boldsymbol{\mathcal{F}}_{\boldsymbol{\vartheta}}$ gegeben sind durch

$$\begin{pmatrix} \boldsymbol{\mathcal{F}}_{\mathbf{q}_{\mathrm{M}}} \\ \boldsymbol{\mathcal{F}}_{\boldsymbol{\vartheta}} \end{pmatrix} = \lambda_1 \boldsymbol{\varphi}_1 + \lambda_2 \boldsymbol{\varphi}_2 \; .$$

Die Lagrange-Gleichungen (8.67) sind jedoch nicht immer der geschickteste Startpunkt für die Berechnung der physikalischen Bahn. Manchmal ist es bequemer, statt der Lagrange-Gleichung für die Winkelvariablen $\boldsymbol{\vartheta}(t)$ die äquivalente *Euler-Gleichung* für die Winkelgeschwindigkeit $\boldsymbol{\omega} = W(\boldsymbol{\vartheta})\dot{\boldsymbol{\vartheta}}$ zu verwenden. Die Euler-Gleichung folgt aufgrund unserer Ergebnisse in Abschnitt [8.3],[14]

$$\frac{d}{dt}\left(\frac{\partial L}{\partial \dot{\boldsymbol{\vartheta}}}\right) - \frac{\partial L}{\partial \boldsymbol{\vartheta}} = W^{\mathrm{T}}\left(\frac{d\mathbf{L}_{\mathrm{rot}}}{dt} - \mathbf{N}_{\mathrm{rot}}\right) \; ,$$

unmittelbar aus der Lagrange-Gleichung als:

$$\frac{d\mathbf{L}_{\mathrm{rot}}}{dt} - \mathbf{N}_{\mathrm{rot}} = (W^{\mathrm{T}})^{-1} \boldsymbol{\mathcal{F}}_{\boldsymbol{\vartheta}} \; .$$

Definiert man nun neue Größen $\boldsymbol{\chi}_1$ und $\boldsymbol{\chi}_2$:

$$\boldsymbol{\chi}_m \equiv \begin{pmatrix} \mathbb{1}_2 & \mathbb{0}_{2\times 3} \\ \mathbb{0}_{3\times 2} & (W^{\mathrm{T}})^{-1} \end{pmatrix} \boldsymbol{\varphi}_m \qquad (m = 1, 2) \; ,$$

wobei z. B. $\mathbb{0}_{2\times 3} = \left(\begin{smallmatrix} 0 & 0 & 0 \\ 0 & 0 & 0 \end{smallmatrix}\right)$ die $(2 \times 3)$-Nullmatrix darstellt, so kann man die Bewegungsgleichungen alternativ auch als

$$\begin{pmatrix} \frac{d}{dt}\left(\frac{\partial L}{\partial \dot{\mathbf{q}}_{\mathrm{M}}}\right) - \frac{\partial L}{\partial \mathbf{q}_{\mathrm{M}}} \\ \frac{d\mathbf{L}_{\mathrm{rot}}}{dt} - \mathbf{N}_{\mathrm{rot}} \end{pmatrix} = \begin{pmatrix} \boldsymbol{\mathcal{F}}_{\mathbf{q}_{\mathrm{M}}} \\ (W^{\mathrm{T}})^{-1} \boldsymbol{\mathcal{F}}_{\boldsymbol{\vartheta}} \end{pmatrix} = \lambda_1 \boldsymbol{\chi}_1 + \lambda_2 \boldsymbol{\chi}_2 \qquad (8.68)$$

schreiben. Auch die nicht-holonomen Zwangsbedingungen können bequem mit Hilfe von $\boldsymbol{\chi}_1$ und $\boldsymbol{\chi}_2$ formuliert werden:

$$0 = \boldsymbol{\varphi}_m \cdot \dot{\mathbf{q}} = \boldsymbol{\varphi}_m \cdot \begin{pmatrix} \dot{\mathbf{q}}_{\mathrm{M}} \\ \dot{\boldsymbol{\vartheta}} \end{pmatrix} = \boldsymbol{\varphi}_m \cdot \begin{pmatrix} \dot{\mathbf{q}}_{\mathrm{M}} \\ W^{-1}\boldsymbol{\omega} \end{pmatrix}$$

$$= \begin{pmatrix} \dot{\mathbf{q}}_{\mathrm{M}} \\ \boldsymbol{\omega} \end{pmatrix}^{\mathrm{T}} \begin{pmatrix} \mathbb{1}_2 & \mathbb{0}_{2\times 3} \\ \mathbb{0}_{3\times 2} & (W^{\mathrm{T}})^{-1} \end{pmatrix} \boldsymbol{\varphi}_m = \boldsymbol{\chi}_m \cdot \begin{pmatrix} \dot{\mathbf{q}}_{\mathrm{M}} \\ \boldsymbol{\omega} \end{pmatrix} \qquad (m = 1, 2) \; .$$

$$\tag{8.69}$$

---

[14]Siehe hierzu speziell Fußnote 8 auf Seite 438.

Die gemischten Bewegungsgleichungen (8.68), die also teilweise Euler- und teilweise Lagrange-Charakter haben, werden im Folgenden in Kombination mit den nicht-holonomen Zwangsbedingungen (8.69) den Startpunkt für unsere konkreten Berechnungen in den Abschnitten [8.7.2] - [8.7.6] bilden. Der Vorteil der Euler-Gleichung ist, dass in diesen Anwendungen $\mathbf{N}_{\mathrm{rot}} = \mathbf{0}$ gilt.

### Trägheitstensor und Trägheitsmomente

Da der Drehimpuls $\mathbf{L}_{\mathrm{rot}}$ in (8.68) explizit durch $I\boldsymbol{\omega}$ gegeben ist, wobei $I$ den Trägheitstensor und $\boldsymbol{\omega}$ die Winkelgeschwindigkeit darstellt, müssen wir uns noch kurz mit dem Trägheitstensor einer Kugel befassen. Der Trägheitstensor einer Kugel mit Radius $r$ und Mittelpunkt $\mathbf{x}_M = \mathbf{0}$ ist allgemein durch

$$I = \int_{\{x \leq r\}} d\mathbf{x}\, \rho(x)(\mathbf{x}^2 \mathbb{1}_3 - \mathbf{x}\mathbf{x}^{\mathrm{T}})$$

gegeben, wobei die Massendichte $\rho(x)$ der Kugel wegen der vorausgesetzten sphärischen Symmetrie nur vom Abstand $x \equiv |\mathbf{x}|$ zum Mittelpunkt abhängt. Es folgt, dass $I$ diagonal ist: $I = j\mathbb{1}_3$, wobei das Trägheitsmoment $j$ unabhängig von der gewählten Achse durch den Mittelpunkt ist. Wählt man als Referenzachse z. B. die $\hat{\mathbf{e}}_3$-Achse, so findet man:

$$j = \int_{\{x \leq r\}} d\mathbf{x}\, \rho(x)(x_1^2 + x_2^2) = \frac{2}{3} \int_{\{x \leq r\}} d\mathbf{x}\, \rho(x) x^2 = \frac{8\pi}{3} \int_0^r dx\, \rho(x) x^4 \ .$$

Die Massendichte $\rho(x)$ bestimmt natürlich auch die Gesamtmasse $m$ der Kugel:

$$m = \int_{\{x \leq r\}} d\mathbf{x}\, \rho(x) = 4\pi \int_0^r dx\, \rho(x) x^2 \ ,$$

sodass wir die *mittlere* Massendichte der Kugel durch

$$\bar{\rho} \equiv \int_0^r dx\, \rho(x) x^2 \bigg/ \int_0^r dx\, x^2 = \frac{3m}{4\pi r^3}$$

definieren können. Für eine *homogene* Kugel gilt $\rho(x) = \bar{\rho}$. Die Kugel muss jedoch nicht unbedingt homogen sein: Alternativ könnte man eine *hohle* Kugel betrachten, bei der die Masse gleichmäßig über die Kugeloberfläche verteilt ist, oder eine (ansonsten leichte) Kugel *mit schwerem Kern*, bei der die Masse überwiegend im Mittelpunkt $\mathbf{x}_M = \mathbf{0}$ angesiedelt ist. Ein einfaches Modell, das zwischen diesen beiden Extremen interpoliert und auch die homogene Kugel beschreiben kann, ist:

$$\rho(x) = \left(1 + \tfrac{1}{3}\alpha\right) \bar{\rho} \left(\frac{x}{r}\right)^\alpha \qquad (-3 < \alpha < \infty) \ . \tag{8.70}$$

Das entsprechende Trägheitsmoment ist:

$$j = \frac{2(1 + \tfrac{1}{3}\alpha)}{5 + \alpha} mr^2 = \begin{cases} \frac{2}{3} mr^2 & (\alpha \to \infty,\ \text{hohle Kugel}) \\ \frac{2}{5} mr^2 & (\alpha = 0,\ \text{homogene Kugel}) \\ 0 & (\alpha \downarrow -3,\ \text{schwerer Kern}) \ . \end{cases} \tag{8.71}$$

Der *Gyrationsradius* $r_G$ der Kugel folgt aus der Definition (8.20) als

$$r_G = \sqrt{\frac{j}{m}} = \sqrt{\frac{2(1+\frac{1}{3}\alpha)}{5+\alpha}}\, r = \begin{cases} \sqrt{\frac{2}{3}}r & (\alpha \to \infty,\ \text{hohle Kugel}) \\ \sqrt{\frac{2}{5}}r & (\alpha = 0,\ \text{homogene Kugel}) \\ 0 & (\alpha \downarrow -3,\ \text{schwerer Kern})\,. \end{cases}$$

Außerdem sieht man aus der allgemeinen Ungleichung (8.18) für das Trägheitsmoment $j = \frac{1}{3}\mathrm{Sp}(I)$:

$$0 \leq j = \tfrac{1}{3}\mathrm{Sp}(I) \leq \tfrac{2}{3}mr^2\,,$$

dass das einfache Modell (8.70) das Spektrum der Möglichkeiten erschöpft: Größere Trägheitsmomente als für $\alpha \to \infty$ oder kleinere Trägheitsmomente als für $\alpha \downarrow -3$ sind nicht möglich. Wir werden im Folgenden für die Kugel ein allgemeines Trägheitsmoment $j \in (0, \frac{2}{3}mr^2]$ ansetzen und nur gelegentlich (zur Illustration) auf das spezielle Modell (8.70) zurückgreifen.

## 8.7.2   Beispiel 1: Kugel auf horizontaler Ebene

Als erstes und einfachstes Beispiel betrachten wir eine Kugel der Masse $m$ mit dem Radius $r$ und dem Trägheitstensor $I = j\mathbb{1}_3$, die sich über die ideal raue $\hat{e}_1$-$\hat{e}_2$-Ebene bewegt und hierbei der Schwerkraftbeschleunigung $\mathbf{g} = -g\hat{e}_3$ ausgesetzt ist. Eine solche Kugel ist in Abbildung 8.13 skizziert. Es ist sofort klar, dass die Schwerkraft in dieser Situation *wirkungslos* ist, da sie von der Zwangskraft, die mit der holonomen Zwangsbedingung $x_{M3} = r$ einhergeht, kompensiert wird. Wählen wir als verallgemeinerte Koordinaten $q_1$ und $q_2$ die ersten beiden kartesischen Koordinaten des Kugelmittelpunkts: $q_k \equiv x_{Mk}$ $(k = 1, 2)$, so gilt insgesamt $\mathbf{x}_M = \mathbf{x}_M(\mathbf{q}_M) = (q_1, q_2, r)^T$ und daher auch $\dot{\mathbf{x}}_M = (\dot{q}_1, \dot{q}_2, 0)^T$. Die übrigen drei verallgemeinerten Geschwindigkeiten sind in der gemischt Euler'schen und Lagrange'schen Formulierung (8.68),(8.69) durch die drei Komponenten der Winkelgeschwindigkeit $\boldsymbol{\omega}$ gegeben.

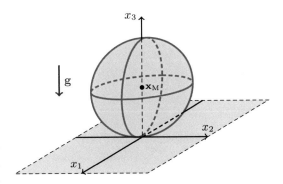

**Abb. 8.13** Kugel auf horizontaler Ebene

### Die Zwangsbedingung

Die nicht-holonome Zwangsbedingung (8.69) und somit auch die Vektoren $\boldsymbol{\chi}_1$ und $\boldsymbol{\chi}_2$ können wie folgt bestimmt werden: Der $i$-te Massenpunkt der Kugel hat die kartesischen Koordinaten $\mathbf{x}_i = \mathbf{x}_M + \boldsymbol{\xi}_i$ und die Geschwindigkeit $\dot{\mathbf{x}}_i = \dot{\mathbf{x}}_M + \dot{\boldsymbol{\xi}}_i$ mit $\dot{\boldsymbol{\xi}}_i = \boldsymbol{\omega} \times \boldsymbol{\xi}_i$. Insbesondere gilt also für den Berührungspunkt $\mathbf{x}_i = \mathbf{x}_M - r\hat{e}_3$ bzw. $\boldsymbol{\xi}_i = -r\hat{e}_3$ der Kugel mit der Ebene: $\dot{\mathbf{x}}_i = \dot{\mathbf{x}}_M - r\boldsymbol{\omega} \times \hat{e}_3$. Die nicht-holonome Zwangsbedingung besagt nun gerade, dass die Relativgeschwindigkeit von Kugel und Ebene im Berührungspunkt null ist; es folgt also:

$$\mathbf{0} = \dot{\mathbf{x}}_{\mathrm{M}} - r\boldsymbol{\omega} \times \hat{\mathbf{e}}_3 = \begin{pmatrix} \dot{q}_1 - r\omega_2 \\ \dot{q}_2 + r\omega_1 \\ 0 \end{pmatrix} . \tag{8.72}$$

Die Identität $\dot{\mathbf{x}}_{\mathrm{M}} = r\boldsymbol{\omega} \times \hat{\mathbf{e}}_3$ zeigt, dass neben der offensichtlichen Beziehung $\dot{\mathbf{x}}_{\mathrm{M}} \perp \hat{\mathbf{e}}_3$ auch $\dot{\mathbf{x}}_{\mathrm{M}} \perp \boldsymbol{\omega}$ gilt. Außerdem kann die nicht-holonome Zwangsbedingung (8.72) in der Form (8.69) mit

$$\boldsymbol{\chi}_1 = \begin{pmatrix} 1 \\ 0 \\ 0 \\ -r \\ 0 \end{pmatrix} \quad , \quad \boldsymbol{\chi}_2 = \begin{pmatrix} 0 \\ 1 \\ r \\ 0 \\ 0 \end{pmatrix} \quad , \quad \lambda_1 \boldsymbol{\chi}_1 + \lambda_2 \boldsymbol{\chi}_2 = \begin{pmatrix} \lambda_1 \\ \lambda_2 \\ \lambda_2 r \\ -\lambda_1 r \\ 0 \end{pmatrix}$$

dargestellt werden, wobei $\lambda_1 \boldsymbol{\chi}_1 + \lambda_2 \boldsymbol{\chi}_2$ die Zwangskräfte in (8.68) repräsentiert.

### Die Bewegungsgleichungen

Um die Bewegungsgleichungen (8.68) aufstellen zu können, benötigen wir zunächst die Lagrange-Funktion, die für dieses Problem

$$\boxed{L(\dot{\mathbf{q}}_{\mathrm{M}}, \boldsymbol{\vartheta}, \dot{\boldsymbol{\vartheta}}) = \tfrac{1}{2} m \dot{\mathbf{q}}_{\mathrm{M}}^2 + \tfrac{1}{2} \boldsymbol{\omega}^{\mathrm{T}} I \boldsymbol{\omega} = \tfrac{1}{2} m \dot{\mathbf{q}}_{\mathrm{M}}^2 + \tfrac{1}{2} j \boldsymbol{\omega}^2 \quad , \quad \boldsymbol{\omega} = W(\boldsymbol{\vartheta}) \dot{\boldsymbol{\vartheta}}}$$

lautet und somit vollständig durch die kinetische Energie bestimmt ist. Außerdem verwenden wir die Beziehungen $\mathbf{L}_{\mathrm{rot}} = I\boldsymbol{\omega} = j\boldsymbol{\omega}$ und

$$\mathbf{N}_{\mathrm{rot}} = \sum_i \boldsymbol{\xi}_i \times \mathbf{F}_i = \left( \sum_i m_i \boldsymbol{\xi}_i \right) \times \mathbf{g} = \mathbf{0} \times \mathbf{g} = \mathbf{0} .$$

Es folgen die Bewegungsgleichungen:

$$m \ddot{\mathbf{q}}_{\mathrm{M}} = \begin{pmatrix} \lambda_1 \\ \lambda_2 \end{pmatrix} \quad , \quad j \dot{\boldsymbol{\omega}} = r \begin{pmatrix} \lambda_2 \\ -\lambda_1 \\ 0 \end{pmatrix} , \tag{8.73}$$

die zusammen mit den beiden Zwangsbedingungen (8.72) zu lösen sind.

### Die Lösung

Aus der Gleichung $\dot{\omega}_3 = 0$ folgt zunächst, dass die 3-Komponente des Drehimpulses erhalten ist: $\omega_3(t) = \omega_3(0)$. Durch Kombination der Bewegungsgleichungen für $\mathbf{q}_{\mathrm{M}}$ und $\boldsymbol{\omega}$ erhält man unter Verwendung der Zwangsbedingungen (8.72):

$$\lambda_1 = m \ddot{q}_1 = m r \dot{\omega}_2 = -\frac{m r^2}{j} \lambda_1 \quad , \quad \lambda_2 = m \ddot{q}_2 = -m r \dot{\omega}_1 = -\frac{m r^2}{j} \lambda_2$$

und daher:

$$\left(1 + \tfrac{m r^2}{j}\right)\lambda_1 = 0 \quad , \quad \left(1 + \tfrac{m r^2}{j}\right)\lambda_2 = 0 .$$

Es folgt: $\lambda_1 = \lambda_2 = 0$. Für das Problem der Kugel auf der horizontalen Ebene sind die Zwangskräfte also null, sodass sich die Bewegungsgleichungen (8.73) auf die Form $\ddot{\mathbf{q}}_{\mathrm{M}} = \mathbf{0}$ bzw. $\dot{\boldsymbol{\omega}} = \mathbf{0}$ reduzieren. Hieraus folgt sofort, dass sowohl die Energie $E = \tfrac{1}{2} m \dot{\mathbf{q}}_{\mathrm{M}}^2 + \tfrac{1}{2} j \boldsymbol{\omega}^2$ der Kugel als auch ihr Schwerpunktsimpuls $m \dot{\mathbf{q}}_{\mathrm{M}}$ und ihr Drehimpuls $\mathbf{L}_{\mathrm{rot}} = j\boldsymbol{\omega}$ Erhaltungsgrößen sind. Die Lösung der Bewegungsgleichungen lautet $\mathbf{q}_{\mathrm{M}}(t) = \mathbf{q}_{\mathrm{M}}(0) + \dot{\mathbf{q}}_{\mathrm{M}}(0)t$ bzw. $\boldsymbol{\omega}(t) = \boldsymbol{\omega}(0)$. Hierbei ist $\omega_3(0)$ beliebig, und es muss $0 = \dot{\mathbf{x}}_{\mathrm{M}}(t) \cdot \boldsymbol{\omega}(t) = \dot{q}_1(0)\omega_1(0) + \dot{q}_2(0)\omega_2(0)$ gelten.

### 8.7.3  Beispiel 2: Kugel auf schiefer Ebene

In diesem zweiten Beispiel betrachten wir eine Kugel auf der schiefen Ebene $\hat{\mathbf{n}}\cdot\mathbf{x} = 0$ durch den Ursprung. Wir nehmen an, dass die Schwerkraftbeschleunigung $\mathbf{g}$ orts- und zeitunabhängig ist mit $\hat{\mathbf{n}} \cdot \mathbf{g} < 0$ und $\hat{\mathbf{n}} \times \mathbf{g} \neq \mathbf{0}$. Wählen wir die Basisvektoren des Koordinatensystems nun gemäß

$$\hat{\mathbf{e}}_3 \equiv \hat{\mathbf{n}} \quad , \quad \hat{\mathbf{e}}_2 \equiv \frac{\hat{\mathbf{n}} \times \mathbf{g}}{|\hat{\mathbf{n}} \times \mathbf{g}|} \quad , \quad \hat{\mathbf{e}}_1 \equiv \hat{\mathbf{e}}_2 \times \hat{\mathbf{e}}_3 \ ,$$

so kann die Schwerkraftbeschleunigung als

$$\mathbf{g} = g\left[\sin(\psi)\hat{\mathbf{e}}_1 - \cos(\psi)\hat{\mathbf{e}}_3\right] \quad , \quad \cos(\psi) \equiv -\hat{\mathbf{n}} \cdot \hat{\mathbf{g}}$$

geschrieben werden. Hierbei bezeichnet $\psi$ (mit $0 < \psi < \frac{\pi}{2}$) den Winkel zwischen dem Normalenvektor $\hat{\mathbf{n}}$ der Ebene und der $(-\mathbf{g})$-Richtung. Die Kugel auf der schiefen Ebe-
ne ist in Abbildung 8.14 skiz-
ziert. Die Schwerkraftkomponen-
te in $(-\hat{\mathbf{e}}_3)$-Richtung ist wiederum wirkungslos, da sie von der holonomen Zwangskraft kompensiert wird. Folglich ist nach der Elimination der $x_{M3}$-Variablen
mit Hilfe der Parametrisierung $\mathbf{x}_M(\mathbf{q}_M) = (q_1, q_2, r)^T$ nur noch die $\hat{\mathbf{e}}_1$-Komponente der Schwerkraft zu berücksichtigen.

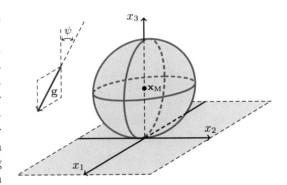

**Abb. 8.14** Kugel auf schiefer Ebene

**Die Bewegungsgleichungen und ihre Lösung**

Die Lagrange-Funktion ist nun durch

$$L = \tfrac{1}{2}m\dot{\mathbf{q}}_M^2 + \tfrac{1}{2}j\boldsymbol{\omega}^2 - V(\mathbf{q}_M) \quad , \quad V(\mathbf{q}_M) = -mg\sin(\psi)q_1$$

gegeben, und es gilt wiederum $\mathbf{N}_{\text{rot}} = \mathbf{0}$. Die Zwangsbedingungen sind die gleichen wie vorher: $\dot{q}_1 = r\omega_2$ und $\dot{q}_2 = -r\omega_1$, und die Bewegungsgleichungen lauten:

$$m\ddot{\mathbf{q}}_M - mg\sin(\psi)\begin{pmatrix}1\\0\end{pmatrix} = \begin{pmatrix}\lambda_1\\\lambda_2\end{pmatrix} \quad , \quad j\dot{\boldsymbol{\omega}} = r\begin{pmatrix}\lambda_2\\-\lambda_1\\0\end{pmatrix} .$$

Aus diesen Zwangsbedingungen und Bewegungsgleichungen folgt sofort:

$$\frac{d}{dt}\left[\tfrac{1}{2}m\dot{\mathbf{q}}_M^2 + \tfrac{1}{2}j\boldsymbol{\omega}^2 - mg\sin(\psi)q_1\right] = \lambda_1(\dot{q}_1 - r\omega_2) + \lambda_2(\dot{q}_2 + r\omega_1) = 0 \ ,$$

sodass die Energie der Kugel erwartungsgemäß erhalten ist:

$$E = \tfrac{1}{2}m\dot{\mathbf{q}}_M^2 + \tfrac{1}{2}j\boldsymbol{\omega}^2 + V(\mathbf{q}_M) = \text{konstant} \ .$$

Die Bewegungsgleichungen und Zwangsbedingungen implizieren außerdem $\dot{\omega}_3 = 0$ bzw. $\omega_3(t) = \omega_3(0)$ und

$$\lambda_1 = m\ddot{q}_1 - mg\sin(\psi) = mr\dot{\omega}_2 - mg\sin(\psi) = -\frac{mr^2}{j}\lambda_1 - mg\sin(\psi)$$

$$\lambda_2 = m\ddot{q}_2 = -mr\dot{\omega}_1 = -\frac{mr^2}{j}\lambda_2 \ .$$

Nach wie vor gilt also $\lambda_2 = 0$, nun jedoch ergibt sich:

$$\lambda_1 = -\left(1 + \frac{mr^2}{j}\right)^{-1} mg\sin(\psi) \neq 0 \ .$$

Es folgt daher neben $m\ddot{q}_2 = 0$:

$$\ddot{q}_1 = g\sin(\psi)\left[1 - \left(1 + \frac{mr^2}{j}\right)^{-1}\right] = g'\sin(\psi) \quad , \quad g' \equiv \left(1 + \frac{j}{mr^2}\right)^{-1} g \ .$$

Die Lösung der Bewegungsgleichung für den Massenschwerpunkt der Kugel lautet:

$$\boxed{q_1(t) = q_1(0) + \dot{q}_1(0)t + \tfrac{1}{2}g'\sin(\psi)t^2 \quad , \quad q_2(t) = q_2(0) + \dot{q}_2(0)t \ .}$$

Die Kugel wird also erwartungsgemäß in $\hat{\mathbf{e}}_1$-Richtung *beschleunigt*.

### Interpretation der Ergebnisse

Die nicht-holonome Zwangsbedingung hat zur Folge, dass die effektive Schwerkraftbeschleunigung $g'$ relativ zu $g$ um einen Faktor

$$\left(1 + \frac{j}{mr^2}\right)^{-1} = \frac{5+\alpha}{7+\frac{5}{3}\alpha} = \begin{cases} \frac{3}{5} & (\alpha \to \infty, \quad \text{hohle Kugel}) \\ \frac{5}{7} & (\alpha = 0, \quad \text{homogene Kugel}) \\ 1 & (\alpha \downarrow -3, \quad \text{schwerer Kern}) \end{cases} \qquad (8.74)$$

reduziert wird. Hierbei wurde zur Illustration das einfache Modell (8.70) für die Massenverteilung innerhalb der Kugel verwendet. Aus der Bewegungsgleichung für die Winkelgeschwindigkeit:

$$\dot{\boldsymbol{\omega}} = \frac{r}{j}\begin{pmatrix} \lambda_2 \\ -\lambda_1 \\ 0 \end{pmatrix} = \frac{mgr/j}{1+mr^2/j}\sin(\psi)\hat{\mathbf{e}}_2 = \frac{g'}{r}\sin(\psi)\hat{\mathbf{e}}_2$$

folgt noch

$$\boxed{\boldsymbol{\omega}(t) = \boldsymbol{\omega}(0) + \frac{g'}{r}\sin(\psi)t\hat{\mathbf{e}}_2 \ ,}$$

sodass nur die 1- und 3-Komponenten des Drehimpulsvektors $\mathbf{L}_{\text{rot}} = j\boldsymbol{\omega}$ erhalten sind. Die 2-Komponente des Drehimpulses (oder äquivalent: $\omega_2$) ist wegen der auf diesen Freiheitsgrad einwirkenden nicht-holonomen Zwangskraft *nicht* erhalten; man zeigt leicht, dass stattdessen die Größe $\omega_2 - \dot{q}_1/r$ erhalten ist.

**Spezialfall: Die Kugel *ruht* zur Anfangszeit**

Wir nehmen an, dass die Kugel zur Anfangszeit $t = 0$ ruht, $\dot{q}_{1,2}(0) = 0$ und $\boldsymbol{\omega}(0) = \mathbf{0}$, und dass die „ideal raue schiefe Ebene" ein Brett der Länge $l$ ist. Die Kugel wird am oberen Ende des Bretts losgelassen und kommt zur Zeit $t_l$ unten an; es gilt also $q_1(t_l) - q_1(0) = l$. Wir möchten nun die *Geschwindigkeit* und die *Winkelgeschwindigkeit* der Kugel zum Zeitpunkt $t_l$ als Funktionen des überbrückten Höhenunterschieds $h$ bestimmen. Hierbei wird die Höhe in $\hat{\mathbf{g}}$-Richtung gemessen.

O. B. d. A. können wir $q_{1,2}(0) = 0$ wählen. Es folgt dann $q_1(t) = \frac{1}{2} g' \sin(\psi) t^2$ sowie $q_2(t) = 0$. Insgesamt überbrückt die Kugel beim Hinunterrollen einen Höhenunterschied $h = l \sin(\psi)$. Die insgesamt zum Hinunterrollen benötigte Zeit $t_l$ folgt aus $q_1(t_l) = l = h/\sin(\psi) = \frac{1}{2} g' \sin(\psi) t_l^2$ als $t_l = \sqrt{2h/g'}/\sin(\psi)$. Die *Geschwindigkeit* der Kugel am Ende der Strecke ist daher durch $\dot{q}_1(t_l) = g' \sin(\psi) t_l = \sqrt{2hg'}$ gegeben. Die *Winkelgeschwindigkeit* der Kugel folgt als $\boldsymbol{\omega}(t_l) = \frac{g'}{r} \sin(\psi) t_l \hat{\mathbf{e}}_2 = \frac{1}{r}\sqrt{2hg'}\hat{\mathbf{e}}_2$ und die Winkelfrequenz als $\omega(t_l) = \frac{1}{r}\sqrt{2hg'}$. Hieraus ergibt sich für die *kinetische Energie* der Translations- bzw. Rotationsbewegung der Kugel:

$$T_{\mathrm{tr}} = \tfrac{1}{2} m [\dot{q}_1(t_l)]^2 = m g' h \quad , \quad T_{\mathrm{rot}} = \tfrac{1}{2} j [\omega(t_l)]^2 = \tfrac{j}{mr^2} m g' h \ .$$

Wir lernen also erstens, dass die gesamte kinetische Energie am Ende der Strecke erwartungsgemäß durch $T_{\mathrm{tr}} + T_{\mathrm{rot}} = \left(1 + \tfrac{j}{mr^2}\right) m g' h = mgh$ gegeben ist, und zweitens, dass das Verhältnis von Rotations- und Translationsenergie gleich $\tfrac{j}{mr^2}$ ist. Für das einfache Modell (8.70), in dem die Massenverteilung durch einen Parameter $\alpha$ charakterisiert wird, würde also

$$\frac{T_{\mathrm{rot}}}{T_{\mathrm{tr}}} = \frac{j}{mr^2} = \frac{2(1 + \frac{1}{3}\alpha)}{5 + \alpha} = \begin{cases} \frac{2}{3} & (\alpha \to \infty, \text{ hohle Kugel}) \\ \frac{2}{5} & (\alpha = 0, \text{ homogene Kugel}) \\ 0 & (\alpha \downarrow -3, \text{ schwerer Kern}) \end{cases} \tag{8.75}$$

gelten: Je mehr die Masse der Kugel nach außen verlagert wird, desto *größer* ist der Rotationsanteil der kinetischen Energie und desto *niedriger* die Geschwindigkeit, mit der die Kugel am unteren Ende des Bretts ankommt.

## 8.7.4   Beispiel 3: Kugel in zeitabhängigem Schwerkraftfeld

Wir betrachten – wie in Beispiel 1 – eine Kugel der Masse $m$ mit dem Radius $r$ und dem Trägheitsmoment $j$, die sich über die horizontale ideal raue $\hat{\mathbf{e}}_1$-$\hat{\mathbf{e}}_2$-Ebene bewegt. Hierbei ist sie nun allerdings der *zeitabhängigen* Schwerkraftbeschleunigung $\mathbf{g}(t) = \sum_{i=1}^{3} g_i(t)\hat{\mathbf{e}}_i$ ausgesetzt. Man denke z. B. an eine Billardkugel auf einem Billardtisch, der sich auf einem Schiff im Sturm oder nahe dem Epizentrum eines Erdbebens befindet. In einer Skizze kann eine solche Kugel wie in Abb. 8.14 dargestellt werden, nur ist $\mathbf{g}$ nun zeitabhängig und hat i. a. auch eine 2-Komponente.

Die 3-Komponente der Beschleunigung $\mathbf{g}(t)$ ist wiederum unwirksam, und es gilt wieder $\mathbf{N}_{\mathrm{rot}} = \mathbf{0}$. Die Lagrange-Funktion lautet nun:

$$L = \tfrac{1}{2} m \dot{\mathbf{q}}_{\mathrm{M}}^2 + \tfrac{1}{2} j \boldsymbol{\omega}^2 - V(\mathbf{q}_{\mathrm{M}}, t) \quad , \quad V(\mathbf{q}_{\mathrm{M}}, t) = -m[g_1(t)q_1 + g_2(t)q_2] \ .$$

Die Bewegungsgleichungen sind:

$$m\ddot{\mathbf{q}}_{\mathrm{M}} - m \begin{pmatrix} g_1(t) \\ g_2(t) \end{pmatrix} = \begin{pmatrix} \lambda_1 \\ \lambda_2 \end{pmatrix} \quad , \quad j\dot{\boldsymbol{\omega}} = r \begin{pmatrix} \lambda_2 \\ -\lambda_1 \\ 0 \end{pmatrix} \quad , \quad \mathbf{q}_{\mathrm{M}}(0) \equiv \mathbf{q}_{\mathrm{M}0} \quad , \quad \dot{\mathbf{q}}_{\mathrm{M}}(0) \equiv \dot{\mathbf{q}}_{\mathrm{M}0} \ ,$$

und die Zwangsbedingungen sind nach wie vor $\dot{q}_1 = r\omega_2$ und $\dot{q}_2 = -r\omega_1$. Mit Hilfe der in den vorigen beiden Beispielen entwickelten Methoden erhält man nun zuerst $\omega_3(t) = \omega_3(0)$ und

$$\begin{pmatrix} \lambda_1(t) \\ \lambda_2(t) \end{pmatrix} = -m \left(1 + \frac{mr^2}{j}\right)^{-1} \begin{pmatrix} g_1(t) \\ g_2(t) \end{pmatrix} \ ,$$

sodass die Bewegungsgleichung für den Massenschwerpunkt und die entsprechende Lösung durch

$$\ddot{\mathbf{q}}_{\mathrm{M}} = \left(1 + \frac{j}{mr^2}\right)^{-1} \begin{pmatrix} g_1(t) \\ g_2(t) \end{pmatrix} \equiv \begin{pmatrix} g_1'(t) \\ g_2'(t) \end{pmatrix}$$

$$\mathbf{q}_{\mathrm{M}}(t) = \mathbf{q}_{\mathrm{M}0} + \dot{\mathbf{q}}_{\mathrm{M}0}t + \int_0^t dt' \int_0^{t'} dt'' \begin{pmatrix} g_1'(t'') \\ g_2'(t'') \end{pmatrix}$$

gegeben sind. Wir schließen hieraus, dass die Schwerkraftbeschleunigung durch die nicht-holonome Zwangsbedingung auch im allgemeinen zeitabhängigen Fall um den Faktor $(1+j/mr^2)^{-1}$ reduziert wird. Die Energie $E \equiv E_{\mathrm{kin}} + V(\mathbf{q}_{\mathrm{M}}, t)$ der Kugel ist im explizit zeitabhängigen Fall natürlich nicht erhalten: $\frac{dE}{dt} = \frac{\partial V}{\partial t} \neq 0$. Neben der 3-Komponente des Drehimpulses $j\omega_3$ sind nun jedoch auch die Größen $\omega_1 + \dot{q}_2/r$ und $\omega_2 - \dot{q}_1/r$ erhalten (und aufgrund der Zwangsbedingungen gleich null).

### 8.7.5    Beispiel 4: Kugel auf unbeweglicher Kugel

Wir nehmen nun an, dass sich die Kugel (Masse $m$, Radius $r$, Trägheitsmoment $j$) über die ideal raue Oberfläche einer zweiten, *unbeweglichen* Kugel (Radius $R$) bewegt und hierbei einer orts- und zeitunabhängigen Schwerkraftbeschleunigung $\mathbf{g} = -g\hat{\mathbf{e}}_3$ ausgesetzt ist. Für einen *negativen* Radius ($r < 0$) beschreibt dieses Modell eine Kugel mit dem Radius $|r|$, die sich an der *Innen*seite über eine Kugelschale mit dem Radius $R$ bewegt. Noch ganz abgesehen davon, dass dieses Modell durchaus Anwendungen hat (man denke z. B. an die fernsehtaugliche Bewegung einer *Lottokugel* in einer großen hohlen Plastikkugel), ist es auch

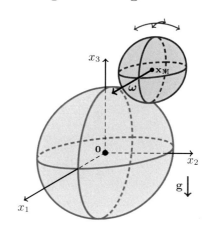

**Abb. 8.15** Kugel auf unbeweglicher Kugel

*grundsätzlich* sehr interessant: Wir werden sehen, dass die Kugel auf der ideal rauen Kugel im Wesentlichen eine nicht-holonome Variante des *sphärischen Pendels* darstellt. Die (*rot* dargestellte) bewegliche Kugel auf der (*grün* dargestellten) unbeweglichen Kugel im Schwerkraftfeld ist in Abbildung 8.15 skizziert.

**Wahl der Koordinaten**

Nehmen wir also an, eine Kugel mit dem Radius $|r|$ bewegt sich im Schwerkraftfeld über die Außenseite ($r > 0$) oder Innenseite ($r < 0$) einer unbeweglichen Kugelschale (Radius $R$). Im Falle $r < 0$ muss dann $R > |r|$ gelten. Wir wählen den Mittelpunkt der unbeweglichen Kugelschale als Ursprung des Koordinatensystems. Führen wir nun ein raumfestes rechtshändiges Orthonormalsystem $\hat{\mathbf{e}}_i$ ($i = 1, 2, 3$) ein, so können wir kartesische Koordinaten $x_{\mathrm{M}i}$ und $\omega_i$ für den Massenschwerpunkt der Kugel bzw. ihre Winkelgeschwindigkeit angeben:

$$\mathbf{x}_{\mathrm{M}} = x_{\mathrm{M}1}\hat{\mathbf{e}}_1 + x_{\mathrm{M}2}\hat{\mathbf{e}}_2 + x_{\mathrm{M}3}\hat{\mathbf{e}}_3 \quad , \quad \boldsymbol{\omega} = \omega_1\hat{\mathbf{e}}_1 + \omega_2\hat{\mathbf{e}}_2 + \omega_3\hat{\mathbf{e}}_3 \, .$$

Die naheliegende Parametrisierung des Massenmittelpunktes mit Hilfe zweier Winkelvariabler,

$$\mathbf{x}_{\mathrm{M}} = \mathbf{x}_{\mathrm{M}}(\mathbf{q}_{\mathrm{M}}) = (R + r)\hat{\mathbf{e}}_3' \quad , \quad \hat{\mathbf{e}}_3' \equiv \begin{pmatrix} \sin(q_1)\cos(q_2) \\ \sin(q_1)\sin(q_2) \\ \cos(q_1) \end{pmatrix} ,$$

zeigt jedoch bereits, dass es vorteilhaft ist, statt des Orthonormalsystems $\{\hat{\mathbf{e}}_i\}$ ein *zeitabhängiges* System von Basisvektoren $\{\hat{\mathbf{e}}_i' \,|\, i = 1, 2, 3\}$ einzuführen:

$$\mathbf{x}_{\mathrm{M}} = x_{\mathrm{M}1}'\hat{\mathbf{e}}_1' + x_{\mathrm{M}2}'\hat{\mathbf{e}}_2' + x_{\mathrm{M}3}'\hat{\mathbf{e}}_3' \quad , \quad \boldsymbol{\omega} = \omega_1'\hat{\mathbf{e}}_1' + \omega_2'\hat{\mathbf{e}}_2' + \omega_3'\hat{\mathbf{e}}_3' \, ,$$

wobei $\hat{\mathbf{e}}_1'$ und $\hat{\mathbf{e}}_2'$ durch

$$\hat{\mathbf{e}}_1' \equiv \begin{pmatrix} \cos(q_1)\cos(q_2) \\ \cos(q_1)\sin(q_2) \\ -\sin(q_1) \end{pmatrix} = \frac{\partial \hat{\mathbf{e}}_3'}{\partial q_1} \quad , \quad \hat{\mathbf{e}}_2' = \begin{pmatrix} -\sin(q_2) \\ \cos(q_2) \\ 0 \end{pmatrix} = \frac{1}{\sin(q_1)}\frac{\partial \hat{\mathbf{e}}_3'}{\partial q_2}$$

definiert wurden. Dieses zeitabhängige Orthonormalsystem $\{\hat{\mathbf{e}}_i'\}$ ist rechtshändig: $\hat{\mathbf{e}}_i' \times \hat{\mathbf{e}}_j' = \varepsilon_{ijk}\hat{\mathbf{e}}_k'$, und es gilt:

$$\frac{\partial \hat{\mathbf{e}}_1'}{\partial q_1} = -\hat{\mathbf{e}}_3' \quad , \quad \frac{\partial \hat{\mathbf{e}}_1'}{\partial q_2} = \cos(q_1)\hat{\mathbf{e}}_2'$$

$$\frac{\partial \hat{\mathbf{e}}_2'}{\partial q_1} = \mathbf{0} \quad , \quad \frac{\partial \hat{\mathbf{e}}_2'}{\partial q_2} = -\cos(q_1)\hat{\mathbf{e}}_1' - \sin(q_1)\hat{\mathbf{e}}_3' \, .$$

Die Geschwindigkeit des Massenschwerpunkts der Kugel ist somit durch

$$\dot{\mathbf{x}}_{\mathrm{M}}(\mathbf{q}_{\mathrm{M}}, \dot{\mathbf{q}}_{\mathrm{M}}) = (R + r)\frac{d\hat{\mathbf{e}}_3'}{dt} = (R + r)\left[\frac{\partial \hat{\mathbf{e}}_3'}{\partial q_1}\dot{q}_1 + \frac{\partial \hat{\mathbf{e}}_3'}{\partial q_2}\dot{q}_2\right]$$

$$= (R + r)[\dot{q}_1\hat{\mathbf{e}}_1' + \sin(q_1)\dot{q}_2\hat{\mathbf{e}}_2']$$

gegeben.

**Zwangsbedingungen**

Die nicht-holonome Zwangsbedingung ergibt sich in der üblichen Art und Weise als

$$\mathbf{0} = \dot{\mathbf{x}}_{\mathrm{M}} - r\boldsymbol{\omega} \times \hat{\mathbf{e}}_3' = [(R + r)\dot{q}_1 - r\omega_2']\hat{\mathbf{e}}_1' + [(R + r)\sin(q_1)\dot{q}_2 + r\omega_1']\hat{\mathbf{e}}_2'$$

bzw.

$$0 = \boldsymbol{\chi}_{1,2} \cdot \begin{pmatrix} \dot{\mathbf{q}}_M \\ \boldsymbol{\omega} \end{pmatrix} \quad \text{mit} \quad \boldsymbol{\chi}_1 = \begin{pmatrix} R+r \\ 0 \\ -r\hat{\mathbf{e}}_2' \end{pmatrix} \quad , \quad \boldsymbol{\chi}_2 = \begin{pmatrix} 0 \\ (R+r)\sin(q_1) \\ r\hat{\mathbf{e}}_1' \end{pmatrix} .$$

Folglich erhält man

$$\lambda_1 \boldsymbol{\chi}_1 + \lambda_2 \boldsymbol{\chi}_2 = \begin{pmatrix} \lambda_1(R+r) \\ \lambda_2(R+r)\sin(q_1) \\ \lambda_2 r\hat{\mathbf{e}}_1' - \lambda_1 r\hat{\mathbf{e}}_2' \end{pmatrix}$$

für die verallgemeinerte Kraft auf der rechten Seite von (8.68).

### Konstruktion der Bewegungsgleichungen

Um die linke Seite der Bewegungsgleichungen (8.68) zu bestimmen, stellen wir zuerst fest, dass wiederum $\mathbf{N}_{\mathrm{rot}} = \mathbf{0}$ gilt, da die Schwerkraftbeschleunigung ortsunabhängig ist:

$$\mathbf{g} = -g\hat{\mathbf{e}}_3 = g\left[\sin(q_1)\hat{\mathbf{e}}_1' - \cos(q_1)\hat{\mathbf{e}}_3'\right] .$$

Die $\hat{\mathbf{e}}_3'$-Komponente der Schwerkraft ist *unwirksam*, da sie von der holonomen Zwangskraft kompensiert wird, sodass das Potential $V(\mathbf{q}_M)$ in der Lagrange-Funktion nach der Elimination der holonomen Zwangsbedingung $x'_{M3} = R + r$ nur die $\hat{\mathbf{e}}_1'$-Komponente der Schwerkraft reproduzieren muss: $V(\mathbf{q}_M) = mg(R+r)\cos(q_1)$. Die Lagrange-Funktion ist also insgesamt durch

$$\boxed{\begin{aligned} L &= \tfrac{1}{2}m\dot{\mathbf{x}}_M^2 + \tfrac{1}{2}j\boldsymbol{\omega}^2 - mg(R+r)\cos(q_1) \\ &= \tfrac{1}{2}m(R+r)^2[\dot{q}_1^2 + \sin^2(q_1)\dot{q}_2^2] + \tfrac{1}{2}j\boldsymbol{\omega}^2 - mg(R+r)\cos(q_1) \end{aligned}}$$

gegeben. Die Bewegungsgleichungen lauten daher:

$$\begin{pmatrix} \frac{d}{dt}\left(\frac{\partial L}{\partial \dot{\mathbf{q}}_M}\right) - \frac{\partial L}{\partial \mathbf{q}_M} \\ j\dot{\boldsymbol{\omega}} \end{pmatrix} = \lambda_1 \boldsymbol{\chi}_1 + \lambda_2 \boldsymbol{\chi}_2 = \begin{pmatrix} \lambda_1(R+r) \\ \lambda_2(R+r)\sin(q_1) \\ \lambda_2 r\hat{\mathbf{e}}_1' - \lambda_1 r\hat{\mathbf{e}}_2' \end{pmatrix}$$

oder auch explizit:

$$m(R+r)[\ddot{q}_1 - \sin(q_1)\cos(q_1)\dot{q}_2^2] - mg\sin(q_1) = \lambda_1 \tag{8.76a}$$

$$m(R+r)\frac{d}{dt}[\sin^2(q_1)\dot{q}_2] = \lambda_2 \sin(q_1) \tag{8.76b}$$

$$j\dot{\boldsymbol{\omega}} \cdot \hat{\mathbf{e}}_1' = j\left[\dot{\omega}_1' - \omega_2'\cos(q_1)\dot{q}_2 + \omega_3'\dot{q}_1\right] = \lambda_2 r \tag{8.76c}$$

$$j\dot{\boldsymbol{\omega}} \cdot \hat{\mathbf{e}}_2' = j\left[\dot{\omega}_2' + \omega_1'\cos(q_1)\dot{q}_2 + \omega_3'\sin(q_1)\dot{q}_2\right] = -\lambda_1 r \tag{8.76d}$$

$$j\dot{\boldsymbol{\omega}} \cdot \hat{\mathbf{e}}_3' = j\left[\dot{\omega}_3' - \omega_1'\dot{q}_1 - \omega_2'\sin(q_1)\dot{q}_2\right] = 0 . \tag{8.76e}$$

Diese Bewegungsgleichungen sind also zu lösen in Kombination mit den nicht-holonomen Zwangsbedingungen

$$(R+r)\dot{q}_1 = r\omega_2' \quad , \quad (R+r)\sin(q_1)\dot{q}_2 = -r\omega_1' . \tag{8.77}$$

Ein erstes Ergebnis folgt durch Kombination von (8.76e) mit (8.77):

$$0 = \dot{\omega}_3' - \omega_1'\frac{r\omega_2'}{R+r} - \omega_2'\left(-\frac{r\omega_1'}{R+r}\right) = \dot{\omega}_3' \quad , \quad \omega_3'(t) = \text{konstant} \equiv \frac{R+r}{r}\bar{\omega}_3' .$$

Dies zeigt, dass die $\hat{\mathbf{e}}_3'$-Komponente der Winkelgeschwindigkeit *erhalten* ist.

**Erhaltung der Energie und des (verallgemeinerten) Drehimpulses**

Zwei weitere Gleichungen, die zwei neue Erhaltungsgrößen liefern, erhält man wie folgt. Durch Kombination von (8.76b), (8.76c) und (8.77) ergibt sich:

$$(R+r)\left\{\frac{d}{dt}[\sin(q_1)\dot{q}_2] + \cos(q_1)\dot{q}_1\dot{q}_2\right\} = \frac{\lambda_2}{m} = \frac{j}{mr}[\dot{\omega}_1' - \omega_2'\cos(q_1)\dot{q}_2 + \omega_3'\dot{q}_1]$$

$$= -\frac{j(R+r)}{mr^2}\left\{\frac{d}{dt}[\sin(q_1)\dot{q}_2] + \cos(q_1)\dot{q}_1\dot{q}_2\right\} + \frac{j\omega_3'}{mr}\dot{q}_1 \ .$$

Führen wir nun die neue Länge:

$$l \equiv (R+r)\left(1 + \frac{j}{mr^2}\right)$$

ein, so lässt sich diese Gleichung auch schreiben als:

$$\frac{d}{dt}[\sin(q_1)\dot{q}_2] + \cos(q_1)\dot{q}_1\dot{q}_2 - \left(1 - \frac{R+r}{l}\right)\bar{\omega}_3'\dot{q}_1 = 0 \ . \tag{8.78}$$

Eine zweite Gleichung erhält man durch Kombination von (8.76a), (8.76d) und (8.77):

$$(R+r)[\ddot{q}_1 - \sin(q_1)\cos(q_1)\dot{q}_2^2] - g\sin(q_1) = \frac{\lambda_1}{m}$$

$$= -\frac{j}{mr}[\dot{\omega}_2' + \omega_1'\cos(q_1)\dot{q}_2 + \omega_3'\sin(q_1)\dot{q}_2]$$

$$= -\frac{j(R+r)}{mr^2}[\ddot{q}_1 - \sin(q_1)\cos(q_1)\dot{q}_2^2] - \frac{j\omega_3'}{mr}\sin(q_1)\dot{q}_2 \ ,$$

d. h.

$$\ddot{q}_1 - \sin(q_1)\cos(q_1)\dot{q}_2^2 - \frac{g}{l}\sin(q_1) + \left(1 - \frac{R+r}{l}\right)\bar{\omega}_3'\sin(q_1)\dot{q}_2 = 0 \ . \tag{8.79}$$

Die *erste Erhaltungsgröße* folgt durch Multiplikation von (8.78) mit $\sin(q_1)$ und einmalige Integration:

$$\boxed{\sin^2(q_1)\dot{q}_2 + \left(1 - \frac{R+r}{l}\right)\bar{\omega}_3'\cos(q_1) = \text{konstant} \equiv k_1 \ .} \tag{8.80}$$

Die *zweite Erhaltungsgröße* folgt durch Multiplikation der beiden Gleichungen (8.78) und (8.79) mit $\sin(q_1)\dot{q}_2$ bzw. $\dot{q}_1$ und Addition der Ergebnisse:

$$\tfrac{1}{2}\left[\dot{q}_1^2 + \sin^2(q_1)\dot{q}_2^2\right] + \frac{g}{l}\cos(q_1) = \text{konstant} \equiv k_2 \ . \tag{8.81}$$

Das Erhaltungsgesetz (8.81) stellt im Wesentlichen die Energieerhaltung dar:

$$\boxed{k_2 = \frac{E}{m(R+r)l} - \tfrac{1}{2}\left(1 - \frac{R+r}{l}\right)(\bar{\omega}_3')^2 \ .}$$

Das Erhaltungsgesetz (8.80) ist ein schönes Beispiel für die unter Gleichung (6.117) gemachten Anmerkungen: Obwohl die Variable $q_2$ *zyklisch* ist (d. h. nicht explizit in der Lagrange-Funktion enthalten), ist dennoch der entsprechende verallgemeinerte Impuls $\frac{\partial L}{\partial \dot{q}_2} = m(R + r)^2 \sin^2(q_1)\dot{q}_2$ aufgrund der nicht-holonomen Zwangsbedingung *nicht* erhalten. Wie wir aus (8.80) sehen, heißt dies nicht unbedingt, dass keine Erhaltungsgröße existiert, sondern nur, dass eine mögliche verallgemeinerte Erhaltungsgröße neben $\partial L / \partial \dot{q}_2$ auch Beiträge anderer Freiheitsgrade enthalten muss. In diesem Sinne kann (8.80) als verallgemeinertes Gesetz der Erhaltung der 3-Komponente des Drehimpulses interpretiert werden.

### Zeitabhängigkeit der Winkelvariablen $q_1$ sowie weiterer Variabler

Es ist nun nicht weiter schwierig, die beiden Differentialgleichungen erster Ordnung (8.80) und (8.81) für $q_1(t)$ und $q_2(t)$ zu lösen. Hierzu multipliziere man (8.81) mit $\sin^2(q_1)$ und setze $\sin^2(q_1)\dot{q}_2$ aus (8.80) in das Ergebnis ein. Mit Hilfe der Definition $\cos(q_1) \equiv u$ erhält man:

$$\frac{1}{2}\left\{\dot{u}^2 + \left[k_1 - \left(1 - \frac{R+r}{l}\right)\bar{\omega}_3' u\right]^2\right\} + \frac{g}{l}u(1 - u^2) = k_2(1 - u^2)\,.$$

Mit den weiteren Definitionen $\sqrt{g/l}\,t \equiv \tau$ und

$$P(u) \equiv \left(\frac{k_2 l}{g} - u\right)(1 - u^2) - \frac{l}{2g}\left[k_1 - \left(1 - \frac{R+r}{l}\right)\bar{\omega}_3' u\right]^2$$

kann dieses Ergebnis alternativ auch geschrieben werden als:

$$\frac{1}{2}\left(\frac{du}{d\tau}\right)^2 = P(u)\,.$$

Das kubische Polynom $P(u)$ hat die Eigenschaften

- $P(u) < 0$ für $u = \pm 1$
- $P(u) \sim u^3 \to \pm\infty$ für $u \to \pm\infty$
- $P(u) > 0$ in einem gewissen Intervall $-1 < u_{\min} < u < u_{\max} < 1$.

Hierbei ist die letzte Bedingung erforderlich, damit überhaupt physikalisch interessante Lösungen [mit positiver kinetischer Energie: $\frac{1}{2}\left(\frac{du}{d\tau}\right)^2 > 0$] existieren. Für alle physikalisch interessanten Fälle hat $P(u)$ also *drei* reelle Wurzeln $u_i$ ($i = 1, 2, 3$) mit $-1 < u_1 < u_2 < 1 < u_3 < \infty$, sodass die Bewegungsgleichung für $u = \cos(q_1)$ auch in der Form

$$\frac{1}{2}\left(\frac{du}{d\tau}\right)^2 = (u - u_1)(u_2 - u)(u_3 - u) \tag{8.82}$$

geschrieben werden kann. Dies ist exakt dieselbe Gleichung, die wir auch in Abschnitt [4.3.3] [siehe Gleichung (4.37)] für das *sphärische Pendel* erhalten haben, sodass sich die Methoden und Techniken von Abschnitt [4.3.3] ohne Weiteres auch auf das hier behandelte Problem anwenden lassen. Insbesondere erhält man für die Umlaufzeit $T$ des jetzigen *nicht-holonomen* Problems:

$$\frac{1}{4}\sqrt{\frac{g}{l}}T = \sqrt{\frac{2}{u_3 - u_1}}K(m) \quad , \quad m \equiv \frac{u_2 - u_1}{u_3 - u_1} \, , \tag{8.83}$$

wobei $K(m)$ ein vollständiges elliptisches Integral der ersten Art ist. Dies rechtfertigt die am Anfang dieses Abschnitts aufgestellte Behauptung, dass die „Kugel auf der ideal rauen Kugel" im Wesentlichen eine nicht-holonome Variante des sphärischen Pendels darstellt. Man überprüft auch leicht, dass sich die Bewegungsgleichungen (8.80) und (8.81) für den Spezialfall einer beweglichen Kugel mit schwerem Kern ($\alpha \downarrow -3$, $j \to 0$ und daher $l \to R + r$) genau auf die entsprechenden Bewegungsgleichungen (4.29) und (4.30) für das sphärische Pendel vereinfachen.

Sobald $u(t)$ und daher $q_1(t)$ bekannt sind, folgen die übrigen Variablen durch Integration („Quadratur") oder Substitution. Zum Beispiel folgt $q_2(t)$ durch Integration von (8.80) nach der Zeitvariablen, und $\omega_1'$ und $\omega_2'$ folgen dann aus (8.77). Die Erhaltungsgröße $\omega_3'$ ist bereits bekannt (und gleich ihrem Anfangswert), und die Amplituden $\lambda_1$ und $\lambda_2$ der Zwangskräfte folgen z. B. aus (8.76c) und (8.76d).

### Die Zwangskräfte und ihre Rolle bei der Drehimpulserhaltung

Es ist jedoch auch leicht möglich, einfache *explizite* Ausdrücke für die Amplituden $\lambda_1$ und $\lambda_2$ der Zwangskräfte als Funktionen von $\omega_i'$ ($i = 1, 2, 3$) und $\mathbf{q}_M$ herzuleiten. Hierzu reskalieren wir zuerst die Winkelgeschwindigkeit: $\bar{\omega}_i' \equiv \frac{r}{R+r}\omega_i'$ ($i = 1, 2, 3$), sodass sich sowohl die Zwangsbedingungen (8.77):

$$\dot{q}_1 = \bar{\omega}_2' \quad , \quad \sin(q_1)\dot{q}_2 = -\bar{\omega}_1' \tag{8.84}$$

als auch die Bewegungsgleichungen (8.76c)-(8.76e) vereinfachen:

$$\dot{\bar{\omega}}_1' - \bar{\omega}_2' \cos(q_1)\dot{q}_2 + \bar{\omega}_3'\dot{q}_1 = \lambda_2/m[l - (R + r)] \tag{8.85a}$$

$$\dot{\bar{\omega}}_2' + \bar{\omega}_1' \cos(q_1)\dot{q}_2 + \bar{\omega}_3'\sin(q_1)\dot{q}_2 = -\lambda_1/m[l - (R + r)] \tag{8.85b}$$

$$\dot{\bar{\omega}}_3' = 0 \, . \tag{8.85c}$$

Es folgt nun aus (8.76a) unter Verwendung von (8.84) und (8.85b):

$$\frac{\lambda_1}{m(R + r)} = \ddot{q}_1 - \sin(q_1)\cos(q_1)\dot{q}_2^2 - \frac{g}{R + r}\sin(q_1)$$

$$= \dot{\bar{\omega}}_2' + \bar{\omega}_1'\cos(q_1)\dot{q}_2 - \frac{g}{R + r}\sin(q_1)$$

$$= -\frac{\lambda_1}{m[l - (R + r)]} + \bar{\omega}_1'\bar{\omega}_3' - \frac{g}{R + r}\sin(q_1)$$

d. h.

$$\lambda_1 = m(R + r)\left(1 - \frac{R + r}{l}\right)\left[\bar{\omega}_1'\bar{\omega}_3' - \frac{g}{R + r}\sin(q_1)\right] \, . \tag{8.86}$$

Analog erhält man aus (8.76b) unter Verwendung von (8.84) und (8.76c):

$$\frac{\lambda_2 \sin(q_1)}{m(R+r)} = -\frac{d}{dt}[\sin(q_1)\bar{\omega}_1'] = -\sin(q_1)\dot{\bar{\omega}}_1' - \cos(q_1)\dot{q}_1\bar{\omega}_1'$$

$$= -\sin(q_1)\left\{\frac{\lambda_2}{m[l-(R+r)]} + \bar{\omega}_2'\cos(q_1)\dot{q}_2 - \bar{\omega}_3'\dot{q}_1\right\} - \cos(q_1)\dot{q}_1\bar{\omega}_1'$$

$$= -\frac{\lambda_2 \sin(q_1)}{m[l-(R+r)]} + \bar{\omega}_1'\bar{\omega}_2'\cos(q_1) + \omega_2'\omega_3'\sin(q_1) - \omega_1'\omega_2'\cos(q_1)$$

d. h.

$$\lambda_2 = m(R+r)\left(1 - \frac{R+r}{l}\right)\bar{\omega}_2'\bar{\omega}_3' \ . \tag{8.87}$$

Beide Amplituden $\lambda_1$ und $\lambda_2$ sind also erwartungsgemäß im Allgemeinen ungleich null. Da wir nun über einen expliziten Ausdruck für die Amplitude $\lambda_2$ verfügen, können wir auch eine alternative Herleitung des Erhaltungsgesetzes (8.80) für die 3-Komponente des Drehimpulses präsentieren. Wenn man $\bar{\omega}_2' = \dot{q}_1$ und $\dot{\bar{\omega}}_3' = 0$ verwendet, erhält man die Gleichung

$$0 = \frac{d}{dt}\left(\frac{\partial L}{\partial \dot{q}_2}\right) - \lambda_2(R+r)\sin(q_1)$$

$$= \frac{d}{dt}\left(\frac{\partial L}{\partial \dot{q}_2}\right) - m(R+r)^2\left(1 - \frac{R+r}{l}\right)\bar{\omega}_3'\sin(q_1)\dot{q}_1$$

$$= \frac{d}{dt}\left[\frac{\partial L}{\partial \dot{q}_2} + m(R+r)^2\left(1 - \frac{R+r}{l}\right)\bar{\omega}_3'\cos(q_1)\right] \ ,$$

die das Erhaltungsgesetz (8.80) impliziert und zeigt, dass $\partial L/\partial \dot{q}_2$ im nicht-holonomen Fall nur unter Berücksichtigung anderer Freiheitsgrade eine Erhaltungsgröße bilden kann.

## 8.7.6 Beispiel 5: Kugel auf beweglicher Kugel

Es ist nun sehr einfach, das als Beispiel 4 diskutierte Modell dahingehend zu verallgemeinern, dass auch die Kugel mit dem Radius $R$ beweglich wird, d. h. sich reibungslos um ihren Mittelpunkt $\mathbf{x} - \mathbf{0}$ drehen kann. Die Oberfläche der Kugeln soll nach wie vor ideal rau sein. Auch dieses verallgemeinerte Modell ist theoretisch interessant, da es als (experimentell leicht realisierbare) nicht-holonome Variante des *sphärischen Pendels* angesehen werden kann. Aus der Realität kennt man diese Konstellation zweier beweglicher Kugeln für den Fall $r < 0$ wiederum von der Lottokugel, die sich über die Innenseite einer beweglichen hohlen Plastikkugel bewegt. Die Dynamik einer beweglichen Kugel auf einer zweiten beweglichen Kugel im Schwerkraftfeld kann grafisch wiederum wie in Abb. 8.15 dargestellt werden, nur ist nun auch die dort *grün* gezeichnete Kugel *beweglich* und hat eine entsprechende Winkelgeschwindigkeit, die wir im Folgenden als $\mathbf{\Omega}$ bezeichnen.

### Bewegungsgleichungen und Zwangsbedingungen

Da der Massenschwerpunkt der Kugel mit Radius $R$ festgehalten wird, trägt nur die Winkelgeschwindigkeit $\mathbf{\Omega}$ dieser Kugel zur kinetischen Energie bei. In der üblichen

Notation gilt für die Komponenten der Winkelgeschwindigkeit relativ zu den festen Achsen $\{\hat{\mathbf{e}}_i\}$ oder den beweglichen Achsen $\{\hat{\mathbf{e}}_i'\}$:

$$\boldsymbol{\Omega} = \Omega_1\hat{\mathbf{e}}_1 + \Omega_2\hat{\mathbf{e}}_2 + \Omega_3\hat{\mathbf{e}}_3 = \Omega_1'\hat{\mathbf{e}}_1' + \Omega_2'\hat{\mathbf{e}}_2' + \Omega_3'\hat{\mathbf{e}}_3' \; .$$

Die nicht-holonome Zwangsbedingung, dass die Geschwindigkeit des Berührungspunktes auf der Kugel mit Radius $r$ (linke Seite) genau gleich der Geschwindigkeit des Berührungspunktes auf der Kugel mit Radius $R$ (rechte Seite) sein soll, lautet nun:

$$\dot{\mathbf{x}}_{\mathrm{M}} - r\boldsymbol{\omega} \times \hat{\mathbf{e}}_3' = R\boldsymbol{\Omega} \times \hat{\mathbf{e}}_3'$$

bzw.

$$\mathbf{0} = \dot{\mathbf{x}}_{\mathrm{M}} - (r\boldsymbol{\omega} + R\boldsymbol{\Omega}) \times \hat{\mathbf{e}}_3' \; .$$

Bezeichnen wir die Trägheitsmomente[15] der beiden Kugeln als $j$ bzw. $j_R$, so finden wir für die Lagrange-Funktion des Gesamtproblems:

$$\boxed{L = \tfrac{1}{2}m\dot{\mathbf{x}}_{\mathrm{M}}^2 + \tfrac{1}{2}j\boldsymbol{\omega}^2 + \tfrac{1}{2}j_R\boldsymbol{\Omega}^2 - mg(R+r)\cos(q_1) \; .}$$

Zusätzlich zu den Bewegungsgleichungen (8.76a)-(8.76e) erhalten wir nun also drei weitere Bewegungsgleichungen für die Dynamik der Winkelgeschwindigkeit $\boldsymbol{\Omega}$ der Kugel mit Radius $R$:

$$j_R\left[\dot{\Omega}_1' - \Omega_2'\cos(q_1)\dot{q}_2 + \Omega_3'\dot{q}_1\right] = \lambda_2 R \tag{8.88a}$$

$$j_R\left[\dot{\Omega}_2' + \Omega_1'\cos(q_1)\dot{q}_2 + \Omega_3'\sin(q_1)\dot{q}_2\right] = -\lambda_1 R \tag{8.88b}$$

$$j_R\left[\dot{\Omega}_3' - \Omega_1'\dot{q}_1 - \Omega_2'\sin(q_1)\dot{q}_2\right] = 0 \; , \tag{8.88c}$$

und die zwei nicht-holonomen Zwangsbedingungen können als

$$(R+r)\dot{q}_1 = r\omega_2' + R\Omega_2' \quad , \quad (R+r)\sin(q_1)\dot{q}_2 = -(r\omega_1' + R\Omega_1')$$

geschrieben werden.

### Die Lösung

Die Form dieser Zwangsbedingungen legt es nahe, neue Winkelgeschwindigkeiten

$$\boxed{\bar{\omega}_i' \equiv \frac{r\omega_i' + R\Omega_i'}{r + R} \qquad (i = 1, 2, 3)}$$

einzuführen, da die Zwangsbedingungen dann die einfachere Gestalt

$$\dot{q}_1 = \bar{\omega}_2' \quad , \quad \sin(q_1)\dot{q}_2 = -\bar{\omega}_1' \tag{8.89}$$

---

[15]Für den Fall $r < 0$ muss die Kugel mit Radius $R$ *hohl* sein, also die Form einer *Kugelschale* haben. Das Trägheitsmoment einer solchen Kugelschale mit homogener Massendichte folgt aus Gleichung (8.71) als $j_R = \frac{2}{3}m_R R^2$, wobei $m_R$ die Gesamtmasse der Kugelschale darstellt.

annehmen, die formal äquivalent zur Zwangsbedingung (8.84) für Beispiel 4 ist. Führen wir nun die neue Länge

$$l \equiv (R + r) \left[ 1 + \frac{1}{m} \left( \frac{r^2}{j} + \frac{R^2}{j_R} \right)^{-1} \right]$$

ein, so erhalten wir durch Linearkombination der Gleichungen (8.76c)-(8.76e) und (8.88a)-(8.88c) den Gleichungssatz

$$\dot{\bar{\omega}}_1' - \bar{\omega}_2' \cos(q_1)\dot{q}_2 + \bar{\omega}_3'\dot{q}_1 = \lambda_2/m[l - (R + r)] \tag{8.90a}$$

$$\dot{\bar{\omega}}_2' + \bar{\omega}_1' \cos(q_1)\dot{q}_2 + \bar{\omega}_3' \sin(q_1)\dot{q}_2 = -\lambda_1/m[l - (R + r)] \tag{8.90b}$$

$$\dot{\bar{\omega}}_3' - \bar{\omega}_1'\dot{q}_1 - \bar{\omega}_2' \sin(q_1)\dot{q}_2 = 0 , \tag{8.90c}$$

wobei die dritte Gleichung unter Verwendung von (8.89) $\dot{\bar{\omega}}_3' = 0$ impliziert. Wir stellen also fest, dass die Kugel auf der beweglichen Kugel durch den Gleichungssatz (8.76a), (8.76b), (8.89) und (8.90a)-(8.90c) beschrieben wird, der formal äquivalent zum Gleichungssatz (8.76a), (8.76b), (8.84) und (8.85a)-(8.85c) für die Kugel auf der unbeweglichen Kugel ist. Lediglich die Winkelgeschwindigkeiten $\bar{\omega}_i'$ und die Länge $l$ haben in beiden Problemen eine unterschiedliche Interpretation. Da wir die Lösung von Beispiel 4 weitgehend übernehmen können, ist die Lösung des jetzigen Problems sehr einfach geworden: Es gelten wiederum die zwei Erhaltungsgesetze (8.80) und (8.81) und außerdem das Erhaltungsgesetz (8.82) für die Energie der eindimensionalen Bewegung des $u$-Freiheitsgrades. Die Umlaufzeit $T$ ist daher wiederum durch (8.83) gegeben, die Amplituden $\lambda_1$ und $\lambda_2$ der verallgemeinerten Kräfte folgen aus (8.86) und (8.87). Hierbei zeigen insbesondere die Gleichungen (8.80), (8.81) und (8.82), dass auch Beispiel 5 in der Tat als nicht-holonome Variante des sphärischen Pendels angesehen werden kann. Für den Spezialfall, dass die Kugel mit Radius $r$ einen schweren Kern hat ($\alpha \downarrow -3$, $j \to 0$, $l \to R + r$), reduzieren sich die Erhaltungsgesetze (8.80) und (8.81) wiederum genau auf die entsprechenden Gleichungen (4.29) und (4.30) für das sphärische Pendel.

## 8.8  Dynamik im körperfesten Bezugssystem

Nachdem wir in diesem Kapitel nun recht ausführlich die Bewegung des starren Körpers selbst untersucht haben, die allgemein durch die Variablen $(\mathbf{x}_M(t), \boldsymbol{\vartheta}(t))$ beschrieben werden kann, betrachten wir abschließend die Dynamik eines Punktteilchens der Masse $m \ll M$ im beschleunigten Bezugssystem des starren Körpers. Das Punktteilchen darf mit dem Körper wechselwirken, soll aber nicht Teil des starren Körpers sein. Die naheliegende Anwendung dieser Berechnung ist die Dynamik von Teilchen aus der Sicht eines Erdbewohners, d.h. die Dynamik von Teilchen im körperfesten Bezugssystem der Erde. Die Untersuchung einer solchen Dynamik des *einzelnen* Punktteilchens ist in Abschnitt [8.8.1] enthalten. Die Verallgemeinerung für *Viel*teilchensysteme in Wechselwirkung mit einem starren Körper, die auch relevant ist für weiterführende Anwendungen in der Statistischen Mechanik, findet sich in Abschnitt [8.8.2].

## 8.8.1   Einzelnes Teilchen im körperfesten Bezugssystem

Wir betrachten zunächst die Dynamik eines einzelnen Punktteilchens der Masse $m$ in Wechselwirkung mit einem starren Körper. Wir nehmen an, dass dieses Teilchen in einem vorgegebenen *raumfesten* Bezugssystem (Inertialsystem) die kartesischen Koordinaten $\mathbf{x} \equiv \mathbf{x}_{\mathrm{M}}(t) + \boldsymbol{\xi}$ hat, wobei $\mathbf{x} \equiv \mathbf{x}_{\mathrm{M}}(t)$ den Massenschwerpunkt des starren Körpers bezeichnet und $\boldsymbol{\xi}$ die *Relativ*koordinaten des Teilchens. Mit Hilfe einer orthogonalen Transformation $D(\boldsymbol{\vartheta})$ folgen aus den $\boldsymbol{\xi}$-Variablen die verallgemeinerten Koordinaten $\bar{\boldsymbol{\xi}}$ im entsprechenden *körperfesten* Bezugssystem. Die Koordinaten im speziellen körperfesten Bezugssystem, in dem der Trägheitstensor *diagonal* ist, werden dann durch $\bar{\bar{\boldsymbol{\xi}}}$ bezeichnet. Wir betrachten zuerst die Dynamik im $\bar{\boldsymbol{\xi}}$- und anschließend diejenige im $\bar{\bar{\boldsymbol{\xi}}}$-System.

Im körperfesten Bezugssystem der $\bar{\boldsymbol{\xi}}$-Koordinaten gilt:

$$\mathbf{x} = \mathbf{x}(\bar{\boldsymbol{\xi}}, t) = \mathbf{x}_{\mathrm{M}}(t) + D(\boldsymbol{\vartheta}(t))\bar{\boldsymbol{\xi}} \, ,$$

wobei wir annehmen, dass der Massenschwerpunkt $\mathbf{x}_{\mathrm{M}}(t)$ und die Winkelvariablen $\boldsymbol{\vartheta}(t)$ explizit bekannt sind als Funktionen der Zeit.[16] Wir nehmen des Weiteren an, dass die auf das Teilchen einwirkenden äußeren Kräfte im Inertialsystem durch das Potential $V_{\mathrm{K}}(\mathbf{x}, t)$ beschrieben werden; wir definieren:

$$\bar{V}(\bar{\boldsymbol{\xi}}, t) \equiv V_{\mathrm{K}}(\mathbf{x}(\bar{\boldsymbol{\xi}}, t), t) \, .$$

Einerseits gilt also

$$D^{\mathrm{T}}\ddot{\mathbf{x}}(t) = -\frac{1}{m}D^{\mathrm{T}}\frac{\partial V_{\mathrm{K}}}{\partial \mathbf{x}} = -\frac{1}{m}D^{\mathrm{T}}\left(\frac{\partial \bar{\boldsymbol{\xi}}}{\partial \mathbf{x}}\right)^{\mathrm{T}}\frac{\partial \bar{V}}{\partial \bar{\boldsymbol{\xi}}} = -\frac{1}{m}D^{\mathrm{T}}\left(D^{\mathrm{T}}\right)^{\mathrm{T}}\frac{\partial \bar{V}}{\partial \bar{\boldsymbol{\xi}}} = -\frac{1}{m}\frac{\partial \bar{V}}{\partial \bar{\boldsymbol{\xi}}}$$

und daher mit $\bar{\mathbf{F}} \equiv D^{\mathrm{T}}\mathbf{F}$ auch:

$$D^{\mathrm{T}}\ddot{\boldsymbol{\xi}} = D^{\mathrm{T}}\left(\ddot{\mathbf{x}} - \ddot{\mathbf{x}}_{\mathrm{M}}\right) = -\frac{1}{m}\frac{\partial \bar{V}}{\partial \bar{\boldsymbol{\xi}}} - \frac{1}{M}D^{\mathrm{T}}\mathbf{F} = -\frac{1}{m}\frac{\partial \bar{V}}{\partial \bar{\boldsymbol{\xi}}} - \frac{1}{M}\bar{\mathbf{F}} \, . \tag{8.91}$$

Andererseits gilt:

$$D^{\mathrm{T}}\ddot{\boldsymbol{\xi}} = D^{\mathrm{T}}\frac{d^2}{dt^2}(D\bar{\boldsymbol{\xi}}) = D^{\mathrm{T}}\left(D\ddot{\bar{\boldsymbol{\xi}}} + 2\dot{D}\dot{\bar{\boldsymbol{\xi}}} + \ddot{D}\bar{\boldsymbol{\xi}}\right) = \ddot{\bar{\boldsymbol{\xi}}} - 2\bar{\Omega}\dot{\bar{\boldsymbol{\xi}}} + \left(D^{\mathrm{T}}\ddot{D}\right)\bar{\boldsymbol{\xi}} \, . \tag{8.92}$$

Nun folgt aus der Gleichung

$$\dot{\bar{\Omega}} - \bar{\Omega}^2 = \frac{d}{dt}\left(-D^{\mathrm{T}}\dot{D}\right) + \bar{\Omega}^{\mathrm{T}}\bar{\Omega} = -D^{\mathrm{T}}\ddot{D} - \dot{D}^{\mathrm{T}}\dot{D} + \left(\dot{D}^{\mathrm{T}}D\right)\left(D^{\mathrm{T}}\dot{D}\right) = -D^{\mathrm{T}}\ddot{D}$$

in Kombination mit (8.91) und (8.92), dass im körperfesten Bezugssystem

$$\ddot{\bar{\boldsymbol{\xi}}} = -\frac{1}{m}\frac{\partial \bar{V}}{\partial \bar{\boldsymbol{\xi}}} - \frac{1}{M}\bar{\mathbf{F}} + 2\bar{\Omega}\dot{\bar{\boldsymbol{\xi}}} + \left(\dot{\bar{\Omega}} - \bar{\Omega}^2\right)\bar{\boldsymbol{\xi}}$$

---

[16]An dieser Stelle geht die Annahme $m \ll M$ ein: Wir nehmen an, dass die vom Teilchen auf den Körper ausgeübten Kräfte vernachlässigbar sind, sodass die Dynamik des starren Körpers unabhängig von der Dynamik des Teilchens untersucht werden kann.

gilt bzw.

$$m\ddot{\bar{\boldsymbol{\xi}}} = -\frac{\partial \bar{V}}{\partial \bar{\boldsymbol{\xi}}} - \frac{m}{M}\bar{\mathbf{F}} - 2m\bar{\boldsymbol{\omega}} \times \dot{\bar{\boldsymbol{\xi}}} - m\dot{\bar{\boldsymbol{\omega}}} \times \bar{\boldsymbol{\xi}} - m\bar{\boldsymbol{\omega}} \times (\bar{\boldsymbol{\omega}} \times \bar{\boldsymbol{\xi}}) \ . \tag{8.93}$$

Hiermit ist die Bewegungsgleichung im körperfesten Bezugssystem der $\bar{\boldsymbol{\xi}}$-Koordinaten vollständig bekannt.

**Diagonalisierung des Trägheitstensors**  Ergebnisse für das $\bar{\bar{\boldsymbol{\xi}}}$-System, in dem der Trägheitstensor des starren Körpers diagonal ist, erhält man wie üblich durch Anwendung einer orthogonalen Transformation $\mathcal{O}^{\mathrm{T}}$:

$$\bar{\bar{\boldsymbol{\xi}}} \equiv \mathcal{O}^{\mathrm{T}}\bar{\boldsymbol{\xi}} \quad , \quad \bar{\bar{\mathbf{F}}} \equiv \mathcal{O}^{\mathrm{T}}\bar{\mathbf{F}} \quad , \quad \bar{\bar{V}}(\bar{\bar{\boldsymbol{\xi}}},t) \equiv \bar{V}(\bar{\boldsymbol{\xi}},t) \ .$$

Aus (8.93) folgt dann:

$$m\ddot{\bar{\bar{\boldsymbol{\xi}}}} = -\frac{\partial \bar{\bar{V}}}{\partial \bar{\bar{\boldsymbol{\xi}}}} - \frac{m}{M}\bar{\bar{\mathbf{F}}} - 2m\bar{\bar{\boldsymbol{\omega}}} \times \dot{\bar{\bar{\boldsymbol{\xi}}}} - m\dot{\bar{\bar{\boldsymbol{\omega}}}} \times \bar{\bar{\boldsymbol{\xi}}} - m\bar{\bar{\boldsymbol{\omega}}} \times (\bar{\bar{\boldsymbol{\omega}}} \times \bar{\bar{\boldsymbol{\xi}}}) \ , \tag{8.94}$$

sodass die Bewegungsgleichung für die $\bar{\bar{\boldsymbol{\xi}}}$-Koordinaten dieselbe Struktur hat wie diejenige für das allgemeine körperfeste Bezugssystem der $\bar{\boldsymbol{\xi}}$-Koordinaten.

**Interpretation und Illustration der verschiedenen Terme**  Der erste Term auf der rechten Seite von (8.93) oder (8.94) hat die übliche Struktur einer verallgemeinerten Kraft und tritt (in der Form $-\frac{\partial V_\mathrm{K}}{\partial \mathbf{x}}$) auch im Inertialsystem auf. Der zweite Term rührt von der Beschleunigung des Schwerpunkts des starren Körpers durch äußere Kräfte her; dieser Term entfällt für den starren Rotator ($f = 3$). Der dritte Term wird als *Coriolis-Kraft* bezeichnet und ist explizit geschwindigkeitsabhängig. Der vierte Term, der linear von der zeitlichen Änderung der Winkelgeschwindigkeit abhängt, ist im Falle der Dynamik eines Teilchens im Bezugssystem der Erde so klein, dass er in der Regel vernachlässigt werden kann; bei einem Kettenkarussell auf der Kirmes, das sich mal schneller und mal langsamer dreht, ist dieser Effekt jedoch sicherlich relevant. Der letzte Term stellt die *Zentrifugalkraft* dar. Die letzten vier Terme auf der rechten Seite von (8.93) und (8.94) werden kollektiv als „Scheinkräfte" bezeichnet, obwohl diese Kräfte – wie man aus Erfahrung weiß und wie auch aus den Gleichungen hervorgeht – im beschleunigten Bezugssystem des starren Körpers ja überaus real sind.

Zur Illustration der Bewegungsgleichungen (8.93) und (8.94) zeigen wir in Abbildung 8.16 eine stilisierte Version eines *Kettenkarussells* im *raumfesten* Bezugssystem. Der starre vierarmige Körper des Karussells (in Abb. 8.16 *blau* dargestellt) wird von Motoren angetrieben, die in der (*grau* dargestellten) tragenden Säule versteckt sind. Diese Motoren geben die *Dynamik* des starren Körpers vor, d. h., sie können den Körper in der Höhe variieren, also eine Kraft $\mathbf{F}$ auf den *Massenschwerpunkt* im Symmetriezentrum des Körpers ausüben, und sie können den Körper kippen ($\vartheta_2$ und die *Richtung* von $\boldsymbol{\omega}$ ändern) sowie die Drehbewegung beschleunigen (also $|\boldsymbol{\omega}|$ ändern). Die Winkelgeschwindigkeit $\boldsymbol{\omega}(t)$ des Karussells ist daher explizit zeitabhängig ($\dot{\boldsymbol{\omega}} \neq \mathbf{0}$). Auf die Massenpunkte $m_i$ (mit $i = 1, 2, 3, 4$) wirken zwei äußere Kräfte (beschrieben vom Potential $V$), nämlich die *Schwerkraft* **g** sowie die Ziehkräfte, die von den (in Abb. 8.16 *grün* dargestellten) Seilen verursacht werden. Diese Ziehkräfte sind im Wesentlichen *Zwangskräfte*, die aus der holonomen Zwangsbedingung folgen, dass der Abstand zwischen einer Masse und ihrem Aufhängepunkt konstant sein soll: $|\boldsymbol{\xi}_i(t) - \boldsymbol{\xi}_i^{\mathrm{A}}(t)| = \ell$. Aus dieser Beschreibung im *raumfesten* Bezugssystem folgt, dass die Massen $m_i$ im *körperfesten* System zusätzlich drei Scheinkräfte spüren: die Coriolis-Kraft, die Zentrifugalkraft sowie die Kraft $-m\dot{\boldsymbol{\omega}} \times \boldsymbol{\xi}$, die von der *Zeitabhängigkeit* der Winkelgeschwindigkeit $\boldsymbol{\omega}(t)$ herrührt.

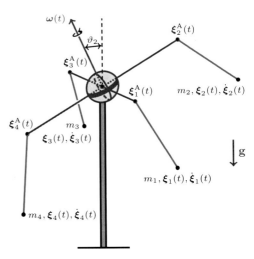

**Abb. 8.16** Das Kettenkarussell im raumfesten Bezugssystem

## 8.8.2 Verallgemeinerung für Vielteilchensysteme

Nach diesen Vorarbeiten ist es leicht, die bisherigen Betrachtungen auf die Dynamik von *Vielteilchen*systemen im beschleunigten Bezugssystem des starren Körpers zu verallgemeinern. Diese Verallgemeinerung ist z. B. relevant für jegliche Vielteilchensysteme (z. B. Gase oder Flüssigkeiten) auf der Erde oder für Gase in einem künstlichen rotierenden System (Zentrifuge). Wir nehmen an, dass das Vielteilchensystem aus insgesamt $N$ Teilchen mit Koordinaten $\mathbf{x}_i$ und Massen $m_i$ besteht. Die Gesamtmasse der Teilchen soll viel kleiner als die Masse des starren Körpers sein, damit die von den Teilchen auf den Körper ausgeübten Kräfte vernachlässigt werden können: $\sum_i m_i \ll M$. Wir nehmen des Weiteren an, dass die auf die Teilchen wirkenden Kräfte aus einem Potential hergeleitet werden können, sodass im Inertialsystem $m\ddot{\mathbf{x}}_i = -\boldsymbol{\nabla}_i V_{\mathrm{K}}$ gilt mit

$$V_{\mathrm{K}}(\{\mathbf{x}_i\}, t) = V_{\mathrm{in}} + V_{\mathrm{ex}} = \sum_{i<j} V_{ji}(|\mathbf{x}_{ji}|) + V_{\mathrm{ex}}(\{\mathbf{x}_i\}, t) ,$$

wie auch allgemein für Teilsysteme in Kapitel [4] angenommen wurde. Wir definieren nun die Relativkoordinaten der einzelnen Teilchen:

$$\mathbf{x}_i - \mathbf{x}_{\mathrm{M}}(t) \equiv \boldsymbol{\xi}_i \equiv D(\boldsymbol{\vartheta}(t))\bar{\boldsymbol{\xi}}_i \equiv D(\boldsymbol{\vartheta}(t))\mathcal{O}\bar{\bar{\boldsymbol{\xi}}}_i$$

und Relativkoordinaten für das ganze Vielteilchensystem:

$$\boldsymbol{\Xi} \equiv (\boldsymbol{\xi}_1/\cdots/\boldsymbol{\xi}_N) \quad , \quad \bar{\boldsymbol{\Xi}} \equiv (\bar{\boldsymbol{\xi}}_i/\cdots/\bar{\boldsymbol{\xi}}_N) \quad , \quad \bar{\bar{\boldsymbol{\Xi}}} \equiv (\bar{\bar{\boldsymbol{\xi}}}_i/\cdots/\bar{\bar{\boldsymbol{\xi}}}_N)$$

sowie die entsprechenden Potentialfunktionen:

$$\bar{\bar{V}}(\bar{\bar{\boldsymbol{\Xi}}}, t) \equiv \bar{V}(\bar{\boldsymbol{\Xi}}, t) \equiv V(\boldsymbol{\Xi}, t) \equiv V_{\mathrm{K}}(\{\mathbf{x}_i\}, t) .$$

Für die $\boldsymbol{\xi}_i$-Variablen im Inertialsystem gilt die Bewegungsgleichung

$$m_i \ddot{\boldsymbol{\xi}}_i = -\frac{\partial V}{\partial \boldsymbol{\xi}_i}(\boldsymbol{\Xi}, t) - \frac{m_i}{M} \mathbf{F}(t) \ . \tag{8.95}$$

Vollkommen analog zur Berechnung für ein einzelnes Teilchen erhält man nun die Verallgemeinerung von (8.93) für Vielteilchensysteme:

$$\boxed{\ddot{\bar{\boldsymbol{\xi}}}_i = -\frac{1}{m_i}\frac{\partial \bar{V}}{\partial \bar{\boldsymbol{\xi}}_i} - \frac{1}{M}\bar{\mathbf{F}} - 2\bar{\boldsymbol{\omega}} \times \dot{\bar{\boldsymbol{\xi}}}_i - \dot{\bar{\boldsymbol{\omega}}} \times \bar{\boldsymbol{\xi}}_i - \bar{\boldsymbol{\omega}} \times (\bar{\boldsymbol{\omega}} \times \bar{\boldsymbol{\xi}}_i) \ .} \tag{8.96}$$

Die Verallgemeinerung von (8.94) folgt aus (8.96), indem man $(\bar{\boldsymbol{\xi}}_i, \bar{V}, \bar{\mathbf{F}}, \bar{\boldsymbol{\omega}})$ durch $(\bar{\bar{\boldsymbol{\xi}}}_i, \bar{\bar{V}}, \bar{\bar{\mathbf{F}}}, \bar{\bar{\boldsymbol{\omega}}})$ ersetzt.

### Lagrange- und Hamilton-Formulierung

Wir versuchen nun, die so erhaltenen Bewegungsgleichungen in den kanonischen Formalismus einzubetten. Die Bewegungsgleichung (8.95) kann aus der Lagrange-Funktion

$$L(\boldsymbol{\Xi}, \dot{\boldsymbol{\Xi}}, t) = \sum_{i=1}^{N} \left( \tfrac{1}{2} m_i \dot{\boldsymbol{\xi}}_i^2 - \frac{m_i}{M} \mathbf{F} \cdot \boldsymbol{\xi}_i \right) - V(\boldsymbol{\Xi}, t)$$

hergeleitet werden. Der kanonische Impuls ist

$$\mathbf{p}_i = \frac{\partial L}{\partial \dot{\boldsymbol{\xi}}_i} = m_i \dot{\boldsymbol{\xi}}_i \ ,$$

und die Hamilton-Funktion lautet mit $\boldsymbol{\Pi} \equiv (\mathbf{p}_1/\cdots/\mathbf{p}_N)$:

$$H(\boldsymbol{\Xi}, \boldsymbol{\Pi}, t) = \sum_{i=1}^{N} \left( \frac{1}{2m_i} \mathbf{p}_i^2 + \frac{m_i}{M} \mathbf{F} \cdot \boldsymbol{\xi}_i \right) + V(\boldsymbol{\Xi}, t) \ .$$

Analog kann man die Lagrange-Funktion für die Dynamik der $\bar{\boldsymbol{\xi}}_i$-Variablen in (8.96) aufstellen; als Ergebnis erhält man:

$$\bar{L}(\bar{\boldsymbol{\Xi}}, \dot{\bar{\boldsymbol{\Xi}}}, t) = \sum_{i=1}^{N} \left[ \tfrac{1}{2} m_i \dot{\bar{\boldsymbol{\xi}}}_i^2 - \frac{m_i}{M} \bar{\mathbf{F}} \cdot \bar{\boldsymbol{\xi}}_i + m_i \dot{\bar{\boldsymbol{\xi}}}_i \cdot (\bar{\boldsymbol{\omega}} \times \bar{\boldsymbol{\xi}}_i) + \tfrac{1}{2} m_i (\bar{\boldsymbol{\omega}} \times \bar{\boldsymbol{\xi}}_i)^2 \right] - \bar{V}(\bar{\boldsymbol{\Xi}}, t) \ .$$

Die letzten beiden Terme in der Klammer $[\cdots]$ erzeugen die Coriolis- bzw. die Zentrifugalkraft. Der kanonische Impuls ist nun

$$\bar{\mathbf{p}}_i = \frac{\partial \bar{L}}{\partial \dot{\bar{\boldsymbol{\xi}}}_i} = m_i (\dot{\bar{\boldsymbol{\xi}}}_i + \bar{\boldsymbol{\omega}} \times \bar{\boldsymbol{\xi}}_i) \ ,$$

sodass die Hamilton-Funktion mit $\bar{\boldsymbol{\Pi}} \equiv (\bar{\mathbf{p}}_1/\cdots/\bar{\mathbf{p}}_N)$ durch

$$\bar{H}(\bar{\boldsymbol{\Xi}}, \bar{\boldsymbol{\Pi}}, t) = \sum_{i=1}^{N} \left[ \frac{1}{2m_i} \bar{\mathbf{p}}_i^2 - \bar{\mathbf{p}}_i \cdot (\bar{\boldsymbol{\omega}} \times \bar{\boldsymbol{\xi}}_i) + \frac{m_i}{M} \bar{\mathbf{F}} \cdot \bar{\boldsymbol{\xi}}_i \right] + \bar{V}(\bar{\boldsymbol{\Xi}}, t)$$

gegeben ist. Es gibt eine einfache Beziehung zwischen den kanonischen Impulsen der $\boldsymbol{\xi}_i$- und $\bar{\boldsymbol{\xi}}_i$-Variablen:

$$D^{\mathrm{T}}\left(\frac{1}{m_i}\mathbf{p}_i\right) = D^{\mathrm{T}}\dot{\boldsymbol{\xi}}_i = D^{\mathrm{T}}\frac{d}{dt}(D\bar{\boldsymbol{\xi}}_i) = D^{\mathrm{T}}\dot{D}\bar{\boldsymbol{\xi}}_i + \dot{\bar{\boldsymbol{\xi}}}_i$$

$$= \dot{\bar{\boldsymbol{\xi}}}_i - \bar{\Omega}\bar{\boldsymbol{\xi}}_i = \dot{\bar{\boldsymbol{\xi}}}_i + \bar{\boldsymbol{\omega}}\times\bar{\boldsymbol{\xi}}_i = \frac{1}{m_i}\bar{\mathbf{p}}_i \, ,$$

also $\bar{\mathbf{p}}_i = D^{\mathrm{T}}\mathbf{p}_i$, sodass auch der Impuls wie ein echter Vektor, d. h. ähnlich wie der Ortsvektor $\boldsymbol{\xi}_i$, transformiert wird. Vergleicht man nun die beiden Hamilton-Funktionen $H$ und $\bar{H}$, so stellt man fest, dass

$$\bar{H}(\bar{\boldsymbol{\Xi}},\bar{\boldsymbol{\Pi}},t) - H(\boldsymbol{\Xi},\boldsymbol{\Pi},t) = -\sum_{i=1}^{N}\bar{\mathbf{p}}_i\cdot(\bar{\boldsymbol{\omega}}\times\bar{\boldsymbol{\xi}}_i) = -\sum_{i=1}^{N}\mathbf{p}_i\cdot(\boldsymbol{\omega}\times\boldsymbol{\xi}_i)$$

gilt, sodass man entweder

$$\bar{H} = H - \boldsymbol{\omega}\cdot\mathbf{L} \quad , \quad \mathbf{L}(\boldsymbol{\Xi},\boldsymbol{\Pi}) \equiv \sum_{i=1}^{N}\boldsymbol{\xi}_i\times\mathbf{p}_i$$

oder

$$H = \bar{H} + \bar{\boldsymbol{\omega}}\cdot\bar{\mathbf{L}} \quad , \quad \bar{\mathbf{L}}(\bar{\boldsymbol{\Xi}},\bar{\boldsymbol{\Pi}}) \equiv \sum_{i=1}^{N}\bar{\boldsymbol{\xi}}_i\times\bar{\mathbf{p}}_i = D^{\mathrm{T}}\mathbf{L}$$

schreiben kann. Die beiden Hamilton-Funktionen unterscheiden sich also um einen Term, der durch die lineare Ankopplung der Winkelgeschwindigkeit an den kanonischen Gesamtdrehimpuls gegeben ist. Abschließend sei noch darauf hingewiesen, dass die Hamilton-Funktion $\bar{H}$ alternativ auch als

$$\bar{H} = \sum_{i=1}^{N}\left[\frac{1}{2m_i}\left(\bar{\mathbf{p}}_i - m_i\bar{\boldsymbol{\omega}}\times\bar{\boldsymbol{\xi}}_i\right)^2 - \tfrac{1}{2}m_i(\bar{\boldsymbol{\omega}}\times\bar{\boldsymbol{\xi}}_i)^2 + \frac{m_i}{M}\bar{\mathbf{F}}\cdot\bar{\boldsymbol{\xi}}_i\right] + \bar{V}(\bar{\boldsymbol{\Xi}},t)$$

geschrieben werden kann. Diese letzte Form ist bequem für Anwendungen in der Statistischen Mechanik, da dort z. B. in der Zustandssumme eines rotierenden klassischen Gases[17] mit $\bar{\mathbf{F}} = \mathbf{0}$, $\partial_t\bar{V} = 0$ und $\dot{\boldsymbol{\omega}} = \mathbf{0}$ über die Impulse integriert werden kann und neben dem $\bar{V}(\bar{\boldsymbol{\Xi}})$-Term nur noch das Potential $-\tfrac{1}{2}m_i(\bar{\boldsymbol{\omega}}\times\bar{\boldsymbol{\xi}}_i)^2$ übrigbleibt. Wegen $\dot{\boldsymbol{\omega}} = \mathbf{0}$ gilt hierbei $\bar{\boldsymbol{\omega}} = \boldsymbol{\omega}$.

## 8.9   Übungsaufgaben

### Aufgabe 8.1 Rotierendes Koordinatensystem

Betrachten Sie ein Teilchen der Masse $m$ mit den kartesischen Koordinaten $\mathbf{x}$, die relativ zu einem Inertialsystem gemessen werden. Das Teilchen befindet sich in einem sphärisch symmetrischen Potential $V(x)$ mit $x \equiv |\mathbf{x}|$. Es wird nun eine Transformation auf verallgemeinerte Koordinaten $\mathbf{q}$ durchgeführt, wobei die Variablen $\mathbf{q}$ die Lage des Teilchens in einem Koordinatensystem beschreiben, das relativ zum Inertialsystem mit konstanter Winkelgeschwindigkeit $\omega$ um die $\hat{\mathbf{e}}_3$-Achse rotiert: $\mathbf{x} = R(\boldsymbol{\alpha})\mathbf{q}$ mit $\boldsymbol{\alpha} = \boldsymbol{\omega}t$ und $\boldsymbol{\omega} = \omega\hat{\mathbf{e}}_3$.

---

[17]Siehe z. B. Übungsaufgabe 4.10 über die *Zentrifuge* in Ref. [11].

(a) Zeigen Sie: $\dot{\mathbf{x}} = R(\boldsymbol{\alpha})(\dot{\mathbf{q}} + \boldsymbol{\omega} \times \mathbf{q})$. Bestimmen Sie die Lagrange-Funktion $L(\mathbf{q}, \dot{\mathbf{q}}, t)$ des Teilchens in verallgemeinerten Koordinaten und leiten Sie hieraus die folgende Bewegungsgleichung ab:

$$m\ddot{\mathbf{q}} = -\frac{\partial V}{\partial \mathbf{q}} - 2m\boldsymbol{\omega} \times \dot{\mathbf{q}} - m\boldsymbol{\omega} \times (\boldsymbol{\omega} \times \mathbf{q}) \,. \tag{8.97}$$

Bestimmen Sie die mit $L(\mathbf{q}, \dot{\mathbf{q}}, t)$ assoziierte Hamilton-Funktion und die entsprechenden Hamilton-Gleichungen.

Der zweite Term im rechten Glied von (8.97) stellt die Coriolis-Kraft dar, der dritte Term ist die Zentrifugalkraft.

(b) Erklären Sie, warum Winde auf der nördlichen (bzw. südlichen) Halbkugel nach rechts (bzw. links) abgebogen werden. Betrachten Sie nun ein Teilchen, welches im Schwerkraftfeld der Erde mit der Anfangsgeschwindigkeit $\dot{\mathbf{q}}(0) = \mathbf{0}$ hundert Meter senkrecht über einem Punkt $P$ der Erdoberfläche am Äquator losgelassen wird. In welcher Entfernung/Richtung von $P$ trifft es (näherungsweise im reibungsfreien Fall) auf?

Transformieren Sie nun auf sphärische Koordinaten $(q, \vartheta, \varphi)$ mit $\mathbf{q} \equiv q\hat{\mathbf{e}}_q$ und dem Einheitsvektor $\hat{\mathbf{e}}_q = (\sin(\vartheta)\cos(\varphi), \sin(\vartheta)\sin(\varphi), \cos(\vartheta))^{\mathrm{T}}$.

(c) Bestimmen Sie die Lagrange-Funktion $L(q, \vartheta, \varphi, \dot{q}, \dot{\vartheta}, \dot{\varphi})$ und die entsprechenden verallgemeinerten Impulse. Bestimmen Sie die mit $L(q, \vartheta, \varphi, \dot{q}, \dot{\vartheta}, \dot{\varphi})$ assoziierte Hamilton-Funktion $H$. Ist $H$ erhalten? Ist $H$ gleich der Energie?

### Aufgabe 8.2 Drei Murmeln

Jemand gibt Ihnen drei Murmeln. Die Murmeln sind äußerlich identisch (gleich groß, schwarz, undurchsichtig) und haben dieselbe Masse. Ihr Innenleben ist jedoch unterschiedlich: Die erste Murmel hat eine homogene Massendichte, die zweite ist innen hohl, und die Masse der dritten ist weitgehend im Kern konzentriert. Glücklicherweise haben Sie eine Uhr und ein Kakelorum zur Hand. Beschreiben Sie *quantitativ* ein nicht-invasives Gedankenexperiment zur Analyse der Murmeln.

# Kapitel 9

# Lösungen zu den Übungsaufgaben

## 9.2 Postulate und Gesetze der Newton'schen Mechanik

### Lösung 2.1 Hintereinanderausführung von Drehungen[1]

Wir betrachten die Abbildung, die aus einer Drehung um den Winkel $\varphi$ um die $x_2$-Achse und einer anschließenden Drehung um $\varphi$ um die $x_3$-Achse resultiert.

**(a)** Die resultierende Matrix $R$ ist wegen der Gruppenstruktur der Drehungen wiederum eine Drehung; die Form von $R$ lautet:

$$\begin{pmatrix} \cos(\varphi) & -\sin(\varphi) & 0 \\ \sin(\varphi) & \cos(\varphi) & 0 \\ 0 & 0 & 1 \end{pmatrix} \begin{pmatrix} \cos(\varphi) & 0 & -\sin(\varphi) \\ 0 & 1 & 0 \\ \sin(\varphi) & 0 & \cos(\varphi) \end{pmatrix} = \begin{pmatrix} \cos^2(\varphi) & -\sin(\varphi) & -\sin(\varphi)\cos(\varphi) \\ \sin(\varphi)\cos(\varphi) & \cos(\varphi) & -\sin^2(\varphi) \\ \sin(\varphi) & 0 & \cos(\varphi) \end{pmatrix} .$$

**(b)** Eine Drehmatrix mit Drehwinkel $\alpha \neq n\pi$ $(n \in \mathbb{Z})$ hat genau einen reellen Eigenwert, und zwar 1. Der entsprechende Eigenvektor ist die Drehrichtung $\hat{\boldsymbol{\alpha}}$, sodass $(R - \mathbb{1}_3)\hat{\boldsymbol{\alpha}} = \mathbf{0}$ gilt. Es folgt für die Komponenten von $\hat{\boldsymbol{\alpha}}$:

$$0 = \sin(\varphi)\cos(\varphi)\hat{\alpha}_1 + [\cos(\varphi) - 1]\hat{\alpha}_2 - \sin^2(\varphi)\hat{\alpha}_3$$
$$0 = \sin(\varphi)\hat{\alpha}_1 + [\cos(\varphi) - 1]\hat{\alpha}_3 .$$

Multipliziert man die zweite Gleichung mit $\cos(\varphi)$ und zieht sie von der ersten ab, so ergibt sich:

$$[\cos(\varphi) - 1]\hat{\alpha}_2 = [\sin^2(\varphi) + \cos^2(\varphi) - \cos(\varphi)]\hat{\alpha}_3 = [1 - \cos(\varphi)]\hat{\alpha}_3 .$$

Es folgt $\hat{\alpha}_2 = -\hat{\alpha}_3$ und $\hat{\alpha}_1 = \frac{1 - \cos(\varphi)}{\sin(\varphi)}\hat{\alpha}_3 = \tan(\frac{1}{2}\varphi)\hat{\alpha}_3 \;\Rightarrow\; \hat{\boldsymbol{\alpha}} = \frac{1}{N}\begin{pmatrix} \tan(\frac{1}{2}\varphi) \\ -1 \\ 1 \end{pmatrix}$

mit der Normierungskonstante $N = [2 + \tan^2(\frac{1}{2}\varphi)]^{1/2}$. Um den Dreh*winkel* $\alpha$ zu bestimmen, betrachten wir einen (beliebigen) Einheitsvektor $\hat{\mathbf{s}} \perp \hat{\boldsymbol{\alpha}}$ wie

---

[1] Derartige Produkte von Drehungen werden z. B. auch in Kapitel [8] bei der Beschreibung der Dynamik von starren Körpern mit *Euler-Winkeln* relevant.

© Springer-Verlag GmbH Deutschland, ein Teil von Springer Nature 2021
P. van Dongen, *Klassische Mechanik*,
https://doi.org/10.1007/978-3-662-63789-0_9

z. B. $\hat{\mathbf{s}} = \frac{1}{\sqrt{2}}\begin{pmatrix} 0 \\ 1 \\ 1 \end{pmatrix}$. Der Drehwinkel $\alpha$ ist dann bestimmt durch:

$$\cos(\alpha) = \hat{\mathbf{s}} \cdot R\hat{\mathbf{s}} = \frac{1}{2}\begin{pmatrix} 0 \\ 1 \\ 1 \end{pmatrix} \cdot \begin{pmatrix} -\sin(\varphi)[1 + \cos(\varphi)] \\ \cos(\varphi) - \sin^2(\varphi) \\ \cos(\varphi) \end{pmatrix} = \cos(\varphi) - \frac{1}{2}\sin^2(\varphi) .$$

Es folgt $\alpha = \sigma\arccos[\cos(\varphi) - \frac{1}{2}\sin^2(\varphi)]$ mit $\sigma = \pm$. Das Vorzeichen $\sigma$ kann z. B. für $\varphi \to 0$ bestimmt werden. Mit $\hat{\boldsymbol{\alpha}} \times \hat{\mathbf{s}} = \frac{1}{2}\begin{pmatrix} 0 \\ -1 \\ 1 \end{pmatrix} \times \begin{pmatrix} 0 \\ 1 \\ 1 \end{pmatrix} = -\hat{\mathbf{e}}_1$ folgt:

$$\alpha \sim \sin(\alpha) = (\hat{\boldsymbol{\alpha}} \times \hat{\mathbf{s}}) \cdot R\hat{\mathbf{s}} = \frac{1}{\sqrt{2}}\sin(\varphi)[1 + \cos(\varphi)] \sim \sqrt{2}\varphi \to 0 ,$$

sodass offenbar $\sigma = \operatorname{sgn}(\varphi)$ gilt: $\alpha(\varphi) = \operatorname{sgn}(\varphi)\arccos[\cos(\varphi) - \frac{1}{2}\sin^2(\varphi)]$.

**(c)** Für $\varphi \to 0$ wissen wir bereits:

$$\hat{\boldsymbol{\alpha}} = \frac{1}{\sqrt{2}}\begin{pmatrix} 0 \\ -1 \\ 1 \end{pmatrix} \quad \text{und} \quad \alpha \sim \sqrt{2}\varphi \to 0 .$$

Für $\varphi = \pi/2$ folgt $\hat{\boldsymbol{\alpha}} = \frac{1}{\sqrt{3}}\begin{pmatrix} 1 \\ -1 \\ 1 \end{pmatrix}$ und $\alpha = \frac{2}{3}\pi$. Für $\varphi \uparrow \pi$ gilt: $\hat{\boldsymbol{\alpha}} = \hat{\mathbf{e}}_1$ und

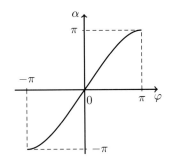

**Abb. 9.1** Der Drehwinkel $\alpha(\varphi)$

$$-[1 - \tfrac{1}{2}(\pi - \alpha)^2] \sim -\cos(\pi - \alpha)$$
$$= \cos(\alpha) = \cos(\varphi) - \tfrac{1}{2}\sin^2(\varphi)$$
$$= -\cos(\pi - \varphi) - \tfrac{1}{2}\sin^2(\pi - \varphi)$$
$$\sim -1 + \tfrac{1}{8}(\pi - \varphi)^4 + \cdots \quad (\varphi \uparrow \pi) ,$$

d. h. $\alpha \sim \pi - \frac{1}{2}(\pi - \varphi)^2 \uparrow \pi$. Abbildung 9.1 zeigt eine Skizze der Funktion $\alpha(\varphi)$.

### Lösung 2.2 Die Drehmatrix

In Abschnitt [2.5.4] wurde für die Drehmatrix $R(\boldsymbol{\alpha})$ mit $\boldsymbol{\alpha} = \alpha\hat{\boldsymbol{\alpha}}$ gezeigt:

$$R(\boldsymbol{\alpha})\mathbf{x} = \hat{\boldsymbol{\alpha}}(\hat{\boldsymbol{\alpha}} \cdot \mathbf{x}) - \hat{\boldsymbol{\alpha}} \times (\hat{\boldsymbol{\alpha}} \times \mathbf{x})\cos(\alpha) + (\hat{\boldsymbol{\alpha}} \times \mathbf{x})\sin(\alpha) . \tag{9.1}$$

**(a)** Da die drei Beiträge auf der rechten Seite von Gleichung (9.1) orthogonal aufeinander stehen, gilt mit $|\hat{\boldsymbol{\alpha}} \times \mathbf{x}| = |\mathbf{x}|\sin(\psi)$ (siehe auch Abb. 2.6):

$$|R(\boldsymbol{\alpha})\mathbf{x}|^2 = |\hat{\boldsymbol{\alpha}} \cdot \mathbf{x}|^2 + |\hat{\boldsymbol{\alpha}} \times (\hat{\boldsymbol{\alpha}} \times \mathbf{x})|^2\cos^2(\alpha) + |\hat{\boldsymbol{\alpha}} \times \mathbf{x}|^2\sin^2(\alpha)$$
$$= |\mathbf{x}|^2\cos^2(\psi) + |\hat{\boldsymbol{\alpha}} \times \mathbf{x}|^2[\cos^2(\alpha) + \sin^2(\alpha)]$$
$$= |\mathbf{x}|^2[\cos^2(\psi) + \sin^2(\psi)] = |\mathbf{x}|^2 .$$

**(b)** Für $\hat{\boldsymbol{\alpha}} = \hat{\mathbf{e}}_3$ gilt $R(\alpha\hat{\mathbf{e}}_3)\hat{\mathbf{e}}_3 = \hat{\mathbf{e}}_3$ und außerdem:

$$R(\alpha\hat{\mathbf{e}}_3)\hat{\mathbf{e}}_1 = -\hat{\mathbf{e}}_3 \times (\hat{\mathbf{e}}_3 \times \hat{\mathbf{e}}_1)\cos(\alpha) + (\hat{\mathbf{e}}_3 \times \hat{\mathbf{e}}_1)\sin(\alpha)$$
$$= -(\hat{\mathbf{e}}_3 \times \hat{\mathbf{e}}_2)\cos(\alpha) + \hat{\mathbf{e}}_2\sin(\alpha) = \hat{\mathbf{e}}_1\cos(\alpha) + \hat{\mathbf{e}}_2\sin(\alpha) = \begin{pmatrix} \cos(\alpha) \\ \sin(\alpha) \\ 0 \end{pmatrix}$$

sowie

$$R(\alpha\hat{\mathbf{e}}_3)\hat{\mathbf{e}}_2 = -\hat{\mathbf{e}}_3 \times (\hat{\mathbf{e}}_3 \times \hat{\mathbf{e}}_2)\cos(\alpha) + (\hat{\mathbf{e}}_3 \times \hat{\mathbf{e}}_2)\sin(\alpha)$$
$$= (\hat{\mathbf{e}}_3 \times \hat{\mathbf{e}}_1)\cos(\alpha) - \hat{\mathbf{e}}_1\sin(\alpha) = \hat{\mathbf{e}}_2\cos(\alpha) - \hat{\mathbf{e}}_1\sin(\alpha) = \begin{pmatrix} -\sin(\alpha) \\ \cos(\alpha) \\ 0 \end{pmatrix} ,$$

sodass wir insgesamt die folgende Drehmatrix erhalten:

$$R(\alpha\hat{\mathbf{e}}_3) = \begin{pmatrix} \cos(\alpha) & -\sin(\alpha) & 0 \\ \sin(\alpha) & \cos(\alpha) & 0 \\ 0 & 0 & 1 \end{pmatrix} .$$

**(c)** Allgemein folgt aus $R_{ij}(\boldsymbol{\alpha}) = \frac{\partial}{\partial x_j} \hat{\mathbf{e}}_i^T R(\boldsymbol{\alpha}) \mathbf{x}$ und $\varepsilon_{ikl} \varepsilon_{lmn} = \delta_{im} \delta_{kn} - \delta_{in} \delta_{km}$:

$$R_{ij}(\boldsymbol{\alpha}) = \frac{\partial}{\partial x_j} \left[ \hat{\alpha}_i \hat{\alpha}_k x_k - \varepsilon_{ikl} \hat{\alpha}_k \varepsilon_{lmn} \hat{\alpha}_m x_n \cos(\alpha) + \varepsilon_{ikl} \hat{\alpha}_k x_l \sin(\alpha) \right]$$

$$= \hat{\alpha}_i \hat{\alpha}_k \delta_{kj} - (\delta_{im} \delta_{kn} - \delta_{in} \delta_{km}) \hat{\alpha}_k \hat{\alpha}_m \delta_{nj} \cos(\alpha) + \varepsilon_{ikl} \hat{\alpha}_k \delta_{lj} \sin(\alpha)$$

$$= \hat{\alpha}_i \hat{\alpha}_j [1 - \cos(\alpha)] + \delta_{ij} \hat{\alpha}_k \hat{\alpha}_k \cos(\alpha) - \varepsilon_{ijk} \hat{\alpha}_k \sin(\alpha)$$

$$= \delta_{ij} \cos(\alpha) + \hat{\alpha}_i \hat{\alpha}_j [1 - \cos(\alpha)] - \varepsilon_{ijk} \hat{\alpha}_k \sin(\alpha) .$$

Speziell für Drehungen um die Achse $\hat{\boldsymbol{\alpha}} = \frac{1}{\sqrt{3}}(1,1,1)^T$ gilt:

$$R(\boldsymbol{\alpha}) = \mathbb{1}_3 \cos(\alpha) + \frac{1}{3} \begin{pmatrix} 1 & 1 & 1 \\ 1 & 1 & 1 \\ 1 & 1 & 1 \end{pmatrix} [1 - \cos(\alpha)] + \frac{1}{\sqrt{3}} \begin{pmatrix} 0 & -1 & 1 \\ 1 & 0 & -1 \\ -1 & 1 & 0 \end{pmatrix} \sin(\alpha)$$

$$= \frac{1}{3} \begin{pmatrix} 1 + 2\cos(\alpha) & 1 - \cos(\alpha) - \sqrt{3}\sin(\alpha) & 1 - \cos(\alpha) + \sqrt{3}\sin(\alpha) \\ 1 - \cos(\alpha) + \sqrt{3}\sin(\alpha) & 1 + 2\cos(\alpha) & 1 - \cos(\alpha) - \sqrt{3}\sin(\alpha) \\ 1 - \cos(\alpha) - \sqrt{3}\sin(\alpha) & 1 - \cos(\alpha) + \sqrt{3}\sin(\alpha) & 1 + 2\cos(\alpha) \end{pmatrix} .$$

### Lösung 2.3 Transformationen unter Drehungen

**(a)** Zu zeigen sind für Drehungen $R(\boldsymbol{\alpha})$ die Identitäten $(i)$ $\varepsilon_{ijk} R_{il} R_{jm} R_{kn} = \varepsilon_{lmn}$ und $(ii)$ $\delta_{ij} R_{il} R_{jm} = \delta_{lm}$. Da die linke Seite von $(i)$ vollständig antisymmetrisch ist (wir vertauschen z. B. $l$ und $m$):

$$f_{mln} \equiv \varepsilon_{ijk} R_{im} R_{jl} R_{kn} = -\varepsilon_{jik} R_{jl} R_{im} R_{kn} = -\varepsilon_{ijk} R_{il} R_{jm} R_{kn} = -f_{lmn} ,$$

muss $f_{lmn} = \lambda \varepsilon_{lmn}$ mit $\lambda \in \mathbb{R}$ gelten. Im dritten Schritt haben wir die Summationsindizes $(i, j) \to (j, i)$ umbenannt. Um $\lambda$ zu berechnen, wählen wir $(lmn) = (123)$ und erhalten:

$$\lambda = f_{123} = \varepsilon_{ijk} R_{i1} R_{j2} R_{k3} = \det(R) = 1 \quad , \quad f_{lmn} = \varepsilon_{lmn} .$$

Analog folgt $(ii)$ aus $\delta_{ij} R_{il} R_{jm} = R_{il} R_{im} = \left( R^T \right)_{li} R_{im} = \left( R^T R \right)_{lm} = \delta_{lm}$.

**(b)** Mit der vereinfachten Notation $R(\boldsymbol{\alpha}) = R$ gilt für $i = 1, 2, 3$:

$$\left\{ R \left[ (R^{-1} \mathbf{a}) \times (R^{-1} \mathbf{b}) \right] \right\}_i = R_{ij} \varepsilon_{jkl} \left( R^T \right)_{km} a_m \left( R^T \right)_{ln} b_n$$

$$= \left[ \varepsilon_{jkl} \left( R^T \right)_{ji} \left( R^T \right)_{km} \left( R^T \right)_{ln} \right] a_m b_n = \det \left( R^T \right) \varepsilon_{imn} a_m b_n = (\mathbf{a} \times \mathbf{b})_i .$$

Hieraus folgt $\left[ (R^{-1} \mathbf{a}) \times (R^{-1} \mathbf{b}) \right] = R^{-1} (\mathbf{a} \times \mathbf{b})$ für beliebige Drehungen $R(\boldsymbol{\alpha})$ und beliebige Vektoren $\mathbf{a}, \mathbf{b} \in \mathbb{R}^3$.

### Lösung 2.4 Polarkoordinaten

Wir beschreiben den Aufenthaltsort $\mathbf{x}$ mit Hilfe von Polarkoordinaten $(\rho, \varphi)$:

$$\mathbf{x}(\rho, \varphi) = \begin{pmatrix} x_1 \\ x_2 \end{pmatrix} = \rho \begin{pmatrix} \cos(\varphi) \\ \sin(\varphi) \end{pmatrix} \quad , \quad |\mathbf{x}| \equiv \sqrt{(x_1)^2 + (x_2)^2} = \rho .$$

**(a)** Der *radiale* Einheitsvektor ist $\hat{\mathbf{e}}_\rho \equiv \frac{1}{\rho} \mathbf{x} = \begin{pmatrix} \cos(\varphi) \\ \sin(\varphi) \end{pmatrix}$ und der *tangentiale* lautet $\hat{\mathbf{e}}_\varphi \equiv \frac{d}{d\varphi} \hat{\mathbf{e}}_\rho = \begin{pmatrix} -\sin(\varphi) \\ \cos(\varphi) \end{pmatrix}$. Es gilt $\frac{d}{d\varphi} \hat{\mathbf{e}}_\varphi = \frac{d}{d\varphi} \begin{pmatrix} -\sin(\varphi) \\ \cos(\varphi) \end{pmatrix} = \begin{pmatrix} -\cos(\varphi) \\ -\sin(\varphi) \end{pmatrix} = -\hat{\mathbf{e}}_\rho$.

**(b)** Parametrisiert man die Bahn durch $\mathbf{X}(t) \equiv \mathbf{x}(\rho(t), \varphi(t)) = \rho(t)\begin{pmatrix} \cos(\varphi(t)) \\ \sin(\varphi(t)) \end{pmatrix}$, so ist die Geschwindigkeit des Teilchens gegeben durch

$$\dot{\mathbf{X}} = \tfrac{d}{dt}\left(\rho\hat{\mathbf{e}}_\rho\right) = \dot{\rho}\hat{\mathbf{e}}_\rho + \rho\dot{\varphi}\tfrac{d}{d\varphi}\hat{\mathbf{e}}_\rho = \dot{\rho}\hat{\mathbf{e}}_\rho + \rho\dot{\varphi}\hat{\mathbf{e}}_\varphi$$

und die Beschleunigung durch:

$$\ddot{\mathbf{X}} = \tfrac{d}{dt}\left(\dot{\rho}\hat{\mathbf{e}}_\rho + \rho\dot{\varphi}\hat{\mathbf{e}}_\varphi\right) = (\ddot{\rho} - \rho\dot{\varphi}^2)\hat{\mathbf{e}}_\rho + (2\dot{\rho}\dot{\varphi} + \rho\ddot{\varphi})\hat{\mathbf{e}}_\varphi .$$

**(c)** Speziell für $\rho(t) = \left|\tan\left(\tfrac{1}{2}\omega t\right)\right|$ und $\varphi(t) = \omega t - \operatorname{sgn}(t)\tfrac{\pi}{2}$ mit $|t| < \tfrac{\pi}{\omega}$ gilt $\dot{\varphi} = \omega$ und $\ddot{\varphi} = 0$ für alle $t \neq 0$. Folglich vereinfachen sich die Gleichungen auf:

$$\dot{\mathbf{X}} = \dot{\rho}\hat{\mathbf{e}}_\rho + \omega\rho\hat{\mathbf{e}}_\varphi \quad , \quad \ddot{\mathbf{X}} = (\ddot{\rho} - \omega^2\rho)\hat{\mathbf{e}}_\rho + 2\omega\dot{\rho}\hat{\mathbf{e}}_\varphi$$

$$\dot{\rho} = \frac{\omega\,\operatorname{sgn}(t)}{2\cos^2(\tfrac{1}{2}\omega t)} \quad , \quad \ddot{\rho} = \frac{\omega^2\operatorname{sgn}(t)\sin(\tfrac{1}{2}\omega t)}{2\cos^3(\tfrac{1}{2}\omega t)} .$$

Außerdem gilt:

$$\hat{\mathbf{e}}_\rho(t) = \begin{pmatrix} \cos(\varphi(t)) \\ \sin(\varphi(t)) \end{pmatrix} = \operatorname{sgn}(t)\begin{pmatrix} \sin(\omega t) \\ -\cos(\omega t) \end{pmatrix}$$

$$\hat{\mathbf{e}}_\varphi(t) = \operatorname{sgn}(t)\begin{pmatrix} \cos(\omega t) \\ \sin(\omega t) \end{pmatrix} .$$

Die Bahn $\mathbf{X}(t)$ der Strophoide ist für $-\tfrac{\pi}{\omega} < t < \tfrac{\pi}{\omega}$ gegeben durch:

$$\mathbf{X}(t) = \rho(t)\begin{pmatrix} \cos(\varphi(t)) \\ \sin(\varphi(t)) \end{pmatrix} = \tan(\tfrac{1}{2}\omega t)\begin{pmatrix} \sin(\omega t) \\ -\cos(\omega t) \end{pmatrix}$$

$$= \begin{pmatrix} 2\sin^2(\tfrac{1}{2}\omega t) \\ -\tan(\tfrac{1}{2}\omega t)\cos(\omega t) \end{pmatrix} .$$

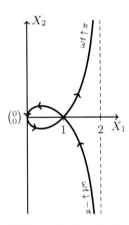

**Abb. 9.2** Strophoide

Eine Skizze dieser Bahn findet sich in Abbildung 9.2. Wenn die Variable $\omega t$ von $-\pi$ bis $\pi$ ansteigt, variiert die Kurve zwischen $(2, -\infty)$ und $(2, +\infty)$. Die Pfeilspitzen markieren die Variablenwerte $\omega t = -2 \,/\, -\tfrac{3}{4} \,/\, 0 \,/\, \tfrac{3}{4} \,/\, 2$. Der Punkt $(1, 0)$ wird zweimal (für $\omega t = -\tfrac{\pi}{2}$ und $\omega t = +\tfrac{\pi}{2}$) durchlaufen.

**(d)** Geschwindigkeit und Beschleunigung des Teilchens entlang der Bahn sind gegeben durch:

$$\dot{\mathbf{X}} = \dot{\rho}\hat{\mathbf{e}}_\rho + \omega\rho\hat{\mathbf{e}}_\varphi = \frac{\omega}{2\cos^2(\tfrac{1}{2}\omega t)}\begin{pmatrix} \sin(\omega t) \\ -\cos(\omega t) \end{pmatrix} + \omega\begin{pmatrix} \tan(\tfrac{1}{2}\omega t)\cos(\omega t) \\ 2\sin^2(\tfrac{1}{2}\omega t) \end{pmatrix}$$

$$\ddot{\mathbf{X}} = (\ddot{\rho} - \omega^2\rho)\hat{\mathbf{e}}_\rho + 2\omega\dot{\rho}\hat{\mathbf{e}}_\varphi$$

$$= \omega^2\left\{\left[\frac{\sin(\tfrac{1}{2}\omega t)}{2\cos^3(\tfrac{1}{2}\omega t)} - \tan(\tfrac{1}{2}\omega t)\right]\begin{pmatrix} \sin(\omega t) \\ -\cos(\omega t) \end{pmatrix} + \frac{1}{\cos^2(\tfrac{1}{2}\omega t)}\begin{pmatrix} \cos(\omega t) \\ \sin(\omega t) \end{pmatrix}\right\} .$$

Trotz der Diskontinuität in der Definition von $\varphi(t)$ sind $\mathbf{X}(0) = \begin{pmatrix} 0 \\ 0 \end{pmatrix}$, $\dot{\mathbf{X}}(0) = -\tfrac{1}{2}\omega\begin{pmatrix} 0 \\ 1 \end{pmatrix}$ und $\ddot{\mathbf{X}}(0) = \omega^2\begin{pmatrix} 1 \\ 0 \end{pmatrix}$ alle wohldefiniert.

### Lösung 2.5 Zeitlich veränderliche Massen

Das Problem der Rakete ist effektiv *ein*dimensional, sodass wir uns im Folgenden auf die $\hat{\mathbf{e}}_3$-Komponente aller dreidimensionalen Vektoren beschränken können. Als Notation führen wir $p_\mathrm{G}$ ein für den *Gesamt*impuls von Rakete und Treibstoff in $\hat{\mathbf{e}}_3$-Richtung, $p_\mathrm{R}$ für den Impuls der *Rakete* und $p_\mathrm{T}$ für den Impuls des *Treibstoffs*.

(a) Das zweite Newton'sche Gesetz $\frac{d\mathbf{p}}{dt} = \mathbf{F}$ erhält in dieser eindimensionalen Darstellung die Form $-m(0)g = F = \frac{d}{dt}p_G = \frac{d}{dt}(p_R + p_T)$, wobei die Änderung des Raketenimpulses durch $\dot{p}_R = \frac{d}{dt}[m(t)v(t)] = \dot{m}(t)v(t) + m(t)\dot{v}(t)$ gegeben ist. Die Änderung des Treibstoffimpulses setzt sich aus zwei Beiträgen zusammen, nämlich aus der Gravitationskraft auf das ausgestoßene Gas und der Impulszunahme durch neu ausgestoßenes Gas: $\dot{p}_T = -g\mu t + \mu[v(t) - v_r]$. Wegen $\dot{m}(t) = -\mu$ und daher $m(t) = m(0) - \mu t$ folgt:

$$-m(0)g = \dot{m}(t)v(t) + m(t)\dot{v}(t) - g\mu t + \mu[v(t) - v_r]$$
$$= -\mu v(t) + [m(0) - \mu t]\dot{v}(t) - g\mu t + \mu[v(t) - v_r]$$
$$= [m(0) - \mu t]\dot{v}(t) - g\mu t - \mu v_r \quad \Rightarrow \quad \dot{v} = \frac{\mu v_r}{m(0) - \mu t} - g .$$

Die Bedingung dafür, dass die Rakete überhaupt zum Zeitpunkt $t = 0$ von der Erdoberfläche abhebt, ist $\dot{v}(0) > 0$ bzw. $v_r > \frac{m(0)g}{\mu}$.

(b) Wir nehmen an, dass $\dot{v}(0) > 0$ gilt. Die Geschwindigkeit $v(t)$ folgt dann als:

$$v(t) = v(0) + \int_0^t dt' \; \dot{v}(t') = \int_0^t dt' \left[ \frac{\mu v_r}{m(0) - \mu t'} - g \right] = -v_r \ln\left(1 - \frac{\mu t}{m(0)}\right) - gt ,$$

und die erreichte Höhe folgt mit $s(t) \equiv 1 - \frac{\mu t}{m(0)}$ und daher $dt = -\frac{m(0)}{\mu}ds$ als:

$$h(t) \equiv \int_0^t dt' \; v(t') = -v_r \int_0^t dt' \; \ln\left(1 - \frac{\mu t'}{m(0)}\right) - \tfrac{1}{2}gt^2$$
$$= -\tfrac{1}{2}gt^2 + \frac{m(0)v_r}{\mu} \int_1^{s(t)} ds' \; \ln(s') = -\tfrac{1}{2}gt^2 + \frac{m(0)v_r}{\mu} \big[s\ln(s) - s\big]\big|_1^{1 - \frac{\mu t}{m(0)}}$$
$$= -\tfrac{1}{2}gt^2 + \frac{m(0)v_r}{\mu}\left\{\left(1 - \frac{\mu t}{m(0)}\right)\left[\ln\left(1 - \frac{\mu t}{m(0)}\right) - 1\right] + 1\right\} .$$

Für eine Skizze dieser Größen ist es günstig, einen dimensionslosen Parameter $\lambda \equiv \frac{m(0)g}{\mu v_r} < 1$ und eine dimensionslose Zeit $\tau \equiv \frac{\mu t}{m(0)}$ einzuführen. Die Gleichungen für Geschwindigkeit und Höhe erhalten dann die Form:

$$\frac{v(t)}{v_r} = -\ln(1 - \tau) - \lambda\tau \quad , \quad \frac{\mu h(t)}{m(0)v_r} = (1 - \tau)\big[\ln(1 - \tau) - 1\big] + 1 - \tfrac{1}{2}\lambda\tau^2 .$$

Diese Ergebnisse sind nur für $0 \le t \le T$ mit $T \equiv m(0)/\mu$ bzw. $0 \le \tau \le 1$ relevant, da die Rakete für $t > T$ bzw. $\tau > 1$ nicht mehr existiert: $m(T) = 0$. Im Limes $\tau \uparrow 1$ gilt für die dimensionslose Geschwindigkeit: $v(t)/v_r \to \infty$ und für die dimensionslose Höhe: $\mu h(t)/m(0)v_r \to 1 - \tfrac{1}{2}\lambda$ (mit $\tfrac{1}{2} < 1 - \tfrac{1}{2}\lambda < 1$). Die Rakete erreicht also für $t \uparrow T$ mit *divergierender* Geschwindigkeit $v$ eine *endliche* Höhe $h(T)$. Geschwindigkeit und Höhe der Rakete als Funktionen der dimensionslosen Zeit $\tau$ sind in den Abbildungen 9.3 bzw. 9.4 skizziert. Die Geschwindigkeit in Abb. 9.3 steigt für $\tau \ll 1$ linear mit der Zeit an und divergiert logarithmisch für $\tau \uparrow 1$. Analog steigt die Höhe *quadratisch* mit der Zeit an für $\tau \ll 1$ und nähert sich dem Wert $1 - \tfrac{1}{2}\lambda$ für $\tau \uparrow 1$.

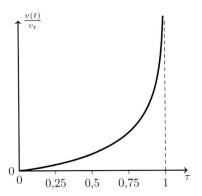

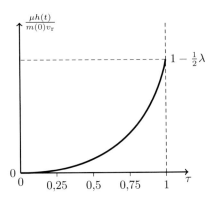

**Abb. 9.3** Geschwindigkeit der Rakete       **Abb. 9.4** Höhe der Rakete

## Lösung 2.6 Die Deltafunktion

Die „Deltafunktion" $\delta(x)$ ist durch ihre Eigenschaft $\int_{-\infty}^{\infty} dx\, f(x)\delta(x-a) = f(a)$ (mit $a \in \mathbb{R}$) definiert. Sie tritt in fast allen Bereichen der Physik auf (und in der Gestalt einer *verallgemeinerten Funktion* oder *Distribution* auch in der Mathematik). Wegen dieser Allgegenwärtigkeit der Deltafunktion können wir für die Lösung der Aufgabenteile **(b)** - **(d)** auf Ref. [10] verweisen.[2]

**(a)** Man erhält die Deltafunktion im Limes $n \to \infty$ aus der Folge $\sqrt{\frac{n}{\pi}}e^{-nx^2}$. Dies sieht man für eine beliebige stetige integrierbare Funktion $f(x)$ wie folgt ein:

$$\lim_{n \to \infty} \sqrt{\frac{n}{\pi}} \int_{-\infty}^{\infty} dx\, f(x)e^{-nx^2} = \lim_{n \to \infty} \sqrt{\frac{n}{\pi}} \int_{-\infty}^{\infty} \frac{dy}{\sqrt{n}}\, f\left(\frac{y}{\sqrt{n}}\right)e^{-y^2}$$

$$= \frac{1}{\sqrt{\pi}} \int_{-\infty}^{\infty} dy\, f(0)e^{-y^2} = f(0)\,.$$

Hierbei wurde im ersten Schritt $x = \frac{y}{\sqrt{n}}$ substituiert, im zweiten der Limes $n \to \infty$ mit insbesondere $f\left(\frac{y}{\sqrt{n}}\right) \to f(0)$ vollzogen und im dritten die Identität $\frac{1}{\sqrt{\pi}} \int_{-\infty}^{\infty} dy\, e^{-y^2} = 1$ für das eindimensionale Gauß-Integral verwendet.

**(b+c)** Siehe Lösung 8.4 in Ref. [10].

**(d)** Siehe Lösung 9.17 in Ref. [10].

## Lösung 2.7 Sphärisch symmetrische Massenverteilungen

**(a)** Allgemein (ohne Näherung) gilt $\mathbf{g}(\mathbf{x}) = (\mathbf{g} \cdot \hat{\mathbf{e}})\hat{\mathbf{e}} + \mathbf{g}_\perp(\mathbf{x})$ mit

$$\mathbf{g}_\perp(\mathbf{x}) = \mathcal{G} \int d^3x'\, \rho(|\mathbf{x}'|) \frac{\mathbf{x}'_\perp}{|\mathbf{x}' - \mathbf{x}|^3} \quad , \quad \mathbf{x}'_\perp \equiv \mathbf{x}' - (\mathbf{x}' \cdot \hat{\mathbf{e}})\hat{\mathbf{e}}\,,$$

hier allerdings mit $\mathbf{g}_\perp = 0$, da der Integrand *antisymmetrisch* ist unter Spiegelung an der $\hat{\mathbf{e}}$-Achse. Folglich gilt $\mathbf{g}(\mathbf{x}) = (\mathbf{g} \cdot \hat{\mathbf{e}})\hat{\mathbf{e}}$. Hierbei ist $\mathbf{g} \cdot \hat{\mathbf{e}}$ rotationssymmetrisch unter Drehungen um $\mathbf{x} = \mathbf{0}$: $R\mathbf{g} \cdot R\hat{\mathbf{e}} = \mathbf{g} \cdot R^{\mathrm{T}}R\hat{\mathbf{e}} = \mathbf{g} \cdot \hat{\mathbf{e}}$, sodass man sich o. B. d. A. auf die spezielle Raumrichtung $\hat{\mathbf{e}} = \hat{\mathbf{e}}_3$ konzentrieren kann.

---

[2]Die Deltafunktion wird dort relativ ausführlich und elementar zuerst im Abschnitt 8.6.4 und dann auch in den Aufgaben 8.4 und 9.17 sowie auf den Seiten 497 - 499, 515 und 516 behandelt.

**(b)** Wir führen Kugelkoordinaten ein und definieren $\xi \equiv \cos(\vartheta)$ mit dem Differential $d\xi = -\sin(\vartheta)d\vartheta$; außerdem bezeichnet $R_{\mathrm{E}}$ den Erdradius:

$$
\begin{aligned}
g(x) &\equiv \mathbf{g}(\mathbf{x}) \cdot \hat{\mathbf{e}}_3 = \mathcal{G} \int d^3 x' \, \rho(|\mathbf{x}'|) \frac{x_3' - x}{|\mathbf{x}' - x\hat{\mathbf{e}}_3|^3} \\
&= \mathcal{G} \int_0^{R_{\mathrm{E}}} dr \, r^2 \rho(r) \int_0^{\pi} d\vartheta \, \sin(\vartheta) \int_0^{2\pi} d\varphi \, \frac{r\cos(\vartheta) - x}{\{[r\cos(\vartheta) - x]^2 + r^2\sin^2(\vartheta)\}^{3/2}} \\
&= 2\pi \mathcal{G} \int_0^{R_{\mathrm{E}}} dr \, r^2 \rho(r) I(r,x) \quad , \quad I(r,x) \equiv \int_{-1}^{1} d\xi \, \frac{r\xi - x}{(r^2 + x^2 - 2rx\xi)^{3/2}} \, .
\end{aligned}
$$

**(c)** Für $x > R_{\mathrm{E}}$ (d. h. $x > r$ für alle $0 \le r \le R_{\mathrm{E}}$) spalten wir das Integral $I(r,x)$ auf in zwei Terme, deren Integranden $\xi$-*unabhängige* Zähler haben:

$$
\begin{aligned}
I(r,x) &= \int_{-1}^{1} d\xi \, \frac{-\frac{1}{2x}(r^2 + x^2 - 2rx\xi) + \frac{1}{2x}(r^2 + x^2) - x}{(r^2 + x^2 - 2rx\xi)^{3/2}} \\
&= -\frac{1}{2x} \int_{-1}^{1} d\xi \, (r^2 + x^2 - 2rx\xi)^{-\frac{1}{2}} + \frac{r^2 - x^2}{2x} \int_{-1}^{1} d\xi \, (r^2 + x^2 - 2rx\xi)^{-\frac{3}{2}} \\
&= \frac{1}{2x} \left[ \frac{1}{rx}(r^2 + x^2 - 2rx\xi)^{\frac{1}{2}} + \frac{r^2 - x^2}{rx}(r^2 + x^2 - 2rx\xi)^{-\frac{1}{2}} \right]\Bigg|_{-1}^{1} \\
&= \frac{1}{2rx^2} \left[ (|r - x| - |r + x|) + (r^2 - x^2)\left( \frac{1}{|r - x|} - \frac{1}{|r + x|} \right) \right] \\
&= \frac{1}{2rx^2} \left[ [(x - r) - (r + x)] + (r^2 - x^2)\frac{(r + x) - (x - r)}{x^2 - r^2} \right] \qquad (9.2) \\
&= \frac{1}{2rx^2} \left( -2r - 2r \right) = -\frac{2}{x^2} \, .
\end{aligned}
$$

Im dritten Schritt konnten die Stammfunktionen der beiden Integrale mit $\xi$-unabhängigem Zähler berechnet werden, im vierten wurden Ober- und Untergrenzen eingesetzt und im fünften die Beziehung $x > r$ verwendet. Das Endergebnis für $I(r,x)$ ist interessanterweise $r$-*unabhängig*. Durch Einsetzen von $I(r,x) = -\frac{2}{x^2}$ in $g(x)$ erhält man das verlangte Resultat:

$$
g(x) = 2\pi \mathcal{G} \int_0^{R_{\mathrm{E}}} dr \, r^2 \rho(r) \left( -\frac{2}{x^2} \right) = -\frac{4\pi \mathcal{G}}{x^2} \int_0^{R_{\mathrm{E}}} dr \, r^2 \rho(r) = -\frac{\mathcal{G} M_{\mathrm{E}}}{x^2} \, .
$$

**(d)** Für $x < R_{\mathrm{E}}$ kann man aufspalten: $g(x) = g_<(x) + g_>(x)$ mit

$$
g_<(x) = 2\pi \mathcal{G} \int_0^{x} dr \, r^2 \rho(r) I(r,x) \quad , \quad g_>(x) = 2\pi \mathcal{G} \int_x^{R_{\mathrm{E}}} dr \, r^2 \rho(r) I(r,x) \, .
$$

Vollkommen analog zu **(c)** gilt nun:

$$
g_<(x) = -\frac{4\pi \mathcal{G}}{x^2} \int_0^{x} dr \, r^2 \rho(r) = -\frac{\mathcal{G} M_{\mathrm{E}}(x)}{x^2} \, ,
$$

während man für $x < r < R_{\mathrm{E}}$ statt (9.2) erhält:

$$
\begin{aligned}
I(r,x) &= \frac{1}{2rx^2} \left[ [(r - x) - (r + x)] + (r^2 - x^2)\frac{(r + x) - (r - x)}{r^2 - x^2} \right] \\
&= \frac{1}{2rx^2} \left( -2x + 2x \right) = 0 \, .
\end{aligned}
$$

Es folgt $g_>(x) = 0$ und daher $g(x) = g_<(x) = -\frac{\mathcal{G}M_E(x)}{x^2}$. Die Interpretation dieses Resultats ist, dass ein Teilchen (oder ein Mensch tief unter der Erdoberfläche) den Teil der Massenverteilung, der weiter vom Massenschwerpunkt entfernt ist als es (bzw. er) selbst, gar *nicht spürt*! Diese Aussage gilt im Allgemeinen allerdings *nur* für *sphärisch symmetrische* Massenverteilungen.

**(e)** Wenn man einen Tunnel vom Nord- zum Südpol quer durch die Erde bohrt und sich das Testteilchen auf der Höhe $x$ befindet, gilt $g(x) = -\frac{\mathcal{G}M_E(x)}{x^2}$ mit $M_E(x) = \frac{4}{3}\pi\rho x^3 = M_E\left(\frac{x}{R_E}\right)^3$. Es folgt die Bewegungsgleichung $\ddot{x} = -\omega^2 x$ mit $\omega^2 \equiv \frac{\mathcal{G}M_E}{R_E^3} = \frac{g}{R_E}$ mit $g \simeq 9{,}81$ m/s$^2$. Die Lösung dieser Bewegungsgleichung mit $x(0) = R_E$ und $\dot{x}(0) = 0$ lautet $x(t) = R_E\cos(\omega t)$. Das Teilchen oszilliert also zwischen Nord- und Südpol hin und her. Die Rückkehrzeit ist $\frac{2\pi}{\omega} = 2\pi\sqrt{R_E/g} \simeq 5{,}07 \cdot 10^3$ s, also etwa 1,4 Stunden.

**Lösung 2.8 Fall aus großer Höhe**

**(a)** Mit $\mathbf{x}(t) \equiv x(t)\hat{\mathbf{x}}$ und konstantem Richtungsvektor $\hat{\mathbf{x}}$ folgt die Bewegungsgleichung $\ddot{x} = -\mathcal{G}M_E/x^2 = -g\left(\frac{R_E}{x}\right)^2$ mit $g = \frac{\mathcal{G}M_E}{R_E^2} \simeq 9{,}81$ m/s$^2$. Um eine Differentialgleichung *erster* Ordnung zu erhalten, verwenden wir den Energieerhaltungssatz:

$$\frac{d}{dt}\frac{1}{2}\dot{x}^2 = \ddot{x}\dot{x} = -g\left(\frac{R_E}{x}\right)^2\dot{x} = \frac{d}{dt}\left(gR_E^2 x^{-1}\right) \quad , \quad \dot{x} = -\sqrt{2g}R_E\sqrt{\frac{1}{x} - \frac{1}{x(0)}} \ ,$$

wobei das Minuszeichen auf der rechten Seite dadurch bedingt ist, dass die Höhe $x$ beim Herunterfallen *abklingt*. Die radiale Geschwindigkeit beim Aufprall (zur Zeit $t = T$) folgt nun durch Einsetzen von $x(T) = R_E$:

$$\dot{x}(T) = -\sqrt{2g}R_E\sqrt{\frac{1}{R_E} - \frac{1}{x(0)}} = -\sqrt{2gR_E\left(1 - \frac{R_E}{x(0)}\right)} \ .$$

Der Wert der Aufprallgeschwindigkeit für $r = \frac{1}{4}$ mit $r \equiv \frac{R_E}{|\mathbf{x}(0)|}$ ist:

$$\dot{x}(T) = -\sqrt{2gR_E \cdot \frac{3}{4}} \simeq -\sqrt{\frac{3}{2} \cdot 9{,}81 \cdot 6{,}4 \cdot 10^6} \ \frac{\text{m}}{\text{s}} \simeq -9{,}7 \cdot 10^3 \ \frac{\text{m}}{\text{s}} \ .$$

**(b)** Die Zeit, die bis zum Aufprall vergeht, folgt mit der Variablensubstitution $x(t) = x(0)y(t)$ aus $T = \int_{x(0)}^{R_E} dx\,(\dot{x})^{-1} = \int_{R_E}^{x(0)} dx\,|\dot{x}|^{-1}$, d. h.:

$$T = \frac{1}{\sqrt{2g}R_E}\int_{R_E}^{x(0)} dx\,\sqrt{\frac{x(0)x}{x(0) - x}} = \frac{x(0)}{R_E}\sqrt{\frac{x(0)}{2g}}\int_r^1 dy\,\sqrt{\frac{y}{1-y}}$$

$$= \sqrt{\frac{R_E}{2g}}f(r) \quad , \quad f(r) = r^{-3/2}\int_r^1 dy\,\sqrt{\frac{y}{1-y}} \quad , \quad g \equiv \frac{\mathcal{G}M_E}{R_E^2} \ .$$

In Abb. 9.5 sieht man eine Skizze der Funktion $f(r)$ für $0 < r \leq 1$. Der Verlauf der Funktion ist bereits weitgehend klar, wenn man das Verhalten für $r$-Werte nahe 0 und 1 bestimmt: Es gilt $f(r) \sim \frac{\pi}{2} r^{-3/2}$ $(r \downarrow 0)$ und $f(r) \sim 2\sqrt{1-r}$ $(r \uparrow 1)$. In (c) wird gezeigt, dass $f(r)$ für $0 < r \leq 1$ auch exakt bestimmt werden kann.

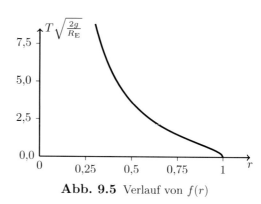

**Abb. 9.5** Verlauf von $f(r)$

(c) Um die Funktion $f(r)$ und somit die Aufprallzeit $T$ analytisch zu bestimmen, verwenden wir die Definitionen $y \equiv \sin^2(\varphi)$ und $\alpha \equiv \arcsin(\sqrt{r})$:

$$
\begin{aligned}
f(r) &= r^{-3/2} \int_r^1 dy \, \sqrt{\frac{y}{1-y}} = r^{-3/2} \int_\alpha^{\frac{\pi}{2}} d[\sin^2(\varphi)] \sqrt{\frac{\sin^2(\varphi)}{1-\sin^2(\varphi)}} \\
&= r^{-3/2} \int_\alpha^{\frac{\pi}{2}} d\varphi \, 2\sin^2(\varphi) = r^{-3/2} \int_\alpha^{\frac{\pi}{2}} d\varphi \, [1 - \cos(2\varphi)] \\
&= r^{-3/2} \big[\varphi - \tfrac{1}{2}\sin(2\varphi)\big]\Big|_\alpha^{\frac{\pi}{2}} = r^{-3/2} \big[\tfrac{\pi}{2} - \alpha + \tfrac{1}{2}\sin(2\alpha)\big] \\
&= r^{-3/2} \big[\tfrac{\pi}{2} - \arcsin(\sqrt{r}) + \sqrt{r(1-r)}\big] \, .
\end{aligned}
$$

Im letzten Schritt wurde $\frac{1}{2}\sin(2\alpha) = \sin(\alpha)\cos(\alpha) = \sqrt{r(1-r)}$ verwendet. Der numerische Wert der Aufprallzeit $T$ für den Fall $r = \frac{1}{4}$ ist gegeben durch:

$$
\begin{aligned}
T &= \sqrt{\frac{R_E}{2g}} f(r) = \sqrt{\frac{R_E}{2g}} \left(\tfrac{1}{4}\right)^{-3/2} \big[\tfrac{\pi}{2} - \arcsin(\tfrac{1}{2}) + \tfrac{1}{4}\sqrt{3}\big] \\
&= 4^{3/2} \sqrt{\frac{R_E}{2g}} \left(\tfrac{\pi}{2} - \tfrac{\pi}{6} + \tfrac{1}{4}\sqrt{3}\right) = 4\sqrt{2} \sqrt{\frac{R_E}{g}} \left(\tfrac{\pi}{3} + \tfrac{1}{4}\sqrt{3}\right) \simeq 6{,}77 \cdot 10^3 \text{ s} \, ,
\end{aligned}
$$

wobei wir $g \simeq 9{,}81$ m/s$^2$ und $R_E \simeq 6{,}4 \cdot 10^6$ m verwendeten. Bis zum Aufprall dauert es also etwa 1,88 Stunden.

## Lösung 2.9 Kosmische Geschwindigkeiten

(a) Zur Berechnung der ersten kosmischen Geschwindigkeit der Erde betrachten wir eine Bewegung entlang einer Kreisbahn in der $\hat{e}_1$-$\hat{e}_2$-Ebene und suchen Lösungen der Form $\mathbf{x}(t) = R_E\,(\cos(\omega t), \sin(\omega t), 0)$ der Bewegungsgleichung $\ddot{\mathbf{x}} = -\mathcal{G}M_E\,\mathbf{x}/|\mathbf{x}|^3$. Aus dem Ansatz für $\mathbf{x}(t)$ und der Bewegungsgleichung folgt $\ddot{\mathbf{x}} = -\omega^2 R_E\,(\cos(\omega t), \sin(\omega t), 0) = -g\,(\cos(\omega t), \sin(\omega t), 0)$ mit der Gravitationsbeschleunigung $g = \frac{\mathcal{G}M_E}{R_E^2} \simeq 9{,}81$ m/s$^2$. Die Winkelfrequenz für das Durchlaufen der Kreisbahn ist daher durch $\omega = \sqrt{g/R_E}$ gegeben. Aus $\dot{\mathbf{x}}(t) = \omega R_E\,(-\sin(\omega t), \cos(\omega t), 0)$ folgt für die erste kosmische Geschwindigkeit: $v_1 = |\dot{\mathbf{x}}(t)| = \omega R_E = \sqrt{gR_E}$. Analog erhält man die erste kosmische Geschwindigkeit für Sonne und Milchstraße; die Daten wurden in Tabelle 9.1 zusammengefasst.

**(b)** Aus Lösung 2.8, Teil **(a)**, folgt für die Aufprallgeschwindigkeit aus Fallhöhe $x(0)$, gemessen vom Erdmittelpunkt aus: $\dot{x}(T) = -\sqrt{2gR_{\mathrm{E}}(1-r)}$ mit $r \equiv \frac{R_{\mathrm{E}}}{x(0)}$, sodass $\dot{x}(T) = -\sqrt{2gR_{\mathrm{E}}}$ gilt für $x(0) = \infty$ bzw. $r = 0$. Durch Zeitumkehr erhält man dann sofort die *Fluchtgeschwindigkeit* der Erde (d. h. die zweite kosmische Geschwindigkeit) als $v_2 = \sqrt{2gR_{\mathrm{E}}}$. Analog erhält man die zweite kosmische Geschwindigkeit für Sonne und Milchstraße (siehe Tabelle 9.1 ).

**(c)** Die Beziehung zwischen der ersten und zweiten kosmischen Geschwindigkeit der Erde ist $v_1 = \frac{1}{\sqrt{2}}\sqrt{2gR_{\mathrm{E}}} = \frac{1}{\sqrt{2}}v_2$ (und analog für Sonne und Milchstraße).

**Tab. 9.1** Erste und zweite kosmische Geschwindigkeit für Erde, Sonne und Milchstraße ($\mathcal{G} = 6{,}6743 \cdot 10^{-11}$ Nm$^2$/kg$^2$)

| Himmelskörper | Masse | Radius | $v_1$ | $v_2$ |
|---|---|---|---|---|
| Erde | $6 \cdot 10^{24}$ kg | $6{,}4 \cdot 10^6$ m | $7{,}8 \cdot 10^3$ m/s | $1{,}1 \cdot 10^4$ m/s |
| Sonne | $2 \cdot 10^{30}$ kg | $7 \cdot 10^8$ m | $4{,}4 \cdot 10^5$ m/s | $6{,}2 \cdot 10^5$ m/s |
| Milchstraße | $2 \cdot 10^{42}$ kg | $4 \cdot 10^{20}$ m | $5{,}7 \cdot 10^5$ m/s | $8 \cdot 10^5$ m/s |

# 9.3  Abgeschlossene mechanische Systeme

## Lösung 3.1 Geschwindigkeitsabhängige Kräfte

Auf das $i$-te Teilchen soll eine Kraft der folgenden Form wirken:

$$\mathbf{F}_i = \sum_{j \neq i} \mathbf{f}_{ji} \quad , \quad \mathbf{f}_{ji} = f_{ji}(|\mathbf{x}_{ji}|, |\dot{\mathbf{x}}_{ji}|)\hat{\mathbf{x}}_{ji} \quad , \quad \mathbf{x}_{ji} \equiv \mathbf{x}_j - \mathbf{x}_i \quad , \quad f_{ji} = f_{ij} \ .$$

**(a)** Diese Kraft hat die allgemein in der Mechanik gültige Form $\mathbf{F}_i(\{\mathbf{x}_{ji}\}, \{\dot{\mathbf{x}}_{ji}\})$. Außerdem ist die hier betrachtete Kraft ein *echter Vektor*. Folglich ist $\mathbf{F}_i$ verträglich mit der Galilei-Kovarianz. Allerdings erfüllt $\mathbf{F}_i$ das dritte Newton'sche Gesetz (2.46) *nicht*, da die Kraft nach diesem Gesetz nicht von $\{\dot{\mathbf{x}}_{ji}\}$ abhängen soll. Zwar gilt auch hier „actio = − reactio", aber das ist nur ein *Teil* der Definition des dritten Newton'schen Gesetzes.

**(b)** Für den Gesamtimpuls gilt in der Tat wegen $\hat{\mathbf{x}}_{ji} = -\hat{\mathbf{x}}_{ij}$:

$$\frac{d}{dt}\mathbf{P} = \sum_i \dot{\mathbf{p}}_i = \sum_i \mathbf{F}_i = \sum_{\{(i,j)\,|\,i \neq j\}} \mathbf{f}_{ji} = \sum_{\{(i,j)\,|\,i < j\}} (\mathbf{f}_{ji} + \mathbf{f}_{ij}) = \mathbf{0} \ .$$

Für den Gesamtdrehimpuls gilt analog:

$$\frac{d}{dt}\mathbf{L} = \sum_i \mathbf{x}_i \times \dot{\mathbf{p}}_i = \sum_i \mathbf{x}_i \times \mathbf{F}_i = \sum_{\{(i,j)\,|\,i \neq j\}} \mathbf{x}_i \times \mathbf{f}_{ji}$$

$$= \sum_{\{(i,j)\,|\,i < j\}} (\mathbf{x}_i \times \mathbf{f}_{ji} + \mathbf{x}_j \times \mathbf{f}_{ij}) = \sum_{\{(i,j)\,|\,i < j\}} \mathbf{x}_{ij} \times \mathbf{f}_{ji} = \mathbf{0} \ .$$

Es ist im Voraus schon klar, dass im Allgemeinen $\frac{d}{dt}E_{\text{kin}} \neq 0$ gilt, da die Gleichung $\frac{d}{dt}E_{\text{kin}} = 0$ bereits für $\{\dot{\mathbf{x}}_{ji}\}$-*un*abhängige Kräfte im Allgemeinen nicht erfüllt ist. Dies folgt aber auch aus der konkreten Berechnung:

$$\frac{d}{dt}E_{\text{kin}} = \frac{d}{dt}\sum_i \tfrac{1}{2}m_i\dot{\mathbf{x}}_i^2 = \sum_i m_i\dot{\mathbf{x}}_i \cdot \ddot{\mathbf{x}}_i = \sum_i \dot{\mathbf{x}}_i \cdot \dot{\mathbf{p}}_i = \sum_i \dot{\mathbf{x}}_i \cdot \mathbf{F}_i$$

$$= \sum_{\{(i,j)\,|\,i\neq j\}} \dot{\mathbf{x}}_i \cdot \mathbf{f}_{ji} = \sum_{\{(i,j)\,|\,i<j\}} (\dot{\mathbf{x}}_i \cdot \mathbf{f}_{ji} \mid \dot{\mathbf{x}}_j \cdot \mathbf{f}_{ij}) = \sum_{\{(i,j)\,|\,i<j\}} \dot{\mathbf{x}}_{ij} \cdot \mathbf{f}_{ji}$$

$$= -\sum_{\{(i,j)\,|\,i<j\}} \dot{\mathbf{x}}_{ji} \cdot \hat{\mathbf{x}}_{ji} f_{ji} = -\sum_{\{(i,j)\,|\,i<j\}} f_{ji}\frac{d}{dt}|\mathbf{x}_{ji}| \overset{\text{i.A.}}{\neq} \mathbf{0} \,,$$

wobei wir im vorletzten Schritt $\dot{\mathbf{x}}_{ji} \cdot \hat{\mathbf{x}}_{ji} = |\mathbf{x}_{ji}|^{-1}\frac{d}{dt}\frac{1}{2}\mathbf{x}_{ji}^2 = \frac{d}{dt}|\mathbf{x}_{ji}|$ verwendeten. Das Ergebnis suggeriert, dass sämtliche Abstände $\{|\mathbf{x}_{ji}|\}$ konstant sein müssten, damit $\frac{d}{dt}E_{\text{kin}} = 0$ gilt. In der Tat ist die kinetische Energie eines kräftefreien *starren Körpers* eine Erhaltungsgröße (siehe Kapitel [8]).

## Lösung 3.2 Energiegewinnung

**(a)** Wir betrachten den Reisenden (mit der Masse $m$) zuerst im *Inertialsystem des Zugs*.[3] Die Beschleunigung $a$ ist konstant, $v_{\text{r}}(t) = a(t - t_0)$ mit $t_0 \leq t \leq t_1$ und $v_{\text{r}}(t_1) = v_{\text{r}}$, sodass der Reisende die folgende Arbeit leistet:

$$W_Z = \int_{t_0}^{t_1} dt\, \dot{\mathbf{x}} \cdot \mathbf{F} = \int_{t_0}^{t_1} dt\, v_{\text{r}}(t)ma = \tfrac{1}{2}ma^2(t_1 - t_0)^2 = \tfrac{1}{2}mv_{\text{r}}^2 \,.$$

Im dritten Schritt wurde $v_{\text{r}}(t) = a(t - t_0)$ eingesetzt. Durch *Leistung* der Arbeit $W_Z$ *gewinnt* der Reisende die kinetische Energie $\tfrac{1}{2}mv_{\text{r}}^2$ relativ zum Zug, sodass in diesem Inertialsystem Energieerhaltung gilt.

Im *Inertialsystem der Erde* gilt ebenfalls Energieerhaltung. In diesem Bezugssystem ist die Arbeit durch $W_E = \int_{t_0}^{t_1} dt\, (\dot{\mathbf{x}} + \mathbf{v}_0) \cdot \mathbf{F} = W_Z + mv_0a(t_1 - t_0) = W_Z + mv_0v_{\text{r}}$ gegeben, während sich die kinetische Energie um

$$\Delta E = \tfrac{1}{2}m\big[(v_0 + v_{\text{r}})^2 - v_0^2\big] = \tfrac{1}{2}m[v_{\text{r}}^2 + 2v_0v_{\text{r}}] = W_Z + mv_0v_{\text{r}} = W_E$$

ändert. Der Zug leistet in diesem Fall die Arbeit $W_R = mv_0v_{\text{r}}$ am Reisenden.

**(b)** Die angenommene Konstanz der Beschleunigung ist unwesentlich, denn es gilt in jedem infinitesimalen Zeitintervall $dt$ (bei effektiv konstanter Geschwindigkeit und Beschleunigung) Energieerhaltung. Wir betrachten den Reisenden und den Zug im Inertialsystem der Erde:

$$\frac{dE}{dt} = \frac{d}{dt}\tfrac{1}{2}m\big\{[v_0 + v_{\text{r}}(t)]^2 - v_0^2\big\} = m[v_0 + v_{\text{r}}(t)]\frac{d}{dt}[v_0 + v_{\text{r}}(t)]$$

$$= m[v_0 + v_{\text{r}}(t)]a_{\text{r}}(t) = mv_0a_{\text{r}}(t) + mv_{\text{r}}(t)a_{\text{r}}(t) = \dot{W}_R + \dot{W}_Z = \dot{W}_E \,.$$

**(c)** Wir bezeichnen die Geschwindigkeit des Reisenden relativ zum Zug wiederum als $v_{\text{r}}$ und diejenige relativ zur Erde als $v$; die Geschwindigkeit des Zugs relativ zur Erde folgt dann als $v_z = v - v_{\text{r}}$. Die Masse des Zugs sei $M$. Es gilt

---

[3]Das (eindimensionale) Bezugssystem eines Zugs (mit endlicher Länge, im Gravitationsfeld $\mathbf{g} = -g\hat{\mathbf{e}}_3$) hat hier nur sehr stark eingeschränkte eindimensionale „Inertialeigenschaften".

Impulserhaltung: $mv(t) + Mv_z(t) = (m+M)v_0$ mit $v_0 = v_z(t_0)$. Sowohl $v$ als auch $v_z$ hängen also von $v_r$ ab:

$$mv + Mv_z = mv + M(v - v_r) = (m+M)v_0 \quad \Rightarrow \quad v = v_0 + \tfrac{M}{m+M}v_r \, ,$$

und folglich gilt auch $v_z = v - v_r = v_0 - \tfrac{m}{m+M}v_r$. Die Änderung der kinetischen Energie des Reisenden (relativ zur Erde) ist daher

$$\tfrac{1}{2}m(v^2 - v_0^2) = \tfrac{1}{2}m\big[2v_0\tfrac{M}{m+M}v_r + \big(\tfrac{M}{m+M}\big)^2 v_r^2\big] \, ,$$

und die Änderung der kinetischen Energie des Zugs (relativ zur Erde) ist

$$\tfrac{1}{2}M(v_z^2 - v_0^2) = \tfrac{1}{2}M\big[-2v_0\tfrac{m}{m+M}v_r + \big(\tfrac{m}{m+M}\big)^2 v_r^2\big] \, ,$$

sodass sich die gesamte kinetische Energie um $\tfrac{1}{2}v_r^2\tfrac{mM^2 + Mm^2}{(m+M)^2} = \tfrac{1}{2}\tfrac{mM}{m+M}v_r^2$ ändert. Andererseits ist die Kraft, die auf den Reisenden ausgeübt wird, durch $F = m\dot{v} = \tfrac{mM}{m+M}\dot{v}_r$ gegeben, sodass die infinitesimal im Zeitintervall $dt$ geleistete Arbeit gleich $\tfrac{mM}{m+M}v_r dv_r = d\big(\tfrac{1}{2}\tfrac{mM}{m+M}v_r^2\big)$ ist. Die insgesamt im Laufe der Zeit geleistete Arbeit ist daher gleich $\tfrac{1}{2}\tfrac{mM}{m+M}v_r^2$ und somit gleich der Änderung der kinetischen Energie. Wiederum gilt also Energieerhaltung.

### Lösung 3.3 Geschwindigkeitsabhängige Kräfte – ein Beispiel

**(a)** Das in (3.91) skizzierte Problem ist rotationssymmetrisch relativ zur $\hat{\mathbf{x}}$-Achse, sodass man $\mathbf{x}(t) = [R_E + z(t)]\hat{\mathbf{x}}$ parametrisieren kann mit $0 < \tfrac{z}{R_E} \ll 1$ in der Nähe der Erdoberfläche. Aus (3.91) folgt dann eine Bewegungsgleichung für $z(t)$, zu lösen mit $z(0) = |\mathbf{x}(0)| - R_E > 0$ und $\dot{z}(0) = 0$:

$$m\ddot{z} = -mg + \gamma\dot{z}^2 \quad \text{bzw.} \quad \ddot{z} = -g + \frac{\gamma}{m}\dot{z}^2 \quad , \quad \gamma \equiv \gamma(R_E) \quad , \quad g = \frac{\mathcal{G}M_E}{R_E^2} \, .$$

Mit den Definitionen $\dot{z} \equiv v$ und $v_s \equiv \sqrt{mg/\gamma}$ ergibt sich:

$$\dot{v} = -g + \frac{\gamma}{m}v^2 = -g\big(1 - \tfrac{\gamma}{mg}v^2\big) = -g\Big[1 - \big(\tfrac{v}{v_s}\big)^2\Big] \quad , \quad v(0) = 0 \, .$$

Hierbei ist $v_s$ die stationäre Geschwindigkeit, die sich nach einer anfänglichen Beschleunigungsphase einstellt. Durch Substitution von $v(t) = v_s \tanh[\varphi(t)]$ mit $\varphi(0) = 0$ erhält man eine einfache Gleichung für $\varphi(t)$:

$$\frac{v_s\dot{\varphi}}{\cosh^2(\varphi)} = \dot{v} = -g\big[1 - \tanh^2(\varphi)\big] = -\frac{g}{\cosh^2(\varphi)} \quad , \quad \dot{\varphi} = -\frac{g}{v_s} \, ,$$

die die Lösung $\varphi(t) = -t/t_s$ mit $t_s \equiv \sqrt{\frac{m}{g\gamma}}$ hat. Die Lösung für die Geschwindigkeit lautet also $v(t) = -v_s\tanh(t/t_s)$. Durch nochmalige Integration ergibt sich die Höhe $z(t)$, die für $t \gg t_s$ linear mit der Zeit abklingt:

$$z(t) = z(0) + \int_0^t dt' \, v(t') = z(0) - v_s\int_0^t dt' \, \tanh(t'/t_s) = z(0) - v_s t_s \int_0^{t/t_s} d\tau \, \tanh(\tau)$$

$$= z(0) - v_s t_s \ln\big[\cosh(\tau)\big]\Big|_0^{t/t_s} = z(0) - \frac{m}{\gamma}\ln\big[\cosh(t/t_s)\big] \, .$$

**(b)** Das hier betrachtete Modell ist nur bedingt realistisch: Wegen der Rotationssymmetrie und der Anfangsbedingung $\dot{\mathbf{x}}(0) = \mathbf{0}$ ist der Ansatz (3.91) *für diesen Spezialfall* noch in Ordnung. Insbesondere ist eine Reibungskraft proportional zu $\dot{\mathbf{x}}^2$ physikalisch (z. B. für Reibung in Gasen) relevant. Die in **(a)** gelösten Differentialgleichungen für $z(t)$ und $v(t)$ sind physikalisch sinnvoll. Allgemeiner betrachtet ist der Ansatz (3.91) wenig realistisch, da eine reale Reibungskraft proportional zu $\dot{\mathbf{x}}^2$ in einer Richtung entgegengesetzt zur *Geschwindigkeit* [hier: zur $(-\hat{\mathbf{x}})$-Richtung!] wirken würde. Außerdem würde ein Teilchen mit einer anfangs nach *oben* gerichteten Geschwindigkeit $v(0) = \dot{\mathbf{x}}(0) \cdot \hat{\mathbf{x}} > v_{\mathrm{s}}$ durch die „Reibung" nach oben *beschleunigt* werden statt *gebremst*!

## Lösung 3.4 Konservative Kräfte

$(i)$ Die Kraftfunktion hat die Form $\mathbf{f}(\mathbf{x}) = \frac{1}{x_1^2 + x_2^2}(-x_2, x_1, 0)^{\mathrm{T}}$. Mit der Definition $\rho \equiv \sqrt{x_1^2 + x_2^2} \neq 0$ gilt:

$$\nabla \times \mathbf{f} = \hat{\mathbf{e}}_3\left[\left(\frac{1}{\rho^2} - \frac{2x_1^2}{\rho^4}\right) - \left(-\frac{1}{\rho^2} + \frac{2x_2^2}{\rho^4}\right)\right]$$
$$= \hat{\mathbf{e}}_3\left(\frac{2-2}{\rho^2}\right) = 0 \, ,$$

jedoch ist $\mathbf{f}$ in $\rho = 0$ nicht differenzierbar. In der Tat gilt *nicht* $\oint_C d\mathbf{x}\cdot\mathbf{f}(\mathbf{x}) = 0$, falls der Weg $C$ um die Achse $\{\mathbf{x}\,|\,\rho = 0\}$ herumführt. Dies sieht man ein, indem man z. B. $C = \{\mathbf{x}\,|\,x_3 = 0\, , \, \rho = \text{konstant}\}$ wählt:

$$\oint_C d\mathbf{x} \cdot \mathbf{f}(\mathbf{x}) = \int_0^{2\pi} d\varphi \, \rho \begin{pmatrix} -\sin(\varphi) \\ \cos(\varphi) \\ 0 \end{pmatrix} \frac{1}{\rho^2} \begin{pmatrix} -\rho\sin(\varphi) \\ \rho\cos(\varphi) \\ 0 \end{pmatrix}$$
$$= \int_0^{2\pi} d\varphi \, [\sin^2(\varphi) + \cos^2(\varphi)] = 2\pi \neq 0 \, .$$

Die Kraft in diesem Beispiel ist also *nicht* konservativ.

$(ii)$ Die Kraftfunktion ist nun $\mathbf{f}(\mathbf{x}) = (2x_1 x_2^2 + x_3^3, 2x_1^2 x_2, 3x_1 x_3^2)^{\mathrm{T}}$. Ihre Rotation ist für alle $\mathbf{x} \in \mathbb{R}^3$ durch $\nabla \times \mathbf{f} = 0\hat{\mathbf{e}}_1 + (3x_3^2 - 3x_3^2)\hat{\mathbf{e}}_2 + (4x_1 x_2 - 4x_1 x_2)\hat{\mathbf{e}}_3 = \mathbf{0}$ gegeben, sodass diese Kraft konservativ ist.

$(iii)$ Die Kraftfunktion ist nun $\mathbf{f}(\mathbf{x}) = \sin^5[e^{x^2 + \sin(x)}\arctan(x)]\hat{\mathbf{x}}$. Man sollte sich von der skurrilen Form der Kraft nicht verwirren lassen, sondern auf die *Struktur* achten: $\mathbf{f}(\mathbf{x}) = \phi(x)\mathbf{x}$ mit $\phi(x) \equiv \frac{1}{x}\sin^5[e^{x^2+\sin(x)}\arctan(x)]$ für $x > 0$ und $\phi(0) \equiv 0$. Die Funktion $\phi(x)$ ist analytisch für alle $x > 0$, und es gilt $\phi(x) \sim x^4$ für $x \downarrow 0$. Folglich ist $\mathbf{f}(\mathbf{x})$ für alle $\mathbf{x} \in \mathbb{R}^3$ mindestens viermal stetig differenzierbar. Die Rotation der Kraft ist:

$$(\nabla \times \mathbf{f})_i = \big(\nabla \times [\phi(x)\mathbf{x}]\big)_i = \varepsilon_{ijk}\partial_j[\phi(x)x_k]$$
$$= \frac{\phi'(x)}{x}\varepsilon_{ijk}x_j x_k = 0 \quad , \quad \nabla \times \mathbf{f} = \mathbf{0} \, .$$

Wir verwendeten die Summationskonvention und die Antisymmetrie des $\varepsilon$-Tensors. Folglich ist auch diese Kraft konservativ.

**Lösung 3.5 Der Sturz ins Zentrum**

Das effektive Potential $V_{\mathrm{f}}(x) = \frac{L^2}{2\mu x^2} + V(x)$ des äquivalenten eindimensionalen Problems hat ein eindeutiges Maximum, falls

$$0 = V_{\mathrm{f}}'(x) = -\frac{L^2}{\mu x^3} + \beta V_0 x^{\beta-1}$$

gilt, d. h. für

$$x = x_{\mathrm{m}} = \left(\frac{\beta\mu V_0}{L^2}\right)^{\frac{1}{|2+\beta|}} .$$

Wegen der Anfangsbedingungen $x(0) < x_{\mathrm{m}}$ und $\dot{x}(0) < 0$ rutscht das äquivalente eindimensionale Teilchen also den effektiven Potentialberg hinab und in den Massenschwerpunkt hinein (siehe Abbildung 9.6).

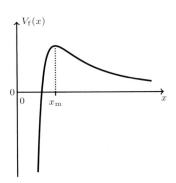

**Abb. 9.6** Effektives Potential für den Sturz ins Zentrum

**(a)** Aus Gleichung (3.32), d. h. $\dot{x} = \pm\left\{\frac{2}{\mu}[E^{(\mathrm{S})} - V_{\mathrm{f}}(x)]\right\}^{1/2}$, und der Anfangsbedingung $\dot{x}(0) < 0$ folgt $\frac{dt}{dx} = -\left\{\frac{2}{\mu}[E^{(\mathrm{S})} - V_{\mathrm{f}}(x)]\right\}^{-1/2}$ und daher

$$T = \int_0^{x(0)} dx \left\{\frac{2}{\mu}[E^{(\mathrm{S})} - V_{\mathrm{f}}(x)]\right\}^{-1/2} < \infty .$$

Um den letzten Schritt (die Konvergenz des Integrals) nachzuweisen, untersuchen wir das Integral an der Untergrenze, d. h. für $x \downarrow 0$: Wegen des asymptotischen Verhaltens $V_{\mathrm{f}}(x) \sim -|V_0|x^{-|\beta|}$ des effektiven Potentials für $x \downarrow 0$ gilt dann mit $0 < \varepsilon \ll 1$:

$$\int_0^{\varepsilon x(0)} dx \left\{\frac{2}{\mu}[E^{(\mathrm{S})} - V_{\mathrm{f}}(x)]\right\}^{-1/2} \simeq \sqrt{\frac{\mu}{2|V_0|}} \int_0^{\varepsilon x(0)} dx\, x^{\frac{1}{2}|\beta|} < \infty .$$

Da dieses Integral konvergiert, gilt in der Tat $T < \infty$. Für $x(0) > x_{\mathrm{m}}$ wäre dieses Argument für nicht allzu große $|\dot{x}(0)|$-Werte inkorrekt, da das äquivalente eindimensionale Teilchen dann niemals den Bereich $\{x < x_{\mathrm{m}}\}$ erreicht.

**(b)** Für den Winkel $\varphi(T)$ gilt aufgrund von Gleichung (3.33):

$$\varphi(T) - \varphi(0) = \int_0^T dt\, \frac{L}{\mu[x(t)]^2} = \int_{x(0)}^0 dx\, \frac{dt}{dx}\frac{L}{\mu x^2} = \int_0^{x(0)} dx\, \frac{L/\mu x^2}{\sqrt{\frac{2}{\mu}[E^{(\mathrm{S})} - V_{\mathrm{f}}(x)]}} < \infty ,$$

denn an der Untergrenze des letzten Integrals tritt folgendes Konvergenzverhalten auf:

$$\int_0^{\varepsilon x(0)} dx\, \frac{L/\mu x^2}{\sqrt{(2|V_0|/\mu)x^{-|\beta|}}} \simeq \frac{L}{\mu}\sqrt{\frac{\mu}{2|V_0|}} \int_0^{\varepsilon x(0)} dx\, x^{\frac{1}{2}|\beta|-2} < \infty .$$

Folglich finden bis zum Sturz ins Zentrum nur endlich viele Umläufe statt.

**(c)** Zwar gilt $x(t) \downarrow 0$ für $t \uparrow T$, aber gleichzeitig divergiert die tangentiale Geschwindigkeit $x\dot{\varphi} = \frac{L}{\mu x}$ und daher auch der Impuls des Teilchens, sodass insgesamt doch Gesamtdrehimpulserhaltung gilt.

## Lösung 3.6 Dynamik einer Rakete nahe einer Galaxie

**(a)** Wir schreiben die gesamte potentielle Energie mit $\mathbf{X} \equiv (\mathbf{x}_1/\mathbf{x}_2/\cdots/\mathbf{x}_N)$ als

$$V(\mathbf{X}) = U(\mathbf{X}) + \bar{U}(\mathbf{x}_2, \cdots, \mathbf{x}_N)$$

mit

$$U(\mathbf{X}) = -\sum_{1<j} \frac{\mathcal{G}m_1 m_j}{|\mathbf{x}_{j1}|} = -\sum_{j=2}^{N} \frac{\mathcal{G}m_1 m_j}{|\mathbf{x}_{j1}|} \;\;,\;\; \bar{U}(\mathbf{x}_2, \cdots, \mathbf{x}_N) = -\sum_{2 \le i<j} \frac{\mathcal{G}m_i m_j}{|\mathbf{x}_{ji}|}\;.$$

Zur Kraft $\mathbf{F}_1 = -\boldsymbol{\nabla}_1 V$, die auf das erste Teilchen wirkt, trägt wegen der $\mathbf{x}_1$-Unabhängigkeit von $\bar{U}$ also nur $U$ bei: $\mathbf{F}_1 = -\boldsymbol{\nabla}_1 U$.

**(b)** Wir führen die Notation $\mathbf{x} = \left(\begin{smallmatrix} \mathbf{x}_\perp \\ x_3 \end{smallmatrix}\right)$ mit $\mathbf{x}_\perp \equiv (x_1, x_2)^{\mathrm{T}}$ ein, sodass insbesondere für das erste Teilchen gilt: $\mathbf{x}_1 = \left(\begin{smallmatrix} \mathbf{0}_\perp \\ x_{13} \end{smallmatrix}\right)$ und für die restlichen Teilchen: $\mathbf{x}_j = \left(\begin{smallmatrix} \mathbf{x}_{j\perp} \\ 0 \end{smallmatrix}\right)$. Am einfachsten beschreibt man die Massendichte dann mit Hilfe einer zweidimensionalen Deltafunktion: $\rho(\mathbf{x}_\perp) = \sum_{j=2}^{N} m_j \delta(\mathbf{x}_\perp - \mathbf{x}_{j\perp})$. Es folgt für den Potentialbeitrag $U(\mathbf{X})$, der effektiv nur noch von der 3-Ortskomponente $x_{13}$ des ersten Teilchens abhängt:

$$\begin{aligned} U(\mathbf{X}) &= -\sum_{j=2}^{N} \frac{\mathcal{G}m_1 m_j}{|\mathbf{x}_{j1}|} = -\sum_{j=2}^{N} \frac{\mathcal{G}m_1 m_j}{|\mathbf{x}_{j\perp} - x_{13}\hat{\mathbf{e}}_3|} \\ &= -\int d\mathbf{x}_\perp' \sum_{j=2}^{N} m_j \delta(\mathbf{x}_\perp' - \mathbf{x}_{j\perp}) \frac{\mathcal{G}m_1}{\sqrt{(\mathbf{x}_\perp')^2 + (x_{13})^2}} \\ &= -\int d\mathbf{x}_\perp' \frac{\mathcal{G}m_1 \rho(\mathbf{x}_\perp')}{\sqrt{(\mathbf{x}_\perp')^2 + (x_{13})^2}} = u(x_{13})\;. \end{aligned}$$

**(c)** Die Berechnung des Integrals mit Hilfe von Polarkoordinaten ergibt:

$$\begin{aligned} u(x_{13}) &= -\mathcal{G}m_1 \bar{\rho} \int_0^R r\, dr \int_0^{2\pi} d\varphi\, \frac{1}{\sqrt{r^2 + (x_{13})^2}} = -\pi\mathcal{G}m_1 \bar{\rho} \int_0^{R^2} dy\, \frac{1}{\sqrt{y + (x_{13})^2}} \\ &= -2\pi\mathcal{G}m_1 \bar{\rho} \sqrt{y + (x_{13})^2}\,\Big|_0^{R^2} = -2\pi\mathcal{G}m_1 \bar{\rho}\big[\sqrt{R^2 + (x_{13})^2} - |x_{13}|\big]\;. \end{aligned}$$

**(d)** Mit der Taylor-Entwicklung $\sqrt{1+z} = 1 + \tfrac{1}{2}z - \tfrac{1}{8}z^2 + \cdots$ für $z \to 0$ folgt:

$$\begin{aligned} -\frac{u(x_{13})}{2\pi\mathcal{G}m_1 \bar{\rho}} &= |x_{13}|\big[\sqrt{1 + (R/x_{13})^2} - 1\big] \sim |x_{13}|\left[\frac{1}{2}\left(\frac{R}{x_{13}}\right)^2 - \frac{1}{8}\left(\frac{R}{x_{13}}\right)^4 + \cdots\right] \\ &\sim \frac{R^2}{2|x_{13}|}\left[1 - \frac{1}{4}\left(\frac{R}{x_{13}}\right)^2 + \cdots\right] \qquad (|x_{13}| \gg R)\;. \end{aligned}$$

Mit $M \equiv \pi R^2 \bar{\rho}$ ergibt sich also $u(x_{13}) = -\frac{m_1 M \mathcal{G}}{|x_{13}|}\big[1 - \frac{R^2}{4(x_{13})^2} + \cdots\big]$. Dieses Ergebnis bedeutet physikalisch, dass die „Rakete" die Kreisscheibe aus großer Entfernung in führender Ordnung $[u(x_{13}) \propto -|x_{13}|^{-1}]$ als *Punktteilchen* mit der Masse $M$ sieht. Erst die Korrekturen $(\propto R^2/|x_{13}|^3)$ enthalten in der Form des Radius $R$ Information über die *innere Struktur* der Galaxie.

**(e)** Wiederum mit $\sqrt{1+z} = 1 + \frac{1}{2}z - \frac{1}{8}z^2 + \cdots$ für $z \to 0$ folgt nun:

$$-\frac{u(x_{13})}{2\pi \mathcal{G} m_1 \bar{\rho}} = R\sqrt{1 + (x_{13}/R)^2} - |x_{13}| \sim R\left[1 + \frac{1}{2}\left(\frac{x_{13}}{R}\right)^2 + \cdots\right] - |x_{13}|$$

$$\sim R - |x_{13}| + \frac{(x_{13})^2}{2R} + \cdots \qquad (|x_{13}| \ll R)\,, \qquad (9.3)$$

womit das verlangte Ergebnis gezeigt ist. Abgesehen von einer wirkungslosen Konstanten $R$ verhält sich das Potential $u(x_{13})$ in führender Ordnung ($\propto |x_{13}|$) also *linear* als Funktion der Auslenkung der Rakete aus der Kreisscheibe; erst die Korrekturen $\propto -(x_{13})^2/2R$ enthalten Information über die innere Struktur (Ausdehnung) der Galaxie. Mit $a \equiv 2\pi \mathcal{G} \bar{\rho}$ folgt aus Gleichung (9.3): $\mathbf{F}_1 = -\boldsymbol{\nabla}_1 U = -u'(x_{13})\hat{\mathbf{e}}_3 = -m_1 a \operatorname{sgn}(x_{13})\hat{\mathbf{e}}_3$, sodass die Kraft betragsmäßig konstant ist: $|\mathbf{F}_1| = m_1 a$ und die Bewegungsgleichung der Rakete $\ddot{x}_{13} = -a \operatorname{sgn}(x_{13})$ lautet. Diese Bewegungsgleichung ist zu lösen mit der Anfangsbedingung $\dot{x}_{13} = 0$. Die anfängliche Höhe $x_{13}(0)$ über dem galaktischen Zentrum ist beliebig, vorausgesetzt dass $|x_{13}(0)| \ll R$ gilt; wir nehmen an, dass $x_{13}(0) > 0$ gilt. Die entsprechende Lösung dieser Bewegungsgleichung ist in jedem Zeitintervall der Form

$$(2n - 1)T < t < (2n + 1)T \quad \text{mit} \quad T \equiv \sqrt{\frac{2x_{13}(0)}{a}} \quad \text{und} \quad n \in \mathbb{Z}$$

eine Parabel: $x_{13}(t) = (-1)^n \big[x_{13}(0) - \frac{1}{2}a(t - 2nT)^2\big]$. Die Rakete oszilliert also *an*harmonisch um das galaktische Zentrum. Die Auslenkung der Rakete aus der Kreisscheibe ist als Funktion der Zeit in Abbildung 9.7 skizziert.

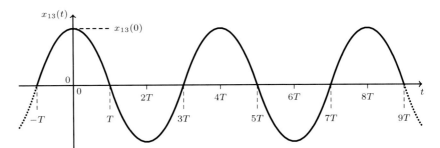

**Abb. 9.7** Zur Dynamik einer Rakete in der Nähe einer kreisförmigen Galaxie

### Lösung 3.7 Kreisbahnen und kleine Schwingungen

**(a)** Wir betrachten im Schwerpunktsystem eine Zweiteilchenwechselwirkung mit dem Potential $V(x) = V_0 \ln(x/x_0)$, wobei $x \equiv |\mathbf{x}|$ und $\mathbf{x} \equiv \mathbf{x}_{21}$ definiert wird und $x_0 > 0$ gilt. Wir verwenden die Formeln in Abschnitt [3.3.1], insbesondere die Gleichungen (3.35) und (3.36). Aufgrund dieser Formeln ergibt sich hier:

$$L = |\mathbf{L}^{(\mathrm{S})}| = \sqrt{\mu x_{\min}^3 V'(x_{\min})} = \sqrt{\mu V_0}\, x_{\min}$$

$$\omega_{\mathrm{K}} = \dot{\varphi} = \sqrt{\frac{V'(x_{\min})}{\mu x_{\min}}} = \sqrt{\frac{V_0}{\mu}}\, \frac{1}{x_{\min}}\,.$$

Hierbei ist $|\mathbf{x}(t)| = x_{\min}$ der Radius der Kreisbahn.

**(b)** Wie verwenden die Ergebnisse von Abschnitt [3.3.2], insbesondere die Gleichung $\omega_S = [\frac{1}{\mu} V_f''(x_{min})]^{1/2}$ für die Winkelfrequenz der kleinen Schwingung. Aus dem effektiven Potential $V_f(x) = V(x) + \frac{L^2}{2\mu x^2} = V_0 \ln(x/x_0) + \frac{L^2}{2\mu x^2}$ folgen die Ableitungen $V_f'(x) = V_0/x - \frac{L^2}{\mu x^3}$ und $V_f''(x) = -V_0/x^2 + \frac{3L^2}{\mu x^4}$, sodass gilt:

$$\omega_S = [\tfrac{1}{\mu} V_f''(x_{min})]^{1/2} = \left\{ \frac{1}{\mu} \left[ -\frac{V_0}{x_{min}^2} + \frac{3L^2}{\mu x_{min}^4} \right] \right\}^{1/2}$$

$$= \left\{ \frac{1}{\mu} \left[ -\frac{V_0}{x_{min}^2} + \frac{3\mu V_0 x_{min}^2}{\mu x_{min}^4} \right] \right\}^{1/2} = \left( \frac{2V_0}{\mu x_{min}^2} \right)^{1/2} = \sqrt{\frac{2V_0}{\mu}} \frac{1}{x_{min}} = \sqrt{2} \omega_K .$$

Dies ist im Einklang[4] mit dem allgemeinen Ergebnis $\omega_S/\omega_K = \sqrt{2 + \alpha}$ aus Abschnitt [3.3.2] für $\alpha = 0$. Da für eine geschlossene Bahn $\omega_S$ und $\omega_K$ in einem rationalem Verhältnis stehen müssen, kann die Bahn der kleinen Schwingung nicht geschlossen sein ($\sqrt{2} \notin \mathbb{Q}$).

## Lösung 3.8 Der dreidimensionale harmonische Oszillator

**(a)** Wir verwenden die Polardarstellung $x_1(t) = a_1 \cos(\omega t + \varphi_1)$ und $x_2(t) = a_2 \cos(\omega t + \varphi_2)$. Die Energie im Schwerpunktsystem ist gemäß (3.49b) durch

$$E^{(S)} = \tfrac{1}{2} \mu \dot{\mathbf{x}}^2 + \tfrac{1}{2} \mu \omega^2 \mathbf{x}^2 = \tfrac{1}{2} \mu \omega^2 [a_1^2 \sin^2(\omega t + \varphi_1) + a_2^2 \sin^2(\omega t + \varphi_2)$$
$$+ a_1^2 \cos^2(\omega t + \varphi_1) + a_2^2 \cos^2(\omega t + \varphi_2)]$$
$$= \tfrac{1}{2} \mu \omega^2 (a_1^2 + a_2^2) \tag{9.4}$$

gegeben. Der Drehimpuls folgt analog aus (3.49a) als

$$\mathbf{L}^{(S)} = \mu \mathbf{x} \times \dot{\mathbf{x}} = \mu (x_1 \dot{x}_2 - x_2 \dot{x}_1) \hat{\mathbf{e}}_3$$
$$= \mu \omega a_1 a_2 [-\cos(\omega t + \varphi_1) \sin(\omega t + \varphi_2) + \cos(\omega t + \varphi_2) \sin(\omega t + \varphi_1)] \hat{\mathbf{e}}_3$$
$$= -\mu \omega a_1 a_2 \sin[(\omega t + \varphi_2) - (\omega t + \varphi_1)] \hat{\mathbf{e}}_3 = -\mu \omega a_1 a_2 \sin(\varphi_2 - \varphi_1) \hat{\mathbf{e}}_3$$
$$= -\mu \omega a_1 a_2 \sin(\delta) \hat{\mathbf{e}}_3 \quad , \quad \delta \equiv \varphi_2 - \varphi_1 . \tag{9.5}$$

Im vierten Schritt verwendeten wir die Additionsregel für die Sinusfunktion: $\sin(\alpha_2 - \alpha_1) = \sin(\alpha_2) \cos(\alpha_1) - \cos(\alpha_2) \sin(\alpha_1)$.

**(b)** Die Normalform der Ellipse ist durch Gleichung (3.52) gegeben, wobei die Beziehung zwischen den Eigenwerten $\lambda_{\pm}$ und den Amplituden $a_{1,2}$ durch (3.51) festgelegt ist. Das Ziel ist also, die Amplituden $a_{1,2}$ durch $E^{(S)}$ und $|\mathbf{L}^{(S)}|$ zu ersetzen. Wegen $\lambda_+ \geq \lambda_-$ entspricht $\alpha_2$ der *großen* Halbachse der Ellipse in ihrer Normalform und $\alpha_1 \leq \alpha_2$ der *kleinen*.

Wir kombinieren Energie $E^{(S)}$ und Drehimpuls $|\mathbf{L}^{(S)}|$ zu zwei neuen Parametern $(\epsilon, \eta)$, die nur noch von $a_{1,2}$ und $\delta$ abhängen:

$$\epsilon \equiv \frac{2\mu E^{(S)}}{|\mathbf{L}^{(S)}|^2} = \frac{(\mu\omega)^2 (a_1^2 + a_2^2)}{(\mu\omega)^2 (a_1 a_2)^2 \sin^2(\delta)} = \frac{1}{\sin^2(\delta)} \left( \frac{1}{a_1^2} + \frac{1}{a_2^2} \right)$$

$$\eta \equiv \frac{2\mu\omega}{|\mathbf{L}^{(S)}|} \quad , \quad \eta^2 = \frac{4(\mu\omega)^2}{|\mathbf{L}^{(S)}|^2} = \frac{4}{(a_1 a_2)^2 \sin^2(\delta)} .$$

---

[4]Ein logarithmisches Potential entspricht wegen $\lim_{\alpha \to 0} \frac{1}{\alpha}(x^\alpha - 1) = \ln(x)$ dem Wert $\alpha = 0$.

Es folgt nun für die Eigenwerte $\lambda_\pm$ aus Gleichung (3.51):

$$\lambda_\pm = \frac{1}{2}\left\{\frac{1}{(a_1)^2} + \frac{1}{(a_2)^2} \pm \sqrt{\left[\frac{1}{(a_1)^2} + \frac{1}{(a_2)^2}\right]^2 - \frac{4\sin^2(\delta)}{(a_1 a_2)^2}}\right\}$$

$$= \tfrac{1}{2}\left[\epsilon\sin^2(\delta) \pm \sqrt{[\epsilon\sin^2(\delta)]^2 - 4\sin^2(\delta)\cdot\tfrac{1}{4}\eta^2\sin^2(\delta)}\right]$$

$$= \tfrac{1}{2}\sin^2(\delta)\left(\epsilon \pm \sqrt{\epsilon^2 - \eta^2}\right).$$

Folglich können die kleinen und großen Halbachsen $\alpha_1 = |\sin(\delta)|/\sqrt{\lambda_+}$ bzw. $\alpha_2 = |\sin(\delta)|/\sqrt{\lambda_-}$ auch in der Form

$$\alpha_{1,2} = \frac{|\sin(\delta)|}{\sqrt{\lambda_\pm}} = \frac{\sqrt{2}\,|\sin(\delta)|}{|\sin(\delta)|\sqrt{\epsilon \pm \sqrt{\epsilon^2 - \eta^2}}} = \frac{\sqrt{2}}{\eta}\sqrt{\epsilon \mp \sqrt{\epsilon^2 - \eta^2}} \quad (9.6)$$

geschrieben werden, die tatsächlich nur von $E^{(\mathrm{S})}$ und $|\mathbf{L}^{(\mathrm{S})}|$ abhängt.

**(c)** Wir betrachten die vorgegebenen Anfangsbedingungen:

$$\begin{pmatrix} a_1\cos(\varphi_1) \\ a_2\cos(\varphi_2) \end{pmatrix} = \begin{pmatrix} x_1(0) \\ x_2(0) \end{pmatrix} = \sqrt{2}\begin{pmatrix} 1 \\ 5 \end{pmatrix} \quad, \quad \begin{pmatrix} a_1\sin(\varphi_1) \\ a_2\sin(\varphi_2) \end{pmatrix} = -\frac{1}{\omega}\begin{pmatrix} \dot{x}_1(0) \\ \dot{x}_2(0) \end{pmatrix} = \frac{1}{\sqrt{2}}\begin{pmatrix} 11 \\ 5 \end{pmatrix}.$$

Die Summe der Quadrate der *ersten* Zeilen dieser Anfangsbedingungen ergibt $a_1^2 = (\sqrt{2})^2 + \left(\frac{11}{\sqrt{2}}\right)^2 = \frac{1}{2}(4 + 121) = \frac{125}{2}$, woraus $a_1 = 5\sqrt{5/2}$ folgt. Die Summe der Quadrate der *zweiten* Zeilen ergibt analog $a_2^2 = (5\sqrt{2})^2 + \left(\frac{5}{\sqrt{2}}\right)^2 = 25(2 + \frac{1}{2}) = \frac{125}{2}$, woraus $a_2 = 5\sqrt{5/2}$ folgt. Wir stellen fest, dass die beiden Amplituden in diesem Fall *gleich* sind: $a_1 = a_2 \equiv a = 5\sqrt{5/2}$. Man kann nun auf zwei verschiedene Weisen vorgehen, wobei – wie wir sehen werden – die Verwendung von **(b)** weitaus am geschicktesten ist.

Zuerst ignorieren wir **(b)** und berechnen die Eigenwerte $\lambda_\pm$ in (3.51) direkt:

$$\lambda_\pm = \frac{1}{2a^2}\left[2 \pm 2\sqrt{1 - \sin^2(\delta)}\right] = \frac{1}{a^2}[1 \pm |\cos(\delta)|] = \frac{1}{a^2}[1 \pm \cos(\delta)].$$

Im letzten Schritt wurde verwendet, dass aufgrund der Anfangsbedingungen sowohl $\cos(\varphi_{1,2}) > 0$ als auch $\sin(\varphi_{1,2}) > 0$ gilt, woraus $0 < \varphi_{1,2} < \frac{\pi}{2}$ und daher $-\frac{\pi}{2} < \delta = \varphi_2 - \varphi_1 < \frac{\pi}{2}$ bzw. $\cos(\delta) > 0$ folgt. Wir erhalten somit für die kleinen und großen Halbachsen:

$$\alpha_1 = \frac{|\sin(\delta)|}{\sqrt{\lambda_+}} = \frac{a\,|\sin(\delta)|}{\sqrt{1 + \cos(\delta)}} \quad, \quad \alpha_2 = \frac{|\sin(\delta)|}{\sqrt{\lambda_-}} = \frac{a\,|\sin(\delta)|}{\sqrt{1 - \cos(\delta)}}.$$

Um die Halbachsen $\alpha_{1,2}$ zu berechnen, muss also der Winkel $\delta = \varphi_2 - \varphi_1$ bestimmt werden. Dividiert man hierzu die beiden *ersten* und die beiden *zweiten* Zeilen der Anfangsbedingungen durcheinander, so erhält man $\tan(\varphi_1) = \frac{11}{2}$ bzw. $\tan(\varphi_2) = \frac{1}{2}$, sodass $\varphi_1 > \varphi_2$ und daher $-\frac{\pi}{2} < \delta < 0$ gilt. Der Wert des Differenzwinkels $\delta$ wird durch die Additionsformel des Tangens festgelegt:

$$\tan(\delta) = \tan(\varphi_2 - \varphi_1) = \frac{\tan(\varphi_2) - \tan(\varphi_1)}{1 + \tan(\varphi_2)\tan(\varphi_1)} = \frac{\frac{1}{2} - \frac{11}{2}}{1 + \frac{11}{4}} = \frac{-5}{15/4} = -\frac{4}{3}.$$

Hieraus folgt noch $\cos(\delta) = [1 + \tan^2(\delta)]^{-1/2} = \frac{3}{5}$ und $\sin(\delta) = \tan(\delta)\cos(\delta) = -\frac{4}{5}$. Mit $a = 5\sqrt{5/2}$ erhält man also für die kleinen und großen Halbachsen:

$$\alpha_1 = \frac{5\sqrt{5/2}\cdot\frac{4}{5}}{(1 + \frac{3}{5})^{1/2}} = 5 \quad, \quad \alpha_2 = \frac{5\sqrt{5/2}\cdot\frac{4}{5}}{(1 - \frac{3}{5})^{1/2}} = 10.$$

Durch diese Halbachsen ist die Normalform (3.52) vollständig festgelegt.

Wir zeigen nun, dass man die Berechnung von $\alpha_{1,2}$ mit Hilfe der Ergebnisse aus **(b)** wesentlich effizienter hätte erledigen können. Aufgrund von $a_1 = a_2 = a = 5\sqrt{5/2}$ gilt $E^{(\mathrm{S})} = \frac{1}{2}\mu\omega^2(a_1^2 + a_2^2) = \mu\omega^2 a^2 = \frac{125}{2}\mu\omega^2$ sowie $\mathbf{L}^{(\mathrm{S})} = \mu(x_1\dot{x}_2 - x_2\dot{x}_1)\hat{\mathbf{e}}_3 = 50\mu\omega\hat{\mathbf{e}}_3$. Im letzten Schritt wurde die vorgegebene Anfangsbedingung eingesetzt. Setzt man diese Werte für die Energie und den Drehimpuls in die Parameter $(\epsilon, \eta)$ aus **(b)** ein, so erhält man $\epsilon = \frac{1}{20}$ bzw. $\eta = \frac{1}{25}$. Durch Einsetzen dieser $(\epsilon, \eta)$-Werte in (9.6) folgt dann direkt $\alpha_1 = 5$ bzw. $\alpha_2 = 10$. Der Vergleich der beiden Methoden zeigt noch einmal eindringlich die Vorteile der Verwendung von Erhaltungsgrößen.

## Lösung 3.9 Geschlossene und nicht-geschlossene Bahnen

**(a)** Wir verwenden im Schwerpunktsystem die allgemeinen Beziehungen $x^2\dot\varphi = \frac{L}{\mu}$, $\dot{x}^2 = \frac{2}{\mu}\left[E^{(\mathrm{S})} - V_{\mathrm{f}}(x)\right]$ und $V_{\mathrm{f}}(x) \equiv V(x) + \frac{L^2}{2\mu x^2}$ aus den Gleichungen (3.30), (3.32) bzw. (3.31), die nun für das Zweiteilchenpotential $V(x) = -\frac{A}{x} - \frac{B}{2x^2}$ (mit $A > 0$ und $B > 0$) angewandt werden sollen. Es folgt zunächst eine Differentialgleichung *erster* Ordnung für $x^{-1}(\varphi)$:

$$\left(\frac{dx^{-1}}{d\varphi}\right)^2 = x^{-4}\left(\frac{dx}{d\varphi}\right)^2 = \left(\frac{\dot{x}}{x^2\dot\varphi}\right)^2 = \frac{2\mu}{L^2}\left[E^{(\mathrm{S})} + Ax^{-1} + \frac{1}{2}\left(B - \frac{L^2}{\mu}\right)x^{-2}\right],$$

die durch Ableiten nach $\varphi$ und anschließende Division durch $2\frac{dx^{-1}}{d\varphi}$ in eine einfachere Differentialgleichung *zweiter* Ordnung umgewandelt werden kann:

$$\frac{d^2x^{-1}}{d\varphi^2} = \frac{\mu A}{L^2} - \left(1 - \frac{\mu B}{L^2}\right)x^{-1} = -\omega^2\left(x^{-1} - \frac{\mu A}{\omega^2 L^2}\right) \quad , \quad \omega \equiv \sqrt{1 - \frac{\mu B}{L^2}} \, .$$

Die Lösung hat die Form $x^{-1} - \frac{\mu A}{\omega^2 L^2} = \alpha\cos(\omega\varphi + \beta)$, wobei $\alpha$ und $\beta$ Integrationskonstanten sind. Die Bahn ist somit durch $x(\varphi) = \left[\frac{\mu A}{\omega^2 L^2} + \alpha\cos(\omega\varphi + \beta)\right]^{-1}$ gegeben. Im Perizentrum (P) bzw. Apozentrum (A) hat das Argument $\omega\varphi + \beta$ den Wert 0 bzw. $\pi$, sodass das Verhältnis

$$\frac{\Delta\varphi}{\pi} = \frac{\varphi_{\mathrm{A}} - \varphi_{\mathrm{P}}}{\pi} = \frac{\pi - \beta}{\omega\pi} - \left(-\frac{\beta}{\omega\pi}\right) = \frac{1}{\omega} = \frac{1}{\sqrt{1 - \frac{\mu B}{L^2}}}$$

im Allgemeinen *irrational* ist ($\frac{\Delta\varphi}{\pi} \notin \mathbb{Q}$).

**(b)** Da $\frac{\Delta\varphi}{\pi}$ im Allgemeinen irrational ist, ist die Bahn im Allgemeinen *nicht* geschlossen. Sie ist jedoch für gewisse Spezialfälle geschlossen, wie z. B. für $\frac{\mu B}{L^2} = \frac{3}{4}$ mit $\frac{\Delta\varphi}{\pi} = 2$ und daher einer Periode $2\Delta\varphi = 4\pi$.

## Lösung 3.10 Kreisbahnen der anderen Art

Das in dieser Aufgabe betrachtete Problem ist ein Spezialfall des „Sturzes ins Zentrum" aus Aufgabe 3.5. In Aufgabe 3.5 wurden allgemein Zweiteilchenpotentiale der Form $V(x) = V_0 x^\beta$ mit einem Exponenten $\beta < -2$ betrachtet. Hier zeigen wir, dass der „Sturz ins Zentrum" für den Spezialfall $\beta = -4$ bei geeigneten Anfangsbedingungen auch entlang einer einfachen *kreisförmigen* Bahn erfolgen kann.

Um die Existenz einer solchen kreisförmigen Bahn nachzuweisen, parametrisieren wir die gesuchte Bahnkurve $\mathbf{x}(t)$ einerseits mit Hilfe der Polarkoordinaten $x(t)$ und $\varphi(t)$ des allgemeinen Formalismus [siehe (3.28)] und andererseits durch einen zeit*unabhängigen* Radius $R$ und einen zeitabhängigen Winkel $\alpha(t)$:

$$x_1(t) = x(\varphi)\cos(\varphi) = R[1 + \cos(\alpha)] \quad , \quad x_2(t) = x(\varphi)\sin(\varphi) = R\sin(\alpha) \, .$$

Die Parametrisierung der kreisförmigen Bahn mit $(x, \varphi)$ bzw. $(R, \alpha)$ ist in Abbildung 9.8 grafisch dargestellt. Wie aus dieser Abbildung hervorgeht, ist der Zusammenhang zwischen dem Winkel $\alpha$ und der Polarkoordinate $\varphi$ aus dem allgemeinen Formalismus gegeben durch:

$$\tan(\varphi) = \frac{x_2}{x_1} = \frac{\sin(\alpha)}{1 + \cos(\alpha)} = \frac{2\sin(\frac{1}{2}\alpha)\cos(\frac{1}{2}\alpha)}{2\cos^2(\frac{1}{2}\alpha)} = \tan(\tfrac{1}{2}\alpha) \quad , \quad \varphi = \tfrac{1}{2}\alpha \ .$$

*Einerseits* ist nun rein geometrisch:

$$\begin{aligned}
x^2 &= x_1^2 + x_2^2 = R^2[1 + 2\cos(\alpha) + \cos^2(\alpha) + \sin^2(\alpha)] = 2R^2[1 + \cos(\alpha)] \\
&= 4R^2\cos^2(\tfrac{1}{2}\alpha) = 4R^2\cos^2(\varphi) \ .
\end{aligned}$$

Hieraus folgt $x(\varphi) = 2R\,|\cos(\varphi)|$ und daher:

$$\left(\frac{dx}{d\varphi}\right)^2 = 4R^2\sin^2(\varphi) = 4R^2[1 - \cos^2(\varphi)] = 4R^2\left[1 - \left(\frac{x}{2R}\right)^2\right] \ .$$

*Andererseits* gilt aufgrund der Bewegungsgleichung mit dem (noch unbekannten) Zweiteilchenpotential $V(x)$:

$$\left(\frac{dx}{d\varphi}\right)^2 = \left(\frac{\dot{x}}{\dot{\varphi}}\right)^2 = \left(\frac{\mu x^2}{L}\right)^2 \frac{2}{\mu}\left[E^{(\mathrm{S})} - V_{\mathrm{f}}(x)\right] = \frac{2\mu x^4}{L^2}\left[E^{(\mathrm{S})} - V(x) - \frac{L^2}{2\mu x^2}\right] \ .$$

Ein Vergleich dieser Ergebnisse zeigt:

$$E^{(\mathrm{S})} - V(x) - \frac{L^2}{2\mu x^2} = \frac{2L^2 R^2}{\mu x^4}\left[1 - \left(\frac{x}{2R}\right)^2\right] = \frac{2L^2 R^2}{\mu x^4} - \frac{L^2}{2\mu x^2} \ .$$

Es ist naheliegend, den Energienullpunkt nun durch die Forderung $V(\infty) = 0$ festzulegen. Man erhält dann $E^{(\mathrm{S})} = 0$ und $V(x) = -V_0 x^{-4}$ mit $V_0 = \frac{2L^2 R^2}{\mu} > 0$; umgekehrt liegt der Radius der Kreisbahn als Funktion der Potentialstärke durch $R = \left(\frac{\mu V_0}{2L^2}\right)^{1/2}$ fest. Falls sich die beiden Teilchen bei $\mathbf{x} = \mathbf{0}$ ungehindert aneinander vorbeibewegen können, ist die *Periode* der Kreisbewegung gegeben durch:

$$T = \int_0^T dt = \int_{-\frac{\pi}{2}}^{\frac{\pi}{2}} d\varphi\,\frac{1}{\dot{\varphi}} = \int_{-\frac{\pi}{2}}^{\frac{\pi}{2}} d\varphi\,\frac{\mu x^2}{L} = \frac{\mu}{L}\int_{-\frac{\pi}{2}}^{\frac{\pi}{2}} d\varphi\,4R^2\cos^2(\varphi) = \frac{2\pi\mu R^2}{L} \ .$$

Zusätzlich – dies ist nicht Teil der Aufgabe – kann man noch zwei Konsistenzchecks durchführen. Erstens sollte für $x = x_1 = 2R$ (also im Apozentrum) $\dot{x} = 0$ bzw. $\frac{dx}{d\varphi} = 0$ und daher $V_{\mathrm{f}}(2R) = E^{(\mathrm{S})} = 0$ gelten. Dies überprüft man wie folgt:

$$V_{\mathrm{f}}(2R) = \left[\frac{L^2}{2\mu x^2} - \frac{V_0}{x^4}\right]_{x=2R} = \frac{1}{(2R)^4}\left[\frac{L^2}{2\mu}(2R)^2 - V_0\right] = \frac{1}{(2R)^4}\left[\frac{L^2}{2\mu}\frac{2\mu V_0}{L^2} - V_0\right] = 0 \ .$$

Die Eigenschaft $V_{\mathrm{f}}(2R) = 0$ ist auch aus Abbildung 9.9 ersichtlich. Zweitens muss die Zweiteilchen*kraft* $-V_{\mathrm{f}}'(x)$, die vom effektiven Potential herrührt, entlang der ganzen Bahn *attraktiv* sein, damit das Zweiteilchensystem *gebunden* bleibt. Dass diese Bedingung sogar im Apozentrum $x = 2R$ noch erfüllt ist, folgt aus:

$$-V_f'(2R) = \left[\frac{L^2}{\mu x^3} - \frac{4V_0}{x^5}\right]_{x=2R} = \frac{1}{(2R)^5}\left[\frac{L^2}{\mu}(2R)^2 - 4V_0\right]$$

$$= \frac{1}{32R^5}\left[\frac{L^2}{\mu}\frac{2\mu V_0}{L^2} - 4V_0\right] = -\frac{V_0}{16R^5} < 0 \ .$$

Auch diese Eigenschaft ist aus Abb. 9.9 ersichtlich: Das effektive Potential hat für $x = 2R$ eine *positive* Steigung. Die Attraktivität der Zweiteilchenkraft entlang der ganzen Bahn ist auch direkt daraus ersichtlich, dass das *Maximum* des effektiven Potentials erst für $x = x_m = 2\sqrt{2}R > 2R$ auftritt.

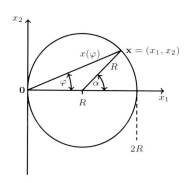

**Abb. 9.8** Zusammenhang zwischen den Winkelvariablen $\alpha$ und $\varphi$

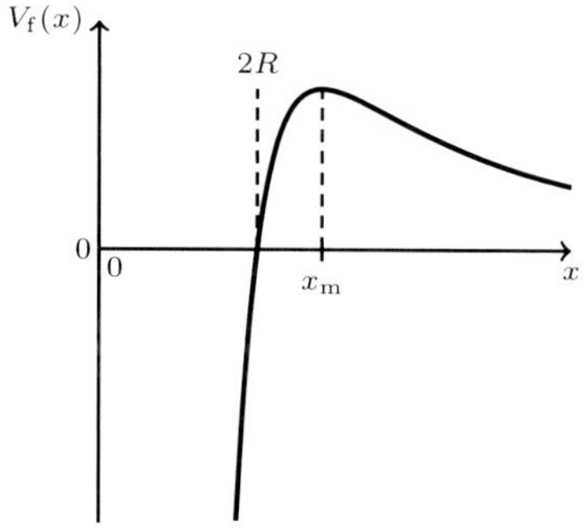

**Abb. 9.9** Effektives Potential für die Kreisbahn der anderen Art

## Lösung 3.11 Elliptische Kepler-Bahnen

**(a)** Durch Kombination der vorgegebenen Informationen erhält man:

$$a_1 = \frac{p}{1 - \varepsilon^2} = \frac{L^2}{\mu^2 \mathcal{G}M}\frac{\mu}{2|E^{(S)}|}\left(\frac{\mathcal{G}\mu M}{L}\right)^2 = \frac{\mathcal{G}\mu M}{2|E^{(S)}|}$$

$$a_2 = \frac{p}{\sqrt{1 - \varepsilon^2}} = \frac{L^2}{\mu^2 \mathcal{G}M}\sqrt{\frac{\mu}{2|E^{(S)}|}}\frac{\mathcal{G}\mu M}{L} = \frac{L}{\sqrt{2\mu|E^{(S)}|}} \ .$$

**(b)** Aus $\dot{x}^2 = \frac{2}{\mu}\left[E^{(S)} - V_f(x)\right] = \frac{2}{\mu}|E^{(S)}|\left[-1 - V_f(x)/|E^{(S)}|\right]$ und

$$\frac{V_f(x)}{|E^{(S)}|} = \frac{1}{|E^{(S)}|}\left(-\frac{\mathcal{G}\mu M}{x} + \frac{L^2}{2\mu x^2}\right) = -\frac{2a_1}{x} + \left(\frac{a_2}{x}\right)^2 = -\frac{2a_1}{x} + \frac{a_1^2(1 - \varepsilon^2)}{x^2}$$

folgt

$$\left(\frac{dt}{dx}\right)^2 = \frac{1}{\dot{x}^2} = \frac{\mu/2|E^{(S)}|}{-1 + \frac{2a_1}{x} - \frac{a_1^2(1-\varepsilon^2)}{x^2}} = \frac{\mu x^2}{2|E^{(S)}|[(a_1\varepsilon)^2 - (x - a_1)^2]} \ . \tag{9.7}$$

**(c)** Wir substituieren $x(\xi) = a_1[1 - \varepsilon\cos(\xi)]$ und daher $dx = a_1\varepsilon\sin(\xi)d\xi$ in (9.7) und wählen die Anfangsbedingung so, dass $\xi = 0$ zur Zeit $t = 0$ gilt. Es folgt:

$$\sqrt{\frac{2|E^{(\mathrm{S})}|}{\mu}}\,t(\xi) = \sqrt{\frac{2|E^{(\mathrm{S})}|}{\mu}}\int_0^t dt' = \int_{a_1(1-\varepsilon)}^x dx'\,\frac{x'}{\sqrt{[(a_1\varepsilon)^2 - (x' - a_1)^2]}}$$

$$= \int_0^\xi d\xi'\,\frac{a_1\varepsilon\sin(\xi')\cdot a_1[1 - \varepsilon\cos(\xi')]}{\sqrt{[(a_1\varepsilon)^2[1 - \cos^2(\xi')]}}$$

$$= a_1\int_0^\xi d\xi'\,[1 - \varepsilon\cos(\xi')] = a_1[\xi - \varepsilon\sin(\xi)]\ .$$

Mit Hilfe von $a_1 = \frac{\mathcal{G}\mu M}{2|E^{(\mathrm{S})}|}$ bzw. $\frac{\mu}{2|E^{(\mathrm{S})}|} = \frac{a_1}{\mathcal{G}M}$ aus **(a)** folgt

$$t(\xi) = a_1\sqrt{\frac{\mu}{2|E^{(\mathrm{S})}|}}\,[\xi - \varepsilon\sin(\xi)] = \frac{(a_1)^{3/2}}{\sqrt{\mathcal{G}M}}\,[\xi - \varepsilon\sin(\xi)]\ .$$

**(d)** Die durch $\xi$ parametrisierte Kurve $\left(a_1^{-3/2}\sqrt{\mathcal{G}M}t(\xi)\,,\,a_1^{-1}x(\xi)\right)$ hat konkret die Form $\left(\xi - \varepsilon\cos(\xi)\,,\,1 - \varepsilon\cos(\xi)\right)$ und beschreibt physikalisch die *Zeitabhängigkeit* des Abstands $x$ der beiden Teilchen im Kepler-Problem. Die so parametrisierte Kurve ist $2\pi$-periodisch als Funktion des Parameters $\xi$. Speziell für $\varepsilon = 1$ hat die Kurve die Form einer *Zykloide*. Die durch $\xi$ parametrisierte Kurve ist in Abbildung 9.10 für $\varepsilon = \frac{1}{2}$ *grün* und im Grenzfall $\varepsilon\uparrow 1$ *blau* skizziert. Außerdem sind zum Vergleich (in der Aufgabe nicht verlangt) die Kurven für $\varepsilon = \frac{3}{4}$ (*violett*), $\varepsilon = \frac{1}{4}$ (*braun*) und $\varepsilon = \frac{1}{8}$ (*rot*) eingetragen. Für $\varepsilon = 0$ (in Abb. 9.10 nicht eingezeichnet) erhält man *Kreisbahnen* mit konstantem Radius $x = x_{\min} = p = a_1 = \frac{L^2}{\mathcal{G}\mu^2 M}$ und Winkelfrequenz $\omega_{\mathrm{K}} = \sqrt{\mathcal{G}M/a_1^3}$.

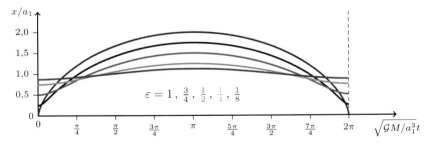

**Abb. 9.10** Zeitabhängigkeit des Teilchenabstands $x$ im Kepler-Problem

**(e)** Definieren wir die Bahnkoordinaten $x_{1,2}$ durch $\left(\begin{smallmatrix} x_1 \\ x_2 \end{smallmatrix}\right) \equiv x(\varphi)\left(\begin{smallmatrix} \cos(\varphi) \\ \sin(\varphi) \end{smallmatrix}\right)$, so folgt mit Hilfe von $x(\varphi) = \frac{p}{1+\varepsilon\cos(\varphi)}$ für die Koordinate $x_1$:

$$x_1 = x(\varphi)\cos(\varphi) = \frac{x(\varphi)}{\varepsilon}\left[\frac{p}{x(\varphi)} - 1\right] = \tfrac{1}{\varepsilon}[p - x(\varphi)] = \frac{p - a_1}{\varepsilon} + a_1\cos(\xi)\ .$$

Hierbei gilt $\frac{p-a_1}{\varepsilon} = \frac{a_1}{\varepsilon}\left(\frac{p}{a_1} - 1\right) = \frac{a_1}{\varepsilon}[(1 - \varepsilon^2) - 1] = -a_1\varepsilon$, sodass wir insgesamt das Ergebnis $x_1 = a_1[\cos(\xi) - \varepsilon]$ erhalten. Außerdem gilt

$$x_2^2 = x^2 - x_1^2 = a_1^2\{[1 - \varepsilon\cos(\xi)]^2 - [\cos(\xi) - \varepsilon]^2\}$$

$$= a_1^2(1 - \varepsilon^2)[1 - \cos^2(\xi)] = a_1^2(1 - \varepsilon^2)\sin^2(\xi)\ ,$$

sodass für die zweite Koordinate $x_2 = a_1\sqrt{1 - \varepsilon^2}\sin(\xi)$ folgt.

## Lösung 3.12 Korrekturen zur Kepler'schen Bewegungsgleichung

Aus dem Potential $V(x) = -\frac{\mathcal{G}\mu M}{x} - \frac{\mathcal{G}ML^2}{\mu c^2 x^3} = -\frac{\mathcal{G}\mu M}{x}[1 + f(x)]$ mit $f(x) = \left(\frac{L}{\mu c x}\right)^2$ folgt:

$$
\begin{aligned}
\left(\frac{dx^{-1}}{d\varphi}\right)^2 &= \frac{2\mu}{L^2}\left[E^{(\mathrm{S})} - V(x) - \frac{L^2}{2\mu x^2}\right] \\
&= \left(\frac{2\mu E^{(\mathrm{S})}}{L^2} + p^{-2}\right) - \left(x^{-1} - p^{-1}\right)^2 + \frac{2\mathcal{G}M}{c^2}(x^{-1})^3 ,
\end{aligned}
$$

wobei $p^{-1} \equiv \frac{\mu^2 \mathcal{G}M}{L^2}$ definiert wurde. Durch Ableiten nach $\varphi$ erhält man zunächst:

$$
2\frac{d(x^{-1})}{d\varphi}\frac{d^2(x^{-1})}{d\varphi^2} = 2\frac{d(x^{-1})}{d\varphi}\left[-(x^{-1} - p^{-1}) + \frac{3\mathcal{G}M}{c^2}(x^{-1})^2\right]
$$

und nach einer weiteren Division durch $2\frac{d(x^{-1})}{d\varphi}$:

$$
\frac{d^2(x^{-1})}{d\varphi^2} = -(x^{-1} - p^{-1}) + \frac{3\mathcal{G}M}{c^2}x^{-2} .
$$

## Lösung 3.13 Die Winkelabhängigkeit der Zeit im Kepler-Problem

Die Winkelabhängigkeit $t(\varphi)$ der Zeitvariablen im Kepler-Problem ist bekanntlich sowohl für Ellipsen ($0 \leq \varepsilon < 1$) als auch für Parabeln ($\varepsilon = 1$) und Hyperbeln ($\varepsilon > 1$) gegeben durch:

$$
t(\varphi) = \frac{\mu p^2}{L}\tau(\varphi) \quad , \quad \tau(\varphi) = \int_0^\varphi d\varphi'\, \frac{1}{[1 + \varepsilon\cos(\varphi')]^2} .
$$

**(a)** Die *Antisymmetrie* der dimensionslosen Zeit $\tau(\varphi)$ als Funktion von $\varphi$ folgt für alle $\varepsilon \geq 0$ aus der *Symmetrie* des Integranden:

$$
\begin{aligned}
\tau(-\varphi) &= \int_0^{-\varphi} d\varphi'\, \frac{1}{[1 + \varepsilon\cos(\varphi')]^2} = -\int_{-\varphi}^0 d\varphi'\, \frac{1}{[1 + \varepsilon\cos(\varphi')]^2} \\
&= -\int_0^\varphi d\varphi''\, \frac{1}{[1 + \varepsilon\cos(\varphi'')]^2} = -\tau(\varphi) ,
\end{aligned}
$$

wobei im dritten Schritt $\varphi'' \equiv -\varphi'$ definiert wurde. Für $\varphi \to 0$ gilt:

$$
\begin{aligned}
[1 + \varepsilon\cos(\varphi)]^{-2} &= \left\{1 + \varepsilon\left[1 - \tfrac{1}{2}\varphi^2 + \mathcal{O}(\varphi^4)\right]\right\}^{-2} \\
&= \left[(1 + \varepsilon) - \tfrac{1}{2}\varepsilon\varphi^2 + \mathcal{O}(\varphi^4)\right]^{-2} \\
&= (1 + \varepsilon)^{-2}\left[1 - \tfrac{\varepsilon}{2(1+\varepsilon)}\varphi^2 + \mathcal{O}(\varphi^4)\right]^{-2} \\
&= (1 + \varepsilon)^{-2}\left[1 + \tfrac{\varepsilon}{1+\varepsilon}\varphi^2 + \mathcal{O}(\varphi^4)\right]
\end{aligned}
$$

und daher:

$$
\tau(\varphi) = \int_0^\varphi d\varphi'\, \frac{1}{[1 + \varepsilon\cos(\varphi')]^2} \sim \frac{\varphi}{(1+\varepsilon)^2}\left[1 + \frac{\varepsilon\varphi^2}{3(1+\varepsilon)} + \ldots\right] \quad (\varphi \to 0) .
$$

**(b)** Wir untersuchen zuerst den parabolischen Spezialfall $\varepsilon = 1$ nahe $\varphi_\infty = \pi$ und dann den allgemeinen hyperbolischen Fall $\varepsilon > 1$ nahe $\varphi_\infty \equiv \pi - \arccos\left(\frac{1}{\varepsilon}\right)$.

Für $\varepsilon = 1$ nahe $\varphi_\infty = \pi$ definieren wir $\varphi \equiv \pi - \bar{\varphi}$ sowie $\varphi' \equiv \pi - \bar{\varphi}'$, und wir verwenden: $\cos(\frac{1}{2}\varphi') = \cos(\frac{\pi}{2} - \frac{1}{2}\bar{\varphi}') = \sin(\frac{1}{2}\bar{\varphi}') \sim \frac{1}{2}\bar{\varphi}'$ für $\bar{\varphi}' \to 0$:

$$
\begin{aligned}
\tau(\varphi) &= \int_0^\varphi d\varphi' \, \frac{1}{[1 + \cos(\varphi')]^2} = \int_0^\varphi d\varphi' \, \frac{1}{4\cos^4(\frac{1}{2}\varphi')} \\
&= \tau(\pi - \delta) + \int_{\pi-\delta}^\varphi d\varphi' \, \frac{1}{4\cos^4(\frac{1}{2}\varphi')} \qquad (0 < \delta \ll 1) \\
&= \tau(\pi - \delta) + \int_{\bar{\varphi}}^\delta d\bar{\varphi}' \, \frac{1}{4\sin^4(\frac{1}{2}\bar{\varphi}')} \sim \tau(\pi - \delta) + \int_{\bar{\varphi}}^\delta d\bar{\varphi}' \, \frac{4}{(\bar{\varphi}')^4} \\
&\sim \text{Konstante} + \frac{4}{3(\bar{\varphi})^3} \sim \frac{4}{3(\pi - \varphi)^3} \to \infty \qquad (\varphi \uparrow \pi) .
\end{aligned}
$$

Analog folgt für den hyperbolischen Fall $\varepsilon > 1$ nahe $\varphi_\infty \equiv \pi - \arccos\left(\frac{1}{\varepsilon}\right)$ eine Gleichung der Form $\tau(\varphi) = \tau(\varphi_\infty - \delta) + \Delta\tau(\varphi)$. Mit den Definitionen $\varphi \equiv \varphi_\infty - \bar{\varphi}$ sowie $\varphi' \equiv \varphi_\infty - \bar{\varphi}'$ gilt:

$$
\Delta\tau(\varphi) = \int_{\varphi_\infty - \delta}^\varphi d\varphi' \, \frac{1}{[1 + \varepsilon\cos(\varphi')]^2} = \int_{\bar{\varphi}}^\delta d\bar{\varphi}' \, \frac{1}{[1 + \varepsilon\cos(\varphi_\infty - \bar{\varphi}')]^2} .
$$

Mit Hilfe von

$$
\cos(\varphi_\infty - \bar{\varphi}') = \cos(\varphi_\infty)\cos(\bar{\varphi}') + \sin(\varphi_\infty)\sin(\bar{\varphi}') = -\frac{\cos(\bar{\varphi}')}{\varepsilon} + \sqrt{1 - \frac{1}{\varepsilon^2}}\sin(\bar{\varphi}')
$$

folgt also

$$
\begin{aligned}
\Delta\tau(\varphi) &= \int_{\bar{\varphi}}^\delta d\bar{\varphi}' \, \frac{1}{[1 - \cos(\bar{\varphi}') + \sqrt{\varepsilon^2 - 1}\sin(\bar{\varphi}')]^2} \sim \int_{\bar{\varphi}}^\delta d\bar{\varphi}' \, \frac{1}{(\varepsilon^2 - 1)(\bar{\varphi}')^2} \\
&\sim \frac{1}{(\varepsilon^2 - 1)\bar{\varphi}} \sim \frac{1}{(\varepsilon^2 - 1)(\varphi_\infty - \varphi)} \to \infty \qquad (\varphi \uparrow \varphi_\infty) .
\end{aligned}
$$

Da $\tau(\varphi_\infty - \delta)$ konstant ist, gilt also auch $\tau(\varphi) \sim \frac{1}{(\varepsilon^2-1)(\varphi_\infty-\varphi)}$ für $\varphi \uparrow \varphi_\infty$.

**(c)** Wir berechnen das Integral $\tau(\varphi)$ nun explizit für $\varepsilon = 1$. Hierzu verwenden wir wiederum die Rechenregel $\cos(\varphi) = 2\cos^2\left(\frac{1}{2}\varphi\right) - 1$:

$$
\begin{aligned}
\tau(\varphi) &= \int_0^\varphi d\varphi' \, \frac{1}{[1 + \cos(\varphi')]^2} = \int_0^\varphi d\varphi' \, \frac{1}{4\cos^4(\frac{1}{2}\varphi')} \\
&= \frac{1}{2}\int_0^\varphi d\varphi' \, \frac{1}{2\cos^2(\frac{1}{2}\varphi') \cdot \cos^2(\frac{1}{2}\varphi')} = \frac{1}{2}\int_0^\varphi d\varphi' \, \frac{dy'}{d\varphi'}[1 + (y')^2] \\
&= \frac{1}{2}\int_0^y dy' \, [1 + (y')^2] = \frac{1}{2}y\left(1 + \frac{1}{3}y^2\right) = \frac{1}{2}\tan(\frac{1}{2}\varphi)\left[1 + \frac{1}{3}\tan^2(\frac{1}{2}\varphi)\right] .
\end{aligned}
$$

Im vierten Schritt haben wir $y \equiv \tan(\frac{1}{2}\varphi)$ und analog $y' \equiv \tan(\frac{1}{2}\varphi')$ substituiert, woraus u. a. auch $1 + y^2 = [\cos(\frac{1}{2}\varphi)]^{-2}$ und $\frac{dy}{d\varphi} = \frac{1}{2}[\cos(\frac{1}{2}\varphi)]^{-2}$ folgt (und analog für $\frac{dy'}{d\varphi'}$).

**Lösung 3.14 Beispiel eines exakt lösbaren Dreiteilchenproblems**

**(a)** Falls sich Teilchen 1 zur Zeit $t$ am Ort $\mathbf{x}(t) = x(t)(\cos[\varphi(t)], \sin[\varphi(t)], 0)^{\mathrm{T}}$ befindet und die drei Teilchen im Schwerpunktsystem ein gleichseitiges Dreieck mit dem Schwerpunkt im Ursprung bilden, müssen sich Teilchen 2 und 3 in $R\left(\pm\frac{2\pi}{3}\hat{\mathbf{e}}_3\right)\mathbf{x} = x(\cos(\varphi \pm \frac{2\pi}{3}), \sin(\varphi \pm \frac{2\pi}{3}), 0)^{\mathrm{T}} \equiv \mathbf{x}_\pm$ befinden. Aufgrund der Additionsformeln für trigonometrische Funktionen gilt also:

$$\mathbf{x}_\pm = x\begin{pmatrix} \cos(\varphi)\cos(\pm\frac{2\pi}{3}) - \sin(\varphi)\sin(\pm\frac{2\pi}{3}) \\ \sin(\varphi)\cos(\pm\frac{2\pi}{3}) + \cos(\varphi)\sin(\pm\frac{2\pi}{3}) \\ 0 \end{pmatrix} = x\begin{pmatrix} -\frac{1}{2}\cos(\varphi) + \frac{1}{2}\sqrt{3}\sin(\varphi) \\ -\frac{1}{2}\sin(\varphi) \pm \frac{1}{2}\sqrt{3}\cos(\varphi) \\ 0 \end{pmatrix}$$

$$= \pm\tfrac{1}{2}\sqrt{3}\mathbf{x}_\perp - \tfrac{1}{2}\mathbf{x} \quad , \quad \mathbf{x}_\perp \equiv x\begin{pmatrix} -\sin(\varphi) \\ \cos(\varphi) \\ 0 \end{pmatrix} \perp \mathbf{x} \, .$$

**(b)** Die Bewegungsgleichung von Teilchen 1,

$$m_1\ddot{\mathbf{x}}_1 = \mathbf{F}_1 = \frac{\mathcal{G}m_1m_2\mathbf{x}_{21}}{|\mathbf{x}_{21}|^3} + \frac{\mathcal{G}m_1m_3\mathbf{x}_{31}}{|\mathbf{x}_{31}|^3} \, ,$$

reduziert sich für $m_1 = m_2 = m_3 = m$, $\mathbf{x}_1 = \mathbf{x}$ und $\mathbf{x}_{2,3} = \mathbf{x}_\pm$ auf:

$$\ddot{\mathbf{x}} = \frac{\mathcal{G}m(\mathbf{x}_+ - \mathbf{x})}{|\mathbf{x}_+ - \mathbf{x}|^3} + \frac{\mathcal{G}m(\mathbf{x}_- - \mathbf{x})}{|\mathbf{x}_- - \mathbf{x}|^3} \, .$$

Hiebei ist wegen $\mathbf{x}_\perp \perp \mathbf{x}$ und $|\mathbf{x}_\perp|^2 = x^2$:

$$|\mathbf{x}_\pm - \mathbf{x}|^2 = \left|\pm\tfrac{1}{2}\sqrt{3}\mathbf{x}_\perp - \tfrac{3}{2}\mathbf{x}\right|^2 = \left(\tfrac{3}{4} + \tfrac{9}{4}\right)x^2 = 3x^2 \quad , \quad |\mathbf{x}_\pm - \mathbf{x}| = \sqrt{3}x \, .$$

Folglich lautet die Bewegungsgleichung von Teilchen 1:

$$\ddot{\mathbf{x}} = \frac{\mathcal{G}m}{(\sqrt{3}x)^3}(\mathbf{x}_+ + \mathbf{x}_- - 2\mathbf{x}) = \frac{\mathcal{G}m}{3\sqrt{3}x^3}(-3\mathbf{x}) = -\frac{\mathcal{G}m\mathbf{x}}{\sqrt{3}x^3} \, .$$

**(c)** Es gibt eine interessante Beziehung zwischen dem hier betrachteten 3-Teilchen-Problem und dem *Kepler-Problem*. Um dies zu erklären benötigen wir die Bewegungsgleichung für „Teilchen 1" im Kepler-Problem, die allerdings direkt aus der Bewegungsgleichung für den entsprechenden *Relativvektor* $\mathbf{x}_{21} = \mathbf{x}'_{21}$ folgt [siehe Gleichung (3.25a)]. Auch im analogen Kepler-Problem sollen die Teilchenmassen *gleich* sein ($m'_1 = m'_2 = m'$), aber ihr Wert $m'$ darf sich vom Wert $m$ des 3-Teilchen-Problems unterscheiden. Im Kepler-Problem gilt für den Relativvektor $\mathbf{x}_{21}$ der beiden wechselwirkenden Teilchen:

$$\ddot{\mathbf{x}}_{21} = -\frac{\mathcal{G}M'\mathbf{x}_{21}}{|\mathbf{x}_{21}|^3} = -\frac{2\mathcal{G}m'\mathbf{x}_{21}}{|\mathbf{x}_{21}|^3} \, .$$

Für den Ortsvektor $\mathbf{x}'_1 = \mathbf{x}_1 - \mathbf{x}_M$ von „Teilchen 1" im Schwerpunktsystem gilt [siehe (3.25a)] die Beziehung $\mathbf{x}'_1 = -\frac{m'_2}{m'_1 + m'_2}\mathbf{x}_{21} = -\frac{1}{2}\mathbf{x}_{21}$; dies bedeutet für die Bewegungsgleichung von Teilchen 1:

$$\ddot{\mathbf{x}}'_1 = \left(-\tfrac{1}{2}\right)\left(-\frac{2\mathcal{G}m'(-2\mathbf{x}'_1)}{8|\mathbf{x}'_1|^3}\right) = -\frac{\mathcal{G}m'\mathbf{x}'_1}{4|\mathbf{x}'_1|^3} \, .$$

Die Bewegungsgleichungen für „Teilchen 1" im Kepler-Problem und in diesem speziellen 3-Teilchenproblem (beide formuliert im Schwerpunktsystem) sind also *identisch*, falls wir $m' = \frac{4}{\sqrt{3}}m$ wählen. Hieraus folgt sofort, dass der Ortsvektor $\mathbf{x}$ von „Teilchen 1" im speziellen 3-Teilchenproblem eine *Kepler-Bahn* durchläuft, d. h. eine Ellipse, Parabel oder Hyperbel!

**Lösung 3.15 Gruß vom Mars**

*Qualitativ* ist aufgrund der allgemeinen Diskussion in Abschnitt [3.3.2] klar, dass das Paket mit Werbematerial *kleine Schwingungen* um die kreisförmige geostationäre Bahn ausführen wird, da die Umlaufgeschwindigkeit in der geostationären Bahn sehr viel höher als die Wurfgeschwindigkeit von 10 m/s ist, sodass der Wurf als kleine Störung angesehen werden kann. Aus Abschnitt [3.3.2] wissen wir, dass derartige kleine Schwingungen sowohl eine *radiale* (in $x$) als auch eine *tangentiale* (in $\varphi$) Komponente aufweisen. Außerdem wissen wir aus Abschnitt [3.3.2], dass für kleine Schwingungen im homogenen Gravitationspotential $-\frac{\mathcal{G}\mu M}{x} = V_0 x^\alpha$ mit $\alpha = -1$ gilt: $\omega_S/\omega_K = \sqrt{2+\alpha} = 1$, sodass die Schwingungsfrequenz $\omega_S$ und die Umlauffrequenz $\omega_K$ gleich sind. Wie in Abb. 3.7 skizziert, erhält das Marsmännchen sein Werbematerial nach einem kompletten Umlauf also von hinten wieder retour.

*Quantitativ* gilt Folgendes: Wie wir aus Lösung 3.11 wissen, bewegen sich Untertasse und Werbematerial *vor* dem Wurf mit der Winkelfrequenz $\omega_K = \sqrt{\mathcal{G}M/x_{\min}^3}$ entlang der geostationäre Kreisbahn; hierbei stellt $M$ die Gesamtmasse des Erde-Paket-Untertasse-Systems dar. Da die Erdmasse $M_E$ *sehr* viel größer als die Massen von Paket oder Untertasse ist, kann man effektiv $\omega_K = \sqrt{\mathcal{G}M_E/x_{\min}^3}$ ansetzen. Da die Umlaufzeit $T$ in einer geostationären Bahn genau einen Sterntag beträgt (d. h. etwa 23 Stunden, 56 Minuten und 4 Sekunden, also 86164 s), gilt $\omega_K = 2\pi/T = 7{,}29212 \cdot 10^{-5}\,\mathrm{s}^{-1}$. Mit $\mathcal{G} = 6{,}6743 \cdot 10^{-11}\,\mathrm{Nm}^2/\mathrm{kg}^2$ und $M_E \simeq 5{,}9724 \cdot 10^{24}\,\mathrm{kg}$ ergibt sich für den Abstand zwischen Untertasse und Erdmittelpunkt $x_{\min} \simeq 42164\,\mathrm{km}$. Die Umlauf*geschwindigkeit* der Raumkapsel ist dann $\omega_K x_{\min} \simeq 3{,}07465\,\mathrm{km/s}$. Da die Untertasse wohl *sehr* viel schwerer als das Paket ist, wird diese auch nach dem Abwurf des Pakets mit der Umlauffrequenz $\omega_K$ der geostationären Kreisbahn folgen. Die Dynamik der Raumkapsel ist hiermit geklärt. Wir befassen uns im Folgenden mit der Bahn des Werbematerials.

Das Paket mit Werbematerial folgt *relativ zur Erde* einer *Kepler-Bahn*, die nur geringfügig von der Kreisbahn abweicht. Wir verwenden die allgemein für Kepler-Bahnen gültigen Formeln (siehe z. B. die Präambel zu Aufgabe 3.11). Wir bezeichnen Größen, die Eigenschaften der *kreisförmigen* geostationären Bahn bzw. der *elliptischen* Kepler-Bahn angeben, mit Indizes „k" und „e". Außerdem nehmen wir o. B. d. A. an, dass die Bewegung in der $\hat{\mathbf{e}}_1$-$\hat{\mathbf{e}}_2$-Ebene stattfindet und sich die Raumkapsel zum Zeitpunkt des Wurfs ($t = 0$) am Ort $\mathbf{x}(0) = x_{\min}\hat{\mathbf{e}}_1$ mit der Geschwindigkeit $\dot{\mathbf{x}}(0) = \omega_K x_{\min}\hat{\mathbf{e}}_2$ befindet. Folglich ist der Beitrag $\mathbf{L} = \mu\mathbf{x} \times \dot{\mathbf{x}}$ der Wurfsendung zum Drehimpuls kurz *vor* dem Wurf gegeben durch $\mathbf{L} = L_k\hat{\mathbf{e}}_3$ mit $L_k = \mu\omega_K x_{\min}^2$ und $\mu = 1$ kg. Der Drehimpuls $\mathbf{L} = L_e\hat{\mathbf{e}}_3$ der Wurfsendung kurz *nach* dem Wurf hat *denselben* Wert: $L_e = L_k = \mu\omega_K x_{\min}^2$, da die Geschwindigkeits*änderung* $-w\hat{\mathbf{e}}_1$ mit $w = 10$ m/s beim Wurf parallel zum Ortsvektor ausgerichtet ist. Da sich der Drehimpuls des Werbematerials beim Wurf nicht ändert, sind auch die Bahnparameter $p = L^2/\mu^2\mathcal{G}M$ gleich: $p_e = p_k = \omega_K^2 x_{\min}^4/\mathcal{G}M_E = x_{\min}$. Folglich hat die elliptische Kepler-Bahn der Wurfsendung die Form

$$x_e(t) = \frac{x_{\min}}{1 + \varepsilon\cos[\varphi_e(t) - \frac{\pi}{2}]} = \frac{x_{\min}}{1 + \varepsilon\sin[\varphi_e(t)]} \qquad \left[\text{mit } \varphi_e(0) = 0\right], \qquad (9.8)$$

wobei die Zeitabhängigkeit von $\varphi_e(t)$ durch Gleichung (3.41) festgelegt ist. Bevor wir $\varphi_e(t)$ näher untersuchen, berechnen wir die Exzentrizität $\varepsilon$. Hierzu betrachten wir die allgemeine Beziehung zwischen Energie und Exzentrizität,

$$E^{(\mathrm{S})} = \tfrac{1}{2}\mu \dot{x}_e^2 + V_f(x_e) = -\tfrac{1}{2}\mu\left(\tfrac{\mathcal{G}\mu M}{L}\right)^2(1-\varepsilon^2) \ .$$

Für $\varepsilon = 0$ erhält man die Energie der Kreisbahn: $E_k = -\tfrac{1}{2}\mu\left(\tfrac{\mathcal{G}\mu M}{L}\right)^2$. Für $\varepsilon > 0$ folgt eine lineare Beziehung zwischen Exzentrizität $\varepsilon$ und Wurfgeschwindigkeit $w$:

$$\tfrac{1}{2}\mu\left(\tfrac{\mathcal{G}\mu M}{L}\right)^2\varepsilon^2 = E^{(\mathrm{S})} - E_k = \tfrac{1}{2}\mu w^2 \quad , \quad \varepsilon = \frac{Lw}{\mathcal{G}\mu M} = w\sqrt{\frac{x_{\min}}{\mathcal{G}M}} = \frac{w}{\omega_K x_{\min}} \ .$$

Der *numerische* Wert der Exzentrizität ist $\varepsilon \simeq 3{,}2524 \cdot 10^{-3}$.

Wir betrachten nun die Zeitabhängigkeit $\varphi_e(t)$ der elliptischen Bahn und führen hierzu, wie in Abschnitt [3.3.2], die Radialkomponente $u(t) \equiv x_e(t) - x_{\min}$ der kleinen Schwingung ein. Gleichung (3.41) zeigt mit $\varphi_e(0) = 0$ und $L_e = \mu\omega_K x_{\min}^2$:

$$\varphi_e(t) \sim \omega_K t - \frac{2u(0)}{x_{\min}}\sin(\omega_K t) - \frac{2\dot{u}(0)}{\omega_K x_{\min}}\left[1 - \cos(\omega_K t)\right] \ .$$

Wegen $u(0) = 0$, $\dot{u}(0) = -w$ und $w/\omega_K x_{\min} = \varepsilon$ ergibt sich:

$$\varphi_e(t) \sim \varphi_k(t) + 2\varepsilon\left[1 - \cos(\omega_K t)\right] \sim \varphi_k(t) + 4\varepsilon\sin^2(\tfrac{1}{2}\omega_K t) \quad , \quad \varphi_k(t) = \omega_K t \ .$$

Setzt man dieses Ergebnis für $\varphi_e(t)$ nun in Gleichung (9.8) ein, so ist die Bahn der Wurfsendung *relativ zur Erde* in Polarkoordinaten vollständig bekannt.

Die *Radialkomponente* der Bahn der Wurfsendung *relativ zur Raumkapsel* folgt dann direkt aus

$$u(t) \equiv x_e(t) - x_{\min} \sim -\varepsilon x_{\min}\sin[\varphi_e(t)] = -\frac{w}{\omega_K}\sin(\omega_K t)$$

und die *Tangentialkomponente* aus

$$v(t) \equiv x_{\min}\left[\varphi_e(t) - \varphi_k(t)\right] \sim 2\varepsilon x_{\min}\left[1 - \cos(\omega_K t)\right] = \frac{2w}{\omega_K}\left[1 - \cos(\omega_K t)\right] \ .$$

Die Beziehung $(2u)^2 + \left(v - \frac{2w}{\omega_K}\right)^2 = \left(\frac{2w}{\omega_K}\right)^2$ zeigt, dass die Bahn *relativ zur Raumkapsel* eine Ellipse mit dem Mittelpunkt $(u, v) = \left(0, \frac{2w}{\omega_K}\right)$ darstellt. Diese Bahn, die Raumkapsel und vier Stationen der Wurfsendung sind in Abbildung 9.11 *blau*, *grün* bzw. *rot* eingezeichnet. Auch die Geschwindigkeitskomponenten liegen auf einer Ellipse: $(2\dot{u})^2 + \dot{v}^2 = (2w)^2$. Die maximale Auslenkung in *radialer* Richtung aus der Kreisbahn ist $w/\omega_K \simeq 1{,}3713 \cdot 10^5$ m $\simeq 137{,}13$ km. Diese radiale Auslenkung ist – wie in Abb. 9.11 dargestellt – während des ersten halben Umlaufs *negativ* und während des zweiten *positiv*. Die Auslenkung aus der Kreisbahn in *tangentialer* Richtung ist immer positiv, da die Wurfsendung während des ersten halben Umlaufs einen *Vorsprung* vor der Raumkapsel aufbaut, der während des zweiten halben Umlaufs wieder abgebaut wird. Der maximale Vorsprung in tangentialer Richtung vor der Raumkapsel ist $4w/\omega_K \simeq 548{,}52$ km. Hiermit ist auch die Bahn relativ zur Raumkapsel bekannt.

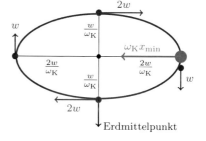

**Abb. 9.11** Bahn der Wurfsendung relativ zur Raumkapsel

## 9.4  Teilsysteme

### Lösung 4.1  Anharmonische Oszillatoren

**(a)** Das Energieerhaltungsgesetz lautet $E = \frac{1}{2}m\dot{z}^2 + V(z)$, hier mit $V(z) = V_0\,|z|^n$ und Parametern $V_0 > 0$, $n > 0$ sowie $E > 0$. Die Geschwindigkeit des anharmonischen Oszillators ist daher $\dot{z} = \pm\{\frac{2}{m}[E - V(z)]\}^{1/2}$. Die Lösung derartiger Differentialgleichungen mit getrennten Variablen ist immer in der Form eines Integrals darstellbar. Beispielsweise ergibt sich für eine Anfangsbedingung $z(0) = 0$ mit $\dot{z}(0) > 0$ für die allgemeine Lösung $t(z)$ mit $z \leq z_{\max}$ und daher speziell für die Dauer $\frac{1}{4}T$ einer Viertelschwingung:

$$t(z) = \int_0^z dz'\,\{\tfrac{2}{m}[E - V(z')]\}^{-1/2} \quad , \quad \tfrac{1}{4}T = \int_0^{z_{\max}} dz\,\{\tfrac{2}{m}[E - V(z)]\}^{-1/2}.$$

Hierbei ist die maximale Auslenkung $z_{\max}$ durch die Bedingung $V(z_{\max}) = E$ festgelegt. Speziell für $V(z) = V_0\,|z|^n$ folgt also mit $z_{\max} = (E/V_0)^{1/n}$ und der Substitution $z = z_{\max}y$:

$$\tfrac{1}{4}T = \int_0^{z_{\max}} dz\,\left[\tfrac{2}{m}(E - V_0\,|z|^n)\right]^{-1/2} = z_{\max}\int_0^1 dy\,\left[\tfrac{2}{m}E(1 - y^n)\right]^{-1/2}$$

$$\propto \frac{z_{\max}}{\sqrt{E}} \propto E^{\frac{1}{n} - \frac{1}{2}}.$$

**(b)** Für das Potential $V(z) = -V_0\cosh^{-2}(az)$ mit $a > 0$ und $-V_0 < E < 0$ erhält man mit $\cosh(az_{\max}) = (V_0/|E|)^{1/2}$ und der Substitution $\sinh(az) \equiv y$:

$$\tfrac{1}{4}T = \int_0^{z_{\max}} dz\,\{\tfrac{2}{m}[E - V(z)]\}^{-1/2} = \int_0^{z_{\max}} dz\,\{\tfrac{2}{m}[-|E| + V_0\cosh^{-2}(az)]\}^{-1/2}$$

$$= \int_0^{z_{\max}} dz\,\frac{\cosh(az)}{\sqrt{\tfrac{2}{m}[V_0 - |E|\cosh^2(az)]}} = \frac{1}{a}\sqrt{\frac{m}{2}}\int_0^{y_{\max}} dy\,\frac{1}{\sqrt{[(V_0 - |E|) - |E|y^2]}}$$

$$= \frac{y_{\max}}{a\sqrt{V_0 - |E|}}\sqrt{\frac{m}{2}}\int_0^1 dx\,\frac{1}{\sqrt{1 - x^2}} = \frac{y_{\max}}{a\sqrt{V_0 - |E|}}\sqrt{\frac{m}{2}}\,\frac{\pi}{2} = \frac{\pi\sqrt{2m}}{4a\sqrt{|E|}}.$$

Hierbei wurde im vierten Schritt

$$y_{\max} \equiv \sinh(az_{\max}) = [\cosh^2(az_{\max}) - 1]^{1/2} = \sqrt{(V_0 - |E|)/|E|}$$

eingeführt und im fünften $y = y_{\max}x$ substituiert. Das verbleibende $x$-Integral ist elementar und gleich $\arcsin(1) = \frac{\pi}{2}$. Für das verwandte Potential $V(z) = V_0\cos^{-2}(az)$ mit $a > 0$, $0 < V_0 < E$ und $|az| < \frac{\pi}{2}$ erhält man dasselbe Ergebnis: $\frac{1}{4}T = \frac{\pi\sqrt{2m}}{4a\sqrt{E}}$. Das Verblüffende an diesen beiden Ergebnissen für die Schwingungsdauer ist, dass sie nur von der *Energie* der Schwingung und nicht von der Potentialstärke $V_0$ abhängen. Im Allgemeinen hat die Schwingungsdauer für ein Potential $V(z) = V_0 v(az)$ mit $a > 0$, $V_0 > 0$ und einer dimensionslosen Potentialfunktion $v$ mit $v(0) = 0$, $v'(0) = 0$ und $v''(0) > 0$ die Form $T = \frac{1}{a}\sqrt{m/E}\,f(E/V_0)$, wobei die dimensionslose Funktion $f$ von $v$ abhängt und in der Form eines Integrals darstellbar ist.

## Lösung 4.2 Das konische Pendel

Aus Gleichung (4.36) folgt $\dot\varphi = \sqrt{g/l}\,\frac{d\varphi}{d\tau} = \sqrt{g/l}\,\frac{\lambda_3}{1-u^2}$. Für das konische Pendel ist die Variable $\vartheta$ zeit*unabhängig*, was bedeutet, dass auch $u = \cos(\vartheta)$ zeit*unabhängig* ist, sodass aufgrund von (4.37) für die 3-Komponente des Drehimpulses $\frac{1}{2}\lambda_3^2 = \varepsilon - V_{\mathrm{f}}(u) = (\varepsilon - u)(1 - u^2)$ gilt. Außerdem muss $u$ dem *Minimum* des effektiven Potentials entsprechen, damit keine Schwingungen in $u$- bzw. $\vartheta$-Richtung auftreten: $u = u'_- = \frac{1}{3}\left(\varepsilon - \sqrt{\varepsilon^2 + 3}\right)$. Aus der Definitionsgleichung von $u'_-$ folgt noch: $0 = V'_{\mathrm{f}}(u) = (1 - u^2) + 2(\varepsilon - u)u$ bzw. $\varepsilon - u = -\frac{1}{2u}(1 - u^2)$, sodass sich die Drehimpulsgleichung auf $\frac{1}{2}\lambda_3^2 = \frac{1}{2|u'_-|}[1 - (u'_-)^2]^2$ vereinfacht. Es folgt $\dot\varphi = \sqrt{g/l}\,|u'_-|^{-1/2}$. Die verlangte *Umlaufzeit* ist daher durch die Energie $E$ festgelegt und lautet

$$T = 2\pi/\dot\varphi = 2\pi\sqrt{l/g}\sqrt{|u'_-|} = 2\pi\sqrt{l/g}\sqrt{\tfrac{1}{3}\left(\sqrt{\varepsilon^2 + 3} - \varepsilon\right)} \quad , \quad \varepsilon = \frac{E}{mgl} \ .$$

Der hier nicht explizit verlangte Gleichgewichtswert der $\vartheta$-Variable folgt noch als $\vartheta = \arccos(u'_-) = \pi - \arccos(|u'_-|) = \pi - \arccos\left[\tfrac{1}{3}\left(\sqrt{\varepsilon^2 + 3} - \varepsilon\right)\right]$.

## Lösung 4.3 Beziehung zwischen Schwingungsdauer und Potential

(a) Die Herleitung verläuft zunächst analog zu Lösung 4.1. Aus der Bewegungsgleichung $m\ddot S = -V'(S)$ folgt durch Multiplikation mit $\dot S$ das Energieerhaltungsgesetz $\frac{d}{dt}\left[\frac{1}{2}m\dot S^2 + V(S)\right] = 0$ bzw. $E = \frac{1}{2}m\dot S^2 + V(S)$. Die Geschwindigkeit des Pendels ist daher $\dot S = \pm\left\{\frac{2}{m}[E - V(S)]\right\}^{1/2}$. Die Lösung dieser Differentialgleichung mit getrennten Variablen lautet für die Anfangsbedingung $S(0) = 0$ mit $\dot S(0) > 0$ und $t = \frac{1}{4}T$ (d. h. für eine Viertelschwingung):

$$\tfrac{1}{4}T = \int_0^{S_{\max}} dS\,\frac{1}{\sqrt{\frac{2}{m}[E - V(S)]}} \quad , \quad T(E) = 2\sqrt{2m}\int_0^{S_{\max}} dS\,\frac{1}{\sqrt{E - V(S)}}\ .$$

Hierbei ist die maximale Auslenkung $S_{\max}$ wegen der strikten Monotonie von $V(S)$ eindeutig durch die Bedingung $V(S_{\max}) = E$ festgelegt.

(b) Um das verlangte Ergebnis zu erhalten muss man lediglich $dS = S'(V)dV$ einsetzen und verwenden, dass die Obergrenze des $V$-Integrals durch $V_{\max} = V(S_{\max}) = E$ festgelegt ist; die Untergrenze folgt aus unserer Konvention $V(0) = 0$.

(c) Wir setzen zuerst die Definition von $I[f'](y)$ in $I^2[f'](z)$ ein:

$$I^2[f'](z) = I\left[I[f']\right](z) = \int_0^z dy\,\frac{I[f'](y)}{\sqrt{z - y}}$$

$$= \int_0^z dy \int_0^y dx\,\frac{f'(x)}{\sqrt{(z - y)(y - x)}}$$

$$= \int_0^z dx\,f'(x)\int_x^z dy\,\frac{1}{\sqrt{(z - y)(y - x)}} \ ,$$

wobei im letzten Schritt die Integrationsreihenfolge vertauscht wurde. Das $y$-Integral auf der rechten Seite kann mit den Substitutionen $y = x + \lambda(z - x)$

und $\lambda = \frac{1}{2}[1 - \cos(\varphi)]$ explizit berechnet werden:

$$\int_x^z dy \, \frac{1}{\sqrt{(z-y)(y-x)}} = \int_0^1 d\lambda \, \frac{z-x}{\sqrt{(z-x)^2(1-\lambda)\lambda}} = \int_0^1 d\lambda \, \frac{1}{\sqrt{(1-\lambda)\lambda}}$$

$$= \int_0^1 d\lambda \, \frac{1}{\sqrt{\frac{1}{4} - (\lambda - \frac{1}{2})^2}} = \int_0^\pi d\varphi \, \frac{\sin(\varphi)}{\sqrt{1 - \cos^2(\varphi)}} = \int_0^\pi d\varphi = \pi \, .$$

Durch Einsetzen dieses Ergebnisses in den Ausdruck für $I^2[f'](z)$ erhält man $I^2[f'](z) = \pi \int_0^z dx \, f'(x) = \pi[f(z) - f(0)]$. Wegen der Konvention $V(0) = 0$ und daher $S(0) = 0$ folgt hieraus:

$$\pi S(V) = \pi[S(V) - S(0)] = I^2[S'](V) = \frac{I[T](V)}{2\sqrt{2m}} = \frac{1}{2\sqrt{2m}} \int_0^V dE \, \frac{T(E)}{\sqrt{V-E}} \, .$$

Diese Gleichung zeigt, dass sich aus der Funktion $T(E)$ *eindeutig* die Funktion $S(V)$ und daher auch *eindeutig* ihre Umkehrfunktion $V(S)$ ergibt. Die Eindeutigkeit der Umkehrfunktion folgt hierbei wieder aus der strikten Monotonie von $V(S)$.

**(d)** Speziell für $T(E) = \frac{2\pi}{\omega}$ mit $\omega = \sqrt{g/l}$ folgt also aus **(c)**:

$$\omega\sqrt{2m} S(V) = \int_0^V dE \, \frac{1}{\sqrt{V-E}} = -2\sqrt{V-E} \Big|_0^V = 2\sqrt{V} \quad , \quad S(V) = \sqrt{\frac{2V}{m\omega^2}} \, .$$

Durch Auflösen nach $V$ erhält man dann $V(S) = \frac{1}{2}m\omega^2 S^2$.

Analog zu **(d)** kann man bestimmen, welche Potentialfunktion $V(S)$ eine Schwingungsdauer $T = \frac{\pi}{a}(\frac{2m}{V_0-E})^{1/2}$ mit $V_0 > 0$ und $0 \leq E < V_0$ ergibt. Das *eindeutige* Ergebnis lautet $V(S) = V_0 \tanh^2(aS)$. Fordert man alternativ eine Schwingungsdauer $T = \frac{\pi}{a}(\frac{2m}{E+V_0})^{1/2}$ mit $V_0 > 0$ und $E > 0$, so erhält man als *eindeutiges* Ergebnis das Potential $V(S) = V_0 \tan^2(aS)$. Sehen Sie eine Beziehung zu den in Lösung 4.1 **(b)** behandelten Potentialen mit der Schwingungsdauer $T = \frac{\pi}{a}(\frac{2m}{|E|})^{1/2}$?

## Lösung 4.4 Lorentz-Kraft mit konstanten Feldern

**(a)** Aus der Definition $\xi(t) \equiv x_1(t) + ix_2(t)$ und der Bewegungsgleichung $\ddot{\mathbf{x}} = (\varepsilon_1 + \omega\dot{x}_2, -\omega\dot{x}_1, \varepsilon_3)$ mit $\omega \equiv qB/m$ und $\varepsilon_j \equiv qE_j/m$ erhält man

$$\ddot{\xi} = \ddot{x}_1 + i\ddot{x}_2 = (\varepsilon_1 + \omega\dot{x}_2) + i(-\omega\dot{x}_1) = -i\omega(\dot{x}_1 + i\dot{x}_2) + \varepsilon_1 = -i\omega\big(\dot{\xi} + i\frac{\varepsilon_1}{\omega}\big) \, .$$

Diese Gleichung kann man wie folgt umschreiben:

$$\frac{d}{dt}\big(\dot{\xi} + i\frac{\varepsilon_1}{\omega}\big) = \ddot{\xi} = -i\omega\big(\dot{\xi} + i\frac{\varepsilon_1}{\omega}\big) \quad , \quad \big(\dot{\xi} + i\frac{\varepsilon_1}{\omega}\big) = e^{-i\omega t}\big[\dot{\xi}(0) + i\frac{\varepsilon_1}{\omega}\big] \, .$$

Direkte Integration dieses Ergebnisses zeigt:

$$\xi(t) = \xi(0) - i\frac{\varepsilon_1}{\omega}t + \frac{i}{\omega}\big(e^{-i\omega t} - 1\big)\big[\dot{\xi}(0) + i\frac{\varepsilon_1}{\omega}\big] = \mu(t) + \rho \, e^{-i\omega t}$$

mit $\mu(t) \equiv \xi(0) - \rho - i\frac{\varepsilon_1}{\omega}t$ und $\rho \equiv \frac{i}{\omega}\big[\dot{\xi}(0) + i\frac{\varepsilon_1}{\omega}\big]$. Wegen der Eigenschaft $|\xi(t) - \mu(t)| = |\rho| = $ konstant beschreibt die Bahn in der $\xi$-Sprache eine Bewegung entlang des Kreises mit dem Mittelpunkt $\mu(t) \in \mathbb{C}$ bzw. mit dem Mittelpunkt $\big(x_1(0) + \frac{\varepsilon_1}{\omega^2} + \frac{\dot{x}_2(0)}{\omega}, x_2(0) - \frac{\dot{x}_1(0)}{\omega} - \frac{\varepsilon_1}{\omega}t\big) \in \mathbb{R}^2$ in der $(x_1, x_2)$-Sprache. Die Zeitabhängigkeit des Mittelpunkts beschreibt eine Driftbewegung des geladenen Teilchens in $\hat{\mathbf{e}}_2$-Richtung, also *senkrecht* auf der **E**-Richtung.

**(b)** Im Limes $B \to 0$ gilt $\omega \to 0$ und daher $\ddot{\mathbf{x}} = (\varepsilon_1, 0, \varepsilon_3)^{\mathrm{T}}$ bzw. $\mathbf{x}(t) = \mathbf{x}(0) + \dot{\mathbf{x}}(0)t + \frac{1}{2}t^2(\varepsilon_1, 0, \varepsilon_3)^{\mathrm{T}}$. Folglich entwickeln sich $x_2$ *linear* und $x_{1,3}$ *quadratisch* als Funktionen der Zeit. Die Bahn ist also parabelförmig.

**(c)** Wegen $\mathbf{E} = E_1\hat{\mathbf{e}}_1 + E_3\hat{\mathbf{e}}_3$ und $\mathbf{E} \times \mathbf{B} = E_1 B\hat{\mathbf{e}}_1 \times \hat{\mathbf{e}}_3 = -E_1 B\hat{\mathbf{e}}_2$ gilt in diesem Limes $E_1 \to 0$ und daher $\varepsilon_1 = qE_1/m \to 0$ bei festem $\varepsilon_3$. Es folgt also wie in **(a)**: $\xi(t) = \mu + \rho\, e^{-i\omega t}$, nun jedoch mit zeit*unabhängigem* $\mu = \xi(0) - \rho$ und mit $\rho = \frac{i}{\omega}\dot{\xi}(0) = \frac{i}{\omega}[\dot{x}_1(0) + i\dot{x}_2(0)]$.

**(d)** Die Arbeit ist linear als Funktion von $\delta\mathbf{x}$ und unabhängig von $\delta t$, denn: $W = \int_{\mathbf{x}_1}^{\mathbf{x}_2} d\mathbf{x} \cdot \mathbf{F}_{\mathrm{Lor}} = q\int_{\mathbf{x}_1}^{\mathbf{x}_2} d\mathbf{x} \cdot (\mathbf{E} + \dot{\mathbf{x}} \times \mathbf{B}) = q\mathbf{E} \cdot \int_{t_1}^{t_2} dt\, \dot{\mathbf{x}} = q\mathbf{E} \cdot \mathbf{x}_{21} = q\mathbf{E} \cdot \delta\mathbf{x}$.

### Lösung 4.5 Geladenes Teilchen in der Falle

**(a)** Die Bewegungsgleichung lautet $\ddot{\mathbf{x}} = \frac{q}{m}(\mathbf{E} + \dot{\mathbf{x}} \times \mathbf{B}) = \frac{q}{m}(\varepsilon\mathbf{x} + B\dot{\mathbf{x}} \times \hat{\mathbf{e}}_1) = -\alpha^2\mathbf{x} + \omega\,(0, \dot{x}_3, -\dot{x}_2)^{\mathrm{T}}$. Die Anfangswerte $\mathbf{x}(0)$ und $\dot{\mathbf{x}}(0)$ sind vorgegeben. Speziell gilt $\ddot{x}_1 = -\alpha^2 x_1$ und daher $x_1(t) = x_1(0)\cos(\alpha t) + \frac{1}{\alpha}\dot{x}_1(0)\sin(\alpha t)$.

**(b)** Mit der Definition $\mathbf{y} \equiv (x_2, \dot{x}_2/\alpha, x_3, \dot{x}_3/\alpha)^{\mathrm{T}}$ folgt:

$$\dot{\mathbf{y}} = \begin{pmatrix} \dot{x}_2 \\ \ddot{x}_2/\alpha \\ \dot{x}_3 \\ \ddot{x}_3/\alpha \end{pmatrix} = \begin{pmatrix} \alpha y_2 \\ (-\alpha^2 x_2 + \omega\dot{x}_3)/\alpha \\ \alpha y_4 \\ (-\alpha^2 x_3 - \omega\dot{x}_2)/\alpha \end{pmatrix} = \begin{pmatrix} \alpha y_2 \\ -\alpha y_1 + \omega y_4 \\ \alpha y_4 \\ -\alpha y_3 - \omega y_2 \end{pmatrix} = \begin{pmatrix} 0 & \alpha & 0 & 0 \\ -\alpha & 0 & 0 & \omega \\ 0 & 0 & 0 & \alpha \\ 0 & -\omega & -\alpha & 0 \end{pmatrix}\mathbf{y} \equiv A\mathbf{y}\;.$$

Da $A$ zeitunabhängig, reell und *antisymmetrisch* ist, ist $-iA$ rein imaginär und *hermitesch* und deshalb diagonalisierbar mit einer unitären Transformation: $-iA = U(-iA_{\mathrm{D}})U^{\dagger}$ mit $UU^{\dagger} = \mathbb{1}_4$ und $-iA_{\mathrm{D}} = \mathrm{diag}(\lambda_1, \lambda_2, \lambda_3, \lambda_4)$ *reell*. Folglich gilt auch $A = UA_{\mathrm{D}}U^{\dagger}$ mit $A_{\mathrm{D}} = \mathrm{diag}(i\lambda_1, i\lambda_2, i\lambda_3, i\lambda_4)$ rein imaginär. Die Eigenwerte folgen als die Lösungen der quartischen Gleichung:

$$0 = \det\left(A - i\lambda\mathbb{1}_4\right) = \det\begin{pmatrix} -i\lambda & \alpha & 0 & 0 \\ -\alpha & -i\lambda & 0 & \omega \\ 0 & 0 & -i\lambda & \alpha \\ 0 & -\omega & -\alpha & -i\lambda \end{pmatrix}$$

$$= -i\lambda\det\begin{pmatrix} -i\lambda & 0 & \omega \\ 0 & -i\lambda & \alpha \\ -\omega & -\alpha & -i\lambda \end{pmatrix} + \alpha\det\begin{pmatrix} \alpha & 0 & 0 \\ 0 & -i\lambda & \alpha \\ -\omega & -\alpha & -i\lambda \end{pmatrix}$$

$$= -i\lambda\left[(-i\lambda)(\alpha^2 - \lambda^2) + \omega(-i\omega\lambda)\right] + \alpha^2(\alpha^2 - \lambda^2) = (\alpha^2 - \lambda^2)^2 - \omega^2\lambda^2$$

$$= \lambda^4 - (2\alpha^2 + \omega^2)\lambda^2 + \alpha^4\;.$$

Im dritten Schritt wurde nach der ersten Spalte der Determinante entwickelt, im vierten nach der jeweils ersten Zeile. Die quartische Gleichung für $\lambda$ hat die Form einer quadratischen Gleichung für $\lambda^2$, die die Lösungen

$$\lambda^2 = \tfrac{1}{2}\left[2\alpha^2 + \omega^2 \pm \sqrt{(2\alpha^2 + \omega^2)^2 - 4\alpha^4}\right] \equiv (\omega_{\pm})^2 \in \mathbb{R}^+$$

hat. Die Ungleichungen $0 < (2\alpha^2 + \omega^2)^2 - 4\alpha^4 = 4\alpha^2\omega^2 + \omega^4 < (2\alpha^2 + \omega^2)^2$ zeigen, dass erstens das Argument der Wurzel *positiv* ist, sodass $(\omega_{\pm})^2 \in \mathbb{R}$ gilt, und zweitens auch $\lambda^2$ *positiv* ist, woraus $(\omega_{\pm})^2 \in \mathbb{R}^+$ folgt. Die Eigenwerte von $A$ haben also die Form $\pm i\omega_{\pm}$ mit $\omega_{\pm} \in \mathbb{R}^+$.

**(c)** Mit $\mathbf{y}_0 \equiv \mathbf{y}(0)$ und $e^{A_\mathrm{D} t} = \mathrm{diag}(e^{i\omega_+ t}, e^{-i\omega_+ t}, e^{i\omega_- t}, e^{-i\omega_- t})$ folgt aus **(b)**:

$$\mathbf{y}(t) = e^{At}\mathbf{y}_0 = e^{U A_\mathrm{D} U^\dagger t}\mathbf{y}_0 = U e^{A_\mathrm{D} t} U^\dagger \mathbf{y}_0 \,.$$

Folglich sind $x_2 = y_1$ und $x_3 = y_3$ reelle Linearkombinationen der Funktionen $e^{\pm i\omega_\pm t}$ und müssen daher die in der Aufgabe angegebene Form haben. Vier Gleichungen für die Koeffizienten folgen aufgrund der vorgegebenen Anfangsbedingungen aus $A_2 + C_2 = x_2(0)$, $A_3 + C_3 = x_3(0)$, $\omega_+ B_2 + \omega_- D_2 = \dot{x}_2(0)$ und $\omega_+ B_3 + \omega_- D_3 = \dot{x}_3(0)$. Vier weitere Gleichungen folgen aus der Differentialgleichung $\ddot{x}_2 = -\alpha^2 x_2 + \omega \dot{x}_3$, nämlich:

$$(\alpha^2 - \omega_+^2)A_2 = \omega\omega_+ B_3 \quad , \quad (\alpha^2 - \omega_+^2)B_2 = -\omega\omega_+ A_3$$
$$(\alpha^2 - \omega_-^2)C_2 = \omega\omega_- D_3 \quad , \quad (\alpha^2 - \omega_-^2)D_2 = -\omega\omega_- C_3 \,.$$

Die Differentialgleichung $\ddot{x}_3 = -\alpha^2 x_3 - \omega \dot{x}_2$ ergibt keine zusätzliche Information: Man erhält dieselben vier Gleichungen.

### Lösung 4.6 Schwimmende Körper mit dreieckigem Querschnitt

Der Körper ist *homogen* mit *gleichseitigem dreieckigem* Querschnitt. Wir wählen die Kantenlänge des Dreiecks als *Längeneinheit*, sodass seine Höhe $H$ durch $\frac{1}{2}\sqrt{3}$ gegeben ist (siehe Abbildung 9.12). Die *Masseneinheit* wird so gewählt, dass die Massendichte $\rho_\mathcal{F}$ der Flüssigkeit gleich eins ist, sodass die Massendichte des Körpers durch $\rho_\mathcal{K} = \rho$ gegeben ist. Das Problem ist damit dimensionslos formuliert. Wir wählen den Ursprung des Koordinatensystems in der Mitte der unteren Kante in Abb. 9.12. Es gilt $x_1 \in [-\frac{1}{2}\ell, \frac{1}{2}\ell]$, wobei $\ell$ die Länge des Körpers ist; diese Länge soll hinreichend groß sein ($\ell \gg 1$), damit die Gleichgewichtslage für $|x_1| \leq \frac{1}{2}\ell$ translationsinvariant in $\hat{\mathbf{e}}_1$-Richtung ist. Der Flächeninhalt des dreieckigen Querschnitts ist $\frac{1}{2}H = \frac{1}{2} \cdot \frac{1}{2}\sqrt{3} = \frac{1}{4}\sqrt{3}$. Der Massenschwerpunkt $\mathbf{x}_\mathcal{K}$ hat aufgrund der Symmetrie die Form $\mathbf{x}_\mathcal{K} = \lambda\hat{\mathbf{e}}_3$, wobei $\lambda$ bestimmt wird durch die Bedingung, dass der Abstand von $\mathbf{x}_\mathcal{K}$ zu allen Ecken gleich groß sein soll:

$$\sqrt{\lambda^2 + \tfrac{1}{4}} = |\mathbf{x}_\mathcal{K} - \tfrac{1}{2}\hat{\mathbf{e}}_2| = |\mathbf{x}_\mathcal{K} - H\hat{\mathbf{e}}_3| = |\mathbf{x}_\mathcal{K} - \tfrac{1}{2}\sqrt{3}\hat{\mathbf{e}}_3| = \tfrac{1}{2}\sqrt{3} - \lambda \,.$$

Durch Auflösen dieser Gleichung nach $\lambda$ erhält man als Ergebnis $\lambda = \frac{1}{2\sqrt{3}}$. Der Massenschwerpunkt des Körpers ist daher durch $\mathbf{x}_\mathcal{K} = \frac{1}{2\sqrt{3}}\hat{\mathbf{e}}_3 = \frac{1}{3}H\hat{\mathbf{e}}_3$ gegeben. Wir betrachten im Folgenden die verschiedenen möglichen Schwimmlagen.

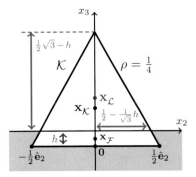

**Abb. 9.12** Querschnitt durch $\mathcal{K}$
(homogen, Dichte $\rho = \frac{1}{4}$, $x_1 = 0$)

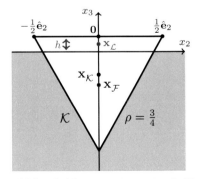

**Abb. 9.13** Querschnitt durch $\mathcal{K}$
(homogen, Dichte $\rho = \frac{3}{4}$, $x_1 = 0$)

**(a)** Wir untersuchen zuerst mögliche Schwimmlagen mit einer waagerechten, d. h. in $\hat{\mathbf{e}}_2$-Richtung ausgerichteten unteren Kante (siehe Abb. 9.12). Wir nehmen an, dass die Grenzfläche zwischen Luft und Flüssigkeit in der Gleichgewichtslage bei $x_3 = h$ liegt. Die Schwerkraft zeigt in dieser Lage in $-\hat{\mathbf{e}}_3$-Richtung. Aus der Bedingung $M_\mathcal{K} = M_\mathcal{F}$ folgt

$$\tfrac{1}{4}\sqrt{3}\rho = \ell^{-1}M_\mathcal{K} = \ell^{-1}M_\mathcal{F} = \tfrac{1}{2}\sqrt{3}\cdot\tfrac{1}{2} - \left(\tfrac{1}{2}\sqrt{3} - h\right)\left(\tfrac{1}{2} - \tfrac{h}{\sqrt{3}}\right) = -\tfrac{1}{\sqrt{3}}h^2 + h \ .$$

Die einzige Lösung dieser Gleichung, die die Eigenschaft $h \le H = \tfrac{1}{2}\sqrt{3}$ erfüllt, lautet: $h = \tfrac{1}{2}\sqrt{3}\left(1 - \sqrt{1-\rho}\right)$. Hieraus folgt, dass das Teilvolumen $V_\mathcal{L}$, das sich über der Flüssigkeit befindet, eine Höhe $H - h = \tfrac{1}{2}\sqrt{3} - h$ hat. Analog zur Berechnung von $\mathbf{x}_\mathcal{K}$ folgt für den Massenschwerpunkt dieses Teilvolumens: $\mathbf{x}_\mathcal{L} = h\hat{\mathbf{e}}_3 + \tfrac{1}{3}(H - h)\hat{\mathbf{e}}_3 = \left(\tfrac{2}{3}h + \tfrac{1}{6}\sqrt{3}\right)\hat{\mathbf{e}}_3$. Der Massenschwerpunkt der verdrängten Flüssigkeit folgt dann aus Gleichung (4.78), $\mathbf{x}_\mathcal{K} = \rho\mathbf{x}_\mathcal{F} + (1-\rho)\mathbf{x}_\mathcal{L}$, durch Einsetzen von $\mathbf{x}_\mathcal{K}$, $\mathbf{x}_\mathcal{L}$ und $h(\rho)$:

$$\mathbf{x}_\mathcal{F} = \tfrac{1}{\rho}\left[\mathbf{x}_\mathcal{K} - (1-\rho)\mathbf{x}_\mathcal{L}\right] = \tfrac{1}{\rho\sqrt{3}}\left[\tfrac{3}{2}\rho + (1-\rho)^{3/2} - 1\right]\hat{\mathbf{e}}_3 \ .$$

Wir betrachten nun die *Stabilität* dieser Gleichgewichtslage. Das Volumen der verdrängten Flüssigkeit ist $V_\mathcal{F} = \rho V_K = \tfrac{1}{4}\sqrt{3}\rho\ell$. Die Breite des Körpers an der Grenzfläche ist $w = 2\left(\tfrac{1}{2} - \tfrac{h}{\sqrt{3}}\right) = 1 - \tfrac{2}{\sqrt{3}}h$, d. h. $w = 1 - \left(1 - \sqrt{1-\rho}\right) = \sqrt{1-\rho}$. Der Abstand der Massenschwerpunkte $\mathbf{x}_\mathcal{K}$ und $\mathbf{x}_\mathcal{F}$ ist gleich

$$\left|\mathbf{x}_\mathcal{K} - \mathbf{x}_\mathcal{F}\right| = \tfrac{1}{2\sqrt{3}}\left\{1 - \tfrac{2}{\rho}\left[\tfrac{3}{2}\rho + (1-\rho)^{3/2} - 1\right]\right\} = \tfrac{1-\rho}{\rho\sqrt{3}}\left[1 - \sqrt{1-\rho}\right] \ .$$

Das Stabilitätskriterium (4.77b) lautet daher:

$$\tfrac{1}{12}\ell(1-\rho)^{3/2} = \tfrac{1}{12}\ell w^3 > V_\mathcal{F}\left|\mathbf{x}_\mathcal{K} - \mathbf{x}_\mathcal{F}\right| = \tfrac{1}{4}\ell(1-\rho)\left[1 - \sqrt{1-\rho}\right] \ ,$$

d. h. $\tfrac{4}{3}\sqrt{1-\rho} > 1$ bzw. $1 - \rho > \left(\tfrac{3}{4}\right)^2 = \tfrac{9}{16}$. Wir stellen somit fest, dass die Schwimmlage mit waagerechter *Unterseite* des Dreiecks *stabil* ist für Dichten im Intervall $0 < \rho < \tfrac{7}{16}$. Mit Hilfe der Symmetrieüberlegungen für *homogene* Körper mit Dichten $\rho$ und $1 - \rho$, siehe Gleichung (4.79), stellen wir außerdem fest, dass die Schwimmlage mit waagerechter *Oberseite* (siehe Abb. 9.13) *stabil* ist für Dichten im Intervall $0 < 1 - \rho < \tfrac{7}{16}$, d. h. $\tfrac{9}{16} < \rho < 1$. Nur im Bereich $\tfrac{7}{16} < \rho < \tfrac{9}{16}$ haben wir also noch keine stabile Gleichgewichtslage gefunden.

Wir benötigen im Folgenden ein paar Regeln für die Berechnung von Schwerpunkten und betrachten hierzu ein endliches Gebiet $\Gamma$ in der $\hat{\mathbf{e}}_2$-$\hat{\mathbf{e}}_3$-Ebene. Der Schwerpunkt dieses zweidimensionalen Gebiets ist gegeben durch

$$\mathbf{x}_\Gamma = \int_\Gamma d^2x \begin{pmatrix} x_2 \\ x_3 \end{pmatrix} \bigg/ \int_\Gamma d^2x = \frac{1}{\text{Vol}(\Gamma)}\int_\Gamma d^2x \begin{pmatrix} x_2 \\ x_3 \end{pmatrix} \ . \tag{9.9a}$$

Falls $\Gamma$ die Teilgebiete $\gamma_l$ hat (mit $\cup_l\gamma_l = \Gamma$ und $\gamma_i \cap \gamma_j = \emptyset$ für $i \ne j$), kann $\mathbf{x}_\Gamma$ als Linearkombination der Schwerpunkte der Teilgebiete geschrieben werden:

$$\mathbf{x}_\Gamma = \frac{1}{\text{Vol}(\Gamma)}\sum_l \int_{\gamma_l} d^2x \begin{pmatrix} x_2 \\ x_3 \end{pmatrix} = \sum_l \frac{\text{Vol}(\gamma_l)}{\text{Vol}(\Gamma)}\mathbf{x}_{\gamma_l} \ . \tag{9.9b}$$

Als Beispiel für die Berechnung eines Schwerpunkts betrachten wir ein *rechtwinkliges* Dreieck $\Gamma = \lfloor\!\searrow$, das aufgespannt wird durch die Vektoren $\mathbf{a} = a\hat{\mathbf{e}}_2$ und $\mathbf{b} = b\hat{\mathbf{e}}_3$ mit $a, b > 0$. Wegen $\mathrm{Vol}(\lfloor\!\searrow) = \frac{1}{2}ab$ folgt aus (9.9a) für den Schwerpunkt dieses Dreiecks: $\mathbf{x}_{\lfloor\!\searrow} = \frac{1}{3}\binom{a}{b}$. Mit Hilfe dieses Ergebnisses und (9.9b) zeigt man übrigens leicht, dass der Schwerpunkt eines *beliebigen* Dreiecks $\triangle$ mit den Ecken $\{\mathbf{x}_1, \mathbf{x}_2, \mathbf{x}_3\}$ einfach durch das arithmetische Mittel $\mathbf{x}_\triangle = \frac{1}{3}(\mathbf{x}_1 + \mathbf{x}_2 + \mathbf{x}_3)$ gegeben ist. Wir wenden diese Formeln für $\mathbf{x}_{\lfloor\!\searrow}$ und $\mathbf{x}_\triangle$ im Folgenden mehrmals an.

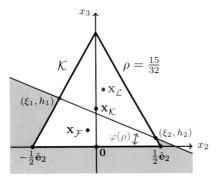

**Abb. 9.14** Querschnitt durch $\mathcal{K}$ (homogen, Dichte $\rho = \frac{15}{32}$, $x_1 = 0$)

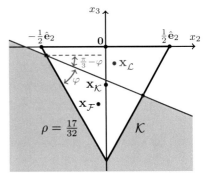

**Abb. 9.15** Querschnitt durch $\mathcal{K}$ (homogen, Dichte $\rho = \frac{17}{32}$, $x_1 = 0$)

**(b)** Als Ausgangspunkt nehmen wir die Schwimmlage in Abb. 9.12, die für die kritische Dichte $\rho_{c1} \equiv \frac{7}{16}$ gerade noch stabil ist, und untersuchen mögliche Änderungen der Gleichgewichtslage bei einer Erhöhung der Dichte $\rho$. Wir wählen *körperfeste* Koordinaten, sodass auch für $\rho > \frac{7}{16}$ die untere Kante in Abb. 9.14 parallel zur $\hat{\mathbf{e}}_2$-Achse ausgerichtet ist und der Ursprung $\mathbf{0} = \binom{0}{0}$ der $\hat{\mathbf{e}}_2$-$\hat{\mathbf{e}}_3$-Ebene in ihrer Mitte liegt. Die obere Spitze des Dreiecks in Abb. 9.14 hat daher auch für $\rho > \frac{7}{16}$ die Koordinaten $\frac{1}{2}\sqrt{3}\hat{\mathbf{e}}_3$, und der Massenschwerpunkt des Körpers liegt bei $\mathbf{x}_\mathcal{K} = \frac{1}{2\sqrt{3}}\hat{\mathbf{e}}_3$. Wir untersuchen zunächst mögliche Schwimmlagen mit *einem* Eckpunkt und danach solche mit *zwei* Eckpunkten des Dreiecks über der Flüssigkeit. Wie in Abb. 9.14 speziell für $\rho = \frac{15}{32}$ dargestellt, schließt die Grenzfläche zwischen Luft und Flüssigkeit nun einen Winkel $\varphi(\rho) \neq 0$ mit der $\hat{\mathbf{e}}_2$-Achse ein, wobei $\tan(\varphi) = \frac{h_1 - h_2}{\xi_2 - \xi_1}$ gilt. Die $x_2$-Koordinaten $\xi_{1,2}(\rho)$ sowie die $x_3$-Koordinaten $h_{1,2}(\rho)$ sind ebenfalls in Abb. 9.14 dargestellt. O. B. d. A. nehmen wir $h_1 > h_2$ an. Dann gelten die Beziehungen:

$$h_1 = \sqrt{3}\left(\tfrac{1}{2} + \xi_1\right) \ , \quad h_2 = \sqrt{3}\left(\tfrac{1}{2} - \xi_2\right) \ , \quad \xi_1 = \tfrac{1}{\sqrt{3}}h_1 - \tfrac{1}{2} \ , \quad \xi_2 = \tfrac{1}{2} - \tfrac{1}{\sqrt{3}}h_2 \ .$$

Das Ziel ist im Folgenden, $\varphi(\rho)$, $\xi_{1,2}(\rho)$ und $h_{1,2}(\rho)$ zu bestimmen. Hierzu konzentrieren wir uns auf das Teilvolumen $\mathcal{L}$, das sich *über* der Grenzfläche zwischen Luft und Flüssigkeit befindet. Für die Querschnitte von $\mathcal{K}$, $\mathcal{F}$ und $\mathcal{L}$ mit der $\hat{\mathbf{e}}_2$-$\hat{\mathbf{e}}_3$-Ebene führen wir die Notationen $\mathcal{Q}_\mathcal{K}$, $\mathcal{Q}_\mathcal{F}$ und $\mathcal{Q}_\mathcal{L}$ ein; die entsprechenden Flächeninhalte werden als $F_\mathcal{K}$, $F_\mathcal{F}$ und $F_\mathcal{L}$ bezeichnet.

Eine erste Beziehung zwischen $h_{1,2}$ und $\rho$ folgt aus der allgemein gültigen Identität $F_\mathcal{L} = V_\mathcal{L}/\ell = (1-\rho)V_\mathcal{K}/\ell = (1-\rho)F_\mathcal{K} = \frac{1}{4}\sqrt{3}(1-\rho)$, die der *ersten*

Gleichgewichtsbedingung $M_K = M_F$ in Gleichung (4.73) entspricht. Der Flächeninhalt $F_L$ des dreieckigen Querschnitts $Q_L$ in Abb. 9.14 kann nämlich auch direkt berechnet werden als die *Hälfte* der Fläche des von den Vektoren $(\frac{1}{2}\sqrt{3} - h_1)\hat{e}_3 - \xi_1\hat{e}_2$ und $(\frac{1}{2}\sqrt{3} - h_2)\hat{e}_3 - \xi_2\hat{e}_2$ aufgespannten Parallelogramms:

$$
\begin{aligned}
F_L &= \tfrac{1}{2}\big\{\big[(\tfrac{1}{2}\sqrt{3} - h_1)\hat{e}_3 - \xi_1\hat{e}_2\big] \times \big[(\tfrac{1}{2}\sqrt{3} - h_2)\hat{e}_3 - \xi_2\hat{e}_2\big]\big\} \cdot \hat{e}_1 \\
&= \tfrac{1}{2}\big[(\tfrac{1}{2}\sqrt{3} - h_1)\xi_2 - \xi_1(\tfrac{1}{2}\sqrt{3} - h_2)\big] = \tfrac{1}{4}\sqrt{3}(\xi_2 - \xi_1) + \tfrac{1}{2}(\xi_1 h_2 - \xi_2 h_1) \\
&= \tfrac{1}{4}\sqrt{3}\big[1 - \tfrac{1}{\sqrt{3}}(h_1 + h_2)\big] + \tfrac{1}{2}\big[(\tfrac{1}{\sqrt{3}}h_1 - \tfrac{1}{2})h_2 - (\tfrac{1}{2} - \tfrac{1}{\sqrt{3}}h_2)h_1\big] \\
&= \tfrac{1}{4}\sqrt{3} - \tfrac{1}{2}(h_1 + h_2) + \tfrac{1}{\sqrt{3}}h_1 h_2 \overset{!}{=} \tfrac{1}{4}\sqrt{3}(1 - \rho) \, . \tag{9.10}
\end{aligned}
$$

In dieser Weise erhalten wir die erste Beziehung $\frac{1}{2}(h_1 + h_2) - \frac{1}{\sqrt{3}}h_1 h_2 = \frac{1}{4}\sqrt{3}\rho$.

Eine zweite Beziehung zwischen $h_{1,2}$ und $\rho$ folgt aus der *zweiten* Gleichgewichtsbedingung in (4.73), die besagt, dass der Vektor $x_K - x_F$ senkrecht zur Grenzfläche zwischen Luft und Flüssigkeit ausgerichtet sein muss. Hierzu benötigen wir den Schwerpunkt $x_F = \frac{1}{\rho}\big[x_K - (1 - \rho)x_L\big]$ oder äquivalent den Schwerpunkt $x_L$. Da der Querschnitt $Q_L$ in Abb. 9.14 *dreieckig* ist, ist $x_L$ durch das arithmetische Mittel der drei Eckpunkte von $Q_L$ gegeben:

$$
\begin{aligned}
x_L &= \tfrac{1}{3}\big[(\tfrac{1}{2}\sqrt{3} + h_1 + h_2)\hat{e}_3 + (\xi_1 + \xi_2)\hat{e}_2\big] \\
&= \tfrac{1}{3}\big[(\tfrac{1}{2}\sqrt{3} + h_1 + h_2)\hat{e}_3 + \tfrac{1}{\sqrt{3}}(h_1 - h_2)\hat{e}_2\big] \, .
\end{aligned}
$$

Hieraus folgt der Schwerpunkt $x_F$ der verdrängten Flüssigkeit:

$$
\begin{aligned}
x_F &= \tfrac{1}{\rho}\big[x_K - (1 - \rho)x_L\big] \\
&= \tfrac{1}{\rho}\big\{\tfrac{1}{6}\sqrt{3}\hat{e}_3 - \tfrac{1}{3}(1 - \rho)\big[(\tfrac{1}{2}\sqrt{3} + h_1 + h_2)\hat{e}_3 + \tfrac{1}{\sqrt{3}}(h_1 - h_2)\hat{e}_2\big]\big\} \\
&= \tfrac{1}{6}\sqrt{3}\hat{e}_3 - \tfrac{1 - \rho}{3\rho}\big[(h_1 + h_2)\hat{e}_3 + \tfrac{1}{\sqrt{3}}(h_1 - h_2)\hat{e}_2\big]
\end{aligned}
$$

und der Differenzvektor $x_K - x_F$ mit $x_K = \frac{1}{2\sqrt{3}}\hat{e}_3 = \frac{1}{6}\sqrt{3}\hat{e}_3$:

$$
x_K - x_F = \tfrac{1 - \rho}{3\rho}\big[(h_1 + h_2)\hat{e}_3 + \tfrac{1}{\sqrt{3}}(h_1 - h_2)\hat{e}_2\big] \, .
$$

Wir fordern nun, dass dieser Differenzvektor senkrecht zur Grenzfläche zwischen Luft und Flüssigkeit ausgerichtet ist:

$$
\begin{aligned}
0 &= \tfrac{3\rho}{1 - \rho}\big(x_K - x_F\big) \cdot \big[(\xi_2 - \xi_1)\hat{e}_2 + (h_2 - h_1)\hat{e}_3\big] \\
&= \big[(h_1 + h_2)\hat{e}_3 + \tfrac{1}{\sqrt{3}}(h_1 - h_2)\hat{e}_2\big] \cdot \big\{\big[1 - \tfrac{1}{\sqrt{3}}(h_1 + h_2)\big]\hat{e}_2 + (h_2 - h_1)\hat{e}_3\big\} \\
&= (h_1 - h_2)\big\{\tfrac{1}{\sqrt{3}}\big[1 - \tfrac{1}{\sqrt{3}}(h_1 + h_2)\big] - (h_1 + h_2)\big\} \\
&= (h_1 - h_2)\big[\tfrac{1}{\sqrt{3}} - \tfrac{4}{3}(h_1 + h_2)\big] \quad , \quad h_1 + h_2 = \tfrac{1}{4}\sqrt{3} \, .
\end{aligned}
$$

Durch Einsetzen von $h_1 + h_2 = \frac{1}{4}\sqrt{3}$ in die erste Beziehung (9.10) zwischen $h_{1,2}$ und $\rho$ und Lösen einer quadratischen Gleichung erhalten wir das Ergebnis

$$
h_1(\rho) = \tfrac{1}{2}\sqrt{3}\Big[\tfrac{1}{4} + \sqrt{\rho - \tfrac{7}{16}}\Big] \quad , \quad h_2(\rho) = \tfrac{1}{2}\sqrt{3}\Big[\tfrac{1}{4} - \sqrt{\rho - \tfrac{7}{16}}\Big] \, .
$$

Damit diese Lösung physikalisch akzeptabel ist, muss sie die Bedingungen $h_{1,2} \in \mathbb{R}$ und $h_2 \geq 0$ erfüllen. Dies führt zu den Einschränkungen $\rho \geq \frac{7}{16}$ und $\rho \leq \frac{1}{2}$. Die hier betrachtete Schwimmlage mit den berechneten $h_{1,2}(\rho)$-Werten ist also im Dichteintervall $\frac{7}{16} \leq \rho \leq \frac{1}{2}$ eine mögliche *Gleichgewichtslage*. Diese Gleichgewichtslage muss außerdem *stabil* sein, da die einzigen anderen möglichen Gleichgewichtslagen in diesem Dichteintervall entweder *instabil* sind [siehe Teil **(a)**] oder *inkonsistent* [siehe Teil **(c)**]. Das Kriterium (4.77) wird für diese Schlußfolgerung also interessanterweise *nicht* benötigt.

**(c)** Wir verwenden wiederum die Symmetrieüberlegungen für *homogene* Körper mit Dichten $\rho$ und $1 - \rho$, siehe Gleichung (4.79), wobei der Körper $\mathcal{K}'$ mit der Dichte $1 - \rho$ nun durch Spiegelung an der $\hat{\mathbf{e}}_1$-Achse (oder alternativ durch Punktspiegelung am Ursprung) aus $\mathcal{K}$ erhalten werden soll. Der gespiegelte Körper ist grafisch für den Spezialfall $\rho = \frac{17}{32}$ in Abbildung 9.15 dargestellt.

Es gelten wiederum die Beziehungen $\mathbf{x}_{\mathcal{K}} = -\mathbf{x}_{\mathcal{K}'}$, $\mathbf{x}_{\mathcal{F}} = -\mathbf{x}_{\mathcal{L}'}$ und $\mathbf{x}_{\mathcal{L}} = -\mathbf{x}_{\mathcal{F}'}$ sowie $\mathbf{x}_{\mathcal{K}} = \rho\mathbf{x}_{\mathcal{F}} + (1 - \rho)\mathbf{x}_{\mathcal{L}}$ und $\mathbf{x}_{\mathcal{K}'} = (1 - \rho)\mathbf{x}_{\mathcal{F}'} + \rho\mathbf{x}_{\mathcal{L}'}$. Folglich sind die beiden Gleichgewichtsbedingungen (4.73) auch für $\mathcal{K}'$ erfüllt, wobei nur in $h_{1,2}$ zu ersetzen ist: $\rho \to 1 - \rho$, d. h.

$$h_1(\rho) = \tfrac{1}{2}\sqrt{3}\left[\tfrac{1}{4} + \sqrt{\tfrac{9}{16} - \rho}\right] \quad , \quad h_2(\rho) = \tfrac{1}{2}\sqrt{3}\left[\tfrac{1}{4} - \sqrt{\tfrac{9}{16} - \rho}\right] .$$

Aus der Symmetrie folgt zunächst, dass die hier betrachtete Schwimmlage mit den in **(b)** berechneten $h_{1,2}(\rho)$-Werten im Dichteintervall $\frac{7}{16} \leq 1 - \rho \leq \frac{1}{2}$, also für $\frac{1}{2} \leq \rho \leq \frac{9}{16}$, eine mögliche *Gleichgewichtslage* ist. Diese Gleichgewichtslage muss außerdem *stabil* sein, da die einzigen anderen möglichen Gleichgewichtslagen in diesem Dichteintervall entweder *instabil* sind [siehe Teil **(a)**] oder *inkonsistent* [siehe Teil **(b)**].

Zusammenfassend haben wir in allen Dichteintervallen $0 < \rho < \frac{7}{16}$, $\frac{7}{16} \leq \rho \leq \frac{1}{2}$, $\frac{1}{2} \leq \rho \leq \frac{9}{16}$ und $\frac{9}{16} < \rho < 1$ eindeutige stabile Schwimmlagen bestimmen können.

**(d)** Das Auftreten dieser Drehung ist intuitiv plausibel, da diese Drehung die *Breite* des schwimmenden Körpers an der Grenzfläche zwischen Luft und Flüssigkeit und somit die *Stabilität* der Schwimmlage stark erhöht. Da man erwartet, dass sich die Drehung um $\frac{\pi}{3}$ *stetig* und nicht abrupt vollzieht, ist auch das Auftreten von Symmetrie*brechung*, mit Schwimmlagen, die die Symmetrie des *Problems* explizit verletzen, intuitiv naheliegend.

**(e)** Wir betrachten nun den Winkel $\varphi(\rho)$, der – wie in Abb. 9.14 dargestellt – von der Grenzfläche zwischen Luft und Flüssigkeit und der $\hat{\mathbf{e}}_2$-Achse eingeschlossen wird. Im Dichteintervall $0 < \rho < \frac{7}{16}$ gilt $\varphi(\rho) = 0$, für $\frac{7}{16} \leq \rho \leq \frac{1}{2}$ steigt $\varphi(\rho)$ von 0 bis $\frac{\pi}{6}$ an, im Intervall $\frac{1}{2} \leq \rho \leq \frac{9}{16}$ steigt $\varphi(\rho)$ weiter von $\frac{\pi}{6}$ bis $\frac{\pi}{3}$ an, und für $\frac{9}{16} < \rho < 1$ ist der Winkel konstant gleich $\varphi(\rho) = \frac{\pi}{3}$. Man erhält im Dichteintervall $\frac{7}{16} \leq \rho \leq \frac{1}{2}$ konkret:

$$\tan[\varphi(\rho)] = \frac{h_1 - h_2}{\xi_2 - \xi_1} = \frac{h_1 - h_2}{1 - \frac{1}{\sqrt{3}}(h_1 + h_2)} = \frac{\sqrt{3}\sqrt{\rho - \frac{7}{16}}}{1 - \frac{1}{\sqrt{3}} \cdot \frac{1}{4}\sqrt{3}}$$

$$= \frac{4}{\sqrt{3}}\sqrt{\rho - \frac{7}{16}} .$$

Speziell für $\rho = \frac{1}{2}$ gilt $\tan(\varphi) = \frac{1}{\sqrt{3}}$ bzw. $\varphi(\frac{1}{2}) = \frac{\pi}{6}$. Im Dichteintervall $\frac{1}{2} \le \rho \le \frac{9}{16}$ ist der Winkel zwischen der Grenzfläche und der horizontalen *oberen* Kante durch $\frac{\pi}{3} - \varphi$ gegeben, sodass man nun erhält:

$$\tan\left[\tfrac{\pi}{3} - \varphi(\rho)\right] = \frac{h_1 - h_2}{1 - \frac{1}{\sqrt{3}}(h_1 + h_2)} = \frac{4}{\sqrt{3}}\sqrt{\tfrac{9}{16} - \rho}\,.$$

Wiederum ist das Resultat $\tan(\frac{\pi}{3} - \varphi) = \frac{1}{\sqrt{3}}$, d. h. $\varphi(\frac{1}{2}) = \frac{\pi}{6}$ für $\rho = \frac{1}{2}$. Die Funktion $\varphi(\rho)$ ist stetig differenzierbar in $\rho = \frac{1}{2}$, siehe Abbildung 9.16 für eine Skizze. In den Grenzfällen $\rho \downarrow \frac{7}{16}$ und $\rho \uparrow \frac{9}{16}$ erhält man

$$\varphi(\rho) \sim \frac{4}{\sqrt{3}}\sqrt{\rho - \tfrac{7}{16}} \quad \left(\rho \downarrow \tfrac{7}{16}\right) \quad , \quad \frac{\pi}{3} - \varphi(\rho) \sim \frac{4}{\sqrt{3}}\sqrt{\tfrac{9}{16} - \rho} \quad \left(\rho \uparrow \tfrac{9}{16}\right).$$

Der Winkel $\varphi(\rho)$ verhält sich nahe der Werte $\rho_{c1} \equiv \frac{7}{16}$ und $\rho_{c2} \equiv \frac{9}{16}$ für die Dichte also *nicht-analytisch* mit einem Exponenten $\beta = \frac{1}{2}$, denn es gilt $\varphi(\rho) \sim \frac{4}{\sqrt{3}}|\rho - \rho_{c1}|^{\beta}$ für $\rho \downarrow \rho_{c1}$ und $\frac{\pi}{3} - \varphi(\rho) \sim \frac{4}{\sqrt{3}}|\rho - \rho_{c2}|^{\beta}$ für $\rho \uparrow \rho_{c2}$.

In der Theorie der Phasenübergänge würde man das Auftreten einer unsymmetrischen Schwimmlage für $\frac{7}{16} < \rho < \frac{9}{16}$ als *Symmetriebrechung* bezeichnen, den Exponenten $\beta$ als „kritischen Exponenten" und die Dichten $\rho_{c1}$ und $\rho_{c2}$ als „kritische Dichten" oder „kritische Punkte". Hierzu sollte man bedenken, dass die Schwimmlagen für $\rho \le \frac{7}{16}$ und $\rho \ge \frac{9}{16}$ *symmetrisch* sind in dem Sinne, dass die Symmetrieachse des *Problems*, die durch die Beschleunigung der Schwerkraft $-g\hat{\mathbf{e}}_3$ definiert wird, auch eine Symmetrieachse der *Schwimmlage* ist. Für $\frac{7}{16} < \rho < \frac{9}{16}$ ist $\hat{\mathbf{e}}_3$ *keine* Symmetrieachse der Schwimmlage, sodass die von der Natur ausgewählte *Lösung* die vom Problem vorgegebene Symmetrie *bricht*.

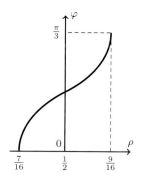

**Abb. 9.16** Winkel $\varphi(\rho)$

## Lösung 4.7 Schwimmende Körper mit quadratischem Querschnitt

Da die Lösungsmethoden für dieses Problem die gleichen sind wie für Aufgabe 4.6 und die Berechnungen vollkommen analog verlaufen, beschränken wir uns im Folgenden auf die wichtigsten Ideen und Rechenschritte. Insbesondere wählen wir wieder *körperfeste* Koordinaten (siehe Abbildung 9.17). Der Ursprung wird dabei fest in einem der Eckpunkte gewählt. Die Kantenlänge des quadratischen Querschnitts wird auf eins normiert (siehe Abb. 9.17). In diesen Einheiten ist das Volumen des Körpers gleich $V_{\mathcal{K}} = \ell$ und der Flächeninhalt des Querschnitts $\mathcal{Q}_{\mathcal{K}}$ durch den Körper gleich $F_{\mathcal{K}} = 1$. Das Volumen der verdrängten Flüssigkeit ist $V_{\mathcal{F}} = \rho\ell$ und der Flächeninhalt des entsprechenden Querschnitts $\mathcal{Q}_{\mathcal{F}}$ gleich $F_{\mathcal{F}} = \rho$. Der Massenschwerpunkt des Körpers liegt in diesen Koordinaten fest bei $\mathbf{x}_{\mathcal{K}} = \frac{1}{2}(\hat{\mathbf{e}}_2 + \hat{\mathbf{e}}_3)$.

**Dichteintervalle $0 < \rho < \frac{1}{2} - \frac{1}{6}\sqrt{3}$ und $\frac{1}{2} + \frac{1}{6}\sqrt{3} < \rho < 1$:** Der Massenschwerpunkt der verdrängten Flüssigkeit hat die körperfesten Koordinaten $\mathbf{x}_{\mathcal{F}} = \frac{1}{2}(\hat{\mathbf{e}}_2 + \rho\hat{\mathbf{e}}_3)$ [siehe Abb. 9.17 (a+h)], sodass der Abstand der Schwerpunkte des Körpers und der Flüssigkeit gleich $|\mathbf{x}_{\mathcal{K}} - \mathbf{x}_{\mathcal{F}}| = \frac{1}{2}(1 - \rho)$ ist. Die Gleichgewichtslage in Abb. 9.17 (a+h) ist daher aufgrund von Gleichung (4.77b), in der nun $w = 1$ gilt, *stabil* für $\frac{1}{2}(1 - \rho)\rho\ell = V_\mathcal{F}|\mathbf{x}_\mathcal{K} - \mathbf{x}_\mathcal{F}| < \frac{1}{12}\ell w^3 = \frac{1}{12}\ell$ bzw. $(1 - \rho)\rho < \frac{1}{6}$. Diese quadratische Ungleichung hat zwei Lösungen, nämlich $0 < \rho < \frac{1}{6}(3 - \sqrt{3}) \simeq 0{,}2113$ und $0{,}7887 \simeq \frac{1}{6}(3 + \sqrt{3}) < \rho < 1$. Der Winkel $\varphi(\rho)$, um den sich der schwimmende Körper im Vergleich zur Lage für $\rho \downarrow 0$ gedreht hat, hat in diesen beiden Dichteintervallen die Werte $0$ bzw. $\frac{\pi}{2}$ (siehe Abbildung 9.18).

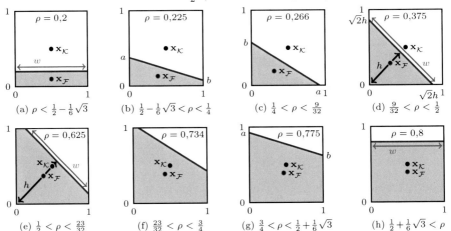

**Abb. 9.17** Schwimmlagen des regulären viereckigen Prismas als Funktion der Dichte $\rho$

**Dichteintervalle $\frac{1}{2} - \frac{1}{6}\sqrt{3} \leq \rho \leq \frac{1}{4}$ und $\frac{3}{4} \leq \rho \leq \frac{1}{2} + \frac{1}{6}\sqrt{3}$:** Als nächste Möglichkeit betrachten wir die unsymmetrischen Schwimmlagen in Abb. 9.17 (b+g), wobei wir o. B. d. A. $a > b$ annehmen können. Der Spezialfall $a = b$ wurde bereits separat diskutiert. Der Querschnitt $\mathcal{Q}_\mathcal{F}$ der $\hat{\mathbf{e}}_2$-$\hat{\mathbf{e}}_3$-Ebene mit dem Volumen der verdrängten Flüssigkeit hat nun die Form eines rechtwinkligen Trapezes. Der entsprechende Flächeninhalt ist $F_\mathcal{F} = \frac{1}{2}(a + b) = \rho$. Um den Schwerpunkt $\mathbf{x}_\mathcal{F}$ zu berechnen, verwenden wir (9.9b) und schreiben das Rechteck $[0, 1] \times [0, a]$ als Summe von $\mathcal{Q}_\mathcal{F}$ und dem rechtwinkligen Dreieck, das die Eckpunkte $a\hat{\mathbf{e}}_3$, $\hat{\mathbf{e}}_2 + a\hat{\mathbf{e}}_3$ sowie $\hat{\mathbf{e}}_2 + b\hat{\mathbf{e}}_3$ und somit den Schwerpunkt $\frac{2}{3}\hat{\mathbf{e}}_2 + (\frac{2}{3}a + \frac{1}{3}b)\hat{\mathbf{e}}_3$ hat. Dies ergibt die Beziehung

$$a\big(\tfrac{1}{2}\hat{\mathbf{e}}_2 + \tfrac{1}{2}a\hat{\mathbf{e}}_3\big) = \rho\mathbf{x}_\mathcal{F} + \tfrac{1}{2}(a - b)\big[\tfrac{2}{3}\hat{\mathbf{e}}_2 + \big(\tfrac{2}{3}a + \tfrac{1}{3}b\big)\hat{\mathbf{e}}_3\big] \, .$$

Für den Schwerpunkt $\mathbf{x}_\mathcal{F}$ der verdrängten Flüssigkeit folgt mit $\rho = \frac{1}{2}(a + b)$:

$$\begin{aligned}
\mathbf{x}_\mathcal{F} &= \tfrac{1}{2\rho}\big\{a\big(\hat{\mathbf{e}}_2 + a\hat{\mathbf{e}}_3\big) - (a - b)\big[\tfrac{2}{3}\hat{\mathbf{e}}_2 + \big(\tfrac{2}{3}a + \tfrac{1}{3}b\big)\hat{\mathbf{e}}_3\big]\big\} \\
&= \tfrac{1}{a+b}\big[\big(\tfrac{1}{3}a + \tfrac{2}{3}b\big)\hat{\mathbf{e}}_2 + \tfrac{1}{3}(a^2 + ab + b^2)\hat{\mathbf{e}}_3\big] \, .
\end{aligned}$$

Die Gleichgewichtsbedingung $\big(\mathbf{x}_\mathcal{K} - \mathbf{x}_\mathcal{F}\big) \times \hat{\mathbf{e}}_3 = \mathbf{0}$ in Gleichung (4.73) lautet in den körperfesten Koordinaten:

$$0 = \big(\mathbf{x}_\mathcal{K} - \mathbf{x}_\mathcal{F}\big) \cdot [\hat{\mathbf{e}}_2 - (a - b)\hat{\mathbf{e}}_3] = \tfrac{a-b}{a+b}\big(\tfrac{1}{6} - \rho + \tfrac{4}{3}\rho^2 - \tfrac{1}{3}ab\big) \, .$$

Wir schließen hieraus, dass $0 = (\cdots)$ gilt. Mit Hilfe von $\rho = \frac{1}{2}(a + b)$ bzw. $a = 2\rho - b$ folgt hieraus die quadratische Gleichung $0 = (\frac{1}{2} - 3\rho + 4\rho^2) - 2\rho b + b^2$ für $b$. Wegen unserer Annahme $a > b$ ergibt sich die Lösung:

$$b = \rho - \sqrt{3\rho(1-\rho) - \tfrac{1}{2}} \quad , \quad a = \rho + \sqrt{3\rho(1-\rho) - \tfrac{1}{2}} \ .$$

Damit diese Lösung physikalisch akzeptabel ist, müssen drei Bedingungen erfüllt sein:

1. Es muss $a, b \in \mathbb{R}$ gelten und somit $\rho_- \leq \rho \leq \rho_+$ mit $\rho_\pm \equiv \frac{1}{6}(3 \pm \sqrt{3})$.

2. Es muss $a \leq 1$ gelten und daher $\rho^2 - \frac{5}{4}\rho + \frac{3}{8} \geq 0$. Die Lösung dieser quadratischen Ungleichung lautet $\rho \leq \frac{1}{2} \vee \rho \geq \frac{3}{4}$.

3. Es muss $b \geq 0$ gelten und daher $\rho^2 - \frac{3}{4}\rho + \frac{1}{8} \geq 0$. Die Lösung dieser quadratischen Ungleichung lautet $\rho \leq \frac{1}{4} \vee \rho \geq \frac{1}{2}$.

Durch Kombination dieser Einschränkungen erhält man als Dichteintervalle, in denen diese Schwimmlage stabil ist, die beiden Möglichkeiten $\frac{1}{6}(3 - \sqrt{3}) \leq \rho \leq \frac{1}{4}$ und $\frac{3}{4} \leq \rho \leq \frac{1}{6}(3 + \sqrt{3})$. Der Winkel $\varphi(\rho)$ folgt für $\frac{1}{6}(3 - \sqrt{3}) \leq \rho \leq \frac{1}{4}$ aus der Beziehung $\tan[\varphi(\rho)] = a - b = 2\sqrt{3\rho(1-\rho) - \frac{1}{2}}$ als $\varphi(\rho) = \arctan\big[2\sqrt{3\rho(1-\rho) - \frac{1}{2}}\big]$. Für $\frac{3}{4} \leq \rho \leq \frac{1}{6}(3 + \sqrt{3})$ gilt $\varphi(\rho) = \frac{\pi}{2} - \varphi(1 - \rho) = \frac{\pi}{2} - \arctan\big[2\sqrt{3\rho(1-\rho) - \frac{1}{2}}\big]$. Der Verlauf der Funktion $\varphi(\rho)$ in diesen beiden Intervallen ist ebenfalls in Abb. 9.18 eingetragen. Das Verhalten von $\varphi(\rho)$ für $\rho \downarrow \rho_-$ folgt aus

$$\varphi(\rho) = \arctan\big[2\sqrt{3(\rho_+ - \rho)(\rho - \rho_-)}\big] \sim 2\sqrt{3(\rho_+ - \rho_-)(\rho - \rho_-)} \quad (\rho \downarrow \rho_-) \ ,$$

sodass in diesem Grenzfall *Wurzelverhalten* vorliegt: $\varphi(\rho) \propto \sqrt{\rho - \rho_-}$ für $\rho \downarrow \rho_-$. Für $\rho \uparrow \frac{1}{4}$ erhält man $\varphi\big(\frac{1}{4}\big) = \arctan\big(\frac{1}{2}\big)$ und $\varphi'\big(\frac{1}{4}\big) = \frac{24}{5}$.

**Dichteintervalle $\frac{1}{4} \leq \rho \leq \frac{9}{32}$ und $\frac{23}{32} \leq \rho \leq \frac{3}{4}$:** Für niedrige Dichten ($\rho \leq \frac{1}{2}$) betrachten wir als nächste Möglichkeit die unsymmetrische Schwimmlage in Abb. 9.17 (c), wobei wir o. B. d. A. $a \geq b$ annehmen können. Die Eckpunkte von $\mathcal{Q}_\mathcal{F}$ sind $\mathbf{0}$, $a\hat{\mathbf{e}}_2$ und $b\hat{\mathbf{e}}_3$, sodass das Dreieck $\mathcal{Q}_\mathcal{F}$ den Flächeninhalt $F_\mathcal{F} = \frac{1}{2}ab = \rho$ und den Schwerpunkt $\frac{1}{3}(a\hat{\mathbf{e}}_2 + b\hat{\mathbf{e}}_3)$ hat. Die Gleichgewichtsbedingung $(\mathbf{x}_\mathcal{K} - \mathbf{x}_\mathcal{F}) \times \hat{\mathbf{e}}_3 = \mathbf{0}$ in Gleichung (4.73) lautet in körperfesten Koordinaten:

$$\begin{aligned}
0 &= (\mathbf{x}_\mathcal{K} - \mathbf{x}_\mathcal{F}) \cdot (a\hat{\mathbf{e}}_2 - b\hat{\mathbf{e}}_3) = \big[\big(\tfrac{1}{2} - \tfrac{1}{3}a\big)\hat{\mathbf{e}}_2 + \big(\tfrac{1}{2} - \tfrac{1}{3}b\big)\hat{\mathbf{e}}_3\big] \cdot (a\hat{\mathbf{e}}_2 - b\hat{\mathbf{e}}_3) \\
&= \big(\tfrac{1}{2} - \tfrac{1}{3}a\big)a + \big(\tfrac{1}{2} - \tfrac{1}{3}b\big)(-b) = \tfrac{1}{3}(a - b)\big[\tfrac{3}{2} - (a + b)\big] \ .
\end{aligned}$$

Es gibt also zwei Möglichkeiten: eine symmetrische Lage $a = b$ und eine unsymmetrische Lage $a > b$ mit $a + b = \frac{3}{2}$. Wir werden unten feststellen, dass die symmetrische Variante erst bei höherer Dichte stabil wird. Hier konzentrieren wir uns auf die Schwimmlage mit $a > b$. Aus $a + b = \frac{3}{2}$ und $\frac{1}{2}ab = \rho$ folgt die quadratische Gleichung $b^2 - \frac{3}{2}b + 2\rho = 0$, die die Lösung $b = \frac{3}{4} - \sqrt{\frac{9}{16} - 2\rho}$ und $a = \frac{3}{4} + \sqrt{\frac{9}{16} - 2\rho}$ hat. Die Bedingung $a, b \in [0, 1]$ erfordert $0 \leq \frac{9}{16} - 2\rho \leq \frac{1}{16}$ und daher $\frac{1}{4} \leq \rho \leq \frac{9}{32}$. Aus den Symmetrieüberlegungen in Abschnitt [4.5.4] folgt außerdem, dass die an der Grenzfläche zwischen Luft und Flüssigkeit gespiegelte Schwimmlage [siehe Abb. 9.17 (f)] stabil ist für Körper mit Dichten im Intervall $\frac{1}{4} \leq 1 - \rho \leq \frac{9}{32}$ bzw. $\frac{23}{32} \leq \rho \leq \frac{3}{4}$. Der Winkel $\varphi(\rho)$ folgt für $\frac{1}{4} \leq \rho \leq \frac{9}{32}$ aus der Beziehung

$$\tan[\varphi(\rho)] = \frac{b}{a} = \frac{\frac{3}{4} - \sqrt{\frac{9}{16} - 2\rho}}{\frac{3}{4} + \sqrt{\frac{9}{16} - 2\rho}} = \frac{1}{2\rho}\left(\frac{9}{8} - 2\rho - \frac{3}{2}\sqrt{\frac{9}{16} - 2\rho}\right)$$

durch Inversion des Tangens, siehe Abb. 9.18. Für $\frac{23}{32} \leq \rho \leq \frac{3}{4}$ gilt aufgrund der Überlegungen in Abschnitt [4.5.4]: $\varphi(\rho) = \frac{\pi}{2} - \varphi(1 - \rho)$. Für $\rho \downarrow \frac{1}{4}$ erhält man wie auch für $\rho \uparrow \frac{1}{4}$ die Resultate $\varphi(\frac{1}{4}) = \arctan(\frac{1}{2})$ und $\varphi'(\frac{1}{4}) = \frac{24}{5}$, sodass $\varphi(\rho)$ *stetig differenzierbar* ist in $\rho = \frac{1}{4}$. Für $\rho \uparrow \frac{9}{32}$ folgt das Verhalten von $\varphi(\rho)$ als

$$\tan[\varphi(\rho)] \sim 1 - \frac{8}{3}\sqrt{2}\sqrt{\frac{9}{32} - \rho} \quad \left(\rho \uparrow \frac{9}{32}\right),$$

sodass auch in diesem Grenzfall *Wurzelverhalten* vorliegt.

**Dichteintervalle $\frac{9}{32} \leq \rho \leq \frac{1}{2}$ und $\frac{1}{2} \leq \rho \leq \frac{23}{32}$:** Für $\rho \leq \frac{1}{2}$ betrachten wir die Schwimmlage in Abb. 9.17 (d), die symmetrisch bzgl. Spiegelungen an der *Diagonalen* des Körpers ist und daher die gleiche Symmetrie wie das physikalische *Problem* hat. Der Körper ist in dieser Lage um einen Abstand $h$ in die Flüssigkeit eingetaucht. Die Eckpunkte von $\mathcal{Q}_\mathcal{F}$ sind $\mathbf{0}$, $\sqrt{2}h\hat{\mathbf{e}}_2$ und $\sqrt{2}h\hat{\mathbf{e}}_3$, sodass das Dreieck $\mathcal{Q}_\mathcal{F}$ den Flächeninhalt $F_\mathcal{F} = \frac{1}{2}(\sqrt{2}h)^2 = h^2 = \rho$ und den Schwerpunkt $\frac{1}{3}\sqrt{2}h(\hat{\mathbf{e}}_2 + \hat{\mathbf{e}}_3) = \frac{1}{3}\sqrt{2\rho}(\hat{\mathbf{e}}_2 + \hat{\mathbf{e}}_3)$ hat. Wir verwendeten $h = \sqrt{\rho}$. Der Abstand der Schwerpunkte des Körpers und der Flüssigkeit ist nun gleich $|\mathbf{x}_\mathcal{K} - \mathbf{x}_\mathcal{F}| = \left(\frac{1}{2} - \frac{1}{3}\sqrt{2\rho}\right)\sqrt{2}$. Diese Gleichgewichtslage ist aufgrund von Gleichung (4.77b) *stabil* für $\left(\frac{1}{2}\sqrt{2} - \frac{2}{3}\sqrt{\rho}\right)\rho\ell = V_\mathcal{F}|\mathbf{x}_\mathcal{K} - \mathbf{x}_\mathcal{F}| < \frac{1}{12}\ell w^3 = \frac{1}{12}\ell(2\sqrt{\rho})^3 = \frac{2}{3}\ell\rho^{3/2}$. Durch Auflösen nach $\rho$ erhält man als Stabilitätsbedingung zunächst $\frac{9}{32} \leq \rho \leq \frac{1}{2}$. Aus den Symmetrieüberlegungen in Abschnitt [4.5.4] folgt allerdings, dass die Schwimmlage in Abb. 9.17 (e) ebenfalls stabil ist für Körper mit Dichten im Intervall $\frac{9}{32} \leq 1 - \rho \leq \frac{1}{2}$ bzw. $\frac{1}{2} \leq \rho \leq \frac{23}{32}$. In dieser Lage ist der Körper um einen Abstand $h = \sqrt{2} - \sqrt{1 - \rho}$ in die Flüssigkeit eingetaucht. Der Winkel $\varphi(\rho)$ ist im ganzen Dichteintervall $\frac{9}{32} \leq \rho \leq \frac{23}{32}$ konstant und hat den Wert $\frac{\pi}{4}$, siehe Abb. 9.18.

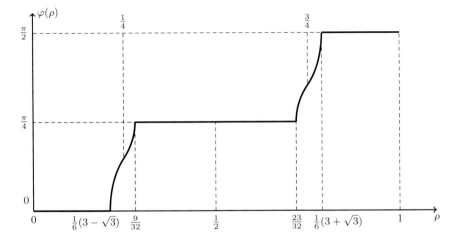

**Abb. 9.18** Der Drehwinkel $\varphi$ als Funktion der relativen Dichte $\rho$

Vergleicht man die Ergebnisse für reguläre drei- und viereckige Prismen, so kann man die folgenden *Gemeinsamkeiten* feststellen: In beiden Fällen tritt Symmetriebrechung auf, wobei sich der Körper bei zunehmender Dichte $\rho$ um die (raumfeste) $\hat{\mathbf{e}}_1$-Achse dreht. In beiden Fällen ist der Dichtebereich, in dem Symmetriebrechung auftritt, relativ schmal. Hierbei weist der Drehwinkel $\varphi(\rho)$ in der Nähe der Ränder des Dichtebereichs, in dem Symmetriebrechung auftritt, *Wurzelverhalten* auf. Die wichtigsten *Unterschiede* sind: Das dreieckige Prisma ist bei Drehungen um einen Winkel $\frac{2\pi}{3} \equiv \Phi_3$ invariant, das viereckige Prisma bei Drehungen um $\frac{\pi}{2} \equiv \Phi_4$. Bei einer Dichteerhöhung von null auf eins dreht sich das viereckige Prisma um $\Phi_4$, das dreieckige Prisma jedoch lediglich um $\frac{1}{2}\Phi_3$. Anfangs- und Endlage sind daher *identisch* für das viereckige und *verschieden* für das dreieckige Prisma. Eine weitere Konsequenz der unterschiedlichen Rotationssymmetrie ist, dass das viereckige Prisma *vier* Dichtebereiche mit *symmetrischen* Schwimmlagen und *vier* mit *unsymmetrischen* aufweist und das dreieckige Prisma nur *zwei* von beiden Sorten. Insofern ist das reguläre dreieckige Prisma wohl das einfachste Beispiel für Symmetriebrechung in der Klasse von Schwimmkörpern mit $n$-eckigem Querschnitt.[5]

## 9.5 Spezielle Relativitätstheorie

### Lösung 5.1 Der Helmholtz'sche Satz

(a) Für Vektorfelder $\mathbf{B}(\mathbf{x}, t)$ mit $\boldsymbol{\nabla} \cdot \mathbf{B} = 0$ gilt wegen $\boldsymbol{\nabla} \times [\lambda(\mathbf{x})\mathbf{a}] = (\boldsymbol{\nabla}\lambda)(\mathbf{x}) \times \mathbf{a}$:

$$\left[\boldsymbol{\nabla} \times \int d^3x' \, \frac{(\boldsymbol{\nabla} \times \mathbf{B})(\mathbf{x}', t)}{4\pi|\mathbf{x} - \mathbf{x}'|}\right]_i = \left[\int d^3x' \, \boldsymbol{\nabla}_\mathbf{x}\left(\frac{1}{4\pi|\mathbf{x} - \mathbf{x}'|}\right) \times (\boldsymbol{\nabla} \times \mathbf{B})(\mathbf{x}', t)\right]_i$$

$$= \varepsilon_{ijk} \int d^3x' \, \partial_j\left(\frac{1}{4\pi|\mathbf{x} - \mathbf{x}'|}\right)\varepsilon_{klm}\partial'_l B_m(\mathbf{x}', t)$$

$$= (\delta_{il}\delta_{jm} - \delta_{im}\delta_{jl}) \int d^3x' \, \partial_l\partial_j\left(\frac{1}{4\pi|\mathbf{x} - \mathbf{x}'|}\right)B_m(\mathbf{x}', t)$$

$$= \int d^3x' \left[\partial_i\partial_j\left(\frac{1}{4\pi|\mathbf{x} - \mathbf{x}'|}\right)B_j(\mathbf{x}', t) - \partial_j^2\left(\frac{1}{4\pi|\mathbf{x} - \mathbf{x}'|}\right)B_i(\mathbf{x}', t)\right]$$

$$= \int d^3x' \left[\partial_i\left(\frac{1}{4\pi|\mathbf{x} - \mathbf{x}'|}\right)\partial'_j B_j(\mathbf{x}', t) + \delta(\mathbf{x} - \mathbf{x}')B_i(\mathbf{x}', t)\right]$$

$$= B_i(\mathbf{x}, t) \, ,$$

d. h. in Vektorform:

$$\mathbf{B}(\mathbf{x}, t) = \boldsymbol{\nabla} \times \int d\mathbf{x}' \, \frac{(\boldsymbol{\nabla} \times \mathbf{B})(\mathbf{x}', t)}{4\pi|\mathbf{x} - \mathbf{x}'|} \, .$$

Im dritten Schritt wurde die Identität $\varepsilon_{ijk}\varepsilon_{klm} = \delta_{il}\delta_{jm} - \delta_{im}\delta_{jl}$ verwendet und partiell nach $x'_l$ integriert mit $\partial'_l = -\partial_l$. Analog wurde im fünften Schritt im ersten Term zuerst $\partial_j = -\partial'_j$ verwendet und dann partiell nach $x'_j$ integriert; im zweiten Term wurde die Identität $\Delta(-\frac{1}{4\pi x}) = \delta(\mathbf{x})$ verwendet. Im letzten Schritt wurde $(\boldsymbol{\nabla} \cdot \mathbf{B})(\mathbf{x}', t) = 0$ verwendet und über die Deltafunktion integriert.

---

[5]Für ein weiteres einfaches Beispiel für Symmetriebrechung s. Übungsaufgabe 1.5 in Ref. [11].

**(b)** Analog gilt für Vektorfelder $\mathbf{e}(\mathbf{x}, t)$ mit $\boldsymbol{\nabla} \times \mathbf{e} = \mathbf{0}$:

$$\left[ -\boldsymbol{\nabla} \int d^3x' \, \frac{(\boldsymbol{\nabla} \cdot \mathbf{e})(\mathbf{x}', t)}{4\pi|\mathbf{x} - \mathbf{x}'|} \right]_i = -\int d^3x' \, \partial_i \left( \frac{1}{4\pi|\mathbf{x} - \mathbf{x}'|} \right) \partial'_j e_j(\mathbf{x}', t)$$

$$= -\int d^3x' \, \partial_j \left( \frac{1}{4\pi|\mathbf{x} - \mathbf{x}'|} \right) \partial'_i e_j(\mathbf{x}', t) = -\int d^3x' \, \partial_j \left( \frac{1}{4\pi|\mathbf{x} - \mathbf{x}'|} \right) \partial'_j e_i(\mathbf{x}', t)$$

$$= -\int d^3x' \, \partial_j^2 \left( \frac{1}{4\pi|\mathbf{x} - \mathbf{x}'|} \right) e_i(\mathbf{x}', t) = \int d^3x' \, \delta(\mathbf{x} - \mathbf{x}') e_i(\mathbf{x}', t)$$

$$= e_i(\mathbf{x}, t) \, , \quad \text{d. h.} \quad \mathbf{e}(\mathbf{x}, t) = -\boldsymbol{\nabla} \int dx' \, \frac{(\boldsymbol{\nabla} \cdot \mathbf{e})(\mathbf{x}', t)}{4\pi|\mathbf{x} - \mathbf{x}'|} \, .$$

Hierbei wurde im zweiten Schritt zweimal partiell integriert, einmal nach $x'_i$ und einmal nach $x'_j$. Im dritten Schritt wurde $\boldsymbol{\nabla} \times \mathbf{e} = \mathbf{0}$ bzw. $\partial_j e_i - \partial_i e_j = 0$ verwendet. Im vierten Schritt wurde wieder partiell nach $x'_j$ integriert und im fünften die Identität $\Delta(-\frac{1}{4\pi x}) = \delta(\mathbf{x})$ verwendet.

**(c)** Als Verallgemeinerung von **(a)** und **(b)** erhält man:

$$\left[ -\boldsymbol{\nabla} \int d^3x' \, \frac{(\boldsymbol{\nabla} \cdot \mathbf{a})(\mathbf{x}', t)}{4\pi|\mathbf{x} - \mathbf{x}'|} \right]_i = (\cdots) = -\int d^3x' \, \partial_j \left( \frac{1}{4\pi|\mathbf{x} - \mathbf{x}'|} \right) \partial'_i a_j(\mathbf{x}', t)$$

$$= -\int d^3x' \, \partial_j \left( \frac{1}{4\pi|\mathbf{x} - \mathbf{x}'|} \right) \left\{ \partial'_j a_i(\mathbf{x}', t) + [\partial'_i a_j(\mathbf{x}', t) - \partial'_j a_i(\mathbf{x}', t)] \right\}$$

$$= (\cdots) = a_i(\mathbf{x}, t) - \int d^3x' \, \partial_j \left( \frac{1}{4\pi|\mathbf{x} - \mathbf{x}'|} \right) \varepsilon_{ijk} (\boldsymbol{\nabla} \times \mathbf{a})_k \, ,$$

d. h. den Helmholtz'schen Satz:

$$-\boldsymbol{\nabla} \int d^3x' \, \frac{(\boldsymbol{\nabla} \cdot \mathbf{a})(\mathbf{x}', t)}{4\pi|\mathbf{x} - \mathbf{x}'|} = \mathbf{a}(\mathbf{x}, t) - \int d^3x' \, \boldsymbol{\nabla}_{\mathbf{x}} \left( \frac{1}{4\pi|\mathbf{x} - \mathbf{x}'|} \right) \times (\boldsymbol{\nabla} \times \mathbf{a})(\mathbf{x}', t)$$

$$= \mathbf{a}(\mathbf{x}, t) - \boldsymbol{\nabla} \times \int d^3x' \, \frac{(\boldsymbol{\nabla} \times \mathbf{a})(\mathbf{x}', t)}{4\pi|\mathbf{x} - \mathbf{x}'|} \, .$$

Folglich ist ein beliebiges Vektorfeld $\mathbf{a}(\mathbf{x}, t)$, das hinreichend schnell abfällt für $|\mathbf{x}| \to \infty$, sodass sämtliche Integrale konvergieren und die Randterme bei den partiellen Integrationen null sind, immer als Summe eines wirbelfreien und eines divergenzfreien Anteils darstellbar.

### Lösung 5.2 Lorentz-Transformationen in linearer Ordnung

Wir nehmen also an, dass die Koordinaten, die Felder sowie die Ladungs- und Stromdichten transformiert werden gemäß:

$$\mathbf{x}' = \mathbf{x} - \boldsymbol{\beta} ct + \mathcal{O}(\beta^2) \quad , \quad t' = t - \frac{\lambda_1}{c} \boldsymbol{\beta} \cdot \mathbf{x} + \mathcal{O}(\beta^2) \tag{9.11a}$$

$$\mathbf{E}' = \mathbf{E} + c\boldsymbol{\beta} \times \mathbf{B} + \mathcal{O}(\beta^2) \quad , \quad \mathbf{B}' = \mathbf{B} - \frac{\lambda_2}{c} \boldsymbol{\beta} \times \mathbf{E} + \mathcal{O}(\beta^2) \tag{9.11b}$$

$$\mathbf{j}' = \mathbf{j} - c\boldsymbol{\beta}\rho + \mathcal{O}(\beta^2) \quad , \quad \rho' = \rho - \frac{\lambda_3}{c} \boldsymbol{\beta} \cdot \mathbf{j} + \mathcal{O}(\beta^2) \tag{9.11c}$$

und versuchen, die Konstanten $\lambda_1$, $\lambda_2$ und $\lambda_3$ zu bestimmen aufgrund der erforderlichen *Forminvarianz* der Maxwell-Gleichungen unter Lorentz-Transformationen.

Wir verwenden die Notation $\mathbf{E}' \equiv \mathbf{E}'(\mathbf{x}',t') = \mathbf{E}'(\mathbf{x} - \boldsymbol{\beta}ct, t - \frac{\lambda_1}{c}\boldsymbol{\beta}\cdot\mathbf{x})$ und $\mathbf{E} \equiv \mathbf{E}(\mathbf{x},t) = \mathbf{E}(\mathbf{x}' + \boldsymbol{\beta}ct', t' + \frac{\lambda_1}{c}\boldsymbol{\beta}\cdot\mathbf{x}')$ (und analog für $\mathbf{B}$, $\mathbf{j}$ und $\rho$), wobei Beiträge von $\mathcal{O}(\beta^2)$ stets vernachlässigt werden. In dieser Aufgabe wird daher oft die *Kettenregel* verwendet, damit aus der Form der Maxwell-Gleichungen im „alten" Koordinatensystem die Form im „neuen" hergeleitet werden kann. Ansonsten werden nur Standardregeln der Vektorrechnung verwendet und z. B. die Beziehung $\varepsilon_{ijk}\varepsilon_{klm} = \delta_{il}\delta_{jm} - \delta_{im}\delta_{jl}$.

**(a)** Wir untersuchen zuerst die *homogenen* Maxwell-Gleichungen und fordern, dass aus $\nabla\cdot\mathbf{B} = 0$ und $\nabla\times\mathbf{E} + \frac{\partial}{\partial t}\mathbf{B} = \mathbf{0}$ auch $\nabla'\cdot\mathbf{B}' = 0$ folgen soll:

$$\nabla'\cdot\mathbf{B}' = \nabla'\cdot\left(\mathbf{B} - \frac{\lambda_2}{c}\boldsymbol{\beta}\times\mathbf{E}\right)$$
$$= \nabla'\cdot\left[\mathbf{B}(\mathbf{x}' + \boldsymbol{\beta}ct', t' + \frac{\lambda_1}{c}\boldsymbol{\beta}\cdot\mathbf{x}') - \frac{\lambda_2}{c}\boldsymbol{\beta}\times\mathbf{E}(\mathbf{x}' + \boldsymbol{\beta}ct', t' + \frac{\lambda_1}{c}\boldsymbol{\beta}\cdot\mathbf{x}')\right]$$
$$= \nabla\cdot\left(\mathbf{B} - \frac{\lambda_2}{c}\boldsymbol{\beta}\times\mathbf{E}\right) + \frac{\lambda_1}{c}\boldsymbol{\beta}\cdot\frac{\partial}{\partial t}\left(\mathbf{B} - \frac{\lambda_2}{c}\boldsymbol{\beta}\times\mathbf{E}\right)$$
$$= \nabla\cdot\mathbf{B} + \frac{1}{c}\boldsymbol{\beta}\cdot\left[\lambda_2\nabla\times\mathbf{E} + \lambda_1\frac{\partial\mathbf{B}}{\partial t}\right] + \mathcal{O}(\beta^2)$$
$$= \nabla\cdot\mathbf{B} + \frac{\lambda_2}{c}\boldsymbol{\beta}\cdot\left[\nabla\times\mathbf{E} + \frac{\partial\mathbf{B}}{\partial t}\right] + \frac{\lambda_1-\lambda_2}{c}\boldsymbol{\beta}\cdot\frac{\partial\mathbf{B}}{\partial t} = \frac{\lambda_1-\lambda_2}{c}\boldsymbol{\beta}\cdot\frac{\partial\mathbf{B}}{\partial t} \overset{!}{=} 0 \,.$$

Wir folgern, dass die Maxwell-Gleichung $\nabla\cdot\mathbf{B} = 0$ nur dann unter der Transformation (9.11a)+(9.11b) forminvariant ist, falls $\lambda_1 = \lambda_2$ gilt. Unter dieser Bedingung ist auch die Maxwell-Gleichung $\nabla\times\mathbf{E} + \frac{\partial}{\partial t}\mathbf{B} = \mathbf{0}$ forminvariant:

$$\left(\nabla'\times\mathbf{E}' + \frac{\partial}{\partial t'}\mathbf{B}'\right)_i = \varepsilon_{ijk}\partial_j'\left(E_k + c\varepsilon_{klm}\beta_l B_m\right) + \frac{\partial}{\partial t'}\left(B_i - \frac{\lambda_2}{c}\varepsilon_{ijk}\beta_j E_k\right)$$
$$= \varepsilon_{ijk}\partial_j\left(E_k + c\varepsilon_{klm}\beta_l B_m\right) + \varepsilon_{ijk}\frac{\lambda_1}{c}\beta_j\frac{\partial}{\partial t}\left[E_k + \mathcal{O}(\beta)\right]$$
$$+ \frac{\partial}{\partial t}\left(B_i - \frac{\lambda_2}{c}\varepsilon_{ijk}\beta_j E_k\right) + c\beta_j\partial_j\left[B_i + \mathcal{O}(\beta)\right]$$
$$= \left[\nabla\times\mathbf{E} + \frac{\partial}{\partial t}\mathbf{B}\right]_i + c\left(\delta_{il}\delta_{jm} - \delta_{im}\delta_{jl}\right)\partial_j\beta_l B_m$$
$$+ \frac{\lambda_1-\lambda_2}{c}\varepsilon_{ijk}\beta_j\frac{\partial E_k}{\partial t} + c\beta_j\partial_j B_i + \mathcal{O}(\beta^2)$$
$$= c\beta_i(\nabla\cdot\mathbf{B}) - c\beta_j\partial_j B_i + c\beta_j\partial_j B_i + \frac{\lambda_1-\lambda_2}{c}\left(\boldsymbol{\beta}\times\frac{\partial\mathbf{E}}{\partial t}\right)_i$$
$$= \frac{\lambda_1-\lambda_2}{c}\left(\boldsymbol{\beta}\times\frac{\partial\mathbf{E}}{\partial t}\right)_i \overset{!}{=} 0 \,.$$

**(b)** Wir untersuchen nun die *inhomogenen* Maxwell-Gleichungen und fordern, dass aus $\nabla\cdot\mathbf{E} = \frac{1}{\varepsilon_0}\rho$ und $\nabla\times\mathbf{B} - \varepsilon_0\mu_0\frac{\partial}{\partial t}\mathbf{E} = \mu_0\mathbf{j}$ auch $\nabla'\cdot\mathbf{E}' = \frac{1}{\varepsilon_0}\rho'$ folgen soll:

$$\nabla'\cdot\mathbf{E}' = \nabla'\cdot\left(\mathbf{E} + c\boldsymbol{\beta}\times\mathbf{B}\right) = \nabla\cdot\left(\mathbf{E} + c\boldsymbol{\beta}\times\mathbf{B}\right) + \frac{\lambda_1}{c}\boldsymbol{\beta}\cdot\frac{\partial}{\partial t}\left(\mathbf{E} + c\boldsymbol{\beta}\times\mathbf{B}\right)$$
$$= \nabla\cdot\mathbf{E} - c\boldsymbol{\beta}\cdot\nabla\times\mathbf{B} + \frac{\lambda_1}{c}\boldsymbol{\beta}\cdot\frac{\partial\mathbf{E}}{\partial t} = \frac{1}{\varepsilon_0}\rho - c\boldsymbol{\beta}\cdot\left[\nabla\times\mathbf{B} - \frac{\lambda_1}{c^2}\frac{\partial\mathbf{E}}{\partial t}\right]$$
$$= \frac{1}{\varepsilon_0}\rho - c\boldsymbol{\beta}\cdot\left(\nabla\times\mathbf{B} - \varepsilon_0\mu_0\frac{\partial}{\partial t}\mathbf{E}\right) + \frac{\lambda_1-1}{c}\boldsymbol{\beta}\cdot\frac{\partial\mathbf{E}}{\partial t}$$
$$= \frac{1}{\varepsilon_0}\left(\rho - \varepsilon_0\mu_0 c\boldsymbol{\beta}\cdot\mathbf{j}\right) + \frac{\lambda_1-1}{c}\boldsymbol{\beta}\cdot\frac{\partial\mathbf{E}}{\partial t}$$
$$= \frac{1}{\varepsilon_0}\left(\rho - \frac{1}{c}\boldsymbol{\beta}\cdot\mathbf{j}\right) + \frac{\lambda_1-1}{c}\boldsymbol{\beta}\cdot\frac{\partial\mathbf{E}}{\partial t} \overset{!}{=} \frac{1}{\varepsilon_0}\rho' = \frac{1}{\varepsilon_0}\left(\rho - \frac{\lambda_3}{c}\boldsymbol{\beta}\cdot\mathbf{j}\right) \,.$$

Wir schließen hieraus, dass die Maxwell-Gleichung $\nabla\cdot\mathbf{E} = \frac{1}{\varepsilon_0}\rho$ nur dann unter der Transformation (9.11a)+(9.11b)+(9.11c) forminvariant ist, falls $\lambda_1 = \lambda_3 = 1$ gilt. Aufgrund der Ergebnisse von **(a)** bedeutet dies, dass auch

$\lambda_2 = 1$ gelten muss. Unter dieser Bedingung $\lambda_1 = \lambda_2 = \lambda_3 = 1$ ist auch die Maxwell-Gleichung $\nabla \times \mathbf{B} - \varepsilon_0\mu_0 \frac{\partial}{\partial t}\mathbf{E} = \mu_0\mathbf{j}$ forminvariant:

$$
\begin{aligned}
(\nabla' \times \mathbf{B}' - \varepsilon_0\mu_0 \tfrac{\partial \mathbf{E}'}{\partial t'})_i &= \varepsilon_{ijk}\partial_j'(B_k - \tfrac{\lambda_2}{c}\varepsilon_{klm}\beta_l E_m) - \varepsilon_0\mu_0\tfrac{\partial}{\partial t'}(E_i + c\varepsilon_{ijk}\beta_j B_k) \\
&= \varepsilon_{ijk}\partial_j\big(B_k - \tfrac{\lambda_2}{c}\varepsilon_{klm}\beta_l E_m\big) + \varepsilon_{ijk}\tfrac{\lambda_1}{c}\beta_j\tfrac{\partial}{\partial t}\big[B_k + \mathcal{O}(\beta)\big] \\
&\quad - \varepsilon_0\mu_0\tfrac{\partial}{\partial t}\big(E_i + c\varepsilon_{ijk}\beta_j B_k\big) - \varepsilon_0\mu_0 c\beta_j\partial_j\big[E_i + \mathcal{O}(\beta)\big] \\
&= \big(\nabla \times \mathbf{B} - \varepsilon_0\mu_0\tfrac{\partial}{\partial t}\mathbf{E}\big)_i - \tfrac{\lambda_2}{c}\big(\delta_{il}\delta_{jm} - \delta_{im}\delta_{jl}\big)\partial_j\beta_l E_m \\
&\quad + \tfrac{\lambda_1-1}{c}\varepsilon_{ijk}\beta_j\tfrac{\partial B_k}{\partial t} - \tfrac{1}{c}\beta_j\partial_j E_i + \mathcal{O}(\beta^2) \\
&= \mu_0 j_i - \tfrac{\lambda_2}{c}\beta_i\big(\nabla \cdot \mathbf{E}\big) + \tfrac{\lambda_1-1}{c}\big(\boldsymbol{\beta} \times \tfrac{\partial \mathbf{B}}{\partial t}\big)_i + \tfrac{\lambda_2-1}{c}\big(\boldsymbol{\beta} \cdot \nabla\big)E_i \\
&= \mu_0\big(j_i - c\beta_i\rho\big) - \tfrac{\lambda_2-1}{c}\big[\beta_i\big(\nabla \cdot \mathbf{E}\big) - \big(\boldsymbol{\beta} \cdot \nabla\big)E_i\big] + \tfrac{\lambda_1-1}{c}\big(\boldsymbol{\beta} \times \tfrac{\partial \mathbf{B}}{\partial t}\big)_i \\
&\overset{!}{=} \mu_0 j_i' = \mu_0\big(j_i - c\beta_i\rho\big)\,.
\end{aligned}
$$

Hiermit ist die Lorentz-Kovarianz der Maxwell-Theorie in linearer Ordnung nachgewiesen.

## Lösung 5.3 Die ein- bzw. zweidimensionale Lorentz-Gruppe

(a) Die Elemente $\Lambda \in \mathcal{L}_+^\uparrow(1)$ sollen die quadratische Form $ds^2$ invariant lassen: $c^2(dt)^2 - (dx^1)^2 = c^2(dt')^2 - [(dx')^1]^2$ mit $\big(\begin{smallmatrix} c\,dt' \\ (dx')^1 \end{smallmatrix}\big) = \Lambda\big(\begin{smallmatrix} c\,dt \\ dx^1 \end{smallmatrix}\big)$. Um eine Bestimmungsgleichung für $\Lambda$ zu formulieren, definieren wir einen metrischen Tensor $G \equiv \big(\begin{smallmatrix} 1 & 0 \\ 0 & -1 \end{smallmatrix}\big)$ und erhalten die Gleichungskette

$$
\begin{pmatrix} c\,dt \\ dx^1 \end{pmatrix}^{\mathrm{T}} G \begin{pmatrix} c\,dt \\ dx^1 \end{pmatrix} \overset{!}{=} \begin{pmatrix} c\,dt' \\ (dx')^1 \end{pmatrix}^{\mathrm{T}} G \begin{pmatrix} c\,dt' \\ (dx')^1 \end{pmatrix} = \begin{pmatrix} c\,dt \\ dx^1 \end{pmatrix}^{\mathrm{T}} \tilde\Lambda G \Lambda \begin{pmatrix} c\,dt \\ dx^1 \end{pmatrix}\,.
$$

Da die linke Seite für *alle* $\big(\begin{smallmatrix} c\,dt \\ dx^1 \end{smallmatrix}\big)$ gleich der rechten sein muss, folgt als Bestimmungsgleichung: $\tilde\Lambda G \Lambda = G$ mit $\tilde\Lambda_{ij} = \Lambda_{ji}$, wie für die dreidimensionale Lorentz-Gruppe, siehe Gleichung (5.24). Wir bauen $\Lambda$ nun auf als Produkt von $n$ Lorentz-Transformationen $\Lambda^{1/n}$ nahe der Identität: $\Lambda = (\Lambda^{1/n})^n$.

Der Nachweis, dass $\Lambda^{1/n}$ eine *Lorentz-Transformation* ist, falls dies für $\Lambda$ gilt, erfolgt analog zur dreidimensionalen Gruppe: Aus $\tilde\Lambda G \Lambda = G$ folgt

$$
e^{-\ln(\Lambda)} = \Lambda^{-1} = G\tilde\Lambda G = Ge^{\ln(\tilde\Lambda)}G = \sum_{n=0}^\infty \frac{1}{n!}\big[G\ln(\tilde\Lambda)G\big]^n = e^{G\ln(\tilde\Lambda)G}
$$

und daher: $-\ln(\Lambda) = G\ln(\tilde\Lambda)G$ bzw. $\ln(\tilde\Lambda)G + G\ln(\Lambda) = \mathbb{O}_2$, wobei $\mathbb{O}_2 = \big(\begin{smallmatrix} 0 & 0 \\ 0 & 0 \end{smallmatrix}\big)$ die $(2\times2)$-Nullmatrix darstellt. Dies bedeutet, dass die Funktion $G(\lambda) \equiv e^{\lambda\ln(\tilde\Lambda)}Ge^{\lambda\ln(\Lambda)}$ die Differentialgleichung $G'(\lambda) = \mathbb{O}_2$ mit der Anfangsbedingung $G(0) = G$ erfüllt. Die eindeutige Lösung dieser Gleichung ist $G(\lambda) = G$. Folglich gilt $e^{\lambda\ln(\tilde\Lambda)}Ge^{\lambda\ln(\Lambda)} = G$ für alle $\lambda \in \mathbb{R}$, sodass $e^{\lambda\ln(\Lambda)}$ eine Lorentz-Transformation ist, falls $\Lambda$ dies ist. Insbesondere ist dann auch $\Lambda^{1/n} = e^{\frac{1}{n}\ln(\Lambda)} = \mathbb{1}_2 + \frac{1}{n}\ln(\Lambda) + \mathcal{O}\big(\frac{1}{n^2}\big)$ eine Lorentz-Transformation, und mit der Definition $A \equiv \ln(\Lambda)$ gilt $\tilde A G + G A = \mathbb{O}_2$. Hieraus folgt in Komponentenschreibweise:

$$
\begin{pmatrix} A_{11} & A_{21} \\ A_{12} & A_{22} \end{pmatrix}\begin{pmatrix} 1 & 0 \\ 0 & -1 \end{pmatrix} + \begin{pmatrix} 1 & 0 \\ 0 & -1 \end{pmatrix}\begin{pmatrix} A_{11} & A_{12} \\ A_{21} & A_{22} \end{pmatrix} = \begin{pmatrix} 2A_{11} & A_{12} - A_{21} \\ A_{12} - A_{21} & -2A_{22} \end{pmatrix} = \begin{pmatrix} 0 & 0 \\ 0 & 0 \end{pmatrix}\,,
$$

d. h., $A_{11} = A_{22} = 0$ sowie $A_{12} = A_{21} \equiv -\phi$. Es folgt mit $\sigma_1 = \begin{pmatrix} 0 & 1 \\ 1 & 0 \end{pmatrix}$:

$$\Lambda = (\Lambda^{1/n})^n = \left[ \mathbb{1}_2 - \frac{\phi}{n} \begin{pmatrix} 0 & 1 \\ 1 & 0 \end{pmatrix} + \mathcal{O}\left(\frac{1}{n^2}\right) \right]^n$$
$$= \left[ \mathbb{1}_2 - \frac{\phi}{n}\sigma_1 + \mathcal{O}\left(\frac{1}{n^2}\right) \right]^n \to e^{-\phi\sigma_1} \quad (n \to \infty) \, .$$

Man kann die Lorentz-Transformation $\Lambda$ auch explizit als Matrix berechnen:

$$\Lambda = e^{-\phi\sigma_1} = \sum_{n=0}^{\infty} \frac{(-\phi\sigma_1)^n}{n!} = \sum_{n=0}^{\infty} \frac{(-\phi\sigma_1)^{2n}}{(2n)!} + \sum_{n=0}^{\infty} \frac{(-\phi\sigma_1)^{2n+1}}{(2n+1)!}$$
$$= \cosh(\phi)\mathbb{1}_2 - \sinh(\phi)\sigma_1 = \begin{pmatrix} \cosh(\phi) & -\sinh(\phi) \\ -\sinh(\phi) & \cosh(\phi) \end{pmatrix} \, .$$

An dieser expliziten Form überprüft man leicht, dass in der Tat $\tilde{\Lambda}G\Lambda = G$ gilt. Die Untergruppe $\mathcal{L}_+^\uparrow(1)$ ist abelsch, da der Kommutator zweier Lorentz-Transformationen null ist: $[\Lambda(\phi_1), \Lambda(\phi_2)] = \Lambda(\phi_1)\Lambda(\phi_2) - \Lambda(\phi_2)\Lambda(\phi_1) = \mathbb{O}_2$. Sie ist jedoch *nicht* kompakt, da $\phi \in \mathbb{R}$ gilt und $\mathbb{R}$ eine nicht-kompakte Menge ist. Die Beziehung $\phi(\beta)$ für eine Geschwindigkeitstransformation mit $v_{\mathrm{rel}}(K', K) = v$ und $\frac{v}{c} \equiv \beta$ kann dadurch bestimmt werden, dass man ein Teilchen mit der Geschwindigkeit $v$ in $K$ betrachtet, das sich zur Zeit $t = 0$ in $x_1 = 0$ befindet. Ein solches Teilchen ruht in $K'$, sodass $\Lambda\begin{pmatrix} ct \\ vt \end{pmatrix} = \begin{pmatrix} ct' \\ 0 \end{pmatrix}$ gilt. Hieraus folgt direkt $-ct\sinh(\phi) + vt\cosh(\phi) = 0$ bzw. $\tanh(\phi) = \frac{v}{c} = \beta$.

**(b)** Mit der Definition $G_2 \equiv \begin{pmatrix} 1 & 0 & 0 \\ 0 & -1 & 0 \\ 0 & 0 & -1 \end{pmatrix}$ gilt analog $\tilde{A}G_2 + G_2A = \mathbb{O}_3$. Für die Komponenten der Matrix $A$ gilt daher $A_{11} = A_{22} = A_{33} = 0$ sowie $A_{12} = A_{21}$, $A_{13} = A_{31}$ und $A_{23} = -A_{32}$. Da $\Lambda$ und $A$ reelle Matrizen sein sollen, muss $A = \ln(\Lambda)$ die Form $-i\alpha L - \phi_1 M_1 - \phi_2 M_2$ mit $\alpha \in [0, 2\pi]$ und $\phi_{1,2} \in \mathbb{R}$ haben. Es gelten die Vertauschungsbeziehungen $[L, M_1] = iM_2$, $[L, M_2] = -iM_1$ und $[M_1, M_2] = iL$. Die Untergruppe $\mathcal{L}_+^\uparrow(2)$ ist also *nicht* abelsch und wegen $\phi_{1,2} \in \mathbb{R}$ auch *nicht* kompakt. Für eine Geschwindigkeitstransformation mit $\mathbf{v}_{\mathrm{rel}}(K', K) = v\hat{e}_2$ und $\frac{v}{c} \equiv \beta$ ist der Zusammenhang zwischen den Parametern $\phi_{1,2}$ und $\beta$ durch $\phi_1(\beta) = 0$ und $\tanh[\phi_2(\beta)] = \frac{v}{c} = \beta$ gegeben.

## Lösung 5.4 Eine Spritztour durch die Milchstraße

**(a)** Aus Gleichung (5.61) wissen wir, dass beim Wechsel des Inertialsystems von $K'$ zu $K$ eine Änderung der beobachteten Richtung des Lichtstrahls von $\vartheta'$ zu $\vartheta$ auftritt: $\tan(\vartheta) = \frac{\sin(\vartheta')}{\gamma[\cos(\vartheta') + \beta]}$ mit $\beta = \frac{v}{c}$ und $\gamma = (1 - \beta^2)^{-1/2}$. Hierbei sind $\vartheta'$ und $\vartheta$ die Winkel zwischen der Ausbreitungsrichtung des Lichtstrahls in $K'$ bzw. $K$ und der $\hat{\beta}$-Richtung. Umgekehrt gilt die Beziehung $\tan(\vartheta') = \frac{\sin(\vartheta)}{\gamma[\cos(\vartheta) - \beta]}$. Aus der Aufgabe folgt, dass in $K$ (also im System der Fixsterne) $\vartheta = \frac{3\pi}{4}$ gilt und daher $\sin(\vartheta) = \frac{1}{\sqrt{2}}$ und $\cos(\vartheta) = -\frac{1}{\sqrt{2}}$. Folglich ist:[6]

$$\vartheta' = \pi + \arctan\left[ \frac{\sin(\vartheta)}{\gamma[\cos(\vartheta) - \beta]} \right] = \pi + \arctan\left[ \frac{1/\sqrt{2}}{\gamma(-\beta - 1/\sqrt{2})} \right]$$
$$= \pi - \arctan\left[ \frac{1}{\gamma(1 + \sqrt{2}\beta)} \right] = \pi - \arctan\left[ \frac{\sqrt{1 - \beta^2}}{1 + \sqrt{2}\beta} \right] \, .$$

---

[6]Man beachte, dass der Wertebereich des Arcustangens durch $\left(-\frac{\pi}{2}, \frac{\pi}{2}\right)$ gegeben ist.

Für $\beta \ll 1$ (d. h. im nicht-relativistischen Limes) erhält man $\vartheta' \simeq \frac{3\pi}{4} = 0{,}75\pi$. Für die weiteren $\beta$-Werte ist der Winkel $\vartheta'(\beta)$ gegeben durch: $\vartheta'(0{,}3) \simeq 0{,}81\pi$, $\vartheta'(0{,}6) \simeq 0{,}87\pi$, $\vartheta'(0{,}9) \simeq 0{,}94\pi$ und $\vartheta'(0{,}99) \simeq 0{,}98\pi$.

Außerdem wissen wir aus Gleichung (5.86), dass Frequenzen unter Boosts gemäß $\omega' = \gamma\omega[1 - \beta\cos(\vartheta)]$ transformiert werden, hier also gemäß $\omega' = \gamma\omega(1 + \beta/\sqrt{2})$. Wegen $\omega = ck = \frac{2\pi c}{\lambda}$ gilt also

$$\lambda' = \frac{\lambda}{\gamma(1 + \beta/\sqrt{2})} = \frac{\lambda\sqrt{1 - \beta^2}}{1 + \beta/\sqrt{2}} \ .$$

Im nicht-relativistischen Limes gilt $\lambda' \simeq \lambda = 5300$ Å. Für die weiteren $\beta$-Werte liegt die Absorptionslinie von Eisen bei $\lambda'(\beta)$ mit: $\lambda'(0{,}3) \simeq 4170$ Å, $\lambda'(0{,}6) \simeq 2980$ Å, $\lambda'(0{,}9) \simeq 1410$ Å und $\lambda'(0{,}99) \simeq 440$ Å.

**(b)** Wichtig ist, dass es in dieser Aufgabe um Längen*messungen* am Planeten geht und nicht darum, was die Astronautin mit ihren Augen *sieht* (vgl. Aufgabe 5.7). Beim Anflug auf den Planeten (und auch beim Abflug) misst man nur Radien *senkrecht* zur $\hat{\beta}$-Richtung. Man misst also eine Kreisscheibe mit einem Durchmesser von $10^7$ m. Wenn sich die Rakete jedoch genau neben dem Planeten befindet, ist der Durchmesser in $\hat{\beta}$-Richtung um einen Faktor $\gamma = (1 - \beta^2)^{-1/2} \simeq (0{,}02)^{-1/2} \simeq 7$ verkürzt. Man *misst* also eine Ellipse.

**(c)** Die Astronautin nähert sich einer kosmischen Ampel, die im Inertialsystem der Fixsterne ruht und dort auf Rot (6500 Å) steht. In diesem Fall gilt $\vartheta' = \vartheta = \pi$ und daher

$$\omega'/\omega = \gamma[1 - \beta\cos(\vartheta)] = \gamma(1 + \beta) = \sqrt{\tfrac{1+\beta}{1-\beta}} \quad \text{bzw.} \quad \lambda'/\lambda = \sqrt{\tfrac{1-\beta}{1+\beta}} \ .$$

Durch Inversion der letzten Beziehung erhält man $\beta = \frac{1 - (\lambda'/\lambda)^2}{1 + (\lambda'/\lambda)^2}$. Für den Spezialfall $\lambda' = 5300$ Å und $\lambda = 6500$ Å folgt $\beta \simeq 0{,}2$.

**(d)** Da die Astronautin die zweite Ampel unter einem Winkel von 90° zu ihrer Flugrichtung sieht, gilt $\vartheta' = \frac{\pi}{2}$. Wegen $\tan(\vartheta) = \frac{\sin(\vartheta')}{\gamma[\cos(\vartheta') + \beta]} = (\gamma\beta)^{-1} > 0$ gilt $\cos(\vartheta) = [1 + \tan^2(\vartheta)]^{-1/2} = [1 + (\gamma\beta)^{-2}]^{-1/2} = \beta$ und daher $\omega'/\omega = \gamma[1 - \beta\cos(\vartheta)] = \gamma(1 - \beta^2) = \sqrt{1 - \beta^2}$. Es folgt $\lambda'/\lambda = (1 - \beta^2)^{-1/2} = \gamma \simeq (0{,}02)^{-1/2} \simeq 7$. Das Licht von der Ampel wird im Inertialsystem der Astronautin als infrarote Strahlung wahrgenommen. Die Antwort lautet daher streng genommen: gar keine.

## Lösung 5.5 Über hyperbolische Bewegung und zwei Bärte

**(a)** Da alle Bewegungen parallel zur $\hat{v}$-Achse stattfinden, können wir als Ausgangspunkt das relativistische Additionsgesetz (5.60) für *parallele* Geschwindigkeiten nehmen: $u_\parallel = \frac{u_\parallel' + v}{1 + v u_\parallel'/c^2}$ bzw. $\frac{dx_1}{dt} = \left(\frac{dx_1'}{dt'} + v\right)/\left(1 + \frac{v}{c^2}\frac{dx_1'}{dt'}\right)$. Wir leiten die letzte Gleichung nun nach $t$ ab und verwenden hierbei die Beziehung $\frac{dt'}{dt} = [\gamma(1 + \frac{1}{c^2}vu_\parallel')]^{-1} = \left[\gamma(1 + \frac{v}{c^2}\frac{dx_1'}{dt'})\right]^{-1}$ zwischen den Zeitvariablen

$t$ und $t'$ in $K$ bzw. $K'$, siehe Gleichung (5.58). Wie üblich definieren wir die dimensionslosen Parameter $\gamma = (1 - \beta^2)^{-1/2}$ und $\beta = \frac{v}{c}$:

$$\frac{d^2 x_1}{dt^2} = \frac{\frac{d^2 x_1'}{(dt')^2}\frac{dt'}{dt}}{1 + \frac{v}{c^2}\frac{dx_1'}{dt'}} - \frac{\left(\frac{dx_1'}{dt'} + v\right)\frac{v}{c^2}\frac{d^2 x_1'}{(dt')^2}\frac{dt'}{dt}}{\left(1 + \frac{v}{c^2}\frac{dx_1'}{dt'}\right)^2} = \frac{\frac{d^2 x_1'}{(dt')^2}}{\gamma\left(1 + \frac{v}{c^2}\frac{dx_1'}{dt'}\right)^2}\left[1 - \frac{\frac{v}{c^2}\left(\frac{dx_1'}{dt'} + v\right)}{1 + \frac{v}{c^2}\frac{dx_1'}{dt'}}\right]$$

$$= \frac{\frac{d^2 x_1'}{(dt')^2}}{\gamma\left(1 + \frac{v}{c^2}\frac{dx_1'}{dt'}\right)^3}\left(1 - \frac{v^2}{c^2}\right) = \frac{d^2 x_1'}{(dt')^2}\Bigg/\left[\gamma\left(1 + \frac{v}{c^2}\frac{dx_1'}{dt'}\right)\right]^3 .$$

**(b)** Im momentanen Ruhesystem des beschleunigten Körpers, das als Inertialsystem $K'$ gewählt wird, gilt $\frac{dx_1'}{dt'} = 0$ sowie $\frac{d^2 x_1'}{(dt')^2} = a$ und $v = \frac{dx_1}{dt}$. Für die dimensionslose Geschwindigkeit $\beta = \frac{dx_1}{d(ct)}$ des Körpers gilt also

$$\frac{d\beta}{dt} = \frac{1}{c}\frac{d^2 x_1}{dt^2} = \frac{a}{c\gamma^3} = \frac{a}{c}(1 - \beta^2)^{3/2} .$$

Durch eine Integration und die Substitution $\beta' = \tanh(\phi)$ ergibt sich:

$$\frac{a}{c}t = \int_0^\beta d\beta'\,[1 - (\beta')^2]^{-3/2} = \int_0^{\text{artanh}(\beta)} d\phi\,\frac{\cosh^3(\phi)}{\cosh^2(\phi)} = \int_0^{\text{artanh}(\beta)} d\phi\,\cosh(\phi)$$

$$= \sinh[\text{artanh}(\beta)] = \frac{\beta}{\sqrt{1 - \beta^2}} \quad , \quad \beta(t) = \left[1 + \left(\frac{c}{at}\right)^2\right]^{-1/2} .$$

Hieraus folgt einerseits für die Eigenzeit $\tau(t)$ des Körpers:

$$\tau(t) = \int_0^t dt'\,\frac{1}{\gamma(t')} = \int_0^t dt'\,\sqrt{1 - [\beta(t')]^2} = \int_0^t dt'\,\sqrt{1 - \frac{(at'/c)^2}{1 + (at'/c)^2}}$$

$$= \int_0^t dt'\,\frac{1}{\sqrt{1 + (at'/c)^2}} = \frac{c}{a}\int_0^{at/c} d\xi\,\frac{1}{\sqrt{1 + \xi^2}} = \frac{c}{a}\int_0^{\text{arsinh}(at/c)} d\psi = \frac{c}{a}\,\text{arsinh}\left(\frac{at}{c}\right) .$$

Wir verwendeten die Substitutionen $at'/c \equiv \xi$ und $\xi \equiv \sinh(\psi)$. Andererseits folgt für die Zeitabhängigkeit der $x_1$-Koordinate:

$$x_1(t) = c\int_0^t dt'\,\beta(t') = c\int_0^t dt'\,\frac{at'/c}{\sqrt{1 + (at'/c)^2}} = \frac{c^2}{a}\left[\sqrt{1 + \left(\frac{at}{c}\right)^2} - 1\right]$$

$$= \sqrt{c^2 t^2 + \frac{c^4}{a^2}} - \frac{c^2}{a} \quad , \quad \left(\frac{ax_1}{c^2} + 1\right)^2 - \left(\frac{at}{c}\right)^2 = 1 . \tag{9.12}$$

Die letzte Beziehung in der *zweiten* Zeile folgt direkt aus dem Vergleich der rechten und linken Seite der *ersten* Zeile. Diese Beziehung zeigt, dass der Körper eine *Hyperbel* in der $(x_1, t)$-Ebene beschreibt. Diese Eigenschaft der Lösung erklärt dann auch den Namen „hyperbolische Bewegung".

(c) Aufgrund der Symmetrie braucht man nur das erste Viertel der Flugbahn zu untersuchen. Wir bezeichnen die Dauer des ersten Viertels gemessen in $K$-Zeit als $t_{1/2}$, sodass $x_1(t_{1/2}) = \frac{1}{2}L$ gilt, und gemessen in der Eigenzeit der Rakete als $\tau_{1/2} = \tau(t_{1/2})$. Aufgrund von (9.12) folgt

$$(ct_{1/2})^2 = \left(\frac{L}{2} + \frac{c^2}{a}\right)^2 - \frac{c^4}{a^2} \quad \text{bzw.} \quad \frac{at_{1/2}}{c} = \sqrt{\left(\frac{aL}{2c^2} + 1\right)^2 - 1} \equiv R_L$$

und daher

$$\tau_{1/2} = \tau(t_{1/2}) = \frac{c}{a}\operatorname{arsinh}\left(\frac{at_{1/2}}{c}\right) = \frac{c}{a}\operatorname{arsinh}(R_L) \ .$$

Am Ende der Reise ist der Astronaut also um

$$\Delta T \equiv 4\left(t_{1/2} - \tau_{1/2}\right) = \frac{4c}{a}\left[R_L - \operatorname{arsinh}(R_L)\right]$$

jünger als sein im Ursprung des Inertialsystems $K$ zurückgebliebener Bruder.

(d) Wir setzen die vorgegebenen Daten ein (mit 1 Jahr $\simeq 3 \cdot 10^7$ s) und erhalten als Wert für den dimensionslosen Parameter $R_L$:

$$R_L = \sqrt{\left(\frac{aL/c}{2c} + 1\right)^2 - 1} \simeq \sqrt{\left(\frac{9{,}8 \cdot 4{,}3 \cdot 3 \cdot 10^7}{2 \cdot 3 \cdot 10^8} + 1\right)^2 - 1}$$

$$\simeq \sqrt{(2{,}1 + 1)^2 - 1} \simeq 2{,}9 \ ,$$

sodass der Astronaut um ungefähr

$$\frac{\Delta T}{3 \cdot 10^7\,\text{s}} = \frac{4 \cdot 3 \cdot 10^8}{9{,}8 \cdot 3 \cdot 10^7}\left[2{,}9 - \operatorname{arsinh}(2{,}9)\right] \simeq 4{,}1 \cdot (2{,}9 - 1{,}8) \simeq 4{,}5$$

Jahre jünger als sein Bruder ist. Der Bart des zurückgebliebenen Bruders ist daher um ungefähr 108 cm länger als derjenige des Astronauten. Der zurückgebliebene Zwilling ist übrigens während der Reise seines Bruders um ungefähr 11,9 Jahre älter geworden, sodass sein Bart (gemessen im Inertialsystem $K$) insgesamt fast 3 Meter lang ist.

## Lösung 5.6 Addition paralleler Geschwindigkeiten

Analog zur Ungleichung (5.55) für die Geschwindigkeit $\beta_{\mathrm{c}}$ im Gedankenexperiment mit den Tachyonen gilt nun für $\beta''$:

$$0 < \beta'' = \frac{\beta + \beta'}{1 + \beta\beta'} = \frac{\beta + \beta'}{(1 - \beta')(1 - \beta) + \beta + \beta'} = \left[1 + \frac{(1 - \beta')(1 - \beta)}{\beta + \beta'}\right]^{-1} \ .$$

(a) Für alle $\beta, \beta' < 1$ folgt hieraus die Ungleichung $0 < \beta'' < 1$. Mit vollständiger Induktion folgt außerdem, dass die Addition endlich vieler paralleler Unterlichtgeschwindigkeiten nie zu einer Überlichtgeschwindigkeit führen kann.

(b) Für alle $\beta, \beta'$ mit $\max\{\beta, \beta'\} = 1$ folgt hieraus $\beta'' = 1$. Die Verbindung zwischen diesem Resultat und dem zweiten Postulat der Speziellen Relativitätstheorie ist, dass ein Photon mit der Geschwindigkeit $c$ in $K'$ auch gemäß den Messungen von $K$ die Geschwindigkeit $c$ hat. Interessanterweise gilt $\beta'' = 1$ auch für $\beta = \beta' = 1$, d. h. für den Fall, dass auch $K'$ ein Photon beschreibt: Auch für Photonen haben andere Photonen die Geschwindigkeit $c$.

**Lösung 5.7 Der relativistische Würfel**

**(a)** Aufgrund der allgemeinen Theorie von Abschnitt [5.6.3] wissen wir, dass Lichtsignale, die zur Zeit $t_0$ am Ort $\mathbf{x}_0$ von der Kamera aufgefangen werden, zur Zeit $t_e$ von Punkten $\mathbf{x}_e = (x_1', \frac{1}{\gamma}x_2' + vt_e, x_3')$ der Würfeloberfläche in $K$ ausgesandt wurden, wobei die Beziehung $c(t_0 - t_e) = |\mathbf{x}_e - \mathbf{x}_0|$ gilt. Aus dieser Beziehung folgt mit $\mathbf{x}_0 = L\hat{\mathbf{e}}_1$ für $L \gg \ell$:

$$L - ct_e = c(t_0 - t_e) = |\mathbf{x}_e - \mathbf{x}_0| = \sqrt{(L - x_1')^2 + (\tfrac{1}{\gamma}x_2' + vt_e)^2 + (x_3')^2}$$

$$\sim L - x_1' + \mathcal{O}\big(\tfrac{\ell^2}{L}\big) \quad \text{d.h.} \quad ct_e = x_1' + \mathcal{O}\big(\tfrac{\ell^2}{L}\big) \qquad \big(\tfrac{\ell}{L} \ll 1\big)\,.$$

Bei der Fehlerabschätzung geht auch ein, dass $vt_e = \beta ct_e \sim \beta x_1' = \mathcal{O}(\ell)$ ist. Es folgt, dass sich die Quelle des Lichtsignals bei der Emission im Punkt $\mathbf{x}_e(\mathbf{x}') = (x_1', \frac{1}{\gamma}x_2' + \beta x_1', x_3')$ befand. Das optische Bild des $(x_3 = 0)$-Querschnitts durch den Würfel ist in Abbildung 9.19 skizziert. Die Kamera befindet sich in $\mathbf{x}_0 = L\hat{\mathbf{e}}_1$, in der Abbildung also (weit) unterhalb des Würfels. Höhe und Tiefe des Würfels sind im optischen Bild wie im Ruhesystem gleich $\ell$. Die Vorder- und die Rückseite sind Lorentz-kontrahiert und haben die Breite $\frac{\ell}{\gamma}$. Der Winkel $\psi$ im optischen Bild zwischen den Seitenwänden des Würfels und der Blickrichtung (d.h. der $\hat{\mathbf{e}}_1$-Richtung, siehe Abb. 9.19) folgt aus

$$\tan(\psi) = \frac{[\mathbf{x}_e(\frac{1}{2}\hat{\mathbf{e}}_1) - \mathbf{x}_e(-\frac{1}{2}\hat{\mathbf{e}}_1)] \cdot \hat{\mathbf{e}}_2}{[\mathbf{x}_e(\frac{1}{2}\hat{\mathbf{e}}_1) - \mathbf{x}_e(-\frac{1}{2}\hat{\mathbf{e}}_1)] \cdot \hat{\mathbf{e}}_1} = \frac{\frac{\beta\ell}{2} - \left(-\frac{\beta\ell}{2}\right)}{\frac{\ell}{2} - \left(-\frac{\ell}{2}\right)} = \frac{\beta\ell}{\ell} = \beta$$

als $\psi = \arctan(\beta)$. Da man in einem (zweidimensionalen) optischen Bild, das hier außerdem aus großem Abstand aufgenommen wurde ($L \gg \ell$), keine Tiefe sehen kann, lässt sich das Bild auch anders interpretieren: Die Lagen der Eckpunkte und Kanten sind ebenfalls mit denjenigen eines um den Winkel $\alpha$ um die $\hat{\mathbf{e}}_3$-Achse *gedrehten* Würfels der Seitenlänge $\ell$ verträglich (siehe Abbildung 9.20). Hierbei erfüllt der Winkel $\alpha$ die Gleichung $\sin(\alpha) = \frac{\beta\ell}{\ell} = \beta$, sodass nun $\alpha = \arcsin(\beta)$ gilt. Die scheinbare *Drehung* des Würfels führt interessanterweise auch dazu, dass man die *linke Seite* des Würfels sehen kann, noch bevor diese Fläche den Ursprung von $K$ passiert hat.

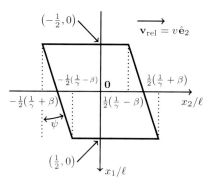

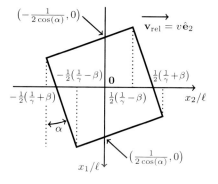

**Abb. 9.19** Optisches Bild des relativistischen Würfels

**Abb. 9.20** Optisches Bild eines um $\alpha = \arcsin(\beta)$ *gedrehten* Würfels

Das ultrarelativistische Pendant ($\beta \uparrow 1$) von Abb. 9.19 ist in Abb. 9.21 skizziert.

Das optische Bild in Abb. 9.21 ist nicht von demjenigen eines Würfels unterscheidbar, der um $\alpha = \arcsin(1) = \frac{\pi}{2}$ um die $\hat{\mathbf{e}}_3$-Achse gedreht ist. Im ultrarelativistischen Limes sieht die Kamera also *nicht* die ihr zur Zeit $t_0 = 0$ tatsächlich zugewandte $\left(\frac{x_1}{\ell} = \frac{1}{2}\right)$-Seite, sondern stattdessen die „linke" Seite (mit $\frac{x_2}{\ell} = -\frac{1}{2\gamma}$).

Abb. 9.19 erweckt den Eindruck, dass man vom Standort $(L, \beta L, 0)$ aus die Lorentz-Kontraktion der Vorder- und Rückseiten hätte sehen können, da die Blickrichtung dann genau einen Winkel $\psi = \arctan(\beta)$ mit der $\hat{\mathbf{e}}_1$-Achse bildet. Genau denselben Blick auf den Würfel hat man eine Zeit $\frac{\beta L}{v} = \frac{L}{c}$ vorher von $\mathbf{x}_0 = L\hat{\mathbf{e}}_1$ aus, also zum Zeitpunkt $t_0 = 0$. Wir wiederholen daher das Gedankenexperiment und lösen nun bereits zur Zeit $t_0 = 0$ die Kamera aus. Nach wie vor gilt $L \gg \ell$.

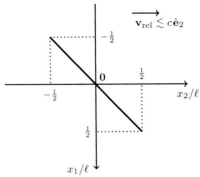

**Abb. 9.21** Optisches Bild eines *ultra*relativistischen Würfels

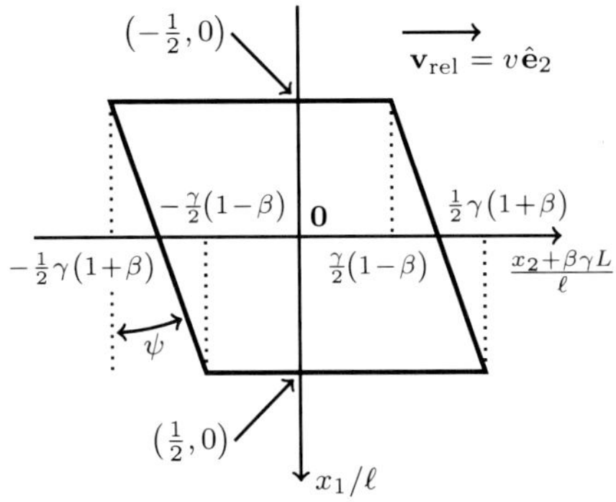

**Abb. 9.22** Optisches Bild des Würfels von $(L, \beta L, 0)$ aus

**(b)** Nun ist $c(t_0 - t_\mathrm{e}) = |\mathbf{x}_\mathrm{e} - \mathbf{x}_0|$ mit $t_0 = 0$, sodass $ct_\mathrm{e} = -|\mathbf{x}_\mathrm{e} - \mathbf{x}_0| < 0$ und $|ct_\mathrm{e}| = \mathcal{O}(L)$ gilt. Man erhält konkret für $L \gg \ell$:

$$-ct_\mathrm{e} = |\mathbf{x}_\mathrm{e} - \mathbf{x}_0| = \sqrt{(L - x_1')^2 + \left(\frac{x_2'}{\gamma} + vt_\mathrm{e}\right)^2 + (x_3')^2}$$
$$= \sqrt{L^2 + (vt_\mathrm{e})^2 - 2Lx_1' + 2vt_\mathrm{e}\frac{x_2'}{\gamma} + \mathcal{O}(\ell^2)}\,.$$

Mit der Definition $\theta_\mathrm{e} \equiv -ct_\mathrm{e}/L > 0$ folgt also:

$$\theta_\mathrm{e}^2 = \left[\sqrt{1 + (\beta\theta_\mathrm{e})^2 - \frac{2}{L}\left(x_1' + \beta\theta_\mathrm{e}\frac{x_2'}{\gamma}\right) + \mathcal{O}\left(\frac{\ell^2}{L^2}\right)}\right]^2$$
$$= 1 + (\beta\theta_\mathrm{e})^2 - \frac{2}{L}\left(x_1' + \beta\theta_\mathrm{e}\frac{x_2'}{\gamma}\right) + \mathcal{O}\left(\frac{\ell^2}{L^2}\right)\,.$$

In führender Ordnung, d. h. unter Vernachlässigung der $\mathcal{O}\left(\frac{\ell}{L}\right)$-Korrekturen, gilt $(1 - \beta^2)\theta_\mathrm{e}^2 = 1$ bzw. $\theta_\mathrm{e} = (1 - \beta^2)^{-1/2} = \gamma$ und daher *einschließlich* dieser Korrekturen:

$$\frac{1}{\gamma^2}\theta_\mathrm{e}^2 = 1 - \frac{2}{L}\left(x_1' + \beta\theta_\mathrm{e}\frac{x_2'}{\gamma}\right) + \mathcal{O}\left(\frac{\ell^2}{L^2}\right) = 1 - \frac{2}{L}\left(x_1' + \beta x_2'\right) + \mathcal{O}\left(\frac{\ell^2}{L^2}\right)\,,$$

d. h.

$$\theta_\mathrm{e} = \gamma\sqrt{1 - \frac{2}{L}\left(x_1' + \beta x_2'\right) + \mathcal{O}\left(\frac{\ell^2}{L^2}\right)} = \gamma\left[1 - \frac{1}{L}\left(x_1' + \beta x_2'\right) + \mathcal{O}\left(\frac{\ell^2}{L^2}\right)\right]$$

und daher $ct_e = -L\theta_e = -\gamma L + \gamma(x_1' + \beta x_2') + \mathcal{O}\left(\frac{\ell^2}{L}\right)$. Hieraus folgt für die Quelle des Lichtsignals, das zum Zeitpunkt $t_0 = 0$ von der Kamera empfangen wird:

$$\mathbf{x}_e = (x_1', \tfrac{1}{\gamma}x_2' + vt_e, x_3') = (x_1', \tfrac{1}{\gamma}x_2' - \beta\gamma L + \beta\gamma(x_1' + \beta x_2'), x_3')$$
$$= (x_1', -\beta\gamma L + \beta\gamma x_1' + \gamma x_2', x_3') ,$$

wobei im letzten Schritt verwendet wurde: $\gamma\left(\frac{1}{\gamma^2} + \beta^2\right)x_2' = \gamma x_2'$. Das optische Bild des $(x_3 = 0)$-Querschnitts durch den Würfel ist in Abbildung 9.22 skizziert. Im optischen Bild befindet sich das Würfelzentrum in $(0, -\beta\gamma L, 0)$, also unter einem Winkel $\psi = \arctan(\beta\gamma) = \arccos(\frac{1}{\gamma}) = \arcsin(\beta)$ mit der $\hat{\mathbf{e}}_1$-Achse. Auch der Winkel zwischen den Seitenwänden und der $\hat{\mathbf{e}}_1$-Achse ist gleich $\arcsin(\beta)$, siehe Abb. 9.22. Die Breite der Vorderseite des Würfels im optischen Bild ist $\gamma\ell$, die scheinbare (projizierte) Breite im optischen Bild der in $\mathbf{x}_0 = L\hat{\mathbf{e}}_1$ platzierten Kamera ist gleich $\gamma\ell\cos(\psi) = \ell$, sodass man auch in diesem Fall optisch *keine* Lorentz-Kontraktion sehen kann.

**(c)** Vollkommen analog zu **(a)** folgt auch nun, dass sich die Quelle des Lichtsignals bei der Emission im Punkt $\mathbf{x}_e(\mathbf{x}') = (x_1', \tfrac{1}{\gamma}x_2' + \beta x_1', x_3')$ befindet. Für einen beliebigen *Großkreis* durch die Pole $\mathbf{x}' = \pm\ell\hat{\mathbf{e}}_3$ der Kugel, also für *festes* $\varphi$, gilt dann:

$$\mathbf{x}'(\varphi, \vartheta) = \ell \begin{pmatrix} \cos(\varphi)\sin(\vartheta) \\ \sin(\varphi)\sin(\vartheta) \\ \cos(\vartheta) \end{pmatrix} \quad , \quad \mathbf{x}_e(\varphi, \vartheta) = \ell \begin{pmatrix} \cos(\varphi)\sin(\vartheta) \\ \left[\frac{1}{\gamma}\sin(\varphi) + \beta\cos(\varphi)\right]\sin(\vartheta) \\ \cos(\vartheta) \end{pmatrix} .$$

Mit der Definition $\sin(\alpha) \equiv \beta$ bzw. $\alpha = \arcsin(\beta)$ ist $[\cdots]$ in $\mathbf{x}_e$ genau gleich $\sin(\varphi + \alpha)$. Dies bedeutet, dass *optisch*, d. h. bei einer Projektion auf die $\hat{\mathbf{e}}_2$-$\hat{\mathbf{e}}_3$-Fläche, das Bild von $\mathbf{x}_e(\varphi, \vartheta)$ nicht von dem Bild $\mathbf{x}'(\varphi + \alpha, \vartheta)$ eines um den Winkel $\alpha$ um die $\hat{\mathbf{e}}_3$-Achse gedrehten Kreises unterscheidbar ist.

$$\left(\mathbb{1} - \hat{\mathbf{e}}_1\hat{\mathbf{e}}_1^{\mathrm{T}}\right)\mathbf{x}_e(\varphi, \vartheta) = \left(\mathbb{1} - \hat{\mathbf{e}}_1\hat{\mathbf{e}}_1^{\mathrm{T}}\right)\mathbf{x}'(\varphi+\alpha, \vartheta) = \sin(\varphi+\alpha)\sin(\vartheta)\hat{\mathbf{e}}_2 + \cos(\vartheta)\hat{\mathbf{e}}_3 .$$

Da dies für jeden Großkreis gilt, gilt es auch für die ganze Kugel. Allgemeiner zeigt dieses Argument, dass *jedes* relativistische Objekt, das aus der Ferne fotografiert wird, im optischen Bild um den Winkel $\alpha$ gedreht erscheint.

## Lösung 5.8 Der Levi-Civita-Tensor

Wir betrachten den vollständig antisymmetrischen Tensor $\varepsilon^{\mu\nu\rho\sigma}$ in vier Dimensionen ($\mu, \nu, \rho, \sigma \in \{0, 1, 2, 3\}$):

$$\varepsilon^{\mu\nu\rho\sigma} = \begin{cases} \mathrm{sgn}(P), & \text{falls } (\mu\nu\rho\sigma) = \big(P(0), P(1), P(2), P(3)\big) \\ 0 & \text{sonst,} \end{cases}$$

wobei $P$ eine Permutation der Zahlen $\{0, 1, 2, 3\}$ darstellt.

**(a)** Der *kovariante* Tensor $(\varepsilon_{\mu\nu\rho\sigma})$ folgt aus dem *kontravarianten* Pendant $(\varepsilon^{\mu\nu\rho\sigma})$ als: $\varepsilon_{\mu\nu\rho\sigma} = g_{\mu\alpha}g_{\nu\beta}g_{\rho\gamma}g_{\sigma\delta}\varepsilon^{\alpha\beta\gamma\delta}$. Beide Tensoren sind vollständig antisymmetrisch in den Indizes $(\mu\nu\rho\sigma)$. Speziell für $(\mu\nu\rho\sigma) = (0123)$ gilt $\varepsilon^{0123} = 1$ und $\varepsilon_{0123} = g_{00}g_{11}g_{22}g_{33}\varepsilon^{0123} = -1$. Folglich ist $\varepsilon_{\mu\nu\rho\sigma}$ *numerisch gleich* $-\varepsilon^{\mu\nu\rho\sigma}$.

**(b)** Die Stufen des *Pseudotensors* $(\varepsilon^{\mu\nu\rho\sigma})$, des *echten* Tensors $(\varepsilon^{\mu\nu\rho\sigma}\varepsilon^{\alpha\beta\gamma\delta})$ und des *Pseudotensors* $(\varepsilon^{\mu\nu\rho\sigma}\varepsilon^{\alpha\beta\gamma\delta}\varepsilon^{\varphi\xi\psi\zeta})$ sind 4, 8 bzw. 12. Der Tensor $(\varepsilon^{\mu\nu\rho\sigma})$ ist vollständig antisymmetrisch, die beiden anderen Tensoren nicht; z. B. sind sie nicht antisymmetrisch in $(\sigma\alpha)$.

**(c)** Neben $\varepsilon^{\mu\nu\rho\sigma}\varepsilon_{\mu\nu\rho\sigma} = 4!\,\varepsilon^{0123}\varepsilon_{0123} = -24$ gelten die vier Identitäten:

$$\varepsilon^{\mu\nu\rho\sigma}\varepsilon_{\alpha\nu\rho\sigma} \overset{(1)}{=} -6\delta^{\mu}{}_{\alpha} \quad , \quad \varepsilon^{\mu\nu\rho\sigma}\varepsilon_{\alpha\beta\gamma\delta} \overset{(4)}{=} -\det\begin{pmatrix} \delta^{\mu}{}_{\alpha} & \delta^{\mu}{}_{\beta} & \delta^{\mu}{}_{\gamma} & \delta^{\mu}{}_{\delta} \\ \delta^{\nu}{}_{\alpha} & \delta^{\nu}{}_{\beta} & \delta^{\nu}{}_{\gamma} & \delta^{\nu}{}_{\delta} \\ \delta^{\rho}{}_{\alpha} & \delta^{\rho}{}_{\beta} & \delta^{\rho}{}_{\gamma} & \delta^{\rho}{}_{\delta} \\ \delta^{\sigma}{}_{\alpha} & \delta^{\sigma}{}_{\beta} & \delta^{\sigma}{}_{\gamma} & \delta^{\sigma}{}_{\delta} \end{pmatrix} \equiv -D_4$$

$$\varepsilon^{\mu\nu\rho\sigma}\varepsilon_{\alpha\beta\rho\sigma} \overset{(2)}{=} -2\det\begin{pmatrix} \delta^{\mu}{}_{\alpha} & \delta^{\mu}{}_{\beta} \\ \delta^{\nu}{}_{\alpha} & \delta^{\nu}{}_{\beta} \end{pmatrix} \quad , \quad \varepsilon^{\mu\nu\rho\sigma}\varepsilon_{\alpha\beta\gamma\sigma} \overset{(3)}{=} -\det\begin{pmatrix} \delta^{\mu}{}_{\alpha} & \delta^{\mu}{}_{\beta} & \delta^{\mu}{}_{\gamma} \\ \delta^{\nu}{}_{\alpha} & \delta^{\nu}{}_{\beta} & \delta^{\nu}{}_{\gamma} \\ \delta^{\rho}{}_{\alpha} & \delta^{\rho}{}_{\beta} & \delta^{\rho}{}_{\gamma} \end{pmatrix} \ .$$

Wir beweisen diese in der Reihenfolge (1), (2), (3) und (4):

(1) Es gilt auf jeden Fall $\varepsilon^{\mu\nu\rho\sigma}\varepsilon_{\alpha\nu\rho\sigma} = C_1\delta^{\mu}{}_{\alpha}$ mit $C_1 \in \mathbb{Z}$, da $\mu$ und $\alpha$ beide Element von $\{0,1,2,3\}\backslash\{\nu,\rho,\sigma\}$ und somit beide *gleich* sein müssen: $\mu = \alpha$. Wir verwenden an dieser Stelle, dass $\nu$, $\rho$ und $\sigma$ unterschiedliche Werte annehmen müssen, damit ein Beitrag zu $\varepsilon^{\mu\nu\rho\sigma}\varepsilon_{\alpha\nu\rho\sigma}$ überhaupt ungleich null ist. Durch Verjüngung erhält man: $C_1\delta^{\mu}{}_{\mu} = 4C_1 = \varepsilon^{\mu\nu\rho\sigma}\varepsilon_{\mu\nu\rho\sigma} = -24$ bzw. $C_1 = -6$.

(2) Der Tensor $\varepsilon^{\mu\nu\rho\sigma}\varepsilon_{\alpha\beta\rho\sigma}$ ist antisymmetrisch in den Indizes $(\mu\nu)$ und außerdem antisymmetrisch in $(\alpha\beta)$, wobei (da $\rho$ und $\sigma$ unterschiedlich sein müssen) $\{\mu,\nu\} = \{\alpha,\beta\}$ gelten muss. Hieraus folgt direkt, dass für irgendeine Konstante $C_2 \in \mathbb{Z}$ gilt:

$$\varepsilon^{\mu\nu\rho\sigma}\varepsilon_{\alpha\beta\rho\sigma} = C_2\big(\delta^{\mu}{}_{\alpha}\delta^{\nu}{}_{\beta} - \delta^{\nu}{}_{\alpha}\delta^{\mu}{}_{\beta}\big) = C_2\det\begin{pmatrix} \delta^{\mu}{}_{\alpha} & \delta^{\mu}{}_{\beta} \\ \delta^{\nu}{}_{\alpha} & \delta^{\nu}{}_{\beta} \end{pmatrix} \ .$$

Durch Verjüngung erhält man dann das Ergebnis $C_2 = -2$:

$$C_2\big(\delta^{\mu}{}_{\mu}\delta^{\nu}{}_{\nu} - \delta^{\nu}{}_{\mu}\delta^{\mu}{}_{\nu}\big) = C_2\big(16 - \delta^{\mu}{}_{\mu}\big) = 12C_2 = \varepsilon^{\mu\nu\rho\sigma}\varepsilon_{\mu\nu\rho\sigma} = -24 \ .$$

(3) Ein analoges Argument zeigt, dass $\varepsilon^{\mu\nu\rho\sigma}\varepsilon_{\alpha\beta\gamma\sigma}$ antisymmetrisch in den Indizes $(\mu\nu\rho)$ und außerdem antisymmetrisch in $(\alpha\beta\gamma)$ ist, sodass für irgendeine Konstante $C_3 \in \mathbb{Z}$ gilt:

$$\varepsilon^{\mu\nu\rho\sigma}\varepsilon_{\alpha\beta\gamma\sigma} = C_3\det\begin{pmatrix} \delta^{\mu}{}_{\alpha} & \delta^{\mu}{}_{\beta} & \delta^{\mu}{}_{\gamma} \\ \delta^{\nu}{}_{\alpha} & \delta^{\nu}{}_{\beta} & \delta^{\nu}{}_{\gamma} \\ \delta^{\rho}{}_{\alpha} & \delta^{\rho}{}_{\beta} & \delta^{\rho}{}_{\gamma} \end{pmatrix} \ .$$

Um $C_3$ zu bestimmen, betrachten wir den Spezialfall $\mu = \alpha = 0$ sowie $\nu = \beta = 1$ und $\rho = \gamma = 2$:

$$-1 = \varepsilon^{012\sigma}\varepsilon_{012\sigma} = C_3\det\begin{pmatrix} \delta^{0}{}_{0} & \delta^{0}{}_{1} & \delta^{0}{}_{2} \\ \delta^{1}{}_{0} & \delta^{1}{}_{1} & \delta^{1}{}_{2} \\ \delta^{2}{}_{0} & \delta^{2}{}_{1} & \delta^{2}{}_{2} \end{pmatrix} = C_3\det(\mathbb{1}_3) = C_3 \ .$$

(4) Ein analoges Argument zeigt, dass $\varepsilon^{\mu\nu\rho\sigma}\varepsilon_{\alpha\beta\gamma\delta}$ antisymmetrisch in den Indizes $(\mu\nu\rho\sigma)$ und außerdem antisymmetrisch in $(\alpha\beta\gamma\delta)$ ist, sodass für irgendeine Konstante $C_4 \in \mathbb{Z}$ gilt: $\varepsilon^{\mu\nu\rho\sigma}\varepsilon_{\alpha\beta\gamma\delta} = C_4 D_4$. Wir betrachten den Spezialfall $(\mu\nu\rho\sigma) = (\alpha\beta\gamma\delta) = (0123)$ und erhalten

$$-1 = \varepsilon^{0123}\varepsilon_{0123} = C_4 D_4 = C_4 \det(\mathbb{1}_4) = C_4 \quad , \quad C_4 = -1 \; .$$

Alle linken Glieder dieser fünf Gleichungen enthalten die Elemente zweier $\varepsilon$-Tensoren und sind somit Elemente *echter* Tensoren.

**(d)** Aus Gleichung (5.108) wissen wir: $\varepsilon^{\alpha\beta\gamma\delta}\Lambda^\mu{}_\alpha\Lambda^\nu{}_\beta\Lambda^\rho{}_\gamma\Lambda^\sigma{}_\delta = \det(\Lambda)\varepsilon^{\mu\nu\rho\sigma}$. Folglich gilt: $\varepsilon_{\mu\nu\rho\sigma}\,\varepsilon^{\alpha\beta\gamma\delta}\Lambda^\mu{}_\alpha\Lambda^\nu{}_\beta\Lambda^\rho{}_\gamma\Lambda^\sigma{}_\delta = \det(\Lambda)\varepsilon_{\mu\nu\rho\sigma}\varepsilon^{\mu\nu\rho\sigma} = -24\det(\Lambda)$.

**(e)** Wir zeigen nun Gleichung (5.110). Dual zu $\tilde{a}^{\mu\nu\rho}$ ist:

$$\tilde{\tilde{a}}^\mu = \tfrac{1}{6}\varepsilon^{\mu\nu\rho\sigma}\tilde{a}_{\nu\rho\sigma} = \tfrac{1}{6}\varepsilon^{\mu\nu\rho\sigma}\varepsilon_{\nu\rho\sigma\tau}a^\tau = -\tfrac{1}{6}\varepsilon^{\mu\nu\rho\sigma}\varepsilon_{\tau\nu\rho\sigma}a^\tau = -\tfrac{1}{6}(-6\delta^\mu{}_\tau)a^\tau = a^\mu \; .$$

Dual zu $\tilde{a}^{\mu\nu}$ ist:

$$\begin{aligned}
\tilde{\tilde{a}}^{\mu\nu} &= \tfrac{1}{2}\varepsilon^{\mu\nu\rho\sigma}\tilde{a}_{\rho\sigma} = \tfrac{1}{4}\varepsilon^{\mu\nu\rho\sigma}\varepsilon_{\rho\sigma\tau\psi}a^{\tau\psi} = \tfrac{1}{4}\varepsilon^{\mu\nu\rho\sigma}\varepsilon_{\tau\psi\rho\sigma}a^{\tau\psi} \\
&= \tfrac{1}{4}(-2)\big(\delta^\mu{}_\tau\delta^\nu{}_\psi - \delta^\mu{}_\psi\delta^\nu{}_\tau\big)a^{\tau\psi} = -\tfrac{1}{2}(a^{\mu\nu} - a^{\nu\mu}) = -a^{\mu\nu} \; .
\end{aligned}$$

Dual zu $\tilde{a}^\mu$ ist:

$$\begin{aligned}
\tilde{\tilde{a}}^{\mu\nu\rho} &= \varepsilon^{\mu\nu\rho\sigma}\tilde{a}_\sigma = \tfrac{1}{6}\varepsilon^{\mu\nu\rho\sigma}\varepsilon_{\sigma\tau\phi\psi}a^{\tau\phi\psi} = -\tfrac{1}{6}\varepsilon^{\mu\nu\rho\sigma}\varepsilon_{\tau\phi\psi\sigma}a^{\tau\phi\psi} \\
&= -(-\tfrac{1}{6})\big(a^{\mu\nu\rho} - a^{\mu\rho\nu} - a^{\nu\mu\rho} + a^{\rho\mu\nu} + a^{\nu\rho\mu} - a^{\rho\nu\mu}\big) = a^{\mu\nu\rho} \; .
\end{aligned}$$

## Lösung 5.9 Transformationsverhalten von Winkeln

Ausgehend von $\tan(\vartheta) = \frac{\sin(\vartheta')}{\gamma[\cos(\vartheta')+\beta]}$ ist zu zeigen: $\tan(\vartheta') = \frac{\sin(\vartheta)}{\gamma[\cos(\vartheta)-\beta]}$, wobei wie üblich $\gamma = (1 - \beta^2)^{-1/2}$ gilt. Wir schreiben die Ausgangsgleichung als $\tan(\vartheta) = \frac{\tan(\vartheta')}{\gamma[1+\beta/\cos(\vartheta')]}$ und verwenden: $\cos(\vartheta') = [1 + \tan^2(\vartheta')]^{-1/2}$. Mit den Notationen $\tan(\vartheta) \equiv t$ und $\tan(\vartheta') \equiv t'$ ist also ausgehend von

$$\text{(A)} \quad t = \frac{t'\sqrt{1 - \beta^2}}{1 + \beta\sqrt{1 + (t')^2}} \qquad \text{zu zeigen:} \qquad \text{(B)} \quad t' = \frac{t\sqrt{1 - \beta^2}}{1 - \beta\sqrt{1 + t^2}} \; .$$

Gleichung (A) kann nach $t'$ aufgelöst werden. Hierzu ist eine quadratische Gleichung zu lösen, die zwei unterschiedliche Wurzeln hat:

$$\frac{t'}{t\sqrt{1 - \beta^2}} = \frac{-1 \pm \sqrt{1 + [(t\beta)^2 + \beta^2 - 1]}}{(t\beta)^2 + \beta^2 - 1} = \frac{1 \mp \beta\sqrt{1 + t^2}}{[1 - \beta\sqrt{1 + t^2}][1 + \beta\sqrt{1 + t^2}]} \; .$$

In dieser Gleichung ist das $(+)$-Zeichen zu wählen, damit für $\beta \to 0$ im Einklang mit Gleichung (A) gilt: $t' = t[1 + \beta\sqrt{1 + t^2}] + \mathcal{O}(\beta^2)$. Das Ergebnis lautet also:

$$\frac{t'}{t\sqrt{1 - \beta^2}} = \frac{1}{1 - \beta\sqrt{1 + t^2}} \qquad \text{und daher:} \qquad t' = \frac{t\sqrt{1 - \beta^2}}{1 - \beta\sqrt{1 + t^2}} \; .$$

**Lösung 5.10 Antisymmetrische Tensoren 2. Stufe**

(a) Ein beliebiger, antisymmetrischer, echter Lorentz-Tensor 2. Stufe kann natürlich immer in der Form

$$A = \begin{pmatrix} 0 & -p_1 & -p_2 & -p_3 \\ p_1 & 0 & -a_3 & a_2 \\ p_2 & a_3 & 0 & -a_1 \\ p_3 & -a_2 & a_1 & 0 \end{pmatrix} \equiv (\mathbf{p}, \mathbf{a}) \quad , \quad A' = \begin{pmatrix} 0 & -p'_1 & -p'_2 & -p'_3 \\ p'_1 & 0 & -a'_3 & a'_2 \\ p'_2 & a'_3 & 0 & -a'_1 \\ p'_3 & -a'_2 & a'_1 & 0 \end{pmatrix}$$

dargestellt werden. Die Frage ist nur, wie die Tripel $\mathbf{p}$ und $\mathbf{a}$ hierbei transformiert werden. Um dies zu klären, untersuchen wir das Transformationsverhalten des Tensors $(A^{\mu\nu})$ unter Lorentz-Transformationen der Form $\Lambda = \left(\begin{smallmatrix} 1 & \mathbf{0}^T \\ \mathbf{0} & \mathcal{O} \end{smallmatrix}\right)$, wobei $\mathcal{O}$ eine dreidimensionale orthogonale Transformation ist: $\mathcal{O}^T\mathcal{O} = \mathbb{1}_3$. Eine orthogonale Transformation setzt sich aus einer Drehung und möglicherweise einer Raumspiegelung zusammen. Aus Gleichung (5.97) wissen wir bereits, dass antisymmetrische Tensoren 2. Stufe unter *Raumspiegelungen* wie $A \to A' = (-\mathbf{p}, \mathbf{a})$ transformiert werden, also gilt $\mathbf{p} \to -\mathbf{p}$ und $\mathbf{a} \to \mathbf{a}$. Betrachten wir nun *Drehungen*: $\Lambda = \Lambda_R(\boldsymbol{\alpha}) = \left(\begin{smallmatrix} 1 & \mathbf{0}^T \\ \mathbf{0} & R(\boldsymbol{\alpha}) \end{smallmatrix}\right)$ mit $R^T R = \mathbb{1}_3$. Jede Drehung $R(\boldsymbol{\alpha})$ ist aus drei Einheitsvektoren $\mathbf{u}_i \equiv R(\boldsymbol{\alpha})^T \hat{\mathbf{e}}_i$ aufgebaut, die ein rechtshändiges Orthonormalsystem bilden:

$$R(\boldsymbol{\alpha}) = \begin{pmatrix} \mathbf{u}_1^T \\ \mathbf{u}_2^T \\ \mathbf{u}_3^T \end{pmatrix} \quad , \quad (u_i)_j = R_{ij} \quad , \quad \mathbf{u}_i \cdot \mathbf{u}_j = \delta_{ij} \quad , \quad \mathbf{u}_i \times \mathbf{u}_j = \varepsilon_{ijk} \mathbf{u}_k \; .$$

Einerseits haben die Elemente des Lorentz-transformierten Tensors $A'$ also die Form:

$$(A')^{\mu\nu} = \delta^\mu_{\;0} \delta^\nu_{\;i}\left(-p'_i\right) + \delta^\mu_{\;i} \delta^\nu_{\;0} p'_i + \delta^\mu_{\;i} \delta^\nu_{\;j}\left(-\varepsilon_{ijk} a'_k\right) \; .$$

Andererseits folgt für diese Tensorelemente aus der Lorentz-Transformation:

$$(A')^{\mu\nu} = \Lambda^\mu_{\;\rho} \Lambda^\nu_{\;\sigma} A^{\rho\sigma}$$
$$= \delta^\mu_{\;0} \delta^\nu_{\;i} \Lambda^0_{\;0} \Lambda^i_{\;j} A^{0j} + \delta^\mu_{\;i} \delta^\nu_{\;0} \Lambda^i_{\;j} \Lambda^0_{\;0} A^{j0} + \delta^\mu_{\;i} \delta^\nu_{\;j} \Lambda^i_{\;k} \Lambda^j_{\;l} A^{kl}$$
$$= \delta^\mu_{\;0} \delta^\nu_{\;i} [R(\boldsymbol{\alpha})(-\mathbf{p})]^i + \delta^\mu_{\;i} \delta^\nu_{\;0} [R(\boldsymbol{\alpha})\mathbf{p}]^i + \delta^\mu_{\;i} \delta^\nu_{\;j} (u_i)_k (u_j)_l\left(-\varepsilon_{klm} a_m\right) \; .$$

Ein Vergleich der beiden Ergebnisse zeigt, dass $\mathbf{p}' = R(\boldsymbol{\alpha})\mathbf{p}$ gilt sowie

$$\varepsilon_{ijk} a'_k = (\mathbf{u}_i \times \mathbf{u}_j) \cdot \mathbf{a} = \varepsilon_{ijk} \mathbf{u}_k \cdot \mathbf{a} \quad , \quad a'_k = [R(\boldsymbol{\alpha})\mathbf{a}]_k \quad , \quad \mathbf{a}' = R(\boldsymbol{\alpha})\mathbf{a} \; .$$

Dies zeigt, dass $\mathbf{p}$ in der Tat ein polarer (echter) und $\mathbf{a}$ ein axialer Vektor (Pseudovektor) bzgl. dreidimensionaler orthogonaler Transformationen ist.

(b) Wir bestimmen nun den zu $(A^{\mu\nu})$ dualen Tensor $(\tilde{A}^{\mu\nu}) \equiv \frac{1}{2}(\varepsilon^{\mu\nu\rho\sigma} A_{\rho\sigma})$, wobei der Tensor $(A_{\rho\sigma})$ explizit gegeben ist durch

$$\left(A_{\rho\sigma}\right) = \left(g_{\rho\rho'} g_{\sigma\sigma'} A^{\rho'\sigma'}\right) = \begin{pmatrix} 0 & p_1 & p_2 & p_3 \\ -p_1 & 0 & -a_3 & a_2 \\ -p_2 & a_3 & 0 & -a_1 \\ -p_3 & -a_2 & a_1 & 0 \end{pmatrix} \; .$$

Wegen der Antisymmetrie des $\varepsilon$-Tensors ist $\tilde{A}$ ebenfalls antisymmetrisch. Hieraus folgt direkt $\tilde{A}^{\mu\mu} = 0$. Außerdem gilt für die räumlich-zeitlichen Elemente:

$$\tilde{A}^{i0} = \tfrac{1}{2}\varepsilon^{i0\rho\sigma}A_{\rho\sigma} = -\tfrac{1}{2}\varepsilon^{0ijk}A_{jk} = -\tfrac{1}{2}\varepsilon_{ijk}(-\varepsilon_{jkl}a_l)$$
$$= \tfrac{1}{2}\varepsilon_{ijk}\varepsilon_{ljk}a_l = \tfrac{1}{2}\cdot 2\delta_{il}a_l = a_i$$

und für die räumlich-räumlichen Elemente:

$$\tilde{A}^{ij} = \tfrac{1}{2}\varepsilon^{ij\rho\sigma}A_{\rho\sigma} = \tfrac{1}{2}\left(\varepsilon^{ijk0}A_{k0} + \varepsilon^{ij0k}A_{0k}\right) = \varepsilon^{ijk0}A_{k0}$$
$$= -\varepsilon^{0ijk}(-p_k) = \varepsilon_{ijk}p_k \,,$$

sodass insgesamt gilt:

$$\left(\tilde{A}^{\mu\nu}\right) = \begin{pmatrix} 0 & -a_1 & -a_2 & -a_3 \\ a_1 & 0 & p_3 & -p_2 \\ a_2 & -p_3 & 0 & p_1 \\ a_3 & p_2 & -p_1 & 0 \end{pmatrix} = (\mathbf{a}, -\mathbf{p}) \quad , \quad \left(\tilde{\tilde{A}}^{\mu\nu}\right) = (-\mathbf{p}, -\mathbf{a}) = \left(-A^{\mu\nu}\right) \,.$$

Hierbei folgt der doppeltduale Tensor direkt durch zweimalige Anwendung der Dualitätstransformation.

## Lösung 5.11 Die Photonenrakete

(a) Wir definieren wie üblich $\gamma = (1-\beta^2)^{-1/2}$ und $\beta = \frac{v}{c}$, wobei $v$ die Geschwindigkeit der Rakete im Inertialsystem $K$ ist. Im momentanen Ruhesystem der Rakete wird pro Zeiteinheit (also gemessen in *Eigenzeit*) eine Masse $-\frac{dM}{d\tau}$, eine Energie $-\frac{d(Mc^2)}{d\tau}$ und ein Impuls $-\frac{d(Mc)}{d\tau}$ ausgestoßen. Eine Impulsänderung pro Zeiteinheit entspricht einer Kraft, also ist die *Beschleunigung* im momentanen Ruhesystem $-\frac{1}{M}\frac{d(Mc)}{d\tau}$. Nach Aufgabe 5.5, Teil (a), ist daher:

$$c\frac{d\beta}{dt} = \frac{d^2 x_1}{dt^2} = \frac{d^2 x_1'}{(dt')^2} \Big/ \left[\gamma\left(1 + \frac{v}{c^2}\frac{dx_1'}{dt'}\right)\right]^3 = -\frac{1}{M\gamma^3}\frac{d(Mc)}{d\tau} = -\frac{c}{M\gamma^2}\frac{dM}{dt}\,.$$

Bei Division der rechten Seite durch die linke ergibt sich $\frac{dM}{d\beta} = -\gamma^2 M$. Es folgt:

$$-d[\ln(M)] = \gamma^2 d\beta = \frac{d\beta}{1-\beta^2} = \frac{1}{2}\left(\frac{1}{1-\beta} + \frac{1}{1+\beta}\right)d\beta = d\left(\ln\sqrt{\tfrac{1+\beta}{1-\beta}}\right)\,.$$

Die Masse der Rakete, gemessen in ihrem momentanen Ruhesystem, ist daher:

$$M(\beta) = M_0 \sqrt{\frac{1-\beta}{1+\beta}}\,.$$

Dieses Ergebnis zeigt, dass die Rakete für $M(\beta) \to 0$, d. h., wenn sie (im momentanen Ruhesystem betrachtet) nahezu vollständig verbrannt ist, im Inertialsystem $K$ die Lichtgeschwindigkeit erreicht ($\beta \uparrow 1$).

**(b)** Da man die Geschwindigkeit viermal um $0,8\,c$ ändert, ist die Masse nach Rückkehr im Optimalfall

$$M_0\left(\sqrt{\frac{1-\beta_{\max}}{1+\beta_{\max}}}\right)^4 = M_0\left(\frac{1-\beta_{\max}}{1+\beta_{\max}}\right)^2 \simeq 0,012\,M_0\,.$$

Dieses Ergebnis gilt zunächst nur im momentanen Ruhesystem, aber dieses ist nach Rückkehr identisch mit dem Inertialsystem. Es folgt, dass die erforderliche Mindestmasse der Rakete beim Start auf der Erde gleich $M_0^{\mathrm{mind}} = \frac{2\cdot 10^4}{0,012}$ kg $\simeq 1,62\cdot 10^6$ kg ist.

**(c)** In diesem Fall gilt $\frac{dM}{d\tau} = -\lambda M$ mit $\lambda > 0$, also ist

$$\gamma\frac{d\beta}{dt} = \frac{d\beta}{d\tau} = \frac{d\beta}{dM}\frac{dM}{d\tau} = \left(-\frac{1}{M\gamma^2}\right)(-\lambda M) = \frac{\lambda}{\gamma^2}\,,\quad \gamma^3 d\beta = \frac{d\beta}{(1-\beta^2)^{3/2}} = \lambda dt\,.$$

Diese Gleichung wurde bereits in Teil **(b)** von Aufgabe 5.5 gelöst, sodass wir die dort erhaltene Lösung hier übernehmen können: $\beta(t) = [1+(\lambda t)^{-2}]^{-1/2}$ und $\tau(t) = \frac{1}{\lambda}\operatorname{arsinh}(\lambda t)$. Im Langzeitlimes ($t\to\infty$) gilt also $\beta(t)\uparrow 1$, wobei die Annäherung an den Höchstwert $\beta_{\max} = 1$ *algebraisch* erfolgt: $\beta(t)\sim 1-\frac{1}{2}(\lambda t)^{-2}$ sowie $\tau(t)\sim\frac{1}{\lambda}\ln(2\lambda t)\to\infty$. Insbesondere das letzte Ergebnis weicht qualitativ stark vom $\tau(t)$-Verhalten ab, das im Teil **(d)** bestimmt wird.

**(d)** Aus der vorgegebenen Ratengleichung $\frac{dM}{d\tau} = -\lambda$ mit $\lambda > 0$ folgt direkt $M = M_0 - \lambda\tau$, sodass sich die Beziehung zwischen $\beta$ und der Eigenzeit $\tau$ im momentanen Ruhesystem der Rakete direkt aus **(a)** ergibt:

$$M(\beta) = M_0\sqrt{\frac{1-\beta}{1+\beta}} = M_0 - \lambda\tau\,,\quad \beta(\tau) = \frac{1-\left(1-\frac{\lambda\tau}{M_0}\right)^2}{1+\left(1-\frac{\lambda\tau}{M_0}\right)^2}\,.$$

Zunächst steigt $\beta$ also *linear* (gemäß $\beta\sim\lambda\tau/M_0$) an und geht dann für $\tau\uparrow\tau_{\max}\equiv\frac{M_0}{\lambda}$ gegen eins: $\beta(\tau)\sim\left[1-2(1-\frac{\lambda\tau}{M_0})^2\right]\uparrow 1$. Dies bedeutet, dass die Geschwindigkeit der Rakete im Inertialsystem $K$ bereits nach einer *endlichen* Eigenzeit $\tau_{\max}$ den Wert $c$ erreicht. Aus der Beziehung $M = M_0 - \lambda\tau$ folgt, dass die Rakete zur Eigenzeit $\tau_{\max} = \frac{M_0}{\lambda}$ vollständig verbrannt ist.

Analog ergibt sich für die Beziehung zwischen $\beta$ und der physikalischen Zeit $t$ im Inertialsystem $K$:

$$-\lambda = \gamma\frac{dM}{dt} = \gamma\frac{d}{dt}\left(M_0\sqrt{\frac{1-\beta}{1+\beta}}\right) = \tfrac{1}{2}\gamma M_0\left[-\frac{1}{\sqrt{1-\beta^2}} - \frac{\sqrt{1-\beta}}{(1+\beta)^{3/2}}\right]\frac{d\beta}{dt}$$

$$= -\tfrac{1}{2}M_0\left[\frac{1}{1-\beta^2} + \frac{1}{(1+\beta)^2}\right]\frac{d\beta}{dt} = -\tfrac{1}{2}M_0\frac{(1+\beta)+(1-\beta)}{(1-\beta)(1+\beta)^2}\frac{d\beta}{dt}$$

$$= \frac{-M_0}{(1-\beta)(1+\beta)^2}\frac{d\beta}{dt} = -M_0\left[\frac{1/4}{1-\beta} + \frac{1/4}{1+\beta} + \frac{1/2}{(1+\beta)^2}\right]\frac{d\beta}{dt}$$

$$= -\tfrac{1}{4}M_0\frac{d}{dt}\left[\ln\left(\frac{1+\beta}{1-\beta}\right) - \frac{2}{1+\beta}\right]\,.$$

Ein Vergleich der linken und rechten Seite zeigt, dass aufgrund der Anfangsbedingung $\beta(0) = 0$ gelten muss:

$$\frac{4\lambda t}{M_0} = \ln\left(\frac{1+\beta}{1-\beta}\right) + 2\left(1 - \frac{1}{1+\beta}\right) = \ln\left(\frac{1+\beta}{1-\beta}\right) + \frac{2\beta}{1+\beta} \ .$$

Dieses Ergebnis ist deshalb so interessant, da es den Unterschied zwischen der
physikalischen Zeit $t$ und der Eigenzeit $\tau$ noch einmal unterstreicht. Unser Ergebnis zeigt, dass die Rakete die Lichtgeschwindigkeit $c$ im Inertialsystem $K$
erst für $t \to \infty$ erreicht, obwohl dies im momentanen Ruhesystem der Rakete
bereits nach *endlicher Eigenzeit*, nämlich nach $\tau_{\max} = \frac{M_0}{\lambda}$, geschieht und die
Rakete dann völlig verbrannt ist! Diese krasse Diskrepanz zwischen physika-
lischer Zeit und Eigenzeit ist natürlich eine Konsequenz der Zeitdilatation.
Die $\beta(t)$-Beziehung ist zur Illustration in Abbildung 9.23 skizziert; man sieht,
wie sich die Geschwindigkeit dem Höchstwert $\beta_{\max} = 1$ exponentiell annähert. Abbildung 9.24 zeigt die Beziehung $\tau(t)$ zwischen der Eigenzeit und der
physikalischen Zeit; auch hierbei findet die Annäherung an $\tau_{\max}$ exponentiell
statt, allerdings langsamer (mit einer doppelt so großen Halbwertszeit).

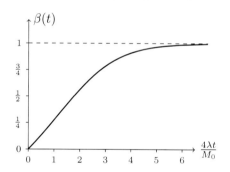
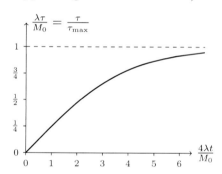

**Abb. 9.23** Geschwindigkeit der Rakete $\beta$ als Funktion der physikalischen Zeit $t$

**Abb. 9.24** Beziehung zwischen Eigenzeit $\tau$ und physikalischer Zeit $t$

## Lösung 5.12 Lorentz-Transformationen und komplexe Drehungen

Die wichtigsten Ingredienzien der nachfolgenden Lösung sind die Formen (5.96) des
elektromagnetischen Feldtensors und (5.50) der Lorentz-Transformation:

$$F = \left(F^{\mu\nu}\right) = \begin{pmatrix} 0 & -E_1 & -E_2 & -E_3 \\ E_1 & 0 & -cB_3 & cB_2 \\ E_2 & cB_3 & 0 & -cB_1 \\ E_3 & -cB_2 & cB_1 & 0 \end{pmatrix} = (\mathbf{E}, c\mathbf{B}) \quad , \quad F^{ij} = -c\varepsilon_{ijk}B_k$$

$$\Lambda = e^{-i\boldsymbol{\alpha}\cdot\mathbf{L}-\boldsymbol{\phi}\cdot\mathbf{M}} \quad , \quad L_k \equiv \begin{pmatrix} 0 & \mathbf{0}^{\mathrm{T}} \\ \mathbf{0} & \ell_k \end{pmatrix} \quad , \quad M_k = \begin{pmatrix} 0 & \hat{\mathbf{e}}_k^{\mathrm{T}} \\ \hat{\mathbf{e}}_k & \mathbb{0}_3 \end{pmatrix}$$

sowie die Form $R(\boldsymbol{\alpha}) = e^{-i\boldsymbol{\alpha}\cdot\boldsymbol{\ell}}$ der Drehung mit $(\ell_k)_{ij} = -i\varepsilon_{kij} = -i\varepsilon_{ijk}$. Für
kleine Drehungen $\mathbf{F}' = R(\frac{1}{N}\boldsymbol{\alpha})\mathbf{F}$ eines dreidimensionalen (reellen oder komplexen)
Vektors $\mathbf{F}$ gilt also

$$F'_j = \left[\delta_{jk} - \frac{i}{N}\alpha_l(\ell_l)_{jk}\right]F_k = F_j - \frac{i}{N}\alpha_l(-i\varepsilon_{ljk})F_k = F_j + \frac{1}{N}\varepsilon_{jlk}\alpha_l F_k$$

$$= F_j + \frac{1}{N}\varepsilon_{jkl}\alpha_k F_l \ , \tag{9.13}$$

wobei im letzten Schritt die Indizes $k \leftrightarrow l$ umbenannt wurden. Analog können wir eine kleine Lorentz-Transformation $\Lambda^\mu{}_\nu = g^\mu{}_\nu + \omega^\mu{}_\nu + \mathcal{O}(N^{-2})$ des 4-Tensors $F$ betrachten, wobei $\omega^\mu{}_\nu$ gegeben ist durch

$$\omega^\mu{}_\nu = -\frac{1}{N}(i\boldsymbol{\alpha}\cdot\mathbf{L} + \boldsymbol{\phi}\cdot\mathbf{M}) = -\frac{1}{N}\begin{pmatrix} 0 & & \boldsymbol{\phi}^{\mathrm{T}} & \\ & 0 & \alpha_3 & -\alpha_2 \\ \boldsymbol{\phi} & -\alpha_3 & 0 & \alpha_1 \\ & \alpha_2 & -\alpha_1 & 0 \end{pmatrix}.$$

Der transformierte 4-Tensors $F'$ hat dann die Form:

$$(F')^{\mu\nu} = \Lambda^\mu{}_\rho \Lambda^\nu{}_\sigma F^{\rho\sigma} = \left(g^\mu{}_\rho + \omega^\mu{}_\rho\right)\left(g^\nu{}_\sigma + \omega^\nu{}_\sigma\right)F^{\rho\sigma} = F^{\mu\nu} + \omega^\mu{}_\rho F^{\rho\nu} + \omega^\nu{}_\sigma F^{\mu\sigma},$$

wobei sämtliche $\mathcal{O}(N^{-2})$-Beiträge vernachlässigt wurden. Für den komplexen Vektor $\mathbf{F} \equiv \mathbf{E} + ic\mathbf{B}$, der ja aus den Tensorelementen $(\mathbf{E}, c\mathbf{B})$ des elektromagnetischen Feldtensors $(F^{\mu\nu})$ aufgebaut ist, bedeutet dies:

$$\begin{aligned}
F'_j &= E'_j + icB'_j = (F')^{j0} - \tfrac{1}{2}i\varepsilon_{jkl}(F')^{kl} \\
&= F_j + \omega^j{}_\rho F^{\rho 0} + \omega^0{}_\sigma F^{j\sigma} - \tfrac{1}{2}i\varepsilon_{jkl}\left(\omega^k{}_\rho F^{\rho l} + \omega^l{}_\sigma F^{k\sigma}\right) \\
&= F_j + \omega^j{}_k F^{k0} + \omega^0{}_k F^{jk} - \tfrac{1}{2}i\varepsilon_{jkl}\left(\omega^k{}_0 F^{0l} + \omega^k{}_m F^{ml} + \omega^l{}_0 F^{k0} + \omega^l{}_m F^{km}\right) \\
&= F_j - \tfrac{1}{N}\Big\{\left(\varepsilon_{jkl}\alpha_l\right)E_k + \phi_k(-c\varepsilon_{jkl}B_l) \\
&\quad - \tfrac{1}{2}i\varepsilon_{jkl}\left[\phi_k(-E_l) + (\varepsilon_{kmr}\alpha_r)(-c\varepsilon_{mls}B_s) + \phi_l E_k + (\varepsilon_{lmr}\alpha_r)(-c\varepsilon_{kms}B_s)\right]\Big\} \\
&= F_j - \tfrac{1}{N}\left[\varepsilon_{jkl}\left(\alpha_l E_k - \phi_k cB_l + \tfrac{1}{2}i\phi_k E_l - \tfrac{1}{2}i\phi_l E_k\right) + \tfrac{1}{2}i\alpha_r cB_s(-\varepsilon_{jrs} + \varepsilon_{rjs})\right],
\end{aligned}$$

wobei verwendet wurde:

$$\begin{aligned}
\varepsilon_{jkl}\varepsilon_{kmr}\varepsilon_{mls} &= \left(-\delta_{jm}\delta_{lr} + \delta_{jr}\delta_{ml}\right)\varepsilon_{mls} = -\varepsilon_{jrs} \\
\varepsilon_{jkl}\varepsilon_{lmr}\varepsilon_{kms} &= \left(\delta_{jm}\delta_{kr} - \delta_{jr}\delta_{mk}\right)\varepsilon_{kms} = \varepsilon_{rjs}.
\end{aligned}$$

Durch Umbenennen von Indizes:

$$\varepsilon_{jkl}\left(-\tfrac{1}{2}i\phi_l E_k\right) = \varepsilon_{jkl}\left(\tfrac{1}{2}i\phi_k E_l\right) \quad, \quad \tfrac{1}{2}i\alpha_r cB_s(-\varepsilon_{jrs}) = -\tfrac{1}{2}i\varepsilon_{jkl}\alpha_k cB_l$$

folgt

$$\begin{aligned}
F'_j &= F_j - \tfrac{1}{N}\varepsilon_{jkl}\left(\alpha_l E_k - \phi_k cB_l + i\phi_k E_l - i\alpha_k cB_l\right) \\
&= F_j + \tfrac{1}{N}\varepsilon_{jkl}\left(\alpha_k E_l + \phi_k cB_l - i\phi_k E_l + i\alpha_k cB_l\right) \\
&= F_j + \tfrac{1}{N}\varepsilon_{jkl}(\alpha_k - i\phi_k)(E_l + icB_l) = F_j + \tfrac{1}{N}\varepsilon_{jkl}(\alpha_k - i\phi_k)F_l.
\end{aligned}$$

Ein Vergleich mit (9.13) zeigt nun, dass sich die „kleine" Lorentz-Transformation von $F^{\mu\nu}$ auch als „kleine" komplexe Drehung des komplexen Vektors $\mathbf{F}$ formulieren lässt: $\mathbf{F}' = R\left(\frac{1}{N}(\boldsymbol{\alpha} - i\boldsymbol{\phi})\right)\mathbf{F} + \mathcal{O}(N^{-2})$. Diese Interpretation trifft dann auch für die „große" Lorentz-Transformation von $F^{\mu\nu}$ zu: $\mathbf{F}' = R(\boldsymbol{\alpha} - i\boldsymbol{\phi})\mathbf{F}$, denn die „große" Transformation ergibt sich durch $N$-malige Anwendung einer „kleinen" Transformation: $\Lambda(\boldsymbol{\alpha}, \boldsymbol{\phi}) = [\Lambda(\frac{1}{N}\boldsymbol{\alpha}, \frac{1}{N}\boldsymbol{\phi})]^N$. Bei endlichen $N$-Werten tritt in diesem Argument ein Fehler $\mathcal{O}(N \times N^{-2}) = \mathcal{O}(N^{-1})$ auf, der im Limes $N \to \infty$ gegen null strebt.

## Lösung 5.13 Transformation des B-Felds unter Lorentz-Boosts

Aus dem bekannten Transformationsverhalten des Feldtensors unter Boosts:

$$(F')^{\mu\nu} = \Lambda^{\mu}{}_{\rho}\Lambda^{\nu}{}_{\sigma}F^{\rho\sigma} \quad , \quad \left(\Lambda^{\mu}{}_{\nu}\right) = \begin{pmatrix} \gamma & -\gamma\boldsymbol{\beta}^{\mathrm{T}} \\ -\gamma\boldsymbol{\beta} & \mathbb{1}_3 + (\gamma-1)\hat{\boldsymbol{\beta}}\hat{\boldsymbol{\beta}} \end{pmatrix}$$

folgt das transformierte Magnetfeld $\mathbf{B}$ durch direkte Berechnung:

$$
\begin{aligned}
2c(B')_i &= -\varepsilon_{ijk}(F')^{jk} = -\varepsilon_{ijk}\Lambda^{j}{}_{\rho}\Lambda^{k}{}_{\sigma}F^{\rho\sigma} \\
&= -\varepsilon_{ijk}\left[\Lambda^{j}{}_{0}\Lambda^{k}{}_{l}F^{0l} + \Lambda^{j}{}_{l}\Lambda^{k}{}_{0}F^{l0} + \Lambda^{j}{}_{l}\Lambda^{k}{}_{m}F^{lm}\right] \\
&= -\varepsilon_{ijk}\Big\{(-\gamma\beta_j)\big[\delta_{kl}+(\gamma-1)\hat{\beta}_k\hat{\beta}_l\big](-E_l) + \big[\delta_{jl}+(\gamma-1)\hat{\beta}_j\hat{\beta}_l\big](-\gamma\beta_k)E_l \\
&\quad + \big[\delta_{jl}+(\gamma-1)\hat{\beta}_j\hat{\beta}_l\big]\big[\delta_{km}+(\gamma-1)\hat{\beta}_k\hat{\beta}_m\big](-c\varepsilon_{lmn}B_n)\Big\} \\
&= -\gamma\varepsilon_{ijk}\big(\beta_j E_k - \beta_k E_j\big) \\
&\quad + \varepsilon_{ijk}\varepsilon_{lmn}cB_n\big[\delta_{jl}\delta_{km}+(\gamma-1)\big(\hat{\beta}_j\hat{\beta}_l\delta_{km}+\hat{\beta}_k\hat{\beta}_m\delta_{jl}\big)\big] \; .
\end{aligned}
$$

Im letzten Schritt wurde zweimal die Identität $\varepsilon_{ijk}\beta_j\beta_k = 0$ verwendet. Wir summieren nun über die $\varepsilon$-Tensoren und die Kronecker-Deltas:

$$
\begin{aligned}
2c(B')_i &= -2\gamma\big(\boldsymbol{\beta}\times\mathbf{E}\big)_i + \varepsilon_{ijk}\varepsilon_{jkn}cB_n + (\gamma-1)\hat{\beta}_j\hat{\beta}_l cB_n\varepsilon_{ijk}\varepsilon_{lkn} \\
&\quad + (\gamma-1)\hat{\beta}_k\hat{\beta}_m cB_n\varepsilon_{ijk}\varepsilon_{jmn} \\
&= -2\gamma\big(\boldsymbol{\beta}\times\mathbf{E}\big)_i + 2\delta_{in}cB_n + (\gamma-1)\hat{\beta}_j\hat{\beta}_l cB_n(-\delta_{il}\delta_{jn}+\delta_{in}\delta_{jl}) \\
&\quad + (\gamma-1)\hat{\beta}_k\hat{\beta}_m cB_n(-\delta_{im}\delta_{kn}+\delta_{in}\delta_{km}) \\
&= -2\gamma\big(\boldsymbol{\beta}\times\mathbf{E}\big)_i + 2cB_i - 2c(\gamma-1)\hat{\beta}_i(\hat{\boldsymbol{\beta}}\cdot\mathbf{B}) + 2c(\gamma-1)\hat{\boldsymbol{\beta}}^2 B_i \\
&= 2c\big[\gamma(\mathbf{B}-\tfrac{1}{c}\boldsymbol{\beta}\times\mathbf{E}) - (\gamma-1)(\hat{\boldsymbol{\beta}}\cdot\mathbf{B})\hat{\boldsymbol{\beta}}\big]_i \; .
\end{aligned}
$$

In Vektornotation lautet das Ergebnis daher:

$$\mathbf{B}' = \gamma\left(\mathbf{B}-\tfrac{1}{c}\boldsymbol{\beta}\times\mathbf{E}\right) - (\gamma-1)(\hat{\boldsymbol{\beta}}\cdot\mathbf{B})\hat{\boldsymbol{\beta}} \; .$$

## Lösung 5.14 Der Satz von Helmholtz in kovarianter Form

(a) Der in Abschnitt [5.1.1] behandelte *Satz von Helmholtz* erhält für antisymmetrische Tensoren zweiter Stufe eine sehr elegante Form: Er besagt, dass aus der Divergenzfreiheit $\partial_\mu A^{\mu\nu} = 0$ des Tensors $(A^{\mu\nu})$ die Existenz eines 4-Vektors $(\xi^\mu)$ mit $A^{\mu\nu} = \varepsilon^{\mu\nu\rho\sigma}\partial_\rho\xi_\sigma$ folgt:

$$0 = \partial_\mu A^{\mu j} \quad \Leftrightarrow \quad \exists\,\xi^\mu \quad \text{mit} \quad A^{\mu\nu} = \varepsilon^{\mu\nu\rho\sigma}\partial_\rho\xi_\sigma \; .$$

Falls $(A^{\mu\nu})$ ein *echter* Tensor ist, muss $(\xi^\mu)$ also ein 4-Pseudovektor sein; falls $(A^{\mu\nu})$ ein Pseudotensor ist, ist $(\xi^\mu)$ ein echter 4-Vektor. Man beweist diese Aussage wie folgt: Aus $\partial_\mu A^{\mu\nu} = 0$ mit $(A^{\mu\nu}) = (\mathbf{p}, \mathbf{a})$ ergibt sich einerseits für $\nu = 0$:

$$0 = \partial_\mu A^{\mu 0} = \boldsymbol{\nabla}\cdot\mathbf{p} \quad \Leftrightarrow \quad \exists\,\boldsymbol{\xi} \quad \text{mit} \quad \mathbf{p} = \boldsymbol{\nabla}\times\boldsymbol{\xi} \; .$$

Andererseits ergibt sich für die räumlichen Komponenten $\nu = j = 1, 2, 3$:

$$0 = \partial_\mu A^{\mu j} = \varepsilon_{jik}\partial_i(a_k - \partial_0\xi_k) \quad , \quad \boldsymbol{\nabla}\times(\mathbf{a} - \partial_0\boldsymbol{\xi}) = \mathbf{0} \; ,$$

sodass aufgrund des Helmholtz'schen Satzes gilt:

$$0 = \partial_\mu A^{\mu j} \quad \Leftrightarrow \quad \exists\, \xi_0 \quad \text{mit} \quad \mathbf{a} = \partial_0 \boldsymbol{\xi} + \boldsymbol{\nabla}\xi_0 \,.$$

Mit der Definition $\xi^\mu \equiv (\xi_0, \boldsymbol{\xi})$ folgt daher:

$$\left(A^{\mu\nu}\right) = (\mathbf{p}, \mathbf{a}) = (\boldsymbol{\nabla}\times\boldsymbol{\xi}, \partial_0\boldsymbol{\xi} + \boldsymbol{\nabla}\xi_0) = \left(\varepsilon^{\mu\nu\rho\sigma}\partial_\rho\xi_\sigma\right)\,.$$

(b) Nach einer Dualitätstransformation folgt aus (a):

$$\left(\tilde{A}^{\mu\nu}\right) = (\mathbf{a}, -\mathbf{p}) = (\partial_0\boldsymbol{\xi} + \boldsymbol{\nabla}\xi_0,\, -\boldsymbol{\nabla}\times\boldsymbol{\xi}) = -(\partial^\mu\xi^\nu - \partial^\nu\xi^\mu)\,.$$

(c) Der Satz von Helmholtz zeigt die Äquivalenz der Existenz eines „4-Potentials" ($\xi^\mu$), das den „Feldtensor" ($-\tilde{A}^{\mu\nu}$) definiert, und der Divergenzfreiheit des zu ($-\tilde{A}^{\mu\nu}$) dualen Feldtensors: $\partial_\mu(-\tilde{\tilde{A}}^{\mu\nu}) = \partial_\mu A^{\mu\nu} = 0$. Speziell für $-\tilde{A}^{\mu\nu} = F^{\mu\nu}$ ist die Existenz eines 4-Potentials also gleichbedeutend mit der Divergenzfreiheit des dualen elektromagnetischen Feldtensors: $\partial_\mu \tilde{F}^{\mu\nu} = 0$.

## Lösung 5.15 Parallele E- und B-Felder

(a) Falls die **E**- und **B**-Felder in $K$ parallel sind: $\mathbf{E} \neq \mathbf{0}$, $\mathbf{B} \neq \mathbf{0}$ und $\mathbf{E} \parallel \mathbf{B}$, folgt $\mathbf{E}' \parallel \mathbf{B}'$ auf jeden Fall für alle Drehungen $\Lambda = e^{-i\boldsymbol{\alpha}\cdot\mathbf{L}} \in \mathcal{L}_+^\uparrow$. Wir brauchen daher nur *Boosts* zu betrachten: $\Lambda(\boldsymbol{\phi}) = e^{-\boldsymbol{\phi}\cdot\mathbf{M}} = [\Lambda(\boldsymbol{\phi}/N)]^N$ mit $\phi = |\boldsymbol{\phi}| = \operatorname{artanh}(v_{\text{rel}}/c)$. Der Boost $\Lambda(\boldsymbol{\phi}/N)$ entspricht für $N \gg 1$ einer geringen Relativgeschwindigkeit $\frac{v}{c} = \beta = \tanh(\phi/N) \sim \phi/N + \mathcal{O}(\phi^2/N^2)$ der Inertialsysteme. Aus dem bekannten Transformationsverhalten (5.98) des elektromagnetischen Felds $(\mathbf{E}, \mathbf{B})$ unter Boosts:

$$\mathbf{E}' = \gamma(\mathbf{E} + \mathbf{v}\times\mathbf{B}) - (\gamma-1)(\hat{\boldsymbol{\beta}}\cdot\mathbf{E})\hat{\boldsymbol{\beta}} \quad , \quad \mathbf{B}' = \gamma(\mathbf{B} - \tfrac{1}{c}\boldsymbol{\beta}\times\mathbf{E}) - (\gamma-1)(\hat{\boldsymbol{\beta}}\cdot\mathbf{B})\hat{\boldsymbol{\beta}}$$

folgt für einen „kleinen" Boost (d. h. für $N \gg 1$):

$$\mathbf{E}' = \mathbf{E} + \boldsymbol{\beta}\times(c\mathbf{B}) + \mathcal{O}(N^{-2}) = \mathbf{E} + \tfrac{\phi}{N}\hat{\boldsymbol{\beta}}\times(c\mathbf{B}) + \mathcal{O}(N^{-2})$$
$$c\mathbf{B}' = c\mathbf{B} - \boldsymbol{\beta}\times\mathbf{E} + \mathcal{O}(N^{-2}) = c\mathbf{B} - \tfrac{\phi}{N}\hat{\boldsymbol{\beta}}\times\mathbf{E} + \mathcal{O}(N^{-2})\,.$$

Nun soll $\mathbf{E}' \parallel \mathbf{B}'$ gelten, zumindest in der führenden Ordnung $\mathcal{O}(N^{-1})$. Diese Anforderung kann man auch kompakt als $\mathbf{E}' \times (c\mathbf{B}') = \mathcal{O}(N^{-2})$ formulieren:

$$\mathbf{E}' \times (c\mathbf{B}') = \left[\mathbf{E} + \tfrac{\phi}{N}\hat{\boldsymbol{\beta}}\times(c\mathbf{B})\right] \times (c\mathbf{B} - \tfrac{\phi}{N}\hat{\boldsymbol{\beta}}\times\mathbf{E}) + \mathcal{O}(N^{-2})$$
$$= \tfrac{\phi}{N}\left\{[\hat{\boldsymbol{\beta}}\times(c\mathbf{B})]\times(c\mathbf{B}) - \mathbf{E}\times(\hat{\boldsymbol{\beta}}\times\mathbf{E})\right\} + \mathcal{O}(N^{-2})$$
$$= \tfrac{\phi}{N}(b^2+1)(\hat{\boldsymbol{\beta}}\times\mathbf{E})\times\mathbf{E} + \mathcal{O}(N^{-2}) \quad , \quad \tfrac{cB}{E} \equiv b\,.$$

Damit die rechte Seite von $\mathcal{O}(N^{-2})$ ist, muss der Vorfaktor des $\mathcal{O}(N^{-1})$-Terms null sein und somit $\hat{\boldsymbol{\beta}}\times\mathbf{E} = \mathbf{0}$ bzw. $\hat{\boldsymbol{\beta}} \parallel \mathbf{E}$ gelten. Die Relativgeschwindigkeit $\tfrac{\phi}{N}\hat{\boldsymbol{\beta}}$ der Inertialsysteme $K$ und $K'$ muss also $\parallel \mathbf{E}$ und daher auch $\parallel (c\mathbf{B})$ gewählt werden. Dann gilt aber bei einem „großen" Boost $\Lambda(\boldsymbol{\phi}) = [\Lambda(\boldsymbol{\phi}/N)]^N$ auch $\mathbf{E}' \parallel (c\mathbf{B}')$ für $\hat{\boldsymbol{\beta}} \parallel \mathbf{E} \parallel (c\mathbf{B})$, da man den Fehler $\mathcal{O}(N^{-2})$ hierbei $N$-mal macht und der resultierende Gesamtfehler $\mathcal{O}(N^{-1})$ im Limes $N \to \infty$ gegen null strebt.

**(b)** Wir nehmen nun an, dass $\mathbf{E} \not\parallel \mathbf{B}$ in $K$ gilt, und versuchen, eine Transformation $\Lambda \in \mathcal{L}_+^\uparrow$ zu konstruieren, die $\mathbf{E}' \parallel \mathbf{B}'$ in $K'$ zur Folge hat. Hierzu wählen wir $\mathbf{v} \perp \mathbf{E}$ und $\mathbf{v} \perp (c\mathbf{B})$, da aus $E_\parallel = cB_\parallel = 0$ auch $E_\parallel' = cB_\parallel' = 0$ und daher $(c\mathbf{B}') \perp \mathbf{v} \perp \mathbf{E}'$ folgt. Die Felder nach dem Boost sind daher also durch die einfacheren Formeln

$$\mathbf{E}' = \mathbf{E}_\perp' = \gamma(\mathbf{E}_\perp + \mathbf{v} \times \mathbf{B}_\perp) = \gamma(\mathbf{E} + \mathbf{v} \times \mathbf{B})$$
$$c\mathbf{B}' = c\mathbf{B}_\perp' = \gamma(c\mathbf{B}_\perp - \boldsymbol{\beta} \times \mathbf{E}_\perp) = \gamma(c\mathbf{B} - \boldsymbol{\beta} \times \mathbf{E})$$

gegeben. Nun soll in $K'$ gelten:

$$\mathbf{0} = \frac{1}{\gamma^2}\mathbf{E}' \times (c\mathbf{B}') = [\mathbf{E} + \boldsymbol{\beta} \times (c\mathbf{B})] \times (c\mathbf{B} - \boldsymbol{\beta} \times \mathbf{E})$$
$$= \mathbf{E} \times (c\mathbf{B}) + [\boldsymbol{\beta} \times (c\mathbf{B})] \times (c\mathbf{B}) - \mathbf{E} \times (\boldsymbol{\beta} \times \mathbf{E}) - [\boldsymbol{\beta} \times (c\mathbf{B})] \times (\boldsymbol{\beta} \times \mathbf{E})$$
$$= \mathbf{E} \times (c\mathbf{B}) + (c\mathbf{B}) \times [(c\mathbf{B}) \times \boldsymbol{\beta}] + \mathbf{E} \times (\mathbf{E} \times \boldsymbol{\beta}) - [\boldsymbol{\beta} \times (c\mathbf{B})] \times (\boldsymbol{\beta} \times \mathbf{E}) \,.$$

Wir wenden die Rechenregel $\mathbf{a} \times (\mathbf{b} \times \mathbf{c}) = (\mathbf{a} \cdot \mathbf{c})\mathbf{b} - (\mathbf{a} \cdot \mathbf{b})\mathbf{c}$ an und erhalten:

$$\mathbf{0} = \mathbf{E} \times (c\mathbf{B}) - \left\{ (E^2 + c^2B^2) + [\boldsymbol{\beta} \times (c\mathbf{B})] \cdot \mathbf{E} \right\} \boldsymbol{\beta}$$
$$= \mathbf{E} \times (c\mathbf{B}) - \left\{ (E^2 + c^2B^2) + [(c\mathbf{B}) \times \mathbf{E}] \cdot \boldsymbol{\beta} \right\} \boldsymbol{\beta} \,,$$

wobei im letzten Schritt die zyklische Eigenschaft des Spatprodukts verwendet wurde. Die Relativgeschwindigkeit der beiden Inertialsysteme muss aufgrund von $(c\mathbf{B}) \perp \boldsymbol{\beta} \perp \mathbf{E}$ die Form $\boldsymbol{\beta} = \lambda \mathbf{E} \times (c\mathbf{B})$ haben. Unsere Rechnung zeigt, dass hierbei gilt:

$$0 = 1 - \lambda \left\{ (E^2 + c^2B^2) - \lambda[\mathbf{E} \times (c\mathbf{B})]^2 \right\} = \lambda^2[\mathbf{E} \times (c\mathbf{B})]^2 - \lambda(E^2 + c^2B^2) + 1 \,.$$

Die Lösung dieser quadratischen Gleichung für $\lambda$ lautet:

$$\lambda = \frac{(E^2 + c^2B^2) - \sqrt{(E^2 + c^2B^2)^2 - 4[\mathbf{E} \times (c\mathbf{B})]^2}}{2[\mathbf{E} \times (c\mathbf{B})]^2} \,,$$

wobei das $(-)$-Zeichen vor der Wurzel zu wählen ist, damit die Relativgeschwindigkeit $\beta = |\boldsymbol{\beta}| = \lambda|\mathbf{E} \times (c\mathbf{B})|$ das korrekte Verhalten $\beta \to 0$ zeigt für $|\mathbf{E} \times (c\mathbf{B})| \to 0$. Führt man nun den Winkel $\varphi$ zwischen $\mathbf{E}$ und $c\mathbf{B}$ ein:

$$|\mathbf{E} \times (c\mathbf{B})| = cBE\sin(\varphi) \qquad \left(0 < \varphi < \frac{\pi}{2}\right) \,,$$

dann gilt:

$$\beta = \frac{(E^2 + c^2B^2) - \sqrt{(E^2 + c^2B^2)^2 - 4(cBE)^2\sin^2(\varphi)}}{2cBE\sin(\varphi)}$$
$$= \frac{(E^2 + c^2B^2) - \sqrt{(E^2 - c^2B^2)^2 + 4(cBE)^2\cos^2(\varphi)}}{2cBE\sin(\varphi)} \,.$$

Beide Zeilen in dieser Gleichung sind wichtig: Die untere Zeile zeigt, dass die Wurzel und daher auch die Relativgeschwindigkeit $\beta$ immer *reell* ist, die obere, dass die reelle Größe $\beta$ immer *positiv* ist, da die Wurzel immer strikt kleiner als $E^2 + c^2B^2$ ist. Damit man einen physikalisch akzeptablen Boost erhält, muss außerdem $\beta < 1$ gelten. Die Funktion $\beta(\varphi)$ steigt auf dem Intervall $0 < \varphi < \frac{\pi}{2}$ bei festgehaltenen $(E, cB)$-Feldern strikt monoton an, sodass stets $\beta(\varphi) \leq \beta\left(\frac{\pi}{2}\right)$ gilt. Wir prüfen daher das Verhalten von $\beta(\varphi)$ für $\varphi \uparrow \frac{\pi}{2}$. Für $\varphi = \frac{\pi}{2}$ und $E \neq cB$ folgt:

$$\beta = \frac{(E^2 + c^2B^2) - |E^2 - c^2B^2|}{2cBE} = \frac{2(\min\{E, cB\})^2}{2cBE} = \frac{\min\{E, cB\}}{\max\{E, cB\}} < 1 \,.$$

Das Ergebnis zeigt einerseits, dass man für $E \neq cB$ immer einen geeigneten Boost konstruieren kann, andererseits aber auch, dass $\beta \uparrow 1$ gilt für $E \to cB$. Wir prüfen daher auch den Spezialfall $E = cB$. Für $\varphi \neq \frac{\pi}{2}$ und $E = cB$ folgt:

$$\beta = \frac{(E^2 + c^2B^2) - 2cBE\cos(\varphi)}{2cBE\sin(\varphi)} = \frac{2cBE[1 - \cos(\varphi)]}{2cBE\sin(\varphi)} = \frac{2\sin^2\left(\frac{1}{2}\varphi\right)}{2\cos\left(\frac{1}{2}\varphi\right)\sin\left(\frac{1}{2}\varphi\right)}$$
$$= \tan\left(\tfrac{1}{2}\varphi\right) < 1 \,,$$

sodass auch in diesem Fall $\beta < 1$ gilt. Nur im *gekoppelten* Limes $\varphi \to \frac{\pi}{2}$ und $E \to cB$ gilt offenbar $\beta \to 1$. Physikalisch bedeutet dies also, dass man nur im Grenzfall $\mathbf{E} \perp \mathbf{B}$ mit $|\mathbf{E}| = c|\mathbf{B}|$ *keinen* Boost mit $\beta < 1$ finden kann, sodass die $(\mathbf{E}', \mathbf{B}')$-Felder in $K'$ parallel ausgerichtet wären.

### Lösung 5.16 Relativistisches Teilchen im elektrischen Feld

Wie gehen also von einer allgemeinen Anfangsgeschwindigkeit $\mathbf{u}(0) \equiv \mathbf{u}_0$ aus und nehmen an, dass sich das Teilchen der Ruhemasse $m_0$ und der Ladung $q$ zur Zeit $t = 0$ im Ursprung befindet: $\mathbf{x}(0) = \mathbf{0}$. Außerdem verwenden wir die Definitionen $x_\parallel \equiv \mathbf{x} \cdot \hat{\mathbf{E}}$, $\pi_{0\parallel} \equiv \boldsymbol{\pi}(0) \cdot \hat{\mathbf{E}}$, $\boldsymbol{\pi}_{0\perp} = \boldsymbol{\pi}(0) - \pi_{0\parallel}\hat{\mathbf{E}}$, $\hat{\boldsymbol{\pi}}_{0\perp} \equiv \boldsymbol{\pi}_{0\perp}/|\boldsymbol{\pi}_{0\perp}|$ und $x_\perp \equiv \mathbf{x} \cdot \hat{\boldsymbol{\pi}}_{0\perp}$.

Aus der Bewegungsgleichung $\frac{d\boldsymbol{\pi}}{dt} = q\mathbf{E}$ folgt $\boldsymbol{\pi}(t) = \boldsymbol{\pi}(0) + q\mathbf{E}t$, sodass für die Energie gilt:

$$\mathcal{E}(t) = \sqrt{\boldsymbol{\pi}^2 c^2 + m_0^2 c^4} = m_0 c^2 \sqrt{1 + \left[\frac{\boldsymbol{\pi}(t)}{m_0 c}\right]^2} = m_0 c^2 \sqrt{1 + \left[\frac{\boldsymbol{\pi}(0)}{m_0 c} + \frac{q\mathbf{E}t}{m_0 c}\right]^2} \,.$$

Hieraus folgt für den $\gamma_u$-Faktor:

$$\gamma_u(t) = \frac{\mathcal{E}(t)}{m_0 c^2} = \sqrt{1 + \left(\frac{\boldsymbol{\pi}_{0\perp}}{m_0 c}\right)^2 + \left(\frac{\pi_{0\parallel}}{m_0 c} + \frac{qEt}{m_0 c}\right)^2} \,.$$

Da $\gamma_u(t)$ nun bekannt ist, kann man auch die Geschwindigkeit bestimmen:

$$\frac{d\mathbf{x}}{dt}(t) = \mathbf{u}(t) = \frac{\boldsymbol{\pi}(t)}{\gamma_u(t)m_0} = \frac{c}{\gamma_u(t)}\left[\frac{\boldsymbol{\pi}(0)}{m_0 c} + \frac{q\mathbf{E}t}{m_0 c}\right] \,.$$

Wir berechnen hieraus zuerst die parallele Ortskomponente. Aus

$$\frac{dx_\parallel}{dt}(t) = u_\parallel(t) = \frac{c}{\gamma_u(t)}\left(\frac{\pi_{0\parallel}}{m_0 c} + \frac{qEt}{m_0 c}\right) = \frac{m_0 c^2}{qE}\frac{d\gamma_u}{dt}(t)$$

folgt

$$x_{\parallel}(t) = x_{\parallel}(0) + \frac{m_0 c^2}{qE} \left[ \gamma_u(t) - \gamma_u(0) \right]$$

$$= \frac{m_0 c^2}{qE} \sqrt{1 + \left( \frac{\boldsymbol{\pi}_{0\perp}}{m_0 c} \right)^2} \left\{ \sqrt{1 + [\vartheta(t)]^2} - \sqrt{1 + [\vartheta(0)]^2} \right\}, \qquad (9.14)$$

wobei wir definierten:

$$\vartheta(t) \equiv \left( \frac{\pi_{0\parallel}}{m_0 c} + \frac{qEt}{m_0 c} \right) \Big/ \sqrt{1 + \left( \frac{\boldsymbol{\pi}_{0\perp}}{m_0 c} \right)^2} = \left( \frac{\pi_{0\parallel}}{m_0 c} + T \right) \Big/ \sqrt{1 + \left( \frac{\boldsymbol{\pi}_{0\perp}}{m_0 c} \right)^2}.$$

Im letzten Schritt wurde eine *dimensionslose* Zeitvariable $T \equiv \frac{qEt}{m_0 c}$ eingeführt.

Um die Rolle der *Zeit* in diesem Problem besser zu verstehen, ist es interessant, auch die *Eigenzeit* der beschleunigten Ladung zu berechnen. Die Eigenzeit $\tau$ ist mit der physikalischen Zeit $t$ gemäß $d\tau = \frac{dt}{\gamma_u}$ verknüpft. Dies ergibt

$$\frac{qE \, d\tau}{m_0 c} = \frac{qE \, dt}{m_0 c \gamma_u} = \frac{qE \, dt / m_0 c}{\sqrt{1 + \left( \frac{\boldsymbol{\pi}_{0\perp}}{m_0 c} \right)^2}} \frac{1}{\sqrt{1 + \vartheta^2}} = \frac{d\vartheta}{\sqrt{1 + \vartheta^2}} = d[\operatorname{arsinh}(\vartheta)] \equiv d\mathcal{T}.$$

Wir stellen also fest, dass die *dimensionslose* Eigenzeit $\mathcal{T} = \frac{qE\tau}{m_0 c}$ in diesem Problem in einfacher Weise mit $\vartheta$ verknüpft ist: $\mathcal{T}(\vartheta) = \operatorname{arsinh}(\vartheta)$!

Für $\mathbf{x}_{\perp}(t)$ erhält man $\frac{d\mathbf{x}_{\perp}}{dt}(t) = \mathbf{u}_{\perp}(t) = \frac{\boldsymbol{\pi}_{0\perp}}{m_0 \gamma_u(t)}$ bzw. $\frac{d\mathbf{x}_{\perp}}{d\tau} = \frac{\boldsymbol{\pi}_{0\perp}}{m_0}$ bzw.

$$\frac{d\mathbf{x}_{\perp}}{d\mathcal{T}} = \frac{m_0 c}{qE} \frac{d\mathbf{x}_{\perp}}{d\tau} = \frac{\boldsymbol{\pi}_{0\perp} c}{qE} \quad , \quad \mathbf{x}_{\perp}(t) = \frac{\boldsymbol{\pi}_{0\perp} c}{qE} (\mathcal{T} - \mathcal{T}_0) \quad , \quad \mathcal{T}_0 \equiv \mathcal{T}[\vartheta(0)].$$

Der senkrechte Anteil $\mathbf{x}_{\perp}(t)$ des Ortsvektors der Ladung ist also eine einfache *lineare* Funktion der (dimensionslosen) Eigenzeit $\mathcal{T}$! Dies ist ein weiteres Beispiel dafür, dass sich die Lösung eines physikalischen Problems oft am einfachsten mit Hilfe der „natürlichen Variablen" dieses Problems darstellen lässt. Für die parallele Ortskomponente in (9.14) erhält man ebenfalls einen einfacheren Ausdruck:

$$x_{\parallel}(t) = \frac{m_0 c^2}{qE} \sqrt{1 + \left( \frac{\boldsymbol{\pi}_{0\perp}}{m_0 c} \right)^2} [\cosh(\mathcal{T}) - \cosh(\mathcal{T}_0)],$$

sodass in diesem Fall hyperbolisches Verhalten als Funktion der Eigenzeit vorliegt.

Für den Spezialfall $\pi_{0\parallel} = 0$ gilt $\vartheta(0) = 0$ und daher $\mathcal{T}_0 = 0$. Es folgt

$$x_{\parallel}(t) = \frac{m_0 c^2}{qE} \sqrt{1 + \left( \frac{\boldsymbol{\pi}_{0\perp}}{m_0 c} \right)^2} [\cosh(\mathcal{T}) - 1] \quad , \quad x_{\perp}(t) = \frac{|\boldsymbol{\pi}_{0\perp}| c}{qE} \mathcal{T}.$$

Durch Kombination der beiden Formeln erhält man das verlangte Ergebnis:

$$x_{\parallel}(t) = \frac{m_0 c^2}{qE} \sqrt{1 + \left( \frac{\boldsymbol{\pi}_{0\perp}}{m_0 c} \right)^2} \left[ \cosh\left( \frac{qE x_{\perp}}{|\boldsymbol{\pi}_{0\perp}| c} \right) - 1 \right]. \qquad (9.15)$$

Im nicht-relativistischen Limes erhält man hieraus eine Parabel:

$$x_{\parallel}(t) \sim \frac{m_0 c^2}{qE} \left\{ \left[ 1 + \frac{1}{2} \left( \frac{qE x_{\perp}}{|\boldsymbol{\pi}_{0\perp}| c} \right)^2 + \cdots \right] - 1 \right\} \sim \frac{m_0 qE}{2 |\boldsymbol{\pi}_{0\perp}|^2} (x_{\perp})^2.$$

Die Form und Eigenschaften der relativistischen Lösung werden in den Abbildungen 9.25, 9.26 und 9.27 gezeigt und mit den entsprechenden Ergebnissen im nicht-relativistischen Limes verglichen.

In Abb. 9.25 ist die Bahn des geladenen Teilchens im konstanten **E**-Feld für den Spezialfall $\pi_{0\parallel} = 0$ und verschiedene Werte des Anfangsimpulses $y \equiv (\pi_{0\perp}/m_0 c)^2$ skizziert. Hierzu wurden die beiden Bahnkomponenten $x_\perp$ und $x_\parallel$ dimensionslos gestaltet. Die Kurve mit $y = 0^+$ beschreibt eine relativistische Bahn mit nicht-relativistischem Anfangsimpuls; die als „NR" gekennzeichnete Bahn stellt die nicht-relativistische Lösung dar. Wie man durch Inversion von (9.15) sieht, haben die relativistischen Bahnen für große $x_\parallel$-Werte eine logarithmische Form.

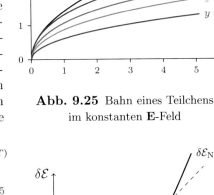

**Abb. 9.25** Bahn eines Teilchens im konstanten **E**-Feld

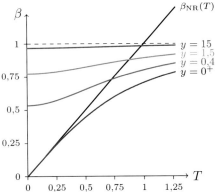

**Abb. 9.26** Geschwindigkeit eines Teilchens im konstanten **E**-Feld

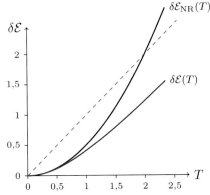

**Abb. 9.27** Energiegewinn eines Teilchens im konstanten **E**-Feld

In Abb. 9.26 wird die Geschwindigkeit des geladenen Teilchens im konstanten **E**-Feld skizziert, wiederum für den Spezialfall $\pi_{0\parallel} = 0$ und verschiedene Werte des Anfangsimpulses $y \equiv (\pi_{0\perp}/m_0 c)^2$. Aufgetragen ist die dimensionslose Geschwindigkeit $\beta(T; y) = |\boldsymbol{\beta}| = \frac{|\mathbf{u}|}{c}$ als Funktion der dimensionslosen Zeit $T = \frac{qEt}{m_0 c}$. Die Kurve mit $y = 0^+$ beschreibt die relativistische Lösung mit nicht-relativistischem Anfangsimpuls. Die als „NR" gekennzeichnete Bahn stellt die nicht-relativistische Lösung dar; diese wurde als $\beta_{\mathrm{NR}}(T) \equiv \lim_{y\downarrow 0} \beta_{\mathrm{Newton}}(T; y)$ berechnet. In Abb. 9.27 ist der Energiegewinn $\delta\mathcal{E}(T)$ als Funktion der dimensionslosen Zeit $T$ dargestellt. Hierbei ist die Energie wie üblich durch $\mathcal{E}(T) = \gamma_u(T) m_0 c^2$ gegeben und der Energiegewinn durch $\delta\mathcal{E}(T) = (\mathcal{E} - \mathcal{E}(0))/\mathcal{E}(0)$. Für den nicht-relativistischen Fall sind die Definitionen $\mathcal{E}_{\mathrm{NR}}(T) \equiv m_0 c^2 + \frac{1}{2} m_0 \mathbf{u}^2$ bzw. $\delta\mathcal{E}_{\mathrm{NR}}(T) \equiv \lim_{y\downarrow 0}(\mathcal{E}_{\mathrm{NR}} - \mathcal{E}_{\mathrm{NR}}(0))/\mathcal{E}_{\mathrm{NR}}(0)$. Zum Vergleich wurde auch die $\delta\mathcal{E}(T)$-Kurve im Limes $y \downarrow 0$ ausgewertet. Die relativistisch korrekte $\delta\mathcal{E}(T)$-Kurve steigt für $T \gg 1$ *linear* als Funktion der Zeit $T$ an, die nicht-relativistische Lösung $\delta\mathcal{E}_{\mathrm{NR}}(T)$ dagegen *quadratisch*.

Zusammenfassend zeigen die drei Abbildungen 9.25, 9.26 und 9.27 klar, dass die nicht-relativistischen Lösungen nach hinreichend langer Zeit sogar im Limes $y \downarrow 0$ drastisch von den relativistisch korrekten Lösungen abweichen.

### Lösung 5.17 Relativistisches Teilchen im Magnetfeld

Wir führen Geschwindigkeitskomponenten parallel und senkrecht zum Magnetfeld $\mathbf{B}$ ein: $u_\parallel = \mathbf{u} \cdot \mathbf{B}$ und $\mathbf{u}_\perp = \mathbf{u} - u_\parallel \hat{\mathbf{B}}$. Aus der Zeitunabhängigkeit der Energie, $\frac{d\mathcal{E}}{dt} = 0$, folgt $\gamma_u = $ konstant und daher $|\mathbf{u}| = $ konstant. Aus

$$\frac{d\mathbf{u}}{dt} = \frac{q}{m_0 \gamma_u} \mathbf{u} \times \mathbf{B} = \frac{q}{m_0 \gamma_u} \mathbf{u}_\perp \times \mathbf{B}$$

folgt für die parallele Geschwindigkeitskomponente:

$$\frac{du_\parallel}{dt} = \frac{d\mathbf{u}}{dt} \cdot \hat{\mathbf{B}} = \frac{q}{m_0 \gamma_u} (\mathbf{u}_\perp \times \mathbf{B}) \cdot \hat{\mathbf{B}} = 0 \quad , \quad u_\parallel = \text{konstant}$$

und daher für die senkrechte Geschwindigkeitskomponente:

$$\frac{d\mathbf{u}_\perp}{dt} = \frac{q}{m_0 \gamma_u} \mathbf{u}_\perp \times \mathbf{B} = \omega (\mathbf{u}_\perp \times \hat{\mathbf{B}}) \quad , \quad \frac{qB}{m_0 \gamma_u} \; .$$

Hieraus ergibt sich für die zweite Zeitableitung der senkrechten Geschwindigkeitskomponente:[7]

$$\frac{d^2 \mathbf{u}_\perp}{dt^2} = \omega^2 (\mathbf{u}_\perp \times \hat{\mathbf{B}}) \times \hat{\mathbf{B}} = -\omega^2 \mathbf{u}_\perp \; .$$

Als Lösung erhält man also für die Geschwindigkeit:

$$\mathbf{u}_\perp(t) = \mathbf{u}_\perp(0) \cos(\omega t) + [\mathbf{u}_\perp(0) \times \hat{\mathbf{B}}] \sin(\omega t) \quad , \quad u_\parallel(t) = \text{konstant}$$

und daher für den Ortsvektor:

$$\mathbf{x}(t) = u_\parallel(0) t \, \hat{\mathbf{B}} + \frac{1}{\omega} \{\mathbf{u}_\perp(0) \sin(\omega t) + [\mathbf{u}_\perp(0) \times \hat{\mathbf{B}}] [1 - \cos(\omega t)]\} \; .$$

### Lösung 5.18 Das relativistische Coulomb-Problem

**(a)** Wir untersuchen Lösungen mit $\dot{x}(0) < 0$, die in das Anziehungszentrum hinabstürzen. Die hierfür benötigte Zeit ist:

$$T = \int_{x(0)}^0 dt = \int_{x(0)}^0 dx \, \frac{dt}{dx} = \int_0^{x(0)} dx \left| \frac{dx}{d\varphi} \frac{d\varphi}{dt} \right|^{-1} \; . \tag{9.16}$$

Nun gilt allgemein [siehe Gleichung (5.129a)]:

$$\left| \frac{dx}{d\varphi} \right| = x^2 \sqrt{\frac{\mathcal{E}_g^2 - (m_0 c^2)^2}{(Lc)^2} - (1 - \bar{a}^2) \frac{1}{x^2} + 2 \frac{\mathcal{E}_g \bar{a}}{Lc} \frac{1}{x}} \; . \tag{9.17}$$

---

[7]Wir verwenden die Rechenregel (mit $|\hat{\mathbf{c}}| = 1$ und $\mathbf{a} \perp \hat{\mathbf{c}}$):

$$[(\mathbf{a} \times \hat{\mathbf{c}}) \times \hat{\mathbf{c}}]_i = \varepsilon_{ijk}\varepsilon_{jlm} a_l \hat{c}_m \hat{c}_k = (-\delta_{il}\delta_{km} + \delta_{im}\delta_{lk}) a_l \hat{c}_m \hat{c}_k = -a_i(\hat{\mathbf{c}} \cdot \hat{\mathbf{c}}) + \hat{c}_i(\mathbf{a} \cdot \hat{\mathbf{c}}) = -a_i \; .$$

Die Gesamtenergie ist durch $\mathcal{E}_{\mathrm{g}} = \sqrt{\pi^2 c^2 + m_0^2 c^4} - \frac{a}{x} = \gamma m_0 c^2 - \frac{a}{x}$ gegeben und die Winkelgeschwindigkeit durch $\left|\frac{d\varphi}{dt}\right| = \frac{L}{\gamma m_0 x^2}$. Im Limes $x \downarrow 0$ gilt also für den $\gamma$-Faktor $\gamma = \frac{1}{m_0 c^2}\left(\mathcal{E}_{\mathrm{g}} + \frac{a}{x}\right) \sim \frac{a}{m_0 c^2 x}$ und für die Winkelgeschwindigkeit $\left|\frac{d\varphi}{dt}\right| = \frac{L}{\gamma m_0 x^2} \sim \frac{Lc^2}{ax} = \frac{c}{\bar{a} x}$. Für $\bar{a} = 1$ bzw. $\bar{a} > 1$ folgt aus (9.17):

$$\left|\frac{dx}{d\varphi}\right| \sim x^{3/2}\sqrt{\frac{2\mathcal{E}_{\mathrm{g}}\bar{a}}{Lc}} \quad (x \downarrow 0, \bar{a} = 1) \quad , \quad \left|\frac{dx}{d\varphi}\right| \sim x\sqrt{\bar{a}^2 - 1} \quad (x \downarrow 0, \bar{a} > 1) \, .$$

Der Beitrag zum Integral in (9.16) für kleine $x$-Werte ($0 < x < \varepsilon$) ist also sowohl für $\bar{a} = 1$ als auch für $\bar{a} > 1$ *konvergent*:

$$\int_0^\varepsilon dx \left|\frac{dx}{d\varphi}\frac{d\varphi}{dt}\right|^{-1} \propto \begin{cases} \int_0^\varepsilon dx\, x^{-1/2} < \infty & (\bar{a} = 1) \\ \int_0^\varepsilon dx\, x^0 < \infty & (\bar{a} > 1) \, , \end{cases}$$

sodass $T < \infty$ gilt für alle $\bar{a} \geq 1$, falls $\dot{x}(0) < 0$ gilt. Dies gilt sowohl für Lösungen mit $\mathcal{E}_{\mathrm{g}} < m_0 c^2$ als auch für solche mit $\mathcal{E}_{\mathrm{g}} \geq m_0 c^2$.

(b) Wir lösen die Bewegungsgleichungen nun für den Spezialfall $\bar{a} = -1$ mit *repulsiver* Coulomb-Wechselwirkung. Aus Gleichung (5.130a) wissen wir, dass in diesem Fall gilt:

$$\left(\frac{d\xi^{-1}}{d\varphi}\right)^2 = \mathrm{sgn}(\bar{a})\frac{2\eta}{\xi} + \eta^2 - 1 = \eta^2 - 1 - \frac{2\eta}{\xi} \quad (\bar{a} = -1) \, .$$

Analog zu (5.133a) gilt also nun:

$$\frac{d\xi^{-1}}{d\varphi} = \pm\sqrt{\eta^2 - 1 - \frac{2\eta}{\xi}} \quad (\bar{a} = 1)$$

und daher:

$$d\left[-\frac{1}{\eta}\sqrt{\eta^2 - 1 - \frac{2\eta}{\xi}}\right] = \frac{d(\xi^{-1})}{\sqrt{\eta^2 - 1 - \frac{2\eta}{\xi}}} = \pm d\varphi = d[\pm(\varphi - \varphi_0)] \, .$$

Löst man diese Gleichung zunächst nach $\frac{2\eta}{\xi}$ und anschließend nach $\xi(\varphi)$ selbst auf, erhält man analog zu (5.134) die folgenden Ergebnisse:

$$\frac{2\eta}{\xi(\varphi)} = \eta^2 - 1 - \eta^2(\varphi - \varphi_0)^2 \quad \text{bzw.} \quad \xi(\varphi) = \frac{2\eta}{\eta^2[1 - (\varphi - \varphi_0)^2] - 1} \, .$$

Eine Lösung mit $\xi > 0$ existiert nur für Winkelvariablen $\varphi_- \leq \varphi \leq \varphi_|$ mit $\varphi_\pm \equiv \varphi_0 \pm \sqrt{1 - \eta^{-2}}$. Hierbei ist das Argument $1 - \eta^{-2}$ der Wurzel für $\bar{a} < 0$ *positiv*, denn dann gilt $\eta \equiv \frac{\mathcal{E}_{\mathrm{g}}}{m_0 c^2} > 1$. Man kann also schreiben:

$$\xi(\varphi) = \frac{2/\eta}{(\varphi_+ - \varphi)(\varphi - \varphi_-)} \, .$$

Die Geschwindigkeit des gestreuten Teilchens im Unendlichen folgt aus der Beziehung $\mathcal{E}_{\mathrm{g}} = \gamma_\infty m_0 c^2 = m_0 c^2/\sqrt{1 - \beta_\infty^2}$ zwischen Geschwindigkeit und

Energie als $\beta_\infty = \sqrt{1 - \eta^{-2}}$. Man kann also auch $\varphi_\pm \equiv \varphi_0 \pm \beta_\infty$ schreiben. Der gesuchte Ablenkungswinkel $\chi$ ist daher:

$$\chi = \pi - \Delta\varphi = \pi - (\varphi_+ - \varphi_-) = \pi - 2\beta_\infty \quad , \quad \beta_\infty = \sqrt{1 - \eta^{-2}}$$

und hat die Eigenschaften $\chi \uparrow \pi$ für $\beta_\infty \downarrow 0$ bzw. $\eta = \frac{\mathcal{E}_g}{m_0 c^2} \downarrow 1$ und $\chi \downarrow (\pi - 2)$ für $\beta_\infty \uparrow 1$ bzw. $\eta = \frac{\mathcal{E}_g}{m_0 c^2} \to \infty$.

Wir lösen die Bewegungsgleichungen nun für *repulsive* Coulomb-Wechselwirkung ($\bar{a} < 0$) mit $\bar{a} \neq -1$. Aus Gleichung (5.130b) wissen wir, dass in diesem Fall gilt:

$$\left(\frac{d\xi^{-1}}{d\varphi}\right)^2 = \frac{\varepsilon^2}{1 - \bar{a}^2} - (1 - \bar{a}^2)\left[\frac{1}{\xi} - \frac{\mathrm{sgn}(\bar{a})\eta}{1 - \bar{a}^2}\right]^2 = \frac{\varepsilon^2}{1 - \bar{a}^2} - (1 - \bar{a}^2)\left(\frac{1}{\xi} + \frac{\eta}{1 - \bar{a}^2}\right)^2 .$$

Wir führen wieder Hilfsvariablen ein:

$$X^{-1} \equiv \frac{|1 - \bar{a}^2|}{\varepsilon}\left(\frac{1}{\xi} + \frac{\eta}{1 - \bar{a}^2}\right) \quad , \quad \Phi \equiv \sqrt{|1 - \bar{a}^2|}\,\varphi$$

und erhalten die Differentialgleichung

$$\left(\frac{dX^{-1}}{d\Phi}\right)^2 = \mathrm{sgn}(1 - \bar{a}^2)(1 - X^{-2}) . \tag{9.18}$$

Für schwache Coulomb-Abstoßung ($-1 < \bar{a} < 0$) hat die Lösung wieder die Form

$$X^{-1} = \cos(\Phi - \Phi_0) \quad , \quad \frac{1}{\xi} = \frac{1}{1 - \bar{a}^2}\left\{-\eta + \varepsilon \cos\left[\sqrt{1 - \bar{a}^2}\,(\varphi - \varphi_0)\right]\right\} . \tag{9.19}$$

Bei starker Coulomb-Abstoßung ($\bar{a} < -1$) ergibt sich im Vergleich zum attraktiven Fall jedoch eine Änderung: Aus Gleichung (9.18), d. h. $\left(\frac{dX^{-1}}{d\Phi}\right)^2 = X^{-2} - 1$, folgt $|X| < 1$. Für $\xi = \infty$ gilt $X_\infty^{-1} = -\frac{\eta}{\varepsilon} < 0$, sodass nun offenbar nicht die Lösung $X^{-1} = +\cosh(\Phi - \Phi_0)$ gewählt werden darf, sondern stattdessen:

$$X^{-1} = -\cosh(\Phi - \Phi_0) \quad , \quad \frac{1}{\xi} = \frac{1}{\bar{a}^2 - 1}\left\{\eta - \varepsilon \cosh\left[\sqrt{\bar{a}^2 - 1}\,(\varphi - \varphi_0)\right]\right\} . \tag{9.20}$$

Wir berechnen die hieraus folgenden Ablenkungswinkel für die Fälle schwacher ($-1 < \bar{a} < 0$) bzw. starker ($\bar{a} < -1$) Coulomb-Abstoßung in Teil (c) und (d).

(c) Für $-1 < \bar{a} < 0$ folgen die Ein- und Ausfallswinkel $\varphi_\pm$ der asymptotischen Bahnen aus Gleichung (9.19), die für $\xi \to \infty$ auch als

$$\cos\left[\sqrt{1 - \bar{a}^2}\,(\varphi - \varphi_0)\right] = \frac{\eta}{\varepsilon} = \frac{\eta}{\sqrt{1 + \frac{\eta^2 - 1}{\bar{a}^2}}} \leq 1$$

geschrieben werden kann. Das Ergebnis lautet:

$$\varphi_\pm - \varphi_0 = \pm \frac{1}{\sqrt{1 - \bar{a}^2}}\arccos\left[\frac{|\bar{a}|\,\eta}{\sqrt{\bar{a}^2 - 1 + \eta^2}}\right]$$

$$= \pm \frac{1}{\sqrt{1 - \bar{a}^2}}\arctan\left[\frac{\sqrt{1 - \bar{a}^2}}{|\bar{a}|}\sqrt{1 - \eta^{-2}}\right]$$

$$= \pm \frac{1}{\sqrt{1 - \bar{a}^2}}\arctan\left[\frac{\sqrt{1 - \bar{a}^2}}{|\bar{a}|}\beta_\infty\right] .$$

Folglich ist der Ablenkungswinkel gleich

$$\chi = \pi - \Delta\varphi = \pi - (\varphi_+ - \varphi_-) = \pi - \frac{2}{\sqrt{1 - \bar{a}^2}}\arctan\left[\frac{\sqrt{1 - \bar{a}^2}}{|\bar{a}|}\beta_\infty\right],$$

d. h., es gilt $\chi \uparrow \pi$ für $\beta_\infty \downarrow 0$ bzw. $\chi \downarrow \pi - \frac{2}{\sqrt{1-\bar{a}^2}}\arccos(|\bar{a}|)$ für $\beta_\infty \uparrow 1$.

**(d)** Für $-1 < \bar{a} < 0$ folgen die Ein- und Ausfallswinkel $\varphi_\pm$ aus Gleichung (9.20), die für $\xi \to \infty$ auch als

$$\cosh\left[\sqrt{\bar{a}^2 - 1}\,(\varphi - \varphi_0)\right] = \frac{\eta}{\varepsilon} = \frac{\eta}{\sqrt{1 + \frac{\eta^2 - 1}{\bar{a}^2}}} \geq 1$$

geschrieben werden kann. Das Ergebnis lautet nun:

$$\begin{aligned}\varphi_\pm - \varphi_0 &= \pm\frac{1}{\sqrt{\bar{a}^2 - 1}}\operatorname{arcosh}\left[\frac{|\bar{a}|\,\eta}{\sqrt{\bar{a}^2 - 1 + \eta^2}}\right]\\[2mm]&= \pm\frac{1}{\sqrt{\bar{a}^2 - 1}}\operatorname{artanh}\left[\frac{\sqrt{\bar{a}^2 - 1}}{|\bar{a}|}\sqrt{1 - \eta^{-2}}\right]\\[2mm]&= \pm\frac{1}{\sqrt{\bar{a}^2 - 1}}\operatorname{artanh}\left[\frac{\sqrt{\bar{a}^2 - 1}}{|\bar{a}|}\beta_\infty\right].\end{aligned}$$

Folglich ist der Ablenkungswinkel gleich

$$\chi = \pi - \Delta\varphi = \pi - (\varphi_+ - \varphi_-) = \pi - \frac{2}{\sqrt{\bar{a}^2 - 1}}\operatorname{artanh}\left[\frac{\sqrt{\bar{a}^2 - 1}}{|\bar{a}|}\beta_\infty\right],$$

d. h., es gilt $\chi \uparrow \pi$ für $\beta_\infty \downarrow 0$ bzw. $\chi \downarrow \pi - \frac{2}{\sqrt{\bar{a}^2-1}}\operatorname{arcosh}(|\bar{a}|)$ für $\beta_\infty \uparrow 1$.

**(e)** Die Ergebnisse der Teile **(b)**, **(c)** und **(d)** für den Ablenkungswinkel $\chi(\eta)$ als Funktion des Energieparameters $\eta = \frac{\varepsilon_g}{m_0c^2}$ sind für $\bar{a} = -\frac{1}{\sqrt{2}}$ (*blaue* Kurve), $\bar{a} = -1$ (*grün*) und $\bar{a} = -\sqrt{2}$ (*rot*) in Abbildung 9.28 grafisch dargestellt. Für alle drei Kurven gilt, dass das Teilchen bei einem niederenergetischen Stoß im Wesentlichen reflektiert wird ($\chi \uparrow \pi$ für $\beta_\infty \downarrow 0$ bzw. $\eta \downarrow 1$), bei einem hochenergetischen Stoß jedoch weitaus weniger abgelenkt wird ($\chi \downarrow \chi_\infty < \pi$ für $\beta_\infty \uparrow 1$ bzw. $\eta \to \infty$). Hierbei nimmt die Ablenkung im hochenergetischen Bereich zu (d. h. steigt der $\chi_\infty$-Wert an) mit der Stärke $|\bar{a}|$ der Coulomb-Abstoßung. Die $\chi_\infty$-Werte sind in Abb. 9.28 gestrichelt eingetragen.

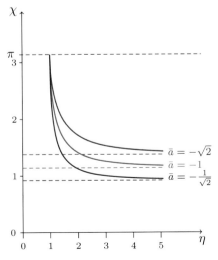

**Abb. 9.28** Der Ablenkungswinkel $\chi$ als Funktion der Energie $\eta = \frac{\varepsilon_g}{m_0c^2}$

## Lösung 5.19 Der relativistische harmonische Oszillator

Die Bewegungsgleichung für dieses Problem lautet $\frac{d\boldsymbol{\pi}}{dt} = -m_0\omega^2\mathbf{x}$ mit den Definitionen $\boldsymbol{\pi} = \gamma m_0\mathbf{u}$ und $\mathbf{u} = \frac{d\mathbf{x}}{dt}$ für den kinetischen Impuls und die Geschwindigkeit des Oszillators. Hierbei ist $\gamma = (1 - \beta^2)^{-1/2}$ und $\beta = \frac{|\mathbf{u}|}{c}$.

(a) Der Drehimpuls $\mathbf{L} = \mathbf{x} \times \boldsymbol{\pi}$ ist erhalten:

$$\frac{d\mathbf{L}}{dt} = \frac{d}{dt}(\mathbf{x} \times \boldsymbol{\pi}) = \mathbf{u} \times \boldsymbol{\pi} + \mathbf{x} \times \frac{d\boldsymbol{\pi}}{dt} = \mathbf{x} \times (-m_0\omega^2\mathbf{x}) = \mathbf{0}$$

und die Gesamtenergie $\mathcal{E}_{\mathrm{g}} = \sqrt{\boldsymbol{\pi}^2 c^2 + m_0^2 c^4} + \frac{1}{2}m_0\omega^2\mathbf{x}^2$ ebenso:

$$\frac{d\mathcal{E}_{\mathrm{g}}}{dt} = \frac{c^2\boldsymbol{\pi} \cdot \frac{d\boldsymbol{\pi}}{dt}}{\sqrt{\boldsymbol{\pi}^2 c^2 + m_0^2 c^4}} + m_0\omega^2\mathbf{x} \cdot \mathbf{u} = \frac{c^2\boldsymbol{\pi} \cdot (-m_0\omega^2\mathbf{x})}{\gamma m_0 c^2} + m_0\omega^2\mathbf{x} \cdot \mathbf{u} = 0 .$$

(b) Wir wählen den Drehimpuls in $\hat{\mathbf{e}}_3$-Richtung, $\mathbf{L} = L\hat{\mathbf{e}}_3$, und beschreiben die Bewegung in der $(x_1, x_2)$-Ebene mit Hilfe von Polarkoordinaten $(x, \varphi)$. Wie beim Coulomb-Problem beschreibt die Größe $\pi_\varphi \equiv \gamma m_0 x^2\dot{\varphi}$ dann den Drehimpuls, $\mathbf{L} = \pi_\varphi\hat{\mathbf{e}}_3$ mit $\dot{\pi}_\varphi = 0$, und stellt $\pi_x \equiv \gamma m_0\dot{x}$ den *radialen* Impuls dar. Der kinetische Impuls $\boldsymbol{\pi}$ kann wieder als Summe dieser beiden Beiträge geschrieben werden: $\boldsymbol{\pi} = \pi_x\hat{\mathbf{x}} + \frac{\pi_\varphi}{x}\hat{\mathbf{e}}_\varphi$. Analog zu (5.127) bestimmt man eine Bewegungsgleichung für $\pi_x$: Durch Einsetzen der Zerlegung von $\boldsymbol{\pi}$ in die Lorentz'sche Bewegungsgleichung ergibt sich (mit $\dot{\pi}_\varphi = 0$):

$$-m_0\omega^2 x\hat{\mathbf{x}} = \frac{d\boldsymbol{\pi}}{dt} = \frac{d}{dt}\left(\pi_x\hat{\mathbf{x}} + \frac{\pi_\varphi}{x}\hat{\mathbf{e}}_\varphi\right) = \dot{\pi}_x\hat{\mathbf{x}} + \pi_x\dot{\varphi}\hat{\mathbf{e}}_\varphi - \frac{\pi_\varphi}{x^2}\dot{x}\hat{\mathbf{e}}_\varphi - \frac{\pi_\varphi}{x}\dot{\varphi}\hat{\mathbf{x}} .$$

Ein Vergleich der Beiträge in $\hat{\mathbf{x}}$- und $\hat{\mathbf{e}}_\varphi$-Richtung zeigt dann:

$$\frac{d\pi_x}{dt} = \gamma m_0 x\dot{\varphi}^2 - m_0\omega^2 x . \tag{9.21}$$

Des Weiteren erhält man durch Einsetzen der Zerlegung von $\boldsymbol{\pi}$ in den Ausdruck für die Gesamtenergie:

$$\mathcal{E}_{\mathrm{g}} = \sqrt{\boldsymbol{\pi}^2 c^2 + m_0^2 c^4} + \frac{1}{2}m_0\omega^2\mathbf{x}^2 = c\sqrt{\pi_x^2 + \frac{L^2}{x^2} + (m_0 c)^2} + \frac{1}{2}m_0\omega^2 x^2 .$$

Wir lösen diese Gleichung schließlich nach dem radialen Impuls $\pi_x$ auf:

$$\pi_x^2 = (\gamma m_0\dot{x})^2 = \frac{1}{c^2}\left(\mathcal{E}_{\mathrm{g}} - \frac{1}{2}m_0\omega^2 x^2\right)^2 - \frac{L^2}{x^2} - (m_0 c)^2 , \tag{9.22}$$

sodass der radiale Impuls als Funktion von $x$ nun bekannt ist.

(c) Wir untersuchen nun mögliche Kreisbahnen. Es wird im Folgenden vorteilhaft sein, sämtliche Eigenschaften solcher Kreisbahnen durch den $\gamma$-Faktor zu parametrisieren ($1 \leq \gamma < \infty$). Für eine Kreisbahn muss laut Gleichung (9.21) gelten: $0 = \frac{d\pi_x}{dt} = \gamma m_0 x\dot{\varphi}^2 - m_0\omega^2 x$, d. h. $(\dot{\varphi}/\omega)^2 = \gamma^{-1}$. Wegen $1 \leq \gamma < \infty$ erfüllen mögliche Kreisbahnen also die Bedingung $0 < (\dot{\varphi}/\omega)^2 \leq 1$. Hierbei gilt $(\dot{\varphi}/\omega)^2 \uparrow 1$ im nicht-relativistischen Limes ($\gamma \downarrow 1$) und $(\dot{\varphi}/\omega)^2 \downarrow 0$

im hoch-relativistischen Limes ($\gamma \to \infty$). Die *Geschwindigkeit* eines Teilchens auf einer Kreisbahn folgt aus $\gamma^{-1} = \sqrt{1 - \beta^2}$ als $\beta = (1 - \gamma^{-2})^{1/2}$. Der Radius $x$ der Kreisbahn folgt aus $1 - \gamma^{-2} = \beta^2 = \frac{\mathbf{u}^2}{c^2} = \frac{(x\dot{\varphi})^2}{c^2} = \frac{(x\omega)^2}{c^2}(\dot{\varphi}/\omega)^2 = \frac{(x\omega)^2}{\gamma c^2}$ als $\frac{(x\omega)^2}{c^2} = \gamma - \gamma^{-1}$. Hieraus folgen die intuitiv plausiblen Ergebnisse $\frac{x\omega}{c} \downarrow 0$ im nicht-relativistischen und $\frac{x\omega}{c} \to \infty$ im hoch-relativistischen Limes.

**(d)** Dividiert man die linke und die rechte Seite von Gleichung (9.22) für $\pi_x^2$ durch $\pi_\varphi^2 = L^2$, so erhält man – wie beim Coulomb-Problem – eine gewöhnliche Differentialgleichung für den inversen Bahnradius $[x(\varphi)]^{-1}$:

$$\left[\frac{d(x^{-1})}{d\varphi}\right]^2 = \left(\frac{\gamma m_0 \dot{x}}{\gamma m_0 x^2 \dot{\varphi}}\right)^2 = \left(\frac{\pi_x}{\pi_\varphi}\right)^2 = \frac{1}{L^2 c^2}\left(\mathcal{E}_{\mathrm{g}} - \tfrac{1}{2}m_0\omega^2 x^2\right)^2 - \frac{1}{x^2} - \left(\frac{m_0 c}{L}\right)^2.$$

Durch Multiplikation der beiden Seiten mit $x^4$ ergibt sich daher eine Gleichung der Form

$$\left(\frac{dx}{d\varphi}\right)^2 = f(x) \quad , \quad f(x) = x^4\left[\frac{1}{L^2 c^2}\left(\mathcal{E}_{\mathrm{g}} - \tfrac{1}{2}m_0\omega^2 x^2\right)^2 - \frac{1}{x^2} - \left(\frac{m_0 c}{L}\right)^2\right].$$

Außerdem folgt aus dem Ausdruck $\mathcal{E}_{\mathrm{g}} = \gamma m_0 c^2 + \tfrac{1}{2}m_0\omega^2 x^2$ für die Gesamtenergie, dass der $\gamma$-Faktor durch $\gamma = \frac{1}{m_0 c^2}\left(\mathcal{E}_{\mathrm{g}} - \tfrac{1}{2}m_0\omega^2 x^2\right)$ gegeben ist. Hieraus erhält man:

$$\dot{\varphi} = g(x) \quad , \quad g(x) \equiv \frac{L}{\gamma m_0 x^2} = \frac{Lc^2}{x^2\left(\mathcal{E}_{\mathrm{g}} - \tfrac{1}{2}m_0\omega^2 x^2\right)}.$$

Aus diesen Gleichungen könnte man $x(t)$ und $\varphi(t)$ im Prinzip bestimmen, indem man zuerst die separable Differentialgleichung erster Ordnung für $x(\varphi)$ löst und das Ergebnis in die Differentialgleichung für $\varphi(t)$ einsetzt. Hierbei ergibt sich die Gleichung $\dot{\varphi} = g\big(x(\varphi)\big)$, die wiederum separabel und daher mit Standardverfahren (evtl. numerisch) lösbar ist. Durch Einsetzen von $\varphi(t)$ in $x(\varphi)$ folgt dann auch die Zeitabhängigkeit $x\big(\varphi(t)\big)$ des Radius.

**(e)** Wir führen nun dimensionslose Variablen $\xi \equiv \frac{m_0 c x}{\pi_\varphi}$ und $\theta \equiv \omega t$ sowie dimensionslose Parameter $\eta \equiv \frac{\mathcal{E}_g}{m_0 c^2}$ und $\lambda \equiv \frac{\omega \pi_\varphi}{m_0 c^2}$ ein. Mit diesen dimensionslosen Größen kann man die Bewegungsgleichungen auch darstellen als

$$\frac{d\varphi}{d\theta} = \frac{1}{\omega}\frac{d\varphi}{dt} = \frac{Lc^2/\omega}{x^2\left(\mathcal{E}_{\mathrm{g}} - \tfrac{1}{2}m_0\omega^2 x^2\right)} = \frac{Lc^2/\omega}{\left(\frac{L\xi}{m_0 c}\right)^2 m_0 c^2\left[\eta - \frac{\omega^2}{2c^2}\left(\frac{L\xi}{m_0 c}\right)^2\right]}$$

$$= \frac{m_0 c^2/L\omega}{\xi^2\left(\eta - \tfrac{1}{2}\lambda^2\xi^2\right)} = \frac{1}{\lambda\xi^2\left(\eta - \tfrac{1}{2}\lambda^2\xi^2\right)}$$

bzw.

$$\left(\frac{1}{\xi}\frac{d\xi}{d\varphi}\right)^2 = \left(\frac{1}{x}\frac{dx}{d\varphi}\right)^2 = x^2\left[\frac{1}{L^2 c^2}\left(\mathcal{E}_{\mathrm{g}} - \tfrac{1}{2}m_0\omega^2 x^2\right)^2 - \frac{1}{x^2} - \left(\frac{m_0 c}{L}\right)^2\right]$$

$$= \left(\frac{L\xi}{m_0 c}\right)^2\frac{m_0 c^2}{L^2}\left[\left(\eta - \tfrac{1}{2}\lambda^2\xi^2\right)^2 - \frac{1}{\xi^2} - 1\right] = \xi^2\left[\left(\eta - \tfrac{1}{2}\lambda^2\xi^2\right)^2 - \frac{1}{\xi^2} - 1\right]$$

oder noch kürzer: $\left(\frac{1}{\xi^2}\frac{d\xi}{d\varphi}\right)^2 = \left(\frac{d\xi^{-1}}{d\varphi}\right)^2 = \left[(\eta - \frac{1}{2}\lambda^2\xi^2)^2 - \xi^{-2} - 1\right]$. Speziell für Kreisbahnen gilt $\xi = \frac{m_0 cx}{\pi_\varphi} = \frac{m_0 cx}{\gamma m_0 x^2 \dot\varphi} = \frac{c}{x\dot\varphi}(\dot\varphi/\omega)^2 = \frac{c\dot\varphi}{\omega^2 x} = \frac{\dot\varphi/\omega}{\omega x/c}$ und daher

$$\xi^{-2} = \left(\frac{\omega x/c}{\dot\varphi/\omega}\right)^2 = \frac{\gamma - \gamma^{-1}}{\gamma^{-1}} = \gamma^2 - 1.$$

Für Kreisbahnen gilt also $\xi \to \infty$ im nicht-relativistischen und $\xi \downarrow 0$ im hoch-relativistischen Limes. Dieses auf den ersten Blick merkwürdige Verhalten der dimensionslosen Länge $\xi$ wird besser verständlich, wenn man ihre Beziehung zum Radius $x$ der Kreisbahn bestimmt:

$$\xi^2(1+\xi^2) = \frac{1}{\gamma^2 - 1}\left(1 + \frac{1}{\gamma^2 - 1}\right) = \left(\frac{\gamma}{\gamma^2 - 1}\right)^2 = \frac{1}{(\gamma - \gamma^{-1})^{-1}} = \left(\frac{c}{x\omega}\right)^4.$$

Das Ergebnis zeigt, dass für die Kreisbahn im nicht-relativistischen Limes effektiv $\xi \propto x^{-1} \to \infty$ gilt und im hoch-relativistischen Limes $\xi \propto x^{-2} \downarrow 0$. Die dimensionslose Energie der Kreisbahn ist gegeben durch:

$$\eta = \frac{\mathcal{E}_g}{m_0 c^2} = \gamma + \frac{\frac{1}{2}m_0\omega^2 x^2}{m_0 c^2} = \gamma + \frac{1}{2}\left(\frac{\omega x}{c}\right)^2 = \gamma + \frac{1}{2}(\gamma - \gamma^{-1}) = \frac{1}{2}(3\gamma - \gamma^{-1})$$

und der dimensionslose Drehimpuls durch:

$$\lambda = \frac{\omega\pi_\varphi}{m_0 c^2} = \frac{\omega\gamma m_0 x^2 \dot\varphi}{m_0 c^2} = \frac{\sqrt{\gamma}\,\omega^2 x^2}{c^2} = \sqrt{\gamma}(\gamma - \gamma^{-1}) \quad , \quad \frac{1}{2}\lambda^2 = \frac{1}{2}\gamma(\gamma - \gamma^{-1})^2.$$

Diese Ausdrücke werden sich in den Teilen **(f)** und **(g)** als nützlich erweisen.

Für die letzten beiden Teile dieser Aufgabe vereinfachen wir die Bewegungsgleichung für $\xi(\varphi)$ zuerst, indem wir $\xi^2 \equiv z$ definieren. Es folgt $\left(\frac{d\xi^{-1}}{d\varphi}\right)^2 = \left(\frac{dz^{-1/2}}{d\varphi}\right)^2 = \frac{1}{4z^3}\left(\frac{dz}{d\varphi}\right)^2$ und daher $\frac{1}{2}\left(\frac{dz}{d\varphi}\right)^2 = -V(z)$ mit dem effektiven Potential

$$V(z) \equiv 2z^3\left[z^{-1} + 1 - (\eta - \frac{1}{2}\lambda^2 z)^2\right] = 2z^2\left[1 + z - z(\eta - \frac{1}{2}\lambda^2 z)^2\right].$$

Durch Ableiten nach $\varphi$ erhält man die „Bewegungsgleichung" $\frac{d^2 z}{d\varphi^2} = -V'(z)$.

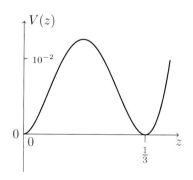

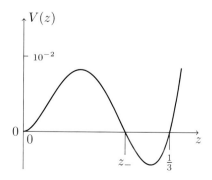

**Abb. 9.29** Effektives Potential für Kreisbahn mit $\eta = \frac{11}{4}$ und $\lambda = \frac{3}{\sqrt{2}}$

**Abb. 9.30** Effektives Potential für Schwingung mit $\lambda^2 = 2\eta$ und $\eta = 3$

**(f)** Der Spezialfall $\eta = \frac{11}{4}$ und $\lambda = \frac{3}{\sqrt{2}}$ (bzw. $\frac{1}{2}\lambda^2 = \frac{9}{4}$) entspricht genau den Werten einer *Kreisbahn* mit $\gamma = 2$. Es folgt also sofort, dass $\xi = \sqrt{z}$ konstant ist und den Wert $(\gamma^2 - 1)^{-1/2} = \frac{1}{\sqrt{3}}$ hat. Dies sieht man aber auch direkt am effektiven Potential $V(z) = \frac{9}{8}z^2(z - \frac{1}{3})^2(16 - 9z)$, das nur für $z = \xi^2 = \frac{1}{3}$ ein lokales Potentialminimum aufweist und daher eine *stabile* Lösung der „Energieerhaltungsgleichung" $\frac{1}{2}\left(\frac{dz}{d\varphi}\right)^2 + V(z) = 0$ erlaubt. Diese *Kreisbahn* ist selbstverständlich geschlossen. Das effektive Potential $V(z)$ für die Kreisbahn mit dem Potentialminimum in $z = \frac{1}{3}$ ist in Abbildung 9.29 skizziert.

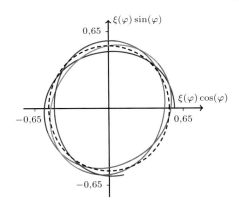

**Abb. 9.31** Die Bahn des Oszillators für Parameterwerte $\lambda^2 = 2\eta$ und $\eta = 3$

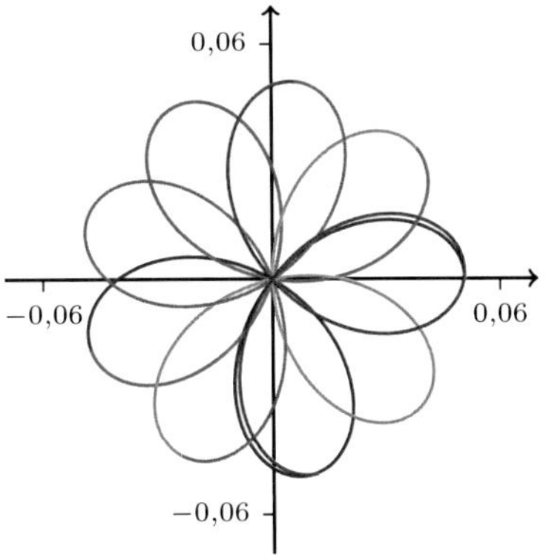

**Abb. 9.32** Polarplot von $z(\varphi) - z_0$ für Parameterwerte $\lambda^2 = 2\eta$ und $\eta = 3$

**(g)** Für die Parameterwerte $\lambda^2 = 2\eta$ und $\eta = 3$ ergibt sich für das effektive Potential: $V(z) = 2z^2[1 + z - \eta^2 z(1 - z)^2] = 2z^2[1 + z - 9z(1 - z)^2]$. Wie in Teil **(f)** ist auch nun $z = \frac{1}{3}$ ein Nullpunkt des Potentials: $V(\frac{1}{3}) = 0$. Daher kann das Potential faktorisiert werden: $V(z) = -18z^2(\frac{1}{3} - z)(z - z_-)(z_+ - z)$ mit den weiteren Nullpunkten $z_\pm = \frac{1}{6}(5 \pm \sqrt{13})$. Das effektive Potential $V(z)$ für $\eta = 3$ ist in Abbildung 9.30 skizziert. Das Potential $V(z)$ weist im Intervall $z_- < z < \frac{1}{3}$ eine Potentialmulde mit $V(z) < 0$ auf. Ein weiteres lokales Minimum für $z > 0$ existiert nicht. Dies bedeutet, dass der Oszillator zwischen den $z$-Werten $z_-$ und $\frac{1}{3}$ hin und her oszilliert. Die Bahn des Oszillators ist *nicht* geschlossen. Dies zeigt man noch am einfachsten, indem man die Bahnen für $\eta = 3$ auffasst als *kleine Schwingung* um die benachbarte *Kreisbahn*, die für $\lambda^2 = 2\eta$ und $\eta = \eta_0 \equiv \frac{1}{4}[71 + (17)^{3/2}]^{1/2} \simeq 2{,}9696$ auftritt; diese Kreisbahn hat die weiteren Parameterwerte $\gamma = \gamma_0 \equiv \frac{1}{\sqrt{2}}(5 + \sqrt{17})^{1/2} \simeq 2{,}1358$ und $z = z_0 \equiv \xi_0^2 \equiv \frac{1}{4}(\sqrt{17} - 3) \simeq 0{,}2808$. Kleine Schwingungen um diese Kreisbahn treten auf für $\eta$-Werte mit hinreichend kleinem $\epsilon \equiv \sqrt{\eta^2 - \eta_0^2}$ und haben dann die Form

$$z(\varphi) = z_0 + \epsilon\delta\cos[\alpha(\varphi - \varphi_0)] + \mathcal{O}(\epsilon^2) \quad \text{mit} \quad \begin{cases} \alpha = 2\eta_0 z_0\sqrt{2 - 3z_0} \simeq 1{,}7943 \\ \delta = \frac{2}{\alpha}(1 - z_0)z_0^{3/2} \simeq 0{,}1193 \,. \end{cases}$$

Für $\eta = 3$ erhält man konkret $z(\varphi) \simeq 0{,}2808 + 0{,}0509\cos[\alpha(\varphi - \varphi_0)]$. Da die „Winkelfrequenz" $\alpha$ irrational ist, sind diese kleinen Schwingungen um die Kreisbahn *nicht* geschlossen. Eine Polardarstellung der Bahn $\xi(\varphi) = \sqrt{z(\varphi)}$ des Oszillators für $\eta = 3$ und $\varphi_0 = 0$ wird in Abbildung 9.31 gezeigt. Es sind insgesamt fünf komplette kleine Schwingungen dargestellt, die nach ansteigendem $\varphi$ geordnet in den Farben *blau, grün, orange, braun* und *rot* gezeigt werden. Die benachbarte Kreisbahn ist gestrichelt dargestellt. Zum Vergleich ist in Abbildung 9.32 ein entsprechender Polarplot von $z(\varphi) - z_0$ beigefügt, der *Rosetten* aufweist und deutlich mehr Details zeigt. Aus beiden Abbildungen ist auch grafisch ersichtlich, dass die Bahnen *nicht* geschlossen sind.

# 9.6 Lagrange-Formulierung der Mechanik

### Lösung 6.1 Geschwindigkeitsabhängige Kräfte

**(a)** Falls die physikalische Kraft in der Form $\mathbf{F} = \frac{d}{dt}\left(\frac{\partial V}{\partial \dot{\mathbf{x}}}\right) - \frac{\partial V}{\partial \mathbf{x}}$ mit $V = V(\mathbf{x}, \dot{\mathbf{x}}, t)$ darstellbar ist, folgt:

$$\mathbf{F} = \frac{\partial^2 V}{\partial \dot{\mathbf{x}}^2}\ddot{\mathbf{x}} + \frac{\partial^2 V}{\partial \dot{\mathbf{x}}\partial \mathbf{x}}\dot{\mathbf{x}} + \frac{\partial^2 V}{\partial \dot{\mathbf{x}}\partial t} - \frac{\partial V}{\partial \mathbf{x}} \ .$$

Falls zusätzlich das deterministische Prinzip $\mathbf{F} = \mathbf{F}(\mathbf{x}, \dot{\mathbf{x}}, t)$ erfüllt ist, muss also $\frac{\partial^2 V}{\partial \dot{\mathbf{x}}^2} = \mathbb{O}_3$ gelten. Dies bedeutet, dass das Potential $V$ eine lineare Funktion der Geschwindigkeit sein muss, d. h., dass für irgendwelche Funktionen $\widetilde{\Phi}(\mathbf{x}, t)$ und $\widetilde{\mathbf{A}}(\mathbf{x}, t)$ gilt: $V(\mathbf{x}, \dot{\mathbf{x}}, t) = \widetilde{\Phi}(\mathbf{x}, t) - \widetilde{\mathbf{A}}(\mathbf{x}, t) \cdot \dot{\mathbf{x}}$.

**(b)** Nehmen wir an, die Reibungskraft $\mathbf{F}_R = -k\dot{\mathbf{x}}$ mit $k > 0$ wäre in der Form $\frac{d}{dt}\left(\frac{\partial V}{\partial \dot{\mathbf{x}}}\right) - \frac{\partial V}{\partial \mathbf{x}}$ mit $V = V(\mathbf{x}, \dot{\mathbf{x}}, t)$ darstellbar. Aufgrund von **(a)** muss gelten: $V(\mathbf{x}, \dot{\mathbf{x}}, t) = \widetilde{\Phi}(\mathbf{x}, t) - \widetilde{\mathbf{A}}(\mathbf{x}, t) \cdot \dot{\mathbf{x}}$. Durch Kombination erhält man $-k\dot{\mathbf{x}} = \frac{\partial^2 V}{\partial \dot{\mathbf{x}}\partial \mathbf{x}}\dot{\mathbf{x}} + \frac{\partial^2 V}{\partial \dot{\mathbf{x}}\partial t} - \frac{\partial V}{\partial \mathbf{x}}$, d. h. mit Hilfe der Einstein-Konvention und $\alpha = 1, 2, 3$:

$$-k\dot{x}_\alpha = -\frac{\partial \widetilde{A}_\alpha}{\partial x_\beta}\dot{x}_\beta - \frac{\partial \widetilde{A}_\alpha}{\partial t} - \frac{\partial \widetilde{\Phi}}{\partial x_\alpha} + \frac{\partial \widetilde{A}_\beta}{\partial x_\alpha}\dot{x}_\beta = \left(\frac{\partial \widetilde{A}_\beta}{\partial x_\alpha} - \frac{\partial \widetilde{A}_\alpha}{\partial x_\beta}\right)\dot{x}_\beta - \frac{\partial \widetilde{\Phi}}{\partial x_\alpha} - \frac{\partial \widetilde{A}_\alpha}{\partial t} \ .$$

Ein Vergleich der linken und rechten Seiten dieser Gleichung ergibt:

$$-k = \left(\frac{\partial \widetilde{A}_\beta}{\partial x_\alpha} - \frac{\partial \widetilde{A}_\alpha}{\partial x_\beta}\right)\delta_{\alpha\beta} \overset{!}{=} 0 \quad , \quad \frac{\partial \widetilde{\Phi}}{\partial x_\alpha} + \frac{\partial \widetilde{A}_\alpha}{\partial t} = 0 \ .$$

Wegen der Vorgabe $k > 0$ liegt ein Widerspruch vor, sodass die Reibungskraft nicht in der Form $\frac{d}{dt}\left(\frac{\partial V}{\partial \dot{\mathbf{x}}}\right) - \frac{\partial V}{\partial \mathbf{x}}$ darstellbar ist.

**(c)** Wir betrachten die Dissipationsfunktion $\mathcal{F}(\mathbf{v})$ mit $\mathbf{F}_R = -\frac{\partial \mathcal{F}}{\partial \mathbf{v}}$ direkt für allgemeine Reibungskräfte der Form $\mathbf{F}_R = -f(v)\mathbf{v}$. Es folgt:

$$\mathcal{F}(\mathbf{v}) - \mathcal{F}(\mathbf{0}) = \int_\mathbf{0}^\mathbf{v} d\mathbf{v}' \cdot \frac{\partial \mathcal{F}}{\partial \mathbf{v}}(\mathbf{v}') = -\int_\mathbf{0}^\mathbf{v} d\mathbf{v}' \cdot \mathbf{F}_R(\mathbf{v}') = \int_\mathbf{0}^\mathbf{v} d\mathbf{v}' \cdot f(v')\mathbf{v}'$$

$$= \int_\mathbf{0}^\mathbf{v} d\mathbf{v}' \cdot \frac{\partial}{\partial \mathbf{v}'}\int_0^{v'} dv''\, v''f(v'') = \left[\int_0^{v'} dv''\, v''f(v'')\right]\Big|_0^v = \int_0^v dv'\, v'f(v') \ .$$

Hierbei wurde die Eigenschaft $vf(v) \to 0$ für $v \to 0$ verwendet. Die (wirkungslose) Integrationskonstante $\mathcal{F}(\mathbf{0})$ kann bei Bedarf gleich null gewählt werden. Insbesondere erhält man dann für $f(v) = kv$:

$$\mathcal{F}(\mathbf{v}) = \int_0^v dv'\, v'f(v') = k\int_0^v dv'\, (v')^2 = \tfrac{1}{3}kv^3 \ .$$

## Lösung 6.2 Die Energie als Erhaltungsgröße

**(a)** Wir betrachten zuerst die allgemeinere (möglicherweise explizit zeitabhängige) Lagrange-Funktion $L(\mathbf{x}, \dot{\mathbf{x}}, t)$ für ein einzelnes Teilchen. Für die physikalische Bahn $\mathbf{x} = \mathbf{x}_\phi(t)$ gilt dann aufgrund der Lagrange-Gleichung $\frac{d}{dt}\left(\frac{\partial L}{\partial \dot{\mathbf{x}}}\right) - \frac{\partial L}{\partial \mathbf{x}} = \mathbf{0}$:

$$
\frac{d}{dt}\left(\dot{\mathbf{x}} \cdot \frac{\partial L}{\partial \dot{\mathbf{x}}} - L\right) = \ddot{\mathbf{x}} \cdot \frac{\partial L}{\partial \dot{\mathbf{x}}} + \dot{\mathbf{x}} \cdot \frac{d}{dt}\left(\frac{\partial L}{\partial \dot{\mathbf{x}}}\right) - \left(\frac{\partial L}{\partial \mathbf{x}} \cdot \dot{\mathbf{x}} + \frac{\partial L}{\partial \dot{\mathbf{x}}} \cdot \ddot{\mathbf{x}} + \frac{\partial L}{\partial t}\right)
$$

$$
= \dot{\mathbf{x}} \cdot \left[\frac{d}{dt}\left(\frac{\partial L}{\partial \dot{\mathbf{x}}}\right) - \frac{\partial L}{\partial \mathbf{x}}\right] - \frac{\partial L}{\partial t} = -\frac{\partial L}{\partial t} \; .
$$

Dies bedeutet, dass $\left(\dot{\mathbf{x}} \cdot \frac{\partial L}{\partial \dot{\mathbf{x}}} - L\right)_\phi$ für nicht explizit zeitabhängige Lagrange-Funktionen der Form $L(\mathbf{x}, \dot{\mathbf{x}})$ in der Tat eine Erhaltungsgröße darstellt. Für explizit zeitabhängige Lagrange-Funktionen der Form $L(\mathbf{x}, \dot{\mathbf{x}}, t)$ gilt dieses Erhaltungsgesetz *nicht*.

**(b)** Analog gilt für Lagrange-Funktionen $L(\{\mathbf{x}_i\}, \{\dot{\mathbf{x}}_i\})$ in Vielteilchensystemen:

$$
\frac{d}{dt}\left(\sum_{i=1}^{N} \dot{\mathbf{x}}_i \cdot \frac{\partial L}{\partial \dot{\mathbf{x}}_i} - L\right) = \sum_{i=1}^{N} \dot{\mathbf{x}}_i \cdot \left[\frac{d}{dt}\left(\frac{\partial L}{\partial \dot{\mathbf{x}}_i}\right) - \frac{\partial L}{\partial \mathbf{x}_i}\right] - \frac{\partial L}{\partial t} = -\frac{\partial L}{\partial t} \overset{!}{=} 0 \; .
$$

## Lösung 6.3 Die Brachistochrone

**(a)** Gleichung (6.17) entnehmen wir, dass für die physikalische Bahn $1 + \dot{x}_\phi^2 = -\frac{l}{2x_\phi}$ gilt. Hieraus folgt:

$$
S[x_\phi] = \int_0^T dt\, L(x_\phi(t), \dot{x}_\phi(t)) = \int_0^T dt\, \sqrt{\frac{1 + \dot{x}_\phi^2}{-2gx_\phi}} = \int_0^T dt\, \sqrt{\frac{-l/2x_\phi}{-2gx_\phi}}
$$

$$
= \int_0^T dt\, \sqrt{\frac{l}{4gx_\phi^2}} = \sqrt{\frac{l}{4g}} \int_0^T dt\, \frac{1}{|x_\phi|} = \sqrt{\frac{l}{4g}} \int_0^{\xi_{\max}} d\xi = \sqrt{\frac{l}{4g}}\, \xi_{\max} \; .
$$

Im vorletzten Schritt verwendeten wir einerseits die Parametrisierung der Zeit: $t = \frac{1}{4}l[\xi - \sin(\xi)]$, woraus $\frac{dt}{d\xi} = \frac{1}{4}l[1 - \cos(\xi)] = -x_\phi = |x_\phi|$ folgt, und andererseits die Definition von $\xi_{\max}$ in (6.18b), d. h. $T = \frac{1}{4}l[\xi_{\max} - \sin(\xi_{\max})]$.

**(b)** Für die Randbedingungen $x_1 = x_2 = 0$ folgt $\xi_{\max} = 2\pi$ und daher $T = \frac{\pi}{2}l$ bzw. $l = \frac{2}{\pi}T$. Für $x_1 = 0$, $x_2 = -2T/\pi$ folgt alternativ $\xi_{\max} = \pi$ und daher $T = \frac{\pi}{4}l$ bzw. $l = \frac{4}{\pi}T$ und $x(T) = x_2 = -\frac{1}{2}l$.

## Lösung 6.4 Alternatives Hamilton-Prinzip

**(a)** Für die verallgemeinerte Wirkung soll gelten:

$$
S[\mathbf{x}] = \int_{t_1}^{t_2} dt\, L(\mathbf{x}, \dot{\mathbf{x}}, \ddot{\mathbf{x}}, t) \quad , \quad \lim_{\varepsilon \to 0} \frac{1}{\varepsilon}(\delta S)_{(\mathbf{x}_1, t_1)}^{(\mathbf{x}_2, t_2)}[\mathbf{x}_\phi + \varepsilon \boldsymbol{\xi}] = 0 \; .
$$

Wir berechnen daher:

$$\frac{1}{\varepsilon}\delta S = \frac{1}{\varepsilon}\delta \int_{t_1}^{t_2} dt\, L(\mathbf{x}(t),\dot{\mathbf{x}}(t),\ddot{\mathbf{x}}(t),t) = \frac{1}{\varepsilon}\int_{t_1}^{t_2} dt\,(\delta L)(\mathbf{x}(t),\dot{\mathbf{x}}(t),\ddot{\mathbf{x}}(t),t)$$

$$= \frac{1}{\varepsilon}\int_{t_1}^{t_2} dt\,\big[L(\mathbf{x}_\phi(t)+\varepsilon\boldsymbol{\xi}(t),\dot{\mathbf{x}}_\phi(t)+\varepsilon\dot{\boldsymbol{\xi}}(t),\ddot{\mathbf{x}}_\phi(t)+\varepsilon\ddot{\boldsymbol{\xi}}(t),t)$$

$$-\,L(\mathbf{x}_\phi(t),\dot{\mathbf{x}}_\phi(t),\ddot{\mathbf{x}}_\phi(t),t)\big]$$

$$= \int_{t_1}^{t_2} dt\,\left[\left(\frac{\partial L}{\partial \mathbf{x}}\right)_\phi\cdot\boldsymbol{\xi}(t) + \left(\frac{\partial L}{\partial \dot{\mathbf{x}}}\right)_\phi\cdot\dot{\boldsymbol{\xi}}(t) + \left(\frac{\partial L}{\partial \ddot{\mathbf{x}}}\right)_\phi\cdot\ddot{\boldsymbol{\xi}}(t)\right] + \mathcal{O}(\varepsilon)\,.$$

Wir führen nun im zweiten Term in $[\cdots]$ *einmal* und im dritten Term *zweimal* eine partielle Integration durch. Es folgt aufgrund der Randbedingung:

$$\frac{1}{\varepsilon}\delta S = \left[\left(\frac{\partial L}{\partial \dot{\mathbf{x}}}\right)_\phi\cdot\boldsymbol{\xi}(t) + \left(\frac{\partial L}{\partial \ddot{\mathbf{x}}}\right)_\phi\cdot\dot{\boldsymbol{\xi}}(t) - \frac{d}{dt}\left(\frac{\partial L}{\partial \ddot{\mathbf{x}}}\right)_\phi\cdot\boldsymbol{\xi}(t)\right]\Bigg|_{t_1}^{t_2}$$

$$+ \int_{t_1}^{t_2} dt\,\left[\left(\frac{\partial L}{\partial \mathbf{x}}\right)_\phi - \frac{d}{dt}\left(\frac{\partial L}{\partial \dot{\mathbf{x}}}\right)_\phi + \frac{d^2}{dt^2}\left(\frac{\partial L}{\partial \ddot{\mathbf{x}}}\right)_\phi\right]\cdot\boldsymbol{\xi}(t) + \mathcal{O}(\varepsilon)$$

$$= \int_{t_1}^{t_2} dt\,\left[\left(\frac{\partial L}{\partial \mathbf{x}}\right)_\phi - \frac{d}{dt}\left(\frac{\partial L}{\partial \dot{\mathbf{x}}}\right)_\phi + \frac{d^2}{dt^2}\left(\frac{\partial L}{\partial \ddot{\mathbf{x}}}\right)_\phi\right]\cdot\boldsymbol{\xi}(t) + \mathcal{O}(\varepsilon)\,.$$

Es muss also für alle möglichen Abweichungen $\varepsilon\boldsymbol{\xi}(t)$ von der physikalischen Bahn mit $\boldsymbol{\xi}(t_1) = \boldsymbol{\xi}(t_2) = 0$ und $\dot{\boldsymbol{\xi}}(t_1) = \dot{\boldsymbol{\xi}}(t_2) = 0$ gelten:

$$0 = \lim_{\varepsilon\to 0}\frac{1}{\varepsilon}\delta S = \int_{t_1}^{t_2} dt\,\left[\left(\frac{\partial L}{\partial \mathbf{x}}\right)_\phi - \frac{d}{dt}\left(\frac{\partial L}{\partial \dot{\mathbf{x}}}\right)_\phi + \frac{d^2}{dt^2}\left(\frac{\partial L}{\partial \ddot{\mathbf{x}}}\right)_\phi\right]\cdot\boldsymbol{\xi}(t)\,.$$

Dies kann nur dann zutreffen, wenn für die physikalische Bahn gilt:

$$\left(\frac{\partial L}{\partial \mathbf{x}}\right)_\phi - \frac{d}{dt}\left(\frac{\partial L}{\partial \dot{\mathbf{x}}}\right)_\phi + \frac{d^2}{dt^2}\left(\frac{\partial L}{\partial \ddot{\mathbf{x}}}\right)_\phi = \mathbf{0}\,.$$

Die ersten beiden Terme auf der linken Seite sind uns aus der herkömmlichen Lagrange-Gleichung vertraut; der dritte ist neu.

(b) Da die in (a) hergeleitete Bewegungsgleichung im Allgemeinen $\overset{\cdots}{\mathbf{x}}$ enthält, falls $L$ linear von $\ddot{\mathbf{x}}$ abhängt, oder gar $\overset{\cdots}{\mathbf{x}}$ und $\overset{\cdots\cdots}{\mathbf{x}}$, falls $L$ nicht-linear von $\ddot{\mathbf{x}}$ abhängt, wird $\mathbf{x}(t)$ durch $\mathbf{x}(0)$, $\dot{\mathbf{x}}(0)$, $\ddot{\mathbf{x}}(0)$ und evtl. $\overset{\cdots}{\mathbf{x}}(0)$ bestimmt. Dies verletzt jedoch das deterministische Prinzip und ist somit unphysikalisch.

## Lösung 6.5 Minimierung der Rotationsfläche

(a) Sogar wenn $z(x)$ für den Gesamtkörper mehrwertig ist, kann man sich auf Teilflächen $\{(x,z)\,|\,z \in [z_{i1}, z_{i2}]\}$ mit einer eindeutigen $z(x)$-Abhängigkeit beschränken, solange nur $\cup_{i=1}^n [z_{i1}, z_{i2}] = [z_1, z_2]$ gilt. Die Gesamtfläche ist dann die Summe aller Teilflächen. Man kann außerdem o. B. d. A. annehmen, dass $z(x)$ streng monoton ansteigt, da man eine Teilfläche mit $z'(x) < 0$ an der $(z = 0)$-Ebene spiegeln kann, ohne dass sich der Flächeninhalt dieser Teilfläche durch die Spiegelung ändert.

(b) Da der Umfang eines Kreises mit Radius $x$ gleich $2\pi x$ ist und die infinitesimale Bogenlänge entlang der Kurve $z(x)$ gleich $ds = \sqrt{(dx)^2 + (dz)^2}$, folgt die Fläche des Rotationskörpers als

$$\mathcal{F} = \int_{x_1}^{x_2} ds\, 2\pi x = 2\pi \int_{x_1}^{x_2} \sqrt{(dx)^2 + (dz)^2}\, x = 2\pi \int_{x_1}^{x_2} dx\, x\sqrt{1 + [z'(x)]^2}\,.$$

(c) Nach einem Notationswechsel $(\mathcal{F}, x, x_1, x_2, z, z_1, z_2) \to (S, t, t_1, t_2, x, x_1, x_2)$ ist zu minimieren:

$$S[x] = \int_{t_1}^{t_2} dt\, L(\dot{x}(t), t) \quad , \quad L(\dot{x}, t) = 2\pi t\sqrt{1 + \dot{x}^2}\,,$$

sodass das Minimierungsproblem für $\mathcal{F}$ als Hamilton'sches Prinzip für die Dynamik eines eindimensionalen Teilchens mit der Lagrange-Funktion $L$ interpretiert werden kann. Die entsprechende Lagrange-Gleichung lautet:

$$0 = \frac{d}{dt}\left(\frac{\partial L}{\partial \dot{x}}\right) - \frac{\partial L}{\partial x} = \frac{d}{dt}\left(\frac{\partial L}{\partial \dot{x}}\right) = \frac{d}{dt}\frac{2\pi t\dot{x}}{\sqrt{1 + \dot{x}^2}}\,.$$

Folglich gilt $\frac{\partial L}{\partial \dot{x}} = \frac{2\pi t\dot{x}}{\sqrt{1+\dot{x}^2}} = \text{konstant} \equiv \pm 2\pi T$ mit $T \geq 0$. Die Geschwindigkeit $\dot{x}$ erfüllt also die Differentialgleichung $(t\dot{x})^2 = T^2(1 + \dot{x}^2)$ bzw. $\dot{x} = \pm T/\sqrt{t^2 - T^2}$ bzw. $\frac{dt}{dx} = \pm\sqrt{t^2 - T^2}/T$. Die Lösung dieser Gleichung lautet $t(x) = T\cosh[(x - X)/T]$ bzw. $x(t) = X \pm T\,\text{arcosh}(t/T)$. In der ursprünglichen Formulierung ist die Fläche des Rotationskörpers $\mathcal{F}$ also minimal, wenn die Kurve $x(z)$ die Form eines *Kosinus-Hyperbolicus* hat.

## Lösung 6.6 „Stationär" muss nicht heißen: „optimal"

(a) Die Lagrange-Gleichung lautet: $\frac{d}{dt}\frac{\partial L}{\partial \dot{\varphi}} = mR^2\ddot{\varphi} = 0$. Die Winkelfrequenz ist also konstant: $\dot{\varphi}(t) = \dot{\varphi}(t_1) \equiv \dot{\varphi}_1$, sodass sich $\varphi$ linear als Funktion der Zeit ändert: $\varphi(t) - \varphi(t_1) = \varphi(t) = \dot{\varphi}_1(t - t_1)$. Damit $\mathbf{x}(t_2) = \mathbf{x}_2 = R\left(\begin{smallmatrix} \cos(\varphi_2) \\ \sin(\varphi_2) \end{smallmatrix}\right)$ ist, muss gelten:

$$\dot{\varphi}_1 = \frac{\varphi(t_2) - \varphi(t_1) + 2n\pi}{t_2 - t_1} = \frac{\varphi_2 + 2n\pi}{t_2 - t_1} \equiv \dot{\varphi}_{1n} \qquad (n \in \mathbb{Z})\,,$$

sodass abzählbar unendlich viele Lösungen existieren. Die entsprechende Wirkung für diese Lösungen ist $S_n = \frac{1}{2}mR^2\dot{\varphi}_{1n}^2(t_2 - t_1)$. Für $\varphi_2 < \pi$ ist $S_0$ global minimal, für $\pi < \varphi_2 \leq 2\pi$ ist $S_{-1}$ global minimal, und für $\varphi_2 = \pi$ sind $S_0$ und $S_{-1}$ entartet und beide global minimal. Sämtliche anderen physikalischen Bahnen stellen also *kein* globales Minimum dar. Für die benachbarten Bahnen $\mathbf{x}(t) = \mathbf{x}_\phi(t) + \varepsilon\boldsymbol{\xi}(t)$ mit $\varepsilon\boldsymbol{\xi}(t) = R\left(\begin{smallmatrix} -\sin(\varphi_\phi) \\ \cos(\varphi_\phi) \end{smallmatrix}\right)\delta\varphi(t)$ gilt allerdings

$$(\delta S)_{(\mathbf{x}_1, t_1)}^{(\mathbf{x}_2, t_2)}[\mathbf{x}_\phi + \varepsilon\boldsymbol{\xi}] = \frac{1}{2}mR^2\int_{t_1}^{t_2} dt\, [(\dot{\varphi}_{1n} + \delta\dot{\varphi})^2 - \dot{\varphi}_{1n}^2] = \frac{1}{2}mR^2\int_{t_1}^{t_2} dt\,(\delta\dot{\varphi})^2 > 0\,,$$

sodass jede physikalische Bahn zumindest *lokal* minimal ist.

**(b)** Die Lagrange-Gleichungen lauten nun: $0 = \frac{d}{dt}\frac{\partial L}{\partial\dot\varphi} = mR^2\frac{d}{dt}[\dot\varphi\sin^2(\vartheta)]$ und $0 = \frac{d}{dt}\frac{\partial L}{\partial\dot\vartheta} - \frac{\partial L}{\partial\vartheta} = mR^2[\ddot\vartheta - \dot\varphi^2\sin(\vartheta)\cos(\vartheta)]$. Aus der ersten Gleichung folgt $\dot\varphi\sin^2(\vartheta) = $ konstant $= 0$ wegen der Anfangsbedingung $\vartheta(t_1) = 0$. Daher muss $\dot\varphi = 0$ und $\varphi_\phi(t) = $ konstant $\equiv \varphi_1$ gelten. Aus der zweiten folgt, dass die Winkelfrequenz konstant ist: $\ddot\vartheta = 0$ und $\dot\vartheta(t) = \dot\vartheta(t_1) \equiv \dot\vartheta_1 > 0$. Daher steigt $\vartheta$ linear als Funktion von $t$ an: $\vartheta_\phi(t) - \vartheta(t_1) = \vartheta_\phi(t) = \dot\vartheta_1(t - t_1)$, wobei $\vartheta_\phi(t)$ eventuell bei $\vartheta = \pi, 0$ analytisch fortzusetzen ist, um mehrere Kugelumrundungen zu beschreiben. Damit $\mathbf{x}_2 = -R\hat{\mathbf{e}}_3$ ist, muss gelten:

$$\dot\vartheta_1 = \frac{\vartheta(t_2) - \vartheta(t_1) + 2n\pi}{t_2 - t_1} = \frac{(2n+1)\pi}{t_2 - t_1} \equiv \dot\vartheta_{1n} \qquad (n \in \mathbb{N}_0)\,.$$

Wiederum sind also abzählbar unendlich viele Lösungen möglich. Die entsprechende Wirkung für diese Lösungen ist $S_n = \frac{1}{2}mR^2\dot\vartheta_{1n}^2(t_2 - t_1)$, sodass nun $S_0$ immer dem *globalen* Minimum entspricht. Diese Lösungen mit der Wirkung $S_n$ sind übrigens alle überabzählbar unendlich oft entartet, da der Wert von $\varphi_1 \in [0, 2\pi)$ beliebig variiert werden kann. Für die benachbarten Bahnen $\mathbf{x}(t) = \mathbf{x}_\phi(t) + \varepsilon\boldsymbol{\xi}(t)$ mit $\varepsilon\boldsymbol{\xi}(t) = R[\hat{\mathbf{e}}_\vartheta\delta\vartheta + \sin(\vartheta)\hat{\mathbf{e}}_\varphi\delta\varphi]$ gilt nun

$$\delta S = \int_{t_1}^{t_2} dt\,\big[L(\dot\varphi_{1n} + \delta\dot\varphi, \vartheta_\phi(t) + \delta\vartheta, \dot\vartheta_{1n} + \delta\dot\vartheta) - L(\dot\varphi_{1n}, \vartheta_\phi(t), \dot\vartheta_{1n})\big]$$

$$= \int_{t_1}^{t_2} dt\,\big[L(\delta\dot\varphi, \vartheta_\phi(t) + \delta\vartheta, \dot\vartheta_{1n} + \delta\dot\vartheta) - L(0, \vartheta_\phi(t), \dot\vartheta_{1n})\big]$$

$$= \tfrac{1}{2}mR^2\int_{t_1}^{t_2} dt\,\big[(\delta\dot\varphi)^2\sin^2(\vartheta_\phi(t)) + (\delta\dot\vartheta)^2\big] + \mathcal{O}(\varepsilon^3) > 0\,,$$

sodass jede physikalische Bahn zumindest ein *lokales* Minimum darstellt.

## Lösung 6.7 Elektromagnetische Potentiale & Galilei-Transformationen

**(a)** Aus $\mathbf{A}'(\mathbf{x}', t') = \sigma R(\boldsymbol{\alpha})^{-1}\mathbf{A}(\mathbf{x}, t)$ folgt $R(\boldsymbol{\alpha})\mathbf{B}'(\mathbf{x}', t') = \mathbf{B}(\mathbf{x}, t)$ und daher $\mathbf{B}'(\mathbf{x}', t') = R(\boldsymbol{\alpha})^{-1}\mathbf{B}(\mathbf{x}, t)$, denn wegen $\partial_k' = \sigma R_{km}^\mathrm{T}\partial_m = \sigma R_{mk}\partial_m$ gilt:

$$[R(\boldsymbol{\alpha})\mathbf{B}']_i = [R(\boldsymbol{\alpha})(\nabla' \times \mathbf{A}')]_i = R_{ij}\varepsilon_{jkl}\partial_k'A_l' = \sigma R_{ij}R_{mk}\varepsilon_{jkl}\partial_m A_l'$$

$$= \sigma R_{ij}R_{mk}\varepsilon_{jkl}\partial_m(\sigma R_{nl}A_n) = \sigma^2\big[R_{ij}R_{mk}R_{nl}\varepsilon_{jkl}\big]\partial_m A_n$$

$$= (\varepsilon')_{imn}\partial_m A_n = \varepsilon_{imn}\partial_m A_n = (\nabla \times \mathbf{A})_i = B_i\,.$$

**(b)** Wir verwenden erstens wiederum $\sigma R_{mk}\partial_m = \partial_k'$, wobei nun allerdings die linke Seite durch die rechte ersetzt wird, und zweitens:

$$\Phi(\mathbf{x}, t) = \Phi'(\mathbf{x}', t') + \mathbf{v}_\alpha \cdot \mathbf{A}(\mathbf{x}, t) = \Phi'(\mathbf{x}', t') + \mathbf{v}_\alpha \cdot \big[\sigma R(\boldsymbol{\alpha})\mathbf{A}'(\mathbf{x}', t')\big]$$

$$= \Phi'(\mathbf{x}', t') + \big[\sigma R(\boldsymbol{\alpha})^{-1}\mathbf{v}_\alpha\big] \cdot \mathbf{A}'(\mathbf{x}', t')\,.$$

Wir zeigen, dass $\sigma R(\boldsymbol{\alpha})^{-1}\mathbf{E}(\mathbf{x}, t) = \mathbf{E}'(\mathbf{x}', t') - \sigma R(\boldsymbol{\alpha})^{-1}[\mathbf{v}_\alpha \times \mathbf{B}(\mathbf{x}, t)]$ gilt:

$$(\sigma R^{-1}\mathbf{E})_i = \sigma R_{ji}E_j = \sigma R_{ji}(-\partial_j\Phi - \partial_t A_j) = -\sigma R_{ji}\partial_j\Phi - \partial_t A_i'$$

$$= -\partial_i'\Phi - \partial_t'A_i' - (\partial_j'A_i')(-v_j)\,.$$

Wir ersetzen an dieser Stelle $\Phi$ durch die Kombination von $\Phi'$ und $\mathbf{A}'$:

$$(\sigma R^{-1}\mathbf{E})_i = -\partial_i'\Phi' - [\sigma R_{kj}(v_\alpha)_k]\partial_i'A_j' - \partial_t'A_i' + \partial_j'A_i')[\sigma R_{kj}(v_\alpha)_k]$$
$$= E_i' - [\sigma R_{kj}(v_\alpha)_k](\partial_i'A_j' - \partial_j'A_i') = E_i' - [\sigma R_{kj}(v_\alpha)_k]\varepsilon_{ijl}B_l'$$
$$= E_i' - [(\sigma R^{-1}\mathbf{v}_\alpha) \times (R^{-1}\mathbf{B})]_i = [\mathbf{E}' - \sigma R^{-1}(\mathbf{v}_\alpha \times \mathbf{B})]_i \ ,$$

sodass insgesamt $\mathbf{E}' = \sigma R(\boldsymbol{\alpha})^{-1}(\mathbf{E} + \mathbf{v}_\alpha \times \mathbf{B})$ gilt.

(c) Nein, weil das Vektorpotential und das skalare Potential nicht eindeutig bestimmt sind: Man kann immer eine Eichtransformation durchführen.

(d) Das *Vektor*potential $\mathbf{A}$ ist ein echter Vektor, da es unter Drehungen oder Raumspiegelungen genauso wie der Ortsvektor transformiert wird. Das *skalare* Potential $\Phi$ ist ein echter Skalar, da es sich weder unter Drehungen noch unter Raumspiegelungen ändert.

## Lösung 6.8 Das sphärische Pendel

(a) Die Addition einer Konstanten $C$ zur Lagrange-Funktion, $L \to L' \equiv L + C$, hat zur Konsequenz:

$$\frac{d}{dt}\left(\frac{\partial L'}{\partial \dot{q}_k}\right) - \frac{\partial L'}{\partial q_k} = \frac{d}{dt}\left(\frac{\partial L}{\partial \dot{q}_k}\right) - \frac{\partial L}{\partial q_k} = 0 \ ,$$

sodass die Bewegungsgleichung *invariant* ist.

(b) Wir betrachten nun speziell das in Abschnitt [4.3.1] behandelte *sphärische Pendel*. In Gleichung (4.30) wurde bereits gezeigt, dass die Energie dieses Pendels die Struktur $E = T + V$ hat mit $T = \frac{1}{2}m\dot{\mathbf{x}}^2 = \frac{1}{2}ml^2\left[\dot{\vartheta}^2 + \dot{\varphi}^2\sin^2(\vartheta)\right]$ und $V = mgl\cos(\vartheta)$, sodass die entsprechende Lagrange-Funktion in sphärischen Koordinaten gegeben ist durch

$$L(\vartheta, \varphi, \dot{\vartheta}, \dot{\varphi}) = T - V = \frac{1}{2}ml^2\left[\dot{\vartheta}^2 + \dot{\varphi}^2\sin^2(\vartheta)\right] - mgl\cos(\vartheta) \ .$$

Die Lagrange-Gleichungen für das sphärische Pendel lauten daher:

$$0 = \frac{1}{ml^2}\left[\frac{d}{dt}\left(\frac{\partial L}{\partial \dot{\vartheta}}\right) - \frac{\partial L}{\partial \vartheta}\right] = \ddot{\vartheta} - \dot{\varphi}^2\sin(\vartheta)\cos(\vartheta) - \frac{g}{l}\sin(\vartheta)$$
$$0 = \frac{1}{ml^2}\left[\frac{d}{dt}\left(\frac{\partial L}{\partial \dot{\varphi}}\right) - \frac{\partial L}{\partial \varphi}\right] = \frac{d}{dt}\left[\dot{\varphi}\sin^2(\vartheta)\right] \ .$$

Der zweiten Zeile entnehmen wir, dass $\dot{\varphi}\sin^2(\vartheta) =$ konstant $\equiv C$ gilt. Für Lösungen mit $\vartheta = \vartheta_0 =$ konstant ergibt die erste Zeile die zwei Möglichkeiten $\sin(\vartheta_0) = 0$ oder $\dot{\varphi} = \pm\sqrt{-g/l\cos(\vartheta_0)} =$ konstant. Für $\sin(\vartheta_0) = 0$ erhält man entweder die *stabile* Lösung $\vartheta_0 = \pi$ oder die *instabile* Lösung $\vartheta_0 = 0$. Alle drei Lösungen $\vartheta_0 = 0, \pi$ und $\dot{\varphi} = \pm\sqrt{-g/l\cos(\vartheta_0)}$ sind kompatibel mit der ersten Zeile, falls man $C = \pm\sqrt{-g/l\cos(\vartheta_0)}\sin^2(\vartheta_0)$ wählt. Das Pendel dreht sich bei diesen Lösungen mit konstanter Höhe ($\dot{\vartheta} = 0$) und konstanter Winkelgeschwindigkeit ($\dot{\varphi} =$ konstant) um die $\hat{\mathbf{e}}_3$-Achse. Diese Lösungen entsprechen für $\vartheta_0 > 0$ dem konischen Pendel aus Abb. 4.6.

(c) Falls man den Term $mgl\cos(\vartheta)$ in der Lagrange-Funktion weglässt, lautet die Lagrange-Funktion $L = \frac{1}{2}ml^2\left[\dot\vartheta^2 + \dot\varphi^2\sin^2(\vartheta)\right]$. Dann erhält man die Bewegungsgleichungen $\ddot\vartheta = \frac{1}{2}\dot\varphi^2\sin(2\vartheta)$ und $\dot\varphi\sin^2(\vartheta) = $ konstant $\equiv C$. Folglich gilt für alle $\vartheta_0 \neq 0, \frac{\pi}{2}, \pi$ notwendigerweise $\dot\varphi = 0$ und daher $C = 0$. Dies widerspricht jedoch nicht **(a)**, da man den Term $mgl\cos(\vartheta)$ in der Lagrange-Funktion nicht als *konstant* ansehen kann. Die Variablen $(\vartheta, \varphi, \dot\vartheta, \dot\varphi)$ in der Lagrange-Funktion sind alle *unabhängig* voneinander (und von der Zeit). Erst auf dem Niveau der *Bewegungsgleichung* entstehen Abhängigkeiten zwischen diesen Variablen und der Zeit, sodass man erst dann Größen als „konstant" ansehen kann. Das Weglassen des Terms $mgl\cos(\vartheta)$ beruht also auf dem folgenden Denkfehler: $0 = \frac{\partial}{\partial\vartheta}[-mgl\cos(\vartheta_0)] \neq \frac{\partial}{\partial\vartheta}[-mgl\cos(\vartheta)] = mgl\sin(\vartheta)$.

### Lösung 6.9 Das Doppelpendel

**(a)** Mit Hilfe der vorgegebenen Definitionen $\mathbf{x}_1 = l_1\left[\sin(\varphi_1)\,\hat{\mathbf{e}}_1 - \cos(\varphi_1)\,\hat{\mathbf{e}}_3\right] \equiv (x_{11}, 0, x_{13})^{\mathrm{T}}$ und $\mathbf{x}_2 = \mathbf{x}_1 + l_2\left[\sin(\varphi_2)\,\hat{\mathbf{e}}_1 - \cos(\varphi_2)\,\hat{\mathbf{e}}_3\right] \equiv (x_{21}, 0, x_{23})^{\mathrm{T}}$ erhält man für die potentielle Energie $V(\varphi_1, \varphi_2)$:

$$V(\varphi_1, \varphi_2) = g(m_1 x_{13} + m_2 x_{23}) = -g\{m_1 l_1\cos(\varphi_1) + m_2[l_1\cos(\varphi_1) + l_2\cos(\varphi_2)]\}\,.$$

**(b)** Für die kinetische Energie erhält man mit der Notation $c_{12} \equiv \cos(\varphi_1 - \varphi_2)$:

$$T(\varphi_1, \varphi_2, \dot\varphi_1, \dot\varphi_2) = \tfrac{1}{2}m_1\dot{\mathbf{x}}_1^2 + \tfrac{1}{2}m_2\dot{\mathbf{x}}_2^2$$

$$= \tfrac{1}{2}m_1 l_1^2\left|\begin{pmatrix}\cos(\varphi_1)\\\sin(\varphi_1)\end{pmatrix}\dot\varphi_1\right|^2 + \tfrac{1}{2}m_2\left|l_1\begin{pmatrix}\cos(\varphi_1)\\\sin(\varphi_1)\end{pmatrix}\dot\varphi_1 + l_2\begin{pmatrix}\cos(\varphi_2)\\\sin(\varphi_2)\end{pmatrix}\dot\varphi_2\right|^2$$

$$= \tfrac{1}{2}m_1 l_1^2\dot\varphi_1^2 + \tfrac{1}{2}m_2\left[l_1^2\dot\varphi_1^2 + l_2^2\dot\varphi_2^2 + 2l_1 l_2\cos(\varphi_1 - \varphi_2)\dot\varphi_1\dot\varphi_2\right]$$

$$= \tfrac{1}{2}\sum_{k,l=1}^{2} a_{kl}(\varphi_1, \varphi_2)\dot\varphi_k\dot\varphi_l \quad, \quad (a_{kl}) = \begin{pmatrix}(m_1 + m_2)l_1^2 & m_2 l_1 l_2 c_{12}\\ m_2 l_1 l_2 c_{12} & m_2 l_2^2\end{pmatrix}\,.$$

**(c)** Für kleine Schwingungen vernachlässigt man alle Beiträge zu $T$ und $V$ von höherer als quadratischer Ordnung in $(\varphi_1, \varphi_2, \dot\varphi_1, \dot\varphi_2)$:

$$V = V_0 + \tfrac{1}{2}g\left[m_1 l_1\varphi_1^2 + m_2(l_1\varphi_1^2 + l_2\varphi_2^2)\right] \quad, \quad V_0 \equiv -g[m_1 l_1 + m_2(l_1 + l_2)]$$

$$T(\dot\varphi_1, \dot\varphi_2) = \tfrac{1}{2}(m_1 + m_2)l_1^2\dot\varphi_1^2 + \tfrac{1}{2}m_2 l_2^2\dot\varphi_2^2 + m_2 l_1 l_2\dot\varphi_1\dot\varphi_2]$$

$$L(\varphi_1, \varphi_2, \dot\varphi_1, \dot\varphi_2) = T - V = \tfrac{1}{2}(m_1 + m_2)l_1^2\dot\varphi_1^2 + \tfrac{1}{2}m_2 l_2^2\dot\varphi_2^2 + m_2 l_1 l_2\dot\varphi_1\dot\varphi_2]$$
$$- V_0 - \tfrac{1}{2}g\left[m_1 l_1\varphi_1^2 + m_2(l_1\varphi_1^2 + l_2\varphi_2^2)\right]\,.$$

Die entsprechenden Lagrange-Gleichungen lauten:

$$0 = \frac{d}{dt}\left(\frac{\partial L}{\partial\dot\varphi_1}\right) - \frac{\partial L}{\partial\varphi_1} = (m_1 + m_2)l_1^2\ddot\varphi_1 + m_2 l_1 l_2\ddot\varphi_2 + g(m_1 + m_2)l_1\varphi_1$$

$$= l_1\left[(m_1 + m_2)l_1\ddot\varphi_1 + m_2 l_2\ddot\varphi_2 + g(m_1 + m_2)\varphi_1\right]$$

$$0 = \frac{d}{dt}\left(\frac{\partial L}{\partial\dot\varphi_2}\right) - \frac{\partial L}{\partial\varphi_2} = m_2 l_2^2\ddot\varphi_2 + m_2 l_1 l_2\ddot\varphi_1 + g m_2 l_2\varphi_2$$

$$= l_2\left[m_2(l_2\ddot\varphi_2 + l_1\ddot\varphi_1) + g m_2\varphi_2\right]\,.$$

**(d)** Die Normalschwingungen $\boldsymbol{\varphi}(t) = (\varphi_1(t), \varphi_2(t)) = \boldsymbol{\varphi}_0 \cos[\omega(t - t_0)]$ mit der Eigenfrequenz $\omega > 0$ und zeitunabhängiger Amplitude $\boldsymbol{\varphi}_0 \neq \mathbf{0}$ haben die Eigenschaft $\ddot{\boldsymbol{\varphi}} = -\omega^2 \boldsymbol{\varphi}$. Folglich erhalten die Lagrange-Gleichungen die Form:

$$\begin{pmatrix} (m_1 + m_2)(g - \omega^2 l_1) & -\omega^2 m_2 l_2 \\ -\omega^2 m_2 l_1 & m_2(g - \omega^2 l_2) \end{pmatrix} \begin{pmatrix} \varphi_{01} \\ \varphi_{02} \end{pmatrix} \equiv A(\omega^2) \boldsymbol{\varphi}_0 = \mathbf{0} \ .$$

Die Eigenfrequenzen folgen aus der charakteristischen Gleichung

$$0 = \det\big(A(\omega^2)\big) = m_2(m_1 + m_2)(g - \omega^2 l_1)(g - \omega^2 l_2) - m_2^2 l_1 l_2 \omega^4$$
$$= m_1 m_2 l_1 l_2 \omega^4 - m_2(m_1 + m_2)g(l_1 + l_2)\omega^2 + m_2(m_1 + m_2)g^2 \ .$$

Dies ist eine *quadratische* Gleichung für die Variable $\omega^2$, und $\det(A(\omega^2))$ hat als Funktion von $\omega^2$ einen *parabolischen* Verlauf mit den Funktionswerten $\det(A(0)) = m_2(m_1 + m_2)g^2 > 0$ und $\det(A(g/l_1)) = -m_2^2 g^2 l_2/l_1 < 0$ sowie dem asymptotischen Verhalten $\det(A(\omega^2)) \sim m_1 m_2 l_1 l_2 \omega^4 \to \infty$ für $\omega^2 \to \infty$. Dieser Verlauf zeigt bereits, dass die Gleichung $\det(A(\omega^2)) = 0$ zwei *reelle*, *positive* Wurzeln hat: $\omega^2 = \omega_{\pm}^2 \in \mathbb{R}^+$ und daher $\omega = \omega_{\pm} \in \mathbb{R}^+$. Durch Auflösen der quadratische Gleichung nach $\omega^2$ ergibt sich für $\omega_{\pm}^2$:

$$\omega_{\pm}^2 \equiv \frac{g}{2}\left(1 + \frac{m_2}{m_1}\right)\left(\frac{1}{l_1} + \frac{1}{l_2}\right)\left[1 \pm \sqrt{\frac{(m_1 + m_2)(l_1 + l_2)^2 - 4m_1 l_1 l_2}{(m_1 + m_2)(l_1 + l_2)^2}}\right]$$
$$= \frac{g}{2}\left(1 + \frac{m_2}{m_1}\right)\left(\frac{1}{l_1} + \frac{1}{l_2}\right)\left[1 \pm \sqrt{\frac{m_2(l_1 + l_2)^2 + m_1(l_1 - l_2)^2}{(m_1 + m_2)(l_1 + l_2)^2}}\right] \ .$$

Aufgrund der Ungleichung

$$0 < \frac{m_2(l_1 + l_2)^2 + m_1(l_1 - l_2)^2}{(m_1 + m_2)(l_1 + l_2)^2} < \frac{m_2(l_1 + l_2)^2 + m_1(l_1 + l_2)^2}{(m_1 + m_2)(l_1 + l_2)^2} = \frac{m_2 + m_1}{m_1 + m_2} = 1$$

ist auch explizit ersichtlich, dass $\omega_+^2$ und $\omega_-^2$ reell und positiv sind. Aufgrund des parabolischen Verlaufs von $\det(A(\omega^2))$ mit $\det(A(g/l_1)) < 0$ ist klar, dass $\omega_+^2 > g/l_1$ gelten muss und $\omega_-^2 < g/l_1$. Die Amplitude $\boldsymbol{\varphi}_0$ der Normalschwingungen folgt aus der Bedingung

$$(m_1 + m_2)(g - \omega^2 l_1)\varphi_{01} - \omega^2 m_2 l_2 \varphi_{02} = 0 \ ,$$

sodass das Verhältnis der beiden Komponenten gegeben ist durch:

$$\frac{\varphi_{01}}{\varphi_{02}} = \frac{\omega^2 m_2 l_2}{(m_1 + m_2)(g - \omega^2 l_1)} \begin{cases} < 0 & \text{für} \quad \omega^2 = \omega_+^2 \\ > 0 & \text{für} \quad \omega^2 = \omega_-^2 \end{cases} .$$

Die Amplituden $\boldsymbol{\varphi}_{0\pm}$ der Normalschwingungen mit den Eigenfrequenzen $\omega_{\pm}$ sind in den Abbildungen 9.33 und 9.34 skizziert.

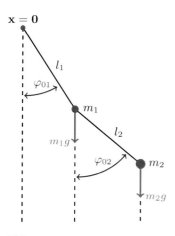

**Abb. 9.33** Normalschwingung
mit Eigenfrequenz $\omega_-$

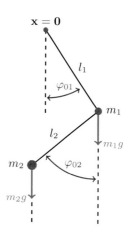

**Abb. 9.34** Normalschwingung
mit Eigenfrequenz $\omega_+$

## Lösung 6.10 Das schwingende Dreieck

**(a)** Im Gleichgewichtszustand haben alle drei Federn ihre *Ruhelänge*, d. h. die Länge $\ell$. Dies erfordert, dass $\mathbf{x}_1^{(0)}$, $\mathbf{x}_2^{(0)}$ und $\mathbf{x}_3^{(0)}$ ein gleichseitiges Dreieck bilden, d. h., dass $\mathbf{x}_k^{(0)} = \xi\hat{\mathbf{a}}_k$ gilt für $k = 1, 2, 3$ und $|\mathbf{x}_k^{(0)} - \mathbf{x}_l^{(0)}|^2 = \ell^2$ für $k \neq l$. Eine Berechnung für $k \neq l$ zeigt nun:

$$|\mathbf{x}_k^{(0)} - \mathbf{x}_l^{(0)}|^2 = \xi^2|\hat{\mathbf{a}}_k - \hat{\mathbf{a}}_l|^2 = \xi^2(\hat{\mathbf{a}}_k^2 + \hat{\mathbf{a}}_l^2 - 2\hat{\mathbf{a}}_k \cdot \hat{\mathbf{a}}_l) = \xi^2\big[1 + 1 - 2\cos\big(\tfrac{2\pi}{3}\big)\big]$$

$$= 2\xi^2\big[1 - (-\tfrac{1}{2})\big] = 3\xi^2 \stackrel{!}{=} \ell^2 \quad , \quad \xi = \tfrac{1}{\sqrt{3}}\ell \, ,$$

sodass $\{\mathbf{x}_k^{(0)} = \tfrac{1}{\sqrt{3}}\ell\,\hat{\mathbf{a}}_k \,|\, k = 1, 2, 3\}$ eine mögliche Gleichgewichtslage der drei Teilchen darstellt.

**(b)** Die verallgemeinerten Koordinaten $(q_1, q_2, q_3)^{\mathrm{T}} \equiv \mathbf{q}$ sind definiert durch die Beziehung $\mathbf{x}_k(t) \equiv \mathbf{x}_k^{(0)}[1 + q_k(t)]$. Wir entwickeln $\{\mathbf{x}_k(t)\}$ um die Gleichgewichtslage $\{\mathbf{x}_k^{(0)}\}$. Für $k \neq l$ gilt [wiederum mit $\cos\big(\tfrac{2\pi}{3}\big) = -\tfrac{1}{2}$]:

$$
\begin{aligned}
|\mathbf{x}_k(t) - \mathbf{x}_l(t)|^2 &= \mathbf{x}_k^2(t) + \mathbf{x}_l^2(t) - 2\mathbf{x}_k(t) \cdot \mathbf{x}_l(t) \\
&= \tfrac{1}{3}\ell^2\big[(1 + q_k)^2 + (1 + q_l)^2 - 2(1 + q_k)(1 + q_l)\cos\big(\tfrac{2\pi}{3}\big)\big] \\
&= \tfrac{1}{3}\ell^2\big(3 + 3q_k + 3q_l + q_k^2 + q_l^2 + q_k q_l\big) \\
&= \ell^2\big[1 + (q_k + q_l) + \tfrac{1}{3}(q_k^2 + q_l^2 + q_k q_l)\big] \\
&= \ell^2\big[1 + (q_k + q_l) + \mathcal{O}(\mathbf{q}^2)\big] = \ell^2[1 + \tfrac{1}{2}(q_k + q_l) + \mathcal{O}(\mathbf{q}^2)]^2 \, .
\end{aligned}
$$

Hieraus folgt direkt: $|\mathbf{x}_k(t) - \mathbf{x}_l(t)| = \ell[1 + \tfrac{1}{2}(q_k + q_l) + \mathcal{O}(\mathbf{q}^2)]$.

**(c)** Die *kinetische* Energie der drei Federn ist gegeben durch:

$$T(\dot{\mathbf{q}}) = \tfrac{1}{2}m\big(\dot{\mathbf{x}}_1^2 + \dot{\mathbf{x}}_2^2 + \dot{\mathbf{x}}_3^2\big) = \tfrac{1}{6}m\ell^2\big(\dot{q}_1^2 + \dot{q}_2^2 + \dot{q}_3^2\big) = \tfrac{1}{6}m\ell^2\dot{\mathbf{q}}^2 \, .$$

Aus **(b)** folgt für die quadratische Auslenkung aus der Ruhelänge der Feder zwischen $\mathbf{x}_k$ und $\mathbf{x}_l$:

$$
\begin{aligned}
\left(|\mathbf{x}_k - \mathbf{x}_l| - \ell\right)^2 &= \ell^2 \left\{ \left[1 + \tfrac{1}{2}(q_k + q_l) + \mathcal{O}(\mathbf{q}^2)\right] - 1 \right\}^2 \\
&= \ell^2 \left[\tfrac{1}{2}(q_k + q_l) + \mathcal{O}(\mathbf{q}^2)\right]^2 \\
&= \tfrac{1}{4}\ell^2 (q_k + q_l)^2 + \mathcal{O}(\mathbf{q}^3) \ .
\end{aligned}
$$

Die *potentielle* Energie der drei Federn ist daher in der Näherung für kleine Schwingungen, d. h. unter Vernachlässigung der Terme von $\mathcal{O}(\mathbf{q}^3)$, gegeben durch:

$$
\begin{aligned}
V(\mathbf{q}) &= \tfrac{1}{2} m\omega_0^2 \left[\left(|\mathbf{x}_1 - \mathbf{x}_2| - \ell\right)^2 + \left(|\mathbf{x}_2 - \mathbf{x}_3| - \ell\right)^2 + \left(|\mathbf{x}_3 - \mathbf{x}_1| - \ell\right)^2\right] \\
&= \tfrac{1}{8} m\omega_0^2 \ell^2 \left[(q_1 + q_2)^2 + (q_2 + q_3)^2 + (q_3 + q_1)^2\right] \\
&= \tfrac{1}{4} m\omega_0^2 \ell^2 \left[q_1^2 + q_2^2 + q_3^2 + (q_1 q_2 + q_2 q_3 + q_3 q_1)\right] \\
&= \tfrac{1}{4} m\omega_0^2 \ell^2 \left(\mathbf{q}^2 + q_1 q_2 + q_2 q_3 + q_3 q_1\right) \ .
\end{aligned}
$$

Hieraus ergibt sich für die Lagrange-Funktion in der Näherung für kleine Schwingungen:

$$
\begin{aligned}
L(\mathbf{q}, \dot{\mathbf{q}}) &= T(\dot{\mathbf{q}}) - V(\mathbf{q}) \\
&= \tfrac{1}{3} m\ell^2 \left[\tfrac{1}{2}\dot{\mathbf{q}}^2 - \tfrac{3}{4}\omega_0^2 (\mathbf{q}^2 + q_1 q_2 + q_2 q_3 + q_3 q_1)\right] \ .
\end{aligned}
$$

**(d)** Die entsprechenden Lagrange-Gleichungen lauten:

$$
\begin{aligned}
0 &= \frac{3}{m\ell^2} \left[\frac{d}{dt}\left(\frac{\partial L}{\partial \dot{q}_1}\right) - \frac{\partial L}{\partial q_1}\right] = \ddot{q}_1 + \tfrac{3}{2}\omega_0^2 \left(q_1 + \tfrac{1}{2}q_2 + \tfrac{1}{2}q_3\right) \\
0 &= \frac{3}{m\ell^2} \left[\frac{d}{dt}\left(\frac{\partial L}{\partial \dot{q}_2}\right) - \frac{\partial L}{\partial q_2}\right] = \ddot{q}_2 + \tfrac{3}{2}\omega_0^2 \left(q_2 + \tfrac{1}{2}q_3 + \tfrac{1}{2}q_1\right) \\
0 &= \frac{3}{m\ell^2} \left[\frac{d}{dt}\left(\frac{\partial L}{\partial \dot{q}_3}\right) - \frac{\partial L}{\partial q_3}\right] = \ddot{q}_3 + \tfrac{3}{2}\omega_0^2 \left(q_3 + \tfrac{1}{2}q_1 + \tfrac{1}{2}q_2\right) \ .
\end{aligned}
$$

**(e)** Der Satz dreier *gekoppelter* Lagrange-Gleichungen in **(d)** kann systematisch dadurch gelöst werden, dass man die drei Gleichungen in der Form $\ddot{\mathbf{q}} = -M\mathbf{q}$ schreibt mit einer symmetrischen, reellen, positiv definiten Matrix $M$. Durch Diagonalisierung von $M$ erhält man dann drei *entkoppelte* Gleichungen, die drei ungekoppelte harmonische Oszillatoren beschreiben.

Im Falle des „schwingenden Dreieck" weist das physikalische Problem jedoch eine große Symmetrie auf: Das System ist invariant unter Spiegelungen an der $\hat{\mathbf{e}}_2$-Achse und Drehungen um $\frac{2\pi}{3}$. Man erwartet daher, dass auch der Satz möglicher Schwingungen invariant unter diesen Transformationen ist. Diese Symmetrie erlaubt es, die Lagrange-Gleichungen direkt durch Bildung geeigneter Linearkombinationen zu diagonalisieren. Auf diese Weise erhält man eine Gleichung, die vollständig symmetrisch unter Vertauschung der Koordinatenindizes ist, und drei Gleichungen, die durch zyklische Permutation der

Indizes auseinander folgen:

$$0 = \tfrac{d^2}{dt^2}(q_1 + q_2 + q_3) + 3\omega_0^2(q_1 + q_2 + q_3)$$

$$0 = \tfrac{d^2}{dt^2}\big(q_1 - \tfrac{1}{2}q_2 - \tfrac{1}{2}q_3\big) + \tfrac{3}{4}\omega_0^2\big(q_1 - \tfrac{1}{2}q_2 - \tfrac{1}{2}q_3\big)$$

$$0 = \tfrac{d^2}{dt^2}\big(q_2 - \tfrac{1}{2}q_3 - \tfrac{1}{2}q_1\big) + \tfrac{3}{4}\omega_0^2\big(q_2 - \tfrac{1}{2}q_3 - \tfrac{1}{2}q_1\big)$$

$$0 = \tfrac{d^2}{dt^2}\big(q_3 - \tfrac{1}{2}q_1 - \tfrac{1}{2}q_2\big) + \tfrac{3}{4}\omega_0^2\big(q_3 - \tfrac{1}{2}q_1 - \tfrac{1}{2}q_2\big) \ .$$

Allerdings sind diese vier Gleichungen nicht voneinander unabhängig: Falls zwei der letzten drei Gleichungen gegeben sind, folgt die dritte durch Addition der ersten beiden. Wir können uns also auf *drei* Gleichungen aus diesem Vierersatz beschränken. In der Tat erwartet man aufgrund der *Drei*dimensionalität des Konfigurationsraums *drei* unabhängige Lösungen. Diese Lösungen haben die Form von harmonischen Oszillationen: Die Variable $q_1 + q_2 + q_3$ oszilliert mit der *Eigenfrequenz* $\omega_1 = \sqrt{3}\omega_0$ und die beiden Variablen $q_1 - \tfrac{1}{2}q_2 - \tfrac{1}{2}q_3$ und $q_2 - \tfrac{1}{2}q_3 - \tfrac{1}{2}q_1$ mit der Eigenfrequenz $\omega_2 = \tfrac{1}{2}\sqrt{3}\omega_0$; die letzte Eigenfrequenz ist also *zweifach entartet*. Wir schreiben daher:

$$\bar{q}_1 \equiv q_1 + q_2 + q_3 \quad , \quad \ddot{\bar{q}}_1 = -3\omega_0^2 \bar{q}_1 \quad , \quad \bar{q}_1(t) = A_1 \cos(\omega_1 t + \varphi_1)$$

$$\bar{q}_2 \equiv q_1 - \tfrac{1}{2}q_2 - \tfrac{1}{2}q_3 \quad , \quad \ddot{\bar{q}}_2 = -\tfrac{3}{4}\omega_0^2 \bar{q}_2 \quad , \quad \bar{q}_2(t) = A_2 \cos(\omega_2 t + \varphi_2)$$

$$\bar{q}_3 \equiv q_2 - \tfrac{1}{2}q_3 - \tfrac{1}{2}q_1 \quad , \quad \ddot{\bar{q}}_3 = -\tfrac{3}{4}\omega_0^2 \bar{q}_3 \quad , \quad \bar{q}_3(t) = A_3 \cos(\omega_2 t + \varphi_3) \ .$$

Die drei *Normalschwingungen* folgen nun aus den Forderungen:

(1) $A_1 \neq 0$, $A_{2,3} = 0$. Lösung: $q_1 = q_2 = q_3 = \tfrac{1}{3}A_1 \cos(\omega_1 t + \varphi_1) \equiv \bar{q}_1(t)$

(2) $A_2 \neq 0$, $A_{3,1} = 0$. Lösung: $q_2 = 0$, $q_1 = -q_3 = \tfrac{2}{3}A_2 \cos(\omega_2 t + \varphi_2) \equiv \bar{q}_2(t)$

(3) $A_3 \neq 0$, $A_{1,2} = 0$. Lösung: $q_1 = 0$, $q_2 = -q_3 = \tfrac{2}{3}A_3 \cos(\omega_2 t + \varphi_3) \equiv \bar{q}_3(t)$

und haben in Vektornotation die Form:

$$\mathbf{q}_1(t) = \bar{q}_1(t)\begin{pmatrix} 1 \\ 1 \\ 1 \end{pmatrix} \quad , \quad \mathbf{q}_2(t) = \bar{q}_2(t)\begin{pmatrix} 1 \\ 0 \\ -1 \end{pmatrix} \quad , \quad \mathbf{q}_3(t) = \bar{q}_3(t)\begin{pmatrix} 0 \\ 1 \\ -1 \end{pmatrix} \ .$$

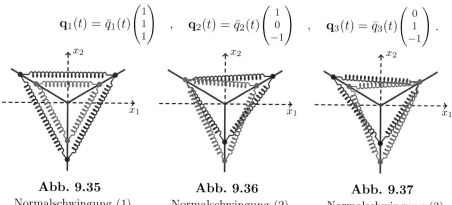

**Abb. 9.35**
Normalschwingung (1)

**Abb. 9.36**
Normalschwingung (2)

**Abb. 9.37**
Normalschwingung (3)

Die drei *Normal*schwingungen können *orthogonal* zueinander *gewählt* werden (es gilt bereits $\mathbf{q}_{2,3} \perp \mathbf{q}_1$). Die Amplituden $A_i$ (mit $i = 1, 2, 3$) sollen *reell* sein und *klein* im Vergleich zu eins ($|A_i| \ll 1$), da sonst die Näherung der kleinen Schwingungen ungültig wird. Die Normalschwingungen sind in den Abbildungen 9.35 - 9.37 skizziert. Jede Abbildung zeigt die beiden extremen Lagen des Dreiecks, einmal (in *rot*) für $t = -\varphi_i/\omega_i$ und $\cos(\omega_i t + \varphi_i) = +1$ sowie einmal (in *grün*) für $t = (\pi - \varphi_i)/\omega_i$ und $\cos(\omega_i t + \varphi_i) = -1$; für $i = 3$ ist hierbei $\omega_3 = \omega_2$ zu interpretieren.

**Lösung 6.11 Pendel und Feder**

**(a)** Zur Bestimmung der Lagrange-Funktion $L(\mathbf{q}, \dot{\mathbf{q}}, t)$ benötigen wir die kinetische Energie:

$$
\begin{aligned}
T &= \tfrac{1}{2}m_1\dot{\mathbf{x}}_1^2 + \tfrac{1}{2}m_2\dot{\mathbf{x}}_2^2 = \tfrac{1}{2}m_1\dot{q}_1^2 + \tfrac{1}{2}m_2\left|\begin{pmatrix} \dot{q}_1 + \dot{q}_2\cos(q_2/l) \\ 0 \\ \dot{q}_2\sin(q_2/l) \end{pmatrix}\right|^2 \\
&= \tfrac{1}{2}(m_1 + m_2)\dot{q}_1^2 + \tfrac{1}{2}m_2\dot{q}_2^2 + m_2\dot{q}_1\dot{q}_2\cos(q_2/l)
\end{aligned}
$$

und die potentielle Energie:

$$
\begin{aligned}
V &= m_2 g[-l\cos(q_2/l)] + \tfrac{1}{2}k\big(|\mathbf{x}_1 - h\hat{\mathbf{e}}_3| - \sqrt{2}h\big)^2 \\
&= -m_2 gl\cos(q_2/l) + \tfrac{1}{2}k\big(\sqrt{(h + q_1)^2 + h^2} - \sqrt{2}h\big)^2 .
\end{aligned}
$$

Die Lagrange-Funktion folgt dann wie üblich als $L = T - V$.

**(b)** In quadratischer Näherung ersetzt man in der kinetischen Energie $\cos(q_2/l) \to 1$ und in der potentiellen Energie $\cos(q_2/l) \to 1 - \tfrac{1}{2}(q_2/l)^2$. In der potentiellen Energie reicht es aus, $\sqrt{(h + q_1)^2 + h^2} = \sqrt{2h^2 + 2hq_1 + q_1^2} \to \sqrt{2h^2 + 2hq_1}$ zu ersetzen, da der $q_1^2$-Term in $\sqrt{\cdots}$ lediglich zum $q_1^3$-Term in $V$ beiträgt:

$$
\begin{aligned}
\big(\sqrt{(h + q_1)^2 + h^2} - \sqrt{2}h\big)^2 &\to \big(\sqrt{2h^2 + 2hq_1} - \sqrt{2}h\big)^2 = 2h^2\Big(\sqrt{1 + \tfrac{q_1}{h}} - 1\Big)^2 \\
&\to 2h^2\big[\big(1 + \tfrac{q_1}{2h}\big) - 1\big]^2 = 2h^2\big(\tfrac{q_1}{2h}\big)^2 = \tfrac{1}{2}q_1^2 .
\end{aligned}
$$

Für die Lagrange-Funktion bedeutet dies:

$$
L = T - V \to \tfrac{1}{2}(m_1 + m_2)\dot{q}_1^2 + \tfrac{1}{2}m_2\dot{q}_2^2 + m_2\dot{q}_1\dot{q}_2 + m_2 gl[1 - \tfrac{1}{2}(q_2/l)^2] - \tfrac{1}{4}kq_1^2 .
$$

Die Lagrange-Gleichungen der zweiten Art lauten daher:

$$
\begin{aligned}
0 &= \frac{d}{dt}\left(\frac{\partial L}{\partial \dot{q}_1}\right) - \frac{\partial L}{\partial q_1} = \frac{d}{dt}\big[(m_1 + m_2)\dot{q}_1 + m_2\dot{q}_2\big] - \big(-\tfrac{1}{2}kq_1\big) \\
&= (m_1 + m_2)\ddot{q}_1 + m_2\ddot{q}_2 + \tfrac{1}{2}kq_1 \\
0 &= \frac{d}{dt}\left(\frac{\partial L}{\partial \dot{q}_2}\right) - \frac{\partial L}{\partial q_2} = \frac{d}{dt}\big[m_2(\dot{q}_1 + \dot{q}_2)\big] - (-m_2 gq_2/l) \\
&= m_2(\ddot{q}_1 + \ddot{q}_2) + m_2 gq_2/l .
\end{aligned}
$$

In Matrixform bedeutet dies mit $\omega_0^2 \equiv g/l$:

$$
\mathbf{0} - \begin{pmatrix} m_1 + m_2 & m_2 \\ m_2 & m_2 \end{pmatrix}\ddot{\mathbf{q}} + \begin{pmatrix} \tfrac{1}{2}k & 0 \\ 0 & m_2\omega_0^2 \end{pmatrix}\mathbf{q} ,
$$

d. h. mit $\begin{pmatrix} a & b \\ c & d \end{pmatrix}^{-1} = \frac{1}{ad - bc}\begin{pmatrix} d & -b \\ -c & a \end{pmatrix}$:

$$
\mathbf{0} = \ddot{\mathbf{q}} + \begin{pmatrix} m_1 + m_2 & m_2 \\ m_2 & m_2 \end{pmatrix}^{-1}\begin{pmatrix} \tfrac{1}{2}k & 0 \\ 0 & m_2\omega_0^2 \end{pmatrix}\mathbf{q} , \quad A \equiv \frac{1}{m_1}\begin{pmatrix} \tfrac{1}{2}k & -m_2\omega_0^2 \\ -\tfrac{1}{2}k & (m_1 + m_2)\omega_0^2 \end{pmatrix}
$$

$$
= \ddot{\mathbf{q}} + \frac{1}{m_1 m_2}\begin{pmatrix} m_2 & -m_2 \\ -m_2 & m_1 + m_2 \end{pmatrix}\begin{pmatrix} \tfrac{1}{2}k & 0 \\ 0 & m_2\omega_0^2 \end{pmatrix}\mathbf{q} = \ddot{\mathbf{q}} + A\mathbf{q} .
$$

**(c)** Die Eigenfrequenzen dieses Schwingungsproblems folgen aus der charakteristischen Gleichung $\det(A - \omega^2 \mathbb{1}_2) = 0$:

$$0 = \left(\tfrac{k}{2m_1} - \omega^2\right)\left(\tfrac{m_1+m_2}{m_1}\omega_0^2 - \omega^2\right) - \tfrac{m_2\omega_0^2 k}{2(m_1)^2}$$

$$= (\omega^2)^2 - \omega^2\left[\tfrac{m_1+m_2}{m_1}\omega_0^2 + \tfrac{k}{2m_1}\right] + \tfrac{\omega_0^2 k}{2m_1} \; .$$

Die zwei Lösungen dieser quadratischen Gleichung für $\omega^2$ lauten:

$$\omega_\pm^2 = \tfrac{1}{2}\left[\tfrac{m_1+m_2}{m_1}\omega_0^2 + \tfrac{k}{2m_1}\right] \pm \tfrac{1}{2}\sqrt{\left[\tfrac{m_1+m_2}{m_1}\omega_0^2 + \tfrac{k}{2m_1}\right]^2 - 4\tfrac{\omega_0^2 k}{2m_1}}$$

$$= \tfrac{1}{2}\left[\tfrac{m_1+m_2}{m_1}\omega_0^2 + \tfrac{k}{2m_1}\right] \pm \tfrac{1}{2}\sqrt{\left[\tfrac{m_1+m_2}{m_1}\omega_0^2 - \tfrac{k}{2m_1}\right]^2 + 4\tfrac{\omega_0^2 k}{2m_1}\left(\tfrac{m_1+m_2}{m_1} - 1\right)}$$

$$= \tfrac{1}{2}\left[\tfrac{m_1+m_2}{m_1}\omega_0^2 + \tfrac{k}{2m_1}\right] \pm \tfrac{1}{2}\sqrt{\left[\tfrac{m_1+m_2}{m_1}\omega_0^2 - \tfrac{k}{2m_1}\right]^2 + 2\tfrac{\omega_0^2 k m_2}{m_1^2}} \; .$$

Die letzte Zeile zeigt, dass das Argument der Wurzel immer *positiv* ist, sodass die zwei Werte für $\omega_\pm^2$ auf der rechten Seite dieser Gleichungen zumindest *reell* sind. Dass diese Werte für $\omega_\pm^2$ auch *positiv* sind, sodass $\omega_\pm \in \mathbb{R}$ gilt, folgt aus der ersten Zeile der Gleichungskette, da der zweite Term auf der rechten Seite aufgrund des $(-)$-Zeichens unter der Wurzel *kleiner* als der erste Term ist. Hierbei kann man o. B. d. A. $\omega_\pm > 0$ wählen, da die Zeitabhängigkeit der Schwingung dann immer als Linearkombination von $e^{i\omega_\sigma t}$ und $e^{-i\omega_\sigma t}$ bzw. von $\cos(\omega_\sigma t)$ und $\sin(\omega_\sigma t)$ darstellbar ist ($\sigma = \pm$).

**(d)** Für den Spezialfall $m_1 = m_2 = m$ und $k = 3m\omega_0^2$ ergibt sich:

$$\omega_\pm^2 = \tfrac{1}{2}(2 + \tfrac{3}{2})\omega_0^2 \pm \tfrac{1}{2}\sqrt{(2 - \tfrac{3}{2})^2 + 6}\,\omega_0^2 = (\tfrac{7}{4} \pm \tfrac{5}{4})\omega_0^2 = \begin{cases} 3\omega_0^2 & (\sigma = +) \\ \tfrac{1}{2}\omega_0^2 & (\sigma = -) \end{cases} .$$

Hieraus folgt $\omega_+ = \sqrt{3}\omega_0$ und $\omega_- = \tfrac{1}{\sqrt{2}}\omega_0$. Die Eigenschwingungen folgen aus den Eigenvektoren $\mathbf{q}_\pm$ der Matrix $A$. Die Bestimmungsgleichung für diese Eigenvektoren $\mathbf{q}_\sigma$ mit $\sigma = \pm$ ist:

$$\mathbf{0} = \left[\tfrac{1}{m_1}\begin{pmatrix} \tfrac{1}{2}k & -m_2\omega_0^2 \\ -\tfrac{1}{2}k & (m_1 + m_2)\omega_0^2 \end{pmatrix} - \omega_\sigma^2\mathbb{1}_2\right]\mathbf{q}_\sigma = \left[\begin{pmatrix} \tfrac{3}{2} & -1 \\ -\tfrac{3}{2} & 2 \end{pmatrix}\omega_0^2 - \omega_\sigma^2\mathbb{1}_2\right]\mathbf{q}_\sigma \; .$$

Durch Addition der beiden Zeilen in dieser zweidimensionalen Gleichung ergibt sich $0 = -\omega_\sigma^2 q_{1\sigma} + (\omega_0^2 - \omega_\sigma^2)q_{2\sigma}$, sodass das Verhältnis der beiden Komponenten durch $q_{2\sigma}/q_{1\sigma} = \tfrac{\omega_\sigma^2}{\omega_0^2 - \omega_\sigma^2}$ gegeben ist. Für die beiden Moden bedeutet dies $q_{2+}/q_{1+} = -\tfrac{3}{2}$ bzw. $q_{2-}/q_{1-} = 1$, sodass man für die Eigenschwingungen

$$\mathbf{q}_+(t) = q_+\begin{pmatrix} 2 \\ -3 \end{pmatrix}\cos(\omega_+ t + \varphi_+) \quad , \quad \mathbf{q}_-(t) = q_-\begin{pmatrix} 1 \\ 1 \end{pmatrix}\cos(\omega_- t + \varphi_-)$$

erhält. Diese Eigenschwingungen sind *nicht* orthogonal. Das muss auch nicht der Fall sein, da die Matrix $A$ nicht symmetrisch ist. Damit tatsächlich *kleine* Schwingungen vorliegen, müssen die Vorfaktoren klein sein: $|q_\sigma| \ll 1$ für $\sigma = \pm$. Die beiden Eigenschwingungen $\mathbf{q}_+(t)$ und $\mathbf{q}_-(t)$ sind in den Abbildungen 9.38 bzw. 9.39 skizziert. Bei der Eigenmode $\mathbf{q}_+(t)$ mit der *höheren* Frequenz schwingen die beiden Massen in *entgegengesetzten* Richtungen, bei der Eigenmode $\mathbf{q}_-(t)$ mit der *niedrigeren* Frequenz schwingen sie *synchron*.

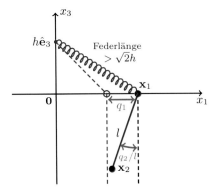

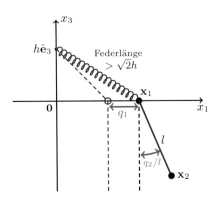

**Abb. 9.38** Skizze der Eigenmode $\mathbf{q}_+(t)$ mit $q_{2+}/q_{1+} = -\frac{3}{2} < 0$

**Abb. 9.39** Skizze der Eigenmode $\mathbf{q}_-(t)$ mit $q_{2-}/q_{1-} = 1 > 0$

## Lösung 6.12 Hantelmolekül im elektrischen Feld

(a) Die zeitunabhängige (also *skleronome*) holonome Zwangsbedingung des Hantelmoleküls lautet $f(\mathbf{x}_1, \mathbf{x}_2) \equiv l - |\mathbf{x}_1 - \mathbf{x}_2| = 0$. Da die kinetische Energie gleich $T(\dot{\mathbf{x}}_1, \dot{\mathbf{x}}_2) = \frac{1}{2}m_1\dot{\mathbf{x}}_1^2 + \frac{1}{2}m_2\dot{\mathbf{x}}_2^2$ ist und das skalare Potential gleich $\Phi(\mathbf{x}) = -\mathbf{E} \cdot \mathbf{x}$, folgt die Lagrange-Funktion insgesamt als

$$L(\mathbf{x}_1, \mathbf{x}_2, \dot{\mathbf{x}}_1, \dot{\mathbf{x}}_2) = \tfrac{1}{2}m_1\dot{\mathbf{x}}_1^2 + \tfrac{1}{2}m_2\dot{\mathbf{x}}_2^2 - \left(-\hat{q}_1\mathbf{E} \cdot \mathbf{x}_1 - \hat{q}_2\mathbf{E} \cdot \mathbf{x}_2\right)$$
$$= \tfrac{1}{2}m_1\dot{\mathbf{x}}_1^2 + \tfrac{1}{2}m_2\dot{\mathbf{x}}_2^2 + \mathbf{E} \cdot (\hat{q}_1\mathbf{x}_1 + \hat{q}_2\mathbf{x}_2) \,.$$

(b) Als verallgemeinerte Koordinaten führen wir $\mathbf{x}_{\mathrm{M}}(t) \equiv \frac{m_1\mathbf{x}_1 + m_2\mathbf{x}_2}{m_1 + m_2}$ und $\mathbf{x}(t) \equiv \mathbf{x}_2 - \mathbf{x}_1$ ein und definieren $M \equiv m_1 + m_2$ und $\mu \equiv (m_1^{-1} + m_2^{-1})^{-1}$. Umgekehrt gilt dann $\mathbf{x}_1 = \mathbf{x}_{\mathrm{M}} - \frac{m_2}{M}\mathbf{x}$ sowie $\mathbf{x}_2 = \mathbf{x}_{\mathrm{M}} + \frac{m_1}{M}\mathbf{x}$. Wir führen außerdem die Gesamtladung $\hat{Q} \equiv \hat{q}_1 + \hat{q}_2$ sowie die (massengewichtete) Differenzladung $\hat{q} \equiv \frac{m_1}{M}\hat{q}_2 - \frac{m_2}{M}\hat{q}_1 = \left(\frac{\mu}{m_2}\hat{q}_2 - \frac{\mu}{m_1}\hat{q}_1\right)$ ein. Es folgt:

$$T(\dot{\mathbf{x}}_{\mathrm{M}}, \dot{\mathbf{x}}) = \tfrac{1}{2}m_1\left(\dot{\mathbf{x}}_{\mathrm{M}} - \tfrac{m_2}{M}\dot{\mathbf{x}}\right)^2 + \tfrac{1}{2}m_2\left(\dot{\mathbf{x}}_{\mathrm{M}} + \tfrac{m_1}{M}\dot{\mathbf{x}}\right)^2 = \tfrac{1}{2}M\dot{\mathbf{x}}_{\mathrm{M}}^2 + \tfrac{1}{2}\mu\dot{\mathbf{x}}^2$$
$$\hat{q}_1\mathbf{x}_1 + \hat{q}_2\mathbf{x}_2 = \hat{q}_1\left(\mathbf{x}_{\mathrm{M}} - \tfrac{m_2}{M}\mathbf{x}\right) + \hat{q}_2\left(\mathbf{x}_{\mathrm{M}} + \tfrac{m_1}{M}\mathbf{x}\right) = \hat{Q}\mathbf{x}_{\mathrm{M}} + \hat{q}\mathbf{x} \,.$$

Insgesamt gilt also für die Lagrange-Funktion:

$$L(\mathbf{x}_{\mathrm{M}}, \dot{\mathbf{x}}_{\mathrm{M}}, \mathbf{x}, \dot{\mathbf{x}}) = \tfrac{1}{2}M\dot{\mathbf{x}}_{\mathrm{M}}^2 + \tfrac{1}{2}\mu\dot{\mathbf{x}}^2 + \mathbf{E} \cdot (\hat{Q}\mathbf{x}_{\mathrm{M}} + \hat{q}\mathbf{x}) \,.$$

Die Zwangsbedingung erhält die Form $f(\mathbf{x}) = l - |\mathbf{x}| = 0$. Die Lagrange-Gleichungen der *ersten* Art sind mit $\hat{\mathbf{x}} \equiv \mathbf{x}/|\mathbf{x}|$ gegeben durch:

$$\mathbf{0} = \frac{\partial L}{\partial \mathbf{x}_{\mathrm{M}}} - \frac{d}{dt}\left(\frac{\partial L}{\partial \dot{\mathbf{x}}_{\mathrm{M}}}\right) = \hat{Q}\mathbf{E} - M\ddot{\mathbf{x}}_{\mathrm{M}} \quad , \quad M\ddot{\mathbf{x}}_{\mathrm{M}} = \hat{Q}\mathbf{E}$$

$$\mathbf{0} = \frac{\partial L}{\partial \mathbf{x}} - \frac{d}{dt}\left(\frac{\partial L}{\partial \dot{\mathbf{x}}}\right) + \lambda(t)\frac{\partial f}{\partial \mathbf{x}} = \hat{q}\mathbf{E} - \mu\ddot{\mathbf{x}} - \lambda(t)\hat{\mathbf{x}} \quad , \quad \mu\ddot{\mathbf{x}} = \hat{q}\mathbf{E} - \lambda(t)\hat{\mathbf{x}} \,.$$

(c) Die Lagrange-Gleichung der ersten Art für $\mathbf{x}_{\mathrm{M}}(t)$ hat die Lösung

$$\mathbf{x}_{\mathrm{M}}(t) = \mathbf{x}_{\mathrm{M}}(0) + \dot{\mathbf{x}}_{\mathrm{M}}(0)t + \frac{\hat{Q}t^2}{2M}\mathbf{E} \,.$$

Die Lagrange-Gleichung der ersten Art für $\mathbf{x}(t)$ und die Zwangsbedingung $f(\mathbf{x}) = l - |\mathbf{x}| = 0$ sind formal identisch mit der Lagrange-Gleichung der ersten Art (6.75) und der Zwangsbedingung für ein *sphärisches Pendel*, wenn man in den Pendelgleichungen $(m, -mg\hat{\mathbf{e}}_3) \rightarrow (\mu, \hat{q}\mathbf{E})$ ersetzt. Wir können also das für ein sphärisches Pendel hergeleitete Ergebnis (6.76) für den Lagrange-Parameter als Funktion der Koordinaten und Geschwindigkeiten der physikalischen Bahn direkt übernehmen:

$$\lambda(t) = \frac{\mu}{l}[\dot{\mathbf{x}}_\phi(t)]^2 + \hat{q}\mathbf{E} \cdot \hat{\mathbf{x}}_\phi(t) . \qquad (9.23)$$

Die vom Stab ausgeübte Zwangskraft folgt dann als $\lambda(t)\left(\frac{\partial f}{\partial \mathbf{x}}\right)_\phi = -\lambda(t)\hat{\mathbf{x}}_\phi(t)$.

**(d)** Falls das elektrische Feld explizit zeitabhängig (aber immer noch ortsunabhängig) ist, ergeben sich in **(a)** und **(b)** keine Änderungen außer $\mathbf{E} \rightarrow \mathbf{E}(t)$. In **(c)** erhält man als Lösung für den Massenschwerpunkt:

$$\mathbf{x}_M(t) = \mathbf{x}_M(0) + \dot{\mathbf{x}}_M(0)t + \frac{\hat{Q}}{M}\int_0^t dt' \int_0^{t'} dt'' \, \mathbf{E}(t'') .$$

Außerdem gilt nach wie vor (9.23), allerdings mit $\mathbf{E} \rightarrow \mathbf{E}(t)$. Dies folgt aus:

$$0 = \frac{d^2}{dt^2}\left(\frac{1}{2}\mathbf{x}^2\right) = \frac{d}{dt}(\mathbf{x}\cdot\dot{\mathbf{x}}) = \dot{\mathbf{x}}^2 + \mathbf{x}\cdot\ddot{\mathbf{x}} = \dot{\mathbf{x}}^2 + \frac{1}{\mu}\mathbf{x}\cdot\left[\hat{q}\mathbf{E} - \lambda(t)\hat{\mathbf{x}}\right]$$

$$= \dot{\mathbf{x}}^2 + \frac{\hat{q}}{\mu}\mathbf{E}\cdot\mathbf{x} - \frac{\lambda(t)}{\mu}|\mathbf{x}| = \dot{\mathbf{x}}^2 + \frac{\hat{q}}{\mu}\mathbf{E}\cdot\mathbf{x} - \frac{\lambda(t)}{\mu}l \quad , \quad \lambda(t) = \frac{\mu}{l}\dot{\mathbf{x}}^2 + \hat{q}\mathbf{E}\cdot\hat{\mathbf{x}} .$$

**Lösung 6.13 Eine Rolle und ein Seil**

**(a)** Die Lagrange-Funktion für ein masseloses Seil lautet:

$$L = \frac{1}{2}m_1\dot{z}_1^2 + \frac{1}{2}m_2\dot{z}_2^2 - g(m_1 z_1 + m_2 z_2) .$$

Mit der Zwangsbedingung $f(z_1, z_2) = z_1 + z_2 + l - \pi R = 0$ folgt für die Lagrange-Gleichungen der ersten Art:

$$0 = \frac{\partial L}{\partial z_i} - \frac{d}{dt}\left(\frac{\partial L}{\partial \dot{z}_i}\right) + \lambda(t)\frac{\partial f}{\partial z_i} = -gm_i - m_i\ddot{z}_i + \lambda(t) \qquad (i = 1, 2) ,$$

also für die Komponenten einzeln:

$$m_1\ddot{z}_1 = -gm_1 + \lambda(t)$$
$$m_2\ddot{z}_2 = -m_2\ddot{z}_1 = -gm_2 + \lambda(t) .$$

Durch Subtraktion dieser beiden Gleichungen ergibt sich

$$\ddot{z}_1 = g\frac{m_2 - m_1}{m_1 + m_2} \quad , \quad z_1(t) = \frac{1}{2}gt^2\frac{m_2 - m_1}{m_1 + m_2} + \dot{z}_0 t + z_0 .$$

Mit der üblichen Definition der reduzierten Masse $\mu \equiv (m_1^{-1} + m_2^{-1})^{-1}$ folgt für die vom Seil auf die Massenpunkte ausgeübte Zwangskraft:

$$\lambda(t) = m_1(g + \ddot{z}_1) = m_1 g\left(1 + \frac{m_2 - m_1}{m_1 + m_2}\right) = \frac{2m_1 m_2 g}{m_1 + m_2} = 2\mu g .$$

Diese ist also zeitlich konstant und nach oben (in $\hat{\mathbf{e}}_3$-Richtung) ausgerichtet.

**(b)** Wir eliminieren nun die Zwangsbedingung $f(z_1, z_2) = 0$, indem wir $z_2 \to -(l - \pi R + z_1)$ ersetzen und $z_1$ als einzige verallgemeinerte Koordinate wählen. Für ein Seil mit der homogenen Massendichte $\rho$ pro Längeneinheit gilt dann für die kinetische Energie:

$$T = \tfrac{1}{2}m_1\dot{z}_1^2 + \tfrac{1}{2}m_2\dot{z}_2^2 + \tfrac{1}{2}l\rho\dot{z}_1^2 = \tfrac{1}{2}(m_1 + m_2 + l\rho)\dot{z}_1^2 \, .$$

Für die potentielle Energie ergibt sich:

$$
\begin{aligned}
V &= g(m_1 z_1 + m_2 z_2) - \tfrac{1}{2}\rho g(z_1^2 + z_2^2) + \text{Konstante} \\
&= g(m_1 - m_2)z_1 - \tfrac{1}{2}\rho g\big[z_1^2 + (l - \pi R + z_1)^2\big] + \text{Konstante} \\
&= g(m_1 - m_2)z_1 - \tfrac{1}{2}\rho g\big[2z_1^2 + 2z_1(l - \pi R)\big] + \text{Konstante} \\
&= \big[g(m_1 - m_2) - \rho g(l - \pi R)\big]z_1 - \rho g z_1^2 + \text{Konstante} \, .
\end{aligned}
$$

Die „Konstante" in der ersten Zeile rührt vom auf der Rolle liegenden Teil des Seils (der Länge $\pi R$) her. Die Lagrange-Gleichung der zweiten Art lautet:

$$
\begin{aligned}
0 &= \frac{d}{dt}\left(\frac{\partial L}{\partial \dot{z}_1}\right) - \frac{\partial L}{\partial z_1} = \frac{d}{dt}\left(\frac{\partial T}{\partial \dot{z}_1}\right) + \frac{\partial V}{\partial z_1} \\
&= (m_1 + m_2 + l\rho)\ddot{z}_1 - 2\rho g\left[z_1 - \left(\frac{m_1 - m_2}{2\rho} - \frac{l - \pi R}{2}\right)\right] \, .
\end{aligned}
$$

Um diese Gleichung zu lösen, definieren wir:

$$\zeta(t) \equiv z_1(t) - \left(\frac{m_1 - m_2}{2\rho} - \frac{l - \pi R}{2}\right) \quad , \quad \zeta_0 \equiv \zeta(0) \quad , \quad \dot{\zeta}_0 \equiv \dot{z}_0$$

und erhalten die einfachere Form:

$$\ddot{\zeta}(t) = \alpha^2 \zeta(t) \quad , \quad \alpha \equiv \left(\frac{2\rho g}{m_1 + m_2 + l\rho}\right)^{1/2} > 0 \, .$$

Die Lösung lautet:

$$\zeta(t) = \zeta_0 \cosh(\alpha t) + \tfrac{1}{\alpha}\dot{\zeta}_0 \sinh(\alpha t) \quad , \quad z_1(t) = \left(\frac{m_1 - m_2}{2\rho} - \frac{l - \pi R}{2}\right) + \zeta(t) \, .$$

Diese Lösung ist gültig, solange das Seil nicht von der Rolle rutscht, d.h., solange $0 \geq z_1(t) \geq \pi R - l$ gilt.

### Lösung 6.14 Ein Hantelmolekül schwingt über die Kreuzung

**(a)** Die Lagrange-Funktion $L(\dot{\mathbf{x}}_1, \dot{\mathbf{x}}_2) = T(\dot{\mathbf{x}}_1, \dot{\mathbf{x}}_2) = \tfrac{1}{2}m(\dot{\mathbf{x}}_1^2 + \dot{\mathbf{x}}_2^2)$ und die drei Zwangsbedingungen $f_{1,2,3}(\mathbf{x}_1, \mathbf{x}_2) = 0$ mit $f_1 \equiv \tfrac{1}{2}(\mathbf{x}_{12}^2 - l^2)$, $f_2 \equiv \mathbf{x}_1 \cdot \hat{\mathbf{e}}_2$, $f_3 \equiv \mathbf{x}_2 \cdot \hat{\mathbf{e}}_1$ und $\mathbf{x}_{12} \equiv \mathbf{x}_1 - \mathbf{x}_2$ sind vorgegeben. Hieraus folgen die Lagrange-Gleichungen der ersten Art in kartesischen Koordinaten:

$$\mathbf{0} = \frac{\partial L}{\partial \mathbf{x}_1} - \frac{d}{dt}\left(\frac{\partial L}{\partial \dot{\mathbf{x}}_1}\right) + \sum_{i=1}^{3} \lambda_i(t)\frac{\partial f_i}{\partial \mathbf{x}_1} \quad , \quad m\ddot{\mathbf{x}}_{\phi 1} = \lambda_1(t)\mathbf{x}_{\phi 12} + \lambda_2(t)\hat{\mathbf{e}}_2$$

$$\mathbf{0} = \frac{\partial L}{\partial \mathbf{x}_2} - \frac{d}{dt}\left(\frac{\partial L}{\partial \dot{\mathbf{x}}_2}\right) + \sum_{i=1}^{3} \lambda_i(t)\frac{\partial f_i}{\partial \mathbf{x}_2} \quad , \quad m\ddot{\mathbf{x}}_{\phi 2} = -\lambda_1(t)\mathbf{x}_{\phi 12} + \lambda_3(t)\hat{\mathbf{e}}_1 \, .$$

Die Bewegungsgleichungen zeigen, dass die vom Stab auf die *erste* Masse ausgeübte Zwangskraft $\lambda_1(t)\mathbf{x}_{\phi 12}$ entlang des Stabs gerichtet ist und die vom Stab auf die *zweite* Masse ausgeübte Zwangskraft $-\lambda_1(t)\mathbf{x}_{\phi 12}$ ebenfalls.

**(b)** Wir zeigen, dass die Energie $E = T(\dot{\mathbf{x}}_{\phi 1}, \dot{\mathbf{x}}_{\phi 2})$ erhalten ist:

$$\frac{dE}{dt} = \frac{d}{dt}\tfrac{1}{2}m(\dot{\mathbf{x}}_{\phi 1}^2 + \dot{\mathbf{x}}_{\phi 2}^2) = m(\dot{\mathbf{x}}_{\phi 1}\cdot\ddot{\mathbf{x}}_{\phi 1} + \dot{\mathbf{x}}_{\phi 2}\cdot\ddot{\mathbf{x}}_{\phi 2})$$

$$= \dot{\mathbf{x}}_{\phi 1}\cdot[\lambda_1(t)\mathbf{x}_{\phi 12} + \lambda_2(t)\hat{\mathbf{e}}_2] + \dot{\mathbf{x}}_{\phi 2}\cdot[-\lambda_1(t)\mathbf{x}_{\phi 12} + \lambda_3(t)\hat{\mathbf{e}}_1]$$

$$= \lambda_1(t)\dot{\mathbf{x}}_{\phi 12}\cdot\mathbf{x}_{\phi 12} + \lambda_2(t)\dot{\mathbf{x}}_{\phi 1}\cdot\hat{\mathbf{e}}_2 + \lambda_3(t)\dot{\mathbf{x}}_{\phi 2}\cdot\hat{\mathbf{e}}_1$$

$$= \lambda_1(t)\left(\frac{df_1}{dt}\right)_\phi + \lambda_2(t)\left(\frac{df_2}{dt}\right)_\phi + \lambda_3(t)\left(\frac{df_3}{dt}\right)_\phi = \sum_{i=1}^{3}\lambda_i(t)\cdot 0 = 0 \ .$$

**(c)** Wir führen verallgemeinerte Koordinaten $(q_1, q_2)$ mit $\mathbf{x}_1 \equiv q_1\hat{\mathbf{e}}_1$ und $\mathbf{x}_2 \equiv q_2\hat{\mathbf{e}}_2$ ein. Die entsprechende Lagrange-Funktion ist $L(\dot{q}_1, \dot{q}_2) = \tfrac{1}{2}m(\dot{q}_1^2 + \dot{q}_2^2)$. Es gibt nur noch die eine Zwangsbedingung $f_1 = \tfrac{1}{2}(q_1^2 + q_2^2 - l^2) = 0$. Die Lagrange-Gleichungen der ersten Art in der $(q_1, q_2)$-Sprache lauten:

$$0 = \frac{\partial L}{\partial q_1} - \frac{d}{dt}\left(\frac{\partial L}{\partial \dot{q}_1}\right) + \lambda_1(t)\frac{\partial f_1}{\partial q_1} \quad , \quad m\ddot{q}_{\phi 1} = \lambda_1(t)q_{\phi 1}$$

$$0 = \frac{\partial L}{\partial q_2} - \frac{d}{dt}\left(\frac{\partial L}{\partial \dot{q}_2}\right) + \lambda_1(t)\frac{\partial f_1}{\partial q_2} \quad , \quad m\ddot{q}_{\phi 2} = \lambda_1(t)q_{\phi 2} \ .$$

Man kann diese Lagrange-Gleichungen wie folgt lösen: Aufgrund von **(b)** weiß man $T_\phi = \tfrac{1}{2}m(\dot{q}_{\phi 1}^2 + \dot{q}_{\phi 2}^2) = $ konstant. Außerdem kann man den Lagrange-Parameter $\lambda_1(t)$ mit der kinetischen Energie verknüpfen:

$$\lambda_1(t)l^2 = \lambda_1(t)(q_{\phi 1}^2 + q_{\phi 2}^2) = m(q_{\phi 1}\ddot{q}_{\phi 1} + q_{\phi 2}\ddot{q}_{\phi 2})$$

$$= \frac{d}{dt}\big[m(q_{\phi 1}\dot{q}_{\phi 1} + q_{\phi 2}\dot{q}_{\phi 2})\big] - m(\dot{q}_{\phi 1}^2 + \dot{q}_{\phi 2}^2)$$

$$= \frac{d}{dt}\big[\tfrac{1}{2}m(q_{\phi 1}^2 + q_{\phi 2}^2)\big] - 2T_\phi = -2T_\phi \ .$$

Folglich ist $\lambda_1(t)$ zeit*un*abhängig: $\lambda_1(t) = -2T_\phi/l^2 = $ konstant $\equiv -m\omega^2$. Die Bewegungsgleichungen lauten nun $m\ddot{q}_{\phi 1} = -m\omega^2 q_{\phi 1}$ und $m\ddot{q}_{\phi 2} = -m\omega^2 q_{\phi 2}$; diese sind mit der Zwangsbedingung $f_1 = \tfrac{1}{2}(q_1^2 + q_2^2 - l^2) = 0$ zu lösen. Die Lösung lautet: $q_{\phi 1}(t) = l\cos[\omega(t - t_0)]$ und $q_{\phi 2}(t) = l\sin[\omega(t - t_0)]$.

**(d)** Die Arbeit, die von den vom Stab auf die *erste* bzw. *zweite* Masse ausgeübten Zwangskräften verrichtet wird, ist *ungleich* null:

$$\mathbf{F}_1^z\cdot\dot{\mathbf{x}}_{\phi 1} = \lambda_1\mathbf{x}_{\phi 12}\cdot\dot{\mathbf{x}}_{\phi 1} = \lambda_1(q_{\phi 1}\hat{\mathbf{e}}_1 - q_{\phi 2}\hat{\mathbf{e}}_2)\cdot\dot{q}_{\phi 1}\hat{\mathbf{e}}_1 = \lambda_1 q_{\phi 1}\dot{q}_{\phi 1}$$

$$= -\tfrac{1}{2}\lambda_1\omega l^2\sin[2\omega(t - t_0)] \neq 0$$

$$\mathbf{F}_2^z\cdot\dot{\mathbf{x}}_{\phi 2} = -\lambda_1\mathbf{x}_{\phi 12}\cdot\dot{\mathbf{x}}_{\phi 2} = -\lambda_1(q_{\phi 1}\hat{\mathbf{e}}_1 - q_{\phi 2}\hat{\mathbf{e}}_2)\cdot\dot{q}_{\phi 2}\hat{\mathbf{e}}_2 = \lambda_1 q_{\phi 2}\dot{q}_{\phi 2}$$

$$= \tfrac{1}{2}\lambda_1\omega l^2\sin[2\omega(t - t_0)] \neq 0 \ .$$

Die *Gesamt*arbeit, die von beiden vom Stab ausgeübten Kräften verrichtet wird, ist jedoch gleich null: $\mathbf{F}_1^z\cdot\dot{\mathbf{x}}_{\phi 1} + \mathbf{F}_2^z\cdot\dot{\mathbf{x}}_{\phi 2} = 0$.

**(e)** Wir skizzieren nun die Bewegung des Hantelmoleküls und seines Schwerpunkts
als Funktion der Zeit und führen dazu den
Massenschwerpunkt $\mathbf{x}_{M\phi} = \frac{1}{2}(\mathbf{x}_{\phi 1} + \mathbf{x}_{\phi 2})$ ein
sowie den Relativvektor $\mathbf{x}_\phi \equiv \mathbf{x}_{\phi 1} - \mathbf{x}_{\phi 2}$ der
beiden Massen. Aus der Parametrisierung von
$\mathbf{x}_1 \equiv q_1 \hat{\mathbf{e}}_1$ und $\mathbf{x}_2 \equiv q_2 \hat{\mathbf{e}}_2$ mit Hilfe von $(q_1, q_2)$
folgt für die physikalische Bahn des Moleküls:
$\mathbf{x}_{M\phi}(t) = \frac{1}{2}\begin{pmatrix} q_{\phi 1}(t) \\ q_{\phi 2}(t) \end{pmatrix}$ und $\mathbf{x}_\phi(t) = \begin{pmatrix} q_{\phi 1}(t) \\ -q_{\phi 2}(t) \end{pmatrix}$.
Die bekannte Zeitabhängigkeit der verallge-
meinerten Variablen $q_{\phi 1}(t) = l\cos[\omega(t - t_0)]$
und $q_{\phi 2}(t) = l\sin[\omega(t-t_0)]$ zeigt, dass sich der
Massenschwerpunkt (in Abbildung 9.40 *grün*
dargestellt) und der Relativvektor (in Abb.
9.40 *blau* dargestellt) kreisförmig um den Ur-

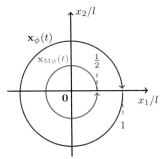

**Abb. 9.40** Bewegung
des Hantelmoleküls

sprung herumbewegen, wobei $\mathbf{x}_{M\phi}(t)$ den Ursprung im *positiven* Sinne um-
rundet und $\mathbf{x}_\phi(t)$ im *negativen* Sinne.

## Lösung 6.15 Lineare Terme in der kinetischen Energie

**(a)** Für allgemeine Transformationen $\mathbf{x}_i = \mathbf{x}_i(\bar{\mathbf{q}}, t)$, die explizit von der Zeitvariablen abhängen können, wissen wir aus (6.40) und (6.42), dass die kinetische
Energie die Form $T(\bar{\mathbf{q}}, \dot{\bar{\mathbf{q}}}, t) = \sum_{i=1}^{N} \frac{1}{2} m_i \left( \sum_k \frac{\partial \mathbf{x}_i}{\partial q_k} \dot{q}_k + \frac{\partial \mathbf{x}_i}{\partial t} \right)^2$ hat mit

$$a_{kl} = \sum_{i=1}^{N} m_i \frac{\partial \mathbf{x}_i}{\partial q_k} \cdot \frac{\partial \mathbf{x}_i}{\partial q_l} \quad , \quad a_k = \sum_{i=1}^{N} m_i \frac{\partial \mathbf{x}_i}{\partial q_k} \cdot \frac{\partial \mathbf{x}_i}{\partial t} \quad , \quad a_0 = \frac{1}{2} \sum_{i=1}^{N} m_i \left( \frac{\partial \mathbf{x}_i}{\partial t} \right)^2 .$$

Für nicht explizit zeitabhängige Transformationen $\mathbf{x}_i = \mathbf{x}_i(\bar{\mathbf{q}})$ gilt $\frac{\partial \mathbf{x}_i}{\partial t} = 0$ für
alle $i = 1, \cdots, N$, sodass $a_k = 0$ folgt für alle $k = 1, \cdots, f+1$ und außerdem
$a_0 = 0$. Folglich hat die kinetische Energie allgemein die Form

$$T(\bar{\mathbf{q}}, \dot{\bar{\mathbf{q}}}) = \frac{1}{2} \sum_{k,l=1}^{f+1} a_{kl}(\bar{\mathbf{q}}) \dot{q}_k \dot{q}_l \quad , \quad \frac{\partial a_{kl}}{\partial t} = 0 .$$

**(b)** Aus Gleichung (6.83) wissen wir, dass die Lagrange-Funktion *nach* der Elimi-
nation von $q_{f+1}$ die Form $L^{(f)}(\mathbf{q}, \dot{\mathbf{q}}; p_{f+1}) = L^{(f+1)}(\mathbf{q}, \dot{\mathbf{q}}, \dot{q}_{f+1}) - p_{f+1} \dot{q}_{f+1}$
hat mit $p_{f+1} = \frac{\partial L^{(f+1)}}{\partial \dot{q}_{f+1}}$. Hierbei ist die letzte Gleichung zu invertieren, damit
$\dot{q}_{f+1} = f(\mathbf{q}, \dot{\mathbf{q}}; p_{f+1})$ bestimmt werden kann. In der Aufgabe ist vorgegeben:

$$L^{(f+1)} = \frac{1}{2} \sum_{k,l=1}^{f} a_{kl} \dot{q}_k \dot{q}_l + \sum_{k=1}^{f} a_{k,f+1} \dot{q}_k \dot{q}_{f+1} + \frac{1}{2} a_{f+1,f+1} (\dot{q}_{f+1})^2 - V(\mathbf{q}) .$$

Konkret gilt also für die Konstante $p_{f+1}$:

$$p_{f+1} = \frac{\partial L^{(f+1)}}{\partial \dot{q}_{f+1}}$$

$$= \sum_{k=1}^{f} a_{k,f+1} \dot{q}_k + a_{f+1,f+1} \dot{q}_{f+1} .$$

Diese Gleichung kann nach $\dot{q}_{f+1}$ aufgelöst werden:

$$\dot{q}_{f+1} = \frac{p_{f+1}}{a_{f+1,f+1}(\mathbf{q})} - \sum_{k=1}^{f} \frac{a_{k,f+1}(\mathbf{q})}{a_{f+1,f+1}(\mathbf{q})} \dot{q}_k .$$

Durch Einsetzen von $p_{f+1}$ in $L^{(f)}(\mathbf{q},\dot{\mathbf{q}}; p_{f+1}) = L^{(f+1)}(\mathbf{q},\dot{\mathbf{q}},\dot{q}_{f+1}) - p_{f+1}\dot{q}_{f+1}$ ergibt sich:

$$
\begin{aligned}
L^{(f)} &= L^{(f+1)} - p_{f+1}\dot{q}_{f+1} = L^{(f+1)} - \left( \sum_{k=1}^{f} a_{k,f+1}\dot{q}_k + a_{f+1,f+1}\dot{q}_{f+1} \right) \dot{q}_{f+1} \\
&= \tfrac{1}{2} \sum_{k,l=1}^{f} a_{kl}\dot{q}_k\dot{q}_l - \tfrac{1}{2}a_{f+1,f+1}(\dot{q}_{f+1})^2 - V(\mathbf{q}) \\
&= \tfrac{1}{2} \sum_{k,l=1}^{f} a_{kl}\dot{q}_k\dot{q}_l - \tfrac{1}{2}a_{f+1,f+1}\left( \frac{p_{f+1}}{a_{f+1,f+1}} - \sum_{k=1}^{f} \frac{a_{k,f+1}}{a_{f+1,f+1}}\dot{q}_k \right)^2 - V(\mathbf{q}) \\
&= \tfrac{1}{2} \sum_{k,l=1}^{f} a_{kl}^{(f)}(\mathbf{q})\dot{q}_k\dot{q}_l + \sum_{k=1}^{f} a_k^{(f)}(\mathbf{q})\dot{q}_k - V^{(f)}(\mathbf{q}) ,
\end{aligned}
$$

wobei $a_{kl}^{(f)}$, $a_k^{(f)}$ und $V^{(f)}$ gegeben sind durch:

$$a_{kl}^{(f)} = a_{kl} - \frac{a_{k,f+1}a_{l,f+1}}{a_{f+1,f+1}} \quad , \quad a_k^{(f)} = \frac{p_{f+1}a_{k,f+1}}{a_{f+1,f+1}} \quad , \quad V^{(f)} = V + \frac{(p_{f+1})^2}{2a_{f+1,f+1}} .$$

In der Tat gilt $a_k^{(f)} = 0$ für $k = 1, \cdots, f$, falls die „kinetischen Kopplungen" $\{a_{k,f+1} \,|\, 1 \le k \le f\}$ zwischen $\dot{q}_{f+1}$ und $\{\dot{q}_k \,|\, 1 \le k \le f\}$ null sind.

(c) Die Lagrange-Funktion $L^{(2+1)} = \frac{1}{2}a[\dot{\psi}^2\sin^2(\vartheta) + \dot{\vartheta}^2] + \frac{1}{2}b[\dot{\psi}\cos(\vartheta) + \dot{\varphi}]^2$ mit $a, b > 0$ kann als $L^{(2+1)} = \frac{1}{2}\left( a_{\vartheta\vartheta}\dot{\vartheta}^2 + a_{\varphi\varphi}\dot{\varphi}^2 + a_{\psi\psi}\dot{\psi}^2 \right) + a_{\varphi\psi}\dot{\varphi}\dot{\psi}$ geschrieben werden, wobei die verschiedenen $a$-Parameter durch

$$a_{\vartheta\vartheta} = a \quad , \quad a_{\varphi\varphi} = b \quad , \quad a_{\psi\psi} = a\sin^2(\vartheta) + b\cos^2(\vartheta) \quad , \quad a_{\varphi\psi} = b\cos(\vartheta)$$

definiert sind. Bei der Elimination von $\psi$ aus $L^{(2+1)}$ treten lineare Terme auf:

$$L^{(2)} = \tfrac{1}{2}a_{\vartheta\vartheta}\dot{\vartheta}^2 + \tfrac{1}{2}\left[ a_{\varphi\varphi} - \frac{(a_{\varphi\psi})^2}{a_{\psi\psi}} \right]\dot{\varphi}^2 + \frac{p_\psi a_{\varphi\psi}}{a_{\psi\psi}}\dot{\varphi} - \frac{(p_\psi)^2}{2a_{\psi\psi}} .$$

Bei der Elimination von $\varphi$ aus $L^{(2+1)}$ treten ebenfalls lineare Terme auf:

$$L^{(2)} = \tfrac{1}{2}a_{\vartheta\vartheta}\dot{\vartheta}^2 + \tfrac{1}{2}\left[ a_{\psi\psi} - \frac{(a_{\varphi\psi})^2}{a_{\varphi\varphi}} \right]\dot{\psi}^2 + \frac{p_\varphi a_{\varphi\psi}}{a_{\varphi\varphi}}\dot{\psi} - \frac{(p_\varphi)^2}{2a_{\varphi\varphi}} .$$

## Lösung 6.16 Elimination „zyklischer" Geschwindigkeiten

Die Lagrange-Funktion hat nun die Form $L = \tilde{L}^{(f+1)}(\mathbf{q},\dot{\mathbf{q}}, q_{f+1}, t)$, die explizit von $q_{f+1}$, jedoch nicht von $\dot{q}_{f+1}$ abhängt. Folglich lauten die Bewegungsgleichungen:

$$\mathbf{0} = \frac{\partial L}{\partial \mathbf{q}} - \frac{d}{dt}\left( \frac{\partial L}{\partial \dot{\mathbf{q}}} \right) \quad , \quad 0 = \frac{\partial L}{\partial q_{f+1}} .$$

Wir nehmen nun an, dass die Beziehung $0 = \frac{\partial L}{\partial q_{f+1}}$ invertiert werden kann, sodass man $q_{f+1} = F(\mathbf{q}, \dot{\mathbf{q}}, t)$ schreiben kann. Falls diese Inversion *nicht* oder *nicht eindeutig* möglich ist, wird die Elimination von $q_{f+1}$ schwieriger oder evtl. unmöglich. Die physikalische Bahn $\mathbf{q}_\phi(t)$ macht die Wirkung $S^{(f)}[\mathbf{q}] = \int_{t_1}^{t_2} dt\, L^{(f)}(\mathbf{q}(t), \dot{\mathbf{q}}(t), t)$ mit $L^{(f)}(\mathbf{q}, \dot{\mathbf{q}}, t) = \tilde{L}^{(f+1)}(\mathbf{q}, \dot{\mathbf{q}}, q_{f+1}, t)$ und $q_{f+1} = F(\mathbf{q}, \dot{\mathbf{q}}, t)$ stationär. Die physikalische Bahn $\mathbf{q}_\phi(t)$ wird daher durch die Lagrange-Funktion $L^{(f)}$ beschrieben. Wichtig ist, dass bei der Variation von $S^{(f)}[\mathbf{q}]$ der Anfangspunkt $\mathbf{q}(t_1) = \mathbf{q}_\phi(t_1) \equiv \mathbf{q}_1$ und der Endpunkt $\mathbf{q}(t_2) = \mathbf{q}_\phi(t_2) \equiv \mathbf{q}_2$ festgehalten werden, aber $q_{f+1}(t_1) = F(\mathbf{q}_1, \dot{\mathbf{q}}(t_1), t_1)$ und $q_{f+1}(t_2) = F(\mathbf{q}_2, \dot{\mathbf{q}}(t_2), t_2)$ durchaus variieren dürfen: Im Allgemeinen gilt also $(\delta q_{f+1})(t_1) \neq 0$ und analog $(\delta q_{f+1})(t_2) \neq 0$. Dass $S^{(f)}[\mathbf{q}]$ unter diesen Randbedingungen tatsächlich stationär ist, zeigt man wie folgt:

$$\delta S^{(f)}[\mathbf{q}] = \int_{t_1}^{t_2} dt\, \delta L^{(f)}(\mathbf{q}(t), \dot{\mathbf{q}}(t), t)$$

$$= \int_{t_1}^{t_2} dt\, \delta \tilde{L}^{(f+1)}(\mathbf{q}(t), \dot{\mathbf{q}}(t), q_{f+1}(t), t) \quad \text{mit} \quad q_{f+1}(t) = F(\mathbf{q}(t), \dot{\mathbf{q}}(t), t)$$

$$= \int_{t_1}^{t_2} dt\, \left\{ \left[ \frac{\partial \tilde{L}^{(f+1)}}{\partial \mathbf{q}} - \frac{d}{dt}\left( \frac{\partial \tilde{L}^{(f+1)}}{\partial \dot{\mathbf{q}}} \right) \right]_\phi \cdot (\delta \mathbf{q})(t) + \left( \frac{\partial \tilde{L}^{(f+1)}}{\partial q_{f+1}} \right)_\phi (\delta q_{f+1})(t) \right\}.$$

Im letzten Schritt wurden Terme von $\mathcal{O}(\varepsilon^2)$ vernachlässigt. Da in der letzten Zeile sowohl $[\cdots]_\phi$ als auch $(\cdots)_\phi$ für die physikalische Bahn null sind, ist die Wirkung stationär: $\lim_{\varepsilon \to 0} \frac{1}{\varepsilon} \delta S^{(f)} = \lim_{\varepsilon \to 0} \mathcal{O}(\varepsilon) = 0$.

In praktischen Anwendungen, in denen die Beziehung $0 = \frac{\partial L}{\partial q_{f+1}}$ nicht eindeutig invertiert werden kann, ist es gelegentlich dennoch möglich, die physikalisch relevante Umkehrfunktion durch die Forderung festzulegen, dass $q_{f+1}(t) = F(\mathbf{q}(t), \dot{\mathbf{q}}(t), t)$ eine stetige Funktion der Zeit sein soll.

## Lösung 6.17 Die „Kettenlinie" einer Seifenblase

(a) Die Form der Seifenblasen wird durch die Bedingung der *minimalen Fläche* festgelegt. Die Ringe haben den Radius $R$ und befinden sich im Abstand $\ell$ voneinander; die Koordinate entlang der Achse der beiden Ringe wird als $t$ und die vertikale Koordinate als $z$ bezeichnet. Die Seifenblasen sind rotationssymmetrisch um die $t$-Achse. Ihre Fläche ist daher die Mantelfläche eines Rotationskörpers.[8] Der Beitrag des Intervalls $[t, t+dt]$ zu dieser Fläche ist somit durch das Produkt des Umfangs $2\pi z(t)$ der Seifenblase und der infinitesimalen Bogenlänge $\sqrt{1 + [z'(t)]^2}\,dt$ gegeben. Es folgt für die Gesamtfläche der Seifenblase:

$$S[z] = 2\pi \int_{-\frac{1}{2}\ell}^{\frac{1}{2}\ell} dt\, z(t) \sqrt{1 + [z'(t)]^2} \; .$$

Unser Ziel ist also, die Kurve $z(t)$ zu bestimmen, die die Randbedingung $z(\pm\frac{1}{2}\ell) = R$ erfüllt und das Wirkungsfunktional $S$ minimiert. Dieses Wirkungsfunktional hat erfreulicherweise die gleiche Form wie dasjenige der *Kettenlinie* (siehe Abschnitt [6.3.1]), nun allerdings *ohne* Zwangsbedingung. Wie

---

[8]Siehe evtl. Abschnitt 9.3.2 in Ref. [10] für mehr Details über Rotationskörper.

im Beispiel der Kettenlinie erfüllt die Lösung $z(t)$ die Lagrange-Gleichung (6.21), nun allerdings mit $\lambda = 0$. Analog zur Kettenlinie kann die Lagrange-Gleichung auf die Form (6.22) (mit $\lambda = 0$) gebracht werden. Diese Gleichung hat nun allerdings *zwei* Lösungstypen, nämlich erstens die „triviale" Lösung $z_0(t) = 0$ $(0 < t < \ell)$ für den Wert $a = 0$ der Integrationskonstante und zweitens für $a > 0$ „nicht-triviale" Lösungen der Gleichung $z' = \pm\left[\left(\frac{z}{a}\right)^2 - 1\right]^{1/2}$.

Physikalisch stellen die „nicht-trivialen" Lösungen einzelne zusammenhängende Seifenblasen dar, die *zwischen den beiden Ringen* aufgespannt sind, siehe Abb. 6.29, und die „trivialen" Lösungen jeweils *zwei* Seifenblasen, die zwar die beiden Ringe benetzen, aber keinen Kontakt zueinander haben. Die „triviale" Lösung ist in Abbildung 9.41 skizziert; für diese Lösung ist der Flächeninhalt der beiden Seifenblasen zusammen also $\ell$-unabhängig und durch $S_0 = 2\pi R^2$ gegeben.

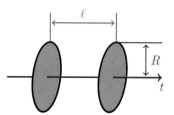

**Abb. 9.41** Zwei Seifenblasen benetzen die beiden Ringe

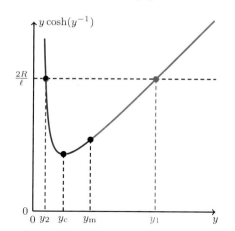

**Abb. 9.42** Grafische Lösung der Konsistenzgleichung (9.24)

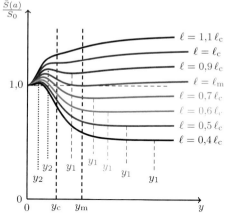

**Abb. 9.43** Fläche/Energie der Scifenblase als Funktion des Parameters $y = \frac{2a}{\ell}$

**(b)** Die „nicht-trivialen" Lösungen der Differentialgleichung $z' = \pm\left[\left(\frac{z}{a}\right)^2 - 1\right]^{1/2}$ haben wegen der Symmetrie der Anordnung die Form $z_a(t) = a\cosh\left(\frac{t}{a}\right)$, wobei der Parameter $a(\ell, R)$ durch die Randbedingung $z(\pm\frac{1}{2}\ell) = R$ in der Form $R = a\cosh\left(\frac{\ell}{2a}\right)$ festgelegt wird. Wie bei der Kettenlinie kann man statt $a$ einen Parameter $y \equiv \frac{2a}{\ell}$ einführen, der als Funktion des Verhältnisses $\ell/2R$ durch die Bedingung

$$\frac{2R}{\ell} = y\cosh(y^{-1}) \tag{9.24}$$

festgelegt ist. An dieser Stelle bricht die Analogie zur Kettenlinie abrupt ab. Im Gegensatz zur Bedingung $\mathcal{L}/\ell = y\sinh(y^{-1})$ für die Kettenlinie hat die Bestimmungsgleichung (9.24) für den Parameter $y$ nämlich u. U. *mehrere* (oder *keine*) Lösungen. Eine grafische Lösung der Gleichung (9.24) zeigt (siehe Abbildung 9.42), dass die Anzahl der möglichen Lösungen durch die eindeutige Lösung $y_c \simeq 0{,}833556$ der Gleichung $\frac{d}{dy}\left[y\cosh(y^{-1})\right] = 0$ bestimmt wird. Definiert man den kritischen Abstand $\ell_c(R)$ der beiden Ringe nämlich durch

$$\frac{2R}{\ell_c} \equiv y_c \cosh\left(y_c^{-1}\right) \quad , \quad y_c^{-1} \tanh\left(y_c^{-1}\right) \equiv 1 \ , \tag{9.25}$$

so erhält man für $\ell > \ell_c$ *keine* stationären Lösungen, für $\ell = \ell_c$ genau *eine* stationäre Lösung mit $y = y_c$ und $a = \frac{1}{2}\ell y_c \equiv a_c(R)$ sowie für $\ell < \ell_c$ *zwei* Lösungen $y_{1,2}$ mit $y_1 > y_c > y_2$. Der numerische Wert von $\ell_c$ folgt als $\ell_c/2R \simeq 0{,}66274$. Die zwei stationären Lösungen $y_{1,2}$ für $\ell < \ell_c$ können grafisch als die Schnittpunkte der Kurve $y\cosh(y^{-1})$ und der (*gestrichelt* eingetragenen) Geraden $\frac{2R}{\ell}$ bestimmt werden. Wir erklären im Folgenden, dass die Lösungen $y_2$ im *blau* gezeichneten Segment der Kurve $y\cosh(y^{-1})$ Seifenblasen entsprechen, die *instabil* sind, dass die Lösungen $y_1$ im *roten* Segment Blasen darstellen, die *metastabil* sind, und dass nur die Lösungen $y_1$ im *grünen* Segment *stabilen* Seifenblasen entsprechen.

Um die Stabilität dieser stationären Punkte zu untersuchen, wenden wir ein Variationsverfahren an: Wir geben als mögliche Form der Seifenblase die Funktion $\bar{z}_a(t) \equiv R\frac{\cosh(t/a)}{\cosh(\ell/2a)}$ vor und untersuchen den entsprechenden Wert $\bar{S}(a) \equiv S[\bar{z}_a]$ des Wirkungsfunktionals als Funktion von $a$, oder genauer: als Funktion des dimensionslosen Parameters $y = \frac{2a}{\ell} \in (0,\infty)$. Die Funktion $\bar{z}_a(t)$ erfüllt die Randbedingung, beschreibt die Seifenblase *exakt* für $y = y_{1,2}$ und beschreibt das Verhalten der Seifenblase auch korrekt für $a \downarrow 0$ (Benetzung der Ringe) und $a \to \infty$.

Die Ergebnisse für die Energie $\bar{S}(a)$ der Seifenblase sind für verschiedene Werte von $\frac{\ell}{2R}$ in Abbildung 9.43 dargestellt. Für Kurven mit $\ell > \ell_c$ steigt die Energie $\bar{S}(a)$ streng monoton an; bei derart großen Abständen zwischen den Ringen gibt es also nur ein Randminimum für $a = 0$ bzw. $y = 0$, welches physikalisch der Benetzung der Ringe entspricht. Für $\ell = \ell_c$ liegt ein *Sattelpunkt* vor: Die Energie $\bar{S}(a)$ steigt ebenfalls streng monoton an, sodass nur das Randminimum physikalische Bedeutung hat. Für alle Kurven mit $\ell < \ell_c$ ist aus Abb. 9.43 klar ersichtlich, dass die Lösung $y_1$ einem *Minimum* und die Lösung $y_2$ einem *Maximum* der Funktion $\bar{S}(a)$ entspricht. Dies bedeutet, dass „nicht-triviale" Seifenblasen nur für $\ell < \ell_c$ möglich sind, d.h. nur dann, wenn der Abstand $\ell$ der beiden Ringe höchstens etwa zwei Drittel eines Ringdurchmessers beträgt. Allerdings ist auch klar, dass für Parameterwerte $\ell_m < \ell < \ell_c$ mit $\frac{\ell_m}{\ell_c} \simeq 0{,}79624$ zwar bei $y_1$ ein lokales Minimum vorliegt, aber die *Energie* dieses Zustands *höher* ist als die Energie $S_0 = 2\pi R^2$ der ungekoppelten benetzten Ringe. Folglich sind solche Lösungen (*rot* dargestellt in Abb. 9.42) *metastabil*, d.h., sie können nach hinreichend langer Zeit durch spontane Fluktuationen in die Lösung für $a = 0$ mit niedrigerer Energie übergehen. Nur Lösungen mit $\ell < \ell_m$ entsprechen dem Zustand niedrigster Energie und sind daher wirklich *stabil*. In Teil **(c)** untersuchen wir die Lösung für $y = y_1$ genauer.

**(c)** Wir berechnen die Fläche der Seifenblasen für die „nicht-triviale" Blase $z_a(t) = a\cosh\left(\frac{t}{a}\right)$ mit $\ell \leq \ell_c$, sodass Gleichung (9.24) eine Lösung $a(\ell, R)$ mit $\ell \leq \ell_c$ hat. Mit der Definition $\xi \equiv \frac{t}{a}$ folgt für die Fläche der Seifenblasen, normiert auf die Fläche $S_0 = 2\pi R^2$ der beiden benetzten Ringe:

$$\frac{S[z_a]}{S_0} = \frac{1}{R^2} \int_{-\frac{1}{2}\ell}^{\frac{1}{2}\ell} dt\; z(t)\sqrt{1 + [z'(t)]^2} = \frac{2a^2}{R^2} \int_0^{\ell/2a} d\xi\; \cosh(\xi)\sqrt{1 + \sinh^2(\xi)}$$

$$= \frac{2a^2}{R^2} \int_0^{\ell/2a} d\xi\; \cosh^2(\xi) = \frac{a^2}{R^2} \int_0^{\ell/2a} d\xi\; [\cosh(2\xi) + 1]$$

$$= \frac{a^2}{R^2} \left[\tfrac{1}{2}\sinh(2\xi) + \xi\right]\Big|_0^{\ell/2a} = \frac{a^2}{2R^2}\left[\sinh\!\left(\tfrac{\ell}{a}\right) + \tfrac{\ell}{a}\right].$$

Wir verwenden die Beziehungen $y = \frac{2a}{\ell}$ und $\frac{2R}{y\ell} = \cosh(y^{-1})$:

$$\frac{S[z_a]}{S_0} = \frac{a^2}{2R^2}\left[\sinh\!\left(\tfrac{\ell}{a}\right) + \tfrac{\ell}{a}\right] = \frac{1}{2}\left(\frac{2a}{\ell}\right)^2\left(\frac{\ell}{2R}\right)^2\left[\sinh\!\left(\tfrac{\ell}{a}\right) + \tfrac{\ell}{a}\right]$$

$$= \frac{1}{2}\left(\frac{y\ell}{2R}\right)^2\left[\sinh\!\left(\tfrac{2}{y}\right) + \tfrac{2}{y}\right] = \frac{\tfrac{1}{2}\left[\sinh\!\left(\tfrac{2}{y}\right) + \tfrac{2}{y}\right]}{\cosh^2\!\left(\tfrac{1}{y}\right)}$$

$$= \frac{\sinh\!\left(\tfrac{1}{y}\right)\cosh\!\left(\tfrac{1}{y}\right) + \tfrac{1}{y}}{\cosh^2\!\left(\tfrac{1}{y}\right)} = \tanh\!\left(\tfrac{1}{y}\right) + \left[y\cosh^2\!\left(\tfrac{1}{y}\right)\right]^{-1}. \qquad (9.26)$$

Hierbei ist $y$ die Lösung von (9.24). Setzt man auf der rechten Seite nun den kritischen Wert $y_c$ in (9.25) ein, so stößt man auf eine Überraschung:

$$\frac{S[z_a]}{S_0} - \tanh\!\left(\tfrac{1}{y_c}\right) + \left[y_c\cosh^2\!\left(\tfrac{1}{y_c}\right)\right]^{-1} = y_c + \frac{1}{y_c}\left[1 - \tanh^2\!\left(\tfrac{1}{y_c}\right)\right]$$

$$= y_c + \frac{1}{y_c}(1 - y_c^2) = \frac{1}{y_c} \overset{!}{\simeq} 1{,}19968 > 1.$$

Wir stellen fest, dass es für $y = y_c$ bzw. $\ell = \ell_c$ zwar eine „nicht-triviale" Lösung gibt, aber dass diese eine *größere Fläche* und somit eine *höhere Energie* hat als die „triviale" Lösung mit den zwei benetzten Ringen! Die „nicht-triviale" Lösung für $\ell = \ell_c$ ist also *metastabil*, und aufgrund von Kontinuitätsüberlegungen muss das Gleiche in einem endlichen Bereich $\ell \lesssim \ell_c$ gelten.

Die „nicht-trivialen" Lösungen können also aufgeteilt werden in zwei Klassen: *stabile* Lösungen mit $S[z_a]/S_0 < 1$ bzw. $y > y_m > y_c$ und *metastabile* Lösungen mit $S[z_a]/S_0 \geq 1$ bzw. $y_c \leq y \leq y_m$. Hierbei ist der Wert $y_m$, der den Übergang zur Metastabilität markiert, durch die Bedingung $S[z_a]/S_0 = 1$ festgelegt. Es folgt aus (9.26):

$$0 = 1 - \tanh\!\left(\tfrac{1}{y_m}\right) - \left[y_m\cosh^2\!\left(\tfrac{1}{y_m}\right)\right]^{-1} = 1 - \tanh\!\left(\tfrac{1}{y_m}\right) - \frac{1}{y_m}\left[1 - \tanh^2\!\left(\tfrac{1}{y_m}\right)\right]$$

$$= \left[1 - \tanh\!\left(\tfrac{1}{y_m}\right)\right]\left\{1 - \frac{1}{y_m}\left[1 + \tanh\!\left(\tfrac{1}{y_m}\right)\right]\right\}, \quad \frac{1}{y_m}\left[1 + \tanh\!\left(\tfrac{1}{y_m}\right)\right] = 1.$$

Durch numerische Lösung dieser Gleichung ergibt sich $y_m \simeq 1{,}5643765 > y_c$. Definieren wir den Abstand $\ell_m$ zwischen den Ringen, ab dem Metastabilität auftritt, durch $\frac{2R}{\ell_m} \equiv y_m\cosh(y_m^{-1})$, so folgt $\frac{2R}{\ell_m} \simeq 1{,}895025$ bzw. $\frac{\ell_m}{2R} \simeq 0{,}527697$. Hieraus folgt wiederum $\frac{\ell_m}{\ell_c} \simeq 0{,}79624$, sodass $\ell_m$ etwa 20% kleiner als $\ell_c$ ist.

Die Energie (9.26) der Seifenblase als Funktion des Abstands $\frac{\ell}{2R}$ der Ringe ist in Abbildung 9.44 grafisch aufgetragen. Die physikalische Interpretation ist die folgende: Startet man mit einer schmalen Seifenblase zwischen den beiden Ringen ($\ell \ll \ell_c$), so ist diese Blase zunächst *global stabil*. Wenn man den Abstands $\ell$ der Ringe vergrößert, dehnt sich die Blase aus und ist für $\ell > \ell_m$ zwar noch *lokal*, jedoch nicht mehr *global* stabil. Dieser *metastabile* Zustand kann durch spontane Fluktuationen in die Benetzung der beiden Ringe übergehen. Spätestens bei einem Abstand $\ell = \ell_c$ wird sich die Seifenblase plötzlich stark einschnüren ($a \downarrow 0$) und die Innenflächen der Ringe benetzen, wobei der in diesem Limes infinitesimal dünne Verbindungsschlauch zwischen beiden Ringen platzt.

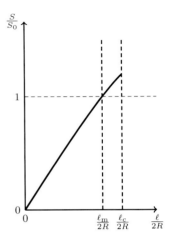

**Abb. 9.44** Energie der Seifenblase als Funktion von $\frac{\ell}{2R}$

# 9.7   Hamilton-Formulierung der Mechanik

### Lösung 7.1 Legendre-Transformation

1. Für $F(u) = e^u$ mit $u \in \mathbb{R}$ gilt $\mathcal{G}(v,u) = vu - F(u) = vu - e^u$, sodass $u_m(v)$ durch $0 = \frac{\partial \mathcal{G}}{\partial u}(v, u_m(v)) = v - e^{u_m(v)}$ bestimmt ist. Folglich gilt $u_m(v) = \ln(v)$ mit $v \in \mathbb{R}^+$ und daher $G(v) = \mathcal{G}(v, u_m(v)) = v\ln(v) - e^{\ln(v)} = v[\ln(v) - 1]$. Umgekehrt ergibt die Transformation von $G(v) = v[\ln(v) - 1]$ mit $v \in \mathbb{R}^+$ eine Hilfsfunktion $\mathcal{F}(u,v) = uv - G(v) = (u+1)v - v\ln(v)$ und daher die Bestimmungsgleichung $0 = \frac{\partial \mathcal{F}}{\partial v}(u, v_m(u)) = u - \ln(v_m(u))$ für $v_m(u)$ mit der Lösung $v_m(u) = e^u$. Die inverse Legendre-Transformierte von $G(v)$ lautet also $F(u) = \mathcal{F}(u, v_m(u)) = (u+1)v_m(u) - v_m(u)\ln[v_m(u)] = (u+1)e^u - e^u u = e^u$.

2. Für $F(u) = \cosh(u)$ mit $u \in \mathbb{R}$ gilt $\mathcal{G}(v,u) = vu - F(u) = vu - \cosh(u)$, sodass $u_m(v)$ durch $0 = \frac{\partial \mathcal{G}}{\partial u}(v, u_m(v)) = v - \sinh(u_m(v))$ bzw. $u_m(v) = \operatorname{arsinh}(v)$ mit $v \in \mathbb{R}$ bestimmt ist. Folglich gilt $G(v) = \mathcal{G}(v, u_m(v)) = v\operatorname{arsinh}(v) - \cosh(\operatorname{arsinh}(v)) = v\operatorname{arsinh}(v) - (1 + v^2)^{1/2}$. Umgekehrt ergibt die Transformation von $G(v)$ mit $v \in \mathbb{R}$ eine Hilfsfunktion $\mathcal{F}(u,v) = uv - G(v) = uv - v\operatorname{arsinh}(v) + (1 + v^2)^{1/2}$ und daher die Bestimmungsgleichung $0 = \frac{\partial \mathcal{F}}{\partial v}(u, v_m(u)) = u - \operatorname{arsinh}(v_m(u))$ für $v_m(u)$ mit der Lösung $v_m(u) = \sinh(u)$. Die inverse Legendre-Transformierte der Funktion $G(v)$ lautet also $F(u) = \mathcal{F}(u, v_m(u)) = uv_m(u) - v_m(u)\operatorname{arsinh}(v_m(u)) + [1 + v_m^2(u)]^{\frac{1}{2}} = [1 + v_m^2(u)]^{\frac{1}{2}} = [1 + \sinh^2(u)]^{\frac{1}{2}} = \cosh(u)$.

3. Die Funktion $F(u) = |u| + \frac{1}{2}u^2$ mit $u \in \mathbb{R}$ weist als Komplikation auf, dass sie in $u = 0$ nicht differenzierbar ist; für $u \neq 0$ gilt wie üblich $F''(u) > 0$. Gemäß der allgemeinen mathematischen Definition aus Fußnote 2 auf Seite 360 ist $F$ dennoch *strikt konvex*. In der nachfolgenden Berechnung wird $F$ daher effektiv als $\lim_{a \to 0} F_a(u)$ aufgefasst mit $F_a \equiv (u^2 + a^2)^{1/2} + \frac{1}{2}u^2$.

Für $F(u) = |u| + \frac{1}{2}u^2$ mit $u \in \mathbb{R}$ gilt $\mathcal{G}(v, u) = vu - F(u) = vu - |u| - \frac{1}{2}u^2$, sodass $u_{\mathrm{m}}(v)$ durch $0 = \frac{\partial \mathcal{G}}{\partial u}(v, u_{\mathrm{m}}(v)) = v - \mathrm{sgn}(u_{\mathrm{m}})(1 + |u_{\mathrm{m}}|)$ bestimmt ist. Folglich gilt $u_{\mathrm{m}}(v) = v - \mathrm{sgn}(v) = \mathrm{sgn}(v)(|v| - 1)$ mit $|v| \geq 1$ und daher $G(v) = \mathcal{G}(v, u_{\mathrm{m}}(v)) = |v|(|v| - 1) - (|v| - 1) - \frac{1}{2}(|v| - 1)^2 = \frac{1}{2}(|v| - 1)^2$.

Man kann diese Ergebnisse für $G(v)$ mit $|v| \geq 1$ erweitern zu einer *konvexen* Funktion $\bar{G}(v)$ mit $v \in \mathbb{R}$, im Einklang mit der Definition aus Fußnote 2, indem man für $|v| \leq 1$ definiert: $\bar{G}(v) \equiv 0$. Bezeichnet man die Legendre-Transformierte von $F_a$ als $G_a(v)$, so gilt $\bar{G}(v) = \lim_{a \to 0} G_a(v)$. Eine *Spitze* von $F$ in $u = 0$ entspricht also einer *geraden Strecke* von $\bar{G}$ für $|v| \leq 1$.

Umgekehrt ergibt die Transformation von $G(v) = \frac{1}{2}(|v| - 1)^2$ mit $|v| \geq 1$ eine Hilfsfunktion $\mathcal{F}(u, v) = uv - G(v) = uv - \frac{1}{2}(|v| - 1)^2$ und daher die Gleichung $0 = \frac{\partial \mathcal{F}}{\partial v}(u, v_{\mathrm{m}}(u)) = u - \mathrm{sgn}(v_{\mathrm{m}})(|v_{\mathrm{m}}| - 1)$ für $v_{\mathrm{m}}(u)$ mit der Lösung $v_{\mathrm{m}}(u) = u + \mathrm{sgn}(u)$. Die inverse Legendre-Transformierte von $G(v)$ lautet also $F(u) = \mathcal{F}(u, v_{\mathrm{m}}(u)) = uv_{\mathrm{m}} - \frac{1}{2}(|v_{\mathrm{m}}| - 1)^2 = u^2 + |u| - \frac{1}{2}|u|^2 = |u| + \frac{1}{2}u^2$.

4. Für $F(u) = -\ln(1 - u^2)$ mit $-1 < u < 1$ erhält man $\mathcal{G}(v, u) = vu - F(u) = vu + \ln(1 - u^2)$, sodass $u_{\mathrm{m}}(v)$ durch $0 = \frac{\partial \mathcal{G}}{\partial u}(v, u_{\mathrm{m}}(v)) = v - \frac{2u_{\mathrm{m}}}{1 - u_{\mathrm{m}}^2}$ bestimmt ist. Es gilt also $v = \frac{2u_{\mathrm{m}}}{1 - u_{\mathrm{m}}^2}$ und daher $\mathrm{sgn}(u_{\mathrm{m}}) = \mathrm{sgn}(v)$. Durch Inversion ergibt sich $u_{\mathrm{m}}(v) = \frac{1}{v}[(1 + v^2)^{1/2} - 1]$. Also gilt $G(v) = \mathcal{G}(v, u_{\mathrm{m}}(v)) = vu_{\mathrm{m}} + \ln(1 - u_{\mathrm{m}}^2) = (1 + v^2)^{1/2} - 1 + \ln(1 - u_{\mathrm{m}}^2)$. Für $v \to 0$ erhält man hieraus mit $u_{\mathrm{m}}(v) \sim \frac{1}{2}v$ das quadratische Verhalten $G(v) \sim \frac{1}{2}v^2 - (\frac{1}{2}v)^2 = \frac{1}{4}v^2$.

Diese Funktionen $F(u)$ und ihre Legendre-Transformierten $G(v)$ wurden in den Abbildungen 9.45 bzw. 9.46 skizziert, wobei die Kurven aus den Beispielen 1, 2, 3 und 4 in den Farben *magenta*, *blau*, *grün* bzw. *braun* dargestellt wurden. Die Legendre-Transformierte $G(v)$ aus Beispiel 3 wurde zu $\bar{G}(v)$ ergänzt.

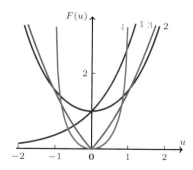

**Abb. 9.45** Die Funktion $F(u)$ in den Beispielen 1, 2, 3 und 4

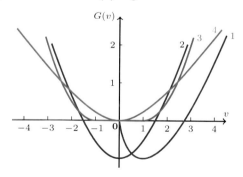

**Abb. 9.46** Die Legendre-Transformierte $G(v)$ in den Beispielen 1, 2, 3 und 4

Wir suchen nun allgemein die Legendre-Transformierten $G_\lambda(v)$, $G_\mu(v)$ und $G_a(v)$ der Funktionen $F_\lambda(u) \equiv \lambda F(u)$, $F_\mu(u) \equiv F(u) + \mu u$ und $F_a(u) \equiv F(u) + a$ und bezeichnen die Legendre-Transformierte der Funktion $F(u)$ wie üblich als $G(v)$.

$F_\lambda$ : Für $F_\lambda(u) = \lambda F(u)$ gilt $\mathcal{G}_\lambda(v, u) = vu - F_\lambda(u) = vu - \lambda F(u)$, sodass $u_{\mathrm{m}\lambda}(v)$ durch $0 = \frac{\partial \mathcal{G}_\lambda}{\partial u}(v, u_{\mathrm{m}\lambda}(v)) = v - \lambda F'(u_{\mathrm{m}\lambda}(v))$ bestimmt ist. Folglich gilt $F'(u_{\mathrm{m}\lambda}(v)) = v/\lambda = F'(u_{\mathrm{m}}(v/\lambda))$ bzw. $u_{\mathrm{m}\lambda}(v) = u_{\mathrm{m}}(v/\lambda)$. Die Legendre-Transformierte von $F_\lambda(u)$ ist daher gegeben durch $G_\lambda(v) = \mathcal{G}_\lambda(v, u_{\mathrm{m}\lambda}(v)) = vu_{\mathrm{m}\lambda}(v) - \lambda F(u_{\mathrm{m}\lambda}(v)) = \lambda[\frac{v}{\lambda}u_{\mathrm{m}}(\frac{v}{\lambda}) - F(u_{\mathrm{m}}(\frac{v}{\lambda}))] = \lambda G(\frac{v}{\lambda})$.

$F_\mu$ : Für $F_\mu(u) = F(u) + \mu u$ gilt $\mathcal{G}_\mu(v, u) = vu - F_\mu(u) = (v - \mu)u - F(u)$, sodass $u_{m\mu}(v)$ durch $0 = \frac{\partial \mathcal{G}_\mu}{\partial u}(v, u_{m\mu}(v)) = (v - \mu) - F'(u_{m\mu}(v))$ bestimmt ist. Folglich gilt $F'(u_{m\mu}(v)) = v - \mu = F'(u_m(v - \mu))$ bzw. $u_{m\mu}(v) = u_m(v - \mu)$. Die Legendre-Transformierte von $F_\mu(u)$ ist daher $G_\mu(v) = \mathcal{G}_\mu(v, u_{m\mu}(v)) = (v - \mu)u_{m\mu}(v) - F(u_{m\mu}(v)) = (v - \mu)u_m(v - \mu) - F(u_m(v - \mu)) = G(v - \mu)$.

$F_a$ : Für $F_a(u) = F(u) + a$ gilt $\mathcal{G}_a(v, u) = vu - F_a(u) = vu - F(u) - a$, sodass $u_{ma}(v)$ durch $0 = \frac{\partial \mathcal{G}_a}{\partial u}(v, u_{ma}(v)) = v - F'(u_{ma}(v))$ bestimmt ist. Folglich gilt $F'(u_{ma}(v)) = v = F'(u_m(v))$ bzw. $u_{ma}(v) = u_m(v)$. Die Legendre-Transformierte von $F_a(u)$ ist daher gegeben durch $G_a(v) = \mathcal{G}_a(v, u_{ma}(v)) = vu_{ma}(v) - F(u_{ma}(v)) - a = vu_m(v) - F(u_m(v)) - a = G(v) - a$.

## Lösung 7.2 Der Drehimpuls

(a) Wir betrachten ein Teilchen der Masse $m$ in einem sphärisch symmetrischen Potential $V(x)$ mit $x \equiv |\mathbf{x}|$ und transformieren auf sphärische Koordinaten $(x, \vartheta, \varphi)$ mit $\mathbf{x} \equiv x\hat{\mathbf{e}}_x$. Wir führen wie üblich die Orthonormalbasis $\hat{\mathbf{e}}_x$, $\hat{\mathbf{e}}_\vartheta = \frac{\partial \hat{\mathbf{e}}_x}{\partial \vartheta}$ und $\hat{\mathbf{e}}_\varphi = \frac{1}{\sin(\vartheta)} \frac{\partial \hat{\mathbf{e}}_x}{\partial \varphi}$ ein:

$$\hat{\mathbf{e}}_x = \begin{pmatrix} \sin(\vartheta)\cos(\varphi) \\ \sin(\vartheta)\sin(\varphi) \\ \cos(\vartheta) \end{pmatrix} \quad , \quad \hat{\mathbf{e}}_\vartheta = \begin{pmatrix} \cos(\vartheta)\cos(\varphi) \\ \cos(\vartheta)\sin(\varphi) \\ -\sin(\vartheta) \end{pmatrix} \quad , \quad \hat{\mathbf{e}}_\varphi = \begin{pmatrix} -\sin(\varphi) \\ \cos(\varphi) \\ 0 \end{pmatrix} .$$

Die Geschwindigkeit in sphärischen Koordinaten ist dann $\dot{\mathbf{x}} = \dot{x}\hat{\mathbf{e}}_x + x\frac{d}{dt}\hat{\mathbf{e}}_x = \dot{x}\hat{\mathbf{e}}_x + x[\dot{\vartheta}\hat{\mathbf{e}}_\vartheta + \sin(\vartheta)\dot{\varphi}\hat{\mathbf{e}}_\varphi]$. Die Lagrange-Funktion ist daher gegeben durch:

$$L(x, \vartheta, \varphi, \dot{x}, \dot{\vartheta}, \dot{\varphi}) = \tfrac{1}{2}m\dot{\mathbf{x}}^2 - V(x) = \tfrac{1}{2}m\{\dot{x}^2 + x^2[\dot{\vartheta}^2 + \sin^2(\vartheta)\dot{\varphi}^2]\} - V(x) .$$

Die verallgemeinerten Impulse sind $p_x = \frac{\partial L}{\partial \dot{x}} = m\dot{x}$, $p_\vartheta = \frac{\partial L}{\partial \dot{\vartheta}} = mx^2\dot{\vartheta}$ und $p_\varphi = \frac{\partial L}{\partial \dot{\varphi}} = mx^2\sin^2(\vartheta)\dot{\varphi}$. Umgekehrt gilt dann $\dot{x}_m = \frac{1}{m}p_x$, $\dot{\vartheta}_m = p_\vartheta/mx^2$ und $\dot{\varphi}_m = p_\varphi/mx^2\sin^2(\vartheta)$.

(b) Hieraus folgt für die Hamilton-Funktion:

$$H(x, \vartheta, \varphi, p_x, p_\vartheta, p_\varphi) = p_x\dot{x}_m + p_\vartheta\dot{\vartheta}_m + p_\varphi\dot{\varphi}_m - L(x, \vartheta, \varphi, \dot{x}_m, \dot{\vartheta}_m, \dot{\varphi}_m)$$

$$= \frac{p_x^2}{2m} + \frac{p_\vartheta^2}{2mx^2} + \frac{p_\varphi^2}{2mx^2\sin^2(\vartheta)} + V(x) .$$

Die Hamilton-Funktion ist *nicht* explizit zeitabhängig und daher erhalten. Sie ist auch gleich der Energie, denn es gilt $E = (T + V)_\phi = H_\phi$.

(c) Der Drehimpuls in verallgemeinerten (sphärischen) Koordinaten ist gegeben durch:

$$\mathbf{L} = m\mathbf{x} \times \dot{\mathbf{x}} = mx\hat{\mathbf{e}}_x \times \{\dot{x}\hat{\mathbf{e}}_x + x[\dot{\vartheta}\hat{\mathbf{e}}_\vartheta + \sin(\vartheta)\dot{\varphi}\hat{\mathbf{e}}_\varphi]\}$$

$$= mx^2[\dot{\vartheta}(\hat{\mathbf{e}}_x \times \hat{\mathbf{e}}_\vartheta) + \sin(\vartheta)\dot{\varphi}(\hat{\mathbf{e}}_x \times \hat{\mathbf{e}}_\varphi)] = mx^2[\dot{\vartheta}\hat{\mathbf{e}}_\varphi - \sin(\vartheta)\dot{\varphi}\hat{\mathbf{e}}_\vartheta] .$$

Folglich ist $\mathbf{L}^2 = m^2x^4[\dot{\vartheta}^2 + \sin^2(\vartheta)\dot{\varphi}^2]$. In der Hamilton-Theorie sind die Geschwindigkeiten durch Impulse zu ersetzen; man erhält:

$$\mathbf{L} = p_\vartheta\hat{\mathbf{e}}_\varphi - \frac{p_\varphi}{\sin(\vartheta)}\hat{\mathbf{e}}_\vartheta \quad , \quad \mathbf{L}^2 = p_\vartheta^2 + \frac{p_\varphi^2}{\sin^2(\vartheta)} .$$

**(d)** Die Hamilton-Funktion als Funktion der Variablen $x, p_x$ und $\mathbf{L}^2$ lautet dann:

$$H = \frac{p_x^2}{2m} + \frac{1}{2mx^2}\left(p_\vartheta^2 + \frac{p_\varphi^2}{\sin^2(\vartheta)}\right) + V(x) = \frac{p_x^2}{2m} + \frac{\mathbf{L}^2}{2mx^2} + V(x) .$$

Der zweite Term auf der rechten Seite stellt das Zentrifugalpotential dar.

## Lösung 7.3 Energieerhaltung?

**(a)** Aus der Darstellung $\mathbf{x}(\varphi, t) = \mathbf{X}(t) + l[\cos(\varphi)\hat{\mathbf{e}}_1 + \sin(\varphi)\hat{\mathbf{e}}_2]$ mit der verallgemeinerten Koordinate $\varphi$ folgt für die Energie $E$ des Massenpunkts:

$$E = \tfrac{1}{2}m\dot{\mathbf{x}}^2 = \tfrac{1}{2}m\left|\dot{\mathbf{X}} + l\dot{\varphi}\begin{pmatrix} -\sin(\varphi) \\ \cos(\varphi) \end{pmatrix}\right|^2$$

$$= \tfrac{1}{2}m\left[\dot{\mathbf{X}}^2 + l^2\dot{\varphi}^2 + 2l\dot{\varphi}\dot{\mathbf{X}}\cdot\begin{pmatrix} -\sin(\varphi) \\ \cos(\varphi) \end{pmatrix}\right] \equiv T(\varphi, \dot{\varphi}, t) .$$

**(b)** Wir wählen $L(\varphi, \dot{\varphi}, t) = \tfrac{1}{2}m\dot{\mathbf{x}}^2 = T(\varphi, \dot{\varphi}, t)$. Der verallgemeinerte Impuls in der Lagrange-Theorie ist dann gegeben durch:

$$p(\varphi, \dot{\varphi}, t) \equiv \frac{\partial L}{\partial \dot{\varphi}} = ml^2\dot{\varphi} + ml\dot{\mathbf{X}}\cdot\begin{pmatrix} -\sin(\varphi) \\ \cos(\varphi) \end{pmatrix} ,$$

sodass die Hilfsfunktion $\dot{\varphi}_{\mathrm{m}}(\varphi, p_\varphi, t)$ bei der Legendre-Transformation wie folgt mit dem kanonisch zu $\varphi$ konjugierten Impuls $p_\varphi$ in der Hamilton-Theorie zusammenhängt:

$$p_\varphi = p(\varphi, \dot{\varphi}_{\mathrm{m}}, t) \quad , \quad \dot{\varphi}_{\mathrm{m}}(\varphi, p_\varphi, t) = \frac{1}{ml^2}\left[p_\varphi - ml\dot{\mathbf{X}}\cdot\begin{pmatrix} -\sin(\varphi) \\ \cos(\varphi) \end{pmatrix}\right] .$$

Die Hamilton-Funktion folgt als:

$$H(\varphi, p_\varphi, t) = p_\varphi\dot{\varphi}_{\mathrm{m}} - L(\varphi, \dot{\varphi}_{\mathrm{m}}, t) = p_\varphi\dot{\varphi}_{\mathrm{m}} - \tfrac{1}{2}m\dot{\mathbf{X}}^2 - \dot{\varphi}_{\mathrm{m}}p_\varphi + \tfrac{1}{2}ml^2\dot{\varphi}_{\mathrm{m}}^2$$

$$= \tfrac{1}{2}ml^2\dot{\varphi}_{\mathrm{m}}^2 - \tfrac{1}{2}m\dot{\mathbf{X}}^2 = \frac{1}{2ml^2}\left[p_\varphi - ml\dot{\mathbf{X}}\cdot\begin{pmatrix} -\sin(\varphi) \\ \cos(\varphi) \end{pmatrix}\right]^2 - \tfrac{1}{2}m\dot{\mathbf{X}}^2 .$$

**(c)** Damit die Hamilton-Funktion für alle möglichen physikalischen Bahnen eine Erhaltungsgröße darstellt, muss für alle Bahnen gelten:

$$0 = \frac{dH_\phi}{dt} = \left(\frac{\partial H}{\partial t}\right)_\phi = -\left(\frac{\partial L}{\partial t}\right)_\phi = -m\left(\dot{\mathbf{x}}\cdot\frac{\partial\dot{\mathbf{x}}}{\partial t}\right)_\phi = -m\left(\dot{\mathbf{x}}\cdot\ddot{\mathbf{X}}\right)_\phi ,$$

wobei $\varphi(t)$ und daher auch $\dot{\mathbf{x}} = \dot{\mathbf{X}} + l\dot{\varphi}\begin{pmatrix} -\sin(\varphi) \\ \cos(\varphi) \end{pmatrix}$ im Allgemeinen explizit zeitabhängig sind. Hieraus folgt, dass für alle $t$ gelten muss: $\ddot{\mathbf{X}}(t) = \mathbf{0}$ bzw. $\mathbf{X}(t) = \mathbf{X}_0 + \dot{\mathbf{X}}_0 t$. Um die Frage zu untersuchen, ob nun auch die Energie erhalten ist, betrachten wir die Lagrange-Gleichung

$$\frac{d}{dt}\left[ml^2\dot{\varphi} + ml\dot{\mathbf{X}}\cdot\begin{pmatrix} -\sin(\varphi) \\ \cos(\varphi) \end{pmatrix}\right] = \frac{d}{dt}\left(\frac{\partial L}{\partial\dot{\varphi}}\right) = \frac{\partial L}{\partial\varphi} = -ml\dot{\varphi}\dot{\mathbf{X}}\cdot\begin{pmatrix} \cos(\varphi) \\ \sin(\varphi) \end{pmatrix} ,$$

die auch kurz als $ml^2\ddot{\varphi} + ml\ddot{\mathbf{X}}\cdot\begin{pmatrix} -\sin(\varphi) \\ \cos(\varphi) \end{pmatrix} = 0$ geschrieben werden kann. Da wir bereits wissen, dass $\ddot{\mathbf{X}}(t) = \mathbf{0}$ gelten muss, folgt $\ddot{\varphi} = 0$ bzw. $\varphi(t) = \varphi_0 + \dot{\varphi}_0 t$.

Mit dieser Information kann man nun die zeitliche Änderung der Energie untersuchen. Es gilt:

$$\frac{dE}{dt} = m\dot{\mathbf{x}} \cdot \ddot{\mathbf{x}} = m\left[\dot{\mathbf{X}} + l\dot{\varphi}\begin{pmatrix}-\sin(\varphi)\\\cos(\varphi)\end{pmatrix}\right] \cdot \left[-l\dot{\varphi}^2\begin{pmatrix}\cos(\varphi)\\\sin(\varphi)\end{pmatrix}\right]$$

$$= -ml\dot{\varphi}_0^2\dot{\mathbf{X}}_0 \cdot \begin{pmatrix}\cos(\varphi)\\\sin(\varphi)\end{pmatrix} \neq 0 \, ,$$

sodass die Energie im Allgemeinen *nicht* erhalten ist; einzige Ausnahme ist der Spezialfall $\mathbf{X} =$ konstant bzw. $\dot{\mathbf{X}}_0 = \mathbf{0}$. Die Erklärung hierfür ist, dass für $\dot{\mathbf{X}}_0 \neq \mathbf{0}$ die *Zwangsbedingung explizit zeitabhängig* ist. Dies hat zur Konsequenz, dass $T(\varphi, \dot{\varphi}, t)$ Terme enthält, die *linear* in $\dot{\varphi}$ sind, und folglich $H_\phi \neq E$ gilt.

## Lösung 7.4 Eichinvarianz

Wir führen die kompakten Notationen $\{\mathbf{x}_i\} \equiv \mathbf{X}$ und $\{\mathbf{p}_i\} \equiv \mathbf{P}$ ein. Die Lagrange-Funktion des Systems hat die Form

$$L(\mathbf{X}, \dot{\mathbf{X}}, t) = \sum_{i=1}^{N}\left\{\tfrac{1}{2}m_i\dot{\mathbf{x}}_i^2 - \hat{q}_i\big[\Phi(\mathbf{x}_i, t) - \dot{\mathbf{x}}_i \cdot \mathbf{A}(\mathbf{x}_i, t)\big]\right\} \, .$$

Für die Legendre-Transformation benötigen wir die Hilfsfunktion $\dot{\mathbf{X}}_{\mathrm{m}}(\mathbf{X}, \mathbf{P}, t)$, die durch $\mathbf{p}_i \equiv \frac{\partial L}{\partial \dot{\mathbf{x}}_i}(\mathbf{X}, \dot{\mathbf{X}}_{\mathrm{m}}, t) = m_i\dot{\mathbf{x}}_{\mathrm{m}i} + \hat{q}_i\mathbf{A}(\mathbf{x}_i, t)$ definiert wird; umgekehrt gilt also $\dot{\mathbf{x}}_{\mathrm{m}i} = \frac{1}{m_i}[\mathbf{p}_i - \hat{q}_i\mathbf{A}(\mathbf{x}_i, t)]$. Die Hamilton-Funktion folgt dann als:

$$H(\mathbf{X}, \mathbf{P}, t) = \sum_{i=1}^{N}\mathbf{p}_i \cdot \dot{\mathbf{x}}_{\mathrm{m}i} - L(\mathbf{X}, \dot{\mathbf{X}}_{\mathrm{m}}, t) = \sum_{i=1}^{N}\Big\{\tfrac{1}{m_i}\mathbf{p}_i \cdot [\mathbf{p}_i - \hat{q}_i\mathbf{A}(\mathbf{x}_i, t)]$$

$$- \tfrac{1}{2m_i}[\mathbf{p}_i - \hat{q}_i\mathbf{A}(\mathbf{x}_i, t)]^2 + \hat{q}_i\Phi(\mathbf{x}_i, t) - \tfrac{\hat{q}_i}{m_i}\mathbf{A}(\mathbf{x}_i, t) \cdot [\mathbf{p}_i - \hat{q}_i\mathbf{A}(\mathbf{x}_i, t)]\Big\}$$

$$= \sum_{i=1}^{N}\left\{\tfrac{1}{2m_i}[\mathbf{p}_i - \hat{q}_i\mathbf{A}(\mathbf{x}_i, t)]^2 + \hat{q}_i\Phi(\mathbf{x}_i, t)\right\} \, .$$

Wir betrachten nun eine Eichtransformation $\tilde{\mathbf{A}} \equiv \mathbf{A} - \frac{1}{c}\nabla\Lambda$, $\tilde{\Phi} \equiv \Phi + \frac{1}{c}\frac{\partial\Lambda}{\partial t}$, sodass die neue Lagrange-Funktion durch $\tilde{L} = L - \frac{d}{dt}\big[\sum_i \frac{\hat{q}_i}{c}\Lambda(\mathbf{x}_i, t)\big]$ gegeben ist. Die Impulse sind daher *nicht* eichinvariant:

$$\tilde{\mathbf{p}}_i = \frac{\partial\tilde{L}}{\partial\dot{\mathbf{x}}_i}(\mathbf{X}, \dot{\mathbf{X}}_{\mathrm{m}}, t) = m_i\dot{\mathbf{x}}_{\mathrm{m}i} + \hat{q}_i\tilde{\mathbf{A}}(\mathbf{x}_i, t) = \mathbf{p}_i - \frac{\hat{q}_i}{c}\nabla\Lambda \neq \mathbf{p}_i \, .$$

Die Messgröße kinetischer Impuls $\tilde{\mathbf{p}}_i - \hat{q}_i\tilde{\mathbf{A}}(\mathbf{x}_i, t) = m_i\dot{\mathbf{x}}_{\mathrm{m}i} = \mathbf{p}_i - \hat{q}_i\mathbf{A}(\mathbf{x}_i, t)$ *ist* eichinvariant. Die Hamilton-Funktion ist *nicht* eichinvariant:

$$\tilde{H} = \sum_{i=1}^{N}\left\{\tfrac{1}{2m_i}[\tilde{\mathbf{p}}_i - \hat{q}_i\tilde{\mathbf{A}}(\mathbf{x}_i, t)]^2 + \hat{q}_i\tilde{\Phi}(\mathbf{x}_i, t)\right\} = H + \sum_{i=1}^{N}\frac{\hat{q}_i}{c}\frac{\partial\Lambda}{\partial t}(\mathbf{x}_i, t) \neq H \, .$$

Die Messgröße kinetische Energie $T(\mathbf{X}, \dot{\mathbf{X}}_{\mathrm{m}}, t)$ *ist* eichinvariant:

$$\tilde{T} = \sum_{i=1}^{N}\tfrac{1}{2m_i}[\tilde{\mathbf{p}}_i - \hat{q}_i\tilde{\mathbf{A}}(\mathbf{x}_i, t)]^2 = \sum_{i=1}^{N}\tfrac{1}{2m_i}[\mathbf{p}_i - \hat{q}_i\mathbf{A}(\mathbf{x}_i, t)]^2 = T \, .$$

## Lösung 7.5 Impulserhaltung

Die Invarianz der Hamilton-Funktion $H(\mathbf{q}, \mathbf{p}, t)$ unter Translationen der Form $q_k \to q_k + a$ für beliebige $a \in \mathbb{R}$ und alle $k = 1, 2, \ldots, f$ hat zur Konsequenz:

$$0 = \frac{H(\{q_k + da\}, \mathbf{p}, t) - H(\{q_k\}, \mathbf{p}, t)}{da} = \sum_{k=1}^{f} \frac{\partial H}{\partial q_k} \,.$$

Man zeigt nun wie folgt mit Hilfe von Poisson-Klammern, dass $A$ erhalten ist:

$$\frac{dA}{dt} = \{H, A\} + \frac{\partial A}{\partial t} = \sum_{k=1}^{f} \{H, p_k\} = \sum_{k=1}^{f} \frac{\partial H}{\partial q_k} = 0 \,.$$

## Lösung 7.6 Hamilton-Jacobi-Gleichung für die erzeugende Funktion

Da die neue Hamilton-Funktion null sein soll, $\bar{H} = 0$, lauten die neuen Hamilton-Gleichungen $\dot{\bar{\mathbf{q}}}_\phi = \mathbf{0}$ und $\dot{\bar{\mathbf{p}}}_\phi = \mathbf{0}$, sodass die neuen Koordinaten $\bar{\mathbf{q}}_\phi$ und Impulse $\bar{\mathbf{p}}_\phi$ der physikalischen Bahn *Erhaltungsgrößen* sind. Wir betrachten nun die *erzeugende Funktion* $F_2$ dieser Transformation. Aus der Gleichung $\frac{\partial F_2}{\partial t} = \bar{H} - H = -H$ folgt für alle fest vorgegebenen neuen Impulse $\bar{\mathbf{p}}$:

$$\frac{\partial F_2}{\partial t}(\mathbf{q}, \bar{\mathbf{p}}, t) = -H(\mathbf{q}, \mathbf{p}, t) = -H\left(\mathbf{q}, \frac{\partial F_2}{\partial \mathbf{q}}(\mathbf{q}, \bar{\mathbf{p}}, t), t\right) \,,$$

sodass $F_2$ bei festem $\bar{\mathbf{p}}$ als Funktion von $(\mathbf{q}, t)$ die *Hamilton-Jacobi-Gleichung* (7.47) erfüllt. Dieses Ergebnis ist *formal* interessant, da es zwei wichtige Aspekte der analytischen Mechanik (erzeugende Funktionen und die Hamilton-Jacobi-Gleichung) miteinander verknüpft. Aus *praktischer* Sicht kann man es nicht als Durchbruch werten: Die Hamilton-Jacobi-Gleichung ist nicht einfacher lösbar als die Hamilton-Gleichungen für die ursprünglichen $(\mathbf{q}_\phi, \mathbf{p}_\phi)$-Variablen.

## Lösung 7.7 Hamilton-Jacobi-Theorie für konservative Kräfte

(a) Da die neue Hamilton-Funktion $\bar{\mathbf{q}}$-unabhängig sein soll, $\bar{H} = \bar{H}(\bar{\mathbf{p}})$, lauten die Hamilton-Gleichungen $\dot{\bar{\mathbf{p}}}_\phi = -\frac{\partial \bar{H}}{\partial \bar{\mathbf{q}}}(\bar{\mathbf{p}}_\phi) = \mathbf{0}$, sodass $\bar{\mathbf{p}}_\phi(t) = \bar{\mathbf{p}}_{\phi 0} =$ konstant gilt, und $\dot{\bar{\mathbf{q}}}_\phi = \frac{\partial \bar{H}}{\partial \bar{\mathbf{p}}}(\bar{\mathbf{p}}_\phi) = \frac{\partial \bar{H}}{\partial \bar{\mathbf{p}}}(\bar{\mathbf{p}}_{\phi 0}) \equiv \dot{\bar{\mathbf{q}}}_{\phi 0} =$ konstant, sodass $\bar{\mathbf{q}}_\phi(t)$ eine lineare Funktion der Zeit ist: $\bar{\mathbf{q}}_\phi(t) = \bar{\mathbf{q}}_{\phi 0} + \dot{\bar{\mathbf{q}}}_{\phi 0} t$. Da die erzeugende Funktion $F_2(\mathbf{q}, \bar{\mathbf{p}})$ nicht explizit von der Zeit abhängt, $0 = \frac{\partial F_2}{\partial t} = \bar{H} - H$, folgt $\bar{H}(\bar{\mathbf{p}}) = H(\mathbf{q}, \mathbf{p}) = H\left(\mathbf{q}, \frac{\partial F_2}{\partial \mathbf{q}}(\mathbf{q}, \bar{\mathbf{p}})\right)$. Wir verwendeten die Beziehung $\frac{\partial F_2}{\partial \mathbf{q}} = \mathbf{p}$.

(b) Die erzeugende Funktion, ausgewertet an der Stelle der physikalischen Bahn, entspricht dem Wirkungsintegral $\int_{t_1}^{t} dt' \, \dot{\mathbf{q}}_\phi(t') \cdot \mathbf{p}_\phi(t')$:

$$\begin{aligned}
F_2(\mathbf{q}_\phi(t), \bar{\mathbf{p}}_\phi(t)) - F_2(\mathbf{q}_\phi(t_1), \bar{\mathbf{p}}_\phi(t_1)) &= \int_{t_1}^{t} dt' \, \frac{dF_2}{dt'}(\mathbf{q}_\phi(t'), \bar{\mathbf{p}}_\phi(t')) \\
&= \int_{t_1}^{t} dt' \left[ \dot{\mathbf{q}}_\phi(t') \cdot \frac{\partial F_2}{\partial \mathbf{q}}(\mathbf{q}_\phi(t'), \bar{\mathbf{p}}_\phi(t')) + \dot{\bar{\mathbf{p}}}_\phi(t') \cdot \frac{\partial F_2}{\partial \bar{\mathbf{p}}}(\mathbf{q}_\phi(t'), \bar{\mathbf{p}}_\phi(t')) \right] \\
&= \int_{t_1}^{t} dt' \, \dot{\mathbf{q}}_\phi(t') \cdot \mathbf{p}_\phi(t') = \int_{\mathbf{q}_\phi(t_1)}^{\mathbf{q}_\phi(t)} d\mathbf{q}_\phi(t') \cdot \mathbf{p}_\phi(t') \,.
\end{aligned}$$

Hierbei ist $F_2(\mathbf{q}_\phi(t_1), \bar{\mathbf{p}}_\phi(t_1))$ eine „wirkungslose" Integrationskonstante.

(c) Wir betrachten den eindimensionalen Spezialfall $H(q,p) = \frac{1}{2m}p^2 + V(q)$ mit $V(q) = \frac{1}{2}m\omega^2 q^2$ und wählen $\bar{p} = \bar{H}$. Aus (a) wissen wir, dass dann die Beziehungen $p(q,\bar{p}) = \frac{\partial F_2}{\partial q}(q,\bar{p})$ und $H\big(q, \frac{\partial F_2}{\partial q}(q,\bar{p})\big) = \bar{H}(\bar{p}) = \bar{p}$ gelten, d. h.:

$$\frac{1}{2m}\left[\frac{\partial F_2}{\partial q}(q,\bar{p})\right]^2 + V(q) = \bar{p} \quad , \quad p(q,\bar{p}) = \frac{\partial F_2}{\partial q}(q,\bar{p}) = \pm\sqrt{2m\big[\bar{p} - V(q)\big]} \; .$$

Man erhält also *zwei* Zweige der erzeugenden Funktion für *positive* bzw. *negative* Werte der Impulsvariablen $p$. Wir definieren hierzu die Hilfsfunktion $\delta F_2(q,\bar{p}) = F_2(q,\bar{p}) - F_2(0,\bar{p})$ und außerdem die charakteristische Länge $q_0 \equiv \sqrt{2\bar{p}/m\omega^2}$, die physikalisch die maximale Auslenkung des Oszillators darstellt:

$$\begin{aligned}
\delta F_2(q,\bar{p}) &= \pm\int_0^q dq'\sqrt{2m\big[\bar{p} - V(q')\big]} = \pm\int_0^q dq'\sqrt{2m\big[\bar{p} - \tfrac{1}{2}m\omega^2(q')^2\big]} \\
&= \pm\sqrt{2m\bar{p}}\int_0^q dq'\sqrt{1 - (q'/q_0)^2} = \pm q_0\sqrt{2m\bar{p}}\int_0^{q/q_0} dx\,\sqrt{1 - x^2} \\
&= \pm\frac{2\bar{p}}{\omega}\left[\tfrac{1}{2}\arcsin(x) + \tfrac{1}{2}x\sqrt{1 - x^2}\right]\Big|_0^{q/q_0} \\
&= \pm\frac{2\bar{p}}{\omega}\left[\tfrac{1}{2}\arcsin\big(\tfrac{q}{q_0}\big) + \tfrac{1}{2}\big(\tfrac{q}{q_0}\big)\sqrt{1 - \big(\tfrac{q}{q_0}\big)^2}\right] \; .
\end{aligned}$$

Wir verwendeten das bekannte Ergebnis für die Stammfunktion von $\sqrt{1 - x^2}$, siehe z. B. Seite 267 oder alternativ Gleichung (6.25) von Ref. [10] für mögliche Herleitungen. Es folgt analog für $\delta\bar{q} \equiv \frac{\partial\,\delta F_2}{\partial\bar{p}}$:

$$\begin{aligned}
\delta\bar{q}(q,\bar{p}) &= \frac{\partial\,\delta F_2}{\partial\bar{p}}(q,\bar{p}) = \pm\int_0^q dq'\sqrt{\frac{m/2}{\bar{p} - V(q')}} \\
&= \pm\sqrt{\frac{m}{2\bar{p}}}\int_0^q dq'\frac{1}{\sqrt{1 - (q'/q_0)^2}} \\
&= \pm q_0\sqrt{\frac{m}{2\bar{p}}}\int_0^{q/q_0} dx\,\frac{1}{\sqrt{1 - x^2}} = \pm\frac{1}{\omega}\arcsin(x)\Big|_0^{q/q_0} \\
&= \pm\frac{1}{\omega}\arcsin\big(\tfrac{q}{q_0}\big) \; .
\end{aligned}$$

Hiermit ist auch die Funktion $\bar{q}(q,\bar{p}) = \frac{\partial F_2}{\partial\bar{p}}(q,\bar{p})$ bis auf eine Funktion von $\bar{p}$ bekannt: $\bar{q}(q,\bar{p}) = \delta\bar{q}(q,\bar{p}) + \frac{\partial F_2}{\partial\bar{p}}(0,\bar{p})$.

(d) Wir beschränken uns im Folgenden auf den $F_2$-Zweig mit dem $(+)$-Zeichen und kombinieren die allgemeinen Identitäten $p = \frac{\partial F_2}{\partial q} = \{2m[\bar{p} - V(q)]\}^{1/2}$ und $\bar{q}(q,\bar{p}) = \frac{\partial F_2}{\partial\bar{p}}(q,\bar{p}) = \frac{1}{\omega}\arcsin\big(\tfrac{q}{q_0}\big) + \frac{\partial F_2}{\partial\bar{p}}(0,\bar{p})$ mit den Hamilton-Gleichungen $\dot{p}_\phi = 0$ und $\dot{\bar{q}}_\phi = \frac{\partial\bar{H}}{\partial\bar{p}}(\bar{p}_{\phi0}) = \frac{\partial\bar{p}}{\partial\bar{p}}(\bar{p}_{\phi0}) = 1$ für die neue Bahnkoordinate und den neuen Bahnimpuls als Funktionen der Zeit. Wegen $\dot{p}_\phi = 0$ gilt auch $\frac{d}{dt}\delta\bar{q}_\phi = 1$. Analog zu (a) erhalten wir $\bar{p}_\phi(t) = \bar{p}_{\phi0}$ und $\delta\bar{q}_\phi(t) = t - t_0$. Es folgt für die Zeitabhängigkeit der „alten" Koordinate $q$ entlang der physikalischen Bahn mit $q_0 = \sqrt{2\bar{p}_\phi/m\omega^2} = \sqrt{2\bar{p}_{\phi0}/m\omega^2}$:

$$\delta\bar{q}_\phi(t) = t - t_0 = \frac{1}{\omega}\arcsin\left[\frac{q_\phi(t)}{q_0}\right] \quad , \quad q_\phi(t) = q_0\sin[\omega(t - t_0)] \; .$$

Für die Zeitabhängigkeit des „alten" Impulses $p_\phi = \frac{\partial F_2}{\partial q} = \sqrt{2m[\bar{p}_\phi - V(q_\phi)]}$ folgt:

$$p_\phi(t) = \sqrt{2m[\bar{p}_{\phi 0} - \tfrac{1}{2}m\omega^2 q_\phi^2]} = \sqrt{2m\bar{p}_{\phi 0}}\sqrt{1 - \left[\frac{q_\phi(t)}{q_0}\right]^2}$$

$$= m\omega q_0 \sqrt{1 - \sin^2[\omega(t - t_0)]}$$

$$= m\omega q_0 \cos[\omega(t - t_0)] \, .$$

Diese Zeitabhängigkeit von $q_\phi(t)$ und $p_\phi(t)$ ist korrekt für *alle* $t \in \mathbb{R}$, falls die Anfangsbedingung des Oszillators $q_\phi(t_0) = 0$ und $p_\phi(t_0) = m\omega q_0$ lautet.

## Lösung 7.8 Herleitung der Jacobi-Identität

Wir zeigen nun die Gültigkeit des Lemmas (7.53b),

$$\{A, \{B, C\}\} = \tfrac{1}{2} \sum_{k,l} \left(\mathbf{a}_k^\mathrm{T} C_{kl}\mathbf{b}_l + \mathbf{b}_k^\mathrm{T} C_{kl}\mathbf{c}_l - \mathbf{a}_k^\mathrm{T} B_{kl}\mathbf{c}_l - \mathbf{c}_k^\mathrm{T} B_{kl}\mathbf{a}_l\right) \, ,$$

das bei der Herleitung der Jacobi-Identität (7.52) verwendet wurde. Hierzu ist es hilfreich, die Notation zu vereinfachen: Wir schreiben $\frac{\partial}{\partial q_k} \equiv \partial_k$ und $\frac{\partial}{\partial p_k} \equiv D_k$. Außerdem verwenden wir die Einstein-Notation (implizite Summation über zweifache Indizes $k$ bzw. $l$). Für die Observable $A$ lauten der Vektor $\mathbf{a}_k$ und die Matrix $A_{kl}$ in (7.53a) in vereinfachter Notation (und analog für die Observablen $B$ und $C$):

$$\mathbf{a}_k \equiv \begin{pmatrix} D_k A \\ \partial_k A \end{pmatrix} \quad , \quad A_{kl} \equiv \begin{pmatrix} \partial_k\partial_l A & -\partial_k D_l A \\ -D_k\partial_l A & D_k D_l A \end{pmatrix} \, .$$

Die Poisson-Klammer (7.49) lautet in vereinfachter (Einstein-)Notation: $\{A, B\} = (\partial_k A)(D_k B) - (D_k A)(\partial_k B)$. Nach diesen Vorbereitungen erhält man für die doppelte Poisson-Klammer $\{A, \{B, C\}\}$ in Gleichung (7.53b):

$$\{A, \{B, C\}\} = \{A, (\partial_k B)(D_k C) - (D_k B)(\partial_k C)\}$$

$$= (\partial_l A)\left[(\partial_k D_l B)(D_k C) + (\partial_k B)(D_k D_l C) - (D_k D_l B)(\partial_k C) - (D_k B)(\partial_k D_l C)\right]$$

$$\quad - \left[(\partial_k\partial_l B)(D_k C) + (\partial_k B)(D_k\partial_l C) - (D_k\partial_l B)(\partial_k C) - (D_k B)(\partial_k\partial_l C)\right](D_l A)$$

$$= \begin{pmatrix} D_k A \\ \partial_k A \end{pmatrix}^\mathrm{T} \left[-\begin{pmatrix} \partial_k\partial_l B & -\partial_k D_l B \\ -D_k\partial_l B & D_k D_l B \end{pmatrix}\begin{pmatrix} D_l C \\ \partial_l C \end{pmatrix} + \begin{pmatrix} \partial_k\partial_l C & -\partial_k D_l C \\ -D_k\partial_l C & D_k D_l C \end{pmatrix}\begin{pmatrix} D_l B \\ \partial_l B \end{pmatrix}\right]$$

$$= \mathbf{a}_k^\mathrm{T}\left(-B_{kl}\mathbf{c}_l + C_{kl}\mathbf{b}_l\right)$$

$$= \tfrac{1}{2}\left(-\mathbf{a}_k^\mathrm{T} B_{kl}\mathbf{c}_l - \mathbf{a}_l^\mathrm{T} B_{lk}\mathbf{c}_k + \mathbf{a}_k^\mathrm{T} C_{kl}\mathbf{b}_l + \mathbf{a}_l^\mathrm{T} C_{lk}\mathbf{b}_k\right)$$

$$= \tfrac{1}{2}\left(-\mathbf{a}_k^\mathrm{T} B_{kl}\mathbf{c}_l - \mathbf{c}_k^\mathrm{T} B_{lk}^\mathrm{T}\mathbf{a}_l + \mathbf{a}_k^\mathrm{T} C_{kl}\mathbf{b}_l + \mathbf{b}_k^\mathrm{T} C_{lk}^\mathrm{T}\mathbf{a}_l\right)$$

$$= \tfrac{1}{2}\left(-\mathbf{a}_k^\mathrm{T} B_{kl}\mathbf{c}_l - \mathbf{c}_k^\mathrm{T} B_{kl}\mathbf{a}_l + \mathbf{a}_k^\mathrm{T} C_{kl}\mathbf{b}_l + \mathbf{b}_k^\mathrm{T} C_{kl}\mathbf{a}_l\right) \, .$$

Im fünften Schritt haben wir die Summationsindizes $k$ und $l$ vertauscht, das Resultat zum bisherigen Ergebnis addiert und die Summe durch zwei geteilt. Im vorletzten Schritt wurden der zweite und vierte Term transponiert. Im letzten Schritt wurde die Identität $B_{lk}^\mathrm{T} = B_{kl}$ (und analog für $C$) verwendet. Das Endergebnis zeigt die Gültigkeit des Lemmas (7.53b).

### Lösung 7.9 Poisson-Klammern des Drehimpulses

Wir verwenden die Einstein-Konvention, sodass z. B. $L_i = \varepsilon_{ijk} x_j p_k$ gilt. Die fundamentalen Poisson-Klammern sind $\{x_i, x_j\} = 0$, $\{p_i, p_j\} = 0$ und $\{x_i, p_j\} = \delta_{ij}$. Wir verwenden mehrmals die Antisymmetrie der Poisson-Klammer und z.B. die Rechenregel $\{A_1 A_2, B\} = A_1\{A_2, B\} + \{A_1, B\} A_2$ aus Gleichung (7.51b). Für die verschiedenen Poisson-Klammern mit den Drehimpulskomponenten folgt dann:

$$\{L_i, x_j\} = \varepsilon_{ikl}\{x_k p_l, x_j\} = \varepsilon_{ikl}\big(x_k\{p_l, x_j\} + \{x_k, x_j\} p_l\big) = -\varepsilon_{ikl} x_k \delta_{jl} = \varepsilon_{ijk} x_k$$

$$\{L_i, p_j\} = \varepsilon_{ikl}\{x_k p_l, p_j\} = \varepsilon_{ikl}\big(x_k\{p_l, p_j\} + \{x_k, p_j\} p_l\big) = \varepsilon_{ikl} p_l \delta_{kj} = \varepsilon_{ijl} p_l$$

$$\{L_i, L_j\} = \varepsilon_{ikl}\{x_k p_l, L_j\} = \varepsilon_{ikl}\big(x_k\{p_l, L_j\} + \{x_k, L_j\} p_l\big)$$

$$= -\varepsilon_{ikl} x_k \varepsilon_{jlm} p_m - \varepsilon_{ikl}\varepsilon_{jkm} x_m p_l$$

$$= (\delta_{ij}\delta_{km} - \delta_{im}\delta_{kj}) x_k p_m - (\delta_{ij}\delta_{lm} - \delta_{im}\delta_{lj}) x_m p_l$$

$$= \delta_{ij}\mathbf{x}\cdot\mathbf{p} - x_j p_i - \delta_{ij}\mathbf{x}\cdot\mathbf{p} + x_i p_j = x_i p_j - x_j p_i = \varepsilon_{ijk} L_k$$

$$\{\mathbf{L}^2, L_j\} = \{L_i L_i, L_j\} = 2 L_i \{L_i, L_j\} = 2 L_i \varepsilon_{ijk} L_k = -2(\mathbf{L}\times\mathbf{L})_j = 0 \ .$$

Bemerkenswert bei den ersten drei Klammern ist die Struktur $\{L_i, q_j\} = \varepsilon_{ijk} q_k$ mit $q_j = x_j, p_j, L_j$. Der Unterschied zur vierten Klammer ist, dass in den ersten Beispielen Poisson-Klammern dreier *Vektoren* und im letzten die Poisson-Klammer eines *Skalars* mit dem Drehimpuls bestimmt werden.

### Lösung 7.10 Poisson-Klammern von Vektor- und Skalarprodukten

Aus der Rechenregel $\{L_k, v_{il}\} = \varepsilon_{klm} v_{im}$ mit $i = 1, 2$ folgt für $\mathbf{v}_1 \times \mathbf{v}_2$:

$$\{L_k, (\mathbf{v}_1 \times \mathbf{v}_2)_l\} = \varepsilon_{lmn}\{L_k, v_{1m} v_{2n}\} = \varepsilon_{lmn}\big(v_{1m}\{L_k, v_{2n}\} + \{L_k, v_{1m}\} v_{2n}\big)$$

$$= \varepsilon_{lmn}\varepsilon_{knp} v_{1m} v_{2p} + \varepsilon_{lmn}\varepsilon_{kmp} v_{1p} v_{2n}$$

$$= -(\delta_{lk}\delta_{mp} - \delta_{lp}\delta_{km}) v_{1m} v_{2p} + (\delta_{lk}\delta_{np} - \delta_{lp}\delta_{kn}) v_{1p} v_{2n}$$

$$= -\delta_{lk}\mathbf{v}_1\cdot\mathbf{v}_2 + v_{1k} v_{2l} + \delta_{lk}\mathbf{v}_1\cdot\mathbf{v}_2 - v_{1l} v_{2k} = v_{1k} v_{2l} - v_{1l} v_{2k} \ .$$

Die rechte Seite ist ebenfalls das Ergebnis der folgenden Berechnung:

$$\varepsilon_{klm}(\mathbf{v}_1\times\mathbf{v}_2)_m = \varepsilon_{klm}\varepsilon_{mnp} v_{1n} v_{2p} = (\delta_{kn}\delta_{lp} - \delta_{kp}\delta_{nl}) v_{1n} v_{2p} = v_{1k} v_{2l} - v_{1l} v_{2k} \ ,$$

sodass insgesamt $\{L_k, (\mathbf{v}_1\times\mathbf{v}_2)_l\} = \varepsilon_{klm}(\mathbf{v}_1\times\mathbf{v}_2)_m$ gilt. Auch $\mathbf{v}_1\times\mathbf{v}_2$ ist daher in diesem Sinne ein *Vektor*. Für das Skalarprodukt $\mathbf{v}_1\cdot\mathbf{v}_2$ (ein *Skalar*) gilt dagegen aufgrund der Antisymmetrie des Vektorprodukts:

$$\{L_k, \mathbf{v}_1\cdot\mathbf{v}_2\} = \{L_k, v_{1l} v_{2l}\} = v_{1l}\{L_k, v_{2l}\} + \{L_k, v_{1l}\} v_{2l}$$

$$= v_{1l}\varepsilon_{klm} v_{2m} + \varepsilon_{klm} v_{1m} v_{2l} = (\mathbf{v}_1\times\mathbf{v}_2)_k + (\mathbf{v}_2\times\mathbf{v}_1)_k = 0 \ .$$

### Lösung 7.11 Transformationen mit der erzeugenden Funktion F$_3$

(*i*) Bei der Transformation $\bar{q} = \ln[1 + \sqrt{q}\cos(p)]$, $\bar{p} = \alpha[1 + \sqrt{q}\cos(p)]\sqrt{q}\sin(p)$ gilt:

$$\frac{\partial\bar{q}}{\partial q} = \frac{\frac{1}{2} q^{-1/2}\cos(p)}{1 + \sqrt{q}\cos(p)} \quad , \quad \frac{\partial\bar{p}}{\partial q} = \frac{1}{2}\alpha q^{-1/2}\sin(p) + \alpha\sin(p)\cos(p)$$

$$\frac{\partial\bar{q}}{\partial p} = \frac{-\sqrt{q}\sin(p)}{1 + \sqrt{q}\cos(p)} \quad , \quad \frac{\partial\bar{p}}{\partial p} = -\alpha q\sin^2(p) + \alpha[1 + \sqrt{q}\cos(p)]\sqrt{q}\cos(p) \ .$$

Es gilt immer $\{\bar{q}, \bar{q}\} = 0$ und $\{\bar{p}, \bar{p}\} = 0$ wegen der Antisymmetrie der Poisson-Klammer. Die gemischte Poisson-Klammer $\{\bar{q}, \bar{p}\} = \frac{\partial \bar{q}}{\partial q}\frac{\partial \bar{p}}{\partial p} - \frac{\partial \bar{q}}{\partial p}\frac{\partial \bar{p}}{\partial q}$ folgt als:

$$\{\bar{q}, \bar{p}\} = \alpha \frac{(-\frac{1}{2}+1)\sqrt{q}\sin^2(p)\cos(p) + \frac{1}{2}[1+\sqrt{q}\cos(p)]\cos^2(p) + \frac{1}{2}\sin^2(p)}{1+\sqrt{q}\cos(p)}$$

$$= \frac{1}{2}\alpha \frac{[1+\sqrt{q}\cos(p)][\cos^2(p)+\sin^2(p)]}{1+\sqrt{q}\cos(p)} = \frac{1}{2}\alpha \overset{!}{=} 1 \quad , \quad \alpha = 2 \, .$$

Für $\alpha = 2$ lässt diese Transformation die fundamentale Poisson-Klammer invariant. Wir untersuchen nun, ob sie auch eine Berührungstransformation ist und fordern dazu:

$$q = \frac{(e^{\bar{q}}-1)^2}{\cos^2(p)} \overset{!}{=} -\frac{\partial F_3}{\partial p}(p, \bar{q}) \quad , \quad F_3(p, \bar{q}) = -(e^{\bar{q}}-1)^2\tan(p) + f(\bar{q}) \, .$$

Um $f(\bar{q})$ zu bestimmen, stellen wir mit $\alpha = 2$ die weitere Forderung:

$$-\frac{\partial F_3}{\partial \bar{q}} \overset{!}{=} \bar{p} = 2[1+\sqrt{q}\cos(p)]\sqrt{q}\sin(p) = 2[1+(e^{\bar{q}}-1)](e^{\bar{q}}-1)\frac{\sin(p)}{\cos(p)}$$

$$= 2e^{\bar{q}}(e^{\bar{q}}-1)\tan(p) = -\frac{\partial}{\partial \bar{q}}[-(e^{\bar{q}}-1)^2\tan(p)] = -\frac{\partial(F_3-f)}{\partial \bar{q}} \, .$$

Diese Bedingung ist z. B. erfüllt für $f'(\bar{q}) = 0$, sodass man o. B. d. A. $f(\bar{q}) = 0$ wählen kann. In der Tat liegt also eine Berührungstransformation vor; die entsprechende erzeugende Funktion ist $F_3(p, \bar{q}) = -(e^{\bar{q}}-1)^2\tan(p)$.

(*ii*) Bei der Transformation $\bar{q} = \ln[q^{-1}\sin(p)]$, $\bar{p} = \alpha q\cot(p)$ gilt:

$$\frac{\partial \bar{q}}{\partial q} = -\frac{1}{q} \quad , \quad \frac{\partial \bar{p}}{\partial q} = \alpha\cot(p)$$

$$\frac{\partial \bar{q}}{\partial p} = \cot(p) \quad , \quad \frac{\partial \bar{p}}{\partial p} = -\frac{\alpha q}{\sin^2(p)} = -\alpha q[1+\cot^2(p)] \, .$$

Die gemischte Poisson-Klammer $\{\bar{q}, \bar{p}\} = \frac{\partial \bar{q}}{\partial q}\frac{\partial \bar{p}}{\partial p} - \frac{\partial \bar{q}}{\partial p}\frac{\partial \bar{p}}{\partial q}$ folgt als:

$$\{\bar{q}, \bar{p}\} = \alpha[1+\cot^2(p) - \cot^2(p)] = \alpha \overset{!}{=} 1 \quad , \quad \alpha = 1 \, .$$

Für $\alpha = 1$ lässt die Transformation die fundamentale Poisson-Klammer also invariant. Wir untersuchen nun, ob sie auch eine Berührungstransformation ist und fordern dazu:

$$q = e^{-\bar{q}}\sin(p) \overset{!}{=} -\frac{\partial F_3}{\partial p}(p, \bar{q}) \quad , \quad F_3(p, \bar{q}) = e^{-\bar{q}}\cos(p) + f(\bar{q}) \, .$$

Um $f(\bar{q})$ zu bestimmen, stellen wir mit $\alpha = 1$ die weitere Forderung:

$$-\frac{\partial F_3}{\partial \bar{q}} \overset{!}{=} \bar{p} = q\cot(p) = e^{-\bar{q}}\sin(p)\cot(p) = e^{-\bar{q}}\cos(p) = -\frac{\partial(F_3-f)}{\partial \bar{q}} \, .$$

Wir können o. B. d. A. wieder $f(\bar{q}) = 0$ wählen. In der Tat liegt also eine Berührungstransformation mit $F_3(p, \bar{q}) = e^{-\bar{q}}\cos(p)$ vor.

($iii$) Bei der Transformation $\bar{q} = q^{\alpha}\cos(\beta p)$, $\bar{p} = \gamma q^{\alpha}\sin(\beta p)$ gilt:

$$\frac{\partial \bar{q}}{\partial q} = \alpha q^{\alpha-1}\cos(\beta p) \quad , \quad \frac{\partial \bar{p}}{\partial q} = \gamma\alpha q^{\alpha-1}\sin(\beta p)$$

$$\frac{\partial \bar{q}}{\partial p} = -\beta q^{\alpha}\sin(\beta p) \quad , \quad \frac{\partial \bar{p}}{\partial p} = \beta\gamma q^{\alpha}\cos(\beta p) \, .$$

Die gemischte Poisson-Klammer $\{\bar{q},\bar{p}\} = \frac{\partial \bar{q}}{\partial q}\frac{\partial \bar{p}}{\partial p} - \frac{\partial \bar{q}}{\partial p}\frac{\partial \bar{p}}{\partial q}$ folgt als:

$$\{\bar{q},\bar{p}\} = \alpha\beta\gamma q^{2\alpha-1}[\cos^2(\beta p) + \sin^2(\beta p)] = \alpha\beta\gamma q^{2\alpha-1} \overset{!}{=} 1 \quad , \quad \begin{cases} \alpha = \frac{1}{2} \\ \beta\gamma = 2 \, . \end{cases}$$

Für beliebige $\beta \neq 0$ lässt die Transformation $\bar{q} = \sqrt{q}\cos(\beta p), \bar{p} = \frac{2}{\beta}\sqrt{q}\sin(\beta p)$ die fundamentale Poisson-Klammer also invariant. Wir untersuchen nun, ob sie auch eine Berührungstransformation ist und fordern dazu:

$$q = \frac{\bar{q}^2}{\cos^2(\beta p)} \overset{!}{=} -\frac{\partial F_3}{\partial p}(p,\bar{q}) \quad , \quad F_3(p,\bar{q}) = -\frac{1}{\beta}\bar{q}^2\tan(\beta p) + f(\bar{q}) \, .$$

Um $f(\bar{q})$ zu bestimmen, stellen wir die weitere Forderung:

$$-\frac{\partial F_3}{\partial \bar{q}} \overset{!}{=} \bar{p} = \frac{2}{\beta}\bar{q}\tan(\beta p) = -\frac{\partial}{\partial \bar{q}}\left[-\frac{1}{\beta}\bar{q}^2\tan(\beta p)\right] = -\frac{\partial(F_3 - f)}{\partial \bar{q}} \, .$$

Wir können o. B. d. A. wieder $f(\bar{q}) = 0$ wählen. Auch in diesem Fall liegt also eine Berührungstransformation vor und zwar mit $F_3(p,\bar{q}) = -\frac{1}{\beta}\bar{q}^2\tan(\beta p)$.

## Lösung 7.12 Transformationen mit der erzeugenden Funktion F₁

Die Berechnungen erfolgen analog zu Lösung 7.11, Teil ($iii$). Bei der Transformation $\bar{q} = \sqrt{2/\gamma\beta}\,p^{\alpha}\cos(\beta q)$, $\bar{p} = -\sqrt{2\gamma/\beta}\,p^{\alpha}\sin(\beta q)$ mit Parametern $\beta, \gamma > 0$ und zunächst beliebigem $\alpha$ gilt:

$$\frac{\partial \bar{q}}{\partial q} = -\sqrt{\frac{2\beta}{\gamma}}\,p^{\alpha}\sin(\beta q) \quad , \quad \frac{\partial \bar{p}}{\partial q} = -\sqrt{2\beta\gamma}\,p^{\alpha}\cos(\beta q)$$

$$\frac{\partial \bar{q}}{\partial p} = \alpha\sqrt{\frac{2}{\gamma\beta}}\,p^{\alpha-1}\cos(\beta q) \quad , \quad \frac{\partial \bar{p}}{\partial p} = -\alpha\sqrt{\frac{2\gamma}{\beta}}\,p^{\alpha-1}\sin(\beta q) \, .$$

Die gemischte Poisson-Klammer $\{\bar{q},\bar{p}\} = \frac{\partial \bar{q}}{\partial q}\frac{\partial \bar{p}}{\partial p} - \frac{\partial \bar{q}}{\partial p}\frac{\partial \bar{p}}{\partial q}$ folgt als:

$$\{\bar{q},\bar{p}\} = 2\alpha p^{2\alpha-1}[\cos^2(\beta q) + \sin^2(\beta q)] = 2\alpha p^{2\alpha-1} \overset{!}{=} 1 \quad , \quad \alpha = \frac{1}{2} \, .$$

Die Transformation $\bar{q} = \sqrt{2/\gamma\beta}\sqrt{p}\cos(\beta q)$, $\bar{p} = -\sqrt{2\gamma/\beta}\sqrt{p}\sin(\beta q)$ lässt die fundamentale Poisson-Klammer also für beliebige $\beta, \gamma > 0$ invariant. Wir untersuchen nun, ob sie auch eine Berührungstransformation ist und fordern dazu:

$$p = \frac{\gamma\beta\bar{q}^2}{2\cos^2(\beta q)} \overset{!}{=} \frac{\partial F_1}{\partial q}(q,\bar{q}) \quad , \quad F_1(q,\bar{q}) = \frac{1}{2}\gamma\bar{q}^2\tan(\beta q) + f(\bar{q}) \, .$$

Um $f(\bar{q})$ zu bestimmen, stellen wir die weitere Forderung:

$$-\frac{\partial F_1}{\partial \bar{q}} \overset{!}{=} \bar{p} = -\gamma\bar{q}\tan(\beta q) = -\frac{\partial}{\partial \bar{q}}\left[\frac{1}{2}\gamma\bar{q}^2\tan(\beta q)\right] = -\frac{\partial(F_1 - f)}{\partial \bar{q}} \, .$$

Wir können o. B. d. A. $f(\bar{q}) = 0$ wählen. Auch in diesem Fall liegt also eine Berührungstransformation vor, und zwar mit $F_1(q,\bar{q}) = \frac{1}{2}\gamma\bar{q}^2\tan(\beta q)$.

## Lösung 7.13 Ein Paradoxon der erzeugenden Funktion $F_1$

Das Ergebnis $F_1 = 0$ für die erzeugende Funktion ist an sich korrekt, nur kann man in diesem Fall Gleichung (7.65) nicht anwenden. In der Herleitung von Gleichung (7.65) wird angenommen, dass die Variablen $\mathbf{q}$, $\bar{\mathbf{q}}$ und $t$ unabhängig sind,[9] und das ist bei einer Punkttransformation $\mathbf{q} \to \mathbf{q}'(\mathbf{q}, t)$ gerade nicht der Fall. Die Differentiale $d\mathbf{q}$, $d\bar{\mathbf{q}}$ und $dt$ sind also nicht unabhängig. Folglich lautet Gleichung (7.64) mit $F_1 = 0$:

$$0 = \mathbf{p}^\mathrm{T} d\mathbf{q} - \bar{\mathbf{p}}^\mathrm{T} d\bar{\mathbf{q}} + (\bar{H} - H)dt = \mathbf{p}^\mathrm{T} d\mathbf{q} - \bar{\mathbf{p}}^\mathrm{T}\left(\frac{\partial \mathbf{q}'}{\partial \mathbf{q}} d\mathbf{q} + \frac{\partial \mathbf{q}'}{\partial t} dt\right) + (\bar{H} - H)dt$$

$$= \left(\mathbf{p}^\mathrm{T} - \bar{\mathbf{p}}^\mathrm{T}\frac{\partial \mathbf{q}'}{\partial \mathbf{q}}\right)d\mathbf{q} + \left(\bar{H} - H - \bar{\mathbf{p}}^\mathrm{T}\frac{\partial \mathbf{q}'}{\partial t}\right)dt \; ,$$

und es folgen die (nun korrekten) Ergebnisse:

$$\mathbf{p} = \left(\frac{\partial \mathbf{q}'}{\partial \mathbf{q}}\right)^\mathrm{T}\bar{\mathbf{p}} \quad , \quad \bar{\mathbf{p}} = \left[\left(\frac{\partial \mathbf{q}'}{\partial \mathbf{q}}\right)^\mathrm{T}\right]^{-1}\mathbf{p} \quad , \quad \bar{H} = H + \bar{\mathbf{p}}^\mathrm{T}\frac{\partial \mathbf{q}'}{\partial t} = H + \mathbf{p}^\mathrm{T}\left(\frac{\partial \mathbf{q}'}{\partial \mathbf{q}}\right)^{-1}\frac{\partial \mathbf{q}'}{\partial t} \; .$$

Generell lernt man aus diesem Paradoxon, dass funktionale Beziehungen zwischen $\bar{\mathbf{q}}$- und $\mathbf{q}$-Komponenten (unabhängig von $\mathbf{p}$ und $\bar{\mathbf{p}}$) bei der Verwendung von $F_1$ explizit berücksichtigt werden müssen und dass deshalb beim Vorliegen solcher Beziehungen die Verwendung anderer Varianten der erzeugenden Funktion (wie $F_2$) in der Regel bequemer ist.

## 9.8 Der starre Körper

### Lösung 8.1 Rotierendes Koordinatensystem

(a) Im Inertialsystem gilt die Lagrange-Funktion $L(\mathbf{x}, \dot{\mathbf{x}}) = \frac{1}{2}m\dot{\mathbf{x}}^2 - V(|\mathbf{x}|)$. Wir führen eine Transformation der Form $\mathbf{x} = R(\boldsymbol{\alpha})\mathbf{q}$ durch mit $\boldsymbol{\alpha} = \boldsymbol{\omega}t$ und $\boldsymbol{\omega} = \omega\hat{\mathbf{e}}_3$. Die Geschwindigkeit $\dot{\mathbf{x}}$ lautet dann in der $(\mathbf{q}, \dot{\mathbf{q}})$-Sprache:

$$\dot{\mathbf{x}} = R(\boldsymbol{\alpha})\dot{\mathbf{q}} + \dot{R}(\boldsymbol{\alpha})\mathbf{q} = R(\boldsymbol{\alpha})\left(\dot{\mathbf{q}} + R(\boldsymbol{\alpha})^\mathrm{T}\dot{R}(\boldsymbol{\alpha})\mathbf{q}\right) = R(\boldsymbol{\alpha})(\dot{\mathbf{q}} + \boldsymbol{\omega} \times \mathbf{q}) \; .$$

Im letzten Schritt wurde verwendet:

$$R(\boldsymbol{\alpha})^\mathrm{T}\dot{R}(\boldsymbol{\alpha}) = \omega \begin{pmatrix} \cos(\omega t) & \sin(\omega t) & 0 \\ -\sin(\omega t) & \cos(\omega t) & 0 \\ 0 & 0 & 1 \end{pmatrix} \begin{pmatrix} -\sin(\omega t) & -\cos(\omega t) & 0 \\ \cos(\omega t) & -\sin(\omega t) & 0 \\ 0 & 0 & 0 \end{pmatrix} = \omega \begin{pmatrix} 0 & -1 & 0 \\ 1 & 0 & 0 \\ 0 & 0 & 0 \end{pmatrix} \; ,$$

sodass $R(\boldsymbol{\alpha})^\mathrm{T}\dot{R}(\boldsymbol{\alpha})\mathbf{q} = \omega(q_1\hat{\mathbf{e}}_2 - q_2\hat{\mathbf{e}}_1) = (\omega\hat{\mathbf{e}}_3) \times \mathbf{q}$ gilt. Durch Einsetzen des Ergebnisses für $\dot{\mathbf{x}}$ erhält man für die Lagrange-Funktion:

$$L(\mathbf{q}, \dot{\mathbf{q}}) = \frac{1}{2}m\left[R(\boldsymbol{\alpha})(\dot{\mathbf{q}} + \boldsymbol{\omega} \times \mathbf{q})\right]^2 - V(|R(\boldsymbol{\alpha})\mathbf{q}|) = \frac{1}{2}m(\dot{\mathbf{q}} + \boldsymbol{\omega} \times \mathbf{q})^2 - V(q)$$

$$= \frac{1}{2}m\dot{\mathbf{q}}^2 + m\dot{\mathbf{q}} \cdot (\boldsymbol{\omega} \times \mathbf{q}) + \frac{1}{2}m(\boldsymbol{\omega} \times \mathbf{q})^2 - V(q) \; .$$

Für die Herleitung der Bewegungsgleichung benötigen wir die folgenden Ableitungen nach der verallgemeinerten Koordinate $\mathbf{q}$:

$$\frac{\partial}{\partial \mathbf{q}} m\dot{\mathbf{q}} \cdot (\boldsymbol{\omega} \times \mathbf{q}) = \frac{\partial}{\partial \mathbf{q}} m\mathbf{q} \cdot (\dot{\mathbf{q}} \times \boldsymbol{\omega}) = m\dot{\mathbf{q}} \times \boldsymbol{\omega} = -m\boldsymbol{\omega} \times \dot{\mathbf{q}}$$

$$\frac{\partial}{\partial q_l} \frac{1}{2}m(\boldsymbol{\omega} \times \mathbf{q})^2 = m(\boldsymbol{\omega} \times \mathbf{q})_i \frac{\partial}{\partial q_l}\varepsilon_{ijk}\omega_j q_k = m(\boldsymbol{\omega} \times \mathbf{q})_i\varepsilon_{ijl}\omega_j$$

$$= -m\varepsilon_{lji}\omega_j(\boldsymbol{\omega} \times \mathbf{q})_i = -m[\boldsymbol{\omega} \times (\boldsymbol{\omega} \times \mathbf{q})]_l \; .$$

---

[9]Dies bedeutet, dass $\bar{\mathbf{q}}$ bei festem $(\mathbf{q}, t)$ durch Variation von $(\mathbf{p}, \bar{\mathbf{p}})$ unterschiedliche Werte annehmen kann. Bei einer Punkttransformation liegt $\bar{\mathbf{q}}(\mathbf{q}, t)$ jedoch unverändert fest.

Die letzte Gleichung lautet kompakt: $\frac{\partial}{\partial \mathbf{q}} \frac{1}{2} m(\boldsymbol{\omega} \times \mathbf{q})^2 = -m\boldsymbol{\omega} \times (\boldsymbol{\omega} \times \mathbf{q})$. Es folgt daher für die Lagrange-Gleichung:

$$m\ddot{\mathbf{q}} + m\boldsymbol{\omega} \times \dot{\mathbf{q}} = \frac{d}{dt}\left(\frac{\partial L}{\partial \dot{\mathbf{q}}}\right) = \frac{\partial L}{\partial \mathbf{q}} = -m\boldsymbol{\omega} \times \dot{\mathbf{q}} - m\boldsymbol{\omega} \times (\boldsymbol{\omega} \times \mathbf{q}) - \frac{\partial V}{\partial \mathbf{q}}$$

und daher: $\qquad m\ddot{\mathbf{q}} = -\frac{\partial V}{\partial \mathbf{q}} - 2m\boldsymbol{\omega} \times \dot{\mathbf{q}} - m\boldsymbol{\omega} \times (\boldsymbol{\omega} \times \mathbf{q})\,.$

Für die Hamilton-Funktion benötigen wir den konjugierten Impuls

$$\mathbf{p} = \frac{\partial L}{\partial \dot{\mathbf{q}}}(\mathbf{q}, \dot{\mathbf{q}}_{\mathrm{m}}) = m\dot{\mathbf{q}}_{\mathrm{m}} + m\boldsymbol{\omega} \times \mathbf{q}\,.$$

Die Hamilton-Funktion lautet dann:

$$H(\mathbf{q}, \mathbf{p}) = \mathbf{p} \cdot \dot{\mathbf{q}}_{\mathrm{m}}(\mathbf{q}, \mathbf{p}) - L(\mathbf{q}, \dot{\mathbf{q}}_{\mathrm{m}}) = \mathbf{p} \cdot (\tfrac{1}{m}\mathbf{p} - \boldsymbol{\omega} \times \mathbf{q}) - \frac{\mathbf{p}^2}{2m} + V(q)$$

$$= \frac{\mathbf{p}^2}{2m} - \mathbf{p} \cdot (\boldsymbol{\omega} \times \mathbf{q}) + V(q)\,,$$

und die entsprechenden Hamilton-Gleichungen sind:

$$\dot{\mathbf{q}} = \frac{\partial H}{\partial \mathbf{p}} = \tfrac{1}{m}\mathbf{p} - \boldsymbol{\omega} \times \mathbf{q} \quad, \quad \dot{\mathbf{p}} = -\frac{\partial H}{\partial \mathbf{q}} = -\frac{\partial V}{\partial \mathbf{q}} - \boldsymbol{\omega} \times \mathbf{p}\,.$$

(b) Um die Dynamik von *Wind* in einem rotierenden Koordinatensystem zu verstehen, betrachten wir ein Gasteilchen der Masse $m$ im Schwerkraftfeld der Erde nahe der Erdoberfläche. Das Teilchen hat die Koordinaten $\mathbf{q}$ und die Geschwindigkeit $\dot{\mathbf{q}}$, deren Zeitabhängigkeit durch die Bewegungsgleichung $m\ddot{\mathbf{q}} = \mathcal{F}(\mathbf{q}, \dot{\mathbf{q}})$ mit $\mathcal{F}(\mathbf{q}, \dot{\mathbf{q}}) = -\frac{\partial \mathcal{V}}{\partial \mathbf{q}} - 2m\boldsymbol{\omega} \times \dot{\mathbf{q}}$ und dem effektiven Potential $\mathcal{V}(\mathbf{q}) = V(\mathbf{q}) - \frac{1}{2}m(\boldsymbol{\omega} \times \mathbf{q})^2$ beschrieben wird. Falls *kein* Wind auftritt, d. h., falls die mittlere Geschwindigkeit vieler solcher Gasteilchen in einem vorgegebenen Gasvolumen *null* ist, befindet sich das Gas am Ort $\mathbf{q} = (R_{\mathrm{E}} + h)\hat{\mathbf{e}}_q$ in der Atmosphäre lokal im Gleichgewicht. Die mittlere Kraft auf ein Gasteilchen ist dann durch $\langle \mathcal{F}(\mathbf{q}, \dot{\mathbf{q}}) \rangle = -\frac{\partial \mathcal{V}}{\partial \mathbf{q}}$ gegeben. Die mittlere Teilchendichte des Gases wird in diesem Fall durch die barometrische Höhenformel $\rho(h) = \rho(0)e^{-\bar{\mathcal{V}}(h)/k_{\mathrm{B}}T}$ mit $\bar{\mathcal{V}}(h) = \mathcal{V}(\mathbf{q}) - \mathcal{V}(R_{\mathrm{E}}\hat{\mathbf{e}}_q) = m\bar{g}h$ und $\bar{g} = g - \omega^2 R_{\mathrm{E}}(\hat{\mathbf{e}}_3 \times \hat{\mathbf{e}}_q)^2$ beschrieben, wobei $T$ die Temperatur ist und $k_{\mathrm{B}} \simeq 1{,}38065 \cdot 10^{-23}\,\mathrm{J/K}$ die *Boltzmann-Konstante*. Falls Wind auftritt mit einer mittleren Geschwindigkeit $\langle \dot{\mathbf{q}} \rangle = \mathbf{v}$ im Gasvolumen, ist die mittlere Kraft pro Teilchen durch $\langle \mathcal{F}(\mathbf{q}, \dot{\mathbf{q}}) \rangle = -\frac{\partial \mathcal{V}}{\partial \mathbf{q}} - 2m\boldsymbol{\omega} \times \mathbf{v}$ gegeben. Die zusätzliche Kraftkomponente $-2m\boldsymbol{\omega} \times \mathbf{v}$ zeigt auf der *Nord*halbkugel nach *rechts* relativ zur $\mathbf{v}$-Richtung und auf der *Süd*halbkugel nach *links*.

Analog kann man ein Teilchen der Masse $m$ betrachten, das im Schwerkraftfeld der Erde mit der Anfangsgeschwindigkeit $\dot{\mathbf{q}}(0) = \mathbf{0}$ hundert Meter senkrecht über einem Punkt $P$ der Erdoberfläche am Äquator losgelassen wird. Die Koordinaten des Teilchens können dann durch $\mathbf{q}(t) = R_{\mathrm{E}}\hat{\mathbf{e}}_q + \mathbf{q}_1(t)$ mit $\hat{\mathbf{e}}_3 \cdot \hat{\mathbf{e}}_q = 0$ und $|\mathbf{q}_1(t)| \ll R_{\mathrm{E}}$ beschrieben werden. Die Bewegungsgleichung des Teilchens im Gravitationspotential $V(\mathbf{q})$ der Erde lautet

$$\ddot{\mathbf{q}}_1 = -\bar{g}\hat{\mathbf{e}}_q - 2\boldsymbol{\omega} \times \dot{\mathbf{q}}_1 - \boldsymbol{\omega} \times (\boldsymbol{\omega} \times \mathbf{q}_1) \quad, \quad \bar{g} = g - \omega^2 R_{\mathrm{E}}\,.$$

Wegen $\omega \simeq 7{,}29212 \cdot 10^{-5}\,\mathrm{s}^{-1}$ (siehe z. B. Lösung 3.15) und $R_{\mathrm{E}} \simeq 6{,}4 \cdot 10^6\,\mathrm{m}$ gilt $\bar{g} \simeq g \simeq 9{,}81\,\mathrm{m/s}^2 \gg |\boldsymbol{\omega} \times \dot{\mathbf{q}}_1| \gg |\boldsymbol{\omega} \times (\boldsymbol{\omega} \times \mathbf{q}_1)|$, sodass die Bewegungsgleichung des Teilchens in guter Näherung $\ddot{\mathbf{q}}_1 = -g\hat{\mathbf{e}}_q - 2\boldsymbol{\omega} \times \dot{\mathbf{q}}_1$ lautet. Die Lösung hat die Form $\mathbf{q}_1(t) = (h - \frac{1}{2}gt^2)\hat{\mathbf{e}}_q + \mathbf{q}_2(t)$ mit $h = 100\,\mathrm{m}$ und $\ddot{\mathbf{q}}_2 = -2\boldsymbol{\omega} \times \dot{\mathbf{q}}_1 \simeq -2\boldsymbol{\omega} \times (-gt\hat{\mathbf{e}}_q + \dot{\mathbf{q}}_2) \simeq 2gt\omega\hat{\mathbf{e}}_3 \times \hat{\mathbf{e}}_q$. Die Lösung ist $\mathbf{q}_2(t) \simeq \frac{1}{3}gt^3\omega\hat{\mathbf{e}}_3 \times \hat{\mathbf{e}}_q$, sodass das Teilchen etwa $\frac{1}{3}g\omega(2h/g)^{3/2} \simeq 2\,\mathrm{cm}$ *östlich* von Punkt $P$ auftrifft. Dies ist qualitativ auch leicht physikalisch nachvollziehbar, da sich die Rotationsgeschwindigkeit des Teilchens um die $\hat{\mathbf{e}}_3$-Achse aufgrund der Drehimpulserhaltung beim Fallen *erhöht*.

(c) Wir transformieren nun auf sphärische Koordinaten $(q, \vartheta, \varphi)$ mit $\mathbf{q} \equiv q\hat{\mathbf{e}}_q$. Wir führen wie üblich die Einheitsvektoren $\hat{\mathbf{e}}_q$, $\hat{\mathbf{e}}_\vartheta = \frac{\partial \hat{\mathbf{e}}_q}{\partial \vartheta}$ und $\hat{\mathbf{e}}_\varphi = \frac{1}{\sin(\vartheta)}\frac{\partial \hat{\mathbf{e}}_q}{\partial \varphi}$ ein:

$$\hat{\mathbf{e}}_q = \begin{pmatrix} \sin(\vartheta)\cos(\varphi) \\ \sin(\vartheta)\sin(\varphi) \\ \cos(\vartheta) \end{pmatrix} \quad , \quad \hat{\mathbf{e}}_\vartheta = \begin{pmatrix} \cos(\vartheta)\cos(\varphi) \\ \cos(\vartheta)\sin(\varphi) \\ -\sin(\vartheta) \end{pmatrix} \quad , \quad \hat{\mathbf{e}}_\varphi = \begin{pmatrix} -\sin(\varphi) \\ \cos(\varphi) \\ 0 \end{pmatrix} .$$

Die Geschwindigkeit in sphärischen Koordinaten ist dann $\dot{\mathbf{q}} = \dot{q}\hat{\mathbf{e}}_q + q\frac{d}{dt}\hat{\mathbf{e}}_q = \dot{q}\hat{\mathbf{e}}_q + q[\dot{\vartheta}\hat{\mathbf{e}}_\vartheta + \sin(\vartheta)\dot{\varphi}\hat{\mathbf{e}}_\varphi]$. Die Lagrange-Funktion ist daher gegeben durch:

$$\begin{aligned} L(q, \vartheta, \varphi, \dot{q}, \dot{\vartheta}, \dot{\varphi}) &= \tfrac{1}{2}m\dot{\mathbf{q}}^2 + m\dot{\mathbf{q}} \cdot (\boldsymbol{\omega} \times \mathbf{q}) + \tfrac{1}{2}m(\boldsymbol{\omega} \times \mathbf{q})^2 - V(q) \\ &= \tfrac{1}{2}m\{\dot{q}^2 + q^2[\dot{\vartheta}^2 + \sin^2(\vartheta)\dot{\varphi}^2]\} + \tfrac{1}{2}mq^2(\boldsymbol{\omega} \times \hat{\mathbf{e}}_q)^2 - V(q) \\ &\quad + mq[\dot{q}\hat{\mathbf{e}}_q + q\dot{\vartheta}\hat{\mathbf{e}}_\vartheta + q\sin(\vartheta)\dot{\varphi}\hat{\mathbf{e}}_\varphi] \cdot (\boldsymbol{\omega} \times \hat{\mathbf{e}}_q) . \end{aligned}$$

Im letzten Term auf der rechten Seite gilt $\hat{\mathbf{e}}_q \cdot (\boldsymbol{\omega} \times \hat{\mathbf{e}}_q) = 0$. Außerdem kann man im zweiten und letzten Term $\boldsymbol{\omega} \times \hat{\mathbf{e}}_q = \omega\hat{\mathbf{e}}_3 \times \hat{\mathbf{e}}_q = \omega\sin(\vartheta)\hat{\mathbf{e}}_\varphi$ einsetzen, sodass im letzten Term die Vereinfachung $\hat{\mathbf{e}}_\vartheta \cdot (\boldsymbol{\omega} \times \hat{\mathbf{e}}_q) = 0$ auftritt. Es folgt:

$$L(q, \vartheta, \varphi, \dot{q}, \dot{\vartheta}, \dot{\varphi}) = \tfrac{1}{2}m[\dot{q}^2 + q^2\dot{\vartheta}^2 + q^2\sin^2(\vartheta)\dot{\varphi}^2] + mq^2\omega\sin^2(\vartheta)(\dot{\varphi} + \tfrac{1}{2}\omega) - V(q) .$$

Die verallgemeinerten Impulse sind $p_q = \frac{\partial L}{\partial \dot{q}} = m\dot{q}$, $p_\vartheta = \frac{\partial L}{\partial \dot{\vartheta}} = mq^2\dot{\vartheta}$ und $p_\varphi = \frac{\partial L}{\partial \dot{\varphi}} = mq^2\sin^2(\vartheta)(\dot{\varphi} + \omega)$. Hieraus folgt für die Hamilton-Funktion:

$$\begin{aligned} H(q, \vartheta, \varphi, p_q, p_\vartheta, p_\varphi) &= p_q\dot{q}_{\mathrm{m}} + p_\vartheta\dot{\vartheta}_{\mathrm{m}} + p_\varphi\dot{\varphi}_{\mathrm{m}} - L(q, \vartheta, \varphi, \dot{q}_{\mathrm{m}}, \dot{\vartheta}_{\mathrm{m}}, \dot{\varphi}_{\mathrm{m}}) \\ &= \frac{p_q^2}{2m} + \frac{p_\vartheta^2}{2mq^2} + mq^2\sin^2(\vartheta)\big(\dot{\varphi}_{\mathrm{m}}^2 - \tfrac{1}{2}\dot{\varphi}_{\mathrm{m}}^2 - \tfrac{1}{2}\omega^2\big) + V(q) \\ &= \frac{p_q^2}{2m} + \frac{p_\vartheta^2}{2mq^2} + \frac{[p_\varphi - mq^2\omega\sin^2(\vartheta)]^2}{2mq^2\sin^2(\vartheta)} + V(q) - \tfrac{1}{2}mq^2\omega^2\sin^2(\vartheta) . \end{aligned}$$

Die Hamilton-Funktion ist *nicht* explizit zeitabhängig und daher erhalten. Sie ist aber *nicht* gleich der Energie, denn es gilt:

$$E = (T + V)_\phi = H_\phi + mq^2\omega\sin^2(\vartheta)(\dot{\varphi}_{\mathrm{m}} + \omega) = H_\phi + \omega(p_\varphi)_\phi \neq H_\phi .$$

## Lösung 8.2 Drei Murmeln

Als geeignetes nicht-invasives *Gedankenexperiment* zur Untersuchung und quantitativen Beschreibung des Innenlebens der Murmeln bietet sich die „Kugel auf der ideal rauen schiefen Ebene" aus Abschnitt [8.7.3] an. Die in einem Kakelorum enthaltene Murmelbahn ist eine kompakte approximative Realisierung einer solchen ideal rauen Ebene. Für den (für unsere Zwecke ausreichenden) Spezialfall „Die Kugel ruht zur Anfangszeit" zeigt Gleichung (8.75), dass alle drei Murmeln am unteren

Ende des Bretts zwar die gleiche kinetische *Gesamt*energie, aber unterschiedliche *Translations*energien haben: Die hohle Murmel hat eine *niedrigere* Translationsenergie als die Murmel mit der homogenen Massendichte und die Murmel mit dem schweren Kern eine *höhere*. Folglich überbrückt die Murmel mit dem schweren Kern ($\alpha \downarrow -3$) den Höhenunterschied $h$ (typischerweise etwa 30 cm für ein Kakelorum) *schneller* als die homogene Murmel ($\alpha = 0$), die wiederum schneller ist als die hohle Murmel ($\alpha = \infty$). Die benötigten Fallzeiten sind durch $t_l(\alpha) = \sqrt{2h/g'(\alpha)}/\sin(\psi)$ gegeben mit $g'(\alpha)^{-1} = g^{-1}\left(1 + \frac{j(\alpha)}{mr^2}\right)$. Gleichung (8.74) zeigt nun, dass die Murmel mit dem schweren Kern (idealerweise) um einen Faktor $\sqrt{7/5}$ schneller unten ankommt als die homogene und diese wiederum um einen Faktor $5/\sqrt{21}$ schneller als die hohle Murmel. In der Praxis werden die beiden nicht-homogenen Murmeln natürlich nicht genau den Extremfällen $\alpha = \infty$ bzw. $\alpha \downarrow -3$ entsprechen. In einem realen Experiment könnte man das Innenleben dieser beiden Murmeln dann aufgrund der Fallzeiten quantitativ mit Hilfe *effektiver* $\alpha$-Werte charakterisieren.

# Anhang A

# Grundlösung der Laplace-Gleichung und Anwendungen

In diesem Anhang zeigen wir zuerst, dass die Grundlösung der Laplace-Gleichung durch $-\frac{1}{4\pi x}$ mit $x = |\mathbf{x}|$ gegeben ist. Als „Grundlösung" wird hierbei diejenige Funktion $v(\mathbf{x})$ bezeichnet, die vom Laplace-Operator auf die Deltafunktion $\delta(\mathbf{x})$ abgebildet wird: $(\Delta v)(\mathbf{x}) = \delta(\mathbf{x})$. Wir zeigen außerdem, wie die allgemeine Poisson-Gleichung mit Hilfe dieser Grundlösung gelöst werden kann. Als Anwendung behandeln wir die Gesetze von Newton und Coulomb.

## A.1 Die Grundlösung der Laplace-Gleichung

Wir zeigen zunächst, dass die Grundlösung der Laplace-Gleichung durch $-\frac{1}{4\pi x}$ mit $x = |\mathbf{x}|$ gegeben ist, d.h., dass die folgende Identität gilt:

$$\Delta\left(-\frac{1}{4\pi x}\right) = \delta(\mathbf{x}) \quad , \quad \Delta = \sum_{i=1}^{3} \frac{\partial^2}{\partial x_i^2} \; . \tag{A.1}$$

Hierbei stellt $\Delta$ den dreidimensionalen Laplace-Operator dar und $\delta(\mathbf{x})$ die in Gleichung (2.2) definierte Dirac'sche Deltafunktion mit der Eigenschaft

$$\int d^3x' \; f(\mathbf{x}')\delta(\mathbf{x}' - \mathbf{x}) = f(\mathbf{x}) \; .$$

Bei der Diskussion von Gleichung (2.2) wurde bereits darauf hingewiesen, dass die Deltafunktion $\delta(\mathbf{x})$ als „Funktion" angesehen werden kann, die außerhalb vom Ursprung $\mathbf{0}$ null ist und trotzdem bei Integration über den ganzen Ortsraum ein Gesamtgewicht von *eins* ergibt. Um (A.1) zu beweisen, zeigen wir daher zuerst, dass für alle $\mathbf{x} \neq \mathbf{0}$ gilt: $\Delta(-\frac{1}{4\pi x}) = 0$. Dies folgt aus:

$$\Delta\frac{1}{x} = \sum_{i=1}^{3} \frac{\partial^2}{\partial x_i^2}\frac{1}{x} = \sum_{i=1}^{3}\frac{\partial}{\partial x_i}\left(-\frac{1}{x^2}\frac{\partial x}{\partial x_i}\right) = \sum_{i=1}^{3}\frac{\partial}{\partial x_i}\left(-\frac{x_i}{x^3}\right)$$

$$= \sum_{i=1}^{3}\left(-\frac{1}{x^3} + \frac{3x_i}{x^4}\frac{\partial x}{\partial x_i}\right) = -\frac{3}{x^3} + 3\sum_{i=1}^{3}\frac{x_i^2}{x^5} = 0 \; .$$

© Springer-Verlag GmbH Deutschland, ein Teil von Springer Nature 2021
P. van Dongen, *Klassische Mechanik*,
https://doi.org/10.1007/978-3-662-63789-0

Wir zeigen nun, dass bei Integration von $\Delta \left(-\frac{1}{4\pi x}\right)$ über eine beliebig kleine Umgebung des Ursprungs trotzdem ein Gesamtgewicht von *eins* enthalten ist. Konkret gilt nämlich bei Integration über einen beliebigen kugelförmigen Bereich $\mathcal{D}_\varepsilon \equiv \{\mathbf{x} \mid |\mathbf{x}| \leq \varepsilon, \varepsilon > 0\}$ mit Mittelpunkt $\mathbf{x} = \mathbf{0}$ und Rand $\partial \mathcal{D}_\varepsilon \equiv \{\mathbf{x} \mid |\mathbf{x}| = \varepsilon\}$:

$$\int_{\mathcal{D}_\varepsilon} d^3x \, \Delta \left(-\frac{1}{4\pi x}\right) = \int_{\mathcal{D}_\varepsilon} d^3x \, \boldsymbol{\nabla} \cdot \boldsymbol{\nabla} \left(-\frac{1}{4\pi x}\right) = \int_{\partial \mathcal{D}_\varepsilon} d\mathbf{S} \cdot \boldsymbol{\nabla} \left(-\frac{1}{4\pi x}\right)$$

$$= \int_{\partial \mathcal{D}_\varepsilon} d\mathbf{S} \cdot \frac{\hat{\mathbf{x}}}{4\pi x^2} = \frac{1}{4\pi\varepsilon^2} \int_{\partial \mathcal{D}_\varepsilon} d\mathbf{S} \cdot \hat{\mathbf{x}} = 1 \, . \qquad \text{(A.2)}$$

Hierbei wurde im zweiten Schritt der Gauß'sche Satz:

$$\int_{\mathcal{D}} d^3x \, (\boldsymbol{\nabla} \cdot \mathbf{f})(\mathbf{x}) = \int_{\partial \mathcal{D}} d\mathbf{S} \cdot \mathbf{f}(\mathbf{x})$$

für den Spezialfall der Vektorfunktion $\mathbf{f}(\mathbf{x}) = \boldsymbol{\nabla} \left(-\frac{1}{4\pi x}\right)$ verwendet. Bei der Anwendung des Gauß'schen Satzes soll der kugelförmige Bereich $\mathcal{D}_\varepsilon$ *positiv* orientiert sein, sodass der Normalenvektor auf dem Rand $\partial \mathcal{D}_\varepsilon$ nach außen gerichtet ist: $d\mathbf{S} = dS \, \hat{\mathbf{x}}$ und daher $d\mathbf{S} \cdot \hat{\mathbf{x}} = dS$. Wegen der Singularität von $\Delta \left(-\frac{1}{4\pi x}\right)$ im Ursprung sollte man bei der Anwendung des Gauß'schen Satzes in (A.2) etwas vorsichtig sein; eine wesentlich sorgfältigere Herleitung (mit dem gleichen Ergebnis) findet sich in Abschnitt 9.4.5 von Ref. [10].

Insbesondere gilt (A.2) also auch für beliebig *kleine* Kugelradien $\varepsilon > 0$. In Kombination mit der vorher abgeleiteten Eigenschaft $\Delta(-\frac{1}{4\pi x}) = 0$ für $\mathbf{x} \neq \mathbf{0}$ schließen wir, dass die „Funktion" $\Delta(-\frac{1}{4\pi x})$ ein Gesamtgewicht gleich eins hat und dass dieses Gewicht vollständig im Ursprung lokalisiert ist. Es folgt:

$$\int d^3x \, f(\mathbf{x})\Delta \left(-\frac{1}{4\pi x}\right) = \lim_{\varepsilon \downarrow 0} \int_{\mathcal{D}_\varepsilon} d^3x \, f(\mathbf{x})\Delta \left(-\frac{1}{4\pi x}\right)$$

$$= f(\mathbf{0}) \lim_{\varepsilon \downarrow 0} \int_{\mathcal{D}_\varepsilon} d^3x \, \Delta \left(-\frac{1}{4\pi x}\right) = f(\mathbf{0}) \lim_{\varepsilon \downarrow 0} 1 = f(\mathbf{0}) \, ,$$

womit (A.1) gezeigt wurde. Wegen des Grenzfalls $\varepsilon \downarrow 0$ konnte im zweiten Schritt der Funktionswert $f(\mathbf{x})$ durch $f(\mathbf{0})$ ersetzt werden. Wie in Übungsaufgabe 2.6 über die Deltafunktion sei auch hier noch einmal darauf hingewiesen, dass die Dirac'sche Deltafunktion keine Funktion im üblichen Sinne ist, sondern eine *verallgemeinerte Funktion* oder ein *Funktional*.

## A.2 Anwendung: Gesetze von Newton und Coulomb

Wir wenden die Identität (A.1) nun an auf das Newton'sche Gravitationsgesetz und das Coulomb-Gesetz. Für das Newton'sche Gravitationsgesetz wurde in Gleichung (2.15) gezeigt, dass die Schwerkraftsbeschleunigung $\mathbf{g}(\mathbf{x}, t)$ als Gradient eines Gravitationspotentials $\Phi(\mathbf{x}, t)$ geschrieben werden kann: $\mathbf{g} = -\boldsymbol{\nabla}\Phi$. Hierbei ist das Gravitationspotential gegeben durch

$$\Phi(\mathbf{x}, t) = -\sum_{j \neq 1} \frac{\mathcal{G}m_j}{|\mathbf{x} - \mathbf{x}_j(t)|} = -\mathcal{G} \int d^3x' \, \frac{\rho_{\mathrm{m}}(\mathbf{x}', t)}{|\mathbf{x} - \mathbf{x}'|} \, .$$

Aus der Beziehung $\mathbf{g} = -\boldsymbol{\nabla}\Phi$ folgt nun direkt die weitere Eigenschaft, dass die *Divergenz* der Schwerkraftsbeschleunigung $\mathbf{g}$ in einfacher Weise mit der Massendichte $\rho_{\mathrm{m}}(\mathbf{x}, t)$ verknüpft ist:

$$(\boldsymbol{\nabla} \cdot \mathbf{g})(\mathbf{x}, t) = -(\Delta\Phi)(\mathbf{x}, t) = \sum_{j \neq 1} \Delta \frac{\mathcal{G}m_j}{|\mathbf{x} - \mathbf{x}_j(t)|} = -4\pi\mathcal{G}\rho_{\mathrm{m}}(\mathbf{x}, t) \,. \qquad \text{(A.3)}$$

Gleichung (A.3) besagt physikalisch, dass die Massendichte $\rho_{\mathrm{m}}$ eines Systems *berechnet* werden kann, falls die Schwerkraftsbeschleunigung $\mathbf{g}$ vorgegeben ist. Um Gleichung (A.3) nachzuweisen, benötigt man lediglich die Identität (A.1), die auch als $\Delta|\mathbf{x} - \mathbf{x}_j(t)|^{-1} = -4\pi\delta(\mathbf{x} - \mathbf{x}_j(t))$ gelesen werden kann. Durch Kombination der beiden Eigenschaften (2.15) und (A.3) folgt die weitere Beziehung:

$$(\Delta\mathbf{g})(\mathbf{x}, t) = \boldsymbol{\nabla}(-\Delta\Phi)(\mathbf{x}, t) = -4\pi\mathcal{G}(\boldsymbol{\nabla}\rho_{\mathrm{m}})(\mathbf{x}, t) \,. \qquad \text{(A.4)}$$

Dies bedeutet, dass die Schwerkraftsbeschleunigung $\mathbf{g}(\mathbf{x}, t)$ durch Lösung von Gleichung (A.4) *berechnet* werden kann, falls die Massendichte $\rho_{\mathrm{m}}(\mathbf{x}, t)$ bekannt ist. Das Ergebnis dieser Berechnung ist dann, wie wir im Folgenden noch zeigen werden, durch Gleichung (2.14) gegeben. Die Eigenschaften (A.3) und (A.4) zusammen bedeuten, dass die Massendichte $\rho_{\mathrm{m}}$ und die Schwerkraftsbeschleunigung $\mathbf{g}$ die *gleiche physikalische Information* enthalten und in diesem Sinne äquivalent sind.

Die Argumentation für das Coulomb-Gesetz erfolgt analog: In Gleichung (2.23) wurde gezeigt, dass das elektrische Feld $\mathbf{E}(\mathbf{x}, t)$ als *Gradient* eines skalaren Potentials $\Phi(\mathbf{x}, t)$ geschrieben werden kann: $\mathbf{E} = -\boldsymbol{\nabla}\Phi$, wobei das Potential durch

$$\Phi(\mathbf{x}, t) = \sum_{j \neq 1} \frac{q_j/4\pi\varepsilon_0}{|\mathbf{x} - \mathbf{x}_j(t)|} = \frac{1}{4\pi\varepsilon_0} \int d^3x' \, \frac{\rho_{\mathrm{q}}(\mathbf{x}', t)}{|\mathbf{x} - \mathbf{x}'|}$$

gegeben ist. Hieraus folgt mit Hilfe der Identität (A.1) eine Beziehung zwischen der Divergenz des elektrischen Feldes $\mathbf{E}$ und der *Ladungsdichte* $\rho_{\mathrm{q}}$:

$$(\boldsymbol{\nabla} \cdot \mathbf{E})(\mathbf{x}, t) = -(\Delta\Phi)(\mathbf{x}, t) = -\sum_{j \neq 1} \Delta \frac{q_j/4\pi\varepsilon_0}{|\mathbf{x} - \mathbf{x}_j(t)|} = \frac{1}{\varepsilon_0}\rho_{\mathrm{q}}(\mathbf{x}, t) \,. \qquad \text{(A.5)}$$

Durch Kombinieren der beiden Eigenschaften $\mathbf{E} = -\boldsymbol{\nabla}\Phi$ und (A.5) folgt dann:

$$(\Delta\mathbf{E})(\mathbf{x}, t) = \boldsymbol{\nabla}(-\Delta\Phi)(\mathbf{x}, t) = \frac{1}{\varepsilon_0}(\boldsymbol{\nabla}\rho_{\mathrm{q}})(\mathbf{x}, t) \,. \qquad \text{(A.6)}$$

Aus dieser Beziehung kann das elektrische Feld $\mathbf{E}(\mathbf{x}, t)$ – wie unten gezeigt – durch Lösung von Gleichung (A.6) *berechnet* werden, falls die Ladungsdichte $\rho_{\mathrm{q}}(\mathbf{x}, t)$ bekannt ist. Das Ergebnis ist dann Gleichung (2.20) bzw. (2.22).

## A.3    Die Lösung der Poisson-Gleichung

Aus den Gleichungen (A.4) und (A.6) ist ersichtlich, dass die Schwerkraftsbeschleunigung $\mathbf{g}$ und das elektrische Feld $\mathbf{E}$ relativ einfache partielle Differentialgleichungen erfüllen, die nach dem französischer Physiker und Mathematiker Siméon Denis Poisson (1781–1840) als *Poisson-Gleichungen* bezeichnet werden:

$$(\Delta\mathbf{g})(\mathbf{x}, t) = -4\pi\mathcal{G}(\boldsymbol{\nabla}\rho_{\mathrm{m}})(\mathbf{x}, t) \quad , \quad (\Delta\mathbf{E})(\mathbf{x}, t) = \frac{1}{\varepsilon_0}(\boldsymbol{\nabla}\rho_{\mathrm{q}})(\mathbf{x}, t) \,. \qquad \text{(A.7)}$$

Genau genommen erfüllt *jede Komponente* von $\mathbf{g}(\mathbf{x}, t)$ und $\mathbf{E}(\mathbf{x}, t)$ eine Poisson-Gleichung, denn die allgemeine Form der Poisson-Gleichung ist gegeben durch

$$(\Delta u)(\mathbf{x}) = -q(\mathbf{x}) \ . \tag{A.8}$$

Hierbei ist $u(\mathbf{x})$ die gesuchte Funktion. Die Funktion $q(\mathbf{x})$ wird als bekannt vorausgesetzt. In physikalischen Anwendungen würde man die Inhomogenität $q(\mathbf{x})$ auf der rechten Seite von Gleichung (A.8) als die „Quelle" des „Feldes" $u(\mathbf{x})$ bezeichnen. Die homogene Variante $(\Delta u)(\mathbf{x}) = 0$ von Gleichung (A.8) wird nach Pierre-Simon de Laplace (1749–1827) als *Laplace-Gleichung* bezeichnet. In (A.8) wird die Zeitvariable $t$ nicht explizit angegeben, da diese in den physikalischen Anwendungen (A.7) nur als wirkungsloser Parameter eingeht.

Die Poisson-Gleichung (A.8) ist natürlich nicht *eindeutig* lösbar, da man zu jeder Lösung $u(\mathbf{x})$ unendlich viele andere Lösungen $u'(\mathbf{x}) \equiv u(\mathbf{x}) + \lambda + \boldsymbol{\mu} \cdot \mathbf{x}$ konstruieren kann, indem man eine Konstante $\lambda \in \mathbb{R}$ oder einen linearen Term $\boldsymbol{\mu} \cdot \mathbf{x}$ mit $\boldsymbol{\mu} \in \mathbb{R}^3$ addiert. Gleichung (A.8) wird aber eindeutig lösbar, wenn man zusätzlich fordert, dass die Lösung für $|\mathbf{x}| \to \infty$ gegen null strebt:

$$u(\mathbf{x}) \to 0 \qquad (|\mathbf{x}| \to \infty) \ . \tag{A.9}$$

Diese Randbedingung ist auch physikalisch sehr sinnvoll, da sie sowohl im Fall der Schwerkraftsbeschleunigung $\mathbf{g}(\mathbf{x}, t)$ als auch im Fall des elektrischen Felds $\mathbf{E}(\mathbf{x}, t)$ erfüllt ist [siehe die Gleichungen (2.12) und (2.20)]. Für Randbedingungen der Form (A.9) lautet die Lösung:

$$u(\mathbf{x}) = \frac{1}{4\pi} \int d^3 x' \ \frac{q(\mathbf{x}')}{|\mathbf{x} - \mathbf{x}'|} \ . \tag{A.10}$$

Um zu zeigen, dass das Feld (A.10) tatsächlich die Poisson-Gleichung (A.8) mit der Randbedingung (A.9) erfüllt, weisen wir zuerst darauf hin, dass sich (A.10) in großem Abstand von der Quelle (d. h. für $|\mathbf{x} - \mathbf{x}'| \to \infty$) wie

$$u(\mathbf{x}) \sim \frac{1}{4\pi x} \int d^3 x' \ q(\mathbf{x}') \to 0 \quad (x \to \infty)$$

verhält und somit unter der Voraussetzung

$$Q \equiv \int d^3 x' \ q(\mathbf{x}') < \infty \ ,$$

die für räumlich begrenzte Ladungs- und Stromverteilungen sicherlich erfüllt ist, in der Tat gegen null strebt. Außerdem folgt nun direkt aus der vorher bewiesenen Identität $\Delta \left( -\frac{1}{4\pi x} \right) = \delta(\mathbf{x})$ in (A.1):

$$\Delta u = \frac{1}{4\pi} \int d^3 x' \ q(\mathbf{x}') \Delta \frac{1}{|\mathbf{x} - \mathbf{x}'|} = -\int d^3 x' \ q(\mathbf{x}') \delta(\mathbf{x} - \mathbf{x}') = -q(\mathbf{x}) \ ,$$

womit gezeigt ist, dass $u(\mathbf{x})$ in (A.10) in der Tat die Poisson-Gleichung (A.8) erfüllt.

Für die Schwerkraftsbeschleunigung $\mathbf{g}$ und das elektrische Feld $\mathbf{E}$ folgt aus dem allgemeinen Ergebnis (A.10) für die Lösung einer Poisson-Gleichung:

$$\mathbf{g}(\mathbf{x}, t) = \mathcal{G} \int d^3 x' \ \frac{(\boldsymbol{\nabla} \rho_{\mathrm{m}})(\mathbf{x}', t)}{|\mathbf{x} - \mathbf{x}'|} \quad , \quad \mathbf{E}(\mathbf{x}, t) = -\frac{1}{4\pi\varepsilon_0} \int d^3 x' \ \frac{(\boldsymbol{\nabla} \rho_{\mathrm{q}})(\mathbf{x}', t)}{|\mathbf{x} - \mathbf{x}'|} \ .$$

Mit Hilfe einer partiellen Integration ergeben sich schließlich noch die Darstellungen (2.14) und (2.22) von $\mathbf{g}(\mathbf{x}, t)$ bzw. $\mathbf{E}(\mathbf{x}, t)$ in der Form eines Integrals.

# Anhang B

# Wann sind räumlich begrenzte Umlaufbahnen geschlossen?

Wir konzentrieren uns auf Zweiteilchenprobleme mit einem Zentralpotential und untersuchen die Frage, unter welchen Bedingungen alle möglichen räumlich begrenzten Bahnen auch geschlossen sind. Da eine räumlich begrenzte Bahn aus einer ständigen Wiederholung von Pendelbewegungen zwischen dem Perizentrum und dem Apozentrum und zurück besteht und die Rückbewegung die zeitumgekehrte Variante der Hinbewegung darstellt, reicht es aus, nur eine einzelne Pendelbewegung vom Peri- zum Apozentrum zu betrachten. Wegen der Beziehung $\dot{\varphi} = \frac{L}{\mu x^2}$ ist die hierbei auftretende Phasenänderung $\Delta\varphi$ strikt positiv. Falls sich die Bahn nach $p$ Umläufen schließt und der Radiusvektor $\mathbf{x}$ hierbei insgesamt $q$ Mal zwischen Peri- und Apozentrum hin- und hergependelt ist, gilt $2q\Delta\varphi = 2\pi p$. Da $\Delta\varphi$ im Allgemeinen von der Energie $E^{(S)}$ und dem Drehimpuls $L > 0$ abhängt, gilt also:

$$\Delta\varphi\big(E^{(S)}, L\big) = \frac{\pi p}{q} \qquad (p, q \in \mathbb{N}) .\tag{B.1}$$

Für *spezielle* Bahnen wird eine Bedingung der Form (B.1) sicherlich erfüllbar sein. Fordert man jedoch, wie wir es im Folgenden tun werden, dass *alle* räumlich begrenzten Bahnen geschlossen sind, so muss (B.1) für *alle* relevanten $(E^{(S)}, L)$-Werte gelten, und dies kann nur dann zutreffen, wenn $\Delta\varphi$ vollständig $(E^{(S)}, L)$-unabhängig ist. Es ist klar, dass diese Bedingung eine sehr starke Einschränkung darstellt, die dazu verwendet werden kann, die mögliche Form des Zentralpotentials $V(x)$ festzulegen.

## B.1 Bestimmung der Phasenänderung $\Delta\varphi$

Wir berechnen $\Delta\varphi$ nun explizit.[1] Dividiert man den Energieerhaltungssatz

$$\dot{x}^2 = \tfrac{2}{\mu}\big[E^{(S)} - V_{\mathrm{f}}(x)\big] \quad , \quad V_{\mathrm{f}}(x) = V(x) + \frac{L^2}{2\mu x^2}$$

---

[1] Diese Berechnung basiert auf sechs „Übungsaufgaben" in § 8D von Ref. [3].

© Springer-Verlag GmbH Deutschland, ein Teil von Springer Nature 2021
P. van Dongen, *Klassische Mechanik*,
https://doi.org/10.1007/978-3-662-63789-0

durch $\dot{\varphi}^2 = \left(\frac{L}{\mu x^2}\right)^2$, so erhält man

$$\left[\frac{d(x^{-1})}{d\varphi}\right]^2 = \frac{2\mu}{L^2}\left[E^{(S)} - V_{\mathrm{f}}(x)\right] .$$

Wir definieren eine neue Variable $v \equiv \frac{L}{\mu x}$ mit der Dimension einer Geschwindigkeit. Das Perizentrum $x_-$ entspricht somit dem Wert $v_+ \equiv \frac{L}{\mu x_-}$, das Apozentrum $x_+$ dem Wert $v_- \equiv \frac{L}{\mu x_+}$. Es folgt mit $V_{\mathrm{f}}\left(\frac{L}{\mu v}\right) \equiv \frac{1}{2}\mu W(v)$:

$$\left(\frac{dv}{d\varphi}\right)^2 = \frac{2}{\mu}\left[E^{(S)} - V_{\mathrm{f}}\left(\frac{L}{\mu v}\right)\right] = \frac{2}{\mu}E^{(S)} - W(v)$$

und daher:

$$\Delta\varphi = \int_{v_-}^{v_+} dv \, \frac{1}{\sqrt{\frac{2}{\mu}E^{(S)} - W(v)}} , \tag{B.2}$$

wobei $W(v)$ gemäß

$$W(v) = v^2 + \frac{2}{\mu}V\left(\frac{L}{\mu v}\right) \tag{B.3}$$

mit dem Zentralpotential $V(x)$ verknüpft ist.

# B.2 Parameter*un*abhängigkeit der Phasenänderung

Räumlich begrenzte Bahnen sind nur dann möglich, wenn $V_{\mathrm{f}}(x)$ ein Minimum für $x = x_0$ mit $0 < x_0 < \infty$ hat oder, äquivalent, $W(v)$ ein Minimum für $v = v_0 \equiv \frac{L}{\mu x_0}$ mit $0 < v_0 < \infty$. Aus der Stationaritätsbedingung $W'(v_0) = 0$ folgt sofort

$$V'(x_0) = \frac{\mu^2(v_0)^3}{L} , \tag{B.4}$$

sodass sich die zweite Ableitung $W''(v_0)$ reduziert auf

$$
\begin{aligned}
W''(v_0) &= 2 + \frac{2}{\mu}\left\{\frac{d}{dv}\left[V'\left(\frac{L}{\mu v}\right)\left(-\frac{L}{\mu v^2}\right)\right]\right\}_{v=v_0} \\
&= 2\left[1 + V''(x_0)\frac{L}{\mu v_0}\frac{L}{\mu^2(v_0)^3} + 2V'(x_0)\frac{L}{\mu^2(v_0)^3}\right] \\
&= 2\left[3 + \frac{x_0 V''(x_0)}{V'(x_0)}\right] ,
\end{aligned}
\tag{B.5}
$$

wobei im letzten Schritt (B.4) verwendet wurde. Da $\Delta\varphi$ in (B.2) $(E^{(S)}, L)$-unabhängig sein soll, können wir z. B. den Grenzwert $E^{(S)} \downarrow \frac{1}{2}\mu W(v_0)$ mit festgehaltenem $L$ untersuchen. Hierzu entwickeln wir $E^{(S)}$ um $\frac{1}{2}\mu W(v_0)$ und $v$ um $v_0$ und *definieren* hierzu eine dimensionslose Energie $\varepsilon$ und eine dimensionslose Geschwindigkeit $u$:

$$E^{(S)} \equiv \frac{1}{2}\mu\left[W(v_0) + \varepsilon v_0^2\right] \quad , \quad v - v_0 \equiv \sqrt{\frac{2\varepsilon}{W''(v_0)}} u v_0 .$$

Im Limes $\varepsilon \downarrow 0$ erhalten wir aufgrund von (B.2):

$$\Delta\varphi \sim \int_{v_-}^{v_+} dv \, \frac{1}{\sqrt{\varepsilon v_0^2 - \frac{1}{2}(v - v_0)^2 W''(v_0)}} = \sqrt{\frac{2}{W''(v_0)}} \int_{-1}^{1} du \, \frac{1}{\sqrt{1 - u^2}}$$

$$= \sqrt{\frac{2}{W''(v_0)}} \arcsin(u) \bigg|_{-1}^{1} = \pi \sqrt{\frac{2}{W''(v_0)}} \,,$$

d. h.

$$\Delta\varphi = \pi \sqrt{\frac{V'(x_0)}{3V'(x_0) + x_0 V''(x_0)}} \,. \tag{B.6}$$

Hierbei wurde im letzten Schritt (B.5) eingesetzt. Fordert man nun, dass das Ergebnis (B.6) unabhängig von $L$ (und somit von $x_0$) ist:

$$\frac{3V'(x) + xV''(x)}{V'(x)} = \text{konstant} \equiv 2 + \alpha > 0 \,, \tag{B.7}$$

so erhält man die *allgemeine* Lösung

$$\alpha > -2 \quad , \quad \alpha \neq 0 : \qquad V(x) = \text{sgn}(\alpha) V_0 x^\alpha \qquad (V_0 > 0) \tag{B.8}$$

und außerdem die *spezielle* Lösung

$$\alpha = 0 : \qquad V(x) = V_0 \ln(x) \qquad (V_0 > 0) \,. \tag{B.9}$$

Bei der Herleitung von (B.8) wurde eine wirkungslose additive Konstante gleich null gewählt. Die Vorzeichen in (B.8) und (B.9) wurden so gewählt, dass die entsprechenden Zweiteilchenkräfte *attraktiv* sind, damit es überhaupt zu gebundenen Zuständen kommen kann. Die mögliche Form des Zentralpotentials ist durch die Untersuchung des Grenzwerts $E^{(S)} \downarrow \frac{1}{2}\mu W(v_0)$ offensichtlich bereits sehr stark eingeschränkt.

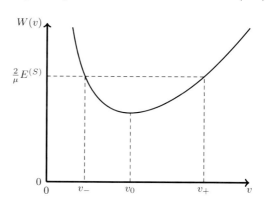

**Abb. B.1** Typischer Verlauf von $W(v)$ für Potentiale der Form (B.8) mit $\alpha > 0$

# B.3 Fallunterscheidungen und Konsequenzen

Betrachten wir zuerst Potentiale der Form (B.8) mit $\alpha > 0$:

$$V(x) = V_0 x^\alpha \quad (\alpha > 0, V_0 > 0) \,.$$

Die typische Form von $W(v)$ ist in Abbildung B.1 skizziert. Wir berechnen $\Delta\varphi$ nun im Grenzfall $E^{(S)} \to \infty$, wobei $L$ wiederum festgehalten werden soll. Der Wert $v_-$, der beim Durchlaufen des Apozentrums relevant ist, folgt für $E^{(S)} \to \infty$ aus:

$$\frac{2}{\mu} E^{(S)} = W(v_-) \sim \frac{2}{\mu} V_0 \left( \frac{L}{\mu v_-} \right)^\alpha ,$$

und der Wert $v_+$ im Perizentrum folgt aus

$$\frac{2}{\mu} E^{(S)} = W(v_+) \sim v_+^2 .$$

Es gilt daher:

$$v_- \sim \frac{L}{\mu} \left( \frac{V_0}{E^{(S)}} \right)^{\frac{1}{\alpha}} \quad , \quad v_+ \sim \sqrt{\frac{2}{\mu} E^{(S)}} \qquad (E^{(S)}) \to \infty)$$

und folglich mit $v \equiv v_+ u$:

$$\Delta\varphi = \int_{v_-}^{v_+} dv \, \frac{1}{\sqrt{\frac{2}{\mu} E^{(S)} - W(v)}} \sim \int_{v_-}^{v_+} dv \, \frac{1}{\sqrt{v_+^2 - W(v)}}$$

$$= \int_{v_-/v_+}^{1} du \, \frac{1}{\sqrt{1 - W(v_+ u)/v_+^2}} \sim \int_0^1 du \, \frac{1}{\sqrt{1 - u^2}} = \frac{\pi}{2} .$$

Vergleicht man dieses Ergebnis mit dem Resultat $\Delta\varphi = \pi/\sqrt{2 + \alpha}$ aus (B.6) und (B.7), so folgt sofort, dass nur für $\alpha = 2$ alle räumlich begrenzten Bahnen geschlossen sein können. Tatsächlich wissen wir, dass für den harmonischen Oszillator ($\alpha = 2$) alle Bahnen in der Tat geschlossen sind.

Nun betrachten wir $\Delta\varphi$ für Potentiale der Form (B.8) mit $\alpha < 0$:

$$\boxed{\begin{array}{c} V(x) = -V_0 x^\alpha = -V_0 x^{-|\alpha|} \\ (-2 < \alpha < 0 \, , \, V_0 > 0) . \end{array}}$$

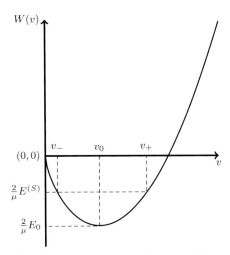

**Abb. B.2** Typischer Verlauf von $W(v)$ für Potentiale der Form (B.8) mit $\alpha < 0$

Die typische Form von $W(v)$ für diesen Fall ist in Abbildung B.2 skizziert. Wir haben $\Delta\varphi$ vorher [s. die Gleichungen (B.4)-(B.6)] bereits bei festgehaltenem $L$ im Limes $E^{(S)} \downarrow E_0 \equiv \frac{1}{2}\mu W(v_0)$ untersucht; es gilt dann $v_- \uparrow v_0$ und $v_+ \downarrow v_0$. Nun werden wir $\Delta\varphi$ im *gekoppelten* Limes $E^{(S)} \to -\infty$ und $L \downarrow 0$ untersuchen, wobei die Parameter

$$\bar{E} \equiv \frac{E^{(S)}}{E_0} \quad , \quad \bar{v}_- \equiv \frac{v_-}{v_0} \quad , \quad \bar{v}_+ \equiv \frac{v_+}{v_0}$$

festgehalten werden. Aus der expliziten Form (B.3) von $W(v)$:

$$W(v) = v^2 - \frac{2}{\mu} V_0 \left( \frac{\mu v}{L} \right)^{|\alpha|}$$

und der Stationaritätsbedingung $W'(v_0) = 0$ folgt:

$$v_0 = \left[ |\alpha| \frac{V_0}{\mu} \left( \frac{\mu}{L} \right)^{|\alpha|} \right]^{\frac{1}{2-|\alpha|}} \to \infty \qquad (L \downarrow 0) \, .$$

Es gilt also für die Energie im Minimum:

$$\tfrac{2}{\mu} E_0 = W(v_0) = -\frac{2-|\alpha|}{|\alpha|} v_0^2 \to -\infty \qquad (L \downarrow 0) \, .$$

Definieren wir nun $v \equiv v_0 \bar{v}$, so lässt sich $\Delta\varphi$ auf die Form:

$$\Delta\varphi = \int_{\bar{v}_-}^{\bar{v}_+} d\bar{v} \, \frac{1}{\sqrt{ -\frac{2-|\alpha|}{|\alpha|} \bar{E} - \bar{v}^2 + \frac{2}{|\alpha|} \bar{v}^{|\alpha|} }}$$

bringen. Da $\Delta\varphi$ unabhängig von $E$ und somit von $\bar{E}$ sein soll, können wir den Limes $\bar{E} \downarrow 0$ nehmen:

$$\Delta\varphi = \int_{\bar{v}_-}^{\bar{v}_+} d\bar{v} \, \frac{1}{\sqrt{ \frac{2}{|\alpha|} \bar{v}^{|\alpha|} - \bar{v}^2 }} \, .$$

Reskalieren wir nun gemäß $\bar{v} \equiv \left( \frac{2}{|\alpha|} \right)^{\frac{1}{2-|\alpha|}} u$, so folgt:

$$\Delta\varphi = \int_{u_-}^{u_+} du \, \frac{1}{\sqrt{ u^{|\alpha|} - u^2 }} = \int_0^1 du \, \frac{1}{\sqrt{ u^{|\alpha|} - u^2 }} \, ,$$

wobei im letzten Schritt die explizite Form $u_- = 0$ bzw. $u_+ = 1$ von $u_\pm$ im Limes $\bar{E} \downarrow 0$ eingesetzt wurde. Das Integral auf der rechten Seite ist elementar, siehe z. B. Formel (3.251.1) in Ref. [15]; man erhält $\Delta\varphi = \pi/(2 - |\alpha|) = \pi/(2 + \alpha)$. Dieses Ergebnis ist nur dann mit dem Resultat $\Delta\varphi = \pi/\sqrt{2+\alpha}$ von (B.6) und (B.7) verträglich, wenn $\alpha = -1$ gilt, d. h. für das Kepler-Problem. In diesem Fall sind die räumlich begrenzten Bahnen tatsächlich alle geschlossen, wie wir wissen.

Schließlich kann man noch den Spezialfall $\alpha = 0$ in (B.9) untersuchen. Es folgt aus (B.6) und (B.7), dass in diesem Fall $\Delta\varphi = \frac{\pi}{\sqrt{2}}$ gilt, und $\frac{1}{\sqrt{2}}$ hat nicht die für eine geschlossene Bahn erforderliche rationale Form $\frac{p}{q}$ mit $p, q \in \mathbb{N}$. Für $\alpha = 0$ sind räumlich begrenzte, geschlossene Bahnen also nicht allgemein üblich.

Zusammenfassend stellen wir fest, dass innerhalb der Klasse der Zentralpotentiale nur für den harmonischen Oszillator und das Kepler-Problem alle räumlich begrenzten Bahnen auch geschlossen sind.

# Anhang C

# Das Leiterparadoxon

Das Leiterparadoxon geht zurück auf den US-amerikanischen Physiker Wolfgang Rindler (1924 – 2019), oder vielmehr, wie er in seinem Buch über spezielle Relativitätstheorie (siehe Ref. [30]) schreibt: auf eine studentische Frage während einer Vorlesung über die Lorentz-Kontraktion.

Das Leiterparadoxon lautet wie folgt:[1] Ein Mann besitzt eine Leiter und eine Garage; außerdem hat er einen sehr athletischen Freund. Der Mann hat aber auch ein Problem, da er die Leiter in der Garage lagern möchte und die (starre) Leiter doppelt so lang wie die Garage ist. Diese Situation ist in Abbildung C.1 ($a$) skizziert: Die Garage ruht im Inertialsystem $K$ und hat die Länge $L$. Alle Objekte, die in $K$ ruhen, wie die Garage, sind im Folgenden *blau* dargestellt. Die Leiter hat die Länge $2L$. Wir bezeichnen das Inertialsystem, in dem die Leiter ruht, generell als $K'$ und stellen alle Objekte, die in $K'$ ruhen, *grün* dar. Die Relativgeschwindigkeit von $K'$ und $K$ wird als $v_{\mathrm{rel}}(K', K) = v$ bezeichnet. Abb. C.1 ($a$) stellt den Spezialfall $v = 0$ dar, sodass die Inertialsysteme $K'$ und $K$ in diesem Fall *identisch* sind. Wie man sieht: Die in $K$ ruhende Leiter passt definitiv nicht in die Garage.

Der Garagenbesitzer kennt sich gut mit der Relativitätstheorie aus und schlägt seinem athletischen Freund vor, dass dieser die Leiter mit einer Geschwindigkeit $\beta = \frac{v}{c} = \frac{1}{2}\sqrt{3}$ in die Garage tragen solle. Dies müsste aufgrund der Lorentz-Kontraktion zu einer *Verkürzung* der Leiter im Inertialsystem $K$ um einen Faktor $\gamma = (1 - \beta^2)^{-1/2} = 2$ führen, sodass diese genau in die Garage passen sollte [siehe Abb. C.1 ($b$)]. Der Garagenbesitzer würde dann beim Garagentor ($x = -L$) warten und das Tor [in Abb. C.1 ($b$) gestrichelt dargestellt] sofort schließen, sobald das hintere (linke) Ende der Leiter den Eingang der Garage passiert. Die Koordinaten werden im Folgenden so gewählt, dass die Rückwand der Garage dem Ursprung $x = 0$ in $K$ und das vordere (rechte) Ende der Leiter dem Ursprung $0'$ in $K'$ entspricht; die Rückwand und das vordere Ende der Leiter sollen zur Zeit $t = t' = 0$ aufeinander treffen. Der rote Pfeil markiert den Moment des Auftreffens.

Auch der athletische Freund kennt sich bestens mit der Relativitätstheorie aus und protestiert: Das kann nicht funktionieren! Denn wenn er mit der Leiter auf die Garage zuläuft und sich den Vorgang in seinem Ruhesystem $K'$ überlegt [siehe Abb. C.1 ($c$)], sieht er eine Garage, die mit der relativistischen Geschwindigkeit

---

[1]Es gibt in der Literatur verschiedene Varianten des Paradoxons. Die nachfolgende Variante entspricht der Originalversion aus Ref. [30].

$\beta' = -\frac{v}{c} = -\frac{1}{2}\sqrt{3}$ auf ihn zurast. Also ist in $K'$ die *Garage* um einen Faktor $\gamma = [1 - (\beta')^2]^{-1/2} = 2$ verkürzt, und es ist klar, dass eine Leiter der Länge $2L$ niemals in eine Garage der Länge $\frac{1}{2}L$ passen wird. Oder?

Mangels einer eindeutigen „Theorie" einigen die Freunde sich darauf, das Gedankenexperiment durchzuführen, wobei sie allerdings sicherheitshalber die Rückwand der Garage ordentlich verstärken [siehe Abb. C.1 $(b, c)$]. Was passiert?

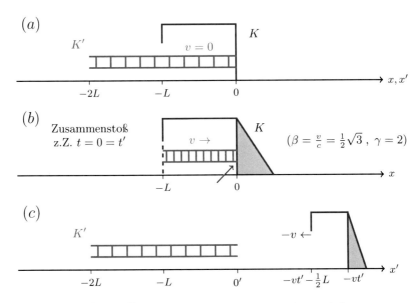

**Abb. C.1** Das Leiterparadoxon: Wer hat recht?

## C.1   Das Leiterparadoxon in $K'$

Um zu zeigen, dass die Leiter in der Tat in die Garage passt, führen wir das Gedankenexperiment im Inertialsystem $K'$ durch, da das Gelingen des Experiments in $K'$ aufgrund der Skizze in Abb. C.1 $(c)$ am wenigsten plausibel erscheint. Auf das Gedankenexperiment in $K$ kommen wir in Abb. C.4 noch einmal zurück.

Abb. C.2 $(a)$ zeigt, wie die Vorderseite der Leiter ($x' = 0'$) zur Zeit $t' = 0$ auf die Rückwand der Garage trifft. Die Garage bewegt sich in $K'$ mit der Geschwindigkeit $\beta' = -\frac{1}{2}\sqrt{3}$ nach links und ist daher im Vergleich zu ihrer Ruhelänge um einen Faktor $\gamma = 2$ verkürzt. Zum Zeitpunkt des Auftreffens wird von $x' = 0'$ aus ein Lichtblitz ausgestrahlt. Der Kernpunkt in der Erklärung dieses Paradoxons ist, dass zu diesem Zeitpunkt sämtliche Massenpunkte der Leiter an Orten $x' < 0$ noch *nichts* vom Auftreffen wissen und daher zunächst weiterhin in $K'$ *ruhen* werden. Da sich Informationen in der Relativitätstheorie nicht mit Überlichtgeschwindigkeit ausbreiten können, werden sämtliche Massenpunkte der Leiter, die den Lichtblitz noch nicht empfangen haben, mit Sicherheit in $K'$ weiterhin *ruhen*.

Abb. C.2 $(b)$ zeigt die Lage zum Zeitpunkt $t' = L/c$: Der Lichtblitz ist am Ort $x' = -L$ angekommen und die Rückwand der Garage am Ort $x' = -vL/c = -\beta L = -\frac{1}{2}\sqrt{3}L$. Da die Garage in $K'$ die Länge $\frac{1}{2}L$ hat, befindet sich der Garageneingang am Ort $x' = -\frac{1}{2}(\sqrt{3}+1)L$. Sämtliche Massenpunkte der Leiter an Orten $x' < -L$ wissen noch *nichts* vom Auftreffen der Vorderseite der Leiter auf die Rückwand der Garage und werden also zunächst weiterhin in $K'$ *ruhen*. Die vordere Hälfte der Leiter [in Abb. C.2 (b) *rot* dargestellt] ist durch den Aufprall in Mitleidenschaft gezogen und wurde mittlerweile auf ein Intervall der Länge $(1-\frac{1}{2}\sqrt{3})L$ komprimiert.

Abb. C.2 (c) zeigt den Endzustand zum Zeitpunkt $t' = 2L/c$: Der Lichtblitz ist am Ort $x' = -2L$ angekommen und hat somit das hintere Ende der Leiter erreicht. Die Rückwand der Garage ist am Ort $x' = -2vL/c = -2\beta L = -\sqrt{3}L$ angekommen. Der Garageneingang befindet sich am Ort $x' = -(\sqrt{3}+\frac{1}{2})L$. Die Ortskoordinate des hinteren (linken) Endes der Leiter ist $x' = -2L$. Sämtliche Massenpunkte der Leiter sind nun über den Aufprall informiert. Die ganze Leiter wurde auf ein Intervall der Länge $(2-\sqrt{3})L$ komprimiert [in Abb. C.2 (c) *rot* dargestellt]. Die Koordinaten $(ct', x'_\parallel) = (2L, -2L)$ des linken Endes der Leiter in $K'$ bedeuten aufgrund der Transformationsformeln $ct = \gamma(ct' + \beta x'_\parallel)$ und $x_\parallel = \gamma(x'_\parallel + \beta ct')$ in (5.52), dass der Garagenbesitzer das linke Ende bei den Raum-Zeit-Koordinaten

$$\begin{pmatrix} ct \\ x_\parallel \end{pmatrix} = \begin{pmatrix} 4L(1-\frac{1}{2}\sqrt{3}) \\ -4L(1-\frac{1}{2}\sqrt{3}) \end{pmatrix} \simeq \begin{pmatrix} 0{,}5359\,L \\ -0{,}5359\,L \end{pmatrix}$$

misst, also ebenfalls deutlich *innerhalb* der Garage. Er kann also problemlos das Tor der Garage [in Abb. C.2 (c) gestrichelt dargestellt] schließen.

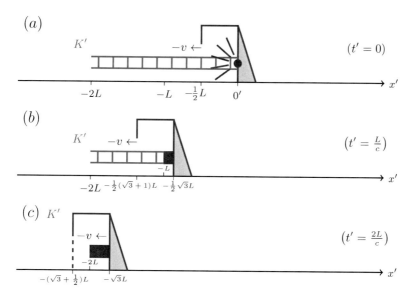

**Abb. C.2** Das Leiterparadoxon in $K'$: Doch! Es geht locker!

Eine wichtige Lehre, die man aus diesem „paradoxen" Gedankenexperiment ziehen kann, ist, dass *starre Körper* in einem absoluten Sinne in der Relativitätstheorie *nicht existieren*. Im Leiterparadoxon ist die Leiter lediglich bis zum Zeitpunkt des Aufpralls starr. Nach dem Aufprall (bis $t' = \frac{2L}{c}$) ist das Segment der Leiter im Intervall $-2L \le x' < -ct'$ nach wie vor starr und ruht unverändert in $K'$, während der vordere Teil ($-ct' \le x' \le 0$) unter dem Einfluss des Aufpralls komprimiert wurde. Die Nichtexistenz starrer Körper in der Relativitätstheorie folgt also aus der *endlichen* Ausbreitungsgeschwindigkeit von Informationen über die Einwirkung äußerer Kräfte auf den Körper. Der Körper *kann* aus diesem Grund nicht starr, d. h. instantan als Ganzer, auf solche Kräfte reagieren.

Man kann sich noch fragen, was wohl mit dem vorderen Teil der Leiter (im Intervall $-ct' \leq x' \leq 0$) während der Kompression passiert. Zwar kann man hierüber nichts Genaues sagen, da man die Materialeigenschaften der Leiter nicht kennt, aber dennoch ist eine Abschätzung hilfreich: Wir verwenden Einsteins bekannte Formeln $E = \gamma m_0 c^2$ für die *Gesamtenergie* eines Objekts mit der Ruhemasse $m_0$ und $E_{\mathrm{kin}} = (\gamma - 1)m_0 c^2$ für die *kinetische Energie*. Diese Formeln werden in Abschnitt [5.8] hergeleitet. In unserem Fall hat das „Objekt", d. h. die Leiter, relativ zur Garage die Geschwindigkeit $\beta = \frac{1}{2}\sqrt{3}$, entsprechend $\gamma = 2$. Für die Ruhemasse der Leiter nehmen wir $m_0 = 20$ kg an. Es folgt: $E_{\mathrm{kin}} \simeq 2 \cdot 10^{18}$ J. Dies entspricht etwa der 30-fachen Sprengkraft einer Wasserstoffbombe. Folglich sind die genauen Materialeigenschaften der Leiter relativ unerheblich. Die beiden Freunde sollten sich lieber um die Integrität der Garage nach dem Aufprall sorgen.

Bemerkenswert in Abb. C.2 (c) ist schließlich, dass nach dem Komprimieren der Leiter noch Platz in der Garage übrig bleibt. Man erhält den Eindruck, dass eine deutlich längere Leiter u. U. auch hineingepasst hätte. Wir kommentieren dies im Folgenden kurz und zeigen insbesondere in den Abbildungen C.3 und C.4, dass man in der Tat auch eine Leiter der Ruhelänge $(2 + \sqrt{3})L$ hätte unterbringen können!

## C.2   Eine Leiter der Länge $(2 + \sqrt{3})L$ in $K'$

Die Leiter soll nun die *größere* Ruhelänge $(2 + \sqrt{3})L$ haben, aber nach wie vor mit der Geschwindigkeit $\beta = \frac{1}{2}\sqrt{3}$ (entsprechend $\gamma = 2$) in die Garage hineingetragen werden. Wir betrachten das Experiment wiederum in $K'$ und weisen nur auf die wichtigsten Änderungen im Vergleich zum Beispiel mit der Ruhelänge $2L$ hin.

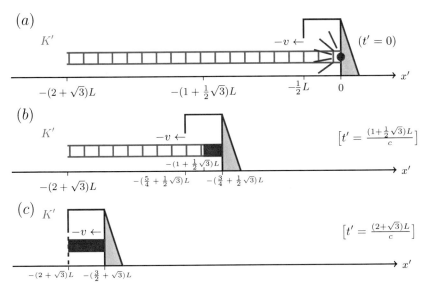

**Abb. C.3** Das Leiterparadoxon in $K'$ für eine Leiter der Länge $(2 + \sqrt{3})L$

Abb. C.3 $(a)$ zeigt den Moment $t' = 0$ des Aufpralls und des gleichzeitigen Aussendens des Lichtblitzes in $K'$. Die Leiter ist merklich länger als in Abb. C.2.

In Abb. C.3 $(b)$ wird die Lage zum Zeitpunkt $t' = (1 + \frac{1}{2}\sqrt{3})L/c$ dargestellt: Der Lichtblitz hat die Mitte der Leiter erreicht. Sämtliche Massenpunkte der Leiter an Orten $x' < -(1 + \frac{1}{2}\sqrt{3})L$ wissen noch nichts vom Aufprall und werden zunächst weiterhin in $K'$ *ruhen*. Die vordere Hälfte der Leiter [in Abb. C.3 $(b)$ *rot* dargestellt] wurde auf ein Intervall der Länge $\frac{1}{4}L$ komprimiert.

Abb. C.3 $(c)$ zeigt den Endzustand: Der Lichtblitz ist bei der Ortskoordinate $x' = -(2 + \sqrt{3})L$ angekommen und hat somit das hintere Ende der Leiter erreicht. Sämtliche Massenpunkte der Leiter sind nun über den Aufprall informiert. Die ganze Leiter wurde auf ein Intervall der Länge $\frac{1}{2}L$ komprimiert [in Abb. C.3 $(c)$ *rot* dargestellt]. Die Koordinaten $ct' = -x'_\parallel = (2 + \sqrt{3})L$ des linken Endes der Leiter in $K'$ bedeuten nun aufgrund der Transformationsformeln (5.52), dass der Garagenbesitzer das linke Ende bei den Raum-Zeit-Koordinaten $ct = -x_\parallel = L$ misst, also noch gerade *innerhalb* der Garage. Das Tor der Garage [in Abb. C.3 $(c)$ gestrichelt dargestellt] kann also auch in diesem Fall geschlossen werden.

## C.3  Eine Leiter der Länge $(2 + \sqrt{3})L$ in $K$

Das gerade für die Leiter der Länge $(2 + \sqrt{3})L$ in $K'$ diskutierte Paradoxon suggeriert, dass nicht nur der athletische Freund, sondern auch der *Garagenbesitzer* sich bei seinen anfänglichen Überlegungen geirrt hat. Auch gemäß den Messungen von $K$ müsste es möglich sein, eine Leiter der Länge $(2 + \sqrt{3})L$ bei einer Geschwindigkeit $\beta = \frac{1}{2}\sqrt{3}$, entsprechend $\gamma = 2$, in der Garage unterzubringen und das Tor zu schließen. Wir kommentieren dies kurz und illustrieren das Geschehen in Abb. C.4.

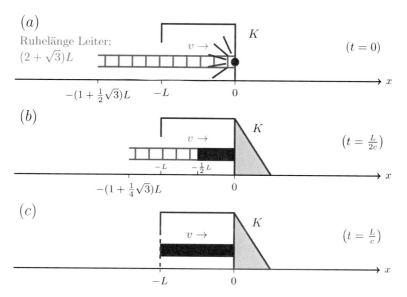

**Abb. C.4** Das Leiterparadoxon in $K$ für eine Leiter der Länge $(2 + \sqrt{3})L$

Abb. C.4 $(a)$ zeigt zunächst den Aufprall zur Zeit $t = 0$. Die Leiter ist in $K$ um den Faktor $\gamma = 2$ Lorentz-kontrahiert. Gleichzeitig mit dem Aufprall wird ein Lichtblitz vom Ort $x = 0$ ausgesandt. Dieser Lichtblitz wird das Garagentor zur Zeit $t = \frac{L}{c}$ erreichen.

Abb. C.4 $(b)$ zeigt, wie der Lichtblitz zur Zeit $t = \frac{L}{2c}$ die Garagenmitte und gleichzeitig auch die Mitte der bewegten Leiter erreicht hat. Die vordere Hälfte der Leiter ist komprimiert, die hintere hat noch keine Informationen über den Aufprall erhalten und bewegt sich daher weiterhin mit der Geschwindigkeit $\beta = \frac{1}{2}\sqrt{3}$ nach rechts.

In Abb. C.4 $(c)$ hat der Lichtblitz das Garagentor und gleichzeitig auch das hintere Ende der bewegten Leiter erreicht. Die ganze Leiter ist nun über den Aufprall informiert und komprimiert. Das Garagentor [in Abb. C.4 $(c)$ gestrichelt skizziert] kann geschlossen werden.

Zusammenfassend stellen wir fest, dass die beiden Beobachter in $K$ und $K'$ genau dasselbe physikalische Gesetz formulieren können, welches in diesem Fall lautet: „Das Garagentor kann hinter der Leiter geschlossen werden". Gerade diese Beobachterunabhängigkeit der physikalischen Gesetze ist aus fundamentaler Sicht natürlich sehr wichtig.

# Anhang D

# Die relativistische Lorentz'sche Bewegungsgleichung in der Analytischen Mechanik

Wir zeigen in diesem Anhang, dass auch die *relativistische* Lorentz'sche Bewegungsgleichung mit Hilfe einer einzelnen skalaren Lagrange-Funktion formuliert und aus dem Hamilton'schen Variationsprinzip hergeleitet werden kann, analog zu den in Kapitel [6] behandelten Bewegungsgleichungen der *nicht-relativistischen* Newton'schen Mechanik. Die Lorentz'sche Bewegungsgleichung in relativistisch kovarianter Form ist uns bereits aus Gleichung (5.100) bekannt:

$$
m_0 \frac{d^2 x^\mu}{d\tau^2} = K^\mu = \frac{q}{c} F^{\mu\nu} u_\nu \quad , \quad F^{\mu\nu} = \partial^\mu A^\nu - \partial^\nu A^\mu \quad , \quad d\tau = \frac{dt}{\gamma} \; . \tag{D.1}
$$

Aus (5.103) wissen wir, dass die kovariant formulierte Bewegungsgleichung auch als Satz von *vier* Gleichungen für die drei Komponenten des *kinetischen Impulses*:

$$
\frac{d\boldsymbol{\pi}}{dt} = q(\mathbf{E} + \mathbf{u} \times \mathbf{B}) \quad , \quad \boldsymbol{\pi} = \gamma m_0 \mathbf{u} \qquad (\mathbf{u} = \dot{\mathbf{x}}) \tag{D.2a}
$$

bzw. für die *zeitliche Änderung der Energie* des Teilchens durch Wechselwirkung mit dem elektromagnetischen Feld geschrieben werden kann:

$$
\frac{d\mathcal{E}}{dt} = \frac{d}{dt}(\gamma m_0 c^2) = \frac{d}{dt}(\pi^0 c) = q\mathbf{E} \cdot \mathbf{u} \; . \tag{D.2b}
$$

Hierbei zeigte sich allerdings in (5.104), dass die Energieänderung (D.2b) auch aus (D.2a) und der Dispersionsrelation $\mathcal{E} = (\boldsymbol{\pi}^2 c^2 + m_0^2 c^4)^{\frac{1}{2}} = \gamma m_0 c^2$ [siehe (5.91)] hergeleitet werden kann, sodass Gleichung (D.2b) streng genommen *redundant* ist.

Gesucht ist im Folgenden also ein Wirkungsfunktional der üblichen Form

$$
S_{(\mathbf{x}_1, t_1)}^{(\mathbf{x}_2, t_2)}[\mathbf{x}] = \int_{t_1}^{t_2} dt' \, L\left(\mathbf{x}(t'), \dot{\mathbf{x}}(t'); t'\right) \tag{D.3}
$$

mit der Eigenschaft, dass die zu $L(\mathbf{x}, \dot{\mathbf{x}}; t)$ gehörende Lagrange-Gleichung die Bewegungsgleichung (D.2a) reproduziert, denn (D.2b) ist automatisch erfüllt.

© Springer-Verlag GmbH Deutschland, ein Teil von Springer Nature 2021
P. van Dongen, *Klassische Mechanik*,
https://doi.org/10.1007/978-3-662-63789-0

# D.1   Die Lagrange-Formulierung

Die skalare Lagrange-Funktion $L$, deren Lagrange-Gleichung die Bewegungsgleichung (D.2a) reproduziert, hat die übliche, aus Gleichung (6.4) bekannte Struktur

$$\boxed{L\left(\mathbf{x}, \dot{\mathbf{x}}; t\right) = T(\dot{\mathbf{x}}) - V_{\mathrm{Lor}}(\mathbf{x}, \dot{\mathbf{x}}, t)\, .} \tag{D.4}$$

Hierbei hat das Lorentz-Potential $V_{\mathrm{Lor}}(\mathbf{x}, \dot{\mathbf{x}}, t)$ genau dieselbe Form wie im nichtrelativistischen Fall [siehe (6.2)]:

$$V_{\mathrm{Lor}}(\mathbf{x}, \dot{\mathbf{x}}, t) \equiv q\left[\Phi(\mathbf{x}, t) - \dot{\mathbf{x}} \cdot \mathbf{A}(\mathbf{x}, t)\right] \tag{D.5}$$

und ist $T(\dot{\mathbf{x}})$ durch

$$\boxed{T(\dot{\mathbf{x}}) = -m_0 c^2 \sqrt{1 - \left(\frac{\dot{\mathbf{x}}(t)}{c}\right)^2} = -\frac{m_0 c^2}{\gamma}} \tag{D.6}$$

gegeben. Kombiniert man nämlich den Beitrag von $T(\dot{\mathbf{x}})$ zur Lagrange-Gleichung:

$$\left[\frac{d}{dt}\left(\frac{\partial T}{\partial \dot{\mathbf{x}}}\right) - \frac{\partial T}{\partial \mathbf{x}}\right]_\phi = \left\{\frac{d}{dt}\left[-m_0 c^2 \frac{(-\dot{\mathbf{x}}/c^2)}{\sqrt{1 - (\dot{\mathbf{x}}^2/c^2)}}\right]\right\}_\phi$$

$$= \left[m_0 \frac{d}{dt}\left(\gamma \frac{d\mathbf{x}}{dt}\right)\right]_\phi = \left(\frac{d\boldsymbol{\pi}}{dt}\right)_\phi \tag{D.7a}$$

mit dem bereits aus (6.3) bekannten Beitrag des Lorentz-Potentials:

$$\left[\frac{d}{dt}\left(\frac{\partial V_{\mathrm{Lor}}}{\partial \dot{\mathbf{x}}}\right) - \frac{\partial V_{\mathrm{Lor}}}{\partial \mathbf{x}}\right]_\phi = q(\mathbf{E} + \dot{\mathbf{x}} \times \mathbf{B})_\phi\, , \tag{D.7b}$$

so folgt die relativistisch korrekte Bewegungsgleichung (D.2a) sofort, indem man (D.7b) von (D.7a) abzieht:

$$\mathbf{0} = \left[\frac{d}{dt}\left(\frac{\partial L}{\partial \dot{\mathbf{x}}}\right) - \frac{\partial L}{\partial \mathbf{x}}\right]_\phi = \left[\frac{d\boldsymbol{\pi}}{dt} - q(\mathbf{E} + \dot{\mathbf{x}} \times \mathbf{B})\right]_\phi\, . \tag{D.8}$$

Auch die *relativistische* Bewegungsgleichung kann also aus einer einzelnen skalaren Lagrange-Funktion hergeleitet werden. Das entsprechende Wirkungsfunktional ist dann durch (D.3) gegeben.

Um die physikalische Bedeutung des geschwindigkeitsabhängigen Anteils $T(\dot{\mathbf{x}})$ der Lagrange-Funktion besser zu verstehen, entwickeln wir diesen Beitrag nach Potenzen der Geschwindigkeit $\dot{\mathbf{x}}$:

$$T(\dot{\mathbf{x}}) \sim -m_0 c^2 \left[1 - \frac{1}{2}\left(\frac{\dot{\mathbf{x}}}{c}\right)^2 - \frac{1}{8}\left(\frac{\dot{\mathbf{x}}^2}{c^2}\right)^2 + \cdots\right] \qquad (|\dot{\mathbf{x}}|/c \to 0)$$

$$\sim \tfrac{1}{2} m_0 \dot{\mathbf{x}}^2 \left[1 + \mathcal{O}(\beta^2)\right] + \text{vollständige Zeitableitung}\, .$$

Der numerisch große (aber konstante) Term $-m_0 c^2 = \frac{d}{dt}(-m_0 c^2 t)$ trägt lediglich eine vollständige Zeitableitung zur Lagrange-Funktion bei und ist daher physikalisch wirkungslos. Außerdem sind die Korrekturterme von relativer Ordnung

$\mathcal{O}(\beta^2)$ im nicht-relativistischen Limes sehr klein und somit vernachlässigbar. Wir kommen daher zum Schluss, dass der Anteil $T(\dot{\mathbf{x}})$ in der Lagrange-Funktion im nicht-relativistischen Limes einfach der kinetischen Energie $\frac{1}{2}m_0\dot{\mathbf{x}}^2$ entspricht.

Der *verallgemeinerte* oder *kanonische Impuls* folgt in der Lagrange-Theorie aus der Lagrange-Funktion in (D.4) als

$$\mathbf{p} = \frac{\partial L}{\partial \dot{\mathbf{x}}} = \gamma m_0 \dot{\mathbf{x}} + q\mathbf{A} = \boldsymbol{\pi} + q\mathbf{A} \, . \tag{D.9}$$

Die Beziehung zwischen dem kanonischen und dem kinetischen Impuls hat also in der relativistischen und der nicht-relativistischen Theorie die gleiche Form: $\boldsymbol{\pi} = \mathbf{p} - q\mathbf{A} = \gamma m_0 \dot{\mathbf{x}}$. Diese Beziehung bringt – nun also auch in der Relativitätstheorie – das Prinzip der „minimalen Kopplung" zwischen dem Teilchen und dem Feld zum Ausdruck. Aus der Bewegungsgleichung (D.8) folgt, dass die Messgröße $\boldsymbol{\pi}$ zeitlich *erhalten* ist, wenn entweder $\mathbf{E} = c\mathbf{B} = \mathbf{0}$ oder $\mathbf{E} = \mathbf{0}$ und $\boldsymbol{\pi} = \gamma m_0\dot{\mathbf{x}} = \mathbf{0}$ gilt.

Das *Jacobi-Funktion* ist in der Lagrange-Theorie gegeben durch

$$J(\mathbf{x},\dot{\mathbf{x}},t) = \dot{\mathbf{x}} \cdot \frac{\partial L}{\partial \dot{\mathbf{x}}} - L = \dot{\mathbf{x}} \cdot (\gamma m_0 \dot{\mathbf{x}} + q\mathbf{A}) - \left( \frac{-m_0 c^2}{\gamma} + q\dot{\mathbf{x}} \cdot \mathbf{A} - q\Phi \right)$$

$$= \gamma m_0 c^2 \left( \frac{\dot{\mathbf{x}}^2}{c^2} + \frac{1}{\gamma^2} \right) + q\Phi = \gamma m_0 c^2 + q\Phi(\mathbf{x},t) \, . \tag{D.10}$$

Allgemein gilt (siehe Abschnitt [6.11]), dass das Jacobi-*Integral* für die physikalische Bahn *erhalten* ist, falls die Lagrange-Funktion nicht explizit von der Zeitvariablen abhängt: $\left(\frac{\partial L}{\partial t}\right)_\phi = 0$. Die Zeitunabhängigkeit von $J_\phi$ erfordert also aufgrund von (D.4) und (D.5) sowohl $(\partial_t \Phi)_\phi = 0$ als auch $(\partial_t \mathbf{A})_\phi = 0$, sodass auch die $(\mathbf{E}, \mathbf{B})$-Felder beide zeitlich konstant sein müssen. Das elektrische Feld ist daher durch $\mathbf{E}(\mathbf{x}) = -(\boldsymbol{\nabla}\Phi)(\mathbf{x})$ und das Magnetfeld durch $\mathbf{B}(\mathbf{x}) = (\boldsymbol{\nabla} \times \mathbf{A})(\mathbf{x})$ gegeben. Die Zeitunabhängigkeit von $J$ bedeutet in diesem Fall, dass die *Gesamt*energie, d. h. die Summe von kinetischer und potentieller Energie und Ruheenergie, eine Erhaltungsgröße darstellt. Hierbei erbringt das Magnetfeld *keine* Leistung, da die entsprechende Kraft $q(\dot{\mathbf{x}} \times \mathbf{B})_\phi$ stets orthogonal auf der physikalischen Bahn steht.

# D.2   Die Hamilton-Formulierung

Die Hamilton-Formulierung der relativistischen Lorentz'schen Bewegungsgleichung erhält man, indem man die Variable $\dot{\mathbf{x}}$ mit Hilfe einer Legendre-Transformation aus der Lagrange-Funktion eliminiert und durch den kanonischen Impuls $\mathbf{p}$ in (D.9) ersetzt. Das Ergebnis der Berechnung folgt daher direkt aus (D.10), wenn man auf der rechten Seite $\boldsymbol{\pi} \to \mathbf{p} - q\mathbf{A}$ substituiert:

$$H(\mathbf{x}, \mathbf{p}; t) = \gamma m_0 c^2 + q\Phi(\mathbf{x}, t) = \sqrt{\boldsymbol{\pi}^2 c^2 + m_0^2 c^4} + q\Phi$$

$$= \sqrt{(\mathbf{p} - q\mathbf{A})^2 c^2 + m_0^2 c^4} + q\Phi \, . \tag{D.11}$$

Wir möchten nun überprüfen, dass die sich aus (D.11) ergebenden Hamilton-Gleichungen $\dot{\mathbf{x}} = \frac{\partial H}{\partial \mathbf{p}}$ und $\dot{\mathbf{p}} = -\frac{\partial H}{\partial \mathbf{x}}$ die Bewegungsgleichung (D.2a) reproduzieren.

Hierzu wird im Folgenden die Beziehung $[\boldsymbol{\pi}^2 c^2 + m_0^2 c^4]^{1/2} = \gamma m_0 c^2$ mehrmals verwendet. Wir erhalten zunächst das bekannte (und korrekte) Resultat

$$\dot{\mathbf{x}} = \frac{\partial H}{\partial \mathbf{p}} = \frac{2(\mathbf{p} - q\mathbf{A})c^2}{2\gamma m_0 c^2} = \frac{\boldsymbol{\pi}}{\gamma m_0}$$

und dann mit Hilfe der Hamilton-Gleichung $\dot{\mathbf{p}} = -\frac{\partial H}{\partial \mathbf{x}}$:

$$\frac{d\boldsymbol{\pi}}{dt} = \frac{d}{dt}(\mathbf{p} - q\mathbf{A}) = \dot{\mathbf{p}} - q(\dot{\mathbf{x}} \cdot \boldsymbol{\nabla})\mathbf{A} - q\frac{\partial \mathbf{A}}{\partial t} = -\frac{\partial H}{\partial \mathbf{x}} - q(\dot{\mathbf{x}} \cdot \boldsymbol{\nabla})\mathbf{A} - q\frac{\partial \mathbf{A}}{\partial t}$$

$$= -\frac{2(-q\pi_j \boldsymbol{\nabla} A_j)c^2}{2\gamma m_0 c^2} - q\boldsymbol{\nabla}\Phi - q(\dot{\mathbf{x}} \cdot \boldsymbol{\nabla})\mathbf{A} - q\frac{\partial \mathbf{A}}{\partial t}$$

$$= q\mathbf{E} + \frac{q\pi_j \boldsymbol{\nabla} A_j)}{\gamma m_0} - q(\dot{\mathbf{x}} \cdot \boldsymbol{\nabla})\mathbf{A} = q\mathbf{E} + q\dot{x}_j \boldsymbol{\nabla} A_j - q(\dot{\mathbf{x}} \cdot \boldsymbol{\nabla})\mathbf{A}$$

$$= q(\mathbf{E} + \dot{\mathbf{x}} \times \mathbf{B}) \, .$$

In den letzten beiden Zeilen wurde mehrmals die Summationskonvention $a_j b_j \equiv \sum_{j=1}^{3} a_j b_j$ verwendet. Im letzten Schritt wurden die beiden geschwindigkeitsabhängigen Terme mit Hilfe der Identität $\mathbf{a} \times (\boldsymbol{\nabla} \times \mathbf{b}) = a_j \boldsymbol{\nabla} b_j - (\mathbf{a} \cdot \boldsymbol{\nabla})\mathbf{b}$ zu $q\dot{\mathbf{x}} \times (\boldsymbol{\nabla} \times \mathbf{A}) = q\dot{\mathbf{x}} \times \mathbf{B}$ zusammengefasst. Folglich reproduziert die Hamilton-Gleichung $\dot{\mathbf{p}} = -\frac{\partial H}{\partial \mathbf{x}}$ in der Tat die relativistische Bewegungsgleichung (D.2a).

## D.3    Analytische Mechanik in kovarianter Form

Wir zeigen nun, dass der kanonische Formalismus auch in manifest kovarianter Form darstellbar ist. Hierzu schreiben wir die Lagrange-Funktion (D.4) um als:

$$L(\mathbf{x}, \dot{\mathbf{x}}; t) = T(\dot{\mathbf{x}}) - V_{\mathrm{Lor}}(\mathbf{x}, \dot{\mathbf{x}}, t) = -m_0 c^2 \sqrt{1 - \left(\frac{\dot{\mathbf{x}}}{c}\right)^2} + q(\dot{\mathbf{x}} \cdot \mathbf{A} - \Phi) \, .$$

$$= -\frac{m_0 c^2}{\gamma} + \frac{q}{\gamma}[(\gamma\boldsymbol{\beta}) \cdot (c\mathbf{A}) - \gamma\Phi] = -\frac{m_0 c^2}{\gamma} - \frac{q}{\gamma c} u_\nu A^\nu \, .$$

Das entsprechende Wirkungsfunktional (D.3) ist dann gegeben durch

$$S^{(\mathbf{x}_2, t_2)}_{(\mathbf{x}_1, t_1)}[\mathbf{x}] = \int_{t_1}^{t_2} dt' \, L(\mathbf{x}(t'), \dot{\mathbf{x}}(t'); t') = \int_{t_1}^{t_2} dt' \left(-\frac{m_0 c^2}{\gamma} - \frac{q}{\gamma c} u_\nu A^\nu\right)$$

$$= -\int_{\tau_1}^{\tau_2} d\tau \left(m_0 c^2 + \frac{q}{c} u_\nu A^\nu\right) = -\int_{1}^{2} \left(m_0 c \, ds + \frac{q}{c} A^\nu dx_\nu\right) \equiv S_1^2[x] \, .$$

Hierbei sind „1" und „2" zwei Ereignisse, die wir einfachheitshalber als „Beginn" und „Ende" bezeichnen und die in jedem Inertialsystem durch wohldefinierte Orts- und Zeitkoordinaten $(x_1^\mu) = (ct_1, \mathbf{x}_1)$ und $(x_2^\mu) = (ct_2, \mathbf{x}_2)$ festgelegt sind. Bei der Variation von $S$ sind $(x_1^\mu)$ und $(x_2^\mu)$ - wie üblich - festzuhalten. Die physikalische Bahn ist dann durch den stationären Punkt von $S$ gegeben,

$$\boxed{\mathbf{0} = \frac{\delta S}{\delta \mathbf{x}(t)} \quad \text{bzw.} \quad \delta S = 0 \, .}$$

Dies ist das Hamilton'sche Prinzip in kovarianter Form.

Wir zeigen nun, wie man aus dem Hamilton'schen Prinzip in manifest kovarianter Weise die Bewegungsgleichung herleiten kann. Hierzu verwenden wir die Identität $ds = \sqrt{(ds)^2} = \sqrt{dx_\mu dx^\mu}$ sowie die entsprechende Variation von $ds$:

$$\delta\,ds = \delta\sqrt{(ds)^2} = \frac{\delta\,(ds)^2}{2\sqrt{(ds)^2}} = \frac{\delta\,dx_\mu dx^\mu}{2ds} = \frac{2dx^\mu \delta dx_\mu}{2ds} = \frac{dx^\mu}{ds}d(\delta x_\mu)\ .$$

Aufgrund des Hamilton'schen Prinzips $\delta S = 0$ folgt nun:

$$\begin{aligned}
0 = \delta S_1^2 &= \delta \int_1^2 (-m_0 c\,ds - \tfrac{q}{c}A^\nu dx_\nu) \\
&= \int_1^2 \left[-m_0 c\frac{dx^\mu}{ds}d(\delta x_\mu) - \tfrac{q}{c}A^\nu d(\delta x_\nu) - \tfrac{q}{c}(\partial^\mu A^\nu)(\delta x_\mu)dx_\nu\right] \\
&= -(m_0 u^\mu + \tfrac{q}{c}A^\mu)\delta x_\mu\Big|_1^2 \\
&\quad + \int_1^2 \delta x_\mu \left[m_0 c\frac{d^2 x^\mu}{ds^2} + \tfrac{q}{c}(\partial^\nu A^\mu)\frac{dx_\nu}{ds} - \tfrac{q}{c}(\partial^\mu A^\nu)\frac{dx_\nu}{ds}\right]ds\ .
\end{aligned}$$

Im letzten Schritt wurden die ersten beiden Terme der *zweiten* Zeile partiell integriert. Die Randterme in der *dritten* Zeile sind null, da $(x_1^\mu)$ und $(x_2^\mu)$ bei der Variation von $S$ festzuhalten sind. Es folgt, dass für alle möglichen Variationen $\delta x_\mu$ der physikalischen Bahn die Variation $\delta S_1^2$ gleich null sein muss:

$$0 = \int_1^2 \delta x_\mu \left[m_0 c\frac{d^2 x^\mu}{ds^2} + \tfrac{q}{c}(\partial^\nu A^\mu)\frac{dx_\nu}{ds} - \tfrac{q}{c}(\partial^\mu A^\nu)\frac{dx_\nu}{ds}\right]ds\ .$$

Dies bedeutet, dass der Faktor $[\cdots]$ im Integranden gleich null sein muss. Hieraus wiederum folgt die kovariant formulierte *Bewegungsgleichung* des geladenen Teilchens im elektromagnetischen Feld:

$$\boxed{\,m_0\frac{d^2 x^\mu}{d\tau^2} = m_0 c^2\frac{d^2 x^\mu}{ds^2} = \tfrac{q}{c}u_\nu(\partial^\mu A^\nu - \partial^\nu A^\mu) = \tfrac{q}{c}u_\nu F^{\mu\nu} = K^\mu\ .\,}$$

Das Wirkungsfunktional $S_1^2[x]$ beschreibt also tatsächlich die relativistische Dynamik eines geladenen Teilchens unter der Einwirkung der Lorentz-Kraft.

Das Wirkungsfunktional $S_1^2[x] = -\int_1^2 (m_0 c\,ds + \tfrac{q}{c}A^\nu dx_\nu)$, aus dem hier die relativistische Bewegungsgleichung abgeleitet wurde, ist aufgebaut aus Skalaren bzw. Skalarprodukten und ist somit selbst ein *Lorentz-Skalar*. Wir möchten an dieser Stelle lediglich darauf hinweisen, dass in der Lagrange-Theorie die *Lorentz-Invarianz* der relativistischen Wirkung nicht zwingend erforderlich ist: Nur die *Bewegungsgleichungen* (und somit alle Messgrößen) müssen unbedingt Lorentz-kovariant sein. Wie in der nicht-relativistischen Mechanik gilt auch in der Relativitätstheorie, dass die Bewegungsgleichungen kovariant sind unter Transformationen der Lagrange-Funktion der Form $L \to L' = L + \frac{d}{dt}\lambda(\mathbf{x}, t)$, da in diesem Fall $S \to S' = S + \lambda(\mathbf{x}_2, t_2) - \lambda(\mathbf{x}_1, t_1)$ gilt. Durch eine „geeignete" Wahl von $\lambda(\mathbf{x}, t)$ könnte man die Lorentz-Invarianz von $S$ also prinzipiell zerstören. Dieses Phänomen kennen wir aber bereits aus der nicht-relativistischen Mechanik: In diesem Fall sind die Lagrange-Funktion und daher auch die Wirkung, trotz der Galilei-Kovarianz aller Bewegungsgleichungen, selbst nicht Galilei-invariant unter Geschwindigkeitstransformationen: $L' = L + \frac{d}{dt}\left(\frac{1}{2}m\mathbf{v}^2 t - m\mathbf{v}\cdot\mathbf{x}\right)$.

In Abschnitt [5.9.1] konnten wir bereits feststellen, dass die relativistische Bewegungsgleichung forminvariant ist unter *Zeitumkehr* und unter einer *Raumspiegelung am Ursprung*, vorausgesetzt dass die $(\mathbf{E}, \mathbf{B})$-Felder entsprechend mittransformiert werden. Abgesehen von diesen beiden *diskreten* Symmetrien weist die Theorie zwei *kontinuierliche* Symmetrien auf, denn abgesehen von der *Lorentz-Invarianz* des Wirkungsfunktional $S_1^2[x]$ liegt eine *Eichinvarianz* vor: Ersetzt man das 4-Potential $A^\mu$ nämlich durch $(A')^\mu \equiv A^\mu + \partial^\mu\Lambda$, wobei $\Lambda$ – wie wir aus Kapitel [5] wissen – ein Lorentz-*Skalar* sein muss, so wird die Wirkung gemäß

$$S \to S' = \int_1^2 \left[-m_0 c\, ds - \frac{q}{c}dx_\nu(A^\nu + \partial^\nu\Lambda)\right]$$

$$= S - \frac{q}{c}\int_1^2 (\partial^\nu\Lambda)dx_\nu = S - \frac{q}{c}\int_1^2 d\Lambda = S - \frac{q}{c}[\Lambda(2) - \Lambda(1)]$$

transformiert. Man sieht also, dass sich bei einer Variation der Wirkung bei festgehaltenen Endpunkten nichts ändert: Die von $S$ und $S'$ vorhergesagten physikalischen Bahnen sind identisch. Auch ist klar, dass sich die Transformationseigenschaften der Wirkung durch die Eichtransformation nicht ändern: Da $\Lambda$ ein Lorentz-Skalar sein soll, ist die Wirkung $S'$ Lorentz-invariant, falls $S$ dies ist.

## Kanonischer Impuls und Hamilton-Funktion

Da $\boldsymbol{\pi}$ und $c\mathbf{A}$ die räumlichen Komponenten der 4-Vektoren $(\pi^\mu)$ und $(A^\mu)$ darstellen und beide gemäß $\boldsymbol{\pi} + q\mathbf{A} = \mathbf{p}$ mit dem kanonischen Impuls $\mathbf{p}$ verknüpft sind, ist klar, dass der kanonische 3-Impuls zu einem 4-Vektor erweitert werden kann:

$$\boxed{p^\mu \equiv \pi^\mu + \frac{q}{c}A^\mu = m_0 u^\mu + \frac{q}{c}A^\mu \, .} \qquad (\text{D.12})$$

Die drei räumlichen Komponenten $p^i$ des kanonischen 4-Impulses erhalten in dieser Weise eine zusätzliche zeitliche Komponente $p^0 = m_0 u^0 + \frac{q}{c}A^0 = \gamma m_0 c + \frac{q}{c}\Phi$. Ein Vergleich mit der in (D.11) berechneten Hamilton-Funktion $H = \gamma m_0 c^2 + q\Phi$ zeigt, dass die *zeitliche Komponente* des kanonischen 4-Impulses im Wesentlichen durch die *Hamilton-Funktion* bestimmt ist: $p^0 = \frac{1}{c}H$. Der kanonische 4-Impuls hat somit insgesamt die Form $(p^\mu) = (\frac{1}{c}H, \mathbf{p})$. Für das freie Teilchen vereinfacht sich diese Beziehung auf $(p^\mu) = (\frac{1}{c}\mathcal{E}, \boldsymbol{\pi}) = (\pi^\mu)$.

# Liste der Symbole

## Griechisches Alphabet

| | | | | | | | |
|---|---|---|---|---|---|---|---|
| $\alpha$, A | alpha | $\eta$, H | eta | $\nu$, N | ny | $\tau$, T | tau |
| $\beta$, B | beta | $\theta$, $\vartheta$, $\Theta$ | theta | $\xi$, $\Xi$ | xi | $\upsilon$, $\Upsilon$ | ypsilon |
| $\gamma$, $\Gamma$ | gamma | $\iota$, I | iota | $o$, O | omikron | $\phi$, $\varphi$, $\Phi$ | phi |
| $\delta$, $\Delta$ | delta | $\kappa$, K | kappa | $\pi$, $\varpi$, $\Pi$ | pi | $\chi$, X | chi |
| $\epsilon$, $\varepsilon$, E | epsilon | $\lambda$, $\Lambda$ | lambda | $\rho$, $\varrho$, P | rho | $\psi$, $\Psi$ | psi |
| $\zeta$, Z | zeta | $\mu$, M | my | $\sigma$, $\varsigma$, $\Sigma$ | sigma | $\omega$, $\Omega$ | omega |

## Mathematische Notation

| | | | | |
|---|---|---|---|---|
| $\mathbb{N}$ | natürliche Zahlen $\{1, 2, 3, \cdots\}$ | | $\ll$ | ist viel kleiner als |
| $\mathbb{N}_0$ | natürliche Zahlen $\{0, 1, 2, 3, \cdots\}$ | | $<$ | ist kleiner als |
| $\mathbb{Z}$ | ganze Zahlen $\{\cdots, -1, 0, 1, \cdots\}$ | | $\leq$ | ist kleiner als oder gleich |
| $\mathbb{Z}\backslash\{0\}$ | ganze Zahlen $n \neq 0$ | | $\geq$ | ist größer als oder gleich |
| $\mathbb{Q}$ | rationale Zahlen $\frac{m}{n}$ | | $>$ | ist größer als |
| $\mathbb{R}$ | reelle Zahlen | | $\gg$ | ist viel größer als |
| $\mathbb{R}\backslash\{0\}$ | reelle Zahlen $x \neq 0$ | | $\neg$ | nicht (Verneinung) |
| $\mathbb{R}^+$ | positive reelle Zahlen $x > 0$ | | $=$ | ist gleich |
| $\mathbb{R}^-$ | negative reelle Zahlen $x < 0$ | | $\simeq$ | ist ungefähr gleich |
| $\mathbb{C}$ | komplexe Zahlen $u + iv$ | | $\neq$ | ist ungleich |
| $i$ | imaginäre Einheit ($i^2 = -1$) | | $\equiv$ | per definitionem gleich |
| $E^d$ | Euklidischer Raum | | $A^d$ | affiner Raum |
| $\mathcal{O}$ | asymptotisch von Ordnung | | $\propto$ | proportional zu |
| $o$ | asymptotisch kleiner als | | $\in$ | ist Element von |
| $\sim$ | (asymptotisch) äquivalent zu | | $\notin$ | ist kein Element von |
| $\times$ | kartesisches Produkt | | $A \Rightarrow B$ | falls $A$, dann $B$ |
| $\otimes$ | direktes Produkt | | $A \Leftrightarrow B$ | $A$ und $B$ sind äquivalent |
| $\pm$ | plus bzw. minus | | $\binom{n}{k}$ | Binomialkoeffizient |
| $\mp$ | minus bzw. plus | | $n!$ | $n$-Fakultät |
| $\pm\infty$ | plus bzw. minus unendlich | | $n!!$ | $n$-Doppelfakultät |
| $A$, $B$, $I$ | Matrizen | | $A^{\mathrm{T}}$, $\tilde{A}$ | gespiegelte Matrix |
| $\mathrm{Sp}(A)$ | Spur der Matrix $A$ | | $\forall$ | für alle … |
| $\exists!$ | es gibt genau ein … | | $\exists$ ($\nexists$) | es gibt (k)ein … |

© Springer-Verlag GmbH Deutschland, ein Teil von Springer Nature 2021
P. van Dongen, *Klassische Mechanik*,
https://doi.org/10.1007/978-3-662-63789-0

## Mathematische Notation

| | | | |
|---|---|---|---|
| $\sum_{k=0}^{n}$ | Summe | $\prod_{k=0}^{n}$ | Produkt |
| $\pi = 3{,}1415\cdots$ | Kreiszahl | $e = 2{,}71828\cdots$ | Euler-Zahl |
| $\gamma = 0{,}5772\cdots$ | Euler-Konstante | $\sqrt[n]{a}$ | $n$-te Wurzel |
| $\exp(x) = e^{x}$ | Exponentialfunktion | $\ln(x)$ | Logarithmus |
| $f' = \frac{df}{dx}$ | 1. Ableitung von $f$ | $f^{(n)} = \frac{d^{n}f}{dx^{n}}$ | $n$-te Ableitung |
| $f'' = \frac{d^{2}f}{dx^{2}}$ | 2. Ableitung von $f$ | $f''',\ f''''$ | 3., 4. Ableitung |
| $\lim_{x\to a}$ | Limes $x \to a$ | $\lim_{x\to\pm\infty}$ | Limes $x \to \pm\infty$ |
| $\lim_{x\uparrow a}$ | Limes von unten | $\lim_{x\downarrow a}$ | Limes von oben |
| $\mathrm{Re}(z)$ | Realteil ($z \in \mathbb{C}$) | $\mathrm{Im}(z)$ | Imaginärteil ($z \in \mathbb{C}$) |
| $|z|$ | Betrag ($z \in \mathbb{C}$) | $\arg(z)$ | Argument ($z \in \mathbb{C}$) |
| $\mathrm{sgn}(u)$ | Signum ($u \neq 0$) | $\mathrm{mod}\ 2\pi$ | modulo (hier $2\pi$) |
| $\Gamma(x)$ | Gammafunktion | $z^{*}$ | komplexe Konjugation |
| $\mathbf{x},\mathbf{a},\mathbf{b}$ | Vektoren | $|\mathbf{a}|$ | Norm/Länge von $\mathbf{a}$ |
| $\hat{\mathbf{x}},\hat{\mathbf{a}}$ | Einheitsvektoren | $\mathbb{R}^{d}$ | $\mathbb{R}\times\mathbb{R}^{d-1}$ |
| $g_{\sigma}(\mathbf{x})$ | Gauß-Funktion | $\boldsymbol{\alpha}^{\mathrm{T}}\boldsymbol{\beta},\ \mathbf{x}\cdot\mathbf{x}'$ | Skalarprodukt |
| $\perp$ | senkrecht | $\parallel$ | parallel |
| $\mathbf{a}\times\mathbf{b}$ | Vektorprodukt | $(\mathbf{a}\times\mathbf{b})\cdot\mathbf{c}$ | Spatprodukt |
| $\delta_{ij}$ | Kronecker-Delta | $\varepsilon_{ijk},\ \varepsilon^{\mu\nu\rho\sigma}$ | $\varepsilon$-Tensor |
| $\det(A)$ | Determinante von $A$ | $A^{\mathrm{T}}$ | transponierte Matrix |
| $\mathbb{1}_{d}$ | Einheitsmatrix | $\mathbf{a}^{\mathrm{T}}$ | transponierter Vektor |
| $A^{-1}$ | inverse Matrix | $\mathrm{Sp}(A)$ | Spur von $A$ |
| $(\rho,\varphi)$ | Polarkoordinaten | $(r,\vartheta,\varphi)$ | Kugelkoordinaten |
| $\boldsymbol{\alpha}\boldsymbol{\beta}^{\mathrm{T}}$ | Dyade | $R(\boldsymbol{\alpha})$ | Drehung |
| $P$ | Permutation | $\mathrm{sgn}(P)$ | Signum von $P$ |
| $\mathbb{O}_{d}$ | Nullmatrix | $f(x),\ f(\mathbf{x})$ | Funktion $f$ von $x$, $\mathbf{x}$ |
| $f^{-1}(y)$ | Umkehrfunktion | $\Theta(x)$ | Stufenfunktion |
| $\mathcal{I} = (a,b)$ | offenes Intervall $\mathcal{I}$ | $\mathcal{I} = [a,b]$ | $\mathcal{I}$ abgeschlossen |
| $\mathcal{I} = (a,b]$ | $\mathcal{I}$ linksoffen | $\mathcal{I} = [a,b)$ | $\mathcal{I}$ rechtsoffen |
| $\boldsymbol{\nabla}$ | Nabla-Operator | $\boldsymbol{\nabla}f$ | Gradient von $f$ |
| $\boldsymbol{\nabla}\cdot\mathbf{f}$ | Divergenz von $\mathbf{f}$ | $\boldsymbol{\nabla}\times\mathbf{f}$ | Rotation von $\mathbf{f}$ |
| $\boldsymbol{\nabla}\times(\boldsymbol{\nabla}\times\mathbf{f})$ | doppelte Rotation | $\Delta = \boldsymbol{\nabla}\cdot\boldsymbol{\nabla}$ | Laplace-Operator |
| $\int dx\, f(x)$ | Stammfunktion | $\int_{a}^{b} dx\, f(x)$ | bestimmtes Integral |
| $\mathrm{P}\int dx\, f(x)$ | Hauptwertintegral | $\int_{G} dx_{1}dx_{2}\, f$ | Integral ($G \subset \mathbb{R}^{2}$) |
| $\int_{G} d^{d}x\, f(\mathbf{x})$ | Integral ($G \subset \mathbb{R}^{d}$) | $\frac{\partial f}{\partial x_{1}}(x_{1},\cdots,x_{n})$ | partielle Ableitung |
| $\dot{\psi},\ \dot{\mathbf{x}}$ | Zeitableitung | $\ddot{\psi},\ \ddot{\mathbf{x}}$ | 2. Zeitableitung |
| $\hat{\mathbf{e}}_{i}$ | $i$-ter Basisvektor | $\mathbf{0}$ | Nullvektor, Ursprung |
| $dy,\ dx$ | Differentiale | $d^{d}x$ | $dx_{1}dx_{2}\cdots dx_{d}$ |
| $\boldsymbol{\nabla}_{k}$ | $\partial/\partial\mathbf{x}_{k}$ | $K(m)$ | elliptisches Integral |
| $\Pi(n\backslash\alpha)$ | elliptisches Integral | $F(\varphi|m)$ | elliptisches Integral |
| $\delta(x),\ \delta(\mathbf{x})$ | Deltafunktion | $I_{G}(\mathbf{x})$ | Indikatorfunktion |
| $I_{[a,b]}(x)$ | Indikatorfunktion | $\int_{k} d\mathbf{x}\cdot\mathbf{F}$ | Kurvenintegral |
| $\oint d\mathbf{x}\cdot\mathbf{F}$ | Kurvenintegral | $\int_{\mathcal{F}} dS\, f(\mathbf{x})$ | Flächenintegral |
| $\int_{\mathcal{F}} d\mathbf{S}\cdot\mathbf{f}(\mathbf{x})$ | Flächenintegral | $\int_{V} d^{d}x\, g(\mathbf{x})$ | Volumenintegral |

# Physikalische Größen

| | | | | |
|---|---|---|---|---|
| $\mathbf{x}_i$ | Ortsvektor ($i$-tes Teilchen) | | $\mathbf{x}$ | Ortsvektor |
| $\mathbf{p}_i$ | Impuls ($i$-tes Teilchen) | | $\mathbf{p}$ | Impuls |
| $\mathcal{V}(\mathbf{x})$ | (Vielteilchen-)Potential | | $p = \|\mathbf{p}\|$ | Impulsbetrag |
| $\mathbf{v}, v = \|\mathbf{v}\|, \dot{\mathbf{x}}$ | Geschwindigkeit | | $\mathbf{L}, L$ | Drehimpuls |
| $\dot{\mathbf{x}}_i$ | Geschwindigkeit ($i$-tes Teilchen) | | $\mathbf{N}$ | Drehmoment |
| $\ddot{\mathbf{x}}_i$ | Beschleunigung ($i$-tes Teilchen) | | $\mathbf{a}, \ddot{\mathbf{x}}$ | Beschleunigung |
| $\mathbf{E}$ | elektrisches Feld | | $\mathbf{B}$ | Magnetfeld |
| $\mathbf{g}, g = \|\mathbf{g}\|$ | Schwerkraftbeschleunigung | | $m$ | Punktmasse |
| $m_i$ | Masse ($i$-tes Teilchen) | | $N$ | Teilchenzahl |
| $c$ | Lichtgeschwindigkeit | | $V$ | Volumen |
| $E$ | Energie (allgemein) | | $\mathbf{F}$ | Kraft (allgemein) |
| $\boldsymbol{\omega}$ | Winkelgeschwindigkeit | | $t$ | Zeitvariable |
| $\mathbf{x}_{ji} = \mathbf{x}_j - \mathbf{x}_i$ | Relativvektor | | $d$ | Raumdimension |
| $\mathcal{G}$ | Gravitationskonstante | | $\omega$ | Frequenz |
| $q_i, \hat{q}_i$ | Ladung ($i$-tes Teilchen) | | $\rho_0(\mathbf{x})$ | Teilchendichte |
| $\varepsilon_0$ | Permittivität des Vakuums | | $i, j$ | Teilchenindex |
| $\mathbf{F}_i$ | Kraft (auf $i$-tes Teilchen) | | $\rho_\mathrm{m}(\mathbf{x})$ | Massendichte |
| $\boldsymbol{\xi}$ | Translationsvektor | | $\rho_\mathrm{q}(\mathbf{x})$ | Ladungsdichte |
| $\frac{d^n}{dt^n}$ | $n$-te Zeitableitung | | $\frac{d}{dt}$ | Zeitableitung |
| $\mathbf{x}_\mathrm{M}$ | Massenschwerpunkt | | $M$ | Gesamtmasse |
| $\mathbf{v}_\mathrm{rel}(K', K)$ | Relativgeschwindigkeit | | $M_\mathrm{E}$ | Erdmasse |
| $\mathbf{x}_\phi(t)$ | physikalische Bahn | | $R_\mathrm{E}$ | Erdradius |
| $\mathbf{p}_\phi(t)$ | Impuls (physikalische Bahn) | | $\mathbf{F}_\mathrm{Lor}$ | Lorentz-Kraft |
| $\mathbf{f}_{ji}(\mathbf{x}), f_{ji}(x)$ | Zweiteilchenkraft | | $\boldsymbol{\alpha}$ | Drehvektor |
| $\mathbf{P}$ | Gesamtimpuls | | $\hat{\boldsymbol{\alpha}}$ | Drehachse |
| $V_{ji}(x)$ | Zweiteilchenpotential | | $\alpha$ | Drehwinkel |
| $W_{1 \to 2}$ | Arbeit entlang Bahn $1 \to 2$ | | $\sigma = \pm 1$ | Händigkeit |
| $\mathbf{X}$ | Ortsvektor $(\mathbf{x}_1 / \cdots / \mathbf{x}_N)$ | | $T, \Theta$ | Umlaufzeit |
| $V(\mathbf{X})$ | Gesamtpotential | | $L_i, L_j$ | Luminosität |
| $E_\mathrm{kin}(t)$ | kinetische Energie | | $\mathbf{v}_\alpha$ | $\sigma R(\boldsymbol{\alpha})\mathbf{v}$ |
| $\overline{g(t)}$ | Zeitmittelwert (hier von $g$) | | $\boldsymbol{\xi}_\alpha$ | $\sigma R(\boldsymbol{\alpha})\boldsymbol{\xi}$ |
| $E_\mathrm{pot}(t)$ | potentielle Energie | | $\mu$ | reduzierte Masse |
| $V_\mathrm{f}(x)$ | effektives Potential | | $L, l, \ell$ | Länge |
| $\omega_\mathrm{K}$ | Frequenz (Kreisbewegung) | | $\varepsilon$ | Exzentrizität |
| $\omega_\mathrm{S}$ | Frequenz (kleine Schwingung) | | $\mathbf{b}$ | Brennpunkt |
| $a_{1,2}$ | große/kleine Halbachse | | $p$ | semilatus rectum |
| $S$ | Wirkung $\oint d\mathbf{x} \cdot \mathbf{p}$ | | $\mathbf{k}$ | Wellenvektor |
| $\Phi$ | skalares Potential | | $\mathbf{A}$ | Vektorpotential |
| $\omega(k)$ | Phononendispersion | | Ry, ry | Rydberg |
| $V_\mathrm{ex}$ | Potential der äußeren Kraft | | $\mathbf{F}^\mathrm{ex}$ | äußere Kraft |
| $V_\mathrm{in}$ | Potential der inneren Kraft | | $\mathbf{F}^\mathrm{in}$ | innere Kraft |
| $\mathcal{F}$ | Kraft $(\mathbf{F}_1 / \mathbf{F}_2 / \cdots / \mathbf{F}_N)$ | | $s, S$ | Bogenlänge |
| $\hat{\mathbf{n}}$ | Normalenvektor | | $\hbar$ | Wirkungsquantum |

## Physikalische Größen

| | | | |
|---|---|---|---|
| $\Delta\varphi$ | Präzessionswinkel | $\boldsymbol{\beta}$, $\hat{\boldsymbol{\beta}}$, $\beta$ | $\mathbf{v}/c$, $\hat{\mathbf{v}}$, $\boldsymbol{\beta} \cdot \hat{\mathbf{v}}$ |
| $p(\mathbf{x})$ | Druck | $\gamma$ | $(1 - \beta^2)^{-1/2}$ |
| $\rho_{\mathcal{K}}$ | Massendichte (Körper) | $M_{\mathcal{K}}$ | Masse (Körper) |
| $\rho_{\mathcal{F}}$ | Massendichte (Flüssigkeit) | $M_{\mathcal{F}}$ | Masse (Flüssigkeit) |
| $V_{\mathcal{K}}$ | Volumen (Körper) | $V_{\mathcal{L}}$ | Volumen (Luft) |
| $V_{\mathcal{F}}$ | Volumen (Flüssigkeit) | $\mathbf{x}_{\mathcal{L}}$ | Schwerpunkt (Luft) |
| $\mathbf{x}_{\mathcal{F}}$ | Schwerpunkt (Flüssigkeit) | $\mathbf{x}_{\mathcal{K}}$ | Schwerpunkt (Körper) |
| $\rho$ | relative Dichte $\rho_{\mathcal{K}}/\rho_{\mathcal{F}}$ | $\mu_0$ | Permeabilität (Vakuum) |
| $\mathbf{j}_{\mathrm{q}}(\mathbf{x},t)$ | Ladungsstromdichte | $Q$ | Ladung |
| $\Lambda(\mathbf{x},t)$ | Eichfunktion | $ds$ | infinitesimaler Abstand |
| $\Lambda$, $(\Lambda^{\mu\nu})$ | Lorentz-Transformation | $n$ | Brechungsindex |
| $\tilde{\Lambda}$ | $\Lambda$ gespiegelt | $\Lambda^{\mathrm{T}}$ | $\Lambda$ transponiert |
| $G$, $(g^{\mu\nu})$ | metrischer Tensor | $\tau$ | Eigenzeit |
| $\mathcal{L}$ | Lorentz-Gruppe | $\mathcal{L}_+^{\uparrow}$ | Lorentz-Untergruppe |
| $L_i$, $M_i$ | Erzeuger von $\mathcal{L}_+^{\uparrow}$ | $\Lambda_{\mathrm{R,B}}$ | Drehung bzw. Boost |
| $(x^{\mu})$ | 4-Ortsvektor (kontravariant) | $(x_{\mu})$ | 4-Ortsvektor (kovariant) |
| $(dx^{\mu})$ | Differential von $(x^{\mu})$ | $(dx_{\mu})$ | Differential von $(x_{\mu})$ |
| $a \cdot b$, $a^{\mu}b_{\mu}$ | Skalarprodukte | $(j^{\mu})$ | 4-Stromdichte |
| $\square = \partial \cdot \partial$ | d'Alembert-Operator | $(A^{\mu})$ | 4-Potential |
| $(u^{\mu})$, $(u_{\mu})$ | 4-Geschwindigkeit | $(k^{\mu})$ | 4-Wellenvektor |
| $(\partial^{\mu})$, $(\partial_{\mu})$ | 4-Ableitung | $(p^{\mu})$ | 4-Impuls |
| $\boldsymbol{\pi}$ | kinetischer Impuls | $m_0$ | Ruhemasse |
| $(\tilde{F}^{\mu\nu})$ | dualer Feldtensor | $(F^{\mu\nu})$ | Feldtensor |
| $(K^{\mu})$ | 4-Lorentz-Kraft | $\mathcal{E}$ | Teilchenenergie |
| $(L^{\mu\nu})$ | Drehimpulstensor | $\pi_{\varphi}$ | Drehimpuls |
| $\pi_x$ | radialer Impuls | $\mathcal{Q}$ | Konfigurationsraum |
| $\dot{\mathbf{X}}$ | Geschwindigkeit $(\dot{\mathbf{x}}_1/\cdots/\dot{\mathbf{x}}_N)$ | $\mathbf{X}_{\phi}(t)$ | physikalische Bahn |
| $L(\mathbf{x},\dot{\mathbf{x}},t)$ | Lagrange-Funktion | $\mathcal{F}(\dot{\mathbf{x}})$ | Dissipationsfunktion |
| $L(\mathbf{X},\dot{\mathbf{X}},t)$ | Lagrange-Funktion | $\mathbf{F}_{\mathrm{R}}$ | Reibungskraft |
| $V_{\mathrm{Lor}}$ | Lorentz-Potential | $\delta\mathbf{x}$, $\delta G$ | Variation |
| $S_{(\mathbf{x}_1,t_1)}^{(\mathbf{x}_2,t_2)}[\mathbf{x}]$ | Wirkungsfunktional | $\frac{\delta S}{\delta\mathbf{x}(t)}$ | Funktionalableitung |
| $f(\mathbf{x},t) = 0$ | holonome Zwangsbedingung | $\boldsymbol{\Phi}$ | $(\mathbf{F}_1/\mathbf{F}_2/\cdots/\mathbf{F}_N)$ |
| $f$ | Zahl der Freiheitsgrade | $A_{\mathrm{N}}$ | Observable (Newton) |
| $Z$ | Zahl der Zwangsbedingungen | $A_{\mathrm{L}}$ | Observable (Lagrange) |
| $\mathbf{q}$ | verallgemeinerte Koordinaten | $A_{\mathrm{H}}$ | Observable (Hamilton) |
| $\mathcal{M}$ | Bewegungsmannigfaltigkeit | $Z_{\mu}(t)$ | Normalkoordinate |
| $L(\mathbf{q},\dot{\mathbf{q}},t)$ | Lagrange-Funktion | $\Sigma(\mathbf{q},t)$ | Wirkungsfunktion |
| $J(\mathbf{q},\dot{\mathbf{q}},t)$ | Jacobi-Funktion | $J_{\phi}$ | Jacobi-Integral |
| $H(\mathbf{x},\mathbf{p},t)$ | Hamilton-Funktion | $\{A,B\}$ | Poisson-Klammer |
| $H(\mathbf{q},\mathbf{p},t)$ | Hamilton-Funktion | $D(\boldsymbol{\vartheta}(t))$ | Drehung |
| $F_{1,2,3,4}$ | erzeugende Funktionen | $\boldsymbol{\vartheta}(t)$ | Euler-Winkel |
| $j_{1,2,3}$ | Hauptträgheitsmomente | $I$ | Trägheitstensor |
| $M_{\mathrm{S,M}}$ | Masse Sonne bzw. Mond | $M(\boldsymbol{\vartheta})$ | Massentensor |

# Literaturverzeichnis

[1] Abramowitz, M., Stegun, I.A.: *Handbook of Mathematical Functions*. Dover Publications, New York (1965)

[2] Abramowitz, M., Stegun, I.A.: *Pocketbook of Mathematical Functions*. Harri Deutsch, Frankfurt/Main (1986)

[3] Arnold, V.I.: *Mathematical Methods of Classical Mechanics*. Springer-Verlag, New York (1978)

[4] Bell, E.T.: *Men of Mathematics*. Simon and Schuster, New York (1937)

[5] Berry, A.: *A short history of astronomy*. Dover Publications, New York (1961)

[6] Coddington, E.A., Levinson, N.: *Theory of Ordinary Differential Equations*. McGraw-Hill, New York (1955)

[7] Cohen, I.B., Whitman, A.: *Isaac Newton, the Principia*. Univ. of California Press, Berkeley (1999)

[8] Corben, H.C., Stehle, P.: *Classical Mechanics*. Dover, New York (1994)

[9] Danby, J.M.A.: *Fundamentals of Celestial Mechanics*. Willmann-Bell, Richmond (1988)

[10] van Dongen, P.G.J.: *Einführungskurs Mathematik und Rechenmethoden*. Springer Spektrum, Wiesbaden (2015)

[11] van Dongen, P.G.J.: *Statistische Physik*. Springer Spektrum, Berlin (2017)

[12] Einstein, A.: *Zur Elektrodynamik bewegter Körper*. Annalen der Physik, **17**, 891 (1905)

[13] Einstein, A.: *Ist die Trägheit eines Körpers von seinem Energieinhalt abhängig?*. Annalen der Physik, **18**, 639 (1905)

[14] Goldstein, H.: *Classical Mechanics*. Addison-Wesley, Reading (1978)

[15] Gradshteyn, I.S., Ryzhik, I.M.: *Table of Integrals, Series and Products*. Academic Press, San Diego (1965)

[16] Heath, T.L.: *Archimedes*. The MacMillan Co., New York (1920)

© Springer-Verlag GmbH Deutschland, ein Teil von Springer Nature 2021
P. van Dongen, *Klassische Mechanik*,
https://doi.org/10.1007/978-3-662-63789-0

[17] Heath, T.L.: *The works of Archimedes*. Cambridge Univ. Press, Cambridge (1897)

[18] Huygens, C.: *Horologium Oscillatorium*. François Muguet, Paris (1673)

[19] Kirby, R.S., Withington, S., Darling, A.B., Kilgour, F.G.: *Engineering in history*. Dover Publications, New York (1990)

[20] Klein, F., Sommerfeld, A.: *Über die Theorie des Kreisels*. B.G. Teubner, Stuttgart (1965)

[21] Kraus, U., Zahn, C.: *www.tempolimit-lichtgeschwindigkeit.de*

[22] Landau, L.D., Lifschitz, E.M.: *Lehrbuch der Theoretischen Physik, Band I*. Akademie-Verlag, Berlin (1981)

[23] Mach, E.: *Die Mechanik in ihrer Entwicklung*. F. A. Brockhaus, Leipzig (1883)

[24] Murray, C.D., Dermott, S.F.: *Solar System Dynamics*. Cambridge Univ. Press, Cambridge (2010)

[25] Newton, Is., Eq. Aur.: *Philosophiae naturalis principia mathematica (editio tertia)*. Guil. & Joh. Innys, Londini (MDCCXXVI)

[26] Padmanabhan, T.: *Theoretical Astrophysics, Volume III*. Cambridge Univ. Press, Cambridge (2002)

[27] Pais, A.: *Subtle is the Lord*. Oxford University Press (1982)

[28] Pauli, W.: *Theory of Relativity*. Dover Publications, New York (1981)

[29] Rim, D.: *An elementary proof that symplectic matrices have determinant one*. arXiv:1505.04240v4 [mathHO] (2018)

[30] Rindler, W.: *Introduction to Special Relativity*. Clarendon Press, Oxford (1991)

[31] Rouse Ball, W.W.: *A Short Account of the History of Mathematics (4th edition)*. Dover Publications, New York (1960)

[32] Segrè, E.: *Die großen Physiker und ihre Entdeckungen*. Piper, München (1997)

[33] Sommerfeld, A., Fues, E.: *Vorlesungen über Theoretische Physik, Bd.1, Mechanik*. Harri Deutsch Verlag, Frankfurt am Main (1994)

[34] Spiegel, M.R.: *Allgemeine Mechanik, Theorie und Anwendung*. McGraw-Hill, Hamburg (1989)

[35] Weinberg, S.: *Gravitation and Cosmology*. John Wiley, New York (1972)

[36] Wells, D.A.: *Lagrangian Dynamics*. McGraw-Hill, New York (1967)

[37] Whittaker, E.T.: *A Treatise on the Analytical Dynamics of Particles and Rigid Bodies*. Cambridge Univ. Press, Cambridge (1988)

# Stichwortverzeichnis

© Springer-Verlag GmbH Deutschland, ein Teil von Springer Nature 2021
P. van Dongen, *Klassische Mechanik*,
https://doi.org/10.1007/978-3-662-63789-0

LEHRBUCH

$$S[\hat{\varrho}] = -k_\mathrm{B}\,\mathrm{Sp}(\hat{\varrho}\ln\hat{\varrho})$$

Peter van Dongen

# Statistische Physik

Von der Thermodynamik zur
Quantenstatistik in fünf Postulaten

Springer Spektrum

Printed in the United States
by Baker & Taylor Publisher Services